2023 대한민국
고객만족지수 1위

온라인교육(자격증) 부문

2024 16차개정판
필기완벽대비

조경기능사
베스트셀러
최고의 합격률

시험은 단숨에 끝내자!

조경기능사 필기

- 새로운 출제기준에 맞춘 완벽대비서
- 각 과목별 방대한 이론을 쉽게 이해할 수 있도록 간단 명료하게 체계적으로 핵심정리 하였고, 또한 예제 · 핵심정리를 통하여 기본 이론을 알기 쉽게 하였다.

조경기능사
CBT모의고사
15회 쿠폰

한상엽 저자

2023
CBT기출문제
복원수록

최신빈출 200선
포켓북
자주 출제되는
수목 · 식물분류

한솔아카데미

조경기능사
합격구성

단계별 학습플랜

각 과목별 방대한 이론을 출제빈도로 맞추어 구성하고, 학습한 이론을 바로 확인할 수 있는 출제예상문제를 수록하였다. 또한 포켓북 「빈출문제 200선」, 「자주 출제되는 수목 · 식물분류」를 두어 200% 학습 활용하여 합격을 끌어 올릴 수 있도록 구성하였다.

1단계

핵심정리·예상문제 + 나만의 서브노트

각 단원별로 기본적이고 핵심적인 내용설명과 요점정리, 출제예상문제로 구성하였습니다.
특히 핵심내용 중 출제빈도를 한 눈에 알아볼 수 있도록 (출제) 표시를 하였으며, 장별로 나만의 서브노트를 수록하여 중요한 개념을 짧은 시간에 효과적으로 암기할 수 있도록 구성하였습니다.

- 출제예상문제
- 나만의 서브노트

2단계

포켓북

최근 10개년 동안 출제된 2400문항을 분석하여 CBT 필기시험(컴퓨터 이용 시험)을 대비한 최신빈출 200선을 엄선하여 적중률을 높일 수 있도록 하였습니다. 또한 자주 출제되는 수목 · 식물 분류를 핸드북으로 쉽게 소지하여 암기할 수 있도록 구성하였습니다.

- 빈출 200선
- 수목 · 식물 분류

3단계

CBT모의고사 + 과년도 기출문제

실제 시험과 완벽한 동일 구성으로 한국산업인력공단에서 제공한 모의고사 그대로 문제지, OMR카드까지 실제 시험을 완벽 · 유사하게 풀어볼 수 있게 하였습니다. 또한 CBT 필기시험 복원문제를 2018년부터 2023년까지 수록하여 시험경향을 한 눈에 파악할 수 있도록 구성하였으며 실제 시험에 대비할 수 있도록 하였습니다.

- 과년도 기출문제
(14년~16년)
- CBT 복원문제
(18년~23년)

조경기능사 합격은 기출학습에서 갈린다

■ 2014년~2023년 기출문제 제공

• CBT 복원문제

2018년 제1회 조경기능사 과년도(복원 CBT)	571
2018년 제3회 조경기능사 과년도(복원 CBT)	581
2019년 제1회 조경기능사 과년도(복원 CBT)	590
2019년 제3회 조경기능사 과년도(복원 CBT)	600
2020년 제1회 조경기능사 과년도(복원 CBT)	610
2020년 제3회 조경기능사 과년도(복원 CBT)	621
2021년 제1회 조경기능사 과년도(복원 CBT)	632
2021년 제3회 조경기능사 과년도(복원 CBT)	643
2021년 제4회 조경기능사 과년도(복원 CBT)	654
2022년 제1회 조경기능사 과년도(복원 CBT)	665

■ 2023년 제1회

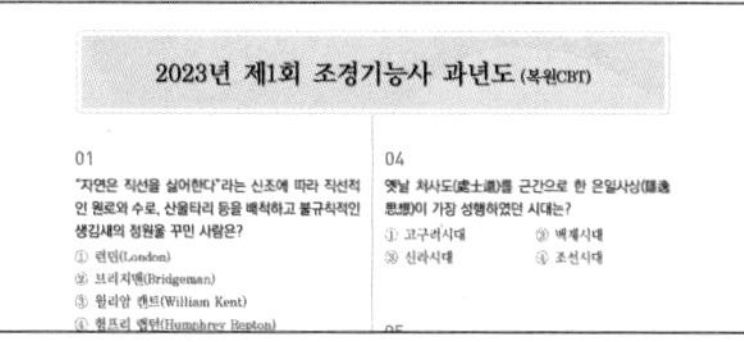

포켓북
빈출 200선

2400여 문제를 최신빈출 200선으로 엄선하여 수록

■ 자주출제되는 수목 · 식물 분류

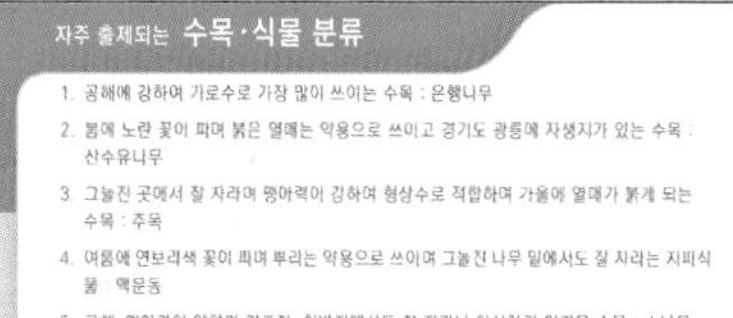

■ 최신빈출 200선

실전모의고사
[15회 쿠폰]

조경기능사 CBT 실전모의고사

■ CBT 온라인 모의고사

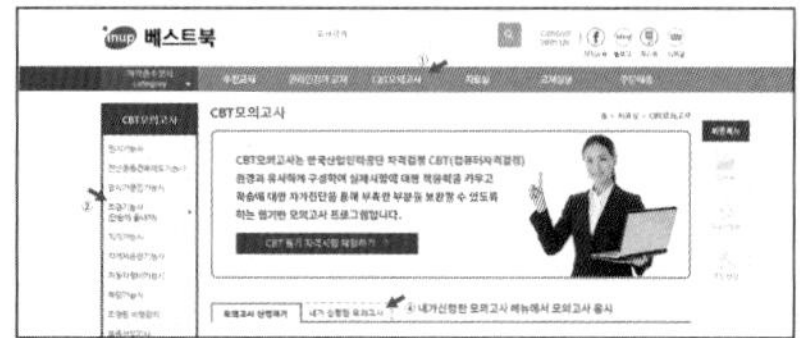

■ CBT 실제시험 완벽 동일 구성

모의고사 점수 변화 그래프

모의고사 회당 회차 풀이 후 점수를 아래 빈칸에 기입한 후 점수만큼 그래프에 •으로 표시하여 자신의 점수 변화를 확인하세요.

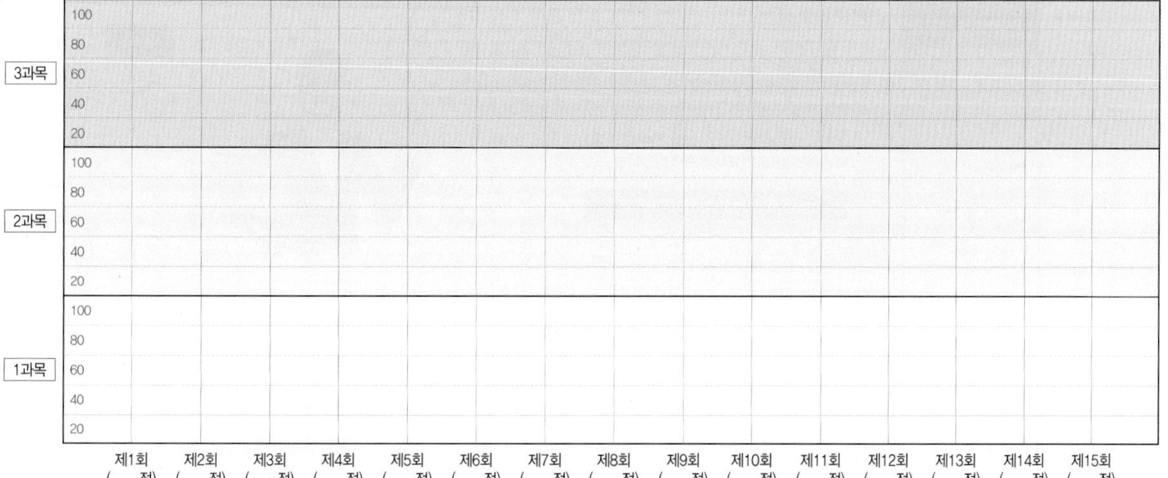

CBT대비 온라인 모의고사

홈페이지(www.bestbook.co.kr)에서 일부 필기시험 문제를 CBT 모의 TEST로 체험하실 수 있습니다.

CBT 실전모의고사 ▶

- 실전모의고사 제1회 테스트
- 실전모의고사 제2회 테스트
- 실전모의고사 제3회 테스트
- 실전모의고사 제4회 테스트
- 실전모의고사 제5회 테스트
- 실전모의고사 제6회 테스트
- 실전모의고사 제7회 테스트
- 실전모의고사 제8회 테스트
- 실전모의고사 제9회 테스트
- 실전모의고사 제10회 테스트
- 실전모의고사 제11회 테스트
- 실전모의고사 제12회 테스트
- 실전모의고사 제13회 테스트
- 실전모의고사 제14회 테스트
- 실전모의고사 제15회 테스트

■ 무료수강 쿠폰번호 안내

회원 쿠폰번호	015Y-UEI8-UHF3

■ 조경기능사 CBT 필기시험문제 응시방법

① 한솔아카데미 인터넷서점 베스트북 홈페이지(www.bestbook.co.kr) 접속 후 로그인합니다.
② [CBT모의고사] – [조경기능사(단숨에 끝내자)] 메뉴에서 쿠폰번호를 입력합니다.
③ [내가 신청한 모의고사] 메뉴에서 모의고사 응시가 가능합니다.

※ 쿠폰사용 유효기간은 2024년 12월 31일 까지 입니다.

머리말

급속도로 발전하는 산업사회 속에서 오늘날 인류는 물질적 풍요로움과 편리함을 더욱 추구해 가고 있다. 하지만 도시화와 산업화가 가속화 될수록 인류는 정신적 피곤함으로 마음의 병을 앓고 있는 추세다. 도시 곳곳은 빌딩과 건물들로 빽빽해져가고, 지구 온난화로 아파하는 인류에게 풀 한포기, 나무 한그루가 매우 귀하게만 느껴진다. 환경의 파괴와 산업화가 더해갈수록 인간의 삶도 피폐되어 감을 느낀 오늘날, 환경을 다시 복원하고 자연을 되찾고자 하는 목소리가 높아지고 있다. 따라서 전문적인 조경인력을 양성하여 병들어가는 우리 삶을 되돌아보고 자연과 환경을 살리며 인류의 근원인 자연을 되살리는데 주력하고자 하는 노력이 오늘날 큰 이슈로 대두되고 있다.

오늘날의 조경이란 빈 공간을 단순히 나무를 심어 푸르게 만드는 단순작업이 아니라 인간의 삶의 질을 높이는 '삶의 질 향상'과 현재의 자연을 보전하고 지속적으로 발전하는 '보전과 발전'의 생태적인 예술성을 띤 '종합과학예술'이다. 단순히 남아 있는 공간을 이용하는 수동적인 의미의 조경이 아니라 우리가 이용하는 모든 옥외공간을 이용, 개발, 창조하여 보다 기능적이면서 경제적이고 시각예술적인 환경을 조성함으로써 생태를 복원하고 공공을 위한 녹지를 조성하여 인류의 삶을 발전시키는 '종합과학예술'이라 할 수 있다.

조경 대상 업무는 도시계획과 토지이용 등을 고려하여 설계도면을 작성, 시공에 관한 공사비 적산과 공사공정계획을 수립하고, 공사업무를 관리하며, 각종 조경시설의 관리 계획수립 및 관리업무 등 기술적인 업무를 수행하게 되었다. 우리의 생활수준이 향상되고 생활환경과 여가생활을 중시하는 경향이 강하게 나타나면서 조경의 수요와 필요성으로 인해 앞으로 조경기술자의 인력수요는 계속 증가할 것이라 예상되어 진다.

본 수험서는 산업화 속에서도 인류의 근원인 자연을 부활시켜 인류에게 정신적인 풍요로움을 제공하는 조경전문인력을 배출하고자 만들어졌다. 본서를 공부함으로 조경기능사 시험과 조경, 산림직, 임업직 공무원시험을 대비하는 수험생들에게 조경분야의 전문가로 입문 할 수 있도록 도움이 되고자 강의를 하면서 중요한 부분과 현장에서 보고 듣고 느끼고 경험한 내용을 다시 한 번 정리하는 취지로 본서를 정리하였다.

과목순서는 조경일반, 조경의 양식, 조경재료, 조경계획 및 설계, 조경시공, 조경관리 순으로 구성되었으며 각 단원별로 내용설명과 요점정리, 출제예상문제로 구성되었다. 또한 최근기출문제를 수록하여 최신 동향에 맞는 수험서가 되고자 노력하였다. 차후 부족한 사항은 더욱 보완하고 가다듬어서 더 좋은 책이 되도록 최선을 다하겠다.

마지막으로 부족한 가운데 이 책의 출판을 도운 한솔아카데미 한병천 대표님과 임직원 여러분, 우석대학교 조경학과 그리고 한백종합건설 서효석 대표님과 임직원 여러분들께 깊은 감사를 드립니다.

저자 한 상 엽 드림

자격종목 : 조경기능사 필기

(2022. 1. 1. ~ 2024.12.31)

필기 과목명	출제 문제수	주요항목	세부항목	세세항목
조경설계, 조경시공, 조경관리	60	1. 조경양식의 이해	1. 조경일반	1. 조경의 목적 및 필요성 2. 조경과 환경요소 3. 조경의 범위 및 조경의 분류
			2. 서양조경 양식	1. 고대 국가 2. 영국 3. 프랑스 4. 이탈리아 5. 미국 6. 이슬람 국가 및 기타
			3. 동양조경 양식	1. 한국의 조경 2. 중국/일본의 조경 3. 기타 국가 조경
		2. 조경재료	1. 자연, 인문, 사회 환경 조사분석	1. 지형 및 지질조사 2. 기후조사 3. 토양조사 4. 수문조사 5. 식생조사 6. 토지이용조사 7. 인구 및 산업조사 8. 역사 및 문화유적조사 9. 교통조사 10. 시설물조사 11. 기타 조사
			2. 조경 관련 법	1. 도시공원 관련 법 2. 자연공원 관련 법 3. 기타 관련 법
			3. 기능분석	1. 환경심리학 2. 환경지각, 인지, 태도 3. 미적 지각·반응 4. 문화적, 사회적 감각적 환경 5. 척도와 인간 6. 도시환경과 인간 7. 자연환경과 인간 8. 환경시설 연구방법
			4. 분석의 종합, 평가	1. 기능분석 2. 규모분석 3. 구조분석 4. 형태분석
			5. 기본구상	1. 기본개념의 확정 2. 프로그램의 작성 3. 도입시설의 선정 4. 수요측정하기 5. 다양한 대안의 작성 6. 대안 평가하기
			6. 기본계획	1. 토지이용계획 2. 교통동선계획 3. 시설물배치계획 4. 식재계획 5. 공급처리시설계획 6. 기타계획

필 기 과목명	출제 문제수	주요항목	세 부 항 목	세 세 항 목
		3. 조경기초설계	1. 조경디자인요소 표현	1. 레터링기법 2. 도면기호 표기 3. 조경재료 표현 4. 조경기초도면 작성 5. 제도용구 종류와 사용법 6. 디자인 원리
			2. 전산응용도면 (CAD) 작성	1. 전산응용장비 운영 2. CAD 기초지식
			3. 적산	1. 조경적산 2. 조경 표준품셈
		4. 조경설계	1. 대상지 조사	1. 대상지 현황조사 2. 기본도(basemap) 작성 3. 현황분석도 작성
			2. 관련분야 설계 검토	1. 건축도면 이해 2. 토목도면 이해 3. 설비도면 이해
			3. 기본계획안 작성	1. 기본구상도 작성 2. 조경의 구성과 연출 3. 조경소재 재질과 특성
			4. 조경기반 설계	1. 부지 정지설계 2. 급·배수시설 배치 3. 조경구조물 배치
			5. 조경식재 설계	1. 조경의 식재기반 설계 2. 조경식물 선정과 배치 3. 식재 평면도, 입면도 작성
			6. 조경시설 설계	1. 시설 선정과 배치 2. 수경시설 설계 3. 포장설계 4. 조명설계 5. 시설 배치도, 입면도 작성
			7. 조경설계도서 작성	1. 조경설계도면 작성 2. 조경 공사비 산출 3. 조경공사 시방서 작성
		5. 조경식물	1. 조경식물 파악	1. 조경식물의 성상별 종류 2. 조경식물의 분류 3. 조경식물의 외형적 특성 4. 조경식물의 생리·생태적 특성 5. 조경식물의 기능적 특성 6. 조경식물의 규격

필 기 과목명	출제 문제수	주요항목	세 부 항 목	세 세 항 목
		6. 기초 식재 공사	1. 굴취	1. 수목뿌리의 특성 2. 뿌리분의 종류 3. 굴취공정 4. 뿌리분 감기 5. 뿌리 절단면 보호 6. 굴취 후 운반
			2. 수목 운반	1. 수목 상하차작업 2. 수목 운반작업 3. 수목 운반상 보호조치 4. 수목 운반장비와 인력 운용
			3. 교목 식재	1. 교목의 위치별, 기능별 식재방법 2. 교목식재 장비와 도구 활용방법
			4. 관목 식재	1. 관목의 위치별, 기능별 식재방법 2. 관목식재 장비와 도구 활용방법
			5. 지피 초화류 식재	1. 지피 초화류의 위치별, 기능별 식재방법 2. 지피 초화류식재 장비와 도구 활용방법
		7. 잔디식재공사	1. 잔디 시험시공	1. 잔디 시험시공의 목적 2. 잔디의 종류와 특성 3. 잔디 파종법과 장단점 4. 잔디 파종 후 관리
			2. 잔디 기반 조성	1. 잔디 식재기반 조성 2. 잔디 식재지의 급·배수 시설 3. 잔디 기반조성 장비의 종류
			3. 잔디 식재	1. 잔디의 규격과 품질 2. 잔디 소요량 산출 3. 잔디식재 공법 4. 잔디식재 후 관리
			4. 잔디 파종	1. 잔디 파종시기 2. 잔디 파종방법 3. 잔디 발아 유지관리 4. 잔디 파종 장비와 도구
		8. 실내조경공사	1. 실내조경기반 조성	1. 실내환경 조건 2. 실내 조경시설 구조 3. 실내식물의 생태적·생리적 특성 4. 실내조명과 조도 5. 방수공법 6. 방근재료
			2. 실내녹화기반 조성	1. 실내녹화기반의 역할과 기능 2. 인공토양의 특성과 품질 3. 실내녹화기반시설 위치 선정
			3. 실내조경시설·점경물 설치	1. 실내조경 시설과 점경물의 종류 2. 실내조경 시설과 점경물의 설치
			4. 실내식물 식재	1. 실내식물의 장소와 기능별 품질 2. 실내식물 식재시공 3. 실내식물의 생육과 유지관리

필 기 과목명	출제 문제수	주요항목	세 부 항 목	세 세 항 목
		9. 조경인공재료	1. 조경인공재료 파악	1. 조경인공재료의 종류 2. 조경인공재료의 종류별 특성 3. 조경인공재료의 종류별 활용 4. 조경인공재료의 규격
		10. 조경시설물 공사	1. 시설물 설치 전 작업	1. 시설물의 수량과 위치 파악 2. 현장상황과 설계도서 확인
			2. 측량 및 토공	1. 토양의 분류 및 특성 (지형묘사, 등고선, 토량변화율 등) 2. 기초측량 3. 정지 및 표토복원 4. 기계장비의 활용
			3. 안내시설물 설치	1. 안내시설물의 종류 2. 안내시설물 설치위치 선정 3. 안내시설물 시공방법
			4. 옥외시설물 설치	1. 옥외시설물의 종류 2. 옥외시설물 설치위치 선정 3. 옥외시설물 시공방법
			5. 놀이시설 설치	1. 놀이시설의 종류 2. 놀이시설 설치위치 선정 3. 놀이시설 시공방법
			6. 운동시설 설치	1. 운동시설의 종류 2. 운동시설 설치위치 선정 3. 운동시설 시공방법
			7. 경관조명시설 설치	1. 경관조명시설의 종류 2. 경관조명시설 설치위치 선정 3. 경관조명시설 시공방법
			8. 환경조형물 설치	1. 환경조형물의 종류 2. 환경조형물 설치위치 선정 3. 환경조형물 시공방법
			9. 데크시설 설치	1. 데크시설의 종류 2. 데크시설 설치위치 선정 3. 데크시설 시공방법

필 기 과목명	출제 문제수	주요항목	세 부 항 목	세 세 항 목
			10. 펜스 설치	1. 펜스의 종류 2. 펜스 설치위치 선정 3. 펜스 시공방법
			11. 수경시설	1. 수경시설의 종류 2. 수경시설 설치위치 선정 3. 수경시설 시공방법
			12. 조경석(인조암) 설치	1. 조경석(인조암)의 종류 2. 조경석(인조암) 설치위치 선정 3. 조경석(인조암) 시공방법
			13. 옹벽 등 구조물 설치	1. 옹벽 등 구조물의 종류 2. 옹벽 등 구조물 설치위치 선정 3. 옹벽 등 구조물 시공방법
			14. 생태조경 설치 (빗물처리시설, 생태못, 인공습지, 비탈면, 훼손지, 생태숲)	1. 생태조경의 종류 2. 생태조경 설치위치 선정 3. 생태조경 시공방법
		11. 조경포장공사	1. 조경 포장기반 조성	1. 배수시설 및 배수체계 이해 2. 조경 포장기반공사의 종류 3. 조경 포장기반공사 공정순서 4. 조경 포장기반공사 장비와 도구
			2. 조경 포장경계 공사	1. 조경 포장경계공사의 종류 2. 조경 포장경계공사 방법 3. 조경 포장경계공사 공정순서 4. 조경 포장경계공사 장비와 도구
			3. 친환경흙포장 공사	1. 친환경흙포장공사의 종류 2. 친환경흙포장공사 방법 3. 친환경흙포장공사 공정순서 4. 친환경흙포장공사 장비와 도구
			4. 탄성포장 공사	1. 탄성포장공사의 종류 2. 탄성포장공사 방법 3. 탄성포장공사 공정순서 4. 탄성포장공사 장비와 도구
			5. 조립블록 포장 공사	1. 조립블록포장공사의 종류 2. 조립블록포장공사 방법 3. 조립블록포장공사 공정순서 4. 조립블록포장공사 장비와 도구

필 기 과목명	출제 문제수	주요항목	세 부 항 목	세 세 항 목
			6. 조경 투수포장 공사	1. 조경 투수포장공사의 종류 2. 조경 투수포장공사 방법 3. 조경 투수포장공사 공정순서 4. 조경 투수포장공사 장비와 도구
			7. 조경 콘크리트 포장 공사	1. 조경 콘크리트포장공사의 종류 2. 조경 콘크리트포장공사 방법 3. 조경 콘크리트포장공사 공정순서 4. 조경 콘크리트포장공사 장비와 도구
		12. 조경공사 준공 전 관리	1. 병해충 방제	1. 병해충 종류 2. 병해충 방제방법 3. 농약 사용 및 취급 4. 병충해 방제 장비와 도구
			2. 관배수관리	1. 수목별 적정 관수 2. 식재지 적정 배수 3. 관배수 장비와 도구
			3. 토양관리	1. 토양상태에 따른 수목 뿌리의 발달 2. 물리적 관리 3. 화학적 관리 4. 생물적 관리
			4. 시비관리	1. 비료의 종류 2. 비료의 성분 및 효능 3. 시비의 적정시기와 방법 4. 비료 사용 시 주의사항 5. 시비 장비와 도구
			5. 제초관리	1. 잡초의 발생시기와 방제방법 2. 제초제 방제 시 주의 사항 3. 제초 장비와 도구
			6. 전정관리	1. 수목별 정지전정 특성 2. 정지전정 도구 3. 정지전정 시기와 방법
			7. 수목보호조치	1. 수목피해의 종류 2. 수목 손상과 보호조치
			8. 시설물 보수 관리	1. 시설물 보수작업의 종류 2. 시설물 유지관리 점검리스트

필 기 과목명	출제 문제수	주요항목	세 부 항 목	세 세 항 목
		13. 일반 정지전정관리	1. 연간 정지전정 관리계획 수립	1. 정지전정의 목적 2. 수종별 정지전정계획 3. 정지전정 관리 소요예산
			2. 굵은 가지치기	1. 굵은 가지치기 시기 2. 굵은 가지치기 방법 3. 굵은 가지치기 장비와 도구 4. 상처부위 보호 5. 굵은 가지치기 작업 후 관리
			3. 가지 길이 줄이기	1. 가지 길이 줄이기 시기 2. 가지 길이 줄이기 방법 3. 가지 길이 줄이기 장비와 도구 4. 가지 길이 줄이기 작업 후 관리
			4. 가지 솎기	1. 가지 솎기 대상 가지 선정 2. 가지 솎기 방법 3. 가지 솎기 장비와 도구 4. 가지 솎기 작업 후 관리
			5. 생울타리 다듬기	1. 생울타리 다듬기 시기 2. 생울타리 다듬기 방법 3. 생울타리 다듬기 장비와 도구 4. 생울타리 다듬기 작업 후 관리
			6. 가로수 가지치기	1. 가로수의 수관 형상 결정 2. 가로수 가지치기 시기 3. 가로수 가지치기 방법 4. 가로수 가지치기 장비와 도구 5. 가로수 가지치기 작업 후 관리 6. 가로수 가지치기 작업안전수칙
			7. 상록교목 수관 다듬기	1. 상록교목 수관 다듬기 시기 2. 상록교목 수관 다듬기 방법 3. 상록교목 수관 다듬기 장비와 도구 4. 상록교목 수관 다듬기 작업 후 관리
			8. 화목류 정지전정	1. 화목류 정지전정 시기 2. 화목류 정지전정 방법 3. 화목류 정지전정 장비와 도구 4. 화목류 정지전정 작업 후 관리
			9. 소나무류 순 자르기	1. 소나무류의 생리와 생태적 특성 2. 소나무류의 적아와 적심 3. 소나무류 순 자르기 시기 4. 소나무류 순 자르기 방법 5. 소나무류 순 자르기 장비와 도구 6. 소나무류 순 자르기 작업 후 관리

필 기 과목명	출제 문제수	주요항목	세 부 항 목	세 세 항 목
		14. 관수 및 기타 조경관리	1. 관수 관리	1. 관수시기 2. 관수방법 3. 관수장비
			2. 지주목 관리	1. 지주목의 역할 2. 지주목의 크기와 종류 3. 지주목 점검 4. 지주목의 보수와 해체
			3. 멀칭 관리	1. 멀칭재료의 종류와 특성 2. 멀칭의 효과 3. 멀칭 점검
			4. 월동 관리	1. 월동 관리재료의 특성 2. 월동 관리대상 식물 선정 3. 월동 관리방법 4. 월동 관리재료의 사후처리
			5. 장비 유지 관리	1. 장비 사용법과 수리법 2. 장비 유지와 보관 방법
			6. 청결 유지 관리	1. 관리대상지역 청결 유지관리 시기 2. 관리대상지역 청결 유지관리 방법 3. 청소도구
			7. 실내 식물 관리	1. 실내식물 점검 2. 실내식물 유지관리방법 3. 입면녹화시설 점검 4. 입면녹화시설 유지관리방법
		15. 초화류관리	1. 계절별 초화류 조성 계획	1. 초화류 조성 위치 2. 초화류 연간관리계획
			2. 시장 조사	1. 초화류 시장조사계획과 가격조사 2. 초화류의 유통구조
			3. 초화류 시공 도면작성	1. 초화류 식재 소요량 산정 2. 초화류 식재 설계도 작성
			4. 초화류 구매	1. 초화류 구매방법 2. 초화류 반입계획
			5. 식재기반 조성	1. 식재기반 구획경계 2. 객토 등 배양토 혼합
			6. 초화류 식재	1. 시공도면에 따른 초화류 배치 2. 초화류 식재도구
			7. 초화류 관수 관리	1. 초화류 관수시기 2. 초화류 관수방법 3. 초화류 관수장비

필 기 과목명	출제 문제수	주요항목	세 부 항 목	세 세 항 목
			8. 초화류 월동 관리	1. 초화류 월동관리재료 2. 초화류 월동관리재료 설치 3. 초화류 월동관리재료의 사후처리
			9. 초화류 병충해 관리	1. 초화류 병충해 관리 작업지시서 이해 2. 초화류 농약의 구분과 안전관리 3. 초화류 농약조제와 살포
		16. 조경시설물 관리	1. 급배수시설	1. 급배수시설의 점검시기 2. 급배수시설의 유지관리 방법
			2. 포장시설	1. 포장시설의 점검시기 2. 포장시설의 유지관리 방법
			3. 놀이시설물	1. 놀이시설물의 점검시기 2. 놀이시설물의 유지관리 방법
			4. 편의시설	1. 편의시설의 점검시기 2. 편의시설의 유지관리 방법
			5. 운동시설	1. 운동시설의 점검시기 2. 운동시설의 유지관리 방법
			6. 경관조명시설	1. 경관조명시설의 점검시기 2. 경관조명시설의 유지관리 방법
			7. 안내시설물	1. 안내시설물의 점검시기 2. 안내시설물의 유지관리 방법
			8. 수경시설	1. 수경시설의 점검시기 2. 수경시설의 유지관리 방법
			9. 생태조경시설 (빗물처리시설, 생태못, 인공습지, 비탈면, 훼손지, 생태숲)	1. 생태조경시설의 점검시기 2. 생태조경시설의 유지관리 방법

CONTENTS

Ⅲ. 서양의 조경양식

Ⅳ. 현대조경의 경향

Ⅴ. 조경미

CONTENTS

CHAPTER

03 조경재료

Ⅰ. 조경재료의 분류와 특징

Ⅱ. 식물재료

Ⅲ. 인공재료

CHAPTER

04 조경계획 및 설계

CONTENTS

CHAPTER

06 조경관리

Ⅰ. 조경관리 계획

Ⅱ. 조경수목의 관리

Ⅲ. 잔디밭과 화단관리

CONTENTS

CHAPTER

07 과년도 기출문제

■ 과년도 기출문제

■ CBT 복원문제

CONTENTS

별책부록 CBT대비 최신빈출 200선

쿠폰15회 CBT대비 15회 실전테스트

■ 홈페이지(www.bestbook.co.kr)에서 필기시험 문제를 CBT 모의 TEST로 체험하실 수 있습니다.

제1장
조경일반

01. 조경의 개념과 대상

조경의 개념과 대상

01 조경의 개념

① 조경(造景)이란 정원을 포함한 옥외공간을 조형적으로 다루는 일로 외부 공간을 쾌적하고 아름답게 조성하는 전문분야

② 조경에 대한 개념은 국가와 시대에 따라 차이가 있으며 그 시대와 사회적 요구에 부응하기 위하여 계속 발전

③ 협의의 조경 - 집 주변의 옥외공간, 광의의 조경 - 광범위한 옥외공간 건설에 적극 참여

1. 조경의 개념

① 조경의 기원과 발달

㉠ 조경의 역사는 인류가 정주생활을 시작한 원시시대부터 시작되었다고 할 수 있으며, 초기의 조경 기술은 왕 또는 귀족 계급의 궁전과 저택 정원을 중심으로 발달하였다.

㉡ 산업혁명 이후 도시화가 빠르게 진행되면서 도시 환경의 악화가 문제되기 시작하고, 이로 인해 도시 내에 녹지 또는 자연경관을 조성하고자 하는 노력이 시작되었다.

㉢ 이 결과 미국 뉴욕의 중심부에 센트럴파크(Central Park)가 만들어지면서 도시 공원이 보편화되기 시작하고, 도시공원의 조성에 많은 조경가들이 참여하게 되었다.

㉣ 조경 기술자는 단순히 주택의 정원뿐만 아니라 공원, 아파트 단지, 학교, 광장, 공업단지 등 광범위한 옥외공간 설계에 토목, 건축, 도시계획 등의 전문가와 공동으로 참여하게 되었다.

㉤ 분야가 다양해지면서 새로운 욕구에 부응할 수 있는 보다 넓은 개념의 새로운 전문 분야가 필요하게 되었는데, 이것이 근대적 의미의 조경학(Landscape architecture)이 시작된 직접적인 동기가 된다.

㉥ 조경의 개념은 국가와 시대에 따라 변하고 있으며, 원시시대에는 자연환경에 순응하며 실용적이며 간단한 변화를 시도했었고, 고대 이후부터는 좀 더 적극적으로 자연을 변화시키며 인간의 의지를 표현하고자 노력하였다.

㉦ 근세 이전은 주로 개인의 정원에 국한된 사적(Private)인 조경이 발전해 왔으나, 오늘날에는 도시공원, 녹지와 같은 공적(Public)인 조경을 중심으로 발전해 가고 있다.

② 우리나라 건설부(국토교통부) 조경설계기준(1975년) 출제

조경이란 '문자 그대로 경관을 조성하는 예술이다. 그러나 이것은 조각가나 화가가 만들어내는 하나의 그림과는 확연히 다른 것으로, 이는 인간이 이용하는 모든 옥외공간과 토지를 이용하여 개발·창조함에 있어서 보다 기능적이고 경제적이며 시각적인 환경을 조성하고 보존하는 생태적인 예술성을 띤 종합과학예술'

1

조경일반

2. 조경의 뜻

① 조경(造景)이란 경관을 조성하는 전문분야로 '조경가(Landscape architecture)'라는 말은 미국의 옴스테드(Olmsted, Fredrick Law)가 처음으로 사용

② 옴스테드(1856년) 출제

㉠ 조경이라는 용어 처음 사용

㉡ 조경의 학문적 영역을 정립하고 '조경가(Landscape architect)'라는 말을 처음 사용

㉢ 조경이라는 전문 직업은 '자연과 인간에게 봉사하는 분야'라고 정의

㉣ 1856년에 뉴욕시의 센트럴파크를 설계할 당시 사용되던 정원사(Landscape gardener)라는 말이 정원만을 대상으로 하는 좁은 뜻을 지니고 있어 다양한 전문성을 대변하는데 한계가 있다고 생각했다. 자신의 작업이 예술성을 지닌 실용적이고 기능적인 생활환경을 만든다는 측면에서 건축가의 작업과 많은 유사성을 지니고 있다고 하여 경관 건축가 즉 조경가라고 부르게 됨

㉤ 근대 조경학은 미국에서 시작되었고, 옴스테드는 근대 조경학의 선구자로 불리고 있음

③ 근대적 의미의 조경교육 출제

㉠ 1900년대 미국 하버드 대학에 조경학과 신설 - 근대적 의미의 조경교육 처음 시작 : 근대의 조경학은 미국에서 시작되었다.

㉡ 1970년대 "조경" 용어 사용 시작

㉢ 1973년 서울대학교, 영남대학교에 조경학과 신설

㉣ 1973년 서울대학교 환경대학원 신설

④ 미국조경가협회(ASLA, American Society of Landscape Architects) - 1899년 창설 출제

㉠ 1909년 '조경은 인간의 이용과 즐거움을 위하여 토지를 다루는 기술'이라 정의

㉡ 1975년 조경은 '실용성과 즐거움을 줄 수 있는 환경조성에 목적을 두고 자원의 보전과 효율적 관리를 도모하며, 문화적 및 과학적 지식의 응용을 통하여 설계·계획하고, 토지를 관리하며 자연 및 인공요소를 구성하는 기술'

㉢ 그 후 시대적 상황의 변화와 사회적 수요를 반영하여 조경을 재정의 하고, 1990년대 이르러 조경을 "자연환경과 인공환경의 연구, 계획, 설계, 시공, 관리 등을 위하여 예술적, 과학적 원리를 적용하는 전문 분야"라고 정의

⑤ 일본

㉠ 조경이라는 용어를 사용하지 않고 전통적으로 사용해오던 "조원(造園)"이라는 용어를 사용

㉡ 조원이란, 넓게는 '지구상의 표면에 자연재료를 이용하여 무엇인가를 위해 아름답게 만드는 것'을 의미하며, 좁게는 '자연을 이용한 인간의 작품'을 의미한다. 즉, 조원의 개념을 조경의 개념과 동일하게 사용

⑥ 동양 3국 및 미국의 '조경용어' 비교 출제

㉠ 한국 - 조경(造景)

㉡ 중국·북한 - 원림(園林)

㉢ 일본 - 조원(造園)

㉣ 미국 - Landscape Architecture

POINT

① 조경(造景, Landscape architecture) : 경관을 조성하는 전문 분야
② 조경가(造景家, Landscape architect) : 경관을 조성하는 전문가
③ 정원사(庭園師, Landscape gardener) : 정원을 조성하거나 관리하는 전문가
④ 조원(造園) : 정원을 조성하는 전문 분야로, 일본에서는 '조원'을 '조경'과 동의어로 사용

02 조경의 대상

1. 조경의 대상

① 자연 및 인조공간을 포함한 광범위한 옥외공간으로 주택정원에서부터 아파트, 공업단지, 학교, 도시공원 및 녹지, 자연공원, 관광지 등에 이르기까지 광범위 하고, 사적인 공간에서부터 공적인 공간에 이르기까지 다양한 규모를 가진다.

② 기능별 구분

㉠ 정원 : 주택정원, 아파트 등 공동주거단지와 학교정원, 옥상정원, 실내정원 등

㉡ 도시공원과 녹지 : 어린이공원, 근린공원, 묘지공원, 도시자연공원, 체육공원, 완충녹지, 경관녹지, 광장 등

㉢ 자연공원 : 국립공원, 도립공원, 군립공원, 천연기념물보호구역 등

㉣ 문화재 : 목조와 석조 건축물, 궁궐 터, 전통민가, 사찰, 성터, 고분 등의 사적지

㉤ 위락관광시설 : 골프장, 야영장, 경마장, 스키장, 해수욕장, 관광농원, 휴양지, 삼림욕장, 낚시터, 유원지 등

㉥ 기타 시설 : 공업단지, 고속도로, 자전거도로, 보행자 전용도로 등

③ 수행과정 : 계획 → 설계 → 시공 → 관리 출제

㉠ 조경계획 : 자료의 수집, 분석, 종합

㉡ 조경설계 : 자료를 활용하여 3차원적 공간을 창조

㉢ 조경시공 : 공학적 지식과 생물을 다루는 특별한 기술을 요구

㉣ 조경관리 : 식생과 시설물의 이용관리

2. 조경가의 역할

사생활의 쾌적성 추구와 향상된 환경의 구현에 관심, 예술적 소질이 있어 창조력을 발휘하고 식물의 생리, 형태와 재배 및 관리를 할 수 있어야 한다.

① 조경계획 및 평가

㉠ 생태학과 자연과학 기초

㉡ 토지의 평가와 그에 대한 용도상의 적합도 및 능력 판단

㉢ 토지이용계획 등을 개발

② 단지계획

㉠ 대지분석과 종합, 이용자 분석

㉡ 자연요소와 시설물을 기능적 관계나 대지의 특성에 맞추어 배치

㉢ 토지 위에 주택, 상업시설, 공장 등 일정한 건물과 부속 시설을 건설하기 위한 종합적인 계획

③ 조경설계

㉠ 식재, 포장, 분수 등과 같은 한정된 문제를 해결

㉡ 구성요소, 재료와 수목 등을 선정하여 기능적이고 미적인 3차원적 공간을 구체적으로 창조하는데 초점을 두어 세부적인 설계로 발전시키는 것

④ 조경시공

조경식재시공, 시설물시공, 수경시설 시공, 법면녹화 및 생태복원 시공

⑤ 조경관리

㉠ 정원, 주거단지, 공원, 관공서, 아파트 등의 조경수목 일반 관리

㉡ 자연공원, 유원지, 휴양지 등의 자연자원과 시설 및 이용자 관리

㉢ 천연기념물, 보호수 등의 수목보호와 관리

3. 조경전공 전문가의 직업 진로

조경학과 관련된 직업 진로는 조경설계기술자, 조경시공기술자, 조경관리기술자로 구분

구 분	직무내용	진로분야
조경설계기술자	도면제도, 전산응용설계(CAD) 기본계획수립, 세부디자인, 스케치 물량산출 및 시방서 작성, 시공감리	종합 및 전문 엔지니어링 회사 조경설계사무소 건축설계사무소
조경시공기술자	공사업무, 식재공사시공, 시설물 공사시공 설계변경, 적산 및 견적 조경시설물 및 자재의 생산	조경식재 전문공사업체 조경시설물 전문공사업체 건설 회사
조경관리기술자	조경수목 생산 및 관리, 병충해 방제 피해수목 보호 및 처리, 전정 및 시비 공원녹지 관리 행정	수목생산농장 식물병원, 골프장 관리 공원녹지 관련 공무원

나만의 서브노트

1. 조경(造景)이란 정원을 포함한 옥외공간을 조형적으로 다루는 일

2. 옴스테드(1856년)는 미국 뉴욕시의 센트럴파크를 설계할 때 처음으로 경관 건축가라는 뜻으로 '조경가'라는 말을 처음으로 사용하였고, 일본에서는 조경 대신에 '조원(造園)'이라는 용어를 사용

3. 미국조경가협회(ASLA)의 조경 정의

   ㉠ 1909년 조경은 '인간의 이용과 즐거움을 위하여 토지를 다루는 기술'

   ㉡ 1975년 조경은 '실용성과 즐거움을 줄 수 있는 환경조성에 목적을 두고 자원의 보전과 효율적 관리를 도모하며, 문화적 및 과학적 지식의 응용을 통하여 설계・계획하고, 토지를 관리하며 자연 및 인공요소를 구성하는 기술'

4. 1900년대 미국 하버드 대학 조경학과 신설 – 근대적 의미의 조경교육 처음 시작

5. 1970년대 초반 "조경"이라는 용어 사용 시작

6. 1973년 서울대학교, 영남대학교에 조경학과 신설

7. 조경용어 – 한국 : 조경(造景), 중국・북한 : 원림(園林), 일본 : 조원(造園)
   미국 : Landscape Architecture

8. 조경의 대상

   자연 및 인조공간을 포함한 광범위한 옥외공간을 포함하며 기능별로 정원, 도시공원과 녹지, 자연공원, 문화재, 위락관광시설 등이 있다.

9. 조경의 수행단계 : 계획 → 설계 → 시공 → 관리

   ㉠ 조경계획 : 자료의 수집, 분석, 종합

   ㉡ 조경설계 : 자료를 활용하여 3차원적 공간을 창조

   ㉢ 조경시공 : 공학적 지식과 생물을 다루는 특별한 기술을 요구

   ㉣ 조경관리 : 식생과 시설물의 이용관리

출제예상문제

01. 조경의 근본 개념은?

① 옥내 경관의 위락적 창조
② 옥외공간의 개조
③ 자연의 보전 및 기능의 도입
④ 옥외 공간에 대한 인공미의 창조

02. 조경의 개념에 대한 설명과 거리가 먼 것은?

① 외부공간을 취급하는 계획 및 설계
② 토지를 미적, 경제적으로 조성하는 기술
③ 환경을 이해하고 보호하는 전문분야
④ 수목을 육종하고 산림을 경영하는 전문분야

조경의 개념은 수목을 육종하고 산림을 경영하는 전문분야와는 관계가 멀다.

03. 조경의 역할이라 볼 수 없는 것은?

① 경관의 유기적 구성
② 부지의 선정
③ 생태계의 단순화 촉진
④ 환경의 보존과 개발

조경이 생태계의 단순화를 촉진시키기 보다는 환경을 보호한다.

04. 조경분야와 건축분야가 가장 밀접하게 협력해야 할 공통 관심분야인 것은?

① 실내장식
② 건물 주변공간(Exterior Space)의 설계
③ 모든 옥외공간(Outdoor Space)의 설계
④ 국립공원 등 자연공간의 설계

05. 도심지의 조경대상이 되는 것은?

① 골프장 ② 녹지대
③ 유원지 ④ 묘지

06. 조경계획이 추진될 때 가장 고려해야 할 사항은?

① 현존환경과 조경이 끝난 후 형성될 장래 환경의 내용을 배려
② 현실의 인간 생활공간 기능 배치만 주력
③ 주변의 공간생활 확보에 주안을 두어 비생물적이고 정적인 공간 구조에 배려
④ 거시적인 자연환경에 중심적인 배려

조경계획시 항상 자연환경에 대한 배려가 먼저 이루어져야 한다.

07. 조경가(Landscape Architect)라는 말을 처음으로 사용한 사람은?

① 르노트르 ② 옴스테드
③ 미켈로조 ④ 브릿지맨

미켈로조는 이탈리아 정원 빌라 메디치의 설계자이다. 브릿지맨은 영국의 하하개념의 도입자이자 스토우원 설계가이다.

08. 근대적 의미의 조경교육에 대한 설명 중 틀린 것은?

① 1900년 미국 하버드 대학에 조경학과 신설
② 1969년 우리나라 서울대학교에 조경학과 신설
③ 1973년 우리나라 영남대학교에 조경학과 신설
④ 1973년 우리나라 서울대학교에 환경대학원 신설

1973년 서울대학교에 조경학과 신설

정답 1③ 2④ 3③ 4② 5② 6④ 7② 8②

09. 동양 3국의 용어를 예로 든 것 중 틀린 것은?

① 한국 - 조경 ② 북한 - 원림
③ 중국 - 조원 ④ 일본 - 조원

중국 - 원림(園林)

10. 조경분야를 프로젝트 수행단계별로 바르게 나열한 것은?

① 시공 - 관리 - 설계 - 계획
② 설계 - 시공 - 관리 - 계획
③ 계획 - 시공 - 설계 - 관리
④ 계획 - 설계 - 시공 - 관리

11. 조경 디자인에 있어서 가장 고려해야 할 사항은?

① 상황인식 ② 분석
③ 평가 ④ 종합

12. 우리나라에서 조경의 필요성과 용어를 처음 사용하기 시작한 때는?

① 1950년대 ② 1960년대
③ 1970년대 ④ 1980년대

1970년대 경관관리의 필요성을 느끼게 되어 조경이라는 용어를 사용

13. 다음 조경의 효과 중 틀린 것은?

① 소음차단 ② 대기오염의 증가
③ 공기정화 ④ 음향조절

조경은 대기오염의 감소효과를 가져온다.

14. 조경의 역할로 알맞지 않은 것은?

① 시각적으로 아름다움을 제공한다.
② 인공적인 미(美)로 공간을 창조한다.
③ 생활에 쾌적한 환경을 유지한다.
④ 자연과 관계를 개선하고 미(美)를 재현한다.

15. 조경양식의 발달과정으로 올바른 것은?

① 노단건축식 - 평면기하학식 - 자연풍경식 - 구성식
② 평면기하학식 - 자연풍경식- 구성식 - 노단건축식
③ 자연풍경식- 구성식 - 노단건축식 - 평면기하학식
④ 구성식 - 자연풍경식 - 평면기하학식 - 노단건축식

노단건축식 : 이탈리아, 평면기하학식 : 프랑스, 자연풍경식 : 영국, 구성식 : 독일

16. 조경의 뜻으로 가장 알맞은 것은?

① 정원을 만드는 일
② 자연을 보호하는 일
③ 경관을 보존, 정비, 이용하는 일
④ 국토를 개발하는 일

17. 미국 조경가 협회에서 조경은 실용성과 즐거움, 자원의 보전과 효율적 관리, 문화적인 지식의 응용을 통하여 설계, 계획하고 토지를 관리하며, 자연 및 인공요소를 구성하는 기술이라고 새롭게 정의를 내린 연도는?

① 1909년 ② 1975년
③ 1945년 ④ 1858년

정답 9③ 10④ 11② 12③ 13② 14② 15① 16③ 17②

제2장
조경의 양식

01 조경의 양식과 발생요인

01 정원양식의 분류

정원양식은 크게 정형식 정원(건축식, 기하학식), 자연식 정원(풍경식, 자연풍경식), 절충식 정원으로 분류한다.

1. 정형식 정원(整形式 庭園)

① 특징

㉠ 서아시아와 유럽 지역에서 발달

㉡ 건물에서 뻗어 나가는 강한 축을 중심으로 좌우 대칭형으로 구성

㉢ 형식을 포함한 기하학식 정원

② 종류

㉠ 평면기하학식 : 평야지대에서 발달, 프랑스 정원이 대표적

㉡ 노단식 : 경사지에서 발달, 이탈리아 정원이 대표적, 경사지에 계단식 처리

㉢ 중정식 : 건물로 둘러싸인 내부, 소규모 분수나 연못 중심, 스페인 정원이 대표적

그림. 정형식 정원 '베르사이유 궁원'(프랑스)

그림. 정형식 정원 '베르사이유 궁원'(프랑스)

2. 자연식 정원(自然式 庭園)

① 특징

㉠ 동아시아에서 발달한 양식으로 정원 구성에서 자연적 형태를 이용

㉡ 자연을 모방하거나 축소하여 자연적 형태로 정원을 조성

㉢ 주변을 돌아 볼 수 있는 산책로를 만들어 다양한 경관을 즐기도록 함

② 종류

㉠ 전원풍경식 : 넓은 잔디밭을 이용한 전원적이며 목가적인 자연풍경으로 영국, 독일이 대표적

㉡ 회유임천식 : 일본 정원이 대표적으로 숲과 깊은 굴곡의 수변을 이용하여 곳곳에 다리를 설치

㉢ 고산수식 : 불교의 영향으로 물을 전혀 사용하지 않고 나무, 바위, 왕모래 사용

그림. 자연식 정원(일본)

그림. 절충식 정원(전북 정읍)

3. 절충식 정원

① 정형식 + 자연식 정원

② 조경의 실용성을 중요시한 정형적인 구성 내에 자연적인 요소를 도입하여 실용성과 자연성을 절충한 조경 양식

02 정원양식의 발생요인

1. 자연적 요인

① 기후

비, 바람, 기온 등 기후적 영향을 바람직한 방향으로 조절해 주는 역할

② 지형 : 가장 중요한 요소 출제

㉠ 정원 형태에 가장 큰 영향을 끼침
㉡ 이탈리아 : 경사지로 이루어진 지형을 잘 활용하여 노단식 정원양식을 발전
㉢ 프랑스 : 평탄지로 이루어진 지형을 이용하여 평면기하학식 정원양식을 발전

③ 그 밖의 요인

㉠ 식물, 토질, 암석 등의 요인
㉡ 식물과 토질은 기후 및 지형과 밀접한 관계

2. 사회적 요인

① 사상과 종교

㉠ 동양
- 신선사상의 영향 : 불로장생한다는 신선의 거처를 현실화시키고자 한 것으로 궁남지와 안압지가 대표적인 예

㉡ 서양
- 중세 시대 수도원 정원
- 이슬람 국가에서는 손을 씻거나 목욕을 위한 물을 도입한 정원이 발달

② 역사성

고대의 담으로 둘러싸인 주택 정원 그리고 중세 성곽과 해자로 둘러싸인 성곽 정원은 외부의 침입으로부터 방어하기 위한 폐쇄적인 정원

③ 민족성, 국민성

㉠ 영국에서 목가적인 전원생활을 좋아하고 전통을 고수하려는 민족성으로 인해 자연 풍경식 정원이 발달
㉡ 일본 고산수정원은 축소 지향적인 일본의 민족성을 나타냄

④ 그 밖의 요인

정치, 경제, 건축, 예술, 과학기술 등

POINT

① 정원양식의 분류 : 정형식(건축식, 기하학식) 정원, 자연식(풍경식, 자연풍경식) 정원, 절충식 정원
② 절충식 정원 : 정형식 정원 + 자연식 정원
③ 자연환경요인에서 지형이 가장 중요한 요소
④ 자연환경요인 : 기후, 지형, 식물, 토질, 암석 등
⑤ 사회환경요인 : 종교, 민족성, 역사성, 정치, 경제, 건축, 교통, 예술 등

02 동양의 조경양식

동양식 조경 : 음향오행설, 자연숭배, 신선설의 영향

01 한국 조경사 개요

<table>
<tr><th colspan="2">시 대</th><th colspan="6">대 표 작 품</th></tr>
<tr><td colspan="2">고조선</td><td colspan="6">유(囿) : 대동사강에 기록된 우리나라 최초의 정원. 금수를 기르던 곳으로 중국에서 유래</td></tr>
<tr><td rowspan="3">삼국</td><td>고구려</td><td colspan="6">동명왕릉의 진주지, 안학궁 정원(못은 자연곡선으로 윤곽처리), 장안성</td></tr>
<tr><td>백제</td><td colspan="6">임류각(경관조망), 궁남지(무왕의 탄생설화), 석연지(정원 첨경물)</td></tr>
<tr><td>신라</td><td colspan="6">황룡사 정전법(격자형 가로망 계획)</td></tr>
<tr><td colspan="2" rowspan="4">통일신라</td><td colspan="6">임해전지원(안압지) – 신선사상을 배경으로 한 해안풍경을 묘사한 정원</td></tr>
<tr><td colspan="6">포석정의 곡수거 – 왕희지의 난정고사 유상곡수연</td></tr>
<tr><td colspan="6">사절유택 – 귀족들의 별장</td></tr>
<tr><td colspan="6">최치원 은둔생활로 별서풍습 시작</td></tr>
<tr><td colspan="2" rowspan="5">고려</td><td rowspan="3">궁궐정원</td><td colspan="4">구영각지원(동지) – 공적기능의 정원</td><td rowspan="5">① 강한대비,
사치스러운 양식

② 관상위주의 정원</td></tr>
<tr><td colspan="4">격구장 – 동적기능의 정원</td></tr>
<tr><td colspan="4">화원, 석가산정원(중국에서 도입)</td></tr>
<tr><td>민간정원</td><td colspan="4">문수원 남지, 이규보의 사륜정</td></tr>
<tr><td>객관정원</td><td colspan="4">순천관(고려조의 가장 대표적인 것)</td></tr>
<tr><td colspan="2" rowspan="17">조선</td><td rowspan="12">궁궐정원</td><td rowspan="4">경복궁</td><td>경회루지원</td><td colspan="2">공적기능의 정원(방지방도)</td><td rowspan="17">① 한국의 색채가
농후한 것으로 발달

② 풍수지리설의 영향
으로 택지선정에
영향을 받아 후원이
발달</td></tr>
<tr><td>아미산원
(교태전후원)</td><td colspan="2">왕비의 사적정원(계단식 후원)</td></tr>
<tr><td>향원정지원</td><td colspan="2">방지원도</td></tr>
<tr><td>자경전의 화문장</td><td colspan="2">화문장과 십장생 굴뚝</td></tr>
<tr><td rowspan="6">창덕궁</td><td rowspan="4">후원(비원)</td><td>부용정역</td><td>방지원도</td></tr>
<tr><td>애련정역</td><td>계단식화계</td></tr>
<tr><td>반월지역</td><td>반월지상의 곡선형</td></tr>
<tr><td>옥류천역</td><td>후정의 가장 안쪽 위치
곡수거와 인공폭포</td></tr>
<tr><td>낙선재후원</td><td colspan="2">계단식 후원</td></tr>
<tr><td>대조전후원</td><td colspan="2">화계</td></tr>
<tr><td>창경궁</td><td colspan="3">통명전</td></tr>
<tr><td>덕수궁</td><td colspan="3">석조전 – 우리나라 최초의 서양식 건물
침상원 – 우리나라 최초의 유럽식 정원</td></tr>
<tr><td rowspan="5">민간정원</td><td>주택정원</td><td colspan="3">유교사상 영향, 남・녀를 엄격히 구분</td></tr>
<tr><td>별서정원</td><td colspan="3">양산보 소쇄원, 윤선도 부용동 원림, 정약용의 다산정원</td></tr>
<tr><td>별업정원</td><td colspan="3">윤개보 조석루원</td></tr>
<tr><td>누정원림</td><td colspan="3">광한루지원, 활래정지원(방지방도), 명옥헌원,
전신민의 독수정원림</td></tr>
<tr><td>별당정원</td><td colspan="3">서석지원, 하환정 국담원(방지방도), 다산초당원림</td></tr>
</table>

1. 한국 조경의 특징 출제

① 공간 처리에 있어서 직선(예 : 경복궁)을 디자인의 기본으로 함 – 예외 : 안압지(직선 + 곡선)

② 신선사상을 배경으로 함(예 : 경회루, 남원 광한루, 백제 궁남지, 백제 정림사, 백제 미륵사지, 신라 안압지)

③ 정원은 수심양성의 장

④ 계단상의 후원(後園) 또는 화계(花階)를 만들었음

⑤ 공간 구성이 단조롭다.

⑥ 원림속의 풍류적인 멋을 찾을 수 있다.

⑦ 수목을 낙엽활엽수로 식재하여 계절변화 즐김

⑧ 자연과의 일체감 형성 : 정원이 자연의 일부

⑨ 정원의 연못형태와 구성이 단조로움 – 직선적인 방지를 기본으로 한다.

예제 1

다음 중 한국 조경의 특징이 아닌 것은?

① 신선사상을 배경으로 함
② 직선과 곡선을 혼합
③ 정원이 자연의 일부라 생각함
④ 공간 구성이 단조롭다

정답 : ②

해설 직선과 곡선을 혼합한 것은 중국 조경의 특징으로 한국 조경 중 안압지는 예외적으로 직선과 곡선을 포함한 형태이다.

예제 2

다음 정원 중 시대적인 배열이 맞게 된 것은?

① 임류각 → 궁남지 → 석연지 → 포석정
② 임류각 → 석연지 → 궁남지 → 포석정
③ 궁남지 → 임류각 → 석연지 → 포석정
④ 궁남지 → 석연지 → 임류각 → 포석정

정답 : ①

해설 임류각(백제 동성왕, 500년)
궁남지(백제 무왕, 634년)
석연지(백제)
포석정(통일신라, 927년)

02 시대별 한국 조경사

1. 고조선시대

① 대동사강(大東史綱) 제 1권 단씨조선기에 기록

② 노을왕이 유(囿)를 조성하여 새와 짐승을 키웠다는 기록(정원에 관한 최초의 기록)

2. 삼국시대

① 고구려

㉠ 안학궁(427) : 신선사상을 배경으로 한 자연풍경 묘사, 자연풍경식 정원. 자연곡선형의 연못과 인공적인 축산의 형태

㉡ 장안성(평양성)(586) : 중국 수나라의 도성제를 본떠 조영. 4성으로 구분(외성-민가, 중성-관청, 내성-왕궁, 북성-사원 및 군대)

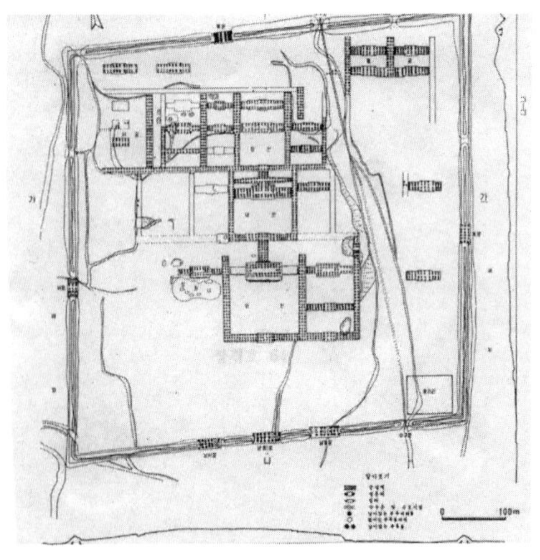

그림. 안학궁

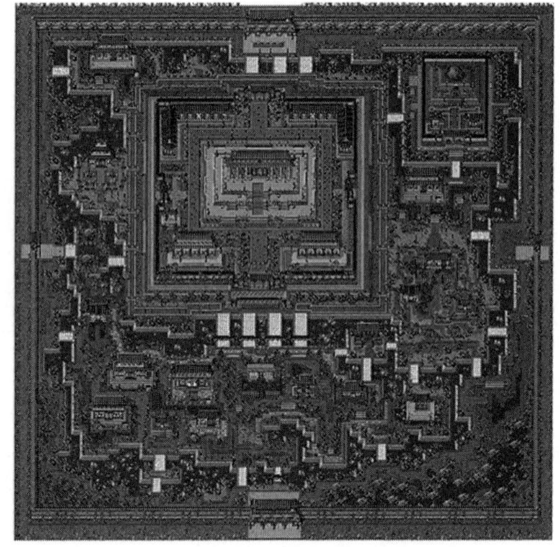

그림. 장안성

② 백제

㉠ 임류각(동성왕 22년, 500)

- 경관조망을 위한 높은 누각으로 궁궐의 후원구실, 사냥 주목적
- 궁 동쪽에 세워 강의 수경과 산야의 조경을 즐긴 위락기능을 함
- 삼국사기에 전각과 임류각 지어 희귀한 새와 짐승을 길렀던 연못이 있었다고 함

㉡ 궁남지(무왕 35년, 634) 출제

- 현존하며 부여에 있음
- 우리나라 최초의 신선사상을 배경으로 한 지원으로 못의 형태는 방형(方形, 네모반듯한 모양)
- 못 주위에는 버드나무 식재, 누각 있음
- 못 안에는 봉래산을 상징하는 방장(섬)이 있고 섬을 향해 다리가 있음

그림. 궁남지

㉢ 석연지(石蓮池) 출제

- 백제 말 의자왕 때 정원용 첨경물로 화강암질의 돌을 둥근 어항과 같은 생김새로 만들어 그 안에 물을 담아 연꽃을 심음(지름 약 18cm, 높이 1m)
- 궁남지를 바라볼 수 있는 곳에 위치
- 조선시대의 세심석으로 발전

㉣ 건축, 토목기술이 일본에 전해짐

- 노자공 : 일본 정원에 대한 최초의 기록. 백제인으로 일본 건너가 수미산과 오교(吳橋)로 이루어진 정원 축조. 일본에 정원 축조수법 전해준 시기(6세기 초엽)

③ 신라

㉠ 신라조경의 최초기록 - 동사강목

㉡ 정전법 - 시가지 가로망 형성 방법, 격자형 구획

㉢ 목단도입(대동사강에 기록)

3. 통일신라시대 출제

① 임해전 지원(안압지, 월지)

㉠ 삼국사기 기록 : 문무왕 674년에 궁 안에 연못을 파고 산을 쌓아 화초를 심고 진귀한 새와 짐승을 길렀다.

㉡ 면적 40,000m^2, 연못 17,000m^2(약 5,100평), 신선사상을 배경으로 한 해안풍경묘사

㉢ 못안의 대(남쪽)·중(북쪽)·소(중앙) 3개의 섬(신선사상) 중 임해전의 동쪽에 가장 큰 섬과 작은 섬이 위치하며 거북모양의 섬이 있고, 석가산은 무산십이봉 상징

㉣ 궁원과 건물 주위에는 담장으로 둘러지며 직선으로 된 연못의 서북쪽 남북축선상에 배치

㉤ 북쪽은 굴곡이 있는 해안형, 동쪽은 돌출하는 반도형, 연못의 남쪽과 서쪽은 직선으로 조성

㉥ 연못의 모양(호안)이 다양하고 주위에는 호안석을 쌓았으며, 바닷가 돌을 배치하여 바닷가의 경관을 조성. 중국의 무산 12봉을 본딴 산을 만들고 화초를 심음

㉦ 임해전은 정원을 바다로 표현하고자 한 구상이며, 직선과 다양한 곡선처리를 함

㉧ 바닥처리는 강회로 다져 놓고 바닷가 조약돌을 전면에 깔아 둠. 2m 내외의 정(井)자형 나무틀에 연꽃 식재

㉨ 기능 : 왕과 신하의 정적위락공간, 동적인 선유공간(연회의 장소, 뱃놀이 장소)

그림. 안압지 조감도

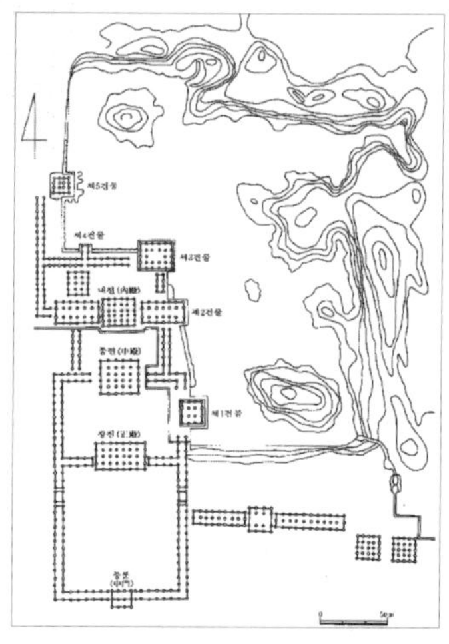

그림. 안압지 평면도

② 포석정

㉠ 왕희지의 난정고사를 본 딴 왕의 공간

㉡ 만들어진 연대 추측할 수 없음

㉢ 유상곡수연(굴곡한 물도랑을 따라 흐르는 물에 잔을 띄워 그 잔이 자기 앞을 지나쳐 버리기 전에 시 한수를 지어 잔을 마셨다는 풍류놀이) 즐김

그림. 포석정

③ 사절유택

㉠ 계절에 따라 자리를 바꾸어 가며 놀이 즐김(귀족의 별장 역할)

㉡ 봄(동야택), 여름(곡양택), 가을(구지택), 겨울(가이택)

4. 고려시대

① 궁궐정원

㉠ 동지(東池) : 왕과 신하의 위락공간

㉡ 화원(화오) : 현재의 화단. 관상목적으로 송, 원으로부터 진기한 나무와 화초 수입

㉢ 석가산 정원 : 예종 11년 경 중국의 석가산이 우리나라에 처음 도입

㉣ 격구장 : 말을 타고 공을 다루는 놀이로 의종이 즐김

② 민간정원

청평사의 문수원 남지(영지)

- 못의 형태 : 북쪽이 넓고 남쪽이 좁은 사다리꼴의 방지로 연못 안에 몇 개의 자연석이 놓임

③ 조경 식물

- 특징 : 낙엽활엽수가 많으며 특히 꽃과 열매 감상하기 위한 것이 대부분

④ 고려시대 정원의 특징 출제

㉠ 강한대비, 호화, 사치스런 양식 발달

㉡ 시각적 쾌감 부여하기 위한 관상위주의 정원 조성

㉢ 괴석에 의한 석가산, 원정, 화원 등 후원이나 별당 배치

㉣ 휴식과 조망을 위한 정자가 정원시설의 일부로서 기능 가짐

㉤ 내원서 : 충렬왕 때 궁궐의 원림 맡아 보는 관서

㉥ 중국 정원역사 가운데 가장 화려했던 송나라의 영향을 받아 화려한 관상위주의 정원을 꾸미고 송나라 시대의 수법을 모방한 화원과 석가산 및 누각 등이 많이 나타남

〈참고〉 : 조선시대 궁궐의 원림 맡아 보는 관서 변천과정
상림원(태조) → 산택사(태종) → 장원서(세조) → 원유사(연산군)

5. 조선시대

① 조선시대 정원의 특징 출제

㉠ 중국 조경양식의 모방에서 벗어나 한국적 색채가 농후하게(짙게) 발달. 정원기법 확립

㉡ 풍수지리설의 영향 : 후원식, 화계식이 발달. 식재의 방위 및 수종 선택

㉢ 자연환경과 조화

㉣ 신선사상 : 삼신상과 십장생의 불로장생. 연못내의 중도 설치

㉤ 음양오행사상 : 정원 연못의 형태는 방지원도

㉥ 후원(後園)이 주가 되는 정원 수법 생김

㉦ 은일사상 성행

㉧ 자연을 존중

㉨ 후원 장식용 : 괴석, 굴뚝, 세심석

㉩ 궁궐침전 후정에서 볼 수 있는 대표적인 것 : 경사지를 이용해 만든 계단식 노단

〈참고〉 연못의 형태 : 방지원도 ○ 방지방도 □

② 궁궐정원

㉠ 경복궁 출제

- 경회루 방지(태종 12년) : 남북 113m × 동서 128m의 방지와 3개의 방도(방지방도, 장방형). 가장 큰 섬에 경회루 건립, 나머지 두 섬엔 소나무 식재. 외국사신의 영접, 궁중의 연회 장소로서 기능. 유락목적 공간(연꽃 감상, 자연 공간 조망, 뱃놀이)

그림. 경회루 전경

- 교태전 후원의 아미산원 : 교태전은 왕비를 위한 사적인 공간으로 평지위에 인공적으로 4단의 화계(꽃계단)가 축조된 아미산원(돌배나무, 말채나무, 쉬나무 등 식재). 시각적 첨경물(석지(石池), 굴뚝(굴뚝 벽면에 십장생 조각), 괴석, 화계)이 있음

그림. 교태전 계단식 후원(아미산)

- 향원정 지원 : 원형에 가까운 부정형으로 연(蓮)이 식재. 방지 중앙에 원형의 섬이 있고 그 위에 정6각형 2층 건물의 향원정이 있음. 취향교(翠香橋) - 못과 중도를 연결하는 다리

그림. 향원정과 취향교

- 자경전의 화문장과 십장생 굴뚝 : 대비가 거처하는 침전으로 가장 아름다운 화문담(꽃담)과 십장생 굴뚝
- 십장생 굴뚝(보물 제 810호) : 벽면에 십장생(해, 산, 구름, 바위, 소나무, 거북, 사슴, 학, 불로초, 물)과 포도, 연꽃, 대나무가 장식
- 자경전 꽃담 벽화 : 꽃, 나비, 국화, 대나무, 석류, 천도, 매화 표현

그림. 십장생으로 조각된 굴뚝

그림. 화문담(꽃담)

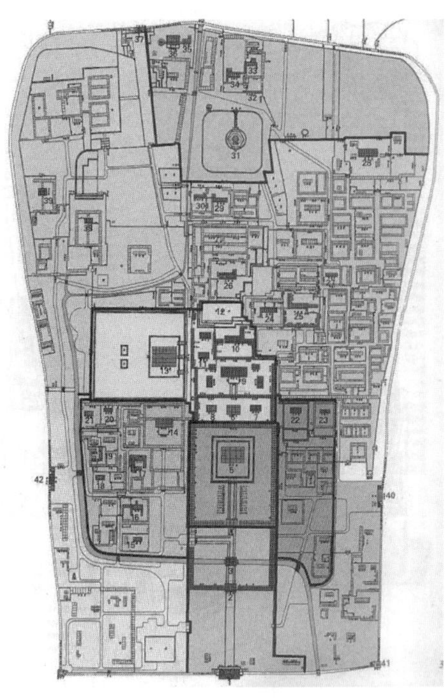

그림. 경복궁 평면도

㉡ 창덕궁 출제

- 지세에 따른 자연스러운 건물배치. 경복궁과 달리 후원의 자연지형을 적절히 이용한 궁궐 안의 원림공간
- 낮은 곳에 못(연못)을 파고, 높은 곳에 정자를 세워 관상·휴식공간으로 사용
- 600년 된 다래나무, 향나무가 있음
- 대조전 후원 : 계단식의 화계를 만들어 살구, 앵두나무 식재. 창덕궁에서 가장 자연스럽고 아담하며 조용한 분위기 연출(넓은 잔디밭)
- 낙선재 후원 : 화강암 장대석에 의해 5단 화계로 축조된 후원. 괴석, 굴뚝은 후원 첨경물 역할. 창덕궁에 속한 건물로 단청을 하지 않음
- 후원(금원, 비원, 북원이라 부름)
  - 부용정역 : 후원 입구에서 가장 가까운 거리에 있는 정원으로 방지원도

그림. 부용정역

- 애련정역 : 연경당(민가를 모방해서 세운 99칸의 건물로서 단청을 하지 않음), 계단식 화계로 철쭉류, 단풍나무, 소나무 식재
- 관람정역 : 반월지상의 자연 곡선지를 중심으로 한 원림(한반도 모양). 상지에 존덕정(6각지붕정자), 하지에 관람정(부채꼴모양). 부채꼴모양 정자 – 관람정, 선자정, 졸정원

그림. 관람정역

- 옥류천역 : 후원의 가장 안쪽에 위치한 곳으로 계류를 중심으로 5개의 정자 위치. 인공폭포와 곡수거 만들어 위락공간화 한 장소

그림. 옥류천역

㉢ 창경궁

- 통명전을 중심으로 한 후원과 서쪽의 석난지(중도형 장방지) 있음
- 통명전 지당 : 네모난 방지로 되어있고, 중간에 아치형의 석교가 놓여져 있다. 네 벽을 장대석으로 쌓아 올리고, 석난간을 돌렸다.
- 낙선재 : 창덕궁 인정전의 동남쪽, 창경궁과 경계를 이루는 곳에 자리잡은 건물로 1847년 건립되었다. 왕이 책을 읽고 쉬는 공간, 즉 서재 겸 사랑채로 조성되었다.

㉣ 덕수궁 출제

- 석조전(우리나라 최초의 서양건물)
- 침상원(우리나라 최초의 유럽식 정원, 분수와 연못을 중심으로 한 프랑스식 정형 정원)

그림. 석조전과 침상원

③ 민간정원

- 용어정리
  - 별장(別莊) : 경제적으로 여유 있는 사람들이 경관이 수려한 장소에 제2의 주택을 지어놓은 것
  - 별서(別墅) : 은둔을 목적으로 부귀나 영화를 등지고 자연과 벗 삼아 살기 위한 소박한 주거로 농경하고 살기 위해 세운 주거
  - 별업(別業) : 관리를 목적으로 지어놓은 제2의 주거
  - 누정원림 : 주거를 멀리 떠나 자연경관과 함께 간단한 정자를 세워 자연과 벗하여 즐기기 위해 마련한 곳
- 주택정원
  - 이내번의 강릉 선교장, 유이주의 전남 구례 운조루, 경북 봉화 청암정(구암정), 광주광역시 환벽당 정원
- 별서정원 : 사대부나 양반계급에 속했던 사람이 자연 속에 묻혀 야인으로서의 생활을 즐겼던 곳 출제
  - 양산보의 소쇄원 : 전남 담양에 소재하며 자연계류를 중심으로 한 사면공간의 일부를 화계식으로 다듬어 정형적 요소 가미. 유학적 분위기
  - 윤선도의 보길도 부용동 원림 : 전남 완도 보길도 소재, 세연정역(원림 중 가장 정성들여 꾸민곳), 낭음계역(조형면에서 강한 대비), 동천석실역(여름에 더위를 피할 수 있는 정자)
  - 정약용의 다산정원(1810년 경) : 방지원도가 있고 섬 안에는 석가산 만들었음
- 별당정원
  - 정약용의 다산초당(1810년 경) : 방지원도가 있고 섬 안에는 석가산 만들었음
  - 정영방의 서석지원(1605년) : 중도 없는 방지가 마당을 거의 차지. 수경이 정원의 대부분 차지

• 주재성의 하환정 국담원(18세기 초) : 거북이 모양의 돌, 방지방도

- 누정원림
  • 누(樓)와 정(亭)의 비교

구 분	누(樓)	정(亭)
조영자	고을의 수령	다양한 계층
이용행태	정치, 행사, 연회 등의 공적이용공간	유상(시짓기, 시읊기, 관람), 사적이용공간
건물형태	2층으로 된 집(마루를 높임)으로 방이 있는 경우가 대부분	높은 곳에 세운 집, 방이 있는 경우가 50%
경관기법	허(虛, 비어있음), 원경(遠景, 멀리보이는 경치), 팔경(八景)	

그림. 광한루

그림. 향원정

• 광한루(1434년) : 삼신선도(봉래도·영주도·방장도), 오작교. 신선사상을 가장 구체적으로 표현

• 활래정 지원(1816년) : 강릉 선교장의 동남쪽에 위치. 방지방도 조성

방지방도 - 강릉의 활래정지원, 보길도의 부용동 세연정지원, 경남 하환정 국담원, 경복궁 경회루지원

방지원도 - 창덕궁 부용정 권역, 창경궁 부용정, 경복궁 향원정지원, 다산초당, 하엽정 정원

④ 조경에 관한 문헌

㉠ 강희안의 양화소록 : 조경식물에 관한 최초의 문헌으로 정원식물의 특성과 번식법, 괴석의 배치법, 꽃을 화분에 심는법, 꽃이 꺼리는 것, 꽃을 취하는 법과 기르는 법 등을 수록

㉡ 강희안의 화암소록 : 양화소록의 부록

㉢ 홍만선의 산림경제 : 농가생활에 필요한 백과사전

㉣ 서유거의 임원경제지 : 정원식물의 종류와 경승지 등 소개

⑤ 조경관리부서(궁궐 정원 담당관서) 출제

㉠ 고구려 : 궁원 - 유리왕

㉡ 고려 : 내원서 - 충렬왕

㉢ 조선 : 상림원(태조) - 장원서(세조)

㉣ 동산바치 : 동산을 다스리는 사람. 조선시대 정원사

⑥ 정원식물 출제

㉠ 꽃을 보기 위한 수종이 많음

㉡ 고대 문헌의 표현 : 무궁화 - 목근화(木槿花), 배롱나무 - 자미화(紫微花), 연 - 부거(芙蕖), 목련 - 목필화(木筆花), 동백 - 산다화(山茶花), 모란 - 목단, 살구 - 행목(杏木)

〈참고〉 우리나라 최초의 공원(1897년) - 탑골(파고다)공원
덕수궁의 석조전(1909년) - 우리나라 최초의 서양식 건물
덕수궁 침상원 - 석조전 앞의 좌우 대칭적인 기하학식 정원. 우리나라 최초의 유럽식 정원
조선시대 선비들이 즐겨 심고 가꾸었던 사절우(四節友) : 매화, 소나무, 국화, 대나무

〈참고〉 부용정과 활래정 비교
㉠ 방지와 중도의 연석 : 부용정 - 인공적, 활래정 - 자연적
㉡ 부용정 : 방지원도
㉢ 활래정 : 방지방도

예제 3

경복궁의 경회루 원지(苑池)의 형태는?

① 장방형　　② 원지형
③ 반달형　　④ 노단형

정답 : ①

해설 경복궁 경회루는 방지방도이다.

나만의 서브노트

1. 한국 조경의 특징

㉠ 공간 처리에 있어서 직선을 사용(예외 : 안압지(직선+곡선 사용))

㉡ 신선사상을 배경으로 함(경회루, 광한루, 궁남지, 안압지 등)

㉢ 계단상의 후원 또는 화계를 만듬

㉣ 낙엽활엽수를 식재하여 계절변화를 즐김

2. 고조선 시대

노을왕이 유(囿)를 조성하여 새와 짐승을 키웠다는 기록(정원에 관한 최초의 기록)

3. 고구려 : 안학궁(427), 장안성(평양성, 586)

4. 백제

㉠ 임류각 : 삼국사기에 전각과 임류각을 지어 희귀한 새와 짐승을 길렀던 연못이 있다고 함

㉡ 궁남지 : 현존하며 부여에 있음. 우리나라 최초의 신선사상을 배경으로 한 지원

5. 신라

㉠ 임해전 지원(안압지)

- 삼국사기 : 674년 궁 안에 연못을 파고 산을 쌓아 화초 심고 진귀한 새와 짐승 길렀다.

㉡ 포석정 : 유상곡수연 즐김

㉢ 사절유택 : 계절에 따라 자리를 바꾸어 가며 놀이 즐김

6. 고려시대 정원의 특징

㉠ 관상위주의 정원 조성. 괴석에 의한 석가산. 원정, 화정 등 후원이나 별당 배치

㉡ 중국 역사가운데 가장 화려했던 송나라의 영향 받아 화려한 관상위주의 정원 꾸밈

7. 사군자(四君子)

매화와 대나무에 국화와 난초를 더한 것으로 명나라 때 진계유(陳繼儒)가 《매란국죽사보(梅蘭菊竹四譜)》에서 매란국죽(梅蘭菊竹)을 사군자라 부른 데서 비롯

출 제 예 상 문 제

01. 우리나라 정원 중 문헌상 최초의 정원은 어느 것인가?

① 궁남지 ② 안압지
③ 임류각 ④ 포석정

임류각 – 백제 동성왕(500)
궁남지 – 백제 무왕(634)
안압지 – 통일신라시대(674)
포석정 – 통일신라시대(927)

02. 신라 진평왕 때 처음 도입된 수종은?

① 모란 ② 은행
③ 매화 ④ 대나무

03. 신라시대 안압지의 모양은?

① 한국의 지형 ② 남북의 성(聖)자형
③ 방지원도 ④ 중국의 태호와 비슷

안압지의 모양은 남서쪽은 직선형, 북동쪽은 곡선형을 이루고 있다. 대략적인 형태가 우리나라 반도지를 닮아 반도형이라고 한다.

04. 안압지의 3개의 섬은 어떤 사상에 영향을 받은 것인가?

① 불교 ② 신선사상
③ 인본주의 ④ 풍수지리사상

안압지는 신선사상을 배경으로 해안풍경을 묘사한 정원으로 3개의 섬은 봉래, 영주, 방장의 섬이다.

05. 다음 중 직선 + 곡선 이용하여 만든 지당은?

① 안압지 ② 경회루
③ 부용정 ④ 향원정

06. 안압지를 설명한 것 중 틀린 것은?

① 당나라 때의 금원을 본 따 가산을 쌓았는데 이는 중국의 무산 12봉을 본 딴 것이다.
② 안압지의 전체 면적은 40,000m²로 마치 바다를 느낄 수 있도록 만들었다.
③ 3개의 인공섬을 축조하였으며, 그 중 하나는 거북모양을 본 딴 것이다.
④ 문무왕 14년 궁내에 못을 파고 석가산을 축조했다는 사실이 삼국유사에 있다.

동사강목의 기록에 의하면 궁내에 연못을 파고 돌을 쌓아 무산십이봉을 본뜬 산을 만들고, 꽃을 심고 진귀한 새를 길렀다. 그 서쪽에 임해전이 있다. 석가산이 우리나라에 전해진 시기는 고려시대이다.

07. 안압지에 대한 설명으로 맞는 것은?

① AD674년에 원지를 파고 679년에 동궁을 지었다.
② 좌우대칭의 기하학적인 구성으로 되어있다.
③ 회유식 정원의 수법을 도입하여 적용했다.
④ 수련 등을 식재하기 위해 수심을 얕게 하고 해석(海石)을 군데군데 배치하여 바다를 묘사했다.

안압지는 못의 형태에 곡선이 쓰이긴 했으나 정원을 배회하면서 즐기는 회유식정원이 아니다. 임해전이 서쪽에 배치되어 서쪽에서 동쪽을 감상하는 정원이다. 정원에 관한 기록은 동사강목과 삼국유사에 기록되어 있다.

08. 곡수연이 발달한 시기는?

① 고려 ② 조선
③ 통일신라 ④ 백제

유상곡수연은 통일신라시대의 포석정에서 볼 수 있다.

정답 1③ 2① 3① 4② 5① 6④ 7① 8③

09. 우리나라 고대의 석연지(石連池)는?

① 가장자리를 돌로 보기 좋게 단장한 연못
② 돌로 연꽃모양을 정교하게 조각하여 연못 가운데에 놓은 것
③ 화강암을 이용하여 어항과 같이 만든 것으로 그 속에 연꽃을 심어 정원용 첨경물로 사용하던 것
④ 연못 가장자리에 연꽃모양을 조각한 디딤돌을 잘 배치해 놓은 것

> 백제말에 정원을 장식하기 위한 첨경물의 하나로 화강암을 물고기모양으로 만들어 물을 담아 연꽃을 심어 즐겼다.

10. 고려시대 정원 양식의 특색이 아닌 것은?

① 격구장의 설치
② 사절유택이 발달
③ 호화스럽고 사치스런 양식
④ 강한 대비

> 사절유택은 통일신라시대의 귀족들이 계절에 따라 별장을 만들어 즐겼던 정원 유형이다.

11. 고려시대에 궁궐의 정원을 맡아보던 관서는?

① 내원서 ② 상림원
③ 장원서 ④ 원야

> 고려시대 - 내원서, 조선시대 - 장원서

12. 고려시대에 정원에 대해 많은 관심을 기울였던 임금은?

① 순종과 현종 ② 인종과 명종
③ 정종과 고종 ④ 예종과 의종

13. 고려시대 정원의 조경작품이 아닌 것은?

① 화원 ② 격구장
③ 동지 ④ 안학궁

> 안학궁 - 고구려

14. '석가산'에 대한 설명 중 잘못된 것은?

① 고려시대부터 내려온 우리나라의 정원양식이다.
② 괴석을 이용하여 자연의 기암절벽을 모방하는 것이다.
③ 축산기법과는 다른 양식이다.
④ 신선사상의 영향으로 도입하였다.

> 석가산은 고려시대 중국에서 들여온 양식이다.

15. 문수원 정원은 어느 시대인가?

① 신라 ② 고려
③ 백제 ④ 조선

> 문수원 정원은 고려시대 사원정원으로 춘천 청평사 계곡에 있다.

16. 한국적인 색채가 농후한 양식이 확립되기 시작한 시기는?

① 삼국시대 ② 고려
③ 발해 ④ 조선시대

> 기법확립시대 - 조선시대

17. 한국의 대표적 국보 정원은?

① 창덕궁 비원 ② 경복궁 교태전
③ 창덕궁 낙선재 ④ 경복궁 경회루

정답 9③ 10② 11① 12④ 13④ 14① 15② 16④ 17①

18. 우리나라의 조선시대에 조경가를 무엇이라 불렀는가?

① 동산바치 ② 정원바치
③ 고산바치 ④ 정원사

19. 비원은 예전부터 여러 가지 이름으로 불렀다. 그 중 조선시대에 많이 불려진 이름은?

① 북원 ② 금원
③ 후원 ④ 비원

20. 십장생이 후원의 담 굴뚝에 새겨져 있는 조선시대의 궁궐은?

① 안학궁 ② 경운궁
③ 덕수궁 ④ 경복궁

21. 아미산은 어느 정원에 있는가?

① 안압지 ② 교태전 후정
③ 창덕궁 ④ 건청궁

경복궁 교태전 후원의 아미산은 풍수지리설에 의해 쌓은 인공산으로 4단의 화계가 축조되어있는 왕비를 위한 사적 정원이다. 주위에는 왕비의 시각을 즐겁게 하기 위한 첨경물인 괴석, 석지(石池), 굴뚝(굴뚝 벽면에 십장생 조각)이 있다

22. 600년된 다래나무가 천연기념물로 지정되어 있는 곳은?

① 창경궁 ② 창덕궁
③ 경복궁 ④ 덕수궁

창덕궁의 신원적 공간에는 다래나무(천연기념물 제251호)와 향나무(천연기념물 제194호)가 있다.

23. 역대 왕들이 축조한 것과 연결한 것 중 맞지 않는 것은?

① 태조 – 경복궁
② 광해군 – 창덕궁
③ 연산군 – 만세산
④ 태종 – 경회루

태종5년 - 창덕궁

24. 조선시대 후기의 궁궐 정원 담당관서는?

① 장원서 ② 내원서
③ 사선서 ④ 상림원

궁궐 정원 담당관서 : 고려 - 내원서, 조선(상림원 → 장원서)

25. 창덕궁 후원에 있는 부용정정원의 형식과 유사한 정원은?

① 강릉 선교장의 활래정정원
② 달성 하엽정정원
③ 담양 남면의 소쇄원정원
④ 보길도의 부용동 세연정정원

창덕궁 후원의 부용정정원은 방지원도의 형식이다. ①과 ④는 방지방도의 형식이다.

26. 조선시대 궁궐조경에 곡수거형태가 남아있는 것은?

① 창덕궁 후원 옥류천 공간
② 경복궁 후원 향원정 공간
③ 창경궁 통영전 공간
④ 경복궁 교태전 후원 공간

정답 18① 19③ 20④ 21② 22② 23② 24① 25② 26①

27. 다음 중 자연식 정원이 아닌 것은?

① 덕수궁 석조전
② 창덕궁 후원
③ 소쇄원
④ 부용동 정원

덕수궁 석조전은 우리나라 최초의 서양식 건물로 영국인 하딩이 설계하였다.

28. 경복궁에 현존하고 있는 건물이 아닌 것은?

① 만춘전 ② 사정전
③ 함화당 ④ 강령전

강령전은 1920년 창경궁의 의정전으로 지어졌다.

29. 다음 설명 중 틀린 것은?

① 조선시대 궁궐을 맡아보던 관서는 상림원과 장원서이다.
② 고려시대 궁궐의 정원을 맡아보던 관서는 내원서이다.
③ 통일신라시대 궁궐정원을 맡아보던 관서는 동원이다.
④ 동산바치는 조선시대의 정원사를 뜻하는 말이다.

30. 우리나라 궁궐정원의 특색이 아닌 것은?

① 사괴석과 수복무늬
② 방지와 원로
③ 십장생과 화초담
④ 색모래와 점자수

색모래는 중세 유럽에서 사용했던 재료임

31. 유럽의 영향을 받은 우리나라의 궁원은?

① 경복궁 ② 덕수궁
③ 창경궁 ④ 비원

덕수궁 석조전 앞의 침상지는 프랑스의 평면기하학식으로 만들어진 궁원이다.

32. 우리나라 최초의 공원은?

① 덕수궁 ② 파고다공원
③ 창경궁 ④ 보라매공원

우리나라 최초의 공원(1897년) : 탑골(파고다)공원

33. 덕수궁 석조전 앞의 분수와 연못을 중심으로 한 정원의 양식은?

① 독일의 풍경식
② 프랑스의 정형식
③ 영국의 절충식
④ 이탈리아의 노단건축식

34. 우리나라 최초의 정형식 정원은?

① 파고다공원
② 덕수궁 석조전 앞 정원
③ 구 중앙청 청사 앞 정원
④ 구 조선호텔 정원

35. 다음 중 소쇄원 유적과 관련이 없는 것은?

① 오곡문 ② 매대, 난대
③ 광풍각 ④ 사우단

정답 27 ① 28 ④ 29 ③ 30 ④ 31 ② 32 ② 33 ② 34 ② 35 ④

36. 조선시대 정원에는 어떤 나무들을 주로 심었는가?

① 꽃나무류 ② 잡목류
③ 침엽수류 ④ 과일나무류

주로 꽃이 피고 계절 변화감을 느낄 수 있는 수종을 즐겨 심었다.

37. 조선시대의 조경 유적이 아닌 것은?

① 부용동 ② 소쇄원
③ 청평사 정원 ④ 선교장

청평사 문수원정원은 고려시대 조경유적이다.

38. 조선시대 정원수에 대한 설명이 아닌 것은?

① 주로 활엽수를 심었다.
② 열매를 볼 수 있는 수종을 심었다.
③ 꽃을 볼 수 있는 수종을 심었다.
④ 주로 우리나라 고유의 수종을 심었다.

39. 우리나라 화목에 대해 기록한 '양화소록'의 저자는?

① 강희안 ② 서거정
③ 윤선도 ④ 양산보

강희안의 양화소록에는 정원식물의 특성과 번식법, 괴석의 배치법, 꽃을 분에 심는 법, 꽃을 취하는 법과 기르는 법 등의 내용을 담고 있다.

40. 다음 중 시대순이 맞는 것은?

① 양산보의 소쇄원 – 윤선도 부용동 별서 – 다산초당 원림 – 윤서유의 농산별업
② 윤선도 부용동 별서 – 양산보의 소쇄원 – 윤서유의 농산별업 – 다산초당 원림
③ 양산보의 소쇄원 – 윤선도 부용동 별서 – 윤서유의 농산별업 – 다산초당 원림
④ 윤서유의 농산별업 – 양산보의 소쇄원 – 다산초당 원림 – 윤선도 부용동 별서

41. 조선시대에 조영된 다음 보기의 지당정원 조영 시대 순이 옳게 연결된 것은?

① 강릉 활래정	② 남원 광한루
③ 보길도 세연정	④ 창덕궁의 부용정

① ①-②-③-④
② ④-③-②-①
③ ②-③-④-①
④ ③-④-①-②

42. 다음 조경 유적지 중 신선사상의 영향을 받지 않은 것은?

① 경주 안압지
② 부여 궁남지
③ 남원 광한루
④ 창덕궁 애련지

창덕궁 애련지의 애련이란 송대의 주돈이의 애련설에서 따온 것으로 연꽃은 군자를 상징한다.

43. 조선시대 별서정원 양식에 가장 큰 영향을 끼친 것은?

① 풍수도참사상
② 유교사상
③ 신선사상
④ 불교사상

44. 조선시대 침전이나 후정 뒤에 만드는 것은?

① 정자 ② 방지
③ 화계 ④ 채원

정답 36 ① 37 ③ 38 ② 39 ① 40 ③ 41 ③ 42 ④ 43 ② 44 ③

45. 조선시대 주택정원 공간에서 가장 중요시되었던 공간이라고 볼 수 있는 것은?

① 전정과 후정
② 전정과 중정
③ 후정과 사랑마당
④ 후정과 중정

46. 네모의 못 안에 네모의 섬이 있는 지원의 유형은?

① 강릉의 활래정지원과 함안의 하환 정토 담원
② 경복궁의 경회루와 남원의 광한루
③ 창덕궁의 부용정과 강진의 다산초당
④ 창덕궁의 애련정과 영양의 경정 서석지

방지방도를 찾으면 된다.

47. 한국정원의 올바른 감상법은?

① 시각적으로 감상한다.
② 청각적으로 감상한다.
③ 시청각적으로 감상한다.
④ 오감을 통해 감상한다.

48. 조선시대 사찰의 공간구성에 기본적으로 적용된 것으로 보이는 원칙이 아닌 것은?

① 계층적 질서의 추구
② 공간 상호간의 연계성 추구
③ 남북일직선 중심축의 설정
④ 인간척도의 유지

49. 우리나라 공원법이 최초로 제정된 연도는?

① 1963년　　② 1967년
③ 1970년　　④ 1972년

50. 다음은 1910년 이후 일제강점기에 조성된 공원이다. 옳지 않은 것은?

① 탑골공원　　② 장충단공원
③ 사직공원　　④ 효창공원

탑골공원(1897), 장충단공원(1919), 사직공원(1921), 효창공원(1929)

51. 우리나라에서 대중을 위해 처음 만들어진 공원은?

① 삼청공원　　② 장충단공원
③ 남산공원　　④ 파고다공원

파고다공원(탑골공원)은 1897년 서울 종로구에 영국인 브라운의 설계로 만들어졌으며, 우리나라 최초의 대중을 위한 공원이다.

52. 1967년 12월 29일 우리나라 최초로 국립공원으로 지정된 곳은?

① 지리산　　② 한라산
③ 설악산　　④ 북한산

53. 다음 설명 중 틀린 것은?

① 우리나라 최초의 정원에 관한 기록은「동사강목」이다.
② 궁궐 조경에서 신선사상이 나타난 우리나라 최초의 조경작품은 백제의 궁남지이다.
③ 고구려의 고분벽화 중 뜰과 들에 관련된 대표적인 것에는 신선도, 사신도 등이 있다.
④ 고구려의 장안성과 안학궁은 양원왕 때 축조되었다.

우리나라 정원에 관한 최초의 기록은「대동사강」이다.

정답 45③ 46① 47④ 48③ 49② 50① 51④ 52① 53①

54. 백제시대 정원으로 현존하는 것은 무엇인가?

① 안압지 ② 창덕궁
③ 비원 ④ 궁남지

> 안압지 : 문무왕이 674년 신라 왕궁에 만들어 놓은 것
> 창덕궁 : 조선시대의 궁궐
> 비 원 : 조선시대 창덕궁 뒤쪽에 자리잡은 정원
> 궁남지 : 현존하며 충남 부여에 위치한다. 우리나라 최초의 신성사상을 배경으로 한 지원으로 못의 형태는 방형(方形, 네모 반듯한 모양)이다.

55. 경복궁 경회루의 연못 형태는?

① 원지형 ② 노단형
③ 반달형 ④ 방지형

> 경회루 연못은 가운데 섬이 있는 방지형으로 방지방도 형태이다. 방지방도의 형태는 강릉의 활래정지원, 보길도의 부용동 세연정지원 경남 하환정 국담원등이 그 예이다.

56. 다음 보기 중 신선사상의 영향을 받은 정원은?

① 안압지 ② 일본 고산수식
③ 경회루 ④ 경복궁

> 신선사상의 영향 : 정림사, 안압지, 미륵사지, 궁남지

57. 다음 조경의 역사적인 조성 순서가 바르게 나타난 것은?

① 안학궁 – 궁남지 – 안압지 – 소쇄원
② 궁남지 – 안압지 – 소쇄원 – 안학궁
③ 안학궁 – 안압지 – 궁남지 – 소쇄원
④ 안학궁 – 안압지 – 소쇄원 – 궁남지

> 안학궁(426) – 궁남지(634) – 안압지(674) – 소쇄원(1530년대)

58. 정자와 누에 대한 설명 중 맞는 것은?

① 누는 풍(風), 망(望)자가 많이 사용되었으며, 정자는 관(觀), 송(松)자가 많이 쓰였다.
② 누는 주인의 권위성을 표현하는 수단이 되기도 함
③ 누는 지면을 높이 올려 시야를 멀리까지 보이도록 하는 천지인(天地人)의 삼재(三才)를 일체화하려는 의도가 있다.
④ 누는 개인적인 기능의 건물이다.

> 누는 많은 사람들이 함께 공유하는 공공기능의 성격이 있고, 정자는 개인적인 기능의 건물이다.

59. 조선시대에 동산바치라는 말은?

① 조경관리 전담지구
② 조경관리인
③ 한국 수목 기르던 곳
④ 인공적으로 조성한 작은 산

60. 다음 중 자연식 조경에 해당하지 않는 것은?

① 부용동 정원
② 창덕궁 후원
③ 덕수궁 석조전
④ 소쇄원

61. 다음 중 조선시대 정원과 관계없는 것은?

① 자연을 존중
② 자연을 인공적으로 처리
③ 신선사상
④ 계단식으로 처리한 후원 양식

정답 54 ④ 55 ④ 56 ① 57 ① 58 ③ 59 ② 60 ③ 61 ②

02 동양의 조경양식

03 중국 조경의 개요

시대별 대표작품과 조경관련문헌, 정원에 대한 이해가 요구된다.

시대	년대	대표작품	특징	조경관련문헌
은, 주	BC 1400~1500	원(園), 유(囿), 포(哺), 영대	· 원 : 과수원, 유 : 금수 키우던 곳, 포 : 채소밭, 영대 : 제사지내는 곳의 성격	
진(秦)	BC 245~206	아방궁	· 시황제의 천하통일 : 궁궐조성	
한	BC 206~AD 220	상림원, 태액지원 대,각,관	· 상림원 : 왕의 사냥터, 중국 정원 중 가장 오래된 정원으로 곤명호 등 주위에 6개의 대호수	
삼국 시대	221~581	화림원	· 화림원 : 못을 중심으로 하는 간단한 정원	
진(晋), 수	581~617	현인궁	· 서예 : 왕희지, 시 : 도연명, 회화 : 고개지 · 난정고사(AD 353, 왕희지) : 원정에 곡수돌리는 법 기록	
당	618~906	온천궁(화청궁) 이덕유의 평천산장	· 문인의 활동 : 이태백, 두보, 백거이(백낙천) · 중기 이후 태호석 사용	백낙천의 '장한가' 두보의 시에서 예찬
송	960~1279	만세산(석가산) 창랑정(소주)	· 태호석을 본격적으로 사용(석가산수법)	이격비 : 낙양명원기 구양수 : 화방제기 사마광 : 독락원기 주돈이 : 애련설
금, 원	1279~1367	북해공원 사자림(소주)	· 금원(禁苑) : 현재 북해공원 이라는 이름으로 일반인에게 공개 · 송나라의 석가산수법이 곁들여진 정원 축조	
명	1368~1644	졸정원(소주)	· 졸정원 : 부채꼴 모양 정자, 중국 사가정원의 대표작 · 미만종의 '작원' : 자연적인 경관조성, 버드나무 식재	문진향의 장물지, 계성의 원야(3권)
청	1644~1922	건륭화원 이화원, 원명원이궁 만수산이궁 열하피서산장	· 원명원 이궁 : 동양 최초 서양식 정원의 시초(르노트르 영향) · 이화원 : 건축물과 자연의 강한 대비	

1. 정원의 기원

후한시대의 「설문해자」에 기록

① 원(園) : 과수(果樹)를 심는 곳

② 포(圃) : 채소(菜蔬)를 심는 곳

③ 유(囿) : 금수(禽獸)를 키우는 곳, 왕의 놀이터, 후세의 이궁

2. 중국 정원의 변천사

은시대 → 주 → 진(秦) → 한 → 위, 오, 촉 → 진(晉) → 남・북조 → 수(북송, 남송) → 금 → 원 → 명 → 청시대

3. 중국 조경의 특징 출제

① 자연경관이 수려한 곳에 인위적으로 암석과 수목을 배치(심산유곡의 느낌)

② 태호석을 이용한 석가산 수법

③ 경관의 조화보다는 대비에 중점(자연미와 인공미)

④ 직선 + 곡선의 사용

⑤ 사의주의, 회화풍경식, 자연풍경식

⑥ 하나의 정원 속에 부분적으로 여러 비율을 혼합하여 사용

⑦ 차경수법도입

예제 1

동양식 정원과 관련이 적은 것은?

① 음양오행설 ② 자연숭배사상

③ 신선설 ④ 인문중심사상

정답 : ④

해설 인문중심사상은 서양의 르네상스정원과 관련 있다.

예제 2

중국 조경은 다음 중 어디에 속하는가?

① 노단식 정원 ② 평면기하학식 정원

③ 자연풍경식 정원 ④ 건축식 정원

정답 : ③

해설 ① 이탈리아 ② 프랑스

예제 3

중국 정원의 특징은?

① 방사를 중시 하였다.
② 변화와 대비를 강조하였다.
③ 조화를 염두에 두고 조성하였다.
④ 대칭을 중요시 여겼다.

정답 : ②

해설 중국정원의 대표적인 특징은 변화와 대비

예제 4

중국 조경의 특색을 설명한 것 중 틀린 것은?

① 풍수지리설의 영향을 받았다.
② 정원에 연못이 들어간다.
③ 풍경식 정원이 주종을 이루었다.
④ 북쪽과 남쪽은 기후의 차이에 의해 정원 수법도 다르다.

정답 : ①

해설 중국조경은 자연풍경식으로 주로 신선사상을 배경으로 한다. 풍수지리설에 크게 영향을 받은 곳은 우리나라(한국)이다.

2 조경의 양식

04 시대별 중국 조경사

1. 주(周)시대

① 영(靈)대(臺)

㉠ 정원에 연못을 파고 그 흙으로 언덕을 쌓아 올려 왕후의 위락을 위한 곳으로 조성
㉡ 낮에는 조망, 밤에는 은성명월(銀星明月)을 즐기기 위해 높이 쌓아 올린 자리

② **영유** – 숲과 못을 갖추고 동물을 사육했으며, 왕후가 놀이터로 사용

㉠ 원(園) : 과수(果樹)를 심는 곳
㉡ 포(圃) : 채소(菜蔬)를 심는 곳
㉢ 유(囿) : 금수(禽獸)를 키우는 곳, 왕의 놀이터, 후세의 이궁

③ **원유** : 중국정원의 기원

④ **특징** : 중국 역사상 가장 오래된 정원 기록이 있음

2. 진(秦)시대

① 상림원에 아방궁 축조 : 170km라는 엄청난 거리에 걸쳐 조영

② 아방궁(阿房宮) : 중국 진(秦)나라의 시황제(始皇帝)가 세운 궁전으로 규모가 크게 만들어 졌으나 소실되어 남아있지 않음

3. 한(漢)시대

① 궁원(금원)

㉠ 상림원(上林苑) 출제

- 중국 정원 중 가장 오래된 정원으로 장안에 위치
- 곤명호를 비롯 6개의 대호수를 원내에 축조
- 원내에 70채의 이궁과 3,000여종의 화목식재
- 동물(짐승) 길러 황제의 사냥터(수렵장)로 사용
- 곤명호 동서 양쪽에 견우직녀 석상을 세워 은하수를 상징, 길이 7m의 돌고래 상
  〈참고〉 한국에서 은하수 상징 - 광한루

㉡ 태액지원

- 궁궐에서 가까운 궁원
- 신선사상에 의해 연못안의 삼섬(봉래, 방장, 영주)축조, 지반에 청동이나 대리석으로 만든 조수(鳥獸)와 용어(龍魚)의 조각을 배치하여 신선사상을 반영

② 건축적 특색

㉠ 대, 관, 각(제왕을 위해 축조)

- 대(臺) : 상단을 작은 산 모양으로 쌓아 올려 그 위에 높이 지은 건물
  (주 : 영대, 진 : 홍대, 예 : 통천대, 신명대, 백량대, 침대)
- 관(觀) : 높은 곳에서 경관을 바라보기 위해 지어진 건물
- 각(閣) : 궁이나 서원의 정자로 1층 바닥이 기단부로 되어있는 건물

③ 「서경잡기」 : 중정을 전돌로 포장하는 수법 사용

④ 원광한의 원림 : 최초의 민간정원, 자연풍경을 묘사하는 정원의 성격

4. 삼국(위, 촉, 오)시대

위, 오나라의 화림원 : 못을 중심으로 하는 간단한 정원

5. 진(晉)시대

① 왕희지의 난정기 : 원정에 곡수수법 사용(신라 때와 유사-포석정) - 유상곡수연

〈참고〉 왕희지의 난정기는 후세의 정원조영에 영향을 미쳐 원정(園亭)에 곡수(曲水)를 돌리는 수법이 근세까지 이르고 있음

② 도연명의 안빈낙도 : 한국인의 원림생활에 영향을 미침

③ 고개지의 회화

6. 수(隋)시대

① 현인궁 조영 : 각 지방의 진목과 기암, 금수를 모아 놓음

② 수양재의 대서원(605년) : 축산, 정자건립. 연못 속에 삼섬(봉래, 방장, 영주), 기암괴석 못을 따서 5호 4해를 만듦

③ 특징 : 궁궐 안에 진기한 수목, 기암, 금수를 길렀고 많은 궁전과 누각을 건축했으며, 남북을 연결하는 대운하를 완성

7. 당(唐) 시대

① 정원의 특징

㉠ 인위적 정원 중시, 중국 정원의 기본양식 완성

㉡ 불교의 영향, 건물사이의 공간에 화훼류 식재

② 대명궁 : 태액지를 중심으로 정원이 조성

③ 궁원

장안의 삼원(三苑) : 서내원, 동내원, 대흥원

④ 이궁

온천궁 : 당 태종이 건립, 현종 때 화청궁으로 이름을 바꿔 양귀비와 환락생활

㉠ 백거이(백낙천)의 '장한가', '두보의 시'에서 화청궁의 아름다움을 노래

㉡ 대표적 이궁으로 전각과 누각이 줄지어 세워져 있음

⑤ 민간정원

㉠ 백거이(백낙천) : 백목단이나 동파종화와 같은 시에서 당 시대의 정원을 잘 묘사
- 정원축조에 많은 관심. 스스로 설계하고 만듦. 최초의 조원가

㉡ 이덕유의 평천산장 : 무산십이봉과 동정호의 9파 상징. 신선사상. 자연풍경묘사

8. 송(宋) 시대

① 정원의 특징

㉠ 정원에 태호석(중국에서 가장 오래된 돌) 이용하여 정원 속이나 산악, 호수의 경관과 유사하게 조성 - 중국정원의 대표적 특성 중 하나

㉡ 화석강 : 태호석을 운반하기 위한 배

② 궁원

㉠ 사원(四園) : 경림원, 금명지, 의춘원, 옥진원

㉡ 만세산
- 휘종이 세자를 얻기 위해 쌓아 만든 가산
- 항주의 봉황산 모방. 뒤에 간산(艮山)이라 개칭 - 석가산의 시초

③ 관련문헌

㉠ 이격비의 「낙양명원기」 : 사대부의 정원 20여개 소개

㉡ 구양수의 「취옹정기」 : 못 가운데 배를 띄워 놓은 듯 한 풍경조성. 산수화 수법

㉢ 사마광의 「독락원기」

㉣ 주돈이의 「애련설」 : 연꽃을 공자에 비유하여 예찬한 글

④ 남송과 북송의 비교

남송은 태호, 심양호, 동정호와 같은 호수가 있어 주변의 자연경관이 수려하며, 북송은 남송과 자연조건이 달라 명산이나 호수를 모방한 조경양식이 발달

9. 금(金) 시대

■ 금원(禁苑)

㉠ 태액지를 만들고 경화도를 쌓아 원, 명, 청 3대의 왕조 궁원 구실

㉡ 현재 북해공원이라는 이름으로 일반인에게 공개

10. 원(元) 시대

① 궁원 : 석가산 수법으로 금원의 도처에 석가산이나 동굴 만듬

② 민간정원 - 소주의 사자림 정원 : 화가 주덕윤 설계, 태호석을 이용한 석가산이 유명

11. 명(明) 시대

① 궁원

㉠ 어화원 : 정원과 건축물이 모두 좌우 대칭적으로 배치. 석가산과 동굴 조성

㉡ 경산 : 풍수설에 따라 5개의 봉우리 만들고 쌓아 올린 인조산

② 민간정원 출제

㉠ 미만종의 '작원'

- 명(明)시대의 대표적 정원으로 물을 이용하여 큰 못을 만들고 물가에 버드나무 식재
- 물속에 백련을 심어 자연적인 경관을 조성

㉡ 졸정원

- 소주에 조영한 중국 대표적인 사가정원으로 반 이상이 수경
- 원향당은 주돈이의 애련설에서 유래
- 오늘날까지도 중국의 대표적 정원이라 불리는 정원
- '여수동좌헌'이라는 부채꼴모양의 정자가 있음

부채꼴모양의 정자 3곳(창덕궁 후원의 관람정, 사자림의 선지정, 중국 졸정원)

③ 관련 서적 출제

㉠ 이계성의 '원야(園冶)': 원(園)은 원림을 의미, 야(冶)는 설계·조성을 의미

- 중국 정원의 작정서(作庭書)로 일본에서 탈천공이라는 제목으로 발간
- 3권으로 구성(1권 : 홍조론, 2권 : 난간, 3권 : 문창(차경수법))
- 차경(借景)수법의 강조 : 일차(원경), 인차(근경), 앙차(올려보기), 부차(내려보기)
- 시공자보다 설계자가 중요함을 강조

㉡ 문진향의 '장물지(長物志)' : 조경배식에 관한 유일한 책으로 12권으로 구성

12. 청(淸) 시대

① 건륭화원(영수화원)

- 자금성 내 조성
- 5개의 계단으로 이루어진 계단식 정원
- 괴석으로 이루어진 석가산과 여러 개의 건축물로 이루어진 입체공간
- 자연미가 없고 인공미

② 이궁(왕의 피서지, 피난처)

㉠ 이화원 출제

- 건축물과 자연의 강한 대비
- 대가람인 불향각을 중심으로 한 수원(水苑)
- 호수 중심에 만수산이 있으며 3/4이 수면으로 구성됨
- 신선사상을 배경으로 조성
- 청대 예술적 성과를 대표함
- 현존하는 세계 제일의 정원(규모 면에서)

그림. 이화원의 불향각

그림. 이화원의 곤명호

㉡ 원명원 - 청나라 때의 대표적 정원

- 북경에 위치하고 동양 최초 서양식 정원의 시초
- 전정에 대분천을 중심으로 한 프랑스식 정원을 꾸밈

③ 열하 피서산장 : 남방의 명승과 건축을 모방한 것으로 황제의 여름 별장

나만의 서브노트

1. 중국의 변천사

   은시대 → 주 → 진(秦) → 한 → 위, 오, 촉 → 진(晉) → 남 · 북조 → 수(북송, 남송) → 금 → 원 → 명 → 청시대

2. 중국 정원의 기원 - 원유(苑囿)

3. 한시대 - 원광한의 원림 : 최초의 민간정원

4. 한시대 - 상림원 : 중국 정원 중 가장 오래 됨
   70여개의 이궁과 3,000여종의 화목식재, 동물사육

5. 송시대 - 태호석 : 중국에서 가장 오래된 돌
   화석강 : 태호석을 운반하기 위한 배

6. 금시대 - 금원(禁苑) : 현재 북해공원이라는 이름으로 일반인에게 공개

7. 명시대 정원 관계서적

   ㉠ 문진향의 장물지 - 조경배식에 관한 유일한 책(12권으로 구성)
   ㉡ 이계성의 원야 - 중국 정원의 작정서, 일본에서 탈천공이라는 제목으로 발간, 3권으로 구성
   (1권 : 홍조론, 2권 : 난간, 3권 : 문창(차경수법))

8. 명시대 민간정원

   ㉠ 미만종의 작원 - 물을 이용하여 큰 못 만들고 물가에 버드나무 식재
   ㉡ 버드나무 식재 - 우리나라 궁남지와 유사
   ㉢ 졸정원 - 오늘날 대표적 명원으로 보존. 부채꼴 모양의 정자
   ㉣ 부채꼴 모양의 정자(졸정원, 관람정, 선지정)

9. 청시대 - 원명원 이궁 : 동양 최초의 서양식 정원의 시초로 건물 전정에 대분천을 중심으로 한 프랑스식 정원을 꾸밈(르노트르 설계)

10. 청시대 - 이화원 : 건축물과 자연의 강한 대비. 현존하는 세계 제일의 정원

11. 소주 지방의 4대 명원 : 졸정원, 사자림, 창량정, 유원

12. 중국 조경의 특징

    ㉠ 대비에 중점
    ㉡ 직선 + 곡선의 사용
    ㉢ 사의주의, 회화풍경식, 자연풍경식
    ㉣ 차경수법 도입
    ㉤ 태호석을 이용한 석가산 수법

출 제 예 상 문 제

01. 중국정원의 특성 중 옳지 않은 것은?

① 수려한 경관을 갖는 곳에 누각 또는 정자를 지어놓은 원시적인 정원의 특색이다.
② 주요한 경관 구성요소로서 조화를 들 수 있다.
③ 자연과 인공의 미를 겸비한 정원이다.
④ 주택과 건물 사이에 포지라는 중정이 있다.

> 중국정원의 특징은 경관의 구성에 있어서 조화 보다는 대비에 중점을 두었다.

02. 다음 보기의 중국정원을 시대별로 조성할 때 순서에 맞게 나열한 것은?

1. 상림원	2. 졸정원
3. 원명원	4. 금정원

① 2 - 1 - 3 - 4
② 1 - 4 - 2 - 3
③ 2 - 1 - 4 - 3
④ 4 - 1 - 2 - 3

> 한-상림원, 원-금정원, 명-졸정원, 청-원명원

03. 중국의 대표적인 정원이 아닌 것은?

① 용안사
② 원명원
③ 만수산이궁
④ 졸정원

> 용안사 - 일본의 평정고산수식으로 만들어진 정원
> 원명원, 만수산이궁 - 중국 청대의 유명한 이궁
> 졸정원 - 중국 명대의 대표적 사가정원

04. 태호석에 대한 설명 중 틀린 것은?

① 중국의 태호에서 많이 나오는 돌
② 중국 소주의 사자림에서 볼 수 있는 유명한 돌
③ 중국의 석회암으로서 수침과 풍침을 받아 매우 복잡한 모양을 하고 있으며 구멍이 뚫린 것이 많다.
④ 중국에서 가장 오래된 돌로서 화산의 영향을 받아 생성됨

> 중국 정원의 대표적 수법은 석가산 수법으로 이때 사용된 재료가 태호석이다. 태호라는 호수에서 끌어올린 괴암의 태호석을 겹겹이 쌓아 가산을 만들어 정원을 장식하였다. 태호석의 수송에는 많은 비용과 노동력이 필요하여 부호가 아니면 축조가 힘들었다.

05. 중국정원에서 신선사상을 위한 자리로 쓰이던 양식은?

① 축경식　② 중정식
③ 고산수식　④ 중도식

> 중도식은 연못에 섬을 두는 방식으로 상상의 섬인 봉래, 영주, 방장 3개의 섬을 축조하여 신선사상을 표현하였다.

06. 중국 정원에 대한 설명 중 틀린 것은?

① 송대(宋代)에는 태호석에 의해 석가산을 축조하는 정원이 조성되었다.
② 후한시대에 포(圃)는 금수를 키우는 곳을 말한다.
③ 졸정원, 유원, 사자림 등은 소주의 정원이다.
④ 열하피서 산장은 청대의 이궁에 속한다.

> 포(圃)는 채소밭이다.

정답 1② 2② 3① 4④ 5④ 6②

07. 중국 한나라 시대의 조경과 관련 없는 것은?

① 신선사상 ② 곤명호
③ 상림원 ④ 만세산

만세산 - 송나라의 인공산

08. 중국 한나라의 조경요소가 아닌 것은?

① 원 ② 각
③ 대 ④ 관

중국 한나라의 조경요소는 각·대·관이다.

09. 중국의 신선사상을 배경으로 만들어진 것은?

① 태액지 ② 평천산장
③ 조형산 ④ 화청궁

10. 중국에서 가장 오래된 정원은?

① 사자림 ② 원명원
③ 상림원 ④ 졸정원

11. 중국 명나라 소주에 있는 정원은?

① 졸정원 ② 원명원
③ 만유당 ④ 옥연정

명나라때 유명한 사가정원인 졸정원은 강남의 소주지방에 위치한다.

12. 다음 중 오늘날까지도 중국의 대표적 정원이라 불리는 정원은?

① 졸정원 ② 이화원
③ 원명원 ④ 용안사

13. 명나라 시대의 조경가로 짝지어진 것은?

① 계성, 미만종
② 문진향, 두보
③ 백거이, 계성
④ 왕희지, 미만종

명대 : 계성의 원야. 미만종은 작원 설계.
문진향의 장물지
당대 : 백거이, 두보
진대 : 왕희지

14. 명나라 때 계성이 지은 조경관련 서적인 원야(園冶)는 총 몇 권으로 되어 있는가?

① 1권 ② 2권
③ 3권 ④ 4권

15. 중국 명대(明代) 말에 저술된 원야(園冶)에 대한 설명 중 가장 거리가 먼 것은?

① 원야의 저자는 문진향이다.
② 원야의 원(園)은 원림(園林)을 가리키고, 야(冶)는 설계조성의 의미를 갖고 있다.
③ 원림의 조성에는 설계자의 역할이 전체 원림 조성에 70% 정도 중요하다고 흥조론(興造論)에 설명되어 있다.
④ 원림의 조성에는 사람, 지역과 환경, 공인 등의 조건이 다르기 때문에 일정한 법이 성립되기 어렵다고 적혀있다.

원야의 저자는 이계성이다.

16. 명나라 시대에 유명한 정원은 어디에 많이 위치해 있는가?

① 북경 ② 남경
③ 소주 ④ 항주

정답 7④ 8① 9① 10③ 11① 12① 13① 14③ 15① 16③

17. 명나라 강남 소주에 없는 것은?

① 졸정원　② 창량정
③ 이화원　④ 사자림 정원

18. 르노트르의 영향을 받아 생긴 중국의 정원은?

① 원명원　② 졸정원
③ 이화원　④ 사자림

19. 중국에서 서양의 영향을 받아 만들어진 것은?

① 원명원 이궁　② 졸정원
③ 이화원　④ 사자림

원명원 이궁은 르노트르(프랑스)의 평면기하학식 영향을 받은 작품이다.

20. 중국 청나라 시대의 정원은?

① 이화원　② 온천궁
③ 대선원　④ 상림원

온천궁 – 당, 상림원 – 한, 대선원 – 일본의 축산고산수식 수법으로 만들어진 대표적 정원

21. 청나라 때 축조된 정원 중 이궁의 정원이 아닌 것은?

① 열하피서산장　② 원명원 이궁
③ 이화원　④ 견륭화원

견륭화원은 청시대의 금원이다.

22. 다음은 어느 시대에 이루어진 작품인가?

열하의 피서산장, 이화원, 원명원, 소주의 유원

① 진시대　② 당시대
③ 명시대　④ 청시대

23. 북경을 중심으로 청대에 조성된 명원이 아닌 것은?

① 사자림　② 열하이궁
③ 북해공원　④ 이화원

사자림은 원나라 때 소주지방에 조영된 정원이다.

24. 다음은 어느 것을 설명하고 있는가?

- 불향각을 중심으로 한 수원
- 3/4이 수경
- 신선사상을 배경으로 조성
- 청대의 예술적 성과를 대표

① 원명원　② 어화원
③ 상림원　④ 이화원

원명원 – 북경에 위치, 동양 최초의 서양식 기법 도입
어화원 – 명시대, 정원과 건축물이 모두 좌우 대칭적으로 배치, 석가산과 동굴 조성
상림원 – 한시대의 대표적 궁원으로 중국 정원 중 가장 오래된 정원

25. 명나라 시대의 대표적 정원은?

① 작원　② 원명원
③ 구성궁　④ 아방궁

작원(미만종), 원명원(청시대), 구성궁(당시대), 아방궁(진시대)

26. 동양의 정원에 대한 설명으로 틀린 것은?

① 포석정은 동양 유일의 곡수지이다.
② 상림원은 중국 한나라 궁원이다.
③ 계리궁은 일본 강호시대 궁원이다.
④ 평정고산수 정원의 대표적인 예로 용안사가 있다.

포석정은 동양 유일의 곡수지는 아니다.

정답　17 ③　18 ①　19 ①　20 ①　21 ④　22 ④　23 ①　24 ④　25 ①　26 ①

27. 다음 중 중국에서 가장 오래된 조경유적은?

① 영대(靈臺) ② 졸정원
③ 화청지 ④ 사자림 정원

주시대의 '영대'

28. 다음의 정원을 시대순으로 나열한 것은?

상림원	졸정원
원명원	금정원

① 상림원 – 금정원 – 졸정원 – 원명원
② 상림원 – 졸정원 – 원명원 – 금정원
③ 금정원 – 원명원 – 졸정원 – 상림원
④ 원명원 – 금정원 – 졸정원 – 상림원

상림원(한나라), 금정원(원나라), 졸정원(명나라), 원명원(청나라)

29. 중국에서 서양의 조경양식으로 조성된 최초의 조경은?

① 원명원 ② 계리궁
③ 구성궁 ④ 아방궁

30. 중국의 4대 명원(四大明園)으로 근세에 만들어진 것은?

① 졸정원, 사자림, 창랑정, 유원
② 이화원, 유원, 졸정원, 원명원
③ 이화원, 장가화원, 작원, 원명원
④ 유원, 작원, 이화원, 상림원

31. 사의주의적 풍경식 조경양식은 어느 나라에서 시작되었나?

① 한국 ② 중국
③ 일본 ④ 영국

32. 중국 정원의 설명으로 잘못된 것은?

① 기록에는 은·주시대부터 나타난다.
② 신선사상을 바탕으로 한 풍경식이다.
③ 현존하는 것은 당·명·청시대의 정원 유적이다.
④ 그 유적은 상해, 북경, 항주지방에서 찾아볼 수 있다.

현재 남아있는 정원유적은 대부분 명·청시대의 유적이다.

33. 다음 중 중국 조경의 기원이라 할 수 있는 것은?

① 원유(苑囿) ② 상림원(上林苑)
③ 원명원(圓明園) ④ 서원(西苑)

중국 조경의 기원은 원유이고, 중국 최초의 정원은 상림원이다.

34. 태호석과 같은 구멍 뚫린 괴석을 세우는 정원 수법은 어느 나라에서 유래 되었는가?

① 중국 ② 일본
③ 한국 ④ 영국

35. 원명원 이궁과 만수산 이궁은 어느 시대의 대표적 정원인가?

① 명나라 ② 청나라
③ 송나라 ④ 당나라

36. 중국 정원 중 가장 오래된 수렵원은?

① 상림원 ② 북해공원
③ 원유 ④ 승덕이궁

정답 27 ① 28 ① 29 ① 30 ① 31 ② 32 ③ 33 ① 34 ① 35 ② 36 ①

2 조경의 양식

02 동양의 조경양식

05 일본 조경의 개요

시대별 대표적 양식과 대표작품, 정원에 대한 이해가 요구된다.

<table>
<tr><th colspan="2">시대</th><th>대표조경양식</th><th colspan="3">특징 및 작품</th></tr>
<tr><td colspan="2">비조(아스카)
시대</td><td>임천식</td><td colspan="3">① 일본서기 – 백제인 노자공이 612년에 수미산과 오교(홍교)를 만들었다는 기록
② 연못과 섬 중심의 신선정원</td></tr>
<tr><td rowspan="4">평안
시대</td><td rowspan="2">전
기</td><td rowspan="2">침전식</td><td>해안풍경묘사</td><td colspan="2">하원원, 육조원, 차아원</td></tr>
<tr><td>신선정원</td><td colspan="2">신천원, 조웅전 후원, 주성원의 백량전</td></tr>
<tr><td rowspan="2">후
기</td><td rowspan="2">침전식</td><td>침전조정원</td><td colspan="2">일승원, 동삼조전(가장 정형적)</td></tr>
<tr><td>정토정원</td><td colspan="2">평등원, 모월사</td></tr>
<tr><td colspan="2" rowspan="2">가마꾸라
(겸창시대)</td><td rowspan="2">침전식
축산임천식
회유임천식</td><td>정토정원</td><td colspan="2">정유리사, 청명사, 영보사</td></tr>
<tr><td>선종정원</td><td colspan="2">서천사, 서방사, 남선원</td></tr>
<tr><td colspan="2" rowspan="6">실정
(무로마찌)
시대</td><td rowspan="6">축산고산수식
(1378~1490)

평정고산수식
(1490~1580)</td><td>정토정원</td><td colspan="2">천룡사, 녹원사(금각사), 자조사(은각사)</td></tr>
<tr><td rowspan="5">고산수정원</td><td colspan="2">① 전란의 영향으로 경제가 위축
② 고도의 상징성과 추상성
③ 식재는 상록활엽수, 화목류는 사용하지 않음</td></tr>
<tr><td rowspan="2">축산고산수</td><td>대덕사 대선원</td></tr>
<tr><td>사용재료 : 나무, 바위, 왕모래</td></tr>
<tr><td rowspan="2">평정고산수</td><td>용안사</td></tr>
<tr><td>사용재료 : 바위, 왕모래</td></tr>
<tr><td colspan="2" rowspan="2">도산
시대</td><td rowspan="2">다정식</td><td>신선정원</td><td colspan="2">시호사 삼보원</td></tr>
<tr><td>다정원</td><td colspan="2">다도를 즐기기 위한 소정원
수수분, 석등, 마른소나무가지 등 사용</td></tr>
<tr><td colspan="2">강호
시대</td><td>회유식,
원주파임천식
(1600~1868)</td><td>계리궁, 수학원 이궁
강산 후락원, 육의원
겸육원</td><td colspan="2">회유임천식 + 다정양식의 혼합형
다정양식은 계속 발전</td></tr>
<tr><td colspan="2">명치
시대</td><td>축경식(1868)</td><td>히비야공원</td><td colspan="2">서구식 정원 등장</td></tr>
</table>

1. 일본 조경의 특징 출제

① 중국의 영향을 받아 사의주의 자연풍경식이 발달

② 자연의 사실적인 취급보다 자연풍경을 이상화하여 독특한 축경법으로 상징화된 모습을 표현(자연재현 → 추상화 → 축경화로 발달)

③ 기교와 관상적 가치에만 치중하여 세부적 수법 발달 – 실용적 기능면이 무시

④ 조화에 비중을 둠

⑤ 차경수법이 가장 활발함

⑥ 인공적 기교 중시, 축소지향적, 추상적 구성, 관상적

⑦ 지피류 많이 사용

2. 정원의 양식 변천 출제

① **임천식** : 침전 건물 중심이며, 정원 중심에 연못과 섬을 만드는 수법. 자연경관을 인공으로 축경화(縮景化)하여 산을 쌓고 못, 계류, 수림을 조성한 정원

② **회유임천식 : 임천식 정원의 변형**

③ 축산 고산수 수법(14C)

㉠ 나무를 다듬어 산봉우리의 생김새 나타내고, 바위를 세워 폭포수 상징. 왕모래로 냇물이 흐르는 느낌을 얻을 수 있도록 하는 수법

㉡ 대표작품은 대덕사 대선원. 표현내용은 정토세계의 신선사상임

④ 평정 고산수 수법(15C 후반)

㉠ 왕모래와 몇 개의 바위만 정원재료로 사용하고 식물재료는 사용하지 않음

㉡ 축석기교가 최고로 발달

㉢ 대표작품은 용안사

㉣ 연못모양 복잡해짐

⑤ 다정양식(16C)

㉠ 다실을 중심으로 소박한 상록활엽수 멋을 풍기는 양식

㉡ 윤곽선 처리에 곡선 많이 사용

⑥ **원주파 임천식** : 임천식 + 다정식의 결합으로 실용에 미를 더함

⑦ **축경식 수법** : 자연경관을 그대로 옮기는 수법

일본정원의 변화 과정(자연재현 → 추상화 → 축경화)

예제 1

다음 중 일본에서 가장 먼저 발생한 정원은?

① 고산수식 ② 회유임천식
③ 다정식 ④ 축경식

정답 : ②

해설 발생순서(회유임천식 → 고산수식 → 다정식 → 축경식)

06 시대별 일본 조경사

조경 양식의 변화 : 침전식 → 축산임천식 → 회유임천식 → 축산고산수식 → 평정고산수식 → 다정양식 → 회유식 → 축경식

1. 비조(飛鳥)시대, 아스카시대(593~709)

- 612년 백제인 노자공이 수미산과 오교로 된 궁전정원 축조

㉠ 일본서기(일본 조경에 관한 현존하는 최고의 기록)에 기록

㉡ 불교사상배경 : 수미산 – 신선설의 영향. 돌에 조각을 가한 석조물로 추정

㉢ 곡수연의 시작

2. 평안(헤이안)시대 전기(793~966)

- 전 시대까지의 조경기법(신선정원, 자연풍경 묘사 정원) 전수
- 임천식 정원(자연경관을 인공으로 축경화하여 산을 쌓고 연못, 계류, 수림을 조성한 정원) 또는 회유임천식 정원이라 함

① 해안풍경 묘사정원 등장

㉠ 하원원 : 사교장소. 못가에 가마솥 설치해 해수를 끓여 수증기 솟아오르게 함

㉡ 차아원 : 대택지

㉢ 육조원 : 신이 있는 해안 풍경

② 신선정원(신선사상 배경으로 한 정원)

㉠ 신천원(수렵장이자 사교장) : 옛 왕궁 남쪽에 붙어 있는 금원으로 이곳 연못이 지하수가 샘솟는 용천이어서 가뭄에도 물이 마르지 않고 신령스럽기 때문에 신천원이라는 이름이 유래되었다.

㉡ 조우전 후원

㉢ 백량전

㉣ 대각사 차아원 : 대각사는 사가천황의 이궁 차아원의 전신으로 사가천황 사후 절로 바뀜

3. 평안(헤이안)시대 후기(967~1191)

- 침전조 정원양식, 정토정원 양식 출현
- 불교식 정토사상의 영향으로 회유임천식(자연식 정원 중 숲과 깊은 굴곡의 수변 이용한 정원) 정원양식의 성립

① 침전조 정원

㉠ 주택건물 앞에 정원을 배치하는 기법(정형화된 정원)

㉡ 대표적 정원 : 동삼조전 - 연못에 3개의 섬이 있고, 주변은 자연지형의 산과 울창한 나무, 섬과 섬 사이의 평교 및 홍교설치, 꽃나무 식재, 헤이안 시대를 대표하는 대저택

㉢ 작정기(作庭記) 출제

- 일본 최초의 조원지침서(정원서)
- 일본 정원 축조에 관한 가장 오래된 비전서
- 침전조 건물에 어울리는 조원법 서술
- 귤준강의 저서
- 내용 : 돌을 세울 때 마음가짐과 세우는 법, 못의 형태, 섬의 형태, 폭포 만드는 법, 원지를 만드는 법, 지형의 취급방법

② 정토 정원

㉠ 불교의 정토사상을 바탕으로 한 사원

㉡ 기본배치 : 남대문 → 홍교 → 중도 → 평교 → 금당으로 이어지는 직선배치

㉢ 대표적 정원 : 평등원 정원(사계절 감상의 최고 걸작), 모월사 정원(해안풍경 연출)

그림. 평등원

그림. 평등원 정원

③ 신선정원

㉠ 평안조 후기에 유행

㉡ 조우이궁 : 신선도를 본뜬 본격적 정원의 시초

4. 겸창(가마쿠라)시대(1192~1338)

선종의 전파로 정원양식에 영향을 미침. 고급저택, 전시대의 정원 그대로 답습

① **정토정원** : 정유리사정원, 청명사정원, 영보사정원

② **선종정원** : 자연지형(心 자형) 이용한 입체적 요소

㉠ 서천사정원 : 몽창국사 작품. 동굴이 특징적. 마애의 조각적 산수정원

㉡ 서방사정원 : 나무와 물을 쓰지 않는 고산수지천 회유식 심(心)자형 연못이 있고, 해안풍의 지안선을 갖춘 황금지를 중심으로 한 정원. 야박석이 가장자리에 여러 개 배치(항구에 배가 정박해 있는 모습을 상징화함), 이끼의 정원이며 가운데에 연못이 있어 지천회유식 또는 임천회유식이라고 한다.

㉢ 남선원정원

그림. 서방사

그림. 서방사 정원

③ 몽창국사(몽창소속) 출제

㉠ 겸창, 실정시대의 대표적 조경가이며 선종사원의 창시자

㉡ 정토사상의 토대위에 선종의 자연관 접목

㉢ 대표작 : 서방사정원, 서천사정원, 영보사정원, 혜림사 정원, 천룡사 정원

5. 실정(무로마찌)시대(1334~1573)

- 선종의 영향으로 고산수정원의 형성 및 발달. 정토정원은 계속 유지
- 일본 조경의 황금기
- 선(禪)사상이 정원축조에 영향을 주었다.

① 정토정원

㉠ 천룡사 지원(정원)

- 몽창국사 작품. 지천회유식, 조원지 중심의 심(心)자형 연못
- 천황의 명복을 빌기 위해 만든 사원. 석조기법이 뛰어남
- 자연곡선이 처리된 못가에 경석배치

그림. 천룡사

그림. 천룡사 정원

㉡ 금각사(녹원사) : 정토세계를 구상한 정원(황금각이 경호지 북안에 위치, 야박석 배치)

㉢ 은각사(자조사) : 고산수 지천 회유식, 조석을 중요시, 정원면적이 축소된 경향, 금각사 모방

그림. 은각사

그림. 은각사

그림. 금각사

2 조경의 양식

② 고산수(故山水)정원 출제

- 신선사상의 영향으로 고도의 상징성과 추상적 구성
- 물을 사용하지 않고 산수의 풍경을 상징적으로 나타냄
- 축소지향적인 일본의 민족성
- 고도의 세련미 요구(예 : 대덕사 대선원, 용안사)
- 물대신 모래를 사용해 바다나 계류를 나타내고, 암석을 세워 폭포를 조성, 돌을 배치하여 섬 또는 반도를 표현
- 상록활엽수를 사용하다가 나중에는 식물을 사용하지 않음

㉠ 축산고산수 수법(14C) 출제

- 초기적 수법, 정토사상, 신선사상, 바위(폭포), 왕모래(냇물), 다듬은 수목(산봉우리) 사용
- 나무를 다듬어 산봉우리의 생김새를 얻게 하고 바위를 세워 폭포를 상징시키며 왕모래를 깔아 냇물이 흐르는 느낌을 얻을 수 있게 하는 수법
- 강조의 중심 : 폭포와 바위돌
- 대표정원 : 대덕사 대선원 - 흰모래, 소나무 식재, 고산수의 초기작품

그림. 축산고산수 - 나무, 바위, 왕모래사용

그림. 대덕사 대선원(용원원)

㉡ 평정고산수 수법(15C 후반) 출제

- 축산고산수에서 더 나아가 초감각적 무(無)의 경지 표현
- 식물의 사용 없고, 왕모래와 몇 개의 바위만 사용
- 대표정원 : 용안사 방장정원 - 서양에서 가장 유명한 동양정원. 두꺼운 토담으로 둘러싸인 장방형의 방장마당에 백사를 깔고 물결모양으로 손질. 15개의 암석을 자연스럽게 배치(5, 2, 3, 2, 3개를 동에서 서로 배치), 추상적 고산수 수법

그림. 용안사 방장정원-돌과 모래로 표현

그림. 용안사 방장정원의 석조배치

〈참고〉 정원구성재료 비교

구 분	축산고산수수법	평정고산수수법
공통점	물이 쓰이지 않음	
재료	나무, 돌, 모래	돌, 모래

6. 도산(모모야마)시대(1574~1603)

- 자연 순응적 정원에서 탈피한 과장된 호화정원 축조(일본인의 간소미와 대조적)
- 다정(茶庭)출현 : 사상은 선사상(仙思想)에서 출발
- 고산수정원이 확립

① 신선정원

삼보원 정원 : 풍신수길이 축조. 호화로운 조석(組石)과 명목(名木)이 과다 식재

② 다정원(노지형, 다정) 출제

㉠ 호화로운 정원과는 대조적 경향으로 실정시대부터 비롯하고, 다실과 다실에 이르는 길을 중심으로 좁은 공간에 꾸며지는 자연식 정원

㉡ 다도를 즐기는 다실과 인접한 곳에 자연의 한 단편을 교묘히 묘사한 일종의 자연식 정원

㉢ 특징

- 음지식물을 사용. 화목류를 일체 사용하지 않음
- 물통 또는 돌그릇은 샘, 디딤돌과 포석은 풍우에 씻긴 산길, 탑은 사찰의 분위기, 마른 소나무 잎으로 지피를 표현
- 좁은 공간을 이용하여 필요한 모든 시설 설치
- 윤곽선 처리에 곡선이 많이 사용
- 특정 구조물 : 징검돌, 자갈, 쓰구바이(물통), 세수통, 석등, 이끼낀 원로

㉣ 대표적 조원가

- 소굴원주 : 건축과 정원 등 조경관계 전문가. 대담한 직선, 인공적 곡선과 곡면 도입
- 천리휴 : 자연에 가까운 숲 속 분위기 연출

〈참고〉 다정

① 초암(草庵)을 둔 자연석의 일종으로 자연의 한 단면을 강조하여 전체를 표현하려 함

②

재료	표현내용
디딤돌, 수석	풍우에 씻겨 드러난 산길
물통, 세수분(통)	샘터
솔잎	무성한 숲속
석등, 석탑	참배의 길을 나타내려 함

그림. 다정원

그림. 쓰꾸바이

7. 강호(에도)시대(1603~1867)

- 일본의 특징적 정원문화인 자연축경식 정원 탄생
- 후원은 건물과 독립된 정원으로 지천회유식
- 원주파임천식(임천양식과 다정양식의 혼합, 지천회유식), 다정양식의 완성

■ 대표정원

㉠ 수학원 이궁 : 상 · 중 · 하 3개의 독립적 다실역으로 구성. 자연풍경식

㉡ 계리궁 : 서원이나 다정주위에 직선적 원호 배치. 섬-신선사상

㉢ 강호시대 3대 공원 : 강산 후락원(곡수다정식), 육림원, 겸육원(원주파임천식)

8. 명치(메이지)시대(20세기 전기) 이후

- 문호개방으로 서양풍의 조경문화(서양식 화단과 암석원) 도입

① 축경식정원 출제

㉠ 자연풍경을 그대로 축소시켜 묘사

㉡ 규모가 작은 공간에 기암절벽, 폭포, 산, 연못, 절, 탑 등을 한눈에 감상

② 대표적 서양식 정원 : 히비야공원(일본 최초의 서양식공원)

그림. 히비야공원(일본)

POINT

① 일본정원의 특징 : 축소지향적, 인공적 기교, 추상적 구성, 관상적
② 비조(아스카)시대 : 수미산과 오교 - 일본서기에 백제인 노자공이 축조
③ 축산고산수 수법(14C) - 대덕사 대선원 : 바위(폭포), 왕모래(냇물), 다듬은 수목(산봉우리)
④ 평정고산수 수법(15C 후반) - 용안사 : 수목을 완전히 배제
⑤ 도산시대 - 다정양식 발달

예제 2

중국, 일본, 한국의 동양 정원에 공통적으로 영향을 준 사상은?

① 풍수사상　　② 신선사상
③ 불교사상　　④ 유교사상

정답 : ②

예제 3

일본 정원의 발달순서가 올바르게 연결된 것은?

① 임천식 → 축산고산수식 → 평전고산수식 → 다정식
② 다정식 → 회유식 → 임천식 → 평정고산수식
③ 회수식 → 임천식 → 평전고산수식 → 축산고산수식
④ 축산고산수식 → 다정식 → 임천식 → 회유식

정답 : ①

출 제 예 상 문 제

01. 전통적인 일본식 정원의 형태가 아닌 것은?

① 회유임천식 ② 다정
③ 평정고산수식 ④ 사실주의 풍경식

동양 3국(한국, 중국, 일본)은 사의주의 자연풍경식으로 일본에서는 회유임천식, 평정고산수식, 다정식이 있다. 사실주의 풍경식은 영국의 18세기 수법으로 자연을 그대로 묘사하려 하였다.

02. 일본의 정원양식에 영향을 준 나라는?

① 중국 ② 한국
③ 영국 ④ 미국

일본서기(일본 조경에 관한 현존하는 최고의 기록)에는 백제인 노자공이 일본 궁남정에 수미산과 오교(홍교)를 만들었다는 기록이 남아있다.

03. 일본의 조경문화에 있어 불교의 영향과 거리가 먼 것은?

① 삼존석 ② 수미산상
③ 세수분 ④ 구산팔해석

석등과 석찰은 불교 영향, 수통과 돌그릇은 샘 상징

04. 다음 중 잘못 연결된 것은?

① 계리궁-침전식
② 대선원-축산고산수식
③ 금강사-정토정원
④ 삼보원-다정

계리궁-원주파임천식(다정식과 회유임천식의 혼합)

05. 일본의 역사적 정원 양식의 변천과정을 개략적으로 도식화한 것이다. 바르게 된 것은?

① 노지식-축산고산수식-임천식-원주파임천식
② 임천식-회유임천식-축산고산수식-원주파임천식
③ 회유임천식-축산고산수식-임천식-원주파임천식
④ 평정고산수식-축산고산수식-고산수식-임천식

일본정원의 양식변화
임천식-회유임천식-축산고산수식-평정고산수식-다정식-원주파임천식

06. 책 이름과 저자의 연결이 잘못된 것은?

① 작정기-귤준망 ② 원야-이계성
③ 장한가-백락천 ④ 일본서기-노자공

일본서기에는 백제인 노자공이 일본 궁남정에 수미산과 오교(홍교)를 만들었다는 기록이 남아있다.

07. 일본의 침전식 정원 기법에서 주요 구성요소는?

① 수목과 정원석 ② 화단과 잔디
③ 연못과 섬 ④ 돌과 모래

침전 앞에 연못과 섬을 두고 다리를 연결하는 회유식정원

08. 정토사상이 일본의 조경양식에 지대한 영향을 미쳐 일본정원을 상징적으로 변화시키는 동기가 된 시대는?

① 헤이안시대 ② 나라 중기
③ 아스카시대 ④ 가마꾸라시대

정답 1④ 2② 3③ 4① 5② 6④ 7③ 8④

09. 회유 임천형 정원의 특색이 아닌 것은?

① 중세이후에 시작해 에도시대에 정착하였다.
② 계리궁이 대표적인 정원이다.
③ 중국식 정원을 도입한 일본식 정원이다.
④ 못 주변을 돌아다니면서 구경하기 때문에 다리를 놓지 않았다.

회유 임천형 정원 구성요소 : 연못, 섬, 다리(연못과 섬을 연결)

10. 일본의 선(禪)사상이 정원축조의 의도에 강한 영향을 미친 시대는?

① 에도시대
② 메이지시대
③ 무로마치시대
④ 헤이안시대

11. 일본에 고산수(枯山水) 정원양식의 발생 배경과 거리가 먼 것은?

① 정치와 경제적 영향
② 기본 재료인 흰모래 구입의 용이성
③ 직설적인 표현의 만연
④ 불교의 선종 영향

고산수식 정원의 발생 배경
① 선사상의 영향으로 고도의 상징성·추상성 표현
② 중국 수묵화의 영향
③ 잦은 전란으로 재정적인 여유가 없어져 정원면적이 축소, 새로운 조경양식 요구

12. 일본 정원에서 고산수식이 유행했던 시대는?

① 모모야마시대
② 에도시대
③ 무로마찌시대
④ 가마꾸라시대

실정(무로마찌)시대(1334~1573)의 고산수식정원 : 축산고산수식정원(14C), 평정고산수식정원(15C 후반)

13. 일본의 정원 중 고산수 수법이 발달된 대표적인 정원은?

① 용안사 ② 계리궁
③ 금각사 ④ 천룡사

일본의 용안사는 실정(무로마찌)시대 평정고산수정원의 대표적인 정원이다.

14. 일본에서 평정고산수 수법이 나타난 시기는?

① 14C 초 ② 15C 후반
③ 16C 초 ④ 17C 후반

평정고산수 수법(15C 후반) - 용안사

15. 일본에서 축산고산수 수법이 나타난 시기는?

① 14C ② 15C 후반
③ 16C ④ 17C 후반

축산고산수 수법(14C) - 대덕사 대선원

16. 고산수식과 관련된 나라는?

① 중국 ② 일본
③ 영국 ④ 미국

17. 왕모래와 몇 개의 바위만이 정원의 구성요소로 쓰일 뿐 식물은 일체 사용하지 않았던 조경수법은?

① 축산고산수식 수법
② 평정고산수식 수법
③ 다정수법
④ 회유식수법

축산고산수식 정원재료 : 돌, 모래, 나무
평정고산수식 정원재료 : 돌, 모래

정답 9④ 10③ 11③ 12③ 13① 14② 15① 16② 17②

18. 다음 중 축산고산수식 수법으로 축조된 대표적 정원은?

① 대덕사 대선원　② 삼보원
③ 용안사 석정　④ 천룡사

> 축산고산수식 수법(14C)의 대표적 정원은 대덕사 대선원. 평정고산수식 수법(15C 후반)의 대표적 정원은 용안사 석정

19. 물을 사용하지 않고 흰모래로 바닥을 깔고 돌을 사용한 일본식 정원은?

① 축산고산수식　② 회유임천식
③ 다정식　④ 회유식

20. 다정(茶庭)에 속하지 않는 것은?

① 주로 평지에 노지형으로 형성된다.
② 디딤돌, 석등, 세심석 등이 배치되어 있다.
③ 차나무를 식재하는 실용원이다.
④ 다도(茶道)와 함께 발달하였다.

> 다정은 노지형으로 다도를 즐기기 위한 운치있는 소정원이다. 다도의 마음가짐을 위한 세심석이나, 석등 등이 배치되어 있으며, 차나무를 식재하는 실용원은 아니다.

21. 일본의 다정식 정원양식에 들어가는 정원시설 중 오늘날까지도 쓰이고 있는 것은?

① 석등, 삼존석
② 수미산, 삼존석
③ 석등, 세수분
④ 세수분, 수미산

> 다정양식의 정원요소 : 석등, 세수분, 디딤돌

22. 다정 양식의 정원 요소는?

① 석등, 디딤돌, 세수분
② 암석원, 잔디, 화단
③ 연못, 신선도, 평교
④ 수미산, 홍교, 자연석

> 다정
> ① 초암(草庵)을 둔 자연석의 일종
> ② 자연의 한 단면을 강조하여 전체를 표현하려 함
> ③

재료	표현내용
디딤돌, 수석	풍우에 씻겨 드러난 산길
물통, 세수분(통)	샘터
솔잎	무성한 숲속
석등, 석탑	참배의 길을 나타내려 함

23. 일본의 다정원에서 볼 수 있는 세 가지 주요 첨경 요소는?

① 반교, 평교, 수미산
② 구산팔해석, 야박석
③ 인공폭포, 오행석조, 관수석
④ 징검돌, 석등, 물그릇(쓰꾸바이)

24. 도산(모모야마)시대 싸리나무와 대나무 가지로 울타리를 두르고 소공간을 자연 그대로의 규모로 꾸민 정원 양식은?

① 정토정원
② 임천정원
③ 다정
④ 침전식정원

> 도산(모모야마)시대(1576~1651) : 다정이 특징적이다.

정답　18 ①　19 ①　20 ③　21 ③　22 ①　23 ④　24 ③

25. 일본 정원에 대한 설명 중 틀린 것은?

① 헤이안시대에는 침전조 정원이 발달하였다.
② 남북조시대에는 원주파임천식이 발달하였다.
③ 무로마치시대에는 고산수수법이 발달하였다.
④ 에도시대에는 다정이 크게 발달하였다.

원주파임천식은 에도시대 전기에 발달하였다.

26. 일본에서 축경식 정원은 언제부터 만들어지기 시작했는가?

① 에도시대 ② 모모야마시대
③ 무로마치시대 ④ 가마꾸라시대

27. 회유임천식 정원이란?

① 정원의 중심에 연못을 파고 섬을 만들어 다리를 놓고, 섬과 못의 주위를 돌아다니며 노는 것이다.
② 침전앞에 연못을 파고 섬을 만들어 다리를 놓고, 침전 밑을 통해서 작은 내를 못으로 이끌고 배를 타고 노는 것이다.
③ 동산과 연못을 만들어 연못의 주위를 돌면서 노는 것이다.
④ 중앙에 침전을 만들고 연못안에 봉래섬을 만들며 주위에 나무를 심어 숲이 우거지게 한 것이다.

28. 극도의 상징성과 축소지향적인 일본의 민족성에 의해 이뤄진 정원양식은?

① 고산수식 ② 평면기하학식
③ 전원풍경식 ④ 중정식

29. 다음의 정원 수법은?

· 14세기	· 추상적 구성
· 대덕사 대선원	· 모래를 깔아 바다 연상

① 임천식 정원
② 평정고산수 정원
③ 축산고산수 정원
④ 회유식 정원

30. 다음의 정원 수법은?

· 15세기	· 후반에 수목 완전 배제
· 용안사	· 극도의 추상성

① 임천식 정원
② 평정고산수 정원
③ 축산고산수 정원
④ 회유식 정원

31. 일본 16세기 정원요소로 석등과 수수분이 주요하게 자리 잡게 된 양식은?

① 임천식 정원
② 평정고산수 정원
③ 축산고산수 정원
④ 다정양식

32. 일본에서 다정양식이 발달된 시기는?

① 가마쿠라시대
② 헤이안시대
③ 모모야마시대
④ 비조시대

33. 일본 헤이안시대 침전조양식의 대표 정원은?

① 서방사 ② 대덕사 대선원
③ 용안사 ④ 동삼조전

정답 25 ② 26 ① 27 ① 28 ① 29 ③ 30 ② 31 ④ 32 ③ 33 ④

2 조경의 양식

34. 일본 정원양식의 변천과정이 맞는 것은?

① 임천식 – 회유임천식 – 축산고산수식 – 평정고산수식 – 다정양식 – 지천임천식 – 축경식
② 회유임천식 – 축산고산수식 – 평정고산수식 – 다정양식 – 지천임천식 – 축경식 – 임천식
③ 다정양식 – 지천임천식 – 축경식 – 임천식 – 회유임천식 – 축산고산수식 – 평정고산수식
④ 지천임천식 – 축경식 – 임천식 – 회유임천식 – 축산고산수식 – 평정고산수식 – 다정양식

> 임천식정원(헤이안시대), 회유임천식 정원(12~14세기), 축산고산수정원(14세기), 평정고산수 정원(15세기 후반), 다정양식(16세기), 지천임천식 또는 회유식 정원(17세기), 축경식(에도후기)

35. 일본정원의 특색은 다음 중 어디에 치중하는가?

① 실용적
② 기교와 관상적
③ 생활과 오락적
④ 사의적

> 일본의 정원은 극도의 기교와 관상적 가치에 치중한 나머지 실용적인 기능을 무시한 면이 있었다.

36. 일본 축산고산수 정원에서 강조의 중심이 될 수 있는 성질이 가장 강한 것은?

① 폭포와 바위돌
② 왕모래
③ 정자
④ 잔디밭

> 축산고산수 정원은 물 대신 돌이나 모래로 바다나 계류를 나타내고 수목을 다듬어 산을 상징

37. 일본정원과 관련이 적은 것은?

① 축소 지향적　② 인공적 기교
③ 대비의 미　④ 추상적 구성

> 대비의 미는 중국정원의 특징

38. 다음 중 일본 정원양식이 아닌 것은?

① 다정식 정원
② 고산수식 정원
③ 침전식 정원
④ 회화풍경식 정원

> 회화풍경식 정원은 중국정원의 특징

39. 자연식 조경 중 숲과 굴곡의 수변을 이용한 정원양식은?

① 회유임천식　② 전원풍경식
③ 중정식　④ 고산수식

> · 회유임천식 : 숲과 깊은 굴곡의 수변 이용
> · 전원풍경식 : 넓은 잔디밭을 이용한 전원적이며 목가적인 자연풍경
> · 고산수식 : 물을 전혀 사용하지 않음

40. 일본의 수미산에 대한 설명이 알맞게 된 것은?

① 백제시대 노자공이 일본궁내에 축조한 석조물
② 중국 무산을 본 떠 만든 석가산
③ 중국 수미산을 재현시킨 것
④ 일본 고유의 조경양식으로 도교사상의 영향을 받았음

41. 일본 침전식조경 기법에 가장 많이 쓰이는 것은?

① 연못과 섬　② 수목과 조경석
③ 화단　④ 돌과 모래

정답 34 ① 35 ② 36 ① 37 ③ 38 ④ 39 ① 40 ① 41 ①

42. 석등과 수수분(手水盆)을 주요한 자리에 배치하고 유적한 자연경관을 사실적으로 취급한 16C 일본의 조경양식은?

① 임천식 ② 다정식
③ 축경식 ④ 고산수식

43. 일본은 16C 이후 임천식 조경양식에 다정식 조경양식을 가미시켜 새로 만든 조경양식은?

① 축산고산수식 ② 회유임천식
③ 에도임천식 ④ 중도식

44. 백제의 유민 노자공이 일본에 정원 축조수법을 전해준 시기는?

① 4세기 초엽 ② 4세기 말엽
③ 5세기 중엽 ④ 6세기 초엽

노자공은 백제인으로 일본에 건너가 612년 수미산과 오교로 이루어진 정원축조

45. 일본정원 문화의 시초와 관련된 설명으로 옳지 않은 것은?

① 오교 ② 노자공
③ 아미산 ④ 일본서기

46. 백제의 노자공이 일본에 건너가 전파한 축산의 형태는?

① 수미산 ② 삼신산
③ 봉황산 ④ 무산십이봉

47. 일본의 독특한 정원양식으로 여행 취미의 결과 얻어진 풍경의 수목이나 명승고적, 폭포, 호수, 명산계곡 등을 그대로 정원에 축소시켜 감상하는 것은?

① 축경원
② 평정고산수식정원
③ 회유임천식정원
④ 다정

일본정원의 특징은 축경원이다.

48. 다음 중 일본에서 가장 늦게 발달한 정원양식은?

① 회유임천식
② 다정양식
③ 평정고산수식
④ 축산고산수식

49. 일본 헤이안 시대는 정토신앙 사상이 정원과 건축에 영향을 미쳤다. 이러한 사상을 나타내는 대표적인 것은?

① 천룡사, 서방사
② 금각사, 은각사
③ 용안사, 대덕원
④ 모월사, 무량광원

50. 다음 일본조경과 관련된 내용 연결이 옳지 않은 것은?

① 겸창시대 – 회유임천식 – 대선원
② 도산시대 – 다정양식 – 삼보원
③ 실정시대 – 고산수식 – 용안사
④ 강호시대 – 회유식 – 육의원

겸창시대 – 회유임천식 – 서천사, 서방사, 남선원

정답 42 ② 43 ③ 44 ④ 45 ③ 46 ① 47 ① 48 ② 49 ④ 50 ①

03 서양의 조경양식

01 조경사 개요

1. 조경의 발달 과정

각 나라의 기후, 지형, 식물 및 조경재료, 관습, 그 나라의 국민성과 밀접한 관련을 가지고 있다. 특히 지형과 기후는 직접적 관련이 있다.

2. 조경 양식의 구분

① 정형식 : 서양에서 주로 발달. 좌우대칭. 땅가름이 엄격하고 규칙적

② 자연풍경식 : 동양을 중심으로 발달한 조경양식. 자연식, 풍경식, 축경식 정원이 속한다.

③ 절충식(혼합식) : 자연풍경식과 정형식을 절충한 양식

〈참고〉 각 나라별 문헌 : 이집트 – 시누헤이야기, 서아시아 – 길가메시이야기, 중세 성곽정원 – 장미이야기

02 이집트

1. 개관

① 지형 : 폐쇄적, 강수량이 적은 사막기후로 무덥고 건조하며 무더운 태양과 수목결핍으로 녹음을 갈망하고 수목 생육을 중요시하여 원예가 일찍 발달하고 관개기술이 발달

② 농업과 목축업 발달하고 기후의 영향으로 높은 울담으로 둘러싸고 담 안에 몇 겹으로 수목을 열식

③ 건축 : 문묘건축(피라미드, 스핑크스), 신전건축(예배신전, 장제신전), 오벨리스크, 주택건축

④ 조경 : 수목신성시(이집트, 서부아시아)

⑤ 서양에서 최초의 조경술을 가진 나라

2. 주택정원

① 현존하는 것은 없으나 무덤의 벽화로 추측

② 높은 울담과 수목을 열식, 키오스크(Kiosk), 침상지, 관목이나 화훼류를 분에 심어 원로에 배치

③ 조경식물 : 시커모어(Sycamore), 대추야자, 파피루스, 연꽃, 석류, 무화과, 포도

④ 유적 : 테베에 있는 아메노피스 3세의 한 신하의 분묘, 아메노피스 4세의 친구인 메리레의 정원

3. 신전정원

■ 델엘바하리의 핫셉수트(hatshepsut) 여왕의 장제신전

㉠ 센누트의 설계로 만들어지고 현존하는 최고(最高)의 정원유적

㉡ 스핑크스를 배치하고 아카시아 등 수목 열식(열지어서 식재)

㉢ 3개의 경사로(Terrace)로 계획

4. 사자(死者)의 정원(묘지정원)

① 시누헤이야기, 죽은자를 위로하기 위해 무덤 앞에 소정원 설치

② 레크미라 무덤벽화 : 중심에 직사각형(구형)의 연못이 있고, 연못사방에 3겹으로 수목이 열식되어 있으며 연못의 한편에 작은 키오스크(Kiosk)가 있다. 죽은 이는 배속에 앉아있고, 이배는 연안의 나무에 묶어둔 두개의 밧줄로 끌려지며, 노예들은 수목에 물을 주고 있다.

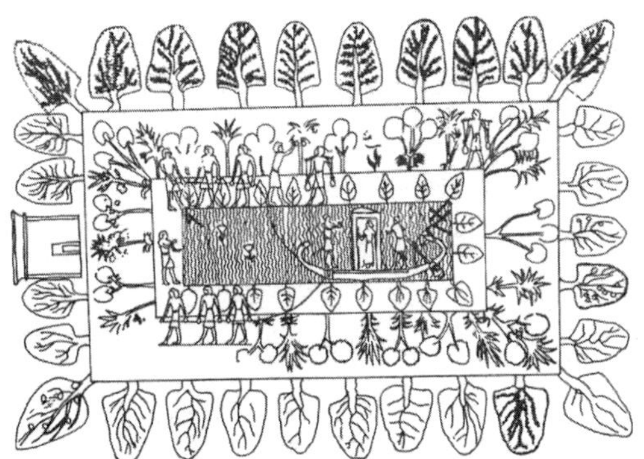

그림. 레크미라 무덤벽화

03 서부아시아

1. 개관

① 개방적 지형. 기후차가 극심하고 강우량 적음. 관개용 수로 설치

② 지구라트(Ziggurat) : 지표물(Landmark). 실제로 인공의 산이라고 할 만큼 높이 축조되었음

③ 건축구조는 낮고 수평적이며 지붕은 평탄하여 옥상정원을 활용함. 아치와 볼트가 발달하여 공중정원이 가능

④ 수목신성시 - 정원수로 여러 종류의 과수 식재

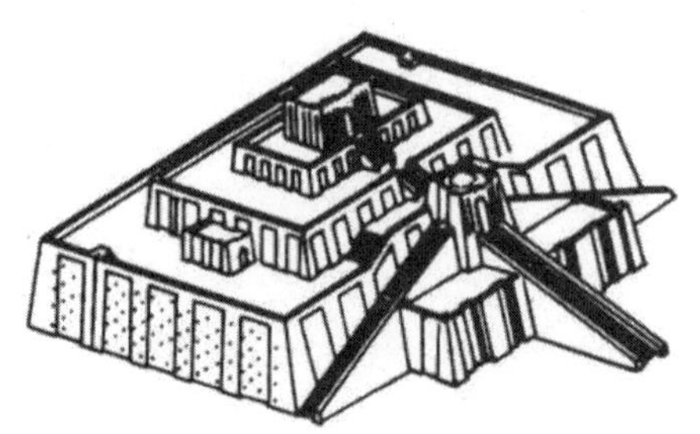

그림. 지구라트(신들의 거처)

2. 수렵원(Hunting Garden)

① 길가메시이야기 : 사냥터 경관을 전하는 최고의 문헌

② 인공호수와 인공으로 언덕을 조성하고 정상에 신전을 세움. 소나무, 사이프러스를 규칙적으로 식재하여 오늘날 공원(Park)의 시초

3. 공중정원(Hanging Garden)

① 세계7대 불가사의 중 하나로 서양 최초의 옥상정원

② '추장 알리의 언덕' 으로 추정. 벽은 벽돌로 축조된 것으로 추측

③ 네부카드네자르 2세가 왕비 아미티스(Amiytis)를 위해 조성

④ 성벽의 높은 노단위에 인공관수, 방수층 만들어 수목과 식물 식재

그림. 공중정원의 추정도

04 그리스

1. 개관

① 기후 : 여름은 고온다습, 겨울은 온난다습의 전형적인 지중해성 기후로 옥외생활을 즐김

② 특징 : 화려한 개인 주택보다 공공조경이 발달하고 바다지향적

③ 국민성 : 도시생활을 즐김 – 정원 중심이 아닌 건물 중심 → 아고라(Agora) 생김

④ 구릉이 많은 지형에 영향을 받았고, 짐나지움과 같은 공공적인 정원이 발달했으며 히포다무스에 의해 도시계획에서 격자형이 채택되었다.

2. 주택정원

① 중정을 중심으로 방을 배치하고 정원 중심이 아닌 건물 중심

② 외부에 폐쇄적인 내향적 구성

③ 중정의 구성 : 돌로 포장, 장식적 화분에 장미, 백합 등의 향기 있는 식물 식재. 조각물과 대리석, 분수로 장식

④ 아도니스원(Adonis Garden) : 지붕에 아도니스 동상을 세우고 주위를 화분으로 장식. 화분에 밀, 보리, 상추 등을 분이나 포트(Pot)에 심어 부인들에 의해 가꾸어 졌으며, 아도니스 상 주위를 장식. 후에 포트가든(Pot Garden) 또는 옥상정원으로 발달

3. 공공조경

① 성림 : 신들에게 제사 지내는 장소. 시민들이 자유로이 사용. 유실수 보다 녹음수 식재

② 짐나지움(Gymnasium) : 청소년들이 체육 훈련을 하던 장소(대중적인 정원으로 발달)

4. 도시계획 및 도시조경

① 히포데이무스

㉠ 최초의 도시계획가

㉡ 밀레토스에서 처음으로 장방형 격자모양의 도시를 계획

2 조경의 양식

② 아고라(Agora) : 광장의 개념이 최초로 등장

㉠ 건물로 둘러싸여 물물교환과 집회의 장소 등에 이용되는 옥외공간

㉡ 도시계획의 구심점으로 플라타너스 녹음수 식재, 조각상, 분수시설 있음

㉢ 아고라의 변천

명 칭	시 대	역 할
Agora	그리스	물물교환장소, 토론과 선거의 장소
Forum	로마	공공집회장소, 미술품 진열을 감상
Piazza	중세(이탈리아)	교회나 시청 앞을 중심으로 발달, 단순한 형태로 식재되지 않음
Place	프랑스	절대왕권을 나타내기 위한 광장이 발달
Square	영국	도시주택이 형성될 때 일정지역을 공간화하여 만들어짐, 근린광장

05 고대 로마(중정(中庭, Patio)식 정원)

1. 개관

① 기후 : 겨울에는 온화한 편이나 여름은 몹시 더워 구릉지에 빌라(Villa)가 발달하는 계기 마련

② 식물 : 감탕나무, 사이프러스 등 상록활엽수가 풍부하게 자생

③ 토목기술이 발달 : 원형극장(콜로세움), 투기장, 목욕탕, 고가도로 등

④ 건축양식은 열주(列柱)의 형태

2. 주택정원 출제

① 내향적 구성

② 중정의 구성 : 2개의 중정과 1개의 후정(후원)으로 구성

	아트리움(Atrium)	페리스틸리움(Peristylium)	지스터스(Xystus)
공간 구성	제1중정	제2중정(주정)	후원
	무열주(無列柱)중정	주랑(柱廊)식 중정	
목적	공적장소(손님접대)	사적공간(가족공간)	
특징	- 천창(天窓, 채광) - 임플루비움(impluvium, 빗물받이 수반) 설치 - 바닥은 돌 포장 - 화분장식	- 바닥은 포장하지 않음(식재가능) - 정형적으로 식재배치 - 벽화 - 개방된 중정	- 제1, 2중정과 동일한 축선상에 배치 - 5점형 식재 - 관목 군식, 과수와 채소 가꿈

3. 별장(빌라, Villa)발달

① 자연환경, 기후의 영향

② 대표적 빌라

㉠ 라우렌티장(Villa Laurentine) : 소필리니 소유. 전원풍 별장과 도시풍 별장의 혼합형
㉡ 터스카나장(Villa Tuscana) : 소필리니 소유. 도시풍의 여름용 별장. 토피아리 등장
㉢ 아드리아누스장(Villa Adrianus) : 아드리아누스 황제가 티볼리에 건설

4. 포룸(Forum)

① 그리스의 아고라와 같은 개념의 대화장소로 아고라에 비해 시장기능이 제외

② 로마의 공공조경으로 지배계급을 위한 상징적 공간으로 왕의 행진, 집회 및 휴식의 장소

③ 둘러싸인 건물에 의해 일반광장, 시장광장, 황제광장으로 나뉨

06 중세 유럽

1. 개관

① 종교 중심의 신학과 기독교 건축이 주종을 이룸

② 문화적 암흑기

2. 목적, 특성에 따른 정원 출제

① 초본원(Herb Garden) : 채소, 약초원, 실용위주의 식재

② 과수원, 유원 : 온갖 식물을 가꾸는 곳

③ 매듭화단(Knot Garden) : 중세에서 시작하여 영국에서 크게 발달

㉠ Open Knot : 매듭 안쪽 공지에 다채로운 색채의 흙을 채워 넣는 방법
㉡ Closed Knot : 매듭 안쪽 공간을 한 종류의 키 작은 화훼를 덩어리로 채워 넣는 방법

④ 미원(Maze) : 무늬식재 양식

⑤ 토피아리(Topiary) : 주목과 회양목 이용. 로마정원과는 달리 사람, 동물의 생김새가 없음

⑥ 정원요소 : 분수(Fountain), 파고라(Pergola), 수벽(Water Fence), 넝쿨의자(Turfseat)

07 스페인 - 중정식, 회랑식 중정원

1. 개관

① 기독교와 이슬람의 양식이 절충되어 나타남

② 옛 로마의 별장 및 정원유적의 영향을 받아 파티오(Patio : 중정)식 정원 발달
파티오의 중요 구성요소 : 물(水), 색채타일, 분수

2. 조경 출제

관개기술이 발달하여 강을 따라 세빌라, 코르도바, 그라나다의 도시가 번성

① 세빌라의 알카자르(Alcazar)

② 코르도바의 대모스크 : $\frac{2}{3}$는 원주, $\frac{1}{3}$은 오렌지중정(오렌지나무 식재)

③ 그라나다의 알함브라 궁원(4개의 중정(파티오)이 남아있음) : 알함브라는 아라비아어로 '적색도시'라는 뜻이고, 주요 건물은 붉은 벽돌로 지은데서 유래

㉠ 알베르카(Alberca)중정(도금양, 천인화의 중정)
- 입구의 중정이자 주정(主庭)으로 공적 기능을 가지며 정확한 비례와 화려함, 장엄미
- 종교의식에 쓰이던 욕지, 분수대 등이 연못으로 투영미가 뛰어남
- 연못 양쪽에 도금양(천인화)을 열식하고 중정 한 가운데 장방형의 연못이 위치

㉡ 사자(Lion)의 중정
- 주랑식 중정으로 가장 화려하며 물의 존귀성 나타남
- 검은 대리석으로 만든 12마리의 사자가 받치고 있는 수반과 네 개의 수로가 연결
- 그라나다에 현존하는 귀중한 아랍식 중정

㉢ 다라하 중정(린다라야 중정)
- 회양목으로 가장자리에 식재의 화단을 만들어 열식하고 원로는 맨 흙
- 중정 중심에 분수시설을 하여 여성적인 분위기를 연출

㉣ 창격자(레하)의 중정(사이프러스 중정)
- 바닥은 둥근 색자갈로 무늬를 주며 네 귀퉁이에 사이프러스를 식재
- 중앙에 분수 : 전체적으로 환상적이고 엄숙한 분위기

〈참고〉 알베르카중정과 사자의 중정은 이슬람적 성격이 강하고, 다라하 중정과 창격자 중정은 기독교적인 색채가 강함

④ 헤네랄리페(제네랄리페, Generalife) 이궁(건축가의 정원, 높이 솟은 정원)

㉠ 그라나다 왕들의 피서를 위한 은둔처로 전체가 정원

㉡ 경사지의 계단식 처리와 기하학적 구성

㉢ 수로가 있는 중정 : 연꽃 모양의 수반과 회양목으로 구성하여 3면이 건물, 한쪽은 아케이드로 둘러싸여 있고 가늘고 긴모양으로 가장 아름답다.

㉣ 건물 입구까지 길 양쪽의 분수가 아치 모양을 이루고, 좌우에 꽃과 식물이 식재

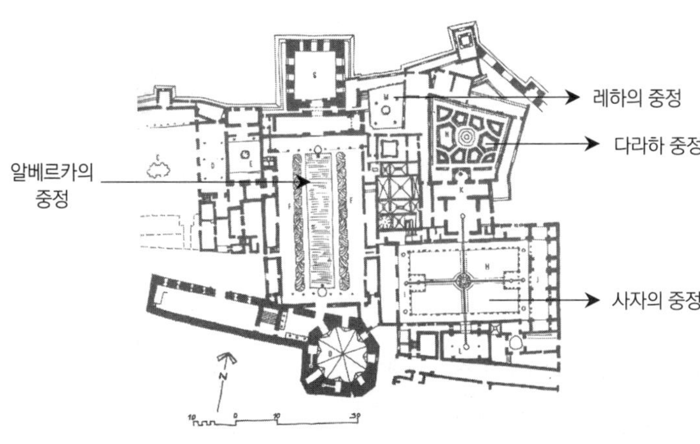

그림. 알함브라 궁원

그림. 사이프러스 중정

3. 스페인 정원의 특징

① 회교문화의 영향을 입은 독특한 정원양식을 보이며, 물과 분수의 풍부한 이용

② 대리석과 벽돌을 이용한 기하학적 형태로 다채로운 색채를 도입한 섬세한 장식

③ 중정구성이 독특

08 이탈리아(노단건축식 정원)

- 노단 : 이탈리아에서 경사진 지형을 활용하기 위하여 경사진 부분과 평탄한 부분으로 나누어 경사지게 만든 단
- 피렌체 : 르네상스 문화와 더불어 최초로 노단건축식 정원이 발달한 장소

1. 개관

자연존중, 인간존중, 시민생활 안정, 정원이 옥외 미술관적 성격

2. 정원의 일반적 특징

① 일반적 특징

㉠ 강한 축을 중심으로 정형적 대칭을 이루며, 엄격한 비례를 준수하고 원근법 도입

㉡ 지형과 기후로 인해 구릉과 경사지에 빌라가 발달하고 지형 극복을 위해 노단과 경사지를 이용

㉢ 흰 대리석과 암록색의 상록활엽수가 강한 대조 이룸, 바닥은 포장되며 곳곳에 광장이 마련되어 화단으로 장식

㉣ 축을 따라 축을 직교하여 분수, 연못 등을 설치 – 캐스케이드(계단폭포) 사용

㉤ 계단폭포, 물무대, 분수, 정원극장, 기둥, 복도, 열주, 파고라, 조각상, 장식분, 동굴 등이 가장 많이 나타나는 정원

② 빌라 메디치(Villa Medici) : 주변의 전원풍경을 즐길 수 있도록 차경수법 본격적으로 이용. 정형식으로 경사지를 테라스로 처리

③ 벨베데레원(Beldevere Garden) : 16세기 대표적 정원으로 이탈리아 노단건축식 정원의 시초

그림. 벨베데레원의 위성사진

④ 빌라 에스테(Villa D'Este)

㉠ 평탄한 노단 중앙의 중심축선이 상부에 있고 이 축선상에 분수가 설치

㉡ 4개의 노단으로 구성하고 물을 다양하게 사용하여

09 프랑스(평면기하학식 정원)

건축식 조경양식으로 대표되는 나라

1. 개관

① 자연환경 : 지형이 넓고 평탄, 저습지가 많음

② 앙드레 르노트르(이탈리아에서 유학하여 조경공부 함)의 활약 – 프랑스 조경의 아버지

2. 대표적 작품 출제

① 보르 비 꽁트(Vaux-le-Vicomte) 정원

㉠ 최초의 평면기하학식 정원

㉡ 건축은 루이르보, 조경은 르노트르가 설계

㉢ 조경이 주요소이고, 건물은 2차적 요소로 정원은 남쪽에 건물은 북쪽으로 전개

㉣ 특징 : 산책로(allee), 총림, 비스타(Vista : 좌우로의 시선이 숲 등에 의하여 제한되고 정면의 한 점으로 시선이 모이도록 구성되어 주축선이 두드러지게 하는 경관 구성 수법), 자수화단

㉤ 의의 : 루이14세를 자극해 베르사유 궁원을 설계하는데 계기가 됨

② 베르사이유(Versailles)궁원(궁전) : 세계 최대 규모의 정형식 정원 출제

㉠ 수렵지로 쓰던 소택지에 궁원과 정원을 조성

㉡ 300ha에 이르는 세계 최대 정형식 정원으로 바로크양식

㉢ 건축은 루이르보, 조경은 르노트르가 설계

㉣ 궁원의 모든 구성이 중심축과 명확한 균형을 이루며 축선은 방사상으로 전개해 태양왕 상징

㉤ 특징

- 총림, 롱프윙(Rondspoints, 사냥의 중심지), 미원(Maze), 소로(allee), 연못, 야외극장 등 배치
- 강한 축과 총림(보스케, Bosquet)에 의한 비스타(Vista)형성

그림. 보르비꽁트-최초의 평면기하학식 정원

그림. 베르사이유궁원-평면기하학식 대표작

3. 프랑스 정원의 특징 출제

① 산림 내 소로(allee)를 이용한 장엄한 스케일(Grand Scale)

② 정원이 주가 됨

③ 산울타리로 총림과 기타 공간을 명확하게 구분

④ 비스타(Vista, 좌우로 시선을 제한하여 일정 지점으로 시선이 모이도록 구성된 경관으로 통경선 이라고도 함) 형성

⑤ 화려하고 장식적인 정원 : 자수화단, 대칭화단, 영국화단, 구획화단, 물화단

⑥ 운하(Canal) : 르노트르식을 특징짓는 가장 중요한 시설

그림. 총림으로 비스타 형성

그림. 총림과 대운하

그림. 자수화단의 예

4. 프랑스 조경과 이탈리아 조경의 차이

구 분	이탈리아	프랑스
양식	노단건축식	평면기하학식
지형	구릉과 산악을 중심으로 정원 발달	평탄한 저습지에 정원 발달
주요경관	높은 곳에서 내려다보는 입체적 경관	소로(allee)를 이용한 비스타로 웅대하게 평면적 경관 전개
수경관	캐스케이드, 분수, 물풍금 등의 다이나믹한 연출	수로, 해자 등 잔잔하고 넓은 수면 연출
정원 주요소	총림, 화단	이탈리아 정원보다 화단과 총림이 중요시

10 영국(자연풍경식)

대중적인 공원이 생긴 때는 19C 영국으로 영국 풍경식 정원에서 자연과의 비율은 1 : 1
처음에는 프랑스의 정원 양식을 받아들였으나 자연 복귀 사상과 목가적인 전원 풍경 및 전통을 고수하고자 하는 국민성 등이 정형식 조경수법의 수용을 거부하여 자연 경관을 살린 풍경식 조경수법이 확립

1. 개관

① 자연환경

㉠ 완만한 기복을 이룬 구릉이 전개되고 강과 하천도 완만한 흐름을 나타냄

㉡ 다습하고 흐린 날이 많아 잔디밭과 보울링 그린(Bowling Green)이 성행

② 인문환경

튜더 조 후기 영국의 르네상스가 절정

2. 영국 정형식 정원의 특징 출제

① 대부분 부유층을 위한 정원

② 4사람 정도가 걸을 수 있는 주도로인 곧은길(Forthright)

③ 축산(Mound, 가산), 보울링 그린(Bowling Green) : 군사훈련의 목적으로 부활(레벤스 홀)

④ 매듭화단(Knot, 노트) : 영국 튜터 왕조에서 유행했고, 낮게 깎은 회양목 등으로 화단을 여러 가지 기하학적 문양으로 구획 짓는 것

⑤ 미원 : 수목을 전정하여 정형적인 모양의 미로를 만든 것, 약초원

⑥ 르네상스시대의 특징적 요소 : 보울링 그린, 채소원, 포장된 산책로, 매듭무늬 화단(Knot, 노트), 토피어리, 문주

3. 영국의 풍경식 정원

① 스토우 원(Stowe Garden)

㉠ 브릿지맨과 반브로프 축조 → 켄트와 브라운 수정 → 브라운 개조

㉡ Ha-Ha 수법 도입

- 하하(Ha-Ha) - 담장 대신 정원부지의 경계선에 해당하는 곳에 깊은 도랑을 파서 외부로부터 침입을 막고, 가축을 보호하며, 목장 등을 전원풍경속에 끌어들이는 의도에서 나온 것으로

이 도랑의 존재를 모르고 원로를 따라 걷다가 갑자기 원로가 차단되었음을 발견하고 무의식 중에 감탄사로 생긴 이름이다.

그림. 스토우 원(Stowe Garden)

② 스투어 해드(Stourhead)

㉠ 헨리 호어가 설계 → 켄트와 브릿지맨이 디자인

㉡ 18C 자연풍경식 정원의 원형이 잘 남아 있는 작품

㉢ 호수를 따라 산책로를 설치하여 주변의 구릉과 연결

4. 영국 풍경식 정원가 출제

① 스위처(Switzer) : 최초의 풍경식 조경가로 울타리를 없애고 주위의 전원으로 확장시키려 함

② 브릿지맨(Bridgeman) : 스토우가든(스토우원)에 하하(Ha-Ha)개념 최초로 도입. 버킹검의「스토우가든(스토우원)」을 설계

- Ha-Ha Wall(하하월) : 담을 설치할 때 능선에 위치함을 피하고 도랑이나 계곡 속에 설치하여 경관을 감상할 때 물리적 경계 없이 전원을 볼 수 있게 한 것

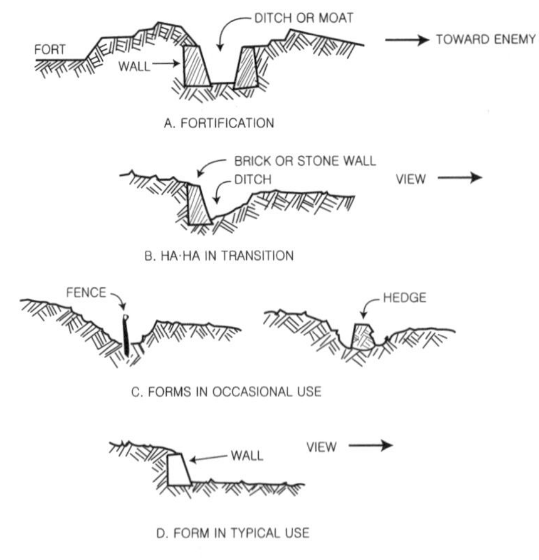

그림. 하하(ha-ha) 기법

③ 켄트(Kent)

㉠ 근대 조경의 아버지

㉡ "자연은 직선을 싫어한다."라는 말 남김

㉢ 작품 : 캔싱턴가든, 치즈윅 하우스, 스토우원 수정

④ 브라운(Brown)

㉠ 풍경식 정원의 거장

㉡ 스토우가든(스토우원) 등 많은 영국 정원 수정. 햄프턴 코트 설계

⑤ 랩턴(Repton)

㉠ 사실주의 자연 풍경식 정원의 완성

㉡ 자연미를 추구하는 동시에 실용적이고 인공적인 특징을 잘 조화

㉢ 레드북(Red book) : 개조 전의 모습과 개조 후의 모습을 비교할 수 있는 스케치로 설명

⑥ 챔버(Chamber)

㉠ 큐가든 설계(중국식 건물과 탑 세움) - 중국 정원 소개

㉡ 브라운의 자연풍경식 비판

2 조경의 양식

5. 공공적 공원

① 리젠트 파크(Regent Park) : 버큰헤드 공원 조성에 영향

② 버큰헤드(Birkenhead)공원(1843) : 조셉 팩스턴 설계 - 역사상 처음으로 시민의 힘으로 공원 조성 → 미국 센트럴파크(Central Park) 설계에 영향

〈참고〉 19세기 전반 영국은 사적인 중심에서 공적인 대중공원의 성격을 띤 시대

11 독일(풍경식정원)

1. 무스코정원

① 무스코 공작의 정원

② 강물을 자연스럽게 흐르게 하여 수경시설에 역점

③ 전원생활의 모든 활동이 가능한 시설로 부드럽게 굽어진 도로와 산책로 통해 시각적 아름다움 표현

④ 센트럴파크에 낭만주의적 풍경식을 옮기는 역할을 하고, 센트럴파크에 영향을 줌

2. 분구원 출제

① 한 단위가 $200m^2$ 정도 되는 소정원을 시민에게 대여하여 채소, 과수, 꽃 등의 재배와 위락을 위한 공간

② 현재까지 실용적인 측면에서 시행

3. 시뵈베르원

1750년에 축조된 독일 최초의 풍경식 정원

4. 독일정원의 특징 출제

① 과학적 지식을 이용하여 자연경관의 재생이 목적

② 그 지방의 향토수종을 배식하여 자연스러운 경관을 형성

③ 실용적 정원이 발달

POINT

① 이집트 - 주택정원 : 현존하는 것 없으나 무덤의 벽화로 추측
② 이집트 - 신전정원 : 데르엘바하리
③ 서부아시아 - 공중정원 : 최초의 옥상정원
④ 그리스의 아고라와 로마의 포룸 비교
⑤ 스페인 - 알함브라궁전 : 4개의 파티오(알베르카 중정, 사자의 중정, 다라하 중정, 창격자 중정)
⑥ 스페인 - 헤네랄리페 : 전체가 정원
⑦ 이탈리아 - 노단건축식 정원
⑧ 프랑스 - 평면기하학식 정원(보르비콩트, 베르사이유 궁원)
⑨ 영국 - 자연풍경식 정원(스토우 원, 스투어헤드 정원)
⑩ 독일 - 풍경식 정원(무스코 정원, 시뵈베르원, 분구원)

나만의 서브노트

1. 이집트 : 주택정원 – 현존하는 것은 없으나 무덤의 벽화로 추측
 데르엘바하리(신전정원) – 세계 최고의 조경 유적
 묘지정원(사자의 정원) – 레크미라 무덤벽화

2. 서부 아시아 : 수렵원 – 오늘날 공원의 시초
 공중정원 – 최초의 옥상정원

3. 그리스 : 아고라(건물로 둘러싸여 상업 및 집회에 이용되는 옥외공간)

4. 로마 : 포룸(아고라에 비해 시장기능이 제외. 집회 및 휴식의 장소)

	아트리움	페리스틸리움	지스터스
공간 구성	제1중정	제2중정(주정)	후원
	무열주(無列柱)중정	주랑(柱廊)식 중정	
목적	공적장소(손님접대)	사적공간(가족공간)	
특징	- 천창(天窓, 채광) - 임플루비움(impluvium, 빗물받이 수반) 설치 - 바닥은 돌 포장 - 화분장식	- 포장하지 않음(식재가능) - 정형적으로 식재배치 - 벽화 - 개방된 중정	- 제1, 2중정과 동일한 축선상에 배치 - 5점형 식재 - 관목 군식

5. 스페인 : 알함브라 궁전 – 알베르카 중정 : 궁전의 주정
 사자의 중정 : 가장 화려하고 섬세한 장식
 다라하 중정 : 회양목으로 열식, 여성적 분위기
 창격자 중정(사이프러스 중정) : 환상적이며 엄숙한 분위기
 헤네랄리페 이궁 – 전체가 정원. 경사지의 계단식 처리와 기하학적 구성

6. 이탈리아 – 노단건축식 정원. 여러 개의 테라스

7. 프랑스 정원 – 평면기하학식 정원/ 대표작품 – 보르비꽁트, 베르사이유궁원

8. 영국 정형식 정원의 특징 : 주 도로인 곧은 길(Forthright), 축산(Mound), 보울링 그린(Bowling Green), 매듭화단(Knot, 노트), 토피어리, 문주

9. 영국 풍경식 조경가
 ① 스위처 – 최초의 풍경식 조경가
 ② 브릿지맨 – 스토우가든(스투우원)에 하하기법 최초 도입
 ③ 켄트 – '자연은 직선을 싫어한다.', 근대 조경의 아버지, 작품(캔싱턴가든, 치즈윅, 스토우원 수정)
 ④ 브라운 – 풍경식 정원의 거장
 ⑤ 렙턴 – 레드북(Redbook). 풍경식정원의 완성
 ⑥ 챔버 – 큐가든에 중국식 건물과 탑을 세움. 큐가든 설계

출 제 예 상 문 제

01. 이집트의 묘지조경은 어느 것인가?

① 지구라트 ② 스핑크스
③ 데르엘베하리 ④ 레크미라

02. 이집트 조경의 특징으로 틀린 것은?

① 주택조경은 좌우로 중심축을 갖는 직사각형 연못형태에 정자가 배치되고 식물은 파피루스, 연꽃, 시커모어 등을 심었다.
② 공중정원은 테라스에 인공산을 조성한 최초의 옥상조경으로 성벽의 높은 노단위에는 수목과 덩굴식물을 식재하였다.
③ 신전조경은 산중턱에 계단식으로 만들고 기둥을 세워 장식하고 스핑크스가 배치되었다.
④ 묘지조경은 사자의 정원 또는 영원이라 하여 무덤 앞에 영혼의 휴식처로 소정원을 꾸몄다.

03. 그리스의 광장역할을 하던 곳은?

① 포룸 ② 아고라
③ 아트리움 ④ 빌라

포룸 : 로마시대의 광장 역할을 하던 곳

04. 로마의 광장역할을 하던 곳은?

① 빌라 ② 아고라
③ 아트리움 ④ 포룸

광장 역할을 하던 곳은 그리스에서는 아고라 로마에서는 포룸이다.

05. 로마시대 주택정원의 구성요소에 해당하지 않는 것은?

① 아트리움 ② 페리스틸리움
③ 지스터스 ④ 아고라

아고라는 그리스의 광장역할을 하던 곳이다.

06. 로마시대 별장 빌라에 대해 잘못 설명한 것은?

① 혼잡한 도시를 벗어난 자연동경
② 휴양을 위한 바닷가나 산 속에 조성
③ 부호들의 황금만능의 과시욕
④ 기후와 관계없이 경관 좋은 언덕에 위치

여름에 몹시 더워 구릉지에 빌라(Villa)가 발달 하였다.

07. 이탈리아 정원에 대한 설명으로 틀린 것은?

① 대리석을 이용하여 축조된 석조물
② 보스코의 화단에서 명암 대조미
③ 상록수가 많이 심어졌다.
④ 귀족들의 별장을 중심으로 발달한 바그정원이 발달

바그정원은 인도정원에서 발달

08. 이탈리아 정원 가운데 바로크식 특징이 나타난 정원이 아닌 것은?

① 란셀로티장
② 메디치장
③ 이졸라벨라
④ 알도브란디니장

정답 1④ 2② 3② 4④ 5④ 6④ 6④ 7④ 8②

09. 바로크양식의 특징은?

① 명쾌한 균제미
② 간단 명료한 양식
③ 온화, 단조로움
④ 번잡하고 지나친 세부기교

10. 고대 이집트 정원에 대한 설명 중 틀린 것은?

① 수분공급, 수목열식
② 높은 울담, 침상지
③ 대추야자, 시커모어
④ 길가메시 이야기

길가메시 이야기는 서아시아 메소포타미아의 사냥터경관을 전하는 최고의 문헌이다.

11. 이집트 정원에서 주가 된 정원요소는?

① 돌 ② 물(水)
③ 수목 ④ 정자목

12. 다음 중 시대 순으로 가장 빠른 것은?

① 아도니스원 ② 데르엘바하리
③ 유원 ④ 공중정원

아도니스원 - 그리스
데르엘바하리 - 이집트
공중정원 - 서부아시아

13. 이집트 정원이 특유한 형태로 발달하게 된 원인은?

① 나일강 ② 종교
③ 왕권 ④ 지형

이집트 정원발달의 가장 큰 영향은 자연환경이며, 특유한 형태로 발달하게 된 원인은 종교이다.

14. 이집트 핫셉수트 여왕의 장제신전과 관계없는 것은?

① 최초의 조경유적
② 데르엘바하리
③ 펀트(Punt)보랑의 벽화
④ 지스터스

지스터스 : 로마의 주택정원의 구성요소로 2개의 중정과 1개의 후원 중 후원

15. 이집트에 대한 설명에 해당하지 않는 것은?

① 유적으로 마스터바, 오베리스크, 장제신전 등이 있다.
② 최초의 조경유적은 핫셉수트 여왕의 장제신전이 있다.
③ 주택정원에서 키오스크와 T자형 침상지가 있다.
④ 사자의 정원은 묘지정원의 형태로 펀트(Punt)의 보랑벽화에서 그 유래를 알 수 있다.

사자의 정원은 레크미라의 벽화에서 볼 수 있다. 펀트의 보랑벽화는 신원에 있는 벽화로 수목을 옮겨오는 그림이 그려져 있다.

16. 사자의 정원으로 유명한 고대 이집트의 정원은?

① 레크미라의 무덤벽화
② 델엘바하리 신전의 벽화
③ 메리레 정원
④ 아메노피스 3세 충신의 분묘벽화

17. 고대 그리스의 공공조경과 관련이 없는 것은?

① 아카데미 ② 짐나지움
③ 성림 ④ 메가론

메가론은 주택정원에서 중정으로 형성되어가는 원형을 의미한다.

정답 9④ 10④ 11② 12② 13② 14④ 15④ 16① 17④

2 조경의 양식

18. 그리스시대의 조경에 관한 것 중 틀린 것은?

① 나무를 신성시 하였다.
② 짐나지움과 같은 대중적인 정원이 발달하였다.
③ 히포데이무스에 의해 도시계획에서 격자형이 채택되었다.
④ 서민들의 정원은 발달을 보지 못했으나 왕이나 귀족의 저택은 대규모이며 사치스런 정원을 가졌다.

그리스시대 정원은 개인 주택정원보다 공공정원이 발달하였다.

19. 그리스 정원의 특징이 아닌 것은?

① 천국을 표시했다.
② 짐나지움이 발달했다.
③ 나무를 신성시 하였다.
④ 도시계획에서 격자형이 채택되었다.

천국의 표현은 메소포타미아의 파라다이스 정원에서 볼 수 있다.

20. 아도니스원에 대한 설명 중 틀린 것은?

① 아도니스의 영혼을 위로하기 위한 제사로부터 유래되었다.
② 오늘날 지중해 연안지방의 포트가든이나 옥상정원의 기원이 되었다.
③ 로마주택 정원의 특수한 유형이다.
④ 푸르고 싱싱하게 생장하는 밀, 상추, 보리를 화분이나 포켓에 심어 장식했다.

아도니스원은 그리스시대 정원의 형태이다.
후에 포트가든이나 옥상정원으로 발달하였다.

21. 아도니스 정원에 대한 설명 중 틀린 것은?

① 일종의 옥상정원 형태이다.
② 중세에 발달한 양식이다.
③ 부인들의 손에 의해 가꾸어졌다.
④ 주택의 지붕이나 창가에 설치하였다.

그리스 아도니스원은 지붕에 아도니스 동상을 세우고, 주위를 화분으로 장식하였으며, 화분에 밀, 보리 같은 단명성 식물을 심어 후에 옥상정원, 포트가든으로 발전되었다.

22. 최초의 도시격자형 도로망을 계획한 사람은?

① 네브카드네자르
② 센누트
③ 히포데이무스
④ 아드리아누스

23. 로마시대 제1중정은 무엇인가?

① 아트리움 ② 페리스틸리움
③ 지스터스 ④ 호르투스

로마의 주택정원은 2개의 중정과 1개의 후원으로 구성되어있다. 제1중정은 아트리움, 제2중정은 페리스틸리움,. 후정은 지스터스 이다.

24. 로마 정원 양식 중 아트리움에 대한 설명으로 틀린 것은?

① 외부와 연결이 잘 되도록 설계되었다.
② 천장이 있다.
③ 주정의 일종이다.
④ 바닥은 돌로 포장되었다.

주정 - 페리스틸리움

정답 18④ 19① 20③ 21② 22③ 23① 24③

25. 로마시대의 개인 주택정원에서 두 개의 중정과 하나의 후정 순서로 올바른 것은?

① 아트리움 → 지스터스 → 페리스틸리움
② 지스터스 → 페리스틸리움 → 아트리움
③ 아트리움 → 페리스틸리움 → 지스터스
④ 페리스틸리움 → 아트리움 → 지스터스

26. 로마의 포룸(Forum)의 기능이 아닌 것은?

① 토론을 위한 장소 ② 공공의 집회장소
③ 미술품의 진열장 ④ 시장의 기능

27. 중세의 회랑식 중정의 특징이 아닌 것은?

① 흉벽이 있다.
② 정원의 구성은 직교하는 원로에 의해 네 개의 구획으로 나누어진다.
③ 원로에 의해 구획된 공간은 일반적으로 화훼류가 식재된다.
④ 원로의 교차점은 파라다이소라 하여 나무나 분천 또는 우물이 설치

원로에 의해 구획된 공간은 일반적으로 잔디류가 식재된다.

28. 중세 성곽정원과 관련된 이야기는?

① 시누헤이야기 ② 길가메시이야기
③ 장미이야기 ④ 아도니스

정원을 전하는 이야기
① 시누헤이야기 : 이집트 묘지정원을 전하는 이야기
② 길가메시이야기 : 메소포타미아의 사냥터경관을 전하는 이야기
③ 장미이야기 : 중세 성곽정원을 전하는 이야기

29. 중세정원과 관계없는 것은?

① 약초
② 수도원
③ 성곽
④ 하하(Ha-Ha)수법

하하수법은 18C 영국의 자연풍경식 정원에서 브릿지맨이 스토우가든(스토우원)에 도입한 수법이다.

30. 스페인 정원양식이 아닌 것은?

① 무어족의 발달
② 파티오의 정원
③ 기온이 높고 건조한 환경
④ 생태학과 식물지리학의 주요과제

스페인의 중정식(Patio)이 발달한 직접적인 원인은 건조한 기후 때문이며, 이는 무어족에 의해 발달하였다.

31. 스페인 알함브라 궁전 중 부인실에 예속되어 있는 중정은?

① 사자의 중정 ② 천인화의 중정
③ 다라하의 중정 ④ 레하의 중정

스페인의 정원의 형식은 중정식으로 알함브라 궁에는 4개의 중정이 있다.
① 알베르카 중정 : 연못 양쪽에 도금양(천인화)이 열식되어 있어 천인화의 중정이라고도 한다.
② 사자의 중정 : 유일한 생물상으로 사자상의 분수가 있으며 가장 화려한 정원이다.
③ 다라하의 중정 : 린다라야의 중정이라고도 하며, 여성적인 분위기로 맨흙의 원로로 되어있다.
④ 레하의 중정 : 사이프러스나무가 식재되어 있다.

정답 25 ③ 26 ④ 27 ③ 28 ③ 29 ④ 30 ④ 31 ③

32. 베르사이유 궁원에 대한 설명 중 틀린 것은?

① 설계 및 시공을 맡은 사람은 니콜라스 푸케이다.
② 원래는 왕의 수렵원이다.
③ 남쪽 부분에 완성한 부분은 감귤원과 스위스 호수이다.
④ 정원의 주축선 상에는 십자형 커낼이 있다.

> 베르사이유궁원의 설계는 루이 14세 때 궁전조경가인 앙드레 르노트르가 설계하였다. 그에 의해 평면기하학식이 정립되었다.

33. 프랑스의 17C 정원에 대한 특징으로 틀린 것은?

① 수직적 벽체로서의 총림과 바닥으로서 파르테르
② 비스타(Vista)와 원로 발달
③ 롱프윙과 소로
④ 낭만주의에 속한다.

> 17C 평면기하학식 정원은 바로크양식의 특징을 가진다.

34. 프랑스 정원의 양식이 아닌 것은?

① 총림으로 비스타를 형성
② 소로(allee)의 사용
③ out door room
④ 휴먼스케일 사용

> 프랑스의 평면기하학식은 산림 내 소로(allee)를 이용한 장엄한 스케일로 인간의 위엄성을 고양시킨다. 정원이 주가 되며 산울타리로 총림과 기타 공간을 명확하게 구분하고 비스타(vista)를 형성한다.

35. 평면기하학식 정원양식에 직접적으로 영향을 준 정원 양식은?

① 이집트 정원　② 중세 성곽 정원
③ 노단식 건축　④ 행잉가든

> 16C 이탈리아 노단건축식 정원 → 17C 프랑스 평면기하학식 정원

36. 프랑스의 보르비꽁트와 베르사이유 궁원을 설계한 평면기하학식 정원의 대가는?

① 루소　② 보이소
③ 르노트르　④ 루이14세

37. 영국 르네상스 정원을 구성하는 중요한 요소가 아닌 것은?

① 매듭화단　② 문주
③ 채소원　④ 토피어리

38. 르네상스 시대 영국 정형식 정원의 특징이 아닌 것은?

① 미로(Maze)
② 곧은길(Forthright)
③ 노트(Knot)
④ 롱프윙(Round Points)

> 롱프윙은 프랑스 평면기하학식 정원의 특징이다.

39. 영국 자연풍경식 조경가인 브라운이 주로 사용했던 설계요소들이 아닌 것은?

① 부드러운 기복의 잔디밭
② 굽이치는 원로
③ 화려한 색채의 파르테르(자수화단)사용
④ 거울같이 잔잔한 수면

> 파르테르(자수화단)의 활용은 프랑스 평면기하학식에서 주로 사용했던 요소이다.

정답 32 ① 33 ④ 34 ④ 35 ③ 36 ③ 37 ③ 38 ④ 39 ③

40. 영국 자연풍경식 정원수법의 대표적인 사람들의 배열순서로 맞는 것은?

① 브릿지맨 – 켄트 – 브라운 – 챔버
② 켄트 – 브라운 – 챔버 – 브릿지맨
③ 챔버 – 브릿지맨 – 켄트 – 브라운
④ 브릿지맨 – 브라운 – 켄트 – 챔버

41. 영국 자연풍경식 조경가들의 설명 중 옳은 것은?

① 브릿지맨 – 레드북
② 브라운 – 19C 초 영국 자연풍경식 완성
③ 켄트 – 정원에 Ha-Ha 수법 도입
④ 챔버 – 중국 건물과 탑을 도입

브릿지맨 – Ha-Ha 수법 도입
브라운 – 많은 영국 정원을 수정
켄트 –"자연은 직선을 싫어한다."
챔버 – 큐가든에 중국식 건물과 탑 세움

42. 스토우 원을 보다 자연스럽게 만든 사람은?

① 브릿지맨 ② 랩턴
③ 루소 ④ 켄트

켄트는 스토우 원을 수정했다.

43. 하하월(Ha-Ha Wall)의 창시자는?

① 브릿지맨 ② 랩턴
③ 브라운 ④ 켄트

브릿지맨 – 하하월
랩턴 – 풍경식 정원의 완성, 레드북
브라운 – 풍경식 정원의 거장
켄트 –"자연은 직선을 싫어한다."

44. 하하월(Ha-Ha Wall)이란?

① 담장의 형태나 색채를 주변 자연과 조화되게 만든 것
② 담장의 높이를 낮게 하여 외부경관을 차경으로 이용하는 수법
③ 담장을 설치할 때 능선에 위치함을 피하고 도랑속이나 계곡 속에 설치하여 시각적 장애가 되지 않도록 한 것
④ 담장을 관목류의 생울타리로 조성하는 수법

45. 영국 정원양식에 중국의 정원양식인 정자, 다리, 탑 등을 가미한 사람은?

① 켄트 ② 챔버
③ 브릿지맨 ④ 브라운

46. 조경가와 대표작품을 다르게 연결한 것은?

① 팩스턴 – 수정궁
② 랩턴 – 큐가든
③ 미켈로지 – 메디치장
④ 옴스테드 – 센트럴파크

챔버 – 브라운파와 대립, 중국 정원 관심, 큐가든

47. 스페인의 헤네랄리페 이궁에 대한 설명으로 틀린 것은?

① 건물 입구까지 길 양쪽의 분수가 아치처럼 차지함
② 매우 환상적이나 조화를 이루지 못하였다.
③ 환벽의 밝은 광성과 아케이드 그늘이 조화를 이룸
④ 분수 물보라와 소리를 들을 수 있다.

조화를 이루지 못하지 않고, 환상적이고 조화를 이루었다.

정답 40 ① 41 ④ 42 ④ 43 ① 44 ③ 45 ② 46 ② 47 ②

48. 다음 중 가장 오래된 정원은?

① 공중정원　② 알함브라궁전
③ 베르사이유 궁원　④ 보르비콩트

> 공중정원 : BC500년경 바빌론에 건설한 정원
> 알함브라궁전 : 1240년경
> 베르사이유 궁원 : 1662~1710년 동안 공사
> 보르비콩트 : 17C 중엽

49. 공중정원에 대한 설명으로 맞는 것은?

① 인공관수와 방수층을 만들어 식물을 식재하였다.
② 자연적인 지형 그대로 이용하였다.
③ 높은 담을 둘러쌓았다.
④ 대규모의 신전 건축을 만들어 이용하였다.

> 공중정원은 성벽의 높은 노단 위에 만들어진 것으로 인공관수를 하고 방수층을 만들어 식물을 식재하였다.

50. 아도니스원에 대한 설명으로 틀린 것은?

① 일종의 옥상정원 형태이다.
② 주택의 지붕이나 창가에 설치하였다.
③ 부인들의 손에 의해 가꾸어졌다.
④ 아도니스는 죽음을 상징한다.

> 그리스에서 발달한 양식으로 아도니스의 죽음을 애도하는 제사로 포트에 밀, 보리 등을 심어 장식하였고, 옥상정원과 포트정원(가든)으로 발달하였다.

51. 스페인의 파티오(Patio)에서 가장 중요한 구성요소는?

① 물　② 단색의 꽃
③ 색채타일　④ 녹음수

52. 이탈리아정원의 구성요소와 가장 관계가 먼 것은?

① 테라스(Terrace)
② 중정(Patio)
③ 계단폭포(Cascade)
④ 화단

> 중정은 스페인정원의 구성요소이다.

53. 회교문화의 영향을 입은 독특한 정원양식을 보이는 것은?

① 이탈리아정원　② 프랑스정원
③ 스페인정원　④ 영국정원

> 스페인정원은 회교식 건축수법과 함께 정원이 발달하였다.

54. 계단폭포, 물무대, 분수, 정원극장, 동굴 등이 가장 많이 나타나는 정원은?

① 이탈리아정원　② 프랑스정원
③ 스페인정원　④ 영국정원

> 이탈리아는 계단폭포, 물무대, 분수, 정원극장, 동굴 등이 가장 많이 나타나며, 특히 물을 풍부하고 다양하게 사용하였다. 100개의 분수로 물풍금, 용의 분수 등을 조성하였다.

55. 이탈리아정원의 설명으로 옳지 않은 것은?

① 높이가 다른 여러 개의 노단을 잘 조화시켜 좋은 전망을 살린다.
② 강한 축을 중심으로 정형적대칭을 이루도록 꾸며진다.
③ 주축선 양쪽에 수림을 만들어 주축선을 강조하는 비스타(Vista)수법을 이용하였다.
④ 원로의 교차점이나 종점에는 조각, 분수, 연못, 캐스케이드, 장식화분 등이 배치된다.

> 비스타(Vista) 수법은 프랑스 정원의 특색이다.

정답 48 ① 49 ① 50 ④ 51 ① 52 ② 53 ③ 54 ① 55 ③

56. 다음 중 대칭의 미를 사용하지 않은 것은?

① 영국의 자연풍경식
② 프랑스 평면기하학식
③ 이탈리아 노단건축식
④ 스페인의 중정식

영국의 자연풍경식은 넓은 잔디밭을 이용한 전원적이며 목가적인 자연풍경의 미를 사용함

57. 차경수법이 본격적으로 이용된 나라의 정원은?

① 이탈리아정원 ② 프랑스정원
③ 스페인정원 ④ 영국정원

이탈리아 메디치장은 주변의 전원풍경을 즐길 수 있도록 차경수법을 본격적으로 이용하였다.

58. 이탈리아의 노단건축식 정원이 발생한 원인으로 가장 적합한 것은?

① 지형 ② 국민성
③ 역사 ④ 기후

이탈리아는 경사가 많은 지형 때문에 경사지를 계단형으로 만드는 노단건축식 정원이 발달하였다.

59. 이탈리아의 조경양식이 크게 발달한 시기는?

① 암흑시대
② 르네상스시대
③ 고대 이집트시대
④ 세계 1차 대전이 끝난 후

이탈리아에서는 근대 유럽정원의 효시인 노단 건축식 정원이 만들어졌다.

60. 프랑스정원이 속하는 형식은?

① 평면기하학식 ② 전원풍경식
③ 노단식 ④ 중정식

평면기하학식 : 평면상에 대칭적 구성으로 프랑스 정원이 대표적임. 노단식 : 경사지에 계단식 처리. 이탈리아 정원. 중정식 : 소규모 분수나 연못 중심으로 스페인 정원이 대표적

61. 베르사이유 궁원을 꾸민 사람은?

① 르노트르 ② 팩스턴
③ 챔버 ④ 옴스테드

르노트르에 의해 세계 최대 규모의 정형식 정원이 꾸며졌다.

62. "자연은 직선을 싫어한다."라고 주장한 영국의 조경가는?

① 브릿지맨 ② 켄트
③ 챔버 ④ 브라운

63. 18C 후반 낭만주의 사조와 함께 영국에서 성행하였던 정원양식은?

① 중정식 정원 ② 정형식 정원
③ 후원식 정원 ④ 풍경식 정원

계몽주의와 낭만주의 등이 꽃피었던 18C 영국에서는 자연의 풍경을 닮은 목가적 정원이 유행하였다.

64. 풍경식 정원에서 요구하는 계단의 재료로 가장 적당한 것은?

① 벽돌 계단 ② 콘크리트 계단
③ 통나무 계단 ④ 인조목 계단

풍경식 정원에서는 자연석과 통나무가 많이 쓰인다.

정답 56 ① 57 ① 58 ① 59 ② 60 ① 61 ① 62 ② 63 ④ 64 ③

2 조경의 양식

65. 정원에 사용하였던 하하(Ha-Ha)기법을 가장 잘 설명한 것은?

① 정원과 외부를 수로를 파서 경계하는 기법
② 정원과 외부를 생울타리로 경계하는 기법
③ 정원과 외부를 언덕으로 경계하는 기법
④ 정원과 외부를 담벽으로 경계하는 기법

> 하하기법 : 17C 프랑스정원에서 시작되었다. 조망을 위해 정원의 경계부가 시각적으로 드러나지 않도록 감춘 것이다.

66. 독일정원의 특징으로 잘못된 것은?

① 과학적 지식을 활용하였다.
② 실용형태의 정원이 발달하였다.
③ 그 지방의 향토수종을 정원에 배치하지 않았다.
④ 식물생태학에 기초한 자연경관의 재생을 위해 노력하였다.

> 그 지방의 향토수종을 배식하여 자연스러운 경관을 형성하였다.

67. 다음 정원양식 중 연대(年代)적으로 가장 늦게 발생한 정원양식은?

① 프랑스의 평면기하학식 정원양식
② 영국 풍경식 정원양식
③ 이탈리아 노단건축 정원양식
④ 독일의 근대 건축식 정원양식

> 이탈리아 노단 건축식 정원양식 → 프랑스 평면기하학식 정원양식 → 영국 풍경식 정원양식 → 독일 근대 건축식 정원양식

68. 미국에서 하워드 전원도시의 영향을 받아 도시 교외에 개발된 주택지로 보행자와 자동차를 완전히 분리하고자 한 것은?

① 레드번(Red Burn)
② 레치워스(Letch Worth)
③ 웰린(Welwyn)
④ 요세미테

69. 이집트 정원의 묘지정원에 대한 설명으로 틀린 것은?

① 무덤벽화로 추측할 수 있다.
② 사자의 정원 또는 영원이라 한다.
③ 포도나무를 심어 그늘지게 함
④ 테배의 무덤에서 보여주고 있음.

> ③은 이집트의 주택정원에 대한 설명이다.

70. 공중정원의 계획기법으로 틀린 것은?

① 벽은 벽돌로 축초된 것으로 추측된다.
② 벽과 노단위에 수목과 덩굴식물 식재
③ 각 노단 외부를 회랑으로 두름
④ 각 노단의 외부를 담으로 두름

> 각 노단의 외부를 회랑으로 둘렀다.

71. 고대 그리스 정원양식에서 시민들이 사용해 제사와 신전을 분수와 꽃으로 치장하였던 곳은?

① 성림 ② 아도니스원
③ 아트리움 ④ 공중정원

72. 그리스의 성림에 식재하였던 식물이 바르게 짝지어진 것은?

① 떡갈나무, 올리브 ② 장미, 덩굴식물
③ 장미, 올리브 ④ 떡갈나무, 장미

정답 65 ① 66 ③ 67 ④ 68 ① 69 ③ 70 ④ 71 ① 72 ①

73. 회양목으로 가장자리 식재의 화단을 만들고 중정 가운데 분수시설을 하였던 정원의 중정은?

① 창격자 중정 ② 다라하 중정
③ 사이프러스 중정 ④ 알베르카 중정

스페인 그라나다의 알함브라 궁원중 다라하 중정 : 여성적 분위기와 회양목으로 열식

74. 다음 정원 중 수로가 있고 3면이 건물로 둘러 싸여 있으며, 한쪽이 아케이드로 둘러싸인 가늘고 긴 모양의 정원은?

① 창격자 중정 ② 다라하 중정
③ 헤네랄리페 중정 ④ 알베르카 중정

75. 이탈리아 정원의 특징으로 틀린 것은?

① 평면적으로 강한 축을 중심으로 정형적 대칭을 이룸
② 지형 극복하기 위해 경사지 활용
③ 축선에 직교한 곳은 비워둔다.
④ 높이가 다른 노단을 여러 개 만들어 활용

③ 축선상이나 축선에 직교한 곳은 분수, 연못 설치

76. 프랑스의 베르사이유 궁원에 대한 설명으로 틀린 것은?

① 건물과 연못을 중심으로 방사상의 축선을 전개
② 주축을 따라 저습지의 배수를 위하여 수로 설치
③ 프랑스 최초의 비스타정원
④ 부축의 교차점에 화려한 분수와 화단 만듦

③ 프랑스 최초의 비스타정원은 보르비콩트

77. 스토우 원을 처음 설계한 사람과 추후에 수정하고 개조한 사람으로 올바른 것은?

① 브릿지맨 → 켄트 → 브라운
② 켄트 → 브라운 → 브릿지맨
③ 브라운 → 브릿지맨 → 켄트
④ 브릿지맨 → 브라운 → 켄트

78. 1843년 영국의 버큰헤드 공원의 의미로 바람직하지 않은 것은?

① 팩스턴이 설계하였다.
② 재정적으로 실패하였다.
③ 공원 중앙을 차도가 횡단하고 주택단지가 공원을 향해 배치되었다.
④ 옴스테드에 영향을 미쳐 센트럴파크 설계에 영향을 주었다.

② 재정적으로 성공하였다.

79. 스페인에 현존하는 이슬람정원 형태로 유명한 곳은?

① 베르사이유 궁전 ② 보르비콩트
③ 알함브라성 ④ 에스테장

베르사이유 궁전, 보르비콩트 : 프랑스

80. 서양의 각 시대별 조경양식에 관한 설명 중 옳은 것은?

① 서아시아의 조경은 수렵원 및 공중정원이 특징적이다.
② 이집트는 상업 및 집회를 위한 공공정원이 유행하였다.
③ 고대 그리스는 포름과 같은 옥외공간이 형성되었다.
④ 고대 로마의 주택정원에는 지스터스라는 가족을 위한 사적인 공간을 조성하였다.

정답 73 ② 74 ③ 75 ③ 76 ③ 77 ① 78 ② 79 ③ 80 ①

04 현대조경의 경향

01 현대의 조경

1. 배경과 특징

① 19세기 뉴욕시에 센트럴파크가 조성되면서부터 그 당시까지 주를 이루었던 사적(Private)인 정원 중심의 조경이 공적(Public)인 성격을 띤 공원을 주 대상으로 하는 역할 전환의 계기

② 내용이 다양해지고 지역별로 특성이 있으나 형태를 고집하지 않음

③ 건물 주변에는 정형식 정원을 자연환경 속에는 자연식 정원을 만드는 경향이 있음

④ 설계자의 의도가 중요하게 작용하여 정원소재와 정원양식을 선택

⑤ 조각공원, 운동공원, 어린이공원 등 테마파크의 경향으로 전문화된 공원이 많아짐

⑥ 우리나라 공원법 1967년도에 만들어짐

2. 미국의 조경 출제

① 센트럴파크(Central Park)

㉠ 영국 최초의 공공정원인 버큰헤드공원의 영향을 받은 최초의 본격적인 도시공원

㉡ 의의 : 미국 도시공원의 효시, 재정적 성공, 국립공원 운동에 영향을 주어 1872년 옐로우스톤 공원(Yellow Stone Park)이 최초의 국립공원으로 지정

㉢ 국립공원 운동의 영향으로 요세미티국립공원(1890)이 지정됨

㉣ 옴스테드가 설계했으며, 폭넓은 원로와 넓은 잔디밭으로 구성

㉤ 부드러운 곡선의 수변 만듦

㉥ 보우와 옴스테드의 그린스워드안(Greenseward)이 당선

- 입체적 동선체계
- 차음, 차폐를 위한 외주부 식재
- 아름다운 자연의 View 및 Vista 조성

- 건강, 위락, 운동을 위한 드라이브 코스 설정
- 산책, 대담, 만남 등을 위한 정형적인 몰(Mall)과 대로(大路)
- 넓고 쾌적한 마차 드라이브 코스
- 산책로, 동적놀이를 위한 경기장
- 퍼레이드를 위한 장소로서 평소에는 잔디밭으로 사용
- 교육적 효과를 위한 화단과 수목원
- 보드타기와 스케이팅을 할 수 있는 넓은 호수

② 다우닝(Downing)

허드슨 강변을 따라 옥외지역개발, 공공 조경의 필요성 주장

③ 도시미화운동(City Beautiful Movement) – 시카고 박람회의 영향으로 아름다운 도시를 창조함으로써 공중의 이익을 확보할 수 있다는 인식에서 일어난 시민운동

④ 래드번(Rad Burn)계획 – 슈퍼블럭의 설정, 차도와 보도의 분리, 쿨데삭(Cul-de-Sac)으로 근린성을 높이고 학교, 쇼핑센터 등 주거지와 공원을 보도로 연결한 소규모 전원도시를 건설

⑤ 광역조경계획(TVA)

㉠ 후생시설을 완비하고 공공위락시설을 갖춘 노리스 댐과 더글라스 댐을 건설하였다.
㉡ 의의 : 수자원 개발의 효시. 계획과 설계과정에서 조경가 대거 참여

⑥ 사적인 정원이 공적인 공원으로 역할전환의 계기

3. 한국의 조경 출제

① 원로포장에 전통적 무늬를 사용하고 수목의 정형적 전정의 최소화

② 덕수궁 석조전 앞뜰에 분수와 연못을 중심으로 조성된 프랑스식 정원이 우리나라 최초의 유럽식 정원

③ 파고다공원(탑골공원, 1897) : 대중을 위해 처음 만들어진 정원으로 영국인 브라운이 설계

④ 일본 제국주의 강점기를 겪으면서 우리나라 정원 양식은 일본의 영향을 많이 받아 향나무에 대한 선호나 전정을 이용한 정형적 수형의 조성, 자연석 놓기 등이 그 예이다.

⑤ 1970년대에 들어서면서 넓은 잔디밭과 수목의 군식으로 특징지어지는 미국 조경 양식이 도입

⑥ 1980년대부터는 우리나라의 전통적인 조경양식과 이의 계승에 관심을 나타내면서 소나무와 느티나무 등 향토수종의 식재로 한국적 분위기를 창출하고자 하는 노력이 창출

⑦ 1990년대에 들면서 우리나라에서도 환경오염과 생태에 대한 관심이 높아지고 경관 관리와 생태계 복원 및 복구에 대한 노력이 시작

⑧ 현재 우리나라의 조경양식은 세계적인 추세에 따라 특정 양식에 구애됨 없이 여러 가지 양식을 사용

※ 참고
- 최초 국립공원 : 1872년 미국 옐로우스톤 국립공원
- 우리나라 최초 국립공원 : 1967년 12월 지리산 국립공원
- 유네스코에서 국제 생물권 보존지역으로 지정 : 1982년 6월 설악산 국립공원

4. 공원계통

① 1869년 시카고 근교에 리버사이드 단지(Riverside Estate) 계획

㉠ 통근자를 위한 최고의 생활조건

㉡ 격자형 가로망을 벗어나려는 최초의 시도

㉢ 전원생활과 도시문화를 결합시키려는 이상주의의 건설

② 미국 요세미티 공원(1865년) : 최초의 자연공원에서 국립공원으로 승격(1890년)

③ 엘리오트 : 최초의 수도권 공원계획을 수립하여 1910년에 미국 5개 국립공원 지정

④ 보스톤 공원 계통 : 1895년 보스톤의 홍수조절과 도시문제를 해결하기 위해 공원위원회가 설립되고 옴스테드 부자와 엘리오트가 보스톤 공원 계통을 수립

⑤ 1893년 시카고 박람회장 : 조경 - 옴스테드, 건축 - 번함과 루소

㉠ 영향 : 도시계획의 관심증대, 도시계획의 발달 기틀
도시미화운동, 일반인의 조경 전문직에 대한 인식 고취

㉡ 단점 : 시카고 박람회장의 건축들이 유럽 고전주의를 맹목적으로 답습

예제 1

미국에서 하워드의 전원도시의 영향을 받아 도시교외에 개발된 주택지로서 보행자와 자동차를 완전히 분리하고자 한 것은?

① 래드번(Rad Burn) ② 레치워어드(Letch Worth)
③ 웰린(Welwyn) ④ 요세미티

정답 : ①

해설 래드번(Rad Burn)계획 - 슈퍼블럭의 설정, 차도와 보도의 분리, 쿨데삭(Cul-de-Sac)으로 근린성을 높이고 학교, 쇼핑센터 등 주거지와 공원을 보도로 연결한 소규모 전원도시를 건설

출 제 예 상 문 제

01. 미국 센트럴 파크에 대한 설명으로 틀린 것은?

① 버큰헤드 공원의 영향을 받은 최초의 도시공원
② 부드러운 곡선과 수변을 만듬
③ 조셉 팩스턴이 설계하였다.
④ 도시공원의 효시가 되었다.

센트럴 파크는 옴스테드가 설계하였다.

02. 미국 최초의 도시공원과 국립공원이 맞게 연결된 것은?

① 버큰히드공원 – 옐로스톤
② 센트럴파크 – 요세미테
③ 버큰히드 – 요세미테
④ 센트럴파크 – 옐로스톤

센트럴파크는 미국 최초의 도시공원이고, 옐로스톤은 1872년에 설립된 최초의 국립공원이다.

03. 우리나라 조경양식의 변천에 관해 틀린 것은?

① 조선시대에는 한국적 개성을 지닌 독특한 정원양식을 발달시켰다.
② 1970년대에는 미국 조경의 영향을 받아 넓은 잔디밭이 등장하였다.
③ 1980년대는 소나무, 느티나무 등이 식재되었다.
④ 향나무를 계속 식재할 것이다.

04. 미국 센트럴 파크를 설계한 사람은?

① 켄트 ② 브라운
③ 옴스테드 ④ 하워드

05. 우리나라 공원법이 최초로 만들어진 연도는?

① 1960년 ② 1967년
③ 1970년 ④ 1973년

06. 대중을 위해 처음 만들어진 공원은?

① 탑골공원 ② 보라매공원
③ 남산공원 ④ 사직공원

탑골(파고다)공원 : 1897년 서울 종로에 영국인 브라운이 설계 – 우리나라 최초의 대중을 위한 공원. 보라매공원 : 1985년. 남산공원 : 1897년. 사직공원 : 1921년

07. 우리나라 최초의 국립공원은?

① 설악산 ② 지리산
③ 북한산 ④ 한라산

08. 미국의 광역 조경계획을 이르는 용어는?

① ASLA ② Landscape Architect
③ Garden ④ TVA

09. 미국의 광역도시계획(TVA)의 의의로 틀린 것은?

① 수자원 개발의 효시
② 계획과 설계과정에서 조경가 대거 참여
③ 하수를 통제
④ 대표적인 예가 센트럴파크이다.

10. 영국의 하워드가 전원도시를 제창하고 건설한 도시는?

① 레치워드 ② 빈
③ 퀼른 ④ 한국

정답 1③ 2④ 3④ 4③ 5② 6① 7② 8④ 9④ 10①

조경미

01 경관의 구성요소

1. 점

① 사물을 형성하는 기본요소

② 공간에 한 점이 모일 때 우리의 시각은 주의력이 집중된다.

③ 한 점에 또 한 점이 가해지면 시선은 양쪽으로 분산되며 점과 점은 인장력을 가지게 된다.

④ 2개의 조망점이 있을 때 주의력은 자극이 큰 쪽에서 작은 쪽으로 시선이 유도된다.

⑤ 3개의 점은 하나의 조망점을 이루고 거리와 간격에 따라 분리되어 보이거나 집단을 형성해 보인다.

⑥ 점이 같은 간격으로 연속되면 단조롭고 질서정연하여 통일감과 안정감을 주는 반복미를 나타낸다.

⑦ 점의 크기와 배치에 따라 상승하는 느낌과 하강하는 느낌을 준다.

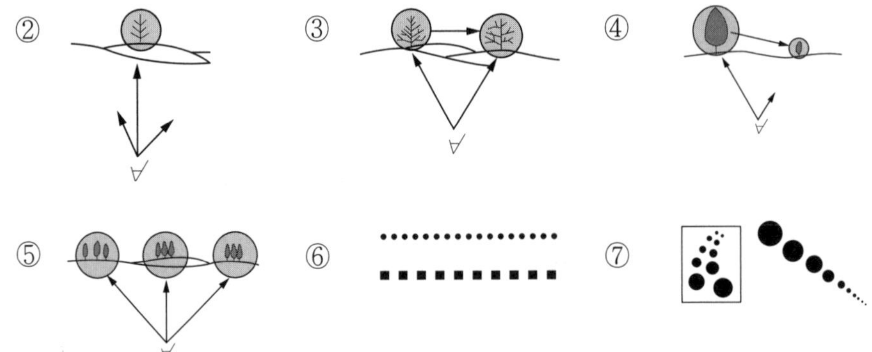

그림. 점에 대한 각각의 내용 설명

2. 선

① 수직선 : 존엄성, 상승력, 엄숙, 위엄, 권위

② 수평선 : 평화, 친근, 안락, 평등, 정숙 등 편안한 느낌

③ 사선 : 속도, 운동, 불안정, 위험, 긴장, 변화, 활동적 느낌

④ 곡선 : 부드러움, 우아함, 여성적, 섬세한 느낌

⑤ 직선 : 두 점 사이 가장 짧게 연결한 선으로 굳건, 단순, 남성적, 일정한 방향을 제시

⑥ 지그재그선 : 유동적이고 활동적, 호기심, 흥분

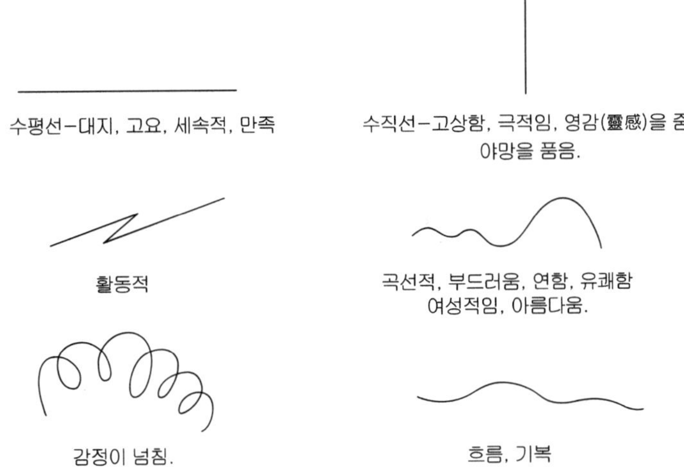

3. 스파늉

① 점, 선, 면 등의 요소에 내재하고 있는 창조적인 운동을 의미하는 힘

② 점, 선, 면 구성요소가 2개 이상 배치되면 상호관련에 의해 발생되는 동세

4. 질감

① 재질에 따라 다르게 느껴지는 거칠고 매끄러운 정도의 시각적인 특성

② 질감의 결정사항

㉠ 지표상태

㉡ 관찰거리

㉢ 거칠다, 부드럽다로 구분

③ 잎이 큰 오동나무 같은 수목은 잎이 작은 철쭉 등에 비해 질감이 거칠게 느껴진다.

5. 색채 출제

① 감정을 불러일으키는 가장 직접적인 요소로 질감과 함께 경관 분위기 조성에 지배적 역할

② 따뜻한 색 : 빨강, 주황, 노랑- 전진해 보임(가깝게 보임). 정열적, 온화함, 친근한 느낌

③ 차가운 색 : 초록, 파랑, 남색- 후퇴해 보임. 냉정함. 상쾌함. 지적, 냉정하고 상쾌한 느낌

④ 가볍게 느껴지는 색 : 명도의 영향을 받아 밝은 색일수록 가볍게 느껴진다(예 : 흰색).

6. 대비 출제

색채나 형태, 질감면에서 서로 달리하는 요소가 배열될 때의 아름다움

※ **참고** : 경관요소
- **점** : 외딴집, 정자나무, 독립수, 분수, 음수대, 조각물
- **선** : 하천, 도로, 가로수, 냇물, 원로, 생울타리(산울타리)
- **면** : 호수, 경작지, 초지, 전답(田畓), 운동장

02 경관 구성의 원리

1. 경관의 유형 출제

① 파노라마(Panorama) 경관(전 경관)

㉠ 시야에 제한을 받지 않고 멀리까지 트인 경관으로 자연의 웅장함과 아름다움을 느낌

㉡ 높은 곳에서 사방을 전망하는 것 같은 느낌으로 조망도적 성격

② 위요 경관

㉠ 수목 등의 주위 경관 요소들에 의해 울타리처럼 자연스럽게 둘러싸여 있는 경관

㉡ 시선을 끌 수 있는 낮고 평탄한 중심 공간

㉢ 중심공간에 주위를 둘러싸는 수직적 요소

㉣ 정적인 느낌

③ 초점 경관

㉠ 어느 한 점으로 시선이 유도되도록 구성된 공간

㉡ 폭포, 암석, 수목, 분수, 조각, 기념탑 등이 초점의 역할

㉢ 비스타(Vista)경관 : 좌우로의 시선이 제한되고 중앙 한 점으로 시선이 모이도록 구성

④ 세부 경관

공간 구성요소들의 세부적인 사항까지 지각될 수 있는 경관

⑤ 일시적 경관

㉠ 기상변화에 따른 경관의 분위기

㉡ 동물의 일시적 출현

예 : 안개, 무지개, 노을, 기상변화, 동물의 출현 등

⑥ 관개경관(Canopy) : 교목의 수관 아래에 형성되는 경관으로 수목이 터널을 이루는 경관으로 담양의 메타세쿼이아길, 청주의 플라타너스길 등이 있다.

2. 경관 우세요소 출제

① 선(line)

② 형태(form)

③ 색채(color)

④ 질감(texture)

3. 경관 구성의 기본원칙

통일성이 높아지면 다양성이 낮아지고, 다양성이 높아지면 통일성이 결여되기 때문에 조화있게 적용해야 한다.

① **통일성(統一性, unity)** : 전체를 구성하는 부분적인 요소들이 동일성 또는 유사성을 지니고 있고, 각 요소들이 유기적으로 잘 짜여 있어 전체가 시각적으로 통일된 하나로 보이는 것

- 통일미 : 조경수의 60%까지 소나무로 배식하거나 향나무를 심어 전체를 하나의 힘찬 형태 및 색채 또는 선으로 통일시켰을 때 나타나는 아름다움

② 조화미 : 둘 이상의 요소 또는 부분의 상호관계에 대한 미적가치 판단으로 대조와 융화의 교류에 의해서 생기는 미적인 통일감

③ 대비미 : 시각적, 질량적으로 상이한 둘 이상의 요소가 동시적, 공간적으로 배열될 때 서로의 특질이 돋보이게 하는 동시적 현상

④ 반복미 : 자연질서의 기초와 유사한 요소의 되풀이나 교체되는 것으로 단순미가 되풀이 될 때 발생하며, 서양정원에서 주로 사용하는 수법으로 조용하고 변화의 매력이 없다.

⑤ 리듬 : 공통요소, 유사 요소들이 연속적인 되풀이에서 오는 시각적 통일감

⑥ 점진 : 일련의 유사성으로 조화적 단계에 의한 일정한 순서를 지니는 자연적인 순서의 계열로 일정한 비율에 의한 점진은 안정감과 호감을 줌

⑦ 균형 : 둘 이상의 힘이 한쪽으로 치우침 없이 서로 평균이 되어 안정되는 것

⑧ 대칭 : 축을 중심으로 좌우 또는 상하로 균등하게 배치하는 것

⑨ 비대칭 : 모양은 다르지만 시각적으로 느껴지는 무게가 비슷하거나 시선을 끄는 정도가 비슷하게 분배되어 균형을 이루는 것으로 정수비, 황금비 같은 비율과 질감의 강약을 포함하여 비례안정을 찾는 것으로 흥미로운 효과를 줄 수 있다. 대칭은 정형식 정원에서 비대칭은 자연풍경식 정원에서 사용된다.

⑩ 비례 : 대·소, 상·단의 차이, 부분과 부분, 부분과 전체의 수량적 관계가 미적으로 분할될 때 좋은 비례가 됨

⑪ 강조 : 비슷한 형태나 색채들 사이에 상반되는 것을 넣어 시각적으로 산만함을 막고 통일감을 조성

⑫ 다양성 : 다양성이 강조되면 통일성이 낮아지고 산만해지며, 통일성이 강조되면 다양성이 결여되어 단조롭고 지루한 느낌을 준다.

㉠ 비례 : 길이, 면적 등 물리적 크기의 비례에 규칙적인 변화를 주게 되면 부분과 전체의 관계를 보다 풍부하게 할 수 있다.

㉡ 율동 : 강약, 장단의 주기성이나 규칙성을 가지면서 전체적으로 연속적인 운동감을 가지는 것

㉢ 대비 : 상이한 질감, 형태 또는 색채를 서로 대조시킴으로써 변화를 주는 방법

출제예상문제

01. 다음 선 중 평화롭고 부드러운 느낌을 주는 선은?

① 직선 ② 포물선
③ 수평선 ④ 수직선

> 직선 : 굳건, 남성적, 단순한 느낌. 수평선 : 존엄성, 상승력, 엄숙, 위엄, 권위

02. 수평선에 대한 바른 설명은?

① 눈높이에 따라 변한다.
② 눈높이와 관계없다.
③ 날씨가 흐리면 낮아지고, 맑으면 높아진다.
④ 엄격하고 장중하며 권위적인 느낌을 준다.

03. 수평선의 특성이 아닌 것은?

① 평온함 ② 친밀감
③ 정중함 ④ 조용함

04. 스파늉에 대한 설명으로 틀린 것은?

① 곡선에는 3개 이상의 스파늉이 작용한다.
② 색채와 면 사이에도 작용한다.
③ 점과 선 사이에도 작용한다.
④ 서로 긴장성을 가지며 관련을 갖게 한다.

05. 먼셀의 색상환에서 BG는 무슨 색인가?

① 남색 ② 연두
③ 노랑 ④ 청록

> B : Blue, G : Green 이므로 BG는 청록색을 의미한다.

06. 직선이 주는 느낌으로 바르게 설명한 것은?

① 여러 방향을 제시한다.
② 부드럽고 여성적 느낌을 준다.
③ 굳건하며 남성적이다. 일정한 방향을 제시한다.
④ 활동적이며 호기심을 일으킨다.

> 지그재그선 : 여러방향을 제시하고 활동적이며 호기심을 일으킨다.
> 곡선 : 부드럽고 여성적 느낌을 준다.

07. 스카이라인(Sky Line)이란?

① 물체가 하늘을 배경으로 나오는 수평선
② 물체가 하늘을 배경으로 나오는 수직선
③ 하늘을 배경으로 멀리까지 트인 경관
④ 물체가 하늘을 배경으로 이루어지는 윤곽선

> 스카이라인(= 지평선)

08. 경관의 기본 요소에 해당하지 않는 것은?

① 직선은 강력한 힘을 가진다.
② 수평적 형태는 평화적이고 안정감을 준다.
③ 대지에 직각으로 선 수직선은 정적인 느낌을 준다.
④ 지그재그선은 활발하고 활력을 준다.

> 수직선은 상승, 존엄, 엄숙함을 준다.

09. 축의 개념으로 틀린 것은?

① 강렬한 축은 강한 터미널을 느끼게 한다.
② 축은 간혹 단조로움을 느끼게 하며, 강한 방향성을 유도한다.
③ 한 개의 축은 여러 개의 부축으로 갈라진다.
④ 축은 정돈된 미를 나타내므로 강한 직선으로만 표현된다.

정답 1③ 2① 3③ 4② 5④ 6③ 7④ 8③ 9④

10. **점(點)적인 경관요소라고 볼 수 없는 것은?**

① 외딴집　② 전답(田畓)
③ 정자목(亭子木)　④ 잔디의 조각

전답(田畓)은 면적인 경관요소이다.

11. **크고 작은 점이 있을 때 시선의 흐름은?**

① 작은 점에서 큰 점으로
② 큰 점에서 작은 점으로
③ 두 점이 같이 느껴진다.
④ 서로 다르게 느껴진다.

12. **시야에 제한을 받지 않고 멀리까지 트인 경관을 뜻하는 것은?**

① 파노라마 경관　② 위요 경관
③ 지형 경관　④ 초점 경관

13. **높은 곳에서 내려다본 경관으로 전경관이라고도 하는 것은?**

① 파노라마 경관　② 위요 경관
③ 지형 경관　④ 초점 경관

14. **수목 등으로 주위경관 요소들에 의해 둘러싸여 있는 경관은?**

① 파노라마 경관　② 위요 경관
③ 지형 경관　④ 초점 경관

15. **점에 대한 설명 중 옳지 않은 것은?**

① 점이공간과 그 위치를 차지하며 우리의 시각은 자연히 그 점에 집중된다.
② 두 개의 점이 있을 때 한쪽 점이 작은 경우 주의력은 작은 쪽에서 큰 쪽으로 옮겨진다.
③ 광장의 분수나 조각, 독립수 등은 조경공간에서 점적인 역할을 한다.
④ 점이나 같은 간격으로 연속적인 위치를 가지면 흔히 선으로 느껴진다.

16. **경관에서 다양성을 부여하기 위한 방법으로 틀린 것은?**

① 대칭과 균형을 부여
② 비례의 변화
③ 대비 이용
④ 율동 부여

17. **인공적인 조경미를 찾아 볼 수 있는 곳은?**

① 바닷가　② 호수
③ 유원지　④ 강가

18. **조경의 넓이를 실제이상으로 넓게 보이게 하는데 가장 알맞은 기법은?**

① 차경과 전망　② 통경선
③ 명암　④ 눈가림

19. **가지의 짜임새나 암석의 꾸밈새는 어떠한 경관이라 할 수 있는가?**

① 초점적 경관　② 세부적 경관
③ 터널적 경관　④ 포위된 경관

정답　10 ②　11 ②　12 ①　13 ①　14 ②　15 ②　16 ①　17 ③　18 ②　19 ②

20. 다음 중 사선(斜線)의 특징은?

① 운동성(運動性) ② 유연성(柔軟性)
③ 정지성(靜止性) ④ 안정성(安定性)

21. 직선에 대한 설명으로 틀린 것은?

① 단순하다 ② 불안하다
③ 남성적이다 ④ 강건하다

22. 다음 중 유동적이고 활동적인 선은?

① 지그재그선 ② 직선
③ 곡선 ④ 포물선

23. 다음 중 초점적 경관이란?

① 거리가 멀어짐에 따라 점차적으로 그 스스로가 하나의 점으로 변하여 시선을 집중시키는 효과를 가진 경관을 말한다.
② 연속적으로 짜임새를 가진 수목의 집단이나 칡덩굴에 둘러싸인 호수나 벌판의 경관을 말한다.
③ 수림이나 계곡과 같은 하나의 자연경관 속에서 그 경관을 구성하는 인자로 극히 부분적인 경관을 말한다.
④ 물체로 인하여 광선이 차단됨으로 먼 물체나 경관이 마치 액자에 넣은 것같이 보이는 것을 말한다.

24. 조경구성의 미적요소 중 선에 해당하지 않는 것은?

① 조각물 ② 산울타리
③ 가로수 ④ 시냇물

25. 다음 중 차경(借景)의 뜻을 바르게 나타낸 것은?

① 산이나 바다의 경치를 잘 나타낸 것
② 경치 좋은 곳을 그대로 조경에 재현하는 것
③ 전면의 경치가 잘 보이게 앞을 터놓는 것
④ 조경 밖의 경관을 조경내의 조망으로 끌어들이는 것

26. 다음 중 조화의 특징과 관련 없는 것은?

① 두 가지 극단의 중간 위치
② 유사한 단위들의 배합
③ 주, 종 요소간의 뚜렷한 구분
④ 다양속의 통일

27. 비대칭균형은 우리에게 어떤 느낌을 주는가?

① 정서적이고 부드러움
② 온화하고 명확
③ 조용함
④ 위엄과 침착

28. 다음은 직선에 대한 설명이다. 틀린 것은?

① 직선은 양쪽 부가물의 모양에 따라서 보는 느낌에 장단이 생긴다.
② 직선 가운데에 중개물이 없을 때보다 있을 때가 짧게 보인다.
③ 두 줄의 직선이 전방으로 평행하게 뻗어 있을 때는 4~5° 정도 앞을 넓게 해야 평행으로 보인다.
④ 같은 길이의 수평선과 수직선이 조합되면 수직선 쪽이 길어 보인다.

정답 20① 21② 22① 23① 24① 25④ 26③ 27① 28②

제3장
조경재료

조경재료의 분류와 특징

01 조경재료의 분류

1. 기능에 따른 분류

생명을 가지고 있는지의 여부에 따라 식물재료와 인공재료로 구분

① 식물재료 : 수목과 잔디를 포함한 지피식물(지표면을 낮게 덮어 주는 키가 작은 식물), 초화류

② 인공재료(무생물재료) : 목질재료, 석질재료, 시멘트, 콘크리트 제품, 점토 제품, 금속 제품, 플라스틱 제품, 미장재료, 도장재료, 역청재료 및 유리재료 등 토목, 건축 공사와 관련된 재료

2. 특성에 따른 분류

① 자연재료 : 자연의 힘에 의해 만들어진 재료로 수목, 지피식물, 초화류, 돌, 목재, 물 등

② 인공재료 : 자연재료 또는 무생물재료를 가공하여 주로 공장에서 생산하는 것

02 조경재료의 특성

1. 식물재료의 특성

① 자연성 : 생물로서 생명활동을 하는 것

② 연속성 : 생장과 번식을 계속하는 것

③ 조화성 : 계절적으로 다양하게 변화함으로써 주변과의 조화성

④ 다양성 : 모양, 빛깔, 형태, 양식 따위가 여러 가지로 많은 특성

2. 인공재료의 특성

① 재질의 균일성

② 거의 변하지 않는 불변성

③ 언제나 가공이 가능한 가공성

02 식물재료

01 조경수목

1. 조경수목의 분류

① 식물의 형태로 본 분류 출제

㉠ 나무가 성숙했을 때 높이나 나무 고유의 모양에 따라 분류

- 교목 : 곧은 줄기가 있고 줄기와 가지의 구별이 명확하며, 줄기의 길이 생장이 현저한 키가 큰 나무로 수고 2~3m 이상인 나무
- 관목 : 뿌리 부근으로부터 줄기가 여러 갈래로 나와 줄기와 가지의 구별이 뚜렷하지 않은 키가 작은 나무로 수고 2m 이하의 나무
- 덩굴식물 : 스스로 서지 못하고 다른 물체를 감거나 부착하여 개체를 지탱하는 수목

구 분	주 요 수 종
교 목	주목, 소나무, 전나무, 잣나무, 향나무, 개잎갈나무, 동백나무, 은행나무, 자작나무, 밤나무, 느티나무, 모과나무, 살구나무, 왕벚나무, 배롱나무, 산수유, 감나무 등
관 목	옥향, 돈나무, 피라칸타, 회양목, 사철나무, 팔손이, 모란, 수국, 명자나무, 조팝나무, 낙상홍, 진달래, 철쭉, 개나리, 쥐똥나무, 무궁화, 탱자나무, 수수꽃다리 등
덩굴식물	등나무, 능소화, 담쟁이덩굴, 으름덩굴, 포도나무, 인동덩굴, 머루, 송악 등

㉡ 잎의 모양에 따른 분류 출제

- 침엽수 : 잎이 바늘처럼 뾰족하며, 꽃이 피지만 꽃 밑에 씨방이 형성되지 않는 겉씨식물로 잎이 좁다.
  2엽속생 - 소나무, 곰솔, 흑송, 방크스소나무, 반송
  3엽속생 - 백송, 리기다소나무, 리기테다소나무, 대왕송
  5엽속생 - 섬잣나무, 잣나무, 스트로브잣나무
- 활엽수 : 속씨식물로 잎이 넓다.

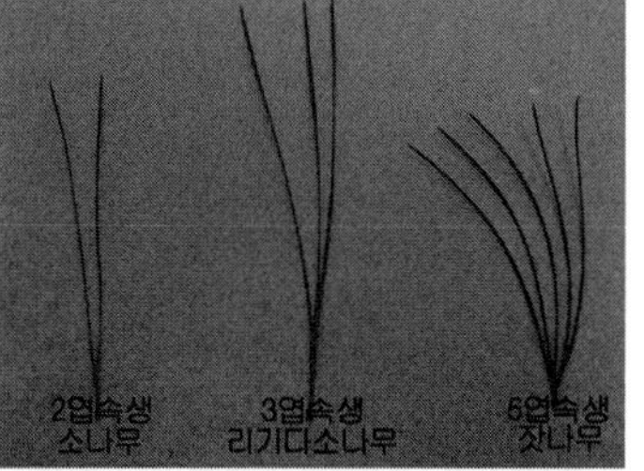

구 분	주 요 수 종
침엽수	소나무, 곰솔, 잣나무, 구상나무, 비자나무, 편백, 화백, 낙우송, 메타세쿼이아, 삼나무, 측백나무, 독일가문비 등
활엽수	태산목, 먼나무, 굴거리나무, 호두나무, 서어나무, 상수리나무, 느티나무, 칠엽수, 자작나무, 왕벚나무, 가중나무, 해당화, 산철쭉 등

POINT

① 은행나무는 침엽수이면서도 잎이 넓다.
② 위성류는 활엽수이면서도 침엽수 잎처럼 좁다.
③ 조경설계시 은행나무는 침엽수이지만 활엽수로 표현하고, 위성류는 활엽수지만 침엽수로 표현한다.

㉢ 잎의 생태상에 따른 분류

- 상록수 : 항상 푸른 잎을 가지고 있는 나무로 사계절을 통해서 변하지 않는 생김새를 얻고자 하는 경우 가장 가치 있는 나무
- 낙엽수 : 낙엽이 지는 계절(가을)에 일제히 잎이 떨어지거나 고엽(枯葉)이 일부 붙어 있는 나무로 신록이나 단풍 등 계절적 변화를 느낄 수 있게 하는데 적당한 나무

② 관상면으로 본 분류

㉠ 꽃이 아름다운 나무

- 봄꽃 : 진달래, 영춘화, 박태기나무, 철쭉, 동백나무, 명자나무, 목련, 조팝나무, 산사나무, 매화나무, 개나리, 산수유, 수수꽃다리, 히어리, 배나무, 복사나무 등
- 여름꽃 : 배롱나무, 협죽도, 자귀나무, 능소화, 치자나무, 마가목, 산딸나무, 층층나무, 수국, 무궁화, 백정화 등
- 가을꽃 : 부용, 협죽도, 은목서, 호랑가시나무 등
- 겨울꽃 : 팔손이나무, 비파나무 등

색 채	조 경 수 목
백색꽃	매화나무, 조팝나무, 팥배나무, 산딸나무, 노각나무, 백목련, 탱자나무, 돈나무, 태산목, 치자나무, 호랑가시나무, 팔손이나무, 함박꽃나무 등
붉은색꽃	박태기나무, 배롱나무, 동백나무 등
노란색꽃	풍년화, 산수유, 매자나무, 개나리, 백합(튤립)나무, 황매화, 죽도화, 이나무, 생강나무 등
자주색꽃	박태기나무, 수국, 오동나무, 멀구슬나무, 수수꽃다리, 등나무, 무궁화, 좀작살나무 등
주황색	능소화

- 개화시기에 따른 분류

개화기	조 경 수 목
2월	매화나무(백색, 붉은색), 풍년화(노란색), 동백나무(붉은색)
3월	매화나무, 생강나무(노란색), 개나리(노란색), 산수유(노란색)
4월	호랑가시나무(백색), 겹벚나무(담홍색), 꽃아그배나무(담홍색), 백목련(백색), 박태기나무(자주색), 등나무(자주색)
5월	귀룽나무(백색), 때죽나무(백색), 백합(튤립)나무(노란색), 산딸나무(백색), 일본목련(백색), 고광나무(백색), 이팝나무(백색), 병꽃나무(붉은색), 쥐똥나무(백색), 다정큼나무(백색), 돈나무(백색), 인동덩굴(노란색), 산사나무(백색)
6월	수국(자주색), 아왜나무(백색), 태산목(백색), 치자나무(백색)

개화기	조 경 수 목
7월	노각나무(백색), 배롱나무(적색, 백색), 자귀나무(담홍색), 무궁화(자주색, 백색), 유엽도(담홍색), 능소화(주황색)
8월	배롱나무, 싸리나무(자주색), 무궁화(자주색, 백색), 유엽도(담홍색)
9월	배롱나무, 싸리나무
10월	금목서(노란색), 은목서(백색)
11월	팔손이(백색)

ⓛ 열매가 아름다운 나무

- 적색계 : 여름(옥매, 오미자, 해당화, 자두나무 등)
  가을(마가목, 팥배나무, 동백나무, 산수유, 대추나무, 보리수나무, 후피향나무, 석류나무, 감나무, 가막살나무, 남천, 화살나무, 찔레, 주목, 산딸나무 등)
  겨울(감탕나무, 식나무 등)
- 황색계 : 여름(살구나무, 매화나무, 복사나무 등)
  가을(탱자나무, 치자나무, 모과나무, 명자나무 등)
- 흑자색계 : 가을(생강나무, 분꽃나무, 뽕나무, 굴거리나무 등)
- 조류유치(야조유치)수목 : 감탕나무, 팥배나무, 비자나무, 뽕나무, 산벚나무, 노박덩굴 등

ⓒ 잎이 아름다운 나무

- 주목, 식나무, 벽오동, 단풍나무류, 계수나무, 은행나무, 측백나무, 대나무, 호랑가시나무, 낙우송, 소나무류, 위성류, 칠엽수 등

ⓔ 단풍이 아름다운 나무 출제

- 홍색계 : 화살나무, 붉나무, 단풍나무류(고로쇠나무 제외), 당단풍나무, 복자기, 산딸나무, 매자나무, 참빗살나무, 회나무 등
- 황색 및 갈색계 : 은행나무, 벽오동, 때죽나무, 석류나무, 버드나무류, 느티나무, 계수나무, 낙우송, 메타세쿼이아, 고로쇠나무, 참느릅나무, 칠엽수, 갈참나무, 졸참나무 등

ⓜ 수피가 아름다운 나무

- 백색계 : 백송, 분비나무, 자작나무, 서어나무, 동백나무, 층층나무, 플라타너스, 노각나무(회백색) 등
- 갈색계 : 편백, 철쭉류, 모과나무(회갈색) 등
- 청록색 : 식나무, 벽오동나무, 탱자나무, 죽도화, 찔레 등
- 적갈색 : 소나무, 주목, 삼나무, 섬잣나무, 흰말채나무 등

ⓑ 신록 : 어린 잎 속에 들어있는 새로운 엽록의 색채

- 백색 : 은백양나무, 보리수나무, 칠엽수
- 담홍색 : 녹나무, 배롱나무
- 적갈색 : 홍단풍나무, 산벚나무

- 등황색 : 가죽나무, 참죽나무, 단풍나무류
- 담록색 : 느티나무, 능수버들, 서어나무
- 황록색 : 감탕나무, 목서

ⓢ 향기가 좋은 나무

식물부위	조 경 수 목
꽃	매화나무(이른 봄), 서향(봄), 수수꽃다리(봄), 장미(5~6월), 마삭줄(5월), 일본목련(6월), 치자나무(6월), 태산목(6월), 함박꽃나무(6월), 인동덩굴(7월), 은목서(10월), 금목서(10월) 등
열매	녹나무, 모과나무
잎	녹나무, 측백나무, 생강나무, 월계수, 침엽수의 잎

ⓞ 겨울철 줄기의 붉은색을 감상하기 위한 나무 : 흰말채나무

③ 이용 목적으로 본 분류

㉠ 녹음용 또는 가로수용 수목

- 여름철에 강한 햇빛을 차단하기 위해 식재하는 나무를 녹음수라 함. 녹음수는 여름에는 그늘을 제공해 주지만 겨울에는 낙엽이 져서 햇빛을 가리지 않아야 한다. 녹음수는 수관이 크고, 큰 잎이 치밀하고 무성하며 지하고가 높고 병충해가 적은 낙엽 교목이 바람직

㉡ 산울타리 및 차폐용

- 산울타리 : 살아 있는 수목을 이용해서 도로나 가장자리의 경계 표시를 하거나 담장의 역할을 하는 식재 형태
- 차폐용 수목 : 시각적으로 아름답지 못하거나 불쾌감을 주는 곳을 가려 주는 역할을 하는 수목
- 적용수종 : 상록수로서 가지와 잎이 치밀해야 하며, 적당한 높이로서 아랫가지가 오래도록 말라 죽지 않아야 한다. 맹아력이 크고 불량한 환경 조건에도 잘 견딜 수 있어야 하며, 외관이 아름다운 것이 좋다.

㉢ 방음용

- 차량의 왕래가 빈번하여 많은 소음이 발생되는 곳에서는 소음을 차단하거나 감소시키기 위해 식재하는 수목
- 잎이 치밀한 상록교목이 바람직하며, 지하고가 낮고 자동차의 배기가스에 견디는 힘이 강한 것이 좋다.
- 적용수종 : 구실잣밤나무, 녹나무, 식나무, 아왜나무, 후피향나무 등

㉣ 방풍용

- 바람을 막거나 약화시킬 목적으로 식재하는 방풍용 수목은 강한 풍압에 견딜 수 있도록 심근성이면서 줄기와 가지가 강인해야 한다.
- 적용수종 : 곰솔, 삼나무, 편백, 전나무, 가시나무, 녹나무, 구실잣밤나무, 후박나무, 아왜나무, 동백나무, 은행나무, 느티나무, 팽나무 등

㉤ 방화용

- 화재시 주변으로 화재가 번지거나 연소시간을 지연시킬 목적으로 식재하는 방화용 수목은 가지가 많고 잎이 무성한 수종으로 수분이 많은 상록활엽수가 좋다.
- 적용수종 : 가시나무, 굴거리나무, 후박나무, 감탕나무, 아왜나무, 사철나무, 편백, 화백 등

2. 조경수목의 특성

① 수형 : 나무 전체의 생김새로 수관(樹冠)과 수간(樹幹)에 의해 이루어짐

㉠ 수관 : 가지와 잎이 뭉쳐서 이루어진 부분으로 가지의 생김새에 따라 수관의 모양이 결정

㉡ 수간 : 나무줄기를 말하며 수간의 생김새나 갈라진 수에 따라 전체 수형에 영향 미침

수 형	주 요 수 종
원추형	낙우송, 삼나무, 전나무, 메타세쿼이아, 독일가문비, 주목, 히말라야시더 등
우산형	편백, 화백, 반송, 층층나무, 왕벚나무, 매화나무, 복숭아나무 등
구 형	졸참나무, 가시나무, 녹나무, 수수꽃다리, 화살나무, 회화나무 등
난형(타원형)	백합나무, 측백나무, 동백나무, 태산목, 계수나무, 목련, 버즘나무, 박태기나무 등
원주형	포플러류, 무궁화, 부용 등
배상(평정)형	느티나무, 가중나무, 단풍나무, 배롱나무, 산수유, 자귀나무, 석류나무 등
능수형	능수버들, 용버들, 수양벚나무, 실화백 등
만경형	능소화, 담쟁이덩굴, 등나무, 으름덩굴, 인동덩굴, 송악, 줄사철나무 등
포복형	눈향나무, 눈잣나무 등

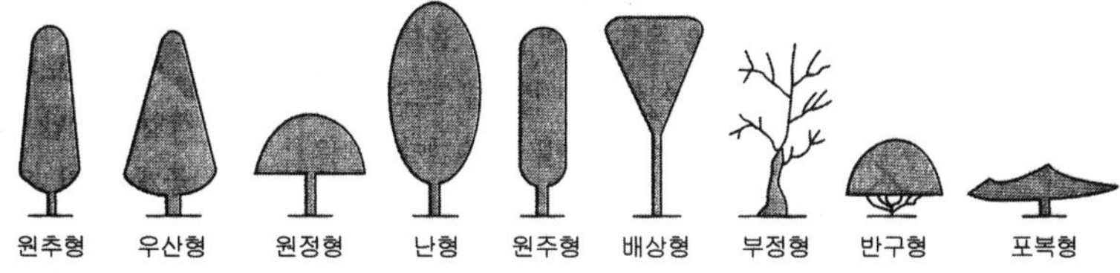

그림. 수관 모양에 따른 여러 가지 자연수형

② 계절적 현상

㉠ 싹틈

- 눈은 일반적으로 지난 해 여름에 형성되어 겨울을 나고, 봄에 기운이 올라감에 따라 싹이 틈
- 싹트는 시기는 수종과 지방에 따라 다르며 낙엽수가 상록수보다 일찍 싹이 트며, 남부지방은 중부지방보다 10~15일 정도 빨리 싹이 틈

㉡ 개화

- 봄에 꽃이 피는 나무의 꽃눈은 개화 전년도의 6월~8월 사이에 분화하며, 기온이 높고 일조량이 많아야 꽃눈의 분화가 잘된다.

- 초여름~가을에 꽃이 피는 나무는 개화하는 그 해에 자란 가지에서 꽃눈이 분화하여 그 해 안에 꽃이 피는 성질을 가지게 된다.
- 능소화, 무궁화, 배롱나무, 장미, 찔레나무 등이 이에 속한다.

㉢ 결실(열매는 맺는 것)

- 나무는 주로 가을에 열매가 숙성하며, 결실량이 지나치게 많을 때에는 다음 해의 개화, 결실이 부실해지므로 꽃이 진 후 열매를 적당히 솎아 주는 것이 좋다.

㉣ 단풍

- 기온이 낮아짐에 따라 잎 속에서 생리적인 현상이 일어나 푸른 잎이 다홍색, 황색 또는 갈색으로 변하는 현상

㉤ 낙엽

- 환경조건이나 영양상태가 나빠지면 낙엽현상이 나타나는데 낙엽은 낙엽수에만 나타나는 것이 아니고 침엽수에도 나타난다.
- 낙엽수는 봄에 잎이 나서 가을이 되면 잎이 떨어지지만, 상록수는 1년 이상 묵은 잎이 낙엽이 되며, 잎이 떨어지는 기간도 낙엽수에 비해 훨씬 길다.
- 한편, 쥐똥나무, 댕강나무, 백정화 등은 가을이 되어도 잎의 일부만 떨어지는데 이러한 수종을 반낙엽성 또는 반상록성 수종이라 한다.

③ 수세

㉠ 생장속도 : 양지에서 잘 자라는 나무는 어릴 때의 생장이 빠르지만 음지에서 잘 자라는 나무는 생장이 비교적 느리다.

- 생장속도 빠른 수종 : 원하는 크기까지 빨리 자라나 수형이 흐트러지고 바람에 약하다(배롱나무, 쉬나무, 자귀나무, 층층나무, 개나리, 메타세쿼이아, 백합나무, 무궁화 등)
- 생장속도 느린 수종 : 음수로 수형이 거의 일정하고 바람에 꺾이는 일도 거의 없지만 원하는 크기까지 자라는 데 시간이 많이 걸린다(구상나무, 백송, 눈주목, 모과나무, 독일가문비, 감탕나무, 때죽나무, 비자나무 등).

㉡ 맹아성 : 가지나 줄기가 상해를 입으면 그 부근에서 숨은 눈이 커져 싹이 나오는 것

- 맹아력이 강한 나무 : 낙우송, 사철나무, 탱자나무, 회양목, 능수버들, 플라타너스, 무궁화, 개나리, 가시나무, 쥐똥나무 등으로 산울타리나 형상수로 많이 사용
- 맹아력이 약한 나무 : 소나무, 해송, 잣나무, 비자나무, 벚나무, 자작나무, 살구나무, 칠엽수, 감나무 등

④ 이식(移植) : 한 장소에 서 있는 나무를 다른 장소로 옮겨 심는 것

- 이식을 하게 되면 뿌리의 일부가 잘려 나가므로 나무의 지상부와 지하부의 생리적 균형이 깨진다. 따라서 뿌리의 재생력이 강한 나무일수록 이식이 잘 된다.
- 이식이 어려운 나무일지라도 이식 1~2년 전에 미리 뿌리돌림을 하여 잔뿌리를 발달시켜 주고 이식할 때 뿌리분을 크게 붙여 주면 활착이 잘 된다.

어려운 수종	독일가문비, 전나무, 섬잣나무, 주목, 가시나무, 굴거리나무, 태산목, 후박나무, 다정큼나무, 피라칸타, 목련, 느티나무, 자작나무, 칠엽수, 마가목 등
쉬운 수종	낙우송, 메타세쿼이아, 편백, 화백, 측백, 가이즈까향나무, 은행나무, 플라타너스, 단풍나무류, 쥐똥나무, 사철나무, 박태기나무, 화살나무, 벽오동 등

⑤ 질감(Texture)

㉠ 물체의 외형을 보거나 만졌을 때 느껴지는 감각으로 식물재료의 표면상태

㉡ 결정요인 : 잎, 꽃의 생김새, 착생밀도 등

㉢ 수목의 질감

- 거친 질감 : 대체적으로 잎이 큰 것(벽오동, 태산목, 팔손이, 플라타너스 등)
- 고운 질감 : 대체적으로 잎이 작은 것(편백, 화백, 잣나무, 회양목 등)

㉣ 질감이 거칠어 큰 건물이나 서양식 건물에 가장 잘 어울리는 수목 : 버즘나무

⑥ 향기

㉠ 꽃향기 : 매화나무(이른 봄), 서향(봄), 수수꽃다리(봄), 장미(5~10월), 함박꽃나무(6월), 금목서(10월), 은목서(10월) 등

㉡ 열매향기 : 녹나무, 모과나무, 탱자나무 등

㉢ 잎향기 : 편백, 화백, 삼나무, 소나무, 노간주나무 등

⑦ 토양 출제

㉠ 조경식물의 환경요소 중 가장 중요한 요소

㉡ 구성 : 광물질 45%, 유기질 5%, 수분 25%, 공기 25%

㉢ 토양단면 : 유기물층(O, A_0층) → 표층(용탈층)(A) → 집적층(B) → 모재층(C) → 모암층(D)

〈참고〉 표층(용탈층) : 미생물과 식물활동 왕성하고 외부환경의 영향 가장 많이 받음. 기후, 식생 등의 영향을 받아 가용성 염기류 용탈

유기물층 : 토양 단면에 있어 낙엽과 그 분해물질 등 대부분 유기물로 되어 있는 토양 고유의 층으로 L층, F층, H층으로 구성

L층 : 토양의 단면 중 낙엽이 대부분 분해되지 않고 원형 그대로 쌓여 있는 층

㉣ 식물 생육에 필요한 최소 토심

분류	생존최소깊이(cm)	생육최소깊이(cm)
심근성 교목	90	150
천근성 교목	60	90
관목	30	60
잔디 및 초본류	15	30

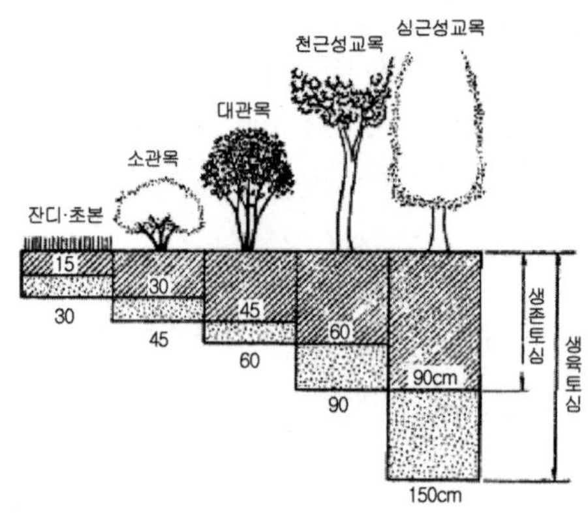

⑧ 조경수목의 구비 조건 출제

㉠ 이식이 용이하여 이식 후 활착이 잘 되는 것

㉡ 관상가치와 실용적 가치가 높을 것

㉢ 불리한 환경에서도 자랄 수 있는 힘이 클 것

㉣ 번식이 잘 되고 손쉽게 다량으로 구입할 수 있을 것

㉤ 병충해에 대한 저항성이 강할 것

㉥ 다듬기 작업 등 유지관리가 용이할 것

㉦ 주변과 조화를 잘 이루며, 사용목적에 적합할 것

⑨ 조경수목의 규격

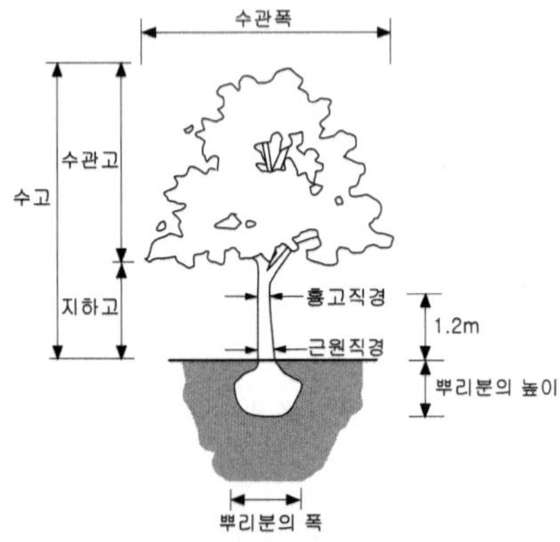

㉠ 수고(樹高) (기호 : H, 단위 : m) : 나무의 높이를 말하며, 지표면에서 수관 정상까지의 수직 거리(도장지 제외)를 의미

㉡ 수관(樹冠)폭 (기호 : W, 단위 : m) : 나무의 폭(너비)을 말한다. 가지와 잎이 뭉쳐 어우러진 부분을 수관이라 하며, 그 폭을 수관폭이라 한다.

㉢ 흉고(胸高)직경 (기호 : B, 단위 : cm) : 가슴높이(1.2m)의 줄기 지름을 측정한 값을 의미

㉣ 근원(根源)직경 (기호 : R, 단위 : cm) : 뿌리 바로 윗부분 즉, 나무 밑동 제일 아랫부분의 지름을 의미

ⓜ 지하고(地下高) (기호 : BH, 단위 : m) : 지면 바닥에서 가지가 있는 곳까지의 높이를 의미

ⓗ 수관길이 (기호 : L, 단위 : m) : 수관이 수평으로 성장하는 특성을 가진 조형된 수관의 최대 길이를 의미

⑩ 조경수목의 규격 출제

㉠ 교목성

- 수고 × 수관폭(H × W) : 일반적인 상록수
- 수고 × 수관폭 × 근원직경(H × W × R) : 일반적인 상록수 중 소나무, 곰솔, 백송, 무궁화 등
- 수고 × 흉고직경(H × B) : 가중나무, 계수나무, 낙우송, 메타세쿼이아, 벽오동, 수양버들, 벚나무, 은단풍, 칠엽수, 현사시나무(은수원사시), 은행나무, 자작나무, 층층나무, 아왜나무, 플라타너스, 백합(튤립)나무 등
- 수고 × 근원직경(H × R) : 소나무, 노각나무, 감나무, 꽃사과나무, 느티나무, 대추나무, 마가목, 매화나무, 모감주나무, 산딸나무, 이팝나무, 층층나무, 쪽동백, 회화나무, 후박나무, 등나무, 능소화, 참나무류, 모과나무, 배롱나무, 목련, 산수유, 자귀나무, 단풍나무 등 대부분의 교목류

㉡ 관목성

- 수고 × 수관 폭 : 일반 관목
- 수고 × 수관 폭 × 가지의 수 : 눈향나무
- 수고 × 가지의 수 : 개나리, 덩굴장미

3. 조경수목의 환경

① 기온

우리나라에서 식물의 천연분포를 결정짓는 가장 주된 요인은 기후 인자이며, 그 중에서도 온도 조건이 식물의 천연분포를 결정하고 있다.

산림대		특 징 수 종
난 대		녹나무, 동백나무, 사철나무, 가시나무류, 아왜나무, 후박나무, 돈나무, 후피향나무, 식나무, 구실잣밤나무, 멀구슬나무 등
온대	남부	곰솔, 대나무류, 서어나무, 팽나무, 굴피나무, 사철나무, 단풍나무 등
	중부	신갈나무, 졸참나무, 향나무, 전나무, 밤나무, 때죽나무, 소나무 등
	북부	박달나무, 신갈나무, 사시나무, 전나무, 잣나무, 이깔나무, 거제수나무 등
한 대		잣나무, 전나무, 주목, 가문비나무, 분비나무, 이깔나무(잎갈나무), 분비나무 등

② **광선** : 녹색식물의 엽록소에서 일어나는 탄소동화 작용과 광합성의 한 요인으로서, 식물이 생장해 나가는데 매우 중요한 요소이다. 일반적으로 어렸을 때에는 수종 고유의 특성에 따라 음수와 양수로 구분된다.

㉠ 음수 : 약한 광선에서도 생육이 비교적 좋은 나무

- 팔손이나무, 전나무, 비자나무, 주목, 눈주목, 가시나무, 회양목, 식나무, 독일가문비 등

㉡ 양수 : 충분한 광선이 충족되어야만 좋은 생육을 하는 나무

- 소나무, 곰솔(해송), 은행나무, 느티나무, 가죽나무, 무궁화, 백목련, 자작나무, 가문비나무 등

㉢ 중간수 : 입지조건의 변화에 따라 음성으로 기울어지기도 하고 양성으로 기울어지기도 하는데 땅이 건조하고 기온이 낮은 곳에서는 어느 수종이든 대체로 양성을 띤다.

분 류	주 요 수 종
음 수	주목, 전나무, 독일가문비나무, 비자나무, 가시나무, 녹나무, 후박나무, 동백나무, 호랑가시나무, 팔손이나무, 회양목 등
양 수	소나무, 곰솔, 일본잎갈나무, 측백나무, 향나무, 은행나무, 철쭉류, 느티나무, 자작나무,포플러류, 가중나무, 무궁화, 백목련, 개나리 등
중간수	잣나무, 삼나무, 섬잣나무, 화백, 목서, 칠엽수, 회화나무, 벚나무류, 쪽동백, 단풍나무, 수국, 담쟁이덩굴 등

㉣ 음수가 생장할 수 있는 광선의 양은 전 광선량의 50% 내외이며, 양수의 경우 70% 내외이다.

③ 바람

㉠ 심하게 부는 바람은 식물의 생장량 감소는 물론 인간의 주거 환경에도 큰 영향을 준다. 그러므로 농경지나 바닷가 또는 집 둘레에 수림대를 조성하여 방풍림을 만든다.

㉡ 방풍림

- 바람의 속도를 감소시켜 바닷가의 염분이나 모래의 비산을 막고, 마을의 경관을 향상시키는 역할을 한다.
- 수림대의 구조는 수고를 높게 하고 너비를 넓게 해야 효과가 크다.

㉢ 수림대가 바람의 속도를 줄이는 효과 출제

- 수림대 위쪽 : 수고의 6~10배 내외의 거리
- 수림대 아래쪽 : 수고의 25~30배의 거리
- 가장 큰 효과 : 수림대 아래쪽 수고의 3~5배 해당지역에 풍속의 65% 정도가 저감된다.

㉣ 적용수종

- 심근성이고 줄기나 가지가 바람에 강하며 잎이 치밀한 상록수가 좋다.
- 가시나무류, 구실잣밤나무, 녹나무, 후박나무, 곰솔, 편백, 화백, 느티나무, 떡갈나무, 소나무, 버즘나무 등

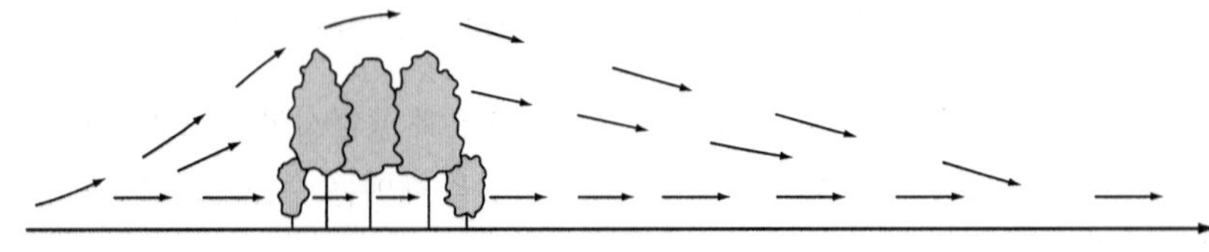

④ **토양**

㉠ 조경식물의 생육에서 토양은 모든 환경 요소 중에서 가장 중요한 요소이다.

㉡ 자연 상태의 산림 토양을 수직방향으로 파 내려가면 맨 위에는 유기물이 쌓여있는 유기물 층이 나타나고, 그 아래로 표층, 하층, 기층 및 기암이 나온다.

㉢ 일반수목의 뿌리는 표층과 하층에서 주로 발달하며, 특히 표층에 많다. 심근성 수종이라도 양분을 흡수하는 잔뿌리는 표층과 하층에 집중되어 있다.

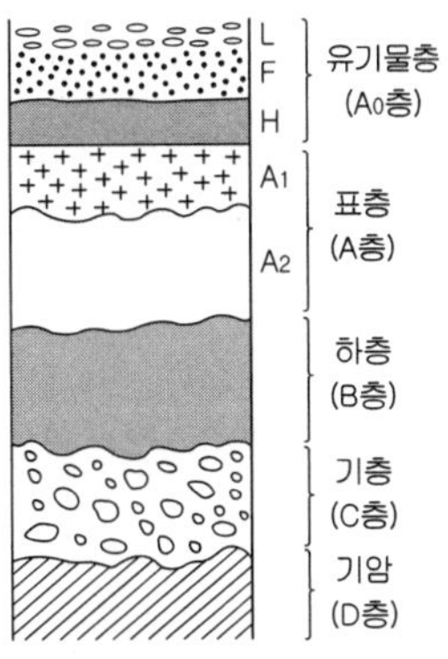

㉣ 토양은 토양 입자의 굵기와 그것이 함유되어 있는 비율에 따라 토성이 구분되며, 일반적으로 식토, 식양토, 양토, 사양토, 사토, 사력지로 구분된다. 수목의 생육에 알맞은 토양은 식양토, 양토 및 사양토이다.

㉤ 우리나라 토양은 비교적 강한 산성반응을 나타내고 있다. 식물의 생육에 적합하지 않은 토양은 물리적, 화학적 성질을 개선한 다음 수목을 식재하여야 한다. 즉, 식토에는 모래를, 사토 또는 사력지에는 점토 등을 섞어 물리적 성질을 개선해 주어야 하며, pH 4.0 이하의 강산성 토양은 탄산석회나 소석회를 넣어 토양 산도를 높여 주어야 한다.

㉥ 식재할 때 토양의 깊이가 충분하지 않으면 식물의 생육에 지장을 주게 된다. 특히, 옥상이나 지하 구조물 등의 인공지반 위에 식재하는 경우에는 식물의 생육상 필요로 하는 최소의 토양 깊이를 확보하여야 한다.

구분	수종
심근성 (뿌리가 깊게 뻗는 것)	소나무, 전나무, 주목, 곰솔, 가시나무, 굴거리나무, 녹나무, 태산목, 후박나무, 동백나무, 느티나무, 칠엽수, 회화나무
천근성 (뿌리가 얕게 뻗는 것)	가문비나무, 독일가문비, 일본잎갈나무, 편백, 자작나무, 미루나무, 버드나무 등

㉦ 수분 : 유기물과 땅속에는 미세한 흙이 수분 보유에 유리하여 식물의 생장을 이롭게 함

구분	수종
건조지에 견디는 수종	소나무, 곰솔, 리기다소나무, 삼나무, 전나무, 비자나무, 가중나무, 서어나무, 가시나무, 느티나무, 이팝나무, 자작나무, 철쭉류 등
습기를 좋아하는 수종	낙우송, 오리나무, 버드나무류, 위성류, 오동나무, 수국, 주엽나무 등

ⓞ 양분

척박지에 잘 견디는 수종	소나무, 곰솔(해송), 향나무, 오리나무, 자작나무, 참나무류, 자귀나무, 싸리류 등
비옥지를 좋아하는 수종	삼나무, 주목, 측백, 가시나무류, 느티나무, 오동나무, 칠엽수, 회화나무, 단풍나무, 왕벚나무 등

ⓩ 토양 반응

강산성에 견디는 수종	소나무, 잣나무, 전나무, 편백, 가문비나무, 리기다소나무, 버드나무, 싸리나무, 진달래 등
약산성에 견디는 수종	가시나무, 갈참나무, 녹나무, 느티나무 등
염기성에 견디는 수종	낙우송, 단풍나무, 생강나무, 서어나무, 회양목 등

⑤ 공해와 수목

㉠ 식물의 저항성 : 상록활엽수가 낙엽활엽수보다 비교적 강하다.

㉡ 아황산가스(SO_2)의 피해 출제

- 피해증상 : 식물 체내로 침입하여 가장 큰 피해를 줄 뿐만 아니라 토양에 흡수되어 산성화시키고 뿌리에 피해를 주어 지력을 감퇴시킨다. 식물의 잎 끝이나 엽맥 사이에 회백색 또는 갈색반점으로 시작되며 광합성, 호흡 및 증산작용이 곤란해진 낙엽에서 다시 새싹이 나오므로 체내 영양이 크게 감소된다.
- 한낮이나 생육이 왕성한 봄과 여름, 오래된 잎에 피해를 입기 쉽다.

아황산가스에 강한 수종	상록침엽수	편백, 화백, 가이즈까향나무, 향나무 등
	상록활엽수	가시나무, 굴거리나무, 녹나무, 태산목, 후박나무, 후피향나무 등
	낙엽활엽수	가중나무, 벽오동, 버드나무류, 칠엽수, 플라타너스, 백합(튤립)나무, 양버즘나무 등
아황산가스에 약한 수종	침엽수	소나무, 잣나무, 전나무, 삼나무, 히말라야시더, 일본잎갈나무(낙엽송), 독일가문비 등
	활엽수	느티나무, 단풍나무, 수양벚나무, 자작나무, 고로쇠 등

㉢ 자동차 배기가스의 피해

- 강한수종 : 비자나무, 편백, 화백, 측백, 가이즈까향나무, 향나무, 은행나무, 히말라야시더, 태산목, 식나무, 아왜나무, 감탕나무, 꽝꽝나무, 돈나무, 버드나무, 플라타너스, 층층나무, 무궁화, 개나리, 쥐똥나무 등
- 약한수종 : 소나무, 삼나무, 전나무, 금목서, 은목서, 단풍나무, 벚나무, 목련, 백합(튤립)나무, 팽나무, 감나무, 수수꽃다리, 화살나무 등

⑥ 내염성(염해)

㉠ 잎에 붙은 염분이 기공을 막아 호흡작용을 방해

㉡ 공중습도가 높으면 염분이 엽육에 침투하여 세포의 원형질로부터 수분을 빼앗아 생리기능을 저하시킴

㉢ 염분의 한계농도 : 수목 - 0.05%, 잔디 - 0.1% 출제

내염성에 강한 수종	리기다소나무, 비자나무, 주목, 곰솔, 측백나무, 가이즈까향나무, 굴거리나무, 녹나무, 태산목, 후박나무, 감탕나무, 아왜나무, 먼나무, 후피향나무, 동백나무, 호랑가시나무, 팔손이나무, 노간주나무, 사철나무, 위성류 등
내염성에 약한 수종	독일가문비, 삼나무, 소나무, 히말라야시더, 목련, 일본목련, 단풍나무, 개나리 등

※ 아황산가스, 배기가스, 염해에 약한 수종 : 소나무, 금목서, 수수꽃다리, 삼나무, 느티나무, 벚나무

⑦ 비료목(肥料木, Nitrogen-fixing tree)

㉠ 땅의 힘을 증진시켜서 수목의 생장을 촉진하기 위해 식재하는 나무

㉡ 질소함량이 많아 분해되기 쉬운 많은 엽량을 환원하고 뿌리의 뿌리혹균에 의해 질소함량이 많은 대사물질 또는 분비물을 토양에 공급해 땅의 물리적 화학적 성질과 미생물의 번식조건을 좋게 한다.

㉢ 비료목의 예로는 콩과(다릅나무, 주엽나무, 싸리나무, 회화나무, 아까시나무, 꽃아카시아, 자귀나무, 박태기나무, 등나무, 골담초, 칡), 자작나무과(오리나무), 보리수나무과(보리수나무), 소철과(소철), 소귀나무과(소귀나무) 등이 있다.

02 지피식물

1. 지피식물의 분류

① 지피식물의 개념

㉠ 지표면을 낮게 덮어 주는 키가 작은 식물

㉡ 잔디, 맥문동 등 지표면을 피복하기 위해 사용하는 식물

② 지피식물의 조건

㉠ 지표면을 치밀하게 피복할 것

㉡ 키가 작고 다년생이며 부드러울 것

㉢ 번식력이 왕성하고 생장이 비교적 빠를 것

㉣ 내답압(踏壓)성이 크고 환경조건에 대한 적응성이 넓을 것

㉤ 병충해에 대한 저항성이 크고 관리가 용이할 것

③ 지피식물의 효과

㉠ 미적효과 : 아름다운 지표면을 만들어 주며, 직선과 곡선 또는 그 밖의 불규칙한 선과도 조화를 잘 이룬다. 또한 녹색의 바탕을 제공함으로써 그 위의 꽃, 나무, 암석 또는 인공구조물의 경관을 좀 더 자연스럽게 만들어 주는 역할을 한다.

㉡ 운동 및 휴식효과 : 표면에 탄력이 있고 감촉이 좋아 운동이나 휴식할 때 쾌적한 상태를 만들어 준다. 또한 잔디밭에서는 넘어져도 나지에 비해 상처가 가벼우므로 유희나 휴식을 위한 장소로 널리 이용된다.

㉢ 강우로 인한 진땅 방지 : 우천시에 축구장, 야구장, 골프장 등을 이용할 때 땅이 질어지는 것을 감소시킬 수 있다.

㉣ 토양 유실 방지 : 나지는 비가 올 때 토양의 표면이 침식당하는데 이러한 장소를 지피식물로 피복하면 빗방울에 의해 토양 입자가 튀는 것을 방지할 뿐만 아니라, 유수로 인한 침식 작용과 세굴 현상도 방지할 수 있다.

㉤ 흙먼지 방지 : 작은 토양입자는 무게가 가볍기 때문에 건조해지면 바람에 날리기 쉽다. 그러나 지피식물을 식재하면 비산되는 흙 입자의 양을 감소시켜 육상경기장이나 공항, 병원, 공장 등에서는 지표를 모두 지피 식물로 심어 나지를 남기지 않도록 하는 것이 통례로 되고 있다.

㉥ 동결방지 : 기온의 저하를 완화시켜 서릿발 현상을 방지

㉦ 기온조절 : 맨땅에 비해 온도차가 적음

④ 잔디의 번식 출제

㉠ 포기번식(무성번식) : 버뮤다그래스류인 티프턴 종류 - 하이브리드 버뮤다그래스

㉡ 종자번식(유성번식) : 대부분의 서양잔디

03 초화류

1. 초화류의 개념

① 풀 종류인 화초 또는 그 꽃을 가리킨다.

② 조경에서는 일반 원예에서 취급하지 않는 야생초류(최근에는 일반 외래 원예종보다는 우리 꽃 야생화에 더욱 관심을 가지고 이를 활용한 식재 기법이 개발되고 있다. 예) 금낭화, 제비꽃, 할미꽃, 도라지, 동자꽃, 패랭이꽃, 구절초, 벌개미취 등)와 수생초류 중에서 관상가치가 높은 것을 초화류에 포함시켜 이용하고 있다.

③ 초화류는 조경에서 중요한 경관 조성 재료가 되므로 정원은 물론 공원, 도로변, 학교, 관공서, 공장, 주택단지에 이르기까지 화단을 조성하여 많이 식재하는데 초화 하나하나의 아름다움보다는 집단적인 아름다움이나 색채로서의 효과가 요구된다.

2. 초화류 분류

① 한해살이 초화류(1, 2년생 초화)

㉠ 봄뿌림 : 맨드라미, 샐비어, 메리골드, 나팔꽃, 코스모스, 과꽃, 봉숭아, 채송화, 분꽃, 백일홍 등

㉡ 가을뿌림 : 팬지, 피튜니아, 금잔화, 금어초, 패랭이꽃, 안개초 등

② 여러해살이 초화류(다년생 초화)

국화, 베고니아, 아스파라거스, 카네이션, 부용, 꽃창포, 제라늄, 도라지꽃 등

③ 알뿌리 화초(구근 초화) 출제

㉠ 봄심기 : 다알리아(달리아), 칸나, 아마릴리스, 글라디올러스, 상사화, 진저 등

㉡ 가을심기 : 히아신스, 아네모네, 튤립, 수선화, 백합, 아이리스 등

④ 수생초류 : 수련, 연꽃, 창포류, 마름 등

3. 화단의 종류

구 분	화단의 종류	
평면화단 (키 작은 것 사용)	화문화단	양탄자무늬 같다고 하여 양탄자화단, 자수화단, 모전화단 이라 함
	리본화단	통로, 산울타리, 건물, 담장주변에 좁고 길게 만든 화단으로 대상화단이라고도 함 – 사방에서 다 볼 수 있다.
	포석화단	연못, 통로 주위에 돌을 깔고 돌 사이에 키 작은 초화류를 식재하여 돌과 조화시켜 관상하는 화단
입체화단	기식화단 (모둠화단)	중앙에는 키 큰 초화를 심고 주변부로 갈수록 키 작은 초화를 심어 사방에서 관찰할 수 있게 만든 화단으로 광장의 중앙, 잔디밭 중앙, 축의 교차점에 위치
	경재화단 (경계화단)	전면 한쪽에서만 관상(앞쪽은 키 작은 것, 뒤쪽은 키 큰 것 배치). 너비(폭) 최대 2m. 도로, 산울타리, 담장 배경으로 폭이 좁고 길게 만든 것
	노단화단	경사지를 계단 모양으로 돌을 쌓고 축대 위에 초화를 심는 것
특수화단	침상화단	지면보다 1~2m 정도 낮게 하여 기하학적인 땅가름
	수재화단	물에 사는 수생식물(수련, 마름, 꽃창포) 등을 물고기와 함께 길러 관상

4. 화단용 초화류의 조건

① 외모가 아름답고 키가 되도록 작을 것

② 꽃과 가지가 많이 달리고 개화기간이 길 것

③ 꽃의 색깔이 선명하고 건조와 바람, 병충해에 강할 것

④ 환경에 대한 적응성이 클 것

5. 화단용 주요 초화류

① 봄 화단용

㉠ 1, 2년생 초화 - 팬지, 금어초, 금잔화, 안개초

㉡ 다년생 초화 - 데이지, 베고니아

㉢ 구근 초화 - 튤립, 수선화

② 여름, 가을 화단용

㉠ 1, 2년생 초화 - 채송화, 봉숭아, 과꽃, 메리골드, 피튜니아, 샐비어, 코스모스, 맨드라미 등

㉡ 다년생 초화 - 국화, 꽃창포, 부용

㉢ 구근 초화 - 다알리아, 칸나

③ 겨울 화단용 - 꽃양배추

POINT

① 아황산가스의 피해 - 한 낮이나 생육이 왕성한 봄과 여름, 오래된 잎에 피해를 입기 쉽다.
② 아황산가스에 강한 수종 - 향나무, 편백, 화백, 가시나무, 벽오동 등
③ 아황산가스에 약한 수종 - 전나무
④ 침상화단 - 지면보다 1m 정도 낮게하여 기하학적인 땅가름
⑤ 염분의 한계농도 : 수목 - 0.05%, 잔디 - 0.1%
⑥ 겨울화단용 초화류 - 꽃양배추

출제예상문제

01. 식재 계획의 순서가 바른 것은?

① 적지분석 - 수목기준설정 - 수목선정 - 식재설계
② 수목기준설정 - 수목선정 - 식재설계 - 적지분석
③ 수목선정 - 식재설계 - 적지분석 -수목기준설정
④ 식재설계 - 수목선정 - 수목기준설정 - 적지분석

02. 남부지방에서 속성으로 재배한 수목을 중부지방으로 이식하였을 때 하자율이 나타나는 것 중 맞는 것은?

① 관수를 많이 했기 때문에
② 기후 환경조건이 맞지 않기 때문
③ 전정을 많이 했기 때문에
④ 운반거리가 멀기 때문에

03. 정원 수목의 수형에 가장 예민한 영향을 미치는 인자는?

① 수분 ② 품종
③ 영양분 ④ 광선

04. 토양의 수분이 많은 것을 요구하는 수목은?

① 낙우송 ② 피나무
③ 은행나무 ④ 소나무

05. 지하수위가 높은 곳에 심을 수 있는 수목은?

① 배롱나무 ② 소나무
③ 향나무 ④ 메타세쿼이아

06. 산성토양에서 고정되므로 가장 부족되기 쉬운 성분은?

① N ② P
③ K ④ Ca

07. 다음 중 양호한 산림토양은?

① A층이 깊은 토양
② B층이 깊은 토양
③ C층이 깊은 토양
④ A층은 없고, B, C층만 있는 토양

A층은 용탈층으로 식물에 직접적으로 영향을 주는 토양층이다. 미생물과 식물활동이 왕성하고 외부환경의 영향을 가장 많이 받는 층이다. 기후식생 등의 영향을 받아 가용성 염기류가 용탈된다.

08. 근원직경이 20cm인 수목을 4배 보통분으로 뜬다. 다음 중 뿌리분의 크기로 맞는 것은?

① 30cm ② 40cm
③ 60cm ④ 80cm

09. 수목 식재시 생존에 필요한 최소 토심과 생육에 필요한 최소 토심을 잘 못 나열한 것은?

① 심근성 교목 : 90~150cm
② 관목 : 30~60cm
③ 지피류 : 15~30cm
④ 천근성 교목 : 90~120cm

분류	생육최소토심~생존최소토심
교목(심근성)	90~150cm
교목(천근성)	60~90cm
관목	30~60cm
지피류	15~30cm

정답 1① 2② 3④ 4① 5④ 6① 7① 8④ 9④

10. 식물생육에 적합한 토양의 성분 중 광물질이 차지하는 비중은?

① 45% ② 35%
③ 25% ④ 5%

식물생육에 적합한 토양의 성분은 광물질 45%, 유기질 5%, 수분 25%, 공기 25%

11. 다음 중 내산성이 가장 강한 수종은?

① 전나무 ② 느티나무
③ 단풍나무 ④ 녹나무

12. 척박지 토양에서 잘 자라는 수목으로 바르게 연결된 것은?

① 소나무, 곰솔 ② 오동나무, 낙우송
③ 삼나무, 주목 ④ 느티나무, 떡갈나무

13. 다음 중 비료목으로 쓰이지 않는 나무는?

① 자귀나무 ② 싸리나무
③ 벽오동 ④ 산오리나무

산성토양에 토양의 성질을 개량하기 위해 비료목을 시비하는데 적당한 수목으로는 콩과식물(싸리나무, 자귀나무, 아카시나무 등), 보리수나무, 오리나무 등이 있다.

14. 근류균을 많이 갖고 있으며 절개지, 척박지인 곳에 식재할 수 있는 수종은?

① 회양목, 물푸레나무
② 느티나무, 만병초
③ 오동나무, 배롱나무
④ 자귀나무, 보리수나무

15. 다음 중 척박한 토양에서 잘 자라는 수목은?

① 삼나무, 낙우송
② 느티나무, 느릅나무
③ 오동나무, 가시나무
④ 소나무, 해송

16. 다음 중 평면화단이 아닌 것은?

① 노단화단 ② 리본화단
③ 화문화단 ④ 포석화단

노단화단은 입체화단이다.

17. 다음 중 사방으로 전망할 수 있는 장소에 설치하고 중앙에 키가 큰 것을 심고 주위에 점차 낮은 것을 심어 집합미를 나타내는 화단은?

① 리본화단 ② 침상화단
③ 경재화단 ④ 기식화단

18. 봄화단에 적합한 꽃들로 구성된 것은?

① 팬지, 튤립, 히아신스
② 수선화, 한련
③ 아네모네, 산정화, 백일초
④ 히아신스, 아이리스, 메리골드

19. 다음 중 구근류로 짝지어진 것은?

① 튤립, 크로커스, 샤크커데이지
② 아이리스, 거베라, 히아신스
③ 아이리스, 수선화, 작약
④ 백합, 튤립, 크로커스

정답 10① 11① 12① 13③ 14④ 15④ 16① 17④ 18① 19④

20. 다음 중 파종기가 길고 1년생 봄뿌림 초화로만 짝지은 것은?

① 색비름, 페튜니아, 콜레우스, 샐비어
② 플록스, 채송화, 시네라리아, 팬지
③ 접시꽃, 물망초, 데이지, 금어초
④ 시계초, 카네이션, 제라늄, 가랑코에

21. 다음 중 가을 화단용 초화류는?

① 아게라텀 ② 봉선화
③ 숙근플록스 ④ 알리섬

22. 다음 중 수형과 수종이 잘못 짝지어진 것은?

① 원추형 – 가이즈까향나무
② 우산형 – 매화나무
③ 선형 – 반송
④ 원정형 – 느티나무

> 느티나무는 평정형(배상형 : 술잔의 형태)의 수형을 지녔다.

23. 능수버들, 수양벚나무 등은 가지가 왜 아래로 늘어지는가?

① 측지의 신장생장만큼 비대성장이 뒤따르지 못하기 때문에
② 가지에 탄력성이 있기 때문에
③ 수목 자체에 지베벨린 성분을 많이 함유하고 있기 때문에
④ 온난대 지방 수종이기 때문에

24. 전정 없이도 아름답지만 전정을 함으로써 여러 가지 다른 형태를 나타낼 수 있는 수종은?

① 느티나무 ② 매화나무
③ 가이즈까향나무 ④ 은행나무

25. 다음 중 질감이 가장 부드러운 수종은?

① 위성류 ② 오동나무
③ 칠엽수 ④ 플라타너스

> 잎의 크기가 작을수록 질감은 부드러우며, 잎의 크기가 커질수록 질감은 거칠다.

26. 다음 중 잎의 거치가 예리한 수종은?

① 전나무, 종비나무
② 백목련, 유카
③ 호랑가시나무, 은목서
④ 자목련, 은행나무

27. 다음 설명 중 틀린 것은?

① 수목의 기본형태는 고유한 성장 습성에 따라 결정된다.
② 식물의 형태는 잔가지나 굵은 가지의 배열, 방향 그리고 선(線)에 의하여 결정한다.
③ 식물의 형태는 자생지의 지형적 특성과 관련이 깊다.
④ 원추형, 피라밋형의 수목은 주위에서 잘 안 보이도록 주변 수목과 조화를 시켜 배식해야 한다.

> 원추형, 피라밋형 수목은 독립수로 사용된다.

28. 식재수종 선정 시 환경과의 관계에서 고려해야 할 요소가 아닌 것은?

① 식물이 생육하는데 필요한 광선요구도
② 대기오염에 의한 공해나 염해, 풍해 등 각종 환경피해에 대한 적응성
③ 수목의 맹아, 신록, 결실, 홍엽, 낙엽 등의 계절적 현상
④ 식물의 천연분포, 식재분포와 관련 되어지는 기온

정답 20 ① 21 ③ 22 ④ 23 ① 24 ③ 25 ① 26 ① 27 ④ 28 ③

29. 토양의 단면에 있어 낙엽과 그 분해물질 등 대부분 유기물로 구성되어 있는 토양 고유의 층으로 L층, F층, H층으로 구성되어 있는 층은?

① A층 ② A0층
③ B층 ④ C층

30. 다음 중 수목의 자연수형을 좌우하는 주요 인자라고 볼 수 없는 것은?

① 수관의 모양 ② 수지의 모양
③ 수간의 모양 ④ 수엽의 모양

31. 다음 중 상목 - 중목 - 하목의 순서대로 조합이 된 것은?

① 소나무 - 단풍나무 - 철쭉
② 전나무 - 칠엽수 - 소나무
③ 단풍나무 - 철쭉 - 칠엽수
④ 산딸나무 - 맥문동 - 소나무

32. 수목의 생태적 특성상 음수(陰樹)인 것은?

① 목련 ② 구상나무
③ 은행나무 ④ 느티나무

33. 한 곳에서 잎이 3개씩 속생하는 수종은?

① 소나무 ② 리기다소나무
③ 방크스소나무 ④ 잣나무

> 2엽속생 - 소나무, 곰솔, 흑송, 방크스소나무, 반송
> 3엽속생 - 백송, 리기다소나무, 대왕송
> 5엽속생 - 섬잣나무, 잣나무, 스트로브잣나무

34. 화아분화를 지배하여 나무체내의 성분에 관계하는 것은?

① 칼륨과 질소의 비율
② 칼슘과 인의 비율
③ 탄소와 질소 비율
④ 마그네슘과 칼륨의 비율

> C/N률 : 탄소와 질소의 비율에 따라 나무는 C/N률이 낮으면 수고나 가지의 영양생장을 하며, C/N률이 높아지면 체내에 탄수화물의 양이 많아져 화아형성에 관한 생식생장을 하게 된다.

35. 다음 중 노란꽃이 피는 수종으로 구성된 것은?

① 개나리, 풍년화, 생강나무
② 무궁화, 산딸나무, 배롱나무
③ 박태기나무, 쥐똥나무, 라일락
④ 수수꽃다리, 아카시아, 목련

36. 다음 중 봄철에 개화하는 수종은?

① 목련, 산수유
② 자귀나무, 무궁화
③ 배롱나무, 은행나무
④ 무궁화, 산수유

37. 다음 중 여름에 개화하는 수종으로 연결된 것은?

① 산수유, 목련, 무궁화
② 배롱나무, 산딸나무, 풍년화
③ 개나리, 층층나무, 자귀나무
④ 무궁화, 배롱나무, 자귀나무

> 여름에 개화하는 대표적 수종으로 무궁화, 배롱나무, 자귀나무가 있다.

정답 29 ② 30 ④ 31 ① 32 ② 33 ② 34 ③ 35 ① 36 ① 37 ④

38. 다음 중 잎이 나오기 전에 꽃이 먼저 피는 (先花後葉)나무는?

① 매화나무　② 회화나무
③ 배롱나무　④ 능소화

39. 다음 중 아름다운 흰색 꽃이 피는 수목은?

① 산수유, 개나리
② 오동나무, 때죽나무
③ 목련, 생강나무
④ 산딸나무, 태산목

산수유, 개나리 - 노란색, 오동나무 - 자주색, 때죽나무 - 백색, 목련 - 백색, 생강나무 - 노란색

40. 다음 중 흰색의 꽃이 가장 늦게 개화하는 수종은?

① 조팝나무　② 철쭉
③ 치자나무　④ 쥐똥나무

조팝나무 : 4월, 철쭉 : 5~6월, 치자나무 : 6~7월, 쥐똥나무 : 5~6월

41. 꽃과 열매의 관상가치가 모두 높은 수목이 아닌 것은?

① 소귀나무, 능금나무
② 마가목, 산수유
③ 모감주나무, 산사나무
④ 개회나무, 조팝나무

42. 다음 중 수피의 색이 백색(白色)으로 아름다운 나무는?

① 자작나무　② 느티나무
③ 감나무　④ 매화나무

43. 다음 수목들 중 줄기의 색채가 적갈색계 색채를 나타내는 것은?

① 소나무, 주목
② 가문비나무, 자작나무
③ 벽오동, 탱자나무
④ 백송, 죽도화

44. 다음 중 황색의 단풍이 드는 수종은?

① 고로쇠나무, 칠엽수, 일본잎갈나무
② 마가목, 고로쇠나무, 화살나무
③ 은행나무, 담쟁이덩굴, 감나무
④ 홍단풍, 마가목, 가시나무

45. 산딸나무와 층층나무를 구별하는 근거가 되는 것은?

① 잎의 마주나기와 어긋나기
② 잎의 색깔과 열매의 모양
③ 나무의 수고
④ 엽맥과 측맥의 수

산딸나무와 층층나무는 층층나무과에 속하는 수목으로 산딸나무는 난형으로 잎이 마주나며, 층층나무는 잎이 어긋난다.

46. 배나무 적성병의 겨울포자가 기생하기 때문에 배나무 과수원 가까이에 심지 말아야할 수목은?

① 향나무　② 오동나무
③ 화백　④ 소나무

47. 다음 중 꽃향기가 좋은 수종끼리 짝지어진 것은?

① 등나무, 돈나무
② 사철나무, 동백나무
③ 서향, 팔손이나무
④ 태산목, 아카시아

정답 38 ① 39 ④ 40 ③ 41 ② 42 ① 43 ① 44 ① 45 ① 46 ① 47 ④

48. 다음 중 녹음을 가능하게 하고 야조를 유치시킬 수 있는 야조유치용 수목으로 알맞은 것은?

① 자작나무 ② 팥배나무
③ 호두나무 ④ 회화나무

팥배나무는 적색열매가 열려 조류들의 먹이로 사용되어 야조유치용 수목으로 알맞다. 또한 감탕나무, 비자나무, 뽕나무, 산벚나무, 노박덩굴 등이 야조유치(조류유치) 수목으로 사용된다.

49. 다음 중 붉은색 열매를 맺는 것으로 짝지어진 것은?

① 모과나무, 은행나무, 배나무
② 은행나무, 소나무, 붉나무
③ 산수유, 사철나무, 주목
④ 탱자나무, 모과나무, 명자나무

50. 양수인 것으로 짝지어진 것은?

① 소나무, 은행나무
② 주목, 독일가문비
③ 비자나무, 가이즈까향나무
④ 팔손이, 가이즈까향나무

양수 : 소나무, 은행나무, 곰솔(해송), 느티나무, 무궁화, 백목련, 가문비나무 등

51. 음수인 것으로 짝지어진 것은?

① 주목, 비자나무
② 음나무, 식나무
③ 굴거리나무, 잣나무
④ 물푸레나무, 자작나무

음수 : 주목, 눈주목, 비자나무, 전나무 등

52. 신록의 색채가 담록색인 것은?

① 서어나무, 느티나무
② 보리수나무, 칠엽수
③ 산벚나무, 홍단풍나무
④ 감탕나무, 목서

보리수나무, 칠엽수 : 백색
산벚나무, 홍단풍나무 : 적갈색
감탕나무, 목서 : 황록색

53. 다음 중 공해에 강한 수종끼리 짝지어진 것은?

① 능수버들, 개나리, 가중나무
② 주목, 편백, 삼나무
③ 소나무, 가래나무, 산수유
④ 자작나무, 히말라야시더, 회양목

54. 곧은 줄기가 있고 줄기와 가지의 구별이 명확하여 키가 큰 나무를 무엇이라고 하나?

① 관목 ② 지피류
③ 교목 ④ 만경목

관목 : 뿌리 부근으로부터 줄기가 여러 갈래로 나와 줄기와 가지의 구별이 뚜렷하지 않은 키가 작은 나무

55. 침엽수이지만 잎의 형태가 활엽수 같아서 조경적으로 활엽수로 이용하는 것은?

① 소나무
② 고로쇠나무
③ 은행나무
④ 위성류

은행나무는 침엽수이지만 잎의 형태가 활엽수 같다.

정답 48 ② 49 ③ 50 ① 51 ① 52 ① 53 ① 54 ③ 55 ③

56. 활엽수이지만 잎의 형태가 침엽수 같아서 조경적으로 침엽수로 이용하는 것은?

① 소나무 ② 자작나무
③ 은행나무 ④ 위성류

위성류는 활엽수이지만 잎의 형태가 침엽수처럼 좁아 조경 설계시 침엽수로 이용한다.

57. 다음 수목 중 관목인 것은?

① 위성류 ② 층층나무
③ 매자나무 ④ 백목련

관목 : 뿌리에서 여러 갈래 줄기가 나와서 뚜렷한 원줄기를 찾을 수 없고, 키가 작다.

58. 다음 중 관목에 해당하는 수종은?

① 화살나무 ② 산수유
③ 목련 ④ 백합나무

59. 다음 중 관목끼리 짝지어진 것은?

① 매화나무, 명자나무, 칠엽수
② 등나무, 잣나무, 은행나무
③ 진달래, 회양목, 꽝꽝나무
④ 주목, 느티나무, 단풍나무

관목이란 높이가 2m 이하이고 땅에서 올라온 원줄기가 분명하지 않다. 땅속부분부터 줄기가 갈라져 있는 나무로 철쭉, 진달래, 회양목, 꽝꽝나무 등이 관목에 속한다.

60. 다음 중 상록침엽관목에 해당하는 나무는?

① 섬잣나무 ② 눈향나무
③ 영산홍 ④ 회양목

섬잣나무(상록침엽교목), 영산홍(낙엽활엽관목), 회양목(상록활엽관목)

61. 일 년 내내 푸른 잎을 달고 있으며, 잎이 바늘처럼 뾰족한 나무는?

① 상록활엽수 ② 상록침엽수
③ 낙엽활엽수 ④ 낙엽침엽수

62. 다음 중 꽃을 감상하는 수종으로 짝지어진 것은?

① 배롱나무, 동백나무, 백목련
② 박태기나무, 주목, 느티나무
③ 매화나무, 개나리, 단풍나무
④ 소나무, 대나무, 산수유

63. 다음 중 황색 꽃을 갖는 나무는?

① 모감주나무 ② 조팝나무
③ 산철쭉 ④ 박태기나무

조팝나무(백색), 산철쭉(홍자색), 박태기나무(홍자색)

64. 3월이면 노란 꽃이 피며 가을이면 붉은 열매가 달리는 나무는?

① 남천 ② 산수유
③ 치자나무 ④ 명자나무

산수유는 봄이면 노란 꽃이 피고 가을이면 붉은색 열매가 열린다.

정답 56 ④ 57 ③ 58 ① 59 ③ 60 ② 61 ② 62 ① 63 ① 64 ②

65. 개화기가 가장 빠른 것끼리 나열된 것은?

① 풍년화, 꽃사과, 황매화
② 조팝나무, 미선나무, 배롱나무
③ 진달래, 낙상홍, 수수꽃다리
④ 생강나무, 산수유, 개나리

개화기	조 경 수 목
2월	매화나무(백색, 붉은색), 풍년화(노란색), 동백나무(붉은색)
3월	매화나무, 생강나무(노란색), 개나리(노란색), 산수유(노란색)
4월	호랑가시나무(백색), 겹벚나무(담홍색), 꽃아그배나무(담홍색), 백목련(백색), 박태기나무(자주색), 이팝나무(백색), 등나무(자주색)
5월	귀룽나무(백색), 때죽나무(백색), 백합(튤립)나무(노란색), 산딸나무(백색), 일본목련(백색), 고광나무(백색), 병꽃나무(붉은색), 쥐똥나무(백색), 다정큼나무(백색), 돈나무(백색), 인동덩굴(노란색)
6월	수국(자주색), 아왜나무(백색), 태산목(백색), 치자나무(백색)
7월	노각나무(백색), 배롱나무(적색, 백색), 자귀나무(담홍색), 무궁화(자주색, 백색), 유엽도(담홍색), 능소화(주황색)
8월	배롱나무, 싸리나무(자주색), 무궁화(자주색, 백색), 유엽도(담홍색)
9월	배롱나무, 싸리나무
10월	금목서(노란색), 은목서(백색)
11월	팔손이(백색)

66. 줄기가 아름다우며 여름에 개화하여 꽃이 100일 간다는 수목은?

① 동백나무 ② 박태기나무
③ 매화나무 ④ 배롱나무

67. 다음 중 여름에서 가을까지 꽃을 피우는 수종으로 틀린 것은?

① 호랑가시나무 ② 은목서
③ 협죽도 ④ 박태기나무

박태기나무꽃(홍자색, 담홍색)은 4월에 핀다.

68. 다음 중 겨울화단에 심을 수 있는 식물은?

① 꽃양배추 ② 팬지
③ 수선화 ④ 메리골드

꽃양배추 : 유럽이 원산이고 겨울철 화단과 화분에 심기 적당하다.

69. 봄에 강한 향기를 지닌 꽃이 피는 수목은?

① 치자나무 ② 서향
③ 백합나무 ④ 불두화

서향 : 향기가 천리까지 간다하여 천리향(千里香)이라는 이름으로 불리기도 한다. 치자나무 : 6월에 백색 꽃이 핌. 백합나무 : 5월에 노란색으로 꽃이 핌

70. 다음 중 감상하는 부분이 주로 줄기가 되는 수목은?

① 자작나무 ② 주목
③ 위성류 ④ 은행나무

자작나무는 하얀 수피를 감상하는 수목이다. 수피를 감상하는 수목에는 자작나무, 배롱나무, 벽오동, 모과나무, 백송 등이 있다.

71. 다음 수목 중 당년에 자란 가지에서 꽃이 피는 것은?

① 벚나무 ② 철쭉류
③ 배롱나무 ④ 명자나무

당년생지에 꽃눈이 생기고 당년에 자란 가지에서 꽃이 피는 수목으로는 배롱나무, 무궁화, 능소화 등이 있다.

정답 65 ④ 66 ④ 67 ④ 68 ① 69 ② 70 ① 71 ③

72. 그 해에 자란 가지에 꽃눈이 분화하여 월동 후 봄에 개화하는 형태의 수종은?

① 능소화　② 배롱나무
③ 개나리　④ 장미

개나리, 단풍철쭉, 동백나무, 수수꽃다리, 왕벚나무, 목련, 철쭉 등이 그 예이다.

73. 산울타리 수종의 조건 중에서 틀린 것은?

① 성질이 강하고 아름다울 것
② 적당한 높이의 윗가지가 오래도록 말라 죽지 않을 것
③ 가급적 상록수로서 잎과 가지가 치밀할 것
④ 맹아력이 커서 다듬기 작업에 잘 견딜 것

산울타리용 수종의 조건은 상록수로서 지엽이 치밀한 수종, 적당한 높이로 아랫가지가 오래 가는 수종, 맹아력이 크고 불리한 환경에서 잘 자라는 수종, 외관이 아름다운 수종이다.

74. 다음 중 산울타리용 수목으로 적당하지 않은 것은?

① 단풍나무　② 무궁화
③ 측백나무　④ 가이즈까향나무

단풍나무는 경관용 수종으로 주로 단풍을 감상한다.

75. 다음 중 가시산울타리로 쓰이는 수종이 아닌 것은?

① 탱자나무　② 쥐똥나무
③ 호랑가시나무　④ 찔레나무

가시산울타리 수종은 탱자나무, 호랑가시나무, 찔레나무 등이 있고, 쥐똥나무는 가시가 없다.

76. 울타리는 종류나 쓰이는 목적에 따라 높이가 다른데 일반적으로 사람의 침입을 방지하기 위한 울타리는 어느 정도의 높이가 적당한가?

① 20~30cm　② 50~60cm
③ 80~100cm　④ 180~200cm

경계용 산울타리는 1.8~2.0m의 높이로 조성하고, 낮은 울타리는 30~50cm 정도의 높이로 조성한다.

77. 다음 중 단풍나무류에 속하는 수종은?

① 신나무　② 낙상홍
③ 수나무　④ 화살나무

78. 여름에 연보라색의 꽃과 초록색의 잎 그리고 가을에 검은 열매를 감상하기 위한 지피식물은?

① 맥문동　② 꽃잔디
③ 영산홍　④ 칡

맥문동 : 5~6월에 연한 자주색 꽃이 피고 열매는 검은색이다.

79. 겨울철 지상부의 잎이 말라 죽지 않는 지피식물은?

① 비비추　② 맥문동
③ 옥잠화　④ 들잔디

80. 다음 수목 중 빨간색의 열매를 볼 수 없는 수목은?

① 은행나무　② 남천
③ 자금우　④ 피라칸사

은행나무는 노란색의 열매이다.

정답 72 ③ 73 ② 74 ① 75 ② 76 ④ 77 ① 78 ① 79 ② 80 ①

3 조경재료

81. 가지나 줄기가 상해를 입어 그 부분에서 숨은 눈이 커져 싹이 나오는 것을 무엇이라 하는가?

① 내병성 ② 내한성
③ 내답압성 ④ 맹아성

맹아성 : 줄기나 가지가 꺾이거나 다치면 그 속에 있던 숨은 눈이 자라 싹이 나오는 것

82. 맹아력이 강한 나무로 짝지어진 것은?

① 향나무, 무궁화
② 미루나무, 소나무
③ 느티나무, 해송
④ 쥐똥나무, 가시나무

맹아력이 강한 나무 : 탱자나무, 회양목, 능수버들, 플라타너스, 무궁화, 개나리, 쥐똥나무, 사철나무, 가시나무 등

83. 다음 수종 중 맹아력이 가장 약한 나무는?

① 라일락 ② 소나무
③ 쥐똥나무 ④ 무궁화

맹아력이 약한 나무 : 백송, 소나무, 벚나무, 칠엽수, 자작나무, 살구나무 등

84. 다음 수목 중 심근성 수종이 아닌 것은?

① 느티나무 ② 백합나무
③ 은행나무 ④ 현사시나무

심근성 수종 : 소나무, 전나무, 은행나무, 모과나무, 느티나무 등

85. 다음 수목 중 천근성(淺根性) 수종으로 짝지어진 것은?

① 독일가문비나무, 자작나무
② 젓나무, 백합나무
③ 느티나무, 은행나무
④ 백목련, 가시나무

천근성 수종은 일반적으로 뿌리가 얕게 뻗는다. 그 예로 독일가문비나무, 자작나무, 편백, 버드나무 등이 있다.

86. 다음 수종 중 음수가 아닌 것은?

① 주목 ② 독일가문비
③ 팔손이나무 ④ 석류나무

석류나무는 양수이다.

87. 척박한 토양에 가장 잘 견디는 수목은?

① 소나무 ② 삼나무
③ 주목 ④ 배롱나무

척박한 토양에 잘 견디는 수종 : 소나무, 오리나무, 자작나무, 등나무, 자귀나무, 아카시나무, 보리수나무 등

88. 건조한 땅에 잘 견디는 수목은?

① 향나무 ② 낙우송
③ 위성류 ④ 계수나무

향나무는 해가 잘 들고 다소 건조하며 비옥한 토양에서 잘 자란다.

89. 다음 중 습지를 좋아하는 수종은?

① 소나무 ② 낙우송
③ 자작나무 ④ 느티나무

습지를 좋아하는 수종 : 낙우송, 계수나무, 수양버들, 위성류, 수국 등
습지를 싫어하는 수종 : 소나무

정답 81 ④ 82 ④ 83 ② 84 ④ 85 ① 86 ④ 87 ① 88 ① 89 ②

90. 건조한 땅이나 습지에서 모두 잘 자라는 수종은?

① 향나무　　② 계수나무
③ 소나무　　④ 꽝꽝나무

꽝꽝나무는 중용수로 기후와 토질에 따라 음수도 되고 양수도 된다. 습지, 건조지에 잘 자라는 수종 : 산당화, 박태기나무, 자귀나무, 보리수나무, 플라타너스, 꽝꽝나무, 사철나무 등

91. 다음 중 양수로 짝지어진 것은?

① 향나무, 가중나무
② 가시나무, 아왜나무
③ 회양목, 주목
④ 사철나무, 독일가문비나무

양수 : 무궁화, 가중나무, 매화나무, 석류나무, 향나무, 모과나무, 산수유나무, 미루나무, 소나무, 메타세쿼이아, 자작나무, 플라타너스 등

92. 양수이며 천근성 수종에 속하는 것은?

① 자작나무　　② 느티나무
③ 백합나무　　④ 은행나무

자작나무, 매화나무는 양수이며 천근성 수종에 속한다.

93. 다음 중 대기오염에 강한 수목은?

① 은행나무　　② 독일가문비
③ 소나무　　④ 자작나무

대기오염에 강한 수목 : 비자나무, 편백, 화백, 은행나무, 녹나무, 태산목, 아왜나무, 협죽도, 벽오동, 플라타너스, 자작나무, 쥐똥나무 등

94. 아황산가스에 잘 견디는 낙엽교목은?

① 가문비나무　　② 계수나무
③ 소나무　　④ 플라타너스

아황산가스에 강한 수종 : 편백, 화백, 가시나무, 사철나무, 벽오동, 플라타너스, 은행나무, 쥐똥나무 등

95. 다음 공해 중 아황산가스에 의한 수목의 피해를 설명한 것으로 가장 옳은 것은?

① 한 낮이나 생육이 왕성한 봄, 여름에 피해를 입기 쉽다.
② 밤이나 가을에 피해가 심하다.
③ 공기중의 습도가 낮을 때 피해가 심하다.
④ 겨울에 피해가 심하다.

아황산가스는 식물의 기공으로 침입하고, 생육이 왕성할 때 즉, 봄과 여름, 낮에 피해가 심하다.

96. 염분에 강한 수종으로 짝지어진 것은?

① 해송, 왕벚나무
② 단풍나무, 가시나무
③ 비자나무, 사철나무
④ 광나무, 목련

내염성이 큰 수종 : 해송, 해당화, 비자나무, 사철나무, 동백나무, 찔레나무, 회양목 등
내염성이 작은 수종 : 독일가문비, 소나무, 목련, 단풍나무, 오리나무, 개나리, 왕벚나무 등

97. 다음 중 덩굴식물이 아닌 것은?

① 등나무　　② 인동덩굴
③ 송악　　④ 겨우살이

덩굴식물 : 줄기가 다른 물체를 감거나 붙어서 자라는 식물로 등나무, 인동덩굴, 송악, 담쟁이덩굴, 포도나무, 머루 등이 있다. 겨우살이는 지피식물이다.

정답 90 ④ 91 ① 92 ① 93 ① 94 ④ 95 ① 96 ③ 97 ④

98. 다음 중 1회 신장형 수목은?

① 철쭉　② 화백
③ 삼나무　④ 소나무

1회 신장형 수목 : 소나무, 곰솔 등
2회 신장형 수목 : 철쭉류, 사철나무, 쥐똥나무, 삼나무, 편백, 화백 등

99. 다음 중 다년생 초화류는?

① 국화　② 맨드라미
③ 팬지　④ 나팔꽃

다년생 초화류 : 국화, 베고니아 등

100. 알뿌리 화초로 짝지어진 것은?

① 패랭이꽃, 칸나
② 금붕어꽃, 라넌큘러스
③ 튤립, 데이지
④ 다알리아, 수선화

알뿌리 초화류 : 다알리아, 칸나, 히아신스, 백합, 수선화 등

101. 여름부터 가을까지 꽃을 감상할 수 있는 알뿌리 화초는?

① 튤립　② 수선화
③ 아네모네　④ 칸나

봄 심기를 하여야 여름부터 가을까지 꽃을 감상할 수 있으며, 튤립, 수선화, 아네모네는 가을심기이다.

102. 화단 식재용 초화류의 조건으로 틀린 것은?

① 꽃이 많이 달릴 것
② 개화기간이 길 것
③ 키가 되도록 클 것
④ 병충해에 강할 것

초화류의 조건 : 모양이 아름답고 키가 작으며, 꽃이 많이 달려야 한다. 꽃의 개화기간이 길어야 하며, 병충해에 견디는 힘이 강해야 한다.

103. 감상하기 편하도록 땅을 1~2m 파내려가 그 바닥에 꾸민 화단은?

① 살피화단　② 모둠화단
③ 양탄자화단　④ 침상화단

104. 다음 중 조경수목이 갖추어야 할 조건이 아닌 것은?

① 쉽게 옮겨 심을 수 있을 것
② 착근이 잘 되고 생장이 잘 되는 것
③ 그 땅의 토질에 잘 적응할 수 있는 것
④ 희귀하여 가치가 있는 것

조경수목은 번식이 잘 되고 희귀하지 않아 수요가 많은 것이 좋다.

105. 조경수목의 구비조건이 아닌 것은?

① 관상 가치가 높고 실용적이어야 한다.
② 이식이 어렵고 한 곳에서 오래도록 잘 자라야 한다.
③ 불리한 환경에서도 잘 견딜 수 있는 적응성이 있어야 한다.
④ 병충해에 대한 저항성이 커야 한다.

조경수목 구비조건 : 관상 가치와 실용적 가치가 높아야 하고, 이식이 용이하며 불리한 환경에서도 잘 견딜 수 있는 적응성이 있어야 한다. 병충해에 대한 저항성이 커야 하며, 유지관리가 용이하고 사용목적에 적합해야 한다.

정답　98 ④　99 ①　100 ④　101 ④　102 ③　103 ④　104 ④　105 ②

106. 다음 중 방음을 위한 수목으로 적당하지 않은 것은?

① 구실잣밤나무 ② 식나무
③ 녹나무 ④ 편백

방음을 위한 수목은 도로변 등의 소음차단 및 감소를 위한 나무로서 잎이 치밀하고, 지하고가 낮으며, 배기가스에 견디는 힘이 강한 수종이 좋다.

107. 다음 중 방풍을 위한 수목으로 적당하지 않은 것은?

① 삼나무 ② 편백
③ 아왜나무 ④ 식나무

방풍을 위한 수목은 강한 바람을 막기 위한 나무로서 심근성이고, 줄기 및 가지가 강해야 한다. 소나무, 곰솔, 잣나무, 메타세쿼이아, 후박나무 등이 사용된다.

108. 다음 중 단풍이 잘 드는 환경을 바르게 설명한 것은?

① 기온이 높고 건조할 때
② 날씨가 흐려서 햇빛을 보지 못할 때
③ 바람이 세게 불고 햇빛을 조금 받을 때
④ 가을의 맑은 날, 낮과 밤의 기온차가 클 때

109. 조경수목의 규격을 표시할 때 수고와 수관폭으로 표시하는 것은?

① 소나무 ② 산딸나무
③ 단풍나무 ④ 대추나무

대부분의 침엽수는 수고와 수관폭(H × W)으로 표시한다.

110. 조경수목의 규격을 수고와 흉고직경으로 표시하는 것은?

① 소나무 ② 메타세쿼이아
③ 단풍나무 ④ 모과나무

111. 수림대가 바람의 속도를 줄이는데 수림대 아래로 어느 정도 바람의 속도를 줄이는 효과가 있는가?

① 수고의 6~10배 거리
② 수고의 10배 거리
③ 수고의 20배 거리
④ 수고의 25~30배 거리

수림대가 바람의 속도를 줄이는 효과는 수림대 위쪽은 수고의 6~10배 내외의 거리, 수림대 아래쪽은 수고의 25~30배 거리이다.

112. 다음 중 수목에 가장 큰 피해를 주는 오염물질은?

① 이산화탄소 ② 아황산가스
③ 옥시겐 ④ 질소산화물

아황산가스는 한 낮이나 생육이 왕성한 봄과 여름, 오래된 잎에 피해를 입기 쉽다.

113. 수목의 염분한계 농도는?

① 0.05% ② 0.1%
③ 0.01% ④ 0.2%

수목의 염분한계 농도는 0.05%이고, 잔디의 염분한계 농도는 0.1%이다.

114. 다음 중 원추형의 수형을 갖는 수목은?

① 히말라야시더 ② 눈향나무
③ 수양버들 ④ 느티나무

정답 106 ④ 107 ④ 108 ④ 109 ① 110 ② 111 ④ 112 ② 113 ① 114 ①

115. 줄기에 대하여 가지가 뻗는 각도를 지서각이라고 한다. 노목이 되면서 가지가 90°이상으로 넓어지는 나무는?

① 히말라야시더　② 눈향나무
③ 독일가문비　④ 느티나무

116. 높이 1m 내외인 관목상의 대나무로서 수목 밑에서 잘 생육하는 수목은?

① 왕대　② 오죽
③ 솜대　④ 조릿대

117. 주택 건물 가까이에 심을 수 있는 나무는?

① 잣나무　② 후박나무
③ 회양목　④ 호랑가시나무

118. 다음 중 차폐를 해야 할 필요가 있을 때는 언제인가?

① 아름다운 곳을 돋보이게 하기 위할 때
② 경관상의 가치가 없거나 너무 노출된 것을 막기 위해
③ 차경을 하기 위해
④ 통경선을 조성하기 위해

차폐 : 필요 없거나 보기 싫은 곳을 막는 것

119. 소나무류를 유인할 때 철사를 감아주는 기간은?

① 6개월　② 1년
③ 1년 6개월　④ 2년

120. 쇠약해지거나 말라죽어 가는 나무는 지상부에 다음과 같은 변화가 생긴다. 다음 변화현상에 해당하지 않는 것은?

① 건강한 나무에 비해 가지가 짧아지고 잎이 작아진다.
② 묵은가지가 아닌 일반가지까지 말라 죽는다.
③ 수피에 생기가 없어지고 윤기가 없다.
④ 잎이 떨어지지 않은 채 오래도록 가지에 매달려 있다.

121. 다음 수목 중 흑색 참나무로 열매가 2번 만에 익는 참나무류는?

① 상수리나무　② 신갈나무
③ 갈참나무　④ 떡갈나무

122. 기름진 땅이 아니면 잘 자라지 않는 나무는?

① 향나무　② 장미
③ 소나무　④ 배롱나무

123. 어릴 때에는 심근성 성질을 가지고 늙어지면서 천근성이 되는 수목은?

① 오리나무　② 소나무
③ 은행나무　④ 배롱나무

124. 담장 밖에 곁들여 낮게 만들어 담장을 부드럽게 보이도록 하기 위한 생울타리는?

① 낮은 생울타리　② 섞은 생울타리
③ 자락 생울타리　④ 경계용 생울타리

정답 115 ③ 116 ④ 117 ② 118 ② 119 ② 120 ④ 121 ① 122 ② 123 ① 124 ③

125. 다음 중 옥상정원 식재에 적합한 나무는?

① 소나무 ② 은행나무
③ 자작나무 ④ 라일락

126. 나무는 일반적으로 기온이 얼마가 되면 생장을 시작하는가?

① 2℃ ② 5℃
③ 8℃ ④ 10℃

127. 다음 중 뿌리뻗음에 대한 설명으로 틀린 것은?

① 나이가 많아짐에 따라 줄기의 기부가 굵어지면서 뿌리가 지상으로 솟아오르는 현상
② 줄기가 스스로의 무게에 의해 쓰러지는 것을 막기 위해 생기는 생리현상
③ 뿌리뻗음이 생기면 다른 수목보다 웅장한 느낌을 준다.
④ 뿌리뻗음이 발달한 수목은 뿌리부분에 흙을 덮어 보호해 주어야 한다.

뿌리뻗음과 뿌리솟음을 비교해야 한다. ①,③은 뿌리솟음을 설명한 것이다.

128. 낙엽침엽수이며 가로수로서 적합한 수목은?

① 은행나무 ② 소나무
③ 낙우송 ④ 배롱나무

은행나무는 낙엽침엽수로 대기오염에 강한 수종이다.

129. 다음 중 잎에 오배자가 생기는 나무는?

① 옻나무 ② 치자나무
③ 붉나무 ④ 자귀나무

130. 다음 중 침엽수로 짝지어지지 않은 것은?

① 향나무, 주목
② 낙우송, 잣나무
③ 가시나무, 구실잣밤나무
④ 편백, 낙엽송

침엽수는 잎이 바늘처럼 뾰족한 나무이다. 가시나무와 구실잣밤나무는 상록활엽교목으로 활엽수이다.

131. 상록수의 주요한 기능으로 부적합한 것은?

① 시각적으로 불필요한 곳은 가려준다.
② 겨울철에는 바람막이로 유용하다.
③ 신록과 단풍으로 계절감을 준다.
④ 변화되지 않는 생김새를 유지한다.

③은 낙엽수에 대한 설명이다.

132. 10월경에 붉은 계열의 열매가 관상대상이 되는 수종이 아닌 것은?

① 남천 ② 산수유
③ 왕벚나무 ④ 화살나무

왕벚나무는 6~7월에 적홍색에서 자흑색으로 열매가 익는다. 남천, 산수유, 화살나무는 10월에 붉은색으로 열매가 있다.

133. 조경수목의 크기에 따른 분류 방법이 아닌 것은?

① 교목류 ② 관목류
③ 만경목류 ④ 침엽수류

침엽수와 활엽수의 구분은 잎의 모양에 따른 분류 방법이다.

정답 125 ④ 126 ② 127 ①,③ 128 ① 129 ③ 130 ③ 131 ③ 132 ③ 133 ④

03 인공재료

재료의 강도에 영향을 주는 요인 : 온도와 습도, 강도의 방향성, 하중속도, 하중시간

01 목질재료

1. 목질재료의 특징

① 조경에서 목재의 용도

의자, 퍼걸러, 정자, 탁자, 그네, 디딤목, 게시판, 울타리 등에 사용된다.

② 장점 출제

㉠ 색깔과 무늬 등 외관이 아름답다.
㉡ 재질이 부드럽고 촉감이 좋아 친근감을 준다.
㉢ 무게가 가볍고 운반이 용이하다.
㉣ 무게에 비하여 강도가 크다(높다).
㉤ 강도가 크고 열전도율이 낮다.
㉥ 단열성이 크며, 비중이 작고 가공성과 시공성이 용이하다.
㉦ 인장강도가 압축강도 보다 크다.

③ 단점 출제

㉠ 자연소재이므로 부패성이 크다.
㉡ 함수율에 따라 팽창 · 수축하여 변형이 잘 된다.
㉢ 부위에 따라 재질이 고르지 못하며 연소가 쉽고 해충의 피해가 크다.
㉣ 불에 타기 쉽다(내화성이 약하다).
㉥ 구부러지고 옹이가 있다.
㉦ 건조변형이 크고 내구성이 부족하다.

④ 함수율이 낮을수록, 비중이 높을(클)수록 강도가 증가한다. 휨강도는 전단강도보다 크며, 목재는 외력이 섬유방향으로 작용할 때 강하다.

⑤ 목재의 단위 : 1재(才)=1치 × 1치 × 12자(1치=3cm, 1자=30cm)

⑥ 무른 나무(Soft Wood) : 은행나무, 피나무, 오동나무, 소나무, 벚나무, 포플러, 미루나무 등

⑦ 단단한 나무(Hard Wood) : 느티나무, 단풍나무, 참나무, 향나무, 박달나무 등

2. 목재의 종류 출제

① **원목** : 거친 질감을 가지고 있고 덜 가공되었다는 점 때문에 조경에서 많이 이용되며, 계단의 용재, 원로의 디딤판, 화단의 경계목, 작은 울타리 등의 용도로 이용

② **제재목**

㉠ 원목을 가공한 제품으로 두께, 폭 및 형상에 따라 각재와 판재로 구분

㉡ 각재류 : 마무리재로 사용하며 폭이 두께의 3배 미만인 것

㉢ 판재류 : 구조재로 사용하며 두께가 7.5cm 미만에 폭이 두께의 4배 이상인 것

③ **가공재(합판)** : 목재를 얇은 판으로 깎은 단판에 접착제를 바른 다음 나무의 결이 엇갈리게 여러 겹으로 붙여서 만든 판상의 가공재

㉠ 합판의 특징

- 나뭇결이 아름답고, 균일한 크기로 제작 가능하다.
- 동일한 원재로부터 많은 정목판과 나무결 무늬판이 제조된다.
- 수축 · 팽창의 변형이 거의 없다.
- 고른 강도를 유지하며 넓은 판을 이용 가능하다.
- 내구성과 내습성이 크다.
- 홀수의 판(3, 5장 등)을 압축하여 만든다.

㉡ 합판의 종류

- 내수합판, 준내수합판, 테고합판, 미송합판, 무취합판, 코아합판 등

④ 대나무

㉠ 왕대, 섬대, 솜대, 해장죽, 맹종죽 등이 일본식 정원이나 실내 조경재료로 많이 쓰인다.

㉡ 외측부분이 내측부분보다 우수하다.

㉢ 건조 기간 : 대기건조법 10~20일, 통재는 4~6개월

㉣ 벌채연령 : 왕대, 솜대, 맹종죽은 4~5년, 해장죽, 오죽 등의 작은 대나무는 2년

㉤ 벌채시기 : 늦가을 ~ 초겨울, 겨울

㉥ 특징 : 외관이 아름답고 탄력이 있어 좋은 반면 잘 쪼개지고 썩기 쉬우며 벌레의 피해를 쉽게 받는 결점이 있다.

㉦ 신이대 : 조릿대류로 길게 자라고 생장 후에도 껍질이 떨어지지 않고 붙어 있는 종류

㉧ 대나무 기름 빼는 방법 : 불에 쬐어 수세미로 닦아 준다.

⑤ 섬유재

㉠ 볏짚, 새끼줄, 밧줄 등이 조경의 재료로 사용된다.

㉡ 새끼줄 10타래가 1속

⑥ 녹화마대

㉠ 수목이식 후 수간보호용 자재로 부피가 가장 작고 운반이 용이하며 미관조성에 적합한 재료

㉡ 수목 굴취시 뿌리분을 감는데 사용하며, 포트(pot)역할을 함

㉢ 잔뿌리 형성에 도움을 주는 환경친화적 재료

⑦ 거푸집(Form)

㉠ 철근콘크리트구조물이나 콘크리트구조물을 형성하는데 필요한 가설공작물

㉡ 거푸집의 콘크리트 접촉면에 바르는 박리제(콘크리트가 굳은 후 거푸집 판을 콘크리트 면에서 잘 떨어지게 하기 위해 사용하는 재료) : 폐유

3. 목재의 구조

① **침엽수** : 가볍고 목질이 연하며 탄력이 있고 질기다. 건축이나 토목의 구조재용으로 사용된다.

- 예외 : 향나무, 낙엽송은 침엽수이지만 목질이 단단하다.

② **활엽수** : 무늬가 아름답고 단단하며 재질이 치밀하다. 가구제작과 실내장식을 위한 건축내장용으로 사용된다.

- 예외 : 포플러, 오동나무는 활엽수이지만 목질이 연하다.

③ **목재의 구조** : 수심, 목질부, 수피부, 부름켜 출제

㉠ 춘재(春材) : 봄, 여름에 자란 세포로 생장이 왕성하며 색깔 엷고 재질이 연하다.

㉡ 추재(秋材) : 가을, 겨울에 자란 세포로 치밀하고 단단하며 빛깔이 짙다.

㉢ 나이테

- 춘재와 추재를 합친 것을 말한다.
- 수심을 중심으로 춘재와 추재가 동심원으로 나타나며, 목재 강도의 기준이 된다.
- 생장이 느리거나 추운지방에서 자란 수목은 나이테가 좁고 치밀하다.

㉣ 심재 : 목재의 수심(樹心, 나무줄기의 가운데 단단한 부분) 가까이에 위치하고 있는 적갈색(진한색) 부분을 말하며, 단단하고 변재보다 비중, 내구성, 강도(단단함)가 크며 신축 등의 변형이 적다.

㉤ 변재 : 심재의 외측과 수피 내측 사이에 있는 생활세포의 집합으로 흡수성, 수축변형이 크다. 내구성이 작으며 수액의 이동과 양분의 저장 역할을 하며, 심재보다 강도가 낮아 목재를 휘어 쓰기에 적합하다.

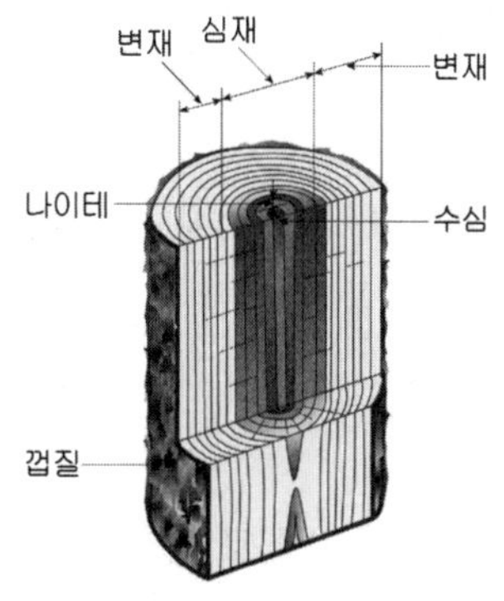

그림. 심재와 변재

〈참고〉 : 국내재료 중 갈참나무가 기건비중(氣乾比重 : 목재 성분 중에서 수분을 공기 중에서 제거한 상태의 비중)이 제일 큼

4. 목재의 건조

① 건조의 목적 : 함수율(수분이 들어있는 비율)이 15%(기건함수율)가 되기 위함

㉠ 갈라짐, 뒤틀림 방지, 중량 경감

㉡ 변색, 부패 방지

㉢ 탄성, 강도, 내구성을 높임

㉣ 가공, 접착, 칠이 잘됨

㉤ 단열과 전기절연 효과가 높아짐

㉥ 균류에 의한 부식 및 벌레 피해 예방

② 건조방법

㉠ 자연건조법 : 공기건조법(실외에 목재를 쌓아두고 기건상태가 될 때까지 건조), 침수법

㉡ 인공건조법 [출제]

- 찌는법 : 건조시간은 단축되나 목재의 크기에 제한을 받고 강도가 약해지며 광택이 줄어든다.
- 증기법 : 건조실을 증기로 가열하여 건조시키는 방법으로 가장 많이 사용하고 있다. 살균 및 부식방지효과 그리고 탄성이 저하된다.
- 공기가열건조법 : 건조실 내의 공기를 가열하여 건조시키는 방법
- 훈연건조법 : 연소가마를 건조 실내에 장치하여 톱밥 등을 태워서 건조시키는 방법으로 온도 조절이 어렵고 화재의 위험이 있다.
- 고주파건조법 : 목재의 두꺼운 판을 급속히 건조할 때 사용

③ **할렬**(checks) : 목재 세포가 나무의 축방향을 따라 갈라 터지는 것으로 건조 과정 중에 발생한 인장응력에 의해 건조응력이 목재의 횡인장강도 보다 클 때 발생

5. 목재의 방부

목재의 가장 큰 단점인 썩고, 벌레 먹고, 갈라짐에 대한 내성을 높이고 균류의 침입을 막거나 목재를 균 생육에 부적당한 환경으로 만들기 위함

① 목재의 부식요인

㉠ 부패 : 각종 효소에 의해 화학적인 변화로 변색과 곰팡이가 있음

㉡ 풍화 : 기온변화나 비바람에 의한 자연적 변화로 목질부가 분해되고 가루상태가 됨

㉢ 충해 : 흰개미, 하늘소, 왕바구미, 가루나무좀 등이 연한 춘재부를 침식하여 표면만 남기고 내부가 텅 비게 됨(흰개미가 목재를 부식시키는 대표적 충해임)

② 방부제의 종류 [출제]

㉠ 유용성 방부제

- 방수성이 좋고 침투성이 있으며 값이 싸고 화기에 약하다.
- 냄새 및 색깔이 좋지 않으며 콜타르, 아스팔트, 크레오소트 오일(방부력이 우수하고 내습성이 있는 흑갈색으로 냄새가 좋지 않아 실내에 사용하지 못하고 외부의 기둥 등에 사용되지만 가격이 싸며, 목재 방부시 주로 사용되는 방부제), 유성페인트, 오일스테인 등이 있고, 실외용 제이다.

㉡ 수용성 방부제

- 침투성이 좋고 화기에 안정하나 물에 녹으며 철을 부식시킨다.
- CCA방부제 : 크롬, 구리, 비소의 화합물로 가장 많이 쓰임. 취급이 용이하고 엷은 녹색. 성분상의 맹독성 때문에 사용을 금지하고 있음
- ACC방부제 : 크롬, 구리의 화합물

③ 방부제 처리법

㉠ 도장법 : 목재 표면에 방수제나 살균제를 처리하는 방법으로 작업이 쉽고 비용이 적게 듬

- 방수용 도장제 : 페인트, 니스, 콜타르
- 방부제 : CCA방부제, 크레오소트 오일, 콜타르, 아스팔트

㉡ 표면탄화법 : 표면을 3~12mm 깊이로 태워 탄화시키는 것으로 흡수성이 증가하는 단점이 있음

㉢ 침투법 : 상온에서 CCA, 크레오소트 오일 등에 목재를 담가 침투

㉣ 주입법 : 밀폐관 내에서 건조된 목재에 방부제를 가압하여 주입하는 방법으로 목재 방부제 처리방법 중 가장 효과적인 방법이다.

㉤ 도포법 : 가장 간단한 방법으로서 방부처리 전에 목재를 충분히 건조 시킨다음 균열이나 이음부 등에 주의하여 솔 등으로 바르는 것으로 크레오소트 오일을 사용할 때에는 80~90℃ 정도로 가열하면 침투가 용이하게 된다. 이 방법은 침투깊이 5~6mm를 넘지 못한다.

㉥ 침지법 : 상온의 크레오소트 오일 등에 목재를 몇 시간 또는 몇일간 담그는 것으로서 액을 가열하면 15mm 정도까지 침투하므로 방부제 처리법 중 가장 효과가 좋다.

㉦ 상압 주입법 : 침지법과 유사하며 80~120℃의 크레소오소트 오일액 속에 3~6시간 담근 뒤 다시 찬액속에 5~6시간 담그면 15mm 정도까지 침투한다.

㉧ 가압 주입법 : 온통 안에 방부제를 넣고 7~13kg/cm^2 정도로 가압하여 주입하는 것으로 70℃의 크레오소트 액을 사용한다.

㉨ 생리적 주입법 : 벌목전에 나무뿌리에 약액을 주입하여 나무줄기로 이동하게 하는 방법이지만 별로 효과가 없는 것으로 알려져 있다.

〈참고〉 목재 접착제의 내수성 순서 : 페놀수지 〉 요소수지 〉 아교

※ 니스(바니쉬) : 수분 침투 못하게 하여 부패방지하는 역할

※ 바니쉬와 페인트의 차이점 : 안료

※ 침엽수보다 활엽수가 균류침해에 약하다.

※ 트렐리스(trellis) : 정원 구조물로 덩굴식물을 지탱하기 위해 목재 및 금속 등을 사용하여 격자모양으로 만든 구조물

※ 목재 방부제 처리법 중에서 가장 효과가 좋은 것은 침지법이다.

그림. 트렐리스(trellis)

3 조경재료

02 석질재료

1. 석질재료의 특징 출제

① 석재의 성질

㉠ 압축강도는 강하나 휨강도나 인장강도는 약함

㉡ 비중 클수록 조직이 치밀하고 압축강도가 크다.

② 장점

㉠ 외관이 장중하고 치밀하며 아름답고 가공시 아름다운 광택을 낸다.

㉡ 내구성과 강도가 크다.

㉢ 변형되지 않고 가공성이 있다.

㉣ 종류가 다양하고 같은 종류의 석재라도 산지나 조직, 가공 정도에 따라 다양한 외양과 색조를 가질 수 있다.

㉤ 불연성이며 압축강도, 내화학성, 내수성이 크고 마모성이 적다.

㉥ 색조와 광택이 있어 외관이 미려, 장중하다.

③ 단점

㉠ 무거워서 다루기 불편하다.

㉡ 가공하기 어렵다.

㉢ 운반비와 가격이 비싸다.

㉣ 긴 재료를 얻기 힘들다.

2. 천연 암석의 분류

① **화성암(火成巖)** : 지구 내부에서 생성된 규산염의 ~~용융~~체인 마그마(magma)가 지표면이나 땅 속 깊은 곳에서 냉각하여 굳어진 암석으로 화강암, 안산암, 현무암, 섬록암 등이 있다.

㉠ 화강암 : 마그마가 지하 10km 정도의 깊이에서 서서히 굳어진 암석

- 한국돌의 주종을 이루며 조경에서 많이 사용
- 압축강도가 크며 색깔은 흰색 또는 담회색
- 조직이 균질하며 단단하고 내구성이 크다.
- 외관이 아름답고 조직에 방향성이 없으며, 균열이 적어 큰 석재를 얻을 수 있다.

- 내구성이 좋으며, 바닥포장용 석재로 우수하다.
- 회백색 : 포천석, 가평석 등
- 자연석은 디딤돌과 경관석으로 이용되며, 가공석은 바닥포장용, 석탑, 석등, 묘석, 건물진입부, 산책로, 계단, 경계석 등에 사용

ⓛ 안산암 : 마그마가 지표로 분출하여 급격히 굳어진 암석

- 내화성이 크며 석질은 치밀하고 단단하다.
- 담회색, 담적갈색, 암회색이 많다.
- 판상, 주상의 절리가 있어 채석이 쉬우나 큰 돌을 얻기는 곤란하다.
- 자연석은 경관석, 돌쌓기, 디딤돌로 이용되며 가공석은 바닥포장용, 계단 설치용, 조각물, 구조재, 골재로 쓰인다.
- 주요 구성 광물 : 장석, 휘석, 각섬석, 운모 등

ⓒ 현무암 : 지구상에 가장 널리 분포하고 있는 암석

- 세립질이고 치밀하여 단단하고 무거우며 다공질인 것도 많다.
- 주상절리가 있어 기둥모양으로 갈라지는 것이 많음
- 제주도의 돌이 대부분 포함된다.
- 자연석은 경관석, 디딤돌, 돌쌓기에 이용되며, 가공석은 문기둥, 석등, 바닥포장, 건축재 등에 사용
- 돌 색깔은 회색 또는 검은색
- 주요 구성 광물 : 사장석, 휘석, 감람석 등

② **퇴적암(堆積巖)(수성암)** : 기존 암석의 분쇄물 또는 분해물질 등이 물이나 바람에 의하여 한 곳에 퇴적되어 깊은 곳에 있는 부분이 오랜 기간 동안 지압과 지열에 의해 굳어진 암석으로 대체로 층을 이루어 형성된 것이 많으며 응회암, 사암, 점판암, 석회암 등이 있다.

㉠ 응회암

- 재질이 부드러워 가공이 쉽고 열에 강하며 가볍다.
- 내화성이 필요한 곳에 사용
- 흡수율과 내수성이 크다.
- 깔돌, 포장용, 실내장식용으로 사용
- 강도가 낮아 건축용으로 사용하기 어려워 석축 등에 사용한다.

ⓛ 점판암 : 찰흙이나 진흙이 물 속 깊숙이 침전되어 지압에 의하여 층상으로 굳어진 것

- 색깔은 회갈색, 청회색, 암회색으로 불에 강하다.
- 주요 구성 광물 : 석영, 장석, 운모 등
- 쉽게 떨어지는 성질이 있어 판 모양으로 떼어 내어 많이 사용된다.
- 디딤돌, 바닥포장용, 계단설치용, 디딤돌, 지붕재료, 천연슬레이트 등에 사용

③ **변성암(變成巖)** : 화성암 또는 퇴적암이 지각의 변동이나 지열을 받아서 화학적 또는 물리적으로 성질이 변한 암석을 말하며, 퇴적암이 변질되면 견고하고 아름다운 조직을 가진 변성암이 되고 대리석, 편마암, 사문암, 결정 편암 등이 있다.

㉠ 대리석 : 석회암이 변성된 암석으로 색채와 무늬가 화려하고 아름답다.

- 석질이 치밀, 견고하고 연해 가공이 용이하며 외관이 미려하여 실내장식재 또는 조각재료로 사용
- 산과 열에 약하고 풍화되기 쉬워 외장용으로 사용 불가(대기중의 아황산, 탄산 등에 침해받기 쉬우므로)

㉡ 편마암

- 화강암이 변성된 암석
- 줄무늬가 아름다워 정원석에 쓰인다.

※ 용어 정의

- 절리(節理, joint) : 암석에 외력이 가해져서 생긴 금
- 석리(石理) : 화성암을 관찰할 때 광물 입자들이 모여서 이루는 작은 규모의 조직으로 암석을 분류하고 성인을 추정할 때에 중요한 단서가 된다. 암석을 구성하고 있는 조암광물의 집합상태에 따라 생기는 눈 모양을 말한다. 조암광물 중에서 가장 많이 함유된 광물의 결정벽면과 일치함으로 화강암에서는 장석의 분리면에 해당된다.

3. 석재의 형상 및 치수

① 규격재 출제

㉠ 각석 : 폭(너비)이 두께의 3배 미만이고, 폭보다 길이가 긴 직육면체 모양으로 쌓기용, 기초용, 경계석에 많이 사용

㉡ 판석 : 폭(너비)이 두께의 3배 이상이고, 두께가 15cm 미만으로 디딤돌, 원로포장용, 계단설치용으로 많이 사용

㉢ 마름돌 : 채석장에서 떼어 낸 돌을 지정된 규격에 따라 직육면체가 되도록 각 면을 다듬은 석재로 형태가 정형적인 곳에 사용하고, 시공비가 많이 든다. 석재중 가장 고급품으로 구조물 또는 쌓기용에 사용한다.

㉣ 견치돌(견칫돌, 견치석) : 돌을 뜰 때에 앞면, 길이, 뒷면, 접촉부 등의 치수를 지정해서 깨낸 돌로 길이를 앞면 길이의 1.5배 이상으로 다듬어 축석에 사용하는 석재. 옹벽 등의 쌓기용으로 메쌓기나 찰쌓기에 사용하는 돌로 주로 흙막이용 돌쌓기에 이용되고 정사각뿔 모양으로 전면은 정사각형에 가깝다. 앞면이 정사각형 또는 직사각형으로 뒷길이 접촉면의 폭, 뒷면 등이 규격화된 돌로 4방락 또는 2방락의 것이 있으며 1개의 무게는 70~100kg, 형상은 절두각체에 가깝다.

㉤ 사고(괴)석 : 지름 15~25cm 정도의 장방형 돌로 고건축의 담장 등 옛 궁궐에서 사용

ⓑ 잡석(깬돌) : 엄격한 규격에 맞추어 만들지 않고 견칫돌과 비슷하게 막 깨낸 돌을 말하며, 지름 10~30cm 정도 크기인 형상이 고르지 못한 돌로 견칫돌보다 값이 싸며 기초용으로 또는 석축의 뒷채움 돌, 흙막이용 돌쌓기, 붙임돌용으로 사용

ⓢ 자갈 : 지름 0.5~7.5cm로 콘크리트의 골재, 석축의 메움돌로 사용

ⓞ 산석, 하천석 : 보통 지름 50~100cm로 석가산용으로 사용

ⓙ 호박돌 : 지름 18cm 이상의 둥근 자연석으로 수로의 사면보호, 연못바닥, 원로 포장용으로 사용하며 육법쌓기(6개의 돌에 의해 둘러싸이는 형태)에 의해 쌓는다.

ⓒ 조약돌 : 가공하지 않은 천연석으로 지름 10~20cm 정도의 계란형 돌

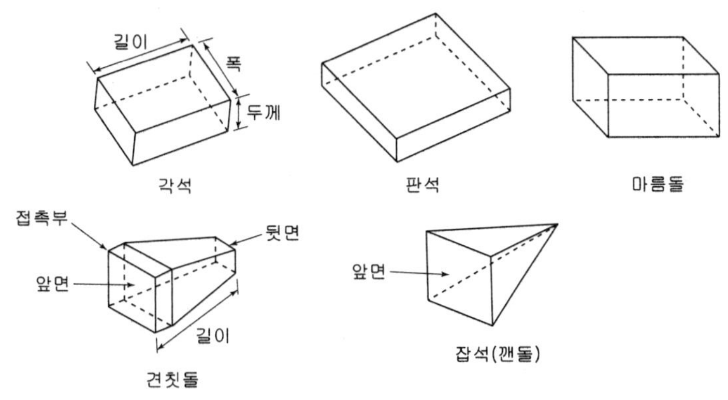

4. 석재의 강도

① 비중이 큰 것이 강도가 크다.

② 석재의 압축강도 비교

화강암(1,720) 〉 대리석(1,500) 〉 안산암(1,150) 〉 사암(450) 〉 응회암(180) 〉 부석(30~18)

5. 자연석

① 자연석의 모양 출제

㉠ 입석 : 세워 쓰는 돌로 전후 · 좌우 어디서나 감상할 수 있고, 키가 커야 효과적인 돌

㉡ 횡석 : 눕혀 쓰는 돌로 안정감이 있다. 불안감 주는 돌을 받쳐서 안정감을 가지게 함

㉢ 평석 : 윗부분이 평평한 돌로 앞부분에 배석

㉣ 환석 : 둥근 생김새의 돌

㉤ 각석 : 각이진 돌로 3각, 4각 등으로 이용

㉥ 사석 : 비스듬히 세워진 돌로 해안절벽 표현 또는 풍경을 나타낼 때 사용

㉦ 와석 : 소가 누운 형태의 돌로 횡석보다 안정감이 있음

3 조경재료

ⓞ 괴석 : 괴상하게 생긴 돌로 태호석과 제주도의 현무암이 괴석에 속함
한국의 전통조경 소재 중 하나로 자연의 모습이나 형상석으로 궁궐 후원 첨경물로 석분에 꽃을 심듯이 꽂거나 화계 등에 많이 도입

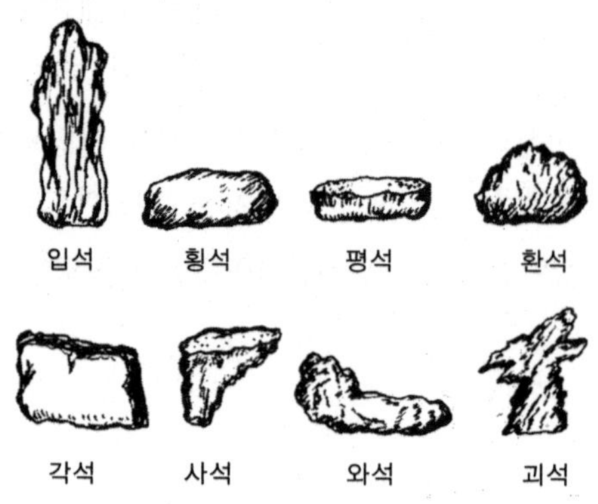

그림. 경관석(자연석)의 기본형태

② 자연석의 분류

㉠ 산석 : 산이나 들, 땅속에서 채집한 돌로 모가나고 이끼나 뜰녹이 있어 경관가치가 높다.

㉡ 강석(하천석) : 강이나 하천에서 유수에 의해 표면이 마모되어 돌의 석질 및 무늬가 뚜렷하다. 찰쌓기와 메쌓기의 재료로 쓰이고 색깔은 흰색에 가까운 회색 또는 밝은 흑회색으로 무겁게 보이며 돌의 결이 아름답다.

㉢ 해석 : 해안가 또는 바닷물 속에서 산출된 돌로 바닷돌이라 한다. 색깔은 일반적으로 적색 계통이 많으며, 흑색 계통도 있고 염분을 완전히 제거 후 사용

③ 자연석의 특징

㉠ 돌의 조면 : 풍화, 침식되어 표면이 거칠어진 상태

㉡ 돌의 뜰녹 : 조면에 고색(古色)을 띠어 관상가치가 높다.

㉢ 돌의 절리 : 돌에 선이나 무늬가 생겨 방향감을 주며 예술적 가치가 생김

6. 석재 가공방법 출제

① 혹두기 : 원석을 쇠망치로 석재 표면의 큰 돌출 부분만 대강 떼어 내는 정도의 거친 면을 마무리 하는 작업

② 정다듬 : 혹두기한 면을 정으로 비교적 곱게 다듬는 것

③ 도드락다듬 : 정다듬한 면을 도드락망치를 이용하여 1~3회 정도 곱게 다듬는 작업

④ 잔다듬 : 외날망치나 양날망치로 정다듬면 또는 도드락다듬면을 일정 방향이나 평행선으로 나란히 찍어 다듬어 평탄하게 마무리 하는 것으로 용도에 따라 1~5회 정도 함

⑤ 물갈기 : 필요에 따라 잔다듬면을 연마기나 숫돌로 매끈하게 갈아 내는 방법으로 화강암, 대리석 등을 최종적으로 마무리하는 것으로 갈 때 물을 사용하기 때문에 물갈기라 하고 광내기까지 한 것을 정갈기라 함

공구	형상	돌가공	공구	형상	돌가공
쇠매		메다듬	도드락 망치		도드락다듬
망치			날메		메다듬
정		정다듬 · 줄정다듬	날망치		잔다듬
날도드락 망치		도드락다듬	석공용 쇠톱		켜기용

7. 석재의 비중

① 조암 광물의 성질 비율, 공극의 정도 등에 따라 달라진다. 일반적으로 석재의 비중이라면 겉보기 비중을 말하며 보통 2.65 정도이지만 암석의 종류에 따라 약간 다르다.

② 비중 구하는 공식

A : 공시체의 건조무게(g)
B : 공시체의 침수 후 표면 건조포화 상태의 공시체의 무게(g)
C : 공시체의 수중무게(g)

위의 보기에 따라 공식을 정리하면 $\frac{A}{B-C}$가 된다.

8. 골재

① 입자의 크기에 따라 모래와 자갈로 나뉜다.

② 모래는 10mm 체를 전부 통과하고 No. 4체(5mm)를 거의 통과하는 골재를 말함

③ 자갈은 No. 4체에 거의 남는 골재는 말함

④ 골재의 입형

- 골재의 입자는 둥근 것 또는 정육면체에 가까운 것이 좋다.
- 가늘고 긴 모양이나 둥글고 납작한 모양이 가장 좋지 않다.

⑤ 골재의 입도

- 굵은 알과 작은 알이 섞여 있는 정도
- 골재의 입도가 좋을 경우 : 간극이 적다. 강도가 크다. 시멘트가 절약된다.
- 골재의 입도가 나쁠 경우 : 워커빌리티가 좋지 않다. 재료분리가 크다. 강도가 적다.

9. 석재 가공 제품

① 석재를 여러 가지 모양으로 다듬어 만든 정원의 첨경물이나 실용품으로 만들어진 것

② 석탑, 석등, 석교, 조각물 등이 이에 해당한다.

③ 석등 : 옥외에서 점등할 수 있는 석조물

④ 석탑 : 원래 종교적인 목적으로 세워졌으나 오늘날은 정원의 첨경물로도 많이 이용

⑤ 석교 : 정원이나 공원의 연못 또는 시냇물 등에 놓여진 돌로 만든 다리

03 시멘트 및 콘크리트 재료

1. 시멘트 출제

① 시멘트의 개요

㉠ 시멘트는 석회석과 점토 등을 혼합하여 구운 다음 가루로 만든 일종의 결합체

㉡ 포틀랜드 시멘트, 혼합 시멘트, 특수 시멘트로 분류

㉢ 포틀랜드 시멘트의 비중은 3.05~3.15이고, 무게는 1,500kg/m³

② 시멘트의 종류

시멘트의 주재료 : 석회암, 질흙, 광석찌꺼기

㉠ 포틀랜드 시멘트(Portland cement)

- 보통 포틀랜드 시멘트 : 우리나라에서 생산하는 시멘트의 90%를 차지하며 제조공정이 간단하고 싸며 가장 많이 이용. 상온에서 응결이 끝나는 시간은 1시간 이후에 시작하여 10시간 이내에 끝난다.

- 조강(早强) 포틀랜드 시멘트 : 조기에 높은 강도(7일 강도로 28일 강도를 발휘). 급한 공사, 겨울철 공사, 물속이나 바다의 공사 등에 사용
- 백색 포틀랜드 시멘트 : 구조재 축조에는 사용하지 않고 건축미장용으로 사용
- 중용열 시멘트 : 수화열이 적어 댐이나 큰 구조물에 사용하며 건조나 수축이 적다.

※ 포틀랜드 시멘트를 제조할 때 시멘트의 급격한 응결을 조정하기 위해 지연제로 석고를 사용한다.

ⓛ 혼합시멘트

- 고로 시멘트(슬래그 시멘트) : 제철소의 용광로에서 생긴 광재(Slag)를 넣고 만들어 균열이 적어 폐수시설, 하수도, 항만에 사용. 수화열 낮고, 초기강도가 크고, 내구성이 높으며, 화학적 저항성이 크고, 투수가 적다.
- 플라이 애쉬 시멘트 : 실리카 시멘트보다 후기강도가 크다. 건조 수축이 적고 화학적 저항성이 강하며 장기강도가 좋다. 수화열이 적어 매스콘크리트용에 적합하다. 모르타르 및 콘크리트 등의 화학적 저항성이 강하고 수밀성이 우수하다.
- 포졸란 시멘트(실리카 시멘트) : 방수용으로 사용하며, 경화가 느리나 조기강도가 크다.

ⓒ 기타

- 알루미나 시멘트 : 초기강도가 크고 산, 염류, 해수 등의 화학적 작용에 대한 적응성이 크며 열분해 온도가 높아 내화용 콘크리트에 적합하며 내화성이 우수하여 한중콘크리트에 적합하다. 알루민산 석회를 주광물로 한 시멘트로 조기강도가 아주 크므로 긴급공사 등에 많이 사용

③ 시멘트 강도의 영향인자

㉠ 사용수량 : 사용수량이 많을수록 강도는 저하된다.

ⓛ 분말도 : 시멘트 입자의 굵고 가는 정도를 나타내는 것으로, 분말도와 조기강도는 비례한다.

ⓒ 풍화 : 시멘트는 제조직후 강도가 제일 크며, 점점 공기 중의 습도를 흡수하여 풍화되면서 강도는 저하된다.

㉣ 양생조건 : 양생온도는 30° 까지는 온도가 높을수록 강도가 커지고 재령(28일)이 경과함에 따라 강도가 증가한다.

㉤ 표준밀도가 높으면 강도가 저하되며, 제조 직후 강도가 가장 크며, 점차 저하된다.

④ 시멘트 저장(보관)

㉠ 지면에서 30cm 이상 바닥을 띄우고 방습처리 한다.

ⓛ 필요한 출입구, 채광창 이외에는 공기의 유통을 막기 위해 개구부를 설치하지 않는다.

ⓒ 3개월 이상 저장한 시멘트 또는 습기를 받았다고 생각되는 시멘트는 실험을 하고 사용한다.

㉣ 시멘트 입하순서대로 사용한다.

㉤ 창고 주위에는 배수도랑을 만들고 우수의 침입을 방지 및 누수를 방지한다.

㉥ 시멘트는 13포 이상 쌓지 않고 장기간 저장할 경우 7포대 이상 쌓지 않는다.

㉦ 시멘트의 온도가 너무 높을 때는 그 온도를 낮추어서 사용해야 한다.

⑤ 시멘트 저장면적 산출

A=0.4 × $\frac{N}{n}$(㎡) (단, A=시멘트 저장면적, N=저장할 수 있는 시멘트 량, n=쌓기 단수)

⑥ 시멘트의 KS : 재령 28일(4주) 압축강도는 보통 245kg/cm^2

⑦ 시멘트의 성질

㉠ 1포대는 40kg, 시멘트 $1m^3$의 무게는 1,500kg

㉡ 수화반응 : 시멘트에 물을 첨가하면 시멘트 중의 수경성 화합물과 반응하여 결정을 만들고 이것이 응결 경화되어 강도를 발현하는 것

㉢ 수화열 : 시멘트의 수화반응으로 응결 경화하는 과정 중에 발생한 열량의 합계로 수화열이 큰 시멘트는 한중공사에 좋으나, 매시브한 콘크리트에서는 온도균열이 원인

㉣ 풍화 : 저장 중인 시멘트가 공기 중의 수분과 이산화탄소를 흡수하여 수화반응을 일으켜 탄산염을 만들어 덩어리가 발생되는 현상으로, 풍화한 시멘트는 1개월에 압축강도가 3~5% 감소

- 풍화된 시멘트의 특성 : 비중감소, 응결지연, 강도발현 저하

⑧ 시멘트 제조

- 제조과정 : 섞기 → 굽기(1,400~1,500℃) → 바수기

2. 콘크리트

① 콘크리트 개요 출제

㉠ 콘크리트는 형상을 임의대로 변형시킬 수 있으며, 내구성과 내수성이 커서 용도가 다양

㉡ 시멘트 풀(시멘트 페이스트, Cement Paste) : 시멘트에 물을 혼합한 것

㉢ 모르타르(Mortar) : 시멘트, 모래, 물을 비벼 혼합한 것

㉣ 용적배합

- 콘크리트 1㎥ 제작에 필요한 재료를 부피로 나타낸 것
- 철근 콘크리트의 시멘트 : 모래 : 자갈 = 1 : 2 : 4, 무근 콘크리트의 시멘트 : 모래 : 자갈=1 : 3 : 6의 배합

㉤ 무게배합

- 콘크리트 1㎥ 제작에 필요한 재료의 무게
- 시멘트 387kg : 모래 660kg : 자갈 1,040kg로 표시

㉥ 콘크리트는 만드는 방법이 비교적 간단하며, 재료의 채취와 운반이 용이하고, 유지관리비가 적게 든다.

ⓢ 철근을 피복하여 녹을 방지하며 철근과의 부착력을 높이는 장점이 있다.

ⓞ 균열이 생기기 쉽고 개조 및 파괴가 어려우며, 무게가 무겁고 인장강도 및 휨강도가 작은 편이어서 품질 및 시공관리가 쉽지 않다.

ⓩ 골재는 잔 것과 굵은 것이 적당히 혼합된 것이 좋으며, 표면이 깨끗하고 불순물이 묻어있지 않으며, 유해물질이 없는 것이 좋다. 납작하거나 길지 않고 구형에 가까워야 한다.

ⓒ 콘크리트의 구성

- 시멘트 풀 = 공기+물+시멘트
- 모르타르 = 공기+물+시멘트+잔골재
- 콘크리트 = 공기(5%)+물(15%)+시멘트(10%)+잔골재+굵은골재(70%)

② 장점

㉠ 재료의 채취와 운반이 용이하다.

㉡ 압축강도가 크다(인장강도에 비해 10배 강하다).

㉢ 내화성, 내구성, 내수성이 크다.

㉣ 유지관리비가 적게 든다.

㉤ 철근을 피복하여 녹을 방지하며 철근과의 부착력을 높인다.

㉥ 고강도의 구조물을 만들 수 있다.

㉦ 내진성과 차단성이 좋다.(진동과 소음이 적다)

③ 단점

㉠ 중량이 크다.

㉡ 인장강도 및 휨강도가 작음(철근으로 인장력 보강)

㉢ 수축에 의한 균열발생이 쉽고 품질유지 및 시공관리가 어렵다.

㉣ 보수, 제거가 곤란

㉥ 콘크리트가 경화되기까지 어느 정도 양생일수 필요

㉦ 균열 발생

㉧ 시공이 조잡해지기 쉽다.

㉨ 부분적 파손이 일어나기 쉽다.

④ 물-시멘트 비(W/C)

㉠ 콘크리트의 강도는 물과 시멘트의 중량비에 따라 결정 됨

㉡ 일반적인 물-시멘트 비 : 40~70%

⑤ 굳지 않은 콘크리트의 성질 출제

㉠ 워커빌리티(Workability, 경연성, 시공성)

- 반죽질기에 따라 비비기, 운반, 다지기 등의 작업난이 정도와 재료분리에 저항하는 정도를 나타내는 용어
- 골재가 원형에 가까울수록 슬럼프가 커지므로 단위수량이 감소한다.
- 둥근모양의 골재는 모가 난 골재보다 워커빌리티를 좋게 한다.
- 시멘트의 종류, 분말도, 사용량 등이 영향을 미친다.
- 시멘트의 양이 많고 입자가 미세하면 워커빌리티가 증가한다.
- AE제, 분산제, 감수제가 워커빌리티를 증가시킨다.

㉡ 성형성(Plasticity) : 거푸집에 쉽게 다져 넣을 수 있고 거푸집을 제거하면 천천히 형상이 변하기는 하지만 허물어지거나 재료가 분리하는 일이 없는 굳지 않는 콘크리트 성질

㉢ 피니셔빌리티(Finishability, 마무리성) : 굵은 골재의 최대치수, 잔골재율, 잔골재의 입도, 반죽질기 등에 따르는 콘크리트의 표면을 마무리 할 때 난이 정도를 나타내는 용어

㉣ 블리딩(Bleeding)

- 콘크리트 타설 후 시멘트와 골재가 주변보다 낮아져 콘크리트 표면의 물이 분리되어 먼지와 함께 위로 올라오는 현상
- 블리딩이 크면 부착력이 저하되고 수밀성이 나쁘게 된다.
- 레이턴스(Laitance) : 블리딩 현상에 따라 콘크리트 표면에 따라 표면의 물이 증발함에 따라 콘크리트 표면에 남는 가볍고 미세한 물질로서 시공시 작업이음을 형성하는 것에 대한 용어

㉤ 반죽질기(Consistency) : 수량의 다소에 따라서 반죽이 되고 진 정도를 나타내는 굳지 않은 콘크리트의 성질

⑥ 슬럼프 시험(Slump Test)

㉠ 워커빌리티(시공성)를 측정하기 위한 방법 중 하나로 굳지 않은 콘크리트의 성질 즉, 반죽의 질기를 측정하는 방법

㉡ 슬럼프 수치가 높을수록 나쁘고, 단위는 cm 사용

㉢ 콘크리트 치기작업의 난이도를 판단할 수 있다.

⑦ 콘크리트 제품

㉠ 경계블록 : 길이 1m 단위

㉡ 보도블록 : 무근콘크리트 판으로 300 × 300 × 60mm의 정방형과 장방형, 6각형 등이 있다.

㉢ 인조석 보도블록 : 천연석을 분쇄하여 시멘트와 색소를 섞어 만든 제품으로 부드러운 질감과 크기, 색상이 다양하다.

㉣ 측구용 블록 : L형과 U형이 있으며, 배수를 위해 길 가장자리에 길게 설치한다.

⑧ 콘크리트의 종류

㉠ 한중콘크리트 : 콘크리트를 타설한 후 콘크리트가 동결할 염려가 있을 때 시공되는 콘크리트로 일평균 기온이 4℃ 이하로 예상되는 시기를 한중콘크리트 적용기간으로 규정한다.

㉡ 서중콘크리트 : 기온이 높아 콘크리트의 슬럼프 저하나 수분의 급격한 증발 등의 워커빌리티에 변화가 생기기 쉬우며, 위험이 있는 경우에 시공되는 콘크리트로서 비빔, 운반, 부어넣기의 각 공정 및 부어넣기 후의 콘크리트가 소요의 품질에 달할 때까지의 기간 중 고온에 의한 악영향이 예상되는 기간에 슬럼프의 저하, 발열 및 이에 따르는 균열과 강도의 저하에 특별한 배려가 요구된다. 동일 슬럼프를 얻기 위한 단위수량이 많아지고, 콜드조인트가 발생하기 쉬우며 초기 강도 발현은 빠른 반면 장기강도가 저하될 수 있다.

㉢ 경량콘크리트 : 콘크리트는 강도에 비해 비중이 크기 때문에 구조물의 자중을 증대시키는 결함을 갖고 있다. 콘크리트의 결함을 경량골재 등을 이용하여 개선함과 동시에 단열 등 우수한 성능을 부여할 목적에 의해 제조되는 콘크리트를 말한다.

㉣ 유동화콘크리트 : 믹서로 일단 비빔을 완료한 콘크리트에 유동화제를 첨가한 다음 이것을 적당한 교반장치(대부분 레미콘용 운반차)로 혼합하여 유동성을 증대시킨 콘크리트를 말한다.

㉤ 매스콘크리트 : 부재단면의 최소치수가 80cm 이상이고 수화열에 의한 콘크리트 내부의 최고온도와 외기온도의 차가 25℃ 이상으로 예상되는 콘크리트이다. 매스콘크리트는 다량의 시멘트를 사용하므로 높은 수화열이 발생하기 때문에 수화열에 의한 균열을 방지하기 위한 특별한 대책이 요구되고 있다.

㉥ 수밀콘크리트 : 콘크리트 중에서 특히 수밀성이 높은 콘크리트를 말한다. 수조, 수영장 등 높은 수밀성을 요구하는 경우에 이용하는 콘크리트이다.

㉦ 섬유보강콘크리트 : 모르타르나 콘크리트 중에서 강섬유, 유리섬유 등 각종 섬유를 골고루 분산시켜 사용하는 것으로 압축강도의 증진뿐만 아니라 전단강도 및 휨강도를 향상시키고, 콘크리트의 최대약점인 낮은 인장강도 및 균열에 대한 저항성을 개선시킨 콘크리트를 말한다.

㉧ 식생콘크리트 : 콘크리트 자체나 콘크리트 구조물에 부착생물, 암초성 생물, 생태적 약자, 식물 및 미생물 등이 부착서식, 생식공간 및 활착공간 등을 제공하는 것으로 이러한 식생콘크리트는 식물이 성장할 수 있도록 콘크리트 자체의 연속공극률 확보, 중화처리 등을 통해 대처하는데, 하천제방, 산, 도로 및 댐의 경사면과 수중생물의 서식공간 등에 활용되고 있다.

㉨ 프리팩트콘크리트 : 미리 골재를 거푸집 안에 채우고 특수 혼화제를 섞은 모르타르를 펌프로 주입하여 골재의 빈틈을 메워 콘크리트를 만드는 형식

⑨ 콘크리트의 균열방지

㉠ 발열량이 적은 시멘트를 사용

㉡ 슬럼프(Slump) 값을 작게 한다.

㉢ 타설시 내·외부 온도차를 줄인다.

⑩ 콘크리트 제품

㉠ 경계블록, 보도블록, 측구용블록, 시멘트블록 등이 있다.

㉡ 최근에 보도블록으로 많이 사용되는 소형고압블록(Interlocking Paver, ILP)도 콘크리트 제품의 일종이다.

⑪ 재료분리(segregation)

㉠ 운반 및 치기작업 중 생기는 재료분리 : 콘크리트의 균일성을 잃는 현상

㉡ 치기작업 후에 생기는 재료분리 : 굵은골재가 국부적으로 집중되거나 수분이 콘크리트 윗면으로 보이는 현상(블리딩)

㉢ 재료분리 원인 : 최대 치수가 너무 큰 굵은골재를 사용하거나 단위골재량이 너무 크면 콘크리트는 분리되기 쉽다. 단위수량이 크고 슬럼프가 큰 콘크리트는 분리되기 쉽다.

3. 혼화재료

① 혼화재(admixture, mineral admixture)

- 콘크리트 구조물 시공시 성능개선을 목적으로 시멘트 질량대비 5% 이상 콘크리트에 첨가하는 재료로 혼화재료 중 사용량이 비교적 많다. 혼화재에는 플라이 애쉬, 고로슬래그 미분말, 팽창재 등이 있다.

② 혼화제(chemical admixture, chemical agent)

- 혼화재료 중 사용량이 비교적 적어서 그 자체의 부피가 콘크리트 등의 비비기 용적에 계산되지 않아도 좋은 것으로 AE제, 감수제, 유동화제, 지연제, 경화촉진제, 철근방청제, 발포제 등이 있다.

㉠ AE제(air-entraining admixture) : 수 없이 많은 기포를 발생시켜 워커빌리티를 개선하고 동결융해에 대한 저항성이 증가하며 압축강도와 철근과의 부착강도가 감소한다.

㉡ 지연제(retarder, retarding admixture) : 시멘트의 응결시간을 늦추기 위하여 사용하는 재료로 레미콘의 먼 거리 이동이나 응결 지연이 필요할 때 사용하며, 지연제를 사용하면 서중콘크리트의 시공이나 레디믹스 콘크리트의 장시간 운반이 용이하다.

㉢ 감수제(water-reducing admixture) : 시멘트의 분말을 분산시켜서 콘크리트의 워커빌리티를 얻기에 필요한 단위수량을 감소시키는 것을 주목적으로 한 재료로 표준형 감수제, 촉진형 감수제, 지연형 감수제 및 고성능감수제가 있으며, 근래에는 AE제를 첨가한 AE감수제 등도 있다.

예제 1

다음 중 모르타르의 구성 성분이 아닌 것은?

① 물　　② 모래
③ 자갈　　④ 시멘트

정답 : ③

해설 모르타르의 구성성분은 시멘트, 모래, 물이다.

예제 2

다음 괄호 안에 들어갈 말로 옳게 나열된 것은?

콘크리트가 단단히 굳어지는 것은 시멘트와 물의 화학반응에 의한 것인데, 시멘트와 물이 혼합된 것을 (　　　)라 하고, 시멘트와 모래, 물이 혼합된 것을 (　　　)라 한다.

① 콘크리트, 모르타르　　② 모르타르, 콘크리트
③ 시멘트 페이스트, 모르타르　　④ 모르타르, 시멘트 페이스트

정답 : ③

3 조경재료

나만의 서브노트

1 . 목재의 장점 : 외관이 아름답다. 촉감이 좋다. 가볍고 강도가 크다. 열전도율이 낮다. 압축강도와 인장강도가 크다. 가공이 용이하다.

2 . 목재의 단점 : 부패가 크다. 함수율에 따라 변형된다. 연소가 쉽고 해충의 피해가 크다. 재질이 불균일하고 불에 타기 쉽다. 구부러지고 옹이가 있다.

3 . 목재의 함수율 : 15%(기건함수율)

4 . 목재의 방부제중 CCA방부제의 성분 : 크롬, 구리, 비소
ACC방부제의 성분 : 크롬, 구리

5 . 목재의 방부처리 방법 중 주입법이 가장 효과적

6 . 석재의 장점 : 외관이 아름답다. 불연성으로 압축강도가 크다. 내구성과 강도가 크다. 가공성이 있으며 변형되지 않는다. 내화학성과 내수성이 크다. 마모성이 적다.

7 . 석재의 단점 : 무거워서 다루기 힘들다. 긴 재료를 얻기 힘들다. 운반비가 많이 든다. 가공하기 어렵다. 가격이 비싸다.

8 . 화강암 : 한국돌의 70%를 차지하고 압축강도가 크다.

9 . 퇴적암 중 응회암 : 흡수율이 크고 부드러워 경도가 낮다.

10. 대리석 : 무늬가 화려하고 석질이 연해 가공이 용이하나 외장용으로 사용 불가

11. 석가산 용으로 사용하는 돌 : 하천석, 산석

12. 조강 포틀랜드 시멘트 : 조기에 높은 강도, 급한 공사, 겨울철 공사, 물속 공사 등에 사용

13. 슬래그 시멘트(고로 시멘트) : 제철소의 용광로에서 생긴 광재를 넣어 만듬. 폐수시설, 하수도, 항만 등에 사용

14. 시멘트의 KS : 재령 28일(4주) 압축강도는 보통 245kg/cm²

15. 슬럼프(Slump) 시험 – 워커빌리티(시공성)를 측정하기 위한 하나의 수단으로 반죽질기를 측정하는 방법

16. 시험비빔시 검토사항 – 비빔온도, 공기량, 워커빌리티

17. 한중콘크리트 – 기온이 4℃ 이하일 때 사용

출제예상문제

01. 목재의 방부를 위한 것으로 적당한 것은?

① 페인트 ② 옻
③ 크레오소트 오일 ④ 테라코타

02. 목재의 내구성을 저해하는 요인이 아닌 것은?

① 균 또는 박테리아에 의한 부식
② 곤충 또는 해충에 의한 피해
③ 인문 사회적 요인
④ 사용으로 인한 마모 충격

03. 목재를 방부처리하는 방법이 아닌 것은?

① 표면탄화법 ② 약제도포법
③ 약제주입법 ④ 관입법

04. 다음 중 목재의 성질 중 틀린 것은?

① 건조 변형이 적다.
② 비중이 작은 반면 압축강도가 크다.
③ 온도에 대한 신축성이 적다.
④ 열전도율이 낮다.

05. 목재의 장점으로 맞는 것은?

① 외관이 아름답다.
② 불연성으로 압축강도가 크다.
③ 내화학성이 크다.
④ 함수율에 따라 변형이 크다.

외관이 아름다운 것은 목재의 장점과 더불어 석재의 장점에도 속한다. ②, ③는 석재의 장점이고, ④는 목재의 단점이다.

06. 목재의 강도에 대한 설명으로 맞는 것은?

① 비중이 낮을수록 강도가 높아진다.
② 함수율과 목재의 강도는 관련이 없다.
③ 함수율이 낮을수록 강도가 높아진다.
④ 비중과 목재의 강도는 관련이 없다.

비중이 높을수록 강도가 높아진다.

07. 목재 건조 시 함수율은?

① 10% ② 15%
③ 20% ④ 25%

08. 목재의 건조 방법 중 자연건조법에 해당되는 것은?

① 침수법 ② 증기법
③ 훈연법 ④ 찌는법

자연건조법에는 침수법과 공기건조법이 있고, 인공건조법에는 증기법, 훈련법, 찌는법 등이 있다.

09. 목재의 부식이 관계되는 요인 중 잘못된 것은?

① 충해 ② 부패
③ 풍화 ④ 방부

방부는 목재의 부식과 관련되지 않은 방부제이다.

10. 목재를 부식시키는 대표적 충해로 맞는 것은?

① 흰개미 ② 왕바구미
③ 가루나무좀 ④ 곰팡이

정답 1③ 2③ 3④ 4① 5① 6③ 7② 8① 9④ 10①

11. 다음 중 수용성 방부제는?

① CCA방부제 ② 크레오소트 오일
③ 콜타르 ④ 아스팔트

크레오소트 오일, 콜타르, 아스팔트는 유용성 방부제이다.

12. 다음 수용성 방부제 중 CCA방부제의 성분으로 틀린 것은?

① 크롬 ② 구리
③ 비소 ④ 나트륨

CCA방부제의 성분은 크롬, 구리, 비소이다.

13. 다음 수용성 방부제 중 ACC방부제의 성분으로 맞는 것은?

① 구리 ② 비소
③ 질소 ④ 탄소

ACC방부제의 성분은 크롬과 구리이다.

14. 다음 중 목재 방부제의 처리방법 중 가장 효과적인 방법인 것은?

① 도장법 ② 표면탄화법
③ 침투법 ④ 주입법

주입법 - 밀폐관 내에서 건조된 목재에 방부제를 주입하는 가장 효과적인 방법으로 크레오소트 오일이 있다.

15. 다음 중 합판의 특징이 아닌 것은?

① 수축, 팽창의 변형이 크다.
② 나뭇결이 아름답다.
③ 넓은 판을 이용 가능하다.
④ 균일한 크기로 제작이 가능하다.

16. 다음 중 섬유재에 속하는 것이 아닌 것은?

① 볏짚 ② 고무바
③ 새끼줄 ④ 밧줄

고무바는 섬유재가 아니고 고무로 만든다.

17. 목재를 가공해 놓으면 무게가 있어 보기 좋으나 쉽게 썩는 결점이 있다. 정원 구조물을 만드는 목재재료로 좋지 못한 것은?

① 밤나무 ② 낙엽송
③ 라왕(나왕) ④ 소나무

18. 다음 중 목재의 방부제 처리법이 아닌 것은?

① 풍화법 ② 가압주입법
③ 도포법 ④ 침전법

19. 목재에 수분이 침투되지 못하게 하여 부패를 방지할 수 있는 방법은?

① 표면탄화법 ② 니스도장법
③ 약제주입법 ④ 비닐포장법

표면탄화법 : 표면을 3~12mm 깊이로 태워 탄화시켜 흡수성이 증가하는 단점이 있다. 약제주입법 : 밀폐관 내에서 건조된 목재에 방부제를 가압 주입하는 가장 효과적인 방법으로 크레오소트 오일이 있다.

20. 방부제의 처리방법 중 흡수성이 증가하는 단점이 있는 것은?

① 도장법 ② 표면탄화법
③ 침투법 ④ 주입법

정답 11 ① 12 ④ 13 ① 14 ④ 15 ① 16 ② 17 ③ 18 ① 19 ② 20 ②

21. 대나무를 조경재료로 사용 시 어느 시기에 잘라서 사용하는 것이 좋은가?

① 봄 ② 여름
③ 가을 ④ 겨울

대나무의 절단 시기는 늦가을에서 초겨울 사이가 알맞다.

22. 다음 중 대나무에 대한 설명으로 틀린 것은?

① 외관이 아름답다.
② 탄력이 있다.
③ 잘 썩지 않는다.
④ 벌레 피해를 쉽게 받는다.

23. 목재의 구조 중 추재(秋材)에 대해 바르게 설명한 것은?

① 세포는 막이 얇고 크다.
② 빛깔이 엷고 재질이 연하다.
③ 빛깔이 짙고 재질이 치밀하다.
④ 춘재보다 자람의 폭이 넓다.

춘재(春材) : 봄, 여름에 자란 세포로 생장이 왕성하고 빛깔이 엷으며 재질이 연하다. 추재(秋材) : 가을, 겨울에 자란 세포로 치밀하고 단단하며 빛깔이 짙다.

24. 목재의 인장강도와 압축강도에 대한 설명으로 가장 옳은 것은?

① 압축강도가 더 크다.
② 인장강도가 더 크다.
③ 인장강도와 압축강도가 동일하다.
④ 휨강도와 인장강도, 압축강도가 모두 동일하다.

목재의 강도 : 인장강도 〉 휨강도 〉 압축강도 〉 전단강도

25. 다음 중 원목의 4면을 따낸 목재를 무엇이라 하는가?

① 통나무 ② 제재목
③ 합판 ④ 조각재

통나무 : 켜거나 짜개지 아니한 통째로의 나무. 제재목(製材木) : 베어 낸 나무로 용도에 따라 만든 재목. 합판 : 원목을 얇게 오려내고 이것을 섬유방향이 직교하도록 겹쳐 붙인 것

26. 다음 암석 중 동일 용적 당 무게가 가장 많이 나가는 것은?

① 현무암 ② 안산암
③ 사암 ④ 화강암

현무암 : 2,700~3,200kg/m^3
화강암 : 2,600~2,700kg/m^3
사 암 : 2,400~2,790kg/m^3
안산암 : 2,300~2,710kg/m^3

27. 사괴석은 어디에 많이 이용되는가?

① 고건축의 담장 ② 축대
③ 계단 ④ 연못

28. 다음 석재가공순서 중에서 잔다듬 전에 하는 작업은?

① 혹두기 ② 정다듬
③ 도두락다듬 ④ 광내기

석재가공순서 : 혹두기 → 정다듬 → 도두락다듬 → 잔다듬 → 광내기

정답 21 ④ 22 ③ 23 ③ 24 ② 25 ② 26 ① 27 ① 28 ③

3 조경재료

29. 다음 석재 중 압축, 휨강도가 가장 큰 것은?

① 화강암 ② 응회암
③ 사문암 ④ 점판암

30. 다음 중 흡수성이 가장 큰 암석은?

① 화강암 ② 응회암
③ 사문암 ④ 점판암

31. 돌이 풍화·침식되어 표면이 자연적으로 거칠어진 상태를 뜻하는 말은?

① 돌의 이끼 ② 돌의 조면
③ 돌의 뜰녹 ④ 돌의 절리

돌의 조면 : 풍화, 침식되어 표면이 거칠어진 상태. 돌의 뜰녹 : 조면에 고색(古色)을 띠어 관상가치가 높은 것. 돌의 절리 : 돌에 선이나 무늬가 생겨 방향감을 주며 예술적 가치가 생긴 것

32. 다음 중 석질재료의 장점으로 틀린 것은?

① 외관이 매우 아름답다.
② 내구성과 강도가 크다.
③ 가격이 저렴하고 시공이 용이하다.
④ 변형되지 않으며 가공성이 있다.

장점 : 외관이 매우 아름답다. 내구성과 강도가 크며, 변형되지 않으며 가공성이 있다. 단점 : 무거워서 다루기가 힘들며 가공하기 어렵고 가격이 비싸다.

33. 다음 중 한국 돌의 주종을 이루며 조경공간에서 많이 사용하며 내구성과 내화성이 좋은 석재는?

① 화강암 ② 안산암
③ 현무암 ④ 응회암

화강암 : 한국 돌의 70%를 차지한다. 압축강도가 가장 크며, 단단하고 내구성, 내화성이 크다. 조경공간에 많이 사용한다.

34. 화강암의 크기가 20cm × 20cm × 100cm일 때 중량은? (단, 화강암의 비중은 평균 2.6ton/m^3이다.)

① 약 50kg ② 약 100kg
③ 약 150kg ④ 약 200kg

0.2m × 0.2m × 1m = 0.04m^3에서 비중인 2.6을 곱해주면 0.104ton이 된다. 1ton은 1,000 kg이므로 104kg이 나온다.

35. 다음 석재 중 바닥포장용 석재로 가장 우수한 것은?

① 화강암 ② 안산암
③ 대리석 ④ 석회암

화강암은 경관석, 디딤돌, 계단, 경계석, 석탑 등에 이용된다.

36. 다음 중 석재의 가공방법에 대한 설명으로 틀린 것은?

① 혹두기 : 표면의 큰 돌출부분만 떼어 내는 정도의 다듬기
② 정다듬 : 정으로 비교적 고르고 곱게 다듬는 정도의 다듬기
③ 잔다듬 : 도드락 다듬면을 일정 방향이나 평행선으로 나란히 찍어 다듬어 평탄하게 마무리 하는 다듬기
④ 도드락다듬 : 혹두기한 면을 연마기나 숫돌로 매끈하게 갈아내는 다듬기

④는 정다듬을 설명한 것이다. 도드락다듬 : 정다듬한 표면을 도드락망치를 이용하여 곱게 다듬는 작업이다.

정답 29 ① 30 ② 31 ② 32 ③ 33 ① 34 ② 35 ① 36 ④

37. 다음 중 석가산을 만들 때 가장 적당한 돌은?

① 잡석 ② 호박돌
③ 산석 ④ 자갈

산석, 하천석을 이용하여 석가산을 만든다. 산석은 일반적으로 산이나 땅속에서 캐낸 돌이다.

38. 자연석 공사 시 돌과 돌 사이에 붙여 심는 석간수(石間樹)로 알맞지 않은 것은?

① 회양목 ② 맥문동
③ 철쭉 ④ 향나무

돌틈식재에 사용되는 수목으로 관목류, 화훼류 등을 식재하면 돌 틈이 매워져 토사유출을 막고 좋은 경관을 형성할 수 있다.

39. 다음 중 자연석의 설명으로 틀린 것은?

① 산석 및 강석(하천석)은 50~100cm 정도의 돌로 주로 경관석, 석가산용으로 쓰인다.
② 호박돌은 수로의 사면보호, 연못바닥, 원로의 포장 등에 주로 쓰인다.
③ 잡석은 지름 30~50cm의 돌로 주로 견치석 쌓기에 쓰인다.
④ 자갈은 지름 2~3cm 정도이며, 콘크리트의 골재, 석축의 메움돌로 쓰인다.

잡석은 지름 20~30cm 정도의 돌로 주로 기초용 및 뒤채움용으로 많이 쓰인다.

40. 다음 중 수로의 사면보호, 연못바닥, 벽면 장식 등에 주로 사용되는 자연석은?

① 산석 ② 호박돌
③ 잡석 ④ 하천석

호박돌은 수로의 사면보호, 연못바닥, 원로포장, 벽면장식, 기초용으로 사용된다.

41. 다음 소재 중 판석의 쓰임새로 가장 적합한 것은?

① 주춧돌
② 콘크리트의 골재
③ 원로포장
④ 석축

판석 : 두께 15cm 미만이며, 폭이 두께의 3배 이상인 판 모양의 석재로 디딤돌, 원로 포장용으로 많이 사용된다.

42. 다음 중 형태가 정형적인 곳에 사용하나 시공비가 많이 드는 돌은?

① 산석 ② 하천석
③ 호박돌 ④ 마름돌

마름돌 : 석재 중에서 고급품에 속하며, 시공비가 많이 들고 미관과 내구성이 요구되는 구조물이나 쌓기용으로 많이 사용된다.

43. 돌을 뜰 때 앞면, 길이, 뒷면, 접촉부 등의 치수를 지정해서 깨낸 돌로 앞면은 정사각형이며 흙막이용으로 사용되는 재료는?

① 각석 ② 판석
③ 마름석 ④ 견치석

견치석 : 길이를 앞면 길이의 1.5배 이상으로 다듬어 축석에 사용하는 석재로 옹벽 등의 쌓기용으로 메쌓기나 찰쌓기에 사용하는 돌

44. 화강암 중 회백색 계열을 띠고 있는 돌은?

① 진안석 ② 포천석
③ 문경석 ④ 철원석

회백색 계열은 포천석, 일동석 등이 있으며 진안석, 문경석, 철원석은 담홍색 계열이다.

정답 37 ③ 38 ④ 39 ③ 40 ② 41 ③ 42 ④ 43 ④ 44 ②

45. 석질 재료 중 돌의 길이는 앞면 길이의 1.5배 이상이 되고 주로 흙막이용 돌쌓기에 사용되는 돌은?

① 판석 ② 견치돌
③ 마름돌 ④ 각석

46. 자연석 중 소가 누워있는 것과 같은 모양의 돌로 횡석보다 더욱 안정감을 주는 돌은?

① 와석 ② 입석
③ 평석 ④ 사석

> 입석 : 세워 쓰는 돌로 어디서나 관상할 수 있고, 키가 커야 효과가 있다. 평석 : 윗부분이 평평한 돌로 앞부분에 배치한다. 사석 : 비스듬히 세워서 사용되는 돌로 해안 절벽이나 풍경을 나타낼 때 사용한다.

47. 다음 시멘트 중 공사를 서두르거나 겨울철 공사에 적합한 시멘트는?

① 보통 포틀랜드 시멘트
② 중용열 포틀랜드 시멘트
③ 조강 포틀랜드 시멘트
④ 고로 시멘트

> 조강 포틀랜드 시멘트 : 조기에 높은 강도, 급한 공사, 추울 때의 공사, 물속 공사 등에 이용된다.

48. 화학물질에 견디는 힘이 강해서 하수도공사나 바다 속 공사에 사용되는 시멘트는?

① 보통 포틀랜드 시멘트
② 중용열 포틀랜드 시멘트
③ 조강 포틀랜드 시멘트
④ 고로 시멘트

> 고로 시멘트(슬래그 시멘트) : 제철소의 용광로에서 생긴 광재(Slag)를 넣고 만들어 균열이 적어 폐수시설과 하수도, 항만 등에 사용된다.

49. 시멘트 제조 시 가열 온도는?

① 500~600℃ ② 700~1,000℃
③ 1,000~1,300℃ ④ 1,400~1,500℃

50. 다음 중 시멘트의 분말도에 대한 내용이 아닌 것은?

① 분말도가 가는 것일수록 수화작용이 빠르다.
② 분말도가 가는 것일수록 조기강도가 떨어진다.
③ 분말도가 가는 것일수록 워커빌리티가 좋다.
④ 분말도가 가는 것일수록 수축, 균열이 발생되기 쉽다.

> 분말도가 고우면 수화작용이 빨리 일어나고, 조기강도는 높아진다.

51. 시멘트의 보관방법 중 틀린 것은?

① 13포 이상 쌓지 않는다.
② 지면에서 30cm 이상 띄워서 쌓는다.
③ 입하된 순서가 늦은 것부터 사용한다.
④ 습기가 있는 곳은 피한다.

> 시멘트 보관은 철저한 방습이 요구되며 입하된 순서대로 사용해야 한다.

52. 콘크리트 강도에 관련 있는 인자가 아닌 것은?

① 분말색 ② 화학성분
③ 수분의 양 ④ 양생온도

정답 45 ② 46 ① 47 ③ 48 ④ 49 ④ 50 ② 51 ③ 52 ①

53. 철근 콘크리트의 시멘트 : 모래 : 자갈의 표준 배합비는?

① 1 : 2 : 4　② 1 : 3 : 6
③ 1 : 4 : 8　④ 1 : 2 : 3

철근 콘크리트의 시멘트 : 모래 : 자갈 배합비는 1 : 2 : 4이고, 무근 콘크리트의 배합비는 1 : 3 : 6이다.

54. 콘크리트 배합에서 1 : 2 : 4, 1 : 3 : 6 등은 무슨 배합인가?

① 용적배합
② 중량배합
③ 절대용적배합
④ 표준계량배합

55. 일반적으로 압축강도를 나타내는 재령일수는?

① 7일　② 14일
③ 21일　④ 28일

압축강도는 일반적으로 재령 28일(4주) 압축강도를 나타낸다.

56. 미세기포의 작용에 의해 콘크리트의 워커빌리티와 동결융해에 대한 저항성을 개선시키는 것은?

① 포졸란　② AE제
③ 지연제　④ 촉진제

57. 철근을 용접해서는 안 되는 온도는?

① 50℃ 이상　② 40℃ 이상
③ 10℃ 이하　④ 3℃ 이하

58. 콘크리트의 압축강도는 인장강도의 몇 배인가?

① 3배　② 5배
③ 10배　④ 20배

콘크리트의 단점은 인장강도가 압축강도에 비해 10배가 약하며 이를 보강하기 위해 철근을 사용한다.

59. 콘크리트 작업에 영향을 미치는 요인이 아닌 것은?

① 물·시멘트 비　② 골재의 입도
③ 시멘트의 양　④ 골재의 온도

60. 시멘트 중 간단한 구조물에 가장 많이 사용되는 것은?

① 보통 포틀랜드 시멘트
② 중용열 포틀랜드 시멘트
③ 조강 포틀랜드 시멘트
④ 저열 포틀랜드 시멘트

보통 포틀랜드 시멘트는 시멘트 생산량의 90% 이상을 차지한다.

61. 한국산업규격에서 정하고 있는 포틀랜드 시멘트가 상온에서 응결이 끝나는 시간은?

① 1시간 이후에 시작하여 10시간 이내에 끝난다.
② 1~2시간 이후에 시작하여 3~4시간 이내에 끝난다.
③ 3시간 이후에 시작하여 일주일 이내에 끝난다.
④ 일주일 이후에 시작하여 3주일 이내에 끝난다.

정답 53 ① 54 ① 55 ④ 56 ② 57 ④ 58 ③ 59 ④ 60 ① 61 ①

62. 다음 시멘트 중에서 성격이 다른 것은?

① 슬래그 시멘트
② 플라이애쉬 시멘트
③ 조강포틀랜드 시멘트
④ 포졸란 시멘트

포틀랜드 시멘트에는 조강포틀랜드 시멘트가 포함되며, 혼합시멘트에는 슬래그 시멘트, 플라이애쉬 시멘트, 포졸란 시멘트 등이 있다.

63. 벽돌 쌓기에서 방수를 겸한 치장줄눈용 시멘트와 모래의 배합 비율은?

① 1 : 1 ② 1 : 2
③ 1 : 3 ④ 1 : 4

1 : 1 배합 – 치장줄눈, 방수
1 : 2 배합 – 중요한 미장용
1 : 3 배합 – 가장 많이 사용하는 미장용

64. 다음 중 시멘트의 주재료에 속하지 않는 것은?

① 화강암 ② 석회암
③ 질흙 ④ 광석찌꺼기

65. 다음 중 혼합 시멘트로 가장 적당한 것은?

① 보통 포틀랜드 시멘트
② 조강 포틀랜드 시멘트
③ 실리카 시멘트
④ 중용열 시멘트

보통 포틀랜드시멘트, 조강 포틀랜드시멘트, 중용열시멘트는 포틀랜드시멘트이다.

66. 조경시공에서 콘크리트 포장을 할 때 와이어매쉬(Wire Mash)는 콘크리트 하면에서 어느 정도의 위치에 설치해야 하는가?

① 콘크리트 두께의 1/2 위치
② 콘크리트 두께의 1/3 위치
③ 콘크리트 두께의 1/4 위치
④ 콘크리트의 밑바닥

67. 다음 중 콘크리트 제품은?

① 보도블록 ② 타일
③ 적벽돌 ④ 토관

콘크리트 제품 : 보도블록, 경계블록 등

68. 한중(寒中)콘크리트는 기온이 얼마일 때 사용하는가?

① −1℃ 이하 ② 4℃ 이하
③ 25℃ 이하 ④ 30℃ 이하

한중콘크리트는 일평균 기온이 4℃ 이하로 떨어질 것이 예상될 때 사용한다.

69. 콘크리트의 양생을 돕기 위해 추운지방이나 겨울철에 시멘트에 섞는 것은?

① 염화칼슘 ② 생석회
③ 요소 ④ 암모니아

70. 운반거리가 먼 레미콘이나 무더운 여름철 콘크리트의 시공에 사용하는 혼화제는 다음 중 어느 것인가?

① 지연제 ② 감수제
③ 방수제 ④ 경화촉진제

지연제 : 시멘트의 응결시간을 늦추기 위하여 사용하는 재료이다.

정답 62 ③ 63 ① 64 ① 65 ③ 66 ② 67 ① 68 ② 69 ① 70 ①

71. 천연석을 잘게 분쇄하여 색소와 시멘트를 혼합하여 연마한 것으로 부드러운 질감을 느끼지만 미끄러운 단점이 있는 콘크리트제품은?

① 경계블록
② 압축 보도블록
③ 인조석 보도블록
④ 강력압력 보도블록

72. 보도블록 설치 시 충격이나 하중을 흡수하는 역할을 하는 것은?

① 잡석다짐 ② 자갈
③ 모래다짐 ④ 콘크리트

보도블록 아래 모래를 깔아 충격이나 하중을 흡수하게 한다.

73. 굳지 않은 콘크리트에서 물이 분리되어 위로 올라오는 현상은?

① 워커빌리티
② 블리딩
③ 피니셔빌리티
④ 레이턴스

블리딩(Bleeding) : 재료분리 현상으로 시멘트 입자와 골재의 침강에 의해 발생하고, 부착력을 저해하고 수밀성을 나쁘게 하는 원인이 된다.

74. 흙에 시멘트와 다목적 토양개량제를 섞어 기층과 표층을 겸하는 간이포장재료는?

① 우레탄 ② 콘크리트
③ 카프 ④ 칼라 세라믹

카프 : 흙에 시멘트와 다목적 토양개량제를 섞어 간이 포장재료로 사용된다.

75. 한국공업규격(KS)에서 정한 재령 28일째 시멘트의 압축강도는?

① $145kg/cm^2$ ② $245kg/cm^2$
③ $345kg/cm^2$ ④ $445kg/cm^2$

한국공업규격(KS)에서 정한 재령 28일(4주)의 압축강도는 $245kg/cm^2$ 이다.

76. 다음 중 보도블록의 표준규격은 어느 것인가? (단위 : mm)

① 250×250×50 ② 300×300×60
③ 250×250×60 ④ 300×300×50

77. 다음 중 자연석에 오랜 고색을 띠는 것을 무엇이라 하는가?

① 돌의 색채 ② 돌의 광택
③ 돌의 뜰녹 ④ 돌의 절리

78. 돌의 결이나 무늬가 예술적 가치가 있는 상태는?

① 돌의 색채 ② 돌의 광택
③ 돌의 뜰녹 ④ 돌의 절리

79. 다음 중 경석(景石)을 앉히는 방법으로 잘못된 것은?

① 돌의 층리를 살려 층리방향으로 사용하면 좋다.
② 돌 뿌리를 깊게 묻으면 노출부분이 적어지므로 얕게 묻는다.
③ 돌 모양의 특징을 살려 되도록 크게 보이게 한다.
④ 와석을 쓰는 것이 안정감이 있고 경관도 좋다.

정답 71 ③ 72 ③ 73 ② 74 ③ 75 ② 76 ② 77 ③ 78 ④ 79 ②

3 조경재료

80. 조경공사 콘크리트용으로 널리 쓰이는 시멘트는?

① 포틀랜드 시멘트
② 고로 시멘트
③ 혼합 시멘트
④ 실리카 시멘트

81. 다음 중 콘크리트를 가장 많이 부식시키는 것은?

① 염류 ② 식물성 기름
③ 광물성 기름 ④ 산류

82. 목도채의 재료로 가장 좋은 것은?

① 참나무 ② 전나무
③ 버드나무 ④ 현사시나무

83. 다음 중 목재로 구성하기에 적합하지 않은 조경 시설물은?

① 퍼걸러 ② 의자
③ 쓰레기통 ④ 데트(Deck)

쓰레기통은 목재로 구성하면 화재의 위험이 크다.

84. 정원석이 갖는 색채 중 단독으로 쓰는 것이 무난하고 품위가 있어 보이는 것은?

① 청색 계통의 돌 ② 백색 계통의 돌
③ 흑색 계통의 돌 ④ 적색 계통의 돌

85. 벽돌 담장 시공시 적합한 벽돌쌓기 방법은?

① 반장쌓기 ② 한장쌓기
③ 한장반쌓기 ④ 두장쌓기

86. 목재의 구조에 대한 설명으로 틀린 것은?

① 춘재는 빛깔이 엷고 재질이 연하다.
② 춘재와 추재의 두 부분을 합친 것을 나이테라 한다.
③ 목재의 수심 가까이에 위치하고 있는 진한 색 부분을 변재라 한다.
④ 생장이 느린 수목이나 추운 지방에서 자란 수목은 나이테가 좁고 치밀하다.

87. 덩굴식물을 올리기 위한 시설이 아닌 것은?

① 아치 ② 트렐리스
③ 퍼걸러 ④ 데크

아치(arch) : 벽돌이나 석재의 조적조(組積造)에 있어서 개구부(開口部)를 하나의 부재(部材)로 지지할 수 없는 경우에 쐐기 모양으로 만든 부재(굄돌)를 곡선적으로 개구부에 쌓아올린 구조.
트렐리스(trellis) : 나무를 엮어 격자형으로 만든 나무 울타리로 덩굴식물 등을 올린다.
퍼걸러(pergola) : 뜰이나 편평한 지붕 위에 나무를 가로와 세로로 얹어 놓고 등나무 따위의 덩굴성 식물을 올리어 만든 서양식 정자로 장식과 차양의 역할을 한다.
데크(deck) : 규모가 큰 배·군함 위에 나무·철판을 깔아놓은 넓고 평평한 바닥으로 조경에서는 건물의 앞부분에 휴게시설 등을 나무 등의 재료로 평평한 바닥을 만들어 사용

88. 암석을 구성하고 있는 조암광물의 집합상태에 따라 생기는 눈을 무엇이라고 하는가?

① 절리 ② 층리
③ 석목 ④ 석리

석리(石理) : 화성암을 관찰할 때 광물입자들이 모여서 이루는 작은 규모의 조직. 절리(節理, joint) : 암석에 외력이 가해져서 생긴 금

정답 80 ① 81 ④ 82 ① 83 ③ 84 ③ 85 ① 86 ③ 87 ④ 88 ④

03 인공재료

04 금속재료

1. 금속재료의 종류 및 특성

① 철금속

㉠ 철 및 철이 주가 된 합금

㉡ 아치, 식수대, 조합놀이대, 그네, 시소, 미끄럼틀, 사다리, 철봉 등의 시설물에 사용

② 비철금속

㉠ 철 이외의 순수한 금속들과 그런 금속들의 합금

㉡ 환경조형, 유희시설, 수경시설 등의 시설물 공사에 사용

③ 금속재료의 특성

㉠ 금속재료는 고유의 광택이 있고, 하중에 대한 강도가 크며, 재질이 균일하고 불에 타지 않는 등 물리적 성질이 우수하다.

㉡ 다양한 형상의 제품을 만들 수 있고, 대규모의 공업 생산품을 공급할 수 있다.

㉢ 녹이 슬고 부식이 되는 등 화학적 결함이 있으며, 불에 강하지 못하고 색채와 질감이 차가운 느낌을 준다.

2. 금속재료의 장 · 단점

① 장점

㉠ 인장강도(引張强度)가 크다.

㉡ 종류가 다양하고 강도에 비해 가볍다.

㉢ 다양한 형상의 제품을 만들 수 있고, 대규모의 생산품을 공급할 수 있다.

㉣ 불연재이며, 공급이 쉽다.

㉤ 고유한 광택이 있고, 재질이 균일하다.

② 단점

㉠ 가열하면 역학적 성질이 저하된다.

㉡ 내산성, 내알카리성이 작다.

㉢ 녹이 슬고 부식이 된다.

3. 금속의 부식환경

① 온도, 습도, 해염입자, 대기오염에 의해 금속이 부식된다.

② 부식된 것의 보수

㉠ 부식이 약할 때 : 부식된 부위를 브러쉬나 샌드페이퍼 등으로 닦아낸 후 도장

㉡ 부식이 심할 때 : 부식된 부분을 절단하여 새로운 재료를 이용하여 용접 후 원상태로 복구

4. 금속제품 출제

① 철금속

㉠ 형강 : 특수한 단면으로 압연한 강재

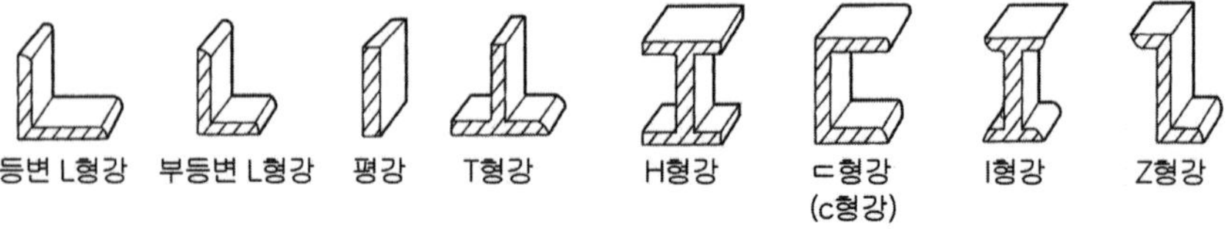

㉡ 강봉 : 철근콘크리트 옹벽을 구축하는데 사용

㉢ 강판 : 강편을 롤러에 넣어 압연한 것

- 양철 : 박판에 주석 도금한 것
- 함석 : 박판에 아연 도금한 것

㉣ 철선

- 연강의 강선을 아연 도금한 것으로 보통의 철사를 말한다.
- 철망, 가설재, 못 등의 원재로 사용하고 거푸집이나 철근을 묶는데 사용

㉤ 와이어 로프 : 지름 0.26mm~5.0mm인 가는 철선을 몇 개 꼬아서 기본 로프를 만들고, 이것을 다시 여러 개 꼬아 만든 것으로 케이블, 공사용 와이어 로프 등이 있다.

㉥ 긴결 철물 : 볼트, 너트, 못, 앵커볼트 등

㉦ 스테인레스강 : 철 + 크롬의 합금화로 최소 10.5% 이상 크롬을 함유하고 있어야 함

㉧ 용접철망(와이어 메쉬) : 콘크리트 보강용으로 이용

㉧ 주철

- 복잡한 형상을 제작할 때 품질이 좋고, 작업이 용이하며 내식성이 뛰어남
- 1.7%~6.6%의 탄소를 함유하고 1,100~1,200℃에서 녹아 선철에 고철을 섞어서 용광로에서 재용해하여 탄소성분을 조절하여 제조

〈참고〉 철에서 인성 - 재료가 파괴되기까지 높은 응력에 잘 견딜 수 있고 동시에 큰 변형이 되는 성질

※ 불활성가스용접 : 스테인레스 제품의 용접시 내식성을 향상시키는 용접

※ 산소아세틸렌 가스 용접

- 불꽃의 온도와 열효율이 낮고 열의 집중성이 나쁘며, 폭발의 위험성
- 금속이 탄화되어나 산화 될 우려가 많으며, 가열 범위가 넓고 가열 시간이 길기 때문에 용접 변형이 크고 기계적 강도가 떨어지기 쉽다.

② 비철 금속

㉠ 알루미늄

- 원광석인 보크사이드(트)에서 순 알루미나를 추출하여 전기분해 과정을 통해 얻어진 은백색의 금속
- 경량구조재, 섀시, 피복재, 설비, 기구재, 울타리 등에 사용
- 두랄루민(Duralumin) : 알루미늄 합금의 일종으로 내식성과 내구성이 좋음. 열 전도율이 높고, 비중은 약 2.7 정도이며, 전성과 연성이 풍부하고 가벼우며 내구성이 크고, 잘 부식되지 않는다.

㉡ 구리

- 단독으로 쓰기도 하지만 구리와 아연의 합금형태로 많이 이용
- 부식이 잘 안되고 외관이 아름다워 외부장식재(장식철구, 공예, 동상 등)로 이용
- 놋쇠(황동) : 구리와 아연의 합금
- 청동 : 구리와 주석의 합금

05 점토재료

점토는 여러 가지 암석이 풍화되어 분해된 물질로 생성된 것으로서 벽돌, 도관, 타일, 도자기, 기와 등의 점토재료가 있다.

1. 벽돌

표준형 벽돌의 규격 : 190×90×57mm, 기존형 벽돌의 규격 : 210×100×60mm

① 보통벽돌(붉은벽돌)

바닥포장, 장식벽, 퍼걸러 기둥, 계단, 담장 등에 사용

② 특수벽돌

㉠ 내화벽돌 : 내화점토로 빚어 구운 벽돌로 질감이 조잡하여 마감재료를 섞어서 사용

㉡ 이형벽돌 : 특수한 용도와 모양으로 만들어진 벽돌

※ 콘크리트 벽돌 검사방법(KS) 항목 : 치수, 흡수율, 압축강도

2. 도관과 토관 출제

일반적으로 도관이라 함은 도관과 토관을 통칭하는 말이다.

① 도관(陶管) : 점토 또는 내화점토를 원료로 모양을 만든 후 유약을 관 내외의 표면에 발라 구운 것으로 표면이 매끄럽고 단단하며, 흡수성·투수성이 없어 배수관·상하수관·전선 및 케이블관 등에 사용

② 토관

㉠ 논밭의 하층토와 같은 저급 점토를 원료로 모양을 만든 후 유약을 바르지 않고 바로 구운 것

㉡ 잘 구어져 금속성 청음을 내는 것이어야 한다.

㉢ 표면이 거칠고 투수율이 크므로 연기나 공기 등의 환기관으로 사용

㉣ 점축관 : 관의 지름이 한쪽 끝은 크고 다른 쪽으로 갈수록 점차 작아지는 관

3. 타일

① 양질의 점토에 장석, 규석, 석회석 등의 가루를 배합하여 성형한 후 유약을 입혀 건조시킨 다음 1,100~1,400℃ 정도로 소성한 제품으로 내수성, 방화성, 내마멸성이 우수

② 흡수성이 적으며, 휨과 충격에 강하다.

③ 모양과 크기에 따라 모자이크타일, 외장타일, 바닥타일 등으로 구분한다.

④ 조경장식 및 건축의 마무리재로 많이 사용

⑤ 테라코타(Terracotta) 출제

㉠ 이탈리아어로 '구운흙'

㉡ 석재 조각물 대신사용하고 있는 장식용 점토제품

㉢ 가장 미술적인 점토제품으로 석재보다 자유롭게 색 선택 가능

㉣ 석재보다 가볍고, 압축강도는 화강암의 1/2정도

㉤ 화강암보다 내화력이 강하고 대리석보다 풍화에 강하므로 외장 사용에 적당

⑥ 타일 형성법

㉠ 프레스법(건식제법) : 판에 찍어서 만듬

㉡ 압출법(습식제법) : 떡 뽑듯이 빼내는 것

⑦ 타일 동해방지

㉠ 소성온도가 높은 타일 사용

㉡ 흡수성이 낮은 타일 사용

㉢ 붙임용 모르타르 배합비를 정확히 한다.

㉣ 줄눈 누름을 충분히 하여 빗물의 침투를 방지한다.

⑧ 내부 바닥용 타일의 성질

㉠ 단단하고 내구성이 강한 것

㉡ 흡수성이 작은 것

㉢ 내마모성이 좋고, 충격에 강한 것

㉣ 표면이 미끄럽지 않은 것

4. 도자기 제품

① 돌을 빻아 빚은 것을 1,300℃로 구워 물을 빨아들이지 않음

② 마찰, 충격에 견디는 힘이 강함

③ 음료수대, 가로등 기구, 야외탁자 등에 사용

3 조경재료

06 그 밖의 재료

1. 플라스틱(Plastic) 재료 출제

① 합성수지에 가소제, 채움제, 안정제, 착색제 등을 넣어 성형한 고분자 물질

② 플라스틱 재료의 특성

㉠ 성형이 자유롭고 가벼우며 강도와 탄력이 크고 견고

㉡ 소성, 가공성이 좋아 복잡한 모양의 제품으로 성형이 가능

㉢ 내산성, 내알카리성이 크고 녹슬지 않는다.

㉣ 착색이 자유롭고 광택이 좋으며, 접착력이 크다.

ⓜ 불에 타기 쉽고 내열성, 내광성, 내화성이 부족하다.

ⓗ 저온에서 잘 파괴된다(온도변화에 약하다).

ⓢ 투광성, 접착성, 절연성이 있다.

③ 플라스틱 재료의 용도

㉠ 경질 염화비닐관(PVCP, Poly Vinyl Chloride Pipe) : 흙 속에서 부식되지 않으며, 유수 마찰이 적고 이음이 용이하다.

㉡ 폴리에틸렌관(Pe Pipe) : 가볍고 충격에 견디는 힘이 크며, 내한성이 커 추운 지방의 수도관으로 사용

㉢ 유리섬유강화플라스틱(Fiber-glass Reinforced Plastic, FRP) : 가장 많이 사용하는 플라스틱제품으로 강도가 약한 플라스틱에 강화제인 유리섬유를 넣어 강화시킨 제품으로 벤치, 인공폭포, 미끄럼대의 슬라이더, 화분대, 인공동굴, 수목보호대로 이용된다.

㉣ 염화비닐수지 : 비닐포, 비닐망, 파이프, 튜브, 물받이통 등의 제품에 가장 많이 사용되는 열가소성수지

㉤ 열가소성수지 : 폴리에틸렌수지가 있으며 열에 의해 연화되고, 수장재료 이용되며 냉각하면 그 형태가 붕괴되지 않아 고체가 된다.

㉥ 폴리에틸렌수지 : 상온에서 유백색의 탄성이 있는 열가소성수지로 얇은 시트, 벽체 발포온판 및 건축용 성형품으로 이용

㉦ 페놀수지 : 페놀류와 포름알데히드류의 축합에 의해서 생기는 열경화성(熱硬化性) 수지로 주로 절연판이나 접착제 등으로 사용된다. 플라스틱 중에서 가장 역사가 오래인 재료로, 유리와 고무 등 각종 충전재료(充塡材料)와 병용하는 경우가 많다.

㉧ 멜라민수지 : 멜라민과 폼알데하이드를 반응시켜 만드는 열경화성 수지로서 열·산·용제에 대하여 강하고, 전기적 성질도 뛰어나다. 식기·잡화·전기 기기 등의 성형재료로 쓰이며 무색투명하여 아름답게 착색할 수 있다.

㉨ 폴리에스테르 수지 : 내약품성, 내후성이 좋고 기계적 강도도 크며, 주형 수지로서 많이 사용된다. 유리섬유를 넣은 강화 폴리에스테르는 강도가 있고 가볍고 내식성이 우수하기 때문에 의자, 테이블, 욕조 등에 사용된다.

㉩ 아크릴 수지 : 플라스틱의 일종으로 유리 이상의 투명도가 있고 성형 가공도 쉬워 두께 10cm 이상인 항공기의 특수 창유리, 조명기구 커버, 차량의 유리, 광학 기계용 프리즘, 필터, 시계유리 등에 이용

2. 미장재료

건축물의 내벽, 외벽, 바닥, 천정 등을 미화, 방음, 방습, 보온 등을 위하여 발라 마감하는 재료

① 미장재료의 장점

㉠ 이음매 없이 바탕을 처리할 수 있다.

㉡ 다양한 형태로 성형할 수 있고 가소성이 크다.

② 미장재료의 단점

물을 사용하므로 재료의 혼합에 있어 경화시간이 길다.

③ 미장재료의 종류 출제

㉠ 시멘트 모르타르 : 시멘트 벽돌담, 플라워박스 등의 마무리에 이용된다.

㉡ 회반죽(plaster)

- 소석회를 반죽한 것으로 흰색의 매끄러운 표면을 나타낸다.
- 상여물, 해초풀, 기타 전・접착제 등을 섞어 반죽하여 발라 균열을 방지한다.

㉢ 벽토(壁土)

- 진흙에 고운 모래, 짚여물, 착색안료와 물을 혼합하여 반죽한 것
- 미장재료 중 자연적인 분위기를 살릴 수 있는 제품
- 전통성을 강조하는 고유 토담집 흙벽, 울타리, 담에 사용

3. 도장재료 출제

도료(塗料)를 칠하거나 바르는 재료로 도장 시 칠은 3공정(초벌(바탕칠), 정벌, 재벌)으로 한다. 철재부는 광명단을 칠한 후 도장한다.

① 페인트

㉠ 유성페인트 : 안료, 건성유, 희석제, 건조제 등을 혼합한 것

㉡ 수성페인트 : 광택이 없고 내장마감용으로 사용

㉢ 에나멜페인트 : 니스(바니쉬)에 안료(물감)를 섞은 것으로 건조속도가 빠르고 광택이 좋다.

㉣ 수성공정페인트칠 : 바탕만들기 → 초벌칠하기 → 퍼티먹임 → 연마작업 → 재벌칠하기 → 정벌칠하기

② 니스(바니쉬)

㉠ 무색 또는 담갈색의 투명 도료로 목질부 도장에 주로 쓰임

㉡ 코팅두께가 얇아 외부구조물에 사용 부적당

㉢ 2~3회 바른다.

3 조경재료

③ 합성수지 도료

건조시간이 빠르고, 내산성·내알카리성이 있어 콘크리트면에 바를 수 있다.

④ 방청도료

㉠ 금속의 부식방지 도료

㉡ 광명단 : 보일유와 혼합하여 녹막이 도료를 만드는 주황색 안료

⑤ 퍼티(putty) : 유지 혹은 수지와 탄산칼슘 등의 충전재를 혼합하여 만든 것으로 창유리를 끼우는 곳, 갈라짐이나 틈을 채우는 곳에 주로 사용하며, 도장 바탕을 고르는데 사용

⑥ 레커(락카)

㉠ 번쩍이지 않게 표면 마감

㉡ 외부에 사용하며 바니쉬보다 고가(高價)

⑦ 도장의 효과

㉠ 바탕재료의 부식을 방지하고 아름다움을 증대

㉡ 내구성 증대, 광택효과, 광선 반사조절, 다양한 색채 연출로 피로감소 및 작업능률 향상

※ 분체도장

- 분말도료를 스프레이로 뿜어 칠하는 도장방법으로 도막형성 때 주름현상이나 흐름현상 없고 점도조절 필요 없어 도정작업이 간단
- 합성수지를 고체 분말형태로 하여 피도물에 코팅하는 분말수지로 무익한 성분들을 없애고 용해하여 수지만을 이용하는 방법

도장종류	개요 및 특징	장 점	단 점	공정 및 방법	용 도
분체(粉體)	합성수지를 분말형태로하여 피도체에 코팅 무용제형(無溶劑型)도료 무정전스프레이법 대표적	공해문제 해결 자동도장 작업간편 공정단축 비용절감	색상변경 곤란 전용도장기 필요 현상시공 불가 가열건조온도가 높음	유동침지법 정전(靜電)유동침지법 정전스프레이법	조경시설물 건축자재 공구류 가구류 운동기구

4. 역청 재료

① 역청을 주성분으로 하는 재료로, 천연아스팔트, 석유 아스팔트, 타르, 피치 등이 있다.

② 종류에 따라 도로의 포장재료, 방수용 재료, 호안 재료, 토질안정 재료, 주입 재료, 도료, 줄눈 재료, 절연재 등으로 사용

5. 유리 재료

① 건물의 내부공간과 외부공간을 잇는 매우 중요한 요소이다.

② 조경 시설에서는 온실, 수족관의 수조, 동물 전시함, 기타 각종 전시 시설에 따라 여러 가지 유리를 이용하고 있다.

③ 최근에는 환경조형물이나 안내판 등에도 널리 이용되고 있고, 유리블록 제품이 발달하여 입체적인 벽면 구성이나 특수 지역의 바닥 포장용 재료로 사용하고 있다.

④ 유리의 주성분 : 규산, 소다, 석회

6. 물

① 정적이용 : 호수, 연못, 풀(pool) 등

② 동적이용 : 분수, 폭포, 벽천, 계단폭포 등

③ 조경에서 물은 동·서양 모두 즐겨 이용

④ 벽천 : 다른 수경시설에 비해 소규모 공간에 사용

7. 합성수지 제품

① 특성

㉠ 플라스틱에 강화재를 넣어 만든 제품으로 조경용으로는 FRP가 대표적

㉡ 시설물 제작시 색이 비교적 퇴색되지 않고 유지됨

㉢ 성형에 따라 임의로 형태를 만들 수 있음

㉣ 보수가 거의 불가능하므로 교체하기 쉬운 구조로 제작

② 합성수지의 화학적 성질

㉠ 내화성이 부족

㉡ 페놀수지, 염화비닐, 폴리에틸렌 수지 등은 내약품성, 내산성, 내알카리성 등이 매우 큼

③ 사용 시 주의사항

㉠ 경도가 부족하여 마모되는 곳은 사용 자제

㉡ 내화도가 낮아 150℃ 이상에서 사용 자제

㉢ 건조 변형이 생김

㉣ 온도 변형이 생기므로 면적이 긴 판재나 길이가 긴 대, 줄, 파이프 등은 미리 신축을 고려하여 사용

㉤ 성형 가공 후 습기, 열의 영향 이외에도 시간이 경과함에 따라 약간 줄거나 장기하중으로 약간씩 구부러지는 경향이 생김

8. 접착제 출제

① 요소수지(尿素樹脂, urea resin) : 요소와 알데하이드류(주로 폼알데하이드)의 축합반응으로 생기는 열경화성 수지로 신장강도가 높고 잘 휘어지며 열에 의한 비틀림 온도가 높다.

② 에폭시수지(epoxy resin) : 분자 내에 에폭시기 2개 이상을 갖는 수지상 물질 및 에폭시기의 중합에 의해서 생긴 열경화성 수지로 굽힘 강도·굳기 등 기계적 성질이 우수하고 경화 시에 휘발성 물질의 발생 및 부피의 수축이 없고, 경화할 때는 재료면에서 접착제로 사용되는 수지 중 큰 접착력을 가진다.

9. 생태복원 재료

① 최근에 환경적 문제를 해결하기 위해 친환경적 재료를 개발한 것이 생태복원 재료이다.

② 비탈면 녹화공법, 자연형 하천 공법, 생태연못 또는 습지조성 등에 사용하며, 식생매트, 식생자루, 식생호안블록, 잔디블록 등이 이에 해당한다.

예제 1

조경 시설물 중 미끄럼대의 슬라이더, 인공폭포, 벤치 등에 많이 사용되는 것으로 플라스틱에 강화제인 유리 섬유를 넣어 강화시킨 재료를 무엇이라 하는가?

① 유리섬유강화플라스틱(FRP) ② 경질 염화비닐관(PVCP)
③ 폴리에틸렌관(Pe Pipe) ④ 플라스틱(Plastic)

정답 : ①

해설 경질 염화비닐관(Poly Vinyl Chloride Pipe, PVCP) – 흙 속에서도 부식되지 않으며 유수마찰이 적고 이음이 용이한 플라스틱 재료. 폴리에틸렌관(Pe Pipe) – 내한성이 커 추운 지방의 수도관으로 많이 사용

참고 멜라민수지 도료 : 열경화성수지도료이며, 내수성이 크고 열탕에서도 침식되지 않는다. 무색 투명하고 착색이 자유로우며 아주 굳고 내수성, 내약품성, 내용제성이 뛰어나다. 알키드수지로 변성하여 도료, 내수베니어합판의 접착제 등에 이용되는 도료.

나만의 서브노트

1 . 금속재료의 장점 : 인장강도가 크다. 종류가 다양하고 강도에 비해 가볍다. 균일성, 불연재로 공급이 용이하다.

2 . 금속재료의 단점 : 내산성, 내알카리성이 작고 차가운 느낌이 듬

3 . 강판 : 강편을 롤러에 넣어 압연한 것

4 . 철선 : 연강의 강선을 아연 도금한 것으로 거푸집 잡아매기 및 철근을 묶는데 사용

5 . 벽돌 : 표준형 규격 190 × 90 × 57mm, 기존형 규격 210 × 100 × 60mm

6 . 도자기 제품 : 조경용으로 외장타일, 계단타일, 야외탁자 만듬

7 . 폴리에틸렌관(Pe Pipe) : 가볍고 충격에 견디는 힘이 크고 시공이 용이하다. 경제적이고 내한성이 커서 추운 지방의 수도관으로 사용된다.

8 . 유리섬유강화플라스틱(FRP) : 벤치, 화단 장식재, 인공폭포, 인공암, 정원석에 이용

9 . 염화비닐수지 : 비닐포, 비닐망

10. 미장재료 중 벽토(壁土) : 목조 외벽에 발라 자연적인 분위기를 살린다. 회반죽 : 소석회를 반죽한 것으로 흰색의 매끄러운 표면을 나타내고 상여물, 해초풀 등을 섞어 반죽하여 바른다.

11. 도료 중 바니쉬와 페인트의 근본적 차이 : 안료

12. 타일 : 1,100℃ ~ 1,400℃ 정도로 소성한 제품

13. 도자기 제품 : 1,300℃로 구움

14. 테라코타 : 석재 조각물 대신사용하고 있는 장식용 점토제품

15. 플라스틱 제품 : 성형이 자유로워 복잡한 모양의 제품으로 성형이 가능. 가볍고 강도와 탄력성이 크며 견고하다. 내화성이 부족하여 저온에서 잘 파괴된다(온도변화에 약하다). 투광성, 접착성, 절연성이 있다.

16. 물의 정적이용 : 호수, 연못, 풀(pool) 등

17. 물의 동적이용 : 분수, 폭포, 벽천, 계단폭포 등

18. 벽천 : 소규모 공간에 사용

출제예상문제

01. 다음 중 퍼티(putty)에 대한 설명 중 옳은 것은?

① 페인트칠을 할 때 쓰이는 헝겊으로 된 붓의 일종이다.
② 페인트칠을 한 후 마지막 마감을 할 때 쓰는 약품이다.
③ 페인트 칠을 할 때 도장 바탕을 고르기 위해 사용하는 것이다.
④ 특수 페인트의 일종이다.

퍼티는 도장 바탕을 고르는데 사용된다.

02. 철의 부식을 막기 위해 제일 먼저 칠하는 페인트는?

① 바니시 ② 광명단
③ 에나멜 페인트 ④ 카세인

녹막이 페인트 : 연단페인트, 광명단, 방청산화철페인트 등이 있음

03. 금속제품의 특성 중 장점이 아닌 것은?

① 인장강도가 크고 종류가 다양하다.
② 재료의 균일성이 높고 공급이 용이하다.
③ 강도에 비해 가볍고 불연재이다.
④ 내산성과 내알카리성이 크다.

④는 플라스틱제품의 특성이다.

04. 다음 중 금속재료의 특성이 바르게 설명된 것은?

① 소재 고유의 광택이 우수하다.
② 소재의 재질이 균일하지 않다.
③ 재료의 질감이 따뜻하게 느껴진다.
④ 일반적으로 산에 부식되지 않는다.

05. 다음 중 재료의 강도에 영향을 주는 요인이 아닌 것은?

① 온도와 습도
② 강도의 방향성
③ 하중속도와 하중시간
④ 탄성계수

탄성계수 : 인장, 압축에 대한 재료의 저항 정도를 나타내는 계수

06. 다음 중 거푸집이나 철근을 묶는데 사용되는 것은?

① 철선 ② 양철판
③ 와이어 로프 ④ 경판

철선은 연강의 강선에 아연을 도금한 것으로 거푸집이나 철근을 묶는데 사용된다.

07. 철금속 제품 중 강편을 롤러에 넣어 압연한 것은?

① 함석 ② 강판
③ 철선 ④ 양철

08. 칠이 벗겨진 목재벤치에 페인트칠을 하려고 한다. 다음 중 준비물에 속하지 않는 것은?

① 연단페인트
② 사포
③ 퍼티
④ 바니쉬

철재의 부식을 막기 위한 것은 연단페인트와 광명단이 있다.

정답 1③ 2② 3④ 4① 5④ 6① 7② 8①

09. 페인트의 특성이 아닌 것은?

① 수성, 유성, 에나멜페인트가 있다.
② 합판에 칠하면 바탕색이 변한다.
③ 합판은 수성페인트로 칠한다.
④ 에나멜페인트는 광택이 없다.

에나멜페인트는 광택이 있다.

10. 다음 중 도료의 특성이 아닌 것은?

① 유성 페인트는 철제에 사용한다.
② 수성 페인트는 콘크리트나 모르타르에 사용된다.
③ 페인트 도장은 1회 한다.
④ 광명단은 방청도료이다.

페인트 도장은 3회로 초벌(바탕칠), 재벌(1회칠), 정벌(2회칠)을 실시한다.

11. 다음 중 미장재료에 속하는 것은?

① 페인트 ② 니스
③ 회반죽 ④ 래커

미장재료 : 시멘트, 모르타르, 회반죽, 벽토 등, 도장재료 : 페인트, 니스(바니쉬), 래커 등

12. 표준형 벽돌의 규격은?(단위 : mm)

① 190×90×57
② 190×100×60
③ 210×90×57
④ 210×100×60

표준형 벽돌의 규격은 190×90×57이고, 기존형 벽돌의 규격은 210×100×60이다.

13. 벽돌의 표준형의 크기는 190×90×57mm이다. 벽돌 줄눈의 두께를 10mm로 할 때, 표준형 벽돌벽 1.5B의 두께는 얼마인가?

① 190mm ② 240mm
③ 290mm ④ 390mm

190+90+10=290mm

14. 다음 벽돌의 줄눈 종류 중 우리나라 사괴석에서 흔히 볼 수 있는 줄눈의 형태는?

① 오목줄눈 ② 둥근줄눈
③ 빗줄눈 ④ 내민줄눈

문화재 보수 공사 시 사괴석 담장에는 내민줄눈이 사용된다.

15. 속빈 시멘트 벽돌을 압축강도에 따라 구분하였다. 옳은 것은?

① 1급 블록 – 30kg/cm² 이상
② 2급 블록 – 70kg/cm² 이상
③ 3급 블록 – 90kg/cm² 이상
④ 중량블록 – 비중이 1.8 이상인 블록

속빈 시멘트 블록 벽돌 압축강도 : A종(3급) 40kg/cm², B종(2급) 60kg/cm², C종(1급) 80kg/cm²

16. 다음 중 제품의 제작과정이 다른 것은?

① 시멘트벽돌 ② 붉은벽돌
③ 점토벽돌 ④ 내화벽돌

② ③ ④는 점토로 만든다.

17. 흡수성과 투수성이 없으므로 배수관, 상·하수도관, 전선 및 케이블관 등에 쓰이는 점토제품은?

① 벽돌 ② 도관
③ 플라스틱 ④ 타일

정답 9④ 10③ 11③ 12① 13③ 14④ 15④ 16① 17②

18. 다음 중 점토제품이 아닌 것은?

① 타일 ② 도관
③ 기와 ④ 벽토

벽돌, 도관, 타일, 도자기, 기와 등은 점토제품이다. 벽토는 진흙에 고운모래, 짚여물, 착색안료와 물을 혼합하여 반죽해서 만든다.

19. 플라스틱제품의 특성이 아닌 것은?

① 비교적 산과 알카리에 견디는 힘이 강하다.
② 접착시키기가 간단하다.
③ 저온에서도 파손이 안된다.
④ 60℃ 이상에서 연화된다.

플라스틱제품은 가벼우며 강도와 탄력성이 크다. 가공성이 좋아 복잡한 모양의 제품으로 성형이 가능하고, 내산성, 내알카리성이 크며 녹슬지 않는다.

20. 플라스틱 제품의 특성으로 틀린 것은?

① 내산성과 내알카리성이 크고 녹슬지 않는다.
② 접착력이 크고 내열성이 크다.
③ 착색력과 광택이 좋다.
④ 가벼우며 강도와 탄력성이 좋다.

플라스틱제품은 내열성(내화성)이 부족하여 온도의 변화에 약하다.

21. 다음 중 가볍고 충격에 견디는 힘이 크고 시공이 용이하며, 내한성이 커서 추운 지방의 수도관에 사용되는 제품은?

① 염화비닐수지
② 폴리에틸렌수지
③ 폴리에틸렌관(PE Pipe)
④ 유리섬유강화 플라스틱(FRP)

염화비닐수지는 비닐포, 비닐망에 사용되고, 폴리에틸렌수지는 열가소성수지에 포함된다. 유리섬유강화플라스틱(FRP)은 인공폭포, 인공암, 정원석, 수목보호대에 사용된다.

22. 다음 재료 중 번쩍이지 않게 표면을 마감하고 외부에 사용하는 도장재료는?

① 벽토 ② 회반죽
③ 바니쉬 ④ 락카

벽토 : 바람벽에 바른 흙으로 자연적인 분위기를 살리는 데 사용한다. 회반죽 : 소석회 반죽으로 흰색이고, 표면이 매끄럽다. 바니쉬(니스) : 투명한 재료로 완전건조 후 2~3회 바른다.

23. 다음과 같은 특징을 가진 재료는?

- 성형, 가공이 용이하다.
- 가벼운데 재질이 약하다.
- 내화성이 없다.
- 온도의 변화에 약하다.

① 목질재료 ② 플라스틱제품
③ 금속재료 ④ 흙

24. 인공폭포, 인공바위 등의 조경시설에 쓰이는 일반적인 재료는?

① PVC ② 비닐
③ 합성수지 ④ FRP

유리섬유강화플라스틱(FRP) : 강도가 약한 플라스틱에 강화제인 유리섬유를 넣어 강화시킨 제품으로 벤치, 인공폭포, 인공암, 정원석 등에 이용된다.

25. 생태복원용으로 이용되는 재료로 거리가 먼 것은?

① 식생매트 ② 식생자루
③ 식생호안 블록 ④ FRP

유리섬유강화플라스틱(FRP)은 제조과정중 대기 오염과 환경오염을 시키고 있다.

정답 18④ 19③ 20② 21③ 22④ 23② 24④ 25④

26. 다음 중 폭포나 벽천 등의 마감재로 부적합한 것은?

① 자연석
② 화강암
③ 유리섬유 강화 플라스틱
④ 목재

폭포나 벽천은 물을 이용하기 때문에 목재를 사용하면 부패되거나 썩는다.

27. 다음 경계석 재료 중 잔디와 초화류의 구분에 주로 사용하며 곡선처리가 가장 용이한 경제적인 제품은?

① 콘크리트제품 ② 화강석제품
③ 금속재제품 ④ 플라스틱제품

플라스틱 제품의 일반적 특성은 성형이 자유로워 곡선처리가 용이하고, 착색이 자유롭다.

28. 다음 플라스틱 재료 중 흙 속에서도 부식되지 않는 제품은?

① 식생호안블록
② 유리블록제품
③ 콘크리트 격자블록
④ 경질 염화비닐관

경질 염화비닐관(PVCP)은 흙 속에서도 부식되지 않으며, 이음이 용이하다.

29. 다음 중 열가소성 수지는 어느 것인가?

① 페놀수지 ② 멜라민수지
③ 폴리에틸렌수지 ④ 요소수지

열가소성 수지 : 폴리염화비닐, 폴리프로필렌, 폴리에틸렌, 폴리스티렌, 아크릴, 나일론

30. 비닐포, 비닐망 등은 어느 수지에 속하는가?

① 아크릴수지 ② 염화비닐수지
③ 폴리에틸렌수지 ④ 멜라민수지

염화비닐수지(PVC) : 성형이 용이하고 착색이 자유롭다. 내열성이 낮아 온도에 의한 신축성이 커서 비닐포, 비닐망 등에 사용된다.

31. 다음 중 폴리에틸렌관의 설명으로 틀린 것은?

① 가볍고 충격에 견디는 힘이 크다.
② 시공이 용이하다.
③ 유연성이 적다.
④ 경제적이다.

폴리에틸렌관 : 한냉지 배관에서 관 속의 물이 얼어도 관이 파손되지 않고 유연성이 있다.

32. 해초풀 물이나 기타 전·접착제를 사용하는 미장 재료는?

① 벽토 ② 회반죽
③ 시멘트 모르타르 ④ 아스팔트

벽토(壁土) : 진흙에 고운모래, 짚여물 등과 물을 혼합하여 반죽한 것으로 목조의 벽에 바름으로써 자연스러운 분위기를 살릴 수 있다. 회반죽 : 석고 또는 석회, 물, 모래 등의 성분으로 경화하는 성질을 이용하여 벽면 등을 도장하는데 사용하는 건축재로 상여물, 해초풀, 기타 전・접착제 등을 섞어 반죽하여 발라 균열을 방지

33. 도료의 성분에 의한 분류로 틀린 것은?

① 생칠 : 칠나무에서 채취한 그대로의 것
② 합성수지도료(용제형) : 합성수지+용제+안료
③ 수성페인트 : 합성수지+용제+안료
④ 유성바니시 : 수지+건성유+희석제

수성페인트 : 안료를 물로 용해하여 수용성 교착제와 혼합한 분말 상태의 도료

정답 26 ④ 27 ④ 28 ④ 29 ③ 30 ② 31 ③ 32 ② 33 ③

34. 다음 중 원광석인 보크사이트에서 추출한 물질을 전기 분해해서 만드는 금속은?

① 니켈
② 비소
③ 구리
④ 알루미늄

알루미늄은 원광석인 보크사이트에서 순 알루미나를 추출하여 전기분해 과정을 통해 얻어진 은백색의 금속으로 경량구조재, 섀시, 피복재, 설비, 기구재, 울타리 등에 사용. 구리는 구리와 아연의 합금형태로 많이 이용하며 내식성이 강하고 외관이 아름다워 외부장식재로 이용

35. 녹막이 페인트가 갖추어야 할 성질에 해당하는 것은?

① 탄력성이 가급적 적을 것
② 내구성이 작을 것
③ 투수성일 것
④ 마찰 충격에 견딜 수 있을 것

녹막이 페인트 : 표면에 칠하여 외부와의 접촉을 막아 부식하지 않도록 하기 위해 사용하는 페인트

36. 다음 도료(塗料) 중 바니쉬와 페인트의 근본적인 차이점은?

① 안료 ② 건조과정
③ 용도 ④ 도장방법

바니쉬와 페인트는 안료(顔料)의 희석에 따라 차이점이 있다.

37. 바탕재료의 부식을 방지하고 아름다움을 증대시키기 위한 목적으로 사용하는 재료는?

① 니스 ② 피치
③ 벽토 ④ 회반죽

니스는 장판이나 나무 등에 칠하여 광택을 내게 하고 부식을 방지하고 아름다움을 증대시켜준다.

38. 점토제품 중 돌을 빻아 구운 것을 1,300℃ 정도의 온도로 구웠기 때문에 거의 물을 빨아들이지 않으며, 마찰이나 충격에 견디는 힘이 강한 것은?

① 벽돌제품
② 토관제품
③ 타일제품
④ 도자기제품

39. 조경용으로 외장타일, 계단타일, 야외탁자를 만드는 것은 어느 재료인가?

① 금속재료
② 플라스틱제품
③ 도자기제품
④ 시멘트제품

도자기제품은 옥외시설물 중 식수대, 외장타일, 야외탁자 등에 쓰인다.

40. 타일을 용도에 따라 분류한 것이 아닌 것은?

① 모자이크타일
② 내장타일
③ 외장타일
④ 콘크리트판

41. 스테인리스 제품의 용접 시 내식성을 향상시킬 수 있는 용접은?

① 산소아세틸렌용접
② 불활성가스용접
③ 납땜용접
④ 전기저항용접

산소아세틸렌용접 : 산소와 아세틸렌이 화합할 때 발생하는 고열을 이용한 용접 방법으로 가스용접 중 가장 널리 사용되는 방법

정답 34 ④ 35 ④ 36 ① 37 ① 38 ④ 39 ③ 40 ① 41 ②

42. 조경용으로 쓰이는 섬유재가 아닌 것은?
① 볏짚
② 새끼줄
③ 밧줄
④ 털실

섬유재 : 녹화마대, 새끼줄, 밧줄, 볏짚 등

43. 다음 중 조경공사에 사용되는 섬유재에 관한 설명으로 틀린 것은?
① 볏짚은 줄기를 감싸 해충의 잠복소를 만드는데 쓰인다.
② 새끼줄은 뿌리분이 깨지지 않도록 감는데 사용한다.
③ 밧줄은 마섬유로 만든 섬유로프가 많이 쓰인다.
④ 새끼줄은 5타래를 1속이라 한다.

새끼줄은 10타래를 1속이라 한다.

44. 새끼(볏짚제품)의 용도를 설명한 것 중 틀린 것은?
① 더위에 약한 나무를 보호하기 위해서 줄기에 감는다.
② 옮겨 심는 나무의 뿌리분이 상하지 않도록 감아준다.
③ 강한 햇볕에 줄기가 타는 것을 방지하기 위하여 감싸준다.
④ 천공성 해충의 침입을 방지하기 위하여 감싸준다.

45. 수목 이식 후에 수간보호용 자재로 부피가 가장 작고 운반이 용이하며 도시 미관 조성에 가장 적합한 재료는?
① 짚 ② 새끼
③ 거적 ④ 녹화마대

녹화마대 : 천연 식물섬유재로 통기성, 보온성이 우수하다. 미관이 수려하며 수목의 활착에 도움을 준다.

46. 수목 굴취 시 뿌리분을 감는데 사용하며, 포트(Pot)역할을 하여 잔뿌리 형성에 도움을 주는 환경 친화적인 재료는?
① 새끼 ② 철선
③ 녹화마대 ④ 고무 밴드

47. 물에 대한 설명이 틀린 것은?
① 호수, 연못, 풀 등은 정적으로 이용된다.
② 분수, 폭포, 벽천, 계단폭포 등은 동적으로 이용된다.
③ 조경에서 물의 이용은 동·서양 모두 즐겨 했다.
④ 벽천은 다른 수경시설에 비해 대규모 지역에 어울리는 방법이다.

벽천은 소규모 지역에 어울리는 방법이다.

48. 다음 중 콘크리트의 보강용으로 이용되는 것은?
① 컬러 철선 ② 와이어로프
③ 볼트와 너트 ④ 용접철망

용접철망(와이어메쉬) : 철선을 직교하여 기하학적으로 배열하고 그들의 교점을 전기 저항 용접하여 격자모양으로 만든 철망

정답 42 ④ 43 ④ 44 ① 45 ④ 46 ③ 47 ④ 48 ④

제4장 조경계획 및 설계

01. 조경계획과 설계의 과정
02. 조경설계 방법
03. 조경설계 사례

조경계획과 설계의 과정

01 계획과 설계의 뜻

1. 계획과 설계의 구분

① 계획과 설계 비교

계획(Planning)과 설계(Design)는 엄밀하게 구분하기 어렵기 때문에 함께 사용하기도 하지만 개념상으로 분명히 다른 행위이다.

구분	계획(Planning)	설계(Design)
정의	장래 행위에 대한 구상을 짜는 일	제작 또는 시공을 목표로 아이디어를 도출하고 구체적으로 도면 또는 스케치 등의 형태로 표현
요구	합리적인 측면	표현적 창의성
구분	목표설정 → 자료분석 → 기본계획	기본설계 → 실시설계 단계
일반적	· 문제의 발견과 분석에 관련 · 논리적, 객관적으로 문제에 접근 · 분석결과를 서술형으로 표현	· 문제의 해결과 종합에 관련 · 주관적, 직관적, 창의성, 예술적 강조 · 도면이나 그림, 스케치로 표현

② 설계 과제의 특성

최적의 설계안으로 최선의 안을 만든다.

③ 조경계획 접근방법 출제

■ S. Gold(1980)의 레크레이션 계획 접근방법

- 자원접근방법 : 물리적 자원 혹은 자연자원이 레크레이션의 유형과 양을 결정하는 방법(ex 스키장)
- 활동접근방법(active) : 과거의 레크레이션 활동에서 과거 참가사례가 레크레이션 기회를 결정하도록 계획하는 방법(ex 서울랜드, 에버랜드)
- 경제접근방법 : 지역사회의 경제적 기반이나 예산 규모가 레크레이션의 종류·입지를 결정하는 방법

- 행태접근방법(behave : 행동) : 일반 대중이 여가시간에 언제, 어디에서, 무엇을 하는 가를 상세히 파악하여 그들의 행동 패턴에 맞추어 계획하는 방법(ex 모니터링, 설문조사)
- 종합접근방법 : 위의 각 접근법의 긍정적인 측면만 취하는 접근방법

※ 조경계획 접근방법에서 활동접근방법과 행태접근방법을 비교해야 한다.

2. 현대 도시계획 출제

① 전원도시론

㉠ 하워드가 제창

㉡ 1903년 레치워드(최초의 전원도시), 1920년 웰윈이 전원도시에 속한다.

㉢ 도시생활의 편리함과 농촌생활의 이로움을 함께 지닌 도시

② 위성도시론 : 테일러가 제창. 도시의 부분적 기능을 교외로 옮겨 신도시 건설

③ 근린주구이론

㉠ 1929년 C. A 페리에 의해 개념이 시작

㉡ 근린주구에서 생활의 편리성·쾌적성, 주민들간의 사회적 교류를 도모

㉢ 규모는 하나의 초등학교 학생 1,000~2,000명에 해당하는 거주 인구가 5,000~6,000명이 위치할 수 있는 크기를 가지는 지역

㉣ 단지내부의 교통체계는 쿨데삭(cul-de-sac)과 루프형 집분산도로, 주구의 외곽은 간선도로로 경계가 형성되도록 계획한다.

㉤ 일상생활에 필요한 모든 시설은 도보권 내에 둔다.

㉥ 차량동선을 구역 내에 끌어들이지 않는다.

④ 레드번(Redburn)

㉠ 라이트(wright)와 스타인(stein)의 계획

㉡ 하워드의 전원도시 개념을 적용하여 미국에 전원도시 건설

㉢ 인구 25,000명 수용

㉣ 10~20ha의 슈퍼블록을 계획하여 보행자와 차량을 분리

㉤ 주구 내는 쿨레삭(cul-de-sac)으로 마무리 되어 통과교통 방지와 속도 감소효과를 가져와 자동차의 위험으로부터 보호

㉥ 녹지체계는 주거 중앙에 지구면적의 30% 이상 녹지를 확보

⑤ 대도시론 : 르꼬르뷔지에가 제창한 인구 300만명을 수용하는 거대도시계획

⑥ 도시 녹지체계 개념

㉠ 공원녹지는 쾌적한 도시환경조성, 휴식 및 정서함양에 기여

㉡ 기능 : 환경보전, 방재, 경관, 레크리에이션

⑦ 공원 녹지체계의 종류

㉠ 도시공원

- 생활권 공원 : 소공원, 어린이공원, 근린공원
- 주제 공원 : 문화, 역사, 체육, 묘지, 수변, 도시농업 등

㉡ 자연공원 : 국립공원, 도립공원, 군립공원

㉢ 녹지

- 도시계획시설 : 경관녹지, 완충녹지
- 용도지역별 녹지유형 : 생산녹지, 자연녹지, 보전녹지

㉣ 공원시설 종류 : 조경시설, 휴양시설, 운동 및 편익시설

⑧ 녹지계통의 형식(유형)

㉠ 분산식(형) : 녹지대가 여러 가지 형태로 배치된 형태, 접근성이 좋아 대도시에 적합

㉡ 환상식(형) : 도시를 중심으로 환상상태로 5~10km 폭으로 조성된 것으로 도시가 확대되는 것을 방지하는데 큰 효과가 있는 녹지계통으로 오스트리아 빈이 대표적인 예이다. 또한 그린벨트와 하워드 전원도시론이 대표적이다.

㉢ 방사식(형) : 도시의 중심에서 외부로 방사상 녹지대를 조성하는 것으로 집중형 녹지계통에 접근성을 높여주는 방식으로 미국 래드번, 독일의 하노버 등이 대표적인 예이다.

㉣ 방사환상식(형) : 방사식 녹지형태와 환상식 녹지를 결합하여 장점을 이용한 이상적인 도시녹지대 형식으로 독일의 퀼른이 대표적인 예이다.

㉤ 위성식(형) : 대도시에만 적용되는 것으로 대도시의 인구 분산을 위해 환상내부에 녹지대를 조성하고 녹지대 내에 소시가지를 위성적으로 배치하는 것으로 독일의 프랑크푸르트가 대표적인 예이다.

㉥ 평행식(형) : 도시의 형태가 대상형일 때 띠모양으로 일정한 간격을 두고 평행하게 녹지대를 조성하는 것으로 스페인의 마드리드, 러시아의 스탈린그라드가 대표적인 예이다.

㉦ 집중식(형) : 생태적 안정성은 높으나 접근성이 낮아 소도시에 적합

㉧ 격자식(형) : 격자형태의 모양으로 배치된 형태이며, 가로수와 소공원의 연결과 녹지의 연결성이 필요하다.

㉨ 원호식(형) : 대상식(형)과 비슷하나 비정형으로 녹지대가 한쪽으로 치우쳐 있다.

㉩ 거미줄식(형) : 유기체형 또는 거미줄 모양으로 브라질리아가 대표적인 예이다.

02 계획과 설계의 과정

1. 계획과 설계의 과정

목표설정 → 자료분석(현황분석) 및 종합 → 기본구상 → 기본계획 → 기본설계 → 실시설계 → 시공 및 감리 → 유지관리

① 목표설정

㉠ 일정 프로젝트를 수행하기 위해서 목표를 분명히 설정

㉡ 계획의 기본 방향 설정, 공간규모 계획은 필요한 공간의 종류, 규모, 수용인원 등을 결정

② 자료분석(현황분석) 및 종합 출제

㉠ 목표를 설정한 후 주어진 목표를 달성하기 위한 관련 현황 자료를 수집하고 분석

㉡ 자연환경분석 : 해당 지역의 자연적인 생태계를 파악하는 물리·생태적 분석

- 지형 : 고도분석(계획 구역 내의 높은 곳과 낮은 곳을 쉽게 알아볼 수 있도록 일정 높이마다 점진적으로 색을 칠한 것으로 높은 곳은 짙은색으로 표현), 경사도분석(경사도의 분포를 쉽게 알아볼 수 있도록 경사도에 따라 점진적인 색의 변화를 준 것)
- 토양 : 토양의 단면, 구조 등을 조사
- 수문 : 집수구역, 홍수범람지역, 지하수 등을 조사
- 식생 : 대상지에 생육하고 있는 식물상을 파악하고 새로 도입할 식물의 종류를 결정하는데 중요한 역할
- 야생동물 : 먹이 연쇄과정, 야생동물의 서식처 등을 파악
- 기후 : 강우량, 일조시간, 기온, 풍향, 풍속 등과 미기후 조사
- 경관분석(sight analysis, 景觀分析) : 경관을 구성하고 있는 개별적 특성 및 요소를 명확히 갈라내는 작업

㉢ 인문환경분석 : 계획 구역 내에 거주하고 있는 사람과 이용자를 이해하는 사회·행태적 분석

- 인구조사 : 남녀, 연령, 학력, 직업 등을 조사
- 토지이용 : 논, 밭, 임야 등으로 조사하며 법적지목과 실제 이용 상태 등을 조사
- 교통조사 : 교통체계를 조사하고 계획 대상지에 접근할 수 있는 교통수단과 동선 등을 조사
- 시설물 조사 : 건축물의 현황, 가스관, 상하수도, 통신선 등을 조사

㉣ 시각환경분석 : 시각·미학적 분석으로 기존 경관의 특성을 더 높이 살려주고자 하는 계획

③ 기본구상

㉠ 수집한 자료를 종합한 후 이를 바탕으로 개략적인 계획안을 결정하는 단계

㉡ 몇 가지 대안(代案)을 만들어 각 대안의 장단점을 비교한 후 최종안을 결정

④ 기본계획

㉠ 대안들을 비교하여 최종적으로 선택한 대안을 기본 계획으로 확정한다.

㉡ 기본 계획은 토지이용계획, 교통동선계획, 시설물배치계획, 식재계획, 하부구조계획 및 집행계획 등의 부문별 계획으로 나뉜다.

㉢ 현황도 : 기본계획을 수립하는데 가장 기초로 이용되는 도면

⑤ 기본설계

기본계획의 각 부분을 더 구체적으로 발전시켜 각 공간의 정확한 규모, 사용재료, 마감 방법 등을 제시해 주는 단계로 기본설계 단계는 기본계획 또는 실시설계에 포함되는 경우도 있다.

⑥ 실시설계 출제

㉠ 실제 시공이 가능하도록 평면 상세도, 단면 상세도 등 시공도면을 작성 하는 것으로 시방서 및 공사내역서 작성을 포함한다.

㉡ 표준시방서(standard specification, 標準示方書) : 조경공사 시행의 적정을 기하기 위한 표준을 명시한 것으로 국토교통부에서 발행

㉢ 특기시방서 : 표준시방서에 명기되지 않은 사항을 보충하며, 해당공사만의 특별한 사항 및 전문적인 사항을 기록한다. 표준시방서에 우선하며 독특한 공법, 새로운 재료의 시공 등을 포함한다.

※ 조경프로젝트 수행단계 : 조경계획(자료의 수집, 분석, 종합) → 조경설계(자료를 활용하여 기능적·미적인 3차원 공간을 창조) → 조경시공(공학적 지식과 생물을 다뤄 특수한 기술을 요구) → 조경관리(식생과 시설물의 이용관리)

예제 1

다음 중 계획과 설계의 과정이 바르게 연결된 것은?

① 목표설정 → 자료분석 및 종합 → 기본구상 → 기본계획 → 기본설계 → 실시설계 → 유지관리
② 기본구상 → 기본계획 → 기본설계 → 실시설계 → 유지관리 → 목표설정 → 자료분석 및 종합
③ 기본설계 → 실시설계 → 유지관리 → 목표설정 → 자료분석 및 종합 → 기본구상 → 기본계획
④ 유지관리 → 목표설정 → 자료분석 및 종합 → 기본구상 → 기본계획 → 기본설계 → 실시설계

정답 : ①

2. 자연환경분석

① 지형

㉠ 지형도 관찰 : 지형 및 지세파악, 진북방향, 축척, 등고선 등 확인

㉡ 고저(高低)도 : 계획 구역 내 높은 곳과 낮은 곳을 쉽게 알아볼 수 있도록 한 것

㉢ 경사분석도 : 경사도에 따라 점진적인 색의 변화를 주어 색상에 의해 경사를 한눈에 알아 볼 수 있게 한 것

② 토양

③ 수문 : 일정 지역의 물은 균형을 이룬다.

④ 식생(植生, vegetation) : 어떤 지역에 존재하는 식물 집단

⑤ 야생동물

둘 이상의 식생이 만나는 곳 : ecotone, edge habitate

⑥ 미기후

㉠ 지형이나 풍향 등에 따른 부분적 장소의 독특한 기상상태

㉡ 도시내부와 도시외부의 기온차를 나타냄

㉢ 지형이 주요 결정요인으로 호수에서 바람이 불어오는 곳은 겨울에는 따뜻하고 여름에는 서늘함

㉣ 야간에는 언덕보다 골짜기의 온도가 낮고, 습도는 높다.

㉤ 야간에 바람은 산위에서 계곡을 향해 분다.

㉥ 그 지역 주민에 의해 지난 수년간의 자료를 얻을 수 있다.

㉦ 세부적인 토지이용에 커다란 영향을 미치게 함

㉧ 조사항목 : 태양 복사열의 정도, 공기유통의 정도, 안개 및 서리해의 유무, 지형 여건에 따른 일조시간, 대기오염 자료 등

3. 인문환경분석

① 역사성 분석

토지이용계획도 색깔 : 주거지(노란색), 상업지(빨간색), 공원(녹색), 개발제한구역(연녹색), 녹지(녹색), 학교(파란색), 농경지(갈색), 공업용지(보라색)

② 이용자 분석

③ 공간이용 분석

㉠ 공간유형 조사 : 영역성 확보가 가장 중요

㉡ 환경심리 파악(홀(E. Hall)이 주장)
- 친밀한 거리(0~45cm) : 가까운 거리
- 개인적 거리(45~120cm) : 일상적 대화 유지거리
- 사회적 거리(120~360cm) : 업무상 대화에서 유지되는 거리
- 공적 거리(360cm 이상) : 개인과 청중 사이에 유지되는 거리

4. 경관분석

경관이란 눈에 보이는 자연경관 뿐만아니라 인공적인 풍경까지도 포함. 토지, 동·식물 생태계, 인간의 사회적·문화적 활동을 포함한다.

① 경관요소 출제

㉠ 점·선·면
- 점 : 외딴 집, 정자나무, 독립수, 분수, 경석, 음수대, 조각물 등
- 선 : 하천, 도로, 가로수, 냇물, 원로, 생울타리(산울타리) 등
- 면 : 호수, 경작지, 초지, 전답(田畓), 운동장 등

㉡ 수평·수직
- 수평 : 저수지, 호수 등
- 수직 : 독립수, 전신주, 굴뚝 등

㉢ 닫힌공간·열린공간
- 닫힌공간 : 둘러싸인 공간으로 정적인 시설 배치에 적당 → 위요공간
- 열린공간 : 넓은 공간 등으로 동적인 시설 배치에 적당 → 개방공간

㉣ 랜드마크(Landmark)
- 식별성 높은 지형 등의 지표물
- 스카이라인 구성에서 지배적인 역할을 하며, 길을 찾거나 방향을 잡는데 도움이 됨

㉤ 통경선(Vista) : 좌우로의 시선이 제한되어 전방의 일정 지점으로 시선이 모이도록 구성된 경관

㉥ 질감(Texture) : 지표상태에 영향을 받음

② 경관에 대한 반응

㉠ 선호도 : 일정 대상에 대해 좋아하거나 싫어하는 정도

㉡ 식별성 : 일정 공간내에 자신의 위치를 파악하려는 본능

③ 도시의 이미지 출제

㉠ 캐빈 린치(Kevin Lynch)가 주장

㉡ 경관의 좋고 나쁨을 기호화 하여 분석

- 통로(Path) : 길, 고속도로
- 모서리(Edge) : 가장자리로 이어진 제방
- 지역(District)
- 결절점(Node)
- 랜드마크(Landmark)

④ 경관의 우세요소(경관구성의 기본요소)

㉠ 선(Line)

- 직선 : 굳건하고 남성적이며 일정한 방향을 제시
- 지그재그선 : 유동적이며 활동적, 여러 방향을 제시
- 곡선 : 부드럽고 여성적이며 우아한 느낌

㉡ 형태(Form)

- 기하학적 형태 : 주로 직선적이고 규칙적 구성(도시의 건물, 도로, 수목의 전정 등)
- 자연적 형태 : 곡선적이고 불규칙적 구성으로 자연경관의 바위, 산, 하천, 평야, 구릉지, 수목 등이 자연적 형태에 속한다.

㉢ 색채(Color)

- 질감과 함께 경관의 분위기 조성에 지배적인 역할
- 감정을 불러일으키는 직접적인 요소
  따뜻한 색 : 전진, 정열적, 온화, 친근한 느낌(생동적, 정열적)
  차가운 색 : 후퇴, 차분, 엄숙, 지적(知的), 냉정함, 상쾌한 느낌
- 가볍게 느껴지는 색은 명도의 영향을 받아 밝은 색일 수록 가볍게 느껴진다. 흰색이 가장 가볍게 느껴지는 색이다.

㉣ 질감(Texture)

- 물체의 표면이 빛을 받았을 때 생겨나는 밝고 어두움의 배합률
- 거칠다 ↔ 섬세하다(부드럽다)로 구분
- 질감의 결정 사항(지표상태 : 잔디밭, 농경지, 숲, 호수 등 독특한 질감, 관찰거리 : 멀어질수록 전체 질감을 고려)

㉤ 크기와 위치

- 크기가 커짐에 따라, 높은 곳에 위치할수록 지각강도가 높아진다.
- 크기와 지각은 상대적
- 스카이 라인(Sky line) : 물체가 하늘을 배경으로 이루어진 윤곽선

㉥ 농담 : 투명한 정도

⑤ **경관 변화요인 : 운동, 빛, 기후조건, 계절, 거리, 관찰위치, 시간 등**

⑥ 산림경관의 유형 출제

㉠ 거시경관

- 전경관(파노라믹 경관) : 초원, 수평선, 지평선 같이 시야가 가리지 않고 멀리 퍼져 보이는 경관
- 지형경관(천연미적 경관) : 지형이 특징을 나타내고 관찰자가 강한 인상을 받은 경관으로 경관의 지표가 되는 경관
- 위요경관(포위된 경관) : 평탄한 중심공간에 숲이나 산이 둘러싸인 듯 한 경관
- 초점경관 : 시선이 한 초점으로 집중되는 경관으로 계곡, 강물, 도로 등이 초점경관에 속함

예제 2

마을 어귀에 있는 정자목과 같이 그 주위의 환경요소와는 판이한 성격을 띤 부분경관으로 목표물로서의 기능을 다 할 수 있는 경관은?

① 파노라믹 경관 ② 천연미적 경관
③ 세부적 경관 ④ 초점적 경관

정답 : ②

해설 지형경관은 천연미적 경관이라 하며 경관의 지표(목표물) 기능을 함

예제 3

초점경관에 해당하는 것은?

① 광대한 바다 ② 길게 뻗은 도로
③ 산속의 큰 암벽 ④ 해안선

정답 : ②

해설 길게 뻗은 도로는 시선이 한 초점으로 집중되는 초점 경관이다.

㉡ 세부경관

- 관개경관(터널경관) : 교목의 수관 아래 형성되는 경관
- 세부경관 : 관찰자가 가까이 접근하여 나무의 모양, 잎, 열매 등을 상세히 보며 감상하는 경관
- 일시경관(일시적경관) : 대기권의 상황변화에 따라 경관의 모습이 달라지는 경관으로 동물의 출현, 물 위에 투영된 영상, 기상변화에 따른 변화, 무지개, 노을, 안개 등이 일시적경관에 속함

5. 기본계획

프로젝트에 관한 프로그램(혹은 기본전제)이 일단 정해진 후 프로그램의 방향에 맞추어 물리·생태적, 사회·행태적, 시각·미학적 자료들의 분석, 종합 및 기본구상의 단계들을 거쳐서 이루어짐

① 기본구상

㉠ 토지이용 및 동선을 중심으로 이루어짐

㉡ 계획안에 대한 물리적, 공간적 윤곽이 드러나기 시작

㉢ 구체적 계획 개념의 도출

㉣ 버블 다이어그램으로 표현

② 대안작성

㉠ 대안 : 우수한 안을 만들어 내기 위해서 동일 프로젝트에 대한 여러 가지 계획안을 비교해서 종합하는 것

㉡ 전체 공간 이용에 대한 확실한 윤곽 드러남

㉢ 여러 대안 중 최종안이 기본계획안

③ **토지이용계획** : 계획구역 내의 토지를 계획 · 설계의 기본목표, 목적 및 기본구상에 부합되게 구분하여 용도를 지정하는 것

㉠ 토지이용계획 과정

- 토지이용분류 → 적지분석 → 종합배분

㉡ 적지분석

- 계획 구역 내 어느 장소가 가장 적합한지 분석하는 것

④ 교통동선계획

㉠ 교통동선계획 과정

- 통행량 발생분석 → 통행량 분배 → 통행로 선정

㉡ 교통동선 체계

- 몰(Mall) : 나무 그늘 진 산책로
- 도로체계 : 격자형(그리드, 도심지와 고밀도 토지이용, 평지인 곳에 효과적)
위계형(일정한 위계질서를 가짐)

㉢ 쿨데삭(Cul-de-sac)도로 : 막다른 길로 주거지역에 보행동선과 차량동선을 분리시켜 연속된 녹지를 확보

㉣ 방사환상식 : 일반도시에서 가장 많이 사용되고 있는 이상적인 녹지계통

6. 기본설계

기본설계 : 기본계획안의 구체적 발전

기본설계 과정 : 설계원칙의 추출 → 공간구성 다이어그램 → 입체적 공간의 창조

① 설계원칙의 추출

계획의 기본목표, 프로그램, 기본계획 등을 검토하여 설계원칙을 찾아내야 함

② 공간구성 다이어그램 : 지형조건에 맞도록 공간요소 배치

㉠ 다이어그램(Diagram) : 설계자의 의도를 개략적인 형태로 나타낸 일종의 시각언어로서 도면을 단순화시켜 상징적으로 표현한 그림

㉡ 공간별 배치, 공간 상호간의 관계를 보여주는 것

③ 설계도 작성

공간형태를 만들고 등고선상에 정확한 축척(스케일, Scale) 사용해서 설계도면을 작성

④ 스케치

㉠ 공간의 구성을 일반인이 알아보기 쉽게 사실적으로 표현한 것

㉡ 설계안이 완공되었을 경우를 가정하여 스케치 함

⑤ 조감도(鳥瞰圖)

공간 전체를 볼 수 있을 정도의 높이에서 내려다본 그림으로 공간전체를 사실적으로 표현한 그림

⑥ 조경계획 및 설계과정에 있어서 각 공간의 규모, 사용재료, 마감방법을 제시

7. 실시설계

실제 시공을 위한 시공도면을 만드는 과정으로 시방서 및 공사비 내역서 등을 포함하고 있는 설계로 공학적 지식과 성토와 절토, 시설물과 수목의 정확한 크기, 위치, 치수 표현의 위주로 작성되는 도면

① 평면도와 단면도

㉠ 평면도(平面圖) : 투영법(投影法)에 의하여 입체를 수평면상에 투영된 모양을 일정한 축척으로 나타내는 도면으로 2차원적이며, 입체감이 없는 도면

㉡ 단면도(斷面圖) : 물건의 내부 구조를 명료하게 나타내기 위하여 이것을 절단한 것으로 가정한 상태에서 그 단면을 그린 그림

② **시방서** : 공사시행의 기초가 되며 내역서 작성의 기초자료로 시공방법, 재료의 선정방법 등 기술적 사항을 기재한 문서로 설계, 제도, 시공 등 도면으로 나타낼 수 없는 사항을 문서로 적어 놓은 것

㉠ 표준시방서 : 조경공사 시행의 적정을 기하기 위한 표준을 명시한 도서

㉡ 특기시방서

- 표준시방서에 명기되지 않은 사항을 보충
- 해당 공사만의 특별한 사항 및 전문적인 사항을 기재
- 표준시방서에 우선함

③ **내역서**

㉠ 공사비의 구성

- 순공사원가 : 재료비, 노무비, 경비
- 일반 관리비 : 기업 유지관리비, 순공사원가의 7% 이내에서 계산하는 것이 보통

㉡ 수량산출 : 재료와 물량을 집계한 것

㉢ 품셈 : 품이 드는 수효와 값을 계산하는 일 출제

- 공사 목적물을 달성하기 위해 단위 물량당 소요하는 품과 물질을 수량으로 표시한 것
- 인간이나 기계가 목적물을 만들기 위해 단위 물량당 소요로 하는 품질을 수량으로 표현한 것
- 일위대가표 : 어떤 특정 공정의 일을 하기위해 드는 단위당 재료비, 노무비, 경비를 나타낸 표로 일위대가표 금액란의 금액 단위 표준은 0.1원이다.

㉣ 내역서 : 설계 도면과 함께 의뢰인에게 제출

※ 실시설계 기술자의 직무내용 : 물량 산출 및 시방서 작성

03 설계의 표현

1. 설계와 제도

① 설계는 시공을 목표로 아이디어를 도출해내고 이를 구체적으로 발전시켜 도면의 형태로 표현하는 작업이고 제도는 설계도를 그려서 표현하는 작업을 말한다.

② 제도는 제도 기구를 사용하여 설계자의 의사를 선, 기호, 문자 등으로 제도 용지에 표시하는 일로 도면은 시공자가 시공하는데 필요한 내용이므로 간결하고 정확해야 하며, 누구나 쉽게 이해할 수 있도록 작성해야 한다.

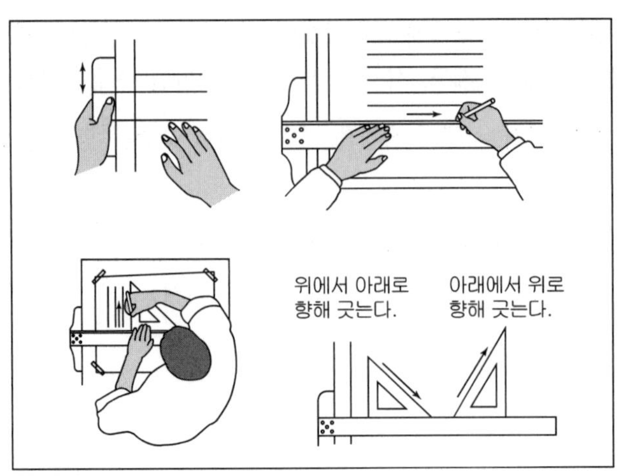

2. 제도용구

① **제도판** : 도면의 크기에 적합하고 평탄한 것 사용

② **T자** : T모양으로 만들어진 자로 수평방향의 직선을 그을 때 사용하고, 삼각자와 조합하여 수직선과 사선을 그을 때 사용

③ **삼각자** : 수직선과 사선을 긋는데 사용하며 45° 의 사선과 30° , 60° 의 사선을 그을 수 있는 두 종류가 한 세트로 되어 있다.

④ **삼각축척(스케일)** : 단면이 삼각형으로 되어 있으며 각 변에 1/100, 1/200, 1/300, 1/400, 1/500, 1/600의 축척 눈금이 새겨져 있고, 실물의 크기를 도면 내에 축소하거나 확대하여 그릴 때 사용

⑤ **템플릿** : 셀룰로이드나 아크릴 등 얇은 판에 크기가 다른 원, 사각, 타원 등 각종 기호 등을 뚫어 놓은 것으로 정원 설계 시 수목표시를 하기 위하여 원형 템플릿이 많이 사용

⑥ **운형자** : 여러 가지 곡선 모양을 본 떠 만든 것으로 컴퍼스로 그리기 어려운 곡선을 그리는데 사용

⑦ **자유곡선자** : 납과 합성수지를 이용하여 유연성이 있도록 만든 것으로 자유롭게 곡선을 그릴 때 사용

⑧ **연필**

㉠ 제도용 연필은 심의 굳기와 무른 정도에 따라 여러 종류로 나뉘는데 H의 수가 클수록 단단하고 흐리며, B의 수가 클수록 무르고 진하다.

㉡ 일반적으로 HB, B, H, 2H 등이 많이 사용되며, 도면의 성격에 따라 알맞은 것을 선택한다.

⑨ **제도용지**

㉠ 원도용지 : 전시용 도면이나 보존용 도면 - 켄트지, 모조지 사용

㉡ 투사용지 : 청사진 작성을 위한 도면 - 트레싱 페이퍼 사용

⑩ 그 밖의 용구

㉠ 컴퍼스 : 탬플릿에 없는 큰 원이나 원호를 그릴 때 사용

㉡ 지우개판 : 도면의 특정 부분만 지우거나 세밀한 부분의 삭제 등에 사용

㉢ 지우개, 제도용 비, 각도기 등

3. 조경제도 기호

설계를 할 때 수목이나 시설물의 형태를 도면에 그대로 나타내는 것은 불가능하므로 설계자는 정확한 도면을 만들기 위해서 시설물이나 수목 등을 형태에 따라 간략하게 기호로 나타낸다. 제도 기호는 수목과 시설물을 위에서 수직으로 내려다본 상태로 표시하며, 실제 형태를 극히 단순화 시켜 사용하고 있다.

① 수목의 표시기호

조경설계에 이용되는 수목에 대한 정해진 표준 표시 방법은 없으나 일반적으로 교목, 관목, 덩굴식물 및 지피식물로 나누어 표시한다.

㉠ 교목

- 간단한 원으로 표현하는 방법
- 원 내에 가지 또는 질감을 표시하는 방법
- 수목의 윤곽선이 뚜렷이 나타나야 하고 윤곽선의 크기는 나무가 수평적으로 퍼진 크기를 나타냄
- 윤곽선의 형태는 수종에 따라 다르며, 활엽수는 부드러운 질감으로 표현하고 침엽수는 직선 혹은 톱날형 곡선을 사용하여 표현

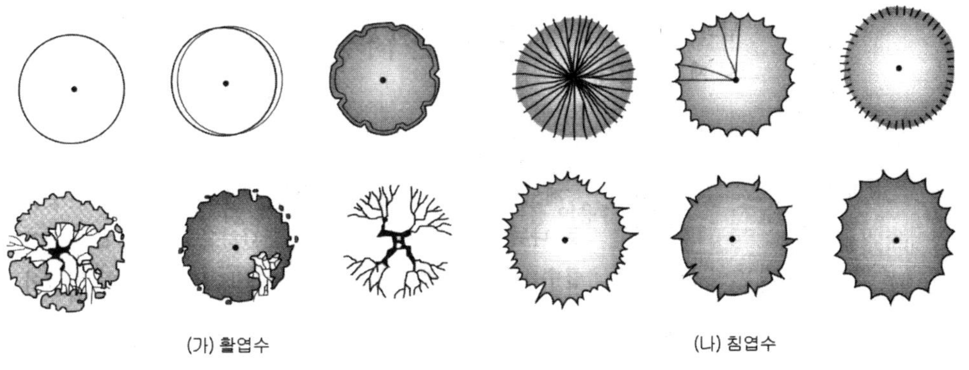

그림. 수목 표현 기호

㉡ 산울타리 및 관목

- 원형 템플릿을 사용하여 가는 선으로 원을 그려 줄기와 잎을 자연스럽게 표현한다.

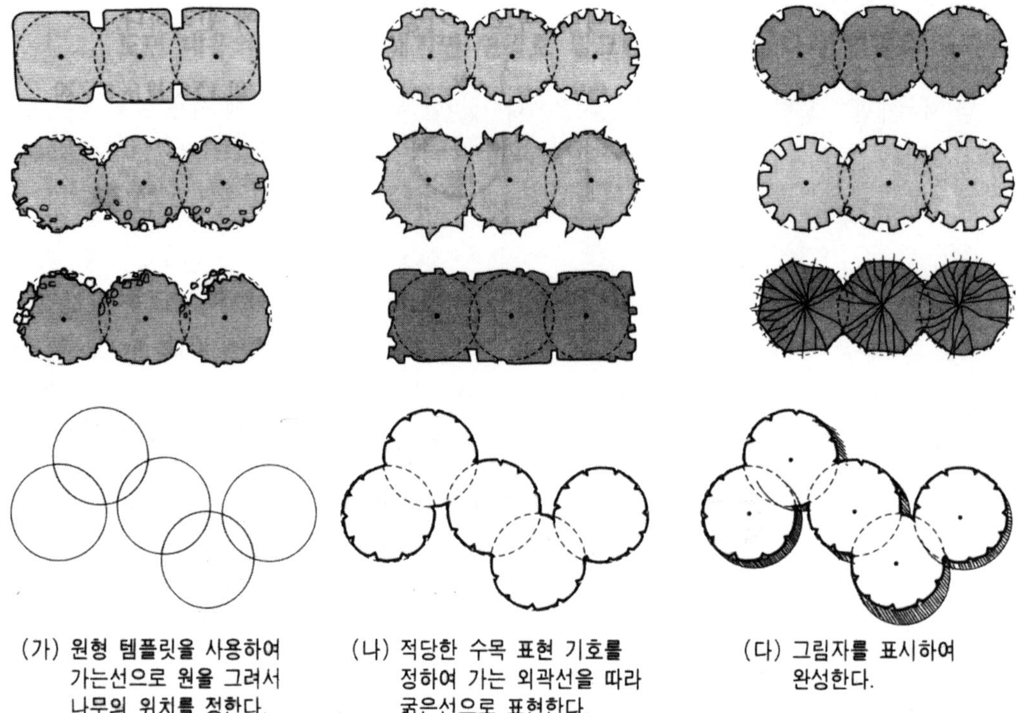

관목들은 보통 군식하므로 원형 보조선을 겹쳐서 그린다.

② 시설물 표시기호

표준화된 조경 시설물의 기호는 없지만 일반적인 평면의 형태를 단순화시켜 표현한다.

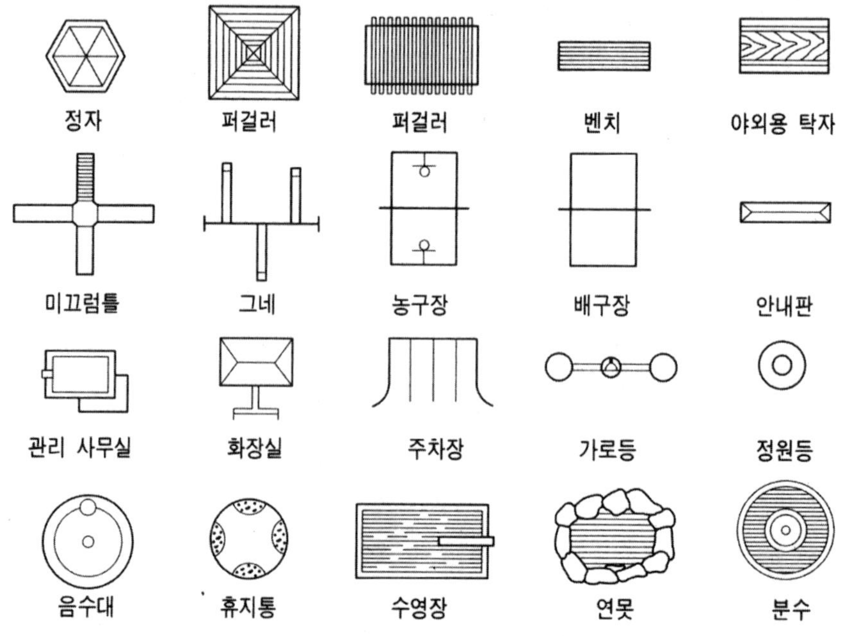

그림. 대표적인 조경시설물의 표시기호

③ 방위 및 축척의 표시

방위는 화살표의 방향 등으로 북쪽(N)을 표시하며, 축척은 막대축척과 분수로 된 축척을 함께 사용하여 표시한다. 막대축척은 도면의 확대와 축소시 편리하게 사용하다.

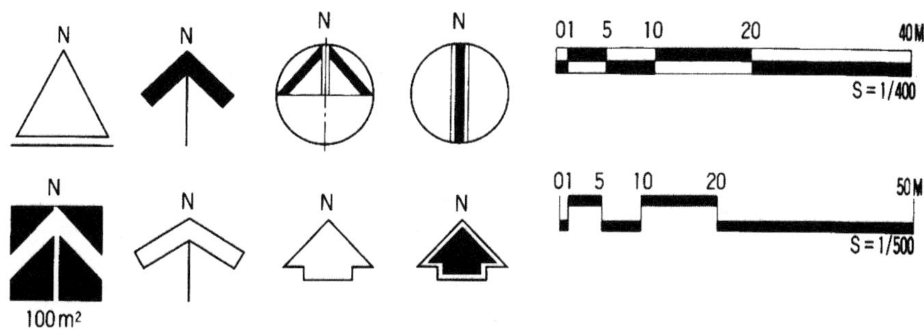

그림. 방위표시의 예　　　　그림. 막대축척의 예

4. 기초 제도

① 제도

㉠ 제도란 제도기구를 사용하여 설계자의 구상을 선, 기호 등으로 제도용지에 표시하는 일

㉡ 제도의 순서

- 축척과 도면의 크기 결정(주택정원은 보통 1/100, 상세도는 1/10~1/50 축척 사용)
- 도면의 윤곽선과 표제란 설정 : 표제란은 도면의 오른쪽에 상하로 길게 위치하며 공사명, 도면명, 범례(수목수량표, 시설물수량표 등), 방위표, 축척, 스케일 등의 사항을 기록
- 도면 내용의 배치 : 균형 있고 질서 있게 배치된 도면은 보기도 좋고 도면의 내용 파악이 쉽기 때문에 도면의 배치에는 세심한 주의가 필요하다.
- 제도 : 도면 내용의 위치가 정해지면 도면을 완성하고 표제란을 기입하여 완성한다.

㉢ 제도사항

- 도면의 긴 방향을 좌우 방향으로 놓은 위치를 정 위치로 한다.
- 도면 왼쪽의 여백은 철할 때 왼쪽은 25mm, 나머지는 10mm 정도의 여백을 준다.
- 표제란 : 도면의 우측에 위치하며 공사명, 도면명, 범례, 방위표, 축척, 스케일 등을 기입
- 치수 : 단위는 mm를 원칙으로 한다.
- 도면의 좌에서 우로, 아래에서 위로 읽을 수 있도록 기입한다.
- 제도용지 : 트레싱 페이퍼(조경기능사 시험에서는 A3 일반용지 사용)
- 도면방향 : 정북 방향을 위로 하여 제도하는 것이 일반적임

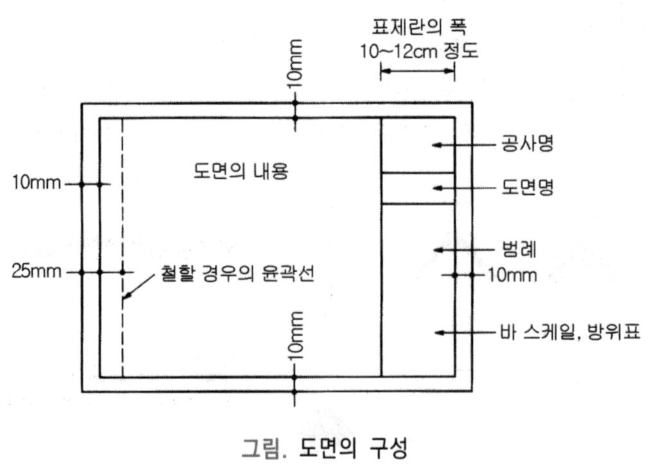

그림. 도면의 구성

예제 4

다음 중 A_0 도면 용지의 비례는?

① 루트비 ② 황금비

③ 플라토비 ④ 대수비

정답 : ①

해설 A_0의 규격은 841×1,189로 세로와 가로의 비가 1: $\sqrt{2}$ 이다.

② 선의 종류와 용도 출제

㉠ 선 : 선의 일관성과 통일성을 유지하기 위해 한 장의 도면에 같은 목적으로 사용하는 선의 굵기는 모두 같아야 한다.

구분			굵기	선의 이름	선의 용도
종류		표현			
실선	굵은 실선	━━━	0.8mm	외형선	- 부지외곽선, 단면의 외형선
	중간선	━━━	0.5mm	단면선	- 시설물 및 수목의 표현 - 보도포장의 패턴 - 계획등고선
		───	0.3mm		
	가는 실선	───	0.2mm	치수선	- 치수를 기입하기 위한 선
				치수 보조선	- 치수선을 이끌어내기 위하여 끌어낸 선
				인출선	- 수목 인출선 - 각종의 기입을 위해 도형에서 인출하는 선
허선	점선	···············		가상선	- 물체의 보이지 않는 부분의 모양을 나타내는 선 - 기존등고선(현황등고선)
	파선	‒ ‒ ‒ ‒ ‒			
	1점쇄선	─ · ─ ·	0.2~0.8 mm	경계선, 중심선	- 물체 및 도형의 중심선 - 단면선, 절단선 - 부지경계선
	2점쇄선	─ · · ─ ·		상상선	- 1점쇄선과 구분할 필요가 있을 때 - 물체가 있는 것으로 가상되는 부분

㉡ 치수표시

- 원칙은 mm로 하며 단위는 표시하지 않는다.
- 치수기입은 치수선에 평행하게 도면의 왼쪽에서 오른쪽으로 읽어 나간다.
- 치수기입은 중간에 하고 수평일 경우 상단에, 수직일 경우 왼쪽에 기입한다.
- 치수선은 치수 보조선에 수직(직각)이 되도록 한다.
- 치수 수치는 공간이 부족할 경우 한 쪽의 기호를 넘어서 연장하는 치수선의 위쪽에 기입할 수 있다.

㉢ 인출선

- 대상 자체에 기입할 수 없을 때 사용하는 선으로 가는 실선을 사용
- 수목명, 수목의 규격, 나무의 수 등을 기입할 때 사용
- 한 도면 내에서 모든 인출선의 굵기와 질은 동일하기 유지한다.
- 인출선의 긋는 방향과 기울기를 통일 시킨다.

③ 선긋기 연습

㉠ 선의 굵기와 진하기를 고르게 유지하기 위해서는 처음 시작할 때부터 선이 끝날 때까지 아래의 그림과 같이 연필을 일정한 속도로 돌려 가면서 긋는 것이 좋다.

㉡ 선긋기를 할 때 연필의 기울기는 제도판과 선을 긋는 방향으로 60° 정도를 유지하는 것이 좋으며, 연필심의 끝 부분과 손끝까지는 3~4cm 거리를 두고 가볍게 잡는다.

㉢ 연필을 너무 강하게 잡으면 제도할 때에 오히려 종이에 가해지는 힘이 약해져서 선의 굵기가 고르게 유지되기가 어렵다.

㉣ 선긋기 연습시 고려사항

- 선 긋는 방향은 왼쪽에서 오른쪽으로, 아래쪽에서 위쪽으로 긋는다.
- 처음부터 끝나는 부분까지 일정한 힘으로 긋는다.
- 선의 연결과 교차 부분이 정확하게 되도록 긋는다.
- 선은 일관성과 통일성이 있어야 하며, 같은 목적으로 사용하는 선의 굵기와 진하기를 통일시킨다.

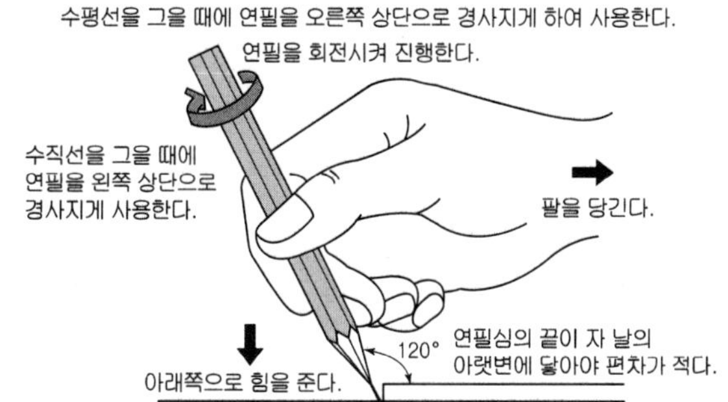

④ 인출선

㉠ 도면의 내용물 자체에 설명을 기입할 수 없을 때에 사용하는 선으로 조경설계에서는 수목명, 수량, 규격 등을 기입하기 위하여 많이 사용한다.

㉡ 가는 실선을 사용하여 긋는데 한 도면 내에서 모든 인출선의 굵기와 질은 동일하게 유지하며 긋는 방향과 기울기도 통일시키는 것이 좋다.

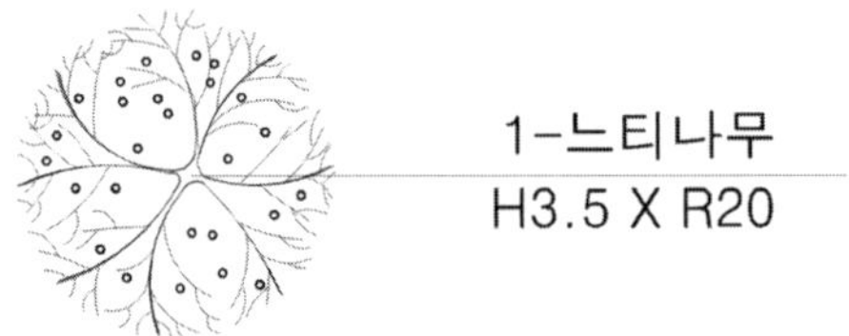

그림. 인출선

⑤ 재료의 표시방법

테라코타 및 타일	벽돌일반	석재	잡석
철재	무근 콘크리트	철근 콘크리트	목재

5. 설계도의 종류

① 평면도(平面圖)

㉠ 물체를 바로 위에서 내려다 본 것을 가정하고 작도하는 것으로 계획의 전반적인 사항을 알기 위한 도면

㉡ 조경설계의 가장 기본적인 도면으로 식재평면도(배식평면도)를 가장 많이 사용한다.

② 입면도(立面圖)

물체를 정면에서 본대로 그린 그림으로, 수직적 공간 구성을 보여주기 위한 도면

③ 단면도(斷面圖)

지상과 지하 부분 설명 시 사용되며, 시설물의 경우 구조물을 수직으로 자른 단면을 보여주는 도면

④ 상세도(詳細圖)

평면도나 단면도에 잘 나타나지 않는 세부사항을 시공이 가능하도록 표현한 도면으로 평면도나 단면도에 비해 확대된 축척을 사용(1/10~1/50의 스케일을 사용)하며 재료, 공법, 치수 등을 자세히 기입한다.

⑤ 투시도(透視圖)

㉠ 설계안이 완공되었을 경우를 가정하여 설계 내용을 실제 눈에 보이는 데로 절단한 면에서 먼 곳에 있는 것은 작게, 가까이 있는 것은 크고 깊이가 있게 하나의 화면에 입체적인 그림으로 표현한 그림

㉡ 투시도 용어

- GL(Ground Line, 기선) : 화면과 지면이 만나는 선
- HL(Horizontal Line, 수평선) : 눈의 높이와 같은 화면상의 수평선
- VP(Vanishing Point, 소점) : 물체의 각 점이 수평선상에 모이는 점

⑥ **스케치(Sketch)** : 눈높이나 눈보다 조금 높은 높이에서 보이는 공간을 표현하는 그림으로 실제 눈에 보이는 대로 자연스럽게 그려 표시

⑦ **조감도(鳥瞰圖)** : 설계 대상지의 완성 후의 모습을 공중에서 내려다 본 그림(새의 눈에서 내려다 본 그림)으로 공간 전체를 사실적으로 표현하여 공간구성을 쉽게 알 수 있게 한 그림

그림. 조감도의 예

4 조경계획 및 설계

출 제 예 상 문 제

01. 조경계획과정이 옳게 나열될 것은?

① 조사 - 분석 - 종합 - 기본계획
② 분석 - 종합 - 조사 - 기본계획
③ 조사 - 종합 - 기본계획 - 분석
④ 분석 - 조사 - 종합 - 기본계획

조경계획은 조사 - 분석 - 종합 - 계획의 순서로 이루어진다.

02. 관광지 등의 토지이용계획 순서로 옳은 것은?

토지이용분류, 적지기준, 적지분석, 종합계획

① 토지이용분류 → 적지기준 → 적지분석 → 종합계획
② 적지기준 → 토지이용분류 → 적지분석 → 종합계획
③ 적지기준 → 적지분석 → 토지이용분류 → 종합계획
④ 적지기준 → 토지이용분류 → 종합계획 → 적지분석

03. 조경 기본계획의 내용이 아닌 것은?

① 설계의 개략적인 방향을 결정한다.
② 개발 과정에서 지켜야 할 필수적인 원칙을 정한다.
③ 기본 원칙과 광범위한 구상의 범위 내에서 탄력성이 있어야 한다.
④ 설계를 위한 구체적인 사항을 정한다.

④는 실시설계의 내용이다.

04. 다음 설명 중 대안 작성 시 옳은 것은?

① 기본계획을 세우고 대안을 만든다.
② 대안을 수립할 때 먼저 대안과 전혀 다른 대안을 세운다.
③ 기본구상 단계에서 프로그램이 확정되지 않는 경우 대안을 만든다.
④ 모든 대안에 대하여 각각의 기본계획안이 수립되고 세부적으로 부분별 계획이 작성된다.

대안 작성 시 서로 상이한 안을 세우는 것이 좋다.

05. 조경계획과 조경설계를 구분할 경우 조경계획에 관련된 사항은?

① 문제의 발견에 관련
② 주관적, 직관적, 창의성과 예술성이 크게 강조
③ 개인의 능력, 노력, 체험, 미적 감각에 의존
④ 창조적 구상이 요구

조경계획은 문제의 발견과 분석에 관련하고, 조경설계는 문제의 해결과 종합에 관련된다.

06. S. Gold는 레크리에이션 접근방법을 5가지로 분류하여 그 특성을 설명했다. 다음 중 해당 사항이 아닌 것은?

① 자원접근방법 ② 활동접근방법
③ 토지이용방법 ④ 경제이용방법

S. Gold의 레크리에이션 접근방법의 5가지 분류는 자원, 활동, 행태, 경제, 종합접근방법이다.

정답 1① 2① 3④ 4② 5① 6③

07. C. A perry의 근린주구 이론을 설명한 것 중 틀린 것은?

① 욕구에 적합한 소공원 및 레크리에이션 용지가 계획되어야 한다.
② 근린주구는 일반적으로 초등학교 1개소를 필요로 하는 인구가 적당하고, 면적은 인구 밀도에 따라 변화한다.
③ 가로는 대체로 주거내의 교통량에 비례하고 거주 내 순환이 용이케 하며, 통과 교통에 가로가 이용되지 않게 한다.
④ 주구의 경계는 간선가로로 하고 통과 교통은 주구의 중심을 통과토록 2한다.

근린주구의 통과교통을 배제시켜 안전성1과 쾌적한 주거공간을 만든다.

08. 레드번 계획에 대한 설명 중 틀린 것은?

① 주거구는 단지 총 면적의 15% 이상 녹지 조성
② 주거구는 슈퍼블록으로 하고 통과 교통의 허용을 금지
③ 도로는 다목적 이용을 배제하고 목적별로 특정한 도로 설치
④ 보행자 도로와 자동차 도로의 완전분리

레드번의 주요개념은 슈퍼블록, 보・차도의 분리, 주거단지의 30% 이상 녹지를 조성하였다.

09. 쿨데삭(Cul-de-sac)형 가구의 특징으로 적당하지 않은 것은?

① 보차도 분리에 의하여 보행자 전용 도로를 설치할 수 있다.
② 통과 교통을 금지하여 거주성과 프라이버시가 좋다.
③ 쓰레기 처리 등 서비스 동선이 좋다.
④ 가로의 끝에는 차량이 회전할 수 있는 시설이 필요하다.

10. 조경분야 프로젝트 수행단계의 순서가 바른 것은?

① 계획 – 시공 – 관리 – 설계
② 시공 – 관리 – 설계 – 계획
③ 계획 – 설계 – 시공 – 관리
④ 설계 – 시공 – 관리 – 계획

11. 조경분야의 프로젝트 수행을 단계별로 구분할 때, 자료의 수집 및 분석, 종합과 가장 밀접하게 관련이 있는 것은?

① 계획 ② 설계
③ 시공 ④ 관리

조경분야 프로젝트 수행단계 : 계획(자료의 수집, 분석) – 설계 – 시공(생물을 직접적으로 다루며 공학적 지식 많이 요구) – 관리

12. 생물을 직접적으로 다루며 전체적으로 공학적 지식을 가장 많이 필요로 하는 수행단계는?

① 계획단계 ② 시공단계
③ 관리단계 ④ 설계단계

13. 좁은 의미의 조경계획으로 볼 수 없는 것은?

① 목표설정 ② 자료분석
③ 기본계획 ④ 기본설계

기본설계는 좁은 의미의 조경설계이다.

정답 7④ 8① 9③ 10③ 11① 12② 13④

14. 다음 조경계획 과정 가운데 가장 먼저 해야 하는 것은?

① 기본설계
② 기본계획
③ 실시설계
④ 자연환경분석

15. 자연환경 조사사항과 가장 관련이 없는 것은?

① 식생 ② 주위 교통량
③ 기상조건 ④ 토양조사

자연환경분석 : 지형, 토양, 수문, 기상, 야생동물, 식생 등을 파악하는 분석이다.

16. 다음 자연환경분석 중 자연형성과정을 파악하기 위해 실시하는 분석내용이 아닌 것은?

① 지형 ② 수문
③ 토지이용 ④ 야생동물

토지이용은 인문환경분석이다.

17. 조경설계시 가장 먼저 시작해야 하는 작업은?

① 현장측량 ② 배식설계
③ 구조물설계 ④ 토공설계

18. 자연환경조사 단계 중 미기후와 관련된 조사 항목이 아닌 것은?

① 태양 복사열을 받는 정도
② 지하수 유입지역
③ 공기유통의 정도
④ 안개 및 서리해 유무

19. 미기후(Micro-climate)에 대한 설명 중 옳지 않은 것은?

① 지형은 미기후의 주요 결정요소가 된다.
② 그 지역 주민에 의해 지난 수년 동안의 자료를 얻을 수 있다.
③ 일반적으로 지역적인 기후 자료보다 미기후 자료를 얻기가 쉽다.
④ 미기후는 세부적인 토지이용에 커다란 영향을 미치게 된다.

③ 미기후는 부분적 장소의 독특한 기상상태이다.

20. 마스터플랜(Master Plan)의 작성이 위주가 되는 설계과정은?

① 기본계획
② 기본설계
③ 실시설계
④ 상세설계

마스터플랜(Master Plan) : 기본이 되는 계획

21. 조경계획·설계의 과정 중 기본계획 단계에서 다루어져야 할 문제가 아닌 것은?

① 일정 토지를 계획함에 있어 어떠한 용도로 이용할 것인가?
② 지역간 혹은 지역 내에 어떠한 동선 연결체계를 가질 것인가?
③ 하부구조시설들을 어디에 어떤 체계로 가설할 것인가?
④ 조사 분석된 자료들은 각각 어떤 상호 관련성과 중요성을 지니는가?

정답 14④ 15② 16③ 17① 18② 19③ 20① 21④

22. 다음 중 기본설계 과정에 대하여 올바르게 나타낸 것은?

① 설계원칙의 추출 → 입체적 공간의 창조 → 공간구성 다이어그램 순으로 진행된다.
② 공간별 배치 및 공간 상호간의 관계를 보여주는 것이 입체적 공간의 창조과정이다.
③ 평면도 작성을 위해서는 단지설계 및 지형변경에 관한 기초지식이 많이 요구된다.
④ 공간구성 다이어그램은 설계의 표현적 창의력이 가장 많이 작용하는 단계이다.

> ① 설계원칙의 추출 → 공간 구성 다이어그램 → 입체적 공간의 창조순으로 진행된다. ④ 공간구성 다이어그램은 공간 배치 및 공간의 상호관계를 나타낸다.

23. 조경의 기본계획에서 일반적으로 토지이용분류, 적지분석, 종합배분의 순서로 이루어지는 계획은?

① 동선계획
② 시설물 배치계획
③ 토지이용계획
④ 식재계획

24. 설계 단계에 있어서 시방서 및 공사비 내역서 등을 포함하고 있는 설계는?

① 기본구상 ② 기본계획
③ 기본설계 ④ 실시설계

> 실시설계는 실제 시공을 위한 도면으로 시방서 및 공사비 내역서 등을 포함하고 있다.

25. 다음 중 선의 종류와 선긋기의 내용이 잘못 짝지어진 것은?

① 가는실선 – 수목 인출선
② 파선 – 보이지 않는 물체
③ 일점쇄선 – 지역 구분선
④ 이점쇄선 – 물체의 중심선

> 이점쇄선은 물체가 있을 것으로 가상되는 부분을 표시하는 가상선임

26. 다음 중 설계도상의 부정형 지역의 면적 측정시 사용되는 기구는 어느 것인가?

① 핸드레벨 ② 만능자
③ 플래미니터 ④ 곡선자

> 플래미니터(Planimeter) : 지도나 도면 위에서 토지면적을 기계적으로 측정하는 기계

27. 조경에서 제도시 가장 많이 사용되는 제도용구로 가장 적당하지 않은 것은?

① 원형 템플릿 ② 삼각 축척자
③ 컴퍼스 ④ 나침반

> 제도시 나침반은 사용하지 않는다.

28. 다음 제도용구 중 곡선을 긋기 위한 도구는?

① T자 ② 삼각자
③ 운형자 ④ 삼각축척자

> 운형자 : 곡선을 그리는 데 사용한다. T자 : 평행선을 긋거나 삼각자와 조합하여 수직선과 사선 그을 때 사용한다. 삼각자 : 45°와 60°, 90°인 삼각형의 자를 조합하여 선을 긋는데 사용한다. 삼각축척자 : 스케일이라 하며 도면을 축소하거나 확대할 때 사용한다.

정답 22 ③ 23 ③ 24 ④ 25 ④ 26 ③ 27 ④ 28 ③

29. 조경설계에 있어서 수목을 표현할 때 가장 많이 사용하는 제도용구는?

① T자
② 원형 템플릿
③ 삼각스케일
④ 삼각자

30. 도면에 수목을 표시하는 방법으로 틀린 것은?

① 간단한 원으로 표현하는 방법도 있다.
② 덩굴성 식물의 경우에는 줄기와 잎을 자연스럽게 표시한다.
③ 활엽수의 경우에는 직선이나 톱날형태를 사용하여 표현한다.
④ 윤곽선의 크기는 수목의 성숙시 퍼지는 수관의 크기를 나타낸다.

활엽수는 부드러운 질감으로 표현하며, 침엽수는 톱날형태를 사용하여 표현한다.

31. 단면상세도에서 철근 D-16 @300이라고 적혀 있을 때, @는 무엇을 나타내는가?

① 철근의 간격　② 철근의 길이
③ 철근의 직경　④ 철근의 개수

D-16 @300은 지름이 16mm인 철근을 300mm 간격으로 배치하라는 의미이다.

32. 다음 중 다른 도면들에 비해 확대된 축척을 사용하며 재료, 공법, 치수 등을 자세히 기입하는 도면의 종류로 가장 적당한 것은?

① 상세도　② 투시도
③ 평면도　④ 단면도

상세도 : 잘 나타나지 않는 세부사항을 시공이 가능하도록 자세히 나타낸 도면으로 1/10~1/50 스케일을 사용한다.

33. 설계서 중 입체적인 느낌이 나지 않는 도면은 무엇인가?

① 상세도
② 투시도
③ 조감도
④ 스케치도

34. 설계도의 종류 중에서 3차원의 느낌이 가장 실제의 모습과 가깝게 나타나는 것은?

① 입면도　② 평면도
③ 투시도　④ 상세도

③ 투시도는 설계안이 완공되었을 때를 가정하여 3차원의 입체적인 그림으로 나타낸 도면이다.

35. 다음 중 단면도, 입면도, 투시도 등의 설계도면에서 물체의 상대적인 크기를 느끼기 위하여 그리는 대상이 아닌 것은?

① 수목　② 자동차
③ 사람　④ 연못

36. 제도기구를 사용하여 설계자의 의사를 선, 기호, 문장 등으로 제도용지에 표시하는 일을 무엇이라 하는가?

① 설계　② 계획
③ 제도　④ 제작

정답 29 ② 30 ③ 31 ① 32 ① 33 ① 34 ③ 35 ④ 36 ③

37. 다음 중 제도를 하는 순서가 올바른 것은?

> ㉠ 축척을 정한다.
> ㉡ 도면의 윤곽을 정한다.
> ㉢ 도면의 위치를 정한다.
> ㉣ 제도를 한다.

① ㉠ → ㉡ → ㉢ → ㉣
② ㉡ → ㉢ → ㉣ → ㉠
③ ㉢ → ㉣ → ㉠ → ㉡
④ ㉣ → ㉢ → ㉡ → ㉠

38. 도면을 그릴 때 일반적으로 마지막에 실시해야 할 내용인 것은?

① 도면의 축척을 정한다.
② 표제란의 내용을 기재한다.
③ 테두리선 및 방위를 그린다.
④ 물체의 표현 위치를 정한다.

39. 조경분야에서 컴퓨터를 활용함에 있어 설계 대상지의 특성을 분석하기 위해 자료수집 및 분석에 사용된 것으로 가장 알맞은 것은?

① 워드프로세서 ② 캐드
③ 이미지 프로세싱 ④ 지리정보시스템

40. 다음 중 선의 용도가 잘못 된 것은?

① 실선 : 물체의 보이는 부분을 나타내는 선
② 파선 : 물체의 보이지 않는 부분을 나타내는 선
③ 파단선 : 물체 및 도형의 중심을 나타내는 선
④ 2점 쇄선 : 이동하는 부분의 이동 후의 위치를 가상하여 나타내는 선

> 파단선 : 물체의 보이지 않는 부분의 모양과 기존 등고선을 나타낼 때 사용한다.

41. 조경설계도면에서 축척(Scale)을 표시할 때 숫자뿐만 아니라 그림으로 표시하는 가장 큰 이유는?

① 도면상의 길이는 실제상의 길이와 차이가 나기 때문에
② 숫자상의 길이가 정확하지 않기 때문에
③ 도면상에서 개략적인 길이를 쉽게 알 수 있기 때문에
④ 축소 또는 확대할 때 정확한 축척을 알기 쉽게 하기 위해서

42. 정원 설계 도면에서 청사진을 만드는 종이는?

① 트레이싱지
② 모조지
③ 켄트지
④ 복사지

43. 치수선을 반드시 표시해야 하는 도면은?

① 상세도 ② 투시도
③ 구조도 ④ 배치도

44. 주택정원 설계의 일반적인 축척은?

① 1/50 ② 1/100
③ 1/200 ④ 1/1,000

> 일반적으로 사용하는 스케일은 상세도 1/10 ~1/50, 주택정원 1/100, 어린이놀이터 1/100, 일반 공원 1/200 이상을 사용

정답 37 ① 38 ② 39 ④ 40 ③ 41 ③ 42 ① 43 ① 44 ②

45. 다음 평면도에 관한 설명 중 틀린 것은?

① 시공에는 직접 필요하지 않은 도면이다.
② 건물형태, 위치, 면적을 표시한다.
③ 현지측량 도면을 기초로 하여 작성된다.
④ 각종 수목의 배식계획을 표현한다.

평면도는 설계도 중에서 가장 기본이 되는 도면으로 시공에 직접 필요한 도면이다.

46. 경관요소 중 수평선에 해당하는 요소는?

① 저수지 ② 전신주
③ 독립수 ④ 굴뚝

수평선에는 저수지, 호수 등이 속하고 수직선에는 전신주, 독립수, 굴뚝 등이 속한다.

47. 도면을 작성할 때 유의하여야 할 사항은?

① 전문가가 알 수 있도록 복잡하고 어렵게 표현한다.
② 도면이 약간 불결하여도 내용만 충실하면 된다.
③ 도면 전체의 구성은 고려하지 않아도 된다.
④ 선이나 문자, 기호 등은 일관성 있게 한다.

48. 도면에서 치수 표시방법으로 바른 것은?

① 치수선은 가는선으로 한다.
② 치수보조선은 굵은 실선으로 한다.
③ 단위는 원칙적으로 cm로 한다.
④ 치수기입은 하지 않는다.

49. 조경설계시 가장 많이 사용하는 평면도는?

① 배치도 ② 식재 평면도
③ 구조물 평면도 ④ 측면도

50. 식재평면도에 수목의 규격을 표시할 때 보통 단위를 생략하는데 이 때 m단위를 사용하는 것은?

① 근원직경 ② 흉고직경
③ 수관너비 ④ 나무의 수령

51. 지형이나 풍향 등 부분적 장소의 독특한 기상 상태를 무엇이라 하는가?

① 지역기후 ② 미기후
③ 기압골 ④ 대륙기후

52. 조경계획에서 지하수위를 고려하여야 하는 이유는?

① 기초공사를 위해서
② 지반고를 낮추기 위해
③ 수목을 식재하기 위해
④ 건물 위치 결정을 위해

53. 다음 중 닫힌공간의 설명으로 틀린 것은?

① 초지나 운동경기장
② 수목으로 둘러싸인 공간
③ 위요공간이라 한다.
④ 휴게공간의 시설배치

①은 열린공간을 설명한 것이다.

54. 다음 경관요소 중 선에 해당하는 경관은?

① 경작지 ② 전답(田畓)
③ 냇물 ④ 운동장

경작지, 전답(田畓), 운동장은 면(面)에 해당하는 경관이다.

정답 45 ① 46 ① 47 ④ 48 ① 49 ② 50 ③ 51 ② 52 ③ 53 ① 54 ③

55. 다음 중 순공사원가에 해당되는 것은?

① 재료비　　② 세금
③ 이윤　　④ 일반관리비

순공사원가는 재료비, 노무비, 경비이다.

56. 다음 중 '거칠다, 섬세하다'는 어느 시각적 요소에 해당 하는가?

① 질감　　② 방향
③ 크기　　④ 농담

57. 질감에 대한 설명 중 옳지 않은 것은?

① 물체 표면의 성질에 따른 촉각과 관련된 시각적 특징을 말한다.
② 동일한 재료도 가공방법, 옥외 환경의 차이에 따라 상이한 질감을 갖게 된다.
③ 같은 색깔을 가진 물체라도 질감이 다르면 서로 구분할 수 있다.
④ 시멘트 블록과 붉은 벽돌의 색깔이 다르므로 질감을 비교할 수 없다.

58. 다음 중 질감의 대비효과가 가장 큰 것은?

① 이끼 – 모래
② 콘크리트바닥 – 나무 바닥
③ 정원석 – 수석
④ 벽돌담 – 잔디밭

① 이끼와 모래는 입자의 크기가 유사 ② 콘크리트바닥과 나무 바닥은 수평요소이고 인공재료와 자연재료에서 차이가 있다. ③ 정원석과 수석은 질감이 동일하다. ④ 벽돌담과 잔디밭은 색채와 질감에 있어 차이가 있으며, 수직요소와 수평요소로 구성되어 있다.

59. 다음 중 잎의 질감이 약한 것부터 강한 순서대로 나열된 것은?

① 향나무 – 은행나무 – 플라타너스
② 향나무 – 플라타너스 – 은행나무
③ 은행나무 – 플라타너스 – 향나무
④ 플라타너스 – 향나무 – 은행나무

잎의 질감 : 상록수의 잎은 작아서 고운질감이고, 낙엽수의 잎은 커서 거친 질감이다. 잎이 커질수록 질감은 거칠어진다.

60. 가장 엄숙하고 차분한 느낌이 드는 곳은?

① 가을의 붉은 단풍
② 울창한 침엽수와 깊은 연못의 검푸른 색깔
③ 봄철의 개나리 꽃
④ 장엄한 산세와 고목

61. 다음 중 경관의 가변요소 중 틀린 것은?

① 운동, 광선, 규모
② 시간, 계절, 거리
③ 광선, 기후조건, 운동
④ 식생, 건물, 농담

62. 통경선의 끝 부분에 세워진 조각은 다음 중 어느 경관에 속하는가?

① 파노라믹 경관　　② 세부적 경관
③ 초점적 경관　　④ 터널적 경관

초점적 경관(초점경관) : 시선이 한 초점으로 집중되는 경관으로 계곡, 강물, 도로 등이 속한다.

정답　55 ①　56 ①　57 ④　58 ④　59 ①　60 ②　61 ④　62 ③

63. 경관의 분류로 틀린 것은?

① 파노라믹 경관 – 모래, 낙엽의 이동
② 천연적 경관 – 산속의 큰 암석
③ 순간적 경관 – 안개, 노을
④ 초점적 경관 – 강물, 계곡, 고속도로

전경관(파노라믹 경관) : 초원, 수평선, 지평선 같이 시야가 가리지 않고 멀리 퍼져 보이는 경관으로 모래, 낙엽의 이동은 일시적(순간적) 경관이다.

64. 다음 중 근린주구에 대한 설명으로 틀린 것은?

① 하나의 초등학교를 위치할 수 있는 크기를 가지는 지역을 말한다.
② 1929년 C.A 페리에 의해 개념이 시도되었다.
③ 각종 동선을 구역내에 많이 설치한다.
④ 일상생활의 시설을 도보권 안에 둔다.

차량동선을 구역 내에 끌어 들이지 않는다.

65. 도면의 윤곽은 용지의 가장자리에서 어느 정도 떼는 것이 좋은가?(철하지 않을 때)

① 5mm ② 10mm
③ 25mm ④ 30mm

66. 도면의 윤곽 좌측면은 용지의 가장자리에서 어느 정도 떼는 것이 좋은가?(철할 때)

① 5mm ② 10mm
③ 25mm ④ 30mm

도면의 윤곽은 용지를 철할 때에는 용지의 좌측면을 25mm, 용지를 철하지 않을 때에는 10mm 정도 떼어서 수직으로 윤곽선을 그어주면 된다.

67. 구조물의 외적 형태를 보여주기 위한 다음 그림은 어떤 설계도인가?

① 평면도 ② 투시도
③ 입면도 ④ 조감도

입면도 : 물체를 정면에서 본대로 그린 그림
평면도 : 투영법에 의하여 입체를 수평면상에 투영하여 그린 도형
투시도 : 설계안이 완공되었을 때를 가정하여 3차원의 입체적인 그림으로 나타낸 도면
조감도 : 설계대상지의 완성 후의 모습을 공중에서 내려다 본 그림(새의 눈에서 내려다본 그림)으로 공간 전체를 사실적으로 표현하여 공간구성을 쉽게 알 수 있게 한 그림

68. 캐빈 린치(Kevin Lynch)가 주장한 도시의 이미지에 속하지 않는 요소는?

① 통로(path) ② 모서리(edge)
③ 결절점(node) ④ 점(point)

캐빈 린치의 도시의 이미지 : 통로(path), 모서리(edge), 지역(district), 결절점(node), 랜드마크(landmark)

69. 인문환경분석 중 토지이용도 색깔(색상)이 잘못 연결된 것은?

① 주거지 – 노란색
② 공원, 녹지 – 녹색
③ 공업용지 – 보라색
④ 개발제한구역 – 파란색

개발제한구역은 연녹색, 상업지는 빨간색, 학교는 파란색, 농경지는 갈색으로 표시한다.

정답 63 ① 64 ③ 65 ② 66 ③ 67 ③ 68 ④ 69 ④

02 조경설계 방법

01 동선설계

1. 동선(動線)의 성격과 기능 출제

① 동선은 공간 내에서 사람과 차량의 이동경로를 연결시켜주는 기능을 담당

② 공간 상호간에 기능적 관련성이 적거나 없을 때에는 동선이 각각의 공간을 분리시키는 기능을 담당

③ 동선은 단순하고 명쾌해야 하며, 성격이 다른 동선은 반드시 분리한다.

④ 동선의 교차는 되도록 피하고 이용도가 높은 동선은 짧게 한다.

2. 원로의 설계과정

정원이나 공원에 설치되는 동선을 원로라 하고, 설계 부지 내의 원로를 설계할 때에 고려해야 할 중요한 요소들은 진입구의 위치 선정, 동선 체계의 수립, 원로 폭의 결정, 회전 반지름, 포장 등이다.

① 진입구 위치 선정

접근이 용이한 곳 등의 현황 조건들을 고려하여 주진입구 또는 부진입구로 선정한다.

② 동선체계 수립

설계 부지 내에 배치되는 동선은 위계를 두어 주동선, 부동선, 산책동선 등으로 구분하고 차량동선, 보행자동선 등의 유형별로 구분하여 동선의 배치를 체계적인 형태로 구상한다.

③ 원로 폭을 고려

원로 폭은 부지의 규모와 통행량을 고려하여 결정한다. 공원을 설계할 때 적용하는 일반적인 원로 폭의 설계기준은 아래 표와 같다.

설계기준	원로의 폭	비고
보행자 2인이 나란히 통행 가능	1.5~2.0m	
보행자 1인이 나란히 통행 가능	0.8~1.0m	

④ 원로의 배치 및 설계 과정

㉠ 원로의 시점과 종점을 정하고 시점과 종점 사이에 굴곡이 있는 지점을 정하여 이 점들을 연결하는 선을 만든다.

㉡ 선을 만들었으면 중심선을 기준으로 원로 폭의 반절 치수에 좌우대칭 되는 점을 찍고 이 점들을 연결하여 원로의 형태를 만든다.

㉢ 굴곡된 부분에 적당한 회전 반지름을 적용하여 각도를 완화시켜 원로의 형태를 완성한다.

㉣ 원로의 포장재료를 선택하여 포장재료에 맞게 디자인을 해주고 재료명을 표기한다. 경계석이 필요할 때는 원로의 경계부에 경계석을 두 줄로 표기하여 경계를 나눈다(일반적인 경계석의 폭은 20cm이다).

㉤ 일반적인 원로의 폭은 2m 정도로 해주면 된다.

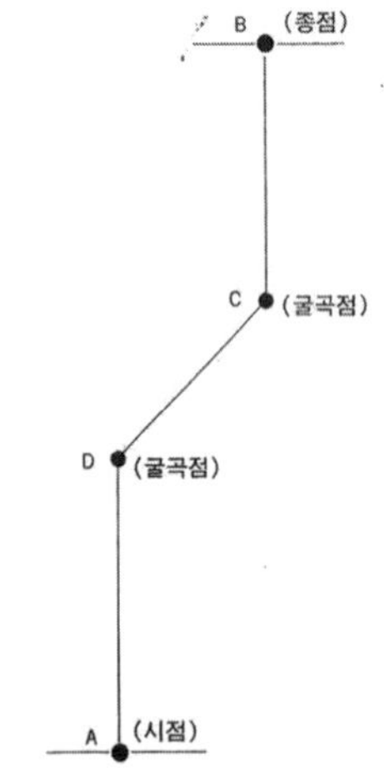

시점과 종점, 굴곡선을 연결한 노선과 배치 중심선을 정한다.

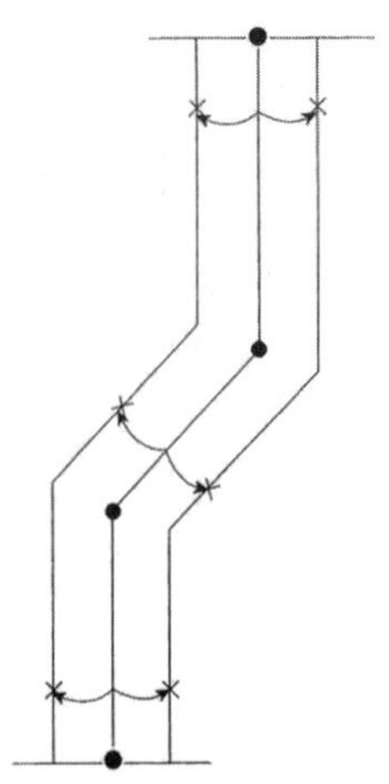

원로 폭의 반분된 치수의 중심선을 중점으로 좌우 대칭인 점을 찍고, 이 점을 연결하여 원로 폭의 형태를 결정한다.

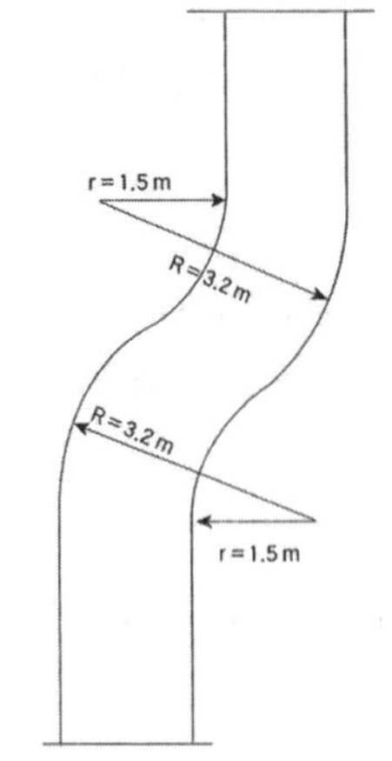

굴곡부의 회전 반지름을 그려 각도를 완화시킨다.

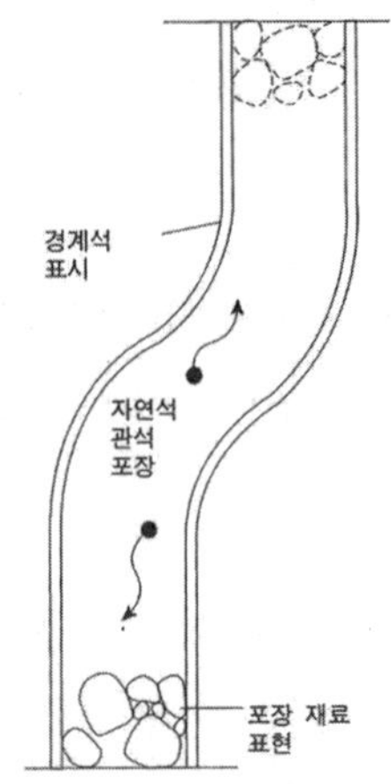

포장 재료의 선정, 표현 및 재료명을 기입하고, 경계석을 두 선으로 표시한다.

그림. 원로의 배치 및 설계 과정

02 공간설계

1. 공간 유형별 설계

공간 기능에 따른 분류 유형 구분은 정적인 휴게공간과 동적인 운동 및 놀이공간으로 구분한다. 두 공간은 기능적인 측면에서 상충되기 때문에 완충지역을 사이에 두고 서로 분리시키는 것이 바람직

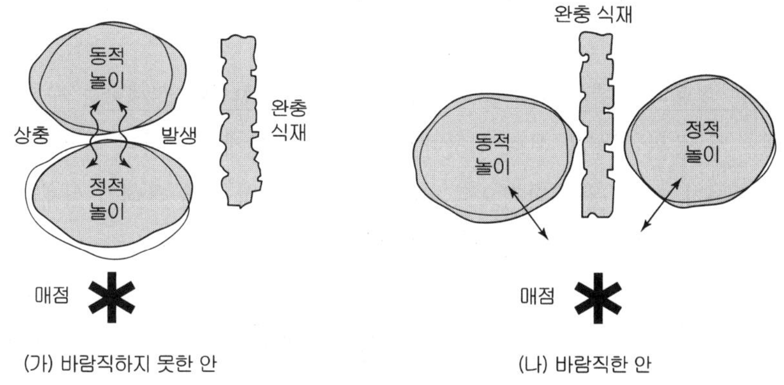

(가) 바람직하지 못한 안 (나) 바람직한 안

① 휴게 공간

㉠ 보행동선이 합쳐지는 곳, 눈에 잘 띄는 곳, 경관이 양호하거나 전망이 좋은 곳에 설치

㉡ 휴게 공간에 설치되는 시설물 : 퍼걸러, 정자, 벤치, 휴지통 등

㉢ 휴게 공간의 바닥은 먼지가 나지 않게 포장하며, 녹음수를 식재한 후 수목보호대를 설치하거나 음수로 하목을 군식

② 놀이 공간 및 운동 공간

㉠ 놀이 공간에 배치하는 시설에는 그네, 미끄럼틀, 시소 등의 유희시설과 철봉, 평행봉 등의 운동시설이 포함된다.

㉡ 운동 공간에는 어린이들을 위한 다목적 운동장과 청소년들이 주로 이용하는 각종 구기 운동장 등을 설계 대상 부지의 규모에 맞도록 설치한다.

㉢ 축구장은 장축(긴변)이 남북방향을 향하도록 설계한다.

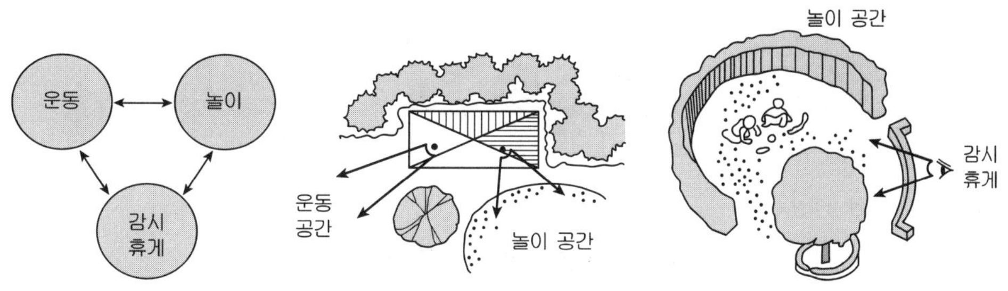

03 배식설계

1. 정형식 배식

① 단식 : 현관 앞의 중앙이나 시선을 유도하는 축의 종점 등 중요한 위치에 생김새가 우수하고, 중량감을 갖춘 정형수를 단독으로 식재하는 수법으로 점식이라고도 한다.

② 대식 : 시선축의 좌우에 같은 형태, 같은 종류의 나무를 대칭식재하는 수법으로 정연한 질서감을 표현하는 방법

③ 열식 : 같은 형태와 종류의 나무를 일정한 간격으로 직선상에 식재하는 수법

④ 교호식재 : 두 줄의 열식을 서로 어긋나게, 서로 마주보게 배치하여 식재하는 수법

⑤ 정형식 모아심기 : 수목을 집단적으로 심는 수법으로 군식 또는 무더기 식재라고 한다. 하나의 덩어리로 질량감을 필요로 하는 경우에 사용되는 수법

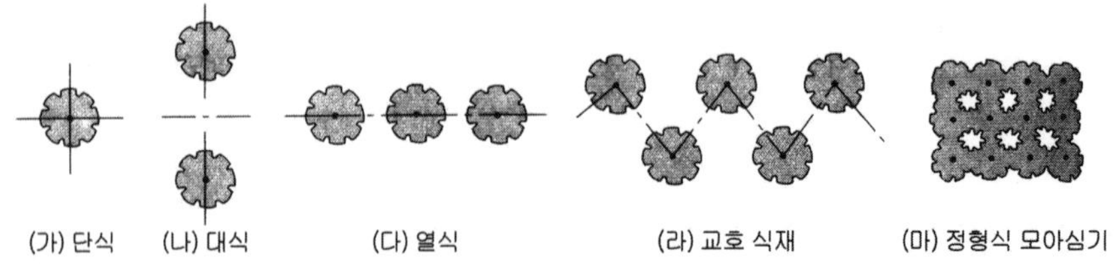

그림. 정형식 배식의 기본 양식

2. 자연식 배식

① 부등변 삼각형 식재 : 크고 작은 세 그루의 나무를 부등변 삼각형의 3개 꼭지점에 해당하는 위치에 식재하는 방법

② 임의 식재 : 대규모의 식재 구역에 배식할 때 부등변 삼각형 식재를 기본단위로 하여 그 삼각망을 순차적으로 확대하면서 연결시켜 나가는 식재 방법

③ 모아심기 : 자연 상태의 식생 구성을 모방하여 수종, 크기, 수형이 다른 두 가지 이상의 수목을 모아 무더기로 한 자리에 식재하는 방법

④ 배경식재 : 의도하는 경관을 두드러지게 보이도록 하기 위하여 그 경관의 후방에 식재군을 조성하여 배경을 구성하는 방법

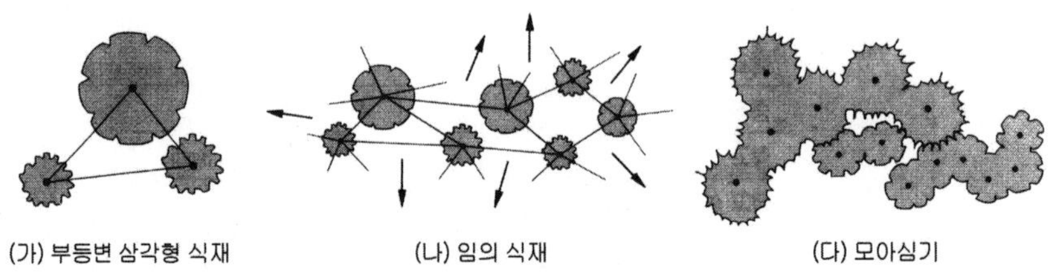

그림. 자연식 배식의 기본 양식

3. 식재 기준

수목은 공간을 구획하거나 분할하고 경관을 조절할 뿐만 아니라 환경을 조절하는 기능을 가진다.

기능구분	수종 요구 특성	적용 수종
경계 식재	- 잎과 가지가 치밀하고 전정에 강한 수종 - 생장이 빠르며 유지관리가 용이한 수종 - 아랫가지가 잘 말라 죽지 않는 상록수	잣나무, 서양측백, 화백, 스트로브잣나무, 무궁화, 사철나무, 자작나무, 참나무류 등
녹음 식재	- 지하고가 높은 낙엽활엽수 - 병충해 및 기타 유해요소가 적은 수종	회화나무, 느티나무, 팽나무, 이팝나무, 은행나무, 칠엽수, 느릅나무 등
요점 식재	- 꽃, 열매, 단풍 등이 특징적인 수종 - 수형이 단정하고 아름다운 수종 - 강조 요소가 있는 수종	소나무, 반송, 섬잣나무, 주목, 모과나무, 배롱나무, 단풍나무 등
차폐 식재	- 지하고가 낮고 잎과 가지가 치밀한 수종 - 전정에 강하고 유지관리가 용이한 수종 - 아랫가지가 말라 죽지 않는 상록수	주목, 잣나무, 서양측백, 화백, 쥐똥나무, 사철나무, 옥향, 눈향나무 등

표. 식재 간격 및 식재 밀도(예)

구분	식재간격(m)	식재밀도	비 고
대교목	6		
중 · 소교목	4.5		
작고 성장이 느린 관목	0.45~0.60	3~5그루/㎡	단식 또는 모아심기
크고 성장이 보통인 관목	1.0~1.2	1그루/㎡	
성장이 빠른 관목	1.5~1.8	2~3그루/㎡	
산울타리용 관목	0.25~0.75	1.4~4그루/㎡	열식
지피 · 초화류	0.20~0.30 0.14~0.20	11~25그루/㎡ 25~49그루/㎡	밀식

4. 조경설계 기준

조경 공간을 구성할 때 구성 요소의 형태, 규격, 품질 및 성능 등에 있어 일반적으로 적용되는 기준을 말한다.

① 구조물 설계 기준 출제

㉠ 계단

- 2h + b = 60~65(70)cm(발판높이 h, 너비 b)

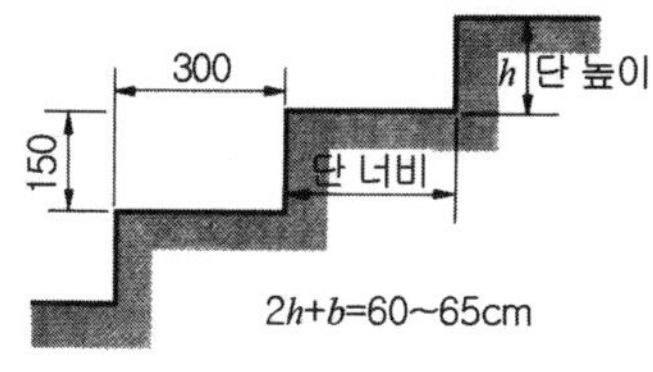

그림. 계단의 높이와 너비의 관계

- 계단의 물매(기울기)는 30~35° 가 가장 적합
- 계단의 높이는 3~4m가 적당하며, 계단 높이가 3m 이상일 때 진행방향에 따라 중간에 1인용일 때 단 너비 90~110cm, 2인용일 때 130cm 정도의 계단참을 만든다.
- 원로의 기울기가 15° (18°)이상일 때 계단을 만든다.

㉡ 경사로(Ramp)

- 신체장애자 휠체어를 위한 경사로 너비는 최소한 1.2m 이상, 적정 너비는 1.8m
- 경사로의 물매(기울기)는 가능한 한 8% 이내로 제한하되, 8% 이상의 물매(기울기)에서는 난간을 병행하여 설치한다.

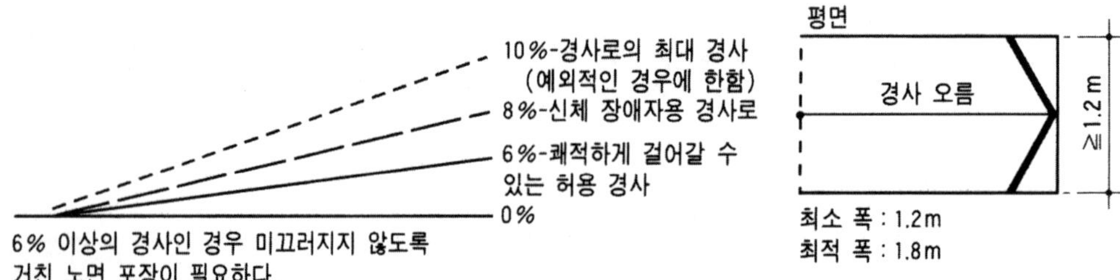

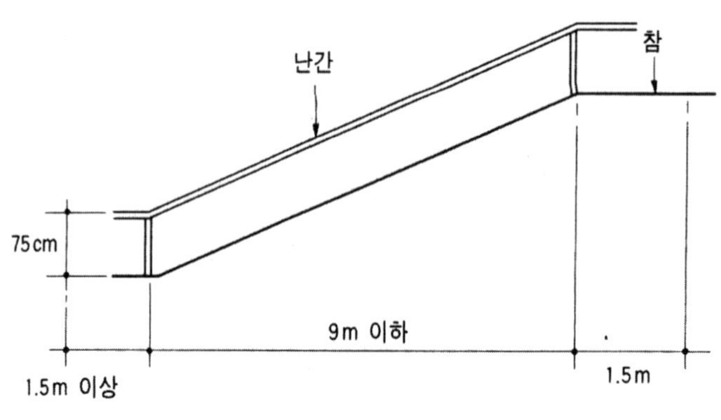

그림. 경사로의 설계 기준

㉢ 플랜터(planter) : 수목의 최소 생육 토심과 뿌리분을 보호할 수 있는 너비를 고려하여 설계

㉣ 옹벽 : 토압력에 저항하여 흙이 무너지지 못하게 만든 벽체

㉤ 연못 : 물에 비친 경관을 조망하며 부정형의 모양으로 설계

㉥ 분수(fountain)

- 시점을 고려하여 바람 없는 곳의 분수 수조 크기는 분수 높이의 2배, 바람이 부는 곳의 분수 수조 크기는 분수 높이의 3~4배로 한다.
- 물의 분출높이가 1m 정도이면 지름 2m 이상의 수반 필요
- 수심 : 35~60cm

ⓢ 벽천 : 소규모 공간에 사용

- 물의 흐름, 떨어짐, 굄이 연속적으로 이루어지게 하는 구조 – 동적인 시설물
- 벽천 낙하 높이와 저수면 너비의 비는 3 : 2 정도

② 포장 설계 기준

㉠ 포장은 공간의 경계를 구획하거나 통합하는 기능을 한다.

㉡ 포장재료는 질감에 따라 잘게 쪼갠 돌, 흙, 잔디, 강자갈, 마사토 등의 부드러운 재료와 아스팔트, 콘크리트 및 콘크리트 타일과 콘크리트 벽돌 등 딱딱한 재료, 그리고 조약돌, 판석, 벽돌, 나무 등 중간 성격의 재료로 나눈다.

㉢ 보행을 억제해야 하는 공간에는 판석, 조약돌, 콩자갈 등 거친 표면의 재료를 사용하고, 빠른 보행 속도를 유지해야 하는 공간에는 아스팔트, 콘크리트, 블록과 같은 고운 표면의 재료를 사용한다.

㉣ 주차장이나 차량이 통과하는 곳에서는 차량의 하중에 충분히 견디는 재료를 사용하고, 표면 배수를 위해 2% 정도의 물매(기울기)를 확보해야 한다.

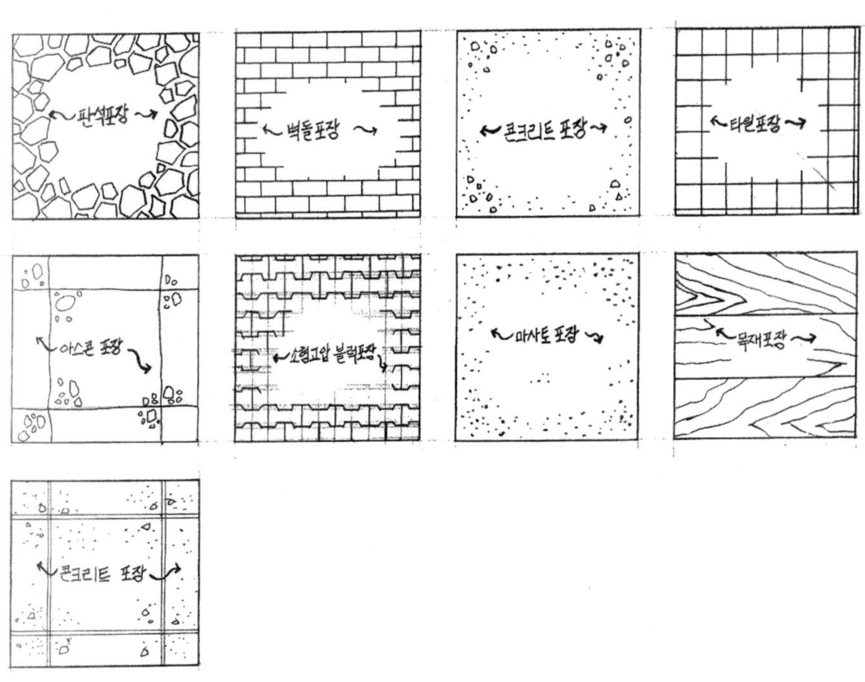

그림. 원로 포장에 적용되는 전형적인 포장평면 기호

• 화강석 판석포장

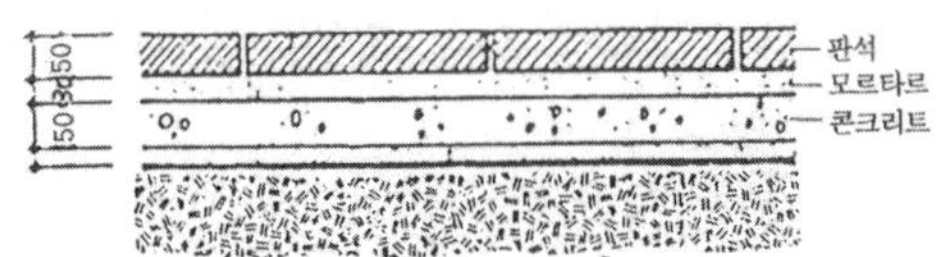

• 소형고압블럭(일반)포장

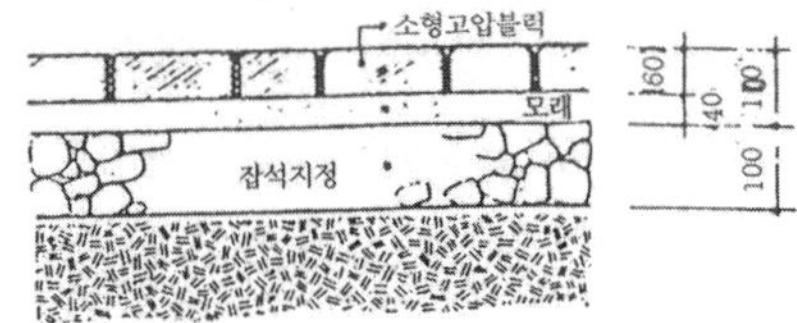

• 아스콘포장

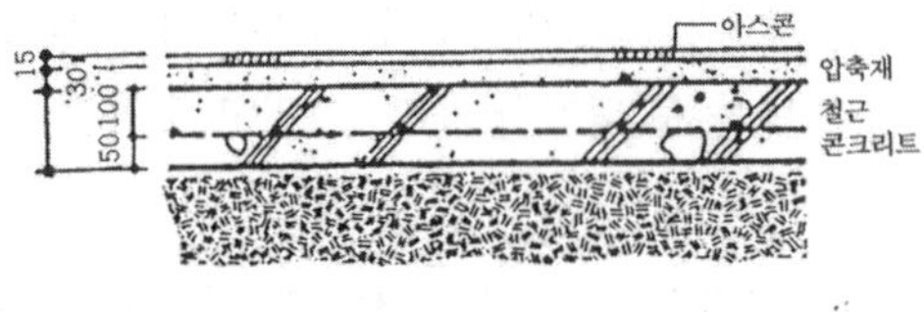

• 침목포장

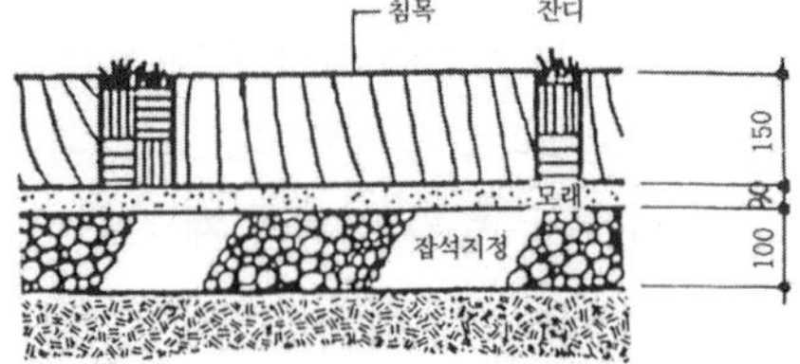

• 콩자갈 포장

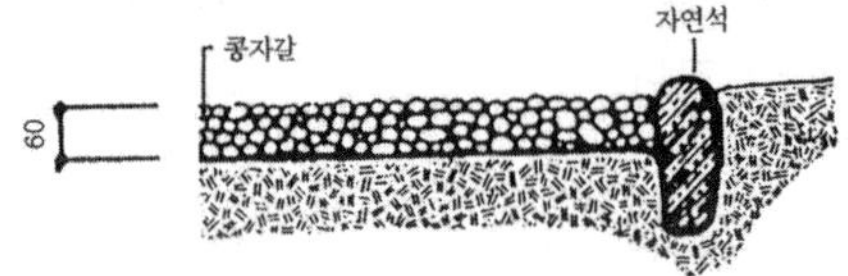

• 마사토 포장

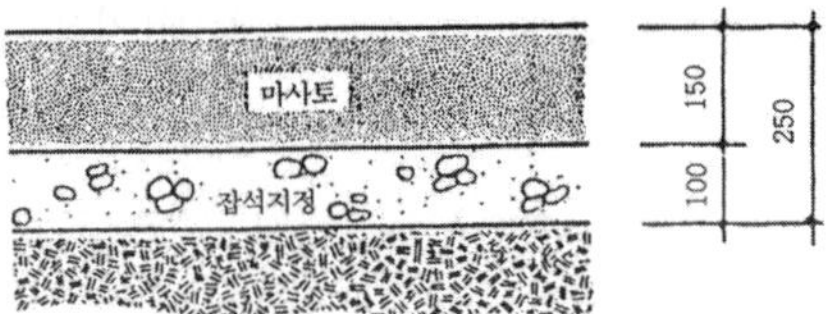

• 적벽돌 포장

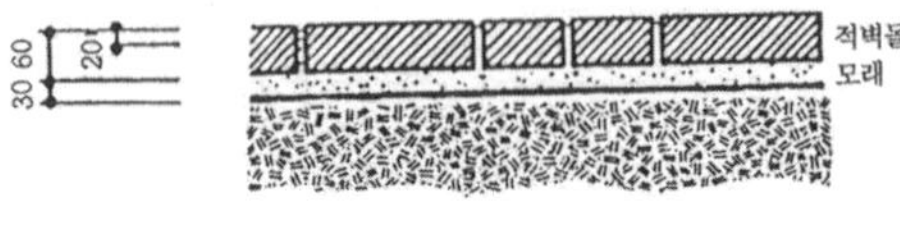

• 모래 포설(포장)

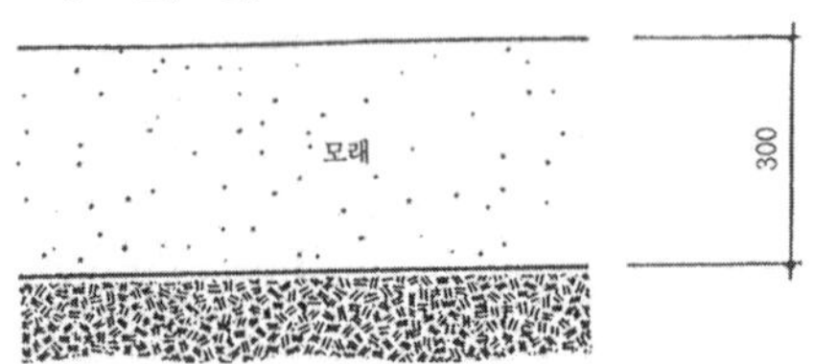

그림. 원로 포장에 적용되는 포장 단면 설계

③ 시설물 설계 기준 출제

조경시설물은 옥외에 설치되는 시설로 안내, 휴식, 편익, 조명, 경계, 관리, 주차 등의 기능을 가짐

㉠ 안내시설 : 재료, 형태, 색을 통일 시킨다.

㉡ 휴식시설

- 벤치 : 좌면너비 36~40cm, 높이 : 35~40cm, 너비 : 38~43cm
- 퍼걸러 : 조망이 좋고 한적한 휴게공간에 설치하며, 높이는 2.2~2.5m 정도로 한다.

㉢ 편익시설

- 휴지통 : 입식은 70~100cm 높이로 하고, 벤치 2~4개소마다 또는 도로 20~60m 마다 1개씩 설치
- 음수전 : 그늘진 곳, 습한 곳, 바람의 영향을 많이 받는 곳은 피해 설치

㉣ 조명시설

- 가로등 : 지면에서 6~9m 높이에 설치

㉤ 경계시설

- 볼라드(Bollard) : 보행인과 차량교통의 분리를 목적으로 설치하고 높이는 30~70cm, 배치 간격은 2m

㉥ 관리시설

- 화장실 : 1인당 $3.3m^2$의 면적 필요

㉦ 주차시설(주차장법 시행규칙 제3조) (2018년)

- 90°, 60°, 45°, 30° 형태가 있음
- 일반형 주차장 규격 : 2.5m × 5.0m 이상
- 확장형 주차장 규격 : 2.6m × 5.2m 이상
- 평행주차의 경우 일반형 : 2.0m × 6.0m 이상
- 장애인 주차장 규격 : 3.3m × 5.0m 이상
- 동일 면적에서 가장 많은 주차대수를 설계할 수 있는 주차방식 : 직각(90°)주차방식

④ 식재 기준

㉠ 식재 기능별 적용 수종

- 공간조절
  - 경계식재 : 지엽이 치밀하고 전정에 강한 수종과 가지가 말라 죽지 않는 상록수가 적당
  - 유도식재 : 수관이 커서 캐노피(canopy : 덮는 것)를 이루는 것이 적당
- 경관조절
  - 경관식재 : 꽃, 열매, 단풍 등 수형이 단정하고 아름다운 수종
  - 지표식재 : 꽃, 열매, 단풍 등이 특징 있는 수종으로 수형이 단정하고 상징적 의미가 있으며, 높은 식별성을 필요로 하는 수종이 적당
  - 차폐식재 : 지하고가 낮고 지엽이 치밀하며 전정에 강하며 유지관리가 용이한 수종으로 아랫가지가 말라 죽지 않는 상록수가 적당
- 환경조절
  - 녹음식재 : 지하고가 높은 낙엽활엽수로 병충해 및 기타 유해요소가 없는 수종이 적당
  - 방풍·방설식재 : 지엽이 치밀하고 가지가 견고한 수종, 지하고가 낮은 수종으로 아랫가지가 말라 죽지 않는 상록수가 적당
  - 방화식재 : 잎이 두껍고 함수량이 많아 화재발생시 쉽게 불이 붙지 않는 수종이 적당
  - 방음식재 : 지하고가 낮고 잎이 치밀한 상록 교목으로 공해에 강한 수종이 적당. 식수대의 너비는 20~30m, 수고는 식수대의 중앙부분에서 13.5m 이상 되도록 식재

- 지피식재 : 키가 작아 지표를 밀생하며 답압(踏壓)에 잘 견디는 수종이 적당
- 임해매립지식재 : 내염·내조성이 있는 수종으로 척박한 토양에 잘 자라는 수종과 토양 고정력이 있는 수종이 적당 – 바다 매립한 공업단지에서 토양의 염분함량이 많을 때 토양의 염분을 0.02% 이하로 용탈시킨 후 식재
- 사면식재 : 맹아력이 강하고 척박지, 건조에 강한 수종으로 토양 고정력이 있는 수종이 적당

ⓛ 식재 기반 조성 기준

- 교목(토심 : 60~90cm(천근성), 90~150cm(심근성))
- 관목(토심 : 30~60cm 이상)
- 초화·지피류(토심 : 15~30cm 이상)
- 수목식재에 가장 적합한 토양의 구성비(토양 : 수분 : 공기 = 50% : 25% : 25%)

ⓒ 방풍효과가 미치는 범위

- 바람의 위쪽에 대해서는 수고의 6~10배, 바람 아래쪽에 대해서는 수고의 25~30배 거리에 감소효과가 있다. 가장 효과가 큰 곳은 바람 아래쪽의 수고 3~5배에 해당되는 지점으로 풍속 65%가 감소

〈참고〉 우리나라 겨울철 좋은 생활환경과 수목의 생육을 위해 최소 6시간 정도 광선이 필요하다.

출 제 예 상 문 제

01. 보행자 2인이 나란히 통행하는 원로의 폭으로 가장 적합한 것은?

① 0.5~1.0m ② 1.5~2.0m
③ 3.0~3.5m ④ 4.0~4.5m

보행자 1인이 통행하는 원로의 폭은 0.8~ 1m 이상이고, 보행자 2인이 통행하는 원로의 폭은 1.5~2.0m 정도이다.

02. 경계식재로 사용하는 조경수목의 조건으로 옳은 것은?

① 지하고가 높은 낙엽활엽수
② 꽃, 열매, 단풍 등이 특징적인 수종
③ 수형이 단정하고 아름다운 수종
④ 잎과 가지가 치밀하고 전정에 강하며 아랫가지가 말라 죽지 않는 상록수

경계식재로 사용하는 수목은 지엽이 치밀하고 전정에 강해 아랫가지가 말라 죽지 않는 상록수가 좋다.

03. 다음 중 방화식재로 사용하기 적당한 수종으로 짝지어진 것은?

① 광나무, 식나무 ② 피나무, 느릅나무
③ 태산목, 낙우송 ④ 아카시아, 보리수

방화식재는 잎이 두껍고 함수량이 많아야 한다.

04. 방풍림을 설치하려고 할 때 가장 알맞은 수종은?

① 구실잣밤나무 ② 자작나무
③ 버드나무 ④ 사시나무

방풍림으로는 구실잣밤나무가 적당하다.

05. 방풍림의 조성은 바람이 불어오는 주풍방향에 대해서 어떻게 조성해야 가장 효과적인가?

① 30° 방향으로 길게
② 직각으로 길게
③ 45° 방향으로 길게
④ 60° 방향으로 길게

수림대는 바람의 주풍과 직각이 되는 방향으로 길게 조성해야 효과가 크다.

06. 다음 중 방풍용 수종에 관한 설명으로 가장 거리가 먼 것은?

① 심근성이면서 줄기나 가지가 강인한 것
② 녹나무, 참나무, 편백, 후박나무 등이 주로 사용됨
③ 실생보다는 삽목으로 번식한 수종일 것
④ 바람을 막기 위해 식재되는 수목은 잎이 치밀할 것

방풍용 조경수목은 바람에 견디는 힘이 강해야 하며 심근성 수종이어야 한다. 지엽이 치밀하고 잘 부러지지 않아야 하며 가지가 강해야 한다. 삽목으로 번식하면 뿌리가 약하다.

07. 다음 중 수목의 용도에 대한 설명으로 틀린 것은?

① 가로수는 병충해 및 공해에 강해야 한다.
② 녹음수는 낙엽활엽수가 좋으며, 가지다듬기를 할 수 있어야 한다.
③ 방풍수는 심근성이고, 가급적 낙엽수이어야 한다.
④ 방화수는 상록활엽수이고, 잎이 두꺼워야 한다.

③ 방풍수는 심근성이고, 상록수이어야 좋다.

정답 1② 2④ 3① 4① 5② 6③ 7③

08. 다음 중 경계식재에 사용될 수종의 조건으로 틀린 것은?

① 수관이 커서 캐노피를 이룰 것
② 전정에 강할 것
③ 가지가 잘 말라죽지 않을 것
④ 생장 빠르고 관리가 용이할 것

①은 유도식재를 나타낸 것이다.

09. 수목을 심기 위한 식재기반에 대한 설명으로 바른 것은?

① 초화류 및 지피류는 최소 30~60cm 이상 확보할 것
② 관목류는 최소 45~90cm 이상 확보할 것
③ 천근성 교목은 최소 60~70cm 이상 확보할 것
④ 심근성 교목은 최소 90~150cm 이상 확보할 것

초화류 및 지피류는 15~30cm, 관목은 30~ 60cm, 천근성 교목은 최소 60~90cm, 심근성 교목은 90~150cm 이상 식재기반을 확보해야 한다.

10. 다음 중 정형식 배식이 아닌 것은?

① 부등변 삼각형 식재
② 단식
③ 열식
④ 대식

부등변 삼각형 식재는 자연식 배식이다.

11. 원로의 기울기가 몇 도 이상일 때 일반적으로 계단을 설치하는가?

① 3° ② 5°
③ 10° ④ 15°

원로의 기울기가 15° 이상일 때 계단을 설치한다.

12. 신체장애자를 위한 경사로(Ramp)를 만들 때 가장 적당한 경사는?

① 8% 이하 ② 10% 이하
③ 12% 이하 ④ 15% 이하

13. 계단의 물매(기울기)로 적당한 것은?

① 10~15° ② 20~25°
③ 25~30° ④ 30~35°

14. 옥외계단 설계 시 참고사항으로 틀린 것은?

① 2h+b=60~65cm로 한다.
② 계단이 3m 이상이 될 때에는 계단참을 만든다.
③ 계단의 물매는 30~35° 로 한다.
④ 1인용 계단참은 130cm 정도 만든다.

1인용 계단참은 90~110cm, 2인용은 130cm 정도의 계단참을 만든다.

15. 식재를 위한 표토 복원 두께를 설명한 것 중 틀린 것은?

① 초화류 식재지는 5~10cm
② 관목 식재지는 40~50cm
③ 교목 식재지는 60cm 이상
④ 지피류 식재지는 20~30cm

초화류 식재지는 15~30cm이다.

16. 계단의 축상(蹴上) 높이가 12cm일 때 답면(踏面)의 너비는 다음 중 어느 것이 가장 적합한가?

① 20~25cm ② 26~31cm
③ 31~36cm ④ 36~41cm

2h+b=60~65cm에서 h(높이)가 12이므로 b(너비)는 36 ~41cm이다.

정답 8① 9④ 10① 11④ 12① 13④ 14④ 15① 16④

17. 계단공사에서 발판 높이를 20cm로 했을 때 발판의 길이가 적당한 것은?

① 10~20cm ② 20~30cm
③ 30~40cm ④ 40~50cm

2h+b=60~65(70)cm에서 h(높이)가 20cm이므로 b(너비)는 20~30cm이다.
2h+b=60~65 또는 70cm까지 보는 경우가 있으므로 오해하지 말아야 한다.

18. 정형식 식재에 관한 기술 중 옳지 않은 것은?

① 경관구성이 자유롭다.
② 축의 교점에 분수, 연못, 조각, 정형수 등을 놓아 강조한다.
③ 1축 1점이 설정되면 식재는 축 또는 점에 대하여 등거리로 대칭형이 된다.
④ 방사축의 한 점에서 각도로 나오는 경우 무게가 주어진다.

19. 정형식 식재로 적당한 곳은?

① 자연공원 ② 지구공원
③ 유원지 ④ 정부청사앞뜰

20. 부등변삼각형 식재는 다음 중 어디에 어울리는가?

① 정형식 정원 ② 자연식 정원
③ 토피어리정원 ④ 가로수 정원

21. 동양적인 수목배식에서 가장 이상적인 형태는?

① 부등변삼각형 ② 2등변삼각형
③ 5각형 ④ 사다리꼴

22. 자연풍경식 식재의 기본 패턴이 아닌 것은?

① 랜덤식재 ② 교호식재
③ 배경식재 ④ 부등변 삼각형 식재

교호식재는 정형식 식재의 패턴이다.

23. 독립수나 조각물 뒤에 배경식재로 가장 알맞은 것은?

① 잎이 넓고 치밀한 수종
② 잎이 넓고 간격이 엉성한 수종
③ 잎이 촘촘하고 치밀한 수종
④ 잎이 촘촘하고 간격이 엉성한 수종

24. 방음용 식재의 구조를 설명한 것이다. 옳지 않은 것은?

① 방음식재는 가급적이면 음원 가까이에 설치한다.
② 가급적이면 식수대의 넓이는 20~30m, 수고는 13.5m 이상이 좋다.
③ 식수대의 길이는 음원과 수음점을 잇는 선의 좌우로 각각 음원과 수음점의 거리와 거의 비등한 것이 좋다.
④ 식수대와 가옥간의 최소거리는 50m는 되어야 한다.

식수대와 가옥간의 최소거리는 30m이다.

25. 일반적으로 방풍림에 있어서 방풍효과가 미치는 범위는 바람위쪽에 대해서는 수고의 6~10배, 바람 아래쪽에 대해서는 몇 배의 거리에 이르는가?

① 5~10배 ② 15~20배
③ 25~30배 ④ 3~5배

정답 17② 18① 19④ 20② 21① 22② 23③ 24④ 25③

26. 다음 중 녹음수로 적당하지 않은 수종은?
① 플라타너스 ② 느티나무
③ 은행나무 ④ 반송

녹음수(綠陰樹) : 여름의 강한 일조와 석양 햇빛을 수관으로부터 차단하여 쾌적한 환경의 조성을 목적으로 식재되는 나무로 낙엽수를 식재한다. 반송은 상록관목이다.

27. 모래터에 심을 녹음수로 가장 적합한 나무는?
① 백합나무 ② 가문비나무
③ 수양버들 ④ 낙우송

모래터 위의 녹음수로 적합한 나무는 튤립나무(백합나무), 플라타너스 등이 있다.

28. 다음 중 녹음용 수종에 대한 설명으로 가장 거리가 먼 것은?
① 여름철에 강한 햇볕을 차단하기 위해 식재되는 나무를 말한다.
② 잎이 크고 치밀하며 겨울에는 낙엽이 지는 나무가 녹음수로 적당하다.
③ 지하고가 낮은 교목이며 가로수로 쓰이는 나무가 많다.
④ 녹음용 수종으로는 느티나무, 칠엽수, 회화나무, 플라타너스 등이 있다.

지하고가 높은 낙엽활엽수가 좋다.

29. 도시 내 도로주변 녹지에 수목을 식재하고자 할 때 적당하지 않은 수종은?
① 쥐똥나무 ② 벽오동나무
③ 향나무 ④ 전나무

전나무는 공해에 약하기 때문에 도시 내 도로주변 녹지에 적당하지 않다.

30. 다음 중 차량소통이 많은 곳에 녹지를 조성할 때 가장 적당한 나무는?
① 조팝나무 ② 향나무
③ 왕벚나무 ④ 소나무

향나무는 대기오염 등 각종 공해에 견디는 힘이 강하다.

31. 다음 중 교목으로 꽃이 화려하고 공해에 약하나 열식 또는 강변 가로수로 많이 심는 나무는?
① 왕벚나무 ② 수양버들
③ 전나무 ④ 벽오동

32. 다음 수종 중 가로수로 적당하지 않은 나무는?
① 은행나무 ② 무궁화
③ 느티나무 ④ 벚나무

33. 다음 중 가로수 식재를 설명한 것으로 옳지 않은 것은?
① 일반적으로 가로수 식재는 도로변에 교목을 줄지어 심는 것을 말한다.
② 가로수 식재 형식은 일정 간격으로 같은 크기의 나무를 일렬 또는 이열로 식재한다.
③ 식재 간격은 나무의 종류나 식재목적, 식재지의 환경에 따라 다르나 일반적으로 4~10m로 하는데, 5m 간격으로 심는 경우가 많다.
④ 가로수는 보도의 너비가 2.5m 이상 되어야 식재할 수 있으며, 건물로부터는 5.0m 이상 떨어져야 그 나무의 고유한 수형을 나타낼 수 있다.

가로수 간격을 8m 이상으로 식재하는 것이 좋다.

정답 26 ④ 27 ① 28 ③ 29 ④ 30 ② 31 ① 32 ② 33 ③

34. 가로수로서 갖추어야 할 조건을 기술한 것 중 옳지 않은 것은?

① 강한 바람에 잘 견딜 수 있는 것
② 사철 푸른 상록수일 것
③ 각종 공해에 잘 견디는 것
④ 여름철 그늘을 만들고 병충해에 잘 견디는 것

가로수는 낙엽교목이어야 한다.

35. 다음 중 가로수는 차도 가장자리에서 얼마 정도 떨어진 곳에 심는 것이 가장 좋은가?

① 10cm　② 20~30cm
③ 40~50cm　④ 60~70cm

가로수는 차도 가장자리에서 일반적으로 65cm 떨어진 곳에 식재하고, 건축물로부터는 6m 떨어진 곳에 식재한다.

36. 도로식재 중 사고방지 기능식재에 속하지 않는 것은?

① 명암순응식재　② 차광식재
③ 녹음식재　④ 진입방지식재

37. 다음 중 고속도로 식재에서 차광률이 가장 높은 나무는?

① 느티나무　② 협죽도
③ 동백나무　④ 향나무

38. 질감이 가장 부드럽게 느껴지는 나무는?

① 태산목　② 칠엽수
③ 회양목　④ 팔손이나무

잎이 작은 나무가 질감이 부드럽고, 잎이 큰 나무는 질감이 거칠다.

39. 전체적인 수목의 질감이 거친 느낌을 가지고 있는 나무는?

① 버즘나무　② 철쭉
③ 향나무　④ 회양목

40. 다음 조경수목 중 '주목'에 관한 설명으로 틀린 것은?

① 9~10월 붉은색의 열매가 열린다.
② 수피가 적갈색으로 관상가치가 높다.
③ 맹아력이 강하며, 음수나 양지에서 생육이 가능하다.
④ 생장속도가 매우 빠르다.

주목은 생장속도가 매우 느린 수목이다.

41. 다음 중 토피어리(Topiary)란?

① 분수의 일종　② 형상수
③ 보기 좋은 정원석　④ 휴게용 탁자

42. 다음 중 형상수(Topiary)를 만들기에 가장 적합한 나무는?

① 주목　② 단풍나무
③ 능수벚나무　④ 전나무

작은 잎을 가지고 전정에 강한 주목이 형상수(토피어리)에 적당하다.

43. 수목식재에 가장 적합한 토양의 구성비(토양 : 수분 : 공기)는?

① 50% : 25% : 25%
② 50% : 10% : 40%
③ 40% : 40% : 20%
④ 30% : 40% : 30%

정답 34 ② 35 ④ 36 ③ 37 ④ 38 ③ 39 ① 40 ④ 41 ② 42 ① 43 ①

44. 바다를 매립한 공업단지에서 토양의 염분함량이 많을 때는 토양 염분을 몇 % 이하로 용탈시킨 다음 식재하는가?

① 0.08% ② 0.02%
③ 0.1% ④ 0.3%

45. 임해공업단지의 조경용 수종으로 적합한 것은?

① 소나무 ② 사철나무
③ 목련 ④ 왕벚나무

사철나무, 광나무는 임해공업단지 조경용 수종으로 염분, 공해에 강하다.

46. 다음 중 배식설계에 있어서 정형식 배식설계로 가장 적당한 것은?

① 부등변삼각형 식재 ② 대식
③ 임의(랜덤)식재 ④ 배경식재

47. 이집트 데르엘바하리 신전에 사용한 배식기법은?

① 열식 ② 점식
③ 군식 ④ 혼식

데르엘바하리 신전에는 수목을 열식하였다.

48. 자연식 배식법의 설명 중 틀린 것은?

① 정원안에 자연 그대로의 숲의 생김새를 재생시키려 하는 수법이다.
② 나무의 위치를 정할 때에는 장래 어떠한 관계에 놓일 것인가를 예측하면서 배치한다.
③ 여러 그루의 나무가 하나의 직선 위에 줄지어 서게 되는 것은 절대로 피해야 한다.
④ 공원과 같은 넓은 녹지에 집단미를 나타낼 경우 여러 가지 수종을 밀식하여 빽빽하게 하는 것이 좋다.

49. 다음 중 배치계획시 방향의 고려사항과 관련이 없는 시설은?

① 골프장의 각 코스
② 실외 야구장
③ 축구장
④ 실내 테니스장

실내 시설물은 배치방향과 관련이 없다.

50. 동선 설계시 고려해야 할 사항으로 틀린 것은?

① 가급적 단순하고 명쾌해야 한다.
② 성격이 다른 동선은 반드시 분리해야 한다.
③ 가급적 동선의 교차를 피하도록 한다.
④ 이용도가 높은 동선은 길게 해야 한다.

동선은 공간내에서 사람과 차량의 이동경로를 연결시켜 주는 기능을 하며, 공간 상호간에 기능적 관련성이 없거나 적을 때에는 동선이 각각의 공간을 분리시키는 기능을 담당한다. 동선은 명쾌해야 하며, 성격이 다른 동선은 반드시 분리하고 이용도가 높은 동선은 짧게 해야 한다.

51. 상록수의 주요한 기능으로 부적합한 것은?

① 시각적으로 불필요한 곳을 가려준다.
② 겨울철에는 바람막이로 유용하다.
③ 신록과 단풍으로 계절감을 준다.
④ 변화되지 않는 생김새를 유지한다.

③은 낙엽수의 주요한 기능이다.

정답 44 ② 45 ② 46 ② 47 ① 48 ④ 49 ④ 50 ④ 51 ③

03 조경설계 사례

01 단독주택 정원

1. 성격과 기능

① 주택정원은 단순한 옥외 공간이 아니라 주택 내부와 밀접한 관계를 가지고, 주택이 제공할 수 없는 옥외 시설로서의 기능과 미를 갖춤으로써 주택 내부에서 얻는 심리적 역할과 기능을 연결시켜 안락한 공간으로 꾸며져야 한다.

② 주택에 거주하는 사람들이 주택 내부에서 뿐만 아니라 외부에서 편안함과 안정성을 느껴야 한다.

③ 개인의 오락, 휴식 등의 기능을 담당해야 한다.

2. 단독 주택조경의 설계 출제

① 전정(앞뜰)

㉠ 대문과 현관사이의 공간으로 바깥의 공적인 분위기에서 사적인 분위기로의 전이공간이다.

㉡ 비교적 면적은 좁으나 주택의 첫인상을 좌우하는 공간으로 매우 중요하고 가장 밝은 공간이다.

㉢ 실용적인 기능을 부여하기 위해 차고를 설치하기도 하고, 원로를 따라 조명과 좌우에 시선을 끌 수 있는 수목이나 초화류를 심기도 하며, 조각물이나 그 밖의 형상물을 배치하여 경관을 강조하기도 하고, 입구로서의 단순성을 강조한다.

㉣ 설치될 주요 시설물로는 대문을 비롯하여 진입공간, 대문으로부터 현관에 이르는 포장된 원로, 조명등, 차고 등이 있다.

② 주정(안뜰)

㉠ 면적이 넓으며 양지바른 곳에 자리 잡아 가장 중요한 공간

㉡ 응접실이나 거실 전면에 면한 뜰로 정원의 중심이 되며 옥외생활을 즐길 수 있는 곳

㉢ 휴식과 단란이 이루어지는 공간으로 가장 특색 있게 꾸밀 수 있다.

㉣ 가족 구성원을 위한 은밀한 사적공간으로 개인생활이 보호되어야 한다.

ⓜ 설치될 주요 시설물로는 퍼걸러, 정자, 데크, 벤치, 야외탁자, 바비큐장, 연못이나 벽천 등의 수경시설, 놀이 및 운동시설 등을 설치할 수 있다.

③ 후정(뒤뜰)

㉠ 대지가 넓은 경우에는 건물의 뒤쪽이나 옆에 자리 잡게 되나, 부지가 좁은 경우에는 통로의 기능만을 가지게 되며, 조용하고 정숙한 분위기

㉡ 침실에서 전망이나 동선을 살리되 외부에서 시각적, 기능적 차단

㉢ 프라이버시(사생활)가 최대한 보장

㉣ 조선시대 중엽 이후 풍수설에 따라 주택조경에서 새로이 중요한 부분으로 강조

④ 작업정(작업뜰)

㉠ 주방, 세탁실과 연결하여 일상생활의 작업을 행하는 장소

㉡ 전정과 후정을 시각적으로 어느 정도 차폐하고 동선만 연결

㉢ 차폐식재나 초화류, 관목식재를 한다.

㉣ 바닥은 먼지나지 않게 벽돌이나 타일 등으로 포장한다.

ⓜ 부엌과 장독대, 세탁장소, 창고 등에 면하여 위치한다.

⑤ 주차공간

옥외주차장 승용차 1대의 주차공간은 2.3m×5.0m 이상 확보되어야 한다.

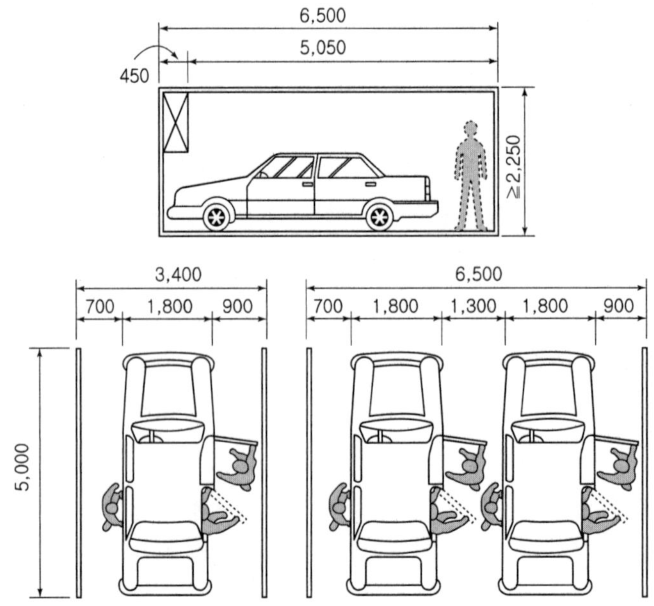

구분	시설물의 종류
휴게시설	퍼걸러, 벤치, 데크, 그늘집(shelter), 야외탁자, 바비큐장 등
수경시설	연못, 폭포, 벽천, 실개천, 분수, 조욕대(鳥浴臺), 물확 등
점경물(點景物)	야외 조각물, 석탑, 석등, 창살 울타리(trellis) 등
놀이 및 운동시설	그네, 미끄럼틀, 모래터, 철봉, 평행봉 등
조명시설	정원등, 잔디등, 수중 조명등 등

예제 1

주택정원에서 사생활을 위한 뜰과 가장 관계가 있는 곳은?

① 현관입구 ② 거실 앞
③ 침실 앞 ④ 작업정

정답 : ③

예제 2

주택정원의 기능을 분할할 때 프라이버시가 최대한 보장되어야 하는 공간은?

① 전정 ② 후정
③ 주정 ④ 작업정

정답 : ②

02 주택단지 정원

1. 성격과 기능

개인주택의 정원과 달리 공동으로 이용할 수 있는 정원으로 단지 주민들이 함께 즐길 수 있는 레크리에이션의 기회를 제공하고, 근린 의식 형성 장소를 제공해 준다.

2. 주택단지 조경 설계

① 건축용

아파트, 상가 등의 건축물이 놓인 곳이 해당되고, 교통용으로 사용하는 부지는 단지 내의 도로와 주차장 등이 해당된다.

② 녹지용

㉠ 건물주변, 어린이놀이터, 공원, 단지주변, 도로 주변 등으로 건축용지와 교통용지를 제외한 대부분의 공간이 해당된다.

㉡ 주택단지에서 녹지가 차지하는 비율을 녹지율이라 하며, 우리나라에서는 일반적으로 15% 이상을 확보하도록 규정하고 있다.

㉢ 단지 내의 어린이놀이터, 공원, 휴게소 등은 주민들이 이용하기에 편리하고 안전한 곳에 위치하도록 해야 한다.

㉣ 어린이놀이터는 어린이들이 단지 내의 간선도로를 횡단하여 이용하지 않도록 안전한 곳에 위치하도록 설계한다.

㉤ 단지 내의 모든 동선은 보행자 우선으로 계획되어야 하고, 보행자가 쾌적한 환경 속에서 안전하게 걸을 수 있도록 차도와 보도를 완전히 분리하고 녹음을 조성하며, 차량의 통행은 간선도로가 아닌 경우에는 비상시를 제외하고 출입을 금지하는 등 보행자의 안전을 최대한 고려하여 도로를 설치한다.

3. 식재 설계

① 건물 가까이에는 상록성의 교목 식재를 피해야 하고, 계절적인 변화를 느낄 수 있는 나무를 선택하는 것이 좋다.

② 단지 입구 부근에는 지표 식재로 대형 수목을 식재하고, 진입로를 따라 가로수를 열식하여 방향을 유도한다.

③ 어린이놀이터, 휴게소, 노인정 등의 시설 주변은 그늘을 주기 위한 녹음식재와 경관을 아름답게 할 수 있는 경관식재를 한다.

④ 단지의 외곽부에는 주민의 주거 환경에 나쁜 영향을 끼치는 소음이나 진동, 대기오염, 불량경관 등을 차단하거나 완화시키기 위한 차폐식재나 완충식재를 한다.

03 옥상조경

1. 옥상조경 성격과 기능

① 옥상조경은 좁게는 건축물의 옥상에 만들어지는 조경을 뜻하지만 넓게는 자연지반과 분리된 인공지반위에 설치하는 모든 조경이 포함된다.

② 대지가 협소하여 충분하게 확보하기 어려운 녹지공간과 휴식공간을 옥상에 제공할 수 있다. 그러므로 토지 이용의 효율성을 높여 줄 뿐만 아니라 도시 속에 보다 많은 녹지를 제공할 수 있게 함으로써 도시 경관과 환경을 개선하는데 기여할 수 있다.

③ 또한 새로운 유형의 도시 녹지로 사람들에게 녹지를 제공하여 심리적 쾌적함과 휴식, 도시공해를 감소시키는 효과가 있으며 녹지, 토지 이용의 효율성을 향상시킨다.

2. 옥상조경 설계

① 면적이 좁기 때문에 간결하게 꾸며야 한다. 옥상의 구조는 정형적이므로 터가르기도 정형적인 직선이나 곡선을 이루도록 하는 것이 좋다.

② 건축선이나 입구를 중심으로 동선의 축을 형성하고, 휴게공간, 식재공간 등을 정형적으로 구분한다.

③ 식물을 심을 자리는 하중을 고려해야 하며, 옥상의 외곽선 주변을 따라 수목을 줄지어 심는 방법은 형태상 좋지 않으므로 옥상 경계선의 안쪽에 집단적으로 심어 그 부분을 휴게장소로 이용할 수 있도록 설계한다.

④ 식재할 자리의 경계는 흙을 채워 넣기 위해 벽돌, 호박돌 등으로 보기 좋게 쌓는다.

⑤ 옥상조경은 토양 두께가 얇고 바람이 많으므로 키가 지나치게 크게 자라지 않고, 바람과 추위 및 건조에 강하며, 잔뿌리가 잘 발달하는 관목류나 초화류 및 잔디를 심도록 한다. 옥상조경에 적합한 수종은 수수꽃다리이다.

⑥ 겨울철의 경관을 고려하여 상록수의 비중을 높게 하는 것이 좋다.

⑦ 옥상조경의 시설물로는 분수, 벤치, 퍼걸러, 연못, 벽천, 어린이 놀이시설, 휴지통, 조명 등을 설치한다.

⑧ 유리, 나무, 벽돌 등으로 바람막이 벽을 설치하고, 안전을 고려하여 옥상 가장자리에는 난간을 설치한다.

⑨ 옥상조경의 바닥에는 방수를 위한 방수막을 슬래브 위에 설치하고, 보존하기 위한 보호층을 설치한 다음 그 위에 최종 마감재료를 설치한다.

3. 옥상조경 필요성

① 공간의 효과적 이용

② 도시녹지공간 증대

③ 도시미관의 개선

④ 휴식공간의 제공

4. 옥상조경 설계시 고려사항 출제

① 하중, 옥상바닥 보호와 배수문제 고려

② 바람, 햇볕 등 자연재해의 안전성 고려 - 옥상의 특수한 기후조건을 고려(미기후, 바람 등)

③ 토양층의 깊이와 구성 성분 및 식생의 유지관리 고려

④ 식재지역은 전체면적의 1/3 이하로 한다.

⑤ 수분증발 억제 조치 : 진흙이나 낙엽, 분쇄목 등을 덮어 억제

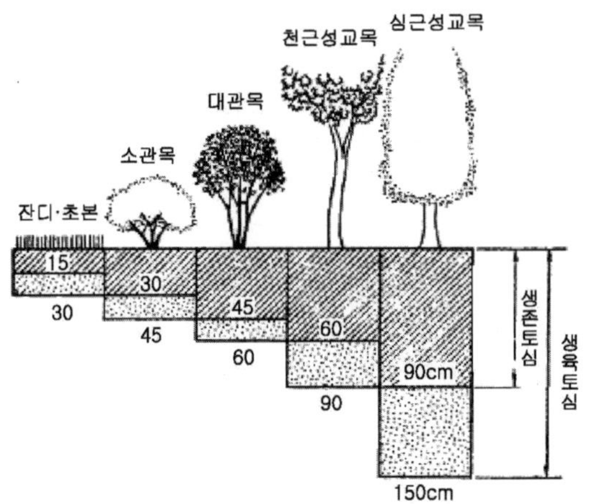

5. 옥상조경 구조적 조건 출제

① 하중 : 가장 많이 고려해야 할 사항

② 하중에 영향을 미치는 요소 : 식재층의 중량, 수목 중량, 시설물 중량 등

③ 식재층의 경량화를 위해 경량재 사용

④ 경량토에는 버미큘라이트, 펄라이트, 화산재, 피트모스 등이 있다.

경량토	특 성
버미큘라이트 (vermiculite)	- 흑운모, 변성암을 고온으로 소성 - 다공질로 보수성, 통기성, 투수성이 좋음
펄라이트 (perlite)	- 진주암을 고온으로 소성 - 다공질로 보수성, 통기성, 투수성이 좋음
화산재	- 다공질로 보수성, 통기성, 투수성이 좋음
피트모스 (peatmoss)	- 보수성, 통기성, 투수성이 좋음

⑤ 환경조건 : 양분의 유실속도가 빠르다.

⑥ 방수 고려

6. 옥상조경 수목의 조건

① 건조지, 척박지에 적합한 수종

② 천근성 수종

③ 뿌리발달이 좋고 가지가 튼튼한 것

④ 생장속도가 느린 것

⑤ 병충해에 강한 것

예제 3

다음 지피식물 중 관수가 불량한 옥상정원에서 생육할 수 있는 종류는?

① 맥문동 ② 돌나물
③ 참비비추 ④ 면마

정답 : ②

예제 4

옥상정원에서 고려하지 않아도 될 사항은?

① 하중 ② 스카이라인
③ 토양 ④ 배수

정답 : ②

해설 옥상정원에서 스카이라인은 고려하지 않아도 된다.

예제 5

옥상에 수목을 식재할 경우 가장 고려해야 할 사항은?

① 채광 ② 방풍
③ 차폐 ④ 배수와 관수

정답 : ④

해설 옥상조경시 고려사항 : 하중, 배수와 관수, 방수 및 식재층의 경량화

04 실내조경

1. 성격과 기능

① 실내조경은 건물 내에 다양한 녹색식물과 정원소재를 도입하여 조성한 실내정원

② 외부공간과는 다른 환경조건과 규모를 가지고 있기 때문에 식물 선정이나 소재 선택에 세심한 주의를 가져야 함

③ 실내조경은 이용자에게 실내공간에 대한 좋은 이미지를 제공할 수 있고, 육체적 · 정신적인 건강을 향상시켜주며, 심리적 안정감을 제공

2. 실내조경 설계

① 실내공간이 가진 환경조건과 규모에 따라 적절한 식물소재와 설계 기법의 적용이 필요

② 실내동선의 흐름, 이용패턴, 내부공간의 성격을 검토

③ 실내이기 때문에 광선을 끌어 들이는 것 중요

④ 식물 생육에 필요한 습도제공 및 관수에 의한 수분제공

⑤ 실내조경에 쓰이는 식물은 불량환경 조건에서도 잘 견디는 종류를 사용해야 하며, 꽃을 보기 보다는 잎을 보기 위한 식물을 주로 이용하여 실내에서 잘 자라는 수목을 선정

⑥ 주거공간의 경우 현관이나 거실, 침실, 어린이방, 욕실, 베란다 등이 실내조경을 위한 대상공간이 될 수 있다.

⑦ 최근에는 주택뿐만 아니라 호텔이나 오피스 빌딩, 쇼핑센터, 호텔, 병원 등 모든 건축물에 실내조경을 적극적으로 도입하고 있다.

05 학교조경

1. 성격과 기능

① 학생들의 교육적 효과와 정서적 안정을 얻는데 목적이 있음

② 학교에 자연요소를 도입하여 학생들의 환경 친화적인 감수성을 함양하고, 정서를 순화시키는 역할을 하는 교육을 위한 교재원으로 역할

③ 삭막한 도시공간내의 생물 서식처를 제공한다는 의미에서 그 비중이 높아지고 있으며, 지역주민 교류의 장소로서 중심적 기능을 담당하는 등 지역계획의 일환으로 근린공원의 역할

2. 학교조경 설계 고려사항

① 학생수 변동을 고려해서 면적 산출

② 배수가 용이해야 함

③ 조망과 일조를 고려하여 겨울철 4시간 이상의 일조 필요

3. 세부 공간별 식재 기준

① 진입공간

㉠ 학교 교문 주변과 학교 내의 차량 동선 및 보행자 도로를 포함한다.

㉡ 학교의 얼굴에 해당하는 곳이므로 상징적인 수목을 식재하며, 보행자 도로 주변에는 낙엽수를 줄지어 식재하여 아늑한 분위기와 함께 그늘도 제공하는 것이 바람직하다.

② 휴게공간

㉠ 교사(校舍) 주변이나 운동장 주변에 위치하며, 벤치, 퍼걸러 등이 설치된다.

㉡ 학생과 교직원의 휴식을 위한 공간으로 녹음수를 식재하여 그늘을 제공하는 것이 필요하다.

㉢ 퍼걸러에 등나무 등의 덩굴성 식물을 식재한다.

③ 운동장

㉠ 축구, 농구, 배구 등의 체육활동을 위한 공간과 놀이 시설물이 위치한 공간으로 체육활동을 방해하지 않는 곳에 녹음수를 식재한다.

㉡ 놀이공간 주변에는 교목을 식재하여 나무 그늘을 제공하며, 관목과 초본류 위주로 단순히 식재한다.

④ 교사 주변의 화단

㉠ 교사 전면의 앞뜰 화단과 교사 모서리 부분의 옆뜰 화단, 교사 후면의 뒤뜰 화단으로 구성되어 있으며, 운동장과의 경계 완충 화단 등을 포함한다.

㉡ 학생들이 접근하기 쉬운 곳이므로 교재원, 실습원 등으로 활용될 수 있도록 구성한다.

㉢ 교사 주변의 화단을 교재원으로 활용하기 위해서는 학생들에게 친근감이 있고 교과서에 나오는 수목들과 초화류를 함께 식재하는 것이 바람직하다.

㉣ 교사 전면 앞뜰 화단에 상록 교목을 식재하면 창문을 가리므로 피하고, 관목이나 꽃나무를 심는 것이 좋다.

⑤ 경계 공간

수림대를 조성하여 차폐 역할과 함께 여름철 시원한 나무 그늘을 제공해 주며 투시형 담장이나 산울타리를 조성하는 것이 좋다.

4. 학교조경 수목선정 기준

① 생태적 특성 : 학교 위치의 기후, 토양 등 환경조건에 맞도록 선정

② 경관적 특성 : 계절의 변화 느낄 수 있도록 개화시기와 꽃, 단풍 등을 고려하여 선정

③ 교육적 특성 : 교육적 활용을 고려하여 교과서에 나오는 수목 선정

④ 경제적 특성 : 구입하기 쉬운 수목을 선정하며, 병충해가 적고 관리하기 쉬운 수목 선택

06 어린이공원

1. 성격과 기능

① 어린이의 보건 및 정서생활 향상에 기여

② 사회적 학습의 터전 역할

③ 어린이의 놀이, 학습, 휴식, 운동기능을 가진 공간으로 구성

④ 어린이공원 설치시 안전성을 가장 먼저 고려한다.

2. 어린이공원 설계기준 출제

① 유치거리 : 250m 이하, 공원면적 : 1,500m^2 이상

② 놀이면적은 전 면적의 60% 이내

③ 모험놀이터는 관리, 감독이 용이하게 정형적인 것이 좋음

④ 병충해에 강하고 유지·관리가 용이한 수종을 선택한다.

⑤ 튼튼하고 수형, 열매, 꽃 등이 아름다우며 독성, 가시가 없는 수종이 좋다.

⑥ 500세대 이상 단지는 화장실과 음수전을 반드시 설치한다.

⑦ 부지의 경계에는 수목을 식재한다.

3. 어린이공원 설계지침

① 공간구성

㉠ 동적 놀이공간 : 경사진 곳을 만들기 위해 낮은 동산 조성

㉡ 정적 놀이공간 : 아늑하고 햇볕이 잘 드는 곳에 모래밭 등을 마련하여 배치

㉢ 휴게 및 감독공간 : 어린이들의 감독이 용이하고 직사광선을 막는 곳

② 동선

㉠ 가능하면 직선을 피하고 완만한 곡선 사용

㉡ 계단은 피하고 램프(ramp)를 설치하여 유모차나 자전거 통행에 어려움이 없도록 한다.

07 근린공원

1. 성격과 기능

① 주민의 보건, 휴양 및 정서생활 향상에 도움 주기 위한 공간으로 설치

② 정적활동과 동적활동이 함께 이루어지는 공간

2. 근린공원 설계기준 출제

① 도시공원법에서 유치거리 : 500m 이하, 공원면적 : 10,000m^2이상

② 주차장은 배수를 위해 4% 이하의 경사를 둔다.

③ 공원시설의 면적은 40% 이하로 한다.

④ 주구중심 근린공원 : 이용거리 : 400~500m, 규모 : 2ha 정도

⑤ 지구중심 근린공원 : 이용거리 : 1~1.5km, 규모 : 10ha 정도

3. 근린공원 설계지침

■ 공간구성

㉠ 동적 운동공간 : 오락, 운동 등을 위한 공간으로 배수가 양호하고 경사는 5% 이하
㉡ 정적 휴게공간 : 피크닉, 휴식 등을 위한 공간
㉢ 완충공간 : 동적공간과 정적공간 사이에 위치

〈참고〉 공원시설별 시설·녹지면적 기준

공원시설	시설면적	녹지면적
어린이공원	60% 이하	40% 이상
근린공원	40% 이하	60% 이상
도시자연공원	20% 이하	80% 이상
묘지공원	20% 이하	80% 이상
체육공원	50% 이하	50% 이상

〈참고〉 도시공원 및 녹지 등에 관한 법률 시행규칙

<table>
<tr><th colspan="2">공원구분</th><th>유치거리</th><th>규모</th></tr>
<tr><td colspan="2">소공원</td><td>제한없음</td><td>제한없음</td></tr>
<tr><td colspan="2">어린이공원</td><td>250m 이하</td><td>1,500m² 이상</td></tr>
<tr><td rowspan="4">근린
공원</td><td>근린생활권</td><td rowspan="4"></td><td>1만m² 이상</td></tr>
<tr><td>도보권</td><td>3만m² 이상</td></tr>
<tr><td>도시지역권</td><td>10만m² 이상</td></tr>
<tr><td>광역권</td><td>100만m² 이상</td></tr>
<tr><td colspan="2">묘지공원</td><td>제한없음</td><td>10만m² 이상</td></tr>
<tr><td colspan="2">체육공원</td><td>제한없음</td><td>1만m² 이상</td></tr>
</table>

※ 공원에 수목 배식할 때 가장 적합한 상록수와 낙엽수의 비율은 6 : 4

08 자연공원

1. 성격과 기능

① 자연 경관지를 보호하고 시민의 보건 및 휴양, 정서생활 향상을 위해 조성

② 이용자 지향적이 아닌 자원 지향적 성격을 가짐

③ 위치에 따라 산악형, 호반형, 하천형, 해안형, 구릉형으로 구분

2. 자연공원 설계기준

① 도시 내 여러 곳에서 접근이 용이한 곳

② 기존 자연지형을 최대한 활용

③ 공원의 진입부, 집단시설지구, 휴게공간, 편익공간 등으로 구분

④ 도시공원법에 의한 시설 지역 면적은 20%를 넘지 않아야 함

3. 자연공원 설계지침

① 공간구성

㉠ 시설물은 산록에 배치

㉡ 입구 주차장은 공원 내부와 분리하고, 보행자 전용도로 설치

② 공원의 진입부, 집단시설지구, 휴게공간, 편의시설 등으로 구분

4. 자연공원의 발생 출제

① 최초 자연공원 : 1865년 미국 캘리포니아의 요세미티 공원

② 최초 국립공원 : 1872년 몬테나 주의 옐로스톤 국립공원

③ 우리나라 최초의 국립공원 : 1967년 12월 지리산 국립공원

④ 유네스코에서 국제 생물권 보존지역으로 지정 : 1982년 6월 설악산 국립공원

5. 자연공원의 유형

① 국립공원 : 풍경 대표할 만한 수려한 자연풍경지로 환경부장관이 지정

② 도립공원 : 특별시장·광역시장 또는 도지사가 지정·관리

③ 군립공원 : 시장·군수 또는 구청장이 지정·관리

6. 용도지구별 개발 기준

① 자연보존지구 : 자연 보존상태가 원시성 지닌 곳, 자연풍경 수려하여 특별히 보호할 필요 있는 곳

② 자연환경지구 : 자연보존지구, 취락지구, 집단시설지구를 제외한 전 지구

③ 취락지구 : 주민의 취락생활 근거지

④ 집단시설지구 : 공원 입장자에 대한 편익 제공 위한 시설

㉠ 공원 보호관리를 위한 시설로 공원시설이 집단화 되었거나 집단화 되어야 할 곳

㉡ 상업시설지, 숙박시설지, 공공시설지, 녹지, 유보지, 기타 시설지 등

09 묘지공원

1. 성격과 기능

① 묘지를 경건하고 친근감 있는 장소로 가꾸기 위함

② 국토의 효율적 이용을 위함

2. 묘지공원 설계기준 출제

① 위치 : 도시 외곽의 교통이 편리한 곳, 정숙한 장소로서 장래의 시가지화 전망이 없는 자연녹지에 위치

② 규모 : 10만m^2 이상

③ 녹지면적 : 80% 이상

④ 정숙하고 밝은 곳에 조성하고, 일반교통노선이 묘지공원 통과하지 않게 함

⑤ 전망대 주변 : 큰 나무 피하고 적당한 크기의 화목류를 배치한다.

10 골프장

1. 골프장의 성격과 기능

① 도시 내 또는 근교에서 시민공원의 역할

② 도시 내에서는 녹지체계의 일부로서 역할

③ 규모에 따른 분류

㉠ 선수권 코스 : 골프시합이 가능한 코스로 종합연습장이 있음
㉡ 정규코스 : 대규모 경기에 곤란
㉢ 실행코스 : 6,000m 이하의 거리로 골프를 즐기고 연습하는 코스

2. 골프장 설계기준 출제

① 클럽하우스를 중심으로 골프코스구역, 관리시설구역, 위락시설구역, 생산시설구역, 환경보존구역으로 구분

② 아웃(Out) 9홀과 인(in) 9홀로 구성

③ 표준코스는 18홀(Hole)로 4개의 짧은 홀(숏홀), 10개의 중간 홀(미들홀), 4개의 긴 홀(롱홀)로 구성

④ 전장 6,500야드, 용지면적 60~80만m^2 필요로 함

⑤ 산악지 보다는 구릉지, 호수, 하천이 있어야 함

⑥ 홀의 구성

㉠ 티(Tee) : 출발지역으로 1~2%경사가 있으며, 면적은 400~500m^2 정도
㉡ 그린(Green) : 종점지역으로 2~5%경사가 있으며, 면적은 600~900m^2 정도. 잔디는 밴트그래스 사용

㉢ 하자드(Hazard) : 연못, 하천, 냇가 등의 장애지역

㉣ 벙커(Bunker) : 모래웅덩이를 조성해 놓은 곳

㉤ 러프(Rough) : 페어웨이와 그린 주변의 풀을 깎지 않은 초지로 이루어진 지역

㉥ 페어웨이(Fair Way) : 티와 그린 사이에 짧게 깍은 잔디로 이루어진 지역으로 2~10% 경사가 필요

⑦ 방위 : 잔디를 위해 남사면 또는 남동사면에 위치하고, 코스는 남북방향으로 길게 배치하는 것이 좋다.

3. 골프장 잔디

① 들잔디 : 티, 러프, 페어웨이에 사용

② 벤트그래스 : 골프장의 그린에 사용

4. 골프장 잔디 거름주기 출제

① 한국잔디의 경우 보통 5~8월에 집중적인 시비를 한다.

② 시비 시기는 잔디에 따라 다르지만 대체적으로 생육량이 늘어가기 시작할 때, 즉 생육이 앞으로 예상될 때 비료를 준다.

③ 일반적으로 관리가 잘 된 기존 골프장의 경우 질소 : 인산 : 칼륨 = 4 : 3 : 3 정도로 하여 시비할 것을 권장한다.

④ 비배관리시 다른 모든 요소가 충분히 있어도 한 요소가 부족하면 식물생육은 부족한 원소에 지배를 받는다.

11 사적지

1. 사적지 설계기준

① 문화재 보호법을 준수

② 형태, 질감, 색채 등이 주변 및 역사적 환경과 조화되도록 시설물을 도입

③ 기존 경관을 보존하면서 전통 수종 식재

■ 전통 조경수목

- 낙엽교목 : 느티나무, 은행나무, 모과나무, 감나무, 대추나무, 살구나무, 석류나무, 복사나무, 배롱나무 등
- 낙엽관목 : 모란, 앵두나무, 무궁화, 석류나무 등
- 상록교목 : 측백나무, 소나무, 전나무, 주목, 동백나무 등
- 상록관목 : 치자나무, 회양목, 사철나무 등
- 초화류 : 난, 작약, 원추리, 연꽃, 국화 등
- 기타 : 대나무류, 머루 등

④ 엄숙하고 전통적인 분위기가 나도록 설계

2. 사적지 설계지침 출제

① 진입부 : 향토수종으로 식재하고, 사적지의 상징적 시설 설치

② 수목 식재 금지구역 : 묘담 내, 묘역 전면, 성의 외곽, 회랑 있는 사찰 내, 건물 가까이, 석탑 주위, 성곽 주변

③ 식재 구역 : 묘담 밖 배후(背後 : 뒤쪽) 지역, 성곽 하층부, 후원 등

④ 민가의 안마당 : 마당으로 이용하거나 화목류나 관목류 식재하였지만 극히 제한적으로 이용

⑤ 잔디 식재구역 : 궁이나 절의 건물터에 식재

⑥ 안내판은 문화재 관리국에서 지정한 규격에 따른다.

⑦ 경사지와 절개지 : 화강암 장대석 쌓음

⑧ 계단 : 화강암이나 넓적한 돌 사용

⑨ 포장 : 전돌이나 화강암 판석을 사용

⑩ 모든 시설물에 시멘트를 노출 시키지 않는다.

출 제 예 상 문 제

01. 다음 중 옥상조경용 경량토가 아닌 것은?

① 버미큘라이트 ② 펄라이트
③ 피트모스 ④ 부엽토

02. 옥상조경에서 식재층의 경량화를 위해 사용하는 경량토로 염기성 치환용량이 작고 보비성은 없으나 다공질로 보수성, 통기성, 투수성이 좋은 것은?

① 버미큘라이트 ② 펄라이트
③ 피트모스 ④ 화산회토

03. 옥상조경에 대한 설명과 관계가 적은 것은?

① 식채층의 바닥면은 2% 이상의 구배를 갖도록 한다.
② 배수층의 두께는 10~26cm 정도가 바람직하다.
③ 방수막에 보호층을 설치하는 것은 시설물을 설치할 때 받을 수 있는 충격이나 식물의 뿌리 침입을 방지하기 위함이다.
④ 시멘트 방수는 구조적으로 하중을 많이 주고 시공이 번거로우며 공사비가 많이 소요되는 결점이 있다.

옥상방수 : 아스팔트방수 – 구조적 하중이 크고, 시공이 번거로우며 공사비가 많이 든다. 시멘트 액체 방수 – 시공이 간편하고 비용도 저렴

04. 주택정원에서 가장 정숙을 요하는 공간은?

① 진입공간 ② 사적공간
③ 서비스공간 ④ 공적공간

05. 전통 주택에서 볼 수 있는 중정(中庭)은 다음 중 어디에 해당된다고 볼 수 있는가?

① 내부공간
② 외부공간
③ 반내부, 반외부 공간
④ 진입공간

06. 주택정원의 원로설계에 관한 사항 중 틀린 것은?

① 기능면에서 최단 거리의 지름길을 사용해야 한다.
② 원로는 정원양식에 따라 달라진다.
③ 좁은 정원에서는 원로의 폭을 넓게 하면 넓어 보이는 느낌이 든다.
④ 거실 정면을 피해서 배치해야 한다.

좁은 정원에 원로폭을 넓게 하면 더 좁아 보인다.

07. 다음 서술 중 오픈스페이스를 잘못 정의하고 있는 것은?

① 지붕이 없이 하늘을 향해 열려있는 땅
② 개발되기를 기다리는 땅
③ 일상의 생활에서 벗어나 스스로를 재창조할 수 있는 곳
④ 주변이 수직적인 요소로 둘러싸여 있는 공지

오픈스페이스(open space) : 도시 계획에서 사람들에게 레크리에이션 활동 목적이나 마음의 편안함을 줄 목적으로 설치한 공터나 녹지 따위의 공간

정답 1④ 2② 3④ 4② 5③ 6③ 7②

08. 1906년 영국에서 제정된 오픈스페이스 법에 명시되어 있는 오픈스페이스의 개념은?

① 소유권 여하에 관계없이 자연 상태로 이용
② 황무지로 방치되어있지 않고 건폐부분이 1/20 이하인 토지
③ 도시 내의 자연이 지배적이거나 자연이 회복되고 있는 지역
④ 토지, 대지, 물을 주체로 한다.

09. 다음 중 도시팽창을 막기 위한 도시 계획형은?

① 방사형 ② 위성식
③ 평행식 ④ 환상식

10. 공원법상 도시공원이 아닌 것은?

① 근린공원 ② 묘지공원
③ 도시자연공원 ④ 운동공원

도시공원의 종류 : 어린이공원, 근린공원, 도시자연공원, 묘지공원, 체육공원

11. 도시공원의 종류에 포함되지 않는 것은?

① 어린이공원 ② 아동공원
③ 근린공원 ④ 체육공원

도시공원의 종류 : 어린이공원, 근린공원, 도시자연공원, 묘지공원, 체육공원

12. 다음 공원시설 중 교양시설로 적합하지 않은 것은?

① 야외음악당 ② 온실
③ 피크닉장 ④ 수족관

피크닉장은 휴양시설이다.

13. 다음 중 어린이 놀이터의 유치거리와 면적이 바르게 연결된 것은?

① 250m이하, 10,000m^2이상
② 500m이하, 1,500m^2이상
③ 500m이하, 10,000m^2이상
④ 250m이하, 1,500m^2이상

③은 근린공원의 유치거리와 면적이다.

14. 다음 중 도시광장이 아닌 것은?

① 미관광장 ② 지하광장
③ 옥상광장 ④ 교통광장

15. 덴마크의 소렌슨 박사가 주장한 어린이들의 탐험심을 길러주기 위한 공원은?

① 근린공원 ② 모험공원
③ 지구공원 ④ 자연공원

주제공원의 종류는 모험공원(어린이에게 모험심을 길러 줄 수 있는 장소의 공원), 교통공원(교통시설을 마련하여 교통안전에 대한 교육을 실시하는 공원), 안전공원(소방, 대피훈련을 하거나 관련분야의 전시를 통해 안전의식 고취), 조각공원(조각을 옥외공간에 전시하여 시민공원으로 활용) 등이 있다.

16. 다음 중 어린이공원의 기능이 아닌 것은?

① 운동 ② 놀이
③ 휴식 ④ 모임

17. 유아공원의 1인당 면적기준은?

① 1~2m^2 ② 3~4m^2
③ 5~6m^2 ④ 9~10m^2

정답 8③ 9④ 10④ 11② 12③ 13④ 14③ 15② 16④ 17②

18. 도시녹지나 공원을 계획할 때 고려해야 할 사항 중 관계가 적은 것은?

① 문화재나 사적지의 분포사항
② 녹지가 될 수 있는 자원의 부존 현상
③ 능률적인 녹지의 공급방법
④ 도시의 공급시설 분포상황

19. 어린이 공원의 식재수종으로 적당하지 않은 것은?

① 현사시나무 – 탱자나무
② 백목련 – 스트로브잣나무
③ 노간주나무 – 자귀나무
④ 배롱나무 – 느티나무

어린이공원은 가시나 독성이 없는 나무를 식재한다.

20. 어린이 놀이터 계획 방법에 적합하지 않은 것은?

① 창조적인 활동을 부여할 수 있는 기복이 있는 지형이 적당하다.
② 보호자와 함께 휴식을 취할 수 있는 정적 공간을 확보한다.
③ 시설물의 배치는 집단화 밀집시키는 것보다 소규모 공간에 분산 배치한다.
④ 집단 활동이 가능한 운동장과 다용도 포장 공간을 배치한다.

21. 건폐율이란 다음 중 무엇인가?

① 건축면적의 대지면적에 대한 비이다.
② 대지면적에 대한 연면적의 비이다.
③ 대지면적에 대한 공지 면적의 비이다.
④ 대지면적에 대한 호수의 비이다.

22. 다음 중 우리나라 국립공원이 아닌 것은?

① 지리산 ② 설악산
③ 한려해상 ④ 경포원

23. 다음 중 옳은 것은?

① 국립공원은 환경부장관이 지정하고 도지사가 관리한다.
② 국립공원은 환경부장관이 지정하고 관리한다.
③ 국립공원은 도지사가 지정 관리한다.
④ 국립공원은 건설교통부 장관이 지정하고 지방관리청이 관리한다.

24. 자연공원의 각 지구별 자연 보존 요구도의 크기 순이 바르게 나열된 것은?

① 자연환경지구 〉 자연보존지구 〉 취락지구 〉 집단시설지구
② 자연보존지구 〉 자연환경지구 〉 취락지구 〉 집단시설지구
③ 자연보존지구 〉 자연환경지구 〉 집단시설지구 〉 취락지구
④ 취락지구 〉 집단시설지구 〉 자연환경지구 〉 자연보존지구

25. 우리나라 자연공원법에서 정하고 있는 자연공원의 공원시설로 적합하지 않은 것은?

① 도로, 주차장, 궤도 등 교통, 운수시설
② 휴게소, 광장, 야영장 등 휴양 및 편익시설
③ 약국, 식품접객업소, 유기장 등 상업시설
④ 동식물원, 자연학습장, 공연장 등 교양시설

자연공원시설 : 안전시설, 보호시설, 휴양 및 보호시설, 교통 및 운수시설, 문화시설(동 · 식물원, 박물관 등), 상업시설, 상가 부대시설, 숙박시설

정답 18 ④ 19 ① 20 ① 21 ① 22 ④ 23 ② 24 ② 25 ④

4 조경계획 및 설계

26. 주택정원에서 안뜰의 설계방법 중 옳은 것은?

① 퍼걸러, 정자 등을 배치한다.
② 장독대를 배치한다.
③ 인상적인 공간을 조성한다.
④ 사생활을 보호하게 한다.

> ②는 작업정에 대한 설명이고, ③은 앞뜰, ④는 뒤뜰을 설명한 것이다.

27. 주택정원을 설계할 때 일반적으로 고려할 사항이 아닌 것은?

① 무엇보다도 안전 위주로 설계해야 한다.
② 시공과 관리하기가 쉽도록 설계해야 한다.
③ 특수하고 귀중한 재료만을 선정하여 설계해야 한다.
④ 재료는 구하기 쉬운 재료를 넣어 설계한다.

28. 주택단지 정원의 설계에 관한 사항으로 알맞은 것은?

① 녹지율은 50% 이상이 바람직하다.
② 건물 가까이에 상록성 교목을 식재한다.
③ 단지의 외곽부에는 차폐 및 완충식재를 한다.
④ 공간효율을 높이기 위해 차도와 보도를 인접 및 교차시킨다.

> 단지의 외곽부에는 소음, 진동 등을 차단 또는 완화시키기 위해 차폐 및 완충식재를 한다.

29. 응접실이나 거실에 면한 뜰로 옥외생활을 즐기는 공간은?

① 앞뜰　　② 뒤뜰
③ 작업정　　④ 안뜰

> 안뜰(주정) : 가장 중요한 공간으로 휴식과 단란이 이루어짐

30. 대문에서 현관에 이르는 공간으로 명쾌하고 가장 밝은 공간이 되도록 할 곳은?

① 앞뜰　　② 안뜰
③ 뒤뜰　　④ 가운데 뜰

31. 가족만의 휴식공간으로 외부와의 시선 차단을 해야 할 공간은?

① 전정　　② 후정
③ 작업정　　④ 주정

32. 축척 1/50 도면에서 도상(圖上)에 가로 6cm 세로 8cm 길이로 표시된 연못의 실지 면적은 얼마인가?

① $12m^2$　　② $24m^2$
③ $36m^2$　　④ $48m^2$

> 축척 1/50에서 2cm가 실제 1m이다. 그래서 3m × 4m = $12m^2$이다.

33. 학교 정원의 설계지침으로 다른 것은?

① 담장은 투시형이나 산울타리가 좋다.
② 가운데뜰은 가벼운 휴식과 벤치시설을 한다.
③ 교재원은 가능하면 자생식물을 식재한다.
④ 운동장의 스탠드는 햇볕을 바라보게 배치한다.

> 운동장의 스탠드는 햇볕을 등지게 배치한다.

34. 일반적으로 옥상정원 설계 시 고려할 사항으로 가장 관계가 적은 것은?

① 토양층 깊이
② 방수
③ 잘 자라는 수목 선정
④ 하중

> 옥상정원에서 가장 중요한 요소는 하중과 배수, 방수 문제이다.

정답 26 ① 27 ③ 28 ③ 29 ④ 30 ① 31 ② 32 ① 33 ④ 34 ③

35. 옥상조경을 시공할 때 가장 유의할 점은?

① 건물구조에 영향을 미치는 하중(荷重)문제
② 구성재료간 조화문제
③ 관수 및 배수문제
④ 식물재료의 식재문제

옥상정원은 옥상에 조성되기 때문에 하중을 고려하여 경량재를 사용하고, 식물생육에 필요한 토층의 깊이를 고려하여 조성해야 한다.

36. 옥상정원의 인공지반 상단의 식재 토양층 조성시 사용되는 경량재가 아닌 것은?

① 버미큘라이트 ② 펄라이트
③ 피트모스 ④ 석회

37. 옥상정원에서 식물을 심을 자리는 전체면적의 얼마를 넘지 않도록 하는 것이 좋은가?

① 1/2 ② 1/3
③ 1/4 ④ 1/5

녹지공간은 전체 면적의 1/3을 넘지 않게 하는 것이 좋다.

38. 옥상정원에 대한 설명 중 적합하지 않은 것은?

① 햇볕이 강한 곳이므로 건물구조가 견딜 수 있는 한 큰 나무를 심어 그늘을 만든다.
② 잔디를 입히는 곳의 흙의 두께는 30cm 정도를 표준으로 한다.
③ 건물구조가 약할 때에는 큰 화분에 심은 나무를 이용하는 것이 좋다.
④ 배수에 특히 유의하여 바닥에 관암거를 설치하고 10cm정도의 왕모래를 깔도록 한다.

옥상정원은 바람이 많으므로 관목류나 초화류를 식재하는 것이 좋다.

39. 옥상정원의 환경조건에 대한 설명 중 옳지 않은 것은?

① 토양 수분의 용량이 적다.
② 토양 온도의 변동 폭이 크다.
③ 양분의 유실속도가 늦다.
④ 바람의 피해를 받기 쉽다.

옥상정원은 양분의 유실속도가 빠르다.

40. 어린이공원의 설계기준으로 옳지 않은 것은?

① 놀이시설의 규격과 종류는 기준이 규정되어 있다.
② 놀이면적은 전 면적의 60% 이내로 한다.
③ 완만한 장소의 주택 구역 내에 위치해야 한다.
④ 모험놀이터는 관리나 감독상 자연적인 구성이 좋다.

어린이공원은 관리나 감독상 정형적이어야 좋다.

41. 어린이 놀이터 설계 시 설계기준에서 500세대 이상의 단지인 경우에 반드시 설치하도록 한 것은?

① 음수전과 퍼걸러
② 미끄럼대와 그네
③ 화장실과 음수전
④ 모험놀이터와 화장실

42. 어린이를 위한 운동시설로 모래터의 깊이는 어느 정도가 가장 적당한가?

① 5~10cm ② 10~20cm
③ 20~30cm ④ 30cm 이상

정답 35 ① 36 ④ 37 ② 38 ① 39 ③ 40 ④ 41 ③ 42 ④

43. 어린이놀이터 설치 시 고려해야 될 사항 중 가장 먼저 생각해야 되는 것은?

① 안전성
② 쾌적함
③ 미적인 사항
④ 시설물 간의 조화

44. 도시공원 가운데 규모가 가장 작은 것은?

① 묘지공원
② 체육공원
③ 근린공원
④ 어린이공원

> 묘지공원 10만m² 이상, 체육공원 1만m² 이상, 근린공원 1만m² 이상, 어린이공원 1,500 m² 이상

45. 다음 공원시설 중에서 편익시설에 해당하는 것은?

① 잔디밭
② 낚시터
③ 수화물 예치소
④ 플랜터

> 잔디밭과 플랜터는 경관시설이다.

46. 도시공원에 대한 설명으로 가장 올바르지 않은 것은?

① 레크레이션을 위한 자리를 제공해 준다.
② 그 지역의 중심적인 역할을 한다.
③ 도시환경에 자연을 제공해 준다.
④ 주변 부지의 생산적 가치를 높게 해준다.

47. 도시공원 및 녹지 등에 관한 법률상에서 정한 도시공원의 설치 및 규모의 기준으로 옳은 것은?

① 소공원의 경우 규모의 제한은 없다.
② 어린이공원의 경우 규모는 500m² 이상으로 한다.
③ 근린생활권 근린공원의 경우 규모는 5,000 m² 이상으로 한다.
④ 묘지공원의 경우 규모는 5,000m² 이상으로 한다.

> 어린이공원은 유치거리 250m 이하, 규모는 1,500m² 이상, 근린생활권 근린공원은 유치거리 500m 이하, 규모는 10,000m² 이상이고, 묘지공원은 유치거리에 제한이 없고 규모는 10만m² 이상이다.

48. 다음과 같은 조건을 갖춘 공원으로 가장 적당한 것은?

> - 한 초등학교 구역에 1개소 설치
> - 유치거리 500m 이하
> - 면적은 10,000m² 이상

① 어린이공원
② 근린공원
③ 체육공원
④ 도시자연공원

49. 공원에 배식할 때 가장 적당한 상록수와 낙엽수의 비율은?

① 3 : 7
② 5 : 5
③ 6 : 4
④ 8 : 2

정답 43 ① 44 ④ 45 ③ 46 ④ 47 ① 48 ② 49 ③

50. 묘지공원의 설계 지침으로 가장 올바른 것은?
① 장제장 주변은 기능상 키가 작은 관목만을 식재한다.
② 산책로는 이용하기 좋게 주로 직선화한다.
③ 묘지공원 내는 경건한 분위기를 위해 어린이 놀이터 등 휴게시설 설치를 일체 금지시킨다.
④ 전망대 주변에는 큰 나무를 피하고, 적당한 크기의 화목류를 배치한다.

놀이터와 묘 사이에는 차폐식재를 하여 놀이터 주변과 경계를 짓는다.

51. 다음 중 관상에 중점을 두는 조경물은?
① 환경조각 ② 광장
③ 가로수 ④ 건축물

52. 국립공원의 발달에 기여한 최초의 미국 국립공원은?
① 옐로스톤 ② 요세미티
③ 센트럴파크 ④ 보스턴 공원

옐로스톤 : 1872년 세계 최초의 국립공원

53. 미국에서 재정적으로 성공하였으며 도시공원의 효시로 국립공원운동의 계기를 마련한 공원은?
① 센트럴파크 ② 세인트제임스파크
③ 뷔테쇼몽파크 ④ 프랭크린파크

54. 자연공원에서 조경을 해야 할 공간으로 틀린 것은?
① 집단시설지구 ② 휴게공간
③ 자연보존지구 ④ 편의시설

55. 사적지 종류별 조경계획 중 올바르지 않은 것은?
① 건축물 가까이에는 교목류를 식재하지 않는다.
② 민가의 안마당에는 유실수를 주로 식재한다.
③ 성곽 가까이에는 교목을 심지 않는다.
④ 묘역 안에는 큰 나무를 심지 않는다.

② 민가의 안마당은 마당으로 이용하거나 화목류나 관목류를 극히 제한적으로 식재하였다.

56. 다음 사적지 조경의 설계지침으로 옳지 않은 것은?
① 안내판은 사적지별로 개성 있게 제작한다.
② 계단은 화강암이나 넓적한 자연석을 이용한다.
③ 모든 시설물에는 시멘트를 노출시키지 않는다.
④ 휴게소나 벤치는 사적지와 조화를 이루도록 한다.

① 안내판은 문화재관리국이 지정하는 규격을 따라 제작·설치한다.

57. 골프장에서 출발점 지역을 무엇이라 하는가?
① 티 ② 그린
③ 페어웨이 ④ 러프

58. 골프장에서 종점 지역을 무엇이라 하는가?
① 티 ② 그린
③ 페어웨이 ④ 러프

59. 사적지에서 바닥을 포장할 때 바람직한 것은?
① 고압블록 ② 전돌
③ 콘크리트 ④ 아스팔트

사적지 조경의 바닥은 전돌이나 화강암 판석을 이용한다.

정답 50 ④ 51 ① 52 ① 53 ① 54 ③ 55 ② 56 ① 57 ① 58 ② 59 ②

60. 사적지 중에서 수목을 식재하여야 할 공간은?

① 묘담 내 ② 회랑 있는 사찰 내
③ 후원 ④ 묘역 전면

61. 골프장 설치장소로 적합하지 않은 곳은?

① 교통이 편리한 위치에 있는 곳
② 골프코스를 흥미롭게 설계할 수 있는 곳
③ 기후의 영향을 많이 받는 곳
④ 부지매입이나 공사비가 절약될 수 있는 곳

골프장은 비가 고르게 내리고 기후의 영향을 덜 받는 곳이어야 설치장소로 좋다.

62. 골프장 중 종합연습장이 있고 골프시합이 가능한 골프 코스는?

① 정규코스 ② 선수권 코스
③ 실행코스 ④ 비정규코스

63. 골프장에서 잔디와 그린이 있는 곳을 제외하고 모래나 연못 등과 같이 장애물을 설치한 곳을 가리키는 것은?

① 페어웨이 ② 하자드
③ 벙커 ④ 러프

64. 도시공원 및 녹지 등에 관한 법규상 유치거리가 500m 이하의 근린생활공원 1개소의 유치규모 기준은?

① 1,500m^2 이상 ② 5,000m^2 이상
③ 10,000m^2 이상 ④ 30,000m^2 이상

어린이 공원은 유치거리 250m 이하, 공원면적 1,500m^2 이상이다.

65. 다음 중 사적지 설계 지침 중 틀린 것은?

① 진입부는 향토수종을 식재한다.
② 절의 건물터에 잔디를 식재한다.
③ 모든 시설물에 시멘트를 노출시킨다.
④ 계단은 화강암이나 넓적한 돌을 사용한다.

66. 인공지반 조성시 토양유실 및 배수기능이 저하되지 않도록 배수층과 토양층 사이에 여과와 분리를 위해 설치하는 것은?

① 자갈 ② 모래
③ 토목섬유 ④ 합성수지 배수판

토목섬유는 인공적으로 만드는 토양 구조물의 구성요소이다.

67. 다음 중 오픈 스페이스의 효용성과 가장 관련이 먼 것은?

① 도시 개발형태의 조절
② 도시 내 자연을 도입
③ 도시 내 레크레이션을 위한 장소를 제공
④ 도시 기능 간 완충효과의 감소

68. 스케일 1/100 축척에서 1cm의 실제거리는?

① 10cm ② 1m
③ 10m ④ 100m

1/100의 축척(스케일)의 도면에서 1mm는 실제 100mm를 의미한다. 그러므로 1/100 도면에서 1cm는 10mm 이므로 실제 1000mm (1m)가 된다.

69. 다음 중 골프장 용지로서 부적당한 것은?

① 기복이 있어 지형에 변화가 있는 곳
② 모래 참흙인 곳
③ 부지가 동서로 길게 자리 잡은 곳
④ 클럽하우스의 대지가 부지의 북쪽에 자리

정답 60③ 61③ 62② 63② 64③ 65③ 66③ 67④ 68② 69③

제5장 조경시공

01. 조경시공 계획
02. 기반조성 및 시설물공사
03. 식재공사

조경시공 계획

01 조경시공의 뜻과 종류

1. 조경시공의 뜻

① 조경설계도면의 내용을 실제로 만들어 내는 일로 정원이나 공원 만들기부터 국토 전체의 경관을 실제로 조성하여 일상생활을 보다 편리하고 쾌적하게 만들어 주는 일

② 조경시공은 설계도면과 시방서 그리고 해당 법규와 계약 조건을 바탕으로 각종 자원과 시공기술 및 시공관리 기술을 활용하여 계약한 금액과 기간 안에 조경공사를 완성시키는 것

2. 조경시공의 종류

① 조경시공의 종류는 기반조성공사, 시설물공사, 식재공사, 유지관리공사로 나뉜다.

② 조경시공 순서

가설공사(울타리, 건물, 규준틀, 비계, 기계설비) → 기초공사(대지 장애물 제거, 흙막이 지정) → 주체공사(철근콘크리트공사, 방수공사, 목공사) → 마무리 공사 → 부대설비공사(위생, 난방, 전기, 가스 등)

3. 시공방법

① 공사의 실시방법 출제

㉠ 직영방식

- 발주자 스스로 시공자가 되어 일체의 공사를 자기 책임아래 시행하는 것
- 장점 : 경쟁의 폐단을 피할 수 있다.
- 단점 : 경험부족과 사무가 복잡하며, 공사가 지연되기 쉽다. 입찰과 계약의 수속·감독이 곤란하고, 공사 종업원의 능률이 저하되며 공사기간이 지연되기 쉽다.

대상업무	장 점	단 점
- 재빠른 대응이 필요한 업무 - 연속해서 행할 수 없는 업무 - 진척상황이 명확치 않고 검사하기 어려운 업무 - 금액이 적고 간편한 업무	- 관리 책임이나 책임소재 명확 - 긴급한 대응 가능 - 관리 실태의 정확한 파악 - 이용자에게 양질의 서비스 제공 - 임기응변적 조치 가능 - 경쟁의 폐단을 피할 수 있다.	- 필요 이상의 인건비 소요 - 인사 정체 및 업무의 타성화 - 경험부족과 사무가 복잡 - 공사의 지연 - 입찰과 계약의 수속과 감독이 곤란

㉡ 도급방식

- 발주자가 일정 시공자에게 공사의 시행을 의뢰하는 것으로, 도급계약을 체결하고 계약 약관 및 설계 도서에 의거하여 도급자가 공사를 완성하여 발주자에게 인도하는 방법
- 일식도급 : 공사 전체를 한 도급자에게 위탁하는 방법으로 공사비가 확정되고 책임한계가 명료하여 공사관리가 용이
- 분할도급 : 공정별, 공구별로 전문업자에게 도급 위탁

대상업무	장 점	단 점
- 장기간에 걸쳐 단순작업을 행하는 업무 - 전문지식, 기능, 자격을 요하는 업무 - 규모가 크고 노력, 재료 등을 포함한 업무 - 관리주체가 보유한 설비로는 불가능한 업무	- 규모가 큰 시설의 관리에 적합 - 전문가를 합리적으로 이용 - 관리의 단순화 - 관리비가 저렴 - 장기적으로 안정될 수 있다.	- 책임의 소재나 권한의 범위가 불명확함

② 시공자의 선정 출제

㉠ 경쟁입찰방식

- 일반경쟁입찰 : 신문 및 게시, 공고문 등의 방법을 통하여 다수의 희망자가 경쟁에 참가하도록 하고, 그중에서 가장 유리한 조건을 제시한 자를 선정하여 계약 체결
  - 장점 : 저렴한 공사비, 모든 공사수주 희망자에게 기회를 균등하게 줄 수 있다.
  - 단점 : 과다 경쟁으로 인한 참여 업체의 난립과 불공정한 덤핑 등 건설업의 건전한 발전을 저해한다. 입찰절차가 복잡하고, 낙찰자의 신용, 기술, 경험, 능력 등을 신뢰할 수 없다.
- 지명경쟁입찰 : 자금력, 신용 등이 적합한 경쟁참가자를 지명하는 것
- 제한경쟁입찰 : 일반경쟁입찰과 지명경쟁입찰의 단점을 보완하고 장점을 취하여 도입한다. 계약의 목적, 성질 등에 따라 참가자의 자격을 제한한다.
- 일괄입찰(턴키(Turn-key)입찰) : 공사 설계서와 시공 도서를 작성하여 입찰서와 함께 제출하는 입찰로 건설업자가 대상계획의 기업·금융·토지조달·설계·시공·기계기구설치·시운전 및 조업지도까지 주문자가 필요로 하는 모든 것을 조달하여 주문자에게 인도하는 도급계약방식

㉡ 수의계약(특명입찰)

- 특수한 사정으로 인정될 때 체결
- 예정가격을 비공개로하고 견적서를 제출하여 경쟁입찰에 단독으로 참가하는 방식

㉢ 계약체결

- 낙찰자는 계약일 내에 계약보증금을 납입하고 계약 체결

4. 관련용어

① 시공주 : 공사의 시공을 의뢰하는 발주자

② 시공자 : 시공주와 계약을 하여 공사를 완성하고 그 대가를 받는 자

③ 감독관 : 재료, 검사, 시험 등 감독업무에 종사할 것을 발주자가 도급자에게 통고한 자

④ 설계자 : 발주자와 설계용역 계약을 체결하며 충분한 계획과 자료를 수집하고, 넓은 지식과 경험을 바탕으로 시방서 작성과 공사내역서를 작성하는 자

⑤ 감리자 : 시공과정에서 전문 기술자의 지식, 기술과 경험을 활용하여 시공주측 자문에 응하고 설계도·시방서와 일치되는지 확인하는 자

⑥ 현장대리인 : 공사업자를 대리하여 현장에 상주하는 책임시공 기술자로 현장소장을 말한다.

02 시공계획 및 시공관리

1. 시공계획의 목적 및 의의

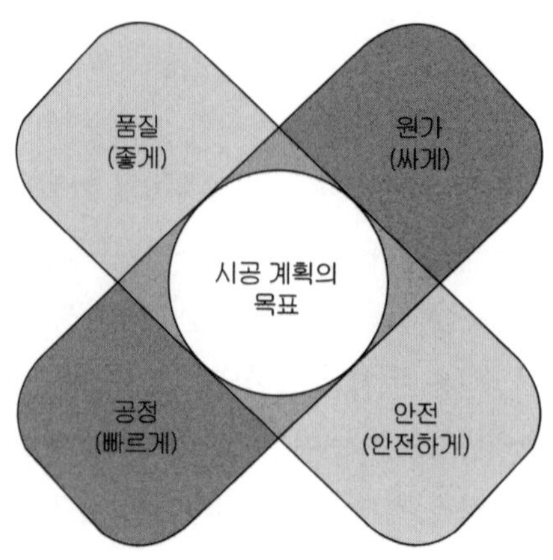

① 공사의 도급계약이 체결되면 시공자는 공사착수 전에 시공계획을 수립해야 함

② 시공계획의 4대 목표 : 품질(좋게), 원가(싸게), 공정(빠르게), 안전(안전하게)

③ 시공계획의 의의 : 시공재료, 장비 및 인원에 대한 조달 계획과 공사의 전체 공정에 대한 계획을 말한다. 이러한 시공 계획은 설계도서 및 계약서와 공사현장에 대한 철저한 사전조사를 거쳐 수립해야만 공사목표를 효율적으로 달성할 수 있다.

2. 시공계획의 과정

① 시공계획 순서 : 계약조건 검토 → 설계도서 검토 → 가설공사 → 작업계획 → 자금수주계획 → 안전관리계획 → 공사착수

② 시공계획 과정 : 사전조사 → 기본계획 → 일정계획 → 가설 및 조달계획

3. 시공관리 및 공정관리

시공계획에 따라 공사를 원활히 수행하도록 공사를 관리하는 모든 노력을 시공관리라 한다.

① 시공관리의 기능

㉠ 품질관리 : 품질, 재료관리 및 인원수요 공급에 대처

㉡ 공정관리 : 횡선식 공정표, 공정곡선, 네트워크 기법으로 분류

㉢ 원가관리 : 공사를 계약된 기간 내에 주어진 예산으로 완성시키기 위해서 필요하며, 실행예산과 실제가격의 대비에서 차액의 원인을 분석 및 검토하고, 원가의 발생을 통제하며 원가자료를 작성

② 시방서

㉠ 시공조건, 규격, 허용범위, 재료의 종류 및 품질, 재료에 필요한 시험, 시공방법의 정도 및 완성에 관한 사항 등을 표시한 것으로 공사의 개요, 도면에 표기하기 어렵거나 할 수 없는 공사내용을 기재한 것

㉡ 시공상의 일반적인 주의사항을 쓴 것으로 일반시방서, 특기시방서, 표준시방서 등이 있다.

㉢ 공사수행에 관련된 제반 규정 및 요구사항 등을 구체적인 글로 써서 설계내용의 전달을 명확히 하고 적정한 공사를 시행하기 위한 것

③ 공정관리의 의의 : 제한된 공사 기간 내에 계약된 공사내용을 차질 없이 경제적으로 시행하기 위해서 미리 공사일정에 대한 합리적인 계획을 세우는 것

4. 공정계획 출제

① 공정계획 : 계획된 기간 내에 공사내용을 차질 없이 경제적이며 합리적이고 우수하게, 값싸게, 빨리, 안전하게 완공할 수 있도록 공사의 순서를 정하여 각 단위 공정별로 일정을 계획하는 것

② 공정표의 작성

공정계획을 도표화 한 것으로 공사의 종류별로 시공순서를 정하고 작업가능일수 및 1일 시공량 등을 고려하여 공정별 공사 소요기간을 도표화 한 것이다.

③ 공정표의 종류 : 공정표는 막대 공정표와 네트워크 공정표가 많이 사용된다.

㉠ 막대 공정표(Bar Chart) : 전체 공사를 구성하는 모든 부분공사를 세로로 열거하고 이용할 수 있는 공사기간을 가로축에 표시한다. 작업이 간단하며 공사 진행 결과나 전체 공정 중 현재 작업의 상황을 명확히 알 수 있어 공사규모가 작은 경우에 많이 사용되며, 시급한 공사에 많이 적용되는 공정표

- 장점 : 단순공사, 시급한 공사에 많이 적용
- 단점 : 작업 선후관계와 세부사항을 표기하기 어렵고, 대형공사에 적용하기 어렵다.

㉡ 네트워크 공정표(Network Chart) : 복잡한 공사와 대형공사의 전체 파악이 쉽고 컴퓨터의 이용이 용이하며 공사의 상호관계가 명확하다. 복잡한 공사, 대형공사, 중요한 공사에 사용된다.

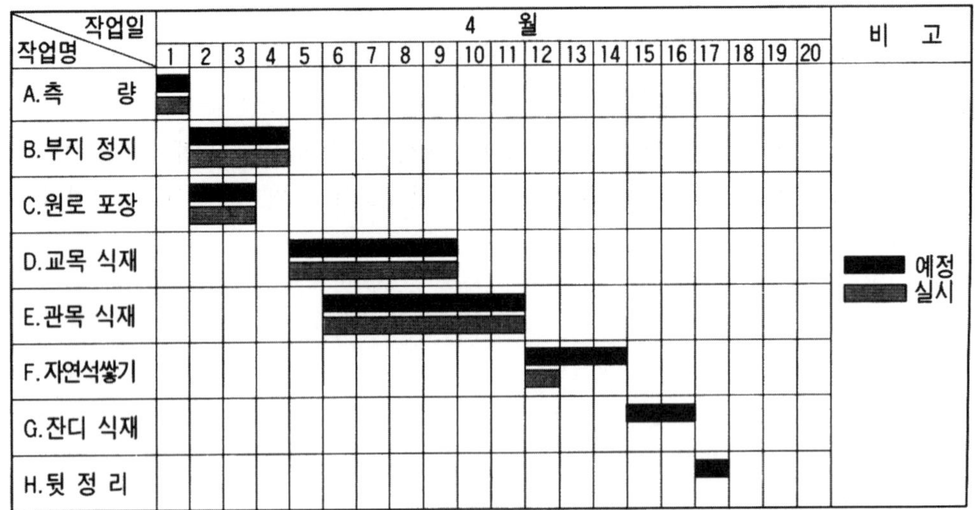

(가) 막대 공정표

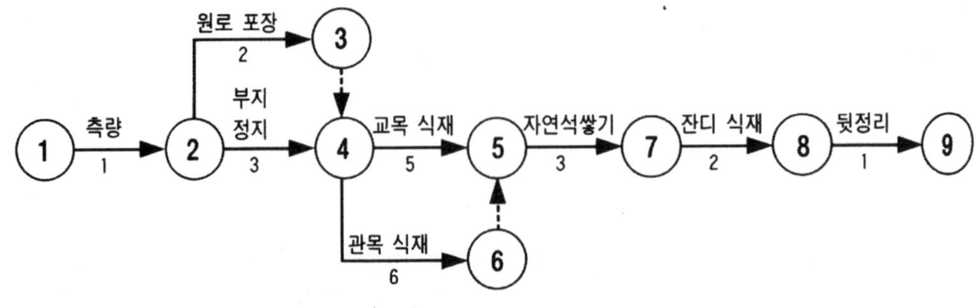

(나) 네트워크 공정표

그림. 막대 공정표와 네트워크 공정표

5. 할증률

① 설계 수량과 계획 수량의 적산량에 운반, 저장, 절단, 가공 및 시공과정에서 발생하는 손실량을 예측하여 부가하는 과정

② 각 재료의 할증률(조경공사 표준품셈에 기록) 출제

- 이형철근 - 3%
- 이형철근(교량, 지하철 및 이와 유사한 복잡한 구조물의 주철근) - 6~7%
- 원형철근 - 5%
- 강판 - 10%
- 목재(각재) - 5%, 목재(판재) - 10%
- 합판(일반용합판) - 3%
- 합판(수장용합판) - 5%
- 붉은벽돌 - 3%
- 시멘트벽돌 - 5%
- 내화벽돌 - 3%
- 경계블록 - 3%
- 호안블록 - 5%
- 원석(마름돌용) - 30%
- 석재용붙임용재(정형돌) - 10%
- 석재용붙임용재(부정형돌) - 30%
- 조경용수목, 잔디, 초화류 - 10%
- 테라코타 - 3%
- 블록 - 4%, 기와 - 5%
- 타일(모자이크, 도기, 자기, 크링카) - 3%
- 타일(아스팔트, 리노륨, 비닐, 비닐랙스) - 5%

6. 품셈 출제

① 인간이나 기계가 공사 목적물을 달성하기 위하여 단위 물량당 소요로 하는 노력(품)과 물질을 수량으로 표시한 것으로 일위대가표 작성의 기초가 되는 것

② 적산(積算) : 도면과 시방서에 의하여 공사에 소요되는 자재의 수량, 시공면적, 체적 등의 공사량을 산출하는 과정

7. 공사비 출제

① 공사비의 정의

재료비, 노무비, 경비, 일반관리비, 이윤 등으로 구성된다.

② 공사비의 구성

㉠ 순공사원가, 일반관리비, 이윤, 세금으로 구성

㉡ 순공사비 = 재료비 + 노무비 + 경비

※ 발주자 : 공사의 설계, 감독, 관리, 시공을 의뢰하는 주체

설계자 : 발주자와 설계용역 계약을 체결하고 시공에 필요한 설계도서를 만들며 충분한 계획과 자료를 수집하고 넓은 지식과 경험을 바탕으로 시방서 작성과 공사내역서를 작성하는 자

시공자 : 발주자의 주문에 따라 공사 계약을 체결하여 공사를 완성

감독자 : 발주자를 대신하여 공사 현장을 지휘, 감독

출 제 예 상 문 제

01. 작업이 간단하며 공사 진행 결과나 전체 공정 중 현재 작업의 상황을 명확히 알 수 있어 공사 규모가 작은 경우에 많이 사용되고, 시급한 공사에 많이 적용되는 공정표의 표시방법은?

① 막대그래프　② 곡선그래프
③ 네트워크 방식　④ 대수도표

02. 설계 도면에 표시하기 어려운 재료의 종류나 품질, 시공방법, 재료검사 방법 등에 대해 충분히 알 수 있도록 글로 작성하여 설계상의 부족한 부분을 규정 보충한 문서는?

① 일위대가표　② 설계 설명서
③ 시방서　④ 내역서

03. 조경 프로젝트의 수행단계 중 설계된 도면에 따라 자연 및 인공재료를 이용하여 도면의 내용을 실제로 만들어 내는 분야는?

① 조경관리　② 조경계획
③ 조경설계　④ 조경시공

04. 다음 중 조경시공의 특징으로 틀린 것은?

① 생명력이 있는 식물재료를 많이 사용한다.
② 시설물은 미적이고 기능적이며, 안전성과 편의성 등이 요구된다.
③ 조경수목은 정형화된 규격표시가 있기 때문에 모양이 다른 나무들은 현장 검수에서 문제의 소지가 있다.
④ 조경수목의 단가 적용은 정형화된 규격에 의해서 시행되고 있으며, 수목의 조건에 따라 단가 및 품셈을 증감하여 사용하고 있다.

> 조경수목의 단가 적용은 다양한 수종, 특수한 수종에 대한 일률적인 가격 책정이 곤란하므로 견적 가격에 의존하는 경우가 있다.

05. 시방서에 대한 설명으로 옳은 것은?

① 설계도면에 필요한 예산계획이다.
② 공사계약서이다.
③ 평면도, 입면도, 투시도 등을 볼 수 있도록 그려놓은 것이다.
④ 공사개요, 시공방법, 특수재료에 관한 사항 등을 명기한 것이다.

> 시방서는 도면에 기재할 수 없는 공사내용을 기재한 것이며, 공사시행의 기초가 되며 내역서 작성의 기초가 된다.

06. 시방서에 관한 내용 중 옳지 않은 것은?

① 시방서는 간단명료하게 뜻을 충분히 전달할 수 있도록 작성한다.
② 특기시방서와 표준시방서에서 상이한 조항이 있을 때에는 표준시방서가 우선으로 하는 것으로 본다.
③ 시공에 관하여 표준이 되는 일반적인 공통사항을 작성하는 것을 표준시방서라 한다.
④ 특기시방서는 특별한 사항 및 전문적인 사항을 기재한 것이다.

> 특기시방서는 표준시방서보다 우선한다.

07. 충분한 계획과 자료를 수집하고 넓은 지식과 경험을 바탕으로 시방서 작성과 공사내역서를 작성하는 자는?

① 설계자　② 감리원
③ 수급인　④ 현장감리인

정답　1① 2③ 3④ 4④ 5④ 6② 7①

08. 다음 중 유격자는 모두 입찰에 참여할 수 있으며, 균등한 기회를 제공하고 공사비 등을 절감할 수 있으나 부적격자에게 낙찰될 우려가 있는 입찰 방식은?

① 특명입찰 ② 일반경쟁입찰
③ 지명경쟁입찰 ④ 수의계약

09. 설계와 시공을 함께 하는 입찰방식은?

① 수의계약 ② 특명입찰
③ 공동입찰 ④ 일괄입찰

일괄입찰(턴키입찰)은 공사설계서와 시공도서를 작성하여 입찰서와 함께 제출한다.

10. 공사현장의 공사관리 및 기술관리, 기타 공사 업무 시행에 관한 모든 사항을 처리하여야 할 사람은 누구인가?

① 공사발주자 ② 공사현장대리인
③ 공사현장감독관 ④ 공사현장감리원

11. 다음 중 조경시공순서로 가장 알맞은 것은?

① 터닦기 → 급·배수 및 호안공 → 콘크리트 공사 → 정원시설물 설치 → 식재공사
② 식재공사 → 터닦기 → 정원시설물 설치 → 콘크리트공사 → 급·배수 및 호안공
③ 급·배수 및 호안공 → 정원시설물 설치 → 콘크리트 공사 → 식재공사 → 터닦기
④ 정원시설물 설치 → 급·배수 및 호안공 → 식재공사 → 터닦기 → 콘크리트공사

12. 시공관리의 주요 목표라고 볼 수 없는 것은?

① 우량한 품질 ② 공사기간의 단축
③ 우수한 시각미 ④ 경제적 시공

13. 시방서의 내용이 아닌 것은?

① 단위공사의 공사량이 기재되어 있다.
② 공사의 개요가 기재되어 있다.
③ 시공상의 일반적인 주의사항을 쓴 것이다.
④ 도면에 기재할 수 없는 공사내용을 기재한 것이다.

14. 조경시공에서 설계자가 특별히 지시하고자 하는 사항이 있다. 어느 것을 이용해야 하는가?

① 공동시방서 ② 특별공사내역서
③ 표준시방서 ④ 특기시방서

15. 조경시공의 공정에서 식재공사(A), 땅가름(B), 잔디붙이기(C), 흙돋우기 및 정지공사(D), 돌짜임 공사(E)의 이상적인 시공순서는?

① D-B-A-E-C ② B-C-E-A-D
③ C-E-D-A-B ④ B-D-E-A-C

16. 조경공사 시공순서가 바르게 된 것은?

① 기초공사 - 가설공사 - 목공공사 - 미장공사 - 식재공사
② 가설공사 - 기초공사 - 목공공사 - 미장공사 - 식재공사
③ 기초공사 - 가설공사 - 목공공사 - 식재공사 - 미장공사
④ 가설공사 - 기초공사 - 목공공사 - 식재공사 - 미장공사

가설공사 - 기초공사(잡석지정, 말뚝공사 등) - 주체공사(목공사, 철근콘크리트) - 마무리공사(타일, 테라코타, 미장, 도장) - 부대시설공사(조경, 위생, 환기, 전기 등)

정답 8② 9④ 10② 11① 12③ 13① 14④ 15④ 16②

17. 공사방법에 있어서 공사별, 공정별, 공구별로 도급을 주는 방법은?

① 분할도급 ② 공동도급
③ 일식도급 ④ 직영도급

18. 안전관리에 대한 설명 중 잘못된 것은?

① 사고 발생 시에는 환자 후송 후 상황을 기록하여 담당자에게 보고한다.
② 기계장비 사용 시에는 사전에 도로의 상태를 확인한다.
③ 용접은 작업종료 후 즉시 현장을 떠나야 한다.
④ 작업장 별로 화재 예방 대책을 수립한다.

19. 시공에 있어 원가관리의 내용이 가장 옳은 것은?

① 공사를 계약된 기간 내에 주어진 예산으로 완성시키기 위한 것이다.
② 모든 자재 구입과 기계사용의 경비를 최소화하기 위한 것이다.
③ 계약된 공사 금액 내에서 공사를 마치도록 관리하는 방법이다.
④ 최고의 계약 목적물을 완성할 수 있도록 모든 자재 및 인건비의 원가를 최상으로 적용하는 방법이다.

20. 시공계획을 세우는 목적이 아닌 것은?

① 최소의 비용으로 시공하여 경제성을 극대화하기 위하여
② 최대한 인원을 동원하여 조기에 완공하기 위하여
③ 시공 품질을 정해진 수준으로 달성하기 위하여
④ 시공을 안전하게 수행하기 위하여

21. 다음 중 시공관리의 3대 기능이 아닌 것은?

① 노무관리 ② 품질관리
③ 원가관리 ④ 공정관리

22. 다음 중 경쟁입찰방식이 아닌 것은?

① 수의계약 ② 지명경쟁입찰
③ 제한경쟁입찰 ④ 일괄입찰

수의계약(특수계약)은 특수한 사정으로 인정될 때 체결한다.

23. 공정표의 내용에 들어가지 않는 것은?

① 재료의 발주시기
② 부분별 감독이름
③ 부분별 공사명
④ 공사시기

24. 다음 중 막대공정표의 장점은?

① 일목요연하다.
② 계산기를 이용 가능하다.
③ 신뢰도가 높다.
④ 상호관련성 파악이 쉽다.

② ③ ④는 네트워크 공정표의 장점이다.

25. 조경공사가 다른 건설공사와 다른 특수성에 대한 설명으로 틀린 것은?

① 최초의 공정
② 규격화와 표준화의 곤란성
③ 공종의 소규모성
④ 공종의 다양성

①의 내용에서 조경공사는 최초의 공정이 아닌 최종 마무리 공정이다.

정답 17 ① 18 ③ 19 ④ 20 ② 21 ① 22 ① 23 ② 24 ① 25 ①

기반조성 및 시설물공사

01 토공사

1. 토공사의 뜻

① 조경공사, 토목공사 등 건설공사에 있어서 계획의 목적에 맞도록 흙의 굴착, 싣기, 운반, 성토와 다짐 등 흙을 다루는 모든 작업

② 조경공사의 토공사는 전체 부지의 조성과 조경 시설물을 시공하기 위한 토공사가 있으며, 식물 생육을 위한 식재 기반을 조성하는 토공사가 있다.

2. 토공사와 관련된 용어

① 부지 정지공사

㉠ 시공도면에 의거하여 계획된 등고선과 표고대로 부지를 골라 시공 기준면(Formation Level, FL)을 만드는 일

㉡ 공사부지 전체를 일정한 모양으로 만들거나 식재수목에 필요한 식재 기반을 조성하는 경우, 구조물이나 시설물을 설치하기 위하여 가정 먼저 시행하는 공사

② **절토(切土, 흙깎기)** : 용도에 따라 전체 부지 조성을 위해 흙을 파거나 깎아내는 일로 보통 토질에서는 흙깎기 비탈면 경사를 1 : 1정도로 한다.

㉠ 절취 : 시설물의 기초를 위해 지표면의 흙을 약간(20cm) 걷어내는 일

㉡ 터파기 : 절취 이상의 땅을 파내는 일

㉢ 준설(수중굴착) : 물 밑의 토사와 암반을 굴착하는 일

③ **싣기** : 깎은 토사를 운반하는 것

④ **성토(盛土, 흙쌓기)** : 절토한 흙을 일정한 장소에 쌓거나 버리는 것으로 보통 30~60cm마다 다짐을 실시하며 일반적인 흙쌓기의 경사는 1 : 1.5로 한다.

㉠ 입도가 좋아 잘 다져진 흙은 안정될 수 있다.

ⓛ 더돋기(여성토) : 성토시에는 압축 및 침하에 의해 계획 높이보다 줄어들게 하는 것을 방지하고 계획높이를 유지하고자 실시하는 것으로 대개 10~15%정도 더돋기를 한다.

ⓒ 축제(築堤) : 철도나 도로의 흙을 쌓는 것

ⓔ 마운딩(造山(조산), 築山(축산)작업, Mounding) 출제

- 경관의 변화, 방음, 방풍, 방설을 목적으로 작은 동산을 만드는 것으로 흙쌓기의 일종이다.
- 마운딩 공사는 식재 기반 조성이 목적이므로 식재에 필요한 윗부분이 너무 다져져서 식물 뿌리의 활착에 지장을 주는 일이 없도록 유의해야 한다.

⑤ **정지(整地)** : 계획 등고선에 따라 절·성토를 하여 부지를 정리하는 것으로 경사를 고려하여 배수에 유의해야 한다.

⑥ **다짐(Compaction)**

ⓐ 성토된 부분의 흙이 단단해 지도록 다지는 일

ⓛ 기계다짐과 인력다짐이 있다.

ⓒ 전압 : 흙이나 포장재료를 롤러로 굳게 다지는 작업

⑦ **취토(聚土)** : 필요한 흙을 채취하는 일

⑧ **사토** : 불량토사나 잔여토사를 갖다 버리는 일

⑨ **비탈면의 보호** : 비탈면을 안정시켜 붕괴 예방과 함께 경관적으로 가치가 있도록 하기 위한 방법으로 식물식재에 의한 방법과 콘크리트 블록과 같은 인공재료에 의한 방법 등이 있다.

3. 토공사의 안정

① 토량변화 : 자연상태의 흙을 파내면 공극 때문에 토량이 증가하고 자연상태의 흙을 다지면 공극이 줄어들어 토량이 줄어든다.

ⓐ 자연상태의 토량변화율 = 1

ⓛ 흐트러진 상태의 토량변화율(L = 1.2)

ⓒ 다져진 상태의 토량변화율(C = 0.8)

예제 1

자연상태의 토량 100m³를 굴착하면 부피가 얼마인가?

해설 자연상태의 토량을 굴착하면 공극 때문에 토량이 증가하므로 자연상태의 토량(100m³)에 흐트러진 상태의 토량변화율(1.2)을 곱해주면 된다. 그러므로 100m³ × 1.2 = 120m³가 된다.

② 안식각(휴식각, 휴지각)

㉠ 절·성토 후 일정기간이 지나 자연경사를 유지하며 안정된 상태를 이루는 각도

㉡ 보통 흙의 안식각은 30~35°

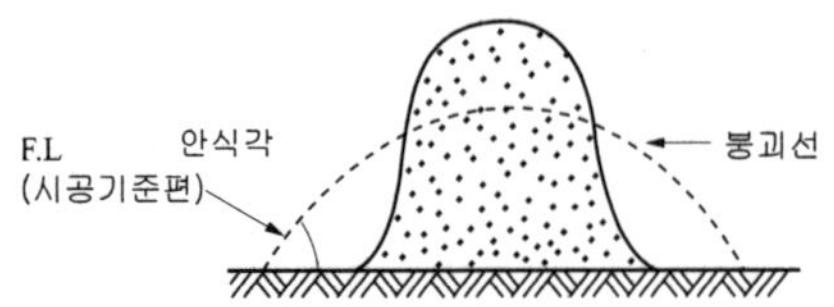

③ 비탈면 경사

㉠ 수직높이를 1로 보고 수평거리의 비율을 정함

㉡ 각도나 %로 나타냄

㉢ 보통 토질의 성토경사는 1 : 1.5, 절토경사는 1 : 1을 기준

㉣ 경사도 측정 : 수직높이/수평거리 × 100

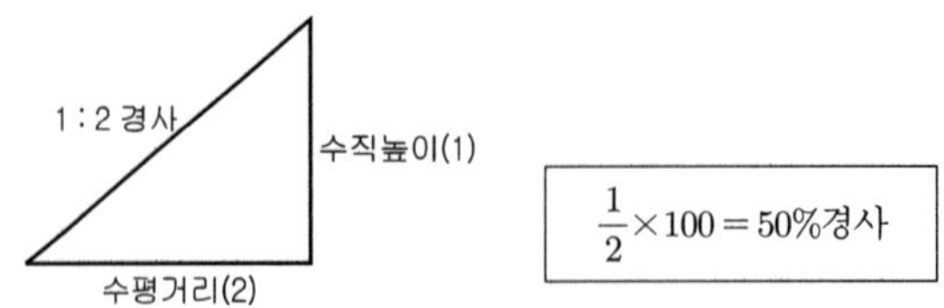

④ 토공사의 균형

㉠ 정지 작업 시 흙깎기 양과 흙쌓기 양의 균형을 맞추는 것이 경제적

㉡ 균형을 위해서 정확한 토량 계산이 필요하며 흙깎기 양을 흙쌓기 양에 맞추는 것이 경제적

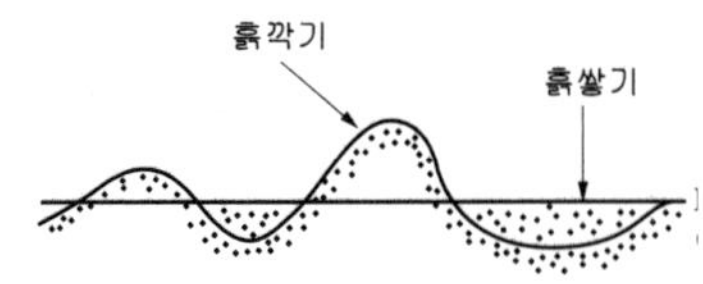

예제 2

수직높이가 10m 이고 수평거리가 15m 일 때 경사도는?

① 50%　② 43%

③ 67%　④ 100%

정답 : ③

해설 1:1.5의 경사로 10/15×100=67%

4. 비탈면의 조성과 보호

① 비탈면 조성

㉠ 자연 비탈면 : 물이나 중력에 의한 침식 등 자연적으로 이루어진 비탈면

㉡ 인위 비탈면 : 흙깎기와 흙쌓기에 의한 인공적인 비탈면

② 비탈면 보호

㉠ 식재에 의한 보호

- 잔디, 잡초 등의 초본류, 관목류로 비탈면을 피복하여 경관형성 및 붕괴를 예방하는 방법
- 종자뿜어붙이기(Seed spray) : 종자와 비료를 섞어 기계로 종자를 분사하는 방법으로 짧은 시간에 사용가능하며, 절·성토 장소에 모두 사용가능

㉡ 콘크리트 격자틀 공법

- 정방형의 콘크리트 틀블록을 격자상으로 조립하여 그 교차점에 콘크리트 말뚝이나 철침을 박아 고정시킨다. 틀 안 식물의 성장에 의해 경관과 매우 조화가 됨

㉢ 콘크리트 블록공법

- 비탈면 경사가 1 : 0.5 이상인 급경사면에 사용한다.
- 안정성은 높으나 자연경관과 이질감이 있는 단점이 있다.

③ 종자 분사 파종공

㉠ 종자, 비료, 파이버(fiber), 침식방지제 등을 물과 교반하여 펌프로 살포 녹화

㉡ 비탈 기울기가 급하고 토양 조건이 열악한 급경사지에 기계와 기구를 사용하여 종자를 파종

㉢ 한랭도가 적고 토양조건이 어느 정도 양호한 비탈면에 한하여 적용

5. 토공 기계 출제

공 종	토공기계
굴착	파워셔블, 백호, 불도저, 리퍼
적재	셔블계 굴삭기(파워셔블, 백호)
굴착, 적재	셔블계 굴착기
굴착, 운반	불도저, 스크레이퍼 도저, 스크레이퍼, 트랙터셔블
운반	불도저, 덤프트럭, 케이블 크레인, 벨트 컨베이어
다짐	타이어 롤러, 진동 롤러, 래머, 불도저

- 백호(Back hoe) : 이용 분류상 굴착용 기계로 버킷 밑으로 내려 앞쪽으로 긁어 올려 흙을 깎음
- 트랙쇼벨(드래그라인) : 지면보다 낮은 면의 굴착에 사용되며 깊이 6m 정도의 굴착에 적당하고 백호라고 불림. 넓은 면적을 팔 수 있으나 파는 힘이 약해 연질지반 굴착, 모래채취, 수중 흙 파 올리기에 사용
- 파워셔블 : 지면보다 높은 면의 굴착에 사용
- 모우터 그레이더 : 운동장의 면을 조성할 때 적당
- 스크레이퍼 : 적재, 운반, 사토작업 등에 사용
- 불도저 : 운반거리가 60m 이하일 때 적당
- 체인블록 : 큰 돌을 운반하거나 앉힐 때 주로 쓰이는 기구

6. 지형 출제

■ 등고선

㉠ 등고선의 종류와 간격

종 류	간 격
주곡선	지형표시의 기본선으로 가는 실선으로 표시
간곡선	주곡선 간격의 1/2
조곡선	간곡선 간격의 1/2
계곡선	주곡선 5개마다 굵게 표시한 선으로 굵은 실선으로 표시

㉡ 등고선의 종류와 축척별 등고선 간격(단위 : m)

종 류	1 : 50,000	1 : 25,000	1 : 10,000
주곡선	20	10	5
간곡선	10	5	2.5
조곡선	5	2.5	1.25
계곡선	100	50	25

㉢ 등고선의 성질

- 등고선 위의 모든 점은 높이가 같다.
- 등고선은 도면의 안이나 밖에서 폐합되며(만나며), 도중에 없어지지 않는다.
- 산정과 오목지에서는 도면 안에서 폐합된다.
- 높이가 다른 등고선은 동굴과 절벽을 제외하고 교차하거나 합쳐지지 않는다.
- 등경사지는 등고선의 간격이 같다.
- 급경사지는 등고선의 간격이 좁고, 완경사지는 등고선의 간격이 넓다.

㉣ 능선과 계곡

- 능선은 U자형 바닥의 높이가 점점 낮은 높이의 등고선을 향함
- 계곡은 U자형 바닥의 높이가 높은 높이의 등고선을 향함

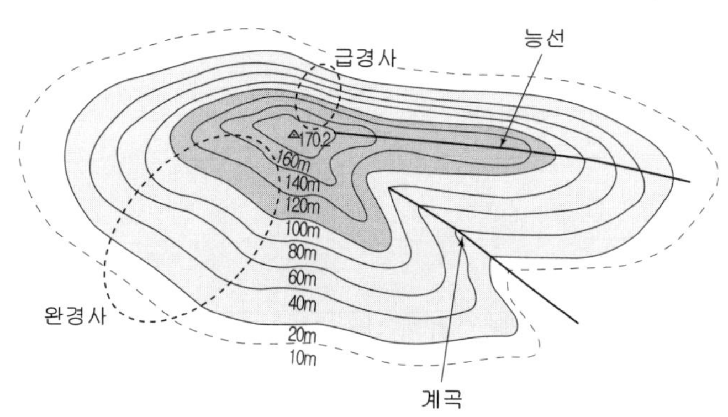

02 콘크리트공사

콘크리트 시공단계 : 제조 → 운반 → 부어넣기 → 다짐 → 표면마무리 → 양생

1. 개요 출제

① 콘크리트는 용도에 적합한 강도와 내구성을 가져야 하기 때문에 각종 시설물의 기초나 소규모 구조물, 그리고 포장 등에 많이 쓰이고 있다.

② 콘크리트는 시멘트, 굵은 골재(자갈), 잔골재(모래)를 물로 비벼 만든 혼화재료

③ 콘크리트가 단단히 굳어지는 것은 시멘트와 물과의 화학 반응에 의한 것

④ 시멘트 풀(Cement Paste, 시멘트 페이스트) : 시멘트와 물을 혼합한 것

⑤ 모르타르 : 시멘트와 모래를 물로 비벼 혼합한 것

⑥ 콘크리트의 용적구성 : 골재(70%), 시멘트 풀(약 25%), 공기(5%)

⑦ 콘크리트의 장점

㉠ 압축강도가 큼(인장강도에 비해 10배 강하다.)

㉡ 내화성, 내수성, 내구성이 크다.

㉢ 재료의 획득과 운반이 용이하다.

㉣ 철근과의 부착력이 크며 임의 형상대로 구조물을 만든다.

㉤ 시공이 유리하고 유지비가 적게 든다.

⑧ 콘크리트의 단점

㉠ 중량이 크다.

㉡ 인장강도가 작다(인장강도를 보강해주려고 철근이 배근된다).

㉢ 수축에 의한 균열이 발생된다.

㉣ 재시공이 어렵다.

㉤ 품질유지 및 시공관리가 어렵다.

2. 콘크리트 구성 재료

콘크리트를 구성하는 재료는 시멘트, 골재, 물 그리고 필요에 따라 혼화재료가 있다.

① 시멘트(cement)

㉠ 수경성 재료로 콘크리트 속에서 접착제 역할을 한다.

㉡ 콘크리트 제작은 일반적으로 보통 포틀랜드시멘트를 사용한다.

② 골재

㉠ 시멘트와 물에 의하여 일체로 굳혀지는 불활성의 재료로 콘크리트의 강도와 내구성에 영향을 주는 요소

㉡ 잔골재 : 10mm체를 모두 통과하며, 일반적인 모래를 말한다.

㉢ 굵은골재 : No. 4체에 거의 다 남으며, 일반적인 자갈을 말한다.

㉣ 골재의 일반적 성질 중 공극률(간극률) : 골재의 단위용적 중 공간의 비율을 백분율로 표시한 것으로 암석의 전체 부피에 대한 공극(空隙, 비어있는 공간)의 비율

㉤ 표면건조 포화상태 : 골재의 표면에는 수분이 없으나 내부의 공극은 수분으로 가득차서 콘크리트 반죽시에 투입되는 물의 량이 골재에 의해 증감되지 않는 이상적인 골재의 상태

③ 물(water)

㉠ 콘크리트는 물과 시멘트가 화학반응을 일으켜 경화하며, 수분이 있는 동안은 장기간에 걸쳐 강도가 증가한다.

㉡ 강도 증가기간동안 물의 질은 콘크리트의 강도나 내구력에 매우 큰 영향을 미친다.

㉢ 물은 주로 수돗물이나 오염되지 않은 물을 사용한다.

㉣ 물에 기름, 산, 알카리, 당분, 염분 등의 유기물이 포함되면 응결, 경화를 방해하고 강도를 저하시키며, 내구력을 감소시킨다. 또한 바닷물은 철근을 부식시키므로 좋지 않다.

④ **혼화재료** : 시멘트, 물, 골재 이외에 필요에 따라 넣는 제4요소로 콘크리트 성질이 개선되고 공사비 절약을 목적으로 사용한다.

㉠ 혼화재 : 혼화재료 중 사용량이 비교적 많아 자체 용적이 콘크리트 성분을 혼화하여 콘크리트의 성질을 개량하기 위한 것으로 천연시멘트, 슬래그, 포졸란류, 암석분말 등이 있다.

- 플라이애쉬(Fly ash) : 포졸란의 일종으로 미분탄 연소 보일러의 폐가스에서 채집한 것으로 사용했을 때 워커빌리티가 좋아짐
- 포졸란(Pozzolan) : 그 자체의 수경성은 거의 없으나 물의 존재하에서 수산화칼슘과 상온에서 서서히 반응하여 불용성의 화합물을 만들어 경화하는 미분말상의 실리카질 재료로 사용했을 때 인장강도가 커짐
- 슬래그(slag) : 금속이나 광석의 불순물을 처리하는 제련, 용접, 다른 금속가공과정 및 연소과정에서 생기는 부산물로 광물찌꺼기, 광재라고 한다.

㉡ 혼화제 : 사용량이 적고 배합계산에서 용적을 무시하는 것으로 AE제(공기 연행제), 분산제(감수제), 응결 촉진제, 방수제, 발포제 등이 있다.

- AE제(공기 연행제) : 콘크리트의 동결융해작용에 대한 저항을 증가시킬 목적으로 사용되는 혼화제로 독립기포를 형성하여 콘크리트의 유동성을 양호하게 하고 재료의 분리를 막는다. 방수성과 화학작용에 대한 저항성이 커지며, 강도가 저하되고 철근과의 부착이 떨어짐
- 분산제(감수제) : 시멘트입자가 분산하여 유동성이 많아지고 골재분리가 적으며 강도, 수밀성, 내구성이 증가해 워커빌리티가 증대된다.
- 응결경화촉진제 : 초기강도가 증가하며 한중콘크리트에 사용하고, 대표적으로 염화칼슘을 사용
- 지연제 : 수화반응을 지연시켜 응결시간을 늦추며, 뜨거운 여름철, 장시간 시공시, 운반시간이 길 경우에 사용한다.
- 방수제 : 수밀성(물의 투수성이나 흡수성이 매우 적은 것을 말함)을 증진시킬 목적으로 사용
- 급결제 : 조기강도의 발생 촉진을 위하여 넣는 것

※ 혼화재와 혼화제의 구별방법은 혼화제는 재료명의 끝이 -제로 끝난다.

3. 콘크리트의 성질 출제

① 워커빌리티(Workability, 경연성, 시공성) : 거푸집 내에 콘크리트를 칠 때의 시공 난이도를 말하며 콘크리트를 칠 때 적당한 유동성과 점성이 있어 시공 부분에 잘 채워지면서도 재료의 분리를 일으키지 않아 좋은 콘크리트가 만들어지는 상태의 것을 워커빌리티가 좋다고 한다.

㉠ 반죽 질기의 정도에 따라 비비기, 운반, 타설, 다지기, 마무리 등의 시공이 쉽고 어려운 정도와 재료분리의 다소 정도를 나타내는 굳지 않은 콘크리트의 성질

㉡ 시멘트의 종류, 분말도, 사용량이 워커빌리티에 영향을 미침

㉢ 시멘트의 양이 많아지면 워커빌리티가 좋아짐

㉣ 미세한 입자가 워커빌리티를 개선

ⓜ 재료의 분리에 저항하는 정도를 나타내는 용어로 표시법은 슬럼프치로 나타냄

ⓑ 워커빌리티가 좋지 않을 때 나타나는 현상 : 분리, 침하, 블리딩, 레이턴스

- 분리 : 시공연도가 좋지 않았을 때 재료가 분리되는 현상
- 침하(沈下) : 건물이나 자연물이 내려앉거나 꺼져 내려가는 현상
- 블리딩(Bleeding) : 콘크리트를 친 후 각 재료가 가라앉고 불순물이 섞인 물이 위로 떠오르는 현상
- 레이턴스(Laitance) : 블리딩과 같이 떠오른 미립물이 콘크리트 표면에 엷은 회색으로 침전되는 현상

ⓢ 워커빌리티 측정법 : 구관입시험, 다짐계수시험, 비비(Vee-Bee)시험 등

② **피니셔빌리티(Finishability, 마무리성)**

㉠ 콘크리트 표면을 마무리 할 때의 난이도를 나타내는 말

㉡ 굵은 골재의 최대 치수, 잔골재율, 잔골재의 입도, 반죽의 질기 등에 의해 마무리하기 쉬운 정도를 나타내는 콘크리트의 성질

③ **성형성(plasticity)** : 거푸집에 쉽게 다져 넣을 수 있고 거푸집을 제거하면 천천히 형상이 변하기는 하지만 허물어지거나 재료가 분리하는 일이 없는 굳지 않은 콘크리트 성질

④ 슬럼프 시험(Slump test)

㉠ 워커빌리티(시공성)를 측정하기 위한 수단으로 반죽의 질기를 측정

㉡ 슬럼프 수치가 높을수록 나쁘며, 단위는 cm 사용

㉢ 콘크리트의 난이도를 측정

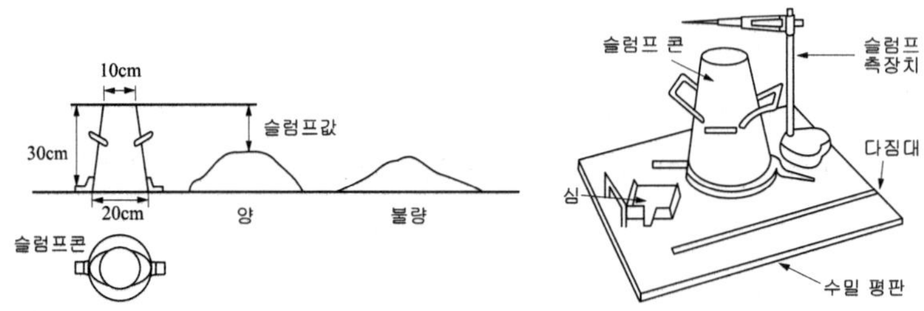

그림. 슬럼프 시험

표. 슬럼프의 최대값(진동기 사용 때)

콘크리트의 종류	구조물의 종류	슬럼프의 최대값(cm)
무근 콘크리트	- 보통의 경우	2.5 ~ 8
	- 수밀을 필요로 하는 경우	8 이하
철근 콘크리트	- 일반적인 경우	5 ~ 12
	- 단면이 큰 경우	1.5 ~ 10
	- 수밀 콘크리트	8 이하

⑤ 강도

㉠ 콘크리트는 용도에 맞는 강도를 가져야 한다.

㉡ 콘크리트의 강도라 하면 주로 콘크리트의 재령 28일 압축 강도를 말하며 설계기준 강도는 무근 콘크리트의 경우 150kg/cm^2, 철근 콘크리트의 경우 210kg/cm^2 이상으로 한다.

5

조경시공

4. 배합

콘크리트의 배합은 콘크리트의 주원료인 시멘트, 굵은 골재, 잔골재, 물의 비율을 말하는 것으로 혼화재료를 포함할 때도 있다.

① 배합법의 표시 출제

㉠ 중량 배합

- 콘크리트 1m^3 제작에 필요한 각 재료를 무게(kg)로 표시하는 방법
- 공장 생산이나 대규모 공사에 많이 사용한다.

㉡ 용적 배합

- 콘크리트 1m^3 제작에 필요한 시멘트, 모래, 자갈을 부피로 계량하여 시멘트 : 모래 : 자갈 = 1 : 2 : 4(철근콘크리트) 또는 1 : 3 : 6(무근콘크리트) 등으로 나타낸다.
- 중량 배합보다 정확하지 못하나 시공이 간편하여 많이 쓰인다.

㉢ 부배합(Rich mix) : 콘크리트 만들 때 시멘트를 표준량 보다 많이 넣는 배합

② 물·시멘트 비(Water Cement Ratio)(W/C)

㉠ 콘크리트 배합에서 시멘트에 대한 물의 중량 비율

㉡ 시멘트 풀의 농도를 나타내고, 콘크리트의 강도와 내구성, 수밀성을 좌우하는 가장 중요한 요소

㉢ 일반적인 물·시멘트 비는 40~70% 이다.

5. 비비기와 치기

콘크리트의 각 재료는 충분히 배합하면 워커빌리티가 좋아진다.

① 비비기

㉠ 손 비비기(삽 비비기)

- 소규모 공사에 많이 사용하며, 설비가 간단하고 이동이 용이하지만 비빔이 부정확하고 작업량이 적으므로 강도, 정밀도, 경제성에서 기계비빔과 차이가 있다.
- 조경공사에서 각종 소형 시설물의 콘크리트 기초 등 소규모 공사에 많이 쓰인다.

㉡ 기계 비비기

- 혼합기(Mixer)에 의한 비비기로 대규모 공사에 많이 사용하며 콘크리트 재료를 1회분씩 혼합하는 배치 믹서(batch mixer)를 사용하며, 1회의 비빔양을 1배치(batch)라고 한다.
- 배처플랜트 : 계량과 비빔이 정확하므로 강도에 편차가 적은 양질의 콘크리트 확보가 용이

② 운반

㉠ 비벼진 콘크리트의 재료가 분리되거나 손실되지 않도록 가능한 한 빨리 한 번에 해당 장소까지 운반해야 한다.

㉡ 가까운 거리 : 일륜차, 이륜차(리어커)를 이용

㉢ 규모가 클 때 : 슈트(Shoot : 콘크리트가 높은 곳에서 낮은 곳으로 미끄러져 내려갈 수 있게 만든 관 모양의 구조물)나 벨트 컨베이어(Belt Conveyor), 콘크리트 펌프(Concrete Pump) 등이 이용

㉣ 레미콘(Remicon : Ready Mixed Concrete의 약칭) : 혼합차(Mix Truck)를 사용하여 현장에 공급하므로 공사규모에 구애받지 않고 이용할 수 있으나, 운반시간이 1시간을 넘으면 재료의 분리가 생기고 슬럼프가 변화하여 사용 후 균열이 생길 수 있다.

③ 치기

㉠ 먼저 거푸집 내부를 청소한 후 거푸집의 상태가 견고한지 확인해야 하며, 거푸집 내의 배근과 배관상태에 대해 검사한다.

㉡ 거푸집 안쪽 면에는 물을 바르거나 박리제인 기름(폐유 등)을 발라 거푸집을 제거할 때 콘크리트가 부착되지 않고 잘 떨어지게 한다.

㉢ 비비기에서 치기까지 콘크리트 작업의 전 과정이 너무 길어지면 콘크리트가 굳기 시작하므로 고온 건조 때에는 1시간, 저온 건조 때에는 2시간 이내에 모든 작업을 끝낸다.

④ 다지기

㉠ 목적 : 철근 및 매설물 등의 주위나 거푸집 구석구석까지 콘크리트를 충전하고 콘크리트 중의 공극을 없애 전체적으로 밀실한 콘크리트 만드는 것

㉡ 중요하지 않은 곳에서는 다짐대를 이용한 손다짐(봉다짐)이 이용되며 중요한 공사는 진동기를 이용해 충격을 주어 치밀하게 다져지는 방법이 이용된다.

㉢ 진동시간이 길어지면 재료의 분리가 생길 수 있다.

⑤ 양생(보양, Curing)

㉠ 콘크리트를 치고 다짐한 후 일정기간 동안 온도, 하중, 충격, 파손 등에 있어 유해한 영향을 받지 않도록 충분히 보호, 관리하면서 응결(Setting)과 경화(Hardening)가 완전히 이루어지도록 보호하는 것

㉡ 좋은 양생을 위한 요소
- 적당한 수분 공급 : 살수 또는 침수 → 강도 증진
- 적당한 온도 유지 : 양생온도 15~30℃, 보통은 20℃ 전후가 적당
- 절대 안정 상태 유지 : 여름 3~5일, 겨울 5~7일 정도는 엄중히 감시
- 성형된 콘크리트에는 진동·충격을 피한다.

㉢ 콘크리트 양생방법(콘크리트 양생시 주요 요소 : 수분, 온도)
- 습윤양생
  - 콘크리트 표면을 해치지 않고 작업이 가능할 수 있을 정도로 경화하면 콘크리트 노출면을 가마니, 마대 등으로 덮어 자주 물을 뿌려 습윤상태를 유지하는 것
  - 보통 포틀랜드시멘트 : 최소 5일 이상(토목시방서) 습윤상태로 유지(건축시방서 : 7일 이상)
  - 조강 포틀랜드시멘트 : 최소 3일 이상(토목시방서) 습윤상태로 유지(건축시방서 : 5일 이상)
- 피막양생
  - 표면에 반수막이 생기는 피막 보양제(아스팔트 유제, 비닐 유제)를 뿌려 수분증발 방지
  - 넓은 지역, 물주기 곤란한 경우에 이용
- 증기양생
  - 단 시일 내 소요강도를 내기 위해 고온 또는 고압증기로 양생시키는 방법
  - 추운 곳의 시공시 유리
- 전기양생 : 콘크리트에 저압 교류를 통하게 하여 생기는 열로 양생

6. 거푸집

① 거푸집 시공상 주의사항

㉠ 형상과 치수가 정확하고 처짐, 배부름, 뒤틀림 등의 변형이 생기지 않게 할 것

㉡ 조립이나 제거시 파손·손상되지 않게 할 것

㉢ 소요자재가 절약되고 반복 사용이 가능하게 할 것

② 긴결재, 긴장재, 박리재

㉠ 긴결재(form tie) : 콘크리트의 측압에 거푸집널이 벌어지거나 우그러들지 않도록 거푸집널을 서로 연결 고정하는 것으로 철선, 볼트 등이 있다.

㉡ 격리재 : 거푸집 상호간의 간격 유지를 위한 것

㉢ 긴장재 : 콘크리트를 부었을 때 거푸집이 벌어지거나 우그러들지 않게 연결 고정하는 것

㉣ 간격재 : 철근과 거푸집 간격 유지를 위한 것

㉤ 박리재 : 콘크리트와 거푸집의 박리를 용이하게 하는 것(석유, 중유, 파라핀, 합성수지 등)

③ 증기보양

거푸집을 빨리 제거하고 단시일에 소요강도를 내기 위해 고온, 증기로 보양하는 것으로 한중콘크리트에 유리한 보양법

03 돌쌓기와 돌놓기

1. 자연석쌓기

비탈면, 연못의 호안이나 정원의 필요 장소에 자연석을 쌓아 흙의 붕괴를 방지하여 경사면을 보호할 뿐만 아니라 주변 경관과 시각적으로 조화를 이룰 수 있도록 하는 일

- 자연석의 조건 : 뜰녹이 있을 것, 각을 가질 것
- 산비탈에는 산돌, 연못의 호안이나 인공폭포에는 강돌이나 바닷돌, 주택정원은 다양하게 사용하나 취향을 살려서 사용

① 자연석 무너짐 쌓기

㉠ 자연풍경에서 암석이 자연적으로 무너져 내려 안정되게 쌓여있는 것을 그대로 묘사하는 방법

㉡ 시공방법

- 기초석 : 땅속에 1/2정도 깊이로 묻음
- 기초석 앉히기 : 약간 큰 돌로 20~30cm 정도의 깊이로 묻고 주변을 잘 다져 고정
- 중간석 쌓기 : 서로 맞닿은 면은 잘 물려지는 돌을 사용
- 크고 작은 자연석을 어울리게 섞어 쌓는다.
- 하부에 큰돌을 사용하고 상부로 갈수록 작은 돌을 사용
- 시각적 노출 부분을 보기 좋은 부분이 되게 한다.
- 맨 위의 상석은 비교적 작고, 윗면을 평평하게 하거나 자연스런 높낮이가 있도록 처리
- 돌틈식재 : 돌과 돌 사이의 빈 공간에 흙을 채워 철쭉이나 회양목 등의 관목류와 초화류를 식재
- 인력, 체인블록 등을 이용해서 쌓는다.

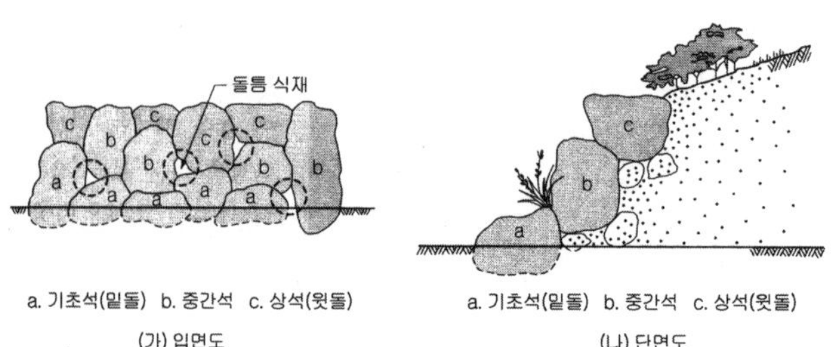

그림. 자연석 무너짐 쌓기 입면도 및 단면도

② 호박돌쌓기 출제

㉠ 자연스러운 멋을 내고자 할 때 사용하며, 안정성이 없으므로 찰쌓기 수법(시멘트를 사용하여 돌을 고정) 사용하는데 뒷길이가 긴 것을 쓰고 굄돌을 잘 해야 한다.

㉡ 하루 쌓는 높이는 1.2m 이하로 쌓는다.

㉢ 깨지지 않고 표면이 깨끗하며 크기가 비슷한 것을 선택하여 사용

㉣ 규칙적인 모양을 갖도록 쌓는 것이 보기 좋고 안전성이 있으며, 十자 줄눈 생기지 않도록 한다.

㉤ 형태가 일률적이어서 단조로울 수 있다.

㉥ 육법쌓기(6개의 돌에 의해 둘러싸이는 생김새), 줄눈어긋나게쌓기 방법으로 쌓는다.

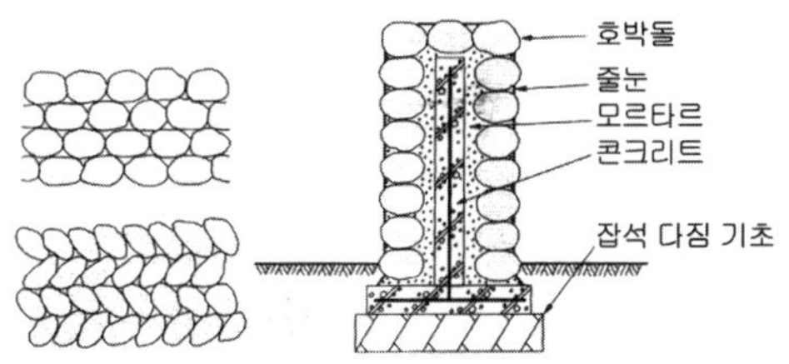

그림. 호박돌쌓기 입면도 및 단면도

③ 견치석 쌓기

㉠ 얕은 경우에는 수평으로 쌓고, 높을 경우에는 경사지도록 쌓는 것이 좋다.

㉡ 높이 1.5m 까지는 충분한 뒤채움으로 하고 그 이상은 시멘트로 채운다.

㉢ 물구멍은 2m 마다 설치한다.

㉣ 석축을 쌓아 올릴 때 많이 사용한다.

㉤ 앞면, 뒷면, 윗길이, 전면 접촉부 사이에 치수의 제한이 있다.

㉥ 뒷면은 앞면의 1/16 이상이 되게 한다.

㉦ 전면 접촉부는 뒷길이의 1/10 이상으로 한다.

④ 무너짐 쌓기

크고 작은 돌을 자연그대로의 상태가 되도록 기초 돌을 땅속에 반 묻는다. 이음매를 보기 좋게 하기 위해 작은 식물을 심어야 하므로 콘크리트를 사용하지 않는다. 연못, 냇가에서 많이 사용하는 쌓기 방법이다.

⑤ 평석 쌓기

넓고 두툼한 돌 쌓기로 이음새의 좌우, 상하가 틀리게 쌓는다.

2. 자연석 놓기 출제

① 경관석 놓기

㉠ 경관석은 시각의 초점이 되거나 중요하게 강조하고 싶은 장소에 보기 좋은 자연석을 한 개 또는 몇 개 배치하여 감상효과를 높이는 데 쓰는 돌

㉡ 경관석을 몇 개 어울려 짝지어 놓을 때는 중심이 되는 큰 주석과 보조역할을 하는 작은 부석을 잘 조화시켜 3, 5, 7 등의 홀수로 구성하며, 부등변 삼각형을 이루도록 배치한다.

㉢ 경관석을 놓은 후 주변에 적당한 관목류, 초화류 등을 식재하거나 자갈, 왕모래 등을 깔아 경관석이 돋보이게 한다.

㉣ 경관석은 충분한 크기와 중량감이 있어야 한다.

㉤ 삼재미(천지인 : 天地人)의 원리를 적용해서 놓는다.

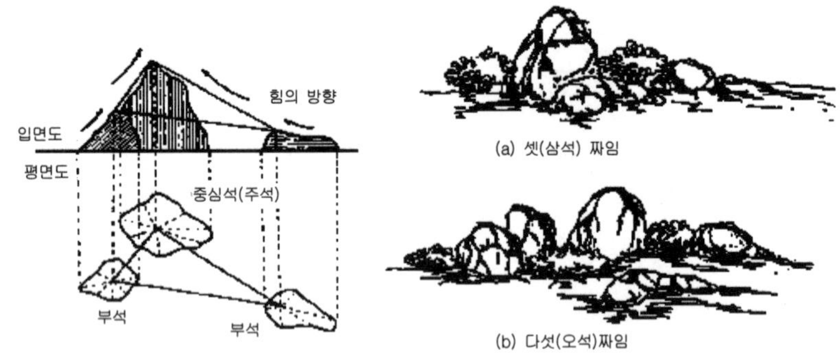

(a) 셋(삼석) 짜임

(b) 다섯(오석)짜임

② 디딤돌 놓기

㉠ 정원의 잔디나 나지 위에 놓아 보행의 편의와 지피식물의 보호, 시각적으로 아름답게 하고자 하는 돌 놓기

㉡ 한 면이 넓적하고 평평한 자연석, 화강석판, 천연 슬레이트 등의 판석, 통나무 또는 인조목 등이 사용된다.

㉢ 디딤돌의 크기는 30cm 정도가 적당하며, 디딤돌이 시작되는 곳과 끝나는 곳 또는 급하게 구부러지는 곳, 길이 갈라지는 곳 등에 50cm 정도의 큰 디딤돌을 놓는다.

㉣ 돌의 머리는 경관의 중심을 향해 놓는다.

㉤ 돌의 좁아지는 방향과 보행 방향이 일치하도록 하여 방향성을 주는 것이 좋으며, 지표보다 1.5~5.0cm 정도 높게 해준다.

㉥ 디딤돌은 크고 작은 것을 섞어 직선보다는 어긋나게 배치하며, 돌 사이의 간격은 보행폭(성인 남자 60~70cm, 여자 45~60cm)을 고려하여 빠른 동선이 필요한 곳은 보폭과 비슷하게, 느린 동선이 필요한 곳은 35~40cm 정도로 배치한다.

㉦ 크기에 따라 하단 부분을 적당히 파고 잘 다진 후 윗부분이 수평이 되도록 놓아야 하고, 돌 가운데가 약간 두툼하여 물이 고이지 않으며, 불안정한 경우에는 굄돌 등을 놓거나 아랫부분에 모르타르나 콘크리트를 깔아 안정되게 한다.

ⓞ 디딤돌의 높이는 지면보다 3~6cm 높게 하며, 한발로 디디는 것은 지름 25~30cm 되는 디딤돌을 사용하고, 군데군데 잠시 멈춰 설 수 있도록 지름 50~60cm 되는 큰 디딤돌을 놓는다.

ⓩ 디딤돌의 두께는 10~20cm, 디딤돌과 디딤돌 중심 간의 거리는 40cm이다.

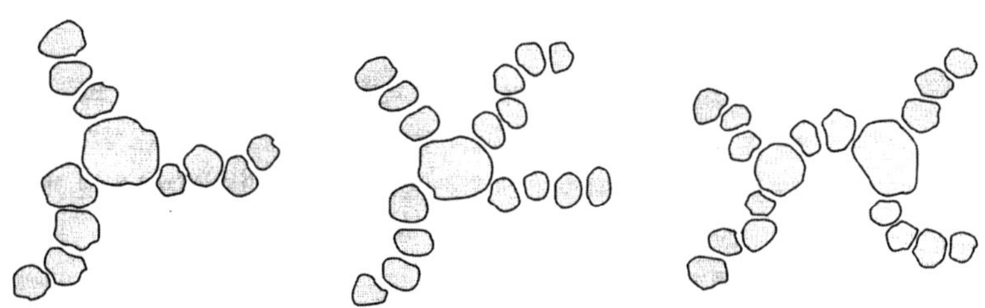

그림. 디딤돌의 보행 방향 조절

③ 징검돌 놓기

㉠ 연못이나 하천 등을 건너가기 위해서 사용하는 자연석 놓기 방법

㉡ 물 위로 10~15cm 노출되게 시공한다.

㉢ 모르타르나 콘크리트를 사용하여 아랫부분을 바닥면과 견고하게 부착한다.

㉣ 징검돌 간의 간격은 15~20cm로 하며, 돌의 지름은 약 40cm인 것을 사용한다.

㉤ 돌의 중심사이의 거리는 약 55~60cm 이다.

㉥ 강돌을 사용하여 물 위로 노출되게 한다.

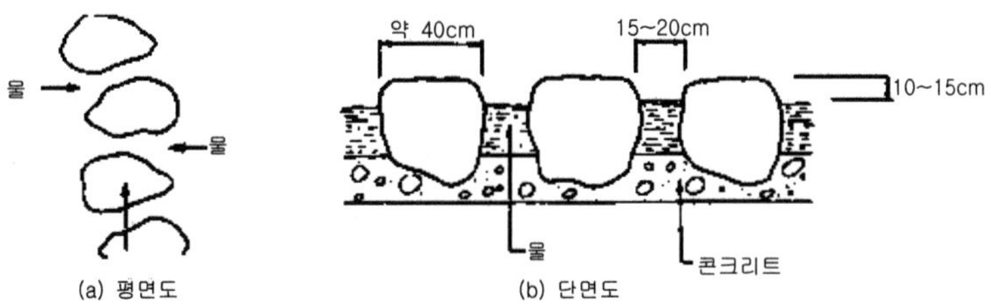

3. 마름돌쌓기 출제

마름돌은 일정한 모양으로 다듬어 놓은 돌로 형태가 정형적인 곳에 사용하며, 시공비가 많이 든다.

① 콘크리트나 모르타르의 사용 유무에 따른 구분

㉠ 찰쌓기(Wet masonry)

- 줄눈에 모르타르를 사용하고, 뒤채움에 콘크리트를 사용하는 방식으로 견고하나 배수가 불량해지면 토압이 증대되어 붕괴 우려가 있다.
- 뒷면의 배수를 위해 2~3m^2마다 지름 3~6cm의 배수관 설치
- 전면 기울기 1 : 0.2 이상이 표준이며, 하루 1.0~1.2m 쌓는다.

㉡ 메쌓기(Dry masonry)

- 모르타르나 콘크리트를 사용하지 않고 돌과 흙을 뒤섞어 쌓은 뒤에 흙으로 뒤채움 하여 쌓는 방식

- 배수가 잘 되어 붕괴 우려가 없으나 견고하지 못해 높이에 제한을 받는다.
- 전면 기울기는 1 : 0.3 이상이 표준이며, 높이 2m 이하의 석축에 사용한다.

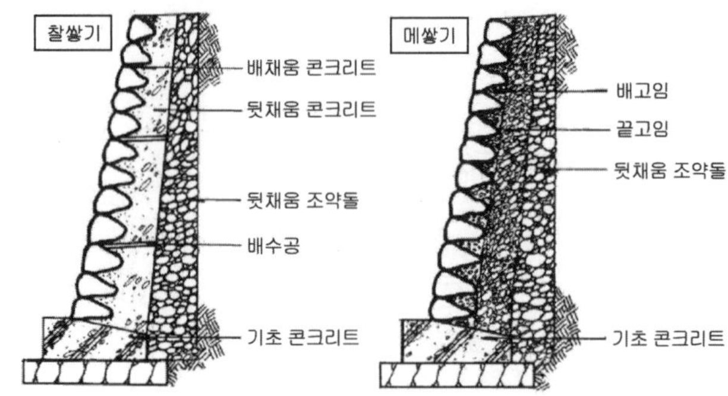

그림. 찰쌓기와 메쌓기 비교

② 줄눈의 모양에 따른 구분

㉠ 켜쌓기(바른층 쌓기)

- 각 층을 직선으로 쌓는 방법으로 골쌓기보다 내구성이 약하므로 높은 곳에 쌓기는 곤란하다.
- 돌의 크기가 균일하고 시각적으로 보기 좋으므로 조경공간에 주로 쓰이는 마름돌쌓기 방법

㉡ 골쌓기

- 줄눈을 파상모양(물결모양)으로 골을 지워가며 쌓는 방법으로, 하천공사 등에 견치석을 쌓을 때 많이 이용
- 시간이 흐를수록 견고해지며, 일부분이 무너져도 전체에 파급되지 않는 장점이 있다.

(가) 켜쌓기 입면도 및 시공 사례

(나) 골쌓기 입면도 및 시공 사례

그림. 켜쌓기와 골쌓기 입면도 및 시공 사례

③ 마름돌 찰쌓기 시공방법

㉠ 쌓기 전에 돌에 붙은 먼지와 오물 등을 털거나 씻어내고 돌에 물을 충분히 흡수시켜 모르타르의 부착력을 높인다.

㉡ 줄눈은 통줄눈이 되지 않도록 하며, 줄눈의 두께는 9~12mm 정도로 하고, 모르타르의 배합비는 1 : 2 ~ 1 : 3 정도로 하며, 중요한 곳(치장 줄눈용)은 1 : 1로 한다.

㉢ 하루에 1.2m 이상 쌓지 않는다.

㉣ 안전도를 높이기 위해 큰 돌을 아래에 놓으며 뒤채움을 잘 한다.

4. 벽돌 쌓기

① 종류와 규격

㉠ 종류 : 보통벽돌, 내화벽돌, 특수벽돌

㉡ 규격

- 표준형 : 190×90×57mm
- 기존형 : 210×100×60mm

② 줄눈 : 구조물의 이음부를 말하며, 벽돌쌓기에 있어서는 벽돌사이에 생기는 가로, 세로의 이음부를 말한다.

㉠ 통줄눈

- 十자 형태로 나타나는 이음줄
- 단점 : 하중이 분포되지 않아 쉽게 붕괴될 수 있다.

㉡ 치장줄눈 : 줄눈을 여러 형태로 아름답게 처리하여 벽돌 쌓은 면 전체가 미관상 보기 좋도록 하는 것

㉢ 막힌줄눈 : 상하의 세로줄눈이 일직선으로 이어지지 않고 어긋나게 되어 있는 이음줄

㉣ 내민줄눈 : 우리나라 전통담장의 사고석 시공에서 흔히 볼 수 있는 줄눈

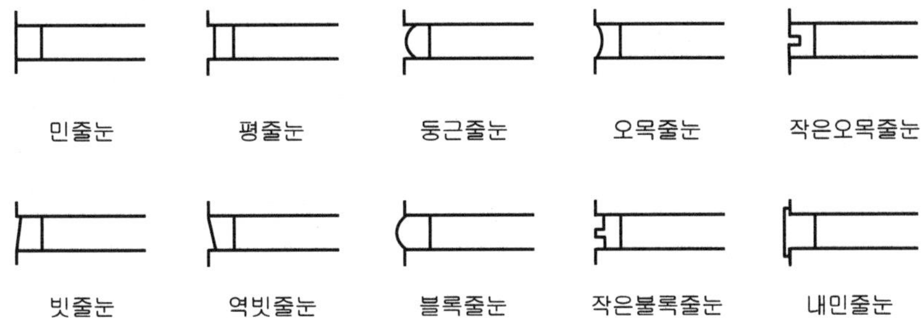

그림. 줄눈의 종류

③ **벽돌쌓기 두께**

㉠ 벽돌의 쌓은 길이를 기준으로 하여 반장(0.5B), 한 장(1.0B), 한 장반(1.5B)쌓기 등으로 나타낸다.

㉡ 표준형 벽돌(190 × 90 × 57mm)을 사용하고 줄눈이 10mm인 경우 한 장반(1.5B)쌓기의 두께는 190 + 90 + 10 = 290mm이다.
반 장(0.5B) 두께는 90mm, 한 장(1.0B) 두께는 190mm, 두 장(2.0B) 두께는 390mm

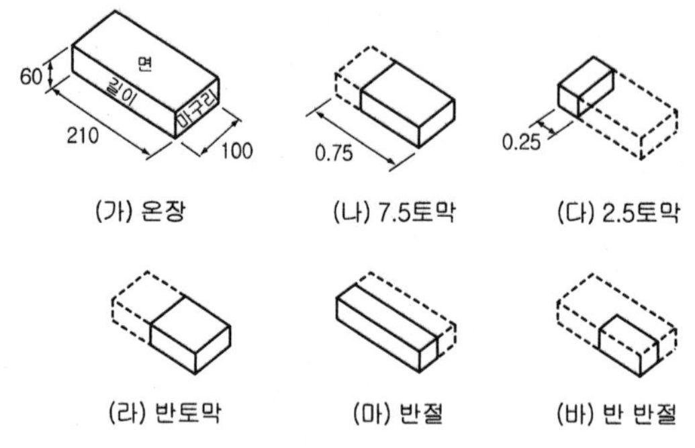

그림. **기존형 벽돌의 온장과 토막**

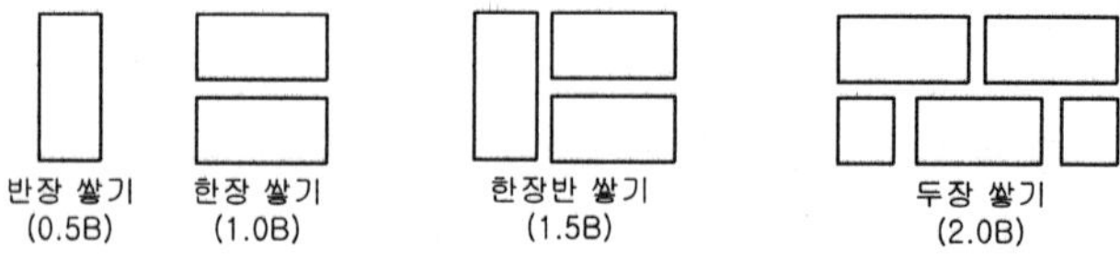

④ 벽돌쌓기의 종류 및 방법 출제

㉠ 마구리쌓기 : 벽돌의 마구리만 나타나도록 쌓는 방법으로 원형 굴뚝 등에 쓰이고 벽 두께가 한 장(1.0B) 이상 쌓기에 쓰임

㉡ 길이쌓기 : 벽면에 벽돌의 길이만 나타나게 쌓는 방법으로 반장(0.5B)쌓기에 쓰인다.

㉢ 옆세워쌓기 : 벽면에 마구리를 세워 쌓는 방법

㉣ 길이세워쌓기 : 길이를 세워 쌓는 방법

㉤ 영국식 쌓기 : 가장 튼튼한 방법으로 한단은 마구리, 한단은 길이쌓기로 하고 모서리 벽 끝에는 2.5토막을 사용

㉥ 네덜란드식 쌓기 : 우리나라에서 가장 많이 사용하는 방법으로 쌓기 편하다.

㉦ 프랑스식 쌓기 : 외관이 보기 좋으며, 한 켜에 길이쌓기와 마구리쌓기가 번갈아 나온다.

㉧ 미국식 쌓기 : 5단까지 길이쌓기로 하고 그 위에 한단은 마구리쌓기로 하여 본 벽돌벽에 물려 쌓음

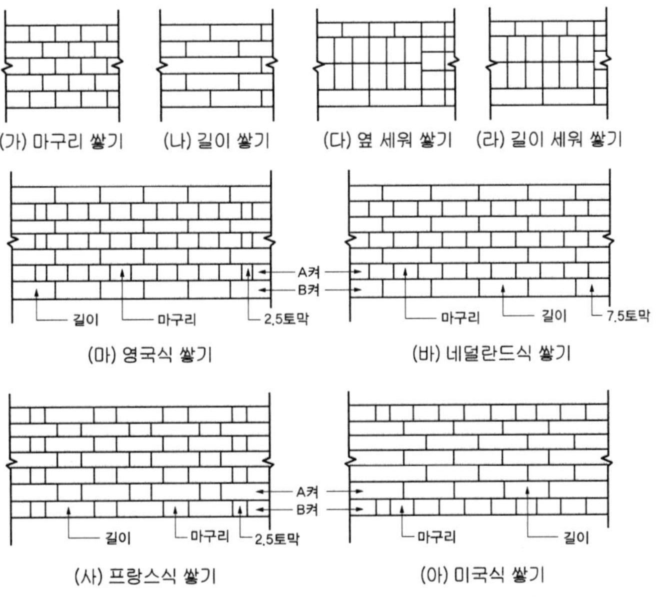

그림. **벽돌쌓기의 종류 및 방법**

⑤ 벽돌쌓기 유의사항

㉠ 정확한 규격제품을 사용하고, 쌓기 전에 흙, 먼지 등을 제거하고 10분 이상 벽돌을 물에 담가 놓아 모르타르가 잘 붙도록 해야 한다.

㉡ 모르타르는 정확한 배합이어야 하고, 비벼 놓은 지 1시간이 지난 모르타르는 사용하지 않는다.

㉢ 하루 쌓는 높이는 1.2m(18켜) 이하 최대 1.5m(22켜)로 하고, 모르타르가 굳기 전에 압력을 가해서는 안 된다.

㉣ 수평실과 수준기에 의해 정확히 맞추어 시공한다.

㉤ 줄눈의 폭은 10mm가 표준임

㉥ 벽돌쌓기가 끝나면 가마니 등으로 덮고 물을 뿌려 양생하며 직사광선은 피한다.

㉦ 벽돌의 줄눈 모르타르 배합비(시멘트 : 모래)는 보통은 1 : 3, 방수겸한 치장줄눈용은 1 : 1로 한다.

⑥ 벽돌종류별 벽돌매수(m^2 당)

벽돌종류	0.5B	1.0B	1.5B	2.0B
기존형	65	130	195	260
표준형	75	149	224	298

04 기초공사 및 포장공사

1. 기초공사

① 개요

㉠ 기초(基礎, foundation) : 건물을 지탱하고, 이것을 지반에 안정시키기 위해 건물의 하부에 구축한 구조물로, 독립기초 · 복합기초 · 연속기초(줄기초) · 온통기초 등이 있는데, 과거에는 목재가 사용되었으나 현재는 철근 콘크리트 제품 또는 강재(鋼材)가 주로 사용되고 있다.

㉡ 지정(地釘) : 집터 따위의 바닥을 단단히 하려고 박는 통나무 토막이나 콘크리트 기둥으로 기초를 보강하거나 지반의 지지력을 증가시키려고 사용된다.

㉢ 일반적으로 기초와 지정을 합쳐서 기초 또는 기초구조라 한다.

㉣ 기초는 구조물의 가장 아랫부분에 위치하는 구조물이므로 구조물의 안전상 가장 중요한 부분이며, 땅 속에 묻히게 되므로 보수하기가 어렵다.

② 지정(地釘)

㉠ 잡석지정, 자갈지정 등이 있다.

㉡ 잡석지정이 가장 많이 사용되며, 구조물의 기초 밑에 지름 10~30cm 정도의 크고 작은 돌을 깔고 다진 것을 말한다. 잡석지정의 두께는 구조물의 종류에 따라 10~30cm 정도로 한다.

③ 기초(基礎, foundation)

㉠ 독립기초 : 기둥 하나에 기초 하나로 된 구조로 지반의 지지력이 비교적 강한 경우에 사용

㉡ 직접기초 : 조경구조물에 가장 많이 사용되며, 기초판이 직접 흙에 놓이는 기초

㉢ 복합기초 : 2개 이상의 기둥을 합쳐서 한 개의 기초로 받치는 것을 말한다. 기둥 간격이 좁을 경우 사용

㉣ 연속기초(줄기초) : 연속으로 기초판이 형성되고 그 위에 기둥이 지지되는 방식으로 담장의 기초와 같이 길게 띠 모양으로 받치는 기초

㉤ 온통기초(매트기초, 전면기초) : 건축물 바닥 전체가 기초로 되어있는 구조로 고층 아파트 및 고층 빌딩에 사용하고, 지반의 지지력이 비교적 약할 때 사용

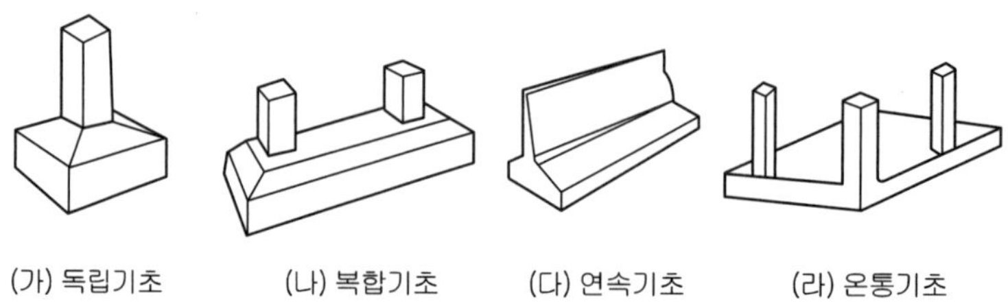

(가) 독립기초 (나) 복합기초 (다) 연속기초 (라) 온통기초

그림. 기초의 종류

2. 포장공사

① 개요

㉠ 포장은 도시나 공원 내 도로를 안전하고 기능적으로 이용할 수 있도록 하며, 미관을 향상시키고 도시나 공원의 경관을 보다 풍부하게 만들어 쾌적하고 매력적인 공간을 제공한다.

㉡ 해당 공간의 용도를 고려하여 포장재료를 선정한다.

㉢ 단순하고 명쾌하며, 용도가 다른 원로는 분리시키고 재료를 달리 할 것

㉣ 재료가 다를 때는 재료와 재료 사이에 경계석을 중간에 넣어 준다.

② 포장재료 선정 기준

보행자가 안전하고 쾌적하게 보행할 수 있는 재료가 선정되어야 한다.

㉠ 내구성이 있고 시공비·관리비가 저렴한 재료

㉡ 재료의 질감·재료가 아름다울 것

㉢ 재료의 표면이 태양 광선의 반사가 적고, 우천시·겨울철 보행시 미끄럼이 적을 것

㉣ 재료가 풍부하며, 시공이 용이할 것

③ 포장의 물리적 성질

㉠ 포장은 배수 때문에 기울기를 고려해야 한다.

㉡ 유수량이 늘어나게 하므로 배수시설을 요한다.

④ 콘크리트 블록포장

㉠ 보도블록포장 출제

- 특징 : 가장 많이 사용하는 보도포장 방법으로 시멘트나 콘크리트 포장보다 질감이 우수하고 시공도 용이하다.
- 장점 : 블록 표면의 패턴 문양에 색채를 넣어 시각적 효과를 증진시키며, 공사비가 저렴하고, 재료가 다양하며 보수가 용이하다.
- 단점 : 줄눈이 모래로 채워져 결합력이 약하고, 콘크리트를 쳐서 기층을 강화하고 그 위에 설치하며, 강도가 약하다.
- 포장방법 : 기존지반을 다지고 모래를 3~5cm 깔고 포장하며, 포장면은 경사를 주어 배수를 고려한다. 줄눈을 좁게 하고 가는 모래를 살포한 후 줄눈을 채운 후 진동기로 다져서 요철이 없도록 마무리한다.

㉡ 소형고압블록포장(I.L.P포장, Interlocking Pavement) 출제

- 특징 : 고압으로 성형된 소형 콘크리트 블록으로 블록 상호가 맞물림으로 하중을 분산시키는 우수한 포장방법

- 보·차도용 콘크리트 제품 중 일정한 크기의 골재와 시멘트를 배합하여 높은 압력과 열로 처리한 보도블록
- 장점 : 연약 지반에 시공이 용이하고, 공사비와 유지 관리비가 저렴하다. 재료의 종류가 다양하고 비교적 시공과 보수가 쉽다.
- 포장방법 : 보도용은 두께 6cm, 차도용은 두께 8cm의 블록을 사용한다. 보도의 가장 자리는 보통 경계석을 설치하여 형태를 규정짓고, 기존 지반을 잘 다진 후 모래를 3~5cm 정도 깔고 고압블록을 포장한다. 일반적으로 원로의 종단 기울기가 5% 이상인 구간의 포장은 미끄럼 방지를 위하여 거친면으로 마감한다. 고압블록의 최종높이와 경계석의 높이는 같게 설치한다.

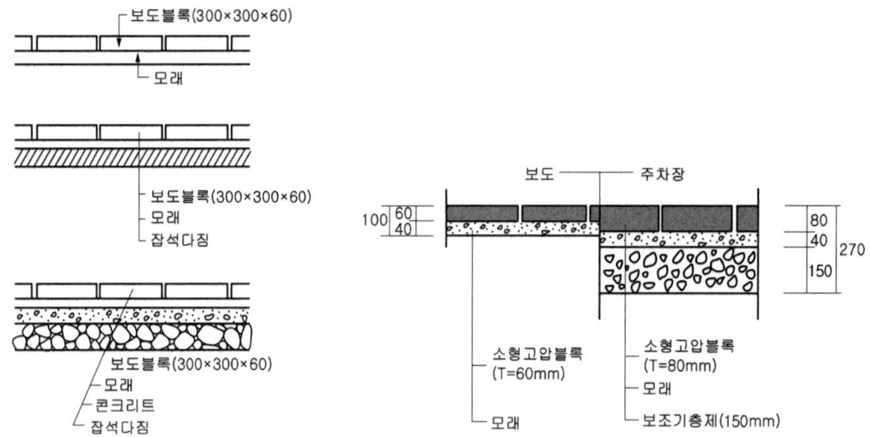

그림. **보도블록포장 및 소형고압블록포장 상세도**

⑤ 벽돌포장

㉠ 특징 : 시멘트 벽돌이나 붉은 벽돌 등 건축용 벽돌을 이용하며, 시공방법은 보도블록포장과 같다.

㉡ 장점 : 질감과 색상에 친근감이 있고 보행감이 좋으며, 광선 반사가 심하지 않다.

㉢ 단점 : 마모가 쉽고 탈색이 쉬우며, 압축강도가 약하고 벽돌간의 결합력이 약하다.

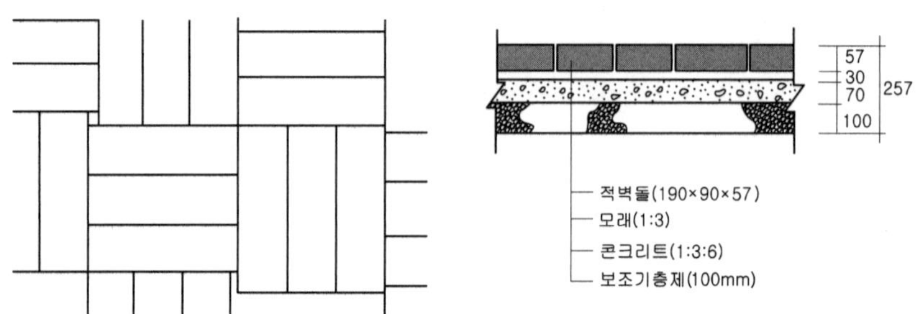

그림. **적벽돌포장 평면도 및 단면도**

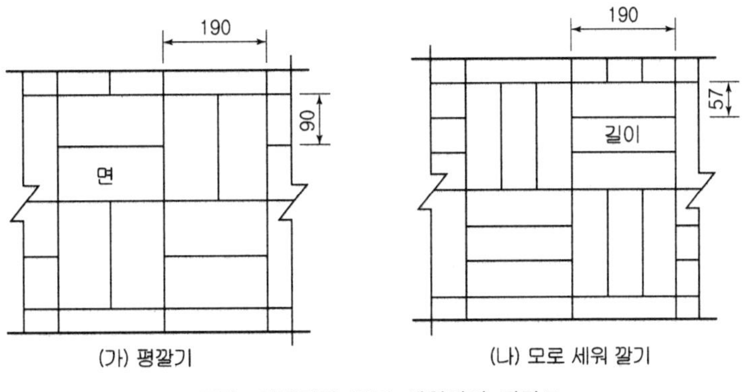

그림. **평깔기와 모로 세워깔기 평면도**

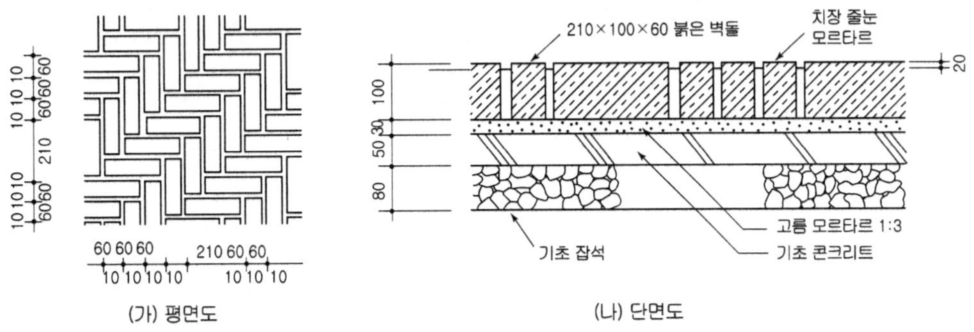

그림. **벽돌포장 평면도 및 단면도**

⑥ 판석포장

㉠ 특징 : 수성암의 한 종류로 청회색이나 흑색을 띠는 점판암을 자연형으로 자른 것이나 화강석을 일정 규격으로 자른 것을 주로 보행동선에 사용하며, 석재의 가공법에 따라 다양한 질감과 포장 패턴의 구성이 용이하다. 판석은 보도블록과는 달리 두께가 얇고 작기 때문에 횡력에 약해 모르타르로 고정시키는 것이 원칙이다.

㉡ 장점 : 시각적 효과가 우수하다.

㉢ 단점 : 불투수성 재료를 사용하여 포장면의 유출량이 많아지므로 배수에 유의하여야 한다.

㉣ 포장방법

- 기층은 잡석다짐 후 콘크리트를 치고 기준 실눈을 설치한 후 모르타르로 판석을 고정시킨다.
- 모르타르 배합비는 1 : 1 ~ 1 : 2 정도가 적당하고, 판석은 미리 물을 흡수시켜 부착력을 높여준다.
- 판석의 줄눈 배치는 十자형 보다는 Y자형이 시각적으로 좋다.
- 줄눈의 폭은 보통 10~20mm, 깊이 5~10mm 정도로 하고, 가장자리에 위치하는 판석은 도로의 모양에 따라 깨끗이 절단하여 보기 좋게 한다.

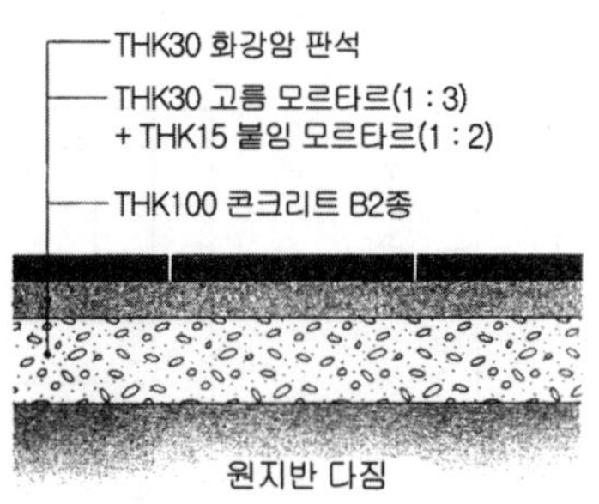

그림. 화강암 판석포장 단면도

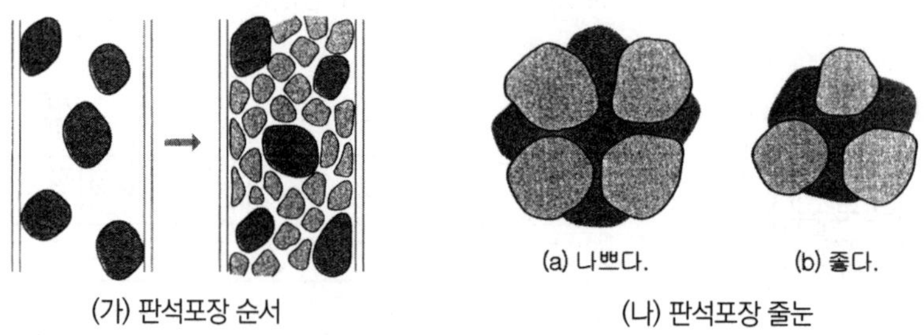

그림. 판석포장 순서 및 줄눈모양

⑦ 콘크리트포장

㉠ 장점 : 내구성과 내마모성이 좋다.

㉡ 단점 : 파손된 곳의 보수가 어렵고 보행감이 좋지 않다.

㉢ 포장시 주의사항

- 하중을 받는 곳은 철근을 하중을 덜 받는 곳은 와이어매쉬를 사용한다.
- 신축줄눈(이음)을 설치하여 포장 슬래브의 균열과 파괴를 예방한다. 채움재로는 나무판재, 합성수지, 역청 등을 사용한다.
- 수축줄눈(포장 슬래브면을 일정 간격으로 잘라 놓은 것)을 만들어 온도변화에 표면이 불규칙하게 생기는 균열을 방지한다.
- 포장 마감은 흙손이나 빗자루로 표면을 긁어 미끄러운 표면에 요철을 주거나 광선의 반사를 방지한다.

⑧ 투수콘 포장

㉠ 특징 : 아스팔트 유제에 다공질 재료를 혼합하여 표면수의 통과를 가능하게 한 포장

㉡ 장점

- 보행 감각이 좋고 미끄러짐과 눈부심을 방지한다.
- 강우 때에도 물이 땅으로 스며들며 보행에 불편이 없다.
- 하수도 부담 경감과 식물생육, 토양 미생물을 보호한다.

㉢ 단점 : 지하매설물의 보수 및 교체시 시공이 어렵다.

㉣ 포장방법

- 지반을 다지고 모래로 필터층을 만든다.
- 지름 40mm 이하의 부순돌 골재로 기층을 조성한다(공극률을 높이기 위해 잔골재를 거의 혼합하지 않는다).
- 투수성 혼화재료를 깔고 다진다.

㉤ 용도

- 보도나 광장 또는 자전거 도로에 사용
- 하중을 많이 받지 않는 차도나 주차장에 사용

⑨ 카프 포장

흙에 시멘트와 다목적 토양개량제를 섞어 기층과 표층을 겸하는 간이 포장재료

⑩ 마사토 포장

공원의 산책로 등 자연의 질감을 그대로 유지하면서 표토층을 보존할 필요가 있는 지역의 포장시 사용

05 관수·배수 및 수경공사

1. 관수공사(Irrigation Work)

식물생장에 중요한 습기가 유지될 수 있도록 토양 속에 알맞은 양의 수분을 인위적으로 공급하는 시설공사

① 지표 관수법(Surface Irrigation)

㉠ 식물의 주변에 지형과 경사를 고려하여 물도랑(furrow) 등의 수로나 웅덩이(basin)를 이용하여 표면에 흘려보내 관수하는 방법

㉡ 장점 : 손쉽고 간단하다.

㉢ 단점 : 균일한 관수가 어려워 물의 낭비가 심하다.

㉣ 시공현장에서 상수관이나 물차에 호스를 연결하여 관수하는 것도 이 방법의 일종으로 가장 많이 사용하는 관수방법이다.

② **살수식 관수법(Sprinkler Irrigation)**

㉠ 자동식 방법으로 고정된 스프링클러(sprinkler)를 통해 일정 수량의 압력수를 대기 중에 살수하여 자연강우와 같은 효과를 내는 방법

㉡ 장점

- 균일한 관수로 용수의 효율이 높아 물이 절약된다.
- 살수 시 농약과 거름을 동시에 살포할 수 있다.
- 경사지에서 균일한 살수가 가능해 표토의 유실을 방지할 수 있다.
- 식물에 부착된 먼지나 공해물질을 씻어주는 효과가 있어 식물생육에 좋다.
- 살수하는 모양 자체도 아름다워 경관미 향상에 기여한다.
- 골프장 잔디나 기타 넓은 지피 식물 지역 등 광범위한 지역에서는 지표 관수법보다 노동력 등을 절감하여 효율이 좋다.

㉢ 단점

- 설치비가 많이 든다.

㉣ 살수기

- 고정식 : 회전 장치가 없으며 낮은 수압으로 작동하나 반지름 6m 미만 정도의 소규모 지역에 사용가능하고, 살수각도가 정해져 있다.
- 회전식 : 수압에 의해서 회전 장치가 돌면서 살수하는 것인데, 회전각도가 360° 까지 임의로 조절이 가능하다.
- 배치간격 : 바람이 없을 때를 기준으로 살수 작동 최대간격은 살수직경의 60~65%로 제한

③ **점적식(낙수식) 관수법(Drip Irrigation)**

㉠ 자동식 방법의 하나로 수목의 뿌리부분이나 지정된 지역에 지표 또는 지하에 특수한 구조의 구멍을 통해 일정 수량의 물을 서서히 관수하는 방법

㉡ 용수 효율(물 이용효율)이 가장 높은 방법으로 교목과 관목의 관수에 주로 이용

2. 배수공사

배수(Drainage)는 지표수 또는 지하수를 수로를 통해 유출시키는 방법으로, 불필요하게 남는 물을 제거함으로써 인간과 식물의 생활환경을 개선하고 토양의 유실을 방지하여 지표면을 보호하기 위한 것이다.

① **표면배수**

㉠ 지표수를 배수하는 것으로 배수를 위해서는 물이 흐를 수 있는 경사면을 부지 외곽에 조성해 주어야 한다.

㉡ 경사는 최소한 1 : 20~1 : 30 정도가 되도록 하여 지표수(빗물)를 배수구 또는 측구로 유입시켜 배출되게 한다.

㉢ 배수는 겉도랑(명거)을 설치하는데 도랑에 잔디, 자갈, 호박돌, U형 측구, L형 측구를 사용해 토양 침식을 방지한다.

㉣ 빗물받이(우수거)가 집수거를 통해 지하의 배수관으로 흘러 들어간다.

- U형 측구, L형 측구의 끝부분에 설치하며, 20~30m 마다 설치(표준간격 - 20m, 최대 30m 이내)

㉤ 배수관경이 작으면 경사를 급하게 한다.

㉥ 배수관 경사 15cm일 경우 : 1/300~1/600 사용

㉦ 집수거 : 길이 20m 마다, 배수관 교차하는 곳, 크기 바뀌는 곳, 방향과 경사가 바뀌는 곳에 설치

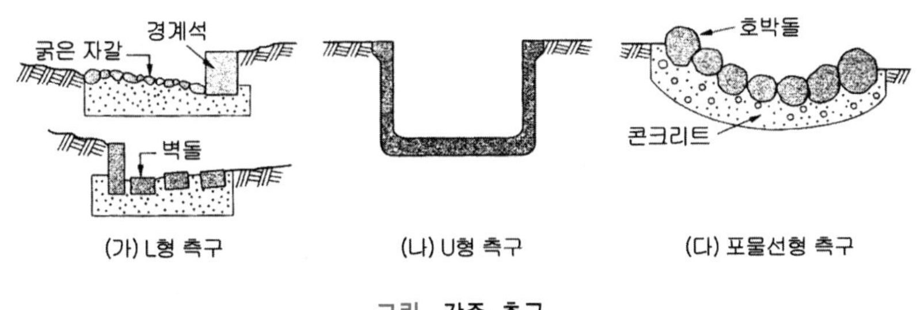

그림. 각종 측구

② 지하층 배수

㉠ 지표면의 과잉수를 제거하는 것으로 심토층 배수라고 한다.

㉡ 속도랑(암거 : 지하에 매설 또는 지표에 있으면 복개해서 수면이 보이지 않게 한 통수로로 은거라 함)을 설치하여 배수한다.

- 벙어리 암거(맹암거) : 지하에 도랑을 파고 모래, 자갈, 호박돌 등으로 큰 공극을 가지도록 하여 주변의 물이 스며들도록 하는 일종의 땅 속 수로이다.
- 유공관 암거 : 자갈층에 구멍이 있는 관을 설치한 것

㉢ 토목섬유 : 인공지반 조성시 토양유실 및 배수기능이 저하되지 않도록 배수층과 토양층 사이에 여과와 분리를 위해 설치하는 인공적으로 만든 토양 구조물의 구성요소

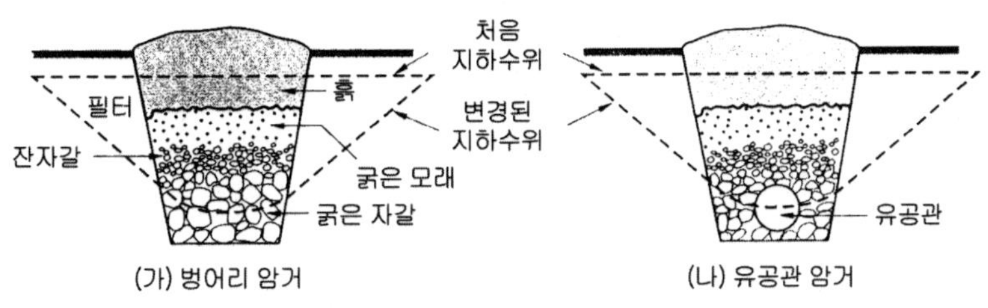

그림. 암거 단면도

③ 강우가 제거되는 4가지 방법

㉠ 표면유출

㉡ 심토층배수

㉢ 증발

㉣ 증산작용(식물의 광합성 작용)

④ 심토층 배수 설계 출제

㉠ 어골형

- 중앙에 큰 맹암거를 중심으로 하여 작은 맹암거를 좌우에 어긋나게 설치하는 방법
- 어린이 놀이터와 경기장과 같은 소규모 평탄한 지형에 적합하며, 전 지역의 배수가 균일하게 요구되는 지역에 설치
- 주관을 경사지게 배치하고 양측에 설치

㉡ 즐치형(절치형, 석쇠형, 빗살형)

- 좁은 면적의 전 지역을 균일하게 배수할 때 이용

㉢ 선형(부채살형)

- 1개의 지점으로 집중되게 설치하여 주관과 지관의 구분 없이 같은 크기의 관을 사용

㉣ 차단법

- 도로법면에 많이 사용하며 경사면 자체 유수방지

㉤ 자연형

- 대규모 공원 등 완전한 배수가 요구되지 않는 지역에서 사용
- 주관을 중심으로 양측에 지관을 지형에 따라 필요한 곳에 설치

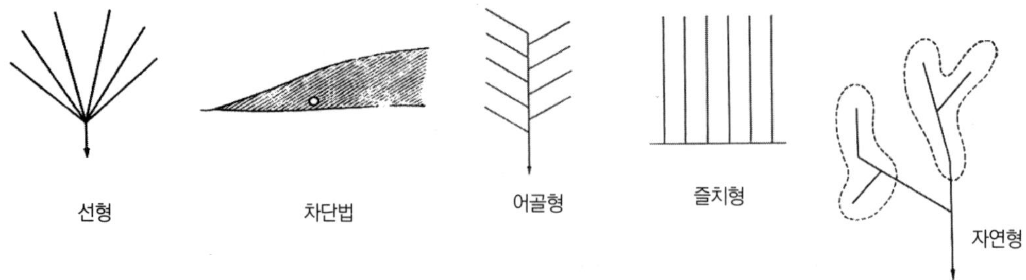

3. 수경공사

물은 수목, 돌 등과 함께 매우 중요한 조경재료이다. 물을 이용한 시설은 이용자에게 신선함과 청량감을 줄 뿐만 아니라 온도감소 효과 및 시각적으로 아름다워 중요한 경관 요소이다.

① 연못

㉠ 규모 : 넓이 1.5m² 이상, 깊이는 60cm 이상, 폭 1.5m 이내가 바람직

㉡ 방수처리

- 수밀콘크리트 후 방수처리 하는 방법
- 진흙다짐에 의한 방법 : 바닥에 점토를 두껍게 다져 줌
- 바닥에 비닐시트 깔고 점토 : 석회 : 시멘트를 7 : 2 : 1로 혼합하여 사용

㉢ 호안 부분의 처리

- 자연형 연못 : 진흙다짐, 자연석 쌓기, 자갈깔기, 말뚝박기 등으로 처리
- 정형식 연못 : 마름돌, 판석, 벽돌, 타일, 페인트 등으로 치장 마감

㉣ 공사 지침 출제

- 급수구의 위치는 표면 수면보다 높게 설치
- 월류구(Overflow)는 급수구보다 낮게 하여 수면과 같은 위치에 설치해 잉여수가 빠지게 함
- 퇴수구는 연못 바닥의 경사를 따라 가장 낮은 곳에 배치
- 순환펌프, 정수 시설을 설치하는 기계실 등은 지하에 설치하여 노출되지 않게 하며, 만약 노출되는 경우에는 주변에 관목 등으로 차폐
- 연못의 식재함(포켓) 설치 : 어류 월동 보호소, 수초 식재
- 배수공은 연못 바닥의 가장 깊은 곳에 설치
- 일류공은 철망 설치할 필요 있음

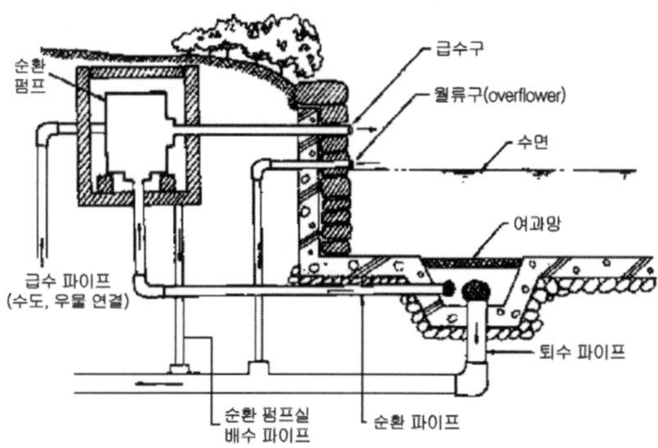

예제 3

연못 공사에서 월류구(Overflow : 오버플로우)에 대한 설명으로 잘못된 것은?

① 연못 수면의 높이를 조절하는 장치이다.
② 연못의 수질을 조절하는 장치이다.
③ 가급적 눈에 띄지 않도록 한다.
④ 연못 수면의 최대높이는 월류구 상부의 높이와 같다.

정답 : ②

해설 월류구(Overflow)는 수면의 높이를 조절하는 장치이므로 연못 수면의 최대높이와 같다.

② **분수(Fountain)** : 노즐에 따라 매우 다양한 물 모양을 연출하여 극적인 느낌을 주고, 조명등과 어우러져 매우 아름다운 경관을 제공하며, 동시에 청량감을 느끼게 한다.

㉠ 단일관 분수(single-orifice)

- 한 개의 노즐로 물을 뿜어내는 단순한 형태
- 명확하고 힘찬 물줄기를 만드나 단위 시간에 많은 수량을 요구
- 제트노즐 : 외관이 장중하고 물소리가 큼

㉡ 분사식 분수(spray)

- 살수식 : 여러 개의 작은 구멍을 가진 노즐을 통해 가늘게 뿜어내는 형태
- 안개식처럼 뿜는 형태가 있음

㉢ 폭기식 분수(aerated mass)

- 노즐에 한 개의 구멍이 있으나 지름이 커서 물이 교란됨
- 공기와 물이 섞여 시각적 효과가 크다.

㉣ 모양 분수(formed)

- 직선형의 가는 노즐을 통해 얇은 수막을 형성하여 분출
- 나팔꽃형, 부채형, 버섯형, 민들레형 등의 형태가 있음

③ **벽천**

㉠ 폭포 형태로 중력에 의해 물을 떨어뜨려 모양과 소리를 즐길 수 있도록 한 동적시설

㉡ 좁은 공간의 경사지나 벽면을 이용 또는 평지에 벽면을 만들어 설치

㉢ 아래에 물탱크가 있고 압력에 의한 급수 후 순환시켜 사용해야 하므로 순환펌프와 수조가 필요

㉣ 소규모 공간에 적합

㉤ 벽천의 3요소 출제

- 토수구(청동), 벽면(FRP), 수반(물받이)

※ 참고 : 쉬트(sheet) 방수공사

- 대형공사에 많이 이용하고 가격이 저렴하여 시공용이
- 접합성에 따라 누수현상이 발생되므로 열융착기계로 접합되지 않은 곳은 세심한 주의가 요구
- 수심 1m 이하에 굴곡이 심한 곳은 1.2mm 두께를 사용하고, 수심 1~4m 되는 곳은 1.5mm 두께를 사용

06 옹벽

1. 정의

토사의 붕괴를 막기 위해 만드는 벽식 구조물

2. 종류와 특성 출제

① 중력식 옹벽

㉠ 상단이 좁고 하단이 넓은 형태

㉡ 자중으로 토압에 저항하도록 설계

㉢ 3m 내외의 낮은 옹벽에 사용하며 무근콘크리트 사용

② 켄틸레버 옹벽

㉠ 5m 내외의 높지 않은 경우에 사용

㉡ 철근콘크리트 사용

③ 부축벽(식) 옹벽

㉠ 6m 이상의 높은 흙막이 벽에 사용

㉡ 안정성을 중시

예제 4

일반적으로 상단이 좁고 하단이 넓은 형태의 옹벽으로 3m 내외의 낮은 옹벽에 많이 쓰이는 것은?

① 중력식 옹벽　② 켄틸레버 옹벽
③ 부축벽 옹벽　④ 석축 옹벽

정답 : ①

해설 상단이 좁고 하단이 넓은 형태는 중력식 옹벽이다.

예제 5

다음 중 6m 이상의 석축조성 방법으로 가장 적당한 것은?

① 중력식 옹벽　② 켄틸레버 옹벽
③ 부축벽 옹벽　④ 석축 옹벽

정답 : ③

해설 6m 이상의 상당히 높은 흙막이 벽에 사용하는 것은 부축벽 옹벽이다.

07 시설물공사

1. 휴게시설

① 벤치

㉠ 설치 목적

- 적절한 휴식제공과 관찰, 담화, 사색, 기다림, 독서, 식사와 같은 용도로 사용
- 첨경물로서의 역할을 위해 미관도 중요
- 앉았을 때 편안해야 하고, 주변 경관과 조화되어야 하며, 내구성이 있고 안전해야 한다.

㉡ 재료

- 이용객이 장시간 이용하므로 더러움을 타지 않는 재료를 쓰는 것이 좋다.
- 목재, 철재, 콘크리트, 석재, 인조목, 플라스틱 등이 주로 사용된다.
- 앉음 판은 목재가 적당하고 좌판의 두께는 3cm 이상으로 한다.
- 플라스틱 벤치 : 퇴색되지 않고 윤기가 있으며 자유로운 디자인이 가능하다. 깨지기 쉽고 보수가 불가능하며, 여름철에 뜨거워지는 단점이 있으므로 바꿔 끼우기 쉬운 구조로 마련한다.
- 콘크리트 벤치 : 표면이 풍화되기 쉽고 온도변화가 심하나 견고하며, 유지 및 관리가 용이하고, 기초의 깊이는 20cm로 하며 기초 콘크리트로 고정한다. 자유로운 모양을 만들 수 있으며, 비온 후 건조가 느리고, 물이 괴기 쉬우며 냉각이 심해 겨울철 이용에는 부적합
- 철재 벤치 : 견고하고 안정감이 있으나, 좌면은 나무나 플라스틱으로 만들고 부식되지 않게 처리
- 목재 벤치 : 가장 많이 사용하며, 부드러운 느낌과 촉감이 좋고 앉은 감이 좋다. 온도변화에 민감하지 않아 겨울철에 좋고 보수하기 쉬운 장점이 있으나, 쉽게 썩는 등 파손될 우려가 있다.

㉢ 규격 및 구조 출제

- 의자 크기에 따라 1, 2, 3인용으로 체류시간을 고려해 설치
- 등받이 각도는 수평면을 기준으로 96~110° (가벼운 휴식은 105°, 일반 휴식은 110°)휴식시간이 길어질수록 등받이 각도를 크게 함
- 앉음판 높이는 무릎보다 2~3cm 낮은 35~40cm가 적당하고 그 너비는 40cm, 앉음판의 폭은 38~43cm를 기준으로 함
- 벤치 다리는 콘크리트나 철재를 사용하는 것이 좋으며, 땅과 접촉하는 부분은 썩기 쉬우므로 콘크리트로 만든 것 외에는 방부 처리를 하거나 스테인리스강 등으로 처리를 하는 것이 좋고, 벤치 다리에서 최저 20cm 정도는 기초에 묻혀야 한다.

㉣ 배치

- 등의자는 긴 휴식이 필요한 곳, 평의자는 짧은 휴식이 필요한 곳에 배치

- 산책로나 가로변에는 통행에 지장이 없도록 배치한다.
- 녹음수와 퍼걸러 아래에 많이 설치하는데, 휴지통 등의 편익시설과 같이 설치하는 것이 좋다.

② 퍼걸러(Pergola, 파고라) 출제

㉠ 설치목적 : 그늘을 제공하여 휴식할 수 있도록 하기 위한 시설로 퍼걸러 천장면은 보통 등나무 등의 덩굴식물을 올려 태양 광선을 차단하거나 대나무발, 갈대발 등을 덮기도 한다.

㉡ 재료

- 콘크리트, 목재, 철재, 인조목 등을 사용하는데, 기둥은 벽돌쌓기나 마름돌쌓기로 하거나 콘크리트 위에 판석이나 타일 등으로 마감하는 경우도 있음
- 옥외에 사용되는 퍼걸러의 들보와 도리의 재료는 밤나무가 적당

㉢ 규격

- 일반적인 높이는 2.2 ~ 2.5m 정도로 하여 안정감을 준다.
- 기둥 사이의 거리는 1.8 ~ 2.7m 정도로 한다.

㉣ 배치

- 조경공간의 시설물 중에서 중심적 역할을 할 수 있는 곳과 경관의 초점이 되는 곳, 조경공간 내에서 조망이 좋고 한적한 곳에 설치
- 통경선이 끝나는 부분이나 공원의 휴게공간 및 산책로의 결절점에 설치
- 주택정원의 가운데는 설치하지 않는다.

③ 야외탁자

㉠ 의자와 탁자의 기능을 효율적으로 수행할 수 있도록 하며, 이용자의 몸이 들어가기 쉽도록 한다.

㉡ 차분한 느낌이 드는 자리가 적합하나 동선과의 관계를 고려하여 설치

2. 놀이시설

어린이들의 신체발육, 사회성 배양, 창작력 고양, 협동 정신 배양에 있어 매우 중요한 부분을 차지한다. 그네, 미끄럼틀, 시소, 정글짐, 철봉 등 많은 종류가 있으나 요즘에는 조합놀이대(어린이에게 창조성과 즐거움을 주는 시설물)를 많이 설치하고 있다.

① 그네(swings)

㉠ 배치

- 동적인 놀이기구로 움직임이 크고 위험하므로 놀이터의 중앙이나 출입구를 피해 모서리나 부지의 외곽부분에 설치

- 바닥이 움푹 파이는 것에 대한 고려 필요 : 배수처리 고려
- 집단적인 놀이가 활발한 곳 또는 통행량이 많은 곳은 배치하지 않는다.
- 남북방향으로 배치하고 지주나 보는 철재파이프나 강철봉 사용
- 지주는 땅 속에 콘크리트 기초를 두껍게 하여 단단히 고정

㉡ 규격 및 구조
- 2인용을 기준으로 높이 2.3~2.5m, 길이 3.0~3.5m, 폭 4.5~5.0m
- 안장과 모래밭과의 높이는 35~45cm
- 그네의 줄은 쇠사슬을 사용하며, 지주나 보는 보통 철재 파이프를 사용
- 콘크리트 기초는 지표가 노출되어서는 안되고 측면에서 볼 때 지주의 각도는 90~110° 정도로 한다.

② 미끄럼틀 출제

㉠ 배치
- 되도록 북향이 되도록 설치
- 미끄럼틀의 이용이 동선에 방해가 되지 않게 그리고 다른 시설이 장애물이 되지 않게 적당한 거리를 띄어 배치
- 미끄럼틀에 오르는 사다리(계단)의 경사도는 70° 내외로 설치하고, 활주면의 양쪽에 100mm 이상의 손잡이를 반드시 붙여 준다.
- 재료를 스테인리스로 할 경우 접착부위는 아르곤가스로 용접한다.
- 미끄럼면이 목재일 경우 결을 내리막방향으로 맞춘다.

㉡ 규격
- 미끄럼판과 지면과의 각도는 30~35°가 적당하다.
- 콘크리트 소재의 미끄럼대를 시공할 경우 일반적으로 지표면과 미끄럼판의 활강 부분이 수평면과 이루는 각도는 35°가 적당
- 높이는 1.2(유아용)~2.2m(어린이용)의 규격이 기준
- 계단의 발판 폭은 50cm 이상, 높이를 15~20cm 정도로 설치
- 1인용 미끄럼판의 폭은 40~45cm
- 착지면은 지상에서 10cm 정도 떨어져 배치
- 활주면의 시점과 종점에서 측정한 평균경사각이 30°를 초과하지 않도록 한다.

③ 모래판

㉠ 배치 및 관리
- 밝고 깨끗한 자리에 설치하며, 하루에 5~6시간 정도 햇볕이 닿는 장소에 배치

㉡ 규격

- 둘레는 지표보다 15~20cm 가량 높이고, 모래 깊이는 놀이의 안전을 고려하여 30~40cm 정도로 유지
- 밑바닥은 배수공을 설치하거나 잡석을 묻어 빗물이 잘 빠지게 한다.

㉢ 모래막이 : 마감면은 모래면보다 5cm이상 높게 하고, 폭은 10~20cm를 표준으로 하며, 모래밭쪽 모서리는 둥글게 마감

④ 복합시설

㉠ 어린이에게 창조성과 즐거움을 주며 연속적인 놀이가 되도록 함

㉡ 조합놀이시설

- 경쟁심과 다양한 놀이욕구를 충족시켜 줄 수 있어야 한다.
- 형태는 조형적 아름다움이 있어야 한다.
- 어린이에게 상상력과 호기심, 창조성과 즐거움, 협동심을 키워주어야 한다.
- 보통 규격이 다른 2~3개의 미끄럼대와 흔들다리, 고정다리, 기어오름대, 놀이집 등을 조합하고 목재는 미송이나 삼나무를 사용한다.

⑤ 운동시설

㉠ 운동이나 활동에 적합한 경사 : 4~10%

㉡ 각종 시설이 풍부한 녹지 속에 배치되는 것이 바람직

㉢ 전체 면적 중 운동시설이 차지하는 비율 : 50% 이하

㉣ 정구장의 장축과 골프장의 페어웨이는 남북방향으로 설치한다.

㉤ 야구장의 포수방향 : 포수가 서남쪽을 향하도록 배치

⑥ 시소(seesaws)

㉠ 시소가 움직여 이루게 되는 최대 경사각도는 25°를 초과하지 않아야 한다.

㉡ 앉음판(좌판) 아래 바닥위에는 중고타이어 등으로 충격을 완화시켜 주어야 한다.

㉢ 앉음판(좌판)이 타이어보다 먼저 지면에 닿으면 안된다.

⑦ 흔들놀이시설

㉠ 안장높이는 바닥으로부터 710mm 이내이어야 하며, 손잡이와 발디딤판이 있어야 한다.

㉡ 흔들놀이시설 스프링은 내구성 있는 재료로 한다.

3. 편의 및 관리시설 출제

① 음수전

㉠ 배치

- 급배수가 편리하고 깨끗한 곳에 배치
- 그늘진 곳, 습한 곳, 바람의 영향을 많이 받는 곳 등은 피한다.
- 이용 빈도가 높고 이용 동선을 방해하는 곳은 피한다.

㉡ 설치

- 약 2%의 경사를 유지(단시간 내에 완전배수가 가능하도록 한다.)
- 높이는 음수대의 꼭지가 위로 향한 경우 65~80cm, 아래로 향한 경우 70~95cm 기준
- 음수대와 사람과의 적정거리 : 50cm
- 겨울철 동파방지 : 보온시설 및 퇴수시설 설치

② 화장실

㉠ 배치 : 이용하기 쉬운 곳에 청결하며 위생적이고 유지관리가 용이한 구조와 공원과 어울리는 외관으로 배치

㉡ 설치

- 일반적으로 여자용 변기 5개와 남자용 대변기 3개 및 소변기 3개를 갖춘 구조로 면적은 약 $25m^2$
- 중앙공원의 경우 150~200m마다 1개소의 화장실을 설치하는 것이 기본단위이며, 대체로 1.5~2ha마다 1개소의 화장실 설치
- 창문의 높이 : 1.6m 최적
- 겨울철 동파방지에 대한 대비 필요

③ 휴지통

㉠ 배치

- 사람이 많이 모이는 곳, 입구부근, 휴식장소에 배치
- 작은 휴지통을 많이 배치하는 것이 큰 휴지통을 적게 배치하는 것보다 좋다.

㉡ 설치

- 벤치 2~4개소마다, 도로에는 20~60m 마다 1개씩 설치
- 높이 60~80cm, 직경 50~60cm로 설치

④ 볼라드(Bollard) 출제

㉠ 보행인과 차량 교통의 분리를 위해 설치

㉡ 배치간격 : 차도 경계부에서 2m 정도의 간격으로 설치

㉢ 볼라드의 색은 식별성을 높이기 위해 바닥 포장 재료와 대비되는 밝은 색을 사용

㉣ 간단한 휴식을 위한 벤치로서의 역할도 기대

⑤ 화분대(플랜터)

㉠ 식재수목의 최소토심을 확보하고 배수구를 설치

㉡ 객토 시 이물질이 없도록 하고 수목생육에 양호한 토양으로 객토

㉢ 플랜터의 토양은 플랜터의 최상부보다 낮게 하여 관수나 강우시에 플랜터내의 토양이 외부로 흘러나오지 않도록 한다.

⑥ 수목보호덮개

㉠ 수목보호덮개와 받침틀은 견고하게 고정하고, 상부의 지주목과 결속이 가능해야 한다.

㉡ 인접하는 포장 재료와의 접속 부는 틈이 생기지 않도록 마무리 한다.

4. 조명 및 안내시설물

① 조명

㉠ 설치목적 : 동선유도, 물체식별, 안전, 보안 및 아름다운 분위기를 연출하고 강조하며 경관미를 높이기 위함

㉡ 경관조명의 목적 : 아름다운 경관 연출 + 피사체가 되는 건물, 교량, 상징물, 수목 등의 개성을 살려 그 매력을 재확인하여 도시의 동일성(Identity)을 창출하고 아름다운 도시환경을 만드는 것

㉢ 설치장소 : 원로의 주변 및 교차점, 광장 주위, 출입구, 편익시설이나 휴게시설 주변, 경관미가 높은 곳에 설치

㉣ 조명의 조도

- 단위 : 럭스(lux, lx)
- 조도 : 밝기
- 정원, 공원은 0.5럭스 이상, 주요 원로나 시설물 주변은 2.0럭스 이상의 조도를 유지

㉤ 빛의 방향 : 위에서 아래로 향하도록 배치

㉥ 광원의 종류 출제

- 열효율은 나트륨등이 가장 높고, 백열등이 가장 낮다.
- 수명은 수은등이 가장 길고, 백열등이 가장 짧다.

- 나트륨등 : 물체의 투시성이 좋은 광질의 특성 때문에 안개지역의 조명, 도로조명, 터널조명 등에 사용하며 열효율이 가장 좋다.
- 수은램프 : 수목과 잔디의 황록색을 살리는데 최적

② 안내표지

㉠ 공원 · 주택단지 · 보행공간 등 옥외공간에서 보행자나 방문객에게 주요시설물이나 주요 목표 지점까지의 정보전달을 목적으로 설치하는 시설물

㉡ 주변에 관한 간단한 지도를 표시

㉢ 주요 시설의 입구나 보행이 시작되는 곳에 설치

㉣ 심벌과 그림문자를 사용하고, 각 안내표지시설의 재료, 형태, 색은 통일

㉤ 유의사항

- 공원표지의 경우 자연적, 단순미, 주변 경관과의 조화를 기본 전제로 한다.
- 공원표지 설치시 자연과 인문환경, 재료, 배치장소 선정 등을 고려해야 한다.

출제예상문제

01. 다음 중 자연상태에서 파낸 후 그 부피가 가장 증가하는 것은?

① 점질토
② 모래
③ 잔자갈
④ 화강석을 작게 깨뜨린 것

모래는 15%, 보통 흙은 20~30%, 암석은 50~80% 정도 부피가 증가한다.

02. 다음 중 흙의 안식각은?

① 흙마찰 ② 자연비탈
③ 흙깎기 경사각 ④ 흙쌓기 경사각

03. 경사도에 대한 설명 중 틀린 것은?

① 100%는 45° 경사이다.
② 1 : 2는 수평거리 1, 수직거리 2를 나타낸다.
③ 25% 경사는 1 : 4이다.
④ 보통 토질 성토의 경사는 1 : 1.5이다.

1:2는 수직거리 1, 수평거리 2를 나타낸다.

04. 굴착, 적재, 운반, 사토작업 등을 할 수 있는 장비는?

① 앵글도저 ② 그레이더
③ 타이어롤러 ④ 스크레이퍼

05. 토사의 절취 후 운반거리가 60m 이하일 때 가장 적합한 건설기계는?

① 불도저 ② 덤프트럭
③ 로더 ④ 백호

06. 토양변화율 L=1.2이고, 자연상태의 흙이 $3m^3$ 일 때 흙의 체적은?

① $3.0m^3$ ② $3.2m^3$
③ $3.4m^3$ ④ $3.6m^3$

자연상태의 토량 × 토량변화율= $3 \times 1.2 = 3.6m^3$

07. 1 : 10,000의 지형도에서 흔히 사용되는 등고선의 간격은?

① 2.5m ② 5m
③ 10m ④ 20m

지형도에서 흔히 사용되는 등고선은 주곡선이다. 주곡선의 간격은 1 : 50,000 지형도에서는 20m, 1 : 25,000 지형도에서는 10m, 1 : 10,000 지형도에서는 5m이다.

08. 다음 등고선의 성질 중 틀린 것은?

① 모든 등고선은 도면 안 또는 밖에서 서로 만나지 않으며 교차되지 않는다.
② 같은 등고선 상에 있는 점의 높이는 같다.
③ 등고선 사이에서 최단거리의 방향은 지표면의 최대경사지의 방향이다.
④ 등고선은 등경사지에서는 같은 간격이며, 등경사평면인 지표에서는 같은 간격으로 평행선이 된다.

모든 등고선은 도면 안 또는 밖에서 서로 만난다.

09. 등고선에서 능선은 어떤 형태인가?

① Y형 ② U형
③ V형 ④ W형

정답 1④ 2② 3② 4④ 5① 6④ 7② 8① 9②

10. 등고선에 대한 설명으로 옳지 않은 것은?

① 물의 흐름 방향은 등고선의 수평방향이다.
② 등고선상의 모든 점은 같은 높이이다.
③ 등고선의 최단 거리는 그 지면의 최대 경사의 방향이다.
④ 등고선의 간격이 좁은 곳은 급한 경사이다.

> 물의 흐름 방향은 등고선의 수직방향이다.

11. 지형도에서 등고선에 관한 설명으로 옳은 것은?

① 계곡선은 지도 상태를 명시하고, 표고의 읽음을 쉽게 하기 위해 주곡선 간격의 1/5 거리로 표시한 곡선이다.
② 산배와 계곡이 만나 이들의 등고선이 서로 쌍곡선을 이루는 부분을 고개라 한다.
③ 등고선은 급경사지에서 간격이 넓고 완경사지에서는 간격이 좁다.
④ 조곡선은 주곡선만으로 지형을 완전하게 표시할 수 없을 때 주곡선 간격의 2배로 표시한 곡선이다.

> ① 주곡선 5개마다 굵게 표시한 곡선은 계곡 선이다.
> ③ 급경사지는 간격이 좁고, 완경사지는 간격이 넓다.
> ④ 조곡선은 간곡선 간격의 1/2마다 표시한 곡선이다.

12. 시멘트 제조시 가열 온도는?

① 500~600℃ ② 700~1,000℃
③ 1,100~1,200℃ ④ 1,400~1,500℃

13. 콘크리트 강도에 관계되는 인자가 아닌 것은?

① 양생온도 ② 화학성분
③ 시멘트 분말색 ④ 수분의 양

14. 철근콘크리트의 표준 배합비는?

① 1 : 2 : 4 ② 1 : 3 : 6
③ 1 : 4 : 8 ④ 1 : 1 : 2

> 1 : 2 : 4는 철근콘크리트, 1 : 3 : 6은 무근콘크리트의 용적 배합비이다.

15. 콘크리트 배합에서 1 : 2 : 4 또는 1 : 3 : 6 등의 배합은?

① 용적배합 ② 중량배합
③ 절대용적배합 ④ 표준계량 배합

16. 지연제를 쓰는 경우가 아닌 것은?

① 수화열을 높이기 위해
② 레미콘 연속 타설시
③ 레미콘 원거리 이동시
④ 응결 지연이 필요할 때

> 지연제는 수화열을 낮춰 응결시간을 지연할 때 사용한다.

17. 미세기포의 작용에 의해 콘크리트의 워커빌리티와 동결융해에 대한 저항성을 개선시키는 것은?

① 포졸란 ② AE제
③ 지연제 ④ 촉진제

18. 철근을 용접해서는 안 되는 온도는?

① 50℃ 이상 ② 40℃ 이하
③ 10℃ 이하 ④ 3℃ 이하

정답 10 ① 11 ② 12 ④ 13 ③ 14 ① 15 ① 16 ① 17 ② 18 ④

19. 콘크리트의 압축강도는 인장강도의 몇 배인가?

① 3배 ② 5배
③ 10배 ④ 20배

> 콘크리트의 단점은 인장강도가 압축강도에 비해 10배가 약하며, 이를 보강하기 위해 철근을 사용한다.

20. 콘크리트 작업에 영향을 미치는 요인이 아닌 것은?

① 물·시멘트 비 ② 골재의 입도
③ 시멘트의 양 ④ 골재의 온도

21. 도면에 D-20 @ 300의 기호 중 @는 무엇을 나타내는가?

① 거리 ② 직경
③ 높이 ④ 간격

> D는 지름 @는 철근의 배근거리로 철근과 다음 철근과의 간격을 나타낸다.

22. 벽돌쌓기 내용으로 옳지 않은 것은?

① 벽돌에 충분한 습기가 있도록 사전에 조치한다.
② 모르타르를 배합하여 1시간 내에 사용한다.
③ 균일한 높이로 쌓는다.
④ 하루에 2m 이하 쌓는다.

> 벽돌 쌓는 높이는 하루에 1.2m 이하로 쌓는다.

23. 다음 중 세로규준틀이 많이 쓰이는 공사는?

① 조적공사 ② 토공사
③ 방수공사 ④ 미장공사

24. 돌 또는 벽돌쌓기를 할 때 하루 작업 높이는?

① 1.0m ② 1.2m
③ 2.0m ④ 2.5m

> 벽돌 쌓는 높이는 하루에 1.2m 이하로 쌓는다.

25. 시멘트 모르타르의 비가 1 : 3일 때 이는 어떤 곳에 주로 사용하는가?

① 치장줄눈 방수 및 중요한 장소
② 미장용 마감 바르기 및 중요한 장소
③ 미장용 마감 바르기 및 쌓기 줄눈
④ 미장용 초벌 바르기 및 중요한 장소

26. 포장(Paving)의 물리적 성질을 기술한 것 중 옳지 않은 것은?

① 포장은 기울기를 고려해야 한다.
② 콘크리트 포장은 빛을 반사한다.
③ 포장은 유수량을 줄어들게 한다.
④ 콘크리트 포장은 온도변화에 따라 수축, 팽창이 생긴다.

> 포장은 유수(流水)량을 늘어나게 한다.

27. 포장(Paving)에 관한 설명 중 옳은 것은?

① 반드시 모르타르로 마감한다.
② 경화포장 재료와 지피식물을 함께 사용할 수 없다.
③ 넓은 면적을 포장할 때는 이음줄을 준다.
④ 구배를 주어서는 안된다.

> 반드시 모르타르로 마감해야 하는 것은 아니고, 경화포장 재료와 지피식물을 함께 사용할 수 있으며, 구배를 주어야 물이 고이지 않고 흘러내려간다.

정답 19③ 20④ 21④ 22④ 23① 24② 25③ 26③ 27③

28. 공원 산책로에 사용되는 재료로 틀린 것은?
① 마사토
② 타일
③ 아스팔트
④ 콘크리트

29. 벽돌 포장의 장점이 아닌 것은?
① 밝은 느낌이 좋다.
② 질감이 좋다.
③ 내마모성이 크다.
④ 여러 가지 패턴의 무늬를 구상할 수 있다.

30. 다음 중 테니스장에 소금을 뿌리는 이유는?
① 배수를 위하여
② 흙의 뭉침 방지
③ 답압을 위하여
④ 표층의 분리 방지

31. 다음 중 유공관은 어디에 사용되는가?
① 지하수 배수
② 표면수 배수
③ 분수 배수
④ 우수 배수

32. 배수관 설치를 설명한 것 중 옳은 것은?
① 배수관경이 작은 것일수록 경사가 완만하게 설치한다.
② 배수관경이 작은 것일수록 경사가 급하게 설치한다.
③ 배수관경이 큰 것일수록 경사가 급하게 설치한다.
④ 배수관경이 큰 것일수록 높게 설치한다.

33. Barrier Free Decision 기준에 대한 설명 중 잘못된 것은?
① 휠체어 2대가 비켜갈 수 있는 노폭은 180 cm 이상 되어야 한다.
② 휠체어 1대와 사람이 비켜갈 수 있는 노폭은 135cm 이상이 되어야 한다.
③ 목발 이용자가 이용할 수 있는 노폭은 120 cm이다.
④ 휠체어 1대가 통행할 수 있는 노폭은 70 cm 이다.

Barrier Free Decision은 장애인·노인 등의 이용자가 일반인들과 다름없이 편리하게 살 수 있게 공공시설 등을 지을 때 물리적 장벽(Barrier)을 없애는 디자인을 의미한다. 이는 물리적 장벽뿐만 아니라 정신적·사회적 장벽을 없애는 것을 의미한다. ④ 휠체어 1대 통행 노폭은 90cm이다.

34. 퍼걸러의 높이는 보통 얼마가 적당한가?
① 1.2~1.8m ② 2.2~2.5m
③ 2.8~3.0m ④ 3.0~3.6m

35. 다음 중 2인용 벤치의 길이는?
① 60cm ② 90cm
③ 110cm ④ 150cm

36. 정원용 벤치의 다리를 콘크리트로 만들었을 때, 최저 몇 cm 깊이까지 묻어야 하는가? (단, 10cm 두께의 자갈기초를 했을 때)
① 40cm 깊이 ② 30cm 깊이
③ 20cm 깊이 ④ 10cm 깊이

정답 28 ② 29 ③ 30 ④ 31 ① 32 ② 33 ④ 34 ② 35 ③ 36 ③

37. 일반 공원의 경우 휴지통은 대략 어느 정도 설치하는가?
   ① 벤치 2~4개당 1개, 20~60m 간격마다 1개
   ② 벤치 4~6개당 1개, 60~80m 간격마다 1개
   ③ 벤치 2~3개당 1개, 15~25m 간격마다 1개
   ④ 벤치 4~6개당 1개, 40~60m 간격마다 1개

38. 조경설계기준에서 정한 벤치에 관한 내용으로 틀린 것은?
   ① 앉음 판의 높이는 35~40cm를 기준으로 하되 어린이를 위한 의자는 낮게 할 수 있다.
   ② 등받이 각도는 수평면을 기준으로 95~110°를 기준으로 하고 휴식시간이 길수록 등받이 각도를 크게 한다.
   ③ 등받이의 넓이는 사람의 등 뒤로부터 무릎까지의 길이보다 넓어야 한다.
   ④ 의자의 길이는 1인당 최소 45cm를 기준으로 하되 팔걸이 부분의 폭은 제외한다.

39. 다음 중 휴지통의 크기는 얼마 정도가 알맞은가?
   ① 높이 40~50cm, 직경 30~40cm
   ② 높이 35~40cm, 직경 35~40cm
   ③ 높이 50~60cm, 직경 40~50cm
   ④ 높이 60~80cm, 직경 50~60cm

40. 휴지통 설치에 관한 설명 중 틀린 것은?
   ① 작은 것을 설치하는 것이 큰 것을 설치하는 것 보다 낫다.
   ② 던지는 곳이 0.7m 이내이어야 한다.
   ③ 2~4개의 벤치마다 1개씩 있어야한다.
   ④ 원로의 폭이 넓은 경우는 왼쪽에 설치한다.

> 원로의 폭이 넓은 경우에는 양쪽에 설치한다.

41. 옥외 휴지통을 만들 때 고려하지 않아도 좋은 것은?
   ① 방화구조로 만든다.
   ② 배수가 잘 되게 만든다.
   ③ 쓰레기를 쉽게 수거할 수 있는 구조로 만든다.
   ④ 눈에 잘 띄지 않게 설치한다.

42. 공원에서 화장실을 설치할 때 면적이 1.5~2ha 마다 몇 개씩 설치하는가?
   ① 1개　　② 2개
   ③ 3개　　④ 4개

43. 화장실의 배치간격은 어느 정도가 적당한가?
   ① 50~110m 마다
   ② 100~150m 마다
   ③ 150~200m 마다
   ④ 200~250m 마다

44. 공원에 표지판을 설치할 때 고려하지 않아도 되는 것은?
   ① 자연과 인문환경 고려
   ② 공원의 미기후
   ③ 재료의 선택
   ④ 배치 장소의 선정

> 공원에 표지판을 설치할 때 공원의 미기후는 고려하지 않는다.

45. 자연공원내 표지시설 설계시 유의사항으로 거리가 먼 것은?
   ① 표시된 내용이 이해하기 쉬울 것
   ② 문자나 그림을 조각하여 넣을 것
   ③ 적정한 간격으로 설치할 것
   ④ 재료는 주로 철재를 사용할 것

정답 37 ① 38 ③ 39 ④ 40 ④ 41 ④ 42 ① 43 ③ 44 ② 45 ④

46. 음수전 설계 시 물이 나오는 지점과 사람과의 거리는?

① 30cm ② 40cm
③ 50cm ④ 60cm

음수전 설치기준 : 2% 경사유지, 음수전 꼭지가 위로 향한 경우 – 65~80cm, 음수전 꼭지가 아래로 향한 경우 – 70~95cm, 음수전과 사람과의 적정거리 – 50cm

47. 음수전 설계 시 꼭지가 위로 향한 성인용 음수전의 높이로 알맞은 것은?

① 35~45cm ② 45~50cm
③ 50~65cm ④ 65~80cm

48. 차량과 보행인들의 통행을 조절하거나 차량과 보행공간을 분리시키기 위해 설치하는 시설물로 1m 이하 높이를 가진 기둥 생김새의 가로 장치물은?

① 키오스크 ② 가드레일
③ 볼라드 ④ 식수함

49. 플랜터(Planter) 설계 및 시공에 대한 설명 중 옳지 않은 것은?

① 양호한 배수가 이루어지도록 한다.
② 벽체의 방수는 플랜터의 외부에 한다.
③ 주위의 경관과 고려한 벽체 재료를 사용한다.
④ 뿌리분의 밑에는 자갈을 반드시 두어야 한다.

벽체의 방수는 플랜터의 내부에 한다.

50. 원로의 적합한 포장 구배는?

① 1% 이하 ② 4~10%
③ 15% ④ 25%

1% 이하 : 배수 불량, 1~4% : 평탄지 인식, 활동에 적당. 4~10% : 완만한 구배, 운동과 활동에 적합. 15% 이상 : 짐을 실을 차량이 일정구간을 오를 수 있는 한도

51. 어린이가 놀이터에서 4~5인이 놀 수 있는 모래밭의 최소면적은?

① 1~2m^2 ② 3~4m^2
③ 5~6m^2 ④ 7~8m^2

52. 다음 놀이시설에 관한 설명 중 틀린 것은?

① 그네는 햇빛이 비치는 방향으로 설치한다.
② 금속제 놀이 시설물 등은 어느 정도 그늘진 곳에 설치한다.
③ 놀이 조각물은 모래밭 속에 설치하는 것이 놀이 기회를 다양하게 한다.
④ 놀이벽, 놀이집 등은 그네, 미끄럼틀과 멀리 떨어진 곳에 배치하여 안전과 창조적인 분위기를 만들어 준다.

53. 미끄럼틀의 구조에 대한 설명으로 틀린 것은?

① 미끄럼틀을 목재로 할 경우에는 목질이 무른 나무를 쓰는 것이 좋다.
② 미끄럼판의 폭은 40cm 내외가 보편적이다.
③ 미끄럼판의 경사는 30~36° 가 적당하다.
④ 철제부의 이음은 나사, 볼트보다 용접이 안전하다.

54. 미끄럼대의 경사도는 어느 정도가 적당한가?

① 25~30° ② 30~33°
③ 35~49° ④ 40~45°

정답 46 ③ 47 ④ 48 ③ 49 ② 50 ② 51 ④ 52 ① 53 ① 54 ②

55. 미끄럼대의 착지면은 지상에서 어느 정도 이격하는 것이 좋은가?

① 20cm ② 15cm
③ 10cm ④ 5cm

> 미끄럼대 활주면의 시점과 종점에서 측정한 평균경사각이 30°를 초과하지 않고 착지면은 지상에서 10cm 떨어뜨리는 것이 좋다.

56. 철제 조경시설물의 특성과 관련이 적은 것은?

① 내구성이 좋다.
② 기온에 민감하다.
③ 가공이 용이하다.
④ 유지관리가 쉽다.

> 철제 조경시설물은 유지관리가 어렵다.

57. 바람이 부는 옥외공간에 높이 1.5m의 분수를 설치할 경우 수조의 적정 크기는?

① 분수높이의 1.5배
② 분수높이의 2배
③ 분수높이의 3배
④ 분수높이의 3~4배

> 수조의 크기 결정 : 바람이 부는 곳은 분수 높이의 3~4배를 수조의 직경으로 정한다. 바람이 없는 곳은 분수 높이의 2배를 수조의 직경으로 정한다.

58. 옥외공간에 분수를 설치하고자 한다. 바람이 없는 곳에 높이 2m 분수를 설치할 경우 수조의 크기는?

① 분수높이의 4배 ② 분수높이의 1.5배
③ 분수높이의 3배 ④ 분수높이의 2배

59. 공원 내 보행자 도로를 설계하려 한다. 설계기준에 부적합 요소는 어느 것인가?

① 원활한 배수처리를 위하여 10%의 경사를 준다.
② 표면처리는 부드러운 재료를 사용하는 것이 좋다.
③ 배수 구조물은 연석에 접한 곳에 설치한다.
④ 연석은 단차를 두어 경계를 분명히 하는 것이 좋다.

> 원활한 배수를 위해 2~4% 정도의 경사를 준다.

60. 조경설계기준에 의한 그네의 설계 기준으로 가장 옳은 것은?

① 집단적으로 놀이가 활발한 자리 또는 통행량이 많은 곳에 설치한다.
② 2인용을 기준으로 폭 4.5~5.0m를 표준규격으로 한다.
③ 2인용을 기준으로 높이 3.0~3.5m를 표준규격으로 한다.
④ 그네는 남향이나 서향으로 한다.

> 그네는 다른 놀이시설이나 동선에 떨어뜨려 위치시킨다.

61. 자연석 쌓기의 일반적인 사항으로 바르지 못한 것은?

① 뜰녹이 있을 것
② 자연석은 각을 가질 것
③ 산비탈의 경관을 나타낼 때는 강돌을 사용한다.
④ 자연스런 멋을 풍기게 시공할 것

> 산비탈에는 산돌, 연못의 호안이나 인공폭포에는 강돌이나 바닷돌, 주택정원은 다양하게 사용하나 취향을 살려야 한다.

정답 55 ③ 56 ④ 57 ④ 58 ④ 59 ① 60 ② 61 ③

62. 다음 중 찰쌓기에 대한 설명 중 옳은 것은?

① 메쌓기에 비해 견고성이 부족하다.
② 기울기 1 : 0.3 이하인 곳에서 사용한다.
③ 쌓아 올릴 때 줄눈에 모르타르, 뒤채움에 콘크리트를 사용한다.
④ 높이 쌓지 못해 대략 2m 이하인 곳에 사용한다.

> ① 찰쌓기는 메쌓기에 비해 견고성이 부족하지 않고, ②, ④는 메쌓기에 대한 설명이다.

63. 메쌓기에 대한 설명 중 틀린 것은?

① 마름돌에는 견치석과 각석이 많이 이용된다.
② 마름돌로 켜쌓기와 골쌓기를 많이 한다.
③ 조경공간에서 마름돌은 시각적으로 보기 좋은 켜쌓기를 적용한다.
④ 마름돌은 모암 자체인 원석을 말한다.

64. 견치석에 대한 설명으로 틀린 것은?

① 석축을 쌓아 올릴 때 많이 사용하는 방법이다.
② 시멘트를 사용한다.
③ 육법쌓기에 의한 방법으로 시공한다.
④ 얕은 경우 수평으로 쌓고 높을 경우에는 경사지도록 쌓는다.

> ③ 육법쌓기에 의한 방법은 호박돌 쌓기의 방법이다.

65. 경관석 놓기에 대한 설명으로 틀린 것은?

① 충분한 크기와 중량감이 있어야 한다.
② 2, 4, 6 등의 짝수로 구성한다.
③ 경관석 주변에 관목류, 초화류를 식재하여 경관석을 돋보이게 한다.
④ 부등변 삼각형 식재가 되도록 한다.

> 경관석은 3, 5, 7등의 홀수가 되도록 구성한다.

66. 디딤돌 놓기의 방법으로 틀린 것은?

① 크고 작은 것을 섞어 직선보다는 어긋나게 배치한다.
② 돌의 머리는 경관의 중심을 향해 놓는다.
③ 높이는 지표보다 3~5cm 정도 높게 해준다.
④ 돌 가운데가 평평한 것을 배치한다.

> 돌 가운데가 약간 두툼하여 물이 고이지 않아야 한다.

67. 다음 중 징검돌 놓기에 대한 설명으로 틀린 것은?

① 강돌을 사용하여 물 위로 노출되게 한다.
② 물 위 노출 높이는 10~15cm로 한다.
③ 아랫부분을 바닥면과 흙으로 부착한다.
④ 돌의 지름은 약 40cm인 것을 사용한다.

> ③ 아랫부분(바닥면)을 모르타르나 콘크리트로 견고하게 부착한다. 징검돌은 물위에 놓기 때문에 모르타르나 콘크리트로 견고하게 부착하지 않으면 물에 징검돌이 떠내려갈 염려가 있다.

68. 자연석 무너짐 쌓기에서 삼재미를 고려하여 돌을 놓는데, 삼재미에 대한 설명으로 맞는 것은?

① 재료미, 내용미, 형식미
② 천, 지, 인의 조화미
③ 단순미, 복잡미, 형식미
④ 질감, 색채, 형태

69. 돌틈식재(석간수, 石間水)를 할 때 알맞은 식물은 어느 것인가?

① 가시나무 ② 소나무
③ 철쭉 ④ 느티나무

> 돌틈식재는 관목으로 식재를 한다.

정답 62 ③ 63 ④ 64 ③ 65 ② 66 ④ 67 ③ 68 ② 69 ③

70. 다음 중 하천공사에서 견치석을 쌓을 때 이용하는 방법으로 시간이 지날수록 더욱 견고해지는 마름돌쌓기 방법은?

① 찰쌓기 ② 메쌓기
③ 켜쌓기 ④ 골쌓기

71. 자연석이나 큰 나무의 운반에 이용되는 기구로 들어 올리거나 짧은 거리를 운반할 때 사용되는 것은?

① 체인블록 ② 레커
③ 크레인 ④ 목도

72. 돌의 크기가 균일하고 시각적으로 좋아 조경 공간에 많이 쓰이는 마름돌쌓기 방법은?

① 찰쌓기 ② 메쌓기
③ 켜쌓기 ④ 골쌓기

73. 다음 중 벽돌 쌓는 방법으로 틀린 것은?

① 벽돌을 미리 물에 담가 놓는다.
② 모르타르 배합비는 1 : 2~1 : 3으로 한다.
③ 일반적인 줄눈의 폭은 10mm가 표준이다.
④ 하루 쌓는 높이는 2.0m가 표준이다.

하루 쌓는 높이는 보통 1.2m가 좋으며, 1.5m 이상 쌓지 않는다.

74. 흙쌓기 작업시 가라앉을 것을 예측하여 더돋기를 할 때 일반적으로 계획된 높이보다 어느 정도 더 높이 쌓아 올리는가?

① 1~5% ② 10~15%
③ 20~25% ④ 30~35%

일반적으로 더돋기는 10~15% 더 쌓아 올리는 것이다.

75. 다음 중 마운딩의 기능으로 가장 거리가 먼 것은?

① 배수 방향을 조절
② 자연스러운 경관을 조성
③ 공간기능을 연결
④ 유효 토심 확보

마운딩은 흙쌓기를 하여 지면을 변화시켜 수목생장에 필요한 유효 토심을 확보하며, 배수 방향을 조절하고, 자연스러운 경관을 조성하며 토지 이용상 공간분할 기능을 가진다.

76. 흙쌓기시에는 일정 높이마다 다짐을 실시하여 성토해 나가야 하는데, 그렇지 않을 경우에는 나중에 압축과 침하에 의하여 계획 높이보다 줄어들게 된다. 그러한 것을 방지하고자 하는 것을 무엇이라고 하는가?

① 정지 ② 취토
③ 흙쌓기 ④ 더돋기

① 흙을 이동시켜 수평 또는 균일경사의 지 표면을 조성하는 것
② 흙을 채취하는 것
③ 일정한 장소에 흙을 쌓는 것
④ 압축과 침하에 의해 흙의 줄어듬을 방지하기 위해 사용하며 일반적으로 10~15% 더돋기를 한다.

77. 다음 장비 중 조경공사의 운반용 기계가 아닌 것은?

① 덤프트럭 ② 크레인
③ 백호 ④ 지게차

백호는 굴착용 기계이다.

정답 70 ④ 71 ① 72 ③ 73 ④ 74 ② 75 ③ 76 ④ 77 ③

78. 흙을 굴착하는데 사용하는 것으로 기계가 서있는 위치보다 높은 곳의 굴착을 하는데 효과적인 토공기계는?

① 모터 그레이더 ② 파워 셔블
③ 드래그 라인 ④ 크램 쉘

> ① 정지작업에 주로 사용되는 땅고르는 장비
> ② 기계가 서 있는 위치보다 위쪽의 흙을 퍼 올려 덤프트럭에 싣는 굴착용 기계
> ③ 기계가 서 있는 위치보다 낮은 곳의 굴착에 사용
> ④ 조개껍질처럼 양쪽으로 열리는 버킷으로 흙을 집는 것처럼 굴착하는 기계

79. 다음 중 굴착용 기계에 해당하지 않는 것은?

① 크램 쉘 ② 파워 셔블
③ 불도저 ④ 덤프트럭

> 덤프트럭은 운반용 기계이다.

80. 표면배수시 빗물받이는 몇 m마다 설치하는가?

① 1~10m ② 20~30m
③ 40~50m ④ 60~70m

> 표면 배수시 빗물받이는 20~30m 이내로 설치한다.

81. 옹벽공사시 뒷면에 물이 고이지 않도록 몇 m^2 마다 배수구 1개씩 설치하는 것이 좋은가?

① $1m^2$ ② $3m^2$
③ $5m^2$ ④ $7m^2$

82. 도로에 배수관이 설치되는 경우 L형 측구 몇m 마다 우수관거를 설치해야 하는가?

① 10m ② 15m
③ 20m ④ 40m

> 도로에 배수관을 설치할 때 L형 측구는 표준 20m, 최대 30m 이내에 우수관거를 설치해야 한다.

83. 암거배수의 설명으로 옳은 것은?

① 강우시 표면에 떨어진 물을 처리하기 위한 배수 시설
② 땅 밑에 돌이나 관을 묻어 배수시키는 시설
③ 지하수를 이용하기 위한 시설
④ 돌이나 관을 땅에 수직으로 뚫어 설치하는 것

> 암거배수 : 땅속이나 지표에 넘쳐 있는 물을 지하에 매설한 관로나 수로를 이용하여 배수하는 시설

84. 다음 중 경기장과 같이 전지역의 배수가 균일하게 요구되는 곳에 주로 이용되는 암거형태는?

① 어골형 ② 즐치형
③ 자연형 ④ 차단법

> ① 경기장과 같이 전지역의 배수가 균일하게 요구되는 곳에 이용되는 방법
> ② 비교적 좁은 면적의 전 지역 배수를 균일하게 할 때 사용
> ③ 대규모 공원 등 전면 배수가 요구되지 않는 지역에 사용
> ④ 경사면 위나 자체의 유수를 막기 위해 도로법면에 많이 사용

85. 배수공사 중 지하층 배수와 관련된 내용으로 틀린 것은?

① 지하층 배수는 속도랑을 설치해 줌으로써 가능하다.
② 암거배수의 배치형태는 어골형, 즐치형, 차단법, 자연형이 있다.
③ 속도랑의 깊이는 심근성보다 천근성 나무를 식재할 때 더 깊게 한다.
④ 큰 공원에서는 자연 지형에 따라 배치하는 자연형 배수방법이 많이 이용된다.

> 속도랑의 깊이는 심근성 나무를 식재할 때 더 깊게 한다.

정답 78 ② 79 ④ 80 ② 81 ② 82 ③ 83 ② 84 ① 85 ③

86. 콘크리트의 실험 중 슬럼프 시험에 대한 설명으로 틀린 것은?

① 반죽질기를 측정하는 시험이다.
② 슬럼프 값이 높을수록 좋은 것이다.
③ 슬럼프 값의 단위는 cm이다.
④ 콘크리트 치기작업의 난이도를 판단할 수 있다.

> ② 슬럼프 값이 높을수록 나쁘다.

87. 콘크리트 공사의 슬럼프 시험은 무엇을 측정하기 위한 것인가?

① 반죽질기
② 피니셔빌리티
③ 성형성
④ 블리딩

> 슬럼프 시험 : 굳지 않은 콘크리트의 반죽질기를 시험하는 방법으로 슬럼프수치가 높을수록 나쁘며, 단위는 cm 사용

88. 콘크리트 공사 중 콘크리트 표면에 곰보가 생기거나 콘크리트 내부에 공극이 생기지 않도록 하는 방법은?

① 콘크리트 다지기
② 콘크리트 비비기
③ 콘크리트 붓기
④ 콘크리트 양생

> 콘크리트 다지기 : 콘크리트 중에 공기와 물을 추출하여 콘크리트가 철근과 거푸집에 구석구석 잘 채워지게 하는 것

89. 다음 중 판석시공에 관한 설명으로 틀린 것은?

① 판석은 점판암이나 화강석을 잘라서 사용한다.
② Y형의 줄눈은 불규칙하므로 통일성 있게 十자형의 줄눈이 되도록 한다.
③ 기층은 잡석다짐 후 콘크리트로 조성한다.
④ 가장자리에 놓는 것은 선에 맞춰 판석을 절단한다.

> 판석포장 : 점판암, 화강암을 사용하며, 줄눈은 十자형보다는 Y형의 줄눈이 시각적으로 좋다.

90. 다음 중 조경용 포장재료로 사용되는 판석의 최대 두께로 가장 적당한 것은?

① 15cm 미만　② 20cm 미만
③ 25cm 미만　④ 35cm 미만

> 판석의 두께는 15cm 미만으로 한다.

91. 보도 포장재료로서 적당하지 않은 것은?

① 내구성이 있을 것
② 자연 배수가 용이할 것
③ 보행시 마찰력이 전혀 없을 것
④ 외관 및 질감이 좋을 것

> 보도의 포장재료는 보행시 미끄러짐이 없어야 하므로 마찰력이 전혀 없으면 안된다.

92. 포장재료 중 광장 등 넓은 지역에 포장하며, 바닥에 색채 및 자연스런 문양을 다양하게 할 수 있는 소재는?

① 벽돌　② 우레탄
③ 자기타일　④ 고압블록

> 우레탄 포장은 무릎과 발목의 피로를 최소화 하는 것이 특징이다.

정답 86 ② 87 ① 88 ① 89 ② 90 ① 91 ③ 92 ②

93. 포장재료 중 내구성이 강하고 마모 우려가 없어 건물 진입부나 산책로 등에 주로 쓰이는 재료는?

① 벽돌 ② 자갈
③ 화강석 ④ 석재타일

94. 벽돌포장에 대한 설명으로 틀린 것은?

① 질감이 좋고 특유한 자연미가 있어 친근감을 준다.
② 마멸되기 쉽고 강도가 약하다.
③ 다양한 포장패턴을 연출할 수 있다.
④ 평깔기는 모로 세워깔기에 비해 더 많은 벽돌수량이 필요하다.

모로 세워깔기는 평깔기보다 더 많은 벽돌수량이 필요하다.

95. 다음 중 보도블록포장에 대한 설명 중 틀린 것은?

① 가장 많이 사용하는 보도포장 방법이다.
② 공사비가 저렴하고 재료가 다양하다.
③ 줄눈이 모래로 채워져 결합력이 강하다.
④ 블록 패턴의 패턴문양에 색채를 넣어 시각적 효과를 증진시킨다.

③ 줄눈이 모래로 채워져 결합력이 약하다.

96. 전통가옥의 담장에서 사고석이나 호박돌을 쌓을 때 가장 많이 볼 수 있는 줄눈은?

① 내민줄눈
② 민줄눈
③ 평줄눈
④ 빗살줄눈

97. 보도블록의 포장순서가 바르게 연결된 것은?

① 터파기 – 모래깔기 – 블록놓기 – 물매잡기 – 고운모래덮기 – 다지기 – 청소
② 모래깔기 – 블록놓기 – 터파기 – 물매잡기 – 고운모래덮기 – 다지기 – 청소
③ 터파기 – 물매잡기 – 고운모래덮기 – 모래깔기 – 블록놓기 – 다지기 – 청소
④ 터파기 – 모래깔기 – 물매잡기 – 블록놓기 – 다지기 – 고운모래덮기 – 청소

98. 다음 중 종류가 많고 색상이 다양하여 주차장을 색상으로 구분할 때 효과적인 포장 방법은?

① 보도블록포장
② 고강도 조립블록포장
③ 판석포장
④ 콘크리트포장

99. 진흙 굳히기 공법은 어느 공사에서 사용하는가?

① 원로공사 ② 암거공사
③ 연못공사 ④ 옹벽공사

연못 내부에 진흙 굳히기 공법을 시공하여 수생식물의 생육을 원활히 한다.

100. 벽돌포장의 장점으로 맞는 것은?

① 흡습성이 없고 내구성이 좋다.
② 마모가 쉽고 탈색이 쉽다.
③ 질감에 친근감이 가고 보행감이 좋으며 광선반사가 심하지 않다.
④ 압축강도가 약하고 결합력이 작다.

①은 판석의 장점 ②는 벽돌의 단점 ④는 벽돌의 단점이다.

정답 93 ③ 94 ④ 95 ③ 96 ① 97 ① 98 ② 99 ③ 100 ③

101. 콘크리트 포장 시 슬래브가 팽창과 수축에 잘 견디도록 설치하는 이음은?

① 신축줄눈 ② 수축줄눈
③ 균열줄눈 ④ 마감줄눈

신축줄눈 : 나무판 등을 중간에 넣어 팽창과 수축에 잘 견디게 하는 것

102. 다음 중 비탈면을 보호하기 위한 방법이 아닌 것은?

① 식생자루공법
② 콘크리트 격자블록공법
③ 비탈깎기공법
④ 식생매트공법

식생자루공법 : 종자, 비료, 토양 등을 채운 자루를 비탈면에 덮는 공법

103. 다음 중 초류종자 살포(종자 뿜어 붙이기)와 관계없는 것은?

① 종자 ② 피복제(파이버)
③ 비료 ④ 농약

종자 뿜어 붙이기는 종자, 비료, 흙을 물과 섞어 비탈면에 뿜어 붙이는 공법

104. 비탈면의 기울기는 관목 식재시 어느 정도로 하는 것이 좋은가?

① 1 : 0.3보다 완만하게
② 1 : 2보다 완만하게
③ 1 : 4보다 완만하게
④ 1 : 6보다 완만하게

비탈면의 기울기 : 교목 - 1 : 3보다 완만하게, 관목 - 1 : 2보다 완만하게, 지피류와 초화류 - 1 : 1보다 완만하게 식재한다.

105. 비탈면에 교목을 식재할 때 비탈면의 기울기는 어느 정도보다 완만하여야 하는가?

① 1 : 1 ② 1 : 2
③ 1 : 3 ④ 1 : 1.5

106. 비탈면에 잔디나 초화류를 식재할 때 비탈면의 기울기는 어느 정도보다 완만하여야 하는가?

① 1 : 1 ② 1 : 2
③ 1 : 3 ④ 1 : 1.5

107. 비탈면의 경사 표시에서 1 : 2.5에서 2.5는 무엇을 뜻하는가?

① 수직고 ② 수평거리
③ 경사면의 길이 ④ 안식각

1 : 2.5에서 1은 수직거리, 2.5는 수평거리를 나타낸다.

108. 다음 중 땅깎기를 할 때 단단한 바위의 경우 비탈면의 기울기는?

① 1 : 0.3 ~ 1 : 0.8
② 1 : 0.5 ~ 1 : 1.2
③ 1 : 1.0 ~ 1 : 1.5
④ 1 : 1.5 ~ 1 : 2.0

109. 다음 중 경사도가 가장 큰 것은?

① 100% 경사 ② 45° 경사
③ 1할 경사 ④ 1 : 0.7

①에서 100% 경사는 1 : 1의 경사이고, 45°경사가 된다. ②는 1 : 1의 경사가 되고, ③은 수직거리 10m에 대한 100m의 수평거리로 경사각은 5°이고, 1 : 10의 경사가 된다. 그래서 1 : 0.7의 경사도가 가장 크다.

정답 101 ① 102 ③ 103 ④ 104 ② 105 ③ 106 ① 107 ② 108 ① 109 ④

110. 돌쌓기의 종류 중 찰쌓기에 대한 설명으로 옳은 것은?

① 뒤채움에 콘크리트를 사용하고, 줄눈에 모르타르를 사용하여 쌓는다.
② 돌만을 맞대어 쌓고 잡석, 자갈 등으로 뒤채움을 하는 방법이다.
③ 마름돌을 사용하여 돌 한켠의 가로줄눈이 수평적 직선이 되도록 쌓는다.
④ 막돌, 깬돌, 깬 잡석을 사용하여 줄눈을 파상 또는 골을 지어가며 쌓는 방법이다.

찰쌓기는 콘크리트를 사용하여 쌓는 방법이고, 메쌓기는 콘크리트를 사용하지 않고 돌로 쌓는 방법이다.

111. 돌쌓기 공사에서 4목도 돌이란 무게 몇 kg 정도의 것을 말하는가?

① 약 100kg ② 약 150kg
③ 약 200kg ④ 약 300kg

목도란 두 사람 이상이 짝이 되어 무거운 물건이나 돌덩이를 얽어맨 밧줄에 몽둥이를 꿰어 어깨에 메고 나르는 일을 말하며, 1목도란 돌의 무게가 50kg의 돌을 말한다.

112. 자연석 무너짐 쌓기의 설명으로 틀린 것은?

① 기초가 될 밑돌은 약간 큰 돌을 땅속에 20~30cm정도 깊이로 묻히게 한다.
② 제일 윗부분에 놓이는 돌은 돌의 윗부분이 모두 고저차가 크게 나도록 한다.
③ 돌과 돌이 맞물리는 곳에는 작은 돌을 끼워 넣지 않는다.
④ 돌을 쌓고 난 후 돌과 돌 사이에 키가 작은 관목을 심는다.

맨 위의 상석은 비교적 작고, 윗면을 평평하게 하거나, 자연스럽게 높낮이가 있도록 처리해야 한다.

113. 크고 작은 돌을 자연 그대로의 상태가 되도록 쌓아 올리는 방법을 무엇이라 하는가?

① 견치석 쌓기
② 호박돌 쌓기
③ 자연석 무너짐 쌓기
④ 평석 쌓기

자연석 무너짐 쌓기는 크고 작은 돌을 자연 그대로 상태가 되도록 쌓아 올리는 방법으로 자연스러운 분위기로 쌓여 있는 것을 묘사하는 방법이다.

114. 다음 중 호박돌 쌓기에 이용되는 돌쌓기의 방법으로 가장 적당한 것은?

① 견치석 쌓기
② 줄눈 어긋나게 쌓기
③ 이음매 경사지게 쌓기
④ 평석 쌓기

호박돌 쌓기는 규칙적인 모양을 갖도록 쌓는 것이 보기에 좋고 안전성도 있으며, 十자 줄눈이 생기지 않게 쌓는다. 호박돌 쌓기는 육법쌓기와 줄눈어긋나게 쌓기의 방법으로 쌓는다.

115. 다음 중 디딤돌로 이용할 돌의 두께로 가장 적당한 것은?

① 1~5cm ② 10~20cm
③ 25~35cm ④ 35~45cm

116. 일반적인 성인의 보폭으로 디딤돌을 놓을 때 좋은 보행감을 느낄 수 있는 디딤돌과 디딤돌 사이의 중심간 길이로 가장 적당한 것은?

① 20cm 정도 ② 40cm 정도
③ 50cm 정도 ④ 80cm 정도

일반적인 성인의 보폭으로 잡는다.

정답 110 ① 111 ③ 112 ② 113 ③ 114 ② 115 ② 116 ②

117. 디딤돌 놓기 방법에 대한 설명으로 부적합한 것은?

① 돌의 머리는 경관의 중심을 향해 놓는다.
② 돌 표면이 지표면보다 1.5~5cm 정도 높게 앉힌다.
③ 돌 밑의 빈 곳에 흙을 충분히 밀어 넣으면서 다진다.
④ 돌의 크기와 모양이 고른 것을 선택하여 사용한다.

> 크고 작은 것을 섞어 어긋나게 배치한다.

118. 디딤돌 시공시 돌의 표면이 지면에 어떻게 놓여야 효과적인가?

① 지면에 수평이 되게
② 지면보다 약간 낮게
③ 지면보다 약 1.5~5cm 높게
④ 지면보다 약 3~5cm 낮게

> 일반적으로 3~5cm 또는 3~6cm정도 높게 놓는다.

119. 경관석 놓기에 대한 설명으로 가장 알맞은 것은?

① 경관석 주변에는 식재를 하지 않는다.
② 일반적으로 3, 5, 7등의 홀수로 배치한다.
③ 경관석은 항상 단독으로만 배치한다.
④ 경관석의 배치는 돌 사이의 거리나 크기 등을 조정 배치하여 힘이 분산되도록 한다.

> 경관석을 놓은 후에는 주변에 적당한 관목류, 초화류 등을 심어 경관석이 한층 돋보이도록하며, 경관석은 한 개 또는 몇 개를 짜임새 있게 놓고 감상한다. 경관석의 배치는 돌 사이의 거리나 크기 등을 조정 배치하여 힘이 분산되지 않고 짜임새가 있도록 해야 한다.

120. 다음 중 벽돌쌓기 작업에 관한 설명으로 틀린 것은?

① 시공이 가능하면 통줄눈으로 쌓는다.
② 벽돌은 쌓기 전에 충분히 물을 축여놓는다.
③ 벽돌은 어느 부분이든 높이로 쌓아 올라간다.
④ 치장줄눈은 되도록 짧은 시일에 하는 것이 좋다.

> 가능하면 막힌줄눈으로 쌓는다.

121. 다음 중 벽돌구조에 대한 설명으로 옳지 않은 것은?

① 표준형 벽돌의 크기는 190×90×57mm 이다.
② 이오토막은 네덜란드식, 칠오토막은 영국식 쌓기의 모서리 또는 끝부분에 주로 사용된다.
③ 벽의 중간에 공간을 두고 안팎으로 쌓는 조적벽을 공간벽이라 한다.
④ 내력벽에는 통줄눈을 피하는 것이 좋다.

> ② 영국식쌓기는 이오토막을 모서리 또는 끝부분에 주로 사용하며, 네덜란드식은 칠오토막을 사용한다.

122. 다음 중 비교적 좁은 면적의 지역에 설치되는 암거 배수망은?

① 즐치형 ② 어골형
③ 선형 ④ 자연형

> 어골형은 전 지역의 배수를 균일하게 하기 위한 암거 배수망이고, 선형은 부채살 모양으로 1개 지점으로 집중되게 설치하는 것이다. 자연형은 대규모 공원 등 전면 배수가 요구되지 않는 지역에서 많이 사용하는 방법이다. 또한 차단법은 경사면 위나 자체의 유수를 막기 위해 도로법면에 많이 사용한다.

정답 117 ④ 118 ③ 119 ② 120 ① 121 ② 122 ①

123. 다음 중 그네의 설치방법으로 틀린 것은?

① 놀이터의 중앙을 피해 가급적 부지의 외곽 부분에 설치한다.
② 바닥이 움푹 파이는 것에 대한 고려가 필요하다.
③ 지주는 땅 속에 콘크리트 기초를 두껍게 하여 단단히 고정한다.
④ 발판의 목재로 나왕을 사용한다.

④ 발판은 참나무와 같은 견질 목재를 사용한다. 나왕은 금이 잘 가고 부패에 약해 사용하지 않는다.

124. 다음 중 미끄럼대에 대한 설명으로 틀린 것은?

① 다른 시설물과 붙여서 배치한다.
② 양쪽에 손잡이를 반드시 만들어 준다.
③ 미끄럼면이 목재일 경우 결을 내리막 방향으로 맞춘다.
④ 스테인레스로 할 경우 접착부위는 아르곤가스로 용접한다.

미끄럼대 이용의 동선에 방해되지 않도록 다른 시설이 장애물이 되지 않게 적당한 거리를 띄어 배치한다.

125. 다음 중 모래터에 대한 설명으로 틀린 것은?

① 어두운 곳에 설치한다.
② 하루에 5~6시간 정도 햇볕이 닿는 곳에 설치한다.
③ 둘레는 지표보다 15~20cm 가량 높이고, 모래 깊이는 30~40cm 정도로 유지한다.
④ 모래터의 밑바닥은 배수공을 설치하거나 잡석을 묻어 빗물이 잘 빠지게 한다.

모래터는 밝고 깨끗한 자리에 설치한다.

126. 다음 중 복합시설에 대한 설명으로 틀린 것은?

① 어린이에게 창조성과 즐거움을 주며 연속적인 놀이가 되도록 한다.
② 경쟁심, 다양한 놀이 욕구를 충족시켜 줄 수 있어야 한다.
③ 형태는 단순해야 한다.
④ 상상력과 호기심, 협동심을 키워주어야 한다.

형태는 조형적 아름다움이 있어야 한다. 보통 규격이 다른 2~3개의 미끄럼대와 고정다리, 기어오름대, 사다리, 놀이집 등을 조합해서 배치한다.

127. 다음 중 어린이에게 창조성과 즐거움을 주는 시설물은?

① 그네　② 조합놀이대
③ 미끄럼대　④ 모래터

128. 다음 중 안내시설의 설치에 대한 설명으로 옳은 것은?

① 복잡한 내용이 담겨 있어야 한다.
② 상징과 그림문자를 사용하여 식별성을 높여준다.
③ 시설물의 입구 부분을 피해 설치한다.
④ 동선의 외곽부분에 설치한다.

① 단순해야 하며 ③ 시설물의 입구 부분에 설치하여 식별성을 높여야 하며 ④ 보행 교차점과 주요시설의 입구에 설치한다.

129. 다음 중 벤치의 좌판 재료로 가장 좋은 것은?

① 철제　② 콘크리트제
③ 플라스틱제　④ 목재

벤치의 좌판 재료인 목재는 부드러운 느낌과 촉감이 좋고, 온도변화에 민감하지 않아 겨울에 좋다. 또한 보수하기 쉬운 장점이 있다.

정답 123 ④ 124 ① 125 ① 126 ③ 127 ② 128 ② 129 ④

130. 다음 중 퍼걸러의 높이와 기둥 간격이 알맞게 짝지어진 것은?

① 높이 2.2~2.5m, 기둥간격은 1.8~2.7m
② 높이 2.0~2.2m, 기둥간격은 1.5~1.8m
③ 높이 1.8~2.1m, 기둥간격은 1.8~2.7m
④ 높이 2.2~2.5m, 기둥간격은 1.5~1.8m

일반적인 퍼걸러의 높이는 2.2~2.5m, 기둥간격은 1.8~2.7m이다.

131. 다음 중 어린이놀이터 시설 설치시 가장 먼저 고려되어야 하는 것은?

① 쾌적함 ② 안전성
③ 미적인 사항 ④ 시설물간의 조화

어린이놀이터 시설은 어린이들이 사용하기 때문에 가장 먼저 안전성이 고려되어야 한다.

132. 다음 중 벤치의 표준치수 높이로 알맞은 것은?

① 30~35cm ② 35~40cm
③ 40~45cm ④ 45~50cm

1, 2인용 벤치가 아닌 일반적으로 사용하는 겸용 벤치의 높이는 35~40cm이다.

133. 다음 중 벤치의 표준치수 좌판폭 치수로 알맞은 것은?

① 33~35cm ② 35~40cm
③ 38~43cm ④ 41~48cm

1, 2인용 벤치가 아닌 일반적으로 사용하는 겸용 벤치의 좌판폭은 38~43cm이다. 높이는 35~40cm이다.

134. 다음 중 볼라드에 대한 설명으로 틀린 것은?

① 보행인과 차량 교통의 분리를 위해 설치한다.
② 배치간격은 2m이다.
③ 필요에 따라 이동식 볼라드, 형광 볼라드, 보행등 겸용 볼라드 등이 있다.
④ 볼라드의 색은 바닥포장의 색과 동일한 색상을 사용한다.

④ 볼라드의 색은 식별성을 높이기 위해 바닥 포장 재료와 대비되는 밝은 계통의 색상을 사용하고, 벤치로서의 역할도 기대된다.

135. 다음 조명시설 중 조도의 단위로 맞는 것은?

① 럭스(lux, lx) ② 와트(W)
③ 자 ④ cm

136. 다음 중 정원과 공원의 조도(lux, lx)로 알맞은 것은?

① 0.5럭스 이상 ② 1.0럭스 이상
③ 1.5럭스 이상 ④ 2.0럭스 이상

정원과 공원의 조도는 0.5럭스 이상이고, 주요 원로나 시설물 주변은 2.0럭스 이상이다.

137. 다음 조명시설 중 열효율이 가장 높은 등은?

① 나트륨등 ② 수은등
③ 할로겐 전구 ④ 전구

열효율은 나트륨등이 가장 좋고, 수은등은 수명이 가장 길다. 할로겐 전구는 분수를 외곽에서 조명할 때 많이 사용한다.

정답 130 ① 131 ② 132 ② 133 ③ 134 ④ 135 ① 136 ① 137 ①

138. 다음 중 광질의 특성 때문에 안개지역의 조명, 도로조명, 터널조명 등에 적합한 등은?

① 나트륨등 ② 수은등
③ 할로겐 전구 ④ 전구

139. 다음 중 수목과 잔디의 황록색을 살리는데 좋은 전등은?

① 수은 램프 ② 할로겐 전구
③ 형광 램프 ④ 백열 전구

140. 다음 옥외장치물에서 벤치, 퍼걸러, 정자 등은 무슨 시설인가?

① 휴게시설 ② 안내시설
③ 편익시설 ④ 관리시설

휴게시설에는 벤치, 야외탁자, 퍼걸러 등이 속하고, 편익시설에는 휴지통, 음수대, 전망대가 포함된다. 관리시설에는 관리소와 화장실이 포함된다.

141. 도시공원 및 녹지 등에 관한 법률상 도시공원 시설의 종류 중 편익시설에 해당되는 것은?

① 야외극장 ② 야영장
③ 전망대 ④ 관상용식수대

편익시설은 휴지통, 음수대, 전망대가 포함된다.

142. 다음 중 정원가구(Garden Furniture)에 해당하지 않는 것은?

① 트렐리스(Trellis) ② 벤치
③ 탁자 ④ 장식화분

트렐리스는 격자 울타리란 뜻으로 격자 모양으로 뚫려 있는 벽면이다. 주로 목재로 많이 만들어지며, 덩굴식물을 걸어 벽면을 장식하며, 정원용품 등을 걸기도 한다.

143. 다음 중 건물과 정원을 연결시키는 역할을 하는 것은?

① 아치 ② 트렐리스
③ 퍼걸러 ④ 테라스

① 곡선 구조물
② 격자 울타리
③ 휴게공간 시설물
④ 거실이나 응접실 앞에 건물과 이어서 만든 시설물

144. 퍼걸러(Pergola)의 설치장소로 적합하지 않은 곳은?

① 건물에 붙여 만들어진 테라스 위
② 주택 정원의 가운데
③ 통경선의 끝 부분
④ 정원의 구석진 곳

퍼걸러는 조망이 좋은 곳에 휴식을 위해 설치하는 것으로 정원의 가운데에는 설치하지 않는다.

145. 모든 벽돌 쌓기 방법 중 가장 튼튼한 것으로, 길이쌓기켜와 마구리쌓기켜가 번갈아 나오는 방법은?

① 영국식 쌓기 ② 프랑스식 쌓기
③ 영롱 쌓기 ④ 무늬 쌓기

영국식 쌓기는 마구리쌓기와 길이쌓기를 번갈아 쌓는 방법으로 가장 튼튼하고, 프랑스식 쌓기는 한 켜에서 마구리와 길이를 번갈아 쌓는 방법이다. 영롱 쌓기는 벽돌벽 등에 장식적으로 구멍을 내어 쌓는 방법이고, 무늬쌓기는 줄눈에 변화를 주어 부분적으로 통줄눈을 넣어 가면서 변색벽돌을 끼워쌓는 방법이다.

정답 138 ① 139 ① 140 ① 141 ③ 142 ① 143 ④ 144 ② 145 ①

03 식재 공사

01 수목 식재

1. 이식 시기 출제

나무가 활착하기 어려운 하절기(7, 8월)나 동절기(12, 1, 2월)는 피하는 것이 좋다.

① 낙엽수 : 수분 증산량이 가장 적은 휴면으로 접어드는 가을철이나 이른 봄이 가장 좋다.

② 대나무류 : 죽순이 나오기 전(3~4월), 산죽이나 조릿대는 가을

③ 생리상 이식 시기는 뿌리활동이 시작되기 직전

④ 낙엽활엽수

㉠ 가을 이식 : 잎이 떨어진 휴면기간, 통상적으로 10월 중순 ~ 11월 중순

㉡ 봄 이식 : 해토 직후(얼었던 땅이 풀린 직후)부터 4월 상순, 통상적으로 이른 봄 눈이 트기 전에 실시

㉢ 내한성이 약하고 늦게 눈이 움직이는 수종(배롱나무, 백목련, 석류나무, 능소화 등)은 4월 중순이 안정적

㉣ 봄에 일찍 눈이 움직이는 수종(단풍나무, 버드나무, 명자나무, 매화나무 등)은 전 해 11월~12월이나 3월 중순이 좋다.

⑤ 상록활엽수 : 이른 봄 새 잎이 나기 전(3월 하순 ~ 4월 중순), 신록이 굳어진 6~7월의 장마철(기온이 오르고 공중습도가 높을 때)

㉠ 동백나무 : 남해안과 제주도는 5~6월, 중부 이북지방은 9~10월에 이식을 하면 활착률이 높아진다.

㉡ 증산억제제 사용 : O.E.D 그린, 그린나(Greena)

⑥ 침엽수

㉠ 해토(얼었던 땅이 풀리는 것) 직후(2월 하순) ~ 4월 상순

㉡ 9월 하순 ~ 10월 하순

㉢ 소나무류, 전나무 등 : 3~4월

㉣ 추운지방이 원산지(종비나무, 구상나무)인 수종 : 이른 봄

〈이식시기 참고〉 모란 - 8월 상순 ~ 9월 중순, 9월 중순 ~ 10월 중순
대나무 - 3월 ~ 4월, 가을
종려, 파초 - 3월 ~ 4월, 가을

⑦ 이식이 쉬운 수종

편백, 측백, 낙우송, 메타세쿼이아, 향나무, 사철나무, 쥐똥나무, 철쭉류, 벽오동, 은행나무, 버즘나무(플라타너스), 수양버들, 무궁화, 명자나무 등

⑧ 이식이 어려운 수종

소나무, 섬잣나무, 전나무, 목련, 오동나무, 녹나무, 왜금송, 태산목, 탱자나무, 생강나무, 서향, 칠엽수, 진달래, 주목, 가시나무, 굴거리나무, 느티나무, 백합나무, 감나무, 자작나무 등

2. 이식 시 고려사항

① 뿌리분의 크기는 수목의 근원직경 크기에 따라 비례한다.

② 가능하면 많은 흙을 뿌리에 붙인 채 파 올리는 것이 안전하다.

③ 지상부의 지엽을 전정해준다.

④ 뿌리분의 손상이 없도록 한다(잔뿌리와 뿌리털 - 수분과 양분 흡수, 굵은 뿌리 - 수목 지지의 역할을 한다).

⑤ 엽면에 증산방지제나 뿌리에 발근촉진제를 병행한다.

⑥ 뿌리의 자른 부위는 방부 처리하여 부패를 방지, 꺾이고 훼손된 부분을 예리한 칼로 자른다.

〈참고〉 소나무 이식 후 줄기에 새끼 감고 진흙을 바르는 가장 주된 목적
① 소나무 좀의 피해 예방 ② 건조로 말라 죽는 것 막기 위해

3. 뿌리돌림 출제

① 목적

㉠ 이식을 위한 예비조치로 현재의 위치에서 미리 뿌리를 잘라 내거나 환상박피를 함으로써 나무의 뿌리분 안에 세근이 많이 발달하도록 유인하여 이식력을 높이고자 한다.

㉡ 생리적으로 이식을 싫어하는 수목이나 세근이 잘 발달하지 않아 극히 활착하기 어려운 야생상태의 수목 및 노거수(老巨樹), 쇠약해진 수목의 이식에는 반드시 뿌리돌림이 필요하며 전정이 병행되어야 한다.

㉢ 새로운 잔뿌리 발생촉진

② 시기

㉠ 이식시기로부터 6개월 ~ 3년 전(1년 전)에 실시

㉡ 뿌리의 생장이 가장 활발한 시기인 이른 봄이 가장 좋으나 혹서기와 혹한기만 피하면 가능

㉢ 적기 : 뿌리의 생장이 가장 활발한 시기인 이른 봄(해토 직후 ~ 4월 상순, 봄)

㉣ 낙엽활엽수 : 이른 봄 잎이 핀 뒤보다 수액 이동전, 장마 후 신초 굳을 무렵이 적당

㉤ 침엽수, 상록활엽수 : 봄의 수액이동 시작 무렵, 눈이 움직이는 시기보다 약 2주 앞선 시기

③ 뿌리돌림의 방법 및 요령

㉠ 근원 직경의 4~6배(보통 4배), 천근성인 것은 넓게 뜨고 심근성인 것은 깊게 파내려가며 절근

㉡ 크기를 정한 후 흙을 파내며 나타나는 뿌리를 모두 절단하고 칼로 깨끗이 다듬는다.

㉢ 수목을 지탱하기 위해 3~4방향으로 한 개씩, 곧은 뿌리는 자르지 않고 15cm 정도의 폭으로 환상박피한 다음 흙을 되묻는데, 이때 잘 부숙된 퇴비를 섞어주면 효과적이다.

㉣ 뿌리돌림을 하면 많은 뿌리가 절단되어 영양과 수분의 수급 균형이 깨지므로 가지와 잎을 적당히 솎아 지상부와 지하부의 균형을 맞춰준다.

㉤ 뿌리 자르는 각도는 직각 또는 아래쪽으로 45°가 적합하다.

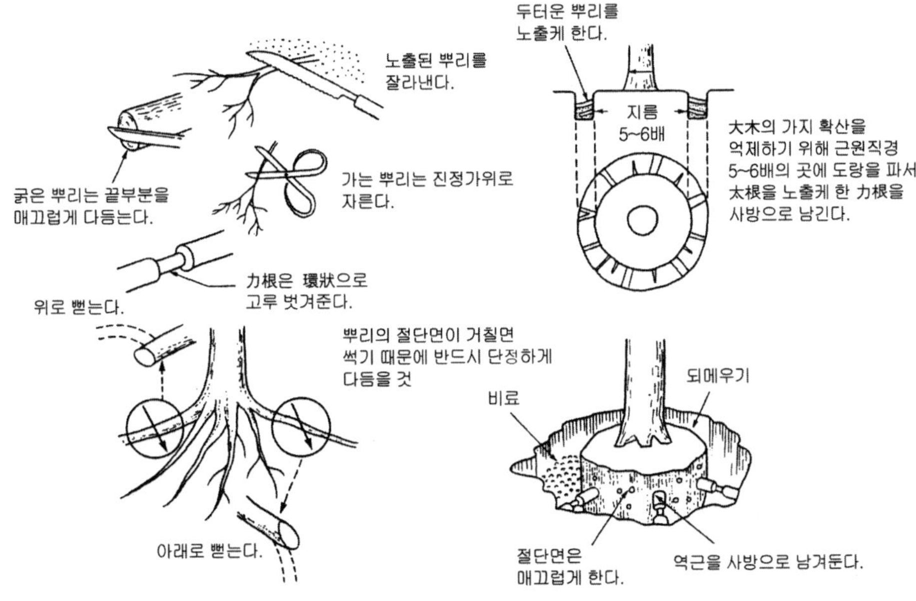

그림. 뿌리돌림의 방법

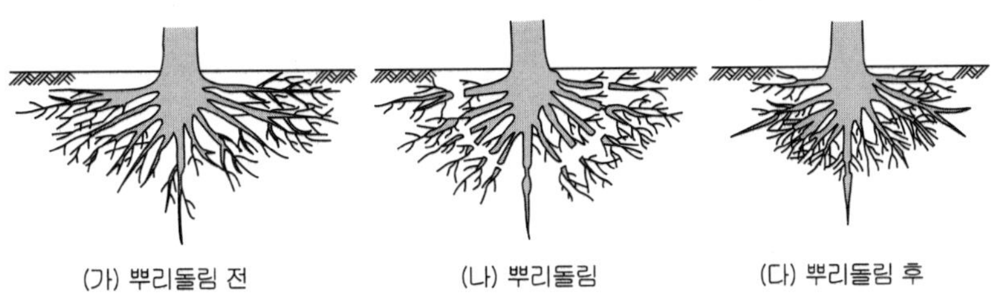

4. 굴취

수목을 이식하기 위해 캐내는 작업

① 일반적인 굴취의 방법

㉠ 나근 굴취법

- 유목이나 이식이 용이한 수목을 이식할 때 뿌리분을 만들지 않고 맨뿌리의 흙을 털어낸 다음 이식하는 방법
- 가능한 뿌리의 절단 부위를 적게 하는 것이 좋으며, 캐낸 직후 젖은 거적, 짚, 수태, 비닐 등으로 감싸주어 뿌리의 건조를 막는 것이 중요
- 이식이 잘 되는 낙엽수를 낙엽기간 중에 이식할 때와 이식이 용이한 작은 나무나 묘목 등을 캐낼 때 사용

㉡ 뿌리감기 굴취법

- 뿌리를 절단한 후 뿌리 주위에 기존의 흙을 붙이고 짚과 새끼 등으로 뿌리감기를 하여 뿌리분을 만드는 방법
- 교목류, 상록수, 이식력이 약한 나무, 희귀한 나무, 부적기 이식 때 등에 사용

② 특수굴취법

㉠ 추굴법(추적 굴취법, 더듬어 파기)

- 흙을 파헤쳐 뿌리의 끝 부분을 추적해 가며 캐는 방법
- 뿌리가 일정하게 발달되지 않아 부정형인 수목에 사용
- 등나무, 담쟁이덩굴, 밀감나무, 모란 등의 수목에 사용

㉡ 동토법(凍土法, ice ball method)

- 해토 전(-12° 전후의 기온에서 활용, 통상적으로 12월경에 실시) 낙엽수에 실시하며, 나무 주위에 도랑을 파 돌리고 밑 부분을 해쳐 분 모양으로 만들어 2주 정도 방치하여 동결 시킨 후 이식시키는 방법
- 겨울철 기온이 낮고 동결심도가 깊은 지방에서 완전휴면기의 낙엽수 뿌리 주위를 파내서 그대로 심는 방법으로 흙덩이가 부서지지 않을 때 사용하는 방법
- 사질토에서 토립을 보유할 수 없는 경우와 쓰레기 매립장의 나무를 이식할 경우에 적용

㉢ 상취법

- 독일에서 많이 사용하는 방법
- 수목의 뿌리분을 새끼감기 대신에 4각형 모양의 상자를 이용하여 운반, 이식하는 방법

③ 뿌리분의 크기 출제

㉠ 수간 근원지름의 4~6배(4배를 기준)로 분의 크기를 한다.

㉡ 이식력, 발근력이 약한 것은 더 크게 분을 만든다.

㉢ 상록활엽수〉침엽수〉낙엽활엽수 순서로 분을 크게 만든다.

㉣ 뿌리분의 지름 = 24+(N−3)×d(N : 근원 직경, d : 상수(상록수 : 4, 낙엽수 : 5))

㉤ 뿌리분의 종류 및 크기

- 보통분(일반수종에 사용) : 분의 크기 = 4D, 분의 깊이 = 3D(일반적인 수종)
- 조개분(심근성수종에 사용) : 분의 크기 = 4D, 분의 깊이 = 4D(느티나무, 소나무, 회화나무, 주목, 섬잣나무, 태산목, 은행나무 등)
- 접시분(천근성수종에 사용) : 분의 크기 = 4D, 분의 깊이 = 2D(자작나무, 미루나무, 편백, 독일가문비, 향나무 등)

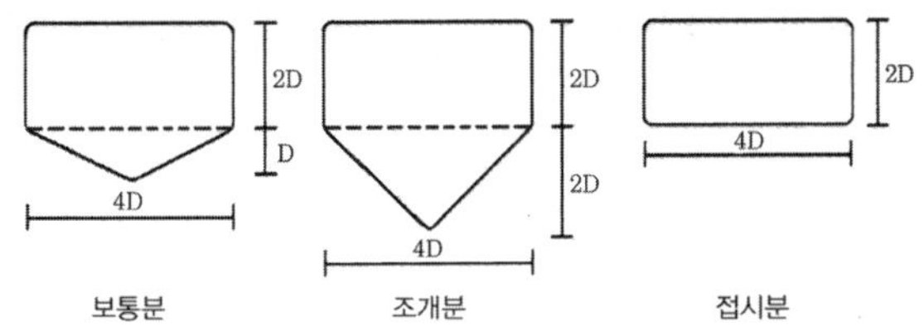

그림. 뿌리분 모양

④ 분감기

㉠ 뿌리분 깊이만큼 파낸 다음 실시하지만 모래 등이 있어 뿌리분을 만들기 어려운 경우에는 뿌리분 주위를 1/2 정도 파내려갔을 때부터 시작하고 나머지 흙을 파고 다시 분감기를 실시해야 분흙이 분리되지 않는다.

㉡ 이때에 뿌리분의 모양을 깨끗이 다듬고, 절단한 뿌리는 가위나 칼로 깨끗이 다듬은 다음 방부제를 발라 주는 것이 좋다.

㉢ 준비한 끈으로 뿌리분의 측면을 위에서 아래로 감아 내려가며 허리감기를 한 후, 땅 속 곧은 뿌리만 남긴 채 뿌리분 밑 부분 흙을 조금씩 파내며, 밑면과 윗면을 석줄, 넉줄 그리고 다섯줄 감기를 한다.

㉣ 최근에는 끈으로 허리감기하는 대신 녹화마대나 녹화테이프로 뿌리분의 측면을 감고 끈으로 위아래를 감아주는 방법도 많이 쓰인다.

㉤ 마지막으로 남은 곧은 뿌리를 잘라 내는데, 이 때 수목이 넘어가지 않도록 주의해야 한다.

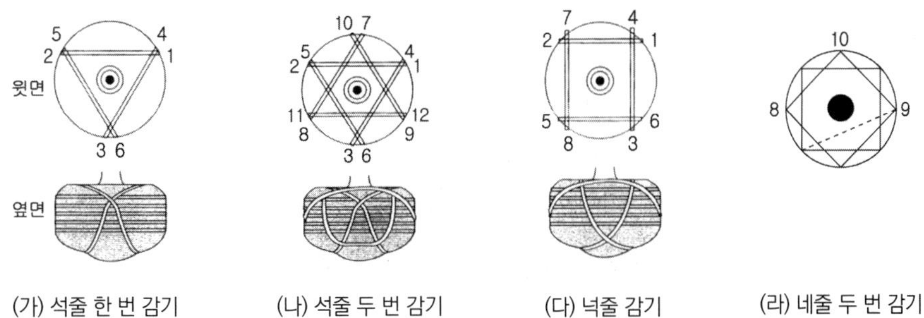

그림. 각종 새끼감기 방법

⑤ 뿌리분 들어내기

㉠ 분을 뜬 후 뿌리분을 들어 낼 때에는 무엇보다 안전을 고려해 조심성 있게 작업하여 수목 자체와 뿌리분의 손상을 막을 수 있도록 한다.

㉡ 대형목인 경우 잘못하여 나무가 쓰러지게 되면 작업자가 다칠 수 있으므로 각별히 조심해야 한다.

㉢ 뿌리분을 들어내는 방법에는 인력에 의한 방법과 장비에 의한 방법이 있다.

5. 운반

① 상·하차는 인력에 의하거나 대형목의 경우 체인블록이나 백호우, 랙커 또는 크레인을 사용

② 가까운 거리는 목도나 체인 블록을 이용, 중·장거리는 포크레인을 사용한다.

③ 운반시 보호조치

㉠ 뿌리분의 복토를 철저히 한다.

㉡ 세근이 절단되지 않도록 충격을 주지 않아야 한다.

㉢ 수목의 줄기는 간편하게 결박한다.

㉣ 이중 적재를 금한다.

㉤ 수목과 접촉하는 부위는 짚, 가마니 등의 완충재를 깔아 사용

㉥ 뿌리분은 차의 앞쪽을 향하고 수관은 차의 뒤쪽을 향하게 적재

㉦ 증발을 최대한 억제한다.

㉧ 굴취한 순서대로 운반하고, 수송 도중 바람에 의한 증산을 억제하며, 뿌리분의 수분증발 방지를 위해 물에 적신 거적이나 가마니로 뿌리분을 감싸준다.

6. 식재

식재작업순서 : 운반수목 받기 → 배식계획 → 구덩이파기 → 시비 → 식재 → 흙채우기 → 보호조치

① 식재준비

㉠ 공정표 및 시공도면, 시방서를 검토

㉡ 수목 및 양생제 반입 여부를 재확인

㉢ 식재 지역을 사전 조사하여 시공가능 여부를 재확인

㉣ 수목의 배식, 규격, 지하 매설물을 고려하여 식재 위치 결정

② 가식

㉠ 공사 당일 식재가 곤란하여 공사현장 곳곳에 이식하기 전에 굴취한 수목을 임시로 심어두는 것

㉡ 뿌리의 건조, 지엽의 손상을 방지하기 위해 바람이 없고, 배수가 잘 되며 약간 습한 곳, 식재지에서 가까운 곳, 그늘이 많이 지는 곳에 가식하거나 보호설비를 하여 다음날 식재한다.

③ 식재구덩이(식혈) 파기

㉠ 뿌리분 크기의 1.5~3배(1.5배 이상) 정도의 구덩이를 판다.

㉡ 이물질을 제거하고, 배수가 불량한 지역은 충분히 굴착하고 자갈 등을 넣어 배수층을 만든다.

㉢ 중심부에 잘 썩은 유기질 비료 한 삽을 표토와 섞어 뿌리와 직접 닿지 않도록 하여 중심이 높아지도록 넣고 다시 표토를 덮어준다.

④ 운반

수목을 손상하지 않도록 주의하며 식재 구덩이까지 운반

⑤ 심기(식재)

㉠ 토양환경 : 식물의 성상에 따라 적당한 생육 토심을 확보

㉡ 대기환경 : 흐리고 바람이 없는 날의 저녁이나 아침에 실시하고 공중습도가 높을수록 좋다.

㉢ 필요시 정지, 전정을 실시한 후 뿌리분을 구덩이에 넣고, 뿌리분 상태와 식재 토양을 확인

㉣ 완숙된 유기질 거름을 부드러운 흙과 섞어 구덩이 바닥에 놓고, 그 위에 다시 흙을 얇게 덮는데 중앙 부분이 약간 볼록하도록 한다.

㉤ 구덩이에 수목의 뿌리분을 놓는데, 식재의 깊이와 방향은 해당 수목의 원래 깊이와 방향을 맞추어 준다.

㉥ 관상방향이 틀렸을 때는 살며시 들어 움직여야 바닥의 비료와 닿지 않도록 한다.

㉦ 뿌리분 주위에 표토나 부식질이 풍부하고 불순물이 섞이지 않은 토양을 넣으며 구덩이를 채우는데, 2/3~3/4 정도 채운 다음 물을 충분히 주고 나무 막대기 등으로 쑤셔(죽쑤기) 뿌리분과 흙을 밀착시키고 기포가 없어지도록 한다.

㉧ 물이 스며든 다음 흙을 채워 덮고, 물집을 만든 후 다시 관수하고 멀칭 한다.

⑥ 흙덮기와 물조임 출제

㉠ 흙덮기는 관목류 중 추위에 대한 피해 막는데 효과적이다.

㉡ 수식(물조임, 물죔)

- 수목을 앉힌 후 토양을 채우는 과정에서 몇 차례 물을 부어가면서 흙을 진흙처럼 만들어 뿌리 사이에 흙이 잘 밀착되도록 막대기나 삽 등으로 다져서 흙속의 기포를 제거하는 방법

- 너무 얕게 심으면 뿌리가 지표위로 올라와 외관상 보기 흉하고 생육에도 지장을 초래하며, 줄기가 흔들려 고사한다.
- 깊게 심으면 공기의 유통이 좋지 않아 뿌리가 썩음

㉢ 토식(흙조임, 흙죔)

- 물을 사용하지 않고 흙을 부드럽게 하여 바닥 부분부터 알맞은 굵기를 가진 막대기로 흙을 잘 다져 뿌리분에 흙이 밀착되도록 하는 방법
- 돈이 많이 드는 단점이 있다.
- 많은 수분을 필요로 하지 않는 수종에 사용(예 : 소나무, 해송, 전나무, 서향, 소철 등)

⑦ 지주 세우기

㉠ 지주란, 수목을 식재한 후 바람으로 인한 뿌리의 흔들림이나 강풍에 의해 쓰러지는 것을 방지하고 활착을 촉진시키기 위해 목재, 철재 파이프, 철선, 와이어로프, 플라스틱 등을 수목에 견고하게 부착시켜 수목을 고정시키는 것을 말한다.

㉡ 수목이 완전히 활착할 수 있도록 지주를 설치하여, 경관적으로 아름답게 수목을 고정시키는 것으로 수목이 정상적으로 활착하고 그 후 생육이 충분해질 때까지 설치해 놓아야 한다.

㉢ 지주의 재료

- 박피 통나무, 각목 또는 고안된 재료(각종 파이프, 와이어로프)를 사용 한다.
- 목재형 지주는 내구성이 강한 것이나 방부처리 한 것을 사용한다.
- 지주목과 수목을 결박하는 부위에는 수간에 고무호스나 새끼, 마닐라 로프 등의 완충재를 사용하여 수간 손상을 방지한다.

㉣ 지주 세우기의 종류 및 방법 출제

- 단각지주 : 수고 1.2m 이하의 소교목과 묘목에 사용
- 이각지주 : 수고 1.2~2.5m 이하의 수목과 소형 가로수에 사용
- 삼발이 지주 : 수고 2m 이상의 나무에 적용하며, 사람 통행이 잦지 않고 경관상 주요 지점이 아닌 곳에 설치한다. 지주와 땅 표면의 각도는 60°로 한다.
- 삼각지주 : 수고 1.2~4.5m의 수목에 사용하며, 가장 많이 사용하는 방법이다. 적당한 높이에 3개의 가로지른 나무 막대기를 설치하고 중간목을 댄다.
- 사각지주 : 미관상 아름답고 가장 튼튼하여 견고하게 고정시킬 필요가 있을 때 사용
- 울타리식(연결형)지주 : 지주목을 군데군데 박고, 대나무나 철선을 가로로 연결하여 사용
- 윤대지주 : 멋있게 하기 위해 철사로 둥글게 테를 만들어 대작용 국화를 재배하는 것처럼 만든 것으로 수양벚나무, 덩굴장미, 등나무 등에 사용한다.
- 당김줄형지주 : 대형 교목과 경관상 가치가 요구되는 곳에 사용한다. 세 방향으로 철선을 당겨 지표에 박은 말뚝에 고정한다.

- 매몰형지주 : 경관상 매우 중요한 위치에 설치하며, 지주목이 통행에 지장 초래한다고 판단되는 경우 사용한다. 노력과 경비가 많이 든다.

〈참고〉 수고 4.5m 이상 – 삼각 또는 당김줄형지주에 사용하며 지주 경사각은 60°
　　　 수고 4.5m 이하 – 2, 3, 4각 지주에 사용하며 지주 경사각은 70°

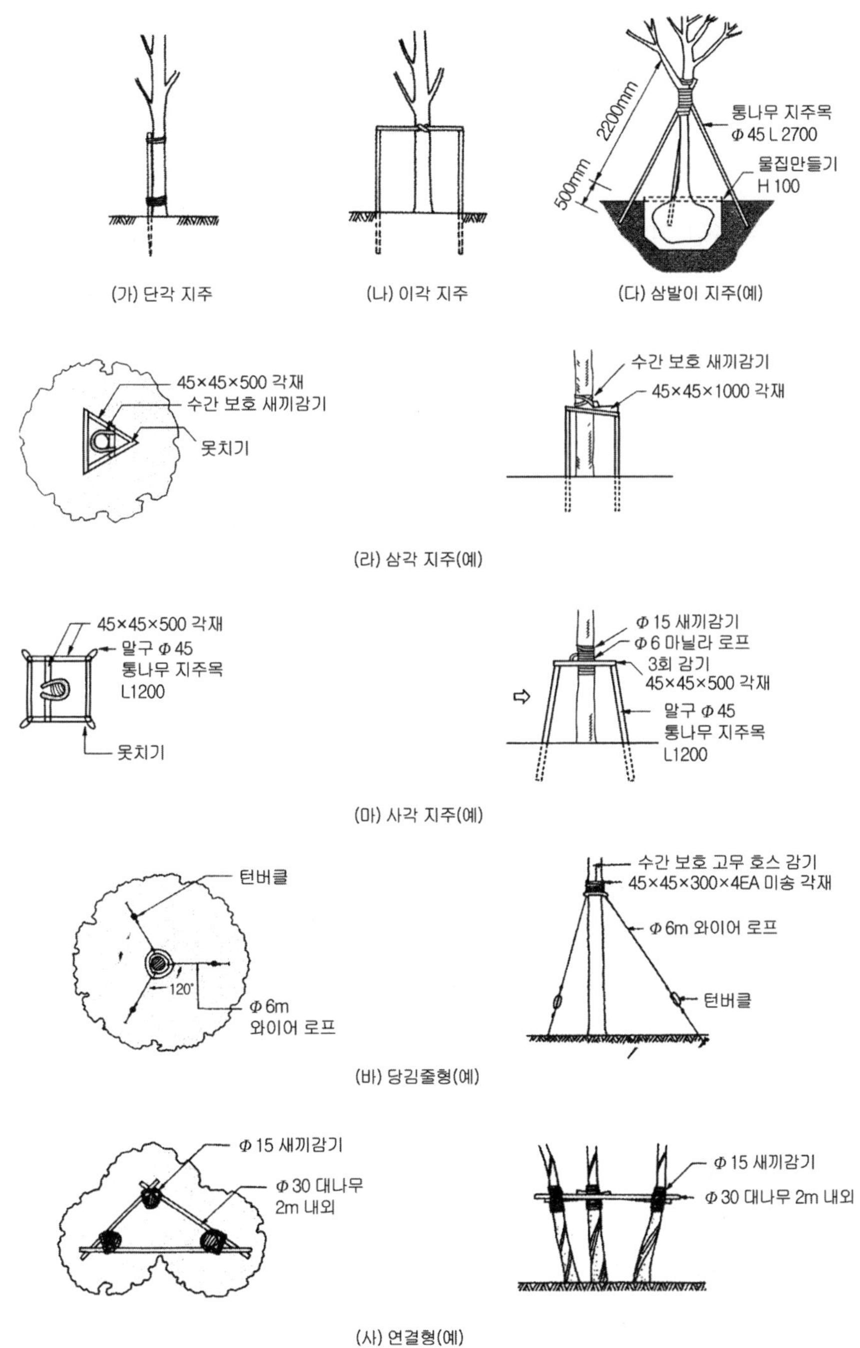

그림. 지주의 종류 및 지주세우기(예)

7. 식재 후 조치

① 가지 솎기

㉠ 식재 전에 전정을 하였거나 식재 과정에서 손상된 가지나 잎, 밀생한 가지 등을 다시 적당히 솎아 내어 수분 증산 면적을 감소시킨다.

㉡ 잎, 밀생지 등을 전정 후 방수처리 한다.

㉢ 발근촉진제(rooton제)와 수분증발억제제(O.E.D 그린, 그린나)를 사용한다.

② 수피감기

㉠ 목적 : 수분 증발 억제, 병해충의 침입 방지, 강한 일사와 건조로부터의 피해 방지 등

㉡ 새끼줄, 거적, 가마니, 종이테이프 등으로 감싸주어 수분증발을 억제한다.

㉢ 소나무 등의 침엽수인 경우 새끼를 감고 그 위에 진흙을 발라주는 이유는 증발 방지뿐만 아니라 수피 속에 살고 있는 해충류(예 : 소나무좀)의 산란과 번식을 예방하며, 해충을 구제하고자 하는데 목적이 있다.

㉣ 진흙이 건조하고 갈라지면 그 틈을 다시 채워준다.

㉤ 쇠약한 상태의 수목, 추위에 약한 수목, 수피가 매끄럽지 못한 수목, 이식 적기가 아닌 계절에 이식하고자 하는 수목에 실시한다.

㉥ 재료 : 새끼, 황마제 tape, 마직포

㉦ 사용수종 : 수피가 얇고 매끈한 나무(단풍나무, 느티나무, 벚나무 등의 활엽수)에 사용

③ 멀칭(Mulching)

㉠ 뿌리분 부위에 자갈, 분쇄목, 짚, 풀, 낙엽, 왕겨, 톱밥, 비닐 등을 5~10cm 두께로 덮어주는 작업

㉡ 멀칭 재료로 뿌리분 지름의 3배정도 되는 면적을 원형으로 덮는다.

㉢ 목적 : 토양 경화방지, 습도 유지, 건조 방지, 잡초 발생 방지, 적당한 지온 유지, 비료의 분해 촉진 등

㉣ 효과

- 여름 건조 시 수분 증발 억제
- 잡초 발생 방지
- 사람들이 밟지 않는 효과
- 가뭄의 해 방지
- 겨울 지온 보호로 동해 방지 : 뿌리를 보호할 수 있다.
- 시비를 한 경우 비료분의 분해를 느리게 하고 표토의 지온을 높임으로써 뿌리발육 촉진

④ 중경 출제

㉠ 수목 주위의 표토를 갈아엎거나 삽, 괭이로 파 엎어 토양층의 공극을 생기게 하여 수분의 모세관현상을 차단시켜 수분증발을 억제하는 방법

㉡ 가뭄의 방지책으로 사용

㉢ 밭갈이 형태로 뿌리분 주위를 갈아줘 증·발산 억제 : 수목 고사에 도움

⑤ 약제 살포

㉠ 이식 수목은 뿌리 및 가지나 잎이 손상되어 쇠약한 상태로서 수분공급과 증산의 균형이 깨져 있으므로, 수분증산억제제와 영양제를 뿌려주는 것이 좋다.

㉡ 상태가 나쁜 수목은 차광시설을 해 주고, 영양제로 수간 주사를 준다.

⑥ 시비

㉠ 과습, 건조기는 피하여 시비

㉡ 이식 당시 시비를 금함 - 새 뿌리 내리면서 시비 시작

㉢ 뿌리활착기는 7월 하순까지이므로 7월 이후에는 칼륨, 인산만 시비한다.

㉣ 질소질 비료는 생장을 계속시켜 세포조직을 연약하게 하고 월동시 동해를 입힐 수 있다.

〈참고〉 조경수목의 하자로 판단되는 기준 : 수관부 가지가 약 2/3이상 고사시

※ 가로수 식재방법

- 차도로 부터의 간격 : 0.65m 이상
- 건물로 부터의 간격 : 5~7m
- 수간거리 : 6~10m

02 잔디 식재

1. 떼심기

① 떼심기 종류

㉠ 평떼 붙이기(전면 떼붙이기)

- 잔디 식재 전 면적에 걸쳐 뗏장을 맞붙이는 방법으로, 단기간에 잔디밭을 조성할 때 시공
- 뗏장 사이를 1~3cm 정도의 간격으로 어긋나게 배열하여 전면에 심는 방법
- 뗏장이 많이 들어 공사비가 많이 든다.

㉡ 어긋나게 붙이기

- 뗏장을 20~30cm 간격으로 어긋나게 놓거나 서로 맞물려 어긋나게 배열하는 붙이기 방법

㉢ 줄떼 붙이기

- 줄 사이를 뗏장 너비 또는 그 이하의 너비로 뗏장을 이어 붙여가는 방법
- 뗏장을 5, 10, 15, 20cm 정도로 잘라서 그 간격을 15, 20, 30cm로 하여 심는다.

② 떼심기 주의점

㉠ 뗏장의 이음새와 뗏장의 가장자리 부분에 흙을 충분히 채우며, 뗏장 위에 뗏밥을 뿌려준다.

㉡ 뗏장을 붙인 후 잔디면을 110~130kg 무게의 롤러로 전압하고(눌러주고) 충분히 관수

㉢ 경사면 시공시 뗏장 1매당 2개의 떼꽂이를 박아 고정시키며 경사면의 아래에서 위쪽으로 식재

2. 종자파종

① 종류

생육온도에 따라 난지형과 한지형으로 구분

② 발아온도 : 난지형은 30~35℃, 한지형은 20~25℃

③ 파종시기

㉠ 난지형(한국잔디) : 늦은 봄이나 초여름(5~6월)

㉡ 한지형 : 늦여름과 초가을(8월말~9월)

④ 토양조건

㉠ 배수가 양호하고 비옥한 사질양토로 토양산도(pH) 5.5이상

㉡ 대부분의 잔디들은 pH 6.0~7.0에서 가장 잘 생육하고 발병률도 적으며 미생물 활동도 왕성하다.

⑤ 배토작업(Top Dressing, 뗏밥주기)

㉠ 잔디의 생육을 왕성하게 한다.

㉡ 지하경의 분리를 막고 잔디를 튼튼하게 한다.

㉢ 잔디 뗏밥주는 시기

- 난지형 잔디 : 6~8월(생육이 왕성할 때 각 1회씩 총 3회를 준다.)
- 한지형 잔디 : 9월

㉣ 잔디 깎은 후와 갱신 작업 후 뗏밥을 넣고 물을 준다(단, 비료를 섞으면 물을 주지 않는다).

⑥ 일반적인 시공순서

경운 → 시비 → 정지 → 파종 → 전압 → 멀칭 → 관수

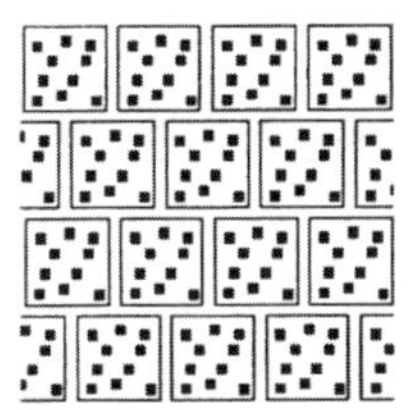

(가) 전면 떼 붙이기

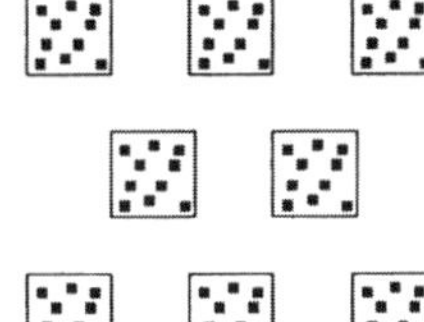

(나) 어긋나게 붙이기

(다) 줄떼 붙이기

그림. 떼심기의 종류

3. 수량산출 및 품셈

① 떼붙임

㉠ 평떼의 경우 잔디 식재 전면적과 동일하게 산출한다.

㉡ 잔디 1장의 규격은 30cm × 30cm로 1m² 당 11매가 소요된다.

㉢ 어긋나게 붙이기, 줄떼 붙이기는 잔디 1장의 규격품(30cm × 30cm)은 1m²당 5.5매 소요

② 종자판의 붙임·종자 살포 및 파종

단위 면적 100m²당 소요 재료량을 산출하고 전체 수량을 산출한다.

출 제 예 상 문 제

01. 수목 식재 시 고려사항이 아닌 것은?

① 구덩이 파기를 뿌리분보다 폭이 최소 30~60cm 이상 크게 하며, 깊이는 15cm 이상 깊게 한다.
② 뿌리분의 높이 절반까지 흙을 채우고 나무를 지탱시킨 후 충분히 관수를 한다.
③ 물조임 시 흙속의 기포를 제거해야 한다.
④ 물주기 전에 지주목을 설치한다.

식재 후 지주목을 제일 마지막에 설치한다.

02. 수목 규격표시 방법으로 적합하지 않은 것은?

① 만경류는 나무길이를 잰다.
② 소철은 잎을 제외한 근원부부터 가지의 높이를 잰다.
③ 쌍간을 가진 나무는 두 가지의 굵기를 합하여 평균값으로 한다.
④ 화살나무의 높이는 근원직경으로 잰다.

쌍간의 경우 각각 흉고직경을 합한 값의 70%가 수목의 최대 흉고직경보다 클 때에는 이를 채택하며, 작을 때에는 각각의 흉고직경 중 최대치를 채택한다.

03. 식재 공사 시 식재 토심의 최소표준으로 틀린 것은?

① 천근성 교목 - 90cm
② 대관목 - 60cm
③ 소관목 - 45cm
④ 잔디 - 35cm

성상별 최소 토심 : 잔디 및 초본류 - 15~ 30cm, 소관목 - 30~45cm, 대관목 - 45~ 60cm, 천근성 교목 - 60~90cm, 심근성 교목 - 90~150cm

04. 수목식재 시 적용품의 기준으로 틀린 것은?

① 뿌리돌림시 근원직경의 4배분을 정한다.
② 나무높이에 의한 식재시 지주목을 설치하지 않을 때 조경공과 보통인부의 품에 20%를 감한다.
③ 은행나무, 오동나무, 플라타너스 등은 근원직경에 의한 식재품을 적용한다.
④ 관목류의 식재시 분이 없는 경우는 굴취시 품의 20%를 감한다.

은행나무, 오동나무, 플라타너스는 흉고직경에 의한 식재품을 적용한다.

05. 관목을 식재할 경우 공사 요령 중 틀린 것은?

① 최소 토심이 15cm 이상이어야 한다.
② 이식 후 흙을 반쯤 채우고 새끼줄을 느슨하게 풀어주며 물을 준다.
③ 필요시 지주목을 설치하여 활착을 돕는다.
④ 객토용 토양은 사질양토가 좋다.

소관목 : 30~45cm, 대관목 : 45~60cm의 토심을 가져야 한다.

06. 식재 후 관수 방법이 아닌 것은?

① 여름에는 저녁보다 한낮에 관수하는 것이 좋다.
② 식재 후 여름을 넘기면 활착되었다고 보아도 좋다.
③ 식재 후 10일에 한 번 물을 흠뻑 준다.
④ 여름에는 한낮보다 아침이나 저녁에 관수하는 것이 좋다.

관수 시 한낮에는 관수 효율이 떨어지므로 피하는 것이 좋다. 아침이나 오후 늦은 시간에 관수하는 것이 효율적이다.

정답 1④ 2③ 3④ 4③ 5① 6①

07. 굴취된 수목을 차량으로 운반할 때 유의해야 할 사항 중 옳지 않은 것은?

① 수목의 호흡작용을 위해 시트를 덮지 않아야 한다.
② 진동을 방지하기 위해 차량 바닥에 흙이나 거적을 깐다.
③ 부피를 작게 하기 위해 가지를 죄어 맨다.
④ 소운반시 땅바닥에 끄는 일이 없도록 한다.

> 수목 운반시 시트를 덮어 주어야 한다.

08. 우리나라 조경용 수목의 재료 할증률은?

① 3% 이하　② 5%
③ 8%　④ 10%

09. 수목 식재시 식재 구덩이에 뿌리분을 앉힌 후 흙은 1/3~1/2정도 채우고 물을 충분히 준 다음 통나무 등으로 죽 상태가 되도록 충분히 쑤신다. 이렇게 죽쑤기를 하는 이유 중 적합하지 않는 것은?

① 뿌리분과 흙이 밀착되도록 한다.
② 흙이 다져지면 모세관 현상에 의해 지하수분이 뿌리까지 오게 되므로
③ 뿌리분 주위에 배수가 안되는 층을 조성하여 뿌리분에 좀 더 많은 수분을 지속적으로 공급하기 위하여
④ 뿌리분 주위의 공극을 없애 새로 나오는 뿌리가 마르지 않도록 하기 위하여

10. 체인블록의 용도로 볼 수 없는 것은?

① 무거운 돌을 지면에 놓을 때 쓰인다.
② 무거운 수목을 싣거나 부릴 때 쓰인다.
③ 무거운 물체를 가까운 거리에 운반한다.
④ 무거운 돌을 높이 쌓는다.

11. 다음 중 장마철에 이식할 수 있는 수종은?

① 대나무　② 상록활엽수
③ 침엽수　④ 낙엽활엽수

12. 상록활엽수의 이식시기로 부적당한 것은?

① 발아전
② 추계생장휴지기
③ 신엽의 발아기
④ 신엽의 조직이 어느 정도 굳어졌을 때

13. 낙엽수의 이식 적기는?

① 장마철
② 여름에서 낙엽 전까지
③ 낙엽 후 이른 봄까지
④ 한겨울이나 한여름

14. 수목의 생리상 이식 시기로 가장 적당한 시기는?

① 뿌리활동이 시작되기 직전
② 뿌리활동이 시작된 후
③ 새 잎이 나온 후
④ 한창 생장이 왕성한 때

> 수목의 이식시기는 뿌리의 활동이 시작하기 직전이 좋으며, 활착이 어려운 하절기(7~8월)와 동절기(12~2월)는 피한다.

15. 상록활엽수의 이식 적기로 가장 좋은 것은?

① 이른 봄과 장마철
② 여름철과 겨울
③ 초겨울과 늦은 봄
④ 꽃이 진 시기

> 침엽수의 이식 적기는 3월 중순 ~ 4월 중순, 9월 하순. 상록활엽수의 이식 적기는 보통 봄철 잎이 나오기 전, 6월 상순 ~ 7월 상순, 장마철이 좋다.

정답 7① 8④ 9③ 10③ 11② 12③ 13③ 14① 15①

16. 다음 중 낙엽활엽수의 이식 시기로 가장 알맞은 것은?

① 증산이 활발한 생육기
② 증산량이 적은 휴면기
③ 꽃이 피는 개화기
④ 장마철

낙엽활엽수는 가을에 낙엽이 진 후, 봄에 생장을 시작하기 전과 증산량이 적은 휴면기에 이식하는 것이 좋다.

17. 다음 중 이식계획에 포함되어야 할 내용이 아닌 것은?

① 기존 성장지역의 환경에 대한 조사
② 실제 식재되는 지역에 대한 조사
③ 운반에 대한 조사
④ 기계사용에 관한 조사는 계획하지 않는다.

기계사용에 관한 조사도 계획하여야 한다.

18. 상록활엽수를 6~7월의 장마철에 옮겨 심는 이유는?

① 장마 후 고온의 피해가 적기 때문에
② 증산억제제의 효과가 좋아서
③ 신초의 세포분열이 왕성하여 내용물이 굳어지기 때문에
④ 착근까지 토양이 건조하지 않기 때문에

19. 뿌리분의 크기는 어느 정도가 적당한가?

① 근원지름의 2~3배
② 근원지름의 3~4배
③ 근원지름의 4~6배
④ 근원지름의 5~7배

뿌리분의 크기는 근원지름의 4~6배(보통 4배)로 한다.

20. 다음 중 분의크기를 바르게 나열한 것은?

① 상록활엽수 〉 침엽수 〉 낙엽활엽수
② 침엽수 〉 낙엽활엽수 〉 상록활엽수
③ 낙엽활엽수 〉 상록활엽수 〉 침엽수
④ 상록활엽수 〉 낙엽활엽수 〉 침엽수

21. 천근성 수종의 뿌리분 모양은?

① 보통분 ② 조개분
③ 접시분 ④ 천근분

보통분(일반수종), 조개분(심근성 수종),
접시분(천근성 수종)

22. 식재 구덩이의 크기는 얼마정도가 적당한가?

① 분의 크기의 2~3배
② 분의 크기의 1~2배
③ 분의 크기의 1.5~3배
④ 분의 크기의 3~4배

23. 수목 식재 시 주의할 사항으로 맞는 것은?

① 전생지(前生地)의 깊이로 앉힌다.
② 관상방향은 어떤 방향이나 상관없다.
③ 깊이 심는다.
④ 수목의 위치는 바꿀 수 없다.

② 관상방향은 전면을 선정해야 하며 ③ 깊이 심으면 뿌리가 썩거나 뿌리호흡이 부적당 하고 ④ 수목의 위치는 바꿀 수 있다.

24. 수목 식재 시 유의사항으로 틀린 것은?

① 물조임과 흙조임의 방법을 수종에 따라 다르게 실시한다.
② 건축현장에서는 반드시 이물질을 제거한다.
③ 어린나무의 경우 새끼나 가마니는 그대로 두고 식재한다.
④ 뿌리분과 주위 흙의 공간을 없앤다.

③ 어린나무의 경우 새끼나 가마니는 제거한다.

정답 16② 17④ 18③ 19③ 20① 21③ 22③ 23① 24③

25. 다음 중 모란의 이식 적기는?

① 2월 상순 ~ 3월 상순
② 3월 상순 ~ 4월 상순
③ 6월 상순 ~ 7월 중순
④ 9월 중순 ~ 10월 중순

26. 다음 중 이식하기 가장 어려운 수종은?

① 목련 ② 쥐똥나무
③ 가이즈까향나무 ④ 명자나무

이식이 쉬운 수종 : 편백, 측백, 낙우송, 메타세쿼이아, 향나무, 사철나무, 쥐똥나무, 철쭉류, 벽오동, 은행나무, 버즘나무(플라타너스), 수양버들, 무궁화, 명자나무 등. 이식이 어려운 수종 : 소나무, 전나무, 목련, 오동나무, 녹나무, 왜금송, 태산목, 탱자나무, 생강나무, 서향, 칠엽수, 진달래, 주목, 가시나무, 굴거리나무, 느티나무, 백합나무, 감나무, 자작나무 등

27. 다음 중 이식하기 가장 쉬운 수종은?

① 가시나무 ② 독일가문비나무
③ 자작나무 ④ 플라타너스

26번 해설 참고

28. 수고 1.2m 이하의 소교목인 수양버들, 위성류 등에 알맞은 지주목은?

① 단각지주 ② 이각지주
③ 삼각지주 ④ 사각지주

29. 가장 많이 사용하는 지주세우기의 방법으로 가로대를 설치하고 중간목을 대는 형태의 지주목은?

① 단각지주 ② 이각지주
③ 삼각지주 ④ 사각지주

30. 수목의 뿌리돌림에 대한 작업방법으로 올바른 것은?

① 한자리에 오래 심겨져 있는 나무를 옮길 경우에만 실시한다.
② 뿌리돌림을 실시하는 시기는 반드시 4계절 중 수액이 이동하기 전 봄철에 실시한다.
③ 뿌리돌림을 할 때 노출되는 뿌리는 모두 잘라버린다.
④ 수종의 특성에 따라 가지치기, 잎 따주기 등을 하고 필요시 임시 지주를 설치한다.

① 뿌리돌림은 이식이 어려운 나무, 노목이나 큰 나무 등에 이식 전에 미리 잔뿌리를 발달시키기 위한 사전작업 ② 뿌리돌림은 봄과 가을, 해토직후부터 4월 상순 사이에 하는 것이 좋다. ③ 수목을 지탱하기 위해 굵은 뿌리를 3~4방향으로 한 개씩 남겨두고, 곧은 뿌리는 자르지 않고 남겨두어 환상박피 한다.

31. 수목 식재 후 관리사항으로 필요 없는 것은?

① 전정 ② 뿌리돌림
③ 가지치기 ④ 시비

뿌리돌림은 수목 굴취전에 미리 잔뿌리를 발달시켜 이식력을 높이기 위한 것이다.

32. 큰 나무의 뿌리돌림에 대한 설명 중 옳지 못한 것은?

① 굵은 뿌리를 3~4개 정도 남겨둔다.
② 굵은 뿌리 절단시는 톱으로 깨끗이 절단한다.
③ 뿌리돌림을 한 후에 새끼로 뿌리분을 감아두면 뿌리의 부패를 촉진하여 좋지 않다.
④ 뿌리돌림을 하기 전 지주목을 설치하여 작업하는 것이 좋다.

③ 새끼로 뿌리분을 감아 분이 깨지는 것을 방지한다.

정답 25 ④ 26 ① 27 ④ 28 ① 29 ③ 30 ④ 31 ② 32 ③

33. 많은 나무를 모아 심었거나 줄지어 심었을 때 적합한 지주설치법은?

① 단각지주 ② 이각지주
③ 삼각지주 ④ 연결형지주

연결형(연계형, 울타리식)지주 : 산울타리의 열식 또는 가까운 거리에 여러 수목을 모아심었을 때 인접한 수목끼리 대나무 등을 가로로 연결하는 방법

34. 수목의 가슴높이 지름을 나타내는 기호는?

① H ② W
③ B ④ R

35. 다음 기구 중 수목의 흉고직경을 측정하는데 사용하는 것은?

① 경척 ② 덴드로메타
③ 와이어제측고기 ④ 윤척

④ 수목의 직경을 표시하는 기구는 윤척(캘리퍼스)이다.

36. 다음 중 흉고직경을 측정할 때 지상으로부터 얼마 높이의 부분을 측정하는 것이 이상적인가?

① 60cm ② 90cm
③ 120cm ④ 200cm

37. 다음 설명 중 맞는 것은?

① 지표로부터 줄기 끝가지의 높이를 수고라 하고 도장지까지 포함한다.
② 지표로부터 줄기 끝가지의 높이를 수고라 하고 도장지는 2/3까지만 포함한다.
③ 지표로부터 줄기 끝가지의 높이를 수고라 하고 도장지는 1/2까지만 포함한다.
④ 지표로부터 줄기 끝가지의 높이를 수고라 하고 도장지는 포함하지 않는다.

38. 조경에서 수목의 규격표시와 기호 및 단위가 알맞게 짝지어진 것은?

① 수관폭 – R – cm
② 수고 – D – m
③ 흉고직경 – B – cm
④ 지하고 – BH – m

① 수관폭 - W - m
② 수고 - H - m

39. 소나무 이식 후 줄기에 새끼를 감고 진흙을 바르는 가장 주된 목적은?

① 건조로 말라 죽는 것을 막기 위하여
② 줄기가 햇볕에 타는 것을 막기 위하여
③ 추위에 얼어 죽는 것을 막기 위하여
④ 소나무 좀의 피해를 예방하기 위하여

④ 소나무 좀의 피해를 예방하는 것이 가장 주된 목적이다. 다음 목적은 건조로 말라죽는 것을 막는 것이다.

40. 이식할 수목의 가식장소와 그 방법의 설명으로 잘못된 것은?

① 공사의 지장이 없는 곳에 감독관의 지시에 따라 가식 장소를 정한다.
② 그늘지고 배수가 잘 되지 않는 곳을 선택한다.
③ 나무가 쓰러지지 않도록 세우고 뿌리분에 흙을 덮는다.
④ 필요한 경우 관수시설 및 수목 보양시설을 갖춘다.

가식장소는 사질양토로 배수가 잘 되는 곳으로 하여야 한다. 또한 바람이 없고 약간 습한 곳, 식재지에서 가까운 곳, 그늘이 많이 지는 곳이 좋다.

정답 33 ④ 34 ③ 35 ④ 36 ③ 37 ④ 38 ③ ④ 39 ④ 40 ②

41. 이식한 나무가 활착이 잘 되도록 조치하는 방법 중 옳지 않은 것은?
① 현장조사를 충분히 하여 이식계획을 철저히 세운다.
② 나무의 식재방향과 깊이는 원래대로 한다.
③ 뿌리가 내려지면 무기질 거름을 충분히 넣고 식재한다.
④ 방풍막을 세우고 영양액을 살포해 준다.

뿌리가 내려지면 잘 숙성된 유기질 거름을 충분히 넣고 식재한다.

42. 수목 이식 후에 멀칭을 하는데 멀칭의 효과가 아닌 것은?
① 수분 증발 촉진
② 잡초발생 억제
③ 가뭄의 해 방지
④ 겨울 지온의 보호와 동해방지

수목 이식 후 멀칭을 하면 수분 증발을 억제한다.

43. 다음 중 중부지방에서 방한조치가 필요한 수목은?
① 은행나무　② 대나무
③ 배롱나무　④ 소나무

44. 이식시 강한 햇볕에 수피가 타 죽는 현상을 방지하기 위한 방법은?
① 물주기　② 줄기감기
③ 가지치기　④ 흙묻기

줄기감기 : 여름철 더위와 수분증발을 막고 겨울철 동해를 방지하기 위해 실시. 햇볕에 수피가 타 죽는 것을 방지하기 위해 5월경 줄기를 감아주거나 진흙을 발라준다.

45. 상록활엽수류를 이식한 후 증산억제제로 사용하는 것은?
① 그린나　② 메네델
③ 보르도액　④ 아토닉

증산억제제는 그린나(그린너)와 OED그린을 주로 사용한다.

46. 뿌리돌림은 보통 나무를 이식하고자 한 날로부터 얼마동안 떨어져서 실시하는가?
① 1개월~3개월 후
② 1개월~3개월 전
③ 6개월~3년 후
④ 6개월~3년 전

뿌리돌림은 이식 6개월~3년(1년)전에 실시한다.

47. 뿌리돌림을 할 때 추후에 다시 흙을 되메우기를 하는데 다음 설명 중 맞는 것은?
① 물 주입을 금한다.
② 거름, 부엽토는 잔뿌리 발생을 방해한다.
③ 물이 괴일 경우 그냥 놔둔다.
④ 공간이 생기게 한다.

② 거름과 부엽토를 섞어 잔뿌리 발생을 촉진한다.
③ 물이 괴일 경우에는 배수장치를 해준다.
④ 공간이 생기면 안된다.

48. 다음 중 수피감기의 효과가 아닌 것은?
① 수분증산억제
② 병충해 침입 예방
③ 잡초발생 방지
④ 여름 햇볕에 줄기가 타는 것을 막아 줌

잡초발생 방지는 멀칭의 효과이다.

정답 41 ③ 42 ① 43 ③ 44 ② 45 ① 46 ④ 47 ① 48 ③

49. 수목을 굴취한 이후 옮겨심기 순서의 설명이 가장 옳은 것은?

① 구덩이파기 → 수목 넣기 → 2/3정도 흙 채우기 → 물 부어 막대 다지기 → 나머지 흙 채우기
② 구덩이파기 → 수목 넣기 → 물 붓기 → 2/3정도 흙 채우기 → 다지기 → 나머지 흙 채우기
③ 구덩이파기 → 2/3정도 흙 채우기 → 수목 넣기 → 물 부어 다지기 → 나머지 흙 채우기
④ 구덩이파기 → 물 붓기 → 수목 넣기 → 나머지 흙 채우기

50. 수목 인출선의 내용이 $\frac{3-\text{소나무}}{H3.0 \times W2.5}$ 일 때, 이에 대한 설명으로 잘못된 것은?

① 소나무 3주를 심는다는 뜻이다.
② H의 단위는 cm이다.
③ W는 수관폭을 의미한다.
④ 소나무의 높이는 300cm이다.

H의 단위는 m이다.

51. 수목의 식재품 적용시 흉고직경에 의한 식재품을 적용하는 것이 가장 적합한 수종은?

① 산수유　② 은행나무
③ 꽃사과　④ 백목련

흉고직경(B)에 의한 식재품은 계수나무, 가중나무, 메타세쿼이아, 벽오동, 수양버들, 벚나무, 은행나무, 자작나무, 백합나무, 층층나무, 플라타너스, 현사시나무 등이 있다.

52. 조경수목의 규격을 표시할 때 수고와 수관폭으로 표시하는 것이 좋은 수종은?

① 느티나무　② 주목
③ 은사시나무　④ 벚나무

상록침엽수는 수고와 수관폭(H×W)으로 표시하는 것이 좋다.

53. 느티나무의 수고가 4m, 흉고지름이 6cm, 근원지름이 10cm인 뿌리분의 지름 크기는 대략 얼마 정도로 하는 것이 좋은가?(단, A=24+(N−3)d, d : 상수(상록수 : 4, 낙엽수 : 5))

① 29cm　② 39cm
③ 49cm　④ 59cm

A=24+(N−3)d의 공식에서 근원지름이 10cm 이기 때문에 N=10, 느티나무가 낙엽수이기 때문에 d=5가 된다.

54. 다음 중 뿌리뻗음이 가장 웅장한 느낌을 주고 광범위하게 뻗어가는 수종은?

① 소나무
② 느티나무
③ 목련
④ 수양버들

55. 수목의 굴취방법에 대한 설명으로 틀린 것은?

① 옮겨 심을 나무는 그 나무의 뿌리가 퍼져 있는 위치의 흙을 붙여 뿌리분을 만드는 방법과 뿌리만을 캐내는 방법이 있다.
② 일반적으로 크기가 큰 수종, 상록수, 이식이 어려운 수종, 희귀한 수종 등은 뿌리분을 크게 만들어 옮긴다.
③ 일반적으로 뿌리분의 크기는 근원 반지름의 4~6배를 기준으로 하며, 보통분의 깊이는 근원 반지름의 3배이다.
④ 뿌리분의 모양은 심근성 수종은 조개분 모양, 천근성인 수종은 접시분 모양, 일반적인 수종은 보통분으로 한다.

③ 뿌리분의 크기는 근원지름의 4~6배이다.

정답　49 ①　50 ②　51 ②　52 ②　53 ④　54 ②　55 ③

56. 들잔디 파종시 파종량은 m^2 당 어느 정도가 좋은가?

① 5g이하
② 5~10g
③ 10~20g
④ 20~30g

m^2 당 파종량은 들잔디는 10~20g, 서양잔디는 5~7g이다. 1ha의 면적에 잔디종자 약 50~150kg정도 파종

57. 잔디밭을 조기 피복하기 위해 실시하는 떼심기 방법은?

① 평떼 붙이기
② 어긋나게 붙이기
③ 줄떼 붙이기
④ 맞물려 어긋나게 붙이기

평떼 붙이기는 잔디의 소요매수나 비용이 많이 들지만 잔디밭을 조기 피복하기 위해 실시하는 떼심기 방법이다.

58. 한국잔디의 생육적온은?

① 20~25℃ ② 10~15℃
③ 25~35℃ ④ 15~25℃

59. 다음 중 들잔디의 파종시기는?

① 3월 하순 ② 4월
③ 5월 ④ 9월

60. 법면 구축시 대상(帶狀)으로 인공 뗏장을 수평방향에 줄모양으로 삽입하는 식생공은?

① 식생자루공 ② 식생반공
③ 식생띠공 ④ 식생혈공

61. 비탈면의 안정을 위한 떼심기 내용으로 틀린 것은?

① 비탈면을 고르게 정지작업하고, 돌이나 식물의 뿌리를 제거한다.
② 위에서 아래로 어긋나게 떼심기 한다.
③ 비탈어깨나 끝에 배수로를 설치한다.
④ 잔디 1장에 2개 이상의 떼꽂이 박기를 한다.

아래에서 위방향으로 떼심기 한다.

62. 건조하고 척박한 급경사지의 조기 녹화를 위한 잔디식재 공법은?

① 시드 매트 ② 시드 로프
③ 시드 밸트 ④ 하이드로 시딩

63. 잔디 1장의 규격이 0.3×0.3×0.03일 때 $1m^2$ 에 필요한 뗏장수는?(전면붙이기)

① 10장 ② 11장
③ 15장 ④ 20장

잔디 1장의 규격이 30cm × 30cm이므로 $1m^2$ 당 11매가 들어간다.

64. 다음 중 $40m^2$의 면적에 팬지를 20cm × 20cm 간격으로 심고자한다. 팬지 묘의 필요 본수로 가장 적당한 것은?

① 100본 ② 250본
③ 500본 ④ 1,000본

팬지 $1m^2$ 에 심을 수 있는 개수는 규격이 20cm이므로 1m의 길이에 5본씩 $1m^2$ 에 25본이 들어간다. 그러므로 25본 × $40m^2$ = 1,000본이 적당하다.

정답 56 ③ 57 ① 58 ③ 59 ③ 60 ③ 61 ② 62 ④ 63 ② 64 ④

65. 가로 1m × 세로 10m 공간에 H0.4 × W0.5 규격의 철쭉으로 생울타리를 조성하려고 한다. 사용되는 철쭉의 수량은?

① 약 20주 ② 약 40주
③ 약 80주 ④ 약 120주

철쭉의 규격이 W0.5이므로 1m의 길이에 2주가 들어가므로 $1m^2$에는 4주가 들어간다. 가로 1m × 세로 10m 이므로 $10m^2$의 면적이 되므로 4주×$10m^2$=40주가 된다.

66. 자연석 100ton을 절개지에 쌓으려 한다. 다음 표를 참고할 때 노임은 얼마인가?

구분	조경공	보통인부
쌓기	2.5인	2.3인
놓기	2.0인	2.0인
1일 노임	30,000원	10,000원

① 2,500,000원
② 5,600,000원
③ 8,260,000원
④ 9,800,000원

자연석을 쌓기 때문에 구분에서 놓기는 필요가 없는 부분이다. 쌓기에서 조경공이 2.5인, 보통인부가 2.3인이므로 조경공과 보통인부에게 주어진 쌓기 인수와 1일 노임, 전체 자연석(100ton)을 곱해주고 조경공과 보통인부를 더해주면 된다. 조경공 2.5인 × 30,000원 × 100ton, 보통인부 2.3인 × 10,000원 × 100ton. 조경공과 보통인부를 더해주면 9,800,000원이다.

67. 다음 잔디의 종류 중 잔디깎기에 가장 약한 것은?

① 켄터키블루그래스
② 버뮤다그래스
③ 금잔디
④ 밴트그래스

켄터키블루그래스는 보기에 나와 있는 다른 잔디에 비해 잔디깎기에 가장 약하다.

68. 수목의 이식시 조개분으로 분뜨기 했을때 분의 깊이는 근원직경의 몇 배 정도로 하는 것이 적당한가?

① 2배 ② 3배
③ 4배 ④ 5배

이식시 조개분으로 분뜨기 했을 때 분의 깊이는 근원직경의 4배로 한다.

69. 수목종자의 저장 방법 설명으로 틀린 것은?

① 건조저장은 종자를 30% 이내의 함수량이 되도록 건조시킨다.
② 보호저장은 은행, 밤, 도토리 등을 모래와 혼합하여 실내나 창고에서 5℃로 유지한다.
③ 밀봉저장은 가문비나무, 삼나무, 편백 등의 종자를 유리병이나 데시케이터 등에 방습제와 함께 넣는다.
④ 노천매장은 잣나무, 단풍나무류, 느티나무 등의 종자를 모래와 1 : 2의 비율로 섞어 양지쪽에 묻는다.

70. 잔디의 거름주기 방법으로 적당하지 않은 것은?

① 질소질 거름은 1회 주는 양이 $1m^2$ 당 10g정도 주어야 한다.
② 난지형 잔디는 하절기에 한지형 잔디는 봄과 가을에 집중해서 거름을 준다.
③ 한지형 잔디의 경우 고온에서의 시비는 피해를 촉발시킬 수 있으므로 가능하면 시비를 하지 않는 것이 원칙이다.
④ 가능하면 제초작업 후 비 오기 직전에 실시하며 불가능시에는 시비 후 관수한다.

질소는 연중 4~16g/m^2, 1회 4g/m^2 이하 필요하다.

정답 65 ② 66 ④ 67 ① 68 ③ 69 ① 70 ①

제6장
조경관리

01 조경관리 계획

01 조경관리의 뜻과 내용

1. 조경관리의 의의와 목적

① 조경관리의 의의

㉠ 조경이 이루어진 공간의 모든 시설과 식물이 설계자의 설계 의도에 따라 운영되고, 이용하는 사람들이 요구하는 기능을 항상 유지하면서 충분히 발휘할 수 있도록 관리하는 것

㉡ 환경의 재창조와 쾌적함의 연출로서 조경관리 질적 수준의 향상과 유지를 기하고 운영 및 이용에 관해 관리하는 것

② 조경관리의 목적

㉠ 조경공간의 질적인 수준을 향상시키고 유지하기 위한 것

㉡ 이용자의 안전하고 쾌적한 이용과 최소의 경비와 인원으로 효율적인 운영 및 관리를 하기 위한 것

③ 조경관리의 범위

㉠ 일반주택부터 국립공원까지 조경공간에 형성되는 모든 조경시설물과 자연물

㉡ 학교정원, 자연공원, 도시공원, 공공건물 등이 대상공간이다.

㉢ 도로, 철도, 공업단지의 조경공간도 대상이 된다.

㉣ 화훼단지는 조경관리 대상이 될 수 없다(화훼관리는 조경관리에 포함되지 않는다).

2. 조경관리의 내용

① 운영관리 : 이용 가능한 구성요소를 더 효과적이며 안전하게 그리고 더 많이 이용하게 하는 관리방법으로 예산, 재무제도, 조직, 재산 등의 관리가 운영관리에 속함

㉠ 주택정원

- 개인 생활의 확보와 최상의 주거 조건을 유지할 수 있도록 하여야 한다.
- 주택과 정원이 일체가 되도록 수목이나 시설물을 관리한다.

- 주택 정원의 기능은 주거 조건 확보가 최우선이 되도록 관리한다.
- 도시에서는 이웃 주민의 환경 확보도 고려하여 통풍, 채광, 녹음, 방재 및 소규모 개인 휴식 공간으로서 역할 등의 내용에 신경을 써야 한다.

㉡ 공동주택단지의 정원

- 개인 생활의 주거 공간 확보보다는 공동 휴식처로서 뜻을 더 크게 두어야 하는 장소
- 시설물이나 잔디, 수목류의 보전에 우선한다.
- 시설물이나 식물들은 훼손되지 않도록 주민들에게 여러 방법을 통해 계도한다.
- 모든 시설물에 이용 수칙을 정하여 이용자가 이를 알고 지킬 수 있도록 알린다.
- 모든 시설물은 주민 전체가 고루 이용할 수 있도록 이용 계획을 세워 관리한다.

㉢ 도시공원

- 국가 또는 지방 공공단체가 국민에게 제공하는 공원으로 도시자연공원, 근린공원, 어린이공원, 체육공원, 묘지공원 등이 있다.
- 이용자의 불편을 덜기 위한 공원 내 안내방송 및 각종 표지판 등의 마련
- 사고 예방을 위한 경비 업무 강화 및 공원 내 공간의 청결 유지를 위한 청소 및 제초
- 시설의 안전 점검을 통한 파손 부분의 신속한 복원 등 모든 조치를 충분히 취함

㉣ 자연공원

- 아름다운 경관과 많은 야생 동식물이 서식하고 있는 곳으로, 넓은 지역의 환경을 보호하면서 레크리에이션 등의 공간으로 이용할 수 있도록 조성한 공원
- 국립공원, 도립공원, 군립공원 등이 여기에 속하며, 국립공원관리공단과 지방자치단체가 운영

② 유지관리

㉠ 조경식물과 시설물을 이용하기에 적합한 상태로 유지할 수 있도록 점검, 보수를 하여 구성요소의 설치목적에 따라 그 기능이 공공을 위한 서비스 제공을 원활히 하는 것

㉡ 좁은 의미의 조경관리란 유지관리를 말한다.

㉢ 휴양시설, 놀이시설, 운동시설, 편익시설, 조명시설 등을 관리내용으로 한다.

㉣ 잔디, 초화류, 식재수목, 기반시설물 등의 관리가 유지관리에 속함

③ 이용관리

㉠ 조성된 조경공간에 이용자 형태와 선호를 조사 · 분석하여 그 시대와 사회에 맞는 적절한 이용 프로그램을 개발하여 이용에 대한 기회를 증가시키는 방법

㉡ 이용자에게 서비스를 제공하여 편리한 이용이 되도록 한다.

㉢ 주민참여 유도, 안전관리, 홍보, 이용지도, 행사프로그램 주도 등이 이용관리에 속함

㉣ 이용자 관리 : 대상지의 보존 차원에서 이용자의 행위를 규제하고, 적절한 이용이 되도록 지도·감독하는 것과 편리한 이용이란 차원에서 이용자가 필요로 하는 서비스를 제공하는 것

– 이용지도 : 공원 내에서 행위의 금지 및 주의, 이용안내, 상담, 레크리에이션 지도 등으로 이용자가 편리하게 이용할 수 있게 배려하는 것

– 안전관리(사고의 종류) 출제

- 설치하자에 의한 사고 : 시설구조 자체의 결함, 시설배치 또는 설치의 미비로 인한 사고
- 관리하자에 의한 사고 : 시설의 노후, 위험한 장소에 대한 안전대책 미비, 위험물 방치로 인한 사고
- 보호자, 이용자 부주의에 의한 사고 : 부주의, 부적정 이용, 보호자의 감독 불충분, 자연재해 등에 의한 사고

3. 조경관리 과정

① 조경의 과정 : 자료수집 및 조사 → 설계 → 시공 → 관리(운영, 유지)

② 조경관리 과정 : 서비스 개시 → 기능의 유지, 확보 → 개선(개선요인, 기능의 감소요인 제거, 기능의 증대) → 개조

02 연간관리계획

1. 작업의 종류 출제

① 정기작업 : 청소, 점검, 수목의 전정, 병충해 방제, 거름주기, 페인트칠 등

② 부정기작업 : 죽은 나무 제거 및 보식, 시설물의 보수 등

③ 임시작업 : 태풍, 홍수 등 기상재해로 인한 피해 등

2. 작업계획의 수립

① 작업의 중요도에 따라 우선순위를 정하고, 그에 따른 예산을 계획단계에서 세운다.

② 정기적 관찰, 점검, 청소와 연간계획을 실시하면서 생기는 변화에 단기적 유지관리 계획을 세우고 시설물, 목재 등에는 20~30년간의 중·장기 계획수립이 필요하다.

㉠ 벤치 및 야외탁자 : 6개월에 1회 작업계획을 수립

㉡ 단기계획 : 2~3년 간격으로 페인트 칠, 보수계획 등의 작업계획을 수립

㉢ 장기계획 : 15~30년 간격으로 시설구조물 등의 작업계획을 수립

㉣ 연간계획 : 식물관리(병충해 방제, 전정, 시비, 수관손질 등) 작업계획을 수립

3. 작업시기 및 내용

① 조경식물은 계절에 따라 작업 내용이 달라지고, 일정한 시기에 작업을 하여야 하기 때문에 이를 고려하여 계획을 세워야 한다.

② 낙엽수 전정 : 12월 ~ 2월

③ 추비 : 생육도중에 주는 비료

④ 제초제 : 6월 중순 ~ 9월

4. 조경관리 계획의 예

表. 식물관리의 작업시기 및 연간 작업 횟수의 예

	작업종류	작업시기 및 횟수													적 요
		4월	5월	6월	7월	8월	9월	10월	11월	12월	1월	2월	3월	연간 작업 횟수	
식재지	전정(상록)		―	―			―	―						1~2	
	전정(낙엽)				―	―			―	―	―	―		1~2	
	관목다듬기		―	―	―	―	―	―	―					1~3	
	깍기(생울타리)		―	―	―	―	―	―	―					3	
	시 비			―						―	―	―	―	1~2	
	병충해 방지		―	―	―	―	―	…			―	―		3~4	살충제 살포
	거적감기							―	―			―		1	동기 병충해 방제
	제초·풀베기	―	―	―	―	―	―	―	―					3~4	
	관 수			―	―	―								적 의	식재장소, 토양조건 등에 따라 횟수 결정
	줄기감기		―											1	햇볕에 타는 것으로부터 보호
	방 한	―							―	―			…	1	난지에는 3월부터 철거
	지주결속 고치기	…	…	…	―	―	―	…	…	…	…	…	…	1	태풍에 대비해서 8월 전후에 작업

	작업종류	작업시기 및 횟수													적 요
		4월	5월	6월	7월	8월	9월	10월	11월	12월	1월	2월	3월	연간 작업 횟수	
잔디밭	잔디깎기		—	—	—	—	—	—						7~8	
	뗏밥주기	—										—	—	1~2	운동공원에는 2회 정도 실시
	시 비	—	—	—	—	—	—					—	—	1~3	
	병충해 방지	—		—	—	—	—						—	3	살균제 1회, 살충제 2회
	제 초	—	—	—	—	—	—	—						3~4	
	관 수				—	—	—							적 의	
화단	식재교체	—	—	—	—	—	—	—	—	—			—	4~5	
	제 초		—	—	—	—	—	—	—	—				4	식재교체기간에 1회 정도
	관수(pot)	—	—	—	—	—	—	—	—	—	—	—	—	70~80	노지는 적당히 행한다.
원로	풀 베 기	…	—	—	—	—	—	—						5~6	
	제 초	—	—	—	—	—	—	—						3~4	
광장	제초 · 풀베기		—	—	—	—	—	—						4~5	
자연림	잡초 베기	…	…	—	—	—	—	—						1~2	
	병충해 방지	—	—	—	—	…								2~3	
	고사목 처리	—	—	—	—	—	—	—	—	—	—	—	—	1	연간 작업
	가지치기	—				—	—	—	—	—	—	—	—		

표. 시설물 보수사이클과 내용년수

시설의 종류	구조	내용 년수	계획보수	보수 사이클	정기점검보수	보수의 목표	적요
원로·광장	아스팔트 포장	15년			균열	전면적의 5~10%균열 함몰이 생길 때(3~5년), 전반적으로 노화가 보일 때(10년)	
	평판 포장	15년			평판고쳐놓기 평판교체	전면적의 10% 이상 이탈이 생길 때(3~5년) 파손장소가 특히 눈에 띌 때(5년)	
	모래자갈 포장	10년	노면수정 자갈보충	반년~1년 1년	배수정비	배수가 불량할 때 진흙장소(2~3년)	
분수		15년	전기·기계의 조정점검 물교체, 청소낙엽제거 파이프류 도장	1년 반년~1년 3~4년	펌프, 밸브 등 교체 절연성의 점검을 행한다.	수중펌프 내용연수(5~10년)펌프의 마모에 따라서 연못, 계류의 순환펌프에도 적용	
파고라	철제	20년	도장	3~4년	서까래 보수	서까래의 부식도에 따라서 목제 5~10년 철제 10~15년 갈대발 2~3년	
	목제	10년	도장	3~4년	서까래 보수	상동	
벤치	목제	7년	도장	2~3년	좌판 보수	전체의 10% 이상 파손, 부식이 생길 때(5~7년)	
	플라스틱	7년	도장		좌판 보수 볼트 너트 조이기	전체의 10% 이상 파손, 부식이 생길 때(3~5년), 정기점검시 처리	
	콘크리트	20년	도장	3~4년	파손장소 보수	파손장소가 눈에 띌 때(5년)	

6 조경관리

출 제 예 상 문 제

01. 조경관리계획의 수립절차 순서 중 옳은 것은?

① 관리목표의 결정 – 관리계획의 수립 – 조직의 구성
② 관리계획의 수립 – 관리목표의 결정 – 조직의 구성
③ 조직의 구성 – 관리목표의 결정 – 관리계획의 수립
④ 관리목표의 결정 – 조직의 구성 – 관리계획의 수립

조경관리계획의 수립 절차 : 관리목표의 결정 – 관리계획의 수립 – 조직의 구성 – 조직업무확정 및 협력체계 수립 – 관리업무수행의 순서로 진행

02. 조경관리를 크게 두 가지로 나누면?

① 자연관리와 인공관리
② 공정관리와 노무관리
③ 운영관리와 유지관리
④ 시공관리와 보수관리

조경관리는 조경시설물과 수목의 유지관리, 공원의 효율적인 이용에 관한 이용관리, 운영관리 부분으로 나뉜다.

03. 조경수목과 시설물 관리를 위한 예산 재무 조직 등의 업무기능을 수행하는 조경 관리에 해당하는 것은?

① 유지관리 ② 운영관리
③ 이용관리 ④ 사후관리

이용 가능한 구성요소를 더 효과적이며 안전하게, 더 많이 이용하게 하는 방법

04. 조경유지관리에 대한 설명으로 틀린 것은?

① 시공단계가 끝나면 바로 시작한다.
② 장기간에 걸쳐 진행될 때는 시공이 끝난 지구의 시설이라도 전체 공사가 끝나야 관리의 대상이 된다.
③ 조경환경의 질을 유지하기 위함이다.
④ 유지관리 계획이 수립되어야 한다.

공사면적이 클 경우는 지구별로 공사가 완공되면서 관리의 대상이 된다.

05. 연간 유지관리에 포함시키는 것은?

① 공원 지역 내의 손질 계획
② 건물의 갱신 계획
③ 수목의 전정, 잔디관리계획
④ 도로포장계획

06. 유지관리는 언제부터 시작하는가?

① 준공 후 부터
② 설계시부터
③ 공사시부터
④ 계획시부터

07. 다음 중 유지관리 대상에 속하는 것은?

① 급여 ② 노무
③ 식재수목 ④ 홍보

유지관리의 대상은 식재수목시설물(편익·유희 시설물, 건축물)이다.

정답 1① 2③ 3② 4② 5③ 6① 7③

08. 다음 중 유지관리의 일반적인 원칙으로 적합하지 않는 것은?

① 유지관리 비용은 가능한 한 최소가 되도록 한다.
② 그 지역의 생태적 특성을 반드시 고려할 필요가 있다.
③ 유지관리 비용을 최소화하려면 시공비용도 최소로 해야 한다.
④ 유지 관리상의 문제는 설계 및 시공의 단계에서도 고려되어야 한다.

시공비용을 최소로 하면 부실시공의 우려가 있다.

09. 다음 중 시설물 유지관리의 목표가 아닌 것은?

① 조경공간과 조경시설을 깨끗이 하고 정돈된 상태로 유지한다.
② 경관미가 있는 공간과 시설을 조성, 유지한다.
③ 건강하고 안전한 환경조성에 기여할 수 있도록 유지 관리한다.
④ 시설물의 많은 이용을 피하여 수입을 증대한다.

시설물의 많은 이용을 피하여 수입을 증대하는 것은 유지관리의 목표와 관련이 없다.

10. 시설물의 사용 연수로 틀린 것은?

① 철제 퍼걸러 - 40년
② 목제 벤치 - 7년
③ 철제 시소 - 15년
④ 원로의 모래자갈 포장 - 10년

철재 시설물은 20년 미만이다.

11. 다음 운영관리 계획 중 양의 변화에서 관리가 필요한 것은?

① 주변 환경의 생태적 변화
② 귀화종의 양 증대
③ 정원의 인공조명으로 인한 일조량의 증가
④ 지표면의 폐쇄로 인한 토양수분 부족과 토양조건 악화

운영관리 계획 중 양의 변화 : 부족이 예상되는 시설의 증설(매점, 화장실, 휴게시설 등), 이용에 의한 손상이 생기는 시설물의 보충(잔디, 벤치, 음수대 등의 시설물), 내구연한이 된 각종 시설물, 군식지의 생태적 조건 변화에 따른 갱신

12. 다음 운영관리 계획 중 질적인 변화를 충족하게 하는 관리 계획에 필요한 것은?

① 생태적으로 안정된 식생유지
② 귀화식물의 증대
③ 야간조명으로 인한 일장 효과의 장애
④ 지표면의 폐쇄로 인한 토양조건 악화

운영관리 계획 중 질의 변화 : 양호한 식생의 확보(생태적으로 안정된 식생 확보), 개방된 토양면의 확보가 필요하다.

13. 조경프로젝트의 수행단계 중 식생의 이용 및 시설물의 효율적 이용, 유지, 보수 등 전체적인 것을 다루는 단계는?

① 조경관리 ② 조경설계
③ 조경계획 ④ 조경시공

조경프로젝트 수행단계 : 조경계획(자료의 수집, 분석, 종합) → 조경설계(자료를 활용하여 기능적·미적인 3차원 공간을 창조) → 조경시공(공학적 지식과 생물을 다뤄 특수한 기술을 요구) → 조경관리(식생과 시설물의 이용관리)

정답 8③ 9④ 10① 11① 12① 13①

14. 다음 중 도급방식의 장점이 아닌 것은?

① 규모가 큰 시설의 관리에 있어 효율적이다.
② 관리책임이나 책임소재가 명확하다.
③ 전문가를 합리적으로 이용할 수 있다.
④ 관리비가 저렴하고 장기적으로 안정될 수 있다.

도급방식은 규모가 큰 시설의 관리에 적합하며, 전문가를 합리적으로 이용 가능하고, 관리의 단순화를 기할 수 있다. 또한 전문적 지식, 기능, 자격에 의한 양질의 서비스를 기할 수 있다. 관리비가 저렴하고 장기적으로 안정될 수 있다. 직영방식은 발주자가 시공자가 되어 일체의 공사를 자기 책임아래 시공하는 것으로 재빠른 대응이 필요한 업무, 연속해서 행할 수 없는 업무, 금액이 적고 간편한 업무에 적당하다.

15. 직영방식의 장점이라고 볼 수 없는 것은?

① 관리 책임이나 책임소재가 명확하다.
② 전문적 지식, 기능, 자격에 의한 양질의 서비스를 기할 수 있다.
③ 애착심을 가지고 관리와 효율의 향상
④ 관리자의 취지가 확실히 나타낼 수 있다.

직영방식은 관리책임이나 책임소재가 명확하고 긴급한 대응이 가능하며, 관리실태를 정확히 파악할 수 있다.

16. 조경시설의 보수 사이클이 가장 짧은 것은?

① 분수의 전기, 기계 등의 조정 점검
② 벤치의 도장
③ 시계탑의 분해 점검
④ 분수의 물 교체, 청소, 낙엽 등의 제거

시설물의 보수 사이클 : 분수의 전기 및 기계 등의 조정 - 1년. 벤치 도장 - 2~3년. 시계탑의 분해 점검 - 1~3년. 분수의 물 교체, 청소, 낙엽 등의 제거 - 6개월~1년

17. 조경유지관리 작업계획을 작성할 때 다음 중 연간 작업횟수를 가장 많이 계획하는 작업은?

① 전정 ② 제초
③ 병충해방제 ④ 관수

수목의 연간 작업횟수 : 전정 - 1~2회, 제초 - 3~4회, 병충해방제 - 3~4회, 관수 - 시방서상 5회, 가뭄 시 추가 조치

18. 조경시설물의 유지관리계획을 작성할 때 기준으로 이용하는 시설물 사용연수가 가장 긴 시설물은?

① 모래자갈포장 ② 목재 퍼걸러
③ 플라스틱 벤치 ④ 콘크리트 벤치

조경시설물의 사용 연수 : 모래자갈포장 - 10년, 목재 퍼걸러 - 10년, 목재 벤치, 플라스틱 벤치 - 7년, 콘크리트 벤치 - 20년

19. 조경수목의 연간관리 작업계획표를 작성하려고 할 때 작업내용에 포함되지 않는 것은?

① 병충해 방제 ② 시비
③ 뗏밥주기 ④ 수관 손질

20. 다음 중 거름을 주는 목적으로 볼 수 없는 것은?

① 조경수목을 아름답게 유지하기 위함이다.
② 병충해에 대한 저항력을 증진시키기 위함이다.
③ 토양 미생물의 번식을 억제시키기 위함이다.
④ 열매 성숙을 돕고, 꽃을 아름답게 하기 위함이다.

③ 토양 미생물의 번식을 돕기 위함이다.

정답 14 ② 15 ② 16 ④ 17 ④ 18 ④ 19 ③ 20 ③

21. 다음 중 설치하자에 대한 사고방지 대책이 아닌 것은?

① 구조 및 재질의 안전상 결함은 즉시 철거 혹은 개량
② 설치 및 제작의 문제는 보강조치
③ 설치 후의 이용방법을 관찰하여 대책수립
④ 부식, 마모 등에 대한 안전 기준의 설정

> ④는 관리하자에 관한 내용이다.

22. 그네에서 뛰어내리는 곳에 벤치가 배치되어 있어 충돌하는 사고가 발생하였다. 다음 중 어떤 사고의 종류인가?

① 설치하자에 의한 사고
② 관리하자에 의한 사고
③ 이용자 부주의에 의한 사고
④ 자연재해에 의한 사고

23. 다음 중 관리의 잘못인 것은?

① 미끄럼틀에서 떨어짐
② 어린이가 방책을 넘어서 화상을 입었을 경우
③ 재를 잘못 묻어 불이나 어린이가 화상을 입었을 경우
④ 그네에서 떨어져 벤치에 부딪혔을 경우

> ①과 ②는 이용자, 보호자 부주의에 의한 사고이고, ④는 설치하자에 의한 사고이다.

24. 시설물과 내용연수, 보수사이클의 연결이 잘못된 것은?

시설물	내용연수	보수사이클
① 목재파고라	10년	3~4년
② 목재벤치	10년	4~5년
③ 철재그네	15년	2~3년
④ 철재안내판	10년	3~4년

> 목재벤치의 내용연수는 7년, 보수사이클은 2~3년이다.

25. 조경공사 후 시설물을 인계받아 유지관리를 실시할 때 필요한 인계내용과 거리가 먼 것은?

① 시설목록 ② 설계 설명서
③ 준공도면 ④ 입면도

26. 조경시설물의 유지관리 작업계획 중 비정기적인 작업이 아닌 것은?

① 하자보수 ② 개량
③ 수목관리 ④ 재해대책

> 수목관리는 1년을 주기로 정기적인 작업이 되어야 한다.

27. 다음 중 보호자나 이용자의 부주의에 의한 사고에 해당하는 것은?

① 어린이가 뛰어가다가 미끄럼틀에 부딪혀 찰과상을 입었을 경우
② 그네에서 뛰어내리는 곳에 시소가 배치되어 있어 충돌하는 경우
③ 재를 잘못 묻어 불이 발생하여 주변에서 놀던 어린이가 화상을 입었을 경우
④ 미끄럼틀과 시소가 오래되어 미끄럼틀과 시소에 균열이 생겨 어린이가 다치는 사고가 발생하는 경우

> ② 설치하자에 의한 사고
> ③ 관리하자에 의한 사고
> ④ 관리하자에 의한 사고

정답 21 ④ 22 ① 23 ③ 24 ② 25 ④ 26 ③ 27 ①

조경수목의 관리

01 조경수목의 전정

1. 전정의 의미

조경수목은 꽃, 단풍, 열매, 줄기, 수형 등의 아름다움을 감상하거나 그늘을 제공해 주는 등 여러 가지 기능을 한다. 이러한 기능을 발휘할 수 있도록 하기 위해 전정을 하여 모양을 유지시켜 주고 생장을 조절해 주어야 한다.

① 전정(Pruning) : 수목관상, 개화결실, 생육상태조절 등의 목적에 따라 알맞은 수형으로 만들기 위해 정지하거나 발육을 위해 가지나 줄기의 일부를 잘라내는 정리 작업

② 정지(Training) : 수목의 수형을 영구히 유지, 보존하기 위해 줄기나 가지의 성장조절, 수형을 인위적으로 만들어가는 기초정리작업(예 : 분재)

2. 전정의 목적(미관향상, 기능부여, 개화촉진)

① 미관상 목적

㉠ 수형에 불필요한 가지 제거로 수목의 자연미를 높임

㉡ 인공적인 수형을 만들 경우 조형미를 높임

㉢ 형상수(Topiary : 토피어리)나 산울타리 등과 같이 강한 전정에 의해 인공적으로 만든 수형은 직선 또는 곡선의 아름다움을 나타내기 위하여 불필요한 가지와 잎을 전정한다.

㉣ 수목의 식재장소, 식재 목적에 조화를 이루도록 모양, 높이, 폭 등을 조절하여 전정한다.

② 실용상 목적

㉠ 차폐, 방음, 방풍, 산울타리 등의 용도로 식재한 수목은 불필요한 가지를 잘라 가지와 잎이 밀생하도록 하여 본래의 목적을 이루도록 한다.

㉡ 가로수의 하기전정은 통풍원활과 태풍에 의해 가지가 부러지거나 쓰러지는 것을 막기 위하여 불필요한 가지나 잎을 제거한다.

㉢ 식재한 수목이 교통 표지판이나 간판, 송전선, 인접 건물 등에 방해가 될 때에는 적당하게 줄기나 가지를 잘라준다.

③ 생리상의 목적

㉠ 지엽이 밀생한 수목 : 가지를 정리하여 통풍, 채광이 잘 되게 하여 병충해방지, 풍해와 설해에 대한 저항력을 강화

㉡ 쇠약해진 수목 : 지엽을 부분적으로 잘라 새로운 가지를 재생해 수목에 활력을 촉진

㉢ 개화결실 수목 : 도장지, 허약지 등을 전정해 생장을 억제하여 개화결실 촉진

㉣ 이식한 수목 : 지엽을 자르거나 잎을 훑어주어 수분의 균형을 이뤄 활착을 좋게 함

3. 전정의 종류 출제

① 조형을 위한 전정 : 수목 본연의 특성 및 자연과의 조화미, 개성미, 수형 등을 환경에 적절히 응용하여 예술적 가치와 미적효과를 충분히 발휘시킨다.

② 생장조절을 위한(생장을 돕는) 전정 : 묘목, 병충해를 입은 가지, 고사지, 손상지를 제거하여 생장을 조절하는 전정

③ 생장 억제를 위한 전정

㉠ 조경수목을 일정한 형태로 유지시키고자 할 때(소나무 순자르기, 상록활엽수의 잎따기, 산울타리 다듬기, 향나무·편백 깎아 다듬기)

㉡ 일정한 공간에 식재된 수목이 더 이상 자라지 않기 위해서(도로변 가로수, 작은 정원 내 수목)

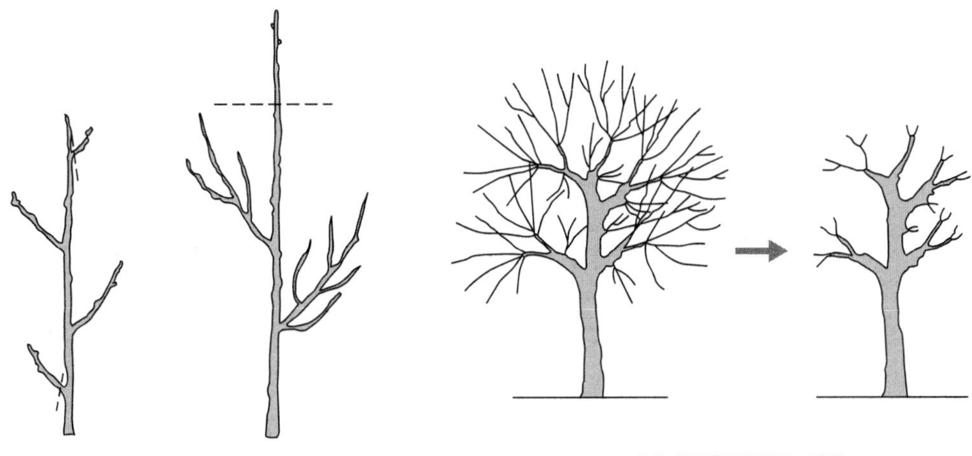

(가) 생장을 돕는 전정　　(나) 생장을 억제하는 전정

④ 세력 갱신을 위한 전정 : 노쇠한 나무나 개화가 불량한 나무의 묵은 가지를 잘라주어 새로운 가지를 나오게 해 수목에 활기를 불어넣는 것(단, 맹아력이 강한 수종에 사용)

⑤ 생리(生理 : 생활하는 습성이나 본능)조절을 위한 전정 : 이식할 때 가지와 잎을 다듬어 주어 손상된 뿌리의 적당한 수분 공급 균형을 취하기 위해 다듬어 주는 것

⑥ 개화 결실을 촉진하기 위한 전정

㉠ 과수나 화목류의 개화촉진 : 매화나무나 장미에 적용(이른 봄에 전정)

㉡ 결실 : 감나무(그냥 놓아두면 해거리 현상이 심하지만, 매년 알맞게 전정을 해주면 열매가 해마다 고르게 잘 열린다.)가 대표적인 예

㉢ 개화와 결실을 동시에 촉진 : 허약지, 도장지 제거

㉣ 방법

- 약지(弱枝)는 짧게, 강지(强枝)는 길게 전정
- 묵은 가지나 병충해를 입은 가지는 수액 유동전에 전정한다.

4. 수목의 생장 및 개화습성

① 수목의 생장습성 출제

㉠ 1회 신장형

- 4~6월에 새싹이 나와 자라다가 생장이 멈춘 후 양분의 축적이 일어나는 것
- 소나무, 곰솔, 잣나무, 은행나무, 너도밤나무 등과 같이 일반적으로 재배되고 있는 낙엽 과수

㉡ 2회 신장형

- 6~7월 또는 8~9월에 또 한 차례의 신장생장이 일어난 후 양분이 축적되는 것
- 철쭉류, 사철나무, 쥐똥나무, 편백, 화백, 삼나무 등
- 이러한 생장 습성은 전정 및 순지르기의 시기 결정에 참고가 된다.

② 수목의 개화습성

㉠ 꽃피는 나무는 나무 고유의 개화습성을 갖는다.

㉡ 장미, 무궁화 등은 꽃눈이 당년에 자란가지에서 분화하여 그 해에 꽃이 피는 형태이다.

㉢ 매화나무, 개나리 등은 다음해에 꽃이 피는 형태이다.

㉣ 사과나무, 배나무 등은 3년생 가지에 꽃이 피는 형태이다.

㉤ 꽃눈은 가지 끝에 부착하는 경우, 곁눈에 부착하는 경우, 겨드랑눈에 부착하는 경우 등 다양

※ 수목 생장 촉진 조절제 : 아토닉액제(상공아토닉)

구 분	주요 수종
당년에 자란 가지에서 꽃피는 수종	장미, 무궁화, 배롱나무, 나무수국, 능소화, 대추나무, 포도, 감나무, 등나무, 불두화, 싸리나무, 협죽도, 목서 등
2년생 가지에서 꽃피는 수종	매화나무, 수수꽃다리, 개나리, 박태기나무, 벚나무, 수양버들, 목련, 진달래, 철쭉류, 복사나무, 생강나무, 산수유, 앵두나무, 살구나무, 모란 등
3년생 가지에서 꽃피는 수종	사과나무, 배나무, 명자나무, 산당화 등

5. 수목의 생장원리

① 곁눈보다 정상부 쪽의 눈이 우세하게 신장한다. 즉, 가지 끝눈의 새싹이 나오는 것도 빠르고 나온 가지도 굵고 우세하며 교목성의 나무가 관목성의 나무보다 성질이 강하게 나타난다. 상부의 가지를 자르면 남은 눈 중에서 맨 위의 눈에서 강한 새싹이 나온다.

② 줄기의 밑 부분 가지가 윗부분보다 굵게 자라며, 윗부분의 가지는 약하게 자라는 성질이 있다.

③ 나무의 수분과 양분은 수평이동보다 수직이동이 강하게 나타난다.

④ 뿌리에서 흡수하는 물의 양과 잎에서 증산하는 물의 양은 같게 해 주어야 정상 생육을 하므로 뿌리를 많이 자르면 가지도 잘라 주어야 한다.

6. 전정의 시기 출제

① 겨울전정(12~2월)

㉠ 휴면기에 실시하는 전정으로 내한성이 강한 낙엽수가 주로 해당된다.

㉡ 대부분의 조경수목이 겨울전정을 한다.

㉢ 상록활엽수는 추위에 약하므로 강전정을 피한다.

㉣ 겨울전정의 장점 출제

- 새 가지가 나오기 전까지는 전정한 아름다운 수형을 오래도록 감상할 수 있다.
- 낙엽이 진 후 이므로 가지의 배치나 수형이 잘 드러나 전정하기가 쉽다.
- 병충해 피해를 입은 가지의 발견이 쉽다.
- 휴면중이기 때문에 굵은 가지를 잘라 내어도 전정의 영향을 거의 받지 않는다.

② 봄전정(3~5월)

㉠ 상록활엽수(감탕나무, 녹나무) : 잎이 떨어지고 새 잎이 날 때 전정

㉡ 침엽수(소나무, 반송, 섬잣나무) : 소나무 순지르기

㉢ 봄꽃나무(진달래, 철쭉류) : 꽃이 진 후 전정

㉣ 여름꽃나무(무궁화, 배롱나무, 장미) : 눈이 움직이기 전 이른 봄에 전정

㉤ 생장기이므로 강한 전정을 하면 수세가 약해진다. 그러나 나무 높이를 높이거나 상록수의 모양을 정리하고 싶은 경우에는 이때가 알맞은 때이다.

㉥ 봄에 꽃피는 꽃나무류는 꽃이 진 후에 전정을 해야 하며, 소나무의 순지르기도 이 시기에 한다.

③ 여름전정(6~8월)

㉠ 제1신장기를 마치고 가지와 잎이 무성하게 자라면 수광(受光, 식물체 또는 그 잎이 빛을 받는 것)이나 통풍이 나쁘게 되기 때문에 웃자란 가지나 너무 혼잡하게 자란 가지를 잘라 주어 수광 및 통풍을 좋게 해준다.

㉡ 꽃나무의 꽃눈 분화는 대부분 6~8월에 집중되어 있으므로 꽃눈 분화 이전(6월경)에 전정을 끝내야한다.

㉢ 덩굴성인 등나무는 너무 신장하면 꽃눈 분화가 안되고 광합성도 잘 이루어지지 않으므로 필요에 따라 두세 마디 정도 남기고 자르거나 끝을 자른다.

㉣ 바람의 피해가 우려되는 생장이 빠른 교목은 가지를 솎거나 잘라 주어야 한다.

④ 가을전정(9~11월)

㉠ 여름철에 자라난 웃자람가지나 너무 혼잡한 가지를 가볍게 전정한다.

㉡ 너무 강하게 전정을 하면 수세가 약해지는 나무가 많다.

㉢ 상록활엽수는 이 시기에 전정을 하는데 수세가 약해지지 않을 정도로 적당한 전정을 한다.

㉣ 낙엽수 가운데 휴면시기가 빠른 수종은 10월 이후에 휴면기가 되므로 겨울전정과 같은 전정을 한다.

※ 전정을 하지 않는 수종
- 침엽수 : 독일가문비, 히말라야시더, 금송 등
- 상록활엽수 : 동백나무, 치자나무, 굴거리나무, 녹나무, 태산목, 만병초, 팔손이 등
- 낙엽활엽수 : 느티나무, 팽나무, 수국, 떡갈나무, 벚나무, 회화나무, 백목련 등

※ 전정 횟수
- 침엽수 : 1회
- 상록수 중 맹아력이 큰 나무 : 3회(5~6월, 7~8월, 9~10월)
- 상록수 중 맹아력이 보통인 나무 : 2회(5~6월, 9~10월)
- 낙엽수 : 2회(12~3월, 7~8월)

※ 수종별 전정시기
- 낙엽활엽수 : 신록이 굳어진 3월, 7~8월, 10~12월
- 상록활엽수 : 3월, 9~10월
- 침엽수 : 한겨울을 피한 11~12월, 이른 봄
- 가로수는 주로 하기전정을 실시한다.
- 화목류 : 낙화(落花)무렵
- 유실수 : 싹 트기 전, 수액 이동 전

7. 전정의 순서와 잘라 주어야 할 가지

① 전정의 순서

㉠ 나무는 심은 장소나 목적에 따라 수형이 달라지므로 목적하는 대로 아름다운 수형을 만들어야 한다.

㉡ 전정을 잘 하려면 자연 상태에서 그 나무의 습성과 모양을 익혀 두고 다음과 같은 순서에 따라 전정을 한다.

- 나무 전체를 충분히 관찰하고 만들고자 하는 수형을 결정한 후 수형이나 목적에 맞지 않는 큰 가지부터 전정한다.
- 가지를 자를 때에는 수관 위에서 아래로, 수관 밖에서 안으로 전정
- 굵은 가지 먼저 전정하고, 가는 가지 순으로 전정

② 잘라 주어야 할 가지

㉠ 도장지(웃자란 가지) : 일반가지에 비해 자라는 힘이 강해 위로 향하여 굵고 길게 자라는 가지로 수형과 통풍, 수광에 방해를 준다.

㉡ 안으로 향한 가지 : 나무의 모양과 통풍을 나쁘게 한다.

㉢ 고사지(말라 죽은 가지) : 병충해의 잠복장소 제공과 함께 굵은 가지의 경우 자른 면에서부터 썩어 들어가는 일이 있으므로 자른 면에 방부제를 발라주는 것이 좋다.

㉣ 밑에서 움돋은 가지 : 땅에 접해 있는 줄기 밑 부분에서 움돋은 가지와 줄기의 중간부분에서 돋아난 가지를 그대로 방치하면 나무의 생김새가 흐트러지고 나무가 쇠약하게 된다.

㉤ 교차한 가지 : 부자연스러운 느낌을 준다.

㉥ 평행지 : 같은 방향에서 같은 방향으로 평행하게 나 있는 가지는 둘 중 하나를 자른다.

㉦ 병충해 피해를 입은 가지 : 잘라 태운다.

㉧ 아래로 향한 가지 : 나무의 모양을 나쁘게 하고, 가지를 혼잡하게 한다.

㉨ 무성하게 자란가지(무성지)

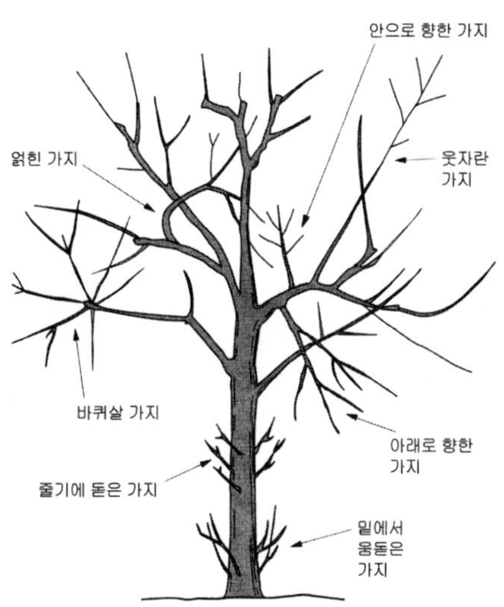

그림. 잘라야 할(전정해야 할) 가지

6 조경관리

③ 요령

㉠ 주지(主枝 : 원가지)선정을 한다.

㉡ 정부 우세성을 고려하여 상부는 강하게, 하부는 약하게 전정

㉢ 위에서 아래로, 오른쪽에서 왼쪽으로 돌아가면서 전정

㉣ 굵은 가지는 가능하면 수간에 가깝게, 수간과 나란히 자른다.

㉤ 수관내부는 환하게 솎아내고 외부는 수관선에 지장이 없게 한다.

㉥ 뿌리 자람의 방향과 가지의 유인을 고려한다.

④ 목적에 따른 전정시기

㉠ 수형 위주의 전정 : 3~4월 중순, 10~11월 말

㉡ 개화목적의 전정 : 꽃이 진 후

㉢ 결실목적의 전정 : 수액 유동하기 전

㉣ 수형을 축소 또는 왜화(矮花 : 작은 꽃) : 이른 봄 수액이 유동하기 전

⑤ 산울타리(생울타리) 전정

㉠ 시기 : 일반수목은 장마철과 가을, 화목류는 꽃이 진 후, 덩굴식물은 가을에 전정

㉡ 횟수

- 생장이 완만한 수종은 연 2회, 맹아력이 강한 수종은 연 3회
- 일반적으로 가을에 2번 정도 전정

㉢ 방법

- 식재 후 2년에는 가지를 치지 않는 것이 좋고, 식재 후 3년부터 제대로 전정을 실시
- 높은 울타리는 옆에서 위로, 낮은 울타리는 위에서 옆으로
- 상부는 깊게, 하부는 얕게
- 단근작업 : 9~10월(가을)

㉣ 기타

- 사람의 침입방지를 위한 울타리의 높이 : 180~200cm

예제 1

정지·전정의 방법 중 틀린 것은?

① 수목의 주지는 하나로 자라게 한다.
② 같은 방향과 각도로 자란 평행지는 남겨둔다.
③ 역지(逆枝), 수하지(垂下枝) 및 난지(亂枝)는 제거한다.
④ 무성하게 자란 가지는 제거한다.

정답 : ②

해설 평행지도 전정의 대상이다. 수하지(垂下枝) : 똑바로 아래로 향해서 처진 가지

예제 2

수목 전정시 전정방법으로 옳은 것은?

① 위는 약하게 아래는 강하게 한다.
② 위는 강하게 아래는 강하게 한다.
③ 위는 강하게 아래는 약하게 한다.
④ 위와 아래 모두 약하게 한다.

정답 : ③

해설 정부 우세성을 고려하여 위는 강하게 아래는 약하게 전정한다.

8. 전정 방법

① 굵은 가지자르기 출제

㉠ 한 번에 자르면 쪼개지므로 그림 (가)와 같이 줄기에서 10~15cm 떨어진 곳에서 밑에서 위쪽으로 굵기의 1/3정도 깊이까지 톱질을 한다.

㉡ 그림 (나)와 같은 위치, 즉 톱질한 곳에서 약간 가지 끝 쪽으로 떨어진 곳에서 위에서 아래로 잘라 무거운 가지를 떨어뜨린다.

㉢ 그림 (다)와 같이 남은 가지의 밑을 톱으로 깨끗이 잘라내어 그림 (라)와 같은 모양이 되도록 한다.

㉣ 벚나무, 자귀나무, 목련류, 단풍나무류는 자른 부위에 방부제를 발라 병원균의 침입을 예방하도록 한다(벚나무 : 굵은가지를 전정하였을 때 반드시 도포제를 발라주어야 한다).

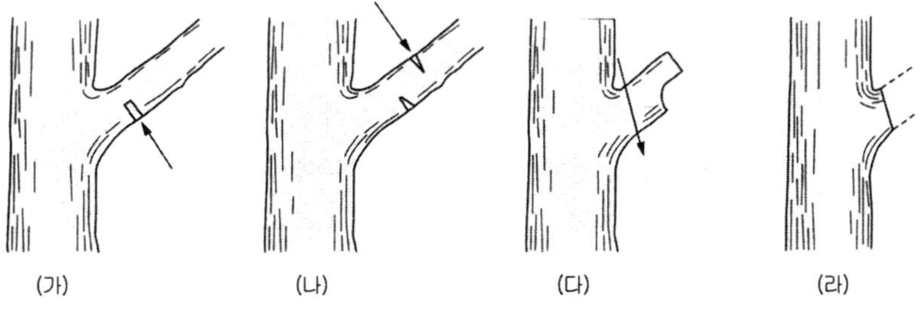

그림. 굵은가지 자르는 요령

② 마디 위 자르기 출제

㉠ 나무의 생장속도를 억제하거나 수형의 균형을 위하여 필요 이상으로 길게 자란 가지를 줄여주는 것을 의미한다.

㉡ 자르는 시기는 낙엽수는 휴면기에, 상록수는 4월경부터 장마 전까지가 알맞으며 가지를 자를 때에는 바깥눈 바로 위에서 자른다.

㉢ 마디 위 자르기는 아래 그림과 같이 바깥눈 7~10mm 위쪽에서 눈과 평행한 방향으로 비스듬히 자르는 것이 좋다.

- 눈과 너무 가까우면 눈이 말라 죽고, 너무 비스듬히 자르면 증산량이 많아지며, 너무 많이 남겨두면 양분의 손실이 크다.

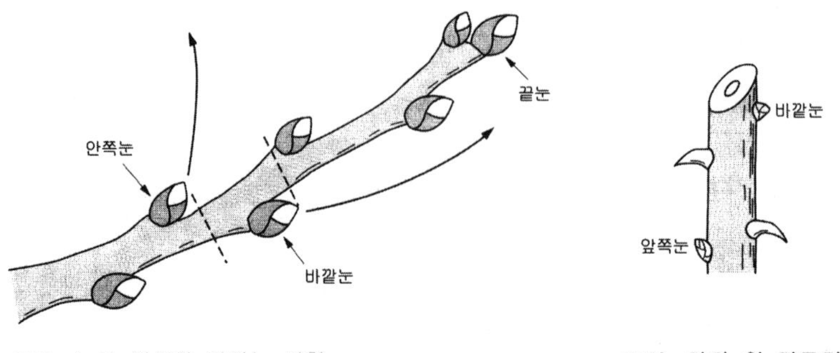

그림. 눈의 위치와 자라는 방향　　　　그림. 마디 위 자르기

③ 가지솎기

굵은 가지자르기와 마디 위 자르기가 끝난 후 채광이나 통풍이 좋게 하기 위해 밀생해 있는 가지를 잘라버리는 작업

④ 수관 다듬기

㉠ 산울타리나 둥근 향나무류의 잔가지와 좁은 잎이 밀생한 나무의 수관을 전정가위로 일률적으로 잘라 버리는 작업

㉡ 상록수의 수관다듬기는 1차 생장이 끝난 5~6월경과 2차 생장이 끝난 9~10월경이 적기이며, 꽃나무는 꽃이 진 후에 다듬어 주는 것이 좋다.

㉢ 높은 산울타리는 수관 아랫부분은 약하게 다듬고, 윗부분은 강하게 다듬어 사다리꼴 모양으로 전정한다.

㉣ 전정하는 깊이는 지난해에 전정한 면보다 약간 높여서 전정한다.

⑤ 소나무 순자르기(순지르기, 순따기) 출제

㉠ 소나무류는 가지 끝에 여러 개의 눈이 있어 봄에 그대로두면 중심의 눈이 길게 자라고, 나머지 눈은 사방으로 뻗어 바퀴살 같은 모양을 이루어 운치가 없다.

㉡ 원하는 모양을 만들기 위해 5~6월에 2~3개의 순을 남기고, 중심순을 포함한 나머지 순은 따 버린다.

㉢ 남긴 순은 자라는 힘이 지나치다고 생각될 때 1/3~1/2 정도만 남겨 두고 끝 부분을 손으로 따버린다.

〈참고〉 소나무 순자르기(5~6월), 소나무 잎솎기(8월), 소나무 묵은 잎 제거(3월)

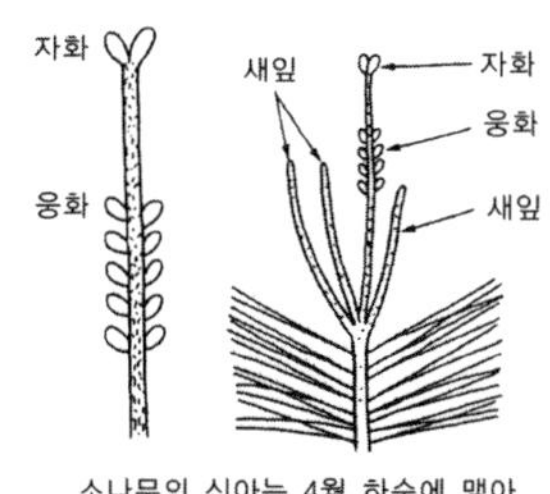

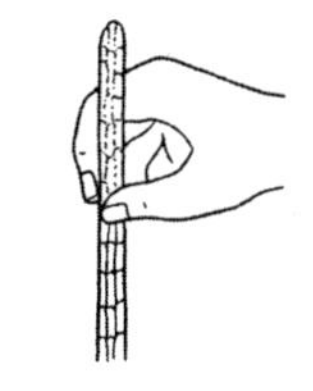

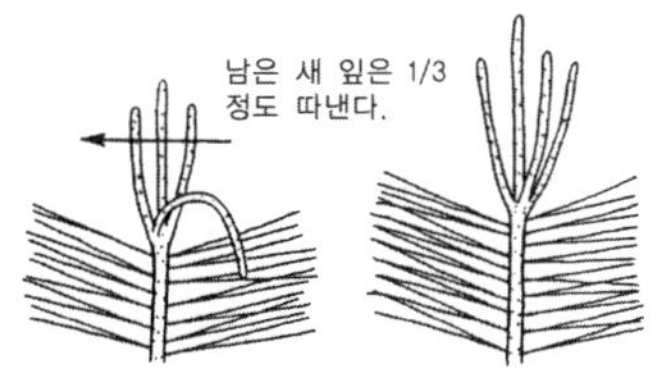

그림. 소나무 순자르기(적심)의 방법

⑥ 부정아를 자라게 하는 방법

㉠ 적아(摘芽 : 눈지르기, 눈자르기, 눈따기) : 눈이 움직이기 전 가지의 여러 곳에 자리 잡은 불필요한 눈을 제거하는 작업으로 전정이 불가능한 수목에 이용(모란, 벚나무, 자작나무 등)

㉡ 적심(摘心 : 순자르기) : 지나치게 자라는 가지신장을 억제하기 위해 신초의 끝부분을 따버리는 작업

㉢ 적엽(摘葉 : 잎따기) : 지나치게 우거진 잎이나 묵은 잎을 따주는 것으로 단풍나무나 벚나무류를 이식 부적기에 이식시 수분증발을 막아준다.

㉣ 유인(誘引)
- 가지의 생장을 정지시켜 도장을 억제, 착화를 좋게 한다.
- 줄기를 마음대로 유인하여 원하는 수형을 만들어간다.
- 소나무류를 유인할 때 철사를 1년 정도 감아준다.

㉤ 가지 비틀기
- 가지가 너무 뻗어가는 것을 막고, 착화를 좋게 한다.
- 가지 비틀기는 소나무와 분재용 수목을 사용한다.

⑦ 기타

㉠ 소나무류 : 묵을 잎을 뽑아 투광을 좋게 하면서 생장을 억제

㉡ 꽃나무류 : 해거리를 막기 위해 꽃따기, 과일따기

㉢ 등나무류 : 지상부 생장이 왕성하여 꽃이 피지 않을 때 가벼운 단근(뿌리돌림)작업으로 화아분화를 촉진한다.

㉣ 가로수
- 전정시 지하고 2.5m 이상
- 수관높이와 지하고의 비율은 6 : 4 ~ 5 : 5가 좋다.

⑧ 단근(뿌리돌림)

㉠ 시기 : 이식하기 6개월 ~ 3년(1년) 전 실시

㉡ 목적

- 뿌리의 노화현상 방지
- 지하부(뿌리)와 지상부의 균형
- 아랫가지 발육 촉진 및 꽃눈의 수 늘림
- 수목의 도장을 억제, 잔뿌리 발생 촉진

⑨ 정지, 전정의 도구

㉠ 사다리, 톱, 전정가위, 적심가위, 순치기가위, 적과가위, 적화가위

㉡ 고지가위(갈고리 가위) : 높은 부분의 가지를 자를 때, 열매를 채취할 때 사용

㉢ 전정가위 사용방법

- 전정가위의 날을 가지 밑으로 가게 한다.
- 전정가위를 가지에 직각이 되게 하여 자른다.
- 잘려지는 부분을 잡고 밑으로 약간 돌려준다.
- 가지를 위쪽에서 몸 앞쪽으로 돌리는 듯 자른다.

그림. 전정가위의 종류

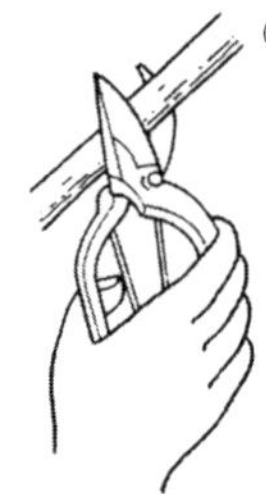

① 지름 1cm 이하의 가지는 전정가위 날 사이에 가지를 끼워서 단번에 짜른다.

날을 비튼다든지 비집어 흔들게 되면 절단된 부위가 매끄럽게 되지 못한다.

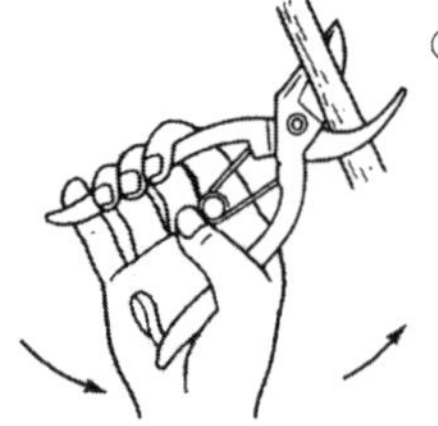

② 지름 1cm 이상되는 두꺼운 가지일 경우에는 날을 크게 벌려서 받쳐 주는 날쪽으로 수직으로 돌리면서 자르면 쉽게 잘라진다.

앞쪽으로 끌어 당기면서 자른다.

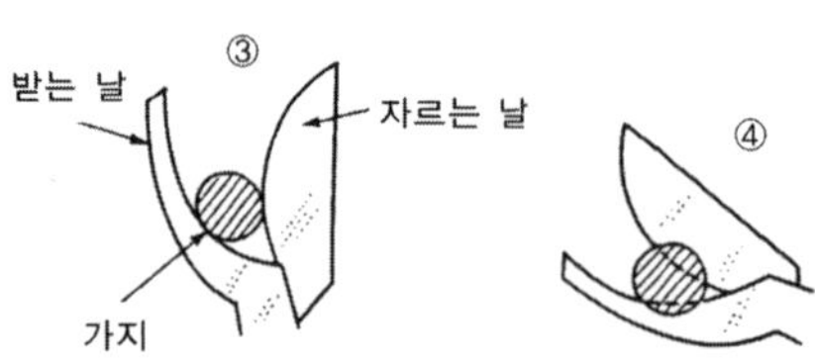

지름이 1cm이상 되는 太枝를 자르는 경우는 형대로 자르면 切口에 갈라진 금이 생긴다든지해서 가지를 손상할 염려가 있으므로 날끝을 조금 돌리듯 자르면 잘 잘라진다.

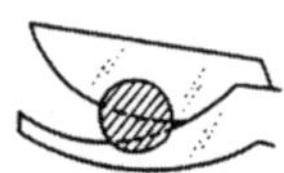
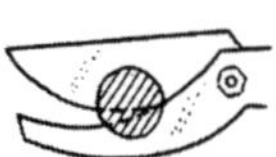

그림. 전정가위의 사용법

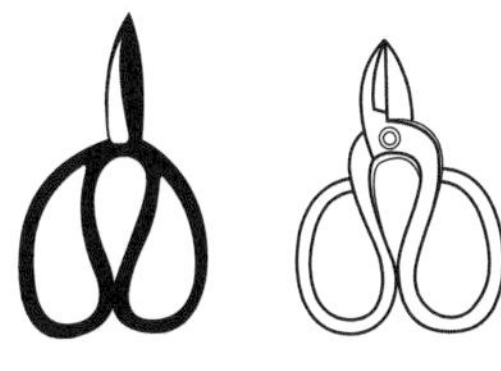
그림. 적심가위의 종류

그림. 적과가위

예제 3

높은 곳을 전정할 때 사용하는 전정가위는?

① 고지가위　　② 적심가위
③ 순치기가위　　④ 적과가위

정답 : ①

⑩ 수형 만들기

㉠ 정형(定型)의 수형 만들기

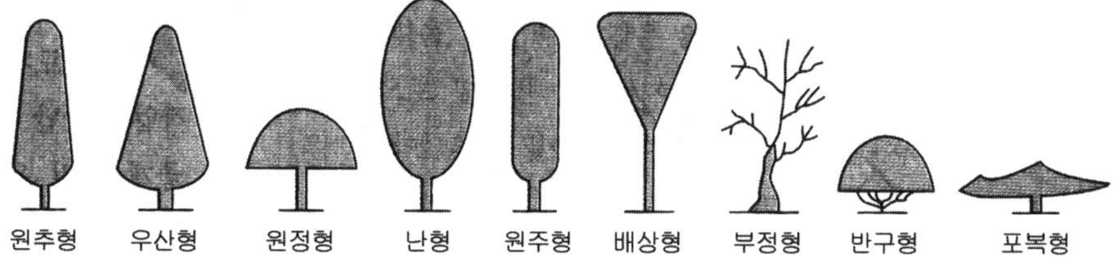

그림. 수관 모양에 따른 여러 가지 자연수형

- 직간(直幹) : 줄기가 곧게 자란 것
- 곡간(曲幹) : 줄기가 자연적인 곡선인 것
- 사간 : 줄기가 옆으로 비스듬히 자란 것
- 쌍간 : 줄기가 2개로 자란 것
- 다간 : 줄기가 여러 개로 자란 것
- 현애 : 줄기가 아래로 늘어지는 것

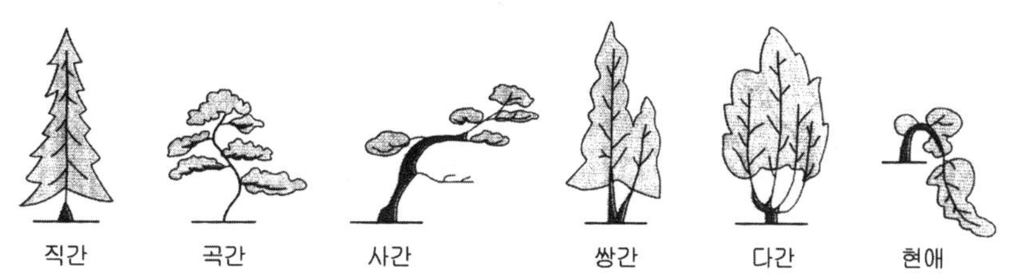

그림. 줄기 모양에 따른 자연수형

㉡ 형상수 만들기

- 여러 가지 형태를 모방하거나 기하학적인 모양으로 수관을 다듬어 만드는 수형을 형상수(topiary)라 한다.

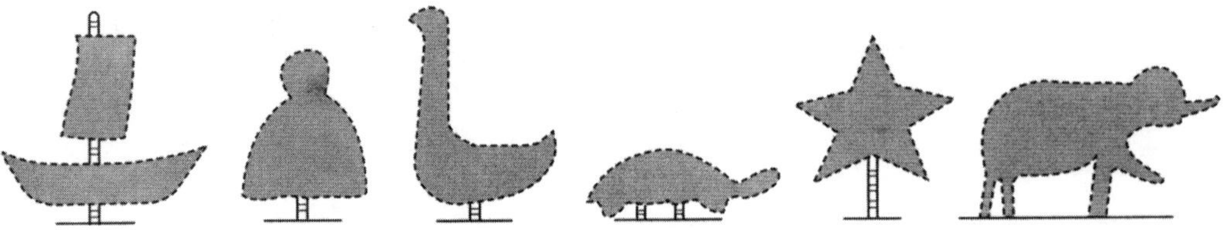

그림. 형상수의 여러 가지 모양

⑪ 약전정과 강전정

㉠ 조경수목은 관상이 주목적이기 때문에 장소에 알맞도록 크기나 수형을 조절해야 한다. 일반적으로 잘라내는 양이 적으면 약전정, 잘라내는 양이 많으면 강전정이다.

㉡ 어린나무와 생육이 왕성하고 새 가지의 발생이 잘 되는 나무는 강전정을 한다.

㉢ 부드러운 질감을 갖는 나무(수양버들, 단풍나무 등)는 약전정을 하여 가는 가지의 발생을 유도하는 것이 좋다.

㉣ 활엽수류는 일반적으로 강전정을 해도 눈이 잘 나오지만, 침엽수는 눈이 나오기 어렵기 때문에 잎을 꼭 남기고 전정하는 약전정을 실시한다.

9. 교목의 전정과 가지의 유인

① 교목의 전정

㉠ 공원에 식재한 교목과 가로수는 범위를 크게 잡아 전정한다.

㉡ 이들 나무는 자연 수형을 고려하되, 성목이 되었을 때 지하고가 2.5m 이상 되도록 하여 차량이나 사람이 통행하는데 방해가 되지 않도록 한다.

㉢ 수관 높이와 지하고의 비율은 6:4~5:5가 보기에 좋다.

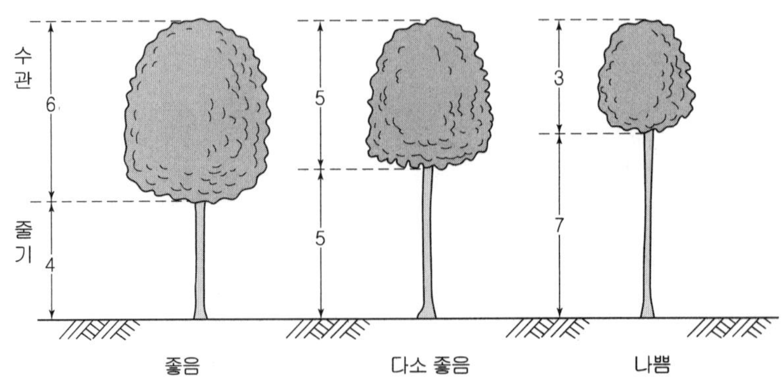

② 가지의 유인

㉠ 가지의 방향과 각도를 교정하고자 할 때에는 굵은 철사나 끈으로 유인하거나, 대나무를 가지에 묶어 방향을 틀어 주도록 한다.

㉡ 이때 묶어 주었던 가지에서 대나무를 풀어도 원위치로 돌아가지 않을 때까지 그대로 놓아둔다.

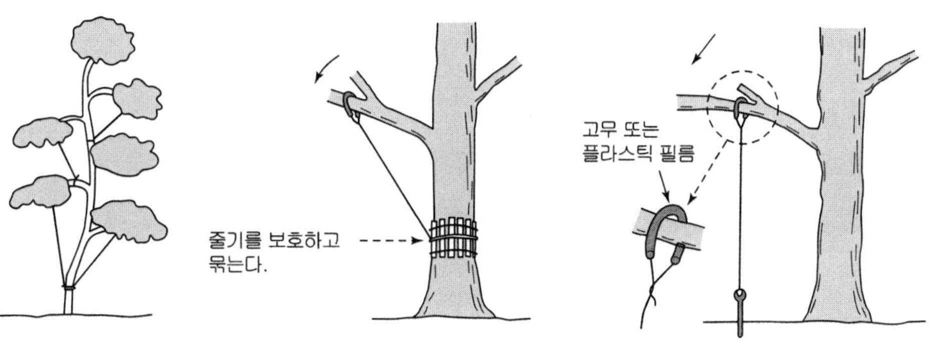

02 조경수목의 거름주기

1. 거름주기 목적

① 조경수목이 건전하게 생육하여 본래의 아름다움을 유지한다.

② 병충해, 추위, 건조, 바람, 공해 등에 대한 저항력을 증진시킨다.

③ 건강한 꽃을 피우게 하고 과일의 결실을 좋게 한다.

④ 토양 미생물의 번식을 돕고, 식물이 토양의 양분을 이용하기 쉽게 해준다.

2. 비료의 의의와 양분 흡수

① 비료 : 식물에 영양공급을 하거나 식물의 재배를 돕기 위해 토양이나 식물에 공급되는 물질

② 식물체가 양분을 흡수하는 부분은 뿌리털이며, 뿌리털의 길이는 1~8mm로서, 수명은 수일 내지 수 주일로 짧다.

③ 뿌리는 양분과 수분을 흡수하고, 잎에서 만들어진 동화 양분의 저장과 수목을 지탱한다.

3. 양분 흡수에 미치는 환경조건

① 온도

㉠ 뿌리의 양분 흡수 속도는 5℃에서부터 35℃까지 지온이 상승함에 따라 빨라진다.

㉡ 광합성 작용은 20~30℃ 정도에서 가장 왕성하고 그 이하나 그 이상의 온도에서는 감퇴하기 시작한다.

② 광선

㉠ 직접적 : 잎에서 이루어지는 광합성 작용과 증산작용에 관계

㉡ 간접적 : 뿌리의 호흡과 대사 작용에 관계

③ 토양공기

토양통기를 좋게 하기 위해서는 경운(갈아엎기)을 하거나 유기물, 토양개량제, 뿌리보호판, 분쇄목 등을 사용함으로써 효과를 얻을 수 있다.

④ 토양수분

㉠ 토양이 지나치게 습하거나 건조하면 뿌리의 기능이 저하되어 물과 영양흡수에 지장을 준다.

㉡ 건조하면 잎의 팽압(膨壓)이 낮아져 기공이 좁아지고, 이산화탄소의 흡수량이 적어져 광합성 작용이 저하되므로 수목은 잘 자라지 않는다.

4. 양분 원소와 역할 출제

① 식물의 생육에 필요한 16가지 필수원소

㉠ 식물이 많이 흡수하는 9가지 원소를 다량원소 : C(탄소), H(수소), O(산소), N(질소), P(인), K(칼륨), Ca(칼슘), Mg(마그네슘), S(황)

㉡ 소량 흡수되어 식물체의 생리 기능을 돕고 있는 7가지 원소를 미량원소 : Fe(철), Cl(염소), Mn(망간), Zn(아연), B(붕소), Cu(구리), Mo(몰리브덴)

② 비료의 3요소

질소(N), 인(P), 칼륨(K)

③ 비료의 4요소

질소(N), 인(P), 칼륨(K), 칼슘(Ca)

※ 수목 생장 촉진 조절제 : 아토닉액제(삼공아토닉)

5. 비료의 분류

표. 비료 성분에 따른 분류

구 분		성 분	비료의 종류
무기질비료	단질비료 (단비)	질소질 비료	황산암모늄(유안), 요소, 질산암모늄, 석회질소
		인산질 비료	용성인비, 과인산석회, 중과인산석회, 용과인
		칼륨질 비료	염화칼륨, 황산칼륨
		석회질 비료	재생석회, 소석회
		고토질 비료	황산마그네슘, 수산화마그네슘, 고토석회
		망간질 비료	황산망간
		붕소질 비료	붕사
	복합비료 (복비)	제1종 복합비료	화성비료, 배합비료
		제2종 복합비료	고형비료
		제3종 복합비료	흡착비료
		제4종 복합비료	액체비료
유기질 비료		동물질 비료	쇠똥, 돼지똥, 닭똥, 뼛가루
		식물질 비료	콩깻묵, 퇴비

6. 주요 비료의 역할 출제

① 질소(N)

㉠ 광합성 작용의 촉진으로 잎이나 줄기 등 수목의 생장에 도움을 준다. 결핍시 신장생장이 불량하여 줄기나 가지가 가늘고 작아지며, 묵은 잎이 황변(黃變)하여 떨어짐

㉡ 결핍현상

- 활엽수 : 잎이 황록색으로 변색, 잎의 수가 적어지고 두꺼워지며 조기낙엽
- 침엽수 : 침엽이 짧고 황색을 띰

㉢ 과잉하면 도장하고 약해지며 성숙이 늦어진다.

㉣ 탄소동화작용, 질소동화작용, 호흡작용 등 생리기능에 중요

㉤ 뿌리, 가지, 잎 등의 생장점에 많이 분포

② 인(P)

㉠ 세포 분열을 촉진하여 식물체의 각 기관들 수를 증가, 녹말 생산 및 엽록소의 기능을 높이며 꽃과 열매를 많이 달리게 하고 뿌리 발육에 관여하여 새눈과 잔가지를 형성한다.

㉡ 결핍현상

- 생육초기 뿌리의 발육이 저해되고 잎이 암록색으로 변한다.

- 활엽수 : 정상 잎보다 크기가 작고 조기낙엽이 되며 꽃과 열매가 나빠진다.
- 침엽수 : 침엽이 구부러지고, 나무의 하부에서 상부로 점차 고사한다.

㉢ 과잉하면 성숙이 촉진되어 수확량이 감소한다.

③ 칼륨(K)

㉠ 꽃·열매의 향기, 색깔을 조절. 뿌리와 가지의 생육을 촉진시키며 서리한발에 대한 저항성 증가

㉡ 결핍현상
- 활엽수 : 잎이 시들고, 황화현상이 일어나며 쭈굴쭈굴해진다.
- 침엽수 : 침엽이 황색 또는 적갈색으로 변한다.

④ 칼슘(Ca)

㉠ 단백질 합성, 식물체 유기산 중화

㉡ 결핍현상
- 활엽수 : 잎의 백화 또는 괴사현상이 발생하며 어린잎은 다소 작아진다.
- 침엽수 : 잎의 끝부분이 고사한다.

⑤ 철(Fe)

㉠ 산소운반, 엽록소 생성 촉매작용, 양분결핍 현상이 생육초기에 일어나기 쉽다.

㉡ 부족하면 잎 조직에 황화현상이 일어난다.

㉢ 엽맥 사이가 비단모양으로 된다.

⑥ 황(S)

㉠ 호흡작용, 콩과 식물의 근류형성에 관여

㉡ 결핍현상
- 활엽수 : 잎은 짙은 황록색
- 침엽수 : 잎의 끝부분이 황색이나 적색으로 변한다.

⑦ 붕소(B)

㉠ 꽃의 형성, 개화 및 과실 형성에 관여

㉡ 부족하면 잎의 변색, 착화곤란, 뿌리생장 저하

※ 황산암모늄 : 속효성 비료로 계속주면 흙이 산성으로 변하는 비료

7. 거름 주는 시기 출제

① 질소질 비료와 같은 속효성 비료는 덧거름으로 주고, 지효성의 유기질 비료는 밑거름으로 준다.

㉠ 속효성 비료 : 효력이 빠른 비료로 3월경 싹이 틀 때와 꽃이 졌을 때, 열매를 땄을 때 주며 7월 이후에는 주지 않는다.

㉡ 지효성 비료 : 효력이 늦은 비료로 늦가을에서 이른 봄 사이에 준다.

② 화목류의 인산비료는 7~8월에 준다.

③ 조경 수목의 밑거름 시비시기는 일반적으로 낙엽진 후가 좋다.

④ 잔디시비 : 지상부와 지하부의 생육이 활발한 시기

⑤ 수목시비

㉠ 숙비(기비) : 지효성 유기질 비료(퇴비, 골분, 어분, 계분)

- 수목의 성장이 미약한 시기 : 땅이 얼기 전(10월 하순 ~ 11월 하순), 잎 피기 전(2월 하순 ~ 3월 하순)
- 4~6월에 효과가 나타남

㉡ 추비(화비, 생육도중 주는 비료) : 무기질 속효성 비료(염화칼슘, N, P, K 등 복합비료)

- 수목 생장기인 꽃이 진 후 또는 열매를 딴 후
- 4~6월 하순 수세회복을 목적으로 소량시비

⑥ 시비구멍 : 깊이 20cm, 폭 20~30cm로 근원직경의 3~7배 정도 띄워서 파는 것이 바람직

8. 거름 주는 양

식물의 종류와 크기, 기후와 토질, 생육 기간, 자라는 상태 등에 따라 거름의 분량을 알맞게 정하여 준다.

표. 수목에 거름 주는 양(g/그루)

나이	구분	밑거름			덧거름
		두엄	깻묵	과인산석회	황산암모늄
5년생 이하	낙엽교목	700	40	20	30
	낙엽관목	600	20	30	30
	상록교목	1,300	40	40	30
	상록관목	900	20	4	30
5년생 이상	낙엽교목	7,000	300	50	40
	낙엽관목	3,000	200	60	30
	상록교목	7,000	200	60	30
	상록관목	4,000	200	60	30

9. 거름 주는 방법 출제

① 전면 거름주기

㉠ 수목 식재 전 토양 표면에 밑거름을 깔고 경운하는 경우

㉡ 수목이 밀식되어 한 그루마다 거름을 줄 수 없는 경우

㉢ 잔디밭 전면에 비료를 살포하는 경우

② 윤상 거름주기 : 수관폭을 형성하는 가지 끝 아래의 수관선을 기준으로 환상으로 깊이 20~25cm, 너비 20~30cm 바퀴모양으로 구덩이를 파서 거름을 주는 방법으로 비교적 어린 나무에 실시

③ 격윤상 거름주기 : 윤상 거름주기의 형태이기는 하나, 윤상의 거름 구덩이가 연결되지 않고 일정한 간격을 두고 거름을 주는 방법으로, 다음 해에 구덩이 위치를 바꾸어 준다.

④ 방사상 거름주기 : 수목의 밑동으로부터 밖으로 방사상 모양으로 땅을 파고 거름을 주는 방법으로 뿌리가 상하기 쉬운 노목에 실시

⑤ 천공 거름주기 : 수관선상에 깊이 20cm 정도의 구멍을 군데군데 뚫고 거름을 주는 방법

⑥ 선상 거름주기 : 산울타리처럼 군식된 수목을 식재된 수목 밑동으로부터 일정한 간격을 두고 도랑처럼 길게 구덩이를 파서 거름을 주는 방법

⑦ 관목 거름주기 : 소규모의 군식인 경우에는 윤상 거름주기 또는 천공 거름주기를 한다. 대규모 군식인 경우 무기질 거름은 균일하게 전면 살포한다.

※ 수간주사법 : 방법이 다소 사용하기 곤란하거나 효과가 비교적 낮을 시 사용하며 인력과 시간이 많이 소요된다.

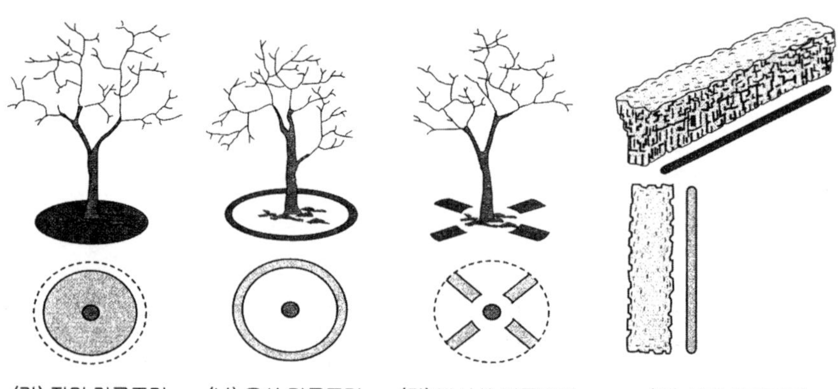

(가) 전면 거름주기 (나) 윤상 거름주기 (다) 방사상 거름주기 (라) 선상 거름주기

03 조경수목의 병·해충 방제

1. 병원의 분류

① 전염성

㉠ 바이러스(Virus) : 모자이크병

㉡ 마이코플라즈마(mycoplasma), 파이토플라즈마(phytoplasma) : 대추나무 빗자루병, 뽕나무 오갈병, 오동나무 빗자루병

㉢ 세균(bacteria) : 뿌리혹병

㉣ 진균(fungi) : 모잘록병, 벚나무 빗자루병, 흰가루병 등

② 비전염성

㉠ 부적당한 토양조건

㉡ 부적당한 기상조건

㉢ 유기물질에 의한 것

㉣ 농기구 등에 의한 기계적 상해

③ 발병 부위에 따른 분류 출제

㉠ 잎, 꽃, 과일에 발생하는 병 : 흰가루병, 붉은별무늬병, 녹병, 균핵병, 갈색무늬병, 탄저병, 회색곰팡이병

㉡ 줄기에 발생하는 병 : 줄기마름병, 가지마름병, 암종병

㉢ 나무전체에 발생하는 병 : 시듦병(시들음병), 세균성 연부병, 바이러스 모자이크병, 흰비단병

㉣ 뿌리(토양)에 발생하는 병 : 흰빛날개무늬병, 자주빛날개무늬병, 뿌리썩음병, 근두암종병, 선충

2. 식물병의 방제법 출제

① 비배관리 : 질소질 비료를 과용하면 동해(凍害) 또는 상해(霜害)를 받기 쉽다.

② 환경조건의 개선 : 토양전염병은 과습할 때 피해가 크므로 배수, 통풍을 조절한다.

③ 전염원의 제거 : 감염된 가지나 잎을 소각하거나 땅속에 묻는다.

④ 중간기주(두 기주 중 경제적 가치가 적은 것)의 제거

㉠ 잣나무 털녹병의 중간기주 : 송이풀과 까치밥나무

㉡ 포플러 잎녹병의 중간기주 : 낙엽송

㉢ 배나무 적성병의 중간기주 : 향나무

㉣ 소나무 혹병의 중간기주 : 참나무류

⑤ 윤작실시, 식재 식물의 검사, 종자나 토양 소독, 내염성 품종의 이용

⑥ 병충해 방제법

㉠ 생물학적 방제 : 천적(天敵, natural enemy : 어떤 생물을 공격하여 언제나 그것을 먹이로 생활하는 생물)을 이용

㉡ 화학적 방제 : 농약을 이용

㉢ 물리학적 방제 : 잠복소(潛伏所, 벌레들이 박혀 있는 곳, 9월 하순에 설치) 사용, 가지 소각

3. 약제 종류

① 살포시기에 따른 분류

㉠ 보호살균제 : 침입 전에 살포하여 병으로부터 보호하는 약제(동제)

㉡ 직접살균제 : 병환부위에 뿌려 병균을 죽이는 것(유기수은제)

㉢ 치료제 : 병원체가 이미 기주식물의 내부조직에 침입한 후 작용

② 주요 성분에 따른 분류

㉠ 동제(보르도액, 보호 살균제)

- 석회유액과 황산동액으로 조제 a-b식으로 부름(a : 황산동, b : 생석회)
- 사용할 때마다 조제하여야 효과적
- 바람이 없는 약간 흐린 날 식물체 표면에 골고루 살포한다.
- 흰가루병, 토양전염성병에는 효과가 없다.

㉡ 황제

- 무기황제(석회황합제) : 적갈색물약, 흰가루병과 녹병의 방제에 사용
- 유기황제 : 지네브제(다이젠 M-45), 마네브제(다이젠 M-22)

㉢ 유기합성살균제 : PCNB제, CPC제

㉣ 항생물질계

- 마이코플라즈마에 의한 수병 치료에 효과를 보이고 있음
- 테트라사이클린계 : 오동나무·대추나무 빗자루병
- 사이클론헥시마이드 : 잣나무 털녹병

4. 주요 조경 수목병 방제

① 침엽수의 병해와 방제

㉠ 잎마름병

- 피해 : 주목, 소나무, 곰솔, 잣나무 등에 발생하며, 병원균이 잎을 침해한다. 병든 잎이 갈색으로 변하여 일찍 떨어지므로 생장이 저하된다.
- 병징 : 봄철에 띠 모양의 황색 반점들이 침엽의 윗부분에 형성되고, 나중에 갈색으로 변하면서 반점들이 합쳐진다.
- 방제 : 병든 묘목은 발생 초기에 소각한다. 구리제를 5월 하순부터 8월까지 2주 간격으로 살포하면 방제 효과가 크다.
- 곰솔과 소나무는 주로 1~2년생 묘목에 많이 발생한다.

㉡ 잣나무털녹병

- 피해 : 잣나무류의 가장 중요한 병으로 15년생 이하의 잣나무에서 많이 발생하며 나무줄기의 형성층을 파괴하여 병든 부위가 부풀면서 윗부분이 말라 죽는다.
- 병징 : 병원균이 잎의 기공으로 침입하여 줄기로 전파하며, 잎에는 황색의 미세한 반점을 형성한다. 균사가 침입한 줄기에는 수피가 황색으로 변하고 2년 후에는 적갈색으로 변하며 부풀고, 8월 이후에는 점질상 물방울이 나타나며, 이듬해 봄에 수피를 파괴한다.
- 방제 : 중간기주인 송이풀과 까치밥나무를 제거하고 잣나무 높이의 1/2~1/3까지 가지치기를 한다. 잣나무 묘포에 8월 하순부터 10일 간격으로 구리제를 2~3회 살포한다.

② 활엽수의 병해와 방제 출제

㉠ 흰가루병

- 피해 : 밤나무, 참나무류, 느티나무, 감나무, 벚나무, 배롱나무, 단풍나무, 개암나무, 붉나무, 오리나무, 장미 등에 많이 발생하며 어린 눈이나 새순이 침해를 받으면 위축되어 기형이 되고 나무의 생육이 떨어진다. 주로 늦가을에 심하게 발생하여 조경 수목의 미관을 많이 해친다.
- 병징 : 장마철 이후부터 잎 표면과 뒷면에 흰색의 반점이 생기며 점차 확대되어 가을이 되면 잎을 하얗게 덮고 그 후 갈색을 띤 작은 알갱이가 흰 분말 사이에 형성된다. 주야의 온도차가 크고, 일조부족, 질소과다, 기온이 높고 습기가 많으면서 통풍이 불량한 경우 신초부위에서 발생하며 잎에 흰 곰팡이가 형성된다. **수목에 치명적인 병은 아니지만 발생하면 생육이 위축되고 외관을 나쁘게 한다.** 통기불량, 일조부족, 질소과다 등이 발병유인이다.
- 방제 : 일광 통풍을 좋게 하고, 병든 낙엽을 모아 태우거나 땅속에 묻음으로써 전염원을 차단해야 한다. 봄에 새순이 나오기 전에는 석회(유)황합제를 1~2회 살포, 여름에는 만코지 수화제, 지오판 수화제, 베노밀 수화제 등을 2주 간격으로 살포한다.

㉡ 녹병

- 피해 : 장미과 중에서 특히 배나무, 사과나무에 피해를 주어 과일의 질과 생산량을 저하시키

는 이 병은 적성병을 일으키는 포자를 형성한다. 향나무 줄기 및 가지의 수피를 뚫고 동포자를 형성하는 균은 향나무의 가지 및 줄기를 말라 죽게 한다.

- 병징 : 봄에 향나무의 잎과 줄기에 갈색의 돌기가 형성되며, 비가 와서 수분이 많아지면 황색의 한천 모양으로 부푼다. 이 때 동포자는 발아하여 장미과 식물로 옮겨간다. 6~7월에 장미과 식물의 잎과 열매 등에 노란색 작은 반점이 나타나고, 그 중앙에 흑색점이 생긴다.
- 방제 : 향나무 부근에 장미과 나무를 식재하지 않도록 하며, 향나무에 만코지 수화제, 폴리옥신 수화제, 4-4식 보르도액 등을 살포하고, 중간 기주에는 4월 중순부터 6월까지 티디폰 수화제, 훼나리 수화제, 마이틴 수화제 등을 10일 간격으로 살포한다.

㉢ 그을음병

- 피해 : 소나무류, 주목, 대나무, 배롱나무, 감나무, 감귤 등에 피해를 주며 나무가 말라 죽는 일은 없으나 동화작용 부족으로 수세가 쇠약해진다.
- 병징 : 가지, 줄기, 과일 등에 그을음을 발라 놓은 것처럼 보이며 깍지벌레, 진딧물 등 흡즙성 해충의 배설물에 2차적으로 기생하는 부생성 그을음 병균에 의해 발생한다.
- 방제 : 휴면기에 기계유 유제를 살포하고, 발생기에는 마라톤, 메티온 유제를 살포하여 깍지벌레를 구제한다. 질소질 거름의 과다도 발병 원인의 하나이므로 질소질 거름의 과용을 삼간다. 그을음병의 직접 방제에는 만코지, 티오판 수화제를 살포한다.

㉣ 빗자루병

- 피해 : 대추나무, 오동나무, 벚나무 등에서 발생
- 병징 : 잔가지가 많이 생겨 빗자루 모양이 된다. 마이코플라즈마라는 병원균이 원인
- 방제 : 테트라사이클린을 수간 주입, 파라티온수화제, 메타유제 1,000배액 살포

③ 기타 병해와 방제

㉠ 갈색무늬병

- 피해 : 개나리, 라일락, 굴거리나무, 무궁화, 식나무, 황매화, 오리나무 등
- 방제 : 싹트기 전 보르도액, 만코지수화제 등 살포
- 오리나무 갈색무늬병균 : 종자의 표면에 부착해서 전반된다.

㉡ 배나무 별무늬병(적성병)

- 병징 : 향나무가 중간기주 역할
- 방제 : 향나무와 배나무 격리

㉢ 검은점무늬병

- 방제 : 만코제브수화제(다이젠 M - 45)

㉣ 참나무시들음병(Oak wilt) : 건강한 참나무류가 급속히 말라 죽는 병

- 병징 : 매개충인 광릉긴나무좀과 병원균 간의 공생작용에 의해 발병하며 갈참나무, 신갈나무, 졸참나무에서 피해가 크다. 매개충인 광릉긴나무좀 성충이 5월 상순부터 나타나서 참나무류

로 침입하여 피해목은 7월 하순부터 빨갛게 시들면서 말라 죽기 시작하고 겨울에도 잎이 떨어지지 않고 붙어 있다. 고사목의 줄기와 굵은 가지에 매개충의 침입공이 다수 발견되며, 주변에는 목재 배설물이 많이 분비된다.

- 방제법 : 매개충의 생활사에 따른 복합방제를 실시하며, 매개충의 잠복시기(11월~이듬해4월)에는 소구역 모두베기, 벌채훈증을 적용하고, 매개충 우화시기(5월~10월)에는 지역여건에 따라 끈끈이트랩, 벌채훈증, 지상약제 살포 등으로 복합방제를 추진한다.

〈참고〉 한국의 3대 해충(흰불나방, 솔잎흑파리, 솔나방)
소나무 3대 해충(솔나방, 소나무좀, 솔잎흑파리)

5. 주요 조경수목 해충 방제

① 잎을 갉아먹는 해충(식엽성 해충) 출제

㉠ 솔나방 - 1년에 1회 발생

- 피해 : 송충이와 애벌레가 솔잎을 갉아 먹는 소나무의 대표적 충해
- 화학적 방제법 : 월동한 애벌레의 가해 시기인 4월 중순부터 6월 중순이나 어린 애벌레 시기인 9월 상순부터 10월 하순에 디프제(디프액제, 디프록스, 디프유제), 파라티온을 살포
- 생물학적 방제법(천적) : 맵시벌, 고치벌, 뻐꾸기
- 7월 하순부터 8월 중순까지는 피해 수목 주위에 등불을 밝혀 유살시킨다. 잠복소를 10월 중에 설치하여 유인, 태워 죽인다.

㉡ (미국)흰불나방 - 1년에 2회 발생(5~6월, 7~8월)

- 피해 : 겨울철에 번데기 상태로 월동하며 성충의 수명은 3~4일이다. 가로수와 정원수 특히 플라타너스에 피해가 심하다. 포플러류, 버즘나무 등 160여종의 활엽수를 가해하며, 먹이가 부족하면 초본류도 먹는다.
- 화학적 방제법 : 수관에 디프제(디프유제, 디프테렉스 1,000배액), 스미치온 살포
- 생물학적 방제법(천적) : 긴등기생파리, 송충알벌
- 무리지어 살고 있는 애벌레를 피해 잎과 함께 채취하여 태워 버린다. 8월 중순에 피해 나무 줄기에 잠복소를 설치하여 유인, 살포한다.

※ 플라타너스의 흰불나방 약제 - 그로프수화제(더스반), 주로수화제(디밀린)

㉢ 노랑쐐기나방 - 1년 1회 발생

㉣ 독나방

- 피해 : 각종 활엽수의 잎을 가해
- 화학적 방제법 : 디프제, 파라티온, 포스트수화제
- 생물학적 방제법(천적) : 긴등기생파리

㉤ 버들재주나방 - 1년 2회 발생

- 피해 : 가로수를 주로 가해
- 화학적 방제법 : 메프수화제, 디프유제, DDVP
- 생물학적 방제법(천적) : 밀화부리, 찌르래기새

ⓑ 오리나무잎벌 - 1년 1회 발생
- 피해 : 성충과 유충이 동시에 잎을 갉아 먹으며 잎이 붉게 변색
- 화학적 방제법 : 디프제
- 생물학적 방제법(천적) : 무당벌레

ⓢ 텐트나방 - 1년 1회 발생
- 피해 : 유충이 갈라진 부분에 그물막을 치고 서식하면서 낮에는 그 속에서 쉬고 밤에만 나와 식물을 가해한다. 포플러류, 사과나무류, 배나무, 참나무류, 장미류 등을 가해
- 화학적 방제법 : 메프유제, 디프제
- 생물학적 방제법(천적) : 포식성벌, 맵시벌

예제 4

다음 중 잎을 갉아먹는 해충이 아닌 것은?

① 흰불나방 ② 솔나방
③ 텐트나방 ④ 솔잎혹파리

정답 : ④

해설 솔잎혹파리는 충형형성 해충과 흡즙성 해충에 속한다.

② 즙액을 빨아먹는 해충(흡즙성 해충) 출제

㉠ 진딧물류 - 1년에 10회 내외 발생
- 피해 : 침엽수 및 활엽수의 대부분 수종에 기생하는 해충으로 월동한 알에서 부화한 애벌레가 수목의 줄기 및 가지에 기생하여 즙액을 빨아먹으므로 잎이 마르고 수세가 약해진다. 2차적인 피해로 각종 바이러스병을 유발시키며, 무궁화나 꽃사과에 많이 발생한다.
- 화학적 방제법 : 발생 초기에 메타시스톡스 유제, 마라톤 유제 살포
- 생물학적 방제법(천적) : 무당벌레류, 풀잠자리, 꽃등애류, 기생벌

㉡ 응애류 - 1년에 5~10회 발생 : 살비제 - 응애 죽이는 약
- 피해 : 대부분의 수목에 피해를 입히고, 바늘과 같이 끝이 뾰족한 입틀로 잎의 즙액을 빨아먹으면 잎에 황색의 반점을 만들고 이 반점이 많아지면 잎 전체가 황갈색으로 변한다.
- 발생지역에 4월 중순부터 1주일 간격으로 2~3회 정도 약을 살포한다.
- 화학적 방제법 : 농약의 계속 사용을 피한다. 응애 발생기인 4월 중·하순에 살비제를 7~10일 간격으로 2~3회 수관에 살포한다.
- 생물학적 방제법(천적) : 무당벌레, 거미, 풀잠자리

㉢ 깍지벌레류 – 1년에 1~3회 발생

- 피해 : 대부분의 수목에 피해를 입히고 수목의 잎과 가지에 붙어서 즙액을 빨아 먹으면 수목이 쇠약해지며 고사한다. 2차적으로 그을음병을 유발하고 번식력이 강하여 다수가 기생한 나무는 점차 쇠약해져서 심하면 고사한다.
- 감나무, 벚나무, 사철나무 등에 많이 발생
- 콩 꼬투리 모양의 보호깍지로 싸여있고, 왁스물질을 분비
- 화학적 방제법 : 수프라사이드 유제를 5월 중·하순에 1주일 간격으로 2~3회 살포하며 메티온 유제, 기계유 유제를 살포
- 생물학적 방제법(천적) : 무당벌레류, 풀잠자리

㉣ 솔잎혹파리(충형형성 해충에도 속한다.) – 1년 1회 발생

- 피해 : 소나무, 곰솔 등에 발생하며, 유충이 솔잎기부에 벌레혹을 만들고 그 속에 수액 및 즙액을 빨아 먹는다. 솔나방과 다르게 울창한 소나무 숲에 피해가 많다.
- 1929년 서울의 비원과 전남 목포지방에서 처음 발견된 해충
- 화학적 방제법 : 오메톤액제, 포스팜액제, 다이메크론
- 생물학적 방제법(천적) : 산소래, 솔잎혹파리먹좀벌, 파리살이먹좀벌

예제 5

다음 중 흡즙성 해충이 아닌 것은?

① 깍지벌레　　② 응애
③ 진딧물　　④ 오리나무잎벌

정답 : ④

해설 오리나무잎벌은 식엽성 해충이다.

③ 구멍을 뚫는 해충(천공성 해충) 출제

㉠ 향나무 하늘소(측백나무 하늘소) – 1년 1회 발생

- 피해 : 애벌레가 향나무나 측백나무의 형성층 부위에 구멍을 뚫어 나무를 급속히 말라 죽인다. 주로 쇠약한 나무를 가해하며, 배설물을 밖으로 내보내지 않기 때문에 발견하기 어렵다.
- 화학적 방제법 : 봄철(3월 중순에서 4월 중순 사이)에 메프제(스미치온류 등)를 2~3회 살포하여 부화 애벌레를 죽인다. 봄철에 방제하는 것이 가장 효과적
- 피해를 받은 가지나 줄기를 10월부터 이듬해 2월 사이에 벌채목을 소각하고 나무가 쇠약해지지 않도록 관리한다.

㉡ 소나무좀 – 1년 1회 발생

- 피해 : 월동한 어미벌레가 소나무, 곰솔, 잣나무, 리기다소나무 등 쇠약목에 구멍을 뚫어 수분과 양분의 이동을 막아 나무를 말려 죽인다. 인근 지역에 소나무 벌채지나 원목을 집재한

곳이 있으면 피해가 증가한다.

- 소나무류의 지표 부근 수피에 구멍을 뚫고 월동하며, 3월 중순에서 4월 중순 사이에 기온이 15℃ 정도 2~3일 계속될 때 월동 장소에서 탈출한다.
- 방제 : 수세가 약한 나무를 미리 제거하거나 벌채목의 껍질을 벗겨 번식처를 제거한다. 벌채한 유인용 소나무에 어미벌레가 알을 낳게 한 후 껍질을 벗겨 태운다.

㉢ 박쥐나방 - 2년 1회 발생

- 피해 : 어린 유충은 초본류의 줄기를 가해 하지만, 성장한 후에는 줄기 속에서 수목으로 이동하여 나무속으로 구멍을 뚫고 들어간다.
- 화학적 방제법 : 마라톤 500배액

㉣ 미끈이하늘소

- 피해 : 10~30년생 정도 되는 나무에 피해를 주고 참나무류, 밤나무 등에 많은 피해
- 화학적 방제법 : 메프유제, 파라티온

④ 충영성(충영형성) 해충

㉠ 밤나무혹벌 - 1년 1회 발생

- 피해 : 유충은 밤나무 눈(芽)에 기생하여 벌레혹을 만들어 새순이 자라지 못하게 되어 개화결실 장애를 준다.
- 생물학적 방제법(천적) : 꼬리좀벌, 상수리좀벌

㉡ 솔잎혹파리(흡즙성 해충에도 속한다.) - 1년 1회 발생

- 피해 : 소나무와 곰솔 등에 많이 발생하며, 유충이 솔잎 기부에 벌레혹을 만들고 그 속에 수액 및 즙액을 빨아 먹는다. 솔나방과 다르게 울창한 소나무 숲에 피해가 많다.
- 화학적 방제법 : 오메톤액제, 포스팜액제, 다이메크론
- 생물학적 방제법(천적) : 산솔새, 솔잎혹파리먹좀벌, 파리살이먹좀벌

6. 농약의 종류 출제

농약이란 농작물에 피해를 주는 균, 곤충, 응애, 선충, 바이러스, 잡초, 기타 동식물의 방제에 사용되는 살균제, 살충제, 제초제 등의 약제와 농작물의 생리 기능을 증진하거나 억제하는데 사용하는 약제

① 살충제 : 해충을 방제할 목적으로 쓰이는 약제로 상표의 색깔이 초록색이다.

② 살균제 : 병원균을 죽이는 목적으로 쓰이는 약제로 상표의 색깔이 분홍색이다.

③ 살비제 : 응애만을 죽이는 농약

④ 살선충제 : 식물체 내에 기생한 선충을 죽이는 유기인제와 토양중의 선충을 죽이는 토양 훈증제가 있다.

⑤ 제초제 : 잡초제거를 위해 쓰이는 농약으로 선택성 제초제와 비선택성 제초제가 있다.

- 잔디밭에 비선택성 제초제를 사용하면 잔디까지 모두 다 죽이게 된다.

구분	포장지 색깔
살충제	초록색(나무를 살린다)
살균제	분홍색
제초제	노란색(반만 죽인다)
비선택성 제초제	적색(다 죽인다)
생장조절제	청색(푸른 신호등)

〈참고〉 살균제 - 다이젠 M-45, 보르도액, 석회유황합제 등
살충제 - 다이아지논, 엘드린, 디프테렉스, 스미티온, 파라티온, DDVP 등

7. 농약의 안전 사용 출제

① 식물별로 적용 병해충에 적합한 농약을 선택하여 사용농도, 사용횟수 등 안전사용 기준에 따라 살포한다.

② 제초제를 사용할 때 약이 날려 다른 농작물에 묻지 않도록 깔때기 노즐을 낮추어 살포한다.

③ 농약은 바람을 등지고 살포하며, 피부가 노출되지 않도록 마스크와 보호용 옷을 착용한다.

④ 피로하거나 몸의 상태가 나쁠 때에는 작업을 하지 않으며, 혼자서 긴 시간의 작업은 피한다.

⑤ 작업 중에 음식 먹는 일은 삼간다.

⑥ 작업이 끝나면 노출 부위를 비누로 깨끗이 씻고 옷을 갈아입는다.

⑦ 쓰고 남은 농약은 표시를 해 두어 혼동하지 않도록 한다.

⑧ 서늘하고 어두운 곳에 농약 전용 보관상자를 만들어 보관한다.

⑨ 농약 중독 증상이 느껴지면 즉시 의사의 진찰을 받도록 한다.

⑩ 정오부터 오후 2시까지 살포하지 않는다.

⑪ 맑은 날 약효가 좋다.

04 조경수목의 보호와 관리

1. 건조로부터의 보호

① 멀칭

㉠ 개념 : 수피, 낙엽, 볏짚, 풀, 분쇄목 등을 사용하여 토양을 피복·보호해서 식물의 생육을 돕는 역할을 하는 것

㉡ 멀칭의 기대효과

- 토양수분유지
- 토양침식과 수분손실 방지
- 토양 비옥도 증진 및 잡초 발생 억제
- 토양구조 개선 및 태양열의 복사와 반사를 감소
- 토양의 온도조절 및 병충해 발생 억제
- 통행을 위한 지표면 개선효과

예제 6

다음 중 멀칭의 효과가 아닌 것은?

① 토양수분이 유지된다.
② 잡초의 발생을 억제한다.
③ 토양의 구조가 개선된다.
④ 토양고결을 조장한다.

정답 : ④

예제 7

수목의 뿌리 주위에 짚, 낙엽 등으로 피복하여 얻을 수 있는 효과가 아닌 것은?

① 토양수분의 증산억제
② 무기질 비료의 제공
③ 잡초발생의 방지
④ 표토의 응고방지

정답 : ②

② 관수 : 건조를 막기 위한 적극적인 방법으로 물을 주는 것

㉠ 관수의 효과

- 수분은 원형질의 주성분을 이루며, 탄소 동화작용의 직접적인 재료가 된다.
- 토양중의 양분을 용해하고 흡수하여 신진대사를 원활하게 한다.
- 세포액의 팽압(膨壓)에 의해 체형을 유지한다.

- 증산으로 인한 잎의 온도 상승을 막고 나무의 생장을 촉진한다.
- 지표와 공중의 습도가 높아져 증발량이 감소한다.
- 토양의 건조를 막고 생육환경을 형성하여 나무의 생장을 촉진한다.
- 식물체 표면의 오염물질을 씻어내고 토양 중의 염류를 제거한다.

㉡ 관수 방법
- 건조가 계속되면 나무가 시들기 전에 관수한다.
- 초기에 관수를 하면 시든 나무가 회복되나, 토양 수분이 더욱 감소하여 어느 한계점(위조점(萎凋點) : 마르기 시작하는 때의 수분결합력)을 지나면 관수를 하더라도 정상으로 회복하지 못한다.
- 관수할 때에는 물이 땅 속 깊이 스며들도록 충분히 물을 주어야 하고, 이식할 때에는 물집을 만들어 관수를 한다.
- 물을 효율적으로 주는 방법으로 점적 관수가 있으며, 넓은 면적 관수에는 스프링클러에 의한 방법이 효과적이다.
- 물을 주는 시간은 한낮은 피하여 아침 또는 저녁에 주는 것이 좋다.
- 물을 주지 말아야 할 시간은 11~16시이다.
- 인위적인 물주기는 1년에 5회 정도 한다.
- 잎과 봉우리에 관수를 하는 것은 좋고, 꽃이 핀 곳은 물을 뿌리지 말아야 한다.
- 점적관수 : 물에 미세한 구멍을 통하여 조경수목이나 원예작물의 하단부에 지상이나 지중에 매설하여 물을 한 방울씩 일정한 속도로 토양에 수분을 공급하여 토양 내 적당한 공기를 유지시켜 식물이 생육하는데 가장 이상적인 관수방법이다.

  옥상조경등과 같이 습도에 변화가 심한 곳에 설치하면 이식의 피해를 줄이고 생육이 매우 좋아져 효과적이다. 또한 관수물량이 스프링클러에 비해 수목은 30~70%, 초화류는 20~30% 절감된다.

그림. 점적관수

- 스프링클러(sprinkler) : 넓은 잔디밭에 등에 사용되며, 살수방식에 따라 팝업형(pop-up type)과 고정형(stationary type), 그리고 이 2가지 응용한 로터리형(rotary type)이 있다. 팝업형은 스프링클러헤드가 평소에는 땅속에 묻혀 있다가 가동될 때는 땅 위로 솟아나와 가동되고, 가동이 끝나면 원위치로 돌아가는 형이고, 고정형은 평소 땅 위에 솟아 있어 가동 때 회전하면서 살수되는 형으로서 비용은 싸지만 잔디를 깎을 때 등 마찰이 있어 불편하다. 로터리형은 빙빙 돌면서 서서히 살수하기 때문에 넓은 지역에 적합하다. 시설은 한발대책 이외에도 약제·액체비료의 살포에도 사용할 수 있다.

그림. 스프링클러

③ 줄기감기(줄기 싸기)

- 이식한 나무의 줄기로부터 수분 증산을 억제하거나, 수피가 얇은 나무에서 햇볕에 의해 수피가 타는 것을 방지하고, 물리적 힘으로부터 수피의 손상을 방지하며, 병 · 해충의 침입을 방지하기 위하여 새끼나 마대로 줄기를 감아주며, 그 위에 진흙을 바르기도 한다.
- 동해 방지를 위한 줄기감기의 적기 : 9~10월

④ 건정(dry well) : 나무 주변 성토로 인해 물 빠짐이 나쁜 것을 막기 위해 수목둘레에 만든 고랑

⑤ 그 밖의 방법

㉠ 나무 주위를 얕게 김을 매준다.
㉡ 두엄을 흙속 깊이 충분히 넣어준다.
㉢ 키가 작은 나무는 햇빛을 가려준다.

⑥ 영구위조(permanent wilting, 永久萎凋)

식물체가 시든 정도가 심하여 수분을 공급해도 회복이 안 되는 상태로 결국은 고사하게 되는 것으로 토양의 수분함량은 사토의 경우 2~3%, 식토의 경우 20%이다.

2. 추위로부터의 보호 출제

① 동해

㉠ 발생지역 : 오목한 지형(찬 기운이 내려앉으므로), 남쪽 경사면(일교차가 커서), 유목(어린나무), 과습한 토양, 늦가을과 이른 봄에 많이 발생한다.

㉡ 예방

- 짚싸기 : 내한성이 약하거나 이식하여 세력이 떨어진 나무의 지상부를 보호하기 위해 실시. 모과나무, 장미, 벽오동, 배롱나무 등의 수목에 사용
- 짚덮어주기 : 추위에 약한 관목류와 지피식물을 보호하는 방법으로 지표면에 짚이나 낙엽을 덮어 주면 지표면이 어는 것을 완화시켜준다.
- 흙묻이 : 추위에 약한 나무가 얼어주는 것을 예방하기 위해 묶은 가지를 지상으로부터 40~50cm 정도 높이의 흙으로 묻는 것으로 추위에 약한 나무가 얼어 죽는 것은 추위로 인한 직접적인 피해보다는 기온의 변화에 따라 줄기가 얼었다 녹았다 하는 현상이 되풀이 되면서 세포가 파괴되기 때문이다.
- 흙덮기 : 관목류 수종중 추위에 대한 피해를 막는데 가장 효과가 큼

② 서리의 해

㉠ 첫서리는 늦가을 목질화가 채 이루어지지 않은 연약한 가지에 피해를 주며, 늦서리는 이른 봄 자라기 시작한 새순과 잎에 손상을 준다.

- 만상(晩霜, spring frost) : 이른 봄 서리로 인한 수목의 피해
- 조상(早霜, autumn frost) : 나무가 휴면기에 접어들기 전 서리로 인한 피해

㉡ 이른 서리는 특히 연약한 가지에 많은 피해를 주며, 서리에 의한 피해는 일반적으로 침엽수가 낙엽수보다 강하다.

③ 상렬(霜裂)

㉠ 추위로 인해 나무의 줄기 또는 수피가 세로방향으로 갈라져 말라죽는 현상

㉡ 늦겨울이나 이른 봄 남서면의 얼었던 수피가 햇빛을 받아 조직이 녹아 연해진 다음 밤중에 기온이 급속히 내려감으로써 수분이 세포를 파괴하여 껍질이 갈라져 생긴다.

㉢ 수피가 얇은 단풍나무, 배롱나무, 일본목련, 벚나무, 밤나무 등이 피해가 많으며, 지상 0.5~1m 정도에서 피해가 많다.

㉣ 예방

- 남서쪽의 수피가 햇볕을 직접 받지 않게 함
- 수간의 짚싸기 또는 석회수(백토제) 칠하기

예제 8

다음 동해 발생 사례 중 틀린 것은?

① 오목한 지형에 있는 수목에서 동해가 더 많이 발생한다.
② 건조한 토양보다 과습한 토양에서 더 많이 발생한다.
③ 일차(日差)가 심한 남쪽 경사면보다는 북쪽 경사면이 더 많이 발생한다.
④ 성목보다는 유목에서 더 많이 발생한다.

정답 : ③

해설 일교차가 심한 남쪽경사면이 동해의 발생이 더 크다.

3. 바람으로부터의 보호 출제

① 폭풍의 해

폭풍은 나무의 줄기, 가지, 잎에 손상을 주고, 동화 작용을 저해하며, 조경 시설물을 파괴하는 등 짧은 시간에 여러 가지 피해를 복합적으로 준다.

② 조풍의 해

㉠ 조풍(潮風) : 바다로부터 소금기를 품고 불어오는 바람을 말한다.
㉡ 일반적으로 식물은 염분이 0.05% 이상의 농도일 때 생육에 방해를 받고, 토양 내 미생물의 발육에도 영향을 끼쳐 유기물의 분해를 방해한다.

③ 풍해의 예방

㉠ 방풍림 조성
- 주풍이 불어오는 곳에 방풍림을 조성
- 특히 바닷가는 바람에 의하여 염분이나 모래가 날아오기 때문에 방풍림 조성이 필요
- 방풍림은 바람이 불어오는 방향에 대해 직각으로 길게 조성
- 방풍림을 만들기 위한 나무는 심근성으로 줄기와 가지가 강인하고 잎이 치밀한 수종이 좋다.
- 겨울의 방풍 효과를 위해서는 상록수를 식재해야 한다.
- 방풍림의 너비는 10~20m, 나무 간격은 1.5~2.0m가 좋다.

㉡ 방풍림의 효과
- 바람 위쪽 효과 : 수고의 6~10배의 감속 효과가 있다.
- 바람 아래쪽 효과 : 수고의 25~30배의 감속 효과가 있다.
- 수고 3~5배에 해당하는 지점에서 가장 효과가 크다(약 65% 감소).

㉢ 가지치기 : 수관에 닿게 될 바람의 압력을 줄이기 위해 굵은 가지는 물론 밀생한 가지, 웃자란 가지, 꺾어지기 쉬운 가지 등을 제거한다.

㉣ 지주설치 : 바람에 흔들리거나 쓰러지는 것을 방지하여 활착이 잘 되도록 하기 위한 것이며, 갓 옮겨 심은 교목류에는 반드시 지주를 설치해야 한다.

4. 더위로부터의 보호 출제

① 일소(日燒, 껍질데기, 볕데기, 피소)

㉠ 여름철 나무가 뜨거운 직사광선을 받았을 때 수피의 일부에서 급속한 수분 증발이 일어나 형성층 조직이 파괴되어 잎이 갈색으로 변하거나 수피가 열을 받아 갈라지거나 껍질이 말라 죽는 현상을 말한다.

㉡ 껍질이 얇고 코르크층이 발달하지 않는 수종에 피해가 크므로 짚싸기를 해줘야 안전

㉢ 어린 나무에서는 거의 피해가 없으며 흉고직경 15~20cm 이상인 나무에서 피해가 많다.

㉣ 남쪽과 남서쪽에 위치하는 줄기부위에 피해가 크며, 특히 남서방향의 1/2부위가 가장 심하고 북측은 피해가 없다.

㉤ 피해 범위는 지제부 토양과 지상부의 경계부위에서 지상 2m 높이 내외이다.

㉥ 예방 : 하목(下木)식재, 새끼감기, 석회수(백토제)칠하기

② 한해(旱害, 가뭄의 해)

㉠ 여름철에 높은 기온과 가뭄으로 토양에 습도가 부족해 식물내에 수분이 결핍되는 현상

㉡ 습기를 좋아하는 수종, 천근성 수종, 남서쪽의 경사면, 표토가 얕은 토양에 식재된 수목은 주의를 요한다.

㉢ 예방 : 유기질 비료 심층 시비, 지표면 피복, 나무 주변에 김매기, 차광

5. 강수로부터의 보호

① 비에 의한 피해

배수가 안 되거나 붕괴의 위험이 있는 곳에서는 미리 배수구나 속도랑 땅속에 만든 배수로를 설치한다.

② 눈에 의한 피해

㉠ 건조한 눈이 나무 위에 쌓이는 것에 의한 피해는 적으나, 눈송이가 크고 습한 것은 부착력이 커서 가지나 잎 위에 쌓이게 되면 눈의 무게로 나뭇가지가 휘거나 부러지며, 심할 때에는 나무가 뿌리째 넘어지기도 한다.

㉡ 일반적으로 침엽수가 활엽수보다 피해가 크다.

6 조경관리

6. 공해로부터의 보호

① 대기 오염 물질

㉠ 식물은 이산화탄소를 제외한 모든 배기가스에 의한 피해를 입는다.

㉡ 식물 생육에 피해를 주는 배기가스로는 아황산가스, 일산화탄소, 질소산화물, 탄화수소, 황화수소 등이 있는데 이 중에서 가장 많은 피해를 주는 것이 아황산가스이다.

㉢ 이러한 대기 오염 물질은 단독으로 피해를 주기도 하지만, 햇빛을 받으면 서로의 화학적 반응에 의하여 더욱 해로운 물질을 형성하므로 나무에 큰 영향을 끼친다.

② 피해 증상

㉠ 급성 피해

- 배기가스의 농도가 높을 때 발생한다.
- 침엽수의 잎 끝이 노란색이나 적갈색으로 변색되고 심하면 잎이 떨어져 수관이 엉성해지며, 나무가 쇠약해져 마침내 죽게 된다.
- 활엽수는 잎 가장자리 또는 잎맥 사이에 황백색, 회백색 또는 갈색의 반점이 생기며, 기공 부근과 해면 조직이 파괴된다.

㉡ 만성 피해

- 배기가스의 농도가 낮을 때에는 오랜 기간에 걸쳐 잎의 엽록소를 천천히 파괴하여 황화 현상이 나타나게 되는데, 활엽수의 경우에는 잎이 갈색으로 변하며, 나무가 죽지 않으나 세력이 떨어지고 생장이 더디게 된다.

7. 노목이나 쇠약해진 나무의 보호 출제

나무가 쇠약해지나 말라 죽는 원인으로 생리적인 노쇠현상을 비롯하여 양분의 결핍, 기상 및 이식, 병충해의 영향 등이 있다.

① 수간주사

㉠ 쇠약한 나무, 이식한 큰 나무, 외과수술을 받은 나무, 병충해의 피해를 입은 나무 등에 수세를 회복시키거나 발근을 촉진하기 위하여 인위적으로 영양제, 발근촉진제, 살균제 및 침투성 살충제 등을 나무줄기에 주입한다.

㉡ 4~9월(5월 초~9월 말) 증산작용이 왕성한 맑은 날에 실시

㉢ 방법

- 2곳 구멍 뚫기 : 수간 밑 5~10cm, 반대쪽 지상 10~15(20)cm
- 구멍각도 20~30°
- 구멍지름 5~6mm

- 깊이 3~4cm
- 수간주입기 : 높이 180cm 정도에 고정

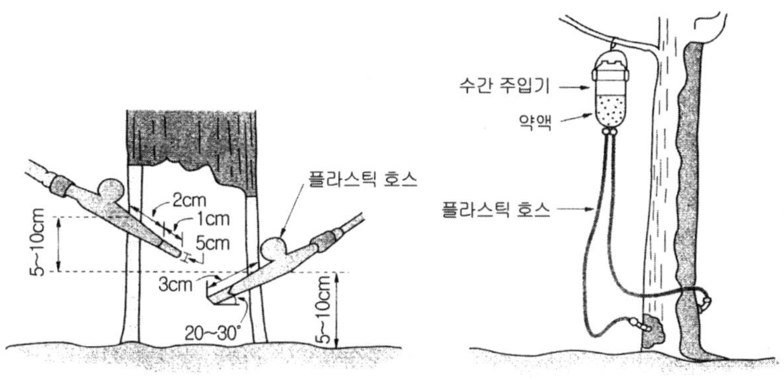

그림. 수간주사

② 뿌리 보호판

㉠ 가로수나 녹음수는 밟힌 토양으로 인한 공기 유통의 불량으로 뿌리 호흡이 곤란해지게 된다.

㉡ 늙은 나무나 쇠약해진 나무는 뿌리의 기능이 약하므로, 뿌리 보호판 설치 등 적절한 보호 조치를 해 주어야 한다.

③ 엽면시비(엽면살포)

㉠ 비료나 농약을 물에 타서 식물의 잎에 뿌려 양분이나 약액을 흡수하게 하는 일

㉡ 약해, 동해, 공해 등으로 나무의 세력이 약해졌을 때 잎에 양분을 공급하여 회복시키는 것

㉢ 맑은 날 오전 수목에 요소나 영양제를 필요농도로 희석하여 나무의 지상부 전체가 충분히 젖도록 분무기로 살포해 준다.

④ 수목의 외과수술(충진수술)

㉠ 4~9월(유합(癒合, 상처가 잘 아물어 붙는 것)이 잘 될 때) 실시

㉡ 천연기념물, 보호수, 노거수 및 희귀목 등은 환경적응력이 약해졌으므로 인위적・생물학적으로 피해를 입기 쉽다.

㉢ 이러한 고목들이 줄기, 뿌리, 가지 등에 발생한 상처로 인해 쇠약해지고 말라죽는 것을 막기 위하여 부패부를 제거하고, 살균・살충제를 처리한 후 부후균이 다시 침입하지 못하도록 방수, 방부제를 처리한다.

㉣ 부패하여 제거한 부분을 그대로 방치하면 부패가 확산되므로 동공 부분을 조직과의 접착력이 강하며, 수분 침투가 안되는 충전제로 충전시킨다.

ⓜ 동공 충전 후 빗물 등의 스며듦을 방지하기 위하여 방수 처리를 하고, 인공수피처리와 수지처리를 하여 외과 수술을 마무리 한다.

ⓑ 외과수술 순서

- 부패부 제거 → 살균·살충처리 → 방부·방수처리 → 동공 충진 → 매트처리 → 인공 나무껍질 처리 → 수지처리

※ 공동 충전제 : 특수 충전제, 콘크리트, 아스팔트 혼합제, 코르크제품, 고무블록 등을 사용

※ 공동((空洞) : 아무것도 없이 빈 것)처리 순서 : 부패한 목질부 다듬기 → 공동내부 다듬기 → 버팀대 박기 → 살균 및 치료 → 살충 → 방부작업

⑤ 상처치료

㉠ 상처난 가지의 줄기를 바짝 잘라낸다(굵은 줄기는 3단계로 자른다).

㉡ 절단면에 방수제를 발라준다.

- 치료제 : 오렌지 셀락, 아스팔렘 페인트, 크레오소트 페인트

⑥ 뿌리의 보호 : 나무우물(Tree Well) 만들기

㉠ 성토로 인해 묻히게 된 나무 둘레의 흙을 파 올리고 나무줄기를 중심으로 일정한 넓이로 지면까지 돌담을 쌓아서 원래의 지표를 유지하여 근계의 활동을 원활히 하는 것

㉡ 돌담을 쌓을 때 뿌리의 호흡을 위해 반드시 메담쌓기(건정, Dry well, 마른 우물)를 실시

〈참고〉 화훼관리는 조경관리에 포함되지 않는다.

출 제 예 상 문 제

01. 수목의 수형을 영구히 보존하기 위해 줄기나 가지의 생장을 조절하여 심을 목적으로 실시하는 인위적인 기초 정리 작업은?

① 주지 ② 정지
③ 전지 ④ 전정

02. 수목 전정의 원칙과 거리가 먼 것은?

① 무성하게 자란 가지는 자른다.
② 수목의 주지는 반드시 자른다.
③ 수목의 균형을 잃을 정도의 도장지는 제거한다.
④ 수목의 역지는 제거한다.

주지는 하나로 자라게 한다.

03. 다음 중 1회 신장형 수목이 아닌 것은?

① 삼나무 ② 소나무
③ 곰솔 ④ 너도밤나무

1회 신장형 수목은 소나무, 곰솔, 잣나무, 은행나무, 너도밤나무 등과 일반적으로 재배되고 있는 낙엽과수들이 있다. 삼나무는 철쭉과 함께 2회 신장형 수목에 해당된다.

04. 감나무와 같은 유실수 전정의 주목적은?

① 수형 만들기 위한 전정
② 갱신 위한 전정
③ 미관을 위한 전정
④ 해거리 방지를 위한 전정

해거리 방지를 위한 전정은 개화, 결실을 촉진하기 위한 전정이다.

05. 우리나라 가로수 전정의 주목적은?

① 억제 위한 전정
② 수형 만들기 위한 전정
③ 생리조절 위한 전정
④ 개화결실 위한 전정

06. 생울타리 전정에 대한 설명으로 맞는 것은?

① 1년에 2번 봄, 가을에 실시한다.
② 덩굴식물은 가을에 전정한다.
③ 꽃피는 화본류는 꽃피는 시기를 감안하여 봄에 꽃피기 전에 실시한다.
④ 전정은 연 3회 한다.

생울타리의 전정은 일반적으로 가을에 2번 실시한다. 화목류는 꽃이 진 후 실시한다.

07. 서로 상반되게 뻗어 있는 가지를 무엇이라 하는가?

① 도장지 ② 윤생지
③ 교차지 ④ 대생지

08. 정지, 전정의 효과로 틀린 것은?

① 병충해 방제
② 뿌리발달 조절
③ 수형유지
④ 도장지 등을 제거함으로써 수목의 왜화 단축

09. 다음 중 정지, 전정의 목적이 아닌 것은?

① 미관 향상 ② 기능부여
③ 개화촉진 ④ 식재시기 조절

정답 1② 2② 3① 4④ 5① 6② 7③ 8④ 9④

10. 정원수의 전정 작업을 설명한 것 중 미관상의 목적에 해당하는 것은?

① 생육을 양호하게 하기 위해 한다.
② 불균형과 불필요한 가지를 제거한다.
③ 생장을 억제 시켜 개화결실을 촉진한다.
④ 태풍에 의한 도복의 피해를 방지한다.

11. 조경수 전정 유의사항에 대한 설명 중 틀린 것은?

① 도장지나 평행지는 수관유지를 위해 전정한다.
② 전정은 나무의 아래부터 시작하여 위로 올라간다.
③ 상부는 강하게 하부는 약하게 전정한다.
④ 뿌리부분에서 나오는 맹아는 전정한다.

> 전정은 위에서 아래로, 밖에서 안으로 실시한다.

12. 장마철에 동백, 철쭉류를 전정하면 어떻게 되는가?

① 꽃이 더 커지고 더 많이 핀다.
② 다음해에 꽃이 피지 않는다.
③ 뿌리가 튼튼해지고, 나무의 키가 커진다.
④ 새로운 가지가 많이 나와 수형을 좋게 한다.

13. 낙엽활엽수의 강 전정 시기 중 가장 피해가 적은 때는?

① 춘계 ② 하계
③ 추계 ④ 동계

14. 소나무의 순자르기를 하는 목적은?

① 생장을 억제하기 위해
② 세력 갱신을 위해
③ 생리조절을 위해
④ 개화결실의 촉진을 위해

15. 전정에 대한 설명 중 틀린 것은?

① 노목은 강전정을 한다.
② 일반적으로 활엽수가 침엽수보다 강전정에 잘 견딘다.
③ 산울타리는 위쪽은 강하게, 아래쪽은 약하게 전정한다.
④ 소나무류는 묵은 잎을 뽑아 투광을 좋게 하면서 생장을 억제한다.

> ① 노목은 약전정을 한다.

16. 상록수 중 맹아력이 큰 나무는 1년에 몇 번 전정하는 것이 좋은가?

① 1번 ② 2번
③ 3번 ④ 4번

> 상록수 중 맹아력이 큰 나무는 3회(5~6월, 7~8월, 9~10월), 상록수 중 맹아력이 보통인 나무는 2회(5~6월, 9~10월), 낙엽수는 2회(12~3월, 7~8월) 전정한다.

17. 소나무 순따기에 가장 적당한 시기는?

① 3~4월 ② 5~6월
③ 7~8월 ④ 9~10월

> 소나무 순지르기(순자르기, 순따기)는 5~6월에 실시한다.

18. 단풍나무의 큰 가지를 자를 때 가장 적당한 시기는?

① 9~10월 ② 10~11월
③ 12~1월 ④ 3~4월

정답 10② 11② 12② 13④ 14① 15① 16③ 17② 18②

19. 조경을 목적으로 한 정지 및 전정의 효과라고 볼 수 없는 것은?

① 꽃눈 발달과 영양생장의 균형 유도
② 수목의 구조적 안전성 도모
③ 화아분화의 촉진
④ 수목의 규격화 촉진

20. 조경수목의 유지관리를 위한 전정방법으로 틀린 것은?

① 수목의 지엽이 지나치게 무성하면 한계전정으로 가지를 전정한다.
② 철쭉류나 목련류 등의 화목류는 낙화 직후에 추계전정 한다.
③ 이식전에는 단근된 지하부와의 균형을 위해 굵은 가지를 친다.
④ 소나무류는 윤생지의 발생을 위해 가을철에 순꺾기를 한다.

소나무류의 순꺾기는 4~5월(봄)에 실시한다.

21. 수목의 전정작업 요령에 대한 설명으로 틀린 것은?

① 전정작업을 하기 전 나무의 수형을 살펴 이루어질 가지의 배치를 염두에 둔다.
② 우선 나무의 정상부로부터 주지의 전정을 실시한다.
③ 주지의 전정은 주간에 대해서 사방으로 고르게 굵은 가지를 배치하는 동시에 상하(上下)로도 적당한 간격으로 자리 잡도록 한다.
④ 상부는 약하게, 하부는 강하게 한다.

④ 상부는 강하게, 하부는 약하게 한다.

22. 개화결실을 목적으로 실시하는 정지 · 전정의 방법 중 틀린 것은?

① 약지(弱枝)는 길게, 강지(强枝)는 짧게 전정하여야 한다.
② 묵은 가지나 병충해 가지는 수액유동전에 전정한다.
③ 작은 가지나 내측(內側)으로 뻗은 가지는 제거한다.
④ 개화결실을 촉진하기 위하여 가지를 유인하거나 단근작업을 실시한다.

① 약지는 짧게, 강지는 길게 전정한다.

23. 다음 중 전정의 요령으로 틀린 것은?

① 나무 전체를 충분히 관찰하여 수형을 결정한 후 수형이나 목적에 맞게 전정한다.
② 불필요한 도장지는 한 번에 제거한다.
③ 수양버들처럼 아래로 늘어지는 나무는 위쪽의 눈을 남겨둔다.
④ 특별한 경우를 제외하고는 줄기 끝에서 여러 개의 가지가 발생하지 않도록 해야 한다.

② 불필요한 도장지는 2~3회로 나누어서 제거한다.

24. 조경수의 전정방법으로 틀린 것은?

① 전체적인 수형의 구성을 미리 정한다.
② 충분한 햇빛을 받을 수 있도록 가지를 배치한다.
③ 병충해 피해를 받은 가지는 제거한다.
④ 아래에서 위로 올라가면서 전정한다.

전체 수형 스케치 후 위에서 아래로, 밖에서 안으로 전정한다.

정답 19 ④ 20 ④ 21 ④ 22 ① 23 ② 24 ④

25. 다음 중 단근작업의 목적이 아닌 것은?

① 잔뿌리 발생 촉진
② 이식시 활착 촉진
③ 도장 억제
④ 자랄 수 있는 충분한 공간 확보

26. 다음 중 뿌리돌림의 시기로 가장 적당한 시기는?

① 3~4월 ② 5~6월
③ 7~8월 ④ 9~10월

27. 중부 이북지방에서 월동을 위해 줄기감기를 해 주어야 하는 수종은?

① 배롱나무 ② 소나무
③ 단풍나무 ④ 마가목

28. 수목의 굵은 가지치기 요령 중 가장 거리가 먼 것은?

① 잘라낼 부위는 가지의 밑동으로부터 10~15cm 부위를 위에서부터 밑까지 자른다.
② 잘라낼 부위는 아래쪽에 가지 굵기의 1/3정도 깊이까지 톱자국을 먼저 만들어 놓는다.
③ 톱을 돌려 아래쪽에 만들어 놓은 상처보다 약간 높은 곳을 위로부터 자른다.
④ 톱으로 자른 자리의 거친 면은 손칼로 깨끗이 다듬는다.

잘라낼 부위는 가지 밑동으로부터 10~15cm 정도 되는 곳에 아래쪽으로부터 굵기의 1/3정도 깊이까지 톱으로 자르고, 만들어 놓은 상처보다 약간 높은 곳을 위부터 자르고, 가지의 남은 부분을 자른다.

29. 정원수를 이식할 때 가지와 잎을 적당히 잘라주었다. 다음 중 목적에 해당되는 것은?

① 개화결실을 촉진하는 가지다듬기
② 생장을 억제하는 가지다듬기
③ 세력을 갱신하는 가지다듬기
④ 생리조절을 위한 가지다듬기

30. 다음 중 나무의 가지다듬기에서 다듬어야 하는 가지가 아닌 것은?

① 밑에서 움돋는 가지
② 아래로 향한 가지
③ 위를 향해 자라는 가지
④ 교차한 가지

전정해야 할 가지 : 도장지, 안으로 향한 가지, 고사지, 병충해 입은 가지, 아래로 향한 가지, 줄기에 움돋은 가지, 교차한 가지, 평행지 등

31. 향나무, 주목 등을 일정한 모양으로 유지하기 위하여 전정을 하여 형태를 다듬었다. 가지다듬기는 어떤 목적을 위한 작업인가?

① 생장조절을 돕는 가지다듬기
② 생장을 억제하는 가지다듬기
③ 세력을 갱신하는 가지다듬기
④ 생리조절을 위한 가지다듬기

32. 굵은 가지를 전정하였을 때 전정 부위에 반드시 도포제를 발라주어야 하는 수종은?

① 잣나무
② 메타세쿼이아
③ 소나무
④ 벚나무

정답 25 ④ 26 ① 27 ① 28 ① 29 ④ 30 ③ 31 ② 32 ④

33. 다음 중 인공적인 수형을 만드는데 적합한 수종이 아닌 것은?

① 꽝꽝나무 ② 아왜나무
③ 주목 ④ 벚나무

벚나무는 전정 후 도포제를 발라준다.

34. 다음 조경수 가운데 자연적인 수형이 구형인 것은?

① 배롱나무 ② 백합나무
③ 회화나무 ④ 은행나무

① 배상형 ② 난형 ④ 원추형

35. 인공적인 수형을 만드는데 적합한 수목의 특징으로 틀린 것은?

① 자주 다듬어도 자라는 힘이 쇠약해지지 않는 나무
② 병이나 벌레 등에 견디는 힘이 강한 나무
③ 되도록 잎이 작고 잎의 양이 많은 나무
④ 다듬어 줄 때마다 잔가지와 잎보다는 굵은 가지가 잘 자라는 나무

④ 다듬어 줄 때마다 굵은 가지보다 잔가지와 잎이 잘 자라는 나무가 인공적인 수형을 만드는데 적합한 수목이다.

36. 다음 전정도구 중 주로 연하고 부드러운 가지나 수관 내부의 가늘고 약한 가지를 자를 때와 꽃꽂이를 할 때 흔히 사용하는 가위는?

① 대형전정가위
② 적심가위 또는 순치기가위
③ 적화, 적과가위
④ 조형전정가위

37. 소나무나 잣나무 등의 높은 위치에 가지를 전정하거나 열매를 채취할 경우 사용하는 전정가위는?

① 갈쿠리 전정가위(고지가위)
② 조형전정가위
③ 대형전정가위
④ 순치기가위

38. 전정가위의 사용법에 대한 설명으로 잘못된 것은?

① 전정가위의 날을 가지 밑으로 가게 한다.
② 전정가위를 가지에 비스듬히 대고 자른다.
③ 잘려지는 부분을 잡고 밑으로 약간 눌러준다.
④ 가위를 위쪽에서 몸 앞쪽으로 돌리는 듯 자른다.

② 제거할 가지에 받는 가위 날을 밑으로 가게 한 후 직각으로 대고 자른다.

39. 눈이 트기 전 가지의 여러 곳에 자리 잡은 눈 가운데 필요로 하지 않은 눈을 따버리는 작업을 무엇이라 하는가?

① 순지르기 ② 열매따기
③ 눈따기 ④ 가지치기

40. 조경수목의 하자로 판단되는 기준은?

① 수관부의 가지가 약 1/2 이상 고사시
② 수관부의 가지가 약 2/3 이상 고사시
③ 수관부의 가지가 약 3/4 이상 고사시
④ 수관부의 가지가 약 3/5 이상 고사시

정답 33 ④ 34 ③ 35 ④ 36 ② 37 ① 38 ② 39 ③ 40 ②

41. 소나무 순따기에 대한 설명 중 틀린 것은?

① 해마다 5~6월경 새순이 6~9cm 자라난 무렵에 실시한다.
② 손끝으로 따주어야 하고, 가을까지 끝내면 된다.
③ 노목이나 약해보이는 수목은 다소 빨리 실시한다.
④ 순따기를 한 후에는 토양이 과습하지 않아야 한다.

> 소나무 순따기는 새순이 굳어지기 전에 손으로 따주어야 한다.

42. 제1신장기를 마치고 가지와 잎이 무성하게 자라면 통풍이나 채광이 나쁘게 되기 때문에 도장지나 너무 혼잡하게 된 가지를 잘라 주어 수광·통풍을 좋게 하기 위한 전정은?

① 봄전정　② 여름전정
③ 가을전정　④ 겨울전정

> 여름전정은 도장지를 제거해주면 제1신장기를 마친 가지와 잎의 수광과 통풍을 좋게 한다.

43. 수목의 전정에 관한 설명으로 틀린 것은?

① 가로수 밑가지는 2m 이상 되는 곳에서 나오도록 한다.
② 이식 후 활착을 위한 전정은 본래의 수형이 파괴되지 않도록 한다.
③ 봄전정(4~5월)시 진달래, 목련 등의 화목류는 개화가 끝난 후에 하는 것이 좋다.
④ 여름전정(6~8월)은 수목의 생장이 왕성한 때이므로 강전정을 해도 나무가 상하지 않아서 좋다.

> 여름전정은 나무가 상할 수 있으므로 약전정을 해야 한다.

44. 전정시기에 따른 전정요령으로 틀린 것은?

① 진달래, 목련 등 꽃나무는 꽃이 충실하게 되도록 개화 직전에 전정해야 한다.
② 하계전정시는 통풍과 일조가 잘되게 하고 도장지는 제거한다.
③ 떡갈나무는 묵은 잎이 떨어지고 새잎이 나올 때가 전정의 적기이다.
④ 가을에 강전정을 하면 수세가 저하되어 역효과가 난다.

> ① 진달래, 목련 등의 꽃나무(화목류)는 개화가 끝나고 나서 전정을 해야 좋다. 개화 직전에 전정을 하면 꽃을 볼 수 없다.

45. 다음 중 맹아력에 강하고 전정에 강한 수목은?

① 개나리, 쥐똥나무
② 왕벚나무, 감나무
③ 리기다소나무, 낙우송
④ 은행나무, 자작나무

> 맹아력이 강한 수종 : 가시나무, 느티나무,매화나무, 미루나무, 히말라야시더, 개나리, 싸리나무, 쥐똥나무, 철쭉, 플라타너스, 사철나무 등. 맹아력이 약한 수종 : 벚나무, 소나무, 감나무, 칠엽수 등

46. 일반적으로 전정을 하지 않는 수종은?

① 느티나무
② 장미
③ 섬잣나무
④ 향나무

> 전정하지 않는 수종 : 느티나무, 떡갈나무, 동백나무, 치자나무, 독일가문비 등은 일반적으로 전정을 하지 않는다.

정답 41 ② 42 ② 43 ④ 44 ① 45 ① 46 ①

47. 소나무의 순자르기 방법이 잘못된 것은?

① 수세가 좋거나 어린나무는 다소 빨리 실시하고 노목이나 약해 보이는 나무는 5~7일 늦게 한다.
② 손으로 순을 따주는 것이 좋다.
③ 5~6월경에 새순이 5~10cm 길이로 자랐을 때 실시한다.
④ 자라는 힘이 지나치다고 생각될 때에는 1/3~1/2 정도 남겨두고 끝부분을 따버린다.

노목이나 약해보이는 나무를 빨리 실시한다.

48. 전정시기와 횟수에 대한 설명 중 틀린 것은?

① 침엽수는 10~11월경이나 2~3월에 한번 실시한다.
② 상록활엽수는 5~6월과 9~10월경 두 번 실시한다.
③ 낙엽수는 일반적으로 11~3월 및 7~8월경에 각각 한번 또는 두 번 전정한다.
④ 관목류는 일반적으로 계절이 변할 때마다 전정하는 것이 좋다.

산울타리와 관목류는 5~6월, 9월에 전정하는 것이 좋다.

49. 정원수의 전지 및 전정방법으로 틀린 것은?

① 보통 바깥눈의 바로 윗부분을 자른다.
② 도장지, 병지, 고사지, 쇠약지, 서로 휘감긴 가지 등을 제거한다.
③ 침엽수의 전정은 생장이 왕성한 7~8월경에 실시하는 것이 좋다.
④ 도구로는 고지가위, 양손가위, 꽃가위, 한손가위 등이 있다.

침엽수는 10~11월 또는 2~3월에 한 번 실시한다.

50. 수목에 거름을 주는 요령 중 맞는 것은?

① 효력이 늦은 거름은 늦가을부터 이른 봄 사이에 준다.
② 효력이 빠른 거름은 3월경 싹이 틀 때, 꽃이 졌을 때, 그리고 열매따기 전 여름에 준다.
③ 산울타리는 수관선 바깥쪽으로 방사상으로 땅을 파고 거름을 준다.
④ 속효성 거름주기는 늦어도 11월 초 이내에 이루어지도록 한다.

② 열매를 땄을 때 준다. ③ 산울타리는 식재된 수목 밑동으로부터 일정한 간격을 두고 도랑처럼 길게 구덩이를 파서 거름을 준다. ④ 속효성 거름주기는 7월말 이내에 끝낸다.

51. 생울타리처럼 수목이 대상으로 군식되었을 때 거름 주는 방법으로 가장 적당한 것은?

① 전면 거름주기 ② 방사상 거름주기
③ 천공 거름주기 ④ 선상 거름주기

선상 거름주기 : 산울타리(생울타리)처럼 군식된 수목을 식재된 수목 밑동으로 일정한 간격을 두고 도랑처럼 길게 구덩이를 파서 거름 주는 방법

52. 거름을 줄 때 지켜야 할 점으로 잘못된 것은?

① 흙이 몹시 건조하면 맑은 물로 땅을 축이고 거름을 준다.
② 두엄, 퇴비 등으로 거름을 줄 때는 다소 덜 썩은 것을 선택하여 사용한다.
③ 속효성 거름주기는 7월말 이내에 끝낸다.
④ 거름을 주고 난 다음에는 흙으로 덮어 정리 작업을 실시한다.

② 충분히 썩은 것을 사용한다.

정답 47 ① 48 ④ 49 ③ 50 ① 51 ④ 52 ②

53. 생울타리 전정에 대한 설명으로 틀린 것은?

① 일반적으로 연2회 실시한다.
② 상부는 얕게 하부는 깊게 전정한다.
③ 식재 후 3년부터 모양을 갖게 전정한다.
④ 높은 울타리는 옆 → 위의 순서로 전정한다.

> ② 상부는 깊게 하부는 얕게 전정한다.

54. 산울타리 전정에 대한 설명으로 틀린 것은?

① 울타리의 높이가 1.5m 이상일 때는 위쪽이 좁은 사다리꼴로 다듬는다.
② 사람 키보다 낮을 때는 윗면을 먼저 다듬고 옆면을 다듬는다.
③ 하부를 강하게 상부를 약하게 전정한다.
④ 수형이 커지면 몇 년에 한 번씩 강하게 전정하여 수형을 작게 한다.

> ③ 하부를 약하게 상부를 강하게 전정한다.

55. 조경수목의 시비시기는 일반적으로 어느 때가 가장 좋은가?

① 개화 전　② 개화 후
③ 장마 후　④ 낙엽진 후

56. 조경수목에 거름을 줄 때 방법과 설명으로 잘못된 것은?

① 윤상 거름주기 : 수관폭을 형성하는 가지 끝 아래의 수관선을 기준으로 환상으로 깊이 20~25cm, 너비 20~30cm로 둥글게 판다.
② 방사상 거름주기 : 파는 도랑의 깊이는 바깥쪽일수록 깊고 넓게 파야하며, 선을 중심으로하여 길이는 수관폭의 1/3 정도로 한다.
③ 선상 거름주기 : 수관선상에 깊이 20cm 정도의 구멍을 군데군데 뚫고 거름을 주는 방법으로 액비를 비탈면에 줄 때 적용한다.
④ 전면 거름주기 : 한 그루씩 거름을 줄 경우 뿌리가 확장되어 있는 부분을 뿌리가 나오는 곳까지 전면으로 땅을 파고 거름을 주는 방법이다.

> ③은 천공 거름주기 방법이다.

57. 다음 중 추비를 주는 시기로 가장 적당하지 않은 때는?

① 1~2월　② 4월 하순
③ 8~9월　④ 11월 하순

> 추비(덧거름) : 수목생장기인 꽃이 핀 후나 열매를 딴 후 수세회복을 목적으로 준다.

58. 다음 중 수분의 증산 억제제는?

① O.E.D Green　② Rooton
③ P.C.M.B　④ M. 45

59. 수세회복을 위한 수간주입 기간은?

① 2월 초 ~ 3월 하순
② 3월 하순 ~ 5월 초
③ 5월 초 ~ 9월 하순
④ 9월 하순 ~ 10월 초

정답　53 ②　54 ③　55 ④　56 ③　57 ④　58 ①　59 ③

60. 아황산가스의 피해가 심할 때 사용하는 시비는 어느 것이 좋은가?
① 석회 ② 암모니아
③ 염화칼슘 ④ 퇴비

61. 다음 중 시비 후 토양 속에서 식물에 흡수되는 속도가 가장 늦은 지효성 비료는?
① 요소 ② 용성인비
③ 골분 ④ 석회

골분은 지효성 비료이며, 골분 외의 것은 속효성 무기질 비료이다.

62. 다음 중 화목류의 인산비료를 줄 시기는?
① 7~8월 ② 3~4월
③ 10~11월 ④ 12~2월

63. 식물의 아래 잎에서 황화현상이 일어나고 심하면 잎 전면에 나타나며, 잎이 작지만 잎 수가 감소하며 초본류의 초장이 작아지고 조기낙엽이 비료결핍의 원인이라면 어느 요소의 결핍인가?
① 질소 ② 인산
③ 칼리 ④ 석회

64. 비료성분 중 질소의 결핍현상과 가장 거리가 먼 것은?
① 활엽수의 경우 황록색으로 변색
② 침엽수의 경우 잎이 짧음
③ 수관의 하부가 황색을 띰
④ 조기에 낙엽이 되거나 부서지기 쉬움

④ 마그네슘 결핍현상이다.

65. 양분의 결핍현상으로 활엽수의 경우 잎맥, 잎자루 및 잎의 밑 부분이 적색 또는 자색으로 변하며 조기에 낙엽현상이 생기고 꽃의 수는 적게 맺히며 열매의 크기가 작아지는 현상을 일으키는 것은?
① 질소(N) ② 인산(P)
③ 칼륨(K) ④ 칼슘(Ca)

66. 다음 중 가장 좋은 시비 구덩이의 위치는?

① 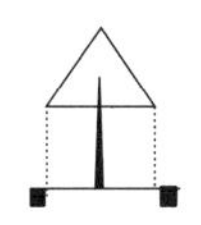 ② 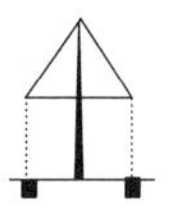
③ 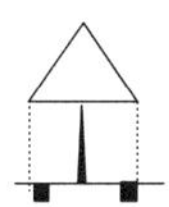 ④ 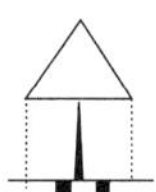

67. 시비구멍(비료 구덩이)을 팔 때 수간에서 어느 정도 띄어서 구덩이를 파는 것이 적당한가?
① 근원직경의 3~7배
② 근원직경의 4~5배
③ 근원직경의 6~8배
④ 근원직경의 2~5배

시비구멍의 깊이 20cm, 너비 20~30cm로 근원직경의 3~7배를 띄어서 구덩이를 판다.

68. 모래땅에 비료를 줄 때의 설명으로 옳은 것은?
① 전량을 덧거름으로 준다.
② 전량을 밑거름으로 준다.
③ 밑거름을 많이 주고 덧거름은 적게 준다.
④ 밑거름을 적게 주고 덧거름은 많이 준다.

정답 60 ① 61 ③ 62 ① 63 ① 64 ④ 65 ② 66 ② 67 ① 68 ④

69. 관상용 열매의 착색을 촉진시키기 위하여 살포하는 농약은?

① 지베렐린수용제(지베렐린)
② 비나인수화제(비나인)
③ 말레이액제(액아단)
④ 에세폰액제(에스렐)

에세폰액제(에스렐) : 식물의 노화를 촉진하고 과실의 성숙을 촉진한다. 엽록소 파괴 및 색소형성을 하여 착색을 빠르게 한다.

70. 다음 중 신장 생장이 불량하여 줄기나 가지가 가늘고 작아지며, 묵은 잎이 황변하여 떨어질 때 결핍된 비료의 요소는?

① 질소 ② 인
③ 칼륨 ④ 칼슘

71. 수목에 피해를 주는 병해 가운데 나무 전체에 발생하는 병은?

① 흰비단병, 근두암종병
② 암종병, 가지마름병
③ 시듦병, 세균성 연부병
④ 붉은별무늬병, 갈색무늬병

나무 전체에 발생하는 병 : 시듦병, 세균성 연부병, 바이러스 모자이크병, 흰비단병 등

72. 버드나무 녹병의 방제약으로 알맞은 것은?

① 다이젠 M-45 ② 디프테렉스
③ 엔드린 ④ 메타시스톡스

73. 다음 중 살균제에 속하는 것은?

① DDVP ② 디프테렉스
③ 다이아지논 ④ 다이젠

①, ②, ③은 살충제, ④ 다이젠은 녹병의 방제약이다.

74. 다음 중 진딧물을 방제하기 위한 것 중 옳은 것은?

① 살충제 – 디프테렉스
② 살충제 – 다이아지논
③ 살충제 – 메타시스톡스
④ 살충제 – 클로로 피크린

75. 다음 수종 중 빗자루병에 잘 걸리는 나무는?

① 향나무 ② 소나무
③ 벚나무 ④ 목련

빗자루병에 잘 걸리는 나무 : 오동나무, 벚나무, 대추나무 등

76. 갈색무늬병에 대한 설명으로 틀린 것은?

① 보르도액을 살포하여 방제한다.
② 주로 봄부터 가을사이에 발생한다.
③ 발생하기 전에 농약을 예방 살포하는 것이 바람직하다.
④ 깍지벌레를 구제한다.

깍지벌레와 진딧물에 의한 2차병은 그을음병이다.

77. 흰불나방의 방제법으로 적당한 것은?

① 보르도액 1,000배액 살포
② 디프테렉스 1,000배액 살포
③ 메타시스톡스 1,000배액 살포
④ 다이메크론 1,000배액 살포

흰불나방의 화학적 방제법은 디프제(디프유제, 디프테렉스 1000배액), 스미치온을 사용한다.

정답 69 ④ 70 ① 71 ③ 72 ① 73 ④ 74 ③ 75 ③ 76 ④ 77 ②

78. 미국 흰불나방에 대한 설명으로 틀린 것은?

① 성충은 1년에 한번 발생한다.
② 유충 발생 시기는 5월 중순 ~ 6, 7월에 발생한다.
③ 성충의 수명은 3~4일간이다.
④ 성충의 수컷은 30mm 정도의 흰색나방이다.

> ① 성충은 1년에 2회(5~6월, 7~8월)발생한다. 때로는 3회 발생하는 경우도 있다.

79. 흰불나방을 방제하기 위한 설명 중 옳은 것은?

① 천적인 먹좀벌의 증식을 피한다.
② 파라치온 또는 스프라사이드 800배액을 살포한다.
③ 강력침투성인 다이젠 Z-78을 살포한다.
④ 디프테렉스 1,000배액을 살포한다.

> ① 먹좀벌은 솔잎혹파리의 천적이다. ②의 파라치온은 독나방의 화학적 방제법이며 스프라사이드는 깍지벌레류의 화학적 방제법이다. ③은 탄저병에 대한 설명이다.

80. 흰불나방은 겨울에 어떤 상태로 월동하는가?

① 알　② 번데기
③ 성충　④ 애벌레

81. 다음 중 미국흰불나방의 천적은?

① 먹좀벌　② 긴등기생파리
③ 무당벌레　④ 풀잠자리

> 미국흰불나방의 천적 : 긴등기생파리, 송충알벌

82. 장미 등 화본류에 발생하는 흰가루병에 대한 설명으로 틀린 것은?

① 여름철 저온 건조시 발생한다.
② 신초 부위에 많이 발생하며, 흰가루 같은 것이 발생한다.
③ 발생은 5~6월, 9~10월에 잘 나타난다.
④ 1,000배액 톱신 수화제로 방제한다.

> 흰가루병은 주야의 온도차가 크고 여름철 고온일 때 주로 발생한다.

83. 흰불나방 구제방법으로 맞는 것은?

① 잠복소 설치　② 기계유제살포
③ 통풍도모　④ 피해낙엽제거

84. 마이코플라즈마균에 의해 발생되는 수병은?

① 대추나무 빗자루병
② 벚나무 빗자루병
③ 수목의 흰가루병
④ 수목의 그을음병

85. 진딧물, 깍지벌레와 가장 관련이 깊은 병은?

① 흰가루병　② 빗자루병
③ 줄기마름병　④ 그을음병

86. 다음 중 루비깍지벌레의 구제에 가장 효과적인 농약은?

① 메타유제(메타시스톡스)
② 티디폰수화제(바라톡)
③ 디프수화제(디프록스)
④ 메치온유제(수프라사이드)

정답 78 ① 79 ④ 80 ② 81 ② 82 ① 83 ① 84 ① 85 ④ 86 ④

6 조경관리

87. 잣나무 털녹병의 중간기주 역할을 하는 것은?

① 송이풀, 까치밥나무
② 측백나무, 향나무
③ 모과나무, 배나무
④ 굴참나무, 졸참나무

88. 다음 중 천공성 해충이 아닌 것은?

① 소나무 좀　② 박쥐나방
③ 노랑쐐기나방　④ 미끈이 하늘소

노랑쐐기나방은 식엽성 해충이다.

89. 10~12월 사이에 수고 1.5m 높이에 30cm 폭으로 가마니를 두르는 이유는?

① 동기 해충이나 유충의 월동을 유인하기 위해
② 겨울철 동해 방지를 위해
③ 줄기를 사람으로부터 보호하기 위해
④ 햇빛으로부터 줄기가 타는 것을 막기 위해

90. 잠복소를 설치하는 목적으로 가장 적합한 것은?

① 동해의 방지를 위해
② 월동벌레를 유인하여 봄에 태우기 위해
③ 겨울의 가뭄 피해를 막기 위해
④ 동해나 나무 생육의 조절을 위해

91. 플라타너스에 발생된 흰불나방을 구제하고자 할 때 가장 효과가 좋은 약제는?

① 주로수화제(디밀린)
② 디코폴유제(켈센)
③ 포스팜유제(디무르)
④ 지오판도포제(톱신페스트)

② 응애 방제용 살충제 ③ 솔잎혹파리 ④ 덩굴마름병

92. 다음 병원체의 월동방법 중 토양에서 월동하는 병원균은?

① 자주빛날개무늬병균
② 소나무잎떨림병균
③ 밤나무줄기마름병균
④ 잣나무털녹병균

토양 중에 월동하는 병균 : 입고병균, 근두암종병균, 자주빛날개무늬병균

93. 다음 중 흡즙성 해충은?

① 깍지벌레　② 독나방
③ 오리나무잎벌　④ 미끈이하늘소

②, ③은 식엽성 해충, ④는 천공성 해충이다.

94. 병해충의 화학적 방제내용으로 옳지 않은 것은?

① 병충해를 일찍 발견해야 한다.
② 되도록 발생 후에 약을 뿌려준다.
③ 발생하는 과정이나 습성을 미리 알아두어야 한다.
④ 약해에 주의해야 한다.

② 되도록 발생 전에 약을 뿌려줘야 한다.

95. 진딧물 구제에 적당한 약제가 아닌 것은?

① 메타유제(메타시스톡스)
② DDVP
③ 포스팜제(다이메크론)
④ 만코지제(다이젠 M45)

정답 87 ① 88 ③ 89 ① 90 ② 91 ① 92 ① 93 ① 94 ② 95 ④

96. 병충해 방제를 목적으로 쓰이는 농약의 포장지 표기형식 중 색깔이 분홍색을 나타내는 농약의 종류는?

① 살충제 ② 살균제
③ 제초제 ④ 살비제

구분	포장지 색깔
살충제	초록색(나무를 살린다)
살균제	분홍색
제초제	노란색(반만 죽인다)
비선택성 제초제	적색(다 죽인다)
생장조절제	청색(푸른 신호등)

97. 잠복소나 전정가지의 소각 등에 의해 해충을 방제하는 방법은?

① 물리적 방제법 ② 내병성 품종이용법
③ 생물적 방제법 ④ 화학적 방제법

물리적 방제법 : 잠복소, 유살, 전정 가지의 소각 등

98. 다음 중 생장조절제가 아닌 것은?

① BA액제(영일비에이)
② 도마도톤액제(정미도마도톤)
③ 인돌비액제(도래미)
④ 파라코액제(그라묵손)

④는 제초제이다.

99. 소나무에 많이 발생하는 솔나방 구제에 가장 효과적인 농약은?

① 만코지제(다이젠)
② 캡탄수화제(오소싸이드)
③ 포리옥신수화제
④ 디프제(디프록스)

솔나방은 디프제(디프액제, 디프록스), 파라티온으로 방제한다.

100. 다음 중 잡초방제용 제초제가 아닌 것은?

① 메프수화제(스미치온)
② 씨마네수화제(씨마진)
③ 알라유제(라쏘)
④ 파라코액제(그라묵손)

①은 살충제

101. 조경수목의 약제 살포 요령으로 틀린 것은?

① 바람이 부는 방향에서 등지고 살포해야한다.
② 방제효과를 높이기 위해 약제의 희석 배율을 높여서 살포해야 한다.
③ 작업 중에는 음식을 먹거나 담배를 피우면 안된다.
④ 바람이 없는 날에 뿌리는 것이 좋다.

102. 농약 살포시 주의할 점이 아닌 것은?

① 바람을 등지고 살포한다.
② 정오부터 2시경까지는 뿌리지 않는 것이 좋다.
③ 마스크, 안경, 장갑을 착용한다.
④ 약효가 흐린 날이 좋으므로 흐린 날 뿌린다.

농약살포 : 비가 오지 않고 바람이 불지 않는 맑은 날에 하는 것이 좋다.

103. 추위에 의해 나무의 줄기 또는 수피가 수선 방향으로 갈라지는 현상을 무엇이라고 하는가?

① 고사 ② 피소
③ 상렬 ④ 괴사

① 말라 죽는 것 ② 더운 여름 석양볕에 열을 받아 갈라지는 것 ③ 추위로 나무껍질이 수선방향으로 갈라지는 현상 ④ 조직이나 세포가 부분적으로 죽는 현상

정답 96 ② 97 ① 98 ④ 99 ④ 100 ① 101 ② 102 ④ 103 ③

104. 다음 중 상렬의 피해가 많이 나타나지 않는 수종은?

① 소나무 ② 단풍나무
③ 일본목련 ④ 배롱나무

상렬 : 추위로 나무껍질이 수선방향으로 갈라지는 현상으로 대표적으로 단풍나무가 있다.

105. 동계전정에 대한 설명으로 틀린 것은?

① 낙엽수는 휴면기에 실시하므로 전정을 하여도 나무에 별 피해가 없다.
② 제거대상 가지를 발견하기 쉽고 작업도 용이하다.
③ 12~3월에 실시한다.
④ 상록수는 동계에 강전정하는 것이 좋다.

④ 상록수는 5~6월, 9~10월에 약전정 한다.

106. 줄기의 썩은 부분을 도려내고 구멍에 충진 수술을 하고자 한다. 가장 효과적인 시기는?

① 2월 이전 ② 4월 이후
③ 11월 이후 ④ 12월 이후

충진 수술은 4~5월(4~9월)에 상록수에 실시한다.

107. 이식한 수목의 줄기와 가지에 새끼로 줄기감기를 하는 이유가 아닌 것은?

① 경관을 향상시킨다.
② 수피로부터 수분 증산을 억제한다.
③ 병충해의 침입을 막아준다.
④ 강한 태양광선으로부터 피해를 막아준다.

수피감기는 내한성이 약한 나무의 동해예방을 위해 실시하고, 이식 후 나무줄기로부터 수분증산을 억제하기 위해 실시한다. 또한 병충해의 침입을 방지하기 위하여 실시하고, 나무껍질이 얇아 햇볕에 타는 것과 추위로 나무껍질이 얼어 터지는 것을 방지하기 위해 실시한다.

108. 다음 중 가로수 뿌리덮개의 기능이 아닌 것은?

① 비료를 주기 위해서
② 병충해의 방지를 위해서
③ 뿌리를 보호하기 위해서
④ 도시미관증진을 위해서

109. 대기오염의 피해현상이 아닌 것은?

① 잎의 끝 부분이나 가장자리 엽맥 사이에 회갈색 반점이 생긴다.
② 잎이 빨리 떨어진다.
③ 엽맥에 갈색반점이 생기고 반점에 잔털이 생긴다.
④ 잎이 작아지고 엽면이 우툴두툴 해진다.

③은 털녹병에 대한 설명이다.

110. 습한 지역에서 겨울철에 생기는 것은?

① 동해 ② 열해
③ 냉해 ④ 습해

111. 공해가 심한 지역의 피해방지 방법이 아닌 것은?

① 석회질 비료를 준다.
② 침엽수와 활엽수의 혼식
③ 맹아력이 큰 수종 선택
④ 생장이 빠르면 피해가 심해지므로 비료사용 억제

112. 모과나무, 감나무, 배롱나무 등의 수목에 사용하는 월동방법으로 가장 적당한 것은?

① 흙묻기 ② 짚싸기
③ 연기 씌우기 ④ 시비 조절하기

정답 104 ① 105 ④ 106 ② 107 ① 108 ② 109 ③ 110 ① 111 ④ 112 ②

113. 수피가 얇은 나무에서 수피가 타는 것을 방지하기 위하여 실시해야 할 작업은?

① 수관주사주입 ② 낙엽깔기
③ 줄기싸기 ④ 받침대 세우기

줄기싸기 : 수피가 얇은 나무에서 햇빛에 데는 것과 추위로 인해 나무껍질이 얼어 터지는 것을 방지하기 위한 방법

114. 건조한 곳에서 수목을 보호하기 위한 약제는?

① 증산억제제 ② 발근촉진제
③ 왜화제 ④ 생산촉진제

증산억제제에는 O.E.D 그린과 그린나(그린너)가 있다.

115. 부패된 줄기(주지)의 공동처리 순서는?

① 살균 및 살충제 사용 - 오염된 부분 제거 - 방수처리 - 충전제 사용
② 오염된 부분 제거 - 방수처리 - 살균 및 살충제 사용 - 충전제 사용
③ 방수처리 - 살균 및 살충제 사용 - 오염된 부분 제거 - 충전제 사용
④ 오염된 부분 제거 - 살균 및 살충제 사용 - 방수처리 - 충전제 사용

116. 수목이 염분에 견디는 한계농도는?

① 0.1% ② 1.0%
③ 0.05% ④ 1.5%

염분의 한계농도 : 수목 - 0.05%, 잔디 - 0.1%

117. 조경수목 병해 예방으로 볼 수 없는 것은?

① 내병성 품종의 이용
② 농약의 바른 사용
③ 좋은 조경수목의 선정
④ 재배방법의 합리화

좋은 조경수목의 선정은 조경수목을 선정할 때 고려해야 하는 것이며, 병해 예방과는 관련이 없다.

118. 노목이나 쇠약해진 수목의 보호대책으로 가장 옳지 않은 것은?

① 말라죽은 가지는 밑동으로부터 잘라내어 불에 태워버린다.
② 바람맞이에 서있는 노목은 받침대를 세워 흔들리는 것을 막아준다.
③ 유지질거름보다는 무기질거름만을 수시로 나무에 준다.
④ 나무 주위의 흙을 자주 갈아엎어 공기유통과 빗물이 잘 스며들게 한다.

119. 생울타리 전정은 식재 후 몇 년째부터 시작하는가?

① 2년째 ② 3년째
③ 4년째 ④ 5년째

2년째부터 시작해서 본격적으로 3년째 생울타리 전정을 한다.

120. 무궁화나 꽃사과에 많이 발생되는 진딧물의 구제 농약으로 가장 효과가 좋은 것은?

① 테디온 ② 호스타치온
③ 메타시스톡스 ④ 우수수

진딧물류의 화학적 방제법은 메타시스톡스와 마라톤유제를 사용한다.

121. 수목 줄기의 썩은 부분을 도려내고 구멍에 충진수술을 하고자 할 때 가장 효과적인 시기는?

① 1~3월 ② 4~6월
③ 10~12월 ④ 시기는 상관없다.

수목의 외과수술(충진수술)은 4~9월 상처가 잘 아물어 붙을 때 실시한다.

정답 113 ③ 114 ① 115 ④ 116 ③ 117 ③ 118 ③ 119 ① 120 ③ 121 ②

잔디밭과 화단관리

01 잔디밭 관리

1. 잔디의 뜻과 효용성

① 뜻 : 여러해살이풀로서, 지표면 피복 능력과 밟힘에 견디는 힘이 강하고, 회복능력이 큰 식물

② 효용성

㉠ 지표면을 피복하여 바닥을 보호하는 역할을 한다.

㉡ 공간에 푸르름과 아름다움을 제공하고, 먼지를 제거하며 공기를 맑게 한다.

㉢ 비탈면에서 토양의 침식을 막아주고, 아름다운 공간에서 레크리에이션을 즐길 수 있게 해준다.

㉣ 표면탄력이 있고 부드러워 운동 중에 넘어져도 상처가 적다.

㉤ 기온을 조절하는 능력이 있고, 특유의 색상인 녹색이 사람들에게 시각적인 해방감을 느끼게 한다.

2. 잔디의 종류 출제

① 난지형 잔디

㉠ 한국잔디 : 건조, 고온, 척박지에서 생육하며, 산성토양에 잘 견디며 종자번식이 어렵고, 답압에 매우 강하며 가는 줄기와 땅속줄기에 의해 옆으로 퍼지고 그늘에서 생육이 불가능하다. 잔디밭 조성에 많은 시간이 소요되고 손상을 받은 후 회복속도가 느린 단점이 있으나 포복성으로 밟힘에 강하고 병해충과 공해에도 강한 장점이 있다.

- 들잔디(Zoysia japonica) : 한국에서 가장 많이 식재되는 잔디로 공원, 경기장, 묘지 등에 많이 사용
- 고려잔디, 금잔디(Zoysia matrella) : 대전이남 지역에서 자생, 내한성이 약하다.
- 비로드잔디(Zoysia tenuifolia) : 남해안에서 자생하며 정원, 공원, 골프장의 티, 그린, 페어웨이에 사용
- 갯잔디(Zoysia sinica) : 임해공업단지 등의 해안 조경에 사용

㉡ 버뮤다그래스
- 손상에 의한 회복속도가 빨라 경기장용으로 사용
- 종자번식이 어렵고, 완전 포복경과 지하경에 의해 옆으로 퍼진다.
- 내답압성이 크고, 관리하기가 가장 용이하다.
- 여름형 잔디로 5~9월 동안 푸르며 포기나누기를 하여 번식 할 수 있다.

② 한지형 잔디

㉠ 캔(켄)터키블루그래스(Kentucky bluegrass)
- 한지형 잔디로 미국이나 유럽의 정원과 공원의 잔디밭에 많이 쓰인다.
- 서늘하고 그늘진 곳에서 잘 자라며, 건조에 약해 자주 관수를 해 주어야 한다.
- 지나친 이용으로 손상 받았을 때 회복력이 좋기 때문에 경기장이나 골프장의 페어웨이 피복에 적합하다.
- 잔디깎기에 가장 약하다.

㉡ 벤트그래스(bent grass)
- 잎폭이 1~2mm로 질감이 매우 고우며, 4~8mm 정도로 낮게 깎아 이용하는 것으로 잔디 중 품질이 가장 좋아서 골프장의 그린에 많이 사용된다.
- 한지형 잔디로 3월부터 12월까지 푸른 상태를 유지하며, 서늘할 때 생육이 왕성하다.
- 병충해에 약해(병이 많이 발생해서) 철저한 관리가 필요하며, 그늘에서 잘 자라지 못하며 건조에 약해 자주 관수를 요구한다.
- 잔디의 종류 중에서 병충해에 가장 약하며, 여름철에 많은 농약을 뿌려야 잘 견딤
- 씨로 잘 번식한다.
- 추위에 견디는 힘과 짧은 예취에 견디는 힘이 강하다.

㉢ 톨 훼스큐
- 잎 표면에 도드라진 줄이 있다.
- 질감이 거칠고, 고온과 건조에 가장 강함
- 비탈면 녹화에 적합
- 분얼로만 퍼져 자주 깎아주지 않으면 잔디밭의 기능을 상실

㉣ 레드톱
- 줄기는 가늘고 높이는 1m로 이른 봄부터 늦가을까지 자람
- 6~7월에 이삭이 나오고 붉은 빛을 띠는 자주색의 꽃이 핌
- 토양에 대한 적응력과 자생력이 강함

㉤ 라이그라스
- 비옥하고 습윤한 토양에서 잘 자람

③ 잔디의 사용

㉠ 사용량이 많은 지역 : 톨 페스큐, 라이그래스, 한국잔디, 버뮤다그래스

㉡ 추위가 심한 지역 : 캔터키블루그래스

㉢ 관리가 어려운 지역 : 페스큐, 한국잔디

㉣ 관리 요구도가 높은 잔디 : 벤트그래스, 캔터키블루그래스, 라이그래스

㉤ 관리 요구도가 낮은 잔디 : 한국잔디, 파인 페스큐

※ 여름형잔디(=남방형잔디, 난지형잔디) : 한국잔디, 버뮤다그래스, 위핑러브그래스
겨울형잔디(=한지형잔디, 북방형잔디) : 캔터키블루그래스, 벤트그래스, 라이그래스, 페스큐그래스

3. 잔디깍기(Mowing) 출제

① 목적 : 이용편리, 잡초방제, 잔디분얼 촉진, 통풍양호, 병충해 예방

② 장점

㉠ 균일한 잔디면을 제공

㉡ 분얼을 촉진하여 밀도를 높인다.

㉢ 잡초의 발생을 줄일 수 있다.

㉣ 잔디면을 고르게 하여 경관을 아름답게 한다.

㉤ 통풍이 잘 되어 병충해를 줄일 수 있다.

㉥ 평평한 잔디밭을 만들어 경기력을 향상시킬 수 있다.

③ 단점

㉠ 잔디를 깎으면 잎이 절단되므로 탄수화물의 보유가 줄어든다.

㉡ 병원균이 침입하기 쉽다.

㉢ 물의 흡수 능력이 저하된다.

④ 깎는 높이 : 한 번에 초장의 1/3 이상을 깎지 않아야한다.

㉠ 가정, 공원, 공장의 잔디 : 2~3(3~4)cm

㉡ 골프장 잔디

- 그린 : 0.5~0.7cm
- 티 : 1.0~2.0cm
- 에이프런 : 1.5~1.8cm
- 페어웨이 : 2.0~2.5cm
- 러프 : 4.5~5.0cm

㉢ 축구경기장 : 1~2cm

⑤ 깎는 횟수 : 서양잔디가 한국잔디에 비해 자주 깎아 준다.

㉠ 여름형 잔디 : 여름철 고온기에 잘 자라므로 이 때 자주 깎아준다.

㉡ 겨울형 잔디 : 봄, 가을 서늘할 때 잘 자라므로 이 때 자주 깎아준다.

㉢ 가정용 정원 : 적어도 5, 6, 7, 9월은 1회, 8월은 월 2회 총 6회 깎아준다.

㉣ 공원용 정원 : 11~13회

㉤ 벤트그래스 : 연 35~36회

㉥ 경기장 잔디 : 연 18~24회

㉦ 일반적 5~6회, 적어도 3회 깎아준다.

⑥ 잔디의 환경

㉠ 온도

- 난지형잔디(남방형잔디) : 생육적온 25~35℃, 생육 정지온도 10℃ 이하
- 한지형잔디(북방형잔디) : 생육적온 13~20℃, 생육 정지온도 1~7℃

㉡ 일조

- 난지형 잔디는 일조량이 부족하면 생육에 지장을 받게 되지만 한지형 잔디는 그늘에서도 비교적 잘 견딘다.
- 봄부터 가을 사이에는 하루 일조시간이 5시간 이상 되는 곳이어야 생육이 잘 된다.

㉢ 토양

- 잔디의 종류에 따라 차이가 있으나 대체적으로 알맞은 토양은 참흙이며, 토양 산도는 pH 5.5~7.0이 알맞다.

㉣ 토영 수분과 배수

- 토양 수분은 온도 다음으로 중요한 요소이다.
- 잔디밭의 적정 함수량은 25%가 알맞으며, 물이 고여 있다든지 지하수위가 50cm 이상 높은 곳은 배수를 해야 한다.
- 운동 경기장, 골프장, 정원 등은 관수가 필수적이며, 관수시간은 새벽이 가장 좋으나 편의상 저녁 관수도 무방하다.

⑦ 잔디깎기 기계의 종류

㉠ 핸드모어 : 150m^2 미만의 잔디밭 관리용에 사용

㉡ 그린모어 : 골프장의 그린, 테니스 코트장 관리용으로 잔디를 깎은 면이 섬세하게 유지되어야 하는 부분에 사용

㉢ 로터리모어 : 150m^2 이상의 골프장 러프, 공원용, 다소 거칠어도 되는 부분에 사용

㉣ 갱모어 : 15,000m^2 이상의 골프장, 운동장, 경기장에 사용

㉤ 모토 그레이터 : 운동장이나 광장과 같이 넓은 대지나 노면을 판판하게 고르거나 필요한 흙 쌓기 높이를 조절하는 데 사용하고, 길이 2~3m, 너비 30~50cm의 배토판으로 지면을 긁어가면서 작업하며, 배토판은 상하좌우로 조절할 수 있으며, 각도를 자유롭게 조절할 수 있다.

4. 잡초 방제

① 잡초의 피해

㉠ 양분과 수분을 빼앗아 잔디의 생육에 지장을 준다.

㉡ 태양광선 차단으로 광합성 작용이 방해를 받는다.

㉢ 바람을 막아 증산 작용을 방해한다.

㉣ 여러 가지 병이나 해충의 발생을 조장한다.

㉤ 잔디밭의 미관을 해친다.

② 잡초의 방제

㉠ 인력에 의한 방법

- 잔디를 상하지 않고 확실히 방제할 수 있는 방법이나 인건비로 인하여 경영적인 측면에서 불리하다.

㉡ 재배적 방제법

- 잔디밭을 조성하기 전에 잡초를 완전히 제거하거나, 잔디깎기 등의 잔디밭 관리를 통하여 잡초 발생을 억제한다.
- 특히 잡초의 씨앗이 맺기 전에 잔디깎기를 하여야 방제의 효과가 크다.

㉢ 제초제에 의한 방법

- 제초제는 토양 처리제와 경엽 처리제, 선택성과 비선택성, 접촉성과 이행성, 호르몬형과 비호르몬형, 싹트기 전 처리제와 싹튼 후 처리제 등으로 나눈다.

③ 잔디밭 잡초 방제(파종전 갈아엎기, 잔디깔기, 손으로 뽑기)

㉠ 잔디밭에 많이 발생하는 잡초 : 바랭이, 매듭풀, 강아지풀, 클로버

㉡ 잔디밭에서 가장 문제시 되는 잡초 : 클로버

㉢ 클로버 방제법

- 인력제거보다 제초제 사용이 효과적(클로버의 인력제거를 잘못하면 포복경이 끊어져 오히려 번식을 조장한다).
- 2~4D, 반벨, 트리박 사용

5. 시비

① N : P : K = 3 : 1 : 2가 적당(질소성분이 가장 중요)

② 잔디깎는 횟수가 많아지면 시비횟수도 많아짐

③ 질소 : 연중 4~16g/m^2, 1회 4g/m^2 이하 필요

④ 화학비료는 연간 3~8회 정도 나누어 거름주기를 한다.

⑤ 가능하면 제초작업 후 그리고 비 내리기 전에 실시한다.

6. 관수

① 관수시기 : 여름은 저녁이나 야간 또는 아침 일찍 실시하고 겨울은 오전 중에 실시

② 관수 후 10시간 정도 잔디가 마를 수 있도록 조절

③ 관수시 주의사항

㉠ 잔디의 잎에서는 증산량이 많으므로 밀도가 높을수록, 깎는 높이가 높을수록 관수량이 많다.

㉡ 새로 조성된 잔디밭에서는 수압을 낮게 하여 관수한다.

6

조경관리

7. 배토(Topdressing : 뗏밥주기)작업

① 목적

㉠ 노출된 지하줄기의 보호, 지표면을 평탄하게 한다. 부정근(不定根), 부정아를 발달시켜 잔디 생육을 원활하게 한다.

㉡ 매년 자라나는 잔디의 땅속줄기가 땅 위로 노출되는 것을 막고, 표토층을 고르게 하며, 건조 및 동해를 방지하는 목적으로 사용

② 방법

㉠ 모래의 함유량 : 20~25%, 0.2~2mm 크기 사용

㉡ 세사(가는 모래) : 밭흙 : 유기물 = 2 : 1 : 1로 5mm 체를 통과한 것 사용

㉢ 잔디의 생육이 가장 왕성한 시기에 실시(난지형(늦은 봄, 5월), 한지형(이른 봄, 가을))

㉣ 연간 1~2회 소량으로 자주주고, 일반적으로 2~4mm 두께로 사용하며 15일 후 다시 준다.

㉤ 골프장의 경우 연간 3~5회

㉥ 넓은 면적인 경우 스틸 매트(steel mat)로 쓸어 주어 배토가 잔디 사이로 들어가게 함

㉦ 뗏밥으로 이용하는 흙은 일반적으로 열처리 하거나 증기소독 등 소독을 하기도 한다.

③ 뗏밥 넣는 시기 및 횟수 출제

㉠ 난지형(남방형)잔디 : 6~8월(생육 왕성할 때)에 각 1회씩 총 3회 또는 6~7월에 각 1회 실시

㉡ 한지형(북방형)잔디 : 생육이 왕성한 9월, 봄에 실시

㉢ 골프장, 경기장 : 연 3~5회

㉣ 잔디 깎은 후, 갱신작업 후 뗏밥을 넣고 물을 준다(단, 비료를 섞으면 물을 주지 않는다).

④ 뗏밥의 두께

㉠ 가정용 : 0.5~1.0cm

㉡ 골프장 : 0.3~0.7cm

㉢ 일반적으로 0.5~0.6cm

※ 잔디밭의 비료는 이른 아침에 준다.

※ 들잔디 종자처리 방법 : 수산화칼륨(KOH) 20~25% 용액에 30~45분간 처리 후 파종한다.

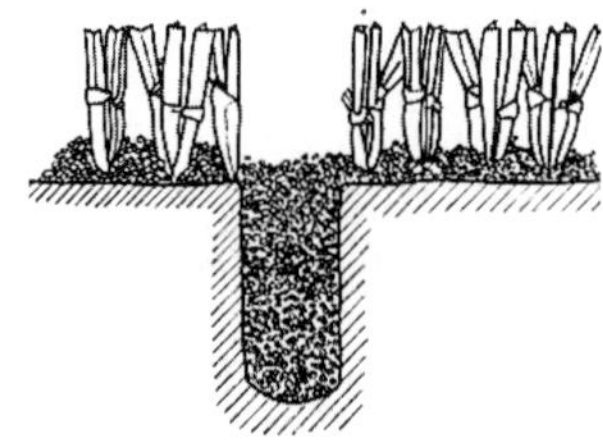

그림. 배토작업

8. 통기작업

① 목적 : 뿌리의 호흡 촉진 및 비료·수분의 침투가 용이하게 하는 것

② 방법

2~3개월마다 2.5~10cm 간격으로 지표면을 5~10cm 깊이로 구멍을 내준다.

③ 종류

㉠ 코링(Coring) : 집중적인 이용으로 단단해진 토양에 지름 5~25mm 정도 원통형으로 토양을 3~20cm 깊이로 제거하는 작업

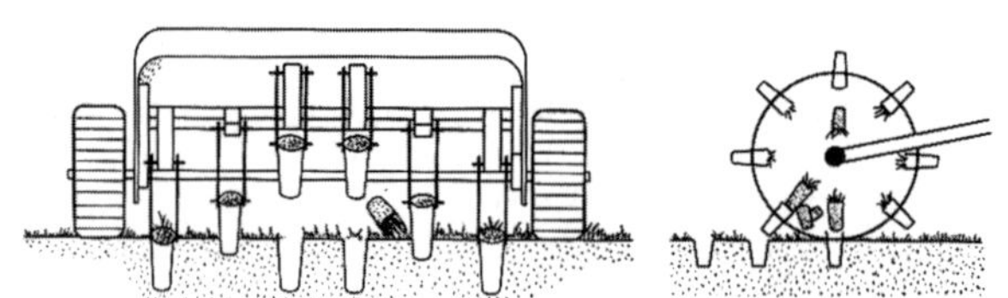

㉡ 슬라이싱(Slicing) : 칼로 토양을 베어주는 작업으로 잔디의 포복경 및 지하경도 잘라주는 효과가 있다. 상처를 작게 주어 피해가 적으며, 잔디의 밀도를 높여 주는 효과가 있다.

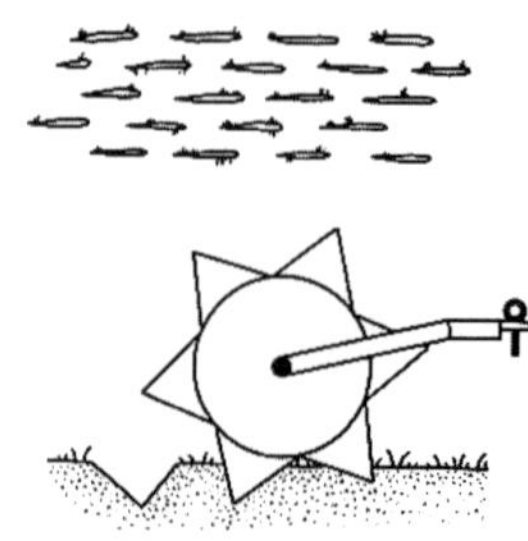

㉢ 스파이킹(Spiking) : 끝이 뾰족한 못과 같은 장비로 토양에 구멍을 내는 것이다. 상처가 비교적 적어서 회복에 걸리는 시간이 짧으며 스트레스 기간 중 이용되기도 한다.

- 론 스파이크(Lawn Spike) : 다져진 잔디밭에 공기 유통이 잘 되도록 구멍 뚫는 기계

㉣ 버티컬 모잉(Vertical Mowing) : 슬라이싱과 유사하나 토양의 표면까지 잔디만 주로 잘라내는 작업이다. 태치(Thatch)를 제거하고 밀도를 높여주는 효과가 있다.

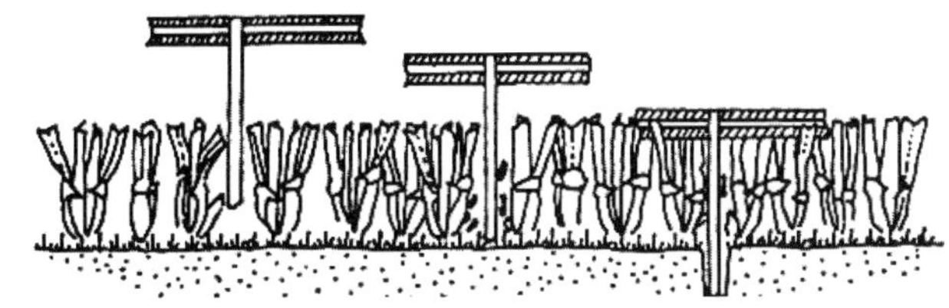

9. 잔디의 생육을 불량하게 하는 요인

① **태치(Thatch)**

㉠ 잘려진 잎이나 말라 죽은 잎이 땅위에 쌓여 있는 상태

㉡ 스폰지 같은 구조를 가지게 되어 물과 거름이 땅에 스며들기 힘들어짐

② **매트(mat)** : 태치 밑에 썩은 잔디의 땅속줄기와 같은 질긴 섬유 물질이 쌓여 있는 상태

10. 병해 방제

① 병해 출제

병 명	발병시기	특성 및 병징
녹병(붉은녹병)	5~6월, 9~10월. 고온다습 시 (17~22℃)	한국잔디의 대표적인 병. 엽초에 황갈색 반점이 생김. 질소결핍 및 과용 시, 배수불량, 많이 밟을 때 발생. 담자균류에 속하는 곰팡이로서 년 2회 발생하여 디니코니졸수화제, 헥사코나졸수화제(5%)를 살포하여 방제
브라운패치	6~7월, 9월, 고온다습 시	서양잔디에만 발생. 질소질 비료 과용시 발생
황화현상	이른 봄 새싹이 나올 때	금잔디에 많이 발생. 토양관리 나쁠 때 발생
라지패치		축적된 태치 및 고온다습이 문제

② 충해

병 명	발병시기	특성 및 병징
황금충류	4~9월	한국잔디에 많은 피해를 준다.

11. 떼심기 출제

① 떼심기 종류

㉠ 평떼 붙이기(전면 떼 붙이기)

- 잔디 식재 전면적에 걸쳐 뗏장을 맞붙이는 방법으로, 단기간에 잔디밭을 조성할 때 시공
- 뗏장 사이를 1~3cm 정도의 간격으로 어긋나게 배열하여 전면에 심는 방법
- 뗏장이 많이 들어 공사비가 많이 든다.

㉡ 어긋나게 붙이기 : 뗏장을 20~30cm 간격으로 어긋나게 놓거나 서로 맞물려 어긋나게 배열

㉢ 줄떼 붙이기 : 줄 사이를 뗏장 너비 또는 그 이하의 너비로 뗏장을 이어 붙여가는 방법으로, 뗏장을 5, 10, 15, 20cm 간격으로 5cm 정도의 깊이로 골을 파고 식재하는 방법

② 떼심기 방법

㉠ 뗏장의 이음새와 가장자리에 흙을 충분히 채우며, 뗏장 위에 뗏밥 뿌리기

㉡ 뗏장을 붙인 후 110~130kg 무게의 롤러로 전압하고(눌러주고) 충분히 관수

㉢ 경사면 시공시 뗏장 1매당 2개의 떼꽂이를 박아 고정시키며 경사면의 아래에서 위쪽으로 식재

③ 종자파종

㉠ 종류 : 난지형, 한지형

㉡ 발아온도 : 난지형은 30~35℃, 한지형은 20~25℃

㉢ 파종시기

- 난지형(한국잔디) : 늦봄~초여름(5~6월)
- 한지형 : 늦여름~초가을(8월말~9월)

㉣ 토양조건

- 배수가 양호하고 비옥한 사질양토, 토양산도는 PH가 5.5이상
- 대부분의 잔디들은 PH 6.0~7.0에서 가장 잘 생육하고 발병률도 적다.

④ 배토작업(Top Dressing)

㉠ 잔디의 생육을 왕성하게 한다.

㉡ 지하경의 분리를 막고 잔디를 튼튼하게 한다.

⑤ 일반적인 잔디종자 파종 작업순서

경운 → 시비(기비살포) → 정지 → 파종 → 복토 → 전압 → 멀칭 → 관수

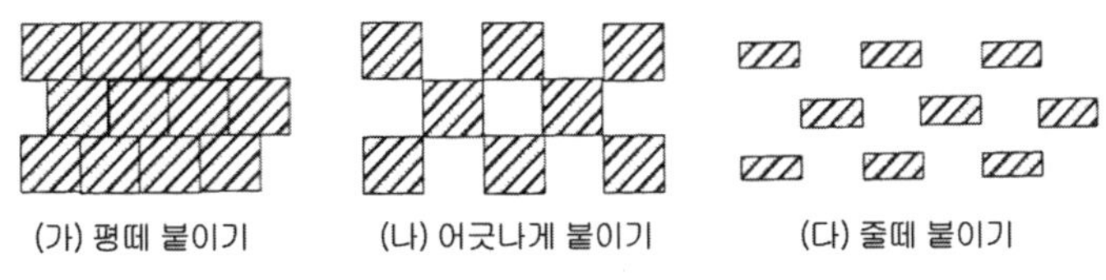

그림. 떼심기의 종류

12. 수량산출 및 품셈

① 떼붙임

㉠ 평떼의 경우 잔디 식재 전면적과 동일하게 산출한다.

㉡ 잔디 1장의 규격은 30cm × 30cm로 $1m^2$당 11매가 소요된다.

② 종자판의 붙임·종자 살포 및 파종

단위 면적 $100m^2$ 당 소요 재료량을 산출하고 전체 수량을 산출한다.

02 화단 관리

1. 종자 뿜어 붙이기(Seed Spray)

① 급한 경사면이나 암반이 많은 절개면을 녹화하기 위해 개발된 공법

② 단시간에 많은 면적을 시공할 수 있는 방법으로 비탈면의 안정과 녹화를 목적으로 시공

③ 공사의 효율을 위하여 잔디종자를 섬유(fiber), 색소, 접착제, 비료 등과 물로 혼합하여 고압 분사기로 파종하여 시공

2. 초화류 식재

① 화단 조성에 가장 많이 사용되는 초화류는 1년생 초화류이며, 1년 중 꽃을 계속 보기 위해서는 최소 년 3회, 이상적인 화단을 조성하려면 년 5회 정도 모종을 갈아 심어야 한다.

② 화단의 설치 조건

㉠ 햇볕이 잘 들고 통풍이 잘 되어야 한다.

㉡ 토양은 배수가 잘 되고 비옥한 사질양토이어야 화초가 건강히 자랄 수 있다.

㉢ 토양이 불량할 때는 개량하거나 알맞은 토양으로 객토한다.

③ 화단 조성방법

㉠ 초화류 식재는 종자파종법과 꽃모종을 심는 방법이 있다.

㉡ 꽃모종 중 밭에서 재배한 꽃모종은 심기 1~2시간 전에 관수하면 캐낼 때 흙이 많이 붙어 분뜨기에 좋다.

㉢ 꽃묘는 줄이 바뀔 때마다 어긋나게 심는 것이 좋다.

㉣ 식재 후 관수시에 꽃과 잎에 흙이 튀지 않게 조심한다.

3. 물주기

① 모종을 심은 직후는 뿌리와 흙이 잘 결합되도록 물을 충분히 주고, 뿌리가 활착할 때까지는 매일 물을 준다.

② 물을 주는 방법은 물뿌리개를 이용하여 손으로 주는 방법과 스프링클러를 이용하는 방법, 점적관수를 하는 방법 등이 있다.

③ 한 번에 충분한 양을 주며, 비가 내려 흙 속에 충분히 수분이 저장될 때까지 계속 준다.

④ 대기와 같은 온도의 물을 잎과 꽃에 물이 닿지 않게 뿌리턱에 준다.

4. 거름주기

① 개화기간이 긴 초화류는 덧거름을 주어 꽃의 색깔이 변하지 않도록 한다.

② 썩은 깻묵 등을 진하지 않게 물에 타서 뿌리턱에 주고 흙을 덮는다.

5. 병해충 방제

① 화훼류는 종류가 다양한 만큼 병이나 해충도 여러 종류이다.

② 다른 작물과는 달리 꽃은 물론 잎이나 다른 부분이 병이나 해충에 의해서 피해를 입으면 관상가치가 떨어지게 되므로 철저한 관리로 이를 방제해야 한다.

6. 화단조성 출제

① 1년에 5회, 적어도 3회 이상 꽃을 심는다.

② 화단면적의 2~3배가 이상적인 묘상의 면적이다.

③ 흐리고 바람이 없는 날 모종을 심는다.

④ 중앙에서 가장자리로 심는다.

예제 1

다음 중 초화류의 월동관리로 잘못된 것은?

① 보온막 설치 ② 가온
③ 저온순화 ④ 성토

정답 : ④

예제 2

다음 중 이상적인 화단을 조성하려면 1년에 몇 번 모종을 갈아심어야 하는가?

① 3번 ② 4번
③ 5번 ④ 6번

정답 : ③

해설 적어도 3번, 이상적인 화단을 위해서는 5번 모종을 갈아 심어야 한다.

03 자생식물의 관리

자생식물(自生植物, native plants) : 자연에 저절로 나서 자라는 식물

1. 자생식물의 관리

① 우리나라에 자생하는 야생식물의 수는 약 4,000여 종에 달하고 있으며, 최근 많은 종류를 조경식물 재료로 쓰고 있다.

② 야생식물의 관리는 다른 조경식물의 재료와는 달리 자생지와 비슷한 환경을 만들어주는 것이 중요한 일이다.

③ 중요한 생육환경 : 기후, 토양, 지형의 세 가지를 들 수 있으나 이 밖에 경쟁과 천이, 공해에 대한 분석도 중요한 요소이다.

④ 기후에서는 온도, 습도, 광선 등이 중요 인자이며, 토양에서는 토양 내의 공기, 수분, 산도, 부식질 그리고 지형에서는 표고, 방위, 경사가 중요한 인자이다.

04 그 밖의 지피식물 관리

지피식물은 지표를 낮게 덮는 식물로 병충해에 강하며 관리가 용이해야 하며, 치밀하게 피복되는 것이 좋고, 키가 작고 다년생이며 부드러워야 한다.

1. 맥문동

① 한국과 중국, 일본이 원산지로 그늘 아래서 자라는 내음성 상록 다년초이며, 노지에서 월동하는 지피식물이다.

② 이식시기 : 가을이 좋으나, 음지라면 계절에 특별히 구애받을 필요가 없다.

③ 여름의 연보라색 꽃과 초록색의 잎, 가을에 검은 열매를 감상한다.

2. 꽃잔디

① 북아메리카 원산으로 높이는 10cm 정도 자라며, 포복성이다. 봄 화단을 장식하는 숙근성 여러해살이 지피식물이다.

② 내한성이 강하고 양지에서 잘 자라며, 생장속도가 빠르고 맹아력이 강하다.

③ 이식과 공해에 강하여 조경용 지피식물로 알맞지만 습한 땅에서는 생장이 어렵고 밟힘에 약하다.

3. 눈향나무

① 양지에서 잘 자라는 식물로 주로 잔디밭 중앙이나 원형 화단 등에 식재된다.

② 음지에서는 줄기나 가지가 웃자라 본래 나무의 모양을 가지지 못하며, 양지에 심은 것이라 할지라도 전정을 통하여 나무 모양을 가꾸어야 한다.

4. 조릿대

볏과의 일종으로 산 중턱 아래 숲 속에서 자생하는데, 높이가 1~2m 정도 자라며, 5년 만에 열매를 맺고 말라죽는다.

5. 옥잠화

중국 원산이며 관상용으로 심는다. 굵은 뿌리줄기에서 잎이 많이 총생(叢生)하며, 꽃은 8~9월에 흰색으로 피고, 향기가 있다.

6. 기타

① 진달래, 철쭉 등의 관목류를 군식하여 지피 식물로 이용하는 경우와 관목류와 자생식물을 혼식하는 경우가 있다.

② 그늘에서 잘 자라는 자생식물을 이용하여 건물의 그늘에 심는 경우가 있다.

〈참고〉 옥상조경에서 식물 심을 자리는 전체면적의 1/3 넘지 말아야 한다.

7. 지피식물의 기능과 효과

① 토양유실 방지

② 운동 및 휴식공간 제공

③ 경관의 분위기를 자연스럽게 유도

출 제 예 상 문 제

01. 잔디의 뗏밥주기의 방법으로 옳지 않은 것은?

① 흙은 5mm 체로 쳐서 사용한다.
② 난지형 잔디의 경우는 생육이 왕성한 6~8월에 준다.
③ 잔디 포지전면을 골고루 뿌리고 레이크로 긁어준다.
④ 일시에 많이 주는 것이 효과적이다.

④ 뗏밥은 일시에 많이 주는 것을 피한다.

02. 다음 중 뗏밥주기에 대한 설명 중 틀린 것은?

① 뗏밥은 보통세사, 토사, 유기물을 혼합하여 약 5mm의 체를 통과한 것만 사용한다.
② 금잔디, 들잔디 등 난지형 잔디들은 생육이 왕성할 때 행한다.
③ 뗏밥은 일시에 다량 사용하면 황화현상이나 병해를 유발하며, 소량을 자주 시비한다.
④ 뗏밥을 준 후에는 물을 뿌려주어 잔디표면을 말라붙기 전에 잔디 사이로 스며들게 한다.

뗏밥주는 시기 : 난지형 잔디 – 늦은 봄~초여름(5월 하순~6월 상순), 6월~8월, 한지형 잔디 – 이른 봄(3월~6월), 가을(9월~10월). 뗏밥의 두께 : 1~4mm 소량으로 자주 시비한다.

03. 정원에서 한국 들잔디의 깎는 높이는?

① 30~40mm ② 40~50mm
③ 50~60mm ④ 60~70mm

04. 다음 중 난지형 잔디밭에 뗏밥을 넣어주는 적기는?

① 3~4월 ② 6~8월
③ 9~10월 ④ 11~1월

난지형 잔디는 생육이 왕성한 6~8월에 준다.

05. 다음 중 관리가 가장 용이한 잔디는?

① 들잔디
② 금잔디
③ 캔터키 블루 그래스
④ 벤트 그래스

06. 잔디깎기를 실시하는 목적에 대한 설명 중 틀린 것은?

① 정기적으로 깎으므로 잡초를 방제한다.
② 통풍은 잘되게 하지만 병에 약해진다.
③ 답압 등 잔디 사용으로 일어나는 피해부위를 제거하여 잔디의 생육을 왕성하게 한다.
④ 잔디의 분얼을 촉진한다.

07. 다음 중 잔디의 관수시기로 옳은 것은?

① 오후 ② 정오
③ 야간 ④ 아침

08. 우리나라 들잔디의 종자처리방법으로 가장 적합한 것은?

① KOH 20~25% 용액으로 10~25분간 처리 후 파종한다.
② KOH 20~25% 용액에 20~35분간 처리 후 파종한다.
③ KOH 20~25% 용액에 30~45분간 처리 후 파종한다.
④ KOH 20~25% 용액에 1시간 처리 후 파종한다.

들잔디의 종자처리 방법 : KOH(수산화칼륨) 20~25% 용액에 30~45분간 처리 후 파종하면 단시일 내에 발아한다.

정답 1④ 2④ 3① 4② 5① 6② 7④ 8③

09. 잡초방제에 대한 설명 중 적당하지 않은 것은?

① 짚 멀칭은 잡초방제에 효과적이다.
② 제초제로서 2-4D, PCP 등이 있다.
③ 농약과 비료를 혼용 살포한다.
④ 시기를 봐서 제초제를 체계적으로 사용한다.

농약과 비료를 혼용해서 살포하면 안된다.

10. 잔디에 피해를 주지 않는 것은?

① 사질양토 ② 매트
③ 소드바운드 ④ 태치

소드바운드 : 썩지 않은 뿌리가 겹쳐 스펀지와 같은 층을 이루고 있는 것을 말함

11. 고온다습할 때 잔디밭에 잘 발생하는 병은?

① 흰가루병 ② 회색 곰팡이병
③ 붉은녹병 ④ 부패병

고온다습할 때 잔디밭에 잘 발생하는 병은 녹병(붉은녹병), 브라운 패치가 있다. ①은 수목과 초화류에서 발생하고, ②는 초본류와 화훼류에서 발생한다.

12. 다음 잔디의 종류 중 관리가 가장 쉬운 것은?

① 벤트그래스 ② 들잔디
③ 금잔디 ④ 버뮤다그래스

13. 다음 중 한국잔디의 생육적온은?

① 10~15℃ ② 15~25℃
③ 20~25℃ ④ 25~35℃

한국잔디는 난지형 잔디이며 25~30℃가 생육적온이고, 한지형 잔디는 13~20℃이다.

14. 파종 잔디 조성지역의 파종 후 관리에 대한 설명으로 틀린 것은?

① 종자가 발아하면 즉시 폴리에틸렌을 제거한다.
② 파종지가 건조할 때에는 관수를 한다.
③ 발아 후 2~3개월 경과시 복합비료를 뿌린다.
④ 파종 직후 제초제 살포는 선택성 제초제를 사용한다.

파종 후 지표면 위에 비닐을 깔아주는 이유는 비나 바람에 잔디종자가 유실되는 것을 방지하며, 지면 온도를 높게 하고 지표면이 마르는 것을 방지하는 것이다.

15. 다음 중 잔디밭의 관수방법으로 적당한 것은?

① 어린 잔디는 수압을 낮게 한다.
② 잘린 잎은 보습을 위해 뿌려놓는다.
③ 조밀할수록 증발이 잘 되므로 물을 자주 많이 준다.
④ 표토층이 항상 축축함을 유지하도록 한다.

16. 환경조건과 제초제의 살포효과를 잘못 설명한 것은?

① 살포효과는 대체로 저온보다 고온일 때가 높다.
② 사질토나 저습지에서는 약해가 생기던지 약효가 떨어진다.
③ 약물의 감수성은 노화부분이 연약부분보다 민감하다.
④ 습도가 높을수록 약효가 빨리 나타난다.

제초제의 효과는 고온다습할 때 약효가 빠르며, 토양미생물의 분해에 의해 약효가 감소한다. 점질토는 토양에 흡착하므로 살포농도를 높게 하고, 사질양토는 흡착정도가 낮으므로 살포농도를 낮게 한다.

정답 9③ 10① 11③ 12② 13④ 14① 15① 16②

17. 다음 중 잡초제거를 위한 제초제중 잔디밭에 사용할 수 없는 것은?

① 비선택성 ② 호르몬제
③ 접촉성 ④ 선택성

비선택성은 선택하지 않고 잔디까지 모두 죽이므로 잔디밭에 사용하지 않는다.

18. 잔디밭 관수 방법 중 물의 사용효율이 가장 높은 것은?

① 스프링 쿨러 ② 분무식
③ 전면관수 ④ 점적식

스프링 쿨러의 효율은 80%, 점적식의 효율은 90%로 점적식의 사용효율이 높다. 점적식 : 각 수목이나 지역의 지하 또는 지표에 특수한 구조의 작은 구멍을 통해 낮은 수압으로 서서히 관수하는 방법

19. 잔디를 깎아주지 않으면 아름다운 경관이 유지되지 않는 것은?

① 들잔디 ② 버뮤다그래스
③ 비로드 잔디 ④ 에머랄드

20. 캔터키 블루그래스 잔디 $100m^2$를 깔기 위해 파종해야 할양은?

① 2~3g ② 10~15g
③ 40~50g ④ 80~100g

21. 벤트그래스로 조성된 골프장의 그린에서 적당한 잔디깎는 높이는?

① 4~6mm ② 10~15mm
③ 15~18mm ④ 20~25mm

22. 다음 중 잔디밭의 통기작업이라고 볼 수 없는 것은?

① 레이킹 ② 톱드레싱
③ 코링 ④ 스파이킹

톱드레싱은 배토작업으로 잔디의 생육을 왕성하게 하고 지하경의 분리를 막고 잔디를 튼튼하게 한다.

23. 들잔디(평떼)의 일반적인 뗏장규격으로 옳은 것은?

① 10cm×10cm ② 20cm×20cm
③ 30cm×30cm ④ 40cm×40cm

24. 잔디의 식재지 표토의 최소토심(생육최소깊이)은 얼마인가?

① 10cm ② 20cm
③ 30cm ④ 45cm

생존최소깊이 : 15cm, 생육최소깊이 : 30cm

25. 잔디밭의 크로버 제거용 제초제로 가장 적당한 것은?

① 2-4D ② 그라목손
③ 근사미 ④ 그린나

클로버(크로버)는 인력제거보다 제초제 사용이 효과적이며, 제초제는 2 - 4D, 반벨, 트리박 등을 사용

26. 잔디밭 잡초 방제법이다. 가장 옳지 않은 것은?

① 통기작업으로 토양조건을 개선한다.
② 토양수분의 적정유지
③ 자주 깎아준다.
④ 생육이 왕성할 때 그라묵손으로 제거한다.

정답 17① 18④ 19④ 20④ 21① 22② 23③ 24③ 25① 26④

27. 잔디의 뗏밥넣기에 관한 설명 중 가장 옳지 않은 것은?

① 뗏밥은 가는모래 2, 밭흙 1, 유기물을 약간 섞어 사용한다.
② 뗏밥은 일반적으로 가열하여 사용하며, 증기소독, 화학약품소독을 하기도 한다.
③ 뗏밥은 한지형 잔디의 경우 봄, 가을에 주고 난지형 잔디의 경우 생육이 왕성한 6~8월에 주는 것이 좋다.
④ 뗏밥의 두께는 15mm 정도로 주고, 다시 줄 때에는 일주일이 지난 후에 주어야 좋다.

> ④ 뗏밥의 두께는 일반 가정용은 0.5~1.0 cm, 골프장은 0.3~0.7cm 넣어준다. ① 뗏밥은 가는모래 : 밭흙 : 유기물 = 1 : 1 : 1 또는 2 : 1 : 1의 비율로 섞는다.

28. 잔디에 관한 내용 중 틀린 것은?

① 잔디는 생육온도에 따라 난지형 잔디와 한지형 잔디로 구분한다.
② 잔디의 생육방법에는 종자파종과 영양번식이 있다.
③ 한국잔디는 일반적으로 종자번식이 잘 되기 때문에 건설현장에서 종자파종으로 잔디밭을 조성한다.
④ 종자파종은 뗏장심기에 비하여 균일하고 치밀한 잔디면을 만들 수 있다.

> 한국잔디는 뗏장으로 조성한다.

29. 서양잔디 중 가장 양질의 잔디면을 만들 수 있어 그린에 많이 사용되며, 초장을 4~7 mm로 짧게 깎아 관리하는 잔디로 가장 적당한 것은?

① 한국잔디류 ② 버뮤다그래스류
③ 라이그래스류 ④ 벤트그래스류

> 벤트그래스류는 잎폭이 작고 질감이 매우 고우며 4~7mm 정도로 짧게 깎아 이용한다. 잔디 중 품질이 좋아 골프장의 그린에 많이 사용된다.

30. 다음 중 한국잔디에 가장 많은 피해를 주는 해충은?

① 황금충 ② 땅강아지
③ 두더지 ④ 개미

> 황금충류는 4 ~ 9월 발병하며, 한국잔디에 많은 피해를 준다.

31. 다음 중 잔디깎기(mowing)의 이점이라고 볼 수 없는 것은?

① 미적·기능적으로 잔디면이 균일함을 유지한다.
② 탄수화물의 보유를 줄여 병충해를 예방한다.
③ 잎폭의 감소를 유도한다.
④ 지나친 북더기 잔디(태치, Thatch)의 축적을 방지한다.

32. 잔디의 관리 중 칼로 토양을 베어주는 작업으로 포복경, 지하경을 잘라주는 효과가 있는 것은?

① 스파이킹 ② 슬라이싱
③ 통기작업 ④ 버티컬모잉

33. 한국잔디의 특징을 설명할 것 중 옳은 것은?

① 약산성의 토양을 좋아한다.
② 그늘을 좋아한다.
③ 잔디를 깎으면 깎을수록 약해진다.
④ 습윤지를 좋아한다.

정답 27 ④ 28 ③ 29 ④ 30 ① 31 ② 32 ② 33 ①

34. 다음 중 한국잔디의 특성으로 볼 수 없는 것은?

① 지피성이 강하다.
② 내답압성이 강하다.
③ 재생력이 강하다.
④ 내습력이 강하다.

한국잔디는 내습력이 보통이다.

35. 다음 한국잔디의 병 중 가장 문제가 되는 녹병(붉은녹병)의 방제법이다. 이 중 해당되지 않는 것은?

① 배수를 양호하게 해준다.
② 다이젠을 사용한다.
③ 석회유황합제를 사용한다.
④ 헵타제를 사용한다.

④ 헵타제 : 황금충이나 야도충의 방제에 사용한다.

36. 다음 중 재래종 잔디의 특성이 아닌 것은?

① 양지를 좋아한다.
② 병충해에 강하다.
③ 뗏장으로 번식한다.
④ 자주 깎아 주어야 한다.

④ 자주 깎아 주는 것은 서양잔디이다.

37. 서양잔디에 대한 설명으로 틀린 것은?

① 그늘에서도 잘 견디는 성질이 있다.
② 주로 뗏장 붙이기에 의해 시공한다.
③ 일반적으로 겨울철에 상록이다.
④ 자주 깎아 주어야 한다.

서양잔디는 주로 종자파종으로 시공한다.

38. 잔디밭의 병해 중 황색의 반점이 생기는 것은?

① 흰가루병 ② 녹병
③ 줄기 썩음병 ④ 곰팡이병

39. 잔디깎기 작업의 효과가 아닌 것은?

① 잡초발생을 줄일 수 있다.
② 평평한 잔디밭을 만들 수 있다.
③ 잔디의 포기 갈라짐을 억제시켜 준다.
④ 아름다운 잔디면을 감상할 수 있다.

잔디깎기는 분얼을 촉진하고, 밀도를 높여준다. 잡초발생을 줄일 수 있고, 평평한 잔디밭을 만들 수 있으며 아름다운 잔디면을 감상할 수 있다.

40. 잔디의 거름주기 방법으로 적합하지 않은 것은?

① 질소질 거름은 1회 주는 양이 $1m^2$ 당 10g 이상이어야 한다.
② 난지형 잔디는 하절기에, 한지형 잔디는 봄과 가을에 집중해서 준다.
③ 화학비료인 경우 연간 2~8회 정도 나누어 거름주기 한다.
④ 가능하면 제초작업 후 비오기 전에 실시한다.

① 질소질 거름은 1회 주는 양이 $1m^2$ 당 4g 이하가 되어야 한다.

41. $45m^2$에 전면 붙이기에 의해 잔디 조경을 하려고 한다. 필요한 평떼량은 얼마인가?(단, 잔디 1매의 규격은 30cm×30cm×3cm이다.)

① 약 200매 ② 약 300매
③ 약 500매 ④ 약 700매

$1m^2$ 당 필요한 잔디는 11매이다.
$45m^2$ × 11매 = 495매이다.

정답 34 ④ 35 ④ 36 ④ 37 ② 38 ② 39 ③ 40 ① 41 ③

42. 다음 중 잔디깎기의 효과가 아닌 것은?

① 잡초 발생을 늘려준다.
② 잔디의 밀도를 높여준다.
③ 평탄한 잔디밭을 만들어 준다.
④ 병해가 방지된다.

① 잡초 발생을 줄여준다.

43. 다음 중 남해안에서 자생하는 잔디는?

① 들잔디 ② 금잔디
③ 빌로드잔디 ④ 벤트그래스

① 한국에서 가장 많이 사용하는 잔디 ② 내한성이 약하며 대전이남 지역에서 자생 ④ 질감이 곱고, 품질 좋아 골프장 그린에 사용

44. 다음 잔디 중 포기를 풀어 심어가꾸기 할 수 있는 잔디는?

① 하이브리드 버뮤다그래스
② 들잔디
③ 벤트그래스
④ 빌로드잔디

하이브리드 버뮤다그래스 : 잔디 중 포기를 풀어 심어 가꾸기 할 수 있는 잔디

45. 다음 중 잔디깎은 후 잔디의 길이가 잘못 나열된 것은?

① 그린 : 0.5~0.7cm
② 티 : 1.0~1.2cm
③ 에이프런 : 1.5~1.8cm
④ 정원 : 1~2cm

잔디 깎은 후 잔디의 길이는 정원은 2~3 (3~4)cm이다.

46. 벤트그래스의 잔디깎는 횟수는?

① 연 35~36회 ② 연 18~24회
③ 연 11~13회 ④ 연 6~10회

벤트그래스는 연 35~36회 깎아주고 ② 경기장 잔디는 연 18~24회 ③ 공원용 잔디는 연 11~13회 ④ 가정용 정원은 연 6~10회 깎아준다.

47. 다음 잔디깎는 기계의 종류 중 150m² 미만의 잔디밭 관리용으로 사용되는 것은?

① 핸드모어 ② 그린모어
③ 로터리모어 ④ 갱모어

② 그린모어 : 골프장의 그린, 테니스 코트장 관리용으로 0.5mm 단위로 사용하고, 깎는 높이 조절 가능함 ③ 150m² 이상의 면적에 사용 ④ 15,000m² 이상의 골프장, 운동장 등에 사용

48. 다음 중 잔디종자 파종 작업순서로 옳은 것은?

① 경운 – 기비살포 – 정지작업 – 파종 – 복토 – 전압 – 멀칭
② 정지작업 – 파종 – 복토 – 전압 – 멀칭 – 기비살포 – 경운
③ 정지작업 – 복토 – 파종 – 전압 – 멀칭 – 기비살포 – 경운
④ 전압 – 멀칭 – 복토 – 파종 – 정지작업 – 기비살포 – 경운

49. 잔디에서 토양전염병 중 축척된 태치 및 고온 다습이 문제인 병은?

① 라지패치 ② 붉은녹병
③ 브라운패치 ④ 황화현상

정답 42 ① 43 ③ 44 ① 45 ④ 46 ① 47 ① 48 ① 49 ①

50. 복합비료에서 21-21-17이란 무엇을 뜻하는가?

① 질소 : 인산 : 칼륨
② 질소 : 칼슘 : 칼륨
③ 마그네슘 : 인 : 질소
④ 칼슘 : 질소 : 인

51. 다음 잔디 품종 중 한지형잔디에 속하는 것은?

① 들잔디 ② 벤트그래스
③ 금잔디 ④ 빌로드잔디

52. 다음 화단의 모종심기에 대한 내용이다. 잘못 설명된 것은?

① 모종은 흐린 날, 바람이 약간 부는 아침이 좋다.
② 모종을 옮기기 2시간 전 쯤에서 물을 주고 옮긴다.
③ 심을 곳에는 미리 물을 주어 흙을 가라앉힌 다음 심는다.
④ 화단의 중앙부에서 시작하여 가장자리로 심어 나간다.

모종은 흐리고 바람이 없는 날 모종 심기를 하는 것이 좋다.

53. 다음 중 잔디의 잡초 방제를 위한 방법으로 부적합한 것은?

① 파종전 갈아엎기
② 잔디깎기
③ 손으로 뽑기
④ 비선택성 제조제의 사용

잔디밭에 비선택성 제초제를 사용하면 잔디까지 모두 죽게 된다.

54. 잔디밭 관리에 대한 설명으로 옳은 것은?

① 1년에 1~3회만 깎아준다.
② 겨울철에 뗏밥을 준다.
③ 여름철 물주기는 한낮에 한다.
④ 질소질 비료의 과용은 붉은녹병을 유발한다.

붉은녹병은 한국잔디의 대표적인 병으로 엽초에 황갈색 반점이 생기며, 고온다습시, 배수불량시, 질소결핍 및 과용시 발생한다.

55. 다음 잔디의 종류 중 잔디깎기에 가장 약한 것은?

① 버뮤다그래스 ② 밴트그래스
③ 금잔디 ④ 캔터키블루그래스

56. 잔디밭에 물을 공급하는 관수에 대한 설명으로 틀린 것은?

① 식물에 물을 공급하는 방법은 지표관개법과 살수관개법으로 나눌 수 있다.
② 살수관개법은 설치비가 많이 들지만, 관수 효과가 높다.
③ 수압에 의해 작동하는 회전식은 360° 까지 임의 조절이 가능하다.
④ 회전장치가 수압에 의해 지면보다 10cm 상승 또는 하강하는 팝업(pop-up)살수기는 평소 시각적으로 불량하다.

팝업살수기는 시각적으로 불량하지 않다.

57. 잔디깎기의 목적으로 옳지 않은 것은?

① 잡초방제 ② 이용 편리 도모
③ 병충해 방지 ④ 잔디의 분얼억제

잔디깎기의 목적은 잔디의 분얼을 촉진하는 것이다.

정답 50 ① 51 ② 52 ① 53 ④ 54 ④ 55 ④ 56 ④ 57 ④

04 실내조경 식물의 관리

실내조경이란 여러 형태의 실내공간에 식물과 동물, 무생물 소재를 중심으로 디자인의 원리를 이용하여 보다 기능적이고 경제적이며 아름다운 공간을 만들어 삶의 질을 높게 하는 조경의 한 분야이다.

01 실내환경의 특수성

1. 실내환경과 실외환경의 차이점

① 실내공간은 실외공간과는 다른 미기후를 가지고 있다.

② 실외공간은 이용면에서 계절적인 영향을 받지만, 실내공간은 연중 이용하는 곳이기 때문에 식물 선택면에서 제약을 받게 된다.

③ 실내공간은 위치에 따라 다소 차이가 있지만, 햇빛이 들어오는 양과 빛의 세기가 실외에 비하여 차이가 많다.

④ 실내공간은 식물과 인간이 공존하기에 적합하지 못한 환경이다. 즉, 실내 식물이 살아가기에 적당한 습도, 온도, 광도 등의 조건은 인간이 살아가기에 알맞은 조건이라 볼 수 없다.

2. 광도와 일장

광도란 광선의 밝기 정도를 말하는데, 특히 실내의 광도는 하루 중 시간대에 따라 다르며, 창문의 위치와 크기, 유리 면적, 유리의 색깔과 청결 정도, 차광 재료, 창가의 식물 배치 유무 등 여러 가지 주위 환경의 조건에 따라 영향을 받는다.

02 실내조경 식물의 관리 내용

1. 빛

① 실내에서 재배하고 있는 식물은 대부분이 그늘에서 잘 견디는 종류이다.

② 실내에 자리 잡고 있는 위치에 따라 식물체가 요구하는 밝기에 모자라는 곳은 밝은 곳으로 옮기거나 인공조명을 이용하여 보광해 주어야 한다.

③ 실내조경 식물에 적합한 광도는 540~5400럭스 정도이나 1600럭스 이상이 좋다.

2. 온도

① 실내식물은 10℃ 이하의 낮은 온도 조건에서는 생리활동이 위축되어 황화현상이 나타나거나 푸른 잎 상태에서 낙엽이 지는 경우가 있다.

② 5℃ 이하의 지나친 저온 조건이 되면 잎의 조직이 괴사하여 갈색의 반점이 나타나고 어린 줄기에 생장 정지 현상이 나타난다.

③ 밤과 낮은 온도차가 15℃ 이상이 되면 대부분의 실내 식물들은 생육에 지장을 받게 된다.

④ 일반적으로 식물이 살아가는데 알맞은 온도는 낮에는 23~25℃, 밤에는 16~18℃를 유지하는 것이 바람직하며, 겨울철이라도 10℃ 이상은 유지되어야 하고, 여름철에는 30℃ 이하가 되도록 하여야 한다.

3. 습도

① 여름철 실내 습도는 사람이 생활하기에 불편한 정도로 높지만, 겨울철 습도는 건조하여 식물 관리에 특별히 주의해야 한다.

② 작은 용기에 식재한 식물은 물 관리에 더 많은 노력을 필요로 한다.

③ 선인장류의 경우 생육에 알맞은 습도는 30~40%, 동양난의 경우 70%, 열대 관엽 식물류는 80% 정도로 유지해야 한다.

④ 환기를 자주 해주어 깨끗한 공기를 실내에 유입시키는 것이 중요하다.

4. 거름관리

① 실내와 같은 음지에서는 실외와 같은 양의 거름을 주면 잎에 황화현상이 나타나며, 잎 끝이 말라 죽는 현상이 생긴다.

② 거름은 1년에 3~4회 정도 주는데, 겨울철에는 식물이 휴면 상태이므로 주지 않는 것이 좋다.

③ 거름은 배양토를 만들 때 토양에 섞는 방법과 관수할 때 알맞은 양을 물에 타서 주는 방법, 뿌리의 기능이 저하되어 양분의 흡수가 잘 되지 않거나 특수 거름 성분의 부족으로 결핍 증상이 나타났을 때에 빠른 회복을 위하여 주는 엽면 시비 등이 있다.

5. 관·배수 관리

① 실내는 실외에 비하여 잎으로부터의 증산량은 매우 낮지만 빗물 등 자연공급이 없는 관계로 관수가 필요하다.

② 실내식물은 화분에 수분이 부족한 경우보다는 지나친 관수로 인해 토양 공극이 물로 차서 뿌리의 산소부족 현상으로 죽는 경우가 더 많다.

③ 관수 횟수는 계절에 따라, 식물의 종류에 따라, 토양 조건에 따라 다르지만 보통 1주일에 1~2회 정도 화분 밑으로 물이 흘러나올 때까지 흠뻑 준다.

④ 물은 지하수를 이용하여 주는 것이 좋으며, 오전 10시경에 주는 것이 알맞다.

6. 그 밖의 관리

① **분갈이** : 생장이 느린 식물 외에는 1년에 한 번씩 분갈이를 해주는데, 일반적으로 이른 봄철에 한다.

② 가지치기와 지주세우기

㉠ 죽은 가지, 병든 가지, 상처입은가지 등을 제거하여 식물생육을 돕거나, 아름다운 모양으로 수형을 만들기 위하여 가지치기를 한다.

㉡ 덩굴성 식물이나 지주가 필요한 식물은 지주를 세워 쓰러지는 것을 방지하고, 모양을 바로잡아 새로운 형태로 가꿀 때에 지주세우기를 한다.

③ 병충해 방제

㉠ 식물을 실내에 들여 놓기 전에 병이나 해충에 감염되었는지를 검사해야 한다. 실내 식물에 주로 발생되는 병으로는 곰팡이나 박테리아, 그리고 바이러스에 의한 병이 있으며 해충으로는 고자리파리, 개미, 깍지벌레류, 응애류, 진딧물, 지렁이 등이 있다.

㉡ 실내식물에 발생한 병이나 해충이 약한 경우 약을 묻힌 걸레로 발병 부위나 해충을 제거하고, 정도가 심한 경우에는 실외에서 약제를 살포하거나 태워버린다.

03 실내조경 식물의 선정 기준

① 낮은 광도에 견디는 식물

② 온도변화에 둔감한 식물

③ 내건성, 내습성이 강한 식물

④ 가스에 잘 견디는 식물

⑤ 병해충에 잘 견디는 식물

⑥ 가시나 독성이 없는 안전한 식물

예제 1

다음 중 실내식물의 선정기준이 아닌 것은?

① 낮은 광도에 잘 견디는 식물
② 온도변화에 민감한 식물
③ 건조한 환경에 잘 견디는 식물
④ 가스에 잘 견디는 식물

정답 : ②

해설 실내식물을 선정할 때 환경에 적응을 잘하고 온도변화에 민감하지 않은 식물을 선정해야 한다.

예제 2

다음 중 실내환경과 실외환경과의 차이점을 설명한 것 중 옳은 것은?

① 실내공간은 계절적 영향을 많이 받는다.
② 실내공간은 식물과 인간이 함께 살아가기에 알맞다.
③ 실내공간에 식재할 식물은 온대성 식물이 알맞다.
④ 실내공간은 실외공간과 다른 미기후를 가지고 있다.

정답 : ④

해설 실외공간은 계절적 영향을 많이 받고, 실내공간은 식물과 인간이 함께 살아가기 적합하지 못한 환경이다.

04 실내조경의 식물

1. 실내 소정원(Indoor garden)

호텔이나 병원, 사무실 건물 등의 대형 건물 내에 채광 조건을 갖추고 식물과 자연석, 조명장치, 수경장치 등의 조경식물과 시설물을 배치한 장소

2. 테라리움(Terrarium)

① 테라리움은 용기 속에서 수분이 순환하고, 탄소동화작용과 호흡작용을 통해서 배출되는 산소와 이산화탄소의 이용으로 별다른 관리 없이도 식물의 생육이 지속될 수 있다.

② 테라리움에 쓸 수 있는 용기는 빛을 충분히 받을 수 있는 투명한 것이어야 하며, 식물 생장에 필요한 토양을 넣을 수 있는 크기와 식물 생장에 필요한 공간을 갖춘 용기여야 한다.

③ 크기가 작고, 생장이 느린 식물이 알맞다.

3. 벽걸이 화분

① 좁은 공간을 수직적으로 장식하는 방법으로 줄기가 늘어지는 식물을 창가에 놓거나 천정이나 벽에 걸어 늘어진 모습을 감상한다.

② 덩굴성 식물을 주로 이용한다.

4. 베란다 정원

베란다를 이용한 실내조경을 말하며 온도변화와 건조에 강한 것으로 키가 큰 식물이 알맞다.

05 시설물 관리

조경시설이란 도시공원, 자연공원, 관광지, 유원지, 공장, 학교, 가정에 이르기까지 조경공간내에 설치된 모든 시설을 말한다.

01 시설물의 종류

구 분	주 요 시 설 물
유희시설	그네, 미끄럼틀, 시소, 모래터, 낚시터, 회전목마, 야외무도장, 정글짐 등
운동시설	축구장, 야구장, 배구장, 농구장, 궁도장, 철봉, 평행봉, 평균대, 족구장, 수영장, 사격장, 자전거 경기장, 롤러스케이트장, 탈의실, 샤워실 등
휴양시설	식재대, 잔디밭, 화단, 산울타리, 자연석, 조각물 등
경관시설	연못, 분수, 개울, 벽천, 인공폭포 등
휴게시설	휴게소, 벤치, 야외탁자, 정자, 퍼걸러 등
교양시설	식물원, 동물원, 박물관, 온실, 수족관, 야외음악당, 도서관, 기념비, 고분, 성터 등
편익시설	매점, 음식점, 간이숙박시설, 주차장, 화장실, 시계탑, 음수대, 집회장소, 전망대, 자전거 주차장, 휴지통 등
관리시설	문, 차고, 창고, 게시판, 표지판, 조명시설, 쓰레기처리장, 볼라드, 우물, 수도 등
기반시설	도로, 보도, 광장, 옹벽, 석축, 비탈면, 배수시설, 관수시설

02 시설물의 관리 원칙

① 시설물의 이용자 수가 설계할 때의 추정치보다 많은 경우에는 이용실태를 고려하여 시설물을 증설해 이용자의 편의를 도모한다.

② 여름철 그늘이 충분하지 않은 곳은 차광시설을 하거나 녹음수를 식재한다.

③ 노인, 주부 등이 오랜 시간 머무르는 곳의 시설은 가능한 목재로 교체하고, 그늘이나 습기가 많은 곳의 목재 시설물은 콘크리트재나 석재로 교체한다.

④ 바닥에 물이 고이는 곳은 배수시설을 한 후 지면을 높이고 다시 포장을 한다.

⑤ 이용자의 사용빈도가 높은 것의 접합부분은 충분히 죄어 놓거나 풀리지 않게 용접을 한다.

03 시설물의 관리 내용

1. 유희시설물

① 목재시설

㉠ 감촉이 좋고 외관이 아름다워 사용률이 높지만, 철재보다 부패하기 쉽고 잘 갈라지며, 거스러미(나무의 결이 가시처럼 얇게 터져 일어나는 것)가 일어나 정기적인 보수와 도료를 칠해주어야 한다.

㉡ 특히, 죔 부분이나 땅에 묻힌 부분은 부식되기 쉬우므로 방부제 처리 및 모르타르를 칠해 주어야 한다.

㉢ 2년이 경과한 것은 정기적인 보수를 하고 방부제(CCA, ACC 등)를 사용한다.

② 철재시설

㉠ 녹이 슬면 미관상 보기 흉할 뿐 아니라, 강도가 떨어져 위험하다. 녹 방지를 위하여 녹막이칠(광명단)을 한다.

㉡ 도장이 벗겨진 곳은 녹막이 칠을 두 번 한 다음 유성페인트를 칠해 주고, 파손이 심한부분은 교체해 준다.

㉢ 볼트나 너트가 풀어졌을 때에는 충분히 죄어주고, 심하게 훼손되었을 때에는 용접 또는 교환한다.

㉣ 접합부는 용접, 리벳, 볼트, 너트 등을 점검한다.

㉤ 오래된 부품은 심한 충격이나 압력에 의해 갈라지기 쉬우므로 교체한다.

㉥ 회전 부분의 축에는 정기적으로 그리스를 주입하며, 베어링의 마멸 여부를 점검한 후 조치한다.

③ 합성수지 놀이시설

㉠ 주로 이용하는 재료는 FRP이며, 시설물의 몸체, 미끄럼판, 계단, 벽막이, 벤치, 안내판 등에 이용된다.

㉡ 합성수지는 겨울철 저온 때 충격에 의한 파손을 주의해야 한다.

④ 콘크리트 놀이시설

㉠ 콘크리트는 강도가 강하면서도 색채표현을 다양하게 할 수 있기 때문에 반영구적인 시설물에 많이 이용하고 있다.

㉡ 자체가 무겁기 때문에 가라앉거나 기울어지고 균열이 발생할 때에는 위험한 상태가 되기 전에 보수를 하여야 한다.

㉢ 도장은 일정 시간이 지나면 벗겨지므로 3년에 1회 정도 다시 도장을 해 주어야 한다.

⑤ 기타 유희 시설물

㉠ 그네의 발판과 지표면과의 거리 : 35~45cm

㉡ 미끄럼대의 착지면과 지표면과의 거리 : 10cm

㉢ 놀이터 내에 물이 고이는 곳이 없도록 평탄하게 고른다.

㉣ 해안의 염분, 대기오염이 심한 지역에서 철재, 알루미늄 등의 재료에 강력한 방청처리를 하며, 스테인레스 제품을 사용한다.

2. 운동시설물

① 운동장의 조건

㉠ 배수가 잘 되고 먼지가 나지 않게 적당한 보습력을 유지해야 한다.

㉡ 구기 종목 운동시설의 방향 : 햇빛의 반사를 막기 위해 장축(긴변)을 남북방향으로 설치한다.

② 운동장 포장재료

㉠ 점토(Clay) : 미세한 흙입자

㉡ 앙투카(en-tout-cas)

- 육상경기장의 주로(走路)나 테니스장 등에 사용하는 표토(表土)
- 붉은 벽돌을 가루 내어 깐 경기장

㉢ 잔디

04 포장·옹벽의 관리

1. 콘크리트 포장 관리

① 충전법 : 줄눈이나 균열이 생긴 부분에 충전재(채움재)를 주입한다.

② 모르타르 주입공법

㉠ 기층 재료 보강시 : 포장면에 구멍을 뚫고 시멘트나 아스팔트를 주입한다.

㉡ 포장 슬래브 불균일시 : 모르타르를 주입하여 포장면을 들어 올린다.

③ 덧씌우기 : 콘크리트 포장에 균열이 많아져서 전면적으로 파손될 염려가 있는 경우에 실시

④ 침하된 곳 메우기 : 균열부 청소, 아스팔트유제를 도포하고 아스팔트 모르타르(균열폭 2cm 이하) 또는 아스팔트 혼합물(균열폭 3~5cm)로 메우기를 한다.

2. 아스팔트 포장 관리

① 균열의 원인 : 아스팔트 노화, 아스콘 화합물의 배합 불량, 기층의 지지력 부족, 포장 두께 부족, 이음새 불량 등이 있다.

② 균열 파손시 공법 : 패칭(patching)공법, 표면처리공법, 덧씌우기공법 등

3. 토사 포장 관리

① 파손의 원인 : 배수불량, 지반의 연약화, 자동차 통행량 등

② 보수공법 : 배수처리공법, 노면치환공법 등

③ 흙먼지 방지 : 살수, 약제살포, 역청재료 등을 써서 방지

4. 블록 포장 관리

① 파손형태

㉠ 제품생산과정의 불량으로 인한 블록 자체의 파손

㉡ 자체의 소요강도 부족

㉢ 무거운 하중의 물건 운반 등으로 인한 모서리 부분 파손

② 이음새 : 3~5mm, 보통 5mm로 한다.

③ 모래층은 수평 고르기를 한 다음 블록을 기존 형태로 깔고 가는 모래가 블록 이음새에 들어가도록 한다.

5. 옹벽 관리

① 석축의 옹벽 관리

㉠ 석축 일부에 구멍이 났을 때 : 뒷면에 구멍이 났을 경우 그 부분을 재시공한다.

㉡ 일부에 균열이 있을 때 : 뒷면에 침수되어 토압이 증가되면 배수구를 만들어 토압을 감소시킨다.

㉢ 석축 자체가 옆으로 넘어지려고 할 때 : 석축 앞에 콘크리트 옹벽을 설치한다.

② 콘크리트 옹벽 관리 : 옹벽이 무너질 염려가 있을 때 구조적으로 보강, 부벽식 옹벽 설치 등을 사용하여 조치한다.

05 배수시설 및 기타관리

1. 배수시설 관리

① 표면 배수시설 관리

㉠ 배수시설 : 지표면을 따라 흐르는 물이나 공원 내로 유입해 들어오는 물의 처리에 관련된 시설

㉡ 토사나 낙엽 등이 쌓이지 않도록 청소해 주고, 노면의 집수구나 맨홀이 있는 곳은 포장 덧씌우기나 패칭으로 처리한다.

② **비탈면 배수시설 관리** : 정기적인 점검과 배수구의 무너져 내린 흙이나 낙석, 잡초 등을 수시로 제거하고 파손부위는 즉시 보수한다.

③ 지하 배수시설 관리

㉠ 설치시기와 배치장소, 구조 등을 기록해 놓거나 도표로 작성해둔다.

㉡ 정기적으로 물을 흘러내림으로써 토사의 퇴적상황과 불량지점을 조사한다.

㉢ 비온 후, 장마 뒤에는 유출구를 통해 조사하고, 항상 정기적인 검사를 해준다.

④ 흙으로 된 배수로

㉠ 토사 측구는 배수가 잘 되게 한다.

㉡ 유속이 빨라 세굴(洗掘, scour : 강·바다에서 흐르는 물로 기슭이나 바닥의 바위나 토사가 씻겨 패는 일)되거나 단면이 적을 때는 석축이나 콘크리트 측구를 보강한다.

㉢ 단면적이 적을 때에는 단면적을 크게 해준다.

2. 조명시설 관리

① 1년에 1회 이상 청소한다.

② 오염이 약한 곳은 마른헝겊을 사용하고, 심한 곳은 물이나 중성세제를 이용해서 닦는다.

③ 철재로 등주를 사용할 때에는 부식을 막기 위해 방부 처리한다.

④ 해안지방이나 교통량이 많은 지역의 등주는 도장의 주기를 짧게 해주거나 플라스틱 피막을 한 등주로 교체하도록 한다.

⑤ 강철 조명등은 내구성이 강하지만 부식이 잘 된다.

⑥ 콘크리트 조명등은 유지가 용이하고 내구성이 강하지만 설치시 무게로 인해 장비가 요구된다.

⑦ 나무로 만든 조명등은 미관적으로 좋고 초기의 유지가 용이하다.

3. 수경시설 관리

① 연못의 관리 : 급수구와 배수구가 막히는 일이 없도록 수시로 점검하고, 겨울철에 동파방지를 위해 물을 뺀다. 연못에 가라앉은 이물질을 제거한다.

② 분수의 관리 : 고정식 분수는 겨울철에 동파되는 것을 방지하기 위하여 물을 완전히 빼고, 이동식 분수는 이물질 제거 후 보관한다.

예제 1

다음 중 조명시설 관리의 내용 중 틀린 것은?

① 1년 1회 이상 청소한다.
② 오염이 약한 곳은 마른헝겊을 사용한다.
③ 철재로 등주를 사용할 때에는 방부처리를 하지 않는다.
④ 해안지방이나 교통량이 많은 지역의 등주는 도장의 주기를 짧게 해준다.

정답 : ③

해설 방부처리를 해줘야 한다.

출 제 예 상 문 제

01. 다음 중 유희시설에 해당하지 않는 것은?

① 모래터 ② 탈의실
③ 야외무도장 ④ 낚시터

02. 다음 중 녹을 방지하기 위해 칠을 하는 기초재료로 가장 좋은 것은?

① 광명단 ② 니스
③ 수성페인트 ④ 유성페인트

03. 다음 중 시설물의 관리를 위한 방법으로 적합하지 못한 것은?

① 콘크리트 포장의 갈라진 부분은 파손된 재료 및 이물질을 완전히 제거한 후 조치한다.
② 배수시설은 정기적인 점검을 실시하고, 배수구의 잡물을 제거한다.
③ 벽돌 및 자연석 등의 원로포장 파손시 많은 부분을 철저히 조사한다.
④ 유희시설물 점검은 용접부분 및 움직임이 많은 부분을 철저히 조사한다.

③ 벽돌 및 자연석 등의 원로포장시 파손된 부분을 보수해야 한다.

04. 시설물 관리를 위한 페인트칠하기 방법으로 옳지 않은 것은?

① 목재의 바탕칠을 할 때는 먼저 표면상태 및 건조상태를 확인해야 한다.
② 철재의 바탕칠을 할 때에는 불순물을 제거한 후 바로 페인트칠을 하면 된다.
③ 목재의 갈라진 구멍, 홈, 틈은 퍼티로 땜질하며 24시간 후 초벌질을 한다.
④ 콘크리트, 모르타르면의 틈은 석고로 땜질하고 유성 또는 수성페인트를 칠한다.

② 철재의 바탕칠을 할 때에는 먼저 표면의 얼룩과 기름때를 제거한 후 초벌질을 한다. 그 후 그 위에 페인트를 칠한다.

05. 다음 중 교양시설이 아닌 것은?

① 식물원 ② 동물원
③ 수족관 ④ 축구장

축구장은 운동시설이다.

06. 미끄럼대의 착지면과 지표면과의 간격은?

① 5cm ② 10cm
③ 15cm ④ 20cm

07. 다음 중 구기종목의 장축방향을 설치할 때 가장 좋은 방향은?

① 동서방향 ② 남북방향
③ 남동방향 ④ 서북방향

08. 모래밭 조성에 관한 설명으로 옳지 않은 것은?

① 하루에 4~5시간의 햇볕이 쬐고 통풍이 잘 되는 곳에 설치한다.
② 모래밭은 가능한 한 휴게시설에서 멀리 배치한다.
③ 모래밭의 깊이는 놀이의 안전을 고려하여 30cm 이상으로 한다.
④ 가장자리는 방부처리한 목재를 사용하여 지표보다 높게 모래막이 시설을 해준다.

② 모래밭은 휴게시설에서 가까이 배치하여 보호자들이 관찰할 수 있게 한다.

정답 1② 2① 3③ 4② 5④ 6② 7② 8②

09. 다음 중 목재시설의 관리내용으로 틀린 것은?

① 감촉이 좋고 외관이 아름답지만 철보다 부패하기가 쉽다.
② 거스러미가 일어나 정기적인 점검이 필요하다.
③ 땅속에 묻힌 부분은 부식되기 쉬우므로 방부제 처리한다.
④ 녹방지를 위하여 광명단을 칠한다.

② 거스러미 : 나무의 결이 가시처럼 얇게 터져 일어나는 것이다. ④ 녹방지는 철재시설물에서 필요한 내용이다.

10. 다음 중 철재시설의 관리내용으로 틀린 것은?

① 녹방지를 위하여 광명단을 칠한다.
② 도장이 벗겨진 부분은 녹막이 칠을 두 번 한 후 유성페인트를 칠해준다.
③ 볼트나 너트가 풀어졌을 때에는 충분히 죄어준다.
④ CCA 방부제를 처리한다.

④ CCA 방부제는 목재에 사용하는 방부제이다.

11. 다음 중 합성수지 놀이시설에 대한 설명으로 틀린 것은?

① 주로 이용하는 재료는 FRP이다.
② 시설물의 몸체, 미끄럼판, 계단, 벽막이, 벤치 등에 이용한다.
③ 합성수지는 겨울철 저온 때 충격을 받지 않는다.
④ 이용범위는 신소재의 개발로 계속 늘어나고 있다.

③ 합성수지는 겨울철 저온 때 충격에 의한 파손을 주의해야한다.

12. 다음 중 콘크리트 놀이시설에 대한 설명으로 틀린 것은?

① 콘크리트는 강도가 강하다.
② 색채표현을 다양하게 할 수 있다.
③ 콘크리트 자체가 무겁기 때문에 가라앉거나 기울어지고, 균열이 발생할 때에는 위험한 상태가 되기 전에 보수를 하여야 한다.
④ 도장은 10년에 1회 정도 다시 해 주어야 한다.

④ 도장은 3~4년에 1회 정도 다시 해준다.

13. 다음 중 기타 유희 시설물에 대한 설명으로 틀린 것은?

① 그네의 발판과 지표면과의 거리는 15~25cm이다.
② 미끄럼대의 착지면과 지표면과의 거리는 10cm이다.
③ 놀이터 내에 물이 고이는 곳이 없도록 평탄하게 고른다.
④ 해안의 염분, 대기오염이 심한 지역에서는 재료에 방청처리를 하며, 스테인레스 제품을 사용한다.

① 그네의 발판과 지표면과의 거리는 35~ 45cm이다.

14. 다음 중 운동장의 조건에 해당하지 않는 것은?

① 배수가 잘 되지 않는 곳
② 적당한 보습력이 있는 곳
③ 먼지가 나지 않는 곳
④ 구기종목의 장축방향이 남북방향으로 설치한 곳

① 배수가 잘 되고 먼지가 나지 않게 적당한 보습력을 유지해야 한다.

정답 9④ 10④ 11③ 12④ 13① 14①

15. 다음 운동장의 포장재료 중 붉은벽돌을 가루내어 깐 경기장은 무엇인가?

① 점토 ② 앙투카
③ 보도블록 ④ 멀티콘

① 점토(clay) : 미세한 흙입자로 포장하는 것 ② 앙투카(en-tout-cas) : 육상경기장의 주로나 테니스장 등에 사용하는 표토로 붉은 벽돌을 가루 내어 깐 경기장이다. ④ 멀티콘 : 탄력성이 높은 포장

16. 다음 중 콘크리트 포장 관리에 대한 설명으로 틀린 것은?

① 충전법 ② 모르타르 주입공법
③ 노면치환공법 ④ 덧씌우기

③ 노면치환공법은 토사 포장 관리에 대한 설명이다.

17. 다음 중 조명시설 관리에 대한 설명으로 틀린 것은?

① 3년에 1회 청소한다.
② 오염이 약한 곳은 마른헝겊을 이용하고, 오염이 심한 곳은 물이나 중성세제를 이용해서 닦는다.
③ 철재로 등주를 사용할 때에는 부식을 막기 위해 방부 처리한다.
④ 해안지방이나 교통량이 많은 지역의 등주는 도장의 주기를 짧게 해주거나 플라스틱 피막을 한 등주로 교체한다.

① 1년에 1회 이상 청소한다. 또한 강철 조명등은 내구성이 강하지만 부식이 잘되며, 콘크리트 조명등은 유지가 용이하고 내구성이 강하지만 설치시 무게로 인해 장비가 요구된다.

18. 가로 조명등의 종류별 특징에 관한 설명으로 틀린 것은?

① 강철 조명등은 내구성이 강하지만 부식이 잘 된다.
② 알루미늄 조명등은 부식에 약하지만 비용이 저렴한 편이다.
③ 콘크리트 조명등은 유지가 용이하고, 내구성이 강하지만 설치시 무게로 인해 장비가 요구된다.
④ 나무로 만든 조명등은 미관적으로 좋고 초기의 유지가 용이하다.

19. 조경 조명시설을 설치할 때 정원, 공원의 조도로 적당한 럭스는?

① 0.5 ~ 1.0 럭스 ② 1.5 ~ 3.0 럭스
③ 20 ~ 50 럭스 ④ 100 ~ 200 럭스

20. 시설물의 내용연수와 보수 사이클의 연결이 잘못된 것은?

시설물	내용연수	보수 사이클
① 목재벤치	7년	4~5년
② 철재안내판	10년	3~4년
③ 철재그네	15년	2~3년
④ 목재파고라	10년	3~4년

① 목재벤치의 내용연수는 7년, 보수 사이클은 2~3년이다.

21. 다음 중 아스팔트 포장의 균열 파손시 사용하는 방법이 아닌 것은?

① 포면처리공법 ② 덧씌우기공법
③ 배수처리공법 ④ 패칭(patching)공법

③의 배수처리공법은 토사포장 파손시 사용하는 방법이다

정답 15 ② 16 ③ 17 ① 18 ② 19 ① 20 ① 21 ③

제7장
CBT 기출문제

과년도 기출문제

2014년 제1회 조경기능사 과년도
2014년 제2회 조경기능사 과년도
2014년 제4회 조경기능사 과년도
2014년 제5회 조경기능사 과년도
2015년 제1회 조경기능사 과년도
2015년 제2회 조경기능사 과년도
2015년 제4회 조경기능사 과년도
2015년 제5회 조경기능사 과년도
2016년 제1회 조경기능사 과년도
2016년 제2회 조경기능사 과년도
2016년 제4회 조경기능사 과년도

CBT 복원문제

2018년 제1회 조경기능사 과년도 (복원 CBT)
2018년 제3회 조경기능사 과년도 (복원 CBT)
2019년 제1회 조경기능사 과년도 (복원 CBT)
2019년 제3회 조경기능사 과년도 (복원 CBT)
2020년 제1회 조경기능사 과년도 (복원 CBT)
2020년 제3회 조경기능사 과년도 (복원 CBT)
2021년 제1회 조경기능사 과년도 (복원 CBT)
2021년 제3회 조경기능사 과년도 (복원 CBT)
2021년 제4회 조경기능사 과년도 (복원 CBT)
2022년 제1회 조경기능사 과년도 (복원 CBT)
2022년 제2회 조경기능사 과년도 (복원 CBT)
2022년 제3회 조경기능사 과년도 (복원 CBT)
2022년 제4회 조경기능사 과년도 (복원 CBT)
2023년 제1회 조경기능사 과년도 (복원 CBT)
2023년 제2회 조경기능사 과년도 (복원 CBT)
2023년 제3회 조경기능사 과년도 (복원 CBT)
2023년 제4회 조경기능사 과년도 (복원 CBT)

2014년 제1회 조경기능사 과년도

01

식재설계에서의 인출선과 선의 종류가 동일한 것은?

① 단면선 ② 숨은선
③ 경계선 ④ 치수선

해설

선의종류 : 선은 실선과 허선으로 구분하는데 치수선과 인출선은 가는실선으로 선의 종류가 같다.

구분			굵기	선의 이름	선의 용도
종류		표현			
실선	굵은 실선	━━━	0.8mm	외형선	- 부지외곽선, 단면의 외형선
	중간선	━━━	0.5mm		- 시설물 및 수목의 표현 - 보도포장의 패턴 - 계획등고선
		───	0.3mm		
	가는 실선	───	0.2mm	치수선	- 치수를 기입하기 위한 선
				치수보조선	- 치수선을 이끌어내기 위하여 끌어낸 선(인출선) - 수목인출선
허선	점선	············		가상선	- 물체의 보이지 않는 부분의 모양을 나타내는 선(숨은선) - 기존등고선(현황등고선)
	파선	– – – –			
	1점쇄선	—·—	0.2~0.8	경계선, 중심선	- 물체 및 도형의 중심선 - 단면선, 절단선 - 부지경계선
	2점쇄선	—··—		상상선	- 1점쇄선과 구분할 필요가 있을 때

02

로마의 조경에 대한 설명으로 알맞은 것은?

① 집의 첫 번째 중정(Atrium)은 5점형 식재를 하였다.
② 주택정원은 그리스와 달리 외향적인 구성이었다.
③ 집의 두 번째 중정(Peristylium)은 가족을 위한 사적공간이다.
④ 겨울 기후가 온화하고 여름이 해안기후로 시원하여 노단형의 별장(Villa)이 발달하였다.

해설

로마의 조경 : 겨울에는 온화한 편이나 여름은 몹시 더워 구릉지에 빌라(Villa)가 발달하는 계기 마련하고, 주택정원은 내향적 구성이다.

공간구성	아트리움	페리스틸리움	지스터스
	제1중정	제2중정(주정)	후원
	무열주(無列柱) 중정	주랑(柱廊)식 중정	
목적	공적장소(손님접대)	사적공간(가족공간)	
특징	- 천창(天窓, 채광) - 임플루비움(impluvium, 빗물받이 수반) 설치 - 바닥은 돌 포장 - 화분장식	- 포장하지 않음(식재가능) - 정형적으로 식재배치 - 벽화 - 개방된 중정	- 제1, 2중정과 동일한 축선상에 배치 - 5점형 식재 - 관목 군식

03

시공 후 전체적인 모습을 알아보기 쉽도록 그린 그림과 같은 형태의 도면은?

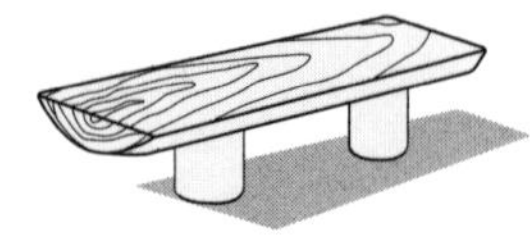

① 평면도 ② 입면도
③ 조감도 ④ 상세도

정답 1④ 2③ 3③

해설

조감도(鳥瞰圖, bird's-eye view) : 높은 곳에서 지상을 내려다본 것처럼 지표를 공중에서 비스듬히 내려다보았을 때의 모양을 그린 그림으로 그림자가 있는 것이 특징이다. 평면도(平面圖, plane figure) : 투영법(投影法)에 의하여 입체를 수평면상에 투영하여 그린 도형. 입면도(立面圖, elevation) : 건물의 연직면으로의 투상도(投像圖)로서 통상 평면도에 입각해서 그리고 축척도 같게 한다. 건축물의 외면 각부의 형상, 창이나 출입구 등의 위치·치수·마감 방법 등을 알 수 있다. 상세도(詳細圖) : 건축이나 선박 따위의 도면을 그릴 때, 그 일부의 형상 · 치수 · 구조를 보이기 위하여 줄인 비율을 달리하여 그린 도면

04

귤준망의 「작정기」에 수록된 내용이 아닌 것은?

① 서원조 정원 건축과의 관계
② 원지를 만드는 법
③ 지형의 취급방법
④ 입석의 의장법

해설

작정기(作庭記) : 일본 최초의 조원지침서로 일본 정원 축조에 관한 가장 오래된 비전서이다. 침전조 건물에 어울리는 조원법을 서술하고 귤준강의 대표적 저서이다. 돌을 세울 때 마음가짐과 세우는 법, 못의 형태, 섬의 형태, 폭포 만드는 법 등이 수록되어 있다.

05

다음 중 일반적으로 옥상정원 설계 시 일반조경 설계보다 중요하게 고려할 항목으로 관련이 가장 적은 것은?

① 토양층 깊이　　② 방수 문제
③ 지주목의 종류　　④ 하중 문제

해설

옥상조경은 하중, 옥상바닥 보호와 배수문제, 바람, 햇볕 등 자연재해의 안전성을 고려하여야 한다. 옥상의 특수한 기후조건(미기후, 바람 등), 토양층의 깊이와 구성 성분 및 식생의 유지관리를 고려한다. 식재지역은 전체면적의 1/3 이하로 하며, 수분증발 억제 조치로 진흙이나 낙엽, 분쇄목 등을 덮어준다.

06

다음 중 색의 대비에 관한 설명이 틀린 것은?

① 보색인 색을 인접시키면 본래의 색보다 채도가 낮아져 탁해 보인다.
② 명도단계를 연속시켜 나열하면 각각 인접한 색끼리 두드러져 보인다.
③ 명도가 다른 두 색을 인접시키면 명도가 낮은 색은 더욱 어두워 보인다.
④ 채도가 다른 두 색을 인접시키면 채도가 높은 색은 더욱 선명해 보인다.

해설

색의 대비(color contrast) : 2가지 색이 서로 영향을 미쳐 그 서로 다름이 강조되어 보이는 현상으로 색상 대비, 명도 대비, 채도 대비 등 병치되었던 2개의 색이 서로에게 영향을 주어 그 차이가 강조되어 보이는 것

07

다음 중 일본정원과 관련이 가장 적은 것은?

① 축소 지향적　　② 인공적 기교
③ 통경선의 강조　　④ 추상적 구성

해설

일본조경의 특징은 중국의 영향을 받아 사의주의 자연풍경식이 발달하고 자연의 사실적인 취급보다 자연풍경을 이상화하여 독특한 축경법으로 상징화된 모습을 표현(자연재현 → 추상화 → 축경화로 발달)하였다. 기교와 관상적 가치에만 치중하여 세부적 수법 발달하여 실용적 기능면이 무시되었고, 조화에 비중을 두었다. 차경수법이 가장 활발하였으며 인공적 기교 중시, 축소지향적, 추상적 구성, 관상적인 것이 특징이고, 지피류를 많이 사용하였다. 통경선의 강조는 프랑스 정원의 대표적인 특징이다.

08

토양의 단면 중 낙엽이 대부분 분해되지 않고 원형 그대로 쌓여 있는 층은?

① L층　　② F층
③ H층　　④ C층

해설

L층 : 광물질 토양을 덮고 있는 유기물의 집적층인 O층 중에서 O1층에 해당하는 층이다. 이 층은 유기물이 신선하거나 일부 변

정답 4① 5③ 6① 7③ 8①

질된 상태이고 분해되지 않은 낙엽, 작은 나뭇가지, 줄기, 그리고 과실, 나무 껍질 등으로 이루어져 있으며, 원조직이 육안으로 식별 가능한 층이다.

09

도시공원 및 녹지 등에 관한 법률에서 「어린이공원」의 설계기준으로 틀린 것은?

① 유치거리는 250m 이하, 1개소의 면적은 1,500m^2 이상의 규모로 한다.
② 휴양시설 중 경로당을 설치하여 어린이와의 유대감을 형성할 수 있다.
③ 유희시설에 설치되는 시설물에는 정글짐, 미끄럼틀, 시소 등이 있다.
④ 공원시설 부지면적은 전체 면적의 60% 이하로 하여야한다.

해설

어린이공원의 설계기준은 유치거리 250m 이하, 공원면적 1,500m^2 이상이고, 놀이면적은 전 면적의 60% 이내이다. 모험놀이터는 관리, 감독이 용이하게 정형적인 것이 좋으며, 병충해에 강하고 유지·관리가 용이한 수종을 선택한다. 튼튼하고 수형, 열매, 꽃 등이 아름다우며 독성, 가시가 없는 수종이 좋고, 500세대 이상 단지는 화장실과 음수전을 반드시 설치한다.

10

계획 구역 내에 거주하고 있는 사람과 이용자를 이해하는데 목적이 있는 분석방법은?

① 자연환경분석
② 인문환경분석
③ 시각환경분석
④ 청각환경분석

해설

자연환경분석 : 물리·생태적 분석으로 지형, 토양, 수문, 식생, 야생동물, 기후, 경관분석 등. 인문환경분석 : 사회·행태적 분석으로 인구조사, 토지이용, 교통조사, 시설물 조사 등. 시각환경분석 : 시각·미학적 분석으로 기존 경관의 특성을 더 높이 살려주고자 하는 계획

11

수목 표시를 할 때 주로 사용되는 제도 용구는?

① 삼각자　② 템플릿
③ 삼각축척　④ 곡선자

12

앙드레 르 노트르(Andre Le notre)가 유명하게 된 것은 어떤 정원을 만든 후부터 인가?

① 베르사이유(Versailles)
② 센트럴 파크(Central Park)
③ 토스카나장(Villa Toscans)
④ 알함브라(Alhambre)

해설

베르사이유(Versailles)궁원(궁전) : 세계 최대규모의 정형식 정원으로 수렵지로 쓰던 소택지에 궁원과 정원을 조성하였다. 300ha에 이르는 세계 최대의 정형식 정원으로 바로크양식을 사용하였고, 건축은 루이르보, 조경은 르노트르가 설계하였다. 궁원의 모든 구성이 중심축과 명확한 균형을 이루며 축선은 방사상으로 전개해 태양왕을 상징하였다. 총림, 롱프윙(Rondspoints, 사냥의 중심지), 미원(Maze), 소로(allee), 연못, 야외극장 등을 배치하였고, 강한 축과 총림(보스케, Bosquet)에 의한 비스타(Vista)를 형성하였다.

13

조경 프로젝트의 수행단계 중 주로 공학적인 지식을 바탕으로 다른 분야와는 달리 생물을 다룬다는 특수한 기술이 필요한 단계로 가장 적합한 것은?

① 조경계획　② 조경설계
③ 조경관리　④ 조경시공

해설

조경프로젝트 수행단계 : 조경계획(자료의 수집, 분석, 종합) → 조경설계(자료를 활용하여 기능적·미적인 3차원 공간을 창조) → 조경시공(공학적 지식과 생물을 다뤄 특수한 기술을 요구) → 조경관리(식생과 시설물의 이용관리)

정답 9② 10② 11② 12① 13④

14

경관 구성의 기법 중 [보기]가 설명하는 수목 배치 기법은?

> [보기]
> 한 그루의 나무를 다른 나무와 연결시키지 않고 독립하여 심는 경우를 말하며 멀리서도 눈에 잘 띄기 때문에 랜드마크의 역할을 한다.

① 점식　② 열식
③ 군식　④ 부등변삼각형식재

해설

단식(점식) : 현관 앞의 중앙이나 시선을 유도하는 축의 종점 등 중요한 위치에 생김새가 우수하고, 중량감을 갖춘 정형수를 단독으로 식재하는 수법. 열식 : 같은 형태와 종류의 나무를 일정한 간격으로 직선상에 식재하는 수법. 정형식 모아심기(군식) : 수목을 집단적으로 심는 수법으로 하나의 덩어리로 질량감을 필요로 하는 경우에 사용되는 수법. 부등변 삼각형 식재 : 크고 작은 세 그루의 나무를 부등변 삼각형의 3개 꼭짓점에 해당하는 위치에 식재하는 수법

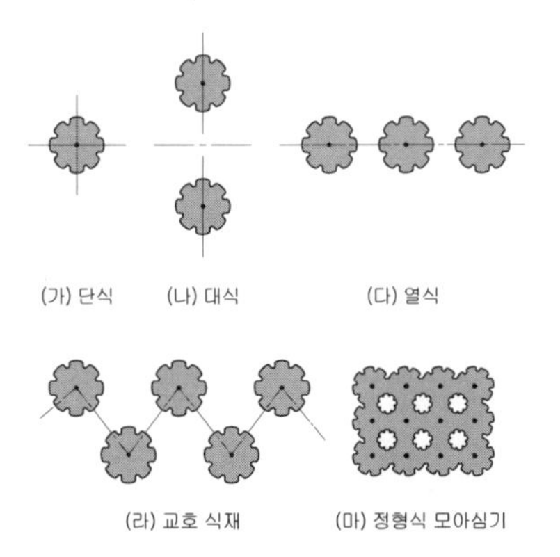

그림. 정형식 배식의 기본 양식

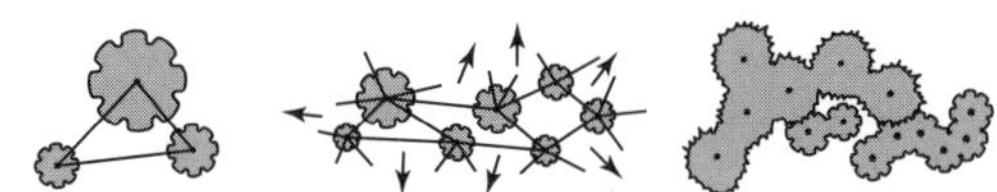

(가) 부등변 삼각형 식재　(나) 임의 식재　(다) 모아심기

그림. 자연식 배식의 기본 양식

15

다음 중 이탈리아 정원의 장식과 관련된 설명으로 가장 거리가 먼 것은?

① 기둥, 복도, 열주, 파고라, 조각상, 장식분이 장식된다.
② 계단폭포, 물무대, 정원극장, 동굴 등이 장식된다.
③ 바닥은 포장되며 곳곳에 광장이 마련되어 화단으로 장식된다.
④ 원예적으로 개량된 관목성의 꽃나무나 알뿌리 식물 등이 다량으로 식재되어진다.

해설

이탈리아 정원의 특징 : 강한 축을 중심으로 정형적 대칭을 이루며, 지형과 기후로 인해 구릉과 경사지에 빌라가 발달하였다. 흰 대리석과 암록색의 상록활엽수가 강한 대조 이루고 축을 따라, 축을 직교하여 분수, 연못 등을 설치 - 캐스케이드(계단폭포) 사용하며, 계단폭포, 물무대, 분수, 정원극장, 동굴 등이 가장 많이 나타나는 정원

16

다음 중 정원 수목으로 적합하지 않은 것은?

① 잎이 아름다운 것
② 값이 비싸고 희귀한 것
③ 이식과 재배가 쉬운 것
④ 꽃과 열매가 아름다운 것

해설

조경수목의 구비 조건 : 이식이 용이하여 이식 후 활착이 잘 되는 것, 관상가치와 실용적 가치가 높을 것, 불리한 환경에서도 자랄 수 있는 힘이 클 것, 번식이 잘 되고 손쉽게 다량으로 구입할 수 있을 것, 병충해에 대한 저항성이 강할 것, 다듬기 작업 등 유지관리가 용이할 것, 주변과 조화를 잘 이루며 사용목적에 적합할 것

17

다음 중 옥상정원을 만들 때 배합하는 경량재로 사용하기 가장 어려운 것은?

① 사질양토　② 버미큘라이트
③ 펄라이트　④ 피트

정답　14 ①　15 ④　16 ②　17 ①

해설

경량토의 종류 및 특성

경량토	특 성
버미큘라이트	- 흑운모, 변성암을 고온으로 소성 - 다공질로 보수성, 통기성, 투수성이 좋음
펄라이트	- 진주암을 고온으로 소성 - 다공질로 보수성, 통기성, 투수성이 좋음
화산재	- 다공질로 보수성, 통기성, 투수성이 좋음
피트모스	- 보수성, 통기성, 투수성이 좋음

18

다음 중 난지형 잔디에 해당되는 것은?

① 레드톱　② 버뮤다그라스
③ 켄터키 블루그라스　④ 톨 훼스큐

해설

난지형잔디(한국잔디, 버뮤다그래스)의 생육적온 25~35℃, 한지형잔디(캔터키블루그래스, 벤트그래스, 톨 훼스큐)의 생육적온 13~20℃

19. 다음 중 물푸레나무과에 해당되지 않는 것은?

① 미선나무　② 광나무
③ 이팝나무　④ 식나무

해설

식나무 : 쌍떡잎식물 층층나무과의 상록관목으로 바닷가 그늘진 곳에서 자란다. 새가지는 녹색이며 굵고 잎과 더불어 털이 없다. 잎은 마주나고 긴 타원형으로 길이 10~15cm, 나비 약 5cm이다. 두껍고 가장자리에 이 모양의 굵은 톱니가 있으며 윤기가 있으며 꽃은 3~4월에 자줏빛을 띤 갈색으로 핀다.

20

석재의 가공 방법 중 혹두기 작업의 바로 다음 후속 작업으로 작업면을 비교적 고르고 곱게 처리할 수 있는 작업은?

① 물갈기　② 잔다듬
③ 정다듬　④ 도드락다듬

해설

석재의 가공방법 순서 : 혹두기(원석을 쇠망치로 쳐서 요철이 없게 다듬는 것) → 정다듬(혹두기한 면을 정으로 비교적 고르게 다듬는 작업) → 도드락다듬(정다듬한 면을 도드락망치를 이용하여 다듬는 작업) → 잔다듬(정교한 날망치로 면을 다듬는 작업) → 물갈기(최종적으로 마무리 하는 단계로 물을 사용하므로 물갈기라 한다.)

21

주철강의 특성 중 틀린 것은?

① 선철이 주재료이다.
② 내식성이 뛰어나다.
③ 탄소 함유량은 1.7~6.6%이다.
④ 단단하여 복잡한 형태의 주조가 어렵다.

22

조경 수목 중 아황산가스에 대해 강한 수종은?

① 양버즘나무　② 삼나무
③ 전나무　④ 단풍나무

해설

아황산가스(SO_2)의 피해증상 : 식물 체내로 침입하여 피해를 줄 뿐만 아니라 토양에 흡수되어 산성화시키고 뿌리에 피해를 주어 지력을 감퇴시킨다. 한 낮이나 생육이 왕성한 봄과 여름, 오래된 잎에 피해를 입기 쉽다.

아황산가스에 강한 수종	상록 침엽수	편백, 화백, 가이즈까향나무, 향나무 등
	상록 활엽수	가시나무, 굴거리나무, 녹나무, 태산목, 후박나무, 후피향나무, 가시나무 등
	낙엽 활엽수	가중나무, 벽오동, 버드나무류, 칠엽수, 플라타너스 등
아황산가스에 약한 수종	침엽수	소나무, 잣나무, 전나무, 삼나무, 히말라야시더, 일본잎갈나무(낙엽송), 독일가문비 등
	활엽수	느티나무, 백합(튤립)나무, 단풍나무, 수양벚나무, 자작나무 등

정답 18② 19④ 20③ 21④ 22①

23

실리카질 물질(SiO_2)을 주성분으로 하며 그 자체는 수경성(hydraulicity)이 없으나 시멘트의 수화에 의해 생기는 수산화칼륨[$Ca(OH)_2$]과 상온에서 서서히 반응하여 불용성의 화합물을 만드는 광물질 미분말의 재료는?

① 실리카흄 ② 고로슬래그
③ 플라이애시 ④ 포졸란

해설

포졸란(pozzolan) : 화산회, 화산암의 풍화물로, 가용성 규산을 많이 포함하고, 그 자신은 수경성(水硬性)은 없으나 물의 존재로 쉽게 석회와 화합하여 경화하는 성질의 것을 총칭해서 말한다. 시멘트 혼합재, 용성 백토, 규산 백토, 의회암의 풍화물 등의 천연 포졸란과 플라이애시(fly-ash) 등의 인공 포졸란이 있다.

24

섬유포화점은 목재 중에 있는 수분이 어떤 상태로 존재 하고 있는 것을 말하는가?

① 결합수만이 포함되어 있을 때
② 자유수만이 포함되어 있을 때
③ 유리수만이 포화되어 있을 때
④ 자유수와 결합수가 포화되어 있을 때

해설

섬유포화점(fiber saturation point, 纖維飽和点) : 세포내강에는 자유수가 존재하지 않고 세포막은 결합수로 포화되어 있는 상태의 함수율

25

다음 중 고광나무(Philadelphus schrenkii)의 꽃 색깔은?

① 적색 ② 황색
③ 백색 ④ 자주색

해설

고광나무 : 우리나라 각처의 골짜기에서 자라는 낙엽 관목으로 토양의 물 빠짐이 좋고 주변습도가 높으며 부엽질이 풍부한 곳에서 자란다. 키는 2~4m가량이고, 잎은 어긋나며 길이 7~13cm로 표면은 녹색이고 털이 거의 없으며, 뒷면은 연녹색으로 잔털이 있고 달걀 모양을 하고 있다. 꽃은 정상부 혹은 잎이 붙은 곳에서 긴 꽃대에 여러 개의 꽃들이 백색 또는 황색으로 달리고 향이 있다. 한국산업인력공단에서 정답은 ②로 명기했는데 ③도 틀린 답은 아니다.

26

다음 중 가을에 꽃향기를 풍기는 수종은?

① 매화나무 ② 수수꽃다리
③ 모과나무 ④ 목서류

해설

꽃향기 : 매화나무(이른 봄), 서향(봄), 수수꽃다리(봄), 장미(5~10월), 모과나무(5월), 함박꽃나무(6월), 금목서(10월), 은목서(10월)

27

골재의 함수상태에 대한 설명 중 옳지 않은 것은?

① 절대건조상태는 105±5℃ 정도의 온도에서 24시간 이상 골재를 건조시켜 표면 및 골재알 내부의 빈틈에 포함되어 있는 물이 제거된 상태이다.
② 공기중 건조상태는 실내에 방치한 경우 골재입자의 표면과 내부의 일부가 건조된 상태이다.
③ 표면건조포화상태는 골재입자의 표면에 물은 없으나 내부의 빈틈에 물이 꽉 차있는 상태이다.
④ 습윤상태는 골재 입자의 표면에 물이 부착되어 있으나 골재 입자 내부에는 물이 없는 상태이다.

해설

습윤상태는 내부도 포화상태이고 표면도 젖은상태이다.

정답 23 ④ 24 ① 25 ② 26 ④ 27 ④

28

다음 중 자작나무과(科)의 물오리나무 잎으로 가장 적합한 것은?

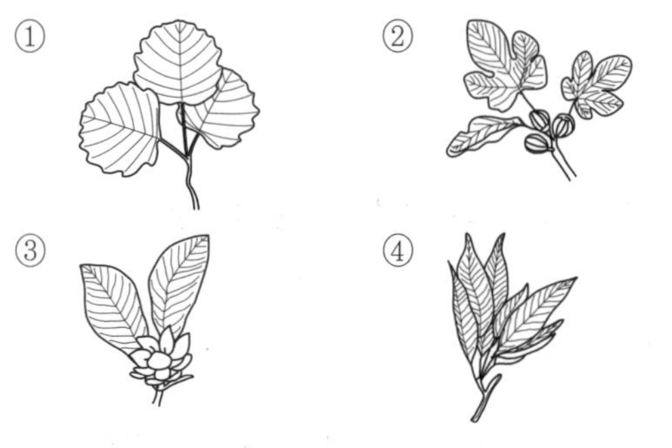

①
②
③
④

29

겨울 화단에 식재하여 활용하기 가장 적합한 식물은?

① 팬지 ② 매리골드
③ 달리아 ④ 꽃양배추

해설

봄 화단용 : 1, 2년생 초화 - 팬지, 금어초, 금잔화, 안개초, 다년생 초화 - 데이지, 베고니아, 구근 초화 - 튤립, 수선화. 여름, 가을 화단용 : 1, 2년생 초화 - 채송화, 봉숭아, 과꽃, 메리골드, 피튜니아, 샐비어, 코스모스, 맨드라미 등, 다년생 초화 - 국화, 꽃창포, 부용, 구근 초화 - 다알리아, 칸나. 겨울 화단용 - 꽃양배추

30

화성암의 심성암에 속하며 흰색 또는 담회색인 석재는?

① 화강암 ② 안산암
③ 점판암 ④ 대리석

해설

화강암 : 석영·칼리(탄산K) 장석(長石)·산성사장석(酸性斜長石)을 주성분으로 한 심성암(深成岩)의 일종

31

태치(thatch)란 지표면과 잔디(녹색식물체) 사이에 형성되는 것으로 이미 죽었거나 살아있는 뿌리, 줄기 그리고 가지 등이 서로 섞여 있는 유기물층을 말한다. 다음 중 태치의 특징으로 옳지 않은 것은?

① 한겨울에 스캘핑이 생기게 한다.
② 태치층에 병원균이나 해충이 기거하면서 피해를 준다.
③ 탄력성이 있어서 그 위에서 운동할 때 안전성을 제공한다.
④ 소수성(hydrophobic)인 태치의 성질로 인하여 토양으로 수분이 전달되지 않아서 국부적으로 마른 지역을 형성하며 그 위의 잔디가 말라 죽게 한다.

해설

태치(Thatch) : 잘려진 잎이나 말라 죽은 잎이 땅위에 쌓여 있는 상태로 스펀지 같은 구조를 가지게 되어 물과 거름이 땅에 스며들기 힘들어짐

32

수목은 생육조건에 따라 양수와 음수로 구분하는데, 다음 중 성격이 다른 하나는?

① 무궁화 ② 박태기나무
③ 독일가문비나무 ④ 산수유

해설

음수 : 약한 광선에서 생육이 비교적 좋은 것으로 팔손이나무, 전나무, 비자나무, 주목, 눈주목, 가시나무, 회양목, 식나무, 독일가문비나무 등이 있고, 양수 : 충분한 광선 밑에서 생육이 비교적 좋은 것으로 소나무, 곰솔(해송), 은행나무, 느티나무, 무궁화, 백목련, 가문비나무 등이 있다.

33

다음 도료 중 건조가 가장 빠른 것은?

① 오일페인트 ② 바니쉬
③ 래커 ④ 레이크

해설

래커(lacquer) : 셀룰로스 도료라고도 하며, 도막의 건조에는 보통 10~30분이 걸려 시간이 빠르기 때문에 백화(白化: blushing)를

정답 28 ① 29 ④ 30 ① 31 ① 32 ③ 33 ③

일으키기 쉽다. 그래서 건조 시간을 지연시킬 목적으로 시너(thinner)를 첨가하는 경우도 있으며, 도장(塗裝)은 주로 뿜어 칠하는 것이 능률적이다. 또 도막이 단단하고 불점착성이며 내마모성·내수성·내유성이 우수하고, 에나멜 도막은 내후성도 양호하다. 속건성(速乾性)이며 견고한 도막을 얻을 수 있어서 오늘날에는 도료의 한 분야를 차지하게 되었다.

34

다음 노박덩굴과(Celastraceae) 식물 중 상록계열에 해당하는 것은?

① 노박덩굴 ② 화살나무
③ 참빗살나무 ④ 사철나무

해설

사철나무 : 노박덩굴과 상록활엽관목으로 수고 6~9m 정도에 달하며 수피는 다갈색이고 어린가지는 녹색을 띤다. 잎은 마주달리며 가장자리에 둔한 톱니가 있고 표면은 짙은 녹색으로 광택이 있으며 뒷면은 털이 없고 황록색을 띤다. 꽃은 6~7월에 연한 황록색이고 열매는 둥글며 10월에 붉은색으로 익는다. 한국, 중국, 일본, 시베리아, 유럽 등지에 분포하며 흔히 중부 이남의 바닷가에서 생육하며 내음력과 공해저항성, 내건성 등이 강해 전국적으로 재배가 가능한 식물이다.

35

지력이 낮은 척박지에서 지력을 높이기 위한 수단으로 식재 가능한 콩과(科) 수종은?

① 소나무 ② 녹나무
③ 갈참나무 ④ 자귀나무

해설

자귀나무 : 콩과에 속하는 낙엽활엽소교목으로 높이는 7m 정도로 자라며 잎은 어긋나고 꽃은 6~7월에 핀다. 중부 이남의 서해안변에 주로 많이 나타나며 산록 및 계곡의 토심이 깊은 건조한 곳을 좋아한다. 중부 이북지방에서는 추위에 약하기 때문에 경제적 성장이 어렵고 보호, 월동하여야 한다. 병충해와 공해에 강하기 때문에 도심지에 식재하면 좋다.

36

다음 중 소나무의 순자르기 방법으로 가장 거리가 먼 것은?

① 수세가 좋거나 어린나무는 다소 빨리 실시하고, 노목이나 약해 보이는 나무는 5~7일 늦게 한다.
② 손으로 따 주는 것이 좋다.
③ 5~6월경에 새순이 5~10cm 자랐을 때 실시한다.
④ 자라는 힘이 지나치다고 생각될 때에는 1/3 ~ 1/2 정도 남겨두고 끝 부분을 따 버린다.

해설

소나무 순지르기(순자르기) : 소나무류는 가지 끝에 여러 개의 눈이 있어 봄에 그대로두면 중심의 눈이 길게 자라고, 나머지 눈은 사방으로 뻗어 바퀴살 같은 모양을 이루어 운치가 없다. 원하는 모양을 만들기 위해 5~6월에 2~3개의 순을 남기고, 중심순을 포함한 나머지 순은 따버린다. 남긴 순은 자라는 힘이 지나치다고 생각될 때 1/3~1/2 정도만 남겨 두고 끝 부분을 손으로 따버린다.

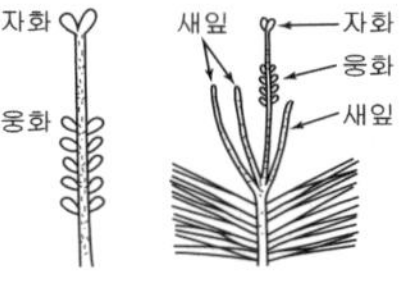

소나무의 신아는 4월 하순에 맹아하여 신아끝에 자화, 기부에는 웅화를 붙게 한다.

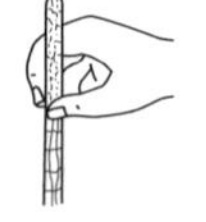

빨리 자라게 해야 할 가지의 새잎은 따지 않고 그대로 남긴다.

새잎은 3~5본이 나오기 때문에 3본 정도로 수를 줄인다.

그림. 소나무 순자르기(적심)의 방법

37

토양침식에 대한 설명으로 옳은 것은?

① 토양의 침식량은 유거수량이 많을수록 적어진다.
② 토양유실량은 강우량보다 최대강우강도와 관계가 있다.
③ 경사도가 크면 유속이 빨라져 무거운 입자도 침식된다.
④ 식물의 생장은 투수성을 좋게 하여 토양 유실량을 감소시킨다.

정답 34 ④ 35 ④ 36 ① 37 ①

해설

토양침식(土壤侵蝕, soil erosion) : 지표면에서 토양이 깎여나가는 것을 말하는 것으로 이는 자연적인 지질작용의 하나이다. 그러나 인위적으로 토양침식이 가속화되는 경우에는 농경지나 목장이 불모지로 변할 수 있다. 관리가 양호한 초지에서는 지표 유출과 토양 침식이 늦추어지며 반건조지역의 방목지에서는 가축이 풀을 지나치게 뜯어 먹거나 흙을 짓밟아 놓으면 토양침식이 가속화된다.

38

다음 중 잡초의 특성으로 옳지 않은 것은?

① 재생 능력이 강하고 번식 능력이 크다.
② 종자의 휴면성이 강하고 수명이 길다.
③ 생육 환경에 대하여 적응성이 작다.
④ 땅을 가리지 않고 흡비력이 강하다.

해설

잡초의 정의 : 인간이 원하지 않거나 바라지 않는 식물, 인간과 경합적이거나 인간의 활동을 방해하는 식물, 농경지나 생활지 주변에서 자생하는 초본성 식물. 잡초의 일반적인 특성 : 종자의 생산량이 많고, 휴면성이 있다. 발아의 조건, 시기, 종자의 수명에 따라 발아 정도가 다르다. 종자생산의 환경적응성이 크고, 불량환경에서 생존력이 크다. 영양체 번식력과 재생력이 크다.

39

임목(林木) 생장에 가장 좋은 토양구조는?

① 판상구조(platy)
② 괴상구조(blocky)
③ 입상구조(granular)
④ 견파상구조(nutty)

해설

토양구조(土壤構造, soil structure) : 토양 내의 콜로이드 입자의 흡착성 때문에 토양입자는 서로 교착하여 여러 가지 형태를 이루고 있는데, 그의 형태나 크기를 구별하여 부르는 것을 말한다. 구조의 종류로는 표토에 가장 많이 나타나는 단입구조로 구형에 가까운 형태로 연한 고체상태이며, 좀 더 조립질의 것을 입상구조, 좀 더 대형의 불규칙적인 형태를 괴상구조라 한다. 단위입자가 결합된 집합체는 일반적으로 페드(ped)라고 하는데 토양구조는 페드의 형태와 크기에 따라서 크게 괴상(Block like), 판상(Plate like)으로 구분되며, 페드가 존재하지 않는 경우를 무구조(無構造)라고 함

40

소나무의 잎솎기는 어느 때 하는 것이 가장 좋은가?

① 12월경 ② 2월경
③ 5월경 ④ 8월경

해설

소나무 순자르기(5~6월), 소나무 잎솎기(8월), 소나무 묵은 잎 제거(3월)

41

겨울철에 제설을 위하여 사용되는 해빙염(deicing salt)에 관한 설명으로 옳지 않은 것은?

① 염화칼슘이나 염화나트륨이 주로 사용된다.
② 장기적으로는 수목의 쇠락(decline)으로 이어진다.
③ 흔히 수목의 잎에는 괴사성 반점(점무늬)이 나타난다.
④ 일반적으로 상록수가 낙엽수보다 더 큰 피해를 입는다.

해설

도시에서 관찰되는 소금 피해는 대부분 해빙염(解氷鹽)으로 사용하는 염화칼슘과 염화칼륨에 의한 피해이다. 활엽수의 피해는 잎에 불규칙한 반점이 나타나며, 잎의 가장자리가 타들어가는 증세를 보인다. 상록수의 피해는 잎 끝부분부터 황화현상이 오면서 갈색으로 변하고 심하면 낙엽이 진다.

42

다음 중 (   ) 안에 알맞은 것은?

> 공사 목적물을 완성하기까지 필요로 하는 여러 가지 작업의 순서와 단계를 (   )(이)라고 한다. 가장 효과적으로 공사 목적물을 만들 수 있으며 시간을 단축시키고 비용을 절감할 수 있는 방법을 정할 수 있다.

① 공종 ② 검토
③ 시공 ④ 공정

해설

공정 : 전체 공사의 계획에서 각 공사 단계에 대하여 역일(曆日)에 대한 공사의 진도를 나타내는 것

정답 38 ③ 39 ③ 40 ④ 41 ③ 42 ④

43

토양수분 중 식물이 이용하는 형태로 가장 알맞은 것은?

① 결합수 ② 자유수
③ 중력수 ④ 모세관수

해설

모세관수(capillary water, 毛細管水) : 물의 표면장력에 의해 토양의 공극(孔隙)에 일시적으로 보유되어 있는 물로 식물의 수분 흡수와 가장 관계가 깊음. 결합수(bound water, 結合水) : 토양이나 생체 속 등에서 강하게 결합되어서 쉽게 제거할 수 없는 물. 자유수(free water) : 용질과 상호작용을 하지 않고 있는 물. 중력수(重力水, gravitational water) : 토양수의 일부로서 토양 중의 공극 내에 있으면서도 모관력에 의한 토양의 보수력보다는 중력의 작용이 더 큰 상태에 있는 물로 중력의 방향에 의해 아래의 공극으로 하향이동하고 있는 물 또는 하향이동이 가능한 물

44

콘크리트용 골재로서 요구되는 성질로 틀린 것은?

① 단단하고 치밀할 것
② 필요한 무게를 가질 것
③ 알의 모양은 둥글거나 입방체에 가까울 것
④ 골재의 낱알 크기가 균등하게 분포할 것

45

지형을 표시하는데 가장 기본이 되는 등고선의 종류는?

① 조곡선 ② 주곡선
③ 간곡선 ④ 계곡선

해설

조곡선(supplementary contour, 助曲線) : 등고선에 있어서 간곡선의 간격을 1/2로 다시 구분한 선으로 간곡선으로 나타내기 어려운 상세한 지형을 표현하기 위한 선으로 짧은 점선으로 나타낸다. 주곡선(intermediate contour, 主曲線) : 가는 실선으로 그리며 수곡선(首曲線)이라고도 한다. 5만분의 1 지형도에서는 고도차 20m 간격, 2만 5000분의 1 지형도에서는 10m 간격, 1만분의 1 지형도에서는 5m 간격으로 나타낸다. 간곡선(half interval contour, 間曲線) : 주곡선 간격의 1/2의 거리로 산정이나 또는 경사가 변하는 급경사지, 기타 주곡선만으로 기장의 표현이 미흡한 곳에 부분적으로 사용되는 선으로, 파선으로 표시되는 곡선. 계곡선(index contour, 計曲線) : 국립지리원에서 발행한 지형도에서는 5개 가운데 1개씩을 계곡선으로 하고 있는데, 1/10,000 축척 지형도에서는 높이 25m마다, 1/25,000 지형도에서는 높이 50m마다, 1/50,000 지형도에서는 높이 100m마다 계곡선이 그려져 있다.

46

축척이 1/5000인 지도상에서 구한 수평면적이 5cm² 라면 지상에서의 실제면적은 얼마인가?

① 1250m² ② 12500m²
③ 2500m² ④ 25000m²

47

용적 배합비 1 : 2 : 4 콘크리트 1m³ 제작에 모래가 0.45m³ 필요하다. 자갈은 몇 m³ 필요한가?

① 0.45m³ ② 0.5m³
③ 0.90m³ ④ 0.15m³

해설

용적 배합(volume mix, 容積配合) : 콘크리트의 재료인 시멘트·잔골재(모래)·굵은골재(자갈)의 양을 용적에 의해 배합을 결정하는 것으로 1 : 2 : 4는 시멘트 : 잔골재(모래) : 굵은골재(자갈)의 비율을 나타낸다. 그러므로 굵은골재(자갈)는 0.9m³가 된다.

48

소나무류 가해 해충이 아닌 것은?

① 알락하늘소 ② 솔잎혹파리
③ 솔수염하늘소 ④ 솔나방

해설

알락하늘소 : 몸빛깔은 검은색이고 광택이 있으며 지대가 낮은 곳의 버드나무류 줄기에서 서식한다. 어른벌레는 늦은봄부터 가을까지 볼 수 있으며 특히 초여름에 개체수가 가장 많다. 버드나무류를 비롯한 가로수의 해충으로, 나무가 쇠약해져 말라죽거나 바람이 불면 줄기가 부러지기도 한다. 또 잔가지의 수피를 고리 모양으로 갉아먹기 때문에 가지가 말라죽기도 하며 최근에 아파트 단지에 조경용으로 심은 은단풍 등에 큰 피해를 준다.

정답 43 ④ 44 ④ 45 ② 46 ② 47 ③ 48 ①

49

다음 중 등고선의 성질에 관한 설명으로 옳지 않은 것은?

① 등고선상에 있는 모든 점은 높이가 다르다.
② 등경사지는 등고선 간격이 같다.
③ 급경사지는 등고선의 간격이 좁고, 완경사지는 등고선 간격이 넓다.
④ 등고선은 도면의 안이나 밖에서 폐합되며 도중에 없어지지 않는다.

해설

등고선은 동일 등고선상의 모든 점은 같은 높이이다. 등고선은 도면 내에서나 도면 외에서 폐합하는 폐곡선이다. 지도의 도면 내에서 폐합하는 경우 등고선의 내부에는 산꼭대기 또는 분지가 있다. 등고선이 도면 안에서 폐합되는 경우는 산정이나 요지를 나타낸다. 등고선의 간격은 급경사지에서는 좁고, 완경사지에서는 넓다. 등고선은 절대 분리되지 않는다. 등경사지는 등고선의 간격이 같다.

50

시멘트의 응결을 빠르게 하기 위하여 사용하는 혼화제는?

① 지연제 ② 발포제
③ 급결제 ④ 기포제

해설

급결제(accelerating agent, 急結劑) : 시멘트의 응결을 촉진하기 위하여 가하는 약제(염화 칼슘, 물 유리, 탄산 나트륨, 규소 불산염류 등)를 말한다. 초기 강도를 증대하므로 급경제(急硬劑), 경화 촉진제가 되기도 한다.

51

다음 중 방위각 150°를 방위로 표시하면 어느 것인가?

① N 30° E ② S 30° E
③ S 30° W ④ N 30° W

해설

방위각(azimuth) : 방위를 나타내는 각도로 관측점으로부터 정남을 향하는 직선과 주어진 방향과의 사이의 각으로 나타냄. 정남에서 서쪽으로 돌면서 0~360°측정하지만, 일반적으로는 서쪽으로 돌면서 측정하는 경우를 +, 동쪽으로 돌면서 측정하는 경우를 -로 한다. 이각은 천구에 대하여 말하면 지평선상에서 자오선과의 교점과 방위각과의 교점인 두점간의 각 거리에 해당된다. 또 일반적으로 태양 방위각은 정면으로 부터의 편위각도(S-30°-E, S-40°-W등)로 나타낸다.

52

난지형 한국잔디의 발아적온으로 맞는 것은?

① 15~20℃ ② 20~23℃
③ 25~30℃ ④ 30~33℃

해설

난지형잔디(남방형잔디)의 생육적온 25~35℃, 한지형잔디(북방형잔디)의 생육적온 13~20℃이다. 보기에 있는 ③, ④ 모두 맞는 답이지만 한국산업인력공단에서는 ④를 정답으로 하였다. 오해의 소지가 많은 문제임

53

전정도구 중 주로 연하고 부드러운 가지나 수관 내부의 가늘고 약한 가지를 자를 때와 꽃꽂이를 할 때 흔히 사용하는 것은?

① 대형전정가위
② 적심가위 또는 순치기가위
③ 적화, 적과가위
④ 조형 전정가위

54

고속도로의 시선유도 식재는 주로 어떤 목적을 갖고 있는가?

① 위치를 알려준다.
② 침식을 방지한다.
③ 속력을 줄이게 한다.
④ 전방의 도로 형태를 알려준다.

해설

시선유도식재(視線誘導植栽) : 전방 도로의 선형을 보다 명확히 표시하여 운전자에게 인식도를 높이고 운전을 자연스럽게 유도하기 위하여 나무 등을 심는 것

정답 49 ① 50 ③ 51 ② 52 ④ 53 ② 54 ④

55

다음 중 여성토의 정의로 가장 알맞은 것은?

① 가라앉을 것을 예측하여 흙을 계획높이 보다 더 쌓는 것
② 중앙분리대에서 흙을 볼록하게 쌓아 올리는 것
③ 옹벽앞에 계단처럼 콘크리트를 쳐서 옹벽을 보강하는 것
④ 잔디밭에서 잔디에 주기적으로 뿌려 뿌리가 노출되지 않도록 준비하는 토양

해설

더돋기(여성고) : 성토시에는 압축 및 침하에 의해 계획 높이보다 줄어들게 하는 것을 방지하고 계획높이를 유지하고자 실시하는 것으로 대개 10~ 15%정도 더돋기를 한다.

56

다음 중 선의 종류와 선긋기의 내용이 잘못 짝지어진 것은?

① 가는 실선 : 수목인출선
② 파선 : 단면
③ 1점쇄선 : 경계선
④ 2점쇄선 : 중심선

해설

구분			굵기	선의 이름	선의 용도
종류		표현			
실선	굵은 실선	━━━━	0.8mm	외형선	- 부지외곽선, 단면의 외형선
실선	중간선	━━━━	0.5mm	외형선	- 시설물 및 수목의 표현 - 보도포장의 패턴 - 계획등고선
실선	중간선	────	0.3mm	외형선	
실선	가는 실선	────	0.2mm	치수선	- 치수를 기입하기 위한 선
실선	가는 실선	────	0.2mm	치수 보조선	- 치수선을 이끌어내기 위하여 끌어낸 선(인출선) - 수목인출선

구분			굵기	선의 이름	선의 용도
종류		표현			
허선	점선	....	0.2~ 0.8	가상선	- 물체의 보이지 않는 부분의 모양을 나타내는 선(숨은선) - 기존등고선 (현황등고선)
허선	파선	– – – –	0.2~ 0.8	가상선	
허선	1점 쇄선	—·—	0.2~ 0.8	경계선, 중심선	- 물체 및 도형의 중심선 - 단면선, 절단선 - 부지경계선
허선	2점 쇄선	—··—	0.2~ 0.8	상상선	- 1점쇄선과 구분할 필요가 있을 때

57

다음 중 비탈면을 보호하는 방법으로 짧은 시간과 급경사지역에 사용하는 시공방법은?

① 콘크리트 격자틀공법
② 자연석 쌓기법
③ 떼심기법
④ 종자뿜어 붙이기법

해설

종자뿜어붙이기(Seed spray) : 종자와 비료를 섞어 기계로 종자를 분사하는 방법으로 짧은 시간에 사용가능하며, 절·성토 장소에 모두 사용가능

58

농약을 유효 주성분의 조성에 따라 분류한 것은?

① 입제 ② 훈증제
③ 유기인제 ④ 식물생장 조정제

해설

농약의 구분은 사용목적 및 작용특성에 따른 분류(살균제, 살충제, 제초제, 식물 생장조절제, 혼합제, 보조제 등), 주성분 조성에 따른 분류(유기인계 농약, 카바메이트계 농약, 유황계 농약, 동계 농약, 유기비소계 농약, 항생물질계 농약 등), 농약의 형태에 따른 분류(유제, 액제, 수화제, 액상수화제, 분제, 입제, 도포제 등) 등으로 구분한다.

정답 55 ① 56 ④ 57 ④ 58 ③

59

이식한 수목의 줄기와 가지에 새끼로 수피감기 하는 이유로 가장 거리가 먼 것은?

① 경관을 향상시킨다.
② 수피로부터 수분 증산을 억제한다.
③ 병·해충의 침입을 막아준다.
④ 강한 태양광선으로부터 피해를 막아 준다.

해설

수피감기 : 새끼줄, 거적, 가마니, 종이테이프 등으로 감싸주어 수분증발을 억제 및 병충해의 침입을 방지한다. 강한 일사와 한해로부터 피해를 예방하고 소나무 등의 침엽수인 경우 새끼를 감고 그 위에 진흙을 발라주는 이유는 증발방지 뿐만 아니라 수피 속에 살고 있는 해충류(소나무좀)의 산란과 번식을 예방하며, 해충을 구제하고자 하는데 목적이 있다. 쇠약한 상태의 수목, 추위에 약한 수목, 수피가 매끄럽지 못한 수목, 이식 적기가 아닌 계절에 이식하고자 하는 수목에 새끼, 황마제 tape, 마직포 등의 재료를 사용한다.

60

다음 중 천적 등 방제대상이 아닌 곤충류에 가장 큰 피해를 주기 쉬운 농약은?

① 훈증제 ② 전착제
③ 침투성 살충제 ④ 지속성 접촉제

정답 59 ① 60 ④

2014년 제2회 조경기능사 과년도

01

그림과 같이 AOB 직각을 3등분 할 때 다음 중 선의 길이가 같지 않은 것은?

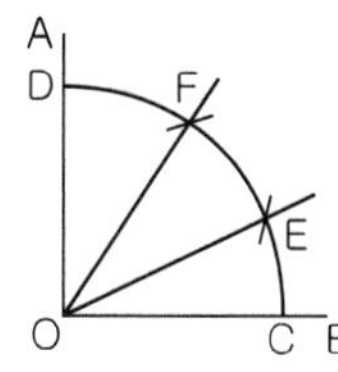

① CF ② EF
③ OD ④ OC

02

다음 중 묘원의 정원에 해당하는 것은?

① 타지마할 ② 알함브라
③ 공중정원 ④ 보르비꽁트

해설

타지마할 : 인도의 대표적 이슬람 건축으로 강가에 자리잡은 궁전 형식의 묘지로 무굴제국의 황제였던 샤 자한이 왕비 뭄타즈 마할을 추모하여 건축한 것이며, 1983년 유네스코에 의해 세계문화유산으로 지정되었다. 공중정원 : 바빌론의 네브가드네사르 2세(재위 B.C.605~B.C.562)궁정에 부속된 유적으로 왕이 메디아 출신인 왕비 아미티스를 위하여 만들었다고 하며, 산을 모방한 일종의 옥상정원으로 가까이에서 샘이 나와 정원에 물을 공급하였다고 한다. '세계 7대 불가사의'중의 하나다.

03

다음 중 위요된 경관(enclosed landscape)의 특징 설명을 옳은 것은?

① 시선의 주의력을 끌 수 있어 소규모의 지형도 경관으로서 의의를 갖게 해준다.
② 보는 사람으로 하여금 위압감을 느끼게 하며 경관의 지표가 된다.
③ 확 트인 느낌을 주어 안정감을 준다.
④ 주의력이 없으면 등한시하기 쉬운 것이다.

해설

위요경관(포위된 경관) : 평탄한 중심공간에 숲이나 산이 둘러싸인 듯한 경관

04

실물을 도면에 나타낼 때의 비율을 무엇이라 하는가?

① 범례 ② 표제란
③ 평면도 ④ 축척

해설

축척(縮尺, scale) : 지도에서의 거리와 지표에서의 실제 거리와의 비율. 범례(凡例) : 일러두기(책의 첫머리에 그 책의 내용이나 쓰는 방법 따위에 관한 참고 사항을 설명한 글). 표제란(表題欄) : 한국 산업 규격(KS A 3007)에서는 도면 관리상 필요한 사항, 도면의 내용에 관한 정형적인 사항 등을 정리해서 기입하기 위하여 도면의 일부에 설정하는 난으로 규정하고 있다. 도면 번호, 도면 명칭, 기업(단체)명, 책임자, 도면 작성 연월일, 척도, 투상법 등을 기입한다. 표제란을 도면 윤곽선의 오른편에 설치한다. 평면도(Plan, 平面圖) : 건축에서는 건물의 각층을 일정한 높이의 수평면에서 절단한 면을 수평 투사한 도면으로 방 배치, 출입구, 창 등의 위치를 나타내기 위해 그린다.

05

고려시대 조경수법은 대비를 중요시 하는 양상을 보인다. 어느 시대의 수법을 받아 들였는가?

① 신라시대 수법 ② 일본 임천식 수법
③ 중국 당시대 수법 ④ 중국 송시대 수법

해설

중국 조경의 특징 : 자연경관이 수려한 곳에 인위적으로 암석과 수목을 배치(심산유곡의 느낌), 태호석을 이용한 석가산 수법이 유명하며, 경관의 조화보다는 대비에 중점(자연미와 인공미)을 둔다. 직선과 곡선을 혼합하여 사용하고, 사의주의, 회화풍경식, 자연풍경식이며 하나의 정원 속에 부분적으로 여러 비율을 혼합하여 사용하고 차경수법도입

정답 1② 2① 3① 4④ 5④

06

다음 설명의 A, B에 적합한 용어는?

> 인간의 눈은 원추세포를 통해 (A)을(를) 지각하고, 간상세포를 통해 (B)을(를) 지각한다.

① A : 색채, B : 명암 ② A : 밝기, B : 채도
③ A : 명암, B : 색채 ④ A : 밝기, B : 색조

해설

원추세포 : 색깔을 구별할 수 있게 해주는 세포, 간상세포 : 눈의 망막에서 빛을 감지하는 세포

07

다음 설명의 ( )에 들어갈 각각의 용어는?

> - 면적이 커지면 명도와 채도가 (㉠)
> - 큰 면적의 색을 고를 때의 견본색은 원하는 색보다 (㉡)색을 골라야 한다.

① ㉠ 높아진다 ㉡ 밝고 선명한
② ㉠ 높아진다 ㉡ 어둡고 탁한
③ ㉠ 낮아진다 ㉡ 밝고 선명한
④ ㉠ 낮아진다 ㉡ 어둡고 탁한

08

주로 장독대, 쓰레기통, 빨래건조대 등을 설차하는 주택정원의 적합 공간은?

① 안뜰 ② 앞뜰
③ 작업뜰 ④ 뒤뜰

해설

작업정(작업뜰) : 주방, 세탁실과 연결하여 일상생활의 작업을 행하는 장소로 전정과 후정을 시각적으로 어느 정도 차폐하고 동선만 연결한다. 차폐식재나 초화류, 관목식재를 하고, 바닥은 먼지 나지 않게 포장한다. 주정(안뜰) : 가장 중요한 공간으로 응접실이나 거실쪽에 면한 뜰로 옥외생활을 즐길 수 있는 곳이며, 휴식과 단란이 이루어지는 공간으로 가장 특색 있게 꾸밀 수 있다. 전정(앞뜰) : 대문과 현관사이의 공간으로 바깥의 공적인 분위기에서 사적인 분위기로의 전이공간이다. 주택의 첫인상을 좌우하는 공간이며 가장 밝은 공간으로 입구로서의 단순성 강조한다. 후정(뒤뜰) : 조용하고 정숙한 분위기가 나는 공간으로 침실에서 전망이나 동선을 살리되 외부에서 시각적, 기능적 차단을 시키며 프라이버시(사생활)가 최대한 보장되는 공간

09

그림과 같은 축도기호가 나타내고 있는 것으로 옳은 것은?

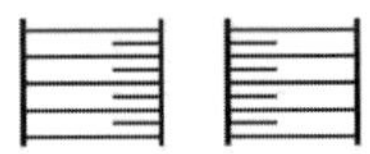

① 등고선 ② 성토
③ 절토 ④ 과수원

해설

성토(盛土) : 대지의 낮은 부분에 흙을 메워서 높이는 것

10

1857년 미국 뉴욕에 중앙공원(Central park)을 설계한 사람은?

① 하워드(Ebenerzer Howard)
② 르코르뷔지에(Le Corbwsier)
③ 옴스테드(Fredrick Law Olmsted)
④ 브라운(Brown)

해설

센트럴파크(Central Park) : 면적 3.4km^2. 사각형의 길쭉한 시민공원으로 세계에서 가장 유명한 도시공원이다. 숲·연못·잔디·정원·동물원·시립미술관 등이 있으며, 시민들의 휴식처가 되고 있다. 1857년 처음 개장하였으며, 이후 확장 및 명칭 변경을 거쳐 1873년 완공되었다. 디자인은 주로 F.L.옴스테드와 C.복스에 의하여 다듬어졌다. 조경공학적 설계로 조성된 이 공원은 건설 당시 세계에서 가장 큰 공원의 하나였으며 부지 확보에도 550만 달러가 투입되었다.

11

어떤 두 색이 맞붙어 있을 때 그 경계 언저리에 대비가 더 강하게 일어나는 현상은?

① 연변대비 ② 면적대비
③ 보색대비 ④ 한난대비

해설

연변 대비(緣邊對比) : 나란히 단계적으로 균일하게 채색되어 있는 색의 경계부분에서 일어나는 대비현상. 면적 대비(area contrast, 面積對比) : 동일한 색이라 하더라도 면적에 따라서 채도와 명도가 달라 보이는 현상. 보색 대비(complemen tary contrast, 補

정답 6① 7② 8③ 9② 10③ 11①

色對比) : 색상 대비 중에서 서로 보색이 되는 색들끼리 나타나는 대비 효과로 보색끼리 이웃하여 놓았을 때 색상이 더 뚜렷해지면서 선명하게 보이는 현상. 한난대비(寒暖對比) : 색의 차고 따뜻한 느낌의 지각 차이에 의해서 변화가 오는 대비현상

12

넓은 의미로의 조경을 가장 잘 설명한 것은?

① 기술자를 정원사라 부른다.
② 궁전 또는 대규모 저택을 중심으로 한다.
③ 식재를 중심으로 한 정원을 만드는 일에 중점을 둔다.
④ 정원을 포함한 광범위한 옥외공간 건설에 적극 참여한다.

해설

조경(造景, landscape architecture)은 인간에 의해 환경을 아름답고 가치 있게 기획, 설계, 관리, 보존, 재생하는 것을 일컫는 말로 조경의 범위는 조경 설계(architectural design)를 포함, 건축 용지 입안(site planning), 주택용 부동산 개발(housing estate development), 환경 복원(environmental restoration), 도심 개발 계획 및 설계, 공원 및 레크리에이션 계획 및 설계, 문화재 보존 계획 등으로 아주 광범위하다. 현장에서 조경을 맡은 사람(landscape architect or landscape technician)을 조경사, 조경가, 경관 건축가로 부르고 있다.

13

먼색표색계의 10색상환에서 서로 마주보고 있는 색상의 짝이 잘못 연결된 것은?

① 빨강(R) - 청록(BG)
② 노랑(Y) - 남색(PR)
③ 초록(G) - 자주(RP)
④ 주황(YR) - 보라(P)

해설

색상환 : 색상을 환상(環狀)으로 늘어놓은 것을 말하며 그 환을 색상의 차이를 등감(等感)등차(等差)로 정렬해서 주요 색상척도로 하고 있다. 표색은 객관적으로 표시하는 것의 하나로서 이용되고 있으며 먼셀 표색에서는 주색(主色)과 중간색의 10색상을 환상으로 배치하고, 각 색 모두 10개로 분할하여 5번째의 눈금이 중심이 되도록 배치되어 있다.

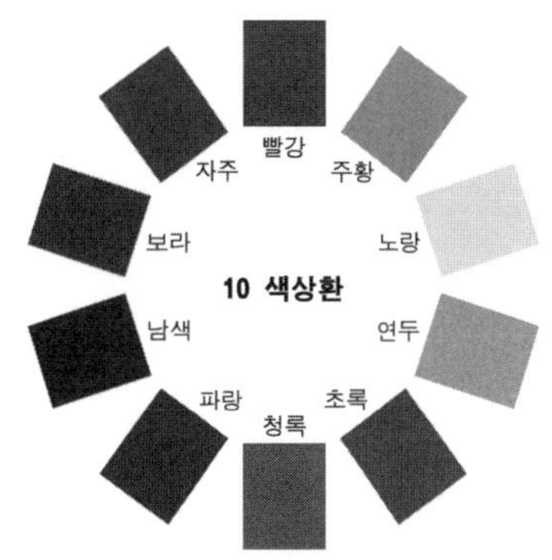

- 한국산업규격 한국표준색표집 -

14

다음의 입체도에서 화살표 방향을 정면으로 할 때 평면도를 바르게 표현한 것은?

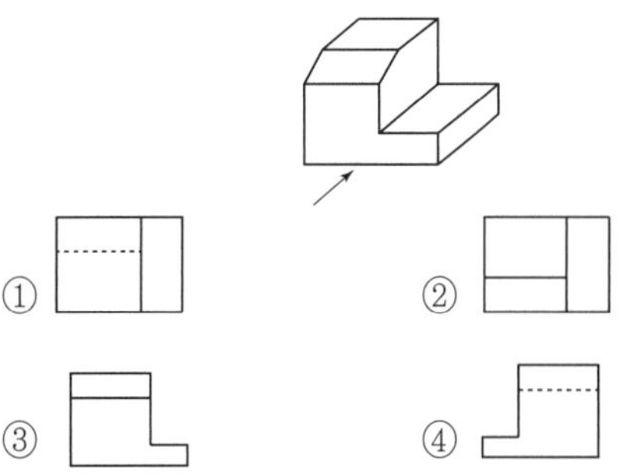

① ② ③ ④

15

조경미의 원리 중 대비가 불러오는 심리적 자극으로 가장 거리가 먼 것은?

① 반대　② 대립
③ 변화　④ 안정

해설

반대(反對) : 두 사물이 모양, 위치, 방향, 순서 따위에서 등지거나 서로 맞서거나 그런 상태. 대립(對立) : 의견이나 처지, 속성 따위가 서로 반대되거나 모순되거나 그런 관계. 변화(變化) : 사물의 성질, 모양, 상태 따위가 바뀌어 달라짐. 안정(安定) : 바뀌어 달라지지 아니하고 일정한 상태를 유지함

정답 12 ④ 13 ④ 14 ② 15 ④

16

가로수가 갖추어야 할 조건이 아닌 것은?

① 공해에 강한 수목
② 답압에 강한 수목
③ 지하고가 낮은 수목
④ 이식에 잘 적응하는 수목

해설

가로수용 수목은 여름철에 강한 햇빛을 차단하기 위해 식재하는 나무로 여름에는 그늘을 제공해 주지만 겨울에는 낙엽이 져서 햇빛을 가리지 않아야 한다. 녹음수는 수관이 크고, 큰 잎이 치밀하고 무성하며 지1하고가 높고 병충해가 적은 낙엽 교목이 바람직하다.

17

플라스틱의 장점에 해당하지 않는 것은?

① 가공이 우수하다.
② 경량 및 착색이 용이하다.
③ 내수 및 내식성이 강하다.
④ 전기 절연성이 없다.

해설

플라스틱은 성형이 자유롭고 가벼우며 강도와 탄력이 크며 소성, 가공성이 좋아 복잡한 모양의 제품으로 성형이 가능하다. 내산성, 내알카리성이 크고 녹슬지 않으며 가볍고 강도와 탄력성이 크며 견고하다. 착색이 자유롭고 광택이 좋으며, 접착력이 크고 불에 타기 쉽고 내열성, 내화성이 부족하다. 저온에서 잘 파괴되고(온도변화에 약하다), 투광성, 접착성, 절연성이 있다.

18

열경화성 수지의 설명으로 틀린 것은?

① 축합반응을 하여 고분자로 된 것이다.
② 다시 가열하는 것이 불가능하다.
③ 성형품은 용제에 녹지 않는다.
④ 불소수지와 폴리에틸렌수지 등으로 수장재로 이용된다.

해설

열경화성수지(thermosetting resin, 熱硬化性樹脂) : 열을 가하여 경화 성형하면 다시 열을 가해도 형태가 변하지 않는 수지로 일반적으로 내열성, 내용제성, 내약품성, 기계적 성질, 전기절연성이 좋다. 충전제를 넣어 강인한 성형물을 만들 수 있으며 고강도 섬유와 조합하여 섬유강화플라스틱을 제조하는 데에도 사용된다.

19

시멘트의 종류 중 혼합시멘트에 속하는 것은?

① 팽창 시멘트
② 알루미나 시멘트
③ 고로슬래그 시멘트
④ 조강포틀랜드 시멘트

해설

혼합시멘트 : 고로 시멘트(슬래그 시멘트) - 제철소의 용광로에서 생긴 광재(Slag)를 넣고 만들어 균열이 적어 폐수시설, 하수도, 항만에 사용. 수화열 낮고, 내구성이 높으며, 화학적 저항성이 크고, 투수가 적다. 플라이 애쉬 시멘트 - 실리카 시멘트보다 후기강도가 크다. 건조 수축이 적고 화학적 저항성이 강하다. 장기강도가 좋고, 건조수축이 적다. 수화열이 적어 매스콘크리트용에 적합하다. 모르타르 및 콘크리트 등의 화학적 저항성이 강하고 수밀성이 우수하다. 포졸란 시멘트(실리카 시멘트) - 방수용으로 사용하며, 경화가 느리나 조기강도가 크다.

20

이팝나무와 조팝나무에 대한 설명으로 옳지 않은 것은?

① 이팝나무의 열매는 타원형의 핵과이다.
② 환경이 같다면 이팝나무가 조팝나무 보다 꽃이 먼저 핀다.
③ 과명은 이팝나무는 물푸레나무과(科)이고, 조팝나무는 장미과(科)이다.
④ 성상은 이팝나무는 낙엽활엽교목이고, 조팝나무는 낙엽활엽관목이다.

해설

이팝나무의 꽃은 5~6월에 피고, 조팝나무의 꽃은 4~5월에 핀다.

정답 16③ 17④ 18④ 19③ 20②

21

목재의 방부재(preservate)는 유성, 수용성, 유용성으로 크게 나눌 수 있다. 유용성으로 방부력이 대단히 우수하고 열이나 약제에도 안정적이며 거의 무색제품으로 사용되는 약제는?

① PCP ② 염화아연
③ 황산구리 ④ 크레오소트

해설

pentachlorophenol(PCP) : 대표적인 유용성 방부제로 이것은 인체에 대한 독성이 강하여 미국, 일본 등지에서는 제조 중지되어 거의 사용되지 않는다.

22

다음 중 콘크리트의 워커빌리티 증진에 도움이 되지 않는 것은?

① AE제 ② 감수제
③ 포졸란 ④ 응결경화 촉진제

해설

응결 경화 촉진제(hardening acceleration, 凝結硬化促進劑) : 모르타르나 콘크리트의 경화를 촉진시키기 위한 혼합제·조강제·경화제라고도 한다. 경화 촉진제로서는 주로 염화칼슘($CaCl_2$)을 사용한다. 공기 단축, 한중(寒中) 콘크리트, 조기 탈형용 등으로 사용된다.

23

다음 중 목재의 장점이 아닌 것은?

① 가격이 비교적 저렴하다.
② 온도에 대한 팽창, 수축이 비교적 작다.
③ 생산량이 많으며 입수가 용이하다.
④ 크기에 제한을 받는다.

해설

목재의 장점 : 색깔과 무늬 등 외관이 아름답다. 재질이 부드럽고 촉감이 좋아 친근감을 준다. 무게가 가볍고 운반이 용이하다. 무게에 비하여 강도가 크며(높다) 강도가 크고 열전도율이 낮다. 비중이 작고 가공성과 시공성이 용이하다.

24

다음 중 산성토양에서 잘 견디는 수종은?

① 해송 ② 단풍나무
③ 물푸레나무 ④ 조팝나무

25

잔디밭을 조성함으로써 발생되는 기능과 효과가 아닌 것은?

① 아름다운 지표면 구성
② 쾌적한 휴식공간 제공
③ 흙이 바람에 날리는 것 방지
④ 빗방울에 의한 토양 유실 촉진

해설

잔디밭이 조성되어 있으면 빗방울에 의한 토양 유실을 방지한다.

26

목재의 열기 건조에 대한 설명으로 틀린 것은?

① 낮은 함수율까지 건조할 수 있다.
② 자본의 회전기간을 단축시킬 수 있다.
③ 기후와 장소 등의 제약 없이 건조 할 수 있다.
④ 작업이 비교적 간단하며, 특수한 기술을 요구하지 않는다.

27

단위용적중량이 1700kgf/m^3, 비중이 2.6인 골재의 공극률은 약 얼마인가?

① 34.6% ② 52.94%
③ 3.42% ④ 5.53%

해설

공극률(孔隙率)은 토양부피에 대한 전체 공극의 비율로 공식은 $(1-\frac{\text{단위용적중량}}{\text{비중}})\times 100$에 의해 단위를 맞춰주고 공식에 대입해보면 $(1-\frac{1700}{2.6\times 1000})\times 100$ 이므로 $(1-0.654)\times 100=$ 34.6%가 된다.

정답 21 ① 22 ④ 23 ④ 24 ① 25 ④ 26 ④ 27 ①

28

산수유(*Cornus officinalis*)에 대한 설명으로 옳지 않은 것은?

① 우리나라 자생수종이다.
② 열매는 핵과로 타원형이며, 길이는 1.5 ~ 2.0cm 이다.
③ 잎은 대생, 장타원형, 길이는 4~10cm, 뒷면에 갈색털이 있다.
④ 잎보다 먼저 피는 황색의 꽃이 아름답고 가을에 붉게 익는 열매는 식용과 관상용으로 이용 가능하다.

해설

산수유(山茱萸, Cornus officinalis) : 층층나무과의 낙엽교목인 산수유나무의 열매로 원형의 핵과(核果)로서 처음에는 녹색이었다가 8~10월에 붉게 익는다. 종자는 긴 타원형이며, 능선이 있다. 약간의 단맛과 함께 떫고 강한 신맛이 난다. 잎은 마주나고 달걀 모양 바소꼴이며 길이 4~12cm, 나비 2.5~6cm이다. 가장자리가 밋밋하고 끝이 뾰족하며 밑은 둥글다. 뒷면에 갈색 털이 빽빽이 나고 곁맥은 4~7쌍이며 잎자루는 길이 5~15mm이다. 꽃은 황색으로 3~4월에 잎보다 먼저 피는데, 그 모양이 아름다워서 관상수로 많이 재배된다.

29

재료가 외력을 받았을 때 작은 변형만 나타내도 파괴되는 현상을 무엇이라 하는가?

① 강성(剛性)　② 인성(靭性)
③ 전성(展性)　④ 취성(脆性)

해설

취성(brittleness, 脆性) : 물질에 변형을 주었을 때 변형이 매우 작은데도 불구하고 파괴되는 경우 그 물질은 깨지기 쉽다고 하고 그 정도를 취성이라고 한다. 강성(rigidity, 剛性) : 구조물 또는 그것을 구성하는 부재는 하중을 받으면 변형하는데 이 변형에 대한 저항의 정도 즉 변형의 정도를 말한다. 인성(靭性, toughness) : 외력에 의해 파괴되기 어려운 질기고 강한 충격에 잘 견디는 재료의 성질. 전성(malleability, 展性) : 압축력에 대하여 물체가 부서지거나 구부러짐이 일어나지 않고 물체가 얇게 영구변형이 일어나는 성질

30

다음 중 백목련에 대한 설명으로 옳지 않은 것은?

① 낙엽활엽교목으로 수형은 평정형이다.
② 열매는 황색으로 여름에 익는다.
③ 향기가 있고 꽃은 백색이다.
④ 잎이 나기 전에 꽃이 핀다.

해설

백목련(白木蓮) : 쌍떡잎식물 미나리아재비목 목련과의 낙엽교목으로 높이 약 15m이다. 잎은 어긋나고 달걀을 거꾸로 세워놓은 모양이거나 긴 타원형이며 길이 10~15cm이며 가장자리는 밋밋하고 잎자루가 있다. 꽃은 3~4월에 잎이 나오기 전에 흰색 꽃이 피고 향기가 강하다. 열매는 원기둥 모양이며 8~9월에 익고 길이 8~12cm로 갈색이다.

31

석재의 형성원인에 따른 분류 중 퇴적암에 속하지 않는 것은?

① 사암　② 점판암
③ 응회암　④ 안산암

해설

안산암(andesite, 安山岩) : 화산암 분류의 하나로 중성화산암을 총칭하는 말이다. 주요 광물로는 조회장석·회조장석과 같은 사장석이 대부분이며, 대체로 보통휘석·피저나이트와 같은 단사휘석, 고동휘석·자소휘석과 같은 사방휘석, 갈색 또는 드물게 녹색인 각섬석·흑운모 등의 고철질 광물 중의 하나 또는 그 이상 및 철광류가 들어 있다.

32

세라믹 포장의 특성이 아닌 것은?

① 융점이 높다.
② 상온에서의 변화가 적다.
③ 압축에 강하다.
④ 경도가 낮다.

해설

세라믹 포장은 세라믹볼(1~10mm)을 에폭시 수지와 혼합하여 현장에서 미장 마감하는 방법으로 투수성이 크며, 미려한 색상을 연출하는 포장방법이다. 장점으로는 다양한 색상으로 디자인과 그림을 자유롭게 연출할 수 있으며, 배수효과가 좋고 미끄럼 방지

정답 28 ① 29 ④ 30 ② 31 ④ 32 ④

에 효과적이다. 또한 휨 또는 압축강도가 뛰어나고 내마모성, 내산성, 내약품성, 충격에 강하다. 용도는 업무용 및 상업용 건물바닥, 공공건물 바닥, 휴양시설 등에 사용된다.

33

다음 설명에 해당되는 잔디는?

- 한지형 잔디이다.
- 불완전 포복형이지만, 포복력이 강한 포복경은 지표면으로 강하게 뻗는다.
- 잎의 폭이 2~3mm로 질감이 매우 곱고 품질이 좋아서 골프장 그린에 많이 이용한다.
- 짧은 예취에 견디는 힘이 가장 강하나, 병충해에 가장 약하여 방제에 힘써야 한다.

① 버뮤다 그래스 ② 켄터키블루 그래스
③ 벤트 그래스 ④ 라이 그래스

해설

벤트그래스는 잔디 중에서 가장 품질이 좋은 잔디로 골프장에 이용되는 품종이다. 한지형으로 서늘할 때에 생육이 왕성하여 한국에서는 3~12월의 10개월간 푸른 상태를 유지한다. 불완전 포복형으로 잎의 폭은 2~3mm이나 잎의 길이가 20~30cm이며 개화하면 높이가 50~60cm로 자란다. 답압에 약하지만 재생력이 강해서 답압에 의한 피해는 크지 않고 병충해에 가장 약하다.

34

다음 중 벌개미취의 꽃색으로 가장 적합한 것은?

① 황색 ② 연자주색
③ 검정색 ④ 황녹색

해설

벌개미취 : 습지에서 높이 50~60cm로 자란다. 옆으로 벋는 뿌리줄기에서 원줄기가 곧게 자라고, 홈과 줄이 있다. 뿌리에 달린 잎은 꽃이 필 때 지며 줄기에 달린 잎은 어긋나고 바소꼴이며 길이 12~19cm, 나비 1.5~3cm로서 딱딱하고 양 끝이 뾰족하다. 가장자리에 잔 톱니가 있고 위로 올라갈수록 작아져서 줄 모양이 된다. 꽃은 6~10월에 연한 자줏빛이며 지름 4~5cm로서 줄기와 가지 끝에 1송이씩 달린다. 열매는 11월에 익으며 길이 4mm, 지름 1.3mm 정도이고 털과 관모가 없다.

35

수목 뿌리의 역할이 아닌 것은?

① 저장근 : 양분을 저장하여 비대해진 뿌리
② 부착근 : 줄기에서 세근이 나와 다른 물체에 부착하는 뿌리
③ 기생근 : 다른 물체에 기생하기 위한 뿌리
④ 호흡근 : 식물체를 지지하는 기근

해설

호흡근(respiratory root, 呼吸根) : 지상에 뿌리의 일부를 내고 통기를 관장하는 뿌리

36

생물분류학적으로 거미강에 속하며 덥고, 건조한 환경을 좋아하고 뾰족한 입으로 즙을 빨아먹는 해충은?

① 진딧물 ② 나무좀
③ 응애 ④ 가루이

해설

응애(mite) : 거미강 진드기목 가운데 후기문아목(Metastigmata)을 제외한 거미류의 총칭으로 몸길이 1~2mm의 작은 동물군이다. 대부분의 수목에 피해를 입히고, 즙액을 빨아먹으면 잎에 황색 반점이 생기고 많아지면 황갈색으로 변한다. 발생지역에 4월 중순부터 1주일 간격으로 2~3회 정도 약을 살포한다. 생물학적 방제법(천적)으로는 무당벌레, 거미, 풀잠자리 등을 사용한다.

37

다음 노목의 세력회복을 위한 뿌리자르기의 시기와 방법 설명 중 ( )에 들어갈 가장 적합한 것은?

- 뿌리자르기의 가장 좋은 시기는 (㉠)이다.
- 뿌리자르기 방법은 나무 근원 지름의 (㉡)배되는 길이로 원을 그려, 그 위치에서 (㉢)의 깊이로 파내려간다.
- 뿌리 자르는 각도는 (㉣)가 적합하다.

① ㉠ 월동 전, ㉡ 5~6, ㉢ 45~50cm, ㉣ 위에서 30°
② ㉠ 땅이 풀린 직후부터 4월 상순, ㉡ 1~2, ㉢ 10~20cm, ㉣ 위에서 45°

정답 33 ③ 34 ② 35 ④ 36 ③ 37 ④

③ ㉠ 월동전, ㉡ 1~2, ㉢ 직각 또는 아래쪽으로 30°, ㉣ 직각 또는 아래쪽으로 30°
④ ㉠ 땅이 풀린 직후부터 4월 상순, ㉡ 5~6, ㉢ 45~50cm, ㉣ 직각 또는 아래쪽으로 45°

해설

뿌리돌림은 이식을 위한 예비조치로 현재의 위치에서 미리 뿌리를 잘라 내거나 환상박피를 함으로써 나무의 뿌리분 안에 세근이 많이 발달하도록 유인하여 이식력을 높이고자 한다. 생리적으로 이식을 싫어하는 수목이나 세근이 잘 발달하지 않아 극히 활착하기 어려운 야생상태의 수목 및 노거수(老巨樹), 쇠약해진 수목의 이식에는 반드시 뿌리돌림이 필요하며 전정이 병행되어야 한다. 시기는 이식시기로부터 6개월 ~ 3년 전(1년 전)에 실시, 뿌리의 생장이 뿌리의 생장이 가장 활발한 시기인 이른 봄(해토 직후 ~ 4월 상순, 봄)이 적기이다. 근원 직경의 4~6배(보통 4배), 천근성인 것은 넓게 뜨고 심근성인 것은 깊게 파내려가며 절근하고, 크기를 정한 후 흙을 파내며 나타나는 뿌리를 모두 절단하고 칼로 깨끗이 다듬는다. 수목을 지탱하기 위해 3~4방향으로 한 개씩, 곧은 뿌리는 자르지 않고 15cm 정도의 폭으로 환상박피한 다음 흙을 되묻는데, 이때 잘 부숙된 퇴비를 섞어주면 효과적이다. 뿌리 자르는 각도는 직각 또는 아래쪽으로 45°가 적당하다.

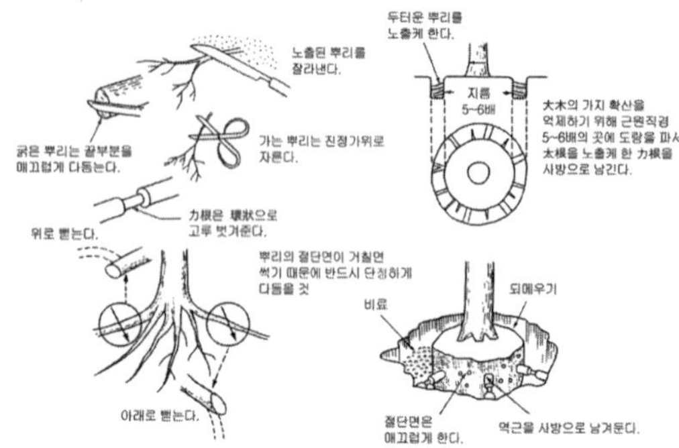

그림. 뿌리돌림의 방법

38

수량에 의해 변화하는 콘크리트 유동성의 정도, 혼화물의 묽기 정도를 나타내며 콘크리트의 변형능력을 총칭하는 것은?

① 반죽질기 ② 워커빌리티
③ 압송성 ④ 다짐성

해설

반죽질기(Consistency) : 콘크리트의 반죽이 되고 진 정도를 나타내는 굳지 않는 콘크리트의 성질

39

우리나라에서 발생하는 주요 소나무류에 잎녹병을 발생시키는 병원균의 기주로 맞지 않는 것은?

① 소나무 ② 해송
③ 스트로브잣나무 ④ 송이풀

해설

중간기주는 두 기주 중 경제적 가치가 적은 것으로 잣나무 털녹병의 중간기주는 송이풀과 까치밥나무이고, 포플러 잎녹병의 중간기주는 낙엽송, 배나무 적성병의 중간기주는 향나무이다.

40

다음 중 한 가지에 많은 봉우리가 생긴 경우 솎아 낸다든지, 열매를 따버리는 등의 작업을 하는 목적으로 가장 적당한 것은?

① 생장조장을 돕는 가지다듬기
② 세력을 갱신하는 가지다듬기
③ 착화 및 착과 촉진을 위한 가지다듬기
④ 생장을 억제하는 가지다듬기

해설

개화 결실을 촉진하기 위한 전정은 과수나 화목류의 개화촉진으로 매화나무나 장미에 적용(이른 봄에 전정)한다. 결실을 촉진하기 위한 것은 감나무(그냥 놓아두면 해거리 현상이 심하지만, 매년 알맞게 전정을 해주면 열매가 해마다 고르게 잘 열린다.)가 있고, 개화와 결실을 동시에 촉진하는 방법은 허약지, 도장지를 제거한다. 전정방법은 약지(弱枝)는 짧게, 강지(强枝)는 길게 전정하고 묵은 가지나 병충해를 입은 가지는 수액 유동전에 전정한다. 생장조절을 위한(생장을 돕는) 전정은 묘목, 병충해를 입은 가지, 고사지, 손상지를 제거하여 생장을 조절하는 전정이다. 세력 갱신을 위한 전정은 노쇠한 나무나 개화가 불량한 나무의 묵은 가지를 잘라주어 새로운 가지를 나오게 해 수목에 활기를 불어넣는 것(단, 맹아력이 강한 수종에 사용)이다. 생장 억제를 위한 전정은 조경수목을 일정한 형태로 유지시키고자 할 때(소나무 순자르기, 상록활엽수의 잎따기, 산울타리 다듬기, 향나무·편백 깎아 다듬기) 사용하며 일정한 공간에 식재된 수목이 더 이상 자라지 않기 위해서(도로변 가로수, 작은 정원 내 수목) 실시하는 전정이다.

정답 38 ① 39 ④ 40 ③

41

조경수목의 단근작업에 대한 설명으로 틀린 것은?

① 뿌리 기능이 쇠약해진 나무의 세력을 회복하기 위한 작업이다.
② 잔뿌리의 발달을 촉진시키고, 뿌리의 노화를 방지한다.
③ 굵은 뿌리는 모두 잘라야 아랫가지의 발육이 좋아진다.
④ 땅이 풀린 직후부터 4월 상순까지가 가장 좋은 작업시기다.

해설

금회 37번 문제해설 참고

42

실내조경 식물의 잎이나 줄기에 백색 점무늬가 생기고 점차 퍼져서 흰 곰팡이 모양이 되는 원인으로 옳은 것은?

① 탄저병　② 무름병
③ 흰가루병　④ 모자이크병

해설

흰가루병(powdery mildew, 白澀病(백삽병)) : 백분병(白粉病)이라고도 하며 병원균은 약 20여 종으로 알려져 있다. 농작물뿐만 아니라 나무 등에도 잘 발생하며, 잡초에서도 흔히 나타난다. 병에 걸리면 곰팡이 균사류가 엉키기 때문에 식물체가 회백색을 띠게 되며 병에 걸린 부위는 흉한 모양으로 뒤틀리면서 잎이나 줄기를 시들게 하고 열매의 질이 떨어지게 된다. 밤과 낮의 온도차가 심한 지역이나 통풍이 잘되지 않는 곳에서 흔히 발생한다. 분생포자의 형태로 공기를 통해 전염되며 균사의 형태로 월동 또는 월하하여 이듬해 전염원으로 존재한다. 장미, 단풍나무, 벚나무, 배롱나무에 많이 발생하고 수목에 치명적인 병은 아니지만 발생하면 생육이 위축되고 외관을 나쁘게 한다.

43

표준품셈에서 조경용 초화류 및 잔디의 할증률은 몇%인가?

① 1%　② 3%
③ 5%　④ 10%

해설

할증율 : 설계 수량과 계획 수량의 적산량에 운반, 저장, 절단, 가공 및 시공과정에서 발생하는 손실량을 예측하여 부가하는 과정으로 표준품셈의 조경수목 및 초화류, 잔디의 할증율을 10% 이다.

44

다음 중 이식하기 어려운 수종이 아닌 것은?

① 소나무　② 자작나무
③ 섬잣나무　④ 은행나무

해설

이식이 쉬운 수종 : 편백, 측백, 낙우송, 메타세쿼이아, 향나무, 사철나무, 쥐똥나무, 철쭉류, 벽오동, 은행나무, 버즘나무(플라타너스), 수양버들, 무궁화, 명자나무 등. 이식이 어려운 수종 : 소나무, 섬잣나무, 전나무, 목련, 오동나무, 녹나무, 왜금송, 태산목, 탱자나무, 생강나무, 서향, 칠엽수, 진달래, 주목, 가시나무, 굴거리나무, 느티나무, 백합나무, 감나무, 자작나무 등

45

잔디의 뗏밥 넣기에 관한 설명으로 가장 부적합한 것은?

① 뗏밥은 가는 모래 2, 밭흙 1, 유기물 약간을 섞어 사용한다.
② 뗏밥으로 이용하는 흙은 일반적으로 열처리하거나 증기소독 등 소독을 하기도 한다.
③ 뗏밥은 한지형 잔디의 경우 봄, 가을에 주고 난지형 잔디의 경우 생육이 왕성한 6~8월에 주는 것이 좋다.
④ 뗏밥의 두께는 30mm 정도로 주고, 다시 줄 때에는 일주일이 지난 후에 잎이 덮일 때까지 주어야 좋다.

해설

배토(Topdressing : 뗏밥주기)작업은 노출된 지하줄기의 보호, 지표면을 평탄하게 한다. 부정근(不定根), 부정아를 발달시켜 잔디 생육을 원활하게 한다. 뗏밥의 모래 함유량은 20~25%, 0.2~2mm 크기 사용하고 세사(가는 모래) : 밭흙 : 유기물 = 2 : 1 : 1로 5mm 체를 통과한 것 사용한다. 잔디의 생육이 가장 왕성한 시기에 실시(난지형(늦은 봄, 5월), 한지형(이른 봄, 가을)) 하고, 소량으로 자주주고, 일반적으로 2~4mm 두께로 사용하며 15일 후 다시 준다. 일반적으로 연간 1~2회, 골프장의 경우 연간 3~5회 실시한다. 뗏밥의 두께는 가정용 0.5~1.0cm, 골프장 : 0.3~0.7cm, 일반적으로 0.5~0.6cm 실시하며, 넓은 면적인 경우 스틸 매트(steel mat)로 쓸어 주어 배토가 잔디 사이로 들어가게 한다.

정답 41 ③ 42 ③ 43 ④ 44 ④ 45 ④

46

조경관리에서 주민참가의 단계는 시민 권력의 단계, 형식참가의 단계, 비참가의 단계 등으로 구분되는데 그중 시민권력의 단계에 해당되지 않는 것은?

① 가치관리(citizen control)
② 유화(placation)
③ 권한 위양(delegated power)
④ 파트너십(partnership)

47

다음 중 조경수목의 꽃눈분화, 결실 등과 가장 관련이 깊은 것은?

① 질소와 탄소비율
② 탄소와 칼륨비율
③ 질소와 인산비율
④ 인산과 칼륨비율

해설

탄소와 질소비율(C/N율) : 잎에서 만들어진 탄수화물과 뿌리에서 흡수된 질소 성분의 비율에 의하여 가지생장, 꽃눈형성 및 결실에 영향을 준다는 학설

48

다음 설계도면의 종류에 대한 설명으로 옳지 않은 것은?

① 입면도는 구조물의 외형을 보여주는 것이다.
② 평면도는 물체를 위에서 수직방향으로 내려다 본 것을 그린 것이다.
③ 단면도는 구조물의 내부나 내부공간의 구성을 보여주기 위한 것이다.
④ 조감도는 관찰자의 눈높이에서 본 것을 가정하여 그린 것이다.

해설

조감도(鳥瞰圖, bird's-eye view) : 높은 곳에서 지상을 내려다 본 것처럼 지표를 공중에서 비스듬히 내려다보았을 때의 모양을 그린 그림인 시점위치가 높은 투시도로서, 지표를 공중에서 수직으로 본 것을 도화(圖化)한 것이 지도인데, 조감도는 지표 모양을 입체적으로 표현하고 원근효과를 나타내어 회화적인 느낌을 준다. 조감도에는 건물이나 수목 등 지상물은 실물에 가까운 상태에서 나타내는 경우가 많으며 관광안내도·여행안내도·조경공사계획 등에 사용된다.

49

평판을 정치(세우기)하는데 오차에 가장 큰 영향을 주는 항목은?

① 수평맞추기(정준)
② 중심맞추기(구심)
③ 방향맞추기(표정)
④ 모두 같다

50

다음 중 잔디의 종류 중 한국잔디(korean lawngrass or Zoysiagrass)의 특징 설명으로 옳지 않은 것은?

① 우리나라의 자생종이다.
② 난지형 잔디에 속한다.
③ 뗏장에 의해서만 번식 가능하다.
④ 손상 시 회복속도가 느리고 겨울 동안 황색상태로 남아 있는 단점이 있다.

해설

한국잔디 : 온지성(溫地性) 잔디로 여름에는 잘 자라나 추운 지방에서는 잘 자라지 못한다. 5~9월에 푸른 기간을 유지하며, 10~4월의 휴면기간에도 잔디로 사용할 수 있다. 완전포복형으로 땅속줄기가 왕성하게 번어 옆으로 기는 성질이 강하므로 깎아주지 않아도 15cm 이하가 유지된다. 보리밟기에 강하고 병충해가 거의 없으며, 환경오염에 강하다.

51

다음 중 차폐식재에 적용가능한 수종의 특징으로 옳지 않은 것은?

① 지하고가 낮고 지엽이 치밀한 수종
② 전정에 강하고 유지관리가 용이한 수종
③ 아랫가지가 말라죽지 않는 상록수
④ 높은 식별성 및 상징적 의미가 있는 수종

정답 46 ② 47 ① 48 ④ 49 ③ 50 ③ 51 ④

해설

차폐용 수목은 시각적으로 아름답지 못하거나 불쾌감을 주는 곳을 가려 주는 역할을 하는 수목으로 상록수로서 가지와 잎이 치밀해야 하며, 적당한 높이로서 아랫가지가 오래도록 말라 죽지 않아야 한다. 맹아력이 크고 불량한 환경 조건에도 잘 견딜 수 있어야 하며, 외관이 아름다운 것이 좋다.

52

농약살포가 어려운 지역과 솔잎혹파리 방제에 사용되는 농약 사용법은?

① 도포법 ② 수간주사법
③ 입제살포법 ④ 관주법

해설

수간주사는 쇠약한 나무, 이식한 큰 나무, 외과수술을 받은 나무, 병충해의 피해를 입은 나무 등에 수세를 회복시키거나 발근을 촉진하기 위하여 인위적으로 영양제, 발근촉진제, 살균제 및 침투성 살충제 등을 나무줄기에 주입한다. 4~9월(5월 초~9월 말) 증산작용이 왕성한 맑은 날에 실시하며, 2곳에 구멍을 뚫는다(수간 밑 5~10cm, 반대쪽 지상 10~15(20)cm). 구멍각도는 20~30°, 구멍지름은 5~6mm, 깊이 3~4cm로 뚫으며, 수간주입기는 높이 180cm 정도에 고정한다.

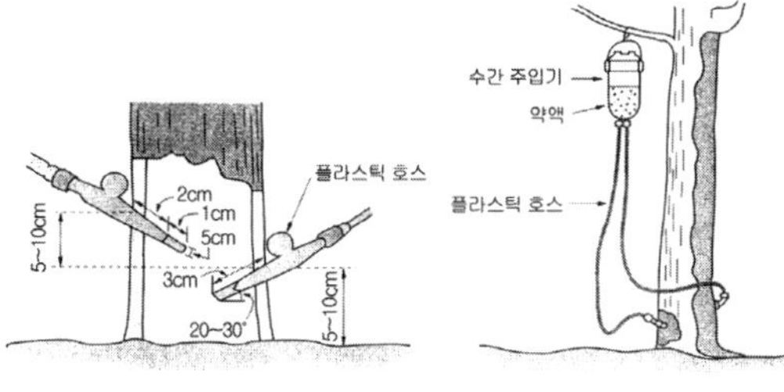

그림. 수간주사

53

900m^{2}의 잔디광장을 평떼로 조성하려고 할 때 필요한 잔디량은 약 얼마인가? (단, 잔디 1매의 규격은 30cm×30cm×3cm 이다.)

① 약 1,000매 ② 약 5,000매
③ 약 10,000매 ④ 약 20,000매

해설

잔디 1매의 규격의 30cm×30cm 이므로 1m^{2}에 약11매의 잔디가 소요된다. 그러므로 900m^{2}의 면적에는 900×11=9,900매가 소요된다.

54

다음 [보기]와 같은 특징을 갖는 암거배치 방법은?

[보기]
- 중앙에 큰 맹암거를 중심으로 하여 작은 맹암거를 좌우에 어긋나게 설치하는 방법
- 경기장 같은 평탄한 지형에 적합하며, 전 지역의 배수가 균일하게 요구되는 지역에 설치
- 주관을 경사지에 배치하고 양측에 설치

① 빗살형 ② 부채살형
③ 어골형 ④ 자연형

해설

암거배치 방법 중 어골형은 경기장과 같은 평탄한 지형에 적합하며, 전 지역의 배수가 균일하게 요구되는 지역에 설치하고 주관을 경사지게 배치하고 양측에 설치한다. 즐치형(절치형, 석쇠형, 빗살형)은 좁은 면적의 전 지역을 균일하게 배수할 때 이용한다. 선형(부채살형)은 1개의 지점으로 집중되게 설치하여 주관과 지관의 구분 없이 같은 크기의 관을 사용한다. 자연형은 대규모 공원 등 완전한 배수가 요구되지 않는 지역에서 사용하고 주관을 중심으로 양측에 지관을 지형에 따라 필요한 곳에 설치한다.

55

한 가지 약제를 연용하여 살포시 방제효과가 떨어지는 대표적인 해충은?

① 깍지벌레 ② 진딧물
③ 잎벌 ④ 응애

해설

응애(mite) : 거미강 진드기목 가운데 후기문아목(Metastigmata)을 제외한 거미류의 총칭으로 몸길이 1~2mm의 작은 동물군이다. 대부분의 수목에 피해를 입히고, 즙액을 빨아먹으면 잎에 황색반점이 생기고 많아지면 황갈색으로 변한다. 발생지역에 4월 중순부터 1주일 간격으로 2~3회 정도 약을 살포한다. 생물학적 방제법(천적)으로는 무당벌레, 거미, 풀잠자리 등을 사용한다.

56

다음 중 메쌓기에 대한 설명으로 가장 부적합한 것은?

① 모르타르를 사용하지 않고 쌓는다.
② 뒷채움에는 자갈을 사용한다.
③ 쌓는 높이의 제한을 받는다.
④ 2제곱미터마다 지름 9cm정도의 배수공을 설치한다.

정답 52 ② 53 ③ 54 ③ 55 ④ 56 ④

해설

찰쌓기는 채움 콘크리트로 뒷채움을 하고 줄눈을 넣고, 메쌓기는 채움 콘크리트가 없고 순수 돌만 쌓는다.

57

시설물 관리를 위한 페인트 칠하기의 방법으로 가장 거리가 먼 것은?

① 목재의 바탕칠을 할 때에는 별도의 작업 없이 불순물을 제거한 후 바로 수성페인트를 칠한다.
② 철재의 바탕칠을 할 때에는 별도의 작업 없이 불순물을 제거한 후 바로 수성페인트를 칠한다.
③ 목재의 갈라진 구멍, 홈, 틈은 퍼티로 땜질하여 24시간 후 초벌칠을 한다.
④ 콘크리트, 모르타르면의 틈은 석고로 땜질하고 유성 또는 수성페인트를 칠한다.

해설

목재시설 : 감촉이 좋고 외관이 아름다워 사용률이 높지만, 철재보다 부패하기 쉽고 잘 갈라지며, 거스러미(나무의 결이 가시처럼 얇게 터져 일어나는 것)가 일어나 정기적인 보수와 도료를 칠해주어야 한다. 특히, 죔 부분이나 땅에 묻힌 부분은 부식되기 쉬우므로 방부제 처리 및 모르타르를 칠해 주어야 한다. 2년이 경과한 것은 정기적인 보수를 하고 방부제(CCA, ACC 등)를 사용한다. 철재시설 : 녹이 슬면 미관상 보기 흉할 뿐 아니라, 강도가 떨어져 위험하다. 녹 방지를 위하여 녹막이칠(광명단)을 한다. 도장이 벗겨진 곳은 녹막이 칠을 두 번 한 다음 유성페인트를 칠해 주고, 파손이 심한부분은 교체해 준다.

58

옹벽 중 캔틸레버(Cantilever)를 이용하여 재료를 절약한 것으로 자체 무게와 뒤채움 한 토사의 무게를 지지하여 안전도를 높인 옹벽으로 주로 5m 내외의 높지 않은 곳에 설치하는 것은?

① 중력식 옹벽
② 반중력식 옹벽
③ 부벽식 옹벽
④ L자형 옹벽

59

형상수(topiary)를 만들 때 유의사항이 아닌 것은?

① 망설임 없이 강전정을 통해 한 번에 수형을 만든다.
② 형상수를 만들 수 있는 대상수종은 맹아력이 좋은 것을 선택한다.
③ 전정시기는 상처를 아물게 하는 유합조직이 잘 생기는 3월중에 실시한다.
④ 수형을 잡는 방법은 통대나무에 가지를 고정시켜 유인하는 방법, 규준틀을 만들어 가지를 유인하는 방법, 가지에 전정만을 하는 방법 등이 있다.

해설

형상수(Topiary : 토피어리)나 산울타리 등과 같이 강한 전정에 의해 인공적으로 만든 수형은 직선 또는 곡선의 아름다움을 나타내기 위하여 불필요한 가지와 잎을 전정한다.

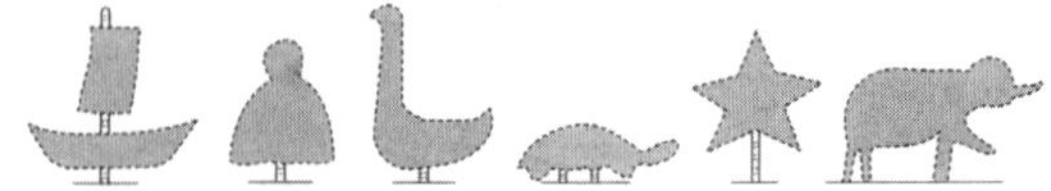

그림. 형상수의 여러 가지 모양

60

다음 중 루비깍지벌레의 구제에 가장 효과적인 농약은?

① 페니트로티온수화제
② 다이아지논분제
③ 포스파미돈액제
④ 옥시테트라사이클린수화제

해설

루비깍지벌레는 암컷의 몸길이 약 2.5mm, 나비 약 1.7mm이다. 몸은 어두운 붉은색의 두꺼운 밀랍으로 덮여 있으며 색깔이 마치 루비같이 아름다워 이런 이름이 붙었다. 어릴 때는 등면이 납작하지만 자라면서 볼록해져서 높이가 약 2.5mm가 된다. 몸은 타원형이고 가장자리는 물결 모양으로 둔하게 튀어나와 있다. 가시나무·감나무·동백나무·감귤·배·사과·차·배롱나무 등 대부분의 활엽수에 기생한다. 주로 잎과 가시에 붙어서 수액을 빨아먹으며 분비물에 의해 그을음병을 생기게 한다. 6월 하순부터 8월 초순 사이에 살충제를 뿌리거나 월동 상태일 때 없애면 효과적으로 방제할 수 있다.

정답 57 ② 58 ④ 59 ① 60 ③

2014년 제4회 조경기능사 과년도

01

창경궁에 있는 통명전 지당의 설명으로 틀린 것은?

① 장방형으로 장대석으로 쌓은 석지이다.
② 무지개형 곡선 형태의 석교가 있다.
③ 괴석 2개와 앙련(仰蓮) 받침대석이 있다.
④ 물은 직선의 석구를 통해 지당에 유입된다.

해설

창경궁 통명전(昌慶宮 通明殿) 지당 : 지당의 형태는 네모난 방지(方池)로 되어 있으며, 중간에 아치형의 석교가 놓여져 있다. 네 벽을 장대석으로 쌓아 올리고, 석난간을 돌렸으며, 난간은 하엽동자(荷葉童子)를 조각한 기둥이 받치고 있다. 우리나라 궁궐의 교각이나 석주에는 군자를 상징하는 연잎 모양의 석주를 많이 사용하였다. 지당 속에는 석분에 심은 괴석3개와 기물을 받혔던 앙련 받침대석 1개가 있다. 통명전 지당은 다른 곳에서 흔히 볼 수 있는 형태가 아니다. 석난간을 두르고, 연못 속에 괴석을 배치한 것과 교각이 중간에 놓여 있고, 3개의 괴석은 신선들이 산다는 방장, 봉래, 영주의 삼신산을 상징하는 신선사상이 내포되어 있음을 짐작 할 수 있다.

02

도면 작업에서 원의 반지름을 표시할 때 숫자 앞에 사용하는 기호는?

① ϕ ② D
③ R ④ $\varDelta$

해설

D=지름, R=반지름

03

짐을 운반하여야 한다. 다음 중 같은 크기의 짐을 어느 색으로 포장했을 때 가장 덜 무겁게 느껴지는가?

① 다갈색 ② 크림색
③ 군청색 ④ 쥐색

해설

색에는 가볍게 느껴지는 색과 무겁게 느껴지는 색이 있다. 색의 무겁고 가벼움의 감정은 주로 명도에 의한 것이며 고명도의 색은 가볍게, 저명도의 색은 무겁게 느껴진다. 유채색에 대해서는 빨강, 보라, 청록이 무겁게 느껴지고 노랑은 가볍고 주홍, 파랑 등은 그 중간의 무게로 느껴진다.

04

이탈리아 조경 양식에 대한 설명으로 틀린 것은?

① 별장이 구릉지에 위치하는 경우가 많아 정원의 주류는 노단식
② 노단과 노단은 계단과 경사로에 의해 연결
③ 축선을 강조하기 위해 원로의 교점이나 원점에 분수 등을 설치
④ 대표적인 정원으로는 베르사유 궁원

해설

이탈리아 조경 양식 : 강한 축을 중심으로 정형적 대칭을 이루며 지형과 기후로 인해 구릉과 경사지에 빌라가 발달. 흰 대리석과 암록색의 상록활엽수가 강한 대조 이루고, 축을 따라, 축을 직교하여 분수, 연못 등을 설치 - 캐스케이드(계단폭포) 사용. 계단폭포, 물무대, 분수, 정원극장, 동굴 등이 가장 많이 나타나는 정원으로 빌라 메디치가 대표적인 정원이다. 베르사유 궁원은 프랑스 정원의 대표적 정원으로 평면기하학식이다.

05

다음 중 9세기 무렵에 일본 정원에 나타난 조경양식은?

① 평정고산수양식 ② 침전조양식
③ 다정양식 ④ 회유임천양식

해설

평안(헤이안)시대 후기(967~1191)의 대표적 정원은 침전조 정원으로 주택건물 앞에 정원을 배치하는 기법(정형화된 정원)이다. 침전조 정원의 대표적 정원은 동삼조전이다.

정답 1③ 2③ 3② 4④ 5②

7 과년도 기출문제

06

조선시대 궁궐의 침전 후정에서 볼 수 있는 대표적인 것은?

① 자수화단(花壇)
② 비폭(飛瀑)
③ 경사지를 이용해서 만든 계단식의 노단
④ 정자수

해설

조선시대 정원의 특징은 ㉠ 중국 조경양식의 모방에서 벗어나 한국적 색채가 농후하게(짙게) 발달. 정원기법 확립. ㉡ 풍수지리설의 영향 : 후원식, 화계식이 발달. 식재의 방위 및 수종 선택. ㉢ 자연환경과 조화. ㉣ 신선사상 : 삼신상과 십장생의 불로장생. 연못내의 중도 설치. ㉤ 음양오행사상 : 정원 연못의 형태(방지원도). ㉥ 후원(後園)이 주가 되는 정원수법 생김. ㉦ 은일사상 성행. ㉧ 자연을 존중. ㉨ 후원장식용 : 괴석, 굴뚝, 세심석. ㉩ 궁궐 침전 후정에서 볼 수 있는 대표적인 것 : 경사지를 이용해 만든 계단식 노단

07

조선시대 선비들이 즐겨 심고 가꾸었던 사절우(四節友)에 해당하는 식물이 아닌 것은?

① 난초 ② 대나무
③ 국화 ④ 매화나무

해설

사절우 : 매화, 소나무, 국화, 대나무. 사군자 : 매화, 난초, 국화, 대나무

08

수도원 정원에서 원로의 교차점인 중정 중앙에 큰 나무 한 그루를 심는 것을 뜻하는 것은?

① 파라다이소(Paradiso)
② 바(Bagh)
③ 트렐리스(Trellis)
④ 페리스틸리움(Peristylium)

09

위험을 알리는 표시에 가장 적합한 배색은?

① 흰색-노랑 ② 노랑-검정
③ 빨강-파랑 ④ 파랑-검정

해설

보색(complementary color, 補色) : 임의의 2가지 색광을 일정 비율로 혼색하여 백색광이 되는 경우, 또는 색상이 다른 두 색의 물감을 적당한 비율로 혼합하여 무채색이 되는 경우로 색상환에서 서로 대응하는 위치의 색

10

다음 조경의 효과로 가장 부적합한 것은?

① 공기의 정화 ② 대기오염의 감소
③ 소음 차단 ④ 수질오염의 증가

해설

수질오염의 증가는 조경의 효과와는 관련이 없다.

11

물체의 앞이나 뒤에 화면을 놓은 것으로 생각하고, 시점에서 물체를 본 시선과 그 화면이 만나는 각점을 연결하여 물체를 그리는 투상법은?

① 사투상법 ② 투시도법
③ 정투상법 ④ 표고투상법

해설

투시도법(透視圖法, perspective) : 도법(圖法) 또는 화법(畵法)의 한 가지로 기계나 건축물 등의 구조를 도면(圖面)에 도학(圖學)의 법칙에 의해 원근감이 나타나도록 투영(透影)시켜 그리는 기법

12

"물체의 실제 치수"에 대한 "도면에 표시한 대상물"의 비를 의하는 용어는?

① 척도 ② 도면
③ 표제란 ④ 연각선

해설

척도(尺度) : 자로 재는 길이의 표준으로 평가하거나 측정할 때 의거할 기준

정답 6③ 7① 8① 9② 10④ 11② 12①

13

이격비의 "낙양원명기"에서 원(園)을 가리키는 일반적인 호칭으로 사용되지 않은 것은?

① 원지 ② 원정
③ 별서 ④ 택원

14

수집된 자료를 종합한 후에 이를 바탕으로 개략적인 계획안을 결정하는 단계는?

① 목표설정 ② 기본구상
③ 기본설계 ④ 실시설계

해설

기본구상 : 수집한 자료를 종합한 후 이를 바탕으로 개략적인 계획안을 결정하는 단계. 목표설정 : 계획의 기본방향은 개발의 산물(공원, 골프장 등)을 결정, 공간규모 계획은 필요한 공간의 종류, 규모, 수용인원 등을 결정. 기본설계 : 기본계획의 각 부분을 더 구체적으로 발전. 실시설계 : 실제 시공이 가능하도록 시공도면을 작성 하는 것으로 평면도(평면상세도)와 단면도가 대표적

15

스페인 정원의 특징과 관계가 먼 것은?

① 건물로서 완전히 둘러싸인 가운데 뜰 형태의 정원
② 정원의 중심부는 분수가 설치된 작은 연못 설치
③ 웅대한 스케일의 파티오 구조의 정원
④ 난대, 열대 수목이나 꽃나무를 화분에 심어 중요한 자리에 배치

해설

스페인 정원의 특징 : 회교문화의 영향을 입은 독특한 정원양식을 보이며, 물과 분수의 풍부한 이용. 대리석과 벽돌을 이용한 기하학적 형태. 다채로운 색채를 도입한 섬세한 장식

16

다음 중 녹나무과(科)로 봄에 가장 먼저 개화하는 수종은?

① 치자나무 ② 호랑가시나무
③ 생강나무 ④ 무궁화

해설

생강나무(Lindera obtusiloba) : 산지의 계곡이나 숲 속의 냇가에서 높이는 3~6m로 자란다. 나무껍질은 회색을 띤 갈색이며 매끄럽다. 잎은 어긋나고 달걀 모양 또는 달걀 모양의 원형이며 길이가 5~15cm이고 윗부분이 3~5개로 얕게 갈라지며 3개의 맥이 있고 가장자리가 밋밋하다. 꽃은 3월에 잎보다 먼저 피며 노란 색의 작은 꽃들이 여러 개 뭉쳐 꽃대 없이 산형꽃차례를 이루며 달린다. 열매는 둥글며 9월에 검은 색으로 익는다. 새로 잘라낸 가지에서 생강냄새가 나서 생강나무라고 한다.

17

다음 중 조경수목의 계절적 현상 설명으로 옳지 않은 것은?

① 싹틈 : 눈은 일반적으로 지난 해 여름에 형성되어 겨울을 나고 봄에 기온이 올라감에 따라 싹이 튼다.
② 개화 : 능소화, 무궁화, 배롱나무 등의 개화는 그 전년에 자란 가지에서 꽃눈이 분화하여 그 해에 개화한다.
③ 결실 : 결실량이 지나치게 많을 때에는 다음 해의 개화 결실이 부실해지므로 꽃이 진 후 열매를 적당히 솎아 준다.
④ 단풍 : 기온이 낮아짐에 따라 잎 속에서 생리적인 현상이 일어나 푸른 잎이 다홍색, 황색 또는 갈색으로 변하는 현상이다.

해설

장미, 능소화, 배롱나무, 무궁화 등은 꽃눈이 당년에 자란가지에 분화하여 그 해에 꽃이 피는 형태이다.

구 분	주요 수종
당년에 자란 가지에서 꽃피는 수종	장미, 무궁화, 배롱나무, 나무수국, 능소화, 대추나무, 포도, 감나무, 등나무, 불두화, 싸리나무, 협죽도, 목서 등
2년생 가지에서 꽃피는 수종	매화나무, 수수꽃다리, 개나리, 박태기나무, 벚나무, 수양버들, 목련, 진달래, 철쭉류, 복사나무, 생강나무, 산수유, 앵두나무, 살구나무, 모란 등
3년생 가지에서 꽃피는 수종	사과나무, 배나무, 명자나무, 산당화 등

정답 13 ③ 14 ② 15 ③ 16 ③ 17 ②

18

콘크리트용 혼화재료로 사용되는 고로슬래그 미분말에 대한 설명 중 틀린 것은?

① 고로슬래그 미분말을 사용한 콘크리트는 보통 콘크리트보다 콘크리트 내부의 세공경이 작아져 수밀성이 향상된다.
② 고로슬래그 미분말은 플라이애시나 실리카흄에 비해 포틀랜드시멘트와의 비중차가 작아 혼화재로 사용할 경우 혼합 및 분산성이 우수하다.
③ 고로슬래그 미분말을 혼화재로 사용한 콘크리트는 염화물이온 침투를 억제하여 철근부식 억제효과가 있다
④ 고로슬래그 미분말의 혼합률을 시멘트 중량에 대하여 70% 혼합한 경우 중성화 속도가 보통 콘크리트의 2배 정도로 감소된다.

19

다음 재료 중 연성(延性 : Ductility)이 가장 큰 것은?

① 금 ② 철
③ 납 ④ 구리

해설

연성(ductility, 延性) : 탄성한계를 넘는 힘을 가함으로써 물체가 파괴되지 않고 늘어나는 성질로 전성(展性)과 함께 물체를 가공하는 데 있어 아주 중요한 성질이다. 금속의 연성 크기를 보면 금〈은〈알루미늄〈철〈니켈〈구리〈아연〈주석〈납의 순서이고, 일반적으로 경도(硬度)가 큰 물질은 연성이 작고 경도가 작은 물질은 연성이 크다.

20

콘크리트의 응결, 경화 조절의 목적으로 사용되는 혼화제에 대한 설명 중 틀린 것은?

① 콘크리트용 응결, 경화 조정제는 시멘트의 응결, 경화 속도를 촉진시키거나 지연시킬 목적으로 사용되는 혼화제이다.
② 촉진제는 그라우트에 의한 지수공법 및 뿜어붙이기 콘크리트에 사용된다.
③ 지연제는 조기 경화현상을 보이는 서중 콘크리트나 수송거리가 먼 레디믹스트 콘크리트에 사용된다.
④ 급결제를 사용한 콘크리트의 조기 강도증진은 매우 크나 장기강도는 일반적으로 떨어진다.

해설

경화촉진제(hardener, 硬化促進劑) : 특히 추위 속에서 시공되는 콘크리트는 골재나 물의 온도가 낮아지고 외부의 기온 역시 낮기 때문에 경화가 지연되어 거푸집의 제거가 늦어질 뿐만 아니라, 경화하는 동안에 콘크리트 속의 물이 얼어 동해(凍害)가 발생할 우려가 있다. 이러한 경우에 사용되는 것이 경화촉진제로 보통 염화칼슘이 사용되는데, 콘크리트 속의 철골이나 철근에 대한 방수(防銹)에 관하여 충분한 주의가 필요하며, 콘크리트 표면과 철골·철근 사이에 균열이나 기공(氣孔)과 같은 틈새가 있을 경우에는 부식될 위험이 있다. 그러나 콘크리트가 치밀하게 시공되어 있을 경우에는 그다지 문제가 되지 않는다.

21

크기가 지름 20~30cm 정도의 것이 크고 작은 알로 고루 고루 섞여져 있으며 형상이 고르지 못한 깬돌이라고 설명하기도 하며, 큰 돌을 깨서 만드는 경우도 있어 주로 기초용으로 사용하는 석재의 분류명은?

① 산석 ② 이면석
③ 잡석 ④ 판석

해설

잡석(깬돌) : 지름 10~30cm 정도의 크기인 형상이 고르지 못한 돌로 기초용으로 또는 석축의 뒷채움 돌로 사용. 산석, 하천석 : 보통 지름 50~100cm로 석가산용으로 사용. 판석 : 폭(너비)이 두께의 3배 이상이고 두께가 15cm 미만으로 디딤돌, 원로포장용, 계단설치용으로 많이 사용

22

다음 괄호 안에 들어갈 용어로 맞게 연결된 것은?

외력을 받아 변형을 일으킬 때 이에 저항하는 성질로서 외력에 대한 변형을 적게 일으키는 재료는 (㉠)가(이) 큰 재료이다. 이것은 탄성계수와 관계가 있으나 (㉡)와(과)는 직접적인 관계가 없다.

① ㉠ 강도(strength), ㉡ 강성(stiffness)
② ㉠ 강성(stiffness), ㉡ 강도(strength)
③ ㉠ 인성(toughness), ㉡ 강성(stiffness)
④ ㉠ 인성(toughness), ㉡ 강도(strength)

정답 18④ 19① 20② 21③ 22②

해설

강도(强度, Strength)는 물체의 강한 정도, 단단한 정도, 즉, 재료에 하중이 걸린 경우 재료가 파괴되기까지의 변형저항을 그 재료의 강도라고 함. 강성(剛性, Stiffness)은 재료에 외부에서 변형을 가할 때 그 재료가 주어진 변형에 저항하는 정도를 수치화한 것이다.

23

조경용 포장재료는 보행자가 안전하고, 쾌적하게 보행할 수 있는 재료가 선정되어야 한다. 다음 선정 기준 중 옳지 않은 것은?

① 내구성이 있고, 시공 · 관리비가 저렴한 재료
② 재료의 질감, 색채가 아름다운 것
③ 재료의 표면 청소가 간단하고, 건조가 빠른 재료
④ 재료의 표면이 태양 광선의 반사가 많고, 보행시 자연스런 매끄러운 소재

해설

재료의 표면이 태양광선의 반사가 적어야 한다.

24

다음 설명에 가장 적합한 수종은?

- 교목으로 꽃이 화려하다.
- 전정을 싫어하고 대기오염에 약하며, 토질을 가리는 결점이 있다.
- 매우 다방면으로 이용되며, 열식 또는 군식으로 많이 식재된다.

① 왕벚나무 ② 수양버들
③ 전나무 ④ 벽오동

해설

왕벚나무(Prunus yedoensis) : 높이 15m에 달하며 수피는 회갈색으로 껍질눈이 있고 세로로 잘게 갈라진다. 어긋나게 달리는 잎은 도란형으로 끝이 길고 뾰족하며 가장자리에 겹톱니가 있다. 4월에 잎보다 먼저 흰색 또는 홍색의 꽃 3~6개가 달리고 흑자색 열매가 6~7월 열린다.

25

다음 설명하는 열경화수지는?

- 강도가 우수하며, 베이클라이트를 만든다.
- 내산성, 전기절연성, 내약품성, 내수성이 좋다.
- 내알칼리성이 약한 결점이 있다.
- 내수합판, 접착제 용도로 사용된다.

① 요소계수지 ② 메타아크릴수지
③ 염화비닐계수지 ④ 페놀계수지

해설

페놀수지(phenolic resin) : 페놀류와 포름알데히드류의 축합에 의해서 생기는 열경화성(熱硬化性) 수지이다. 로진과 비슷한데, 사용되는 페놀류는 석탄산이 주가 된다. 제조공정에서 사용되는 촉매에 따라 노볼락과 레졸을 각각 얻는데, 전자는 건식법으로 후자는 습식법으로 경화된다. 주로 절연판이나 접착제 등으로 사용된다.

26

다음 중 곰솔(해송)에 대한 설명으로 옳지 않은 것은?

① 동아(冬芽)는 붉은 색이다.
② 수피는 흑갈색이다.
③ 해안지역의 평지에 많이 분포한다.
④ 줄기는 한해에 가지를 내는 층이 하나여서 나무의 나이를 짐작할 수 있다.

해설

곰솔(*Pinus thunbergii* PARL.)은 지방에 따라 해송(海松), 또는 흑송(黑松)으로 부른다. 잎이 소나무(赤松)의 잎보다 억센 까닭에 곰솔이라고 부르며, 바닷가를 따라 자라기 때문에 해송으로도 부른다. 줄기껍질의 색깔이 소나무보다 검다고 해서 흑송이라고도 한다. **소나무의 동아(冬芽: 겨울눈)**의 색은 붉은 색이나 **곰솔은 회백색**인 것이 특징이다. 5월에 꽃이 피며, 곰솔은 바닷바람에 견디는 힘이 대단히 강해서, 남서 도서지방에 분포하고 있으나 울릉도와 홍도에서는 자생하지 않는다. 곰솔은 바닷가에서 자라기 때문에 배를 만드는 재료로 이용되었다. 나무껍질 및 꽃가루는 식용으로 쓰이고, 송진은 약용 및 공업용으로 사용된다. 또한, 곰솔숲은 바닷가 사구(砂丘)의 이동방지 효과가 있어서 특별히 보호되고 있다. 노거수로서 천연기념물로 지정된 곰솔에는 제주시의 곰솔, 익산 신작리의 곰솔, 부산 수영동의 곰솔, 무안 망운면의 곰솔 등이 있다.

정답 23④ 24① 25④ 26①

27

목재를 연결하여 움직임이나 변형 등을 방지하고, 거푸집의 변형을 방지하는 철물로 사용하기 가장 부적합한 것은?

① 볼트, 너트 ② 못
③ 꺾쇠 ④ 리벳

해설

리벳(rivet) : 강철판·형강(形鋼) 등의 금속재료를 영구적으로 결합하는데 사용되는 막대 모양의 기계요소

28

다음 중 합판에 관한 설명으로 틀린 것은?

① 합판을 베니어판이라 하고 베니어란 원래 목재를 얇게 한 것을 말하며, 이것을 단판이라고도 한다.
② 슬라이스트 베니어(Sliced veneer)는 끌로서 각목을 얇게 절단한 것으로 아름다운 결을 장식용으로 이용하기에 좋은 특징이 있다.
③ 합판의 종류에는 섬유판, 조각판, 적층판 및 강화적층재 등이 있다.
④ 합판의 특징은 동일한 원재로부터 많은 장목판과 나무결 무늬판이 제조되며, 팽창 수축 등에 의한 결점이 없고 방향에 따른 강도 차이가 없다.

해설

합판의 특징 : 나뭇결이 아름답고, 균일한 크기로 제작 가능하다. 수축·팽창의 변형이 거의 없고 고른 강도를 유지하며 넓은 판을 이용 가능하다. 내구성과 내습성이 크며 홀수의 판(3, 5장 등)을 압축하여 만든다. 합판의 종류 : 내수합판, 준내수합판, 테고합판, 미송합판, 무취합판, 코아합판 등

29

한국의 전통조경 소재 중 하나로 자연의 모습이나 형상석으로 궁궐 후원 첨경물로 석분에 꽃을 심듯이 꽂거나 화계 등에 많이 도입되었던 경관석은?

① 각석 ② 괴석
③ 비석 ④ 수수분

해설

자연석의 모양 중 입석은 세워 쓰는 돌로 전후·좌우 어디서나 감상할 수 있고, 키가 커야 효과적인 돌이다. 횡석은 눕혀 쓰는 돌로 안정감이 있다. 불안감 주는 돌을 받쳐서 안정감을 가지게 한다. 평석은 윗부분이 평평한 돌로 앞부분에 배석한다. 환석은 둥근 생김새의 돌, 각석은 각이진 돌로 3각, 4각 등으로 이용한다. 사석은 비스듬히 세워진 돌로 해안절벽 표현 또는 풍경을 나타낼 때 사용하고, 와석은 소가 누운 형태의 돌로 횡석보다 안정감이 있다. 괴석은 괴상하게 생긴 돌로 태호석과 제주도의 현무암이 괴석에 속하며, 한국의 전통조경 소재 중 하나로 궁궐 후원 첨경물로 사용

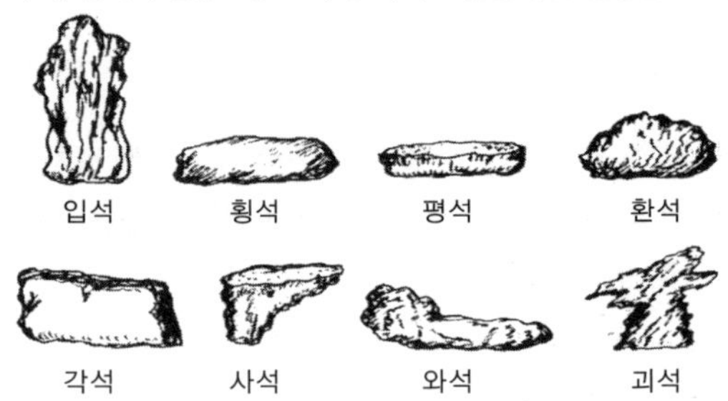

30

자동차 배기가스에 강한 수목으로만 짝지어진 것은?

① 화백, 향나무
② 삼나무, 금목서
③ 자귀나무, 수수꽃다리
④ 산수국, 자목련

해설

자동차 배기가스에 강한수종 : 비자나무, 편백, 화백, 측백, 가이즈까향나무, 향나무, 은행나무, 히말라야시더, 태산목, 식나무, 아왜나무, 감탕나무, 꽝꽝나무, 돈나무, 버드나무, 플라타너스, 층층나무, 무궁화, 개나리, 쥐똥나무 등. 약한수종 : 소나무, 삼나무, 전나무, 금목서, 은목서, 단풍나무, 벚나무, 목련, 백합(튤립)나무, 팽나무, 감나무, 수수꽃다리, 화살나무 등

31

질량 113kg의 목재를 절대건조시켜서 100kg으로 되었다면 전건량기준 함수율은?

① 0.13% ② 0.30%
③ 3.0% ④ 13.00%

해설

함수율(含水率)은 수분이 들어 있는 비율을 의미하며, 함수율(%) = $\frac{\text{습윤상태} - \text{절대건조상태}}{\text{절대건조상태}} \times 100$에 의해 $\frac{113-100}{100} \times 100 = 13\%$가 된다.

정답 27 ④ 28 ③ 29 ② 30 ① 31 ④

32

다음 중 은행나무의 설명으로 틀린 것은?

① 분류상 낙엽활엽수이다.
② 나무껍질은 회백색, 아래로 깊이 갈라진다.
③ 양수로 적윤지 토양에 생육이 적당하다.
④ 암수한그루이고 5월초에 잎과 꽃이 함께 개화한다.

해설

은행나무(Ginkgo) : 낙엽침엽교목이며 나무껍질은 회색으로 두껍고 코르크질이며 균열이 생긴다. 가지는 긴 가지와 짧은 가지의 2종류가 있으며 은행나무는 암수의 구분이 있다. 암나무는 수나무에서 날아온 꽃가루가 있어야만 열매를 맺는다. 꽃은 4월에 잎과 함께 피고 연한 황록색이고 열매는 10월에 황색으로 익는다.

33

다음 중 플라스틱 제품의 특징으로 옳은 것은?

① 불에 강하다.
② 비교적 저온에서 가공성이 나쁘다.
③ 흡수성이 크고 투수성이 불량하다.
④ 내후성 및 내광성이 부족하다.

해설

플라스틱 제품의 특징은 성형이 자유롭고 가벼우며 강도와 탄력이 크다. 소성, 가공성이 좋아 복잡한 모양의 제품으로 성형이 가능하고 내산성, 내알카리성이 크고 녹슬지 않는다. 가볍고 강도와 탄력성이 크며 견고하고 착색이 자유롭고 광택이 좋으며, 접착력이 크다. 불에 타기 쉽고 내열성, 내화성이 부족하다. 저온에서 잘 파괴되고(온도변화에 약하다) 투광성, 접착성, 절연성이 있다.

34

장미과(科) 식물이 아닌 것은?

① 피라칸타 ② 해당화
③ 아카시나무 ④ 왕벚나무

해설

아까시나무 : 콩과의 낙엽교목으로 아카시나무라고도 한다. 산과 들에서 자라며 나무껍질은 노란빛을 띤 갈색이고 세로로 갈라지며 턱잎이 변한 가시가 있다. 꽃은 5~6월에 흰색으로 피고 향기가 강하다.

35

골재의 표면수는 없고, 골재 내부에 빈틈이 없도록 물로 차 있는 상태는?

① 절대건조상태 ② 기건상태
③ 습윤상태 ④ 표면건조 포화상태

해설

표면건조포화상태(表面乾燥飽和狀態) : 골재의 표면수는 없고 골재 속의 빈틈이 물로 차 있는 상태

36

수목식재시 수목을 구덩이에 앉히고 난 후 흙을 넣는 데 수식(물죔)과 토식(흙죔)이 있다. 다음 중 토식을 실시하기에 적합하지 않은 수종은?

① 목련 ② 전나무
③ 서향 ④ 해송

해설

수식(물조임, 물죔) : 수목을 앉힌 후 토양을 채우는 과정에서 몇 차례 물을 부어가면서 흙을 진흙처럼 만들어 뿌리사이에 흙이 잘 밀착되도록 막대기나 삽 등으로 다져서 흙속의 기포를 제거하는 방법. 토식(흙조임, 흙죔) : 물을 사용하지 않고 흙을 부드럽게 하여 바닥 부분부터 알맞은 굵기를 가진 막대기로 흙을 잘 다져 뿌리분에 흙이 밀착되도록 하는 방법으로 돈이 많이 드는 단점이 있고, 많은 수분을 필요로 하지 않는 수종에 사용(예 : 소나무, 해송, 전나무, 서향, 소철 등) 한다.

37

식물의 아래 잎에서 황화현상이 일어나고 심하면 잎 전면에 나타나며, 잎이 작지만 잎수가 감소하며 초본류의 초장이 작아지고 조기 낙엽이 비료결핍의 원인이라면 어느 비료 요소와 관련된 설명인가?

① P ② N
③ Mg ④ K

해설

질소(N) : 광합성 작용의 촉진으로 잎이나 줄기 등 수목의 생장에 도움을 준다. 결핍시 신장생장이 불량하여 줄기나 가지가 가늘고 작아지며, 묵은 잎이 황변(黃變)하여 떨어지며, 결핍현상으로 활엽수는 잎이 황록색으로 변색, 잎의 수가 적어지고 두꺼워지며 조기낙엽이 진다. 침엽수는 침엽이 짧고 황색을 띤다.

정답 32 ①, ④ 33 ④ 34 ③ 35 ④ 36 ① 37 ②

38

뿌리분의 크기를 구하는 식으로 가장 적합한 것은?

① 24+(N−3)×d ② 24+(N+3)÷d
③ 24−(n−3)+d ④ 24−(n−3)−d

해설
뿌리분의 지름 = 24+(N−3)×d(N : 근원 직경, d : 상수(상록수 : 4, 낙엽수 : 5))

39

제초제 1000ppm은 몇 %인가?

① 0.01% ② 0.1%
③ 1% ④ 10%

해설
ppm : parts per million으로 1,000,000ppm = 100% 이다. 그러므로 1,000ppm은 0.1%가 된다.

40

수목 외과 수술의 시공 순서로 옳은 것은?

㉠ 동공 가장자리의 형성층 노출
㉡ 부패부 제거
㉢ 표면 경화처리
㉣ 동공 충진
㉤ 방수처리
㉥ 인공수피 처리
㉦ 소독 및 방부처리

① ㉠-㉥-㉡-㉢-㉣-㉤-㉦
② ㉡-㉦-㉠-㉥-㉤-㉢-㉣
③ ㉠-㉡-㉢-㉣-㉤-㉥-㉦
④ ㉡-㉠-㉦-㉣-㉤-㉢-㉥

해설
수목의 외과수술(충진수술)은 4~9월(유합(癒合, 상처가 잘 아물어 붙는 것)이 잘 될 때) 실시하고, 천연기념물, 보호수, 노거수 및 희귀목 등의 줄기, 뿌리, 가지 등에 발생한 상처로 인해 쇠약해지고 말라죽는 것을 막기 위하여 부패부를 제거하고, 살균·살충제를 처리한 후 부후균이 다시 침입하지 못하도록 방수, 방부제를 처리한다. 외과수술의 순서는 부패부 제거 → 살균·살충처리 → 방부·방수처리 → 동공 충진 → 매트처리 → 인공 나무껍질 처리 → 수지처리 이다.

41

저온의 해를 받은 수목의 관리방법으로 적당하지 않은 것은?

① 멀칭
② 바람막이 설치
③ 강전정과 과다한 시비
④ wilt-pruf(시들음방지제) 살포

42

더운 여름 오후에 햇빛이 강하면 수간의 남서쪽 수피가 열에 의해서 피해(터지거나 갈라짐)를 받을 수 있는 현상을 무엇이라 하는가?

① 피소 ② 상렬
③ 조상 ④ 한상

해설
일소(日燒, 껍질데기, 피소) : 여름철 직사광선으로 잎이 갈색으로 변하거나 수피가 열을 받아 갈라지는 현상으로 껍질이 얇은 수종, 큰 나무의 서쪽 및 남서쪽 수간에 피해가 크므로 짚싸기를 해줘야 안전하다. 예방법은 하목(下木)식재, 새끼감기, 석회수(백토제)칠하기 등이 있다.

43

다음 중 재료의 할증률이 다른 것은?

① 목재(각재) ② 시멘트벽돌
③ 원형철근 ④ 합판(일반용)

해설
할증율 : 설계 수량과 계획 수량의 적산량에 운반, 저장, 절단, 가공 및 시공과정에서 발생하는 손실량을 예측하여 부가하는 과정으로 표준품셈의 목재(각재), 시멘트벽돌, 원형철근은 5%이고, 합판(일반용합판)은 3%이다.

정답 38 ① 39 ② 40 ④ 41 ③ 42 ① 43 ④

44

소형고압블록 포장의 시공방법에 대한 설명으로 옳은 것은?

① 차도용은 보도용에 비해 얇은 두께 6cm의 블록을 사용한다.
② 지반이 약하거나 이용도가 높은 곳은 지반위에 잡석으로만 보강한다.
③ 블록 깔기가 끝나면 반드시 진동기를 사용해 바닥을 고르게 마감한다.
④ 블록의 최종 높이는 경계석보다 조금 높아야 한다.

45

식물이 필요로 하는 양분요소 중 미량원소로 옳은 것은?

① O ② K
③ Fe ④ S

해설

식물이 많이 흡수하는 9가지 원소를 다량원소 : C(탄소), H(수소), O(산소), N(질소), P(인), K(칼륨), Ca(칼슘), Mg(마그네슘), S(황). 소량 흡수되어 식물체의 생리 기능을 돕고 있는 7가지 원소를 미량원소 : Fe(철), Cl(염소), Mn(망간), Zn(아연), B(붕소), Cu(구리), Mo(몰리브덴)

46

2개 이상의 기둥을 합쳐서 1개의 기초로 받치는 것은?

① 줄기초 ② 독립기초
③ 복합기초 ④ 연속기초

해설

복합기초(combined footing) : 2개 이상의 기둥을 한 개의 기초 판으로 지지하는 기초로서 직사각형 또는 사다리꼴로 하되 전체 기둥의 합력의 작용점을 기초의 중심에 일치시킨다.

47

다음 중 평판측량에 사용되는 기구가 아닌 것은?

① 평판 ② 삼각대
③ 레벨 ④ 엘리데이드

해설

평판측량(plane-table surveying, 平板測量) : 도판에 붙여진 종이에 측량 결과를 직접 작도해 가는 측량으로 기후의 영향을 받기 쉽고 정밀도가 좋지 않지만, 신속하고 측량 누락이 방지된다. 그리고 기구가 간편하여 모든 측량을 소화하는 등의 장점이 있다. 평판측량 준비물로는 도판, 삼각받침대, 앨리데이드, 구심기, 측침, 자침함, 추 등이 있다.

48

진딧물이나 깍지벌레의 분비물에 곰팡이가 감염되어 발생하는 병은?

① 흰가루병 ② 녹병
③ 잿빛곰팡이병 ④ 그을음병

해설

그을음병은 배롱나무, 감나무 등에 피해를 주며 깍지벌레, 진딧물의 배설물에 의해 발생한다. 잎과 줄기에 그을음을 형성하며, 나무가 말라 죽는 일은 없으나 동화작용 부족으로 수세가 쇠약해진다. 마라톤 살포, 메티온 유제를 살포하여 깍지벌레를 구제한다. 깍지벌레, 진딧물 등의 흡즙성 해충을 방제

49

콘크리트 혼화제 중 내구성 및 워커빌리티(workability)를 향상시키는 것은?

① 감수제 ② 경화촉진제
③ 지연제 ④ 방수제

해설

감수제(water-reducing agent, 減水劑) : 콘크리트의 워커빌리티(workability) 개선을 주목적으로 하는 혼합제로 이것을 사용하면 콘크리트의 양을 줄일 수 있고, 내구성도 개선되는 경우가 많고, 강도까지 향상된다.

정답 44 ③ 45 ③ 46 ③ 47 ③ 48 ④ 49 ①

50

해충의 방제방법 중 기계적 방제에 해당되지 않는 것은?

① 포살법 ② 진동법
③ 경운법 ④ 온도처리법

해설

기계적방제(mechanical control, 機械的防除) : 해충을 맨손 또는 간단한 기계를 이용하여 직접, 간접으로 죽이거나 정상적인 생리작용을 저해하고 견디기 어려운 환경조건을 만들어 방제하는 방법

51

철재시설물의 손상부분을 점검하는 항목으로 가장 부적합한 것은?

① 용접 등의 접합부분
② 충격에 비틀린 곳
③ 부식된 곳
④ 침하된 것

52

기초 토공사비 산출을 위한 공정이 아닌 것은?

① 터파기 ② 되메우기
③ 정원석 놓기 ④ 잔토처리

53

공정 관리기법 중 횡선식 공정표(bar – chart)의 장점에 해당하는 것은?

① 신뢰도가 높으며 전자계산기의 이용이 가능하다.
② 각 공종별의 착수 및 종료일이 명시되어 있어 판단이 용이하다.
③ 바나나 모양의 곡으로 작성하기 쉽다.
④ 상호관계가 명확하며, 주 공정선의 밑에는 현장 인원의 중점배치가 가능하다.

해설

횡선식 공정표는 공정시기가 일목요연하고 각 공정별 공사 착수 및 종료일 판단이 용이하다. 길이에 따라 진척도 판단이 쉽고, 상호관계와 작업진행의 사전예측이 곤란하다. 정밀도가 미흡하고, 문제점 파악이 어려움

54

다음 중 시방서에 포함되어야 할 내용으로 가장 부적합한 것은?

① 재료의 종류 및 품질
② 시공방법의 정도
③ 재료 및 시공에 대한 검사
④ 계약서를 포함한 계약 내역서

해설

시방서(示方書) : 공사 따위에서 일정한 순서를 적은 문서로 제품 또는 공사에 필요한 재료의 종류와 품질, 사용처, 시공 방법, 제품의 납기, 준공 기일 등 설계 도면에 나타내기 어려운 사항을 명확하게 기록한 문서

55

토양의 변화에서 체적비(변화율)는 L과 C로 나타낸다. 다음 설명 중 옳지 않은 것은?

① L값은 경암보다 모래가 더 크다.
② C는 다져진 상태의 토량과 자연상태의 토량의 비율이다.
③ 성토, 절토 및 사토량의 산정은 자연상태의 양을 기준으로 한다.
④ L은 흐트러진 상태의 토량과 자연상태의 토량의 비율이다.

해설

토량변화는 자연상태의 흙을 파내면 공극 때문에 토량이 증가하고 자연상태의 흙을 다지면 공극이 줄어들어 토량이 줄어든다. 자연상태의 토량변화율 = 1, 흐트러진 상태의 토량변화율(L = 1.2), 다져진 상태의 토량변화율(C = 0.8). 그러므로 경암은 공극이 크기 때문에 L값이 모래보다 더 크다.

정답 50 ④ 51 ④ 52 ③ 53 ② 54 ④ 55 ①

56

콘크리트 $1m^3$에 소요되는 재료의 양으로 계량하여 1 : 2 : 4 또는 1 : 3 : 6 등의 배합 비율로 표시하는 배합을 무엇이라 하는가?

① 표준계량 배합 ② 용적배합
③ 중량배합 ④ 시험중량배합

해설

용적배합은 콘크리트 $1m^3$ 제작에 필요한 재료를 부피로 나타낸 것으로 보통 철근 콘크리트는 시멘트 : 모래 : 자갈 = 1 : 2 : 4, 무근 콘크리트는 시멘트 : 모래 : 자갈=1 : 3 : 6의 배합이다.

57

조경식재 공사에서 뿌리돌림의 목적으로 가장 부적합한 것은?

① 뿌리분을 크게 만들려고
② 이식 후 활착을 돕기 위해
③ 잔뿌리의 신생과 신장도모
④ 뿌리 일부를 절단 또는 각피하여 잔뿌리 발생촉진

해설

뿌리돌림은 이식을 위한 예비조치로 현재의 위치에서 미리 뿌리를 잘라 내거나 환상박피를 함으로써 나무의 뿌리분 안에 세근이 많이 발달하도록 유인하여 이식력을 높이고자 한다. 생리적으로 이식을 싫어하는 수목이나 세근이 잘 발달하지 않아 극히 활착하기 어려운 야생상태의 수목 및 노거수(老巨樹), 쇠약해진 수목의 이식에는 반드시 뿌리돌림이 필요하며 전정이 병행되어야 하며, 뿌리돌림으로 인해 새로운 잔뿌리 발생을 촉진시킨다.

58

조경공사의 시공자 선정방법 중 일반 공개경쟁입찰 방식에 관한 설명으로 옳은 것은?

① 예정가격을 비공개로 하고 견적서를 제출하여 경쟁입찰에 단독으로 참가하는 방식
② 계약의 목적, 성질 등에 따라 참가자의 자격을 제한하는 방식
③ 신문, 게시 등의 방법을 통하여 다수의 희망자가 경쟁에 참가하여 가장 유리한 조건을 제시한 자를 선정하는 방식
④ 공사 설계서와 시공도서를 작성하여 입찰서와 함께 제출하여 입찰하는 방식

해설

공개경쟁입찰(公開競爭入札) : 특정계약에서 입찰에 참가하고자 하는 모든 자격자가 입찰서를 제출할 수 있고 참가 입찰자 중 가장 유리한 조건을 제시한 자를 선정하는 방법을 말한다. 건설공사에서 보통 많이 이용하는 입찰방식이다.

59

농약의 사용목적에 따른 분류 중 응애류에만 효과가 있는 것은?

① 살충제 ② 살균제
③ 살비제 ④ 살초제

해설

살비제(acaricide, 殺蜱濟) : 응애류를 선택적으로 살상시키는 약제로 응애의 성충·유충뿐만 아니라 알에 대해서 효과가 커야 하고, 잔존 실효성이 길어야 하며 응애류에만 선택적 효과가 있어야 한다. 작물에 대해 약해가 없어야 하는데, 널리 사용되고 있는 살비제로는 켈탄(dicotol)·테디온(ted ion : tetraditon) 등이 있다. 살충제(殺蟲劑) : 해(害)로운 벌레를 죽이기 위(爲)하여 쓰는 약제(藥劑). 살균제(germicide, 殺菌劑) : 넓은 의미에서 미생물을 살상시키거나 생장을 억제시키는 효과를 지닌 농약으로서, 일반적으로 감염의 예방을 목적으로 사용되는 여러 소독제가 속한다. 살초제(weed killer, 殺草劑) : 초본식물을 고사시킬 수 있는 농약

60

"느티나무 10주에 600,000원, 조경공 1인과 보통공 2인이 하루에 식재한다."라고 가정할 때 느티나무 1주를 식재할 때 소요되는 비용은? (단, 조경공 노임은 60,000원/일, 보통공 40,000원/일 이다)

① 68,000원 ② 70,000원
③ 72,000원 ④ 74,000원

해설

하루에 10주를 식재할 수 있으므로 먼저 10주를 식재하는 금액을 산정한다. 600,000원 + ((60,000 × 1인) + (40,000 × 2인)) = 740,000원이 된다.
이것을 1주의 가격으로 환산하면 74,000원이 된다.

정답 56 ② 57 ① 58 ③ 59 ③ 60 ④

2014년 제5회 조경기능사 과년도

01

다음 중 직선과 관련된 설명으로 옳은 것은?

① 절도가 없어 보인다.
② 직선 가운데에 중개물(中介物)이 있으면 없는 때 보다도 짧게 보인다.
③ 베르사이유 궁원은 직선이 지나치게 강해서 압박감이 발생한다.
④ 표현 의도가 분산되어 보인다.

해설

직선(直線) : 두 점 사이 가장 짧게 연결한 선으로 굳건, 단순, 남성적, 일정한 방향을 제시

02

채도대비에 의해 주황색 글씨를 보다 선명하게 보이도록 하려면 바탕색으로 어떤 색이 가장 적합한가?

① 빨간색 ② 노란색
③ 파란색 ④ 회색

해설

채도대비(chromatic contrast, 彩度對比) : 채도가 다른 두 색을 인접시켰을 때 서로의 영향을 받아 채도가 높은 색은 더욱 높아 보이고 채도가 낮은 색은 더욱 낮아 보이는 현상

03

다음 중국식 정원의 설명으로 가장 거리가 먼 것은?

① 대비에 중점을 두고 있으며, 이것이 중국정원의 특색을 이루고 있다.
② 사실주의 보다는 상징적 축조가 주를 이루는 사의주의에 입각하였다.
③ 다정(茶庭)이 정원구성 요소에서 중요하게 작용하였다.
④ 차경수법을 도입하였다.

해설

중국 조경은 자연경관이 수려한 곳에 인위적으로 암석과 수목을 배치(심산유곡의 느낌)하고, 태호석을 이용한 석가산 수법을 사용했다. 경관의 조화보다는 대비에 중점(자연미와 인공미)을 두었고, 직선+곡선을 사용하였다. 사의주의, 회화풍경식, 자연풍경식이고, 하나의 정원 속에 부분적으로 여러 비율을 혼합하여 사용하였으며, 차경수법을 도입하였다. 다정은 일본정원이다.

04

영국의 풍경식 정원은 자연과의 비율이 어떤 비율로 조성되었는가?

① 1 : 1 ② 1 : 5
③ 2 : 1 ④ 1 : 100

해설

영국 풍경식 정원은 자연과의 비율이 1:1이다.

05

구조용 재료의 단면 표시기호 중 강(鋼)을 나타낸 것으로 가장 적합한 것은?

① 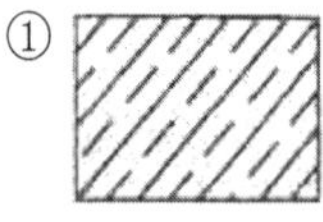
② 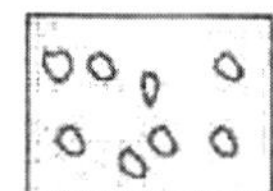
③ 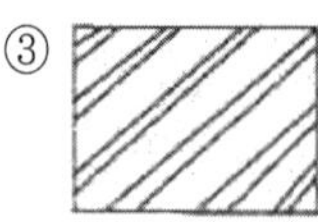
④ 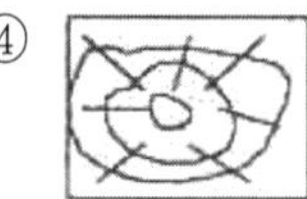

정답 1③ 2④ 3③ 4① 5③

06

낮에 태양광 아래에서 본 물체의 색이 밤에 실내 형광등 아래에서 보니 달라보였다. 이러한 현상을 무엇이라 하는가?

① 메타메리즘　② 메타볼리즘
③ 프리즘　④ 착시

해설
메타메리즘(metamerism) : 특정한 관측 조건하에서 분광 분포가 다른 두 색자극이 같게 보이는 것으로 조건 등색이라고도 한다.

07

실제 길이 3m는 축척 1/30 도면에서 얼마로 나타나는가?

① 1cm　② 10cm
③ 3cm　④ 30cm

해설
축척이 1/30이므로 3m를 mm로 환산하면 3000mm가 된다. 3000의 1/30 축척이므로 3000을 30으로 나누면 100mm가 되어 10cm가 된다.

08

컴퓨터를 사용하여 조경제도 작업을 할 때의 작업 특징과 가장 거리가 먼 것은?

① 도덕성　② 정확성
③ 응용성　④ 신속성

해설
도덕성(道德性, morality) : 도덕현상을 인식하고 도덕규범을 준수하려는, 즉 자신 및 타인의 행위에 대하여 선·악·정·사를 구별하고, 선행(善行)과 정의(正義)를 실천하려는 심성(心性). 정확성(正確性) : 바르고 확실한 성질. 또는 그런 정도. 신속성(迅速性) : 매우 빠른 성질

09

다음 중 단순미(單純美)와 가장 관련이 없는 것은?

① 독립수　② 형상수(topiary)
③ 잔디밭　④ 자연석 무너짐 쌓기

10

다음 중 색의 잔상(殘像, after image)과 관련된 설명으로 틀린 것은?

① 주어진 자극이 제거된 후에도 원래의 자극과 색, 밝기가 반대인 상이 보인다.
② 주위색의 영향을 받아 주위 색에 근접하게 변화하는 것이다.
③ 주어진 자극이 제거된 후에도 원래의 자극과 색, 밝기가 같은 상이 보인다.
④ 잔상은 원래 자극의 세기, 관찰시간과 크기에 비례한다.

해설
색잔상(chromatic afterimage, 色殘像) : 색 자극이 멈춘 직후 잠시 후에 나타나는 시각상을 말하며, 물체색인 경우는 원래 색상의 보색이 나타나기 쉽다.

11

고려시대 궁궐의 정원을 맡아 관리하던 해당 부서는?

① 내원서　② 상림원
③ 정원서　④ 동산바치

해설
내원서 : 고려시대 충렬왕 때 궁궐의 원림 맡아 보는 관서. 상림원 : 조선시대 궁궐의 원림 맡아보는 관서.

12

다음 중 경주 월지(안압지; 雁鴨池)에 있는 섬의 모양으로 가장 적당한 것은?

① 사각형　② 육각형
③ 한반도형　④ 거북이형

해설
안압지에는 3개의 섬이 있다. 첫 번째 큰 섬은 울퉁불퉁한 감자모양이며 호안 석축의 둘레가 139m, 면적은 1,094m^2(약 330평)이다. 호안석축의 높이는 1.7m 이며 석축 위로부터 높이 3.5m까지 경사를 이룬 작은 동산 위에는 직경 50cm에서 1.5m의 해석들이 자연스럽게 놓여있었다. 섬의 긴 호안석축이 동서로 있으며 동남쪽 호안에 가까이 있어서 안압지의 서북쪽에서 남쪽을 바라다보면 이 섬 때문에 남쪽 호안의 대부분이 보이지 않는다. 두

정답 6① 7② 8① 9④ 10② 11① 12④

번째 중간 섬 호안의 둘레는 111m, 면적 596m^2(150평)이다. 제일 큰 섬의 반 정도 크기이고, 둥근형이며, 굴곡이 심한 호안석축으로 되어있다. 노출된 호안석축의 높이는 1.6m 안팎이고 못 바닥부터 정상까지 5.5m 되는 가산 위에는 자연 해석이 다수 놓여있다. 세 번째 작은 섬은 발굴 전에는 완전히 퇴적된 흙 속에 파묻혀 있어서 보이지 않았던 섬이다. 크기는 면적이 62m^2(약 20평)이고 호안석축의 둘레는 30m이다. 발굴 당시 호안석축이 1m 내외로 남아있었으며, 섬위에 자연해석이 많이 놓여있어서 마치 돌섬과 같았다. 이 섬 때문에 안압지 서쪽의 제 2건물터에서는 맞은편의 협곡안을 볼 수가 없게 되어있다.

13

다음 중 '사자의 중정(Court of Lion)'은 어느 곳에 속해 있는가?

① 알카자르 ② 헤네랄리페
③ 알함브라 ④ 타즈마할

해설

스페인 그라나다의 알함브라 궁원(4개의 중정(파티오)가 남아있음) : 알베르카(Alberca)중정(도금양, 천인화의 중정), 사자의 중정, 다라하 중정(린다라야 중정), 창격자의 중정(사이프러스 중정)

14

도시공원의 설치 및 규모의 기준상 어린이공원이 최대 유치거리는?

① 100m ② 250m
③ 500m ④ 1000m

해설

도시공원 및 녹지 등에 관한 법률 시행규칙

공원구분		유치거리	규모
소공원		제한없음	제한없음
어린이공원		250m 이하	1,500m² 이상
근린공원	근린생활권		1만m² 이상
	도보권		3만m² 이상
	도시지역권		10만m² 이상
	광역권		100만m² 이상
묘지공원		제한없음	10만m² 이상
체육공원		제한없음	1만m² 이상

15

다음 중 관용색명 중 색상의 속성이 다른 것은?

① 풀색 ② 라벤더색
③ 솔잎색 ④ 이끼색

해설

관용 색명(usual color name, 慣用色名) : 예부터 관습적으로 사용한 색명으로 일반적으로 이미지의 연상어로 만들어지거나, 이미지의 연상어에 기본적인 색명을 붙여서 만들어진 것으로, 식물, 동물, 광물 등의 이름을 따서 붙인 것과 시대, 장소, 유행 같은 데서 유래된 것이 있다.

16

다음 중 가시가 없는 수종은?

① 음나무 ② 산초나무
③ 금목서 ④ 찔레꽃

해설

금목서 : 높이는 3~4m로 잎은 마주나고 긴 타원상의 넓은 피침 모양이고 빽빽하게 붙는다. 잎 가장자리에는 잔톱니가 있거나 밋밋하다. 잎 표면은 짙은 녹색이고 뒷면은 연한 녹색이다. 9~10월에 잎겨드랑이에 주황색의 잔꽃이 많이 모여 핀다. 꽃이 질 때 쯤에 녹색의 콩과 같은 열매를 맺는다.

17

다음 중 시멘트의 응결시간에 가장 영향이 적은 것은?

① 온도 ② 수량(水量)
③ 분말도 ④ 골재의 입도

해설

골재의 입도 : 크고 작은 골재의 혼합된 정도를 말한다.

18

조경에 이용될 수 있는 상록활엽관목류의 수목으로만 짝지어진 것은?

① 황매화, 후피향나무 ② 광나무, 꽝꽝나무
③ 백당나무, 병꽃나무 ④ 아왜나무, 가시나무

해설

상록 : 잎이 사철 푸르며, 활엽 : 잎이 뾰족하지 않고, 관목 : 키가 작은 수목

정답 13 ③ 14 ② 15 ② 16 ③ 17 ④ 18 ②

19

다음 중 양수에 해당하는 낙엽관목 수종은?

① 녹나무　　② 무궁화
③ 독일가문비　　④ 주목

해설

음수 : 약한 광선에서 생육이 비교적 좋은 수목으로 팔손이나무, 전나무, 비자나무, 주목, 눈주목, 가시나무, 회양목, 식나무, 독일가문비 등이 있다. 양수 : 충분한 광선 밑에서 생육이 비교적 좋은 수목으로 소나무, 곰솔(해송), 은행나무, 느티나무, 무궁화, 백목련, 가문비나무 등의 수목이 있다.

20

소가 누워있는 것과 같은 돌로, 횡석보다 안정감을 주는 자연석의 형태는?

① 와석　　② 평석
③ 입석　　④ 환석

해설

와석 : 소가 누운 형태의 돌로 횡석보다 안정감이 있음. 평석 : 윗부분이 평평한 돌로 앞부분에 배석. 입석 : 세워 쓰는 돌로 전후·좌우 어디서나 감상할 수 있고, 키가 커야 효과적인 돌. 환석 : 둥근 생김새의 돌

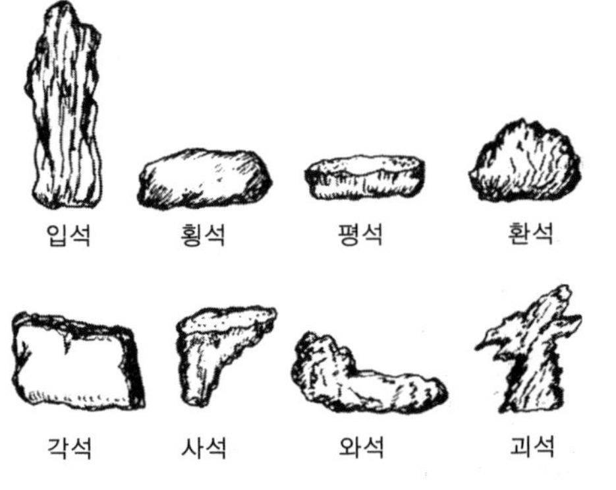

21

구상나무(*Abies koreana* Wilson)와 관련된 설명으로 틀린 것은?

① 열매는 구과로 원통형이며 길이 4~7cm, 지름 2~3cm의 자갈색이다.
② 측백나무과(科)에 해당한다.
③ 원추형의 상록침엽교목이다.
④ 한국이 원산지이다.

해설

구상나무 : *Abies koreana* WILS. 열매는 구과로 10월에 익으며 원통형이고 초록빛이나 자줏빛을 띤 갈색이며 길이 4~6cm, 지름 2~3cm이다. 소나무과 원추형의 상록교목이다. 한국(한라산·무등산·덕유산·지리산) 원산이다.

22

자연토양을 사용한 인공지반에 식재된 대관목의 생육에 필요한 최소 식재토심은? (단, 배수구배는 1.5~2.0%이다)

① 15cm　　② 30cm
③ 45cm　　④ 70cm

해설

식물 생육에 필요한 최소 토심

분류	생존최소깊이 (cm)	생육최소깊이 (cm)
심근성 교목	90	150
천근성 교목	60	90
관목	30	60
잔디 및 초본류	15	30

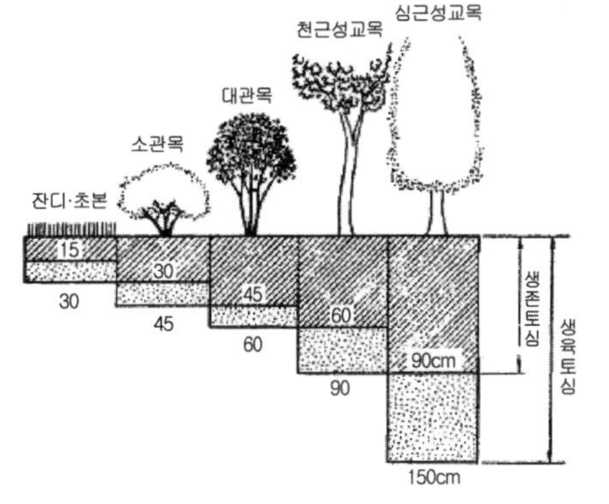

정답 19② 20① 21② 22③

23

건설재료용으로 사용되는 목재를 건조시키는 목적 및 건조방법에 관한 설명 중 틀린 것은?

① 균류에 의한 부식 및 벌레의 피해를 예방한다.
② 자연건조법에 해당하는 공기건조법은 실외에 목재를 쌓아두고 기건상태가 될 때까지 건조시키는 방법이다.
③ 중량경감 및 강도, 내구성을 증진시킨다.
④ 밀폐된 실내에 가열한 공기를 보내서 건조를 촉진시키는 방법은 인공건조법 중에서 증기건조법이다.

해설

건조의 목적 : 함수율(수분이 들어있는 비율)이 15%(기건함수율)가 되기 위함으로 균류에 의한 부식 및 벌레의 피해를 예방하며, 갈라짐 및 뒤틀림을 방지하고 변색 및 부패 방지, 중량경감, 탄성 및 강도를 높이고, 가공, 접착, 칠이 잘되게 한다. 단열과 전기절연 효과가 높아진다.

24

주로 감람석, 섬록암 등의 심성암이 변질된 것으로 암녹색 바탕에 흑백색의 아름다운 무늬가 있으며, 경질이나 풍화성이 있어 외장재보다는 내장 마감용 석재로 이용되는 것은?

① 사문암 ② 안산암
③ 점판암 ④ 화강암

해설

사문암(serpentinite, 蛇紋岩) : 암녹색, 청록색, 황록색 등을 띠며, 감람암 또는 두나이트 등 마그네슘이 풍부한 초염기성암이 열수(熱水)에 의해 교체작용을 받거나 변성작용 등을 받아 생성된다. 일반적으로 띠 모양의 관입암체를 이루며 조산대에 존재하며 장식용석재로 많이 쓰인다.

25

다음 인동과(科) 수종에 대한 설명으로 맞는 것은?

① 백당나무는 열매가 적색이다.
② 분꽃나무는 꽃향기가 없다.
③ 아왜나무는 상록활엽관목이다.
④ 인동덩굴의 열매는 둥글고 6~8월에 붉게 성숙한다.

해설

인동과(Caprifoliaceae, 忍冬科) : 주로 관목이고 덩굴식물, 관상용 식물 등으로 이루어진다. 잎은 마주달리고 대개 홑잎이며 턱잎은 없으나 딱총나무속은 깃꼴겹잎인 종이 있으며 턱잎이 있다. 꽃은 양성화이고 대개 취산꽃차례에 달린다. 백당나무 : 접시꽃나무라고도 하며 산지의 습한 곳에서 높이 약 3m로 자란다. 나무껍질은 불규칙하게 갈라지며 코르크층이 발달하고 새가지에 잔털이 나며 겨울눈은 달걀 모양이다. 잎은 마주나고 넓은 달걀 모양이며 가장자리에 톱니가 있다. 꽃은 5~6월에 흰색으로 피고 열매는 둥글고 지름 8~10mm이며 붉게 익는다.

26

콘크리트 내구성에 영향을 주는 화학반응식 "$Ca(OH)_2 + CO_2 \rightarrow CaCO_3 + H_2O \uparrow$"의 현상은?

① 알칼리 골재반응 ② 동결융해현상
③ 콘크리트 중성화 ④ 콘크리트 염해

해설

콘크리트의 중성화 : 콘크리트에 함유된 알칼리성 수산화칼슘이 탄산가스와 반응하여 탄산칼슘으로 변화하는 현상으로, 철근콘크리트는 그 강도의 저하와 철근의 녹에 의한 단면감소에 의해 열화한다.

27

다음 중 목재의 방화제(防火劑)로 사용될 수 없는 것은?

① 황산암모늄 ② 염화암모늄
③ 제2인산암모늄 ④ 질산암모늄

해설

목재 방화제(木材防火劑) : 목재를 타기 어렵게 만드는 약재로 목재 속에 주입하는 것과 표면에 바르는 도료 등 2가지로 나눌 수 있다. 주입제는 인산수소이암모늄, 황산암모늄, 염화칼슘(또는 마그네슘), 염화(또는 황산)알루미늄 등이 있다. **질산암모늄**은 공기 중에서는 안정한 편이지만 온도가 높거나, 밀폐용기 속에 들어있을 때, 혹은 가연성물질과 함께 있을 때는 폭발의 위험이 있기 때문에 주의해야 한다.

정답 23 ④ 24 ① 25 ① 26 ③ 27 ④

28

다음 중 멜루스(*Malus*)속에 해당되는 식물은?

① 아그배나무 ② 복사나무
③ 팥배나무 ④ 쉬땅나무

해설

사과나무(*Malus*)속은 장미과에 속하는 30~35 종의 낙엽수로 이뤄진 속이다. 아그배나무(*Malus sieboldii*), 복사나무(*Prunus persica*), 팥배나무(*Sorbus alnifolia*), 쉬땅나무(*Sorbaria sorbifolia*) 등이 해당된다.

29

콘크리트의 표준배합 비가 1 : 3 : 6일 때 이 배합비의 순서에 맞는 각각의 재료를 바르게 나열한 것은?

① 자갈 : 시멘트 : 모래
② 모래 : 자갈 : 시멘트
③ 자갈 : 모래 : 시멘트
④ 시멘트 : 모래 : 자갈

해설

콘크리트의 용적배합은 보통 철근 콘크리트는 시멘트 : 모래 : 자갈 = 1 : 2 : 4, 무근 콘크리트는 시멘트 : 모래 : 자갈=1 : 3 : 6의 배합

30

콘크리트 다지기에 대한 설명으로 틀린 것은?

① 진동다지기를 할 때에는 내부 진동기를 하층의 콘크리트 속으로 작업이 용이하도록 사선으로 0.5m 정도 찔러 넣는다.
② 콘크리트 다지기에는 내부진동기의 사용을 원칙으로 하나, 얇은 벽 등 내부진동기의 사용이 곤란한 장소에서는 거푸집 진동기를 사용해도 좋다.
③ 내부진동기의 1개소당 진동시간은 다짐할 때 시멘트 페이스트가 표면 상부로 약간 부상하기까지 한다.
④ 거푸집판에 접하는 콘크리트는 되도록 평탄한 표면이 얻어지도록 타설하고 다져야 한다.

해설

콘크리트의 다지기에는 내부진동기를 사용하는 것을 원칙으로 하며, 얇은 벽 등에서 내부진동기의 사용이 곤란한 장소에는 거푸집 진동기를 병용하는 것이 좋다. 콘크리트는 친 직후 충분히 다져서 콘크리트가 철근 주위와 거푸집의 구석구석까지 돌도록 하여야 한다. 콘크리트가 잘 돌기 어려운 곳에서는 콘크리트 중의 모르터와 같은 배합의 모르터를 쳐 넣어서 구석구석까지 잘 돌게 해야 한다. 내부진동기는 될 수 있는 대로 **연직**으로, 또한 고른 간격으로**(일반적으로 60cm 이하)** 찔러 넣어 다진다. 이 때 진동기는 아래층의 콘크리트 속에 10cm정도 삽입하는 것이 좋으며 진동기는 콘크리트로부터 천천히 빼내어 구멍이 남지 않도록 한다.

31

다음 중 조경공간의 포장용으로 주로 쓰이는 가공석은?

① 강석(하천석) ② 견치돌(간지석)
③ 판석 ④ 각석

해설

판석(板石)은 나비에 비하여 두께가 대단히 얇은 석재로 바닥이나 산책로를 포장하는데 이용

32

다음 조경식물 중 생장 속도가 가장 느린 것은?

① 배롱나무 ② 쉬나무
③ 눈주목 ④ 층층나무

해설

생장속도 : 양지에서 잘 자라는 나무는 어릴 때의 생장이 빠르지만 음지에서 잘 자라는 나무는 생장이 비교적 느리다. 생장속도 빠른 수종 : 원하는 크기까지 빨리 자라나 수형이 흐트러지고 바람에 약하다(배롱나무, 쉬나무, 자귀나무, 층층나무, 개나리, 무궁화 등). 생장속도 느린 수종 : 음수로 수형이 거의 일정하고 바람에 꺾이는 일도 거의 없지만 원하는 크기까지 자라는 데 시간이 많이 걸린다(구상나무, 백송, 눈주목, 독일가문비, 감탕나무, 때죽나무 등).

정답 28 ① 29 ④ 30 ① 31 ③ 32 ③

33

다음 중 목재에 유성페인트 칠을 할 때 가장 관련이 없는 재료는?

① 건조제 ② 건성유
③ 방청제 ④ 희석제

해설

방청제(rust inhibitor, 防錆劑) : 금속이 부식하기 쉬운 상태일 때 첨가함으로써 녹을 방지하기 위해 사용하는 물질

34

종류로는 수용형, 용제형, 분말형 등이 있으며 목재, 금속, 플라스틱 및 이들 이종재(異種材)간의 접착에 사용되는 합성수지 접착제는?

① 페놀수지접착제
② 폴리에스테르수지접착제
③ 카세인접착제
④ 요소수지접착제

해설

페놀 수지 접착제(phenol resin adhesive, -樹脂接着劑) : 페놀류와 포름알데히드류를 축합 반응시킨 것을 주성분으로 한 접착제로 접착력이 크고, 내수·내열·내구성이 뛰어나지만, 사용 가능 시간의 온도에 의한 영향이 크다.

35

마로니에와 칠엽수에 대한 설명으로 옳지 않은 것은?

① 마로니에와 칠엽수는 원산지가 같다.
② 마로니에와 칠엽수 모두 열매 속에는 밤톨 같은 씨가 들어 있다.
③ 마로니에는 칠엽수와는 달리 열매 표면에 가시가 있다.
④ 마로니에와 칠엽수의 잎은 장상복엽이다.

해설

마로니에의 원산지는 유럽 남부이며, 칠엽수의 원산지는 일본이다.

36

다음 중 조경시공에 활용되는 석재의 특징으로 부적합한 것은?

① 색조와 광택이 있어 외관이 미려 · 장중하다.
② 내수성 · 내구성 · 내화학성이 풍부하다.
③ 내화성이 뛰어나고 압축강도가 크다.
④ 천연물이기 때문에 재료가 균일하고 갈라지는 방향성이 없다.

해설

석재의 성질은 압축강도는 강하나 휨강도나 인장강도는 약하고, 비중 클수록 조직이 치밀하고 압축강도가 크다. 장점은 색조와 광택이 있어 외관이 아름답고 내구성과 강도가 크다. 변형되지 않고 가공성이 있으며 가공 정도에 따라 다양한 외양을 가질 수 있다. 내화학성, 내수성이 크고 마모성이 적다. 단점은 무거워서 다루기 불편하고, 가공하기 어려우며, 운반비와 가격이 비싸고, 긴 재료를 얻기 힘들다.

37

수간과 줄기 표면의 상처에 침투성 약액을 발라 조직 내로 약효성분이 흡수되게 하는 농약 사용법은?

① 도포법 ② 관주법
③ 도말법 ④ 분무법

38

디딤돌 놓기 공사에 대한 설명으로 틀린 것은?

① 시작과 끝 부분, 갈라지는 부분은 50cm 정도의 돌을 사용한다.
② 넓적하고 평평한 자연석, 판석, 통나무 등이 활용된다.
③ 정원의 잔디, 나지 위에 놓아 보행자의 편의를 돕는다.
④ 같은 크기의 돌을 직선으로 배치하여 기능성을 강조한다.

해설

디딤돌 놓기 : 보행의 편의와 지피식물의 보호, 시각적으로 아름답게 하고자 하는 돌 놓기로 군데군데 잠시 멈춰 설 수 있도록 지름 50~60cm 되는 큰 디딤돌을 놓는다. 한 면이 넓적하고 평평한 자연석, 화강석판, 천연 슬레이트 등의 판석, 통나무 또는 인조목 등이 사용된다.

정답 33 ③ 34 ① 35 ① 36 ④ 37 ① 38 ④

39

우리나라에서 1929년 서울의 비원(祕苑)과 전남 목포지방에서 처음 발견된 해충으로 솔잎 기부에 충영을 형성하고 그 안에서 흡즙해 소나무에 피해를 주는 해충은?

① 솔잎벌 ② 솔잎혹파리
③ 솔나방 ④ 솔껍질깍지벌레

해설

솔잎혹파리 : 1년 1회 발생하며 유충이 솔잎 기부에 벌레혹을 만들고 그 속에 수액 및 즙액을 빨아 먹는다. 솔나방과 다르게 울창한 소나무 숲에 피해가 많다. 화학적 방제법은 오메톤액제, 포스팜액제가 사용되며, 생물학적 방제법(천적)으로 산솔새가 이용된다.

40

다음 중 지피식물 선택 조건으로 부적합한 것은?

① 병충해에 강하며 관리가 용이하여야 한다.
② 치밀하게 피복되는 것이 좋다.
③ 키가 낮고 다년생이며 부드러워야 한다.
④ 특수 환경에 잘 적응하며 희소성이 있어야 한다.

해설

지피식물(地被植物) : 지표를 낮게 덮는 식물로 병충해에 강하며 관리가 용이하여야 하며, 치밀하게 피복되는 것이 좋고, 키가 낮고 다년생이며 부드러워야 한다.

41

토양수분 중 식물이 생육에 주로 이용하는 유효수분은?

① 결합수 ② 흡습수
③ 모세관수 ④ 중력수

해설

모세관수(毛細管水, capillary water) : 토양의 작은 공극 또는 모세관의 모관력에 의하여 보유되는 물로 식물의 수분 흡수와 가장 관계가 깊다.

42

개화, 결실을 목적으로 실시하는 정지·전정의 방법으로 틀린 것은?

① 약지는 길게, 강지는 짧게 전정하여야 한다.
② 묵은 가지나 병충해 가지는 수액유동 전에 전정한다.
③ 개화결실을 촉진하기 위하여 가지를 유인하거나 단근작업을 실시한다.
④ 작은 가지나 내측으로 뻗은 가지는 제거한다.

해설

개화결실 수목 : 도장지, 허약지 등을 전정해 생장을 억제하여 개화결실 촉진하고, 약지(弱枝)는 짧게, 강지(强枝)는 길게 전정한다. 묵은 가지나 병충해를 입은 가지는 수액유동 전에 전정한다.

43

다음 중 흙깎기의 순서 중 가장 먼저 실시하는 곳은?

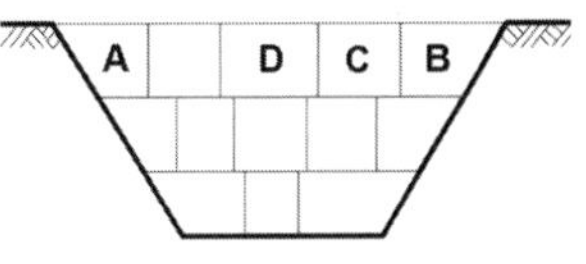

① A ② B
③ C ④ D

44

다음 방제 대상별 농약 포장지 색깔이 옳은 것은?

① 살균제 - 초록색 ② 살충제 - 노란색
③ 제초제 - 분홍색 ④ 생장 조절제 - 청색

해설

방제 대상별 농약 포장지 색상

구분	포장지 색상
살충제	초록색(나무를 살린다)
살균제	분홍색
제초제	노란색(반만 죽인다)
비선택성 제초제	적색(다 죽인다)
생장조절제	청색(푸른 신호등)

정답 39 ② 40 ④ 41 ③ 42 ① 43 ④ 44 ④

45

다음 중 비료의 3요소에 해당하지 않는 것은?

① N ② K
③ P ④ Mg

해설

비료의 3요소 : 질소(N), 인(P), 칼륨(K), 비료의 4요소 : 질소(N), 인(P), 칼륨(K), 칼슘(Ca)

46

과다 사용 시 병에 대한 저항력을 감소시키므로 특히 토양의 비배관리에 주의해야 하는 무기성분은?

① 질소 ② 규산
③ 칼륨 ④ 인산

해설

질소(N) : 광합성 작용의 촉진으로 잎이나 줄기 등 수목의 생장에 도움을 준다. 결핍시 신장생장이 불량하여 줄기나 가지가 가늘고 작아지며, 묵은 잎이 황변(黃變)하여 떨어진다. 결핍현상으로 활엽수는 잎이 황록색으로 변색, 잎의 수가 적어지고 두꺼워지며 조기낙엽이 지며, 침엽수는 침엽이 짧고 황색을 띤다. 과잉하면 도장하고 약해지며 성숙이 늦어지고, 탄소동화작용, 질소동화작용, 호흡작용 등 생리기능에 중요하며, 뿌리, 가지, 잎 등의 생장점에 많이 분포한다.

47

합성수지 놀이시설물의 관리 요령으로 가장 적합한 것은?

① 정기적인 보수와 도료 등을 칠해 주어야 한다.
② 자체가 무거워 균열 발생 전에 보수한다.
③ 회전하는 축에는 정기적으로 그리스를 주입한다.
④ 겨울철 저온기 때 충격에 의한 파손을 주의한다.

해설

합성수지(synthetic resine) : 합성 고분자 물질 중에서 섬유, 고무로 이용되는 이외의 것을 총칭하며, 겨울철 충격에 의한 파손을 주의한다.

48

가지가 굵어 이미 찢어진 경우에 도복 등의 위험을 방지하고자 하는 방법으로 가장 알맞은 것은?

① 지주설치
② 쇠조임(당김줄설치)
③ 외과수술
④ 가지치기

49

도시공원의 식물 관리비 계산 시 산출근거와 관련이 없는 것은?

① 작업률
② 식물의 품종
③ 식물의 수량
④ 작업회수

50

참나무 시들음병에 관한 설명으로 틀린 것은?

① 곰팡이가 도관을 막아 수분과 양분을 차단한다.
② 솔수염하늘소가 매개충이다.
③ 피해목은 벌채 및 훈증처리 한다.
④ 우리나라에서는 2004년 경기도 성남시에서 처음 발견되었다.

해설

참나무시들음병(Oak wilt) : 건강한 참나무류가 급속히 말라 죽는 병으로 매개충인 광릉긴나무좀과 병원균 간의 공생작용에 의해 발병하며 갈참나무, 신갈나무, 졸참나무에서 피해가 크다. 매개충인 광릉긴나무좀 성충이 5월 상순부터 나타나서 참나무류로 침입한다. 피해목은 7월 하순부터 빨갛게 시들면서 말라 죽기 시작하고 겨울에도 잎이 떨어지지 않고 붙어 있다. 고사목의 줄기와 굵은 가지에 매개충의 침입공이 다수 발견되며, 주변에는 목재 배설물이 많이 분비된다.

정답 45 ④ 46 ① 47 ④ 48 ② 49 ② 50 ②

51

수목의 뿌리분 굴취와 관련된 설명으로 틀린 것은?

① 수목 주위를 파 내려가는 방향은 지면과 직각이 되도록 한다.
② 분의 주위를 1/2 정도 파 내려갔을 무렵부터 뿌리감기를 시작한다.
③ 분의 크기는 뿌리목 줄기 지름의 3~4배를 기준으로 한다.
④ 분 감기 전 직근을 잘라야 용이하게 작업할 수 있다.

52

안전관리 사고의 유형은 설치, 관리, 이용자·보호자·주최자 등의 부주의, 자연재해 등에 의한 사고로 분류된다. 다음 중 관리하자에 의한 사고의 종류에 해당하지 않는 것은?

① 위험장소에 대한 안전대책 미비에 의한 것
② 시설의 노후 및 파손에 의한 것
③ 시설의 구조 자체의 결함에 의한 것
④ 위험물 방치에 의한 것

해설

설치하자에 의한 사고 : 시설구조 자체의 결함, 시설배치 또는 설치의 미비로 인한 사고. 관리하자에 의한 사고 : 시설의 노후, 위험한 장소에 대한 안전대책 미비, 위험물 방치로 인한 사고. 보호자, 이용자 부주의에 의한 사고 : 부주의, 부적정 이용, 보호자의 감독 불충분, 자연 재해 등에 의한 사고 방지

53

다음 중 토양 통기성에 대한 설명으로 틀린 것은?

① 기체는 농도가 낮은 곳에서 높은 곳으로 확산작용에 의해 이동한다.
② 건조한 토양에서는 이산화탄소와 산소의 이동이나 교환이 쉽다.
③ 토양 속에는 대기와 마찬가지로 질소, 산소, 이산화탄소 등의 기체가 존재한다.
④ 토양생물의 호흡과 분해로 인해 토양 공기 중에는 대기에 비하여 산소가 적고 이산화탄소가 많다.

54

이종기생균이 그 생활사를 완성하기 위하여 기주를 바꾸는 것을 무엇이라고 하는가?

① 기주교대　② 중간기주
③ 이종기생　④ 공생교환

해설

기주교대(alternation of host, 寄主交代) : 균류중에 녹병균은 그의 생활사를 완성하기 위해 전혀 다른 2종의 식물을 기주로 하는데 홀씨의 종류에 따라 기주를 바꾸게 되는 것

55

다음 그림과 같은 삼각형의 면적은?

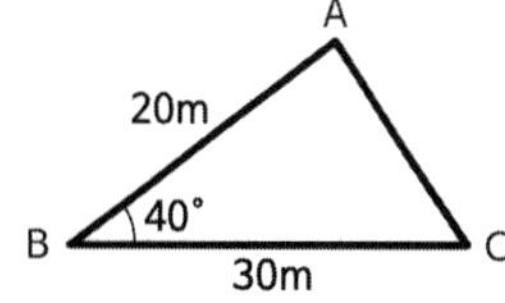

① $115m^2$　② $193m^2$
③ $230m^2$　④ $386m^2$

56

인공 식재 기반 조성에 대한 설명으로 틀린 것은?

① 식재층과 배수층 사이는 부직포를 깐다.
② 건축물 위의 인공식재 기반은 방수처리 한다.
③ 심근성 교목의 생존 최소 깊이는 40cm로 한다.
④ 토양, 방수 및 배수시설 등에 유의한다.

해설

조경기준 제15조(식재토심) : 옥상조경 및 인공지반 조경의 식재토심은 배수층의 두께를 제외한 다음 각호의 기준에 의한 두께로 하여야 한다. 초화류 및 지피식물 : 15cm 이상 (인공토양 사용시 10cm 이상), 소관목 : 30cm 이상 (인공토양 사용시 20cm 이상), 대관목 : 45cm 이상 (인공토양 사용시 30cm 이상), 교목 : 70cm 이상 (인공토양 사용시 60cm 이상)

정답 51 ④ 52 ③ 53 ① 54 ① 55 ② 56 ③

57

다음 중 콘크리트의 파손 유형이 아닌 것은?

① 단차(faulting) ② 융기(blow-up)
③ 균열(crack) ④ 양생(curing)

해설

양생(curing, 養生) : 콘크리트 치기가 끝난 다음 온도·하중·충격·오손·파손 등의 유해한 영향을 받지 않도록 충분히 보호 관리하는 것을 일컫는 말로 보양(保養)이라고도 한다. 콘크리트의 생명은 시공 후의 양생에 있다고 해도 과언이 아니므로, 양생은 콘크리트 공사에 중대한 최종작업으로 엄중히 시행하여야 한다. 양생에는 습윤양생·증기양생·전기양생·피막(皮膜)양생 등이 있다

58

다음 그림은 수목의 번식방법 중 어떠한 접목법에 해당 하는가?

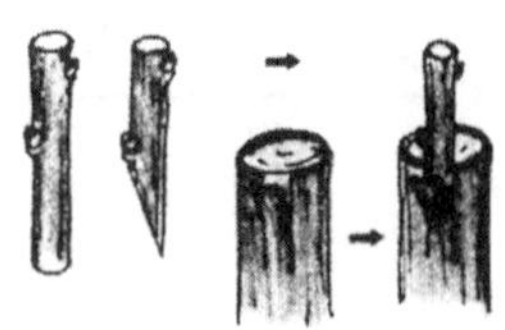

① 쪼개접 ② 깎기접
③ 안장접 ④ 박피접

59

목재를 방부제 속에 일정기간 담가두는 방법으로 크레오소트(creosote)를 많이 사용하는 방부법은?

① 직접유살법 ② 표면탄화법
③ 상압주입법 ④ 약제도포법

해설

상압주입법(常壓注入法, open tank process) :상시온도의 방식제 속에 목재를 수십일 담가 두어서 방식제가 목재 속에 주입되도록 하는 방법

60

적심(摘心; candle pinching)에 대한 설명으로 틀린 것은?

① 수관이 치밀하게 되도록 교정하는 작업이다.
② 참나무과(科) 수종에서 주로 실시한다.
③ 촛대처럼 자란 새순을 가위로 잘라주거나 손끝으로 끊어준다.
④ 고정생산하는 수목에 실시한다.

해설

적심(摘心, pinching) : 주경(主莖)이나 주지(主枝)의 순을 질러서 그 생장을 억제하고 측지(側枝)의 발생을 많게 하여, 개화(開花), 착과(着果), 착립(着粒) 등을 촉진하는 것이다. 과수, 과채류, 목화, 두류 등에서 실시하고 개화 후 담배의 순을 지르면 잎의 성숙이 촉진된다.

정답 57 ④ 58 ④ 59 ③ 60 ②

2015년 제1회 조경기능사 과년도

01

다음 중 19세기 서양의 조경에 대한 설명으로 틀린 것은?

① 1899년 미국 조경가협회(ASLA)가 창립되었다.
② 19세기 말 조경은 토목공학기술에 영향을 받았다.
③ 19세기 말 조경은 전위적인 예술에 영향을 받았다.
④ 19세기 초에 도시문제와 환경문제에 관한 법률이 제정되었다.

02

다음 이슬람 정원 중 『알함브라 궁전』에 없는 것은?

① 알베르카 중정
② 사자의 중정
③ 사이프레스의 중정
④ 헤네랄리페 중정

해설

그라나다의 알함브라 궁원 : 알베르카(Alberca)중정, 사자의 중정, 다라하 중정(린다라야 중정), 창격자의 중정(사이프러스 중정)

03

브라운파의 정원을 비판하였으며 큐가든에 중국식 건물, 탑을 도입한 사람은?

① Richard Steele
② Joseph Addison
③ Alexander Pope
④ William Chambers

해설

챔버(Chamber) : 큐가든 설계(중국식 건물과 탑 세움) - 중국 정원 소개, 브라운의 자연풍경식 비판

04

고대 그리스에서 청년들이 체육 훈련을 하는 자리로 만들어졌던 것은?

① 페리스틸리움 ② 지스터스
③ 짐나지움 ④ 보스코

해설

그리스의 짐나지움 : 청소년들이 체육 훈련을 하던 장소(대중적인 정원으로 발달)

05

조경계획 과정에서 자연환경 분석의 요인이 아닌 것은?

① 기후 ② 지형
③ 식물 ④ 역사성

해설

자연환경요인 : 기후, 지형, 식물, 토질, 암석 등 / 사회환경요인 : 종교, 민족성, 역사성, 정치, 경제, 건축, 교통, 예술 등

06

제도에서 사용되는 물체의 중심선, 절단선, 경계선 등을 표시하는데 가장 적합한 선은?

① 실선 ② 파선
③ 1점쇄선 ④ 2점쇄선

해설

1점쇄선은 물체 및 도형의 중심선, 절단선, 경계선을 나타낸다.

정답 1④ 2④ 3④ 4③ 5④ 6③

7 과년도 기출문제

07

조선시대 중엽 이후 풍수설에 따라 주택조경에서 새로이 중요한 부분으로 강조된 것은?

① 앞뜰(前庭) ② 가운데뜰(中庭)
③ 뒤뜰(後庭) ④ 안뜰(主庭)

해설

전정(앞뜰) : 대문과 현관사이의 공간으로 바깥의 공적인 분위기에서 사적인 분위기로의 전이공간이며, 주택의 첫인상을 좌우하는 공간으로 가장 밝은 공간이고 입구로서의 단순성 강조. 주정(안뜰) : 가장 중요한 공간으로 응접실이나 거실쪽에 면한 뜰로 옥외생활을 즐길 수 있는 곳이며, 휴식과 단란이 이루어지는 공간으로 가장 특색 있게 꾸밀 수 있다. 후정(뒤뜰) : 조용하고 정숙한 분위기로 침실에서 전망이나 동선을 살리되 외부에서 시각적, 기능적 차단을 하며 프라이버시(사생활)가 최대한 보장되는 공간이다.

08

다음 중 정신 집중으로 요구하는 사무공간에 어울리는 색은?

① 빨강 ② 노랑
③ 난색 ④ 한색

해설

한색(cool color, 寒色) : 청과 청록색 계통으로 차가운 느낌과 서늘한 느낌을 주는 색이며 따뜻한 색에 대응해서 차가운 색으로 색상환에서 초록, 파랑, 보라 근처에 존재하는 색들로 자극적이지 않으며 차분하다. 긴장 완화, 사색적 경험을 가능하게 하고, 사물의 실제 온도를 그보다 낮게 느끼게 한다. 한색은 자칫 시원함이 지나쳐 우울증과 같은 부정적 영향을 초래하기도 한다. 난색(warm color, 暖色) : 일반적으로 '따뜻함'을 연상하게 하여 편안, 포근, 유쾌, 만족감을 느끼게 하는 색채로 색상환 중 빨강, 주황, 노랑이 따뜻한 느낌을 주는 장파장의 색이다. 난색이 적용된 실내 환경은 한색을 사용한 공간보다 따뜻한 느낌이 난다.

09

조경계획 및 설계에 있어서 몇 가지의 대안을 만들어 각 대안의 장·단점을 비교한 후에 최종안으로 결정하는 단계는?

① 기본구상 ② 기본계획
③ 기본설계 ④ 실시설계

해설

기본구상 : 수집한 자료를 종합한 후 이를 바탕으로 개략적인 계획안을 결정하는 단계이며, 몇 가지 대안을 만들어 각 대안의 장단점을 비교한 후 최종안을 결정

10

다음 중 스페인의 파티오(patio)에서 가장 중요한 구성 요소는?

① 물 ② 원색의 꽃
③ 색채타일 ④ 짙은 녹음

해설

스페인 파티오의 중요구성요소는 물(水), 색채타일, 분수인데 그 중 가장 중요한 구성요소는 물이다.

11

보르 뷔 콩트(Vaux-le-Vicomte) 정원과 가장 관련 있는 양식은?

① 노단식 ② 평면기하학식
③ 절충식 ④ 자연풍경식

해설

프랑스의 보르 비 꽁트(Vaux-le-Vicomte) 정원은 최초의 평면기하학식 정원으로 건축은 루이르보, 조경은 르노트르가 설계하였다. 조경이 주요소이고, 건물은 2차적 요소로서 산책로(allee), 총림, 비스타(Vista : 좌우로의 시선이 숲 등에 의하여 제한되고 정면의 한 점으로 시선이 모이도록 구성되어 주축선이 두드러지게 하는 경관 구성 수법), 자수화단이 특징이며, 루이14세를 자극해 베르사유 궁원을 설계하는데 계기가 됨

12

다음 중 『면적대비』의 특징 설명으로 틀린 것은?

① 면적의 크기에 따라 명도와 채도가 다르게 보인다.
② 면적의 크고 작음에 따라 색이 다르게 보이는 현상이다.
③ 면적이 작은 색은 실제보다 명도와 채도가 낮아져 보인다.
④ 동일한 색이라도 면적이 커지면 어둡고 칙칙해 보인다.

정답 7③ 8④ 9① 10① 11② 12④

해설

면적 대비(area contrast, 面積對比) : 동일한 색이라 하더라도 면적에 따라서 채도와 명도가 달라 보이는 현상으로 면적이 커지면 명도와 채도가 증가하고 반대로 작아지면 명도와 채도가 낮아지는 현상이다. 반사율과 흡수율에 따라서 차이가 있을 수 있다.

13

정토사상과 신선사상을 바탕으로 불교 선사상의 직접적 영향을 받아 극도의 상징성(자연석이나 모래 등으로 산수자연을 상징)으로 조성된 14~15세기 일본의 정원 양식은?

① 중정식 정원
② 고산수식 정원
③ 전원풍경식 정원
④ 다정식 정원

해설

축산 고산수 수법(14C) : 나무를 다듬어 산봉우리의 생김새 나타내고, 바위를 세워 폭포수를 상징하여 왕모래로 냇물이 흐르는 느낌을 얻을 수 있도록 하는 수법으로 대표작품은 대덕사 대선원이고, 표현내용은 정토세계의 신선사상임. 평정 고산수 수법(15C 후반) : 왕모래와 몇 개의 바위만 정원재료로 사용하고 식물재료는 사용하지 않았으며, 이 시기에 축석기교가 최고로 발달하였고 대표작품은 용안사가 있다.

14

다음 중 추위에 견디는 힘과 짧은 예취에 견디는 힘이 강하며, 골프장의 그린을 조성하기에 가장 적합한 잔디의 종류는?

① 들잔디 ② 벤트그래스
③ 버뮤다그래스 ④ 라이그래스

해설

벤트그래스 : 질감이 매우 고우며, 4~8mm 정도로 낮게 깎아 이용하는 잔디로 잔디 중 품질이 가장 좋아서 골프장(그린 부분)에 많이 사용된다. 병충해에 약해(병이 많이 발생해서) 철저한 관리가 필요하며, 건조에 약해 자주 관수를 요구한다. 여름철에 많은 농약을 뿌려야 잘 견디고, 씨로 잘 번식한다.

15

조경설계기준상의 조경시설로서 음수대의 배치, 구조 및 규격에 대한 설명이 틀린 것은?

① 설치위치는 가능하면 포장지역 보다는 녹지에 배치하여 자연스럽게 지반면보다 낮게 설치한다.
② 관광지 · 공원 등에는 설계대상 공간의 성격과 이용특성 등을 고려하여 필요한 곳에 음수대를 배치한다.
③ 지수전과 제수밸브 등 필요시설을 적정 위치에 제 기능을 충족시키도록 설계한다.
④ 겨울철의 동파를 막기 위한 보온용 설비와 퇴수용 설비를 반영한다.

해설

음수대의 설치 위치는 지반면보다 높게 설치한다.

16

다음 중 아스팔트의 일반적인 특성 설명으로 옳지 않은 것은?

① 비교적 경제적이다.
② 점성과 감온성을 가지고 있다.
③ 물에 용해되고 투수성이 좋아 포장재로 적합하지 않다.
④ 점착성이 크고 부착성이 좋기 때문에 결합재료, 접착재료로 사용한다.

해설

아스팔트(asphalt) : 흑색 또는 흑갈색을 띠며, 주로 수소 및 탄소로 구성되어 있고, 소량의 질소·황·산소가 결합된 화합물들로 이루어져 있다. 화학적으로 극히 복잡한 구조를 가지고 있다. 아스팔트는 온도가 높으면 액체 상태가 되고, 저온에서는 매우 딱딱해지며, 아스팔트의 종류에 따라 감온성(感溫性)이 달라진다. 또 아스팔트는 가소성(可塑性)이 풍부하고 방수성·전기절연성·접착성 등이 크며, 화학적으로 안정한 특징을 가지고 있다. 쇄석(碎石)이나 모래·돌가루 등에 아스팔트를 5~6% 혼합해서 다지면 단단하고 끈질긴 것이 되므로 도로포장 재료나 아스팔트 타일 등의 바닥재료로서 가장 알맞은 것이 된다.

정답 13 ② 14 ② 15 ① 16 ③

17

타일의 동해를 방지하기 위한 방법으로 옳지 않은 것은?

① 붙임용 모르타르의 배합비를 좋게 한다.
② 타일은 소성온도가 높은 것을 사용한다.
③ 줄눈 누름을 충분히 하여 빗물의 침투를 방지한다.
④ 타일은 흡수성이 높은 것일수록 잘 밀착됨으로 방지효과가 있다.

해설

타일 동해방지 : 소성온도가 높은 타일을 사용, 흡수성이 낮은 타일을 사용, 붙임용 모르타르 배합비를 정확히 한다. 줄눈 누름을 충분히 하여 빗물의 침투를 방지한다.

18

회양목의 설명으로 틀린 것은?

① 낙엽활엽관목이다.
② 잎은 두껍고 타원형이다.
③ 3~4월경에 꽃이 연한 황색으로 핀다.
④ 열매는 삭과로 달걀형이며, 털이 없으며 갈색으로 9~10월경에 성숙한다.

해설

회양목 : 상록활엽관목으로 푸르고 모진 잔가지를 많이 쳐서 흔히 더부룩한 외모를 보인다. 잎은 마디마다 2장이 마주 자리하는데 워낙 마디 사이가 좁기 때문에 잎이 잔가지들을 완전히 덮고 있는 것처럼 보인다. 잎의 길이는 1cm 안팎인데 가죽처럼 빳빳하고 윤기가 난다. 타원 모양으로 생긴 잎은 끝이 약간 패여 있다. 잎 가장자리에는 톱니가 없이 밋밋하며 뒷면 쪽으로 약간 말려든다. 꽃은 가지 끝이나 그에 가까운 잎겨드랑이에 수꽃과 암꽃이 함께 몇 송이씩 뭉쳐 피는데 한가운데에 암꽃이 자리하며 빛깔은 연한 노란빛이다.

19

다음 중 아황산가스에 견디는 힘이 가장 약한 수종은?

① 삼나무 ② 편백
③ 플라타너스 ④ 사철나무

해설

아황산가스(SO_2)의 피해 : 식물 체내로 침입하여 피해를 줄 뿐만 아니라 토양에 흡수되어 산성화시키고 뿌리에 피해를 주어 지력을 감퇴시킨다. 한 낮이나 생육이 왕성한 봄과 여름, 오래된 잎에 피해를 입기 쉽다.

구분		수종
아황산가스에 강한 수종	상록 침엽수	편백, 화백, 가이즈까향나무, 향나무 등
	상록 활엽수	가시나무, 굴거리나무, 녹나무, 태산목, 후박나무, 후피향나무, 가시나무 등
	낙엽 활엽수	가중나무, 벽오동, 버드나무류, 칠엽수, 플라타너스 등
아황산가스에 약한 수종	침엽수	소나무, 잣나무, 전나무, 삼나무, 히말라야시더, 일본잎갈나무(낙엽송), 독일가문비 등
	활엽수	느티나무, 백합(튤립)나무, 단풍나무, 수양벚나무, 자작나무 등

20

다음 중 조경수목의 생장 속도가 느린 것은?

① 모과나무 ② 메타세쿼이아
③ 백합나무 ④ 개나리

해설

생장속도 : 양지에서 잘 자라는 나무는 어릴 때의 생장이 빠르지만 음지에서 잘 자라는 나무는 생장이 비교적 느리다. 생장속도 빠른 수종 : 원하는 크기까지 빨리 자라나 수형이 흐트러지고 바람에 약하다(배롱나무, 메타세쿼이아, 백합나무, 쉬나무, 자귀나무, 층층나무, 개나리, 무궁화 등). 생장속도 느린 수종 : 음수로 수형이 거의 일정하고 바람에 꺾이는 일도 거의 없지만 원하는 크기까지 자라는 데 시간이 많이 걸린다(구상나무, **모과나무**, 백송, 독일가문비, 감탕나무, 때죽나무 등).

21

목재가공 작업 과정 중 소지조정, 눈막이(눈메꿈), 샌딩실러 등은 무엇을 하기 위한 것인가?

① 도장 ② 연마
③ 접착 ④ 오버레이

해설

목재도장(木材塗裝, wood finishing) : 목재 표면의 미화와 보호를 위해 도료를 칠하는 것

정답 17 ④ 18 ① 19 ① 20 ① 21 ①

22

다음 중 미선나무에 대한 설명으로 옳은 것은?

① 열매는 부채 모양이다.
② 꽃색은 노란색으로 향기가 있다.
③ 상록활엽교목으로 산야에서 흔히 볼 수 있다.
④ 원산지는 중국이며 세계적으로 여러 종이 존재한다.

해설

미선나무 : 열매의 모양이 부채를 닮아 미선나무로 불리는 관목이며 우리나라에서만 자라는 한국 특산식물이다. 개나리 꽃모양의 흰색 꽃이 피며, 낙엽활엽관목이다. 볕이 잘 드는 산기슭에서 자라며, 원산지는 한국이다.

23

조경 재료는 식물재료와 인공재료로 구분된다. 다음 중 식물재료의 특징으로 옳지 않은 것은?

① 생장과 번식을 계속하는 연속성이 있다.
② 생물로서 생명 활동을 하는 자연성을 지니고 있다.
③ 계절적으로 다양하게 변화함으로써 주변과의 조화성을 가진다.
④ 기후변화와 더불어 생태계에 영향을 주지 못한다.

해설

식물재료의 특징은 ① 자연성 : 생물로서 생명활동을 하는 것, ② 연속성 : 생장과 번식을 계속하는 것, ③ 조화성 : 계절적으로 다양하게 변화함으로써 주변과의 조화성, ④ 다양성 : 모양, 빛깔, 형태, 양식 따위가 여러 가지로 많은 특성이 있다.

24

친환경적 생태하천에 호안을 복구하고자 할 때 생물의 종다양성과 자연성 향상을 위해 이용되는 소재로 가장 부적합한 것은?

① 섶단
② 소형고압블럭
③ 돌망태
④ 야자롤

25

토피어리(topiary)란?

① 분수의 일종
② 형상수(形狀樹)
③ 조각된 정원석
④ 휴게용 그늘막

해설

토피어리 : 자연 그대로의 식물을 여러 가지 동물 모양으로 다듬어서 보기 좋게 만든 식물 장식품으로 형상수이다.

26

시멘트의 성질 및 특성에 대한 설명으로 틀린 것은?

① 분말도는 일반적으로 비표면적으로 표시한다.
② 강도시험은 시멘트 페이스트 강도시험으로 측정한다.
③ 응결이란 시멘트 풀이 유동성과 점성을 상실하고 고화하는 현상을 말한다.
④ 풍화란 시멘트가 공기 중의 수분 및 이산화탄소와 반응하여 가벼운 수화반응을 일으키는 것을 말한다.

27

100cm×100cm×5cm 크기의 화강석 판석의 중량은? (단, 화강석의 비중 기준은 2.56 ton/m^3이다.)

① 128kg ② 12.8kg
③ 195kg ④ 19.5kg

해설

화강석 판석의 규격을 m로 환산하면 판석의 규격은 0.1×0.1×0.05가 되며 여기에 화강석의 비중인 2.56을 곱해주고 2.56의 단위가 ton이기 때문에 kg으로 환산을 위해 1,000을 곱해주면 128kg이 된다.

정답 22 ① 23 ④ 24 ② 25 ② 26 ② 27 ①

7 과년도 기출문제

28

가죽나무(가중나무)와 물푸레나무에 대한 설명으로 옳은 것은?

① 가중나무와 물푸레나무 모두 물푸레나무과(科)이다.
② 잎 특성은 가중나무는 복엽이고 물푸레나무는 단엽이다.
③ 열매 특성은 가중나무와 물푸레나무 모두 날개 모양의 시과이다.
④ 꽃 특성은 가중나무와 물푸레나무 모두 한 꽃에 암술과 수술이 함께 있는 양성화이다.

해설

가죽나무의 열매는 시과로 긴 타원형이며 길이 3~5cm, 나비 8~12mm이고 프로펠러처럼 생긴 날개 가운데 1개의 씨가 들어 있다. 물푸레나무의 열매는 시과이고 길이가 2~4cm이며 9월에 익는다. 열매의 날개는 바소 모양 또는 긴 바소 모양이다.

29

암석은 그 성인(成因)에 따라 대별되는데 편마암, 대리석 등은 어느 암으로 분류 되는가?

① 수성암 ② 화성암
③ 변성암 ④ 석회질암

해설

변성암(變成巖)에는 대리석과 편마암 등이 있으며, 대리석은 석회암이 변성된 암석으로 무늬가 화려하고 아름다우며 석질이 연해 가공이 용이하고 외장 사용 불가(대기중의 아황산, 탄산 등에 침해받기 쉬우므로)하다. 편마암은 화강암이 변성된 암석으로 줄무늬가 아름다워 정원석에 쓰인다.

30

소철과 은행나무의 공통점으로 옳은 것은?

① 속씨식물 ② 자웅이주
③ 낙엽침엽교목 ④ 우리나라 자생식물

해설

자웅이주(dioecism, 雌雄異株) : 종자식물에서 암수의 생식기관 및 생식세포가 다른 개체에 생기는 현상으로 암수딴그루라고도 하는데, 식나무·은행나무·삼·뽕나무·시금치·초피나무 등이 이에 속한다.

31

가연성 도료의 보관 및 장소에 대한 설명 중 틀린 것은?

① 직사광선을 피하고 환기를 억제한다.
② 소방 및 위험물 취급 관련 규정에 따른다.
③ 건물 내 일부에 수용할 때에는 방화구조적인 방을 선택한다.
④ 주위 건물에서 격리된 독립된 건물에 보관하는 것이 좋다.

32

화성암은 산성암, 중성암, 염기성암으로 분류가 되는데, 이때 분류 기준이 되는 것은?

① 규산의 함유량 ② 석영의 함유량
③ 장석의 함유량 ④ 각섬석의 함유량

해설

화성암의 분류기준은 규소(Si) 함량과 결정크기이며 규소와 규산의 함량이 크면 클수록 현무암질 마그마이다.

33

다음 수목들은 어떤 산림대에 해당되는가?

잣나무, 전나무, 주목, 가문비나무, 분비나무, 잎갈나무, 종비나무

① 난대림 ② 온대 중부림
③ 온대 북부림 ④ 한대림

해설

한대림(frigid forest, 寒帶林) : 연평균기온 6℃ 이하의 북극 주위에 위치하는 산림을 가리키며 노르웨이, 스웨덴, 핀란드, 시베리아를 포함한 러시아의 북부지역 및 캐나다 등지에 주로 분포하며, 대표적인 수종(樹種)은 침엽수림이다.

34

백색계통의 꽃을 감상할 수 있는 수종은?

① 개나리 ② 이팝나무
③ 산수유 ④ 맥문동

정답 28 ③ 29 ③ 30 ② 31 ① 32 ① 33 ④ 34 ②

해설

이팝나무 : 쌍떡잎식물 용담목 물푸레나무과의 낙엽교목으로 산골짜기나 들판에서 자란다. 높이 약 20m로 자라며 나무껍질은 잿빛을 띤 갈색이고 어린 가지에 털이 약간 난다. 잎은 마주나고 잎자루가 길며 타원형이고 길이 3~15cm, 나비 2.5~6cm이다. 가장자리가 밋밋하지만 어린 싹의 잎에는 겹톱니가 있다. 겉면은 녹색, 뒷면은 연두색이며 맥에는 연한 갈색 털이 난다. 꽃은 5~6월에 흰색으로 피며, 열매는 타원형이고 검은 보라색이며 10~11월에 익는다.

35

목재 방부제로서의 크레오소트 유(creosote; 油)에 관한 설명으로 틀린 것은?

① 휘발성이다.
② 살균력이 강하다.
③ 페인트 도장이 곤란하다.
④ 물에 용해되지 않는다.

36

다음 중 순공사원가에 속하지 않는 것은?

① 재료비　② 경비
③ 노무비　④ 일반관리비

해설

순공사원가는 재료비+노무비+경비 이다.

37

시공관리의 3대 목적이 아닌 것은?

① 원가관리　② 노무관리
③ 공정관리　④ 품질관리

해설

시공관리의 목적은 ㉠ 품질관리 : 품질, 재료관리 및 인원수요 공급에 대처, ㉡ 공정관리 : 횡선식 공정표, 공정곡선, 네트워크 기법으로 분류, ㉢ 원가관리 : 공사를 계약된 기간 내에 주어진 예산으로 완성시키기 위해서 필요하며, 실행예산과 실제가격의 대비에서 차액의 원인을 분석 및 검토하고, 원가의 발생을 통제하며 원가자료를 작성이다.

38

다음 중 굵은 가지 절단 시 제거하지 말아야 하는 부위는?

① 목질부　② 지피융기선
③ 지륭　④ 피목

해설

지륭은 가지를 지탱하기 위해 줄기조직으로부터 자라나온 가지의 밑에 있는 볼록한 조직으로 지륭 안에는 가지를 잘랐을 때 줄기의 목질부로 부후균이 침입하는 것을 억제하는 화학적 방어층이 형성된다.

39

다음 중 L형 측구의 팽창줄눈 설치 시 지수판의 간격은?

① 20m 이내　② 25m 이내
③ 30m 이내　④ 35m 이내

해설

L형측구 설치시 팽창줄눈에는 지수판을 설치하고 간격은 20m 이내로 하여야 한다.

40

농약은 라벨과 뚜껑의 색으로 구분하여 표기하고 있는데, 다음 중 연결이 바른 것은?

① 제초제 – 노란색　② 살균제 – 녹색
③ 살충제 – 파란색　④ 생장조절제 – 흰색

해설

농약의 종류에는 ① 살충제 : 해충을 방제할 목적으로 쓰이는 약제로 상표의 색깔이 녹색이다. ② 살균제 : 병원균을 죽이는 목적으로 쓰이는 약제로 상표의 색깔이 분홍색이다. ③ 살비제 : 응애만을 죽이는 농약. ④ 제초제 : 잡초제거를 위해 쓰이는 농약으로 선택성 제초제와 비선택성 제초제가 있다.

구분	포장지 색깔
살충제	초록색(나무를 살린다)
살균제	분홍색
제초제	노란색(반만 죽인다)
비선택성 제초제	적색(다 죽인다)
생장조절제	청색(푸른 신호등)

정답 35 ① 36 ④ 37 ② 38 ③ 39 ① 40 ①

7 과년도 기출문제

41

다음 중 토사붕괴의 예방대책으로 틀린 것은?

① 지하수위를 높인다.
② 적절한 경사면의 기울기를 계획한다.
③ 활동할 가능성이 있는 토석은 제거하여야 한다.
④ 말뚝(강관, H형강, 철근 콘크리트)을 타입하여 지반을 강화시킨다.

42

근원직경이 18cm 나무의 뿌리분을 만들려고 한다. 다음 식을 이용하여 소나무 뿌리분의 지름을 계산하면 얼마인가? (단, 공식 24+(N−3)×d, d는 상록수 4, 활엽수 5이다.)

① 80cm ② 82cm
③ 84cm ④ 86cm

해설

뿌리분의 지름 = 24+(N−3)×d(N : 근원 직경, d : 상수(상록수 : 4, 낙엽수 : 5))의 공식에 의해 N=18, d=4가 된다. (18−3)×4=60에 24을 더하면 84cm가 된다.

43

다음 그림과 같이 수준측량을 하여 각 측점의 높이를 측정하였다. 절토량 및 성토량이 균형을 이루는 계획고는?

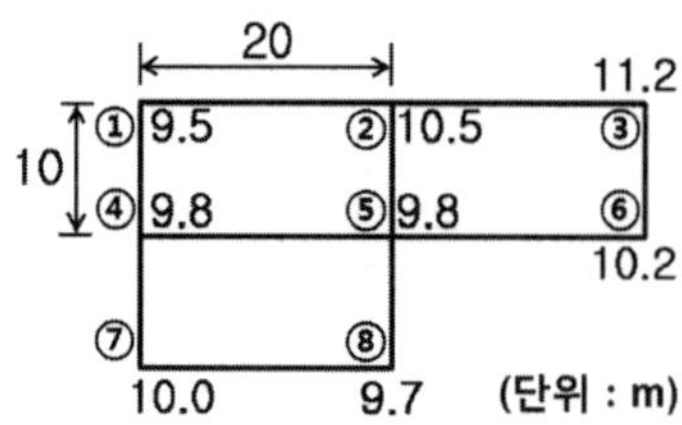

① 9.59m ② 9.95m
③ 10.05m ④ 10.50m

44

일반적인 공사 수량 산출 방법으로 가장 적합한 것은?

① 중복이 되지 않게 세분화 한다.
② 수직방향에서 수평방향으로 한다.
③ 외부에서 내부로 한다.
④ 작은 곳에서 큰 곳으로 한다.

45

목재 시설물에 대한 특징 및 관리 등의 설명으로 틀린 것은?

① 감촉이 좋고 외관이 아름답다.
② 철재보다 부패하기 쉽고 잘 갈라진다.
③ 정기적인 보수와 칠을 해주어야 한다.
④ 저온 때 충격에 의한 파손이 우려된다.

해설

목재시설은 감촉이 좋고 외관이 아름다워 사용률이 높지만, 철재보다 부패하기 쉽고 잘 갈라지며, 거스러미(나무의 결이 가시처럼 얇게 터져 일어나는 것)가 일어나 정기적인 보수와 도료를 칠해주어야 한다. 특히, 죔 부분이나 땅에 묻힌 부분은 부식되기 쉬우므로 방부제 처리 및 모르타르를 칠해 주어야 한다. 2년이 경과한 것은 정기적인 보수를 하고 방부제(CCA, ACC 등)를 사용한다.

46

병의 발생에 필요한 3가지 요인을 정량화하여 삼각형의 각 변으로 표시하고 이들 상호관계에 의한 삼각형의 면적을 발병량으로 나타내는 것을 병삼각형이라 한다. 여기에 포함되지 않는 것은?

① 병원체 ② 환경
③ 기주 ④ 저항성

해설

병 삼각형(Disease Triangle)은 식물의 발병정도는 세가지 요인(병원체, 환경, 기주식물)의 조합에 따른다. 병원체와 환경, 기주식물은 항상 연결되어 있으며 어느 하나를 불완전하게 하면 발병이 성립되지 않으므로 병을 방제할 수 있다. 농약살포 는 병원체(주인) 배제, 저항성품종 이용은 기주(소인) 배제, 환경조절(하우스 등)은 환경(유인) 배제이다.

정답 41 ① 42 ③ 43 ③ 44 ① 45 ④ 46 ④

47

살비제(acaricide)란 어떤 약제를 말하는가?

① 선충을 방제하기 위하여 사용하는 약제
② 나방류를 방제하기 위하여 사용하는 약제
③ 응애류를 방제하기 위하여 사용하는 약제
④ 병균이 식물체에 침투하는 것을 방지하는 약제

해설

살비제(acaricide, 殺蜱濟) : 응애류를 선택적으로 살상시키는 약제로 파라티온·말라티온·EPN 등의 유기인 살충제가 응애의 성충에 대해 살충력만 있고 살란력(殺卵力)은 거의 없어 살비제로서 실용성이 낮다. 살비제는 응애의 성충·유충뿐만 아니라 알에 대해서 효과가 커야 하고, 잔존 실효성이 길어야 한다.

48

식물의 주요한 표징 중 병원체의 영양기관에 의한 것이 아닌 것은?

① 균사　　② 균핵
③ 포자　　④ 자좌

해설

포자(spore, 胞子) : 포자식물의 무성적인 생식세포로 보통 홀씨라고도 하는데 다른 것과 합체하는 일 없이 단독으로 발아하여 새 개체가 된다. 포자 형성 때에 감수분열이 일어나고 포자의 핵상(核相)이 단상(n)이 되는 것을 진정(眞正) 포자라고 하며, 대다수의 포자는 이 형에 속한다.

49

다음 중 한국잔디류에 가장 많이 발생하는 병은?

① 녹병　　② 탄저병
③ 설부병　　④ 브라운 패치

해설

녹병(붉은녹병)은 5~6월 그리고 9~10월, 고온다습 시(17~22℃) 발생하며 한국잔디의 대표적인 병으로 엽초에 황갈색 반점이 생김. 질소결핍 및 과용 시, 배수불량, 많이 밟을 때 발생하고, 담자균류에 속하는 곰팡이로서 년 2회 발생하여 디니코니좀수화제를 살포하여 방제한다.

50

20L 들이 분부기 한통에 1000배액의 농약 용액을 만들고자 할 때 필요한 농약의 약량은?

① 10mℓ　　② 20mℓ
③ 30mℓ　　④ 50mℓ

해설

1mℓ=0.001ℓ이므로 xmℓ×1,000배액=20,000mℓ에서 x를 구하면 20mℓ가 된다.

51

일반적인 식물간 양료 요구도(비옥도)가 높은 것부터 차례로 나열 된 것은?

① 활엽수 〉 유실수 〉 소나무류 〉 침엽수
② 유실수 〉 침엽수 〉 활엽수 〉 소나무류
③ 유실수 〉 활엽수 〉 침엽수 〉 소나무류
④ 소나무류 〉 침엽수 〉 유실수 〉 활엽수

52

석재판[板石] 붙이기 시공법이 아닌 것은?

① 습식공법　　② 건식공법
③ FRP공법　　④ GPC공법

53

수목의 필수원소 중 다량원소에 해당하지 않는 것은?

① H　　② K
③ Cl　　④ C

해설

식물이 많이 흡수하는 9가지 원소를 다량원소 : C(탄소), H(수소), O(산소), N(질소), P(인), K(칼륨), Ca(칼슘), Mg(마그네슘), S(황), 소량 흡수되어 식물체의 생리 기능을 돕고 있는 7가지 원소를 미량원소 : Fe(철), Cl(염소), Mn(망간), Zn(아연), B(붕소), Cu(구리), Mo(몰리브덴)

정답　47 ③　48 ③　49 ①　50 ②　51 ③　52 ③　53 ③

54

우리나라에서 발생하는 수목의 녹병 중 기주교대를 하지 않는 것은?

① 소나무 잎녹병 ② 후박나무 녹병
③ 버드나무 잎녹병 ④ 오리나무 잎녹병

해설

기주교대(alternation of host, 寄主交代) : 균류중에 녹병균은 그의 생활사를 완성하기 위해 전혀 다른 2종의 식물을 기주로 하는데 홀씨의 종류에 따라 기주를 바꾸게 되는 현상을 기주바꿈이라 한다. 후박나무 녹병은 후박나무에서 흔히 발생하는 병으로 주로 어린 나무와 묘목의 잎, 잎자루, 어린 가지에 발생한다. 심하게 발병하면 잎과 어린 가지가 뒤틀리고 잎이 일찍 떨어진다. 잎 앞면에 황록색 둥근 병반이 여러 개 나타나고 서로 합쳐져서 크기 10mm 이상의 커다란 병반이 된다. 잎 뒷면과 잎자루, 어린 가지는 약간 부풀어 오르며, 약 0.2mm 크기의 원통형인 하얀 돌기(겨울포자퇴)가 나타난다. 이 겨울포자퇴가 성숙해 터지면 노란 가루(겨울포자)로 뒤덮인다.

55

축척 1/1,200의 도면을 1/600로 변경하고자 할 때 도면의 증가 면적은?

① 2배 ② 3배
③ 4배 ④ 6배

56

다음 중 생울타리 수종으로 가장 적합한 것은?

① 쥐똥나무 ② 이팝나무
③ 은행나무 ④ 굴거리나무

해설

생울타리 식재는 살아 있는 수목을 이용해서 도로나 가장자리의 경계 표시를 하거나 담장의 역할을 하는 식재 형태로 적용수종은 상록수로서 가지와 잎이 치밀해야 하며, 적당한 높이로서 아랫가지가 오래도록 말라 죽지 않아야 한다. 맹아력이 크고 불량한 환경 조건에도 잘 견딜 수 있어야 하며, 외관이 아름다운 것이 좋다.

57

다음 중 시비시기와 관련된 설명 중 틀린 것은?

① 온대지방에서는 수종에 관계없이 가장 왕성한 생장을 하는 시기가 봄이며, 이 시기에 맞게 비료를 주는 것이 가장 바람직하다.
② 시비효과가 봄에 나타나게 하려면 겨울눈이 트기 4~6주 전인 늦은 겨울이나 이른 봄에 토양에 시비한다.
③ 질소비료를 제외한 다른 대량원소는 연중 필요할 때 시비하면 되고, 미량원소를 토양에 시비할 때에는 가을에 실시한다.
④ 우리나라의 경우 고정생장을 하는 소나무, 전나무, 가문비나무 등은 9~10월 보다는 2월에 시비가 적절하다.

해설

질소질 비료와 같은 속효성 비료는 덧거름으로 주고, 지효성의 유기질 비료는 밑거름으로 준다. ㉠ 속효성 비료 : 효력이 빠른 비료로 3월경 싹이 틀 때와 꽃이 졌을 때, 열매를 땄을 때 주며 7월 이후에는 주지 않는다. ㉡ 지효성 비료 : 효력이 늦은 비료로 늦가을에서 이른 봄 사이에 준다. 화목류의 인산비료는 7~8월에 준다. 조경 수목의 밑거름 시비시기는 일반적으로 낙엽진 후가 좋다.

58

조경관리 방식 중 직영방식의 장점에 해당하지 않는 것은?

① 긴급한 대응이 가능하다.
② 관리실태를 정확히 파악할 수 있다.
③ 애착심을 가지므로 관리효율의 향상을 꾀한다.
④ 규모가 큰 시설 등의 관리를 효율적으로 할 수 있다.

해설

직영방식 : 발주자가 시공자가 되어 일체의 공사를 자기 책임아래 시행하는 것

대상업무	장 점	단 점
- 재빠른 대응이 필요한 업무 - 연속해서 행할 수 없는 업무 - 진척상황이 명확치 않고 검사하기 어려운 업무 - 금액이 적고 간편한 업무	- 관리 책임이나 책임소재 명확 - 긴급한 대응 가능 - 관리 실태의 정확한 파악 - 이용자에게 양질의 서비스 제공 - 임기응변적 조치 가능 - 경쟁의 폐단을 피할 수 있다.	- 필요 이상의 인건비 소요 - 인사 정체 - 업무의 타성화 - 경험부족과 사무가 복잡 - 공사의 지연 - 입찰과 계약의 수속과 감독이 곤란

정답 54 ② 55 ③ 56 ① 57 ④ 58 ④

도급방식 : 발주자가 일정 시공자에게 공사의 시행을 의뢰하는 것으로, 도급계약을 체결하고 계약 약관 및 설계 도서에 의거하여 도급자가 공사를 완성하여 발주자에게 인도하는 방법

대상업무	장 점	단 점
- 장기간에 걸쳐 단순 작업을 행하는 업무 - 전문지식, 기능, 자격을 요하는 업무 - 규모가 크고 노력, 재료 등을 포함한 업무 - 관리주체가 보유한 설비로는 불가능한 업무	- 규모가 큰 시설의 관리에 적합 - 전문가를 합리적으로 이용 - 관리의 단순화 - 관리비가 저렴 - 장기적으로 안정될 수 있다.	- 책임의 소재나 권한의 범위가 불명확함

59

소나무좀의 생활사를 기술한 것 중 옳은 것은?

① 유충은 2회 탈피하며 유충기간은 약 20일이다.
② 1년에 1~3회 발생하며 암컷은 불완전변태를 한다.
③ 부화약충은 잎, 줄기에 붙어 즙액을 빨아 먹는다.
④ 부화한 애벌레가 쇠약목에 침입하여 갱도를 만든다.

해설

소나무좀은 소나무, 해송, 잣나무 등을 가해하며, 성충과 유충이 줄기의 수피 아래를 가해하는 1차 피해와 새로운 성충이 신초를 뚫고 들어가서 가해하는 후식 피해(2차 피해)가 있다. 연 1회 발생하며 성충으로 나무 밑동의 수피 틈에서 월동한 후 3월에 평균 기온이 15℃ 정도로 2~3일 계속되면 월동처에서 나와 수세가 쇠약한 나무의 줄기에 침입해 산란한다. 유충은 4~5월에 줄기에서 가해하고, 새로운 성충이 6월 상순부터 줄기에서 탈출해 신초를 가해하다가 늦가을에 월동처로 이동한다.

60

소나무류의 순자르기에 대한 설명으로 옳은 것은?

① 10~12월에 실시한다.
② 남길 순도 1/3~1/2 정도로 자른다.
③ 새순이 15cm 이상 길이로 자랐을 때에 실시한다.
④ 나무의 세력이 약하거나 크게 기르고자 할 때는 순자르기를 강하게 실시한다.

해설

소나무 순자르기(순지르기) : ㉠ 소나무류는 가지 끝에 여러 개의 눈이 있어 봄에 그대로두면 중심의 눈이 길게 자라고, 나머지 눈은 사방으로 뻗어 바퀴살 같은 모양을 이루어 운치가 없다. ㉡ 원하는 모양을 만들기 위해 5~6월에 2~3개의 순을 남기고, 중심순을 포함한 나머지 순은 따버린다. ㉢ 남긴 순은 자라는 힘이 지나치다고 생각될 때 1/3~1/2 정도만 남겨 두고 끝 부분을 손으로 따버린다.

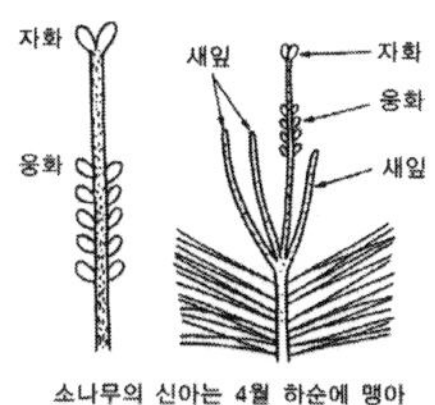

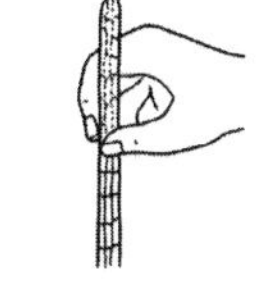

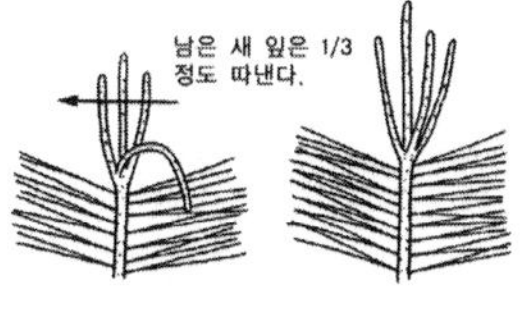

그림. 소나무 순자르기(적심)의 방법

정답 59 ① 60 ②

2015년 제2회 조경기능사 과년도

01

다음 중 주택정원의 작업뜰에 위치할 수 있는 시설물로 가장 부적합한 것은?

① 장독대 ② 빨래 건조장
③ 파고라 ④ 채소밭

해설

작업정 : 주방, 세탁실과 연결하여 일상생활의 작업을 행하는 장소로 전정과 후정을 시각적으로 어느 정도 차폐하고 동선만 연결하며, 차폐식재나 초화류, 관목식재를 한다. 바닥은 먼지나지 않게 포장한다. 전정(앞뜰) : 대문과 현관사이의 공간으로 바깥의 공적인 분위기에서 사적인 분위기로의 전이공간이며, 주택의 첫 인상을 좌우하며 가장 밝은 공간으로 입구로서의 단순성 강조. 주정(안뜰) : 가장 중요한 공간으로 응접실이나 거실쪽에 면한 뜰로 옥외생활을 즐길 수 있는 곳이며, 휴식과 단란이 이루어지는 공간으로 가장 특색 있게 꾸밀 수 있다. 후정(뒤뜰) : 조용하고 정숙한 분위기로 침실에서 전망이나 동선을 살리되 외부에서 시각적, 기능적 차단을 하며 프라이버시(사생활)가 최대한 보장되는 공간이다.

02

상점의 간판에 세 가지의 조명을 동시에 비추어 백색광을 만들려고 한다. 이 때 필요한 3가지 기본 색광은?

① 노랑(Y), 초록(G), 파랑(B)
② 빨강(R), 노랑(Y), 파랑(B)
③ 빨강(R), 노랑(Y), 초록(G)
④ 빨강(R), 초록(G), 파랑(B)

해설

백색광(white light, 白色光) : 빛의 합성 원리에 따라 모든 파장의 빛이 균등하게 혼합되면 그 빛은 흰 색을 띠는데, 이를 백색광이라 한다. 또한 낮 동안의 햇빛처럼 아무 빛깔이 없어 주광(晝光)이라고도 불리운다. 빛의 삼원색(RGB)은 빨강(Red), 초록(Green), 파랑(Blue)이며 우리가 만나는 다양한 색깔은 이 세 가지 색의 빛으로 모두 만들어 낼 수 있고, 이 세 가지 색이 골고루 합해지면 백색광이 된다.

03

물체를 투상면에 대하여 한쪽으로 경사지게 투상하여 입체적으로 나타낸 것으로 다음 그림과 같은 것은?

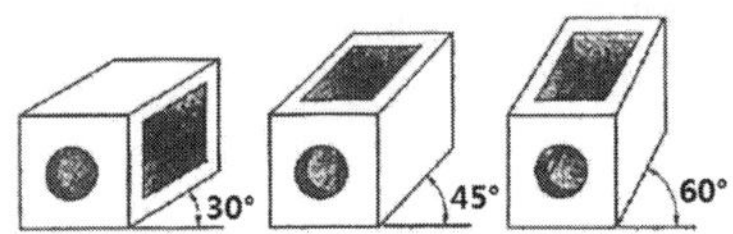

① 사투상도 ② 투시투상도
③ 등각투상도 ④ 부등각투상도

해설

사투상도(oblique drawing, 斜投像圖) : 물체의 주요면을 투상면에 평행하게 놓고 투상면에 대하여 수직보다 다소 옆면에서 보고 그린 투상도

04

사적지 유형 중 “제사, 신앙에 관한 유적”에 해당하는 것은?

① 도요지 ② 성곽
③ 고궁 ④ 사당

05

우리나라 조경의 특징으로 가장 적합한 설명은?

① 경관의 조화를 중요시하면서도 경관의 대비에 중점
② 급격한 지형변화를 이용하여 돌, 나무 등의 섬세한 사용을 통한 정신세계의 상징화
③ 풍수지리설에 영향을 받으며, 계절의 변화를 느낄 수 있음
④ 바닥포장과 괴석을 주로 사용하여 계속적인 변화와 시각적 흥미를 제공

해설

한국의 조경은 수려한 자연경관을 가져 자연과 하나가 된 자연풍경식 경향이 강하다. 또한 풍수지리설의 영향을 받았고, 계절의 변화를 느낄 수 있다.

정답 1③ 2④ 3① 4④ 5③

06

다음 중 통경선(Vistas)의 설명으로 가장 적합한 것은?

① 주로 자연식 정원에서 많이 쓰인다.
② 정원에 변화를 많이 주기 위한 수법이다.
③ 정원에서 바라볼 수 있는 정원 밖의 풍경이 중요한 구실을 한다.
④ 시점(視點)으로부터 부지의 끝부분까지 시선을 집중하도록 한 것이다.

해설

비스타(Vista : 좌우로의 시선이 숲 등에 의하여 제한되고 정면의 한 점으로 시선이 모이도록 구성되어 주축선이 두드러지게 하는 경관 구성 수법)

07

도시공원 및 녹지 등에 관한 법률 시행규칙에 의한 도시공원의 구분에 해당되지 않는 것은?

① 역사공원 ② 체육공원
③ 도시농업공원 ④ 국립공원

해설

도시공원은 그 기능 및 주제에 따라 크게 도시생활권의 기반이 되는 생활권공원과 생활권공원 외에 다양한 목적으로 설치하는 주제공원으로 구분한다. 생활권공원은 ① 소공원 ② 어린이공원 ③ 근린공원으로 나뉜다. 주제공원은 ① 역사공원 ② 문화공원 ③ 수변공원 ④ 묘지공원 ⑤ 체육공원 ⑥ 도시농업공원 등으로 나뉜다. 국립공원은 자연공원법에 의해 자연공원이 지정, 이용 및 관리, 운영되고 있다.

08

중세 클로이스터 가든에 나타나는 사분원(四分園)의 기원이 된 회교 정원 양식은?

① 차하르 바그 ② 페리스타일 가든
③ 아라베스크 ④ 행잉 가든

해설

차하르 바그(Chahar Bagh)는 에스파한의 중심을 가로지르며 에스파한 사람들에게 쇼핑과 휴식을 제공하는 길로 지금은 예전과 같은 아름다움을 뽐내지 못하지만 여전히 에스파한 사람들의 사랑을 받고 휴식을 취하며 산책을 할 수 있는 길이 바로 이곳이다. 현재도 차도 중간에 사람이 다니는 길과 벤치가 있고 그 길을 따라 나무와 각종 풀과 꽃들이 심어져 있다. 산책을 하며 벤치에 앉아 휴식을 취하기도 하는 길이다. 또 중심가답게 양 옆으로는 각종 상점들이 줄지어 있어 쇼핑하기에도 가장 적합한 길이 차하르바그 거리이다. 차하르바그 거리는 세계 최초의 가로수 길로 사파비 왕조가 수도 이전을 위해 심혈을 기울여 만든 곳이며 차하르바그는 이란어로 4개의 정원(사분원)이라는 의미이다.

09

다음은 어떤 색에 대한 설명인가?

신비로움, 환상, 성스러움 등을 상징하며 여성스러움을 강조하는 역할을 하기도 하지만 반면 비애감과 고독감을 느끼게 하기도 한다.

① 빨강 ② 주황
③ 파랑 ④ 보라

해설

보라(Purple, 紫色) : 파랑과 빨강이 겹친 색으로 우아함, 화려함, 풍부함, 고독, 추함 등의 다양한 느낌이 있어 예로부터 왕실의 색으로 사용되었다. 품위 있는 고상함과 함께 외로움과 슬픔을 느끼게 하며 예술감, 신앙심을 자아내기도 한다. 또한 푸른 기운이 많은 보라는 장엄함, 위엄 등의 깊은 느낌을 주며, 붉은색 기운이 많은 보라는 여성적, 화려함 등을 나타낸다. 심리적으로는 쇼크나 두려움을 해소하고 불안한 마음을 정화시켜주는 역할을 하며, 정신적인 보호 기능을 한다. 그 밖에 비장, 상부의 뇌와 뼈를 자극하며 림프관과 심근, 운동 신경을 약화시키거나 정신 질환의 증상을 완화시키고, 감수성을 조절하며, 배고픔을 덜 느끼게 하고, 백혈구를 조성하며, 이온 균형을 유지시키는 역할을 한다. 보라색 차크라(두정부)는 뇌하수체 부분이 있는 머리의 꼭대기에 위치하며 현명함과 영적인 에너지를 나타낸다.

10

다음 그림의 가로 장치물 중 볼라드로 가장 적합한 것은?

①
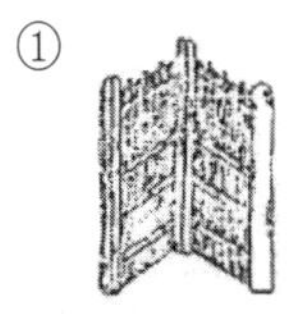

②

③

④
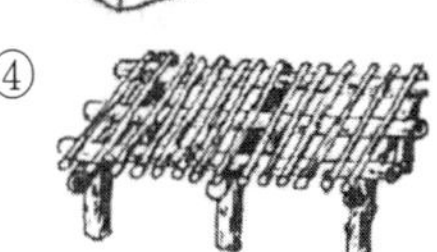

정답 6④ 7④ 8① 9④ 10③

해설

볼라드(bollard) : 보행자용 도로나 잔디에 자동차의 진입을 막기 위해 설치되는 장애물로서 보통 철제의 기둥모양이나 콘크리트로 되어 있다.

11

다음 중 ( )안에 들어갈 각각의 내용으로 옳은 것은?

> 인간이 볼 수 있는 ( )의 파장은 약 (~)nm 이다.

① 적외선, 560~960 ② 가시광선, 560~960
③ 가시광선, 380~780 ④ 적외선, 380~780

해설

가시광선은 사람의 눈으로 밝기를 느낄 수 있는 파장의 광선으로 최저 380nm에서 최고 800nm범위에 있다. 적외선은 전자파 중에서 파장이 0.8~400μ 범위에 있는 것.

12

회색의 시멘트 블록들 가운데에 놓인 붉은 벽돌은 실제의 색보다 더 선명해 보인다. 이러한 현상을 무엇이라고 하는가?

① 색상대비 ② 명도대비
③ 채도대비 ④ 보색대비

해설

채도대비(chromatic contrast, 彩度對比) : 채도가 다른 두 색을 인접시켰을 때 서로의 영향을 받아 채도가 높은 색은 더욱 높아 보이고 채도가 낮은 색은 더욱 낮아 보이는 현상

13

정원의 구성 요소 중 점적인 요소로 구별되는 것은?

① 원로 ② 생울타리
③ 냇물 ④ 휴지통

해설

정원의 구성요소 중 점 : 외딴 집, 정자나무, 독립수, 분수, 경석, 음수대, 조각물 등. 선 : 하천, 도로, 가로수, 냇물, 원로, 생울타리(산울타리) 등. 면 : 호수, 경작지, 초지, 전답(田畓), 운동장 등

14

다음 중 ( )안에 해당하지 않는 것은?

> 우리나라 전통조경 공간인 연못에는 ( ), ( ), ( )의 삼신산을 상징하는 세 섬을 꾸며 신선사상을 표현했다.

① 영주 ② 방지
③ 봉래 ④ 방장

해설

삼신산(三神山) : 봉래산(蓬萊山)·방장산(方丈山)·영주산(瀛洲山)의 세 산을 의미한다. 방지(方池) : 네모반듯하게 꾸민 못

15

다음 중 교통 표지판의 색상을 결정할 때 가장 중요하게 고려하여야 할 것은?

① 심미성 ② 명시성
③ 경제성 ④ 양질성

해설

명시성(明視性) : 먼 거리에서 잘 보이는 정도를 말하는 것으로 명도, 채도, 색상차가 큰 색일수록 명시성이 높다. 심미성(審美性) : 제품을 디자인하고 만들기 위한 설계의 기본 요소 중 하나로, 색상이나 디자인, 외관의 미적 기능을 말한다. 경제성(economic efficiency, 經濟性) : 요약경제적·기술적 목적이 그 실현을 위한 여러 활동에 의해 얼마만큼 달성되었느냐 하는 성과성(成果性).

16

다음 지피식물의 기능과 효과에 관한 설명 중 옳지 않은 것은?

① 토양유실의 방지
② 녹음 및 그늘 제공
③ 운동 및 휴식공간 제공
④ 경관의 분위기를 자연스럽게 유도

해설

지피식물의 기능은 토양유실 방지, 운동 및 휴식공간 제공, 경관의 분위기를 자연스럽게 유도한다.

정답 11 ③ 12 ③ 13 ④ 14 ② 15 ② 16 ②

17

어떤 목재의 함수율이 50%일 때 목재중량이 3000g이라면 전건중량은 얼마인가?

① 1000g ② 2000g
③ 4000g ④ 5000g

해설

함수율(%) = (수분 함유된 목제 무게-완전히 건조된 목재의 무게 / 완전히 건조된 목재의 무게)×100의 공식에 의해 완전히 건조된 목재의 무게는 2000g이 된다.

18

다음 시멘트의 성분 중 화합물상에서 발열량이 가장 많은 성분은?

① C_3A ② C_3S
③ C_4AF ④ C_2S

19

다음 중 환경적 문제를 해결하기 위하여 친환경적 재료로 개발한 것은?

① 시멘트 ② 절연재
③ 잔디블록 ④ 유리블록

해설

잔디블록은 주차장의 바닥면에 설치된 콘크리트블록과 커버블록의 식재공을 통해 잔디가 식재되어 생장됨으로써 주차장에 녹지를 조성할 수 있게 하는 친환경 재료

20

소나무 꽃 특성에 대한 설명으로 옳은 것은?

① 단성화, 자웅동주 ② 단성화, 자웅이주
③ 양성화, 자웅동주 ④ 양성화, 자웅이주

해설

양성화 : 꽃안에 암술과 수술을 모두 갖추고 있는 꽃을 말하며 대부분 종자식물의 꽃들이 양성화로 핀다. 단성화 : 암꽃과 숫꽃이 별도로 나뉘어서 피는 꽃. 자웅동주 : 한나무에서 암수꽃이 모두 피는 식물. 자웅이주 : 암수꽃이 별도의 나무에서 피는 식물

21

다음 중 비료목(肥料木)에 해당되는 식물이 아닌 것은?

① 다릅나무 ② 곰솔
③ 싸리나무 ④ 보리수나무

해설

비료목(肥料木, Nitrogen-fixing tree) : 땅의 힘을 증진시켜서 수목의 생장을 촉진하기 위해 식재하는 나무로, 질소함량이 많아 분해되기 쉬운 많은 엽량을 환원하고 뿌리의 뿌리혹균에 의해 질소함량이 많은 대사물질 또는 분비물을 토양에 공급해 땅의 물리적 화학적 성질과 미생물의 번식조건을 좋게 한다. 비료목의 예로는 콩과(다릅나무, 주엽나무, 싸리나무, 아까시나무, 꽃아카시아, 자귀나무, 박태기나무, 등나무, 골담초, 칡), 자작나무과(오리나무), 보리수나무과(보리수나무), 소철과(소철), 소귀나무과(소귀나무) 등이 있다.

22

암석에서 떼어 낸 석재를 가공할 때 잔다듬기용으로 사용하는 도드락 망치는?

① ②
③ ④

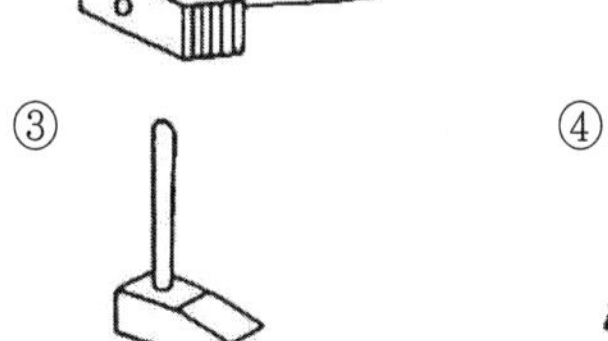

해설

석재의 가공방법은 혹두기 : 원석을 쇠망치로 쳐서 요철이 없게 다듬는 것, 정다듬 : 혹두기한 면을 정으로 비교적 고르게 다듬는 작업, 도드락다듬 : 정다듬한 면을 도드락망치를 이용하여 다듬는 작업, 잔다듬 : 정교한 날망치로 면을 다듬는 작업, 물갈기 : 최종적으로 마무리 하는 단계로 물을 사용하므로 물갈기라 한다.

공구	형상	돌가공	공구	형상	돌가공
쇠매		메다듬	도드락 망치		도드락 다듬
망치			날메		메다듬
정		정다듬·줄정다듬	날망치		잔다듬
날도드락망치		도드락 다듬	석공용 쇠톱		켜기용

정답 17② 18① 19③ 20① 21② 22①

23

다음 중 가로수로 식재하며, 주로 봄에 꽃을 감상할 목적으로 식재하는 수종은?

① 팽나무 ② 마가목
③ 협죽도 ④ 벚나무

해설

벚나무는 산지에서 높이 20m 정도로 자라며, 나무껍질이 옆으로 벗겨지며 검은 자갈색(紫褐色)이고 작은가지에 털이 없다. 잎은 어긋나고 달걀 모양이고 끝이 급하게 뾰족하며 밑은 둥글거나 넓은 예저(銳底)로 길이 6~12cm이다. 꽃은 4~5월에 분홍색 또는 흰색으로 피며 열매는 둥글고 6~7월에 적색에서 흑색으로 익으며 버찌라고 한다.

24

다음 중 강음수에 해당되는 식물종은?

① 팔손이 ② 두릅나무
③ 회나무 ④ 노간주나무

해설

음수 : 약한 광선에서 생육이 비교적 좋은 수목으로 팔손이나무, 전나무, 비자나무, 주목, 눈주목, 가시나무, 회양목, 식나무, 독일가문비 등이 있으며, 양수 : 충분한 광선 밑에서 생육이 비교적 좋은 수목으로 소나무, 곰솔(해송), 은행나무, 느티나무, 무궁화, 백목련, 가문비나무 등이 있다.

25

석재의 분류는 화성암, 퇴적암, 변성암으로 분류할 수 있다. 다음 중 퇴적암에 해당되지 않는 것은?

① 사암 ② 혈암
③ 석회암 ④ 안산암

해설

퇴적암(堆積巖)(수성암)은 응회암, 사암, 점판암, 석회암 등이 있다. 안산암은 화성암에 속한다.

26

콘크리트의 연행공기량과 관련된 설명으로 틀린 것은?

① 사용 시멘트의 비표면적이 작으면 연행공기량은 증가한다.
② 콘크리트의 온도가 높으면 공기량은 감소한다.
③ 단위잔골재량이 많으면, 연행공기량은 감소한다.
④ 플라이애시를 혼화재로 사용할 경우 미연소 탄소 함유량이 많으면 연행공기량이 감소한다.

27

금속을 활용한 제품으로서 철 금속 제품에 해당하지 않는 것은?

① 철근, 강판 ② 형강, 강관
③ 볼트, 너트 ④ 도관, 가도관

해설

도관(導管) : 식물의 물관으로 속씨식물의 물관부에서 물의 통로 구실을 하는 조직. 가도관(假導管) : 식물의 헛물관

28

『피라칸타』와 『해당화』의 공통점으로 옳지 않은 것은?

① 과명은 장미과이다.
② 열매가 붉은 색으로 성숙한다.
③ 성상은 상록활엽관목이다.
④ 줄기나 가지에 가시가 있다.

해설

해당화(海棠花) : 장미과에 속하는 낙엽 관목으로 줄기에 가시, 자모 및 융모가 있으며 가시에도 융모가 있다. 해변의 모래밭이나 산기슭에서 자라며 꽃이 아름답고 특유의 향기를 지니고 있으며 열매도 아름다워 관상식물로 좋다. 꽃은 향수 원료로 이용되고 약재로도 쓰이며 과실은 약용 또는 식용한다. 열매는 8월경에 적색으로 익는다. 피라칸타 : 상록관목이지만 중부에서는 겨울에 잎이 떨어지고 가시가 달린 가지가 엉킨다. 잎은 어긋나고 줄 모양 타원형이며, 가장자리가 거의 밋밋하다. 꽃은 5~6월에 흰색으로 피고 열매는 둥글고 지름 5~6mm로 9~10월에 등황색으로 익으나 붉은색이 도는 것도 있다.

정답 23 ④ 24 ① 25 ④ 26 ③ 27 ④ 28 ③

29

낙엽활엽소교목으로 양수이며 잎이 나오기 전 3월경 노란색으로 개화하고, 빨간 열매를 맺어 아름다운 수종은?

① 개나리　② 생강나무
③ 산수유　④ 풍년화

해설

산수유 : 층층나무과의 낙엽교목인 산수유나무의 열매이다. 열매는 타원형의 핵과(核果)로서 처음에는 녹색이었다가 8~10월에 붉게 익는다.

30

다음 중 목재의 함수율이 크고 작음에 가장 영향이 큰 강도는?

① 인장강도　② 휨강도
③ 전단강도　④ 압축강도

해설

압축 강도(壓縮强度, compressive strength, Druckfestigkeit) : 재료가 압축력을 받았을 때의 파괴에 이르기까지의 최대 응력이다.

31

다음 중 수목의 형태상 분류가 다른 것은?

① 떡갈나무　② 박태기나무
③ 회화나무　④ 느티나무

해설

박태기나무는 낙엽관목이고, 그 외의 수목은 낙엽교목이다.

32

목련과(*Magnoliaceae*) 중 상록성 수종에 해당하는 것은?

① 태산목　② 함박꽃나무
③ 자목련　④ 일본목련

해설

태산목(泰山木) : 쌍떡잎식물 미나리아재비목 목련과의 상록교목으로 높이 약 20~30m 이다. 잎은 어긋나고 긴 타원형이거나 긴 달걀을 거꾸로 세워놓은 모양이고 길이 10~20cm, 나비 5~10cm이다. 꽃은 5~6월에 흰색으로 피는데, 향기가 강하고 열매는 9월에 익는다.

33

압력 탱크 속에서 고압으로 방부제를 주입시키는 방법으로 목재의 방부처리 방법 중 가장 효과적인 것은?

① 표면탄화법　② 침지법
③ 가압주입법　④ 도포법

해설

가압주입법 : 압력탱크에서 고기압으로 방부 약액을 주입하는 방법

34

다음 석재의 역학적 성질 설명 중 옳지 않은 것은?

① 공극률이 가장 큰 것은 대리석이다.
② 현무암의 탄성계수는 후크(Hooke)의 법칙을 따른다.
③ 석재의 강도는 압축강도가 특히 크며, 인장강도는 매우 작다.
④ 석재 중 풍화에 가장 큰 저항성을 가지는 것은 화강암이다.

해설

석재의 성질은 압축강도는 강하나 휨강도나 인장강도는 약하며, 비중 클수록 조직이 치밀하고 압축강도가 크다. 장점은 외관이 아름답고, 내구성과 강도가 크다. 변형되지 않고 가공성이 있으며, 가공 정도에 따라 다양한 외양을 가질 수 있다. 내화학성, 내수성이 크고 마모성이 적다. 단점은 무거워서 다루기 불편하고, 가공하기 어렵다. 운반비와 가격이 비싸며, 긴 재료를 얻기 힘들다.

35

통기성, 흡수성, 보온성, 부식성이 우수하여 줄기감기용, 수목 굴취 시 뿌리감기용, 겨울철 수목보호를 위해 사용되는 마(麻) 소재의 친환경적 조경자재는?

① 녹화마대　② 볏짚
③ 새끼줄　④ 우드칩

정답 29 ③ 30 ④ 31 ② 32 ① 33 ③ 34 ① 35 ①

해설

녹화마대 : 천연 식물섬유재로 통기성, 보온성이 우수하고, 미관이 수려하며 수목의 활착에 도움을 준다.

36

다음 중 조경석 가로쌓기 작업이 설계도면 및 공사시방서에 명시가 없을 경우 높이가 메쌓기는 몇 m 이하로 하여야 하는가?

① 1.5 ② 1.8
③ 2.0 ④ 2.5

해설

조경시방서 제14장 3.1. 시공일반 항목 중 설계도면 및 공사시방서에 명시가 없을 경우 높이가 1.5m 이하일 때에는 메쌓기를 하고 1.5m 이상인 경우와 상시 침수되는 연못, 호수 등은 찰쌓기로 한다.

37

조경공사용 기계의 종류와 용도(굴삭, 배토정지, 상차, 운반, 다짐)의 연결이 옳지 않은 것은?

① 굴삭용 – 무한궤도식 로더
② 운반용 – 덤프트럭
③ 다짐용 – 탬퍼
④ 배토정지용 - 모터그레이더

해설

로더 : 굴삭된 토사·골재·파쇄암 등을 운반기계에 싣는 데 사용되는 기계

38

물 200L를 가지고 제초제 1000배액을 만들 경우 필요한 약량은 몇 mL인가?

① 10 ② 100
③ 200 ④ 500

해설

1mℓ=0.001ℓ가 된다. 그러므로 200mℓ×1,000배액=200,000mℓ이므로 200ℓ가 된다.

39

다음 [보기]의 뿌리돌림 설명 중 ( )에 가장 적합한 숫자는?

[보기]
- 뿌리돌림은 이식하기 (㉠)년 전에 실시하되 최소 (㉡)개월 전 초봄이나 늦가을에 실시한다.
- 노목이나 보호수와 같이 중요한 나무는 (㉢)회 나누어 연차적으로 실시한다.

① ㉠ 1~2 ㉡ 12 ㉢ 2~4
② ㉠ 1~2 ㉡ 6 ㉢ 2~4
③ ㉠ 3~4 ㉡ 12 ㉢ 1~2
④ ㉠ 3~4 ㉡ 24 ㉢ 1~2

해설

뿌리돌림은 이식시기로부터 6개월 ~ 3년 전(1년 전)에 실시하고 봄과 가을에 가능 하지만 가을에 실시하는 것이 효과적이다. 뿌리의 생장이 가장 활발한 시기인 이른 봄(해토 직후 ~ 4월 상순, 봄)이 가장 좋고, 낙엽활엽수는 이른 봄 잎이 핀 뒤보다 수액 이동 전, 장마 후 신초 굳을 무렵이 적당하며, 침엽수와 상록활엽수는 봄의 수액이동 시작 무렵, 눈이 움직이는 시기보다 약 2주 앞선 시기에 실시한다.

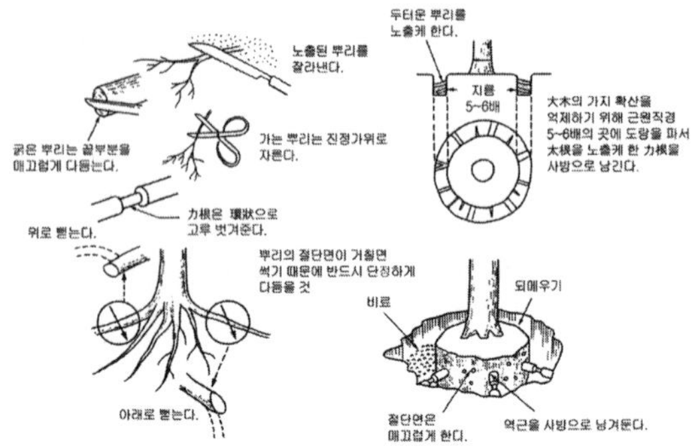

그림. 뿌리돌림의 방법

40

건설공사의 감리 구분에 해당하지 않는 것은?

① 설계감리 ② 시공감리
③ 입찰감리 ④ 책임감리

정답 36① 37① 38③ 39② 40③

41

동일한 규격의 수목을 연속적으로 모아 심었거나 줄지어 심었을 때 적합한 지주 설치법은?

① 단각지주 ② 이각지주
③ 삼각지주 ④ 연결형지주

해설

울타리식(연결형)지주 : 지주목을 군데군데 박고, 대나무나 철선을 가로로 연결하여 사용

42

측량 시에 사용하는 측정기구와 그 설명이 틀린 것은?

① 야장 : 측량한 결과를 기입하는 수첩
② 측량 핀 : 테이프의 길이마다 그 측점을 땅 위에 표시하기 위하여 사용되는 핀
③ 폴(pole) : 일정한 지점이 멀리서도 잘 보이도록 곧은 장대에 빨간색과 흰색을 교대로 칠하여 만든 기구
④ 보수계(pedometer) : 어느 지점이나 범위를 표시하기 위하여 땅에 꽂아 두는 나무 표지

해설

보수계(passometer, pedometer, 步數計) : 보행에서 보수(步數)를 계측하기 위한 소형 계기

43

관리업무 수행 중 도급방식의 대상으로 옳은 것은?

① 긴급한 대응이 필요한 업무
② 금액이 적고 간편한 업무
③ 연속해서 행할 수 없는 업무
④ 규모가 크고, 노력, 재료 등을 포함하는 업무

해설

직영방식 : 발주자가 시공자가 되어 일체의 공사를 자기 책임아래 시행하는 것

대상업무	장 점	단 점
- 재빠른 대응이 필요한 업무 - 연속해서 행할 수 없는 업무 - 진척상황이 명확치 않고 검사하기 어려운 업무 - 금액이 적고 간편한 업무	- 관리 책임이나 책임 소재 명확 - 긴급한 대응 가능 - 관리 실태의 정확한 파악 - 이용자에게 양질의 서비스 제공 - 임기응변적 조치 가능 - 경쟁의 폐단을 피할 수 있다.	- 필요 이상의 인건비 소요 - 인사 정체 - 업무의 타성화 - 경험부족과 사무가 복잡 - 공사의 지연 - 입찰과 계약의 수속과 감독이 곤란

도급방식 : 발주자가 일정 시공자에게 공사의 시행을 의뢰하는 것으로, 도급계약을 체결하고 계약 약관 및 설계 도서에 의거하여 도급자가 공사를 완성하여 발주자에게 인도하는 방법

대상업무	장 점	단 점
- 장기간에 걸쳐 단순 작업을 행하는 업무 - 전문지식, 기능, 자격을 요하는 업무 - 규모가 크고 노력, 재료 등을 포함한 업무 - 관리주체가 보유한 설비로는 불가능한 업무	- 규모가 큰 시설의 관리에 적합 - 전문가를 합리적으로 이용 - 관리의 단순화 - 관리비가 저렴 - 장기적으로 안정될 수 있다.	- 책임의 소재나 권한의 범위가 불명확함

44

다음 중 유충과 성충이 동시에 나무 잎에 피해를 주는 해충이 아닌 것은?

① 느티나무벼룩바구미
② 버들꼬마잎벌레
③ 주등무늬차색풍뎅이
④ 큰이십팔점박이무당벌레

해설

주둥무늬차색풍뎅이는 19과 43종의 식물을 먹고 산다. 사과나무, 배나무, 감나무, 오리나무, 버드나무류, 밤나무, 포도나무, 참나무류, 느티나무, 대추나무 등의 잎을 갉아먹는 과수 및 산림 해충으로 매우 유명하다. 성충은 조경수와 수목의 잎을 갉아먹어 잎맥만 남기는 피해를 일으킨다.

정답 41 ④ 42 ④ 43 ④ 44 ③

45

다음 [보기]의 식물들이 모두 사용되는 정원 식재 작업에서 가장 먼저 식재를 진행해야 할 수종은?

[보기]
소나무, 수수꽃다리, 영산홍, 잔디

① 잔디 ② 영산홍
③ 수수꽃다리 ④ 소나무

해설

식재는 교목-아교목-관목-초본류 및 잔디류의 순서로 식재한다.

46

다음 중 생리적 산성비료는?

① 요소 ② 용성인비
③ 석회질소 ④ 황산암모늄

해설

황산암모늄(ammonium sulfate) : 황산에 암모니아를 흡수시켜 얻어지는 화합물로서, 무색 투명한 결정이다. 물에 잘 녹으며 용해도는 물 100g에 대하여 75.4g(20℃)이고, 수용액은 상온에서 중성이지만 끓이면 암모니아성을 잃어버리고 산성이 된다.

47

40%(비중=1)의 어떤 유제가 있다. 이 유제를 1000배로 희석하여 10a 당 9L를 살포하고자 할 때, 유제의 소요량은 몇 mL인가?

① 7 ② 8
③ 9 ④ 10

48

서중 콘크리트는 1일 평균기온이 얼마를 초과하는 것이 예상되는 경우 시공하여야 하는가?

① 25℃ ② 20℃
③ 15℃ ④ 10℃

해설

서중콘크리트(hot weather concrete) : 기온이 높아서 슬럼프의 저하와 수분의 급격한 증발 등의 위험성이 있는 시기에 시공되는 콘크리트로 콘크리트 표준시방서에는 하루 평균기온이 25℃ 또는 최고온도가 30℃를 넘으면 서중콘크리트로 시공하도록 되어 있다.

49

흡즙성 해충으로 버즘나무, 철쭉류, 배나무 등에서 많은 피해를 주는 해충은?

① 오리나무잎벌레 ② 솔노랑잎벌
③ 방패벌레 ④ 도토리거위벌레

해설

방패벌레는 진달래, 배나무, 물푸레나무, 버즘나무, 참나무 등을 가해하며, 성충과 약충이 잎 뒷면에서 수액을 빨아 먹어 잎이 탈색되며, 탈피각과 배설물이 잎 뒷면에 남아 있어 응애류의 피해와 구분된다. 봄과 여름에 기온이 높고 건조한 해에 피해가 심한 경향이 있다.

50

골프코스에서 홀(hole)의 출발지점을 무엇이라 하는가?

① 그린 ② 티
③ 러프 ④ 페어웨이

해설

골프장의 출발점은 티(tee)이다.

51

농약 혼용 시 주의하여야 할 사항으로 틀린 것은?

① 혼용 시 침전물이 생기면 사용하지 않아야한다.
② 가능한 한 고농도로 살포하여 인건비를 절약한다.
③ 농약의 혼용은 반드시 농약 혼용가부표를 참고한다.
④ 농약을 혼용하여 조제한 약제는 될 수 있으면 즉시 살포하여야 한다.

해설

농약사용방법은 식물별로 적용 병해충에 적합한 농약을 선택하여 사용농도, 사용횟수 등 안전사용 기준에 따라 살포한다. 제초제를 사용할 때 약이 날려 다른 농작물에 묻지 않도록 깔때기 노

정답 45 ④ 46 ④ 47 ③ 48 ① 49 ③ 50 ② 51 ②

즐을 낮추어 살포한다. 농약은 바람을 등지고 살포하며, 피부가 노출되지 않도록 마스크와 보호용 옷을 착용한다. 피로하거나 몸의 상태가 나쁠 때에는 작업을 하지 않으며, 혼자서 긴 시간의 작업은 피한다. 작업 중에 음식 먹는 일은 삼간다. 작업이 끝나면 노출 부위를 비누로 깨끗이 씻고 옷을 갈아입는다. 쓰고 남은 농약은 표시를 해 두어 혼동하지 않도록 한다. 서늘하고 어두운 곳에 농약 전용 보관상자를 만들어 보관한다. 농약 중독 증상이 느껴지면 즉시 의사의 진찰을 받도록 한다. 정오부터 오후 2시까지 살포하지 않는다. 맑은 날 약효가 좋다.

52

목적에 알맞은 수형으로 만들기 위해 나무의 일부분을 잘라주는 관리방법을 무엇이라 하는가?

① 관수　② 멀칭
③ 시비　④ 전정

해설

전정(Pruning) : 수목관상, 개화결실, 생육상태조절 등의 목적에 따라 정지하거나 발육을 위해 가지나 줄기의 일부를 잘라내는 정리 작업. 정지(Training) : 수목의 수형을 영구히 유지, 보존하기 위해 줄기나 가지의 성장조절, 수형을 인위적으로 만들어가는 기초정리작업(예 : 분재)

53

다음 중 지형을 표시하는데 가장 기본이 되는 등고선은?

① 간곡선　② 주곡선
③ 조곡선　④ 계곡선

해설

등고선의 종류 및 간격

종 류	간 격
주곡선	지형표시의 기본선으로 가는 실선으로 표시
간곡선	주곡선 간격의 1/2
조곡선	간곡선 간격의 1/2
계곡선	주곡선 5개마다 굵게 표시한 선으로 굵은 실선으로 표시

54

경관에 변화를 주거나 방음, 방풍 등을 위한 목적으로 작은 동산을 만드는 공사의 종류는?

① 부지정지 공사　② 흙깎기 공사
③ 멀칭 공사　④ 마운딩 공사

해설

마운딩(造山(조산), 築山(축산)작업, Mounding) : 경관의 변화, 방음, 방풍, 방설을 목적으로 작은 동산을 만드는 것

55

잣나무 털녹병의 중간 기주에 해당하는 것은?

① 등골나무　② 향나무
③ 오리나무　④ 까치밥나무

해설

잣나무 털녹병의 중간기주 : 송이풀과 까치밥나무. 포플러 잎녹병의 중간기주 : 낙엽송. 배나무 적성병의 중간기주 : 향나무

56

수준측량의 용어 설명 중 높이를 알고 있는 기지점에 세운 표척눈금의 읽은 값을 무엇이라 하는가?

① 후시　② 전시
③ 전환점　④ 중간점

해설

후시(backsight, 後視) : 수준 측량에서 표고 기지점에 세운 표척의 판독. 일반적으로 B.S. 라는 기호로 표시한다.

57

석재가공 방법 중 화강암 표면의 기계로 켠 자국을 없애주고 자연스러운 느낌을 주므로 가장 널리 쓰이는 마감방법은?

① 버너마감　② 잔다듬
③ 정다듬　④ 도드락다듬

해설

버너로 돌면을 구어버리는 마감이 버너마감으로 대부분의 많은 건축물의 외벽이 버너마감이다. 외부 바닥은 겨울이나 비가 왔을 때 덜미끄럽기 위해버너 마감을 많이 사용한다.

정답　52 ④　53 ②　54 ④　55 ④　56 ①　57 ①

58

공원의 주민참가 3단계 발전과정이 옳은 것은?

① 비참가 → 시민권력의 단계 → 형식적 참가
② 형식적 참가 → 비참가 → 시민권력의 단계
③ 비참가 → 형식적 참가 → 시민권력의 단계
④ 시민권력의 단계 → 비참가 → 형식적 참가

59

자연석(경관석) 놓기에 대한 설명으로 틀린 것은?

① 경관석의 크기와 외형을 고려한다.
② 경관석 배치의 기본형은 부등변삼각형이다.
③ 경관석의 구성은 2, 4, 8 등 짝수로 조합한다.
④ 부화한 애벌레가 쇠약목에 침입하여 갱도를 만든다.

해설

경관석 놓기는 경관석은 시각의 초점이 되거나 중요하게 강조하고 싶은 장소에 보기 좋은 자연석을 한 개 또는 몇 개 배치하여 감상효과를 높이는 데 쓰는 돌로 경관석을 몇 개 어울려 짝지어 놓을 때는 중심이 되는 큰 주석과 보조역할을 하는 작은 부석을 잘 조화시켜 3, 5, 7 등의 홀수로 구성하며, 부등변 삼각형을 이루도록 배치한다. 경관석을 놓은 후 주변에 적당한 관목류, 초화류 등을 식재하거나 자갈, 왕모래 등을 깔아 경관석이 돋보이게 한다. 경관석은 충분한 크기와 중량감이 있어야 한하며, 삼재미(천지인 : 天地人)의 원리를 적용해서 놓는다.

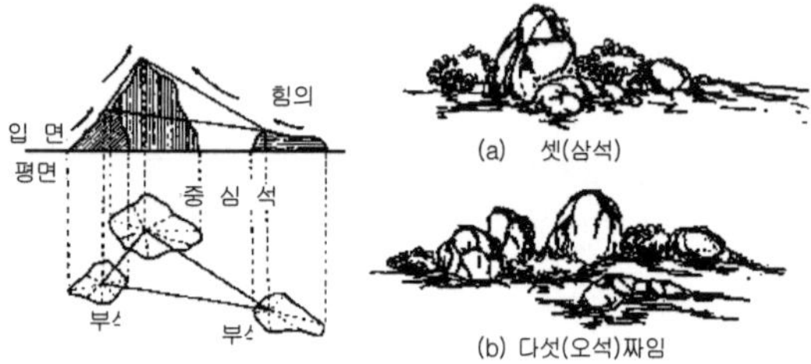

60

농약의 물리적 성질 중 살포하여 부착한 약제가 이슬이나 빗물에 씻겨 내리지 않고 식물체 표면에 묻어있는 성질을 무엇이라 하는가?

① 고착성(tenacity)
② 부착성(adhesiveness)
③ 침투성(penetrating)
④ 현수성(suspensibility)

해설

고착성(adhesiveness, sticking property, adherence, 固着性) : 살포한 약액이 식물체 상에서 건조하여 바람, 비 또는 이슬 등에 유실되지 않도록 잘 부착하는 성질

정답 58 ③ 59 ③ 60 ①

2015년 제4회 조경기능사 과년도

01

다음 중 색의 삼속성이 아닌 것은?

① 색상　② 명도
③ 채도　④ 대비

02

다음 중 기본계획에 해당되지 않는 것은?

① 땅가름　② 주유시설배치
③ 식재계획　④ 실시설계

해설

기본 계획(Master Plan, 基本計劃) : 계획서에 의거 추진되는 건설 사업의 설계 기초 단계로서 기본 요구 조건 및 해당 시설 위치에 대한 조사 사항을 근거로 시설물의 규모 및 배치, 건물의 평면 및 입면 계획, 설비 방식 선정, 환경 계획과 적법성 등을 검토하여 완성한 설계의 방침

03

다음 중 서원 조경에 대한 설명으로 틀린 것은?

① 도산서당의 정우당, 남계서원의 지당에 연꽃이 식재된 것은 주렴계의 애련설 영향이다.
② 서원의 진입공간에는 홍살문이 세워지고, 하마비와 하마석이 놓여진다.
③ 서원에 식재되는 수목들은 관상을 목적으로 식재되었다.
④ 서원에 식재되는 대표적인 수목은 은행나무로 행단과 관련이 있다.

04

일본의 정원 양식 중 다음 설명에 해당하는 것은?

-15세기 후반에 바다의 경치를 나타내기 위해 사용하였다.
-정원소재로 왕모래와 몇 개의 바위만으로 정원을 꾸미고, 식물은 일체 쓰지 않았다.

① 다정양식　② 축산고산수양식
③ 평정고산수양식　④ 침전조정원양식

해설

평정고산수 수법(15C 후반) : 축산고산수 수법에서 더 나아가 초감각적 무(無)의 경지를 표현하며, 식물의 사용 없고, 왕모래와 몇 개의 바위만 사용한 정원으로 대표정원은 용안사 방장정원이 있다.

05

다음 중 쌍탑형 가람배치를 가지고 있는 사찰은?

① 경주 분황사　② 부여 정림사
③ 경주 감은사　④ 익산 미륵사

해설

쌍탑식 가람배치는 통일신라시대 사천왕사지에서 처음 발생하여 망덕사지(望德寺址), 보문사지(普文寺址) 등에서는 목탑으로, 감은사지·천군동사지(千軍洞寺址)·불국사 등에서는 석탑으로 나타나 이후 대부분의 사찰에서 이러한 쌍탑식 가람배치가 성행하게 된다.

06

다음 중 프랑스 베르사유 궁원의 수경시설과 관련이 없는 것은?

① 아폴로 분수　② 물극장
③ 라토나 분수　④ 양어장

해설

프랑스 베르사유 궁원은 아폴로 분수, 라토나 분수, 물극장(물화단), 총림, 롱프윙, 미원, 연못, 야외극장 등이 있으며, 세계 최대 바로크양식의 정형식 정원이다.

정답 1④ 2④ 3③ 4③ 5③ 6④

07

다음 설계 도면의 종류 중 2차원의 평면을 나타내지 않는 것은?

① 평면도 ② 단면도
③ 상세도 ④ 투시도

해설

투시도(perspective drawing, 透視圖) : 물체를 눈에 보이는 형상 그대로 그리는 그림

08

중국 옹정제가 제위 전 하사받은 별장으로 영국에 중국식 정원을 조성하게 된 계기가 된 곳은?

① 원명원 ② 기창원
③ 이화원 ④ 외팔묘

해설

원명원(圓明園) : 베이징 서쪽 교외의 이허위안 동쪽에 자리잡고 있으며 원명원, 장춘원(長春園), 기춘원(綺春園 : 나중에 만춘원으로 바뀜) 3원을 통틀어 일컫는다. 면적은 320ha이며 호수가 많은 땅에 지어져 수면이 35%를 차지한다. 1709년 강희제(康熙帝)가 네 번째 아들 윤진에게 하사한 별장이었으나 윤진이 옹정제(雍正帝)로 즉위하자 1725년 황궁의 정원으로 조성하였다. 그 뒤 건륭제(乾隆帝)가 바로크식 건축양식을 더하여 원명원을 크게 넓혔고 장춘원과 기춘원을 새로 지었다.

09

자유, 우아, 섬세, 간접적, 여성적인 느낌을 갖는 선은?

① 직선 ② 절선
③ 곡선 ④ 점선

해설

곡선 : 부드럽고 여성적이며 우아한 느낌. 직선 : 굳건하고 남성적이며 일정한 방향을 제시

10

다음 중 휴게시설물로 분류할 수 없는 것은?

① 퍼걸러(그늘시렁)
② 평상
③ 도섭지(발물놀이터)
④ 야외탁자

해설

도섭지(wading pool, 徒涉池) : 아동들의 물놀이를 대상으로 한 얕은 연못의 일종으로 위험이 적고 여름에 최적격의 놀이터가 됨

11

파란색 조명에 빨간색 조명과 초록색 조명을 동시에 켰더니 하얀색으로 보였다. 이처럼 빛에 의한 색채의 혼합 원리는?

① 가법혼색 ② 병치혼색
③ 회전혼색 ④ 감법혼색

해설

가법 혼색(additive color mixture, 加法混色) : 혼합한 색이 원래의 색보다 명도가 높아지는 색광의 혼합으로 2종류 이상의 색광을 혼합할 경우 빛의 양이 증가하기 때문에 명도가 높아진다. 빨강(Red), 초록(Green), 파랑(Blue)은 색광의 3원색이고 모두 합치면 백색광이 된다. 가산혼합, 색광혼색이라고도 한다. 병치 혼색(juxtapositional mixture, 竝置混色) : 가법 혼색의 일종으로 많은 색의 점들을 조밀하게 병치하여 서로 혼합되게 보이는 방법. 감법 혼색(subtractive color mixture, 減法混色) : 혼합한 색이 원래의 색보다 어두워 보이는 혼색으로 물감을 섞거나 필터를 겹쳐서 사용하는 경우, 순색의 강도가 약해져 어두워지는 것을 말한다. 마젠타(Magenta), 노랑(Yellow), 시안(Cyan)이 감법혼색의 3원색이며 이 3원색을 모두 합하면 검정에 가까운 색이 된다. 감산혼합, 색료혼색이라고도 한다.

12

이집트 하(下)대의 상징 식물로 여겨졌으며, 연못에 식재되었고, 식물의 꽃은 즐거움과 승리를 의미하여 신과 사자에게 바쳐졌었다. 이집트 건축의 주두(柱頭) 장식에도 사용되었던 이 식물은?

① 자스민 ② 무화과
③ 파피루스 ④ 아네모네

정답 7④ 8① 9③ 10③ 11① 12③

해설

파피루스(Papyrus) : 외떡잎식물 벼목 사초과의 여러해살이풀로 지중해 연안의 습지에서 무리지어 자란다. 높이 1~2m이고, 줄기는 둔한 삼각형이며 짙은 녹색으로서 마디가 없다. 잎은 퇴화하여 비늘처럼 되고 줄기의 밑부분에 달린다. 줄기 끝에 짧은 포가 몇 개 달리고 그 겨드랑이에서 10여 개의 가지가 밑으로 처질듯이 자라서 연한 갈색의 작은이삭이 달린다. 고대 이집트에서는 이 식물 줄기의 껍질을 벗겨내고 속을 가늘게 찢은 뒤, 엮어 말려서 다시 매끄럽게 하여 파피루스라는 종이를 만들었다. 현재의 제지법이 유럽에 전파되기 전에는 나일강을 중심으로 하여 많이 재배하였다. 세계에서 가장 오래된 종이뿐 아니라 보트·돛대·매트·의류·끈 등을 만들었고 속[髓]은 식용하였다고도 하며, 관상용으로 온실에서 가꾼다.

13

조경분야의 기능별 대상 구분 중 위락관광시설로 가장 적합한 것은?

① 오피스빌딩정원 ② 어린이공원
③ 골프장 ④ 군립공원

14

벽돌로 만들어진 건축물에 태양광선이 비추어지는 부분과 그늘진 부분에서 나타나는 배색은?

① 톤 인 톤(tone in tone) 배색
② 톤 온 톤(tone on tone) 배색
③ 까마이외(camaieu) 배색
④ 트리콜로르(tricolore) 배색

해설

톤 온 톤 배색(tone on tone, 配色) : 톤 온 톤이란 '톤을 겹친다'라는 의미로, 동일 색상 내에서 톤의 차이를 두어 배색하는 방법으로 보통 동일 색상의 농담 배색이라고 불리는 배색으로, 밝은 베이지+어두운 브라운, 밝은 물색+감색 등이 그 전형적인 예이다. 여러 색의 배색에 의한 톤 온 톤배색은 결국 명도 그라데이션 배색이 되고, 회화 기법의 키아로스쿠로(chiaroscuro)나 그리자유(grisaille, 무채색에 의한 농담 표현)와 같은 종류이다.

15

골프장에서 티와 그린 사이의 공간으로 잔디를 짧게 깎는 지역은?

① 해저드 ② 페어웨이
③ 홀 커터 ④ 벙커

해설

페어웨이(Fairway) : 골프에서 티(tee)와 그린(green) 사이에 있는 잘 깎인 잔디 지역. 해저드 (hazard) : 코스 안에 설치한 모래밭·연못·웅덩이·개울 따위의 장애물. 벙커(bunker) : 골프 코스에서 모래가 쌓여 있는 장소

16

골재의 함수상태에 관한 설명 중 틀린 것은?

① 골재를 110℃ 정도의 온도에서 24시간 이상 건조시킨 상태를 절대건조 상태 또는 노건조 상태(oven dry condition)라 한다.
② 골재를 실내에 방치할 경우, 골재입자의 표면과 내부의 일부가 건조된 상태를 공기 중 건조상태라 한다.
③ 골재입자의 표면에 물은 없으나 내부의 공극에는 물이 꽉 차있는 상태를 표면건조포화상태라 한다.
④ 절대건조 상태에서 표면건조 상태가 될 때까지 흡수되는 수량을 표면수량(surface moisture)이라 한다.

해설

표면수량(surface water quantity, 表面水量) : 골재의 표면에 부착해 있는 물의 양으로 보통 표건(表乾) 상태에 대한 중량을 백분율로 표시하며 콘크리트 배합의 설계시 이용된다. 콘크리트의 배합 설계는 골재의 표건 상태가 전제 조건이기 때문에 표면 수량을 측정하여 배합 수정한다.

17

다음 중 가로수용으로 가장 적합한 수종은?

① 회화나무 ② 돈나무
③ 호랑가시나무 ④ 풀명자

해설

회화나무 : 한자로는 괴화(槐花)나무로 표기하는데 발음은 중국

정답 13 ③ 14 ② 15 ② 16 ④ 17 ①

발음과 유사한 회화로 부르게 되었다. 홰나무를 뜻하는 한자인 '槐'(괴)자는 귀신과 나무를 합쳐서 만든 글자이다. 회화나무가 사람이 사는 집에 많이 심은 것은 잡귀를 물리치는 나무로 알려져 있기 때문이다. 그래서 조선시대 궁궐의 마당이나 출입구 부근에 많이 심었다. 그리고 서원이나 향교 등 학생들이 공부하는 학당에도 회화나무를 심어 악귀를 물리치는 염원을 했다고 전해진다.

18

진비중이 1.5, 전건비중이 0.54인 목재의 공극률은?

① 66% ② 64%
③ 62% ④ 60%

해설

목재의 공극률 = $1-(\frac{\text{절대건조비중}}{1.54})\times100$의 공식에 의해

$1-(\frac{0.54}{1.54})\times100 = 64\%$가 된다.

19

나무의 높이나 나무고유의 모양에 따른 분류가 아닌 것은?

① 교목
② 활엽수
③ 상록수
④ 덩굴성 수목(만경목)

해설

상록수와 낙엽수의 구분은 잎의 생태상에 따른 분류이다.

20

다음 중 산울타리 수종으로 적합하지 않은 것은?

① 편백 ② 무궁화
③ 단풍나무 ④ 쥐똥나무

해설

산울타리는 살아 있는 수목을 이용해서 도로나 가장자리의 경계표시를 하거나 담장의 역할을 하는 식재 형태로 상록수로서 가지와 잎이 치밀해야 하며, 적당한 높이로서 아랫가지가 오래도록 말라 죽지 않아야 한다. 맹아력이 크고 불량한 환경 조건에도 잘 견딜 수 있어야 하며, 외관이 아름다운 것이 좋다.

21

다음 중 모감주나무(*Koelreuteria paniculata* Laxmann)에 대한 설명으로 맞는 것은?

① 뿌리는 천근성으로 내공해성이 약하다.
② 열매는 삭과로 3개의 황색종자가 들어있다.
③ 잎은 호생하고 기수1회우상복엽이다.
④ 남부지역에서만 식재가능하고 성상은 상록활엽 교목이다.

해설

모감주나무 : 염주나무라고도 하는데 그 이유는 종자를 염주로 만들었기 때문이다. 교목형(喬木形)이며 바닷가에 군락을 이루어 자라는 경우가 많다. 잎은 어긋나며 1회 깃꼴겹잎이고, 작은 잎은 달갈모양이며 가장자리는 깊이 패어 들어간 모양으로 갈라진다. 꽃은 7월에 황색이지만 밑동은 적색으로 피고, 열매는 꽈리처럼 생겼는데 옅은 녹색이었다가 점차 열매가 익으면서 짙은 황색으로 변한다. 열매가 완전하게 익어갈 무렵 3개로 갈라져서 지름 5~8mm의 검은 종자가 3~6개 정도 나온다. 한국(황해도와 강원 이남)·일본·중국 등지에 분포한다.

22

복수초(*Adonis amurensis* Regel & Radde)에 대한 설명으로 틀린 것은?

① 여러해살이풀이다.
② 꽃색은 황색이다.
③ 실생개체의 경우 1년 후 개화한다.
④ 우리나라에는 1속 1종이 난다.

해설

복수초 : 우리나라 각처의 숲 속에서 자라는 다년생 초본으로 생육환경은 햇볕이 잘 드는 양지와 습기가 약간 있는 곳에서 자란다. 키는 10~15cm이고, 잎은 3갈래로 갈라지며 끝이 둔하고 털이 없다. 꽃대가 올라와 꽃이 피면 꽃 뒤쪽으로 잎이 전개되기 시작한다. 꽃은 4~6cm이고 줄기 끝에 한 송이가 달리고 노란색이다. 열매는 6~7월경에 별사탕처럼 울퉁불퉁하게 달린다. 우리나라에는 최근 3종류가 보고되고 있는데 제주도에서 자라는 "세복수초"와 "개복수초" 및 "복수초"가 보고되었다. 여름이 되면 하고현상(고온이 되면 고사하는 현상)이 일어나 지상부에서 없어지는 품종이다. 관상용으로 쓰이며, 뿌리(복수초근)를 포함한 전초는 약용으로 쓰인다.

정답 18② 19③ 20③ 21③ 22③

23

다음 중 지피(地被)용으로 사용하기 가장 적합한 식물은?

① 맥문동 ② 등나무
③ 으름덩굴 ④ 멀꿀

해설

지피식물(地被植物) : 지표를 낮게 덮는 식물을 통틀어 이르는 말로 숲에 있는 입목 이외의 모든 식물로 조릿대류, 잔디류, 클로버 따위의 초본이나 이끼류가 있다.

24

다음 중 열가소성 수지에 해당되는 것은?

① 페놀수지 ② 멜라민수지
③ 폴리에틸렌수지 ④ 요소수지

해설

열가소성수지(thermoplastic resin, 熱可塑性樹脂) : 열을 가하여 성형한 뒤에도 다시 열을 가하면 형태를 변형시킬 수 있는 수지로 압출성형·사출성형에 의해 능률적으로 가공할 수 있다는 장점이 있는 반면, 내열성·내용제성은 열경화성수지에 비해 약한 편이다. 종류에는 결정성과 비결정성이 있는데 결정성 열가소성수지에는 폴리에틸렌·나일론·폴리아세탈수지 등이 포함되고 유백색이다. 비결정성 열가소성수지에는 염화비닐수지·폴리스타이렌·ABS수지·아크릴수지 등의 투명한 것이 많고, 전체 합성수지 생산량의 80% 정도를 차지한다.

25

다음 중 약한 나무를 보호하기 위하여 줄기를 싸주거나 지표면을 덮어주는데 사용되기에 가장 적합한 것은?

① 볏짚 ② 새끼줄
③ 밧줄 ④ 바크(bark)

해설

볏짚(rice straw) : 벼를 탈곡하고 남는 줄기와 잎부분

26

목질 재료의 단점에 해당되는 것은?

① 함수율에 따라 변형이 잘 된다.
② 무게가 가벼워서 다루기 쉽다.
③ 재질이 부드럽고 촉감이 좋다.
④ 비중이 적은데 비해 압축, 인장강도가 높다.

해설

목재의 장점은 ㉠ 색깔과 무늬 등 외관이 아름답다. ㉡ 재질이 부드럽고 촉감이 좋아 친근감을 준다. ㉢ 무게가 가볍고 운반이 용이하다. ㉣ 무게에 비하여 강도가 크다(높다). ㉤ 강도가 크고 열전도율이 낮다. ㉥ 비중이 작고 가공성과 시공성이 용이하다. 목재의 단점은 ㉠ 자연소재이므로 부패성이 크다. ㉡ 함수율에 따라 팽창·수축하여 변형이 잘 된다. ㉢ 부위에 따라 재질이 불균질하며 연소가 쉽고 해충의 피해가 크다. ㉣ 불에 타기 쉽다(내화성이 약하다). ㉥ 구부러지고 옹이가 있다. ㉦ 건조변형이 크고 내구성이 부족하다.

27

다음 중 열매가 붉은색으로만 짝지어진 것은?

① 쥐똥나무, 팥배나무
② 주목, 칠엽수
③ 피라칸다, 낙상홍
④ 매실나무, 무화과나무

해설

붉은색 열매 : 여름(옥매, 오미자, 해당화, 자두나무 등), 가을(마가목, 팥배나무, 동백나무, 산수유, 대추나무, 보리수나무, 후피향나무, 석류나무, 감나무, 가막살나무, 피라칸타, 낙상홍, 남천, 화살나무, 찔레 등), 겨울(감탕나무, 식나무 등)

28

다음 중 지피식물의 특성에 해당되지 않는 것은?

① 지표면을 치밀하게 피복해야 함
② 키가 높고, 일년 생이며 거칠어야 함
③ 환경조건에 대한 적응성이 넓어야 함
④ 번식력이 왕성하고 생장이 비교적 빨라야 함

해설

지피식물(地被植物) : 지표를 낮게 덮는 식물을 통틀어 이르는 말로 숲에 있는 입목 이외의 모든 식물로 조릿대류, 잔디류, 클로버 따위의 초본이나 이끼류 등이 있다.

정답 23 ① 24 ③ 25 ① 26 ① 27 ③ 28 ②

7 과년도 기출문제

29

다음 [보기]의 설명에 해당하는 수종은?

- "설송(雪松)"이라 불리기도 한다.
- 천근성 수종으로 바람에 약하며, 수관폭이 넓고 속성수로 크게 자라기 때문에 적지 선정이 중요하다.
- 줄기는 아래로 처지며, 수피는 회갈색으로 얇게 갈라져 벗겨진다.
- 잎은 짧은 가지에 30개가 총생, 3~4cm로 끝이 뾰족하며, 바늘처럼 찌른다.

① 잣나무 ② 솔송나무
③ 개잎갈나무 ④ 구상나무

해설

개잎갈나무(Hymalaya cedar) : 개이깔나무·히말라야시다·히말라야삼나무·설송(雪松)이라고도 한다. 높이 30~50m, 지름 약 3m로 잎갈나무와 비슷하게 생겼으나 상록성이므로 개잎갈나무라고 부른다. 가지가 수평으로 퍼지고 작은가지에 털이 나며 밑으로 처진다. 나무껍질은 잿빛을 띤 갈색인데 얇은 조각으로 벗겨진다. 잎은 짙은 녹색이고 끝이 뾰족하며 단면은 삼각형이고, 짧은가지에 돌려난 것처럼 보이며 길이는 3~4cm이다. 꽃은 암수한그루로 짧은가지 끝에 10월에 피는데, 수꽃이삭은 원기둥 모양이고 암꽃이삭은 노란빛을 띤 갈색이며 달걀 모양이다. 열매는 구과로 달걀 모양 타원형이며 다음해 가을에 익는다. 빛깔은 초록빛을 띤 회갈색이고 길이 7~10cm, 지름 6cm 정도이다. 종자에는 막질(膜質:얇은 종이처럼 반투명한 것)의 넓은 날개가 있다.

30

다음 중 목재 접착시 압착의 방법이 아닌 것은?

① 도포법 ② 냉압법
③ 열압법 ④ 냉압 후 열압법

해설

도포법(plastering, 塗布法) : 과수·정원수 및 가로수 등의 해충이 월동하기 위하여 땅으로 내려오거나, 봄에 땅 속에서 월동한 해충이 나무줄기를 타고 올라가는 것을 도중에서 살멸시키기 위하여 나무줄기에 약액(석회황합제)을 발라두는 방법

31

목재가 함유하는 수분을 존재 상태에 따라 구분한 것 중 맞는 것은?

① 모관수 및 흡착수
② 결합수 및 화학수
③ 결합수 및 응집수
④ 결합수 및 자유수

해설

결합수(結合水)와 자유수(自由水) : 목재에는 결합수와 자유수라고 하는 두 가지 성분의 수분이 존재한다. 목재는 얇은 세포벽으로 둘러싸여진 가운데가 비어있는 세포가 무수하게 집합된 공극체이므로 그 속에 수분이 어떻게 존재하느냐에 따라서 목재의 성질이 달라진다. 학술적으로 목재의 세포벽을 구성하고 있는 셀룰로오스와 화학적으로 결합하고 있는 수분을 결합수라고 하며, 이것은 얼음과 같이 결정화된 수분이라고도 한다. 결합수는 목재의 함수율이 28~30% 이하일 때의 수분으로 수분이 많고 적음에 따라서 강도에 영향하는 기계적인 성질이나 수축, 팽창 등의 물리적인 제반 성질이 달라지게 된다. 또 다른 하나는 세포의 안쪽에 비어있는 부분에 액체상으로 존재하는 자유수이다. 자유수는 함수율이 28~30% 이상일 때의 수분을 말하며, 이것이 많거나 적거나 관계없이 목재의 성질에는 영향을 미치지 않는다. 목재가 생재일 때는 이러한 두 종류의 수분이 동시에 존재한다.

32

다음 설명의 ( )안에 가장 적합한 것은?

조경공사표준시방서의 기준 상 수목은 수관부 가지의 약 ( ) 이상이 고사하는 경우에 고사목으로 판정하고 지피·초본류는 해당 공사의 목적에 부합되는가를 기준으로 감독자의 육안검사 결과에 따라 고사여부를 판정한다.

① $\frac{1}{2}$ ② $\frac{1}{3}$
③ $\frac{2}{3}$ ④ $\frac{3}{4}$

해설

조경공사 표준시방서 제4장 식재부분을 살펴보면 수목은 수관부 가지의 약 2/3 이상이 고사하는 경우에 고사목으로 판정하고 지피·초화류는 해당 공사의 목적에 부합되는가를 기준으로 감독자의 육안검사 결과에 따라 고사여부를 판정한다.

정답 29 ③ 30 ① 31 ④ 32 ③

33

벤치 좌면 재료 가운데 이용자가 4계절 가장 편하게 사용할 수 있는 재료는?

① 플라스틱　② 목재
③ 석재　④ 철재

해설

벤치의 재료 중 목재벤치가 4계절 가장 편하게 사용할 수 있어 가장 많이 사용된다.

34

다음 중 한지형(寒地形) 잔디에 속하지 않는 것은?

① 벤트그래스　② 버뮤다그래스
③ 라이그래스　④ 켄터키블루그래스

해설

한지형 잔디 중 캔(켄)터키블루그래스 : 한지형 잔디로 미국이나 유럽의 정원과 공원의 잔디밭에 많이 쓰인다. 서늘하고 그늘진 곳에서 잘 자라며, 건조에 약해 자주 관수를 해 주어야 한다. 회복력이 좋기 때문에 경기장이나 골프장의 페어웨이 피복에 적합하며 잔디깎기에 가장 약하다. 벤트그래스 : 질감이 매우 고우며, 4~8mm 정도로 낮게 깎아 이용하는 것으로 잔디 중 품질이 가장 좋아서 골프장(그린 부분)에 많이 사용된다. 병충해에 약해(병이 많이 발생해서) 철저한 관리가 필요하며, 건조에 약해 자주 관수를 요구한다. 여름철에 많은 농약을 뿌려야 잘 견디고, 씨로 잘 번식한다. 톨 훼스큐 : 잎 표면에 도드라진 줄이 있고 질감이 거칠고, 고온과 건조에 가장 강하다. 비탈면 녹화에 적합하고, 분얼로만 퍼져 자주 깎아주지 않으면 잔디밭의 기능을 상실한다. 난지형 잔디에는 들잔디와 버뮤다그래스가 있다.

35

다음 중 화성암에 해당하는 것은?

① 화강암　② 응회암
③ 편마암　④ 대리석

해설

화성암(火成巖)에는 화강암, 안산암, 현무암, 설록암 등이 있으며, 화강암 : 한국돌의 주종을 이루며 조경에서 많이 사용하고, 압축강도가 크며 흰색 또는 담회색이며 단단하고 내구성이 크다. 외관이 아름답고 조직에 방향성이 없으며, 균열이 적어 큰 석재를 얻을 수 있다. 내구성이 좋으며, 바닥포장용 석재로 우수하다.

36

다음 중 시설물의 사용연수로 가장 부적합한 것은?

① 철재 시소 : 10년
② 목재 벤치 : 7년
③ 철재 파고라 : 40년
④ 원로의 모래자갈 포장 : 10년

해설

철재 파고라의 사용연수는 20년이다.

37

다음 중 금속재의 부식 환경에 대한 설명이 아닌 것은?

① 온도가 높을수록 녹의 양은 증가한다.
② 습도가 높을수록 부식속도가 빨리 진행된다.
③ 도장이나 수선 시기는 여름보다 겨울이 좋다.
④ 내륙이나 전원지역보다 자외선이 많은 일반 도심지가 부식속도가 느리게 진행된다.

해설

자외선이 많은 일반 도심지가 부식속도가 빠르다.

38

다음 중 같은 밀도(密度)에서 토양공극의 크기(size)가 가장 큰 것은?

① 식토　② 사토
③ 점토　④ 식양토

해설

사토(沙土/砂土) : 모래흙. 식토(息土) : 기름진 땅. 점토(粘土) : 크기가 1/256mm보다 작은 암석 부스러기 또는 광물 알갱이. 식양토 (埴壤土) : 점토 성분의 조성이 전체량의 37.5~50%인 토성 구분으로 만져 보면 약간씩 모래의 까칠함도 느껴진다.

정답 33 ② 34 ② 35 ① 36 ③ 37 ④ 38 ②

39

다음 중 경사도에 관한 설명으로 틀린 것은?

① 45° 경사는 1 : 1이다.
② 25% 경사는 1 : 4이다.
③ 1 : 2는 수평거리 1, 수직거리 2를 나타낸다.
④ 경사면은 토양의 안식각을 고려하여 안전한 경사면을 조성한다.

해설
45도 경사(square pitch, 四五度傾斜) : 저변의 길이와 같게 수직으로 상승했을 때의 사변의 경사. 1:2경사는 수직거리 1, 수평거리 2를 나타낸다.

40

표준시방서의 기재 사항으로 맞는 것은?

① 공사량 ② 입찰방법
③ 계약절차 ④ 사용재료 종류

해설
표준시방서에 사용재료 종류를 기재한다.

41

다음과 같은 피해 특징을 보이는 대기오염 물질은?

- 침엽수는 물에 젖은 듯한 모양, 적갈색으로 변색
- 활엽수 잎의 끝부분과 엽맥사이 조직의 괴사, 물에 젖은 듯한 모양(엽육조직 피해)

① 오존 ② 아황산가스
③ PAN ④ 중금속

해설
아황산가스(SO_2)의 피해는 식물 체내로 침입하여 피해를 줄 뿐만 아니라 토양에 흡수되어 산성화시키고 뿌리에 피해를 주어 지력을 감퇴시키며, 한 낮이나 생육이 왕성한 봄과 여름, 오래된 잎에 피해를 입기 쉽다.

42

표준품셈에서 수목을 인력시공 식재 후 지주목을 세우지 않을 경우 인력품의 몇%를 감하는가?

① 5% ② 10%
③ 15% ④ 20%

해설
식재 후 지주목을 세우지 않을 때는 인력품의 10%를 감한다.

43

다음 중 멀칭의 기대 효과가 아닌 것은?

① 표토의 유실을 방지
② 토양의 입단화를 촉진
③ 잡초의 발생을 최소화
④ 유익한 토양미생물의 생장을 억제

해설
멀칭은 수피, 낙엽, 볏짚, 풀, 분쇄목 등을 사용하여 토양을 피복·보호해서 식물의 생육을 돕는 역할을 하는 것으로 멀칭의 기대효과는 토양수분유지, 토양침식과 수분손실 방지, 토양 비옥도 증진 및 잡초 발생 억제, 토양구조 개선 및 태양열의 복사와 반사를 감소, 토양의 온도조절 및 병충해 발생 억제, 통행을 위한 지표면 개선효과가 있다.

44

다음 중 등고선의 성질에 대한 설명으로 맞는 것은?

① 지표의 경사가 급할수록 등고선 간격이 넓어진다.
② 같은 등고선 위의 모든 점은 높이가 서로 다르다.
③ 등고선은 지표의 최대 경사선의 방향과 직교하지 않는다.
④ 높이가 다른 두 등고선은 동굴이나 절벽의 지형이 아닌 곳에서는 교차하지 않는다.

해설
등고선의 성질 : 등고선 위의 모든 점은 높이가 같다. 등고선은 도면의 안이나 밖에서 폐합되며(만나며), 도중에 없어지지 않는다. 산정과 오목지에서는 도면 안에서 폐합된다. 높이가 다른 등고선은 동굴과 절벽을 제외하고 교차하거나 합쳐지지 않는다. 등경사지는 등고선의 간격이 같다. 급경사지는 등고선의 간격이 좁고, 완경사지는 등고선의 간격이 넓다.

45

습기가 많은 물가나 습원에서 생육하는 식물을 수생식물이라 한다. 다음 중 이에 해당하지 않는 것은?

① 부처손, 구절초 ② 갈대, 물억새
③ 부들, 생이가래 ④ 고랭이, 미나리

정답 39 ③ 40 ④ 41 ② 42 ② 43 ④ 44 ④ 45 ①

해설

부처손 : 관다발식물 석송목 부처손과의 여러해살이풀로 건조한 바위면에서 자란다. 구절초(九節草) : 국화과에 속하는 다년생 초본식물

46

인공지반에 식재된 식물과 생육에 필요한 식재최소토심으로 가장 적합한 것은?(단, 배수구배는 1.5~2.0%, 인공토양 사용시로 한다.)

① 잔디, 초본류 : 15cm ② 소관목 : 20cm
③ 대관목 : 45cm ④ 심근성 교목 : 90cm

해설

조경기준 제15조(식재토심) : 옥상조경 및 인공지반 조경의 식재토심은 배수층의 두께를 제외한 다음 각호의 기준에 의한 두께로 하여야 한다. 초화류 및 지피식물 : 15cm 이상 (인공토양 사용시 10cm 이상), 소관목 : 30cm 이상 (인공토양 사용시 20cm 이상), 대관목 : 45cm 이상 (인공토양 사용시 30cm 이상), 교목 : 70cm 이상 (인공토양 사용시 60cm 이상)

47

가로 2m × 세로 50m의 공간에 H0.4 × W0.5 규격의 영산홍으로 생울타리를 만들려고 하면 사용되는 수목의 수량은 약 얼마인가?

① 50주 ② 100주
③ 200주 ④ 400주

해설

수관폭이 50cm 이므로 가로, 세로 1m에 2주씩 $1m^2$에 4주가 들어가며, 면적은 $2m \times 50m = 100m^2$가 되어 $4주 \times 100m^2 = 400$주가 필요하다.

48

식물명에 대한 『코흐의 원칙』의 설명으로 틀린 것은?

① 병든 생물체에 병원체로 의심되는 특정 미생물이 존재해야 한다.
② 그 미생물은 기주생물로부터 분리되고 배지에서 순수배양되어야 한다.
③ 순수배양한 미생물을 동일 기주에 접종하였을 때 동일한 병이 발생되어야 한다.
④ 병든 생물체로부터 접종할 때 사용하였던 미생물과 동일한 특성의 미생물이 재분리되지만 배양은 되지 않아야 한다.

해설

코흐의 원칙(Koch's postulates) : 어떤 미생물이 병원임을 증명하기 위해서는 ① 그 미생물이 언제나 그 병의 병환부에 존재하고, ② 미생물은 분리되어 배지 위에서 순수배양되어야 한다. ③ 순수배양한 미생물을 접종하여 동일한 병이 발생되어야 한다. ④ 발병된 피해부위에서 접종에 사용되었던 미생물과 동일한 성질을 가진 미생물이 재분리되어야 한다. 이것을 코흐의 원칙이라고 한다. 순활물 기생균이나 바이러스의 경우에는 배양이라는 수법은 쓰이지 않으며, 한 개의 포자나 되도록이면 순수한 상태의 것을 써서 접종한다. 이어서 그 미생물의 형태를 주로 하여 생리적 성질, 병원성 등을 고려하여 분류학적으로 종명의 동정을 하게 된다.

49

다음 중 철쭉류와 같은 화관목의 전정시기로 가장 적합한 것은?

① 개화 1주 전
② 개화 2주 전
③ 개화가 끝난 직후
④ 휴면기

해설

수종별 전정시기는 낙엽활엽수 : 신록이 굳어진 3월, 7~8월, 10~12월. 상록활엽수 : 3월, 9~10월, 침엽수 : 한겨울을 피한 11~12월. 이른 봄. 가로수는 주로 하기전정을 실시한다. 화목류 : 낙화(洛花) 무렵. 유실수 : 싹 트기 전, 수액 이동 전

50

미국흰불나방에 대한 설명으로 틀린 것은?

① 성충으로 월동한다.
② 1화기 보다 2화기에 피해가 심하다.
③ 성충의 활동시기에 피해지역 또는 그 주변에 유아등이나 흡입포충기를 설치하여 유인 포살한다.
④ 알 기간에 알덩어리가 붙어 있는 잎을 채취하여 소각하며, 잎을 가해하고 있는 군서 유충을 소살한다.

정답 46 ② 47 ④ 48 ④ 49 ③ 50 ①

해설

(미국)흰불나방 : 1년에 2회 발생(5~6월, 7~8월)하고, 겨울철에 번데기 상태로 월동하며 성충의 수명은 3~4일이다. 가로수와 정원수 특히 플라타너스에 피해가 심하다.

51

다음 중 제초제 사용의 주의사항으로 틀린 것은?

① 비나 눈이 올 때는 사용하지 않는다.
② 될 수 있는 대로 다른 농약과 섞어서 사용한다.
③ 적용 대상에 표시되지 않은 식물에는 사용하지 않는다.
④ 살포할 때는 보안경과 마스크를 착용하며, 피부가 노출되지 않도록 한다.

해설

농약은 ① 식물별로 적용하여 병해충에 적합한 농약을 선택하며 사용농도, 사용횟수 등 안전사용 기준에 따라 살포한다. ② 제초제를 사용할 때 약이 날려 다른 농작물에 묻지 않도록 깔때기 노즐을 낮추어 살포한다. ③ 농약은 바람을 등지고 살포하며, 피부가 노출되지 않도록 마스크와 보호용 옷을 착용한다. ④ 피로하거나 몸의 상태가 나쁠 때에는 작업을 하지 않으며, 혼자서 긴 시간의 작업은 피한다. ⑤ 작업 중에 음식 먹는 일은 삼간다. ⑥ 작업이 끝나면 노출 부위를 비누로 깨끗이 씻고 옷을 갈아입는다. ⑦ 쓰고 남은 농약은 표시를 해 두어 혼동하지 않도록 한다. ⑧ 서늘하고 어두운 곳에 농약 전용 보관상자를 만들어 보관한다. ⑨ 농약 중독 증상이 느껴지면 즉시 의사의 진찰을 받도록 한다. ⑩ 정오부터 오후 2시까지 살포하지 않는다. ⑪ 맑은 날 약효가 좋다.

52

다음 중 시멘트와 그 특성이 바르게 연결된 것은?

① 조강포틀랜드시멘트 : 조기강도를 요하는 긴급공사에 적합하다.
② 백색포틀랜드시멘트 : 시멘트 생산량의 90% 이상을 점하고 있다.
③ 고로슬래그시멘트 : 건조수축이 크며, 보통시멘트보다 수밀성이 우수하다.
④ 실리카시멘트 : 화학적 저항성이 크고 발열량이 적다.

해설

조강(早强) 포틀랜드 시멘트 : 조기에 높은 강도(7일 강도로 28일 강도를 발휘)를 내며 급한 공사, 겨울철 공사, 물속이나 바다의 공사 등에 사용. 백색 포틀랜드 시멘트 : 구조재 축조에는 사용하지 않고 건축미장용으로 사용. 고로 시멘트(슬래그 시멘트) : 제철소의 용광로에서 생긴 광재(Slag)를 넣고 만들어 균열이 적어 폐수시설, 하수도, 항만에 사용. 수화열 낮고, 내구성이 높으며, 화학적 저항성이 크고, 투수가 적다. 포졸란 시멘트(실리카 시멘트) : 방수용으로 사용하며, 경화가 느리나 조기강도가 크다.

53

일반적인 토양의 표토에 대한 설명으로 가장 부적합한 것은?

① 우수(雨水)의 배수능력이 없다.
② 토양오염의 정화가 진행된다.
③ 토양미생물이나 식물의 뿌리 등이 활발히 활동하고 있다.
④ 오랜 기간의 자연작용에 따라 만들어진 중요한 자산이다.

54

잔디재배 관리방법 중 칼로 토양을 베어주는 작업으로, 잔디의 포복경 및 지하경도 잘라주는 효과가 있으며 레노베이어, 론에어 등의 장비가 사용되는 작업은?

① 스파이킹　② 롤링
③ 버티컬 모잉　④ 슬라이싱

해설

슬라이싱(Slicing) : 칼로 토양을 베어주는 작업으로 잔디의 포복경 및 지하경도 잘라주는 효과가 있다. 상처를 작게 주어 피해가 적으며, 잔디의 밀도를 높여 주는 효과가 있다.

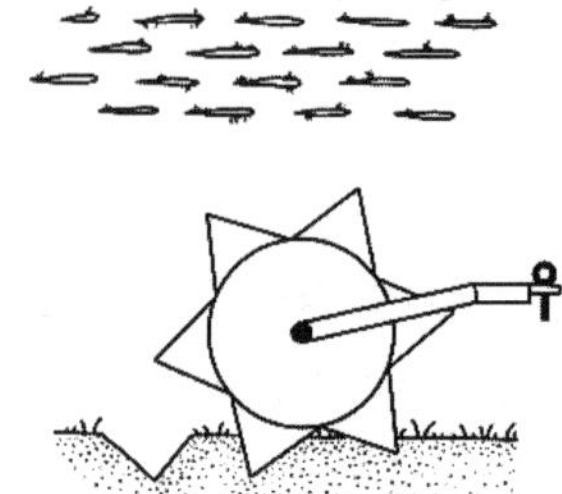

정답 51 ② 52 ① 53 ① 54 ④

55

벽돌(190×90×57)을 이용하여 경계부의담장을 쌓으려고 한다. 시공면적 10m²에 1.5B 두께로 시공할 때 약 몇 장의 벽돌이 필요한가?(단, 줄눈은 10mm 이고, 할증률은 무시한다.)

① 약 750장 ② 약 1490장
③ 약 2240장 ④ 약 2980장

해설

벽돌종류별 벽돌매수(m² 당)

벽돌종류	0.5B	1.0B	1.5B	2.0B
기존형	65	130	195	260
표준형	75	149	224	298

벽돌의 규격이 표준형이므로 224매×10m²=2,240매가 된다.

56

평판측량의 3요소가 아닌 것은?

① 수평 맞추기[정준] ② 중심 맞추기[구심]
③ 방향 맞추기[표정] ④ 수직 맞추기[수준]

해설

평판측량의 3요소(평판 세우는 법) ① 정준 : 평판을 평평하게 하는 작업 ② 구심 : 평판위의 기계점(도상 기계점)과 현장에 기계를 세운 곳(지상 기계점)을 일치시키는 작업 ③ 표정 : 방향을 일치시키는 방법

57

페니트로티온 45% 유제 원액 100cc를 0.05%로 희석 살포액을 만들려고 할 때 필요한 물의 양은 얼마인가?(단, 유제의 비중은 1.0이다.)

① 69,900cc ② 79,900cc
③ 89,900cc ④ 99,900cc

58

대추나무에 발생하는 전신병으로 마름무의매미충에 의해 전염되는 병은?

① 갈반병 ② 잎마름병
③ 혹병 ④ 빗자루명

해설

빗자루병(witches'broom) : 식물기생성 마이코플라스마, 즉 피토플라스마(phytoplasma), 바이러스, 균 등에 의해 식물에 나타나는 병증으로 섬약 왜소한 경엽이 뭉쳐서 다수 발생한 비정상 상태이다.

59

다음 복합비료 중 주성분 함량이 가장 많은 비료는?

① 21-21-17 ② 11-21-11
③ 18-18-18 ④ 0-40-10

해설

복합비료(複合肥料, compound fertilizer) : 단일비료에 대비되는 용어로 농작물의 발아, 성장 및 결실에 필요한 3요소인 질소, 인산, 칼륨 중 2종 이상의 성분이 함유된 비료를 말한다.

60

해충의 방제방법 중 기계적 방제방법에 해당하지 않는 것은?

① 경운법 ② 유살법
③ 소살법 ④ 방사선이용법

해설

병충해의 방제 ㉠ 생물학적 방제 : 천적(天敵, natural enemy : 어떤 생물을 공격하여 언제나 그것을 먹이로 생활하는 생물)을 이용. ㉡ 화학적 방제 : 농약을 이용. ㉢ 물리학적 방제 : 잠복소(潛伏所, 벌레들이 박혀 있는 곳, 9월 하순에 설치) 사용. 가지 소각. ㉣ 기계적 방제 : 인력, 축력, 기계적 힘을 빌어 생육 또는 휴면 중인 잡초의 종자 및 영양번식체에 물리적인 힘을 가하여 잡초를 억제 또는 사멸시키는 방법으로 물리학적 방제라고도 한다. 기계적 방제의 종류는 손제초, 경운, 예취, 중경과 배토, 토양피복, 흑색비닐멀칭 등의 방법이 있다.

정답 55 ③ 56 ④ 57 ③ 58 ④ 59 ① 60 ④

2015년 제5회 조경기능사 과년도

01

조선시대 창덕궁의 후원(비원, 祕苑)을 가리키던 용어로 가장 거리가 먼 것은?

① 북원(北園) ② 후원(後苑)
③ 금원(禁園) ④ 유원(留園)

해설

창덕궁 궁원의 명칭은 역사상 여러 가지로 불려졌다. 조선 초기부터 고종 때까지는 후원(後苑(園)), 상림원(上林苑(園)), 내원(內苑), 서원(西苑(園)), 북원(北苑(園)), 금원(禁苑) 등으로 불리어진 기록이 있다. 문헌상으로는 후원이라는 용어가 가장 빈번하게 사용된 것으로 보인다. 유원(留園) : 소주지방 4대 명원(졸정원(拙政園)·유원(留園)·창랑정(滄浪亭)·사자림(獅子林)) 중 하나

02

이탈리아 바로크 정원 양식의 특징이라 볼 수 없는 것은?

① 미원(maze) ② 토피아리
③ 다양한 물의 기교 ④ 타일포장

해설

스페인 파티오의 중요구성 요소에 색채타일이 포함된다.

03

화단 50m의 길이에 1열로 생울타리(H1.2×W0.4)를 만들려면 해당 규격의 수목이 최소한 얼마나 필요한가?

① 42주 ② 125주
③ 200주 ④ 600주

해설

화단의 길이가 50m이고, 생울타리의 수관폭이 0.4m 이기 때문에 50m/0.4m=125주가 된다.

04

다음 [보기]에서 설명하는 것은?

[보기]
- 유사한 것들이 반복되면서 자연적인 순서와 질서를 갖게 되는 것
- 특정한 형이 점차 커지거나 반대로 서서히 작아지는 형식이 되는 것

① 점이(漸移) ② 운율(韻律)
③ 추이(推移) ④ 비례(比例)

해설

점이(그라데이션(gradation, 漸移)) : 명도나 색상, 혹은 채도의 변화에 따라 계조(階調)를 이루어 가는 상태로 시작 부분을 밝게 하고 끝 부분을 어둡게 하므로 점진적으로 명도가 변화해 가는 것이다. 디자인 원리로서의 그라데이션은 형태나 색채의 점진적인 변화를 사용하여 디자인 요소들을 결합하는 방법이다. 운율(韻律) : 시문(詩文)의 음성적 형식으로 음의 강약, 장단, 고저 또는 동음이나 유음의 반복으로 이루어진다. 추이(推移) : 일이나 형편이 시간의 경과에 따라 변하여 나가는 것 또는 그런 경향. 비례(比例) : 한쪽의 양이나 수가 증가하는 만큼 그와 관련 있는 다른 쪽의 양이나 수도 증가하는 현상

05

다음 중 식별성이 높은 지형이나 시설을 지칭하는 것은?

① 비스타(vista)
② 케스케이드(cascade)
③ 랜드마크(landmark)
④ 슈퍼그래픽(super graphic)

해설

랜드마크(land mark) : 어떤 지역을 식별하는 목표물 및 적당한 사물(事物)로, 주위의 경관 중에서 두드러지게 눈에 띄기 쉬운 것이라야 하는데, N서울타워나 역사성이 있는 서울 숭례문 등이 해당된다. 비스타(vista) : 시선을 깊이 방향으로 유도하는 가로수 등 일정 방향으로 축선을 가진 풍경 및 그 구성 수법으로 일반적으로는 비스타에 의한 경관의 초점에는 아이 스톱이 되는 산, 기

정답 1④ 2④ 3② 4① 5③

념적 건조물, 장식물 등이 배치된다. 케스케이드(cascade) : 계단상으로 흘러내리는 폭포를 케스케이드라고 하며, 여러 개의 동일한 장치 또는 다른 장치를 사용하는 상태가 이 폭포의 흐름과 유사한 경우 또는 그것을 연상시키는 제어방식에 대해서 케스케이드란 용어가 사용된다. 슈퍼 그래픽(super graphic) : 크다는 뜻의 슈퍼와 그림이라는 뜻의 그래픽이 합쳐진 용어로 캔버스에 그려진 회화 예술이 미술관, 화랑으로부터 규모가 큰 옥외 공간, 거리나 도시의 벽면에 등장한 것으로 1960년대 미국에서 시작되었다.

06

서양의 대표적인 조경양식이 바르게 연결된 것은?

① 이탈리아 – 평면기하학식
② 영국 – 자연풍경식
③ 프랑스 – 노단건축식
④ 독일 – 중정식

해설

이탈리아–노단건축식, 프랑스–평면기하학식, 독일–풍경식

07

먼셀 표색계의 색채 표기법으로 옳은 것은?

① 2040–Y70R　　② 5R 4/14
③ 2:R–4.5–9s　　④ 221c

해설

먼셀 표색계(munsell color system, ~表色系) : 1905년 미국 화가 먼셀(A.H.Munsell 1858~1918)이 고안한 색표 배열의 기본이 된 표색계로 색을 색상(色相 : H=hue)·명도(明度: V=value)·채도(彩度: C=chroma)의 삼속성(三屬性)으로 나누어 HV/C라는 형식에 의해 번호로 표시한다. 먼저 색상환을 10으로 나누고 필요에 따라 각각의 사이를 다시 반분한다. 즉 적(R)·황(Y)·녹(G)·청(B)·자(P)색을 기본색으로 하고, 각각의 중간에 황적(YR)·녹황(GY)·청록(BG)·자청(PB)·적자(RP)를 두어서 합계 10가지의 색상으로 나눈다. 그리고 각 색상 사이를 다시 또 10등분하여 번호를 붙인다. 이 분할에 따를 때 가장 빨강색다운 색상이 5R, 가장 녹색다운 색상은 5G가 된다. 또 명도를 나타내는 척도로서는 흰색에서 흑색까지의 무채색(N)의 밝음을 등분하여 10단계로 하여 흰색을 10, 흑색을 0으로 하는데, 필요에 따라 이것을 다시 세분하여 소수점을 찍을 수도 있다. 채도의 척도로서는 무채색을 0으로 하고 그와 같은 감각차에 준해서 순도가 높아짐에 따라 차례로 1, 2, 3,⋯ 번호를 단다. 먼셀 색표시법에 의한 실례를 들면 색상이 YR(황적), 명도가 6, 채도가 12인 색표시는 YR 6/12로 한다.

08

다음 제시된 색 중 같은 면적에 적용했을 경우 가장 좁아 보이는 색은?

① 옅은 하늘색　　② 선명한 분홍색
③ 밝은 노란 회색　　④ 진한 파랑

09

다음 중 어린이들의 물놀이를 위해서 만든 얕은 물놀이터는?

① 도섭지　　② 포석지
③ 폭포지　　④ 천수지

해설

도섭지(wading pool, 徒涉池) : 아동들의 물놀이를 대상으로 한 얕은 연못의 일종으로 위험이 적고 여름에 최적격의 놀이터가 됨

10

다음 중 배치도에 표시하지 않아도 되는 사항은?

① 축척　　② 건물의 위치
③ 대지 경계선　　④ 수목 줄기의 형태

해설

배치도에 수목 줄기의 형태는 표시하지 않는다.

11

해가 지면서 주위가 어둑해질 무렵 낮에 화사하게 보이던 빨간 꽃이 거무스름해져 보이고, 청록색 물체가 밝게 보인다. 이러한 원리를 무엇이라고 하는가?

① 명순응　　② 면적 효과
③ 색의 항상성　　④ 푸르키니에 현상

해설

푸르키니에 효과(Purkinje effect) : 밝은 곳에서는 같은 밝기로 보이는 적색과 청색이, 침침한 곳에서는 적색은 어둡게, 청색은 밝게 보인다. 이것은 시감도(視感度)가 변하기 때문에, 즉 명순응안(明順應眼)에서는 시감도의 극대가 555mμ에 있지만 암순응안에서는 507mμ으로 옮겨지기 때문이다. 명순응(light adaptation, 明順應) : 어두운 곳으로부터 밝은 곳으로 갑자기 나왔을 때 점차로 밝은 빛에 순응하게 되는 것을 말한다. 이 때 처음에 잘 보이지 않다가 시간이 어느 정도 지나면 정상적으로 보이는데 영화관에서 밖으

정답 6② 7② 8④ 9① 10④ 11④

로 나왔을 때 명순응을 경험하게 된다. 면적 효과(area effect, 面積效果) : 동일광원 아래에서 같은 사람이 보는 경우에도 같은 분광 분포를 가진 물체의 면적이 달라지면 색의 명도, 채도를 다르게 지각하는 현상. 색의 항상성(color constancy) : 일종의 색순응 현상으로 주변의 광원이나 조명이 되는 빛의 강도와 조건이 달라져도 색을 본래의 모습 그대로 느끼는 현상.

12

도면의 작도 방법으로 옳지 않은 것은?

① 도면은 될 수 있는 한 간단히 하고, 중복을 피한다.
② 도면은 길이 방향을 위아래 방향으로 놓은 위치를 정위치로 한다.
③ 사용 척도는 대상물의 크기, 도형의 복잡성 등을 고려, 그림이 명료성을 갖도록 선정한다.
④ 표제란을 보는 방향은 통상적으로 도면의 방향과 일치하도록 하는 것이 좋다.

해설

도면은 그 긴변 방향을 좌우방향으로 놓는 것을 정위치로 한다.

13

다음 중 전라남도 담양지역의 정자원림이 아닌 것은?

① 소쇄원 원림 ② 명옥헌 원림
③ 식영정 원림 ④ 임대정 원림

해설

임대정원림(臨對亭園林) : 임대정(臨對亭)은 전남 화순에 위치하여 있으며, 조선후기 철종(1849~1863, 재위)때에 병조참판을 지낸 사애(沙厓) 민주현(閔胄顯) 선생이 관직을 그만 두고 귀향하여, 전통적 정원 형식의 3칸 팔작집으로 건립한 정자이다.

14

중국 조경의 시대별 연결이 옳은 것은?

① 명 – 이화원(頤和园)
② 진 – 화림원(華林園)
③ 송 – 만세산(萬歲山)
④ 명 – 태액지(太液池)

해설

명-졸정원, 진-현인궁, 송-만세산, 창랑정

15

다음 [보기]의 설명은 어느 시대의 정원에 관한 것인가?

> [보기]
> - 석가산과 원정, 화원 등이 특징이다.
> - 대표적 유적으로 동지(東池), 만월대, 수창궁원, 청평사 문수원 정원 등이 있다.
> - 휴식·조망을 위한 정자를 설치하기 시작하였다.
> - 송나라의 영향으로 화려한 관상위주의 이국적 정원을 만들었다.

① 조선 ② 백제
③ 고려 ④ 통일신라

해설

고려시대 정원의 특징

고려시대	궁궐 정원	구영각지원(동지) – 공적기능의 정원	강한대비, 사치스러운 양식
		격구장 – 동적기능의 정원	
		화원, 석가산정원(중국에서 도입)	
	민간 정원	문수원 남지, 이규보의 사륜정	관상위주의 정원
	객관 정원	순천관(고려조의 가장 대표적인 것)	

16

다음 중 주택정원에 식재하여 여름에 꽃을 감상할 수 있는 수종은?

① 식나무 ② 능소화
③ 진달래 ④ 수수꽃다리

해설

능소화(Chinese trumpet creeper) : 중국이 원산지로 옛날에서는 능소화를 양반집 마당에만 심을 수 있었다는 이야기가 있어, 양반꽃이라고 부르기도 한다. 가지에 흡착근이 있어 벽에 붙어서 올라가고 길이가 10m에 달한다. 잎은 마주나고 꽃은 8~9월경에 핀다.

17

목재의 치수 표시방법으로 맞지 않는 것은?

① 제재 치수 ② 제재 정치수
③ 중간 치수 ④ 마무리 치수

정답 12 ② 13 ④ 14 ③ 15 ③ 16 ② 17 ③

18

용기에 채운 골재절대용적의 그 용기 용적에 대한 백분율로 단위질량을 밀도로 나눈 값의 백분율이 의미하는 것은?

① 골재의 실적률 ② 골재의 입도
③ 골재의 조립률 ④ 골재의 유효흡수율

해설

골재의 실적률이란 용기에 가득 찬 골재의 절대용적을 그 용기의 용적으로 나눈 백분율을 의미한다.

19

겨울철에도 노지에서 월동할 수 있는 상록 다년생 식물은?

① 옥잠화 ② 샐비어
③ 꽃잔디 ④ 맥문동

해설

맥문동(Broadleaf Liriope, 麥門冬) : 상록 다년생 초본으로 뿌리는 한방에서 약재로 사용된다. 그늘진 곳에서도 잘 자라는데 그 때문에 아파트나 빌딩의 그늘진 정원에 많이 심어져 있다. 짧고 굵은 뿌리줄기에서 잎이 모여 나와서 포기를 형성하고, 흔히 뿌리 끝이 커져서 땅콩같이 된다. 잎은 짙은 녹색을 띠고 꽃은 5~8월에 자줏빛으로 핀다.

20

그림은 벽돌을 토막 또는 잘라서 시공에 사용할 때 벽돌의 형상이다. 다음 중 반토막 벽돌에 해당하는 것은?

 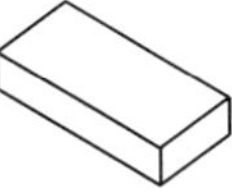
 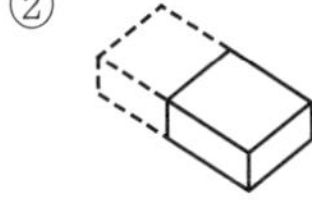
 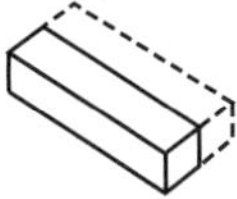
 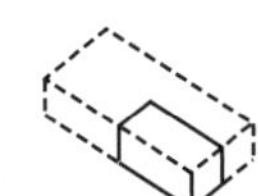

해설

기존형 벽돌의 온장과 토막

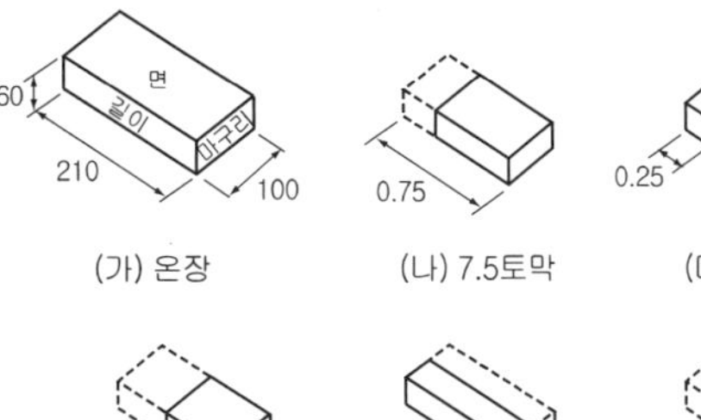

21

유동화제에 의한 유동화 콘크리트의 슬럼프 증가량의 표준값으로 적당한 것은?

① 2~5cm ② 5~8cm
③ 8~11cm ④ 11~14cm

해설

유동화 콘크리트의 슬럼프 증가량은 100mm 이하를 원칙으로 하며, 50~80mm를 표준으로 한다.

22

다음의 설명에 해당하는 장비는?

- 2개의 눈금자가 있는데 왼쪽 눈금은 수평 거리가 20m, 오른쪽 눈금은 15m일 때 사용한다.
- 측정방법은 우선 나뭇가지의 거리를 측정하고 시공을 통하여 수목의 선단부와 측고기의 눈금이 일치하는 값을 읽는다. 이 때 왼쪽 눈금은 수평거리에 대한 %값으로 계산하고, 오른쪽 눈금은 각도 값으로 계산하여 수고를 측정한다.
- 수고측정 뿐만 아니라 지형경사도 측정에도 사용된다.

① 윤척 ② 측고봉
③ 하고측고기 ④ 순토측고기

해설

순토측고기(SUUNTO Heightmeter)란 순토사에서 나온 측고기로 임목의 수고를 재는 도구이다.

정답 18① 19④ 20② 21② 22④

23

다음 중 9월 중순 ~ 10월 중순에 성숙된 열매색이 흑색인 것은?

① 마가목 ② 살구나무
③ 남천 ④ 생강나무

해설

생강나무 : 산지의 계곡이나 숲 속의 냇가에서 3~6m 높이로 자란다. 나무 껍질은 회색을 띤 갈색이며 매끄럽다. 잎은 어긋나고 달걀 모양 또는 달걀 모양의 원형이며 꽃은 3월에 잎보다 먼저 피고 노란 색의 작은 꽃들이 여러 개 뭉쳐 꽃대 없이 달린다. 열매는 둥글며 지름이 7~8mm이고 9월에 검은색으로 익는다.

24

안료를 가하지 않아 목재의 무늬를 아름답게 낼 수 있는 것은?

① 유성페인트 ② 에나멜페인트
③ 클리어래커 ④ 수성페인트

해설

클리어 래커(clear lacquer) : 안료를 섞지 않은 투명 래커를 말한다. 유성페인트 : 냄새가 독하고 기름이 섞인 특성 때문에 약간의 점성을 가지고 있으며, 붓 작업 시 약간의 붓자국이 남지만, 쉽게 발리기 때문에 사용하기에 간편하다. 보통 신나를 섞어 사용하는데 신나 또한 특유의 화학 약품 냄새가 많이 나기 때문에 실내에서 유성페인트 작업은 어렵고, 건조 시간이 오래 걸리는 단점을 가지고 있다. 하지만 내후성과 광택이 뛰어나고 내구력, 접착력이 강하여 각종 부식환경에 노출되는 철재 및 목재물의 내외부 미장 보호용 등에 사용되고 있다. 에나멜페인트(enamel paint) : 유성(油性) 니스를 안료에 가하여 반죽한 것으로 사용할 때는 용제(溶劑)로 희석해서 적당한 점도(粘度)로 조제하며 조합(調合) 페인트와 다른 점은 보일유 대신 니스를 사용하는 점인다. 단유성 에나멜(보통 에나멜), 자연건조용 에나멜, 베이킹 에나멜 등이 있다. 수성페인트 : 유성보다는 묽기 때문에 매끈하게 바르는 것이 어렵지만 완전히 마르기 전에는 물로 쉽게 지워지기 때문에 사용하기에 매우 간편하다. 유성페인트에 비해 냄새가 없고 건조 시간이 짧아 집안 등의 실내에서 작업할 때 사용하기에도 적합하고, 사용 후 완전히 마르면 물은 증발하고 도료만 남기 때문에 물에 용해되지 않아 수성페인트라고 해도 쉽게 지워지지 않으나, 유성페인트에 비해 지속력이 떨어지고 광택 역시 조금 부족한 편이다. 실내외 콘크리트 도장, 인테리어 및 가구, 소품 등의 DIY용으로 많이 사용되고 있으며 최근 수성페인트에서 건강에 유해한 성분을 제거한 친환경 페인트가 출시되고 있다.

25

다음 중 시멘트가 풍화작용과 탄산화 작용을 받은 정도를 나타내는 척도로 고온으로 가열하여 시멘트 중량의 감소율을 나타내는 것은?

① 경화 ② 위응결
③ 강열감량 ④ 수화반응

해설

강열감량(ignition loss, loss on ignition, 强熱減量) : 시멘트를 950±50℃로 항량(恒量)이 될 때까지 가열했을 때의 중량 감소 백분율로 시멘트의 풍화가 진행한다거나 혼합물이 존재하면 이 값이 커진다.

26

다음 그림은 어떤 돌쌓기 방법인가?

① 층지어쌓기 ② 허튼층쌓기
③ 귀갑무늬쌓기 ④ 마름돌 바른층쌓기

해설

허튼층쌓기 : 불규칙한 돌을 사용하여 가로, 세로줄눈이 일정하지 않게 흐트려 쌓는 일

27

방사(防砂) · 방사(防塵)용 수목의 대표적인 특징 설명으로 가장 적합한 것은?

① 잎이 두껍고 함수량이 많으며 넓은 잎을 가진 치밀한 상록수여야 한다.
② 지엽이 밀생한 상록수이며 맹아력이 강하고 관리가 용이한 수목이어야 한다.
③ 사람의 머리가 닿지 않을 정도의 지하고를 유지하고 겨울에는 낙엽되는 수목이어야 한다.
④ 빠른 생장력과 뿌리뻗음이 깊고, 지상부가 무성하면서 지엽이 바람에 상하지 않는 수목이어야 한다.

정답 23 ④ 24 ③ 25 ③ 26 ② 27 ④

28

목재의 역학적 성질에 대한 설명으로 틀린 것은?

① 옹이로 인하여 인장강도는 감소한다.
② 비중이 증가하면 탄성은 감소한다.
③ 섬유포화점 이하에서는 함수율이 감소하면 강도가 증대된다.
④ 일반적으로 응력의 방향이 섬유방향에 평행한 경우 강도(전단강도 제외)가 최대가 된다.

해설

목재 비중이 클수록 강도와 탄성계수, 수축율이 증가한다.

29

재료가 외력을 받았을 때 작은 변형만 나타내도 파괴되는 현상을 무엇이라 하는가?

① 취성 ② 강성
③ 인성 ④ 전성

해설

취성(brittleness, 脆性, Shortness) : 재료가 외력에 의하여 영구 변형을 하지 않고 파괴되거나 극히 일부만 영구변형을 하고 파괴되는 성질

30

조경에 활용되는 석질재료의 특성으로 옳은 것은?

① 열전도율이 높다. ② 가격이 싸다.
③ 가공하기 쉽다. ④ 내구성이 크다.

해설

석재의 장점 : 외관이 아름답다. 내구성과 강도가 크다. 변형되지 않고 가공성이 있다. 가공 정도에 따라 다양한 외양을 가질 수 있다. 내화학성, 내수성이 크고 마모성이 적다. 석재의 단점 : 무거워서 다루기 불편하다. 가공하기 어렵다. 운반비와 가격이 비싸다. 긴 재료를 얻기 힘들다.

31

구조용 경량콘크리트에 사용되는 경량골재는 크게 인공, 천연 및 부산경량골재로 구분할 수 있다. 다음 중 인공경량골재에 해당되지 않는 것은?

① 화산재 ② 팽창혈암
③ 팽창점토 ④ 소성플라이애쉬

해설

인공경량 골재(artificial light weight aggregate, 人工輕量骨材) : 팽창 점토, 팽창 혈암, 플라이애쉬 등을 1050~1200℃로 소성하여 만든 인공골재로 표면 껍질부는 치밀한 유리질로 이루어지고 내부는 무수한 다공성의 기포가 존재하여 비중이 1.2~1.8에 이르는 인조골재를 지칭한다.

32

다음 [보기]의 조건을 활용한 골재의 공극률 계산식은?

> [보기]
> D : 진비중 W : 겉보기 단위용적중량
> W_1 : 110℃로 건조하여 냉각시킨 중량
> W_2 : 수중에서 충분히 흡수된 대로 수중에서 측정한 것
> W_3 : 흡수된 시험편의 외부를 잘 닦아내고 측정한 것

① $\dfrac{W_1}{W_3 - W_2}$

② $\dfrac{W_3 - W_1}{W_1} \times 100$

③ $(1 - \dfrac{D}{W_2 - W_1}) \times 100$

④ $(1 - \dfrac{W}{D}) \times 100$

해설

공극률(空隙率)이란 골재의 단위 용적(m^3) 중의 공극을 백분율(%)로 나타낸 값을 말한다.

33

다른 지방에서 자생하는 식물을 도입한 것을 무엇이라고 하는가?

① 재배식물 ② 귀화식물
③ 외국식물 ④ 외래식물

해설

외래식물(外來植物, exotic plant) : 외국에서 유래된 식물로 재

정답 28 ② 29 ① 30 ④ 31 ① 32 ④ 33 ④

7 과년도 기출문제

배하여 이용하기 위하여 도입한 도입식물(導入植物, imported plant)과 자연상태에 적응하여 생육하는 귀화식물(歸化植物, naturalized plant)이 있다.

34

시멘트의 저장과 관련된 설명 중 (　) 안에 해당하지 않는 것은?

- 시멘트는 (　)적인 구조로 된 사일로 또는 창고에 품종별로 구분하여 저장하여야 한다.
- 저장 중에 약간이라도 굳은 시멘트는 공사에 사용하지 않아야 한다. (　)개월 이상 장기간 실시하여 그 품질을 확인한다.
- 포대시멘트를 쌓아서 저장하면 그 질량으로 인해 하부의 시멘트가 고결할 염려가 있으므로 시멘트를 쌓아올리는 높이는 (　)포대 이하로 하는 것이 바람직하다.
- 시멘트의 온도는 일반적으로 (　)정도 이하를 사용하는 것이 좋다.

① 13　② 6
③ 방습　④ 50℃

해설

시멘트는 방습적인 구조로 된 사일로 또는 창고에 품종별로 구분하여 저장하여야 한다. 저장 중에 약간이라도 굳은 시멘트는 공사에 사용하지 않아야 한다. 3개월 이상 장기간 저장한 시멘트는 사용하기에 앞서 재시험을 실시하여 그 품질을 확인하여야 한다. 포대시멘트를 쌓아서 저장하면 그 중량으로 인해 하부의 시멘트가 고결할 염려가 있으므로 시멘트를 쌓아올리는 높이는 13포대 이하로 하는 것이 바람직하다. 저장기간이 길어질 우려가 있는 경우에는 7포 이상 쌓아 올리지 않는 것이 좋다. 시멘트의 온도가 너무 높을 때는 그 온도를 낮추어서 사용하여야 하며 일반적으로 50도 정도 이하의 온도를 갖는 시멘트를 사용하는 것이 좋다.

35

다음 그림과 같은 형태를 보이는 수목은?

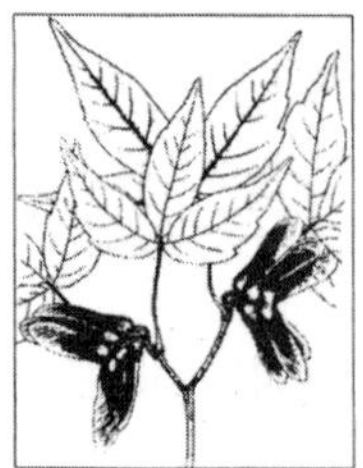

① 일본목련　② 복자기
③ 팔손이　④ 물푸레나무

해설

복자기 : 쌍떡잎식물 이판화군 무환자나무목 단풍나무과의 낙엽교목으로 숲속에서 자란다. 높이 15m까지 자라며 나무껍질이 회백색이고 가지는 붉은빛이 돌며 겨울눈은 검은색이고 달걀 모양이다. 잎은 마주나며 꽃은 5월에 피고, 열매는 회백색으로 9~10월에 익으며 가을에 잎이 붉게 물들어 아름답다

36

어른과 어린이 겸용벤치 설치 시 앉음면(좌면, 左面)의 적당한 높이는?

① 25 ~ 30cm　② 35 ~ 40cm
③ 45 ~ 50cm　④ 55 ~ 60cm

해설

벤치 앉음판 높이는 35~40cm, 앉음판의 폭은 38~43cm를 기준으로 한다.

37

건설재료의 할증률이 틀린 것은?

① 붉은벽돌 : 3%
② 이형철근 : 5%
③ 조경용 수목 : 10%
④ 석재판붙임용재(정형돌) : 10%

해설

할증률이란 설계 수량과 계획 수량의 적산량에 운반, 저장, 절단, 가공 및 시공과정에서 발생하는 손실량을 예측하여 부가하는 과정으로 붉은벽돌 - 3%, 이형철근 - 3% , 이형철근(교량, 지하철 및 이와 유사한 복잡한 구조물의 주철근) - 6~7%, 원형철근 - 5%, 조경용수목, 잔디, 초화류 - 10%, 석재용붙임용재(정형돌) - 10%, 석재용붙임용재(부정형돌) - 30%를 적용한다.

38

콘크리트의 포장에 관한 설명 중 옳지 않은 것은?

① 보조기층을 튼튼히 해서 부동침하를 막아야한다.
② 두께는 10cm 이상으로 하고, 철근이나 용접철망을 넣어 보강한다.
③ 물·시멘트의 비율은 60% 이내, 슬럼프의 최대값은 5cm 이상으로 한다.
④ 온도변화에 따른 수축·팽창에 의한 파손 방지를 위해 신축줄눈과 수축줄눈을 설치한다.

정답　34 ②　35 ②　36 ②　37 ②　38 ③

39

토양에 따른 경도와 식물생육과의 관계를 나타낼 때 나지화가 시작되는 값(kgf/cm^2)은?(단, 지표면의 경도는 Yamanaka 경도계로 측정한 것으로 한다.)

① 9.4 이상　② 5.8 이상
③ 13.0 이상　④ 3.6 이상

40

콘크리트의 배합의 종류로 틀린 것은?

① 시방배합　② 현장배합
③ 시공배합　④ 질량배합

해설

시방배합 : 시방서 또는 책임기술자가 지시한 배합. 현장배합 : 현장골재의 표면수량, 흡수량, 입도상태 등을 고려하여 시방배합 결과에 가깝게 현장에서 하는 배합. 질량배합 : 콘크리트 $1m^3$ 제조시 각 재료량을 질량(kg)으로 나타내는 배합.

41

다음 중 과일나무가 늙어서 꽃 맺음이 나빠지는 경우에 실시하는 전정은 어느 것인가?

① 생리를 조절하는 전정
② 생장을 돕기 위한 전정
③ 생장을 억제하는 전정
④ 세력을 갱신하는 전정

해설

생리(生理 : 생활하는 습성이나 본능)조절을 위한 전정 : 이식할 때 가지와 잎을 다듬어 주어 손상된 뿌리의 적당한 수분 공급 균형을 취하기 위해 다듬어 주는 것. 생장조절을 위한(생장을 돕는) 전정 : 묘목, 병충해를 입은 가지, 고사지, 손상지를 제거하여 생장을 조절하는 전정. 생장 억제를 위한 전정 : 조경수목을 일정한 형태로 유지시키고자 할 때(소나무 순자르기, 상록활엽수의 잎따기, 산울타리 다듬기, 향나무·편백 깎아 다듬기), 일정한 공간에 식재된 수목이 더 이상 자라지 않기 위해서(도로변 가로수, 작은 정원 내 수목). 세력 갱신을 위한 전정 : 노쇠한 나무나 개화가 불량한 나무의 묵은 가지를 잘라주어 새로운 가지를 나오게 해 수목에 활기를 불어넣는 것

42

코흐의 4원칙에 대한 설명 중 잘못된 것은?

① 미생물은 반드시 환부에 존재해야 한다.
② 미생물은 분리되어 배지상에서 순수 배양되어야 한다.
③ 순수 배양한 미생물은 접종하여 동일한 병이 발생되어야 한다.
④ 발병한 피해부에서 접종에 사용한 미생물과 동일한 성질을 가진 미생물이 반드시 재분리 될 필요는 없다.

해설

코호의 4원칙 : 헨레는 어떤 세균이 특정 전염병의 병원체가 되려면 다음의 3가지 조건이 충족되지 않으면 안된다는 것을 상정했다. (1) 일정한 전염병에 일정한 미생물이 반드시 증명될 것, (2) 그 미생물이 병변부에서 분리될 것, (3) 그 분리된 미생물을 순수배양해서 감수성이 있는 동물에게 접종했을 때 같은 질병이 성립할 것. 이러한 상정은 뒤에 코호의 탄저균 순수배양과 동물실험의 성공으로 확인 되었다. 코호는 이 헨레의 3원칙에 이 순수배양된 미생물로 감염이 성립한 동물로부터 다시 동일 미생물이 분리된다는 1조건을 추가해 이것을 코호의 4원칙으로 했다.

43

아황산가스에 민감하지 않은 수종은?

① 소나무　② 겹벚나무
③ 단풍나무　④ 화백

해설

아황산가스(SO_2)의 피해증상은 식물 체내로 침입하여 피해를 줄 뿐만 아니라 토양에 흡수되어 산성화시키고 뿌리에 피해를 주어 지력을 감퇴시킨다. 한 낮이나 생육이 왕성한 봄과 여름, 오래된 잎에 피해를 입기 쉽다.

구분		수종
아황산가스에 강한 수종	상록침엽수	편백, 화백, 가이즈까향나무, 향나무 등
	상록활엽수	가시나무, 굴거리나무, 녹나무, 태산목, 후박나무, 후피향나무, 가시나무 등
	낙엽활엽수	가중나무, 벽오동, 버드나무류, 칠엽수, 플라타너스 등
아황산가스에 약한 수종	침엽수	소나무, 잣나무, 전나무, 삼나무, 히말라야시더, 일본잎갈나무(낙엽송), 독일가문비 등
	활엽수	느티나무, 백합(튤립)나무, 단풍나무, 벚나무, 수양벚나무, 자작나무 등

정답　39 ②　40 ③　41 ④　42 ④　43 ④

44

식재작업의 준비단계에 포함되지 않는 것은?

① 수목 및 양생제 반입 여부를 재확인한다.
② 공정표 및 시공도면, 시방서 등을 검토한다.
③ 빠른 식재를 위한 식재지역의 사전조사는 생략한다.
④ 수목의 배식, 규격, 지하 매설물 등을 고려하여 식재 위치를 결정한다.

해설

식재지역의 사전조사를 실시해야 한다.

45

조경 목재시설물의 유지관리를 위한 대책 중 적절하지 않는 것은?

① 통풍을 좋게한다.
② 빗물 등의 고임을 방지한다.
③ 건조되기 쉬운 간단한 구조로 한다.
④ 적당한 20~40℃ 온도와 80% 이상의 습도를 유지시킨다.

해설

목재시설물은 습기를 싫어한다.

46

다음 중 측량의 3대 요소가 아닌 것은?

① 각측량 ② 거리측량
③ 세부측량 ④ 고저측량

해설

측량의 3요소는 거리, 각, 높이이다.

47

비탈면의 녹화와 조경에 사용되는 식물의 요건으로 가장 부적합한 것은?

① 적응력이 큰 식물
② 생장이 빠른 식물
③ 시비 요구도가 큰 식물
④ 파종과 식재시기의 폭이 넓은 식물

48

잔디깎기의 목적으로 옳지 않은 것은?

① 잡초 방제
② 이용 편리 도모
③ 병충해 방지
④ 잔디의 분얼억제

해설

잔디깎기(Mowing)의 목적은 이용편리, 잡초방제, 잔디분얼 촉진, 통풍양호, 병충해 예방이다. 장점은 균일한 잔디면을 제공, 분얼을 촉진하여 밀도를 높인다. 잡초의 발생을 줄일 수 있고, 잔디면을 고르게 하여 경관을 아름답게 한다. 통풍이 잘 되어 병충해를 줄일 수 있음며, 평평한 잔디밭을 만들어 경기력을 향상시킬 수 있다. 단점은 잔디를 깎으면 잎이 절단되므로 탄수화물의 보유가 줄어든다. 병원균이 침입하기 쉽고, 물의 흡수능력이 저하된다.

49

토양 및 수목에 양분을 처리하는 방법의 특징 설명이 틀린 것은?

① 액비관주는 양분흡수가 빠르다.
② 수간주입은 나무에 손상이 생긴다.
③ 엽면시비는 뿌리 발육 불량 지역에 효과적이다.
④ 천공시비는 비료 과다투입에 따른 염류장해발생 가능성이 없다.

해설

천공시비로 인산, 규산, 치환성염기의 함량이 증가된다.

50

파이토플라스마에 의한 수목병이 아닌 것은?

① 벚나무 빗자루병
② 붉나무 빗자루병
③ 오동나무 빗자루병
④ 대추나무 빗자루병

해설

파이토플라즈마(phytoplasma) : 대추나무 빗자루병, 뽕나무 오갈병, 오동나무 빗자루병

정답 44 ③ 45 ④ 46 ③ 47 ③ 48 ④ 49 ④ 50 ①

51

소나무 순지르기에 대한 설명으로 틀린 것은?

① 매년 5~6월경에 실시한다.
② 중심 순만 남기고 모두 자른다.
③ 새순이 5~10cm의 길이로 자랐을 때 실시한다.
④ 남기는 순도 힘이 지나칠 경우 1/2~1/3 정도로 자른다.

해설

소나무 순자르기(순지르기) : 소나무류는 가지 끝에 여러 개의 눈이 있어 봄에 그대로두면 중심의 눈이 길게 자라고, 나머지 눈은 사방으로 뻗어 바퀴살 같은 모양을 이루어 운치가 없다. 원하는 모양을 만들기 위해 5~6월에 2~3개의 순을 남기고, 중심순을 포함한 나머지 순은 따버린다. 남긴 순은 자라는 힘이 지나치다고 생각될 때 1/3~1/2 정도만 남겨 두고 끝 부분을 손으로 따버린다.

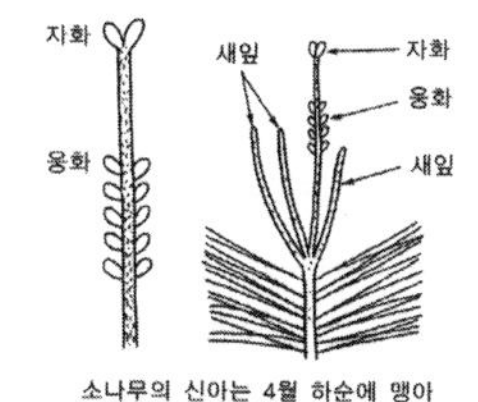

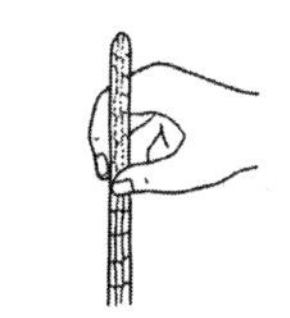

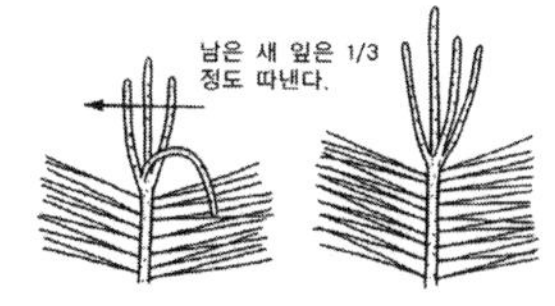

그림. 소나무 순자르기(적심)의 방법

52

콘크리트 시공연도와 직접 관계가 없는 것은?

① 물 – 시멘트비　　② 재료의 분리
③ 골재의 조립도　　④ 물의 정도 함유량

해설

콘크리트의 재료분리에 의한 피해는 콘크리트의 강도저하, 수밀성의 저하, 철근과의 부착강도 저하, 균열발생의 원인이 된다. 원인은 최소 단위 시멘트량 부족, 굵은 골재최대치수가 40mm 초과 및 입형분량, slump가 높을 경우, 골재의 비중차, 비빔시간의 지연, 단위수량이 클 때, 물시멘트비가 크고 점성이 떨어질 때, bleeding 현상이다.

53

대목을 대립종자의 유경이나 유근을 사용하여 접목하는 방법으로 접목한 뒤에는 관계습도를 높게 유지하며, 정식 후 근두암종병의 발병율이 높은 단점을 갖는 접목법은?

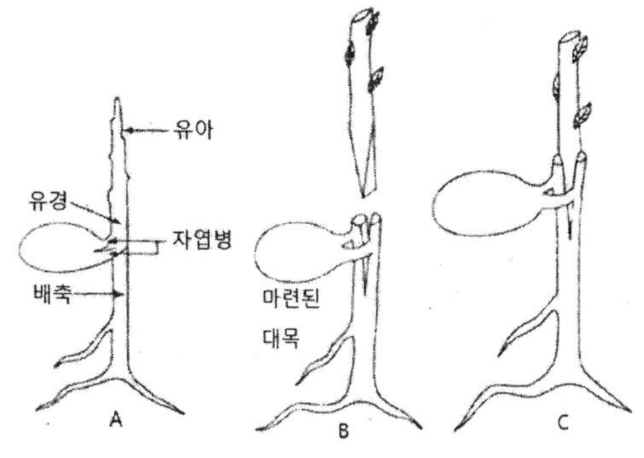

① 아접법　　② 유대법
③ 호접법　　④ 교접법

해설

유대접은 밤 또는 동백과 같이 종자가 큰 종류에 사용하며, 줄기가 굳으면 접이 안될 경우, 어린대목에 접을 하는 방법이다.

54

다음 중 관리해야 할 수경 시설물에 해당되지 않는 것은?

① 폭포　　② 분수
③ 연못　　④ 덱(Deck)

55

현대적인 공사관리에 관한 설명 중 가장 적합한 것은?

① 품질과 공기는 정비례한다.
② 공기를 서두르면 원가가 싸게 된다.
③ 경제속도에 맞는 품질이 확보 되어야 한다.
④ 원가가 싸게 되도록 하는 것이 공사관리의 목적이다.

해설

공사관리 : 건설공사에 대한 기획, 타당성조사, 분석, 설계를 비롯해 조달, 계약, 시공관리, 감리, 평가, 사후관리 등의 업무를 도맡아 하는 과정이다.

정답 51 ② 52 ② 53 ② 54 ④ 55 ③

56

공사의 설계 및 시공을 의뢰하는 사람을 뜻하는 용어는?

① 설계자 ② 시공자
③ 발주자 ④ 감독관

해설

발주자(發注者) : 건설공사 전부를 최초로 위탁하는 자 또는 공사를 공사업자에게 도급하는 자를 말한다.

57

수목을 이식할 때 고려사항으로 가장 부적합한 것은?

① 지상부의 지엽을 전정해 준다.
② 뿌리분의 손상이 없도록 주의하여 이식한다.
③ 굵은 뿌리의 자른 부위는 방부처리 하여 부패를 방지한다.
④ 운반이 용이하게 뿌리분은 기준보다 가능한 한 작게 하여 무게를 줄인다.

해설

수간 근원지름의 4~6배로 분의 크기를 한다.

58

다음 입찰계약 순서 중 옳은 것은?

① 입찰공고 → 낙찰 → 계약 → 개찰 → 입찰 → 현장설명
② 입찰공고 → 현장설명 → 입찰 → 계약 → 낙찰 → 개찰
③ 입찰공고 → 현장설명 → 입찰 → 개찰 → 낙찰 → 계약
④ 입찰공고 → 계약 → 낙찰 → 개찰 → 입찰 → 현장설명

59

경사도(勾配, slope)가 15%인 도로면상의 경사거리 135에 대한 수평거리는?

① 130.0m ② 132.0m
③ 133.5m ④ 136.5m

60

다음 중 원가계산에 의한 공사비의 구성에서 『경비』에 해당하지 않는 항목은?

① 안전관리비 ② 운반비
③ 가설비 ④ 노무비

해설

순공사원가는 재료비, 노무비, 경비로 구성된다. 여기서 경비는 운반비, 기계경비, 보험료, 운반비 등이 해당된다.

정답 56 ③ 57 ④ 58 ③ 59 ③ 60 ④

2016년 제1회 조경기능사 과년도

01

중세 유럽의 조경 형태로 볼 수 없는 것은?

① 과수원　② 약초원
③ 공중정원　④ 회랑식 정원

해설

공중정원(Hanging Garden) - BC500년경 바빌론에 건설한 정원으로 세계7대불가사의로서 최초의 옥상정원이다. '추장 알리의 언덕'으로 추정되며 벽은 벽돌로 축조된 것으로 추측된다. 네부카드네자르 2세가 왕비 아미티스(Amiytis)를 위해 조성하였고, 인공관수, 방수층을 만들어 식물 식재

02

일본 고산수식 정원의 요소와 상징적인 의미가 바르게 연결된 것은?

① 나무 - 폭포　② 연못 - 바다
③ 왕모래 - 물　④ 바위 - 산봉우리

해설

고산수식정원은 자연식정원으로 물을 전혀 사용하지 않고 나무, 바위, 왕모래를 사용하였으며, 불교의 영향을 받았고, 왕모래로 냇물이 흐르는 느낌을 얻을 수 있도록 하는 수법

03

다음 중 중국정원의 양식에 가장 많은 영향을 끼친 사상은?

① 선사상　② 신선사상
③ 풍수지리사상　④ 음양오행사상

04

다음 중 서양식 전각과 서양식 정원이 조성되어 있는 우리나라 궁궐은?

① 경복궁　② 창덕궁
③ 덕수궁　④ 경희궁

해설

덕수궁은 석조전(우리나라 최초의 서양건물)과 침상원(우리나라 최초의 유럽식 정원, 분수와 연못을 중심으로 한 프랑스식 정형정원)이 있다.

05

고대 로마의 대표적인 별장이 아닌 것은?

① 빌라 투스카니　② 빌라 감베라이아
③ 빌라 라우렌티아나　④ 빌라 아드리아누스

해설

빌라 감베라이아(Villa Gamberaia)는 이태리의 피렌체에 위치하였고, 이탈리아적 색채가 가장 짙은 정원 중 하나이다.

06

미국 식민지 개척을 통한 유럽 각국의 다양한 사유지 중심의 정원양식이 공공적인 성격으로 전환되는 계기에 영향을 끼친 것은?

① 스토우 정원　② 보르비콩트 정원
③ 스투어헤드 정원　④ 버컨헤드 공원

해설

버컨헤드공원(Birkenhead Park) : 면적 91만 575m^2이며, 현대적 개념으로서 최초의 도시공원으로 J.팩스턴이 설계했다. 조선소 건설을 계기로 1833년 개발위원회가 구성되어 공원설치를 위한 권한을 부여했고, 공원개발은 1843년부터 시작하였다. 전체 면적의 50% 이상이 공공 레크리에이션을 위한 부지로 활용되었고, 공원 내 2개의 커다란 호수가 전체적인 공간 분위기에 기여하고 있다. 대중을 위해 만들어진 첫 번째 도시공원이라는데 의의가 크며,

정답 1③ 2③ 3② 4③ 5② 6④

1843년 조셉펙스턴(Joseph Paxton)이 설계 선거법개정안통과로 실현된 역사상 시민의 힘으로 설립된 최초의 공원이다.

07

프랑스 평면기하학식 정원을 확립하는데 가장 큰 기여를 한 사람은?

① 르노트르 ② 메이너
③ 브리지맨 ④ 비니올라

해설

앙드레 르노트르(이탈리아에서 유학하여 조경공부 함)의 활약으로 프랑스 평면기하학식 정원을 확립하는데 큰 역할을 하였다.

08

형태와 선이 자유로우며, 자연재료를 사용하여 자연을 모방하거나 축소하여 자연에 가까운 형태로 표현한 정원 양식은?

① 건축식 ② 풍경식
③ 정형식 ④ 규칙식

09

다음 후원 양식에 대한 설명 중 틀린 것은?

① 한국의 독특한 정원 양식 중 하나이다.
② 괴석이나 세심석 또는 장식을 겸한 굴뚝을 세워 장식하였다.
③ 건물 뒤 경사지를 계단모양으로 만들어 장대석을 앉혀 평지를 만들었다.
④ 경주 동궁과 월지, 교태전 후원의 아미산원, 남원시 광한루 등에서 찾아볼 수 있다.

해설

경주의 동궁과 월지는 안압지 서쪽에 위치한 신라 왕궁의 별궁터이다. 광한루는 전라북도 남원시 천거동에 있는 조선 중기의 누각이다.

10

현대 도시환경에서 조경 분야의 역할과 관계가 먼 것은?

① 자연환경의 보호유지
② 자연 훼손지역의 복구
③ 기존 대도시의 광역화 유도
④ 토지의 경제적이고 기능적인 이용 계획

해설

현대 도시환경에서 조경분야의 역할은 기존 대도시의 광역화 유도와는 관련이 없다.

11

다음 설명의 (   )안에 들어갈 시설물은?

시설지역 내부의 포장지역에도 (   )을/를 이용하여 낙엽성 교목을 식재하면 여름에도 그늘을 만들 수 있다.

① 볼라드(bollard)
② 휀스(fence)
③ 벤치(bench)
④ 수목 보호대(grating)

해설

수목보호대는 포장한 지역에 수목을 식재할 때 사용하는 시설물이다. 볼라드(bollard)는 보행자용 도로나 잔디에 자동차의 진입을 막기 위해 설치되는 장애물로서 보통 철제의 기둥모양이나 콘크리트로 되어 있다 .

12

기존의 레크레이션 기회에 참여 또는 소비하고 있는 수요(需要)를 무엇이라 하는가?

① 표출수요 ② 잠재수요
③ 유효수요 ④ 유도수요

해설

수요의 종류에는 잠재수요, 유도수요, 표출수요가 있다. 잠재수요는 사람들에게 내재되어 있는 수요로서 시설과 접근수단 및 정보가 제공될 때 이용되는 수요이다. 유도수요는 광고를 통한 수요이다. 표출수요는 기존경험에 의한 참여로 선호도 파악의 지표로 이용한다.

정답 7① 8② 9④ 10③ 11④ 12①

13

주택정원의 시설구분 중 휴게시설에 해당되는 것은?

① 벽천, 폭포
② 미끄럼틀, 조각물
③ 정원등, 잔디등
④ 퍼걸러, 야외탁자

해설

퍼걸러는 공공의 이익을 위한 휴게시설을 목적으로 설치된 시설물이다.

14

조경계획·설계에서 기초적인 자료의 수집과 정리 및 여러 가지 조건의 분석과 통합을 실시하는 단계를 무엇이라 하는가?

① 목표설정
② 현황분석 및 종합
③ 기본계획
④ 실시설계

15

다음 『채도대비』에 관한 설명 중 틀린 것은?

① 무채색끼리는 채도 대비가 일어나지 않는다.
② 채도대비는 명도대비와 같은 방식으로 일어난다.
③ 고채도의 색은 무채색과 함께 배색하면 더 선명해 보인다.
④ 중간색을 그 색과 색상은 동일하고 명도가 밝은 색과 함께 사용하면 훨씬 선명해 보인다.

해설

채도대비(chromatic contrast, 彩度對比) : 채도가 다른 두 색을 인접시켰을 때 서로의 영향을 받아 채도가 높은 색은 더욱 높아 보이고 채도가 낮은 색은 더욱 낮아 보이는 현상으로 채도가 높은 색의 중앙에 둔 채도가 낮은 색은 한층 채도가 낮은 것으로 보이고 채도가 낮은 색의 중앙에 둔 높은 채도의 색은 채도가 높아져 보이며, 무채색 위에 둔 유채색은 훨씬 맑은 색으로 채도가 높아져 보이는 현상을 말한다.

16

좌우로 시선이 제한되어 일정한 지점으로 시선이 모이도록 구성하는 경관 요소는?

① 전망 ② 통경선(Vista)
③ 랜드마크 ④ 질감

해설

통경선(비스타, Vista) : 좌우로의 시선이 제한되어 전방의 일정 지점으로 시선이 모이도록 구성된 경관. 전망(展望) : 넓고 먼 곳을 멀리 바라보는 것 또는 멀리 내다보이는 경치. 랜드마크(Landmark) : 식별성 높은 지형 등의 지표물로 스카이라인 구성에서 지배적인 역할을 하며, 길을 찾거나 방향을 잡는데 도움이 됨. 질감(Texture) : 재질(材質)의 차이에서 받는 느낌으로 지표상태에 영향을 받음

17

조경 시공 재료의 기호 중 벽돌에 해당하는 것은?

① 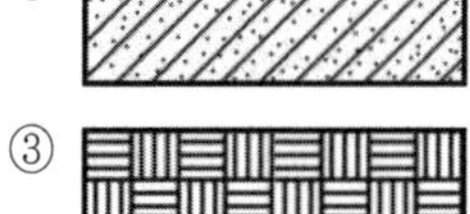
② 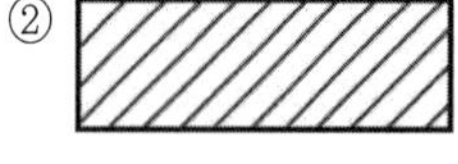
③ 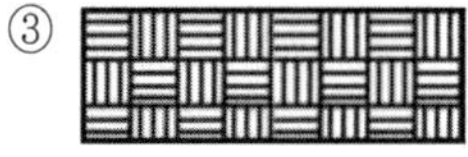
④ 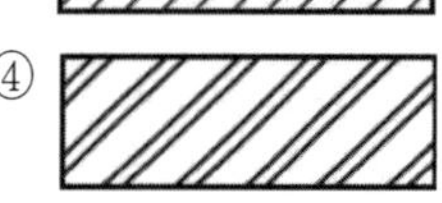

해설

조경시공 재료의 기호 중 ②는 벽돌, ③은 원지반을 나타낸다.

18

다음 중 곡선의 느낌으로 가장 부적합한 것은?

① 온건하다. ② 부드럽다.
③ 모호하다. ④ 단호하다.

해설

곡선은 부드럽고 여성적이며 우아한 느낌을 주며, 직선은 굳건하고 남성적이며 일정한 방향을 제시한다. 지그재그선은 유동적이며 활동적이고, 여러방향을 제시한다.

19

모든 설계에서 가장 기본적인 도면은?

① 입면도 ② 단면도
③ 평면도 ④ 상세도

정답 13④ 14② 15④ 16② 17② 18④ 19③

해설

평면도(平面圖)는 물체를 바로 위에서 내려다 본 것을 가정하고 작도하는 것으로 계획의 전반적인 사항을 알기 위한 도면이며, 조경설계의 가장 기본적인 도면으로 식재평면도(배식평면도)를 가장 많이 사용한다. 입면도(立面圖)는 물체를 정면에서 본대로 그린 그림으로, 수직적 공간 구성을 보여주기 위한 도면이다. 단면도(斷面圖)는 지상과 지하 부분 설명 시 사용되며, 시설물의 경우 구조물을 수직으로 자른 단면을 보여주는 도면이다. 상세도(詳細圖)는 평면도나 단면도에 잘 나타나지 않는 세부사항을 표현하는 도면이며, 실제 시공이 가능하도록 표현한 도면으로 평면도나 단면도에 비해 확대된 축척을 사용한다.

20

조경 실시설계 단계 중 용어의 설명이 틀린 것은?

① 시공에 관하여 도면에 표시하기 어려운 사항을 글로 작성한 것을 시방서라고 한다.
② 공사비를 체계적으로 정확한 근거에 의하여 산출한 서류를 내역서라고 한다.
③ 일반관리비는 단위 작업당 소요인원을 구하여 일당 또는 월급여로 곱하여 얻어진다.
④ 공사에 소요되는 자재의 수량, 품 또는 기계 사용량 등을 산출하여 공사에 소요되는 비용을 계산한 것을 적산이라고 한다.

해설

일반관리비는 건설 공사에 포함되는 비용 중에서 개별의 공사에는 직접 필요하지 않지만 본지점 경비, 영업비, 연구비 등 사업 경영상 불가결한 비용이다.

21

석재의 성인(成因)에 의한 분류 중 변성암에 해당되는 것은?

① 대리석　② 섬록암
③ 현무암　④ 화강암

해설

변성암(變成巖)에는 대리석과 편마암이 있다. 대리석은 석회암이 변성된 암석으로 무늬가 화려하고 아름다우며, 석질이 연해 가공이 용이하고, 외장에 사용이 불가(대기중의 아황산, 탄산 등에 침해받기 쉬우므로)하다. 편마암은 화강암이 변성된 암석으로 줄무늬가 아름다워 정원석에 쓰인다.

22

레미콘 규격이 25 – 210 – 12로 표시되어 있다면 ⓐ – ⓑ – ⓒ 순서대로 의미가 맞는 것은?

① ⓐ 슬럼프, ⓑ 골재최대치수, ⓒ 시멘트의 양
② ⓐ 물 · 시멘트비, ⓑ 압축강도, ⓒ 골재최대치수
③ ⓐ 골재최대치수, ⓑ 압축강도, ⓒ 슬럼프
④ ⓐ 물 · 시멘트비, ⓑ 시멘트의 양, ⓒ 골재최대치수

해설

ⓐ, ⓑ, ⓒ를 차례로 나열하면 굵은 골재(자갈 혹은 깬자갈)의 굵기 – 레미콘의 강도 – 슬럼프

23

다음 설명에 적합한 열가소성수지는?

- 강도, 전기전열성, 내약품성이 양호하고 가소재에 의하여 유연고무와 같은 품질이 되며 고온, 저온에 약하다.
- 바닥용타일, 시트, 조인트재료, 파이프, 접착제, 도료 등이 주용도이다.

① 페놀수지　② 염화비닐수지
③ 멜라민수지　④ 에폭시수지

해설

염화비닐 수지(Polyvinyl Chloride)는 열가소성 플라스틱의 하나로 '폴리염화비닐', '염화비닐수지'라고도 하며 PVC로 약칭한다. 염화비닐을 주성분으로 하는 플라스틱으로 필름, 시트, 성형품, 캡 등 광범위한 제품으로 가공된다.

24

인공 폭포, 수목 보호판을 만드는데 가장 많이 이용되는 제품은?

① 유리블록제품
② 식생호안블록
③ 콘크리트격자블록
④ 유리섬유강화플라스틱

해설

유리섬유강화플라스틱(glass fiber reinforced plastic)은 유리섬유·탄소섬유·케블라 등의 방향족 나일론섬유와 불포화 폴리에스터·에폭시수지 등의 열경화성수지를 결합한 물질이다. 철보다 강하고 알루미늄보다 가벼우며 녹슬지 않고 가공하기 쉽다

정답 20 ③ 21 ① 22 ③ 23 ② 24 ④

는 것이 장점이다. 건축자재, 보트의 몸체, 스키용품, 가정용 욕조, 헬멧, 테니스 라켓, 의자, 항공기 부품 등 생활에 필요한 여러 가지 제품에 활용되며, 조경에서는 인공폭포, 수목보호판 등에 사용된다.

25

알루미나 시멘트의 최대 특징으로 옳은 것은?

① 값이 싸다.
② 조기강도가 크다.
③ 원료가 풍부하다.
④ 타 시멘트와 혼합이 용이하다.

해설

알루미나 시멘트(alumina cement) : 알루미나의 함량이 30~40%인 고급(혼합·조강)시멘트의 하나로 보통 포틀랜드 시멘트와는 달리 규산의 양과 알루미나의 양이 정반대이다. 단시간에 경화하고 해수, 화학약품 등에 저항력이 크며, 취약성이 있고 수화 열량이 많아 동절기 공사, 해안 공사, 긴급공사 등에 쓰인다.

26

다음 중 목재의 장점에 해당하지 않는 것은?

① 가볍다.
② 무늬가 아름답다.
③ 열전도율이 낮다.
④ 습기를 흡수하면 변형이 잘 된다.

해설

목재의 장점은 외관이 아름답고 촉감이 좋으며 가볍고 강도가 크다. 열전도율이 낮고 압축강도와 인장강도가 크며 가공이 용이하다. 목재의 단점은 부패가 크고 함수율에 따라 변형된다. 연소가 쉽고 해충의 피해가 크며 재질이 불균일하고 불에 타기 쉬우며 구부러지고 옹이가 있다.

27

다음 금속 재료에 대한 설명으로 틀린 것은?

① 저탄소강은 탄소함유량이 0.3% 이하이다.
② 강판, 형강, 봉강 등은 압연식 제조법에 의해 제조된다.
③ 구리에 아연 40%를 첨가하여 제조한 합금을 청동이라고 한다.
④ 강의 제조방법에는 평로법, 전로법, 전기로법, 도가니법 등이 있다.

해설

청동(bronze)은 구리에 주석을 주요 합금원소로서 더한 구리 합금을 말한다.

28

다음 조경시설 소재 중 도로 절·성토면의 녹화공사, 해안매립 및 호안공사, 하천제방 및 급류 부위의 법면보호공사 등에 사용되는 코코넛 열매를 원료로 한 천연섬유 재료는?

① 코아네트　　② 우드칩
③ 테라소브　　④ 그린블록

해설

코아네트(coir-net)는 야자식물인 코코넛 껍질에서 추출한 섬유질로 짠 네트로 내수성 및 강도가 뛰어나 높은 안전성을 가지고 있다. 또한 토양보존과 식물성장에 적합한 특성을 보유하여 경사면 침식이나 붕괴방지 및 녹화촉진에 사용되는 재료이다. 우드칩은 건축용 목재로 사용하지 못하는 뿌리와 가지, 기타 임목 폐기물을 분리해낸 뒤 연소하기 쉬운 칩 형태로 잘게 만들어 수목주위에 포설하거나 연료로 사용한다

29

견치석에 관한 설명 중 옳지 않은 것은?

① 형상은 재두각추체(裁頭角錐體)에 가깝다.
② 접촉면의 길이는 앞면 4변의 제일 짧은 길이의 3배 이상이어야 한다.
③ 접촉면의 폭은 전면 1변 길이의 1/10 이상이어야 한다.
④ 견치석은 흙막이용 석축이나 비탈면의 돌붙임에 쓰인다.

정답 25 ② 26 ④ 27 ③ 28 ① 29 ②

해설

견치돌(견칫돌, 견치석) : 길이를 앞면 길이의 1.5배 이상으로 다듬어 축석에 사용하며 옹벽 등의 쌓기용으로 메쌓기나 찰쌓기에 사용하는 돌로 주로 흙막이용 돌쌓기에 사용되고 정사각뿔 모양으로 전면은 정사각형에 가깝다. 앞면이 정사각형 또는 직사각형으로 뒷길이 접촉면의 폭, 뒷면 등이 규격화된 돌로 4방락 또는 2방락의 것이 있으며 1개의 무게는 70~100kg, 형상은 절두각체에 가깝다.

30

무근콘크리트와 비교한 철근콘크리트의 특성으로 옳은 것은?

① 공사기간이 짧다.
② 유지관리비가 적게 소요된다.
③ 철근 사용의 주목적은 압축강도 보완이다.
④ 가설공사인 거푸집 공사가 필요 없고 시공이 간단하다.

31

『*Syringa oblata* var.dilatata』는 어떤 식물인가?

① 라일락　　② 목서
③ 수수꽃다리　　④ 쥐똥나무

해설

수수꽃다리(*Syringa oblata* Lindl. var. dilatata (Nakai) Rehder)는 산기슭이나 마을 주변에 자라는 낙엽 떨기나무다. 줄기는 높이 2-3m에 달하며 어린 가지는 털이 없으며 회갈색이다. 잎은 마주나고 넓은 달걀 모양 또는 달걀 모양이다. 꽃은 4-5월에 연한 자주색으로 피고, 향기가 있다. 관상용으로 재배하는 라일락과 비슷하지만, 라일락은 잎 길이가 폭에 비해서 긴 편인데, 수수꽃다리는 길이와 폭이 비슷한 점이 다르다.

32

다음 중 수관의 형태가 "원추형"인 수종은?

① 전나무　　② 실편백
③ 녹나무　　④ 산수유

해설

수관이란 가지와 잎이 뭉쳐서 이루어진 부분으로 가지의 생김새에 따라 수관의 모양이 결정된다.

수 형	주 요 수 종
원추형	낙우송, 삼나무, 전나무, 메타세쿼이아, 독일가문비, 주목, 히말라야시더 등
우산형	편백, 화백, 반송, 층층나무, 왕벚나무, 매화나무, 복숭아나무 등
구 형	졸참나무, 가시나무, 녹나무, 수수꽃다리, 화살나무, 회화나무 등
난형(타원형)	백합나무, 측백나무, 동백나무, 태산목, 계수나무, 목련, 버즘나무, 박태기나무 등
원주형	포플러류, 무궁화, 부용 등
배상(평정)형	느티나무, 가중나무, 단풍나무, 배롱나무, 산수유, 자귀나무, 석류나무 등
능수형	능수버들, 용버들, 수양벚나무, 실화백 등
만경형	능소화, 담쟁이덩굴, 등나무, 으름덩굴, 인동덩굴, 송악, 줄사철나무 등
포복형	눈향나무, 눈잣나무 등

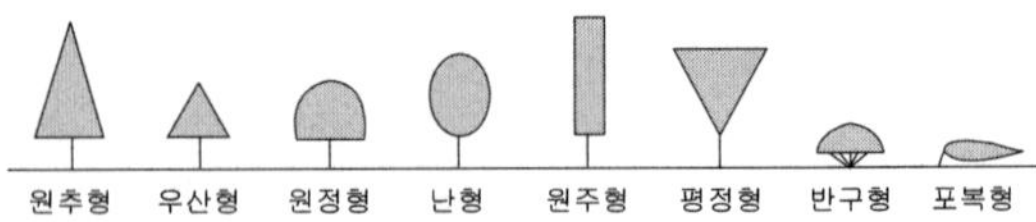

33

다음 중 인동덩굴(*Lonicera japonica* Thunb.)에 대한 설명으로 옳지 않은 것은?

① 반상록 활엽 덩굴성
② 원산지는 한국, 중국, 일본
③ 꽃은 1~2개씩 옆맥에 달리며 포는 난형으로 길이는 1~2cm
④ 줄기가 왼쪽으로 감아 올라가며, 소지는 회색으로 가시가 있고 속이 빔

해설

인동덩굴(*Lonicera japonica* Thunb.)은 우리나라 전역의 산에 자라는 반상록활엽 덩굴성 관목이다. 생육환경은 반그늘의 물 빠짐이 좋고 토양 비옥도가 높은 곳에서 자란다. 키는 2~4m가량까지 자라고, 잎은 타원형이며 길이가 3~8cm, 폭이 1~3cm로 톱니가 없다. 꽃은 백색에서 시들면서 황색으로 변하며, 열매는 9~10월에 흑색으로 성숙하고 둥글다. 관상용으로 쓰이며, 꽃과 잎은 식용 또는 약용으로 쓰인다. 한국, 중국, 일본이 원산이다.

정답　30 ②　31 ③　32 ①　33 ④

34

서향(*Daphne odora* Thunb.)에 대한 설명으로 맞지 않는 것은?

① 꽃은 청색계열이다.
② 성상은 상록활엽관목이다.
③ 뿌리는 천근성이고 내염성이 강하다.
④ 잎은 어긋나기하며 타원형이고, 가장자리가 밋밋하다.

해설

서향은 중국이 원산지로 높이가 1~2m인 상록활엽관목으로 줄기는 곧게 서고 가지가 많이 갈라진다. 잎은 어긋나고 길이 3~8cm의 타원 모양 또는 타원 모양이며 양끝이 좁고 가장자리가 밋밋하며 털이 없다. 꽃은 3~4월에 자주빛이 도는 흰색으로 피고 꽃의 향기가 강하며, 꽃받침은 통 모양으로 생겼으며 끝이 4개로 갈라진다. 열매는 5~6월에 붉은 색으로 익는다. 관상용으로 심으며, 뿌리와 나무 껍질은 약재로 쓴다.

35

팥배나무(*Sorbus alnifolia* K. Koch)의 설명으로 틀린 것은?

① 꽃은 노란색이다.
② 생장속도는 비교적 빠르다.
③ 열매는 조류 유인식물로 좋다.
④ 잎의 가장자리에 이중거치가 있다.

해설

팥배나무는 높이 15m 내외이고 수피는 회색빛을 띤 갈색이다. 잎은 어긋나고 달걀 모양에서 타원형이며 잎자루가 있고 가장자리에 불규칙한 겹톱니가 있다. 잎 표면은 녹색, 뒷면은 연한 녹색이다. 꽃은 5월에 흰색으로 피며, 잎과 열매가 아름다워 관상용으로 쓰인다. 열매는 야조유치용으로 사용되며, 빈혈과 허약체질을 치료하는 데 쓰이며 열매가 붉은 팥알같이 생겼다고 팥배나무라고 한다.

36

골담초(*Caragana sinica* Rehder)에 대한 설명으로 틀린 것은?

① 콩과(科) 식물이다.
② 꽃은 5월에 피고 단생한다.
③ 생장이 느리고 덩이뿌리로 위로 자란다.
④ 비옥한 사질양토에서 잘 자라고 토박지에서도 잘 자란다.

해설

골담초(*Caragana sinica* (Buchoz) Rehder)는 콩과 식물로 중국이 원산이며 우리나라 중부 이남에서 자란다. 잎은 어긋나고 홀수 1회깃꼴겹잎이며 작은잎은 4개로 타원형이다. 크기는 1~2m 정도이며, 줄기에는 가시가 있고, 잎은 넓은 타원형이다. 꽃은 5~6월에 노란색으로 피며 시간이 지나면 노란색 꽃이 붉게 변한다. 열매는 8~10월경에 달린다.

37

다음 중 조경수의 이식에 대한 적응이 가장 어려운 수종은?

① 편백 ② 미루나무
③ 수양버들 ④ 일본잎갈나무

해설

이식의 적응성

어려운 수종	독일가문비, 일본잎갈나무, 전나무, 주목, 가시나무, 굴거리나무, 태산목, 후박나무, 다정큼나무, 피라칸사, 목련, 느티나무, 자작나무, 칠엽수, 마가목 등
쉬운 수종	낙우송, 메타세쿼이아, 편백, 화백, 측백, 가이즈까향나무, 은행나무, 플라타너스, 단풍나무류, 쥐똥나무, 박태기나무, 화살나무 등

38

방풍림(wind shelter) 조성에 알맞은 수종은?

① 팽나무, 녹나무, 느티나무
② 곰솔, 대나무류, 자작나무
③ 신갈나무, 졸참나무, 향나무
④ 박달나무, 가문비나무, 아까시나무

해설

방풍을 위한 수목은 강한 바람을 막기 위한 나무로서 심근성이고, 줄기 및 가지가 강해야 한다. 소나무, 곰솔, 잣나무, 메타세쿼이아, 가문비나무, 후박나무 등이 방풍용 수목으로 사용된다.

정답 34 ① 35 ① 36 ③ 37 ④ 38 ①, ④

7 과년도 기출문제

39

조경 수목은 식재기의 위치나 환경조건 등에 따라 적절히 선정하여야 한다. 다음 중 수목의 구비조건으로 가장 거리가 먼 것은?

① 병충해에 대한 저항성이 강해야 한다.
② 다듬기 작업 등 유지관리가 용이해야 한다.
③ 이식이 용이하며, 이식 후에도 잘 자라야 한다.
④ 번식이 힘들고 다량으로 구입이 어려워야 희소성 때문에 가치가 있다.

해설

조경수목 구비조건 : 관상 가치와 실용적 가치가 높아야 하고, 이식이 용이하며 불리한 환경에서도 잘 견딜 수 있는 적응성이 있어야 한다. 병충해에 대한 저항성이 커야 하며, 유지관리가 용이하고 사용목적에 적합해야 한다.

40

미선나무(*Abeliophyllum distichum* Nakai)의 설명으로 틀린 것은?

① 1속 1종
② 낙엽활엽관목
③ 잎은 어긋나기
④ 물푸레나무과(科)

해설

미선나무는 한자어 '尾扇'에서 유래한다. 열매의 모양이 둥근부채를 닮아 미선나무라고 부르는데 우리나라에서만 자라는 한국 특산식물로 1속 1종이며, 볕이 잘 드는 산기슭에서 자란다. 물푸레나무과로 높이는 1m에 달하는 낙엽활엽관목으로, 가지는 끝이 처지며 자줏빛이 돌고, 어린 가지는 네모진다. 잎은 마주나고 2줄로 배열하며 달걀 모양 또는 타원 모양의 달걀형이고 뾰족하며 밑 부분이 둥글며 가장자리가 밋밋하다. 꽃은 지난해에 형성되었다가 3월에 잎보다 먼저 개나리 꽃모양의 흰색 꽃이 총상꽃차례로 수북하게 달린다. 연분홍색의 꽃이 달리는 경우도 있지만 흔치않다. 노란색의 개나리꽃은 향기가 없지만 미선나무의 꽃은 향기가 뛰어나다. 열매는 둥근 타원 모양이며 길이가 25mm이고 끝이 오목하며 둘레에 날개가 있고 2개의 종자가 들어 있다. 한국 특산종으로 충청북도 괴산군과 진천군에서 자라는데 이들이 자생하는 지형은 거의 돌밭으로 척박한 곳에서 자라는 독특한 생태를 가지고 있다.

41

농약제제의 분류 중 분제(粉劑, dusts)에 대한 설명으로 틀린 것은?

① 잔효성이 유제에 비해 짧다.
② 작물에 대한 고착성이 우수하다.
③ 유효성분 농도가 1~5% 정도인 것이 많다.
④ 유효성분을 고체증량제와 소량의 보조제를 혼합 분쇄한 미분말을 말한다.

42

다음 중 철쭉, 개나리 등 화목류의 전정시기로 가장 알맞은 것은?

① 가을 낙엽 후 실시한다.
② 꽃이 진 후에 실시한다.
③ 이른 봄 해동 후 바로 실시한다.
④ 시기와 상관없이 실시할 수 있다.

해설

화목류의 전정은 꽃이 진 후에 실시한다.

43

양버즘나무(플라타너스)에 발생된 흰불나방을 구제하고자 할 때 가장 효과가 좋은 약제는?

① 디플루벤주론수화제
② 결정석회황합제
③ 포스파미돈액제
④ 티오파네이트메틸수화제

해설

디플루벤주론(diflubenzuron)은 디밀린이라는 상품명으로 더욱 잘 알려져 있으나 한국에서는 '주론'이라는 품목명으로 25% 수화제가 고시되어 있고 키틴 합성을 저해하는 물질이다. 한국에서는 흰불나방·솔나방과 잎말이나방, 그리고 버섯파리 등의 방제약제로 등록된 소화중독제 농약으로 사용된다.

정답 39 ④ 40 ③ 41 ② 42 ② 43 ①

44

조경수목에 공급하는 속효성 비료에 대한 설명으로 틀린 것은?

① 대부분의 화학비료가 해당된다.
② 늦가을에서 이른 봄 사이에 준다.
③ 시비 후 5~7일 정도면 바로 비효가 나타난다.
④ 강우가 많은 지역과 잦은 시기에는 유실정도가 빠르다.

해설

속효성 비료(straight fertilizer, 速效性肥料)는 물에 잘 녹아 작물이 쉽게 흡수할 수 있는 양분의 형태로 가용화되기 쉬운 성질을 가진 비료를 말한다. 효력이 빠른 비료로 3월경 싹이 틀 때와 꽃이 졌을 때, 열매를 땄을 때 주며 7월 이후에는 주지 않는다.

45

잔디공사 중 떼심기 작업의 주의사항이 아닌 것은?

① 뗏장의 이음새에는 흙을 충분히 채워준다.
② 관수를 충분히 하여 흙과 밀착되도록 한다.
③ 경사면의 시공은 위쪽에서 아래쪽으로 작업한다.
④ 뗏장을 붙인 다음에 롤러 등의 장비로 전압을 실시한다.

해설

떼심기 작업 중 경사면 시공 때에는 뗏장 1매당 2개의 떼꽂이를 박아 뗏장을 고정해야 하며, 경사면의 아래쪽부터 위쪽으로 심어 나간다.

46

다음 설명에 해당하는 것은?

- 나무의 가지에 기생하면 그 부위가 국소적으로 이상비대한다.
- 기생 당한 부위의 윗부분은 위축되면서 말라 죽는다.
- 참나무류에 가장 큰 피해를 주며, 팽나무, 물오리나무, 자작나무, 밤나무 등의 활엽수에도 많이 기생한다.

① 새삼 ② 선충
③ 겨우살이 ④ 바이러스

해설

겨우살이는 참나무·물오리나무·밤나무·팽나무 등에 기생하며, 둥지같이 둥글게 자라 지름이 1m에 달하는 것도 있다. 잎은 마주나고 다육질이며 바소꼴로 잎자루가 없다. 가지는 둥글고 황록색으로 털이 없으며 마디 사이가 3~6cm이다. 꽃은 3월에 황색으로 가지 끝에 피고 꽃대는 없으며, 열매는 둥글고 10월에 연노란색으로 익는다. 과육이 잘 발달되어 산새들이 좋아하는 먹이가 되며 이 새들에 의해 나무로 옮겨져 퍼진다.

47

천적을 이용해 해충을 방제하는 방법은?

① 생물적 방제 ② 화학적 방제
③ 물리적 방제 ④ 임업적 방제

해설

병충해의 방제법 중 생물학적 방제법은 천적(天敵, natural enemy : 어떤 생물을 공격하여 언제나 그것을 먹이로 생활하는 생물)을 이용한다. 화학적 방제는 농약을 이용하고, 물리학적 방제는 잠복소(潛伏所, 벌레들이 박혀 있는 곳, 9월 하순에 설치)를 사용하며, 가지를 소각한다.

48

곰팡이가 식물에 침입하는 방법은 직접침입, 자연개구로 침입, 상처침입으로 구분할 수 있다. 다음 중 직접침입이 아닌 것은?

① 피목침입
② 흡기로 침입
③ 세포간 균사로 침입
④ 흡기를 가진 세포간 균사로 침입

해설

피목침입은 자연개구로 침입하는 것 중의 하나이다.

49

비탈면의 잔디를 기계로 깎으려면 비탈면의 경사가 어느 정도보다 완만하여야 하는가?

① 1 : 1보다 완만해야 한다.
② 1 : 2보다 완만해야 한다.
③ 1 : 3보다 완만해야 한다.
④ 경사에 상관없다.

정답 44 ② 45 ③ 46 ③ 47 ① 48 ① 49 ③

50

수목 식재 후 물집을 만드는데, 물집의 크기로 가장 적당한 것은?

① 근원지름(직경)의 1배
② 근원지름(직경)의 2배
③ 근원지름(직경)의 3~4배
④ 근원지름(직경)의 5~6배

51

토공사에서 터파기할 양이 100m^3, 되메우기양이 70m^{3}일 때 실질적인 잔토처리량(m^3)은? (단, L = 1.1, C = 0.8이다.)

① 24　　② 30
③ 33　　④ 39

52

다음 설명의 (　　)안에 적합한 것은?

(　)란 지질 지표면을 이루는 흙으로, 유기물과 토양 미생물이 풍부한 유기물층과 용탈층 등을 포함한 표층 토양을 말한다.

① 표토　　② 조류(algae)
③ 풍적토　　④ 충적토

해설

표토(表土, surface soil) : 토양의 표면에 위치하는 A층으로서 최상부에 유기물이나 양분을 함유하고 있다.

53

조경시설물 유지관리 연관 작업계획에 포함되지 않는 작업 내용은?

① 수선, 교체　　② 개량, 신설
③ 복구, 방제　　④ 제초, 전정

54

건설공사 표준품셈에서 사용되는 기본(표준형) 벽돌의 표준 치수(mm)로 옳은 것은?

① 180×80×57　　② 190×90×57
③ 210×90×60　　④ 210×100×60

해설

표준형 벽돌의 규격 : 190×90×57mm, 기존형 벽돌의 규격 : 210×100×60mm

55

다음 설명에 해당하는 공법은?

(1) 면상의 매트에 종자를 붙여 비탈면에 포설, 부착하여 일시적인 조기녹화를 도모하도록 시공한다. (2) 비탈면을 평평하게 끝손질한 후 매꽂이 등을 꽂아주어 떠오르거나 바람에 날리지 않도록 밀착한다. (3) 비탈면 상부 0.2m 이상을 흙으로 덮고 단부(端部)를 흙속에 묻어 넣어 비탈면 어깨로부터 물의 침투를 방지한다. (4) 긴 매트류로 시공할 때에는 비탈면의 위에서 아래로 길게 세로로 깔고 흙쌓기 비탈면을 다지고 붙일 때에는 수평으로 깔며 양단을 0.05m 이상 중첩한다.

① 식생대공　　② 식생자루공
③ 식생매트공　　④ 종자분사파종공

56

수준측량에서 표고(標高 : elevation)라 함은 일반적으로 어느 면(面)으로부터 연직거리를 말하는가?

① 해면(海面)　　② 기준면(基準面)
③ 수평면(水平面)　　④ 지평면(地平面)

해설

수준측량은 기준면으로부터 구하고자 하는 점의 높이를 측정하거나, 두 지점 사이의 상대적인 고저차를 구하는 측량

정답　50 ④　51 ③　52 ①　53 ④　54 ②　55 ③　56 ②

57

다음 중 콘크리트의 공사에 있어서 거푸집에 작용하는 콘크리트 측압의 증가 요인이 아닌 것은?

① 타설 속도가 빠를수록
② 슬럼프가 클수록
③ 다짐이 많을수록
④ 빈배합일 경우

58

다음 중 현장 답사 등과 같은 높은 정확도를 요하지 않는 경우에 간단히 거리를 측정하는 약측정 방법에 해당하지 않는 것은?

① 목측　② 보측
③ 시각법　④ 줄자측정

59

다음 [보기]가 설명하는 특징의 건설장비는?

[보기]
- 기동성이 뛰어나고, 대형목의 이식과 자연석의 운반, 놓기, 쌓기 등에 가장 많이 사용된다.
- 기계가 서있는 지반보다 낮은 곳의 굴착에 좋다.
- 파는 힘이 강력하고 비교적 경질지반도 적용한다.
- Drag Shovel 이라고도 한다.

① 로더(Loader)
② 백호우(Back Hoe)
③ 불도저(Bulldozer)
④ 덤프트럭(Dump Truck)

해설

백호우(back hoe)는 기계가 서 있는 지면보다 낮은 장소의 굴착에도 적당하고 수중굴착도 가능한 기계를 말한다. 파워 셔블과 같이 굳은 지반의 토질에서도 굴착 정형이 가능하다. 로더(loader)는 굴삭된 토사·골재·파쇄암 등을 운반기계에 싣는 데 사용되는 기계이다. 불도저(bulldozer)는 미개지(未開地)의 정지작업(整地作業)이 주용도인 건설용 차량으로 고르지 않은 곳을 앞쪽에 달려 있는 쟁기(plough)로 지면을 깎아 요철(凹凸)을 평평하게 한다. 그 밖에 나무를 쓰러뜨리거나, 뿌리를 뽑거나 눈을 치우는 등의 작업에도 사용된다. 덤프트럭(dump truck)은 적재함을 동력으로 60~70° 기울여서 적재물을 자동으로 내리는 토사·골재 운반용의 특수 화물차량이다.

60

토양환경을 개선하기 위해 유공관을 지면과 수직으로 뿌리 주변에 세워 토양내 공기를 공급하여 뿌리 호흡을 유도하는데, 유공관의 깊이는 수종, 규격, 식재지역의 토양 상태에 따라 다르게 할 수 있으나, 평균 깊이는 몇 미터 이내로 하는 것이 바람직한가?

① 1m　② 1.5m
③ 2m　④ 3m

정답 57 ④ 58 ④ 59 ② 60 ①

2016년 제2회 조경기능사 과년도

01

형태는 직선 또는 규칙적인 곡선에 의해 구성되고 축을 형성하며 연못이나 화단 등의 각 부분에도 대칭형이 되는 조경 양식은?

① 자연식　② 풍경식
③ 정형식　④ 절충식

해설

정형(定型)은 일정한 형식이나 틀이 있는 것으로 정형식 배식에는 단식, 대식, 열식, 교호식재, 정형식 모아심기 등이 있다.

02

다음 중 정원에 사용되었던 하하(Ha-ha) 기법을 가장 잘 설명한 것은?

① 정원과 외부사이 수로를 파 경계하는 기법
② 정원과 외부사이 언덕으로 경계하는 기법
③ 정원과 외부사이 교목으로 경계하는 기법
④ 정원과 외부사이 산울타리를 설치하여 경계하는 기법

해설

하하(Ha-Ha)기법은 담장 대신 정원부지의 경계선에 해당하는 곳에 깊은 도랑을 파서 외부로부터 침입을 막고, 가축을 보호하며, 목장 등을 전원풍경속에 끌어들이는 의도에서 나온 것으로 이 도랑의 존재를 모르고 원로를 따라 걷다가 갑자기 원로가 차단되었음을 발견하고 무의식중에 감탄사로 생긴 이름이다.

03

다음 고서에서 조경식물에 대한 기록이 다루어지지 않은 것은?

① 고려사　② 악학궤범
③ 양화소록　④ 동국이상국집

해설

악학궤범(樂學軌範)은 1493년(성종 24) 왕명에 따라 제작된 악전(樂典)으로 가사가 한글로 실려있으며 궁중음악은 물론 당악, 향악에 관한 이론 및 제도, 법식 등을 그림과 함께 설명하고 있다.

04

스페인 정원에 관한 설명으로 틀린 것은?

① 규모가 웅장하다.
② 기하학적인 터 가르기를 한다.
③ 바닥에는 색채타일을 이용하였다.
④ 안달루시아(Andalusia) 지방에서 발달했다.

해설

스페인 정원은 규모가 웅장하지 않다.

05

다음 중 고산수수법의 설명으로 알맞은 것은?

① 가난함이나 부족함 속에서도 아름다움을 찾아내어 검소하고 한적한 삶을 표현
② 이끼 낀 정원석에서 고담하고 한아를 느낄 수 있도록 표현
③ 정원의 못을 복잡하게 표현하기 위해 호안을 곡절시켜 심(心)자와 같은 형태의 못을 조성
④ 물이 있어야 할 곳에 물을 사용하지 않고 돌과 모래를 사용해 물을 상징적으로 표현

해설

고산수 수법은 축산 고산수 수법(14C)과 평정 고산수 수법(15C 후반)으로 나뉜다. 고산수 수법은 나무를 다듬어 산봉우리의 생김새를 나타내고, 바위를 세워 폭포수를 상징하며, 왕모래로 냇물이 흐르는 느낌을 얻을 수 있도록 하는 수법으로 대표작품은 대덕사 대선원이다. 평정 고산수 수법은 왕모래와 몇 개의 바위만 정원재료로 사용하고 식물재료는 사용하지 않은 것이 특징이다.

정답 1③ 2① 3② 4① 5④

06

경복궁 내 자경전의 꽃담 벽화문양에 표현되지 않은 식물은?

① 매화　② 석류
③ 산수유　④ 국화

해설

경복궁 자경전의 꽃담에는 꽃, 나비, 국화, 대나무, 석류, 천도, 매화 등이 표현되어 있다.

07

우리나라 부유층의 민가정원에서 유교의 영향으로 부녀자들을 위해 특별히 조성된 부분은?

① 전정　② 중정
③ 후정　④ 주정

해설

전정(앞뜰)은 대문과 현관사이의 공간으로 바깥의 공적인 분위기에서 사적인 분위기로의 전이공간이며, 주택의 첫인상을 좌우하는 공간으로 가장 밝은 공간이다. 주정(안뜰)은 가장 중요한 공간으로 응접실이나 거실쪽에 면한 뜰로 옥외생활을 즐길 수 있는 곳이며, 휴식과 단란이 이루어지는 공간으로 가장 특색 있게 꾸밀 수 있다. 후정(뒤뜰)은 조용하고 정숙한 분위기로 침실에서 전망이나 동선을 살리되 외부에서 시각적, 기능적으로 차단하며, 프라이버시(사생활)가 최대한 보장된다. 작업정은 주방, 세탁실과 연결하여 일상생활의 작업을 행하는 장소로 전정과 후정을 시각적으로 어느 정도 차폐하고 동선만 연결하며, 차폐식재나 초화류, 관목식재를 한다.

08

다음 중 고대 이집트의 대표적인 정원수는?

- 강한 직사광선으로 인하여 녹음수로 많이 사용
- 신성시하여 사자(死者)를 이 나무 그늘 아래 쉬게 하는 풍습이 있었음

① 파피루스　② 버드나무
③ 장미　④ 시카모어

해설

sycamore(시커모어)는 유럽산 단풍나무의 일종 또는 미국산 플라타너스이다.

09

다음 중 독일의 풍경식 정원과 가장 관계가 깊은 것은?

① 한정된 공간에서 다양한 변화를 추구
② 동양의 사의주의 자연풍경식을 수용
③ 외국에서 도입한 원예식물의 수용
④ 식물생태학, 식물지리학 등의 과학이론의 적용

해설

독일의 풍경식 정원은 과학적 지식을 이용하여 자연경관의 재생이 목적이며, 그 지방의 향토수종을 배식하여 자연스러운 경관을 형성하여 실용적 정원이 발달하였다.

10

다음 중 사적인 정원이 공적인 공원으로 역할전환의 계기가 된 사례는?

① 에스테장　② 베르사이유궁
③ 켄싱턴 가든　④ 센트럴 파크

해설

센트럴파크(Central Park)는 영국 최초의 공공정원인 버큰헤드 공원의 영향을 받은 최초의 도시공원으로 도시공원의 효시, 재정적 성공, 국립공원 운동 계기가 되었다.

11

주택정원거실 앞쪽에 위치한 뜰로 옥외생활을 즐길 수 있는 공간은?

① 안뜰　② 앞뜰
③ 뒤뜰　④ 작업뜰

해설

전정(앞뜰)은 대문과 현관사이의 공간으로 바깥의 공적인 분위기에서 사적인 분위기로의 전이공간이며, 주택의 첫인상을 좌우하는 공간으로 가장 밝은 공간이다. 주정(안뜰)은 가장 중요한 공간으로 응접실이나 거실쪽에 면한 뜰로 옥외생활을 즐길 수 있는 곳이며, 휴식과 단란이 이루어지는 공간으로 가장 특색 있게 꾸밀 수 있다. 후정(뒤뜰)은 조용하고 정숙한 분위기로 침실에서 전망이나 동선을 살리되 외부에서 시각적, 기능적으로 차단하며, 프라이버시(사생활)가 최대한 보장된다. 작업정은 주방, 세탁실과 연결하여 일상생활의 작업을 행하는 장소로 전정과 후정을 시각적으로 어느 정도 차폐하고 동선만 연결하며, 차폐식재나 초화류, 관목식재를 한다.

정답　6③　7③　8④　9④　10④　11①

12

조경계획 및 설계과정에 있어서 각 공간의 규모, 사용재료, 마감방법을 제시해 주는 단계는?

① 기본구상 ② 기본계획
③ 기본설계 ④ 실시설계

해설

기본구상은 수집한 자료를 종합한 후 이를 바탕으로 개략적인 계획안을 결정하는 단계이다. 기본계획은 토지이용계획, 교통동선계획, 시설물배치계획, 식재계획, 하부구조계획 및 집행계획 등을 진행하는 단계이다. 기본설계는 기본계획의 각 부분을 더 구체적으로 발전하여 공간 규모, 사용재료, 마감 등을 제시하는 단계이다. 실시설계는 실제 시공이 가능하도록 시공도면을 작성 하는 것으로 평면도(평면상세도), 단면도 등이 있다.

13

도시 내부와 외부의 관련이 매우 좋으며 재난 시 시민들의 빠른 대피에 큰 효과를 발휘하는 녹지 형태는?

① 분산식 ② 방사식
③ 환상식 ④ 평행식

해설

녹지계통의 형식은 분산식, 환상식, 집중형, 방사식, 방사환상식, 위성식, 평행식, 격자형, 원호형, 비정형으로 나뉜다. 분산식은 생태적 안정성은 낮으나 접근성이 높아 대도시에 적합하다. 방사식은 집중형 녹지계통에 접근성을 높여주는 방식이다. 환상식은 도시확대방지를 위한 방식으로 균형잡힌 녹지체계는 성립가능하고 접근성도 좋으나 생태적·기능적 역할에는 부족하다. 평행식(대상형)은 도시형태가 대상형일 때 띠모양으로 평행하게 조성된 방식이다.

14

다음 [보기]의 행위 시 도시공원 및 녹지 등에 관한 법률상의 벌칙 기준은?

> [보기]
> - 위반하여 도시공원에 입장하는 사람으로부터 입장료를 징수한 자
> - 허가를 받지 아니하거나 허가받은 내용을 위반하여 도시공원 또는 녹지에서 시설·건축물 또는 공작물을 설치한 자

① 2년 이하의 징역 또는 3천만 원 이하의 벌금
② 1년 이하의 징역 또는 1천만 원 이하의 벌금
③ 1년 이하의 징역 또는 500만 원 이하의 벌금
④ 1년 이하의 징역 또는 3천만 원 이하의 벌금

해설

도시공원 및 녹지 등에 관한 법률 제53조(벌칙) 다음 각 호의 어느 하나에 해당하는 자는 1년 이하의 징역 또는 1천만원 이하의 벌금에 처한다. 〈개정 2015.1.6.〉 1. 제20조제1항 또는 제21조제1항을 위반하여 위탁 또는 인가를 받지 아니하고 도시공원 또는 공원시설을 설치하거나 관리한 자 2. 제24조제1항, 제27조제1항 단서 또는 제38조제1항을 위반하여 허가를 받지 아니하거나 허가받은 내용을 위반하여 도시공원 또는 녹지에서 시설·건축물 또는 공작물을 설치한 자 3. 거짓이나 그 밖의 부정한 방법으로 제24조제1항, 제27조제1항 단서 또는 제38조제1항에 따른 허가를 받은 자 4. 제40조제1항을 위반하여 도시공원에 입장하는 사람으로부터 입장료를 징수한 자

15

표제란에 대한 설명으로 옳은 것은?

① 도면명은 표제란에 기입하지 않는다.
② 도면 제작에 필요한 지침을 기록한다.
③ 도면번호, 도명, 작성자명, 작성일자 등에 관한 사항을 기입한다.
④ 용지의 긴 쪽 길이를 가로 방향으로 설정할 때 표제란은 왼쪽 아래 구석에 위치한다.

해설

표제란(title panel, 表題欄, 表題欄) : 도면의 일부에 위치하여 도면 번호, 도명 등을 기록하는 장소로 도명 · 도면 번호 · 제도회사 · 척도 · 투상법 · 도면작성년월일 · 책임자의 서명 등이 기입되고 도면의 오른쪽 아래에 설정된다.

16

먼셀 색체계의 기본색인 5가지 주요 색상으로 바르게 짝지어진 것은?

① 빨강, 노랑, 초록, 파랑, 주황
② 빨강, 노랑, 초록, 파랑, 보라
③ 빨강, 노랑, 초록, 파랑, 청록
④ 빨강, 노랑, 초록, 남색, 주황

해설

먼셀 색체계는 물체 표면에서 인지되는 색지각을 기초로 색상, 명도, 채도의 색의 3속성에 따라 3차원 공간의 한 점에 대응시켜 세 개의 좌표 방향에 있어서 지각적인 등간격이 되도록 좌표 측도를 정하여 만든 표색계이다. 먼셀의 색상은 색상 차이가 등간격으로

정답 12 ③ 13 ② 14 ② 15 ③ 16 ②

보이는 주요한 5가지 기본 색상 R (Red, 빨강), Y(Yellow, 노랑), G(Green, 초록), B(Blue, 파랑), P(Purple, 보라)와 각각의 사이에 중간 색상 YR(Yellow Red, 주황), GY(Green Yellow, 연두), BG(Blue Green, 청록), PB(Purple Blue, 남색), RP(Red Purple, 자주)를 정해 10가지 색상을 기본으로 하였다.

17

건설재료의 골재의 단면표시 중 잡석을 나타낸 것은?

① 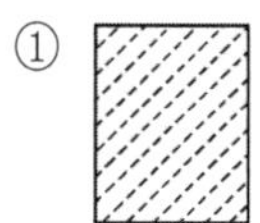
② 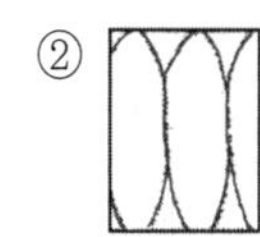
③ 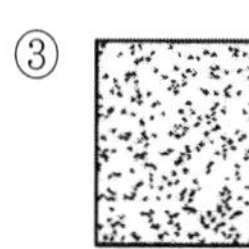
④ 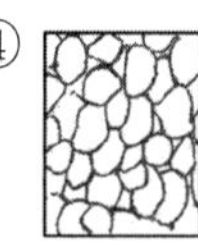

해설

건설재료 단면표시 중 ③은 모래, ④는 자갈을 나타낸다.

18

대형건물의 외벽도색을 위한 색채계획을 할 때 사용하는 컬러샘플(color sample)은 실제의 색보다 명도나 채도를 낮추어서 사용하는 것이 좋다. 이는 색채의 어떤 현상 때문인가?

① 착시효과 ② 동화현상
③ 대비효과 ④ 면적효과

해설

면적 효과(area effect, 面積效果)는 동일광원 아래에서 같은 사람이 보는 경우에도 같은 분광분포를 가진 물체의 면적이 달라지면 색의 명도, 채도를 다르게 지각하는 현상이다.

19

색채와 자연환경에 대한 설명으로 옳지 않은 것은?

① 풍토색은 기후와 토지의 색, 즉 지역의 태양빛, 흙의 색 등을 의미한다.
② 지역색은 그 지역의 특성을 전달하는 색채와 그 지역의 역사, 풍속, 지형, 기후 등의 지방색과 합쳐 표현된다.
③ 지역색은 환경색채계획 등 새로운 분야에서 사용되기 시작한 용어이다.
④ 풍토색은 지역의 건축물, 도로환경, 옥외광고물 등의 특징을 갖고 있다.

해설

풍토색(風土色)은 서로 다른 환경적 특색을 지닌 지역적 특징의 색으로 그 지역의 토지, 자연, 인간과 어울려 형성된 특유의 풍토로 생활, 문화, 산업에 영향을 준다. 풍토색은 나라마다 지역마다 차이가 있으나 우리나라의 경우에는 제주도를 제외하고는 지역적 특색이 뚜렷하지 않은 특징이 있다.

20

오른손잡이의 선긋기 연습에서 고려해야 할 사항이 아닌 것은?

① 수평선 긋기 방향은 왼쪽에서 오른쪽으로 긋는다.
② 수직선 긋기 방향은 위쪽에서 아래쪽으로 내려 긋는다.
③ 선은 처음부터 끝나는 부분까지 일정한 힘으로 한 번에 긋는다.
④ 선의 연결과 교차부분이 정확하게 되도록 한다.

해설

수평선은 좌(左)에서 우(右)로, 수직선은 아래(下)에서 위(上)로 그린다. 선이 교차할 때에는 선이 부족하거나 남지 않게 긋고, 모서리 부분이 정확히 만나게 그어준다. 긴 선을 그을 때는 선이 일정한 두께가 되도록 연필을 한 바퀴 돌려주면서 선을 그어준다.

21

다음 중 방부 또는 방충을 목적으로 하는 방법으로 가장 부적합한 것은?

① 표면탄화법 ② 약제도포법
③ 상압주입법 ④ 마모저항법

해설

표면탄화법(表面炭化法)은 목재의 내수성을 증가시키기 위한 것으로 표면을 태워서 탄화하는 방법. 약제도포법은 해충을 살멸하기 위하여 나무줄기에 약액을 발라두는 방법. 상압주입법(常壓注入法, open tank process)은 상시온도의 방식제 속에 목재를 수십일 담가 두어서 방식제가 목재속에 주입되도록 하는 방법. 마모 저항(磨耗抵抗, abrasion-resistance)은 마모에 대한 재료의 저항성을 말하고 내마모성이라고도 한다.

정답 17 ② 18 ④ 19 ④ 20 ② 21 ④

22

조경공사의 돌쌓기용 암석을 운반하기에 가장 적합한 재료는?

① 철근 ② 쇠파이프
③ 철망 ④ 와이어로프

해설

와이어 로프(wire rope)는 몇 개의 철사를 꼬아서 1줄의 스트랜드(strand;새끼줄)를 만들고, 다시 6가닥의 스트랜드를 1줄의 마(摩)로프를 중심으로 꼬아서 만든 줄이다. 로프의 꼬임에는 보통 꼬임과 랭 꼬임이 있으며, 또 스트랜드의 꼬임 방향에 따라서 S꼬임 로프와 Z꼬임 로프가 있다. 용도는 케이블카, 크레인, 삭도(로프웨이), 적교(吊橋) 등에 많이 쓰인다. 철근(steel reinforcement, 鐵筋)은 철근콘크리트에 쓰이는 보강근(補强筋)으로 원형철근(圓形鐵筋)과 이형철근(異形鐵筋)이 있다. 철망(wire netting, 鐵網)은 철사로 뜬 그물 모양의 망.

23

다음 [보기]가 설명하는 건설용 재료는?

> [보기]
> - 갈라진 목재 틈을 메우는 정형 실링재이다.
> - 단성복원력이 적거나 거의 없다.
> - 일정 압력을 받는 새시의 접합부 쿠션 겸 실링재로 사용되었다.

① 프라이머 ② 코킹
③ 퍼티 ④ 석고

해설

퍼티(putty)는 페인트칠을 할 때에 바탕면의 구멍이나 틈새를 메우는 데 사용한다.

24

쇠망치 및 날메로 요철을 대강 따내고, 거친 면을 그대로 두어 부풀린 느낌으로 마무리 하는 것으로 중량감, 자연미를 주는 석재가공법은?

① 혹두기 ② 정다듬
③ 도드락다듬 ④ 잔다듬

해설

석재의 가공방법 중 혹두기는 원석을 쇠망치로 쳐서 요철이 없게 다듬는 것. 정다듬은 혹두기한 면을 정으로 비교적 고르게 다듬는 작업. 도드락다듬은 정다듬한 면을 도드락망치를 이용하여 다듬는 작업. 잔다듬은 정교한 날망치로 면을 다듬는 작업. 물갈기는 최종적으로 마무리 하는 단계로 물을 사용하므로 물갈기라 한다.

공구	형상	돌가공	공구	형상	돌가공
쇠매		메다듬	도드락망치		도드락다듬
망치			날메		메다듬
정		정다듬·줄정다듬	날망치		잔다듬
날도드락망치		도드락다듬	석공용쇠톱		켜기용

25

건설용 재료의 특징 설명으로 틀린 것은?

① 미장재료 – 구조재의 부족한 요소를 감추고 외벽을 아름답게 나타내 주는 것
② 플라스틱 – 합성수지에 가소제, 채움제, 안정제, 착색제 등을 넣어서 성형한 고분자 물질
③ 역청재료 – 최근에 환경 조형물이나 안내판 등에 널리 이용되고, 입체적인 벽면구성이나 특수지역의 바닥 포장재로 사용
④ 도장재료 – 구조재의 내식성, 방부성, 내마멸성, 방수성, 방습성 및 강도 등이 높아지고 광택 등 미관을 높여 주는 효과를 얻음

해설

역청 재료(bituminous materials, 瀝青材料)는 천연산의 것이나, 원유의 건류·증류에 의해서 얻어지는 유기 화합물로 주요한 것은 아스팔트·타르·피치 등이며, 방수·방부·포장 등에 사용된다.

26

내부 진동기를 사용하여 콘크리트 다지기를 실시할 때 내부 진동기를 찔러 넣는 간격은 얼마 이하를 표준으로 하는 것이 좋은가?

① 30cm ② 50cm
③ 80cm ③ 100cm

해설

내부진동기(內部振動機)는 콘크리트를 다져 굳히기 위한 장치

정답 22 ④ 23 ③ 24 ① 25 ③ 26 ②

로 직접 콘크리트 위에 올려놓고 진동시킨다. 내부 진동기의 삽입간격은 일반적으로 0.5m 이하로 하는 것이 좋으며, 1개소당 진동시간은 다짐할 때 시멘트 페이스트가 표면 상부로 약간 부상할 때까지 진행한다. 내부진동기는 콘크리트로부터 천천히 빼내어 구멍이 남지 않도록 하며, 콘크리트를 횡방향으로 이동시킬 목적으로 사용하지 않아야 한다.

27

굵은 골재의 절대 건조 상태의 질량이 1000g, 표면 건조포화 상태의 질량이 1100g, 수중질량이 650g 일 때 흡수율은 몇 %인가?

① 10.0% ② 28.6%
③ 31.4% ④ 35.0%

해설

흡수율(water absorption ratio, percentage of water absorption, 吸水率)은 표면 건조 포화수 상태에 있어서 골재립에 포함되어 있는 전체 수량을 골재의 흡수량이라 하며, 이 흡수한 수량의 비율을 흡수율이라 한다. 흡수량은 골재립 내부의 공극 정도를 나타내기 때문에 보통 골재의 경우는 골재 중량의 1% 또는 그 이하, 인공 경량 골재에서는 6~8%이다.

28

시멘트의 강열감량(ignition loss)에 대한 설명으로 틀린 것은?

① 시멘트 중에 함유된 H_2O와 CO_2의 양이다.
② 클링커와 혼합하는 석고의 결정수량과 거의 같은 양이다.
③ 시멘트에 약 1000℃의 강한 열을 가했을 때의 시멘트 감량이다.
④ 시멘트가 풍화하면 강열감량이 적어지므로 풍화의 정도를 파악하는데 사용된다.

해설

강열감량(Loss ignition, 强熱減量)은 분석화학에서 시료의 일정량을 1,000~1,200℃로 가열하여 시료 속의 휘발성 성분과 열분해될 수 있는 성분이 제거되고 불연분만 남아 질량이 일정한 값이 될 때까지의 감량을 시료에 대한 백분율로 나타낸 양이다. 시멘트를 950±50℃로 항량(恒量)이 될 때까지 가열했을 때의 중량의 감소 백분율로 시멘트의 풍화가 진행한다거나 혼합물이 존재하면 이 값이 커진다.

29

아스팔트의 물리적 성질과 관련된 설명으로 옳지 않은 것은?

① 아스팔트의 연성을 나타내는 수치를 신도라 한다.
② 침입도는 아스팔트의 콘시스턴시를 임의 관입저항으로 평가하는 방법이다.
③ 아스팔트에는 명확한 융점이 있으며, 온도가 상승하는데 따라 연화하여 액상이 된다.
④ 아스팔트는 온도에 따른 콘시스턴시의 변화가 매우 크며, 이 변화의 정도를 감온성이라 한다.

해설

아스팔트는 온도가 높으면 액체 상태가 되고, 저온에서는 매우 딱딱해지며, 아스팔트의 종류에 따라 이 감온성(感溫性)이 달라진다. 또 아스팔트는 가소성(可塑性)이 풍부하고 방수성·전기절연성·접착성 등이 크며, 화학적으로 안정한 특징을 가지고 있다.

30

새끼(볏짚제품)의 용도 설명으로 가장 부적합한 것은?

① 더위에 약한 수목을 보호하기 위해서 줄기에 감는다.
② 옮겨 심는 수목의 뿌리분이 상하지 않도록 감아준다.
③ 강한 햇볕에 줄기가 타는 것을 방지하기 위하여 감아준다.
④ 천공성 해충의 침입을 방지하기 위하여 감아준다.

해설

볏짚제품의 새끼는 줄기에 감지는 않는다.

31

무너짐 쌓기를 한 후 돌과 돌 사이에 식재하는 식물 재료로 가장 적합한 것은?

① 장미 ② 회양목
③ 화살나무 ④ 꽝꽝나무

해설

회양목(Korean box tree)은 관목으로 수피는 회색이며 줄기가 네모지다. 마주나게 달리는 잎은 혁질로 타원형이며 가장자리가 밋밋하게 뒤로 젖혀진다. 앞면에 광택이 있으며 앞면 기부와 잎자루에 털이 밀생하며 암수딴그루로 3~5월에 잎겨드랑이나 가지 끝에서 연한 노란색의 꽃이 몇 개씩 모여 달린다.

정답 27 ① 28 ④ 29 ③ 30 ① 31 ②

32

다음 중 아황산가스에 강한 수종이 아닌 것은?

① 고로쇠나무 ② 가시나무
③ 백합나무 ④ 칠엽수

해설

아황산가스(SO_2)의 피해는 식물 체내로 침입하여 피해를 줄 뿐만 아니라 토양에 흡수되어 산성화시키고 뿌리에 피해를 주어 지력을 감퇴시킨다. 한 낮이나 생육이 왕성한 봄과 여름, 오래된 잎에 피해를 입기 쉽다.

아황산 가스에 강한 수종	상록 침엽수	편백, 화백, 가이즈까향나무, 향나무 등
	상록 활엽수	가시나무, 굴거리나무, 녹나무, 태산목, 후박나무, 후피향나무, 가시나무 등
	낙엽 활엽수	가중나무, 벽오동, 버드나무류, 칠엽수, 플라타너스 등
아황산 가스에 약한 수종	침엽수	소나무, 잣나무, 전나무, 삼나무, 히말라야시더, 일본잎갈나무(낙엽송), 독일가문비 등
	활엽수	느티나무, 백합(튤립)나무, 단풍나무, 고로쇠나무, 수양벚나무, 자작나무 등

33

단풍나무과(科)에 해당하지 않는 수종은?

① 고로쇠나무 ② 복자기
③ 소사나무 ④ 신나무

해설

소사나무(Korean Hornbeam)는 자작나무과의 낙엽소교목으로 해안의 산지에서 자라며, 잎은 어긋난다. 꽃은 5월에 피고, 열매는 10월에 익는다.

34

다음 중 양수에 해당하는 수종은?

① 일본잎갈나무 ② 조록싸리
③ 식나무 ④ 사철나무

해설

양수는 충분한 광선 밑에서 생육이 비교적 좋은 수목으로 소나무, 곰솔(해송), 은행나무, 느티나무, 무궁화, 백목련, 일본잎갈나무, 가문비나무 등이 해당된다. 음수는 약한 광선에서 생육이 비교적 좋은 수목으로 팔손이나무, 전나무, 비자나무, 주목, 눈주목, 가시나무, 회양목, 식나무, 독일가문비 등이 해당된다.

35

다음 중 내염성이 가장 큰 수종은?

① 사철나무 ② 목련
③ 낙엽송 ④ 일본목련

해설

내염성(salt tolerance, 耐塩性)은 식물이 높은 염분환경에 견디어 생육할 수 있는 성질로서 잎에 붙은 염분이 기공을 막아 호흡작용을 방해하며, 염분의 한계농도는 수목 0.05%, 잔디는 0.1% 이다.

구분	수종
내염성에 강한 수종	리기다소나무, 비자나무, 주목, 곰솔, 측백나무, 가이즈까향나무, 굴거리나무, 녹나무, 태산목, 후박나무, 감탕나무, 아왜나무, 먼나무, 후피향나무, 사철나무, 동백나무, 호랑가시나무, 팔손이나무, 위성류 등
내염성에 약한 수종	독일가문비, 삼나무, 소나무, 히말라야시더, 목련, 단풍나무, 개나리 등

36

형상수(topiary)를 만들기에 가장 적합한 수종은?

① 주목 ② 단풍나무
③ 개벚나무 ④ 전나무

해설

작은 잎을 가지고 전정에 강한 주목이 형상수(토피어리)에 적당하다.

37

화단에 심겨지는 초화류가 갖추어야 할 조건으로 가장 부적합한 것은?

① 가지수는 적고 큰 꽃이 피어야 한다.
② 바람, 건조 및 병 · 해충에 강해야 한다.
③ 꽃의 색채가 선명하고, 개화기간이 길어야 한다.
④ 성질이 강건하고 재배와 이식이 비교적 용이해야 한다.

정답 32 ① 33 ③ 34 ① 35 ① 36 ① 37 ①

38

수종과 그 줄기색(樹皮)의 연결이 틀린 것은?

① 벽오동은 녹색 계통이다.
② 곰솔은 흑갈색 계통이다.
③ 소나무는 적갈색 계통이다.
④ 흰말채나무는 흰색 계통이다.

해설

백색계 : 백송, 분비나무, 자작나무, 서어나무, 동백나무, 층층나무, 플라타너스 등, 갈색계 : 편백, 철쭉류 등, 청록색 : 식나무, 벽오동나무, 탱자나무, 죽도화, 찔레 등, 적갈색 : 소나무, 주목, 삼나무, 섬잣나무, 흰말채나무 등

39

귀룽나무(*Prunus padus* L.)에 대한 특성으로 맞지 않는 것은?

① 원산지는 한국, 일본이다.
② 꽃과 열매는 백색계열이다.
③ Rosaceae과(科) 식물로 분류된다.
④ 생장속도가 빠르고 내공해성이 강하다.

해설

귀룽나무(european bird cherry)는 장미과(*Rosaceae*) 식물로 한국·일본·중국·사할린섬·몽골·유럽 등에 분포하고, 꽃은 5월에 흰색으로 피며, 열매는 6~7월에 검게 익는다.

40

능소화(*Campsis grandifolia* K. Schum.)의 설명으로 틀린 것은?

① 낙엽활엽덩굴성이다.
② 잎은 어긋나며 뒷면에 털이 있다.
③ 나팔모양의 꽃은 주홍색으로 화려하다.
④ 동양적인 정원이나 사찰 등의 관상용으로 좋다.

해설

능소화(Chinese trumpet creeper)는 쌍떡잎식물 통화식물목 능소화과의 낙엽성 덩굴식물로 잎은 마주나고 가장자리에는 톱니와 더불어 털이 있다. 꽃은 8~9월경에 주황색이며, 나팔모양으로 피고 열매는 10월에 익는다. 중부 지방 이남의 절에서 심어왔으며 관상용으로도 심는다.

41

봄에 향나무의 잎과 줄기에 갈색의 돌기가 형성되고 비가 오면 한천모양이나 젤리모양으로 부풀어 오르는 병은?

① 향나무 가지마름병
② 향나무 그을음병
③ 향나무 붉은별무늬병
④ 향나무 녹병

해설

향나무 녹병은 2~3월경 잎, 가지 및 줄기에 암갈색 돌기(겨울포자퇴)가 형성된다. 4월에 비가 오면 겨울포자퇴가 부풀어서 오렌지색 젤리 모양이 되어 담자포자를 형성한다. 담자포자는 장미과 수목으로 옮겨간 후 녹병정자에 의한 중복감염이 이루어진다. 6~7월에 장미과 식물에서 만들어진 녹포자가 다시 향나무의 잎과 줄기 속으로 침입해 균사로 월동한다. 향나무 가지마름병은 가지와 잎이 적갈색으로 변하면서 말라 죽으며 적갈색으로 변한 가지에는 표피를 뚫고 검은색 자실체가 나타난다. 향나무 그을음병은 식물의 잎·가지·열매 등의 표면에 그을음 같은 것이 발생하는 병해이며 한국에서는 주로 감귤나무에 많이 발생한다. 향나무 붉은무늬병은 향나무와 기주교대하는 이종기생성병으로 5~6월에 흔히 볼 수 있으며 잎 뒷면에 털 같은 돌기가 무리지어 돋아나고 심하면 일찍 떨어진다.

42

잔디의 병해 중 녹병의 방제약으로 옳은 것은?

① 만코제브(수)
② 테부코나졸(유)
③ 에마멕틴벤조에이트(유)
④ 글루포시네이트암모늄(액)

해설

잔디 녹병(rust) : 잎의 엽맥을 따라 길고 좁은 원추형의 노란색 병반을 말한다. 병반부위에는 황색 혹은 적색의 여름 포자가 가루의 형태로 존재한다. 병원균은 Puccinia, Uromyces, Physopella, Uredo 속의 균이 잔디에 병을 일으키는 것으로 알려져 있다. 발생은 기온이 15~25℃, 습한 상태에서 발생되며 우리나라의 경우 8월 말~9월 중에 발생이 많다. 녹병의 방제는 중간숙주를 없애고 녹병에 강한 품종을 재배하며, 병이 발생하였을 때는 석회황합제(石灰黃合劑)·지네브제(劑)·보르도액(液) 등을 뿌려 준다. 테부코나졸 유제는 잔디의 녹병에 사용한다.

정답 38 ④ 39 ② 40 ② 41 ④ 42 ②

43

25% A유제 100mL를 0.05%의 살포액으로 만드는데 소요되는 물의 양(L)으로 가장 가까운 것은? (단, 비중은 1.0 이다.)

① 5 ② 25
③ 50 ④ 100

44

해충의 체(體) 표면에 직접 살포하거나 살포된 물체에 해충이 접촉되어 약제가 체내에 침입하여 독(毒) 작용을 일으키는 약제는?

① 유인제 ② 접촉살충제
③ 소화중독제 ④ 화학불임제

해설

살충제(insecticide, 殺蟲劑)는 사람이나 농작물에 해가 되는 곤충을 죽이는 효과를 지닌 약제이다.

45

도시공원 녹지 중 수림지 관리에서 그 필요성이 가장 떨어지는 것은?

① 시비(施肥) ② 하예(下刈)
③ 제벌(除伐) ④ 병충해 방제

해설

시비(fertilization, 施肥) : 작물의 생장을 촉진시키거나 수확량 또는 품질을 높이기 위해 부족하기 쉬운 비료성분 특히, 질소, 인산, 칼리질 비료 등을 토양 중에 공급하는 것을 말한다. 하예(brush cutting, weeding, cleaning, 下刈) : 식재한 묘목의 생육을 방해하는 잡초목을 자르는 작업. 제벌(cleaning cutting, improvement cutting, clearing, 除伐) : 육성대상이 되는 수목의 생육을 방해하는 다른 수종을 잘라내는 작업으로 밑깎이와 간벌작업의 중간에 실시됨. 병충해방제(pest control, 病蟲害防除) : 병원미생물이나 해충에 의한 작물이나 인축(人畜)의 피해를 경감, 방지하기 위해서 시도되는 특정 인위적 수단의 총칭.

46

다음 설명에 해당하는 파종 공법은?

- 종자, 비료, 파이버(fiber), 침식방지제 등 물과 교반하여 펌프로 살포 녹화한다.
- 비탈 기울기가 급하고 토양조건이 열악한 급경사지에 기계와 기구를 사용해서 종자를 파종한다.
- 한랭도가 적고 토양 조건이 어느 정도 양호한 비탈면에 한하여 적용한다.

① 식생매트공
② 볏짚거적덮기공
③ 종자분사파종공
④ 지하경뿜어붙이기공

해설

종자분사파종공은 살포기로 종자, 비료, 파이버, 침식방지제를 물과 교반 후 살포하며, 주로 토사로 이루어진 성토면에 적용하고, 암반비탈면에는 적용 곤란하다. 식생매트공은 씨앗, 비료 등을 정착한 매트류로 사면을 전면적으로 피복하는 공법이다.

47

장미 검은무늬병은 주로 식물체 어느 부위에 발생하는가?

① 꽃 ② 잎
③ 뿌리 ④ 식물전체

해설

검은무늬병(Black spot)은 잎에 검은 병반이 생기면서 일찍 떨어져 수세가 약화되며, 여름철에 비가 많고 기온이 낮으면 피해가 심하다.

48

진딧물의 방제를 위하여 보호하여야 하는 천적으로 볼 수 없는 것은?

① 무당벌레류 ② 꽃등애류
③ 솔잎벌류 ④ 풀잠자리류

해설

진딧물의 천적으로는 꽃등에류·진디벌류·무당벌레류·풀잠자리류 등이 있다.

정답 43 ③ 44 ② 45 ① 46 ③ 47 ② 48 ③

49

수목의 이식 전 세근을 발달시키기 위해 실시하는 작업을 무엇이라 하는가?

① 가식　　② 뿌리돌림
③ 뿌리분 포장　　④ 뿌리외과수술

해설

뿌리돌림은 이식을 위한 예비조치로 현재의 위치에서 미리 뿌리를 잘라 내거나 환상박피를 함으로써 나무의 뿌리분 안에 세근이 많이 발달하도록 유인하여 이식력을 높이고자 한다. 생리적으로 이식을 싫어하는 수목이나 세근이 잘 발달하지 않아 극히 활착하기 어려운 야생상태의 수목 및 노거수(老巨樹), 쇠약해진 수목의 이식에는 반드시 뿌리돌림이 필요하며 전정이 병행되어야 하며, 새로운 잔뿌리 발생을 촉진시킨다.

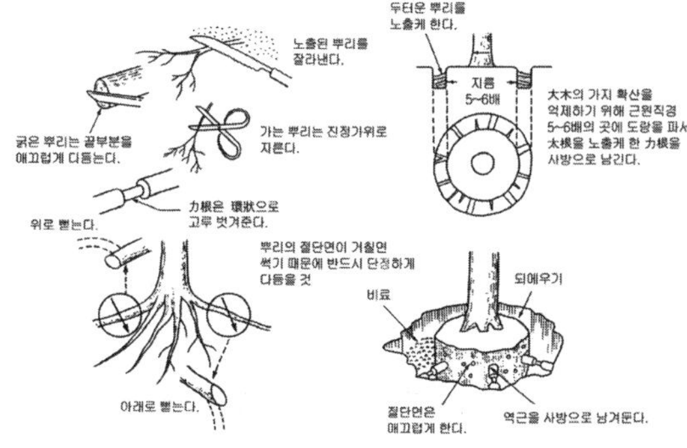

그림. 뿌리돌림의 방법

50

수목을 장거리 운반할 때 주의해야 할 사항이 아닌 것은?

① 병충해 방제　　② 수피 손상 방지
③ 분 깨짐 방지　　④ 바람 피해 방지

해설

병충해방제(pest control, 病蟲害防除) : 병원미생물이나 해충에 의한 작물이나 인축(人畜)의 피해를 경감, 방지하기 위해서 시도되는 특정 인위적 수단의 총칭으로 장거리 운반할 때와는 관련이 없다.

51

인간이나 기계가 공사 목적물을 만들기 위하여 단위물량 당 소요로 하는 노력과 품질을 수량으로 표현한 것을 무엇이라 하는가?

① 할증　　② 품셈
③ 견적　　④ 내역

해설

품셈(quantity per unit, 見積)은 건축의 각 부분 공사에서의 단위당 자원 투입량으로 단위 면적당의 표준 노무량, 표준 자재량이나 단위 자재량당의 표준 노무량 등이 포함된다.

52

내구성과 내마멸성이 좋아 일단 파손된 곳은 보수가 어려우므로 시공 때 각별한 주의가 필요하다. 다음과 같은 원로 포장 방법은?

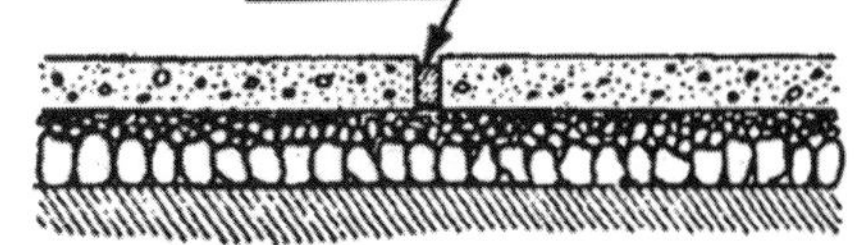

① 마사토 포장　　② 콘크리트 포장
③ 판석 포장　　④ 벽돌 포장

해설

콘크리트 자체는 온도, 습도 등에 의해 팽창, 수축하기 때문에 콘크리트가 파손 될 수 있으므로 이음(줄눈)을 한다. 줄눈의 종류에는 가로 팽창 줄눈과 세로 수축 줄눈, 세로 줄눈이 있다.

53

철근의 피복두께를 유지하는 목적으로 틀린 것은?

① 철근량 절감　　② 내구성능 유지
③ 내화성능 유지　　④ 소요의 구조내력확보

해설

철근의 피복두께는 기후나 기타 외부요인으로부터 철근을 보호하기 위한 것으로, 부재의 최외단에 배치된 철근 표면으로부터 이를 덮고 있는 콘크리트 표면까지의 최단거리이다. 철근 피복두께의 목적은 내화성 확보로 철근은 고온에서 강도가 저하하여 약 600도에서 항복점 1/2이 감소한다. 또한 내구성 확보로 중성화 방지의 목적이 있다.

정답　49 ②　50 ①　51 ②　52 ②　53 ①

54

다음 중 건설공사의 마지막으로 행하는 작업은?

① 터닦기 ② 식재공사
③ 콘크리트공사 ④ 급 · 배수 및 호안공

해설

건설공사는 터닦기부터 시작하여 제일 마지막으로 조경공사가 진행된다.

55

경사진 지형에서 흙이 무너지는 것을 방지하기 위하여 토양의 안식각을 유지하며 크고 작은 돌을 자연스러운 상태가 되도록 쌓아 올리는 방법은?

① 평석쌓기 ② 견치석쌓기
③ 디딤돌쌓기 ④ 자연석 무너짐쌓기

해설

자연석 무너짐쌓기는 자연풍경에서 암석이 무너져 내려 안정되게 쌓여있는 것을 묘사하는 방법으로 기초석을 땅속에 1/2정도 깊이로 묻고, 기초석 앉히기는 약간 큰 돌로 20~30cm 정도의 깊이로 묻고 주변을 잘 다져서 고정시킨다. 중간석 쌓기는 서로 맞닿은 면은 잘 물려지는 돌을 사용하고 크고 작은 자연석을 어울리게 섞어 쌓으며, 하부에 큰돌을 사용하고 상부로 갈수록 작은 돌을 사용하여 시각적 노출 부분을 보기 좋은 부분이 되게 한다. 맨 위의 상석은 비교적 작고, 윗면을 평평하게 하거나 자연스런 높낮이가 있도록 처리하고, 돌틈식재는 돌과 돌 사이의 빈 공간에 흙을 채워 철쭉이나 회양목 등의 관목류와 초화류를 식재하며, 인력, 체인블록 등을 이용해서 쌓는다. 평석쌓기는 넓고 두툼한 돌쌓기로 이음새의 좌우, 상하가 틀리게 쌓는다. 견치석쌓기는 얕은 경우에는 수평으로 쌓고, 높을 경우에는 경사지도록 쌓는 것이 좋고 높이 1.5m 까지는 충분한 뒤채움으로 하고 그 이상은 시멘트로 채운다. 물구멍은 2m 마다 설치하고, 석축을 쌓아 올릴 때 많이 사용하며, 앞면, 뒷면, 윗길이, 전면 접촉부 사이에 치수의 제한이 있다. 뒷면은 앞면의 1/16 이상이 되게 하고, 전면 접촉부는 뒷길이의 1/10 이상으로 한다. 디딤돌 쌓기는 보행의 편의와 지피식물의 보호, 시각적으로 아름답게 하고자 하는 돌 놓기로 한 면이 넓적하고 평평한 자연석, 화강석판, 천연 슬레이트 등의 판석, 통나무 또는 인조목 등이 사용된다. 디딤돌의 크기는 30cm 정도가 적당하며, 디딤돌이 시작되는 곳 또는 급하게 구부러지는 곳 등에 큰 디딤돌을 놓으며, 돌의 머리는 경관의 중심을 향해 놓는다. 돌의 좁은 방향이 걸어가는 방향으로 오게 돌을 배치하여 방향성을 주며, 크고 작은 것을 섞어 직선보다는 어긋나게 배치하며, 돌 사이의 간격은 보행성을 고려하여 빠른 동선이 필요한 곳은 보폭과 비슷하게, 느린 동선이 필요한 곳은 35~60cm 정도로 배치한다. 크기에 따라 하단 부분을 적당히 파고 잘 다진 후 윗부분이 수평이 되도록 놓아야 하고, 돌 가운데가 약간 두툼하여 물이 고이지 않으며, 불안정한 경우에는 굄돌 등을 놓거나 아랫부분에 모르타르나 콘크리트를 깔아 안정되게 한다.

디딤돌의 높이는 지면보다 3~6cm 높게 하며, 한발로 디디는 것은 지름 25~30cm 되는 디딤돌을 사용하고, 군데군데 잠시 멈춰 설 수 있도록 지름 50~60cm 되는 큰 디딤돌을 놓으며, 디딤돌의 두께는 10~20cm, 디딤돌과 디딤돌 중심간의 거리는 40cm 이다.

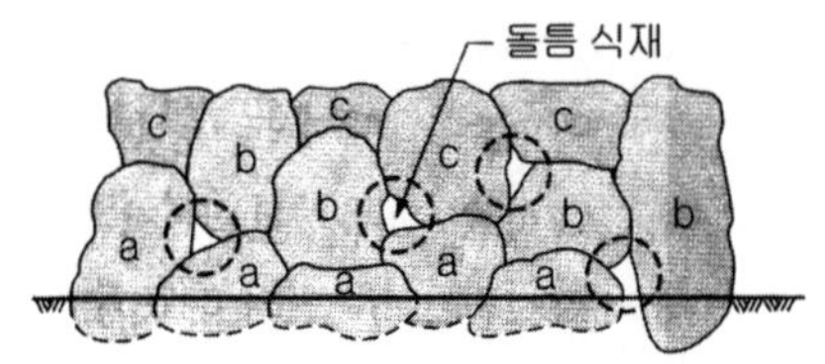

a. 기초석(밑돌) b. 중간석 c. 상석(윗돌)

(가) 입면도

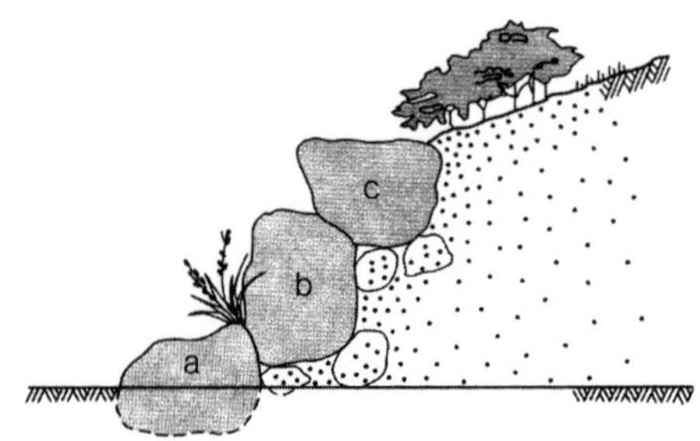

a. 기초석(밑돌) b. 중간석 c. 상석(윗돌)

(나) 단면도

그림. 자연석무너짐쌓기 입면도 및 단면도

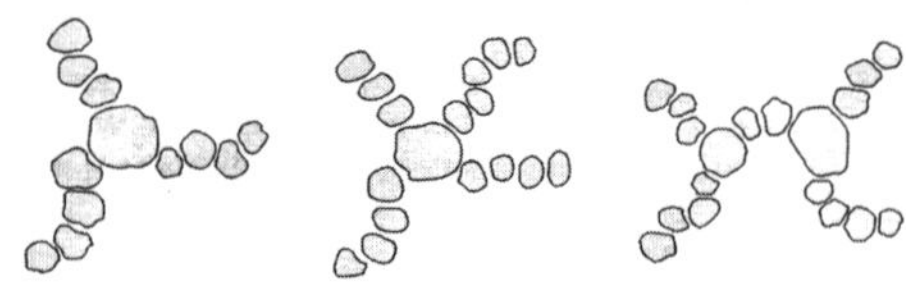

그림. 디딤돌의 보행 방향 조절

정답 54 ② 55 ④

56

작업현장에서 작업물의 운반작업 시 주의사항으로 옳지 않은 것은?

① 어깨높이 보다 높은 위치에서 하물을 들고 운반하여서는 안 된다.
② 운반시의 시선은 진행방향을 향하고 뒷걸음 운반을 하여서는 안 된다.
③ 무거운 물건을 운반할 때 무게 중심이 높은 화물은 인력으로 운반하지 않는다.
④ 단독으로 긴 물건을 어깨에 메고 운반할 때에는 뒤쪽을 위로 올린 상태로 운반한다.

해설

운반하역 표준안전 작업지침 제9조의 1항에 단독으로 어깨에 메고 운반할 때에는 하물 앞부분 끝을 근로자 신장보다 약간 높게 하여 모서리, 곡선 등에 충돌하지 않도록 주의하여야 한다.

57

예불기(예취기) 작업 시 작업자 상호간의 최소 안전거리는 몇 m 이상이 적합한가?

① 4m ② 6m
③ 8m ④ 10m

해설

농촌진흥청 국립농업과학원의 동력예취기 안전 사용법에 의거 "작업 중 사람이나 동물 등과의 사이에 15m 이상의 거리를 둔다."라도 명시되어 있다.

58

옹벽자체의 자중으로 토압에 저항하는 옹벽의 종류는?

① L형 옹벽 ② 역T형 옹벽
③ 중력식 옹벽 ④ 반중력식 옹벽

해설

중력식 옹벽은 상단이 좁고 하단이 넓은 형태로 자중으로 토압에 저항하도록 설계되었으며, 3m 내외의 낮은 옹벽에 사용하여 무근콘크리트 사용한다. L형 옹벽은 옹벽의 기초 슬래브를 전면에 내지 않고 배면에만 둔 형식의 항토압 구조물로 부지 경계선 전체에 옹벽을 둘 때에 사용 한다. 역 T형 옹벽은 옹벽의 배면에 기초 슬래브가 일부 돌출한 모양의 옹벽이다. 반중력식 옹벽은 중력식 옹벽과 철근 콘크리트 옹벽과의 중간의 것으로 중력식 옹벽의 벽두께를 얇게 하고 이로 인해 생기는 인장 응력에 저항시키기 위해 철근을 배치한 것이다.

59

지형도상에서 2점간의 수평거리가 200m이고, 높이차가 5m라 하면 경사도는 얼마인가?

① 2.5% ② 5.0%
③ 10.0% ④ 50.0%

해설

경사도(傾斜度, gradient)는 경사진 기울기를 수평면에 대한 각도로 나타내거나 수평거리(경사장)에 대한 수직높이의 비율을 백분율로 나타낸 것(= 높이/밑변 × 100, %)으로 $\frac{5}{200} \times 100 =$ 2.5%가 된다.

60

옥상녹화 방수 소재에 요구되는 성능 중 가장 거리가 먼 것은?

① 식물의 뿌리에 견디는 내근성
② 시비, 방제 등에 견디는 내약품성
③ 박테리아에 의한 부식에 견디는 성능
④ 색상이 미려하고 미관상 보기 좋은 것

해설

옥상녹화 방수 소재의 성능에 색상이 미려하고 미관상 보기 좋은 것은 관련이 없다.

정답 56 ④ 57 ④ 58 ③ 59 ① 60 ④

2016년 제4회 조경기능사 과년도

01

조선시대 궁궐이나 상류주택 정원에서 가장 독특하게 발달한 공간은?

① 전정 ② 후정
③ 주정 ④ 중정

해설

후정(뒤뜰)은 조용하고 정숙한 분위기로 침실에서 전망이나 동선을 살리되 외부에서 시각적, 기능적으로 차단하며, 프라이버시(사생활)가 최대한 보장된다. 전정(앞뜰)은 대문과 현관사이의 공간으로 바깥의 공적인 분위기에서 사적인 분위기로의 전이공간이며, 주택의 첫인상을 좌우하는 공간으로 가장 밝은 공간이다. 주정(안뜰)은 가장 중요한 공간으로 응접실이나 거실쪽에 면한 뜰로 옥외생활을 즐길 수 있는 곳이며, 휴식과 단란이 이루어지는 공간으로 가장 특색 있게 꾸밀 수 있다. 중정(中庭)은 건물 안이나 안채와 바깥채 사이의 뜰을 말한다.

02

영국 튜터왕조에서 유행했던 화단으로 낮게 깎은 회양목 등으로 화단을 여러 가지 기하학적 문양으로 구획 짓는 것은?

① 기식화단 ② 매듭화단
③ 카펫화단 ④ 경재화단

해설

매듭화단은 낮게 깎은 회양목 등으로 화단을 여러 가지 기하학적 문양으로 구획짓는 것을 말한다. 기식(寄植)화단은 원형의 화단 중앙부에 칸나·달리아 등의 키가 크고 생육이 왕성한 꽃을 심고, 가장자리로 갈수록 키가 작고 쉽게 갈아 심을 수 있는 꽃을 심어 사방에서 관상할 수 있도록 만든 화단으로, 중심부에 조각·괴석 등을 놓기도 한다. 카펫화단은 모전화단, 양탄자 화단이라고도 하는데 특징은 똑같은 크기의 초화를 심는 즉 평면화단을 말한다. 경재(境栽)화단은 생울타리·벽·건물 등을 배경으로, 뒤에는 키가 큰 종류를, 앞에는 키가 작은 아게라툼·채송화·메리골드 등을 심어 앞에서 관상할 수 있도록 만든 화단으로 색채에 따라 조화될 수 있도록 군식(群植)한다.

03

중정(patio)식 정원의 가장 대표적인 특징은?

① 토피어리 ② 색채타일
③ 동물 조각품 ④ 수렵장

해설

중정식 정원은 스페인이 대표적이며, 스페인 정원의 특징은 다채로운 색채를 도입한 섬세한 장식이다.

04

16세기 무굴제국의 인도정원과 가장 관련이 깊은 것은?

① 타지마할 ② 퐁텐블로
③ 클로이스터 ④ 알함브라 궁원

해설

타지마할은 인도의 대표적 이슬람 건축으로 인도 아그라(Agra)의 남쪽, 자무나(Jamuna) 강가에 자리잡은 궁전 형식의 묘지로 무굴제국의 황제였던 샤 자한이 왕비 뭄타즈 마할을 추모하여 건축한 것이다. 1983년 유네스코에 의해 세계문화유산으로 지정되었다.

05

이탈리아의 노단 건축식 정원, 프랑스의 평면기하학식 정원 등은 자연 환경 요인 중 어떤 요인의 영향을 가장 크게 받아 발생한 것인가?

① 기후 ② 지형
③ 식물 ④ 토지

해설

이탈리아의 노단건축식 정원은 지형과 기후로 인해 구릉과 경사지에 빌라가 발달하였고, 프랑스 정원은 지형이 넓고 평탄하여 평면기하학식 정원이 발달하였다.

정답 1② 2② 3② 4① 5②

06

중국 청나라 시대 대표적인 정원이 아닌 것은?

① 원명원 이궁 ② 이화원 이궁
③ 졸정원 ④ 승덕피서산장

해설

졸정원은 명나라 시대의 대표적인 정원이다.

07

정원요소로 징검돌, 물통, 세수통, 석등 등의 배치를 중시하던 일본의 정원 양식은?

① 다정원 ② 침전조 정원
③ 축산고산수 정원 ④ 평정고산수 정원

해설

도산시대의 다정원은 다도를 즐기는 다실과 인접한 곳에 자연의 한 단편을 교묘히 묘사한 일종의 자연식 정원으로 징검돌, 자갈, 쓰구바이(물통), 세수통, 석등, 이끼낀 원로 등이 대표적인 구조물이다.

08

다음 중 창경궁(昌慶宮)과 관련이 있는 건물은?

① 만춘전 ② 낙선재
③ 함화당 ④ 사정전

해설

보물 제1764호 낙선재는 1847년(헌종 13)에 중건된 궁궐 내부의 사대부 주택형식 건축물이다. 낙선재는 원래 창경궁에 속해있던 건물이었지만 지금은 창덕궁에서 관리하고 있다.

09

메소포타미아의 대표적인 정원은?

① 베다사원 ② 베르사이유 궁전
③ 바빌론의 공중정원 ④ 타지마할 사원

해설

바빌론의 공중정원은 메소포타미아 문명(바빌로니아 문명)이며, 세계7대불가사의 이고, 최초의 옥상정원이다. 베르사이유 궁전은 프랑스이며, 타지마할 사원은 인도이다.

10

경관요소 중 높은 지각 강도(A)와 낮은 지각 강도(B)의 연결이 옳지 않은 것은?

① A : 수평선, B : 사선
② A : 따뜻한 색채, B : 차가운 색채
③ A : 동적인 상태, B : 고정된 상태
④ A : 거친 질감, B : 섬세하고 부드러운 질감

해설

크기가 크고 높은 곳에 위치할수록 지각 강도가 높아진다.

11

국토교통부장관이 규정에 의하여 공원녹지기본계획을 수립 시 종합적으로 고려해야 하는 사항으로 가장 거리가 먼 것은?

① 장래 이용자의 특성 등 여건의 변화에 탄력적으로 대응할 수 있도록 할 것
② 공원녹지의 보전·확충·관리·이용을 위한 장기발전 방향을 제시하여 도시민들의 쾌적한 삶의 기반이 형성되도록 할 것
③ 광역도시계획, 도시·군기본계획 등 상위계획의 내용과 부합되어야 하고 도시·군기본계획의 부문별 계획과 조화되도록 할 것
④ 체계적·독립적으로 자연환경의 유지·관리와 여가활동의 장은 분리 형성하여 인간으로부터 자연의 피해를 최소화 할 수 있도록 최소한의 제한적 연결망을 구축할 수 있도록 할 것

12

다음 중 좁은 의미의 조경 또는 조원으로 가장 적합한 설명은?

① 복잡 다양한 근대에 이르러 적용되었다.
② 기술자를 조경가라 부르기 시작하였다.
③ 정원을 포함한 광범위한 옥외공간 전반이 주대상이다.
④ 식재를 중심으로 한 전통적인 조경기술로 정원을 만드는 일만을 말한다.

정답 6③ 7① 8② 9③ 10① 11④ 12④

해설

좁은 의미의 조경은 집 주변의 정원을 만드는 일에 중점을 두는 것으로 식재중심의 전통적인 조경기술을 말한다. 넓은 의미의 조경은 집 주변의 정원을 포함한 모든 옥외공간을 포함하는 환경을 조성하고 보존하는 것을 말한다.

13

수목 또는 경사면 등의 주위 경관 요소들에 의하여 자연스럽게 둘러싸여 있는 경관을 무엇이라 하는가?

① 파노라마 경관 ② 지형경관
③ 위요경관 ④ 관개경관

해설

위요경관(포위된 경관)은 평탄한 중심공간에 숲이나 산이 둘러싸인 듯한 경관이다. 전경관(파노라믹 경관)은 초원, 수평선, 지평선 같이 시야가 가리지 않고 멀리 퍼져 보이는 경관이다. 지형경관(천연미적 경관)은 지형이 특징을 나타내고 관찰자가 강한 인상을 받은 경관으로 경관의 지표가 되는 경관이다. 관개경관(터널경관)은 교목의 수관 아래 형성되는 경관이다.

14

조경양식에 대한 설명으로 틀린 것은?

① 조경양식에는 정형식, 자연식, 절충식 등이 있다.
② 정형식 조경은 영국에서 처음 시작된 양식으로 비스타축을 이용한 중앙 광로가 있다.
③ 자연식 조경은 동아시아에서 발달한 양식이며 자연 상태 그대로를 정원으로 조성한다.
④ 절충식 조경은 한 장소에 정형식과 자연식을 동시에 지니고 있는 조경양식이다.

해설

조경양식에는 정형식, 자연식, 절충식이 있다. 정형식은 서양에서 주로 발달하였고, 좌우대칭 형태이며, 땅가름이 엄격하고 규칙적이다. 자연풍경식은 동양을 중심으로 발달한 조경양식으로 자연식, 풍경식, 축경식 정원이 속한다. 절충식(혼합식)은 자연풍경식과 정형식을 절충한 양식이다.

15

도시기본구상도의 표시기준 중 노란색은 어느 용지를 나타내는 것인가?

① 주거용지 ② 관리용지
③ 보존용지 ④ 상업용지

해설

도시기본구상도의 표시기준 중 노란색은 주거용지, 분홍색은 상업용지, 녹색은 공원·묘지를 나타낸다.

16

다음 그림과 같은 정투상도(제3각법)의 입체로 맞는 것은?

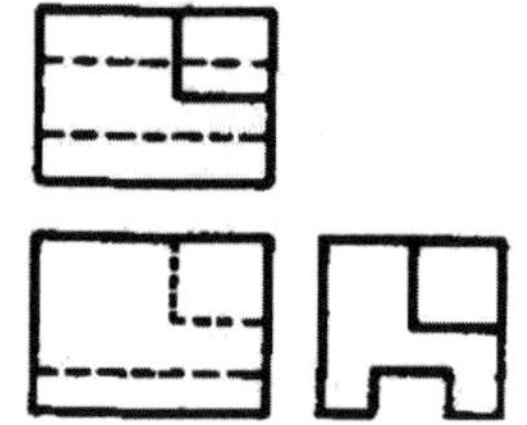

①
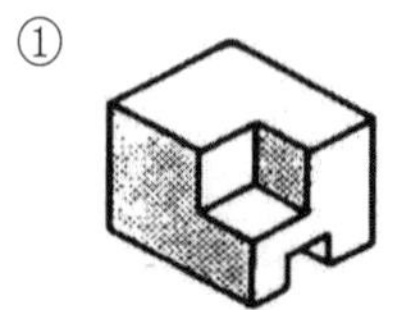

②
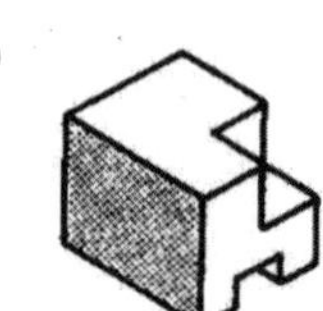

③
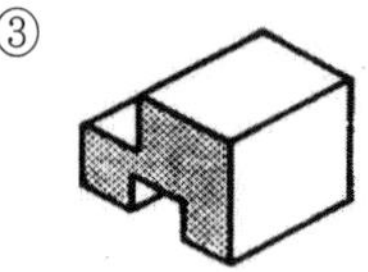

④
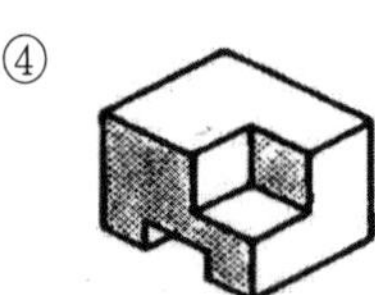

해설

정투상도(正透像圖, orthographic projection) : 서로 직각으로 교차하는 세 개의 화면, 즉 평화면, 입화면, 측화면 사이에 물체를 놓고 각 화면에 수직되는 평행 광선으로 투상하여 얻은 도형이다.

정답 13 ③ 14 ② 15 ① 16 ②

17

가변혼색에 관한 설명으로 틀린 것은?

① 2차색은 1차색에 비하여 명도가 높아진다.
② 빨강 광원에 녹색 광원을 흰 스크린에 비추면 노란색이 된다.
③ 가법혼색의 삼원색을 동시에 비추면 검정이된다.
④ 파랑에 녹색 광원을 비추면 시안(cyan)이 된다.

18

다음 중 직선의 느낌으로 가장 부적합한 것은?

① 여성적이다. ② 굳건하다.
③ 딱딱하다. ④ 긴장감이 있다.

해설

직선 : 굳건하고 남성적이며 일정한 방향을 제시

19

건설재료 단면의 경계표시 기호 중 지반면(흙)을 나타낸 것은?

① 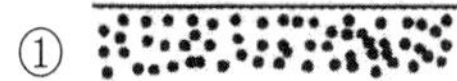 ② 
③  ④ 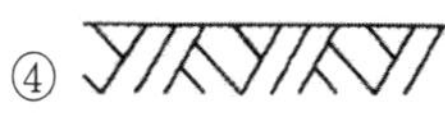

해설

①은 마사토 또는 모래, ③은 잡석을 나타낸다.

20

[보기]의 (　) 안에 적합한 쥐똥나무 등을 이용한 생울타리용 관목의 식재간격은?

> [보기]
> 조경설계기준 상의 생울타리용 관목의 식재 간격은 (~)m 2~3줄을 표준으로 하되, 수목 종류와 식재장소에 따라 식재간격이나 줄 숫자를 적정하게 조정해서 시행해야 한다.

① 0.14 ~ 0.20 ② 0.25 ~ 0.75
③ 0.8 ~ 1.2 ④ 1.2 ~ 1.5

해설

조경설계기준(국토교통부 승인)의 제20장 수목식재 부분에 "생울타리용 관목의 식재간격은 0.25~0.75m, 2~3줄을 표준으로 하되, 수목의 종류와 식재장소에 따라 식재간격이나 줄숫자를 적정하게 조정해서 시행해야 한다."라고 명시되어 있다.

21

일반적인 합성수지(plastics)의 장점으로 틀린 것은?

① 열전도율이 높다.
② 성형가공이 쉽다.
③ 마모가 적고 탄력성이 크다.
④ 우수한 가공성으로 성형이 쉽다.

해설

합성수지(synthetic resin, 合成樹脂) : 주로 석유, 천연가스 등으로부터 얻어진 저분자의 유기화학물질을 원료로 하여, 가염, 가열 등에 의해 반응시킨 가소성(plasticity)이 있는 고분자물질로, 천연고분자(cellulose)를 화학반응 처리한 고분자물질도 포함된다. 플라스틱은 열전도율이 낮다.

22

[보기]에 해당하는 도장공사의 재료는?

> [보기]
> - 초화면(硝化綿)과 같은 용제에 용해시킨 섬유계 유도체를 주성분으로 하고 여기에 합성수지, 가소제와 안료를 첨가한 도료이다.
> - 건조가 빠르고 도막이 견고하며 광택이 좋고 연마가 용이하며, 불점착성 · 내마멸성 · 내수성 · 내유성 · 내후성 등이 강한 고급 도료이다.
> - 결점으로는 도막이 얇고 부착력이 약하다.

① 유성페인트 ② 수성페인트
③ 래커 ④ 니스

해설

래커는 질산 셀룰로오스를 주성분으로 하는 도료로서 건조가 빠르고, 내후성, 내수성, 내약품성, 내마모성이 좋으며, 금속용 래커는 공업 부품의 도장에 많이 쓰인다. 투명한 것을 클리어 래커라 하고, 안료(착색체)를 넣은 것을 래커 에나멜이라 한다. 유성페인트(oil paint)는 보일유 등의 지방유를 전색제로 하여 여기에 안료를 가하여 만든 착색도료의 총칭이다. 수성페인트는 물로 희석해 사용하는 도료이다. 니스(바니시)는 윤이 나고 투명한 막을 만드는 칠감의 일종이다.

정답 17③ 18① 19④ 20② 21① 22③

23

변성암의 종류에 해당하는 것은?

① 사문암 ② 섬록암
③ 안산암 ④ 화강암

해설

변성암은 암석이 높은 열과 압력을 받아 성질이 변하여 만들어진 암석으로 편암, 편마암, 규암, 대리암 등이 있다. 섬록암, 안산암, 화강암은 화성암의 일종이다.

24

일반적으로 목재의 비중과 가장 관련이 있으며, 목재성분 중 수분을 공기 중에서 제거한 상태의 비중을 말하는 것은?

① 생목비중 ② 기건비중
③ 함수비중 ④ 절대 건조비중

해설

기건 비중(air-dried gravity, 氣乾比重)은 기건 상태에 있는 재료의 비중으로 기건 상태에 있는 재료의 무게를 그 용적으로 나눈 값이다.

25

조경에서 사용되는 건설재료 중 콘크리트의 특징으로 옳은 것은?

① 압축강도가 크다.
② 인장강도와 휨강도가 크다.
③ 자체 무게가 적어 모양변경이 쉽다.
④ 시공과정에서 품질의 양부를 조사하기 쉽다.

해설

콘크리트의 장점은 재료의 채취와 운반이 용이하며, 압축강도가 크다(인장강도에 비해 10배 강하다). 또한 내화성, 내구성, 내수성이 크며, 유지관리비가 적게 들고, 철근을 피복하여 녹을 방지하며 철근과의 부착력을 높인다. 단점은 중량이 크며, 인장강도가 작다. 또한 수축에 의한 균열이 발생하고 보수, 제거가 곤란하다.

26

시멘트 제조 시 응결시간을 조절하기 위해 첨가하는 것은?

① 광재 ② 점토
③ 석고 ④ 철분

해설

시멘트 제조 시 응결시간을 조절하기 위해 석고를 첨가한다.

27

타일붙임재료의 설명으로 틀린 것은?

① 접착력과 내구성이 강하고 경제적이며 작업성이 있어야 한다.
② 종류는 무기질 시멘트 모르타르와 유기질 고무계 또는 에폭시계 등이 있다.
③ 경량으로 투수율과 흡수율이 크고, 형상·색조의 자유로움 등이 우수하나 내화성이 약하다.
④ 접착력이 일정기준 이상 확보되어야만 타일의 탈락현상과 동해에 의한 내구성의 저하를 방지할 수 있다.

28

미장 공사 시 미장재료로 활용될 수 없는 것은?

① 견치석 ② 석회
③ 점토 ④ 시멘트

해설

견치석(犬齒石) : 모양이 송곳니를 닮아 이름이 붙었고, 앞면은 300mm정도의 네모이며, 뒤가 뾰쪽한 각뿔형이고, 석축에 쓰인다.

29

알루미늄의 일반적인 성질로 틀린 것은?

① 열의 전도율이 높다.
② 비중은 약 2.7 정도이다.
③ 전성과 연성이 풍부하다.
④ 산과 알카리에 특히 강하다.

정답 23 ① 24 ② 25 ① 26 ③ 27 ③ 28 ① 29 ④

해설

알루미늄은 원광석인 보크사이드(트)에서 순 알루미나를 추출하여 전기분해 과정을 통해 얻어진 은백색의 금속으로 경량구조재, 섀시, 피복재, 설비, 기구재, 울타리 등에 사용한다.

30

콘크리트 혼화재의 역할 및 연결이 옳지 않은 것은?

① 단위수량, 단위시멘트량의 감소 : AE감수제
② 작업성능이나 동결융해 저항성능의 향상 : AE제
③ 강력한 감수효과와 강도의 대폭 증가 : 고성능감수제
④ 염화물에 의한 강재의 부식을 억제 : 기포제

해설

AE감수제(air entraining and water reducing agent) : 화학 혼합제의 일종으로 콘크리트에 섞어서 소정의 슬럼프를 얻는 데 필요한 단위 수량을 감소시키는 동시에 무수한 미세 공기 거품을 넣어 워커빌리티(workability) 및 내구성, 내동결 융해성을 향상시키기 위해 사용한다. AE제(air-entraining agent) : 콘크리트 속에 무수한 미세 기포를 포함시켜 콘크리트의 워커빌리티(workability)를 좋게 하기 위한 혼합제를 말한다. 고성능 감수제(superplasticizer, 高性能減水劑) : 일반의 감수제보다도 분산 효과가 뛰어난 감수제로 고강도용 감수제 및 유동화제는 이에 포함된다. 기포제(foaming agent, 起泡劑) : 액체(보통 물)에 녹여 거품의 생성을 촉진하는 물질로 비누 등의 계면 활성제가 그 좋은 예이다.

31

공원식재 시공 시 식재할 지피식물의 조건으로 가장 거리가 먼 것은?

① 관리가 용이하고 병충해에 잘 견뎌야 한다.
② 번식력이 왕성하고 생장이 비교적 빨라야 한다.
③ 성질이 강하고 환경조건에 대한 적응성이 넓어야 한다.
④ 토양까지의 강수 전단을 위해 지표면을 듬성듬성 피복하여야 한다.

해설

지피식물(地被植物) : 지표를 낮게 덮는 식물을 통틀어 이르는 말로 숲에 있는 입목 이외의 모든 식물로 조릿대류, 잔디류, 클로버 따위의 초본이나 이끼류가 있다. 지피식물은 지표면을 듬성듬성 피복하면 안된다.

32

줄기가 아래로 늘어지는 생김새의 수간을 가진 나무의 모양을 무엇이라 하는가?

① 쌍간 ② 다간
③ 직간 ④ 현애

해설

현애(懸崖)는 한쪽가지가 盆(분)아래로 길게 늘어지는 수목. 쌍간(雙幹)은 한 그루에 두 갈래로 줄기가 갈라진 수목. 직간(直幹)은 줄기가 곧게 올라가도록 한 수목. 다간(多幹)은 한그루 수목 밑둥치에서 줄기가 여러 개 나오는 수목.

33

다음 중 광선(光線)과의 관계 상 음수(陰樹)로 분류하기 가장 적합한 것은?

① 박달나무 ② 눈주목
③ 감나무 ④ 배롱나무

해설

음수는 약한 광선에서 생육이 비교적 좋은 수목으로 팔손이나무, 전나무, 비자나무, 주목, 눈주목, 가시나무, 회양목, 식나무, 독일가문비 등이 해당되며, 양수는 충분한 광선 밑에서 생육이 비교적 좋은 수목으로 소나무, 곰솔(해송), 은행나무, 느티나무, 무궁화, 백목련, 가문비나무 등이 해당된다.

34

가죽나무가 해당되는 과(科)는?

① 운향과 ② 멀구슬나무과
③ 소태나무과 ④ 콩과

해설

가죽나무(Tree of Heaven) : 쌍떡잎식물 쥐손이풀목 소태나무과의 낙엽 교목으로 성장이 빠르며 줄기 지름 50cm, 높이 20~25m에 이르고 나무껍질은 회갈색이다. 잎은 어긋나고 위로 올라갈수록 뾰족해지고 털이 나며 잎 표면은 녹색이고 뒷면은 연한 녹색으로 털이 없다. 꽃은 6~7월에 녹색이 도는 흰색의 작은 꽃이 핀다. 열매는 긴 타원형이며 프로펠러처럼 생긴 날개 가운데 1개의 씨가 들어 있다.

정답 30 ④ 31 ④ 32 ④ 33 ② 34 ③

35

고로쇠나무와 복자기에 대한 설명으로 옳지 않은 것은?

① 복자기의 잎은 복엽이다.
② 두 수종은 모두 열매는 시과이다.
③ 두 수종은 모두 단풍색이 붉은색이다.
④ 두 수종은 모두 과명이 단풍나무과이다.

해설

고로쇠나무의 단풍은 노란색(황색) 이다.

36

수피에 아름다운 얼룩무늬가 관상 요소인 수종이 아닌 것은?

① 노각나무 ② 모과나무
③ 배롱나무 ④ 자귀나무

해설

자귀나무의 수피는 얼룩무늬가 없다.

37

열매를 관상목적으로 하는 조경 수목 중 열매색이 적색(홍색) 계열이 아닌 것은? (단, 열매색의 분류 : 황색, 적색, 흑색)

① 주목 ② 화살나무
③ 산딸나무 ④ 굴거리나무

해설

주목, 화살나무, 산딸나무는 가을에 붉은색으로 열매가 익으며, 굴거리나무는 가을에 검은 자주빛으로 열매가 익는다.

38

흰말채나무의 특징 설명으로 틀린 것은?

① 노란색의 열매가 특징적이다.
② 층층나무과로 낙엽활엽관목이다.
③ 수피가 여름에는 녹색이나 가을, 겨울철의 붉은 줄기가 아름답다.
④ 잎은 대생하며 타원형 또는 난상타원형이고, 표면에 작은 털이 있으며 뒷면은 흰색의 특징을 갖는다.

해설

흰말채나무는 쌍떡잎식물 산형목 층층나무과의 낙엽활엽관목으로 꽃은 5~6월에 노랑빛을 띤 흰색으로 핀다. 열매는 타원 모양으로 8~9월에 흰색 또는 파랑빛을 띤 흰색으로 익는다. 잎은 마주나고 타원 모양이거나 달걀꼴 타원 모양으로서 길이 5~10cm, 나비 3~4cm이며 끝은 뾰족하고 밑부분은 둥글거나 넓은 쐐기 모양이고 가장자리는 밋밋하다. 잎의 겉면은 녹색이고 누운 털이 나며 뒷면은 흰색으로서 잔털이 난다. 나무껍질은 붉은색이고 골속은 흰색이며 어린 가지에는 털이 없다.

39

수목식재에 가장 적합한 토양의 구성비는? (단, 구성은 토양 : 수분 : 공기의 순서임)

① 50% : 25% : 25% ② 50% : 10% : 40%
③ 40% : 40% : 20% ④ 30% : 40% : 30%

해설

토양은 조경식물의 환경요소 중 가장 중요한 요소로 광물질 45%, 유기질 5%, 수분 25%, 공기 25%로 구성된다.

40

차량 통행이 많은 지역의 가로수로 가장 부적합한 것은?

① 은행나무 ② 층층나무
③ 양버즘나무 ④ 단풍나무

41

지주목 설치에 대한 설명으로 틀린 것은?

① 수피와 지주가 닿은 부분은 보호조치를 취한다.
② 지주목을 설치할 때에는 풍향과 지형 등을 고려한다.
③ 대형목이나 경관상 중요한 곳에는 당김줄형을 설치한다.
④ 지주는 뿌리 속에 박아 넣어 견고히 고정되도록 한다.

해설

지주는 뿌리속에 박지 않고 땅에 박는다.

정답 35 ③ 36 ④ 37 ④ 38 ① 39 ① 40 ④ 41 ④

42

조경공사의 유형 중 환경생태복원 녹화공사에 속하지 않는 것은?

① 분수공사
② 비탈면녹화공사
③ 옥상 및 벽체녹화공사
④ 자연하천 및 저수지 공사

해설

분수공사는 시설물 공사로 환경생태복원과 관련이 없다.

43

수목의 가식 장소로 적합한 곳은?

① 배수가 잘 되는 곳
② 차량의 출입이 어려운 한적한 곳
③ 햇빛이 잘 안들고 점질 토양의 곳
④ 거센 바람이 불거나 흙 입자가 날려 잎을 덮어 보온이 가능한 곳

해설

수목가식은 반입수목 또는 이식수목의 당일 식재가 불가능한 경우에 적용하며, 가식장소는 특별시방서에 정하는 바가 없을 때에는 사질양토로서 배수가 잘되는 곳으로 하여야 하며 배수가 불량할 때에는 배수시설을 한다. 가식수목간에는 원활한 통풍을 위하여 충분한 식재 간격을 확보하며, 가식장은 관수 등 가식기간중의 관리를 위한 작업통로를 설치한다. 가식수목의 뿌리분은 충분히 복토하여 분이 공기중에 노출되지 않도록 하며, 가식 후에는 뿌리분 주변의 공기가 완전히 방출되도록 충분히 관수한다. 가식장의 외주부 수목은 가지주 혹은 연결형 지주를 설치하여 수목이 바람 등에 흔들리지 않도록 한다.

44

수목의 잎 조직 중 가스교환을 주로 하는 곳은?

① 책상조직 ② 엽록체
③ 표피 ④ 기공

해설

기공(stoma, 氣孔) : 잎의 뒷면에 있는 공기구멍으로 광합성에 필요한 이산화탄소가 들어오고 광합성의 결과로 만들어진 산소가 나가는 공기의 이동통로이다. 이곳에서 잎에 있는 물이 기체상태로 내보내지는 증산작용이 일어난다. 책상조직(palisade parenchyma, 柵狀組織) : 잎의 단면에서 볼 때 잎의 윗면표피 바로 아래에 있는 울타리와 같은 모양의 조직으로, 해면조직과 함께 잎살(엽육세포)를 구성한다. 엽록체(chloroplast, 葉綠體) : 식물의 세포소기관 중 하나로 광합성을 하는 곳. 표피(epidermis, 表皮) : 고등식물의 체표면을 덮는 1층 또는 다층의 세포층으로 이루어진 평면적인 조직이다.

45

곤충이 빛에 반응하여 일정한 방향으로 이동하려는 행동습성은?

① 주광성(phototaxis) ② 주촉성(thigmotaxis)
③ 주화성(chemotaxis) ④ 주지성(geotaxis)

해설

주광성(phototaxis, 走光性) : 빛이 자극이 되는 주성으로 빛으로 향하는 성질. 주촉성(thigmotaxis, 走觸性) : 접촉 자극에 대한 주성. 주화성(chemotaxis, 走化性) : 화학물질 농도의 차가 자극이 되어 일어나는 주성. 주지성(geotaxis, 走地性) : 중력(重力)이 자극이 되어 일어나는 주성

46

대추나무 빗자루병에 대한 설명으로 틀린 것은?

① 마름무늬매미충에 의하여 매개 전염된다.
② 각종 상처, 기공 등의 자연개구를 통하여 침입한다.
③ 잔가지와 황록색의 아주 작은 잎이 밀생하고, 꽃봉오리가 잎으로 변화된다.
④ 전염된 나무는 옥시테트라사이클린 항생제를 수간주입 한다.

해설

빗자루병(Witches'broom) : 1950년대부터 크게 퍼지기 시작해 전국의 대추 산지를 황폐화시킨 대추나무의 대표적인 병으로 매개충(모무늬매미충)과 영양번식체(접수, 분주묘)를 통해 전염되는 전신성병이다. 가지 끝부분에 작은 잎과 가는 가지가 빗자루 형태로 나면서 꽃이 피지 않는다. 빗자루병의 증상은 1~2년 내에 나무 전체로 퍼지면서 병든 가지에 열매가 열리지 않으며 수년간 병이 지속되다가 말라 죽는다. 매개충 발생시기인 6~9월에 아세타미프리드 수화제 2,000배액를 2주 간격으로 살포하며, 피해가 심한 나무는 제거하고, 피해가 심하지 않은 나무는 4월 하순과 대추 수확 후에 옥시테트라사이클린 수화제 200배액을 나무주사한다.

정답 42 ① 43 ① 44 ④ 45 ① 46 ②

47

멀칭재료는 유기질, 광물질 및 합성재료로 분류할 수 있다. 유기질 멀칭재료에 해당하지 않는 것은?

① 볏짚　　② 마사토
③ 우드 칩　　④ 톱밥

해설

마사토는 화강암이 풍화되어 생성된 흙으로 유기농 멀칭재료와는 관련이 없다.

48

1차 전염원이 아닌 것은?

① 균핵　　② 분생포자
③ 난포자　　④ 균사속

해설

분생포자(conidium, 分生胞子) : 무성생식의 결과 곰팡이의 분생자경(分生子梗)에 착생된 홀씨로 분생자라고도 한다.

49

살충제에 해당되는 것은?

① 베노밀 수화제
② 페니트로티온 유제
③ 글리포세이트암모늄 액제
④ 아시벤졸라-에스-메틸·만코제브 수화제

해설

살충제(insecticide)는 사람이나 농작물에 해가 되는 곤충을 죽이는 효과를 지닌 약제로 페니트로티온 유제가 살충제에 해당된다. 베노밀 수화제는 살균제이다.

50

여름용(남방계) 잔디라고 불리며, 따뜻하고 건조하거나 습윤한 지대에서 주로 재배되는데 하루 평균 기온이 10℃ 이상이 되는 4월 초순부터 생육이 시작되어 6~8월의 25~35℃ 사이에서 가장 생육이 왕성한 것은?

① 켄터키블루그라스　　② 버뮤다그라스
③ 라이그라스　　④ 벤트그라스

해설

잔디는 난지형잔디와 한지형잔디로 구분되며, 난지형잔디에는 한국잔디와 버뮤다그라스가 있다. 또한 한지형잔디에는 캔터키블루그라스, 벤트그라스, 톨훼스큐, 라이그라스 등이 있으며, 난지형잔디의 생육적온은 25~35℃, 한지형잔디의 생육적온은 13~20℃이다.

51

다음 설명에 적합한 조경 공사용 기계는?

- 운동장이나 광장과 같이 넓은 대지나 노면을 판판하게 고르거나 필요한 흙 쌓기 높이를 조절하는데 사용
- 길이 2~3m, 나비 30~50cm의 배토판으로 지면을 긁어 가면서 작업
- 배토판은 상하좌우로 조절할 수 있으며, 각도를 자유롭게 조절할 수 있기 때문에 지면을 고르는 작업 이외에 언덕 깎기, 눈치기, 도랑파기 작업 등도 가능

① 모터 그레이더　　② 차륜식 로더
③ 트럭 크레인　　④ 진동 컴팩터

해설

모터 그레이더는 운동장의 면을 조성할 때 사용한다.

52

콘크리트용 혼화재료에 관한 설명으로 옳지 않은 것은?

① 포졸란은 시공연도를 좋게 하고 블리딩과 재료분리 현상을 저감시킨다.
② 플라이애쉬와 실리카흄은 고강도 콘크리트 제조용으로 많이 사용된다.
③ 알루미늄 분말과 아연 분말은 방동제로 많이 사용되는 혼화제이다.
④ 염화칼슘과 규산소오다 등은 응결과 경화를 촉진하는 혼화제로 사용된다.

정답 47 ② 48 ② 49 ② 50 ② 51 ① 52 ③

53

콘크리트의 시공단계 순서가 바르게 연결된 것은?

① 운반 → 제조 → 부어넣기 → 다짐 → 표면마무리 → 양생
② 운반 → 제조 → 부어넣기 → 양생 → 표면마무리 → 다짐
③ 제조 → 운반 → 부어넣기 → 다짐 → 양생 → 표면 마무리
④ 제조 → 운반 → 부어넣기 → 다짐 → 표면마무리 → 양생

54

다음 중 경관석 놓기에 관한 설명으로 가장 부적합한 것은?

① 돌과 돌 사이는 움직이지 않도록 시멘트로 굳힌다.
② 돌 주위에는 회양목, 철쭉 등을 돌에 가까이 붙여 식재한다.
③ 시선이 집중하기 쉬운 곳, 시선을 유도해야 할 곳에 앉혀 놓는다.
④ 3, 5, 7 등의 홀수로 만들며, 돌 사이의 거리나 크기 등을 조정배치 한다.

해설

경관석 놓기는 시각의 초점이 되거나 중요하게 강조하고 싶은 장소에 보기 좋은 자연석을 한 개 또는 몇 개 배치하여 감상효과를 높이는 데 쓰는 돌로 경관석을 몇 개 어울려 짝지어 놓을 때는 중심이 되는 큰 주석과 보조역할을 하는 작은 부석을 잘 조화시켜 3, 5, 7 등의 홀수로 구성하며, 부등변 삼각형을 이루도록 배치한다. 경관석을 놓은 후 주변에 적당한 관목류, 초화류 등을 식재하거나 자갈, 왕모래 등을 깔아 경관석이 돋보이게 하며, 경관석은 충분한 크기와 중량감이 있어야 한다. 삼재미(천지인 : 天地人)의 원리를 적용해서 놓는다.

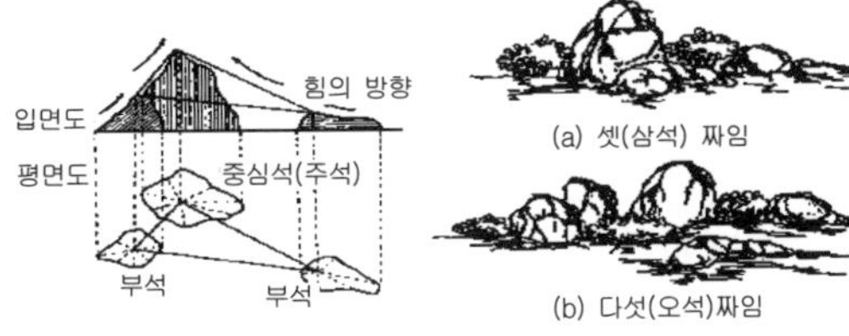

(a) 셋(삼석) 짜임
(b) 다섯(오석)짜임

55

축척 1/500 도면의 단위면적이 $10m^2$인 것을 이용하여, 축척 1/1000 도면의 단위면적으로 환산하면 얼마인가?

① $20m^2$ ② $40m^2$
③ $80m^2$ ④ $120m^2$

56

토공사(정지) 작업시 일정한 장소에 흙을 쌓아 일정한 높이를 만드는 일을 무엇이라 하는가?

① 객토 ② 절토
③ 성토 ④ 경토

해설

성토(banking, 盛土) : 종전의 지반위에 다시 흙을 돋우어 쌓는 것. 절토(切土, cutting of earth) : 원래 있던 지반선보다 계획선이 낮을 때 흙을 깍아내는 것. 객토(客土) : 농지 또는 농지로 될 토지에 흙을 넣어서 토층(土層)의 성질을 개선하고, 그 토지의 생산성을 높이고자 실시하는 작업. 경토(耕土) : 경작하기에 적당한 땅.

57

옥상녹화용 방수층 및 방근층 시공 시 "바탕체의 거동에 의한 방수층의 파손" 요인에 대한 해결방법으로 부적합한 것은?

① 거동 흡수 절연층의 구성
② 방수층 위에 플라스틱계 배수판 설치
③ 합성고분자계, 금속계 또는 복합계 재료 사용
④ 콘크리트 등 바탕체가 온도 및 진동에 의한 거동 시 방수층 파손이 없을 것

해설

방수층 위에 플라스틱계 배수판을 설치하면 움직이면서 방수층의 파손을 일으킨다.

정답 53 ④ 54 ① 55 ② 56 ③ 57 ②

7 과년도 기출문제

58

지표면이 높은 곳의 꼭대기 점을 연결한 선으로, 빗물이 이것을 경계로 좌우로 흐르게 되는 선을 무엇이라 하는가?

① 능선 ② 계곡선
③ 경사 변환점 ④ 방향 전환점

해설

능선(ridge, 稜線) : 골짜기와 골짜기 사이의 산등성이로서, 주분수계(主分水界)를 이룬다. 징검돌 놓기는 연못이나 하천 등을 건너가기 위해서 사용하는 자연석 놓기 방법으로 물 위로 10~15cm 노출되게 시공한다. 모르타르나 콘크리트를 사용하여 아랫부분을 바닥면과 견고하게 부착하고, 징검돌 간의 간격은 15~20cm로 하며, 돌의 지름은 약 40cm인 것을 사용한다. 돌의 중심사이의 거리는 약 55~60cm 이며, 강돌을 사용하여 물 위로 노출되게 한다.

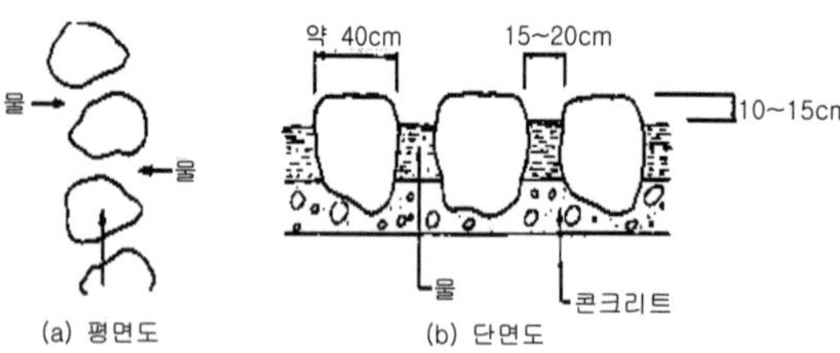

(a) 평면도 (b) 단면도

59

수변의 디딤돌(징검돌) 놓기에 대한 설명으로 틀린 것은?

① 보행에 적합하도록 지면과 수평으로 배치한다.
② 징검돌의 상단은 수면보다 15cm 정도 높게 배치한다.
③ 디딤돌 및 징검돌의 장축은 진행방향에 직각이 되도록 배치한다.
④ 물 순환 및 생태적 환경을 조성하기 위하여 투수지역에서는 가벼운 디딤돌을 주로 활용한다.

60

수경시설(연못)의 유지관리에 관한 내용으로 옳지 않은 것은?

① 겨울철에는 물을 2/3 정도만 채워둔다.
② 녹이 잘 스는 부분은 녹막이 칠을 수시로 해준다.
③ 수중식물 및 어류의 생태를 수시로 점검한다.
④ 물이 새는 곳이 있는지의 여부를 수시로 점검하여 조치한다.

해설

수경시설은 겨울철에는 물을 비워놓아 동파를 예방한다.

정답 58 ① 59 ④ 60 ①

2018년 제1회 조경기능사 과년도 (복원CBT)

01

다음 중 조경계획의 수행과정 단계가 옳은 것은?

① 목표설정 – 자료분석 및 종합 – 기본계획 – 실시설계 – 기본설계
② 자료분석 및 종합 – 목표설정 – 기본계획 – 기본설계 – 실시설계
③ 목표설정 – 자료분석 및 종합 – 기본계획 – 기본설계 – 실시설계
④ 목표설정 – 자료분석 및 종합 – 기본설계 – 기본계획 – 실시설계

해설

조경계획의 수행단계는 목표설정 – 자료분석 및 종합 – 기본계획 – 기본설계 – 실시설계순서이다.

02

다음 중 대비가 아닌 것은?

① 푸른 잎과 붉은 잎
② 직선과 곡선
③ 완만한 시내와 포플러나무
④ 벚꽃을 배경으로 한 살구꽃

해설

대비는 서로 다른 질감, 형태, 색채 등을 서로 대비시켜 변화를 주는 것이다. ④ 벚꽃을 배경으로 한 살구꽃은 조화미이다.

03

조경수목의 선정시에 꽃의 향기가 주가 되는 나무가 아닌 것은?

① 함박꽃나무　② 서향
③ 자귀나무　④ 목서

해설

자귀나무는 꽃의 향기가 주가 되지 않고 꽃의 아름다움과 화려함이 주가 된다.

04

석가산을 만들고자 한다. 적당한 돌은?

① 잡석　② 산석
③ 호박돌　④ 자갈

해설

석가산에는 산석과 하천석이 이용된다.

05

우리나라 최초의 대중적인 도시 공원은?

① 남산공원　② 사직공원
③ 파고다공원　④ 장충공원

해설

우리나라 최초의 대중적인 도시 공원은 파고다공원(탑골공원)이다. 최초 자연공원 : 요세미테 공원. 최초 국립공원 : 옐로우스톤 국립공원. 우리나라 최초 국립공원 : 1967년 12월 지리산국립공원. 유네스코에서 국제 생물권 보존지역으로 지정 : 1982년 6월 설악산 국립공원.

06

산울타리용으로 적당치 않은 나무는?

① 꽝꽝나무　② 탱자나무
③ 후박나무　④ 측백나무

해설

후박나무는 상록교목이다.

07

다음 중 정형식 정원에 해당하지 않는 양식은?

① 평면기하학식　② 노단식
③ 중정식　④ 회유 임천식

해설

정형식 정원은 평면기하학식, 노단식, 중정식으로 구분하고, 자연식 정원은 전원풍경식, 회유임천식, 고산수식 등으로 구분한다.

정답 1③ 2④ 3③ 4② 5③ 6③ 7④

7 과년도 기출문제

08

중국 정원의 특색이라 할 수 있는 것은?

① 조화 ② 대비
③ 반복 ④ 대칭

해설

중국정원은 대비에 중점을 두고 있다. 조화는 일본정원의 특징이다.

09

개화기가 가장 빠른 것끼리 나열된 것은?

① 개나리, 목련, 아카시아
② 진달래, 목련, 수수꽃다리
③ 미선나무, 배롱나무, 쥐똥나무
④ 풍년화, 생강나무, 산수유

해설

개화기가 빠른 대표적 수목은 풍년화, 산수유, 개나리, 생강나무 등이 있다.

10

다음 중 중정(patio)식 정원에 가장 많이 쓰이는 것은?

① 폭포 ② 색채 타일
③ 울창한 수목 ④ 가산(마운딩)

해설

중정(patio)식은 스페인 정원의 대표적인 특징이다. 스페인 정원은 물(水), 파티오, 색채타일이 대표적이다.

11

다음 중 배치계획시 방향의 고려사항과 관련이 없는 시설은?

① 골프장의 각 코스 ② 실외 야구장
③ 축구장 ④ 실내 테니스장

해설

실내의 시설은 배치방향과 관련이 없다.

12

다음 중 인도정원에 영향을 미친 가장 중요한 요소는?

① 노단 ② 토피어리
③ 돌수반 ④ 물

해설

인도정원은 물이 가장 중요한 요소이다. 장식, 관개, 목욕이 종교적 행사에 이용한다.

13

이탈리아 정원의 구성요소와 가장 관계가 먼 것은?

① 테라스(terrace) ② 중정(patio)
③ 계단폭포(cascade) ④ 화단(parterre)

해설

중정(patio)은 스페인 정원의 구성요소이다.

14

국립공원의 발달에 기여한 최초의 미국 국립공원은?

① 옐로우 스톤 ② 요세미티
③ 센트럴파크 ④ 보스톤 공원

해설

옐로우스톤공원 : 최초의 국립공원. 요세미티 : 최초의 자연공원. 센트럴파크 : 미국에서 재정적으로 성공했으며, 도시공원의 효시로 국립공원운동의 계기를 마련.

15

다음 중 일본의 축산고산수 수법이 아닌 것은?

① 왕모래를 깔아 냇물을 상징하였다.
② 낮게 솟아 잔잔히 흐르는 분수를 만들었다.
③ 바위를 세워 폭포를 상징하였다.
④ 나무를 다듬어 산봉우리를 상징하였다.

해설

일본의 축산고산수 수법은 낮게 솟아 잔잔히 흐르는 분수를 만들지는 않았다.

정답 8② 9④ 10② 11④ 12④ 13② 14① 15②

16

골프장 설치장소로 적합하지 않은 곳은?

① 교통이 편리한 위치에 있는 곳
② 골프코스를 흥미롭게 설계 할 수 있는 곳
③ 기후의 영향을 많이 받는 곳
④ 부지매입이나 공사비가 절약될 수 있는 곳

해설

골프장은 기후의 영향을 많이 받는 곳은 좋지 않다.

17

다음 중 백색 계통 꽃이 피는 수종들로 짝지어진 것은?

① 박태기나무, 개나리, 생강나무
② 쥐똥나무, 이팝나무, 층층나무
③ 목련, 조팝나무, 산수유
④ 무궁화, 매화나무, 진달래

해설

백색 계통의 꽃이 피는 수종 : 쥐똥나무, 이팝나무, 조팝나무, 층층나무, 백목련 등

18

다음 조경 계획과정 가운데 가장 먼저 해야 하는 것은?

① 기본설계 ② 기본계획
③ 실시설계 ④ 자연환경분석

해설

계획과정 중에 자연환경분석을 가장 먼저 시행해야 한다.

19

일본의 모모야마(挑山) 시대에 새롭게 만들어져 발달한 정원 양식은?

① 회유임천식 ② 축산고산수식
③ 종교수법 ④ 다정

해설

일본 모모야마(도산)시대(1574~1615)는 다정양식이 발달하였다.

20

다음 중 내풍성이 약하여 바람에 잘 쓰러지는 수종은?

① 느티나무 ② 갈참나무
③ 가시나무 ④ 미루나무

해설

미루나무는 뿌리가 얕게 퍼지는 천근성이다.

21

다음 중 일반적으로 홍색 계통의 단풍을 감상하기 위한 수종으로 가장 적합한 것은?

① 붉나무 ② 느티나무
③ 벽오동 ④ 은행나무

해설

느티나무, 벽오동, 은행나무는 황색 계통의 단풍을 감상하기 위한 수종이다.

22

다음 중 녹음용 수종에 관한 설명으로 가장 거리가 먼 것은?

① 여름철에 강한 햇빛을 차단하기 위해 식재되는 나무를 말한다.
② 잎이 크고 치밀하며 겨울에는 낙엽이 지는 나무가 녹음수로 적당하다.
③ 지하고가 낮은 교목으로 가로수로 쓰이는 나무가 많다.
④ 녹음용 수목으로는 느티나무, 회화나무, 칠엽수, 플라타너스 등이 있다.

해설

녹음용 수종은 지하고가 높은 교목으로 가로수로 쓰이는 나무가 많다.

정답 16 ③ 17 ② 18 ④ 19 ④ 20 ④ 21 ① 22 ③

23

다음 중 수목을 근원직경의 기준에 의해 굴취할 수 있는 것은?

① 배롱나무 ② 잣나무
③ 은행나무 ④ 튤립나무

해설

근원직경에 의해 굴취하는 수목은 배롱나무를 비롯한 대부분의 낙엽교목이고, 수관폭에 의해 굴취하는 수목은 대부분의 상록침엽수이다. 흉고직경에 의해 굴취하는 수목은 메타세쿼이아, 벽오동, 수양버들, 벚나무, 은행나무, 튤립(백합)나무, 자작나무, 층층나무, 플라타너스 등이 있다.

24

다음 화단의 형식 중 평면화단으로 가장 적당한 것은?

① 기식화단 ② 경재화단
③ 화문화단 ④ 노단화단

해설

평면화단 : 화문화단, 리본화단, 포석화단 등이 있고, 입체화단 : 기식화단, 경재화단, 노단화단 등이 있으며, 특수화단 : 침상화단, 수재화단 등이 있다.

25

다음 각종 벽돌쌓기 방식 중 가장 튼튼한 쌓기 방식은?

① 반반절 쌓기 ② 영국식 쌓기
③ 마구리 쌓기 ④ 미국식 쌓기

해설

가장 튼튼한 쌓기 방식은 영국식 쌓기이다. 네덜란드식 쌓기는 쌓기 편해 우리나라에서 가장 많이 사용하는 방법이고, 프랑스식 쌓기는 외관이 좋다.

26

다음 중 관목에 해당하는 수종은?

① 화살나무 ② 목련
③ 백합나무 ④ 산수유

해설

목련, 백합나무, 산수유는 교목이다.

27

자연석 공사시 돌과 돌 사이에 넣어 붙여 심는 것으로 적합하지 않는 수종은?

① 회양목 ② 철쭉
③ 맥문동 ④ 향나무

해설

돌과 돌 사이에 넣어 붙여 심는 나무(석간수, 石間水)로는 관목이어야 한다. 향나무는 교목이므로 적당하지 않다.

28

크고 작은 돌을 자연 그대로의 상태가 되도록 쌓아 올리는 방법은?

① 견치석 쌓기 ② 호박돌 쌓기
③ 자연석 무너짐 쌓기 ④ 평석 쌓기

해설

자연석 무너짐 쌓기 : 비탈면 등에 크고 작은 돌을 자연 그대로의 상태가 되도록 쌓아올리며, 돌과 돌 사이에 관목 등을 식재한다.

29

디딤돌을 놓을 때 돌의 중심으로부터 다음 돌의 중심까지 거리로 적합한 것은? (단, 성인이 천천히 걸을 때를 기준으로 함.)

① 약 15 ~ 30cm ② 약 35 ~ 50cm
③ 약 50 ~ 70cm ④ 약 70 ~ 80cm

해설

디딤돌을 높을 때 디딤돌과 디딤돌 사이의 중심거리는 일반적으로 40cm 정도이다.

30

다음 중 단풍나무류에 속하는 수종은?

① 신나무 ② 낙상홍
③ 계수나무 ④ 화살나무

해설

신나무는 붉은색 단풍이 드는 단풍나무류이다.

정답 23 ① 24 ③ 25 ② 26 ① 27 ④ 28 ③ 29 ② 30 ①

31

다음 다듬어야 할 가지들 중 얽힌 가지는?

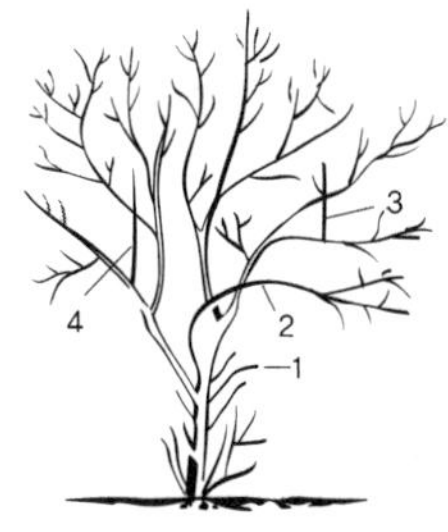

① 1　　② 2
③ 3　　④ 4

해설

1. 줄기에 움돋은 가지. 2. 얽힌 가지. 3. 웃자란 가지.
4. 웃자란 가지

32

디딤돌 놓기 공사에 대한 설명으로 틀린 것은?

① 시작과 끝 부분, 갈라지는 부분은 50cm 정도의 돌을 사용한다.
② 넓적하고 평평한 자연석, 판석, 통나무 등이 활용된다.
③ 정원의 잔디, 나지 위에 놓아 보행자의 편의를 돕는다.
④ 같은 크기의 돌을 직선으로 배치하여 기능성을 강조한다.

33

다음 중 미선나무에 대한 설명으로 옳은 것은?

① 열매는 부채 모양이다.
② 꽃색은 노란색으로 향기가 있다.
③ 상록활엽교목으로 산야에서 흔히 볼 수 있다.
④ 원산지는 중국이며 세계적으로 여러 종이 존재한다.

해설

미선나무 : 열매의 모양이 부채를 닮아 미선나무로 불리는 관목이며 우리나라에서만 자라는 한국 특산식물이다. 개나리 꽃모양의 흰색 꽃이 피며, 낙엽활엽관목이다. 볕이 잘 드는 산기슭에서 자라며, 원산지는 한국이다.

34

백색계통의 꽃을 감상할 수 있는 수종은?

① 개나리　　② 이팝나무
③ 산수유　　④ 맥문동

해설

이팝나무 : 쌍떡잎식물 용담목 물푸레나무과의 낙엽교목으로 산골짜기나 들판에서 자란다. 높이 약 20m로 자라며 나무껍질은 잿빛을 띤 갈색이고 어린 가지에 털이 약간 난다. 잎은 마주나고 잎자루가 길며 타원형이고 길이 3~15cm, 나비 2.5~6cm이다. 가장자리가 밋밋하지만 어린 싹의 잎에는 겹톱니가 있다. 겉면은 녹색, 뒷면은 연두색이며 맥에는 연한 갈색 털이 난다. 꽃은 5~6월에 흰색으로 피며, 열매는 타원형이고 검은 보라색이며 10~11월에 익는다.

35

다음 중 한국잔디류에 가장 많이 발생하는 병은?

① 녹병　　② 탄저병
③ 설부병　　④ 브라운 패치

해설

녹병(붉은녹병)은 5~6월 그리고 9~10월, 고온다습 시(17~22℃) 발생하며 한국잔디의 대표적인 병으로 엽초에 황갈색 반점이 생김. 질소결핍 및 과용 시, 배수불량, 많이 밟을 때 발생하고, 담자균류에 속하는 곰팡이로서 년 2회 발생하여 디니코니좀수화제를 살포하여 방제한다.

36

다음 중 열매가 붉은색으로만 짝지어진 것은?

① 쥐똥나무, 팥배나무
② 주목, 칠엽수
③ 피라칸다, 낙상홍
④ 매실나무, 무화과나무

해설

붉은색 열매 : 여름(옥매, 오미자, 해당화, 자두나무 등), 가을(마가목, 팥배나무, 동백나무, 산수유, 대추나무, 보리수나무, 후피향나무, 석류나무, 감나무, 가막살나무, 피라칸타, 낙상홍, 남천, 화살나무, 찔레 등), 겨울(감탕나무, 식나무 등)

정답 31 ② 32 ④ 33 ① 34 ② 35 ① 36 ③

37

벤치 좌면 재료 가운데 이용자가 4계절 가장 편하게 사용할 수 있는 재료는?

① 플라스틱　② 목재
③ 석재　④ 철재

해설

벤치의 재료 중 목재벤치가 4계절 가장 편하게 사용할 수 있어 가장 많이 사용된다.

38

다음 중 등고선의 성질에 대한 설명으로 맞는 것은?

① 지표의 경사가 급할수록 등고선 간격이 넓어진다.
② 같은 등고선 위의 모든 점은 높이가 서로 다르다.
③ 등고선은 지표의 최대 경사선의 방향과 직교하지 않는다.
④ 높이가 다른 두 등고선은 동굴이나 절벽의 지형이 아닌 곳에서는 교차하지 않는다.

해설

등고선의 성질 : 등고선 위의 모든 점은 높이가 같다. 등고선은 도면의 안이나 밖에서 폐합되며(만나며), 도중에 없어지지 않는다. 산정과 오목지에서는 도면 안에서 폐합된다. 높이가 다른 등고선은 동굴과 절벽을 제외하고 교차하거나 합쳐지지 않는다. 등경사지는 등고선의 간격이 같다. 급경사지는 등고선의 간격이 좁고, 완경사지는 등고선의 간격이 넓다.

39

다음 중 제초제 사용의 주의사항으로 틀린 것은?

① 비나 눈이 올 때는 사용하지 않는다.
② 될 수 있는 대로 다른 농약과 섞어서 사용한다.
③ 적용 대상에 표시되지 않은 식물에는 사용하지 않는다.
④ 살포할 때는 보안경과 마스크를 착용하며, 피부가 노출되지 않도록 한다.

해설

농약은 ① 식물별로 적용하여 병해충에 적합한 농약을 선택하며 사용농도, 사용횟수 등 안전사용 기준에 따라 살포한다. ② 제초제를 사용할 때 약이 날려 다른 농작물에 묻지 않도록 깔때기 노즐을 낮추어 살포한다. ③ 농약은 바람을 등지고 살포하며, 피부가 노출되지 않도록 마스크와 보호용 옷을 착용한다. ④ 피로하거나 몸의 상태가 나쁠 때에는 작업을 하지 않으며, 혼자서 긴 시간의 작업은 피한다. ⑤ 작업 중에 음식 먹는 일은 삼간다. ⑥ 작업이 끝나면 노출 부위를 비누로 깨끗이 씻고 옷을 갈아입는다. ⑦ 쓰고 남은 농약은 표시를 해 두어 혼동하지 않도록 한다. ⑧ 서늘하고 어두운 곳에 농약 전용 보관상자를 만들어 보관한다. ⑨ 농약 중독 증상이 느껴지면 즉시 의사의 진찰을 받도록 한다. ⑩ 정오부터 오후 2시까지 살포하지 않는다. ⑪ 맑은 날 약효가 좋다.

40

다음 중 수관의 형태가 "원추형"인 수종은?

① 전나무　② 실편백
③ 녹나무　④ 산수유

해설

수관이란 가지와 잎이 뭉쳐서 이루어진 부분으로 가지의 생김새에 따라 수관의 모양이 결정된다.

수 형	주 요 수 종
원추형	낙우송, 삼나무, 전나무, 메타세쿼이아, 독일가문비, 주목, 히말라야시더 등
우산형	편백, 화백, 반송, 층층나무, 왕벚나무, 매화나무, 복숭아나무 등
구 형	졸참나무, 가시나무, 녹나무, 수수꽃다리, 화살나무, 회화나무 등
난형(타원형)	백합나무, 측백나무, 동백나무, 태산목, 계수나무, 목련, 버즘나무, 박태기나무 등
원주형	포플러류, 무궁화, 부용 등
배상(평정)형	느티나무, 가중나무, 단풍나무, 배롱나무, 산수유, 자귀나무, 석류나무 등
능수형	능수버들, 용버들, 수양벚나무, 실화백 등
만경형	능소화, 담쟁이덩굴, 등나무, 으름덩굴, 인동덩굴, 송악, 줄사철나무 등
포복형	눈향나무, 눈잣나무 등

41

골담초(*Caragana sinica* Rehder)에 대한 설명으로 틀린 것은?

① 콩과(科) 식물이다.
② 꽃은 5월에 피고 단생한다.
③ 생장이 느리고 덩이뿌리로 위로 자란다.
④ 비옥한 사질양토에서 잘 자라고 토박지에서도 잘 자란다.

정답　37 ②　38 ④　39 ②　40 ①　41 ③

해설

골담초(*Caragana sinica* (Buchoz) Rehder)는 콩과 식물로 중국이 원산이며 우리나라 중부 이남에서 자란다. 잎은 어긋나고 홀수 1회깃꼴겹잎이며 작은잎은 4개로 타원형이다. 크기는 1~2m 정도이며, 줄기에는 가시가 있고, 잎은 넓은 타원형이다. 꽃은 5~6월에 노란색으로 피며 시간이 지나면 노란색 꽃이 붉게 변하고, 열매는 8~10월경에 달린다.

42

조경수목에 공급하는 속효성 비료에 대한 설명으로 틀린 것은?

① 대부분의 화학비료가 해당된다.
② 늦가을에서 이른 봄 사이에 준다.
③ 시비 후 5~7일 정도면 바로 비효가 나타난다.
④ 강우가 많은 지역과 잦은 시기에는 유실정도가 빠르다.

해설

속효성 비료(straight fertilizer, 速效性肥料)는 물에 잘 녹아 작물이 쉽게 흡수할 수 있는 양분의 형태로 가용화되기 쉬운 성질을 가진 비료를 말한다. 효력이 빠른 비료로 3월경 싹이 틀 때와 꽃이 졌을 때, 열매를 땄을 때 주며 7월 이후에는 주지 않는다.

43

건설공사 표준품셈에서 사용되는 기본(표준형) 벽돌의 표준 치수(mm)로 옳은 것은?

① 180×80×57　　② 190×90×57
③ 210×90×60　　④ 210×100×60

해설

표준형 벽돌의 규격 : 190×90×57mm, 기존형 벽돌의 규격 : 210×100×60mm

44

수준측량에서 표고(標高 : elevation)라 함은 일반적으로 어느 면(面)으로부터 연직거리를 말하는가?

① 해면(海面)　　② 기준면(基準面)
③ 수평면(水平面)　　④ 지평면(地平面)

해설

수준측량은 기준면으로부터 구하고자 하는 점의 높이를 측정하거나, 두 지점 사이의 상대적인 고저차를 구하는 측량

45

새끼(볏짚제품)의 용도 설명으로 가장 부적합한 것은?

① 더위에 약한 수목을 보호하기 위해서 줄기에 감는다.
② 옮겨 심는 수목의 뿌리분이 상하지 않도록 감아준다.
③ 강한 햇볕에 줄기가 타는 것을 방지하기 위하여 감아준다.
④ 천공성 해충의 침입을 방지하기 위하여 감아준다.

해설

볏짚제품의 새끼는 줄기에 감지는 않는다.

46

수목을 장거리 운반할 때 주의해야 할 사항이 아닌 것은?

① 병충해 방제　　② 수피 손상 방지
③ 분 깨짐 방지　　④ 바람 피해 방지

해설

병충해 방제(pest control, 病蟲害防除) : 병원미생물이나 해충에 의한 작물이나 인축(人畜)의 피해를 경감, 방지하기 위해서 시도되는 특정 인위적 수단의 총칭으로 장거리 운반할 때와는 관련이 없다.

47

옥상녹화 방수 소재에 요구되는 성능 중 가장 거리가 먼 것은?

① 식물의 뿌리에 견디는 내근성
② 시비, 방제 등에 견디는 내약품성
③ 박테리아에 의한 부식에 견디는 성능
④ 색상이 미려하고 미관상 보기 좋은 것

해설

옥상녹화 방수 소재의 성능에 색상이 미려하고 미관상 보기 좋은 것은 관련이 없다.

정답　42 ②　43 ②　44 ②　45 ①　46 ①　47 ④

48

수목의 가식 장소로 적합한 곳은?

① 배수가 잘 되는 곳
② 차량의 출입이 어려운 한적한 곳
③ 햇빛이 잘 안들고 점질 토양의 곳
④ 거센 바람이 불거나 흙 입자가 날려 잎을 덮어 보온이 가능한 곳

해설

수목가식은 반입수목 또는 이식수목의 당일 식재가 불가능한 경우에 적용하며, 가식장소는 특별시방서에 정하는 바가 없을 때에는 사질양토로서 배수가 잘되는 곳으로 하여야 하며 배수가 불량할 때에는 배수시설을 한다. 가식수목간에는 원활한 통풍을 위하여 충분한 식재 간격을 확보하며, 가식장은 관수 등 가식기간중의 관리를 위한 작업통로를 설치한다. 가식수목의 뿌리분은 충분히 복토하여 분이 공기중에 노출되지 않도록 하며, 가식 후에는 뿌리분 주변의 공기가 완전히 방출되도록 충분히 관수한다. 가식장의 외주부 수목은 가지주 혹은 연결형 지주를 설치하여 수목이 바람 등에 흔들리지 않도록 한다.

49

콘크리트용 혼화재료에 관한 설명으로 옳지 않은 것은?

① 포졸란은 시공연도를 좋게 하고 블리딩과 재료분리 현상을 저감시킨다.
② 플라이애쉬와 실리카흄은 고강도 콘크리트 제조용으로 많이 사용된다.
③ 알루미늄 분말과 아연 분말은 방동제로 많이 사용되는 혼화제이다.
④ 염화칼슘과 규산소오다 등은 응결과 경화를 촉진하는 혼화제로 사용된다.

50

지표면이 높은 곳의 꼭대기 점을 연결한 선으로, 빗물이 이것을 경계로 좌우로 흐르게 되는 선을 무엇이라 하는가?

① 능선　② 계곡선
③ 경사 변환점　④ 방향 전환점

해설

능선(ridge, 稜線) : 골짜기와 골짜기 사이의 산등성이로서, 주분수계(主分水界)를 이룬다.

51

원로의 디딤돌 놓기에 관한 설명으로 틀린 것은?

① 디딤돌은 주로 화강암을 넓적하고 둥글게 기계로 깎아 다듬어 놓은 돌만을 이용한다.
② 디딤돌은 보행을 위하여 공원이나 정원에서 잔디밭, 자갈 위에 설치하는 것이다.
③ 징검돌은 상·하면이 평평하고 지름 또한 한 면의 길이가 30~60cm, 높이가 30cm 이상인 크기의 강석을 주로 사용한다.
④ 디딤돌의 배치간격 및 형식 등은 설계도면에 따르되 윗면은 수평으로 놓고 지면과의 높이는 5cm 내외로 한다.

해설

디딤돌 놓기 : 보행의 편의와 지피식물의 보호, 시각적으로 아름답게 하고자 하는 돌 놓기로 한 면이 넓적하고 평평한 자연석, 화강석판, 천연 슬레이트 등의 판석, 통나무 또는 인조목 등이 사용된다. 디딤돌의 크기는 30cm 정도가 적당하며, 디딤돌이 시작되는 곳 또는 급하게 구부러지는 곳 등에 큰 디딤돌을 놓는다. 돌의 머리는 경관의 중심을 향해 놓고 돌의 좁은 방향이 걸어가는 방향으로 오게 돌을 배치하여 방향성을 준다. 크고 작은 것을 섞어 직선보다는 어긋나게 배치하며, 돌 사이의 간격은 보행성을 고려하여 빠른 동선이 필요한 곳은 보폭과 비슷하게, 느린 동선이 필요한 곳은 35~60cm 정도로 배치한다. 크기에 따라 하단부분을 적당히 파고 잘 다진 후 윗부분이 수평이 되도록 놓아야 하고, 돌 가운데가 약간 두툼하여 물이 고이지 않으며, 불안정한 경우에는 굄돌 등을 놓거나 아랫부분에 모르타르나 콘크리트를 깔아 안정되게 한다. 디딤돌의 높이는 지면보다 3~6cm 높게 하며, 한발로 디디는 것은 지름 25~30cm 되는 디딤돌을 사용하고, 군데군데 잠시 멈춰 설 수 있도록 지름 50~60cm 되는 큰 디딤돌을 놓는다. 디딤돌의 두께는 10~20cm, 디딤돌과 디딤돌 중심간의 거리는 40cm이다.

정답 48 ① 49 ③ 50 ① 51 ①

52

항공사진측량의 장점 중 틀린 것은?

① 축척 변경이 용이하다.
② 분업화에 의한 작업능률성이 높다.
③ 동적인 대상물의 측량이 가능하다.
④ 좁은 지역 측량에서 50% 정도의 경비가 절약 된다.

해설

항공사진측량(aerial photogrammetry, 航空寫眞測量): 항공기 또는 비행선, 헬리콥터 등을 이용하여 공중에서 지상을 향하여 촬영한 사진을 이용한 사진측량. 항공사진을 이용하여 사진상의 점의 위치, 표고 등을 구하고 지형도를 작성하는 방법으로 기존의 측량에 비해 피사체의 특성 등 정성적인 측정이 가능하고 움직이는 대상물을 분석할 수 있으며, 정확도가 균일하고, 접근하기 어려운 지역의 측정이 가능하다는 장점이 있다. 그러나 시설비용이 많이 들고 사진에 나타나지 않는 부분에 대해서는 현장조사로 보완해야 하는 단점이 있다.

53

지형도에서 U자 모양으로 그 바닥이 낮은 높이의 등고선을 향하면 이것은 무엇을 의미하는가?

① 계곡 ② 능선
③ 현애 ④ 동굴

해설

능선은 U자형 바닥의 높이가 점점 낮은 높이의 등고선을 향함.
계곡은 U자형 바닥의 높이가 높은 높이의 등고선을 향함

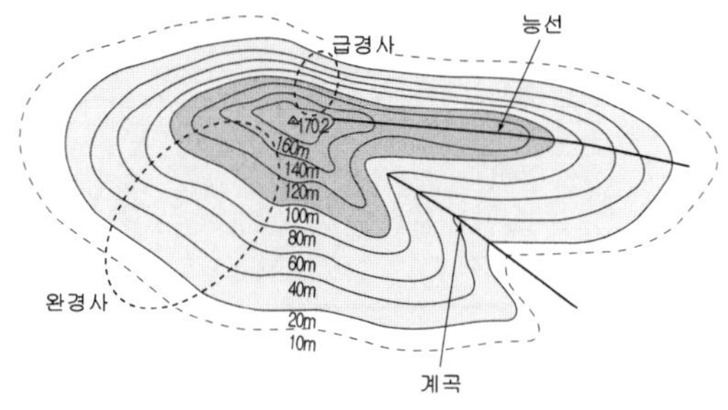

54

겨울 전정의 설명으로 틀린 것은?

① 12~3월에 실시한다.
② 상록수는 동계에 강전정하는 것이 가장 좋다.
③ 제거 대상 가지를 발견하기 쉽고 작업도 용이하다.
④ 휴면 중이기 때문에 굵은 가지를 잘라 내어도 전정의 영향을 거의 받지 않는다.

해설

겨울전정은 휴면기에 실시하는 전정으로 내한성이 강한 낙엽수가 주로 해당되며 대부분의 조경수목이 겨울전정을 한다. 상록활엽수는 추위에 약하므로 강전정을 피한다. 겨울전정의 장점은 새가지가 나오기 전까지는 전정한 아름다운 수형을 오래도록 감상할 수 있고, 낙엽이 진 후 이므로 가지의 배치나 수형이 잘 드러나며, 병충해 피해를 입은 가지의 발견이 쉽다.

55

어린이 놀이 시설물 설치에 대한 설명으로 옳지 않은 것은?

① 시소는 출입구에 가까운 곳, 휴게소 근처에 배치하도록 한다.
② 미끄럼대의 미끄럼판 각도는 일반적으로 30~40도 정도의 범위로 한다.
③ 그네는 통행이 많은 곳을 피하여 동서방향으로 설치한다.
④ 모래터는 하루 4~5시간의 햇볕이 쬐고 통풍이 잘 되는 곳에 위치한다.

해설

그네의 배치 : 놀이터의 중앙이나 출입구를 피해 모서리나 부지의 외곽부분에 설치하고 바닥이 움푹 파이는 것, 배수처리 고려. 집단적인 놀이가 활발한 곳 또는 통행량이 많은 곳은 배치하지 않는다. 남북방향으로 배치하며 지주나 보는 철재파이프나 강철봉 사용하고 지주는 땅 속에 콘크리트 기초를 두껍게 하여 단단히 고정한다.

정답 52 ④ 53 ② 54 ② 55 ③

56

일반적인 조경관리에 해당되지 않는 것은?

① 운영관리 ② 유지관리
③ 이용관리 ④ 생산관리

해설

조경관리에는 운영관리, 유지관리, 이용관리가 있다.

57

돌쌓기 시공상 유의해야 할 사항으로 옳지 않은 것은?

① 서로 이웃하는 상하층의 세로 줄눈을 연속되게 한다.
② 돌쌓기 시 뒤채움을 잘 하여야 한다.
③ 석재는 충분하게 수분을 흡수시켜서 사용해야 한다.
④ 하루에 1~1.2m 이하로 찰쌓기를 하는 것이 좋다.

해설

돌쌓기 시공시 서로 이웃하는 상하층의 세로 줄눈을 어긋나게 한다.

58

화단에 초화류를 식재하는 방법으로 옳지 않은 것은?

① 식재할 곳에 $1m^2$당 퇴비 1~2kg, 복합비료 80~120g을 밑거름으로 뿌리고 20~30cm 깊이로 갈아 준다.
② 큰 면적의 화단은 바깥쪽부터 시작하여 중앙부위로 심어 나가는 것이 좋다.
③ 식재하는 줄이 바뀔 때마다 서로 어긋나게 심는 것이 보기에 좋고 생장에 유리하다.
④ 심기 한나절 전에 관수해 주면 캐낼 때 뿌리에 흙이 많이 붙어 활착에 좋다.

해설

초화류는 1년에 5회, 적어도 3회 이상 꽃을 심는다. 화단면적의 2~3배가 이상적인 묘상의 면적이고, 흐리고 바람이 없는 날 모종을 심으며, 중앙에서 가장자리로 심는다. 꽃묘는 줄이 바뀔 때마다 어긋나게 심는 것이 좋고, 식재 후 관수시에 꽃과 잎에 흙이 튀지 않게 조심한다.

59

흙을 이용하여 2m 높이로 마운딩하려 할 때, 더돋기를 고려해 실제 쌓아야 하는 높이로 가장 적합한 것은?

① 2m ② 2m 20cm
③ 3m ④ 3m 30cm

해설

흙쌓기 작업시 가라앉을 것을 예측하여 더돋기를 10~15%한다.

60

수간에 약액 주입시 구멍 뚫는 각도로 가장 적절한 것은?

① 수평 ② 0 ~ 10
③ 20 ~ 30 ④ 50 ~ 60

해설

수간주사 : 쇠약한 나무, 이식한 큰 나무, 외과수술을 받은 나무, 병충해의 피해를 입은 나무 등에 수세를 회복시키거나 발근을 촉진하기 위하여 인위적으로 영양제, 발근촉진제, 살균제 및 침투성 살충제 등을 나무줄기에 주입한다. 4~9월(5월 초~9월 말) 증산작용이 왕성한 맑은 날에 실시하고, 수간 밑 5~10cm, 반대쪽 지상 10~15(20)cm에 구멍을 뚫고, 구멍각도는 20~30°, 구멍 지름은 5~6mm, 깊이 3~4cm로 한다. 수간주입기는 높이 180cm 정도에 고정

정답 56 ④ 57 ① 58 ② 59 ② 60 ③

2018년 제3회 조경기능사 과년도 (복원CBT)

01

한중(寒中) 콘크리트는 기온이 얼마일 때 사용하는가?

① -1℃ 이하　② 4℃ 이하
③ 25℃ 이하　④ 30℃ 이하

02

골프장 코스 중 출발지점을 말하는 것은?

① 티(tee)
② 그린(green)
③ 페어웨이(fair way)
④ 해저드(hazard)

해설

골프장에서 티(tee)는 출발지점, 그린(green)은 종점지역, 페어웨이(fair way)는 티와 그린 사이에 짧게 깎은 잔디 지역, 해저드(hazard)는 장애지역을 뜻한다.

03

다음 중 조경공사의 일반적인 순서를 바르게 나타낸 것은?

① 부지지반조성 → 조경시설물설치 → 지하매설물설치 → 수목식재
② 부지지반조성 → 지하매설물설치 → 수목식재 → 조경시설물설치
③ 부지지반조성 → 수목식재 → 지하매설물설치 → 조경시설물설치
④ 부지지반조성 → 지하매설물설치 → 조경시설물설치 → 수목식재

04

다음 중 차경(借景)을 설명한 것으로 옳은 것은?

① 멀리 바라보이는 자연의 풍경을 경관구성 재료의 일부로 도입해 이용한 수법
② 경관을 가로막는 것
③ 일정한 흐름에서 어느 특정선을 강조하는 것
④ 좌우대칭이 되는 중심선

해설

차경의 원리 - 주위에 경관과 정원을 조화롭게 배치함으로써 이미 있는 좋은 경치를 자기 정원의 일부인 것처럼 경치를 빌려다 쓴다는 의미로 차경의 예를 살펴보면 가까운 산을 끌어들여서 정원의 일부인 것처럼 접속시키는 방법, 배경에 있는 건물이나 탑을 정원의 일부로 끌어들이는 방법, 바다를 정원에서 내려다보는 경관으로 활용하는 방법, 호수나 멀리 있는 산을 정원에서 바라보이도록 하는 방법 등이 있다.

05

일본의 정원양식이 아닌 것은?

① 다정식 정원　② 회화풍경식 정원
③ 고산수식 정원　④ 침전식 정원

06

조선시대 정원 중 지은이와 정원이름이 다르게 연결된 것은?

① 양산보의 소쇄원　② 윤선도의 부용동정원
③ 정약용의 다산초당　④ 최치덕의 서석지

해설

서석지는 정영방이 광해군 5년(1613)에 조성한 것으로 전해지는 연못과 정자이다

정답 1② 2① 3④ 4① 5② 6④

07

일본에서 고산수(枯山水) 수법이 가장 크게 발달했던 시기는?

① 가마꾸라(鎌倉)시대
② 무로마찌(室町)시대
③ 모모야마(桃山)시대
④ 에도(江戸)시대

해설

실정(무로마찌)시대에 고산수 수법이 발달하였다. 고산수수법에는 축산고산수수법과 평정고산수수법이 있다.

08

뿌리분의 직경을 정할 때 그 계산식이 바른 것은? (단, A : 뿌리분의 직경, N : 근원직경, d : 상록수와 낙엽수의 상수)

① A = 24+(N−3)·d
② A = 22+(N+3)·d
③ A = 26+(N−3)·d
④ A = 20+(N+3)·d

09

명암순응(明暗順應)에 대한 설명으로 틀린 것은?

① 눈이 빛의 밝기에 순응해서 물체를 본다는 것을 명암순응이라 한다.
② 맑은 날 색을 본 것과 흐린 날 색을 본 것이 같이 느껴지는 것이 명순응이다.
③ 터널에 들어갈 때와 나갈 때의 밝기가 급격히 변하지 않도록 명암순응식재를 한다.
④ 명순응에 비해 암순응은 장시간을 필요로 한다.

해설

명암순응(明暗順應) : 빛에 대한 망막 시신경의 반응으로 망막의 빛에 대한 감수성이 밝은 곳에서는 떨어지고, 어두운 곳에서는 늘어난다. 명순응(明順應, light adaptation) : 어두운 곳으로부터 밝은 곳으로 갑자기 나왔을 때 점차로 밝은 빛에 순응하게 되는 것

10

다음 중 석재의 비중을 구하는 식은?

A : 공시체의 건조무게(g)
B : 공시체의 침수 후 표면 건조포화 상태의 공시체의 무게(g)
C : 공시체의 수중무게(g)

① A/B+C
② A/B−C
③ C/A−B
④ B/A+C

11

도시공원 및 녹지 등에 관한 법률 시행규칙상 도시공원 중 설치규모가 가장 큰 곳은?

① 광역권근린공원
② 체육공원
③ 묘지공원
④ 도시지역권근린공원

해설

도시공원의 비교

공원구분		유치거리	규 모
소공원		제한없음	제한없음
어린이공원		250m 이하	1,500m² 이상
근린공원	근린생활권		1만m² 이상
	도보권		3만m² 이상
	도시지역권		10만m² 이상
	광역권		100만m² 이상
묘지공원		제한없음	10만m² 이상
체육공원		제한없음	1만m² 이상

12

자연석 중 전후·좌우 사방 어디에서나 볼 수 있으며, 키가 높아야 효과적인 돌의 형태는?

① 입석(立石)
② 횡석(橫石)
③ 평석(平石)
④ 와석(臥石)

해설

입석 : 세워 쓰는 돌로 어디서나 감상할 수 있고, 키가 커야 효과 있다. 횡석 : 눕혀 쓰는 돌로 안정감이 있고, 불안감 주는 돌을 받쳐서 안정감 가지게 함. 평석 : 윗부분이 평평한 돌로 앞부분에 배석. 와석 : 소가 누운 형태로 횡석보다 안정감

정답 7② 8① 9② 10② 11① 12①

13

가을에 단풍이 노란색으로 물드는 수종은?

① 붉나무 ② 붉은고로쇠나무
③ 담쟁이덩굴 ④ 화살나무

해설

붉은고로쇠나무라고 해서 붉은색 단풍이 든다고 오해하기 쉽다. 붉은고로쇠나무도 고로쇠나무와 마찬가지로 단풍나무류 중 예외적으로 황색 단풍이 든다.

14

다음 중 단풍나무과 수종이 아닌 것은?

① 고로쇠나무 ② 신갈나무
③ 신나무 ④ 복자기

15

골프장의 각 코스를 설계할 때 어느 방향으로 길게 배치하는 것이 가장 이상적인가?

① 동서방향 ② 남북방향
③ 동남방향 ④ 북서방향

16

이용지도의 목적에 따른 분류에 해당되지 않는 것은?

① 공원녹지의 보전
② 안전·쾌적이용
③ 적절한 예산의 배정
④ 유효이용

17

농약의 사용시 확인 할 농약 방제 대상별 포장지와 색깔 구분이 올바른 것은?

① 살균제 – 청색 ② 제초제 – 분홍색
③ 살충제 – 초록색 ④ 생장조절제 – 노란색

해설

구분	포장지 색깔
살충제	초록색(나무를 살린다)
살균제	분홍색
제초제	노란색(반만 죽인다)
비선택성 제초제	적색(다 죽인다)
생장조절제	청색(푸른 신호등)

18

정원수 전정의 목적으로 부적합한 것은?

① 지나치게 자라는 현상을 억제하여 나무의 자라는 힘을 고르게 한다.
② 움이 트는 것을 억제하여 나무를 속성으로 생김새를 만든다.
③ 강한 바람에 의해 나무가 쓰러지거나 가지나 손상되는 것을 막는다.
④ 채광, 통풍을 도움으로서 병해충의 피해를 미연에 방지한다.

해설

미관상 목적 : 수형에 불필요한 가지 제거로 수목의 자연미를 높이고 인공적인 수형을 만들 경우 조형미를 높임. 형상수(Topiary : 토피어리)나 산울타리 등과 같이 강한 전정에 의해 인공적으로 만든 수형은 직선 또는 곡선의 아름다움을 나타내기 위하여 불필요한 가지와 잎을 전정한다. 실용상 목적 : 차폐수 등을 정지, 전정하여 지엽의 생육에 도움을 주며 지엽이 밀생한 수목은 가지를 정리하여 통풍, 채광이 잘 되게 하여 병충해방지, 풍해와 설해에 대한 저항력을 강화시키고, 쇠약해진 수목은 지엽을 부분적으로 잘라 새로운 가지를 재생해 수목에 활력을 촉진하며, 개화결실 수목은 도장지, 허약지 등을 전정해 생장을 억제하여 개화결실 촉진하고, 이식한 수목은 지엽을 자르거나 잎을 훑어주어 수분의 균형을 이뤄 활착을 좋게 함

19

다음 중 전정의 효과로 적합하지 않은 것은?

① 수목의 생장을 촉진시킨다.
② 수관 내부의 일조 부족에 의한 허약한 가지와 병충해 발생의 원인을 제거한다.
③ 도장지의 처리로 생육을 고르게 한다.
④ 화목류의 적절한 전정은 개화, 결실을 촉진시킨다.

정답 13 ② 14 ② 15 ② 16 ③ 17 ③ 18 ② 19 ①

20

조경식물에 대한 옛 용어와 현대 사용되는 식물명의 연결이 잘못된 것은?

① 자미(紫薇) – 장미
② 산다(山茶) – 동백
③ 옥란(玉蘭) – 백목련
④ 부거(赴擧) – 연(蓮)

해설

옛 용어인 자미(紫薇)는 현대의 백일홍(배롱나무)을 의미한다.

21

다음 중 호박돌 쌓기에 이용되는 쌓기법으로 가장 적합한 것은?

① +자 줄눈 쌓기　② 줄눈 어긋나게 쌓기
③ 이음매 경사지게 쌓기　④ 평석 쌓기

22

황금비는 단변이 1일 때 장변은 얼마인가?

① 1.681　② 1.618
③ 1.186　④ 1.861

해설

황금비(黃金比, golden ratio) : 긴 선분의 분할에 대한 비 1.618033989…에서 소수 셋째 자리까지만 나타낸 1.618을 황금비로 활용

23

단위용적중량이 1700kgf/m^3, 비중이 2.6인 골재의 공극률은 약 얼마인가?

① 34.6%　② 52.94%
③ 3.42%　④ 5.53%

해설

공극률(孔隙率)은 토양부피에 대한 전체 공극의 비율로 공식은 $(1-\frac{\text{단위용적중량}}{\text{비중}})\times 100$에 의해 단위를 맞춰주고 공식에 대입해보면 $(1-\frac{1700}{2.6\times 1000})\times 100$ 이므로 $(1-0.654)\times 100=34.6\%$가 된다.

24

목재의 장점이라 할 수 있는 것은?

① 가공하기 쉽고 열전도율이 낮다.
② 부패성이 크다.
③ 부위에 따라 재질이 고르지 못하나 불에는 강하다.
④ 함수율에 따라 변형되기 쉽다.

25

조경시설재료로 사용되는 목재는 용도에 따라 구조용 재료와 장식용 재료로 구분된다. 다음 중 강도 및 내구성이 커서 구조용 재료에 가장 적합한 수종은?

① 단풍나무　② 은행나무
③ 오동나무　④ 소나무

26

다음 중 경관석 놓기에 대한 설명으로 틀린 것은?

① 경관석 놓기는 시각적으로 중요한 곳이나 추상적인 경관을 연출하기 위하여 이용된다.
② 경관석 놓기는 2, 4, 6, 8과 같이 짝수로 무리지어 놓는 것이 자연스럽다.
③ 가장 중심이 되는 자리에 가장 크고 기품이 있는 경관석을 중심석으로 배치한다.
④ 전체적으로 볼 때 힘의 방향이 분산되지 않아야 한다.

해설

② 경관석 놓기는 1, 3, 5, 7과 같이 홀수로 무리지어 놓는 것이 자연스럽다.

정답 20 ① 21 ② 22 ② 23 ① 24 ① 25 ④ 26 ②

27

다음 중 토양 pF에 대한 설명으로 맞는 것은?

① 토양수가 입자에 흡착되어 있는 강도를 흡착력에 상당하는 수주의 높이로 나타낸 것
② 토양의 산도를 표시한다.
③ 토양의 단면 중 하나에 해당한다.
④ 지표의 암석이 풍화작용을 받아 잘게 부서져 식물이 살아가는데 필요한 양분과 물을 포함할 수 있는 알갱이로 변한 것

28

다음 중 덩굴류로 알맞은 것은?

① 송악, 담쟁이 ② 비비추, 수국
③ 인동, 맥문동 ④ 국화, 능소화

29

다음 수목 중 전정을 하지 않아도 되는 수목은?

① 배롱나무 ② 감나무
③ 느티나무 ④ 매실나무

30

프랑스정원이 속하는 형식은?

① 평면기하학식 ② 전원풍경식
③ 노단식 ④ 중정식

해설

평면기하학식 : 평면상에 대칭적 구성으로 프랑스 정원이 대표적임. 노단식 : 경사지에 계단식 처리로 이탈리아 정원이 대표적. 중정식 : 소규모 분수나 연못 중심으로 스페인 정원이 대표적.

31

아래 그림에서 (A)점과 (B)점의 차는 얼마인가? (단, 등고선 간격은 5m이다.)

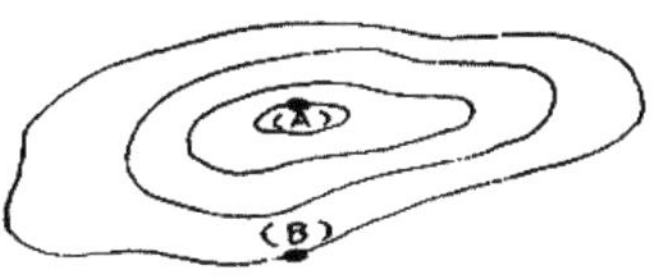

① 10m ② 15m
③ 20m ④ 25m

32

다음 중 중국정원의 특징으로 알맞은 것은?

① 태호석 ② 다정
③ 조화 ④ 축경

33

다음 중 목재 방부제의 처리방법 중 가장 효과적인 방법인 것은?

① 도장법 ② 표면탄화법
③ 침투법 ④ 주입법

해설

주입법 - 밀폐관 내에서 건조된 목재에 방부제를 주입하여 가장 효과적인 방법으로 크레오소트 오일이 있다.

34

중국식정원에 대한 기술 중 가장 옳은 것은?

① 풍경식으로 대비에 중점을 두었다.
② 풍경식으로 조화에 중점을 두었다.
③ 선사상과 묵화의 영향을 많이 입었다.
④ 건축식 조경수법을 강조한 풍경식이다.

해설

중국식 정원은 대비에 중점을 준 것이다. ② 조화에 중점을 둔 것은 일본이다.

정답 27 ① 28 ① 29 ③ 30 ① 31 ② 32 ① 33 ④ 34 ①

35

벽돌 표준형의 크기는 190mm×90mm×57mm 이다. 벽돌 줄눈의 두께를 10mm로 할 때, 표준형 벽돌벽 1.5B의 두께는 얼마인가?

① 170mm ② 270mm
③ 290mm ④ 330mm

해설
표준형 벽돌에 줄눈이 10mm일 때, 1.5B의 두께는 190+90+10=290mm가 된다.

36

원로의 기울기가 몇도 이상일 때 일반적으로 계단을 설치하는가?

① 3° ② 5°
③ 10° ④ 15°

37

정원수 전정의 목적에 합당하지 않는 것은?

① 지나치게 자라는 현상을 억제하여 나무의 자라는 힘을 고르게 한다.
② 움이 트는 것을 억제하여 나무의 생김새를 고르게 한다.
③ 강한 바람에 의해 나무가 쓰러지거나 가지가 손상되는 것을 막는다.
④ 채광, 통풍을 도움으로써 병, 벌레의 피해를 미연에 방지한다.

38

고대 로마정원은 3개의 중정으로 구성되어 있었는데, 이 중 사적(私的)기능을 가진 제2중정에 속하는 것은?

① 아트리움(Atrium)
② 지스터스(Xystus)
③ 페리스틸리움(Peristylium)
④ 아고라(Agora)

해설
제1중정(아트리움 : 공적장소, 포장되어 있고 화분이 있다). 제2중정(페리스틸리움 : 사적 공간으로 포장되지 않은 주정이 있다. 정형적 배치). 후정(지스터스 : 수로와 그 좌우에 원로와 화단이 대칭적으로 배치되어있고, 5점형 식재)

39

황색 꽃을 갖는 나무는?

① 모감주나무 ② 조팝나무
③ 박태기나무 ④ 산철쭉

40

다음 중 일시적 경관이 아닌 것은?

① 기상변화에 따른 변화
② 물 위에 투영된 영상(影像)
③ 동물의 출현
④ 가을의 단풍

해설
대기권의 기상변화에 따른 경관 분위기 변화, 동물의 일시적 출현, 기상상태, 설경, 무리지어 나는 철새 등이 일시적 경관이다.

41

소나무류는 생장조절 및 수형을 바로잡기 위하여 순따기를 실시하는데, 대략 어느 시기에 실시하는가?

① 3~4월 ② 5~6월
③ 7~8월 ④ 9~10월

해설
소나무 순따기 : 5~6월. 소나무 묵은잎 제거 : 3월. 소나무 잎솎기 : 8월경

42

나무의 순을 따는 작업을 무엇이라 하는가?

① 순따기 ② 눈따기
③ 눈 솎기 ④ 전정

정답 35 ③ 36 ④ 37 ② 38 ③ 39 ① 40 ④ 41 ② 42 ①

43

회교식 건축수법과 함께 발달한 정원양식은?

① 이탈리아정원
② 프랑스정원
③ 근대건축식 정원
④ 스페인정원

44

식물 생장에 필요한 토양의 최소 깊이(토심)를 올바르게 표시한 것은?

		생존 최소깊이	생장 최소깊이
① 잔디·초본류	:	15cm	30cm
② 대관목	:	30cm	45cm
③ 천근성 교목	:	45cm	60cm
④ 심근성 교목	:	60cm	90cm

해설

식물 생장에 필요한 토양의 최소 깊이(토심)은 잔디 및 초본류는 15~30cm, 관목은 30~60cm, 천근성 교목은 60~90cm, 심근성 교목은 90~150 cm이다.

45

조경용 수목의 할증률은 얼마까지 적용할 수 있는가?

① 5% ② 10%
③ 15% ④ 20%

해설

조경수목과 잔디 및 초화류의 할증율은 10%

46

겨울철 좋은 생활환경과 나무의 생육을 위해 최소 얼마 정도의 광선이 필요한가?

① 2시간 정도 ② 4시간 정도
③ 6시간 정도 ④ 10시간 정도

47

천연석을 잘게 분쇄하여 색소와 시멘트를 혼합·연마한 것으로 부드러운 질감을 느끼게 하지만 미끄러운 결점이 있는 보차도용 콘크리트 제품은?

① 경계블록 ② 보도블록
③ 인조석 보도블록 ④ 강력압력 보도블록

48

우리나라의 목재가 건조된 상태일 때 기건함수율로 가장 적당한 것은?

① 약 5% ② 약 15%
③ 약 25% ④ 약 35%

해설

목재 건조의 목적은 기건함수율이 15%가 되게 하는 것이다.

49

C.C.A 방부제의 성분이 아닌 것은?

① 크롬 ② 구리
③ 아연 ④ 비소

해설

C.C.A 방부제의 성분은 크롬, 구리, 비소이며, A.C.C 방부제의 성분은 크롬, 구리이다.

50

추위로 의하여 나무의 줄기 또는 수피가 수선 방향으로 갈라지는 현상을 무엇이라 하는가?

① 고사 ② 피소
③ 상렬 ④ 괴사

해설

고사(枯死) : 나무나 풀 따위가 말라 죽음. 피소 : 여름철 볕에 줄기가 열을 받아 갈라지는 것. 상렬 : 추위로 인해 나무껍질이 갈라지는 현상.

정답 43 ④ 44 ① 45 ② 46 ③ 47 ③ 48 ② 49 ③ 50 ③

51

다음 중국식 정원의 설명으로 틀린 것은?

① 차경수법을 도입하였다.
② 사실주의보다는 상징적 축조가 주를 이루는 사의주의에 입각하였다.
③ 유럽의 정원과 같은 건축식 조경수법으로 발달하였다.
④ 대비에 중점을 두고 있으며, 이것이 중국정원의 특색을 이루고 있다.

52

다음 중 흰불나방의 피해가 가장 많이 발생하는 수종은?

① 감나무 ② 사철나무
③ 플라타너스 ④ 측백나무

해설

흰불나방은 플라타너스에 피해가 많다. 플라타너스의 흰불나방은 그로프수화제(더스반), 주로수화제(디밀린)로 방제한다.

53

일본의 독특한 정원양식으로 여행 취미의 결과 얻어진 풍경의 수목이나 명승고적, 폭포, 호수, 명산계곡 등을 그대로 정원에 축소시켜 감상하는 것은?

① 축경원
② 평정고산수식정원
③ 회유임천식정원
④ 다정

54

다음 한국 잔디의 특성을 설명한 것 중 옳은 것은?

① 약산성의 토양을 좋아한다.
② 그늘을 좋아한다.
③ 잔디를 깎으면 깎을수록 약해진다.
④ 습윤지를 좋아한다.

해설

한국잔디는 여름용 잔디로 그늘에서 생육이 불가능하다. 병충해와 공해에 강하고 한국에서 가장 많이 식재되는 잔디이다.

55

석재의 가공 방법 순서로 적합한 것은?

① 혹두기 – 정다듬 – 잔다듬 – 도드락다듬 – 물갈기
② 혹두기 – 정다듬 – 도드락다듬 – 잔다듬 – 물갈기
③ 혹두기 – 잔다듬 – 정다듬 – 도드락다듬 – 물갈기
④ 혹두기 – 잔다듬 – 도드락다듬 – 정다듬 – 물갈기

해설

석재의 가공방법 순서는 혹두기 - 정다듬 - 도드락다듬 - 잔다듬 - 물갈기 순서이다.

56

다음 중 마운딩(mounding)의 기능으로 가장 거리가 먼 것은?

① 배수 방향을 조절
② 자연스러운 경관을 조성
③ 공간기능을 연결
④ 유효토심 확보

해설

마운딩(mounding) : 배수 방향 조절과 자연스러운 경관을 조성하고, 유효 토심을 확보하는 주된 기능이 있다.

57

일반적으로 빗자루병이 가장 발생하기 쉬운 수종은?

① 향나무 ② 동백나무
③ 대추나무 ④ 장미

해설

빗자루병은 벚나무와 대추나무, 오동나무 등에서 많이 발생한다.

정답 51 ③ 52 ③ 53 ① 54 ① 55 ② 56 ③ 57 ③

58

다음 수종 중 흰가루병이 가장 잘 걸리는 식물은?

① 대추나무　② 향나무
③ 동백나무　④ 장미

해설

흰가루병은 장미에 가장 많이 발생한다. 단풍나무, 벚나무, 배롱나무에도 많이 발생한다.

59

조경수목에 사용되는 농약과 관련된 내용으로 부적합한 것은?

① 농약은 다른 용기에 옮겨 보관하지 않는다.
② 살포작업은 아침, 저녁 서늘한 때를 피하여 한 낮 뜨거운 때 작업한다.
③ 살포작업 중에는 음식을 먹거나 담배를 피우면 안 된다.
④ 농약 살포작업은 한 사람이 2시간 이상 계속하지 않는다.

해설

② 살포작업은 한 낮 뜨거운 때 하면 안된다.

60

정원수를 이식할 때 가지와 잎을 적당히 잘라 주는 이유는 다음 중 어떤 목적에 해당하는가?

① 생장을 돕는 가지 다듬기
② 생장을 억제하는 가지 다듬기
③ 세력을 갱신하는 가지 다듬기
④ 생리 조정을 위한 가지 다듬기

해설

생장을 돕기 위한 전정 : 병충해 피해지, 고사지, 꺾어진 가지 등을 제거하여 생장을 돕는 전정. 생장을 억제하는 전정 : 일정한 형태로 고정을 위한 전정으로 향나무나 회양목, 산울타리 전정, 소나무 순자르기, 활엽수의 잎따기 등이 이에 속한다. 갱신을 위한 전정 : 묵은가지를 잘라주어 새로운 가지가 나오게 한다. 개화 결실을 많게 하기 위한 전정 : 결실을 위한 전정(해거리 방지-감나무나 각종 과수나무, 장미의 여름전정). **생리조절을 위한 전정** : 이식할 때 지하부가 잘린 만큼 지상부를 전정하여 균형을 유지시키는 전정으로 병든가지, 혼잡한 가지를 제거하여 통풍과 탄소동화작용을 원활히 하기 위한 전정이다. 세력 갱신하는 전정 : 맹아력이 강한 나무가 늙어서 생기를 잃거나 꽃맺음이 나빠지는 경우에 줄기나 가지를 잘라 내어 새 줄기나 가지로 갱신하는 것을 말한다.

정답 58 ④ 59 ② 60 ④

2019년 제1회 조경기능사 과년도 (복원CBT)

01

주택정원의 공간구분에 있어서 응접실이나 거실 전면에 위치한 뜰로 정원의 중심이 되는 곳이며, 면적이 넓고 양지바른 곳에 위치하는 공간은?

① 앞뜰 ② 안뜰
③ 작업뜰 ④ 뒤뜰

해설

앞뜰(전정) : 거실과 접해야 하는 뜰로 가장 밝은 공간으로 인상적이고 바깥의 공적인 분위기에서 사적인 분위기로 전이공간. 안뜰(주정) : 주택의 정원 내에서 가장 중요한 공간으로 휴식과 단란이 이루어지는 공간이며, 가정정원의 중심으로 가장 특색 있게 꾸밀 수 있는 공간. 작업뜰 : 창고, 장독대 등을 놓는 곳으로 차폐식재를 하며, 벽돌이나 타일로 포장한다.

02

골프장 설치장소로 적합하지 않은 곳은?

① 교통이 편리한 위치에 있는 곳
② 골프코스를 흥미롭게 설계 할 수 있는 곳
③ 기후의 영향을 많이 받는 곳
④ 부지매입이나 공사비가 절약될 수 있는 곳

해설

골프장은 기후의 영향을 많이 받는 곳은 좋지 않다.

03

다음 중국식 정원의 설명으로 틀린 것은?

① 차경수법을 도입하였다.
② 사실주의보다는 상징적 축조가 주를 이루는 사의주의에 입각하였다.
③ 유럽의 정원과 같은 건축식 조경수법으로 발달하였다.
④ 대비에 중점을 두고 있으며, 이것이 중국정원의 특색을 이루고 있다.

04

병충해 방제를 목적으로 쓰이는 농약의 포장지 표기 형식 중 색깔이 분홍색을 나타내는 것은 어떤 종류의 농약을 가리키는가?

① 살충제 ② 살균제
③ 제초제 ④ 살비제

해설

① 살충제 : 녹색. ② 살균제 : 분홍색. ③ 제초제 : 황색.

05

조경수목에 사용되는 농약과 관련된 내용으로 부적합한 것은?

① 농약은 다른 용기에 옮겨 보관하지 않는다.
② 살포작업은 아침, 저녁 서늘한 때를 피하여 한 낮 뜨거운 때 작업한다.
③ 살포작업 중에는 음식을 먹거나 담배를 피우면 안 된다.
④ 농약 살포작업은 한 사람이 2시간 이상 계속하지 않는다.

해설

② 살포작업은 한 낮 뜨거운 때 하면 안된다.

06

일본 정원의 조경양식의 변화 순서중 맞는 것은?

① 침전식 → 축산임천식 → 회유임천식 → 축산고산수식 → 평정고산수식 → 다정양식 → 회유식 → 축경식
② 축산임천식 → 침전식 → 회유임천식 → 축산고산수식 → 평정고산수식 → 다정양식 → 축경식 → 회유식

정답 1② 2③ 3③ 4② 5② 6①

③ 침전식 → 축산임천식 → 회유임천식 → 평정고산수식 → 축산고산수식 → 다정양식 → 회유식 → 축경식
④ 침전식 → 축산임천식 → 축산고산수식 → 평정고산수식 → 회유임천식 → 다정양식 → 회유식 → 축경식

해설

일본 조경양식은 침전식 → 축산임천식 → 회유임천식 → 축산고산수식 → 평정고산수식 → 다정양식 → 회유식 → 축경식 순으로 변화되었다.

07

조선시대 정원과 관계가 없는 것은?

① 자연을 존중
② 자연을 인공적으로 처리
③ 신선사상
④ 계단식으로 처리한 후원 양식

08

다음 그림 중 정구장 같은 면적의 전지역을 균일하게 배수하려는 빗살형 암거 방법은?

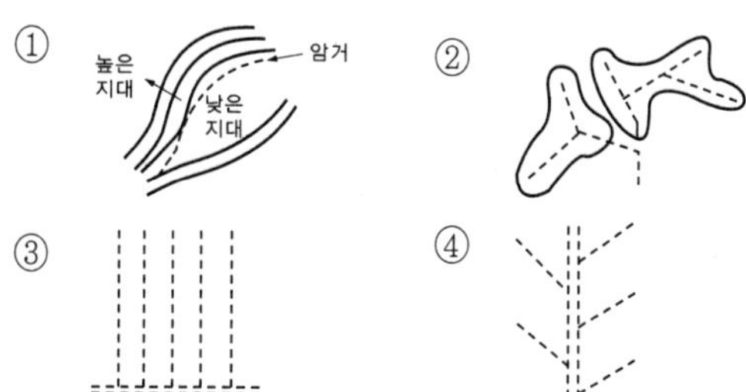

해설

① 차단법 ② 자연형 ③ 빗살형(즐치형, 석쇠형) ④ 어골형이다.

09

다음 중 팥배나무의 특징이 아닌 것은?

① 장미과(Rosaceae) 이다.
② 상록활엽교목이다.
③ 꽃은 5월에 흰색으로 핀다.
④ 열매가 팥알같이 생겼다고 하여 팥배나무라 한다.

해설

② 낙엽활엽교목이다.

10

다음 중 심근성 수종으로 가장 적당한 것은?

① 버드나무 ② 사시나무
③ 자작나무 ④ 느티나무

해설

심근성 수종 : 곰솔, 소나무, 전나무, 주목, 일본목련, 동백나무, 느티나무, 백합나무, 상수리나무, 은행나무, 칠엽수, 백목련 등이 있다.

11

고대 로마정원은 3개의 중정으로 구성되어 있었는데, 이 중 사적(私的)기능을 가진 제2중정에 속하는 것은?

① 아트리움(Atrium)
② 지스터스(Xystus)
③ 페리스틸리움(Peristylium)
④ 아고라(Agora)

해설

제1중정(아트리움 : 공적장소, 포장되어 있고 화분이 있다). 제2중정(페리스틸리움 : 사적 공간으로 포장되지 않은 주정이 있다. 정형적 배치). 후정(지스터스 : 수로와 그 좌우에 원로와 화단이 대칭적으로 배치되어있고, 5점형 식재)

7 과년도 기출문제

정답 7② 8③ 9② 10④ 11③

12

서양의 각 시대별 조경양식에 관한 설명 중 옳은 것은?

① 서아시아의 조경은 수렵원 및 공중정원이 특징적이다.
② 이집트는 상업 및 집회를 위한 공공정원이 유행하였다.
③ 고대 그리스는 포름과 같은 옥외 공간이 형성되었다.
④ 고대 로마의 주택정원에는 지스터스(xystus)라는 가족을 위한 사적인 공간을 조성하였다.

해설

② 그리스에 대한 설명. ③ 로마에 대한 설명.
④ 지스터스는 후원이고, 가족을 위한 사적인 공간은 페리스틸리움이다.

13

다음 중 고대 로마의 폼페이 주택 정원에서 볼 수 없는 것은?

① 아트리움 ② 페리스틸리움
③ 포름 ④ 지스터스

해설

포름은 로마시대의 광장을 의미한다.

14

조선시대 사대부나 양반계급에 속했던 사람들이 시골 별서에 꾸민 정원이 아닌 것은?

① 양산보의 소쇄원
② 윤선도의 부용동정원
③ 정약용의 다산초당
④ 이규보의 사륜정

해설

④ 이규보의 사륜정은 고려시대의 정원이다.

15

양화소록에 대한 내용으로 틀린 것은?

① 조선시대 원예서이다.
② 편저자는 강희맹이다.
③ 책의 내용은 예로부터 사람들이 완상(玩賞)하여 온 꽃과 나무 몇 십 종을 들어 그 재배법과 이용법을 설명하였다.
④ 양화서(養花書)의 기본이 되는 것으로서 『임원경제지』 등에 인용되었다.

해설

강희맹(姜希孟)은 금양잡록(衿陽雜錄)을 1492년 기술하였다. 양화소록은 강희안이 기술하였다.

16

터닦기 할 때 성토시(흙쌓기) 침하에 대비하여 계획된 높이보다 몇 % 정도 더돋기를 하는가?

① 3 ~ 5% ② 10 ~ 15%
③ 20 ~ 25% ④ 30 ~ 35%

해설

더돋기 - 예상침하량에 상당하는 높이만큼 계획고 보다 더 높이 시공하는 것으로 일반적으로 10~ 15% 정도로 한다.

17

일반적으로 빗자루병이 가장 쉽게 발생하는 대표 수종은?

① 향나무 ② 동백나무
③ 대추나무 ④ 장미

해설

빗자루병은 대추나무, 오동나무, 벚나무 등에서 발생하고, 병징은 잔가지가 많이 생겨 빗자루 모양이 된다. 마이코플라즈마라는 병원균이 원인이며, 방제는 테트라사이클린을 수간 주입하고 파라티온수화제, 메타유제 1,000배액을 살포한다.

정답 12 ① 13 ③ 14 ④ 15 ② 16 ② 17 ③

18

다음 [보기]에서 설명하고 있는 병은?

> [보기]
> - 수목에 치명적인 병은 아니지만 발생하면 생육이 위축되고 외관을 나쁘게 한다.
> - 장미, 단풍나무, 배롱나무, 벚나무 등에 많이 발생한다.
> - 병든 낙엽을 모아 태우거나 땅속에 묻음으로써 전염원을 차단하는 것이 필수적이다.
> - 통기불량, 일조부족, 질소과다 등이 발병유인이다.

① 흰가루병 ② 녹병
③ 빗자루병 ④ 그을음병

해설

흰가루병 : 장미, 단풍나무, 벚나무, 배롱나무에 많이 발생하며 주야의 온도차가 크고 일조부족, 질소과다, 기온이 높고 습기가 많으면서 통풍이 불량한 경우 신초부위에서 발생한다. 잎에 흰 곰팡이가 형성된다.

19

일반 벽돌쌓기시 사용되는 우리나라의 표준형 벽돌의 규격은?(단, 단위는 mm이다.)

① 190×90×57 ② 200×90×57
③ 200×90×60 ④ 210×100×60

해설

① 표준형 벽돌 ④ 기존형 벽돌

20

벽돌의 크기가 190mm×90mm×57mm이다. 벽돌 줄눈의 두께를 10mm로 할 때, 표준형 시멘트 벽돌벽 1.5B의 두께로 가장 적합한 것은?

① 170mm ② 270mm
③ 290mm ④ 330mm

해설

0.5B 쌓기는 9cm, 1.0B 쌓기는 19cm, 1.5B 쌓기는 29cm, 2.0B 쌓기는 39cm로 0.5B 늘어날 때마다 10cm씩 두께가 늘어난다. 1.5B 쌓기는 190+10+90=290mm이다.

21

정원수의 전지 및 전정방법으로 틀린 것은?

① 보통 바깥눈의 바로 윗부분을 자른다.
② 도장지, 병지, 고사지, 쇠약지, 서로 휘감긴 가지 등을 제거한다.
③ 침엽수의 전정은 생장이 왕성한 7~8월경에 실시하는 것이 좋다.
④ 도구로는 고지가위, 양손가위, 꽃가위, 한손가위 등이 있다.

해설

③ 침엽수의 전정은 10~11월 또는 봄이 좋다.

22

다음 수목의 전정에 관한 설명 중 틀린 것은?

① 가로수의 밑가지는 2m 이상 되는 곳에서 나오도록 한다.
② 이식 후 활착을 위한 전정은 본래의 수형이 파괴되지 않도록 한다.
③ 춘계전정(4~5월)시 진달래, 목련 등의 화목류는 개화가 끝난 후에 하는 것이 좋다.
④ 하계전정(6~8월)은 수목의 생장이 왕성한 때이므로 강전정을 해도 나무가 상하지 않아서 좋다.

해설

④ 강전정은 동계(겨울)에 실시한다.

23

정원수 전정의 목적에 합당하지 않는 것은?

① 지나치게 자라는 현상을 억제하여 나무의 자라는 힘을 고르게 한다.
② 움이 트는 것을 억제하여 나무의 생김새를 고르게 한다.
③ 강한 바람에 의해 나무가 쓰러지거나 가지가 손상되는 것을 막는다.
④ 채광, 통풍을 도움으로써 병, 벌레의 피해를 미연에 방지한다.

정답 18 ① 19 ① 20 ③ 21 ③ 22 ④ 23 ②

24

일반적으로 수목의 뿌리돌림시, 분의 크기는 근원 직경의 몇 배 정도가 알맞은가?

① 2배　② 4배
③ 8배　④ 12배

해설

일반적으로 수목의 뿌리돌림시 분의 크기는 근원 직경의 4배 정도가 알맞다.

25

뿌리돌림은 현재의 생장지에서 적당한 범위로 뿌리를 절단하는 것을 말하는데 이 뿌리돌림에 관한 설명으로 틀린 것은?

① 한 장소에서 오랫동안 자랄 때 뿌리는 줄기로부터 상당히 떨어진 곳까지 굵은 뿌리가 뻗어 나가며, 잔뿌리는 그 곳에 분포되어 있다.
② 제한된 뿌리분으로 캐서 이식할 경우 잔뿌리는 대부분 끊겨 나가고 굵은 뿌리만 남아 이식시 활착이 어렵다.
③ 뿌리돌림을 하는 시기는 일 년 내내 가능하고, 봄철보다 여름철이 끝나는 시기가 가장 좋으며, 낙엽수는 가을철이 적당하다.
④ 봄에 뿌리돌림을 한 낙엽수는 당년 가을이나 이듬해 봄에, 상록수는 이듬해 봄이나 장마기에 이식할 수 있다.

해설

③ 뿌리돌림은 이른 봄이 좋으며, 이식력이 약한 나무의 뿌리분 안에 미리 세근을 발달시켜 이식력을 높이기 위해 사용하는 방법이다.

26

다음 중 색의 3요소가 아닌 것은?

① 색상　② 명도
③ 채도　④ 소리

해설

색의 3요소는 색상, 채도, 명도이다.

27

플라스틱 제품의 특성이라고 할 수 있는 것은 어느 것인가?

① 콘크리트, 알루미늄보다 가볍고, 강도와 탄력성이 크다.
② 내열성이 크고 내후성, 내광성이 좋다.
③ 불에 타지 않으며, 부식이 된다.
④ 내화성, 내산성, 내충격성 등의 특성이 있다.

해설

내후성 : 잘 썩지 않는 성질, 내광성 : 빛에 견디는 성질

28

다음 중 상렬(霜裂)의 피해가 가장 적게 나타나는 수종은?

① 소나무　② 단풍나무
③ 일본목련　④ 배롱나무

해설

상렬 : 추위로 인해 나무의 수피가 갈라지는 현상으로 소나무는 상렬의 피해가 적게 나타나며, 동백나무와 배롱나무에 피해가 크다. 동해방지를 위해 줄기를 9~10월에 감고, 남서쪽에 수목의 수피가 직접 닿지 않게 한다.

29

느티나무의 수고가 4m, 흉고지름이 6cm, 근원지름이 10cm인 뿌리분의 지름 크기는 대략 얼마로 하는 것이 좋은가? (단, A=24+(N−3)d, d : 상수(상록수 : 4, 낙엽수 : 5)이다.)

① 29cm　② 39cm
③ 59cm　④ 99cm

해설

뿌리분의 지름 구하는 공식에 의해서 N=10, d=5를 적용하여, 24+(10−3)×5=59cm가 된다.

정답 24② 25③ 26④ 27① 28① 29③

30

디딤돌 놓기 방법의 설명으로 틀린 것은?

① 돌의 머리는 경관의 중심을 향해서 놓는다.
② 돌 표면이 지표면보다 3~5cm 정도 높게 앉힌다.
③ 디딤돌이 시작되는 곳 또는 급하게 구부러지는 곳 등에 큰 디딤돌을 놓는다.
④ 돌의 크기와 모양이 고른 것을 선택하여 사용한다.

해설

④ 돌 가운데가 약간 두툼하고 물이 고이지 않는 것을 사용한다.

31

이탈리아의 조경양식이 크게 발달한 시기는 어느 시대부터 인가?

① 암흑시대
② 르네상스 시대
③ 고대 이집트 시대
④ 세계1차 대전이 끝난 후

해설

이탈리아의 정원은 15세기 르네상스 시대에 발달하였다.

32

조경재료 중 생물재료의 특성이 아닌 것은?

① 연속성 ② 불변성
③ 조화성 ④ 다양성

해설

생물재료의 특성은 자연성, 연속성, 조화성, 다양성이다. 인공재료의 특성은 균일성, 불변성, 가공성이다.

33

아황산가스(SO_2)에 잘 견디는 낙엽교목은?

① 플라타너스 ② 독일가문비
③ 소나무 ④ 히말라야시다

해설

아황산가스에 잘 견디는 낙엽교목은 벽오동, 플라타너스, 능수버들 등이 있다. 아황산가스에 의한 수목은 한 낮이나 생육이 왕성한 봄, 여름에 피해를 입기 쉽다.

34

공해 중 아황산가스(SO_2)에 의한 수목의 피해를 설명한 것으로 가장 알맞은 것은?

① 한낮이나 생육이 왕성한 봄, 여름에 피해를 입기 쉽다.
② 밤이나 가을에 피해가 심하다.
③ 공기 중의 습도가 낮을 때 피해가 심하다.
④ 겨울에 피해가 심하다.

해설

공해중에서 가장 큰 피해를 주는 것은 아황산가스이며, 한 낮이나 생육이 왕성한 봄, 여름에 피해를 입기 쉽다.

35

다음 중 녹음용 수종에 관한 설명으로 가장 거리가 먼 것은?

① 여름철에 강한 햇빛을 차단하기 위해 식재되는 나무를 말한다.
② 잎이 크고 치밀하며 겨울에는 낙엽이 지는 나무가 녹음수로 적당하다.
③ 지하고가 낮은 교목으로 가로수로 쓰이는 나무가 많다.
④ 녹음용 수목으로는 느티나무, 회화나무, 칠엽수, 플라타너스 등이 있다.

해설

녹음용 수종은 지하고가 높은 교목으로 가로수로 쓰이는 나무가 많다.

36

다음 중 수생식물의 생활사에 따른 분류에 해당하지 않는 것은?

① 정수식물 ② 부유식물
③ 부엽식물 ④ 습생식물

해설

수생식물(aquatic plant)은 생활사에 따라 정수식물, 부유식물, 부엽식물, 침수식물로 나뉜다.

정답 30 ④ 31 ② 32 ② 33 ① 34 ① 35 ③ 36 ④

37

다음 중 단풍나무류에 속하는 수종은?

① 신나무　② 낙상홍
③ 계수나무　④ 화살나무

해설

신나무는 붉은색 단풍이 드는 단풍나무류이다.

38

다음 중 측량 목적에 따른 분류와 거리가 먼 것은?

① GPS 측량　② 지형 측량
③ 노선 측량　④ 항만 측량

39

다음 중 평판측량의 3요소가 아닌 것은?

① 정준　② 구심
③ 표정　④ 종이

해설

평판측량의 3요소는 정준, 구심, 표정이다.

40

인간이나 기계가 공사 목적물을 만들기 위하여 단위 물량당 소요로 하는 노력과 품질을 수량으로 표현한 것을 무엇이라 하는가?

① 할증　② 품셈
③ 견적　④ 내역

해설

② 품셈 : 단위 물량당 소요로 하는 노력과 품질을 수량으로 표현한 것. ① 할증 : 일정한 값에 얼마를 더함. ③ 견적 : 장래에 있을 거래가격을 사전에 계산하여 산출하는 일. ④ 내역 : 물품이나 금액 따위의 내용.

41

다음 중 일위대가표 작성의 기초가 되는 것으로 가장 적당한 것은?

① 시방서　② 내역서
③ 견적서　④ 품셈

42

다음 각종 벽돌쌓기 방식 중 가장 튼튼한 쌓기 방식은?

① 반반절 쌓기　② 영국식 쌓기
③ 마구리 쌓기　④ 미국식 쌓기

해설

가장 튼튼한 쌓기 방식은 영국식 쌓기이다. 네덜란드식 쌓기는 쌓기 편해 우리나라에서 가장 많이 사용하는 방법이고, 프랑스식 쌓기는 외관이 좋다.

43

다음 그림과 같이 쌓는 벽돌 쌓기의 방법은?

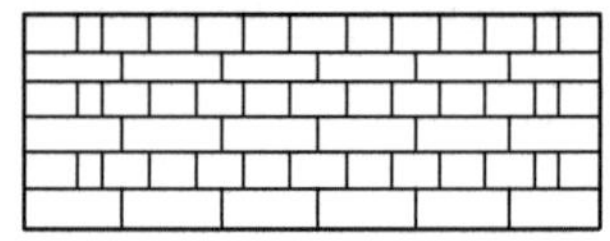

① 영국식 쌓기　② 프랑스식 쌓기
③ 영롱쌓기　④ 미국식 쌓기

해설

영국식 쌓기 : 가장 튼튼하게 쌓는 방법. 프랑스식 쌓기 : 외관이 좋다. 네덜란드식 쌓기 : 쌓기 편해서 우리나라에서 가장 많이 이용하는 방법

44

식물 생장에 꼭 필요한 원소 중 질소가 결핍되었을 때 생기는 현상은?

① 신장 생장이 불량하여 줄기나 가지가 가늘어지고 묵은 잎부터 황변하여 떨어진다.
② 잎이 비틀어지며 변색하고 결실이 좋지 못하며 뿌리의 생장이 저하된다.
③ 옥신의 부족으로 절간생장이 억제되고 잎이 작아진다.
④ 뿌리나 눈의 생장점이 붉게 변하여 죽고 건조나 추위의 해를 받기 쉽다.

해설

질소(N) 결핍 : 잎이 황록색으로 변하고, 잎의 크기가 작고 두껍다. 조기낙엽 현상이 있으며, 줄기가 가늘어 진다.

정답 37 ① 38 ① 39 ④ 40 ② 41 ④ 42 ② 43 ① 44 ①

45

관수공사에 대한 설명으로 가장 부적당한 것은?

① 관수방법은 지표 관개법, 살수 관개법, 낙수식 관개법으로 나눌 수 있다.
② 살수 관개법은 설치비가 많이 들지만, 관수효과가 높다.
③ 수압에 의해 작동하는 회전식은 360° 까지 임의 조절이 가능하다.
④ 회전 장치가 수압에 의해 지상 10cm로 상승 또는 하강 하는 팝업(pop-up) 살수기는 평소 시각적으로 불량하다.

해설

④ 팝업살수기는 시각적으로 불량하지 않다.

46

우리나라 골프장 그린에 가장 많이 이용되는 잔디는?

① 블루그래스 ② 벤트그래스
③ 라이그래스 ④ 버뮤다그래스

해설

우리나라 골프장의 그린(종점지역)에는 벤트그래스를 많이 사용한다.

47

한국의 잔디류에 가장 많이 생기는 병해는?

① 브라운 패치 ② 녹병
③ 핑크 패치 ④ 달라 스폿

해설

붉은녹병(녹병) : 5~6월, 9~10월에 질소결핍시 발생한다. 한국잔디의 대표적인 병으로 엽초에 황갈색 반점이 생기며, 고온다습시 많이 발생한다.

48

다음 중 골프 코스 중 티와 그린 사이에 짧게 깎은 페어웨이 및 러프 등에서 가장 이용이 많은 잔디로 적합한 것은?

① 들잔디 ② 벤트그라스
③ 버뮤다그라스 ④ 라이그라스

해설

한국잔디(들잔디) : 여름용 잔디로 음지에서는 생육이 불가능하다. 잎이 넓고 거칠며, 공원 운동장 및 비탈면 그리고 페어웨이 및 러프 지역에 많이 식재한다.

49

주택정원의 대문에서 현관에 이르는 공간으로 명쾌하고 가장 밝은 공간이 되도록 조성해야 하는 곳은?

① 앞뜰 ② 안뜰
③ 뒷뜰 ④ 가운데 뜰

해설

앞뜰 : 대문에서 현관사이의 공간으로 명쾌하고 가장 밝은 공간. 안뜰 : 가장 특색 있게 꾸밀 수 있으며, 가정정원의 중심이다. 뒤뜰(후정) : 가족만의 휴식공간으로 사생활과 프라이버시를 최대한 보장해줘야 한다.

50

영국 튜터 왕조에서 유행했던 화단으로 낮게 깎은 회양목 등으로 화단을 여러 가지 기하학적 문양으로 구획하는 것은?

① 기식화단 ② 매듭화단
③ 카펫화단 ④ 경재화단

해설

① 기식화단(모둠화단) : 조경의 중앙이나 동선의 교차점에 원형, 타원형, 각형화단을 만들고 사방에서 관상할 수 있도록 입체적으로 조성하는 화단으로 중심부의 식재는 비교적 키가 큰 칸나, 장미, 다알리아 등을 심고 가장 자리는 튤립, 금잔화 등을심고 외곽 끝에는 키가 아주 작은 팬지, 베고니아, 채송화 등을 심는다. ② 매듭화단 : 낮게 깎은 회양목 등으로 화단을 여러 가지 기하학적 문양으로 구획 지은 화단. ③ 카펫화단은 모전화단, 양탄자 화단이라고도 하는데 특징은 똑같은 크기의 초화를 심는다. ④ 경재화단(境栽花壇 : boarder flower bed) : 진입로나 산책도로에 면한 부분이나 담과 건물을 배경으로 하여 좁고 길게 만들어진 화단.

정답 45 ④ 46 ② 47 ② 48 ① 49 ① 50 ②

51

테라스(terrace)를 쌓아 만들어진 정원은?

① 일본 정원　　② 프랑스 정원
③ 이탈리아 정원　　④ 영국 정원

해설
테라스(=노단)는 이탈리아 정원의 주된 요소이다.

52

자연석 놓기 중에서 경관석 놓기를 설명한 것 중 틀린 것은?

① 시선이 집중되는 곳이나 중요한 자리에 한 두 개 또는 몇 개를 짜임새 있게 놓고 감상한다.
② 경관석을 놓았을 때 보는 사람으로 하여금 아름다움을 느끼게 멋과 기풍이 있어야 한다.
③ 경관석 짜기의 기본은 주석(중심석)과 부석을 바꾸어 놓고 4, 6, 8... 등 균형감 있게 짝수로 놓아야 자연스럽게 보인다.
④ 경관석을 다 놓은 후에는 그 주변에 알맞은 관목이나 초화류를 식재하여 조화롭고 돋보이는 경관이 되도록 한다.

해설
③ 경관석 놓기는 3, 5, 7... 등의 홀수로 놓는다.

53

우리나라 최초의 대중적인 도시 공원은?

① 남산공원　　② 사직공원
③ 파고다공원　　④ 장충공원

해설
우리나라 최초의 대중적인 도시 공원은 파고다공원(탑골공원)이다. 최초 자연공원 : 요세미테 공원. 최초 국립공원 : 옐로우스톤 국립공원. 우리나라 최초 국립공원 : 1967년 12월 지리산국립공원. 유네스코에서 국제 생물권 보존지역으로 지정 : 1982년 6월 설악산 국립공원

54

미국에서 재정적으로 성공했으며, 도시공원의 효시로 국립 공원운동의 계기를 마련한 공원은?

① 센트럴파크　　② 세인트제임스파크
③ 뷔테쇼몽 공원　　④ 프랭크린파크

해설
미국 센트럴파크 : 1857년 옴스테드에 의해 설계되었고, 면적은 3.4km² 이다. 그린스워드 안에 의한 최초의 도시공원으로 미국 뉴욕에 도시인구가 집중되어 도시화가 급속히 진행되고 도시문제가 심각해지기 시작하면서 도시를 개조하려는 움직임이 일어났다. 이러한 것을 토대로 미국에서 재정적으로 성공했으며, 도시공원의 효시로 국립 공원운동의 계기를 마련한 공원으로 현재까지도 알려지고 있다.

55

국립공원의 발달에 기여한 최초의 미국 국립공원은?

① 옐로우 스톤　　② 요세미티
③ 센트럴파크　　④ 보스톤 공원

해설
옐로우스톤공원 : 최초의 국립공원. 요세미티 : 최초의 자연공원. 센트럴파크 : 미국에서 재정적으로 성공했으며, 도시공원의 효시로 국립공원운동의 계기를 마련.

56

다음 중 잔디밭의 넓이가 165m² (약 50평) 이상으로 잔디의 품질이 아주 좋지 않아도 되는 골프장의 러프지역, 공원의 수목지역 등에 많이 사용하는 잔디 깎는 기계는?

① 핸드모우어　　② 그린모우어
③ 로타리모우어　　④ 갱모우어

해설
로터리모우어 : 150m² 이상의 학교, 공원 등의 잔디깎기에 사용한다. 핸드모어 : 150m² 미만의 잔디밭 관리용으로 사용. 그린모어 : 골프장의 그린, 테니스 코트장 관리용으로 사용. 갱모어 : 15,000m² 이상의 골프장, 운동장, 경기장용으로 사용하며, 트랙터에 달아서 사용한다.

정답 51 ③ 52 ③ 53 ③ 54 ① 55 ① 56 ③

57

영국의 18세기 낭만주의 사상과 관련이 있는 것은?

① 스토우(stowe) 정원
② 분구원(分區園)
③ 비큰히드(Birkenhead)공원
④ 베르사이유궁의 정원

해설

② 독일 ③ 영국 ④ 프랑스

58

방풍림을 설치하려고 할 때 가장 알맞은 수종은 어느 것인가?

① 구실잣밤나무 ② 자작나무
③ 버드나무 ④ 사시나무

해설

방풍림은 강한 바람을 막기 위한 수목으로 상록활엽교목이 바람직하며, 심근성 수종이 좋다.

59

다음 중 조경수목에 거름을 줄 때 방법과 설명으로 틀린 것은?

① 윤상거름주기 : 수관폭을 형성하는 가지 끝 아래의 수관선을 기준으로 환상으로 깊이 20~25cm, 너비 20~30cm로 둥글게 판다.
② 방사상거름주기 : 파는 도랑의 깊이는 바깥쪽일수록 깊고 넓게 파야하며, 선을 중심으로 하여 길이는 수관폭의 1/3 정도로 한다.
③ 선상거름주기 : 수관선상에 깊이 20cm 정도의 구멍을 군데군데 뚫고 거름을 주는 방법으로 액비를 비탈면에 줄 때 적용한다.
④ 전면거름주기 : 한 그루씩 거름을 줄 경우, 뿌리가 확장되어 있는 부분을 뿌리가 나오는 곳까지 전면으로 땅을 파고 주는 방법이다.

해설

③ 천공거름주기에 대한 설명이다. 선상거름주기 : 산울타리처럼 군식된 수목을 따라 도랑처럼 길게 구덩이를 파서 주는 방법

60

다음 중 소나무류를 가해하는 해충이 아닌 것은?

① 솔나방 ② 미국흰불나방
③ 소나무좀 ④ 솔잎혹파리

해설

미국흰불나방은 소나무류를 가해하지 않고, 주로 플라타너스에 가장 많이 발생한다.

정답 57 ① 58 ① 59 ③ 60 ②

2019년 제3회 조경기능사 과년도 (복원CBT)

01

체계적인 품질관리를 추진하기 위한 데밍 사이클(Deming cycle)의 관리로 가장 적합한 것은?

① 계획(Plan) – 추진(Do) – 조치(Action) – 검토(Check)
② 계획(Plan) – 검토(Check) – 추진(Do) – 조치(Action)
③ 계획(Plan) – 조치(Action) – 검토(Check) – 추진(Do)
④ 계획(Plan) – 추진(Do) – 검토(Check) – 조치(Action)

해설

데밍 사이클(Deming cycle)은 1940년대 제품 품질 관리의 체계를 주장한 윌리엄 에드워즈 데밍의 이론으로 모든 품질 관리 사이클은 P(Plan) : 공정의 사전 계획, D(Do) : 계획에 따른 실행, C(Check) : 지속적 관리, A(Act) : 계획과 실행의 차이를 통해 완성되며, 이를 통해서 품질향상과 실적증가를 구현할 수 있다고 주장한다.

02

네덜란드 정원에 관한 설명으로 가장 거리가 먼 것은?

① 튤립, 히야신스, 아네모네, 수선화 등의 구근류로 장식했다.
② 운하식이다.
③ 테라스를 전개시킬 수 없었으므로 분수, 캐스케이드가 채택될 수 없었다.
④ 프랑스와 이탈리아의 규모보다 보통 2배 이상 크다.

03

다음 중 이집트 주택정원의 특징으로 틀린 것은?

① 세계7대 불가사의 중 하나로 서양 최초의 옥상정원인 공중정원이 발달되었다.
② 조경식물로는 시커모어, 대추야자, 연꽃, 석류, 포도 등을 사용하였다.
③ 수목을 열식하고, 관목이나 화훼류를 분에 심어 원로에 배치하였다.
④ 현존하는 것은 없으나 무덤의 벽화로 추측한다.

해설

공중정원(Hanging Garden)은 서부아시아이다.

04

스페인 정원의 대표적인 조경양식은?

① 중정(Patio)정원　② 원로정원
③ 공중정원　④ 비스타(Vista)정원

해설

스페인 정원은 중정(Patio)식, 회랑식 정원이 특징이다. 공중정원은 서부아시아, 비스타(Vista)정원은 프랑스의 대표적 정원이다.

05

다음 중 스페인의 이궁으로 알맞은 것은?

① 포룸(Forum)
② 헤네랄리페(Generalife)
③ 보르비꽁트(Vaux-le-Vicomte)
④ 스토우원(Stowe Garden)

해설

① 포룸(Forum) : 로마의 대화장소.
③ 보르비꽁트(Vaux-le-Vicomte) : 프랑스 정원.
④ 스토우원(Stowe Garden) : 영국의 풍경식 정원

정답 1④ 2④ 3① 4① 5②

06

테라스(terrace)를 쌓아 만들어진 정원은?

① 일본 정원 ② 프랑스 정원
③ 이탈리아 정원 ④ 영국 정원

해설

테라스(=노단)는 이탈리아 정원의 주된 요소이다.

07

이탈리아 정원의 구성요소와 가장 관계가 먼 것은?

① 테라스(terrace) ② 중정(patio)
③ 계단폭포(cascade) ④ 화단(parterre)

해설

② 중정(patio)은 스페인 정원의 구성요소이다.

08

계단폭포, 물 무대, 분수, 정원극장, 동굴 등의 조경수법이 가장 많이 나타났던 정원은?

① 영국 정원 ② 프랑스 정원
③ 스페인 정원 ④ 이탈리아 정원

해설

이탈리아 정원은 계단폭포, 물, 분수, 정원극장, 동굴 등의 정원수법이 가장 많이 나타난다.

09

삼국유사 중 사절유택(四節遊宅)에 대한 설명으로 틀린 것은?

① 봄 – 동야택(東野宅)
② 여름 – 곡량택(谷良宅)
③ 가을 – 동이택(東伊宅)
④ 겨울 – 가이택(加伊宅)

해설

사절유택(四節遊宅)은 신라 귀족들이 계절에 따라 각각 모여 놀던 별장(別莊)을 두루 일컫는 말로 ③ 가을은 구지택(仇知宅)으로 불렀다.

10

고려시대 궁궐의 정원을 맡아 관리하던 해당 부서는?

① 내원서 ② 장원서
③ 상림원 ④ 동산바치

11

조선시대 궁궐의 정원을 맡아 관리하던 해당 부서는?

① 내원서 ② 장원서
③ 상림원 ④ 동산바치

해설

고려시대는 내원서, 조선시대는 장원서가 궁궐의 정원을 담당하던 대표 부서이다. 내원서(內園署)는 고려시대 원원(園苑)을 관리하던 관서이며 장원서(掌苑署)는 선시대 원(園)·유(囿)·화초·과물 등의 관리를 관장하기 위해 설치된 관서이다.

12

다음 중 고려시대 정원의 특징으로 틀린 것은?

① 강한 대비가 나타났다.
② 괴석에 의한 석가산, 원정, 화원 등 후원이나 별당을 배치하였다.
③ 후원(後園)이 주가 되는 정원수법이 생겼다.
④ 송나라의 영향을 받아 화려한 관상위주의 정원을 꾸몄다.

해설

③ 후원(後園)이 주가 되는 정원 수법이 생긴 시대는 조선시대이다.

13

아미산 후원 교태전의 굴뚝에 장식된 문양이 아닌 것은?

① 반송 ② 매화
③ 호랑이 ④ 해태

해설

굴뚝에 장식된 문양에 혼돈이 많은 문제이다. 아미산에 대한 안내표지판에는“아미산 후원에 있는 교태전의 굴뚝은 현재 4개가 남아있는데 육각형의 굴뚝 벽에는 덩굴, 학, 박쥐, 봉황, 소나무, 매

정답 6③ 7② 8④ 9③ 10① 11② 12③ 13①

화, 국화, 불로초, 바위, 새, 사슴 등의 무늬를 벽돌로 구워 배열하였고, 벽돌 사이에는 회를 발라 면을 구성하였다. 십장생, 사군자와 장수 부귀 등 길상(吉祥)의 무늬 및 화마(火魔) 악귀(惡鬼)를 막는 상서로운 짐승도 표현되어 있다."라고 기재되어 있는데 여기에서 소나무가 언급이 되었다. 문제의 답에서는 소나무와 반송을 별개로 본 거 같은데, 같은 소나무 종류인데도 반송을 소나무로 보지 않았고, 해태나 호랑이도 상서로운 짐승으로 보지 않았다.

14

조선시대의 궁궐정원인 경복궁에서 왕비를 위한 사적인 공간은?

① 교태전　　② 경회루
③ 향원정　　④ 자경전

해설

교태전 후원의 아미산원 중 교태전은 왕비를 위한 사적인 공간으로 평지위에 인공적으로 4단의 화계(꽃계단)가 축조된 아미산원(돌배나무, 말채나무, 쉬나무 등 식재), 시각적 첨경물(석지(石池), 굴뚝(굴뚝 벽면에 십장생 조각), 괴석, 화계)이 있음

15

일본의 작정기(作庭記)에 대한 설명으로 틀린 것은?

① 일본 최초의 조원지침서 이다.
② 일본 정원 축조에 관한 가정 오래된 비전서 이다.
③ 불교의 정토사상을 바탕으로 만든 책이다.
④ 귤준강의 저서이다.

해설

일본의 작정기(作庭記)는 일본 최초의 조원지침서로 일본 정원 축조에 관한 가장 오래된 비전서이다. 침전조 건물에 어울리는 조원법을 서술하였고, 귤준강의 저서로 돌을 세울 때 마음가짐과 세우는 법, 못의 형태, 섬의 형태, 폭포 만드는 법, 원지를 만드는 법, 지형의 취급방법 등의 내용이 수록되어 있다.

16

다음 중 경관의 우세요소가 아닌 것은?

① 형태　　② 선
③ 소리　　④ 텍스쳐

해설

경관의 우세요소는 형태(foam), 선(line), 텍스쳐(질감, texture), 색채(color) 이다.

17

다음 중 감법혼색(subtractive color mixture, 減法混色)의 3원색이 아닌 것은?

① 초록(Green)　　② 마젠타(Magenta)
③ 시안(Cyan)　　④ 노랑(Yellow)

해설

감법혼색(subtractive color mixture, 減法混色)은 혼합한 색이 원래의 색보다 어두워 보이는 혼색으로 물감을 섞거나 필터를 겹쳐서 사용하는 경우, 순색의 강도가 약해져 어두워지는 것을 말한다. 마젠타(Magenta), 노랑(Yellow), 시안(Cyan)이 감법혼색의 3원색이며 이 3원색을 모두 합하면 검정에 가까운 색이 된다.

18

다음 색상대비 중 빨간색과 청록색의 어울림은 무슨 대비라고 하는가?

① 보색대비　　② 면적대비
③ 명도대비　　④ 채도대비

해설

면적대비는 동일한 색이라 하더라도 면적에 따라서 채도와 명도가 달라 보이는 현상이며, 명도대비는 명도가 다른 두 색을 이웃하거나 배색하였을 때 밝은 색은 더욱 밝게, 어두운 색은 더욱 어둡게 보이는 현상이다. 채도대비는 채도가 다른 두 색을 인접시켰을 때 서로의 영향을 받아 채도가 높은 색은 더욱 높아 보이고 채도가 낮은 색은 더욱 낮아 보이는 현상이고, 보색대비(complementary contrast, 補色對比)는 색상 대비 중에서 서로 보색이 되는 색들끼리 나타나는 대비 효과로 보색끼리 이웃하여 놓았을 때 색상이 더 뚜렷해지면서 선명하게 보이는 현상이다.

19

다음 중 차경(借景)을 설명한 것으로 옳은 것은?

① 멀리 바라보이는 자연의 풍경을 경관구성 재료의 일부로 도입해 이용한 수법
② 경관을 가로막는 것
③ 일정한 흐름에서 어느 특정선을 강조하는 것
④ 좌우대칭이 되는 중심선

해설

차경의 원리는 주위에 경관과 정원을 조화롭게 배치함으로써 이미 있는 좋은 경치를 자기 정원의 일부인 것처럼 경치를 빌려다

정답 14① 15③ 16③ 17① 18① 19①

쓴다는 의미로 차경의 예를 살펴보면 가까운 산을 끌어들여서 정원의 일부인 것처럼 접속시키는 방법, 배경에 있는 건물이나 탑을 정원의 일부로 끌어들이는 방법, 바다를 정원에서 내려다보는 경관으로 활용하는 방법, 호수나 멀리 있는 산을 정원에서 바라보이도록 하는 방법 등이 있다.

20

눈으로 덥혀 있는 설경과 동물의 일시적 출현은 다음 경관의 어떤 유형에 해당되는가?

① 전경관(panoramic landscape)
② 지형경관(feature landscape)
③ 관개경관(canopied landscape)
④ 일시경관(ephemeral landscape)

해설

대기권의 기상변화에 따른 경관 분위기 변화, 동물의 일시적 출현, 기상상태 등이 일시경관이다. 그 예로 안개, 무지개, 노을 등이 있다.

21

독도는 광활한 바다에 우뚝 솟은 바위섬이다. 독도의 전망대에서 바라보는 경관의 유형으로 가장 적합한 것은?

① 파노라마경관　② 지형경관
③ 위요경관　④ 초점경관

해설

전경관(파노라믹 경관) : 초원, 수평선, 지평선 같이 시야가 가리지 않고 멀리 퍼져 보이는 경관. 지형경관(천연미적 경관) : 지형이 특징을 나타내고 관찰자가 강한 인상을 받은 경관으로 경관의 지표가 된다. 위요경관(포위된 경관) : 평탄한 중심공간에 숲이나 산이 둘러싸인 듯한 경관. 초점경관 : 시선이 한 초점으로 집중되는 경관. 예) 계곡, 강물, 도로 등

22

조경 분야 중 프로젝트의 수행 단계별로 구분하는 순서로 가장 적합한 것은?

① 설계 → 계획 → 시공 → 관리
② 계획 → 설계 → 시공 → 관리
③ 설계 → 관리 → 계획 → 시공
④ 시공 → 설계 → 계획 → 관리

해설

조경 프로젝트 수행단계는 계획 → 설계 → 시공 → 관리 순서이다.

23

설계자의 의도를 계략적인 형태로 나타낸 일종의 시각언어로서 도면을 단순화시켜 상징적으로 표현한 그림을 의미하는 것은?

① 상세도　② 다이어그램
③ 조감도　④ 평면도

해설

다이어그램(diagram) : 수량이나 관계 따위를 상징적으로 표현하여 그림으로 나타낸 것

24

설계 도면에 표시하기 어려운 재료의 종류나 품질, 시공방법, 재료 검사 방법 등에 대해 충분히 알 수 있도록 글로 작성하여 설계상의 부족한 부분을 규정 보충한 문서는?

① 일위대가표　② 설계 설명서
③ 시방서　④ 내역서

해설

시방서(示方書, specification) : 설계·제조·시공 등 도면으로 나타낼 수 없는 사항을 문서로 적어서 부족한 부분을 규정한 것

25

조경분야의 프로젝트를 수행하는 단계별로 구분할 때 자료의 수집, 분석, 종합의 내용과 가장 밀접하게 관련이 있는 것은?

① 계획　② 설계
③ 내역서 산출　④ 시방서 작성

해설

조경계획 : 자료의 수집 및 분석, 종합, 기본계획 등과 관련이 있으며, 기본계획은 토지이용계획, 교통 및 동선계획, 시설물 배치계획, 식재계획, 공급시설계획, 집행계획 등으로 나뉜다.

정답 20 ④ 21 ① 22 ② 23 ② 24 ③ 25 ①

26

다음 중 조경계획의 수행과정 단계가 옳은 것은?

① 목표설정 – 자료분석 및 종합 – 기본계획 – 실시설계 – 기본설계
② 자료분석 및 종합 – 목표설정 – 기본계획 – 기본설계 – 실시설계
③ 목표설정 – 자료분석 및 종합 – 기본계획 – 기본설계 – 실시설계
④ 목표설정 – 자료분석 및 종합 – 기본설계 – 기본계획 – 실시설계

해설
조경계획의 수행단계는 목표설정 – 자료분석 및 종합 – 기본계획 – 기본설계 – 실시설계순서이다.

27

조경에서 제도시 가장 많이 사용되는 제도용구로 가장 부적당한 것은?

① 원형 템플릿 ② 삼각 축척자
③ 콤파스 ④ 나침반

해설
제도를 할 때에는 나침반을 사용하지 않는다. 나침반은 자침(磁針)으로 방위를 알 수 있도록 만든 기구로 배나 항공기의 진로를 측정하는데 쓰인다.

28

조경설계에 있어서 수목을 표현할 때 가장 많이 사용하는 제도 용구는?

① T자 ② 원형 템플릿
③ 삼각축척(스케일) ④ 삼각자

해설
조경설계에서 수목을 표현할 때 원형템플릿을 사용한다.

29

조경설계에서 보행인의 흐름을 고려하여 최단거리의 직선 동선(動線)으로 설계하지 않아도 되는 곳은?

① 대학 캠퍼스 내
② 축구경기장 입구
③ 주차장, 버스정류장 부근
④ 공원이나 식물원

30

일반적인 동선의 성격과 기능을 설명한 것으로 부적합한 것은?

① 동선은 다양한 공간 내에서 사람 또는 사람의 이동경로를 연결하게 해 주는 기능을 갖는다.
② 동선은 가급적 단순하고 명쾌해야 한다.
③ 성격이 다른 동선은 혼합하여도 무방하다.
④ 이용도가 높은 동선의 길이는 짧게 해야 한다.

해설
③ 성격이 다른 동선은 반드시 분리한다.

31

다음 중 배식설계에 있어서 정형식 배식설계로 가장 적당한 것은?

① 부등변삼각형 식재 ② 대식
③ 임의(랜덤)식재 ④ 배경식재

해설
정형식 배식설계에는 단식, 대식, 열식, 교호식재 등이 있다.

32

자유로운 선이나 재료를 써서 자연 그대로의 경관 또는 그것에 가까운 것이 생기도록 조성하는 정원 양식은?

① 건축식 ② 풍경식
③ 정형식 ④ 규칙식

해설
자연 그대로의 경관이므로 풍경식이 가장 적당한 답이 된다.

정답 26③ 27④ 28② 29④ 30③ 31② 32②

33

신체장애인을 위한 경사로(RAMP)를 만들 때 가장 적당한 경사는?

① 8% 이하 ② 10% 이하
③ 12% 이하 ④ 15% 이하

해설

신체장애인을 위한 경사로는 8% 이하로 만들어야 한다.

34

다음 중 주차장법 시행규칙에 의한 주차장의 주차구획 중 장애인 전용 주차장의 너비와 길이로 알맞은 것은?

① 2.0m 이상 × 3.6m 이상
② 2.5m 이상 × 5.0m 이상
③ 2.6m 이상 × 5.2m 이상
④ 3.3m 이상 × 5.0m 이상

해설

주차장법 시행규칙(2018. 3. 21. 일부개정) 제3조(주차장의 주차구획)에 의해 경형은 2.0m 이상 × 3.6m 이상, 일반형은 2.5m 이상 × 5.0m 이상, 확장형은 2.6m 이상 × 5.2m 이상, 장애인전용은 3.3m 이상 × 5.0m 이상, 이륜자동차 전용은 1.0m 이상 × 2.3m 이상의 주차단위구획이다.

35

다음 중 도시 공원 및 녹지 등에 관한 법률에서 구분한 공원 가운데 그 규모가 가장 작은 것은?

① 묘지공원 ② 체육공원
③ 근린공원 ④ 어린이 공원

해설

① 묘지공원 : 10만m^2 이상 ② 체육공원 : 1만m^2 이상 ③ 근린공원 : 1만m^2 이상 ④ 어린이공원 : 1,500m^2 이상

36

도시공원법상 도시공원 설치 및 규모의 기준에 있어서 어린이공원 일 때 최소면적은 얼마인가?

① 500m^2 ② 1,000m^2
③ 1,500m^2 ④ 2,000m^2

해설

어린이공원의 유치거리는 250m 이하, 면적은 1,500m^2 이상이다.

37

다음 중 양수로만 짝지어진 것은?

① 식나무, 서어나무 ② 산수유, 모과나무
③ 오리나무, 팔손이나무 ④ 서향, 회양목

해설

음수 : 주목, 전나무, 독일가문비, 비자나무, 가시나무, 녹나무, 후박나무, 동백나무, 호랑가시나무, 팔손이나무, 회양목 등이 있다. **양수** : 소나무, 곰솔, 일본잎갈나무, 측백나무, 향나무, 은행나무, **산수유, 모과나무,** 철쭉류, 느티나무, 포플러류, 가중나무, 무궁화, 백목련, 개나리 등이 있다. 중간수 : 잣나무, 삼나무, 섬잣나무, 화백, 목서, 칠엽수, 회화나무, 벚나무류, 쪽동백, 단풍나무, 수국, 담쟁이덩굴 등

38

다음 수목 중 붉은색 꽃이 피는 수목은?

① 산수유 ② 이팝나무
③ 동백나무 ④ 모감주나무

해설

① 산수유는 노란색 꽃 ② 이팝나무는 흰색 꽃 ④ 모감주나무는 노란색 꽃이 핀다.

39

다음 중 상록수로 짝지어지지 않은 수목은?

① 이팝나무, 단풍나무 ② 소나무, 젓나무
③ 가문비나무, 주목 ④ 잣나무, 동백나무

해설

상록수(evergreen tree, 常綠樹)는 계절에 관계없이 잎의 색이 항상 푸른 나무를 말하며 잎이 넓은 상록활엽수(常綠闊葉樹)와

정답 33 ① 34 ④ 35 ④ 36 ③ 37 ② 38 ③ 39 ①

7 과년도 기출문제

잎이 좁은 상록침엽수(常綠針葉樹)가 있다. 상록활엽수는 주로 따뜻한 남쪽에서 자라고, 상록침엽수는 추운 북쪽에 집중되어있다. 이팝나무와 단풍나무는 낙엽이 지는 낙엽수이다.

40

산울타리를 조성하려 할 때 맹아력이 가장 강한 나무는 어느 것인가?

① 녹나무　② 이팝나무
③ 소나무　④ 개나리

해설

맹아력(sprouting ability, 萌芽力)은 수목(樹木) 에서 최초 본줄기(shoot)가 훼손되었을 때, 남아 있는 휴면 근주(根株)에서 다시 새로운 줄기를 만들어 내는 능력을 말한다.

41

다음 수종 중 맹아력이 가장 약한 것은?

① 라일락　② 소나무
③ 쥐똥나무　④ 무궁화

해설

보기의 수목 중 소나무의 맹아력이 제일 약하다.

42

자연석의 모양이 사석인 것은?

③

④

해설

① 환석 ② 입석 ③ 괴석

43

굳지 않은 모르타르나 콘크리트에서 물이 분리되어 위로 올라오는 현상은?

① 워커빌리티(Workability)
② 블리딩(Bleeding)
③ 피니셔빌리티(Finishability)
④ 레이턴스(Laitance)

해설

블리딩(Bleeding) : 섞어 넣은 후 타설하면 콘크리트 윗면이 침하되고 내부의 잉여수가 공극내의 공기, 시멘트, 강도에 기여하지 않는 수산화칼슘의 일부가 함께 유리석회로 되어 기타 부유 미분자와 같이 떠오르는 현상. 즉, 물이 분리되어 먼지와 함께 위로 떠오르는 현상.

① 워커빌리티(workability) : 경연성, 시공성이라고 하며, 반죽질기의 정도에 따라 비비기, 운반, 타설, 다지기, 마무리 등의 시공이 쉽고 어려운 정도와 재료분리의 다소 정도를 나타내는 굳지 않은 콘크리트의 성질로 시멘트의 종류, 분말도, 사용량이 워커빌리티에 영향을 미친다.
③ 피니셔빌리티(finishability) : 마무리성 이라고 하며, 콘크리트의 표면을 마무리 할 때의 난이도를 나타내는 말로 굵은 골재의 최대치수, 잔골재율, 잔골재의 입도, 반죽의 질기 등에 의해 마무리하기 쉬운 정도를 나타내는 콘크리트의 성질
④ 레이턴스(laifance) : 블리딩과 같이 떠로은 미립물이 콘크리트 표면에 엷은 회색으로 침전되는 현상

44

자연석 놓기 중에서 경관석 놓기를 설명한 것 중 틀린 것은?

① 시선이 집중되는 곳이나 중요한 자리에 한 두 개 또는 몇 개를 짜임새 있게 놓고 감상한다.
② 경관석을 놓았을 때 보는 사람으로 하여금 아름다움을 느끼게 멋과 기품이 있어야 한다.
③ 경관석 짜기의 기본은 주석(중심석)과 부석을 바꾸어 놓고 4, 6, 8... 등 균형감 있게 짝수로 놓아야 자연스럽게 보인다.
④ 경관석을 다 놓은 후에는 그 주변에 알맞은 관목이나 초화류를 식재하여 조화롭고 돋보이는 경관이 되도록 한다.

해설

③ 경관석 놓기는 3, 5, 7... 등의 홀수로 놓는다.

정답 40④ 41② 42④ 43② 44③

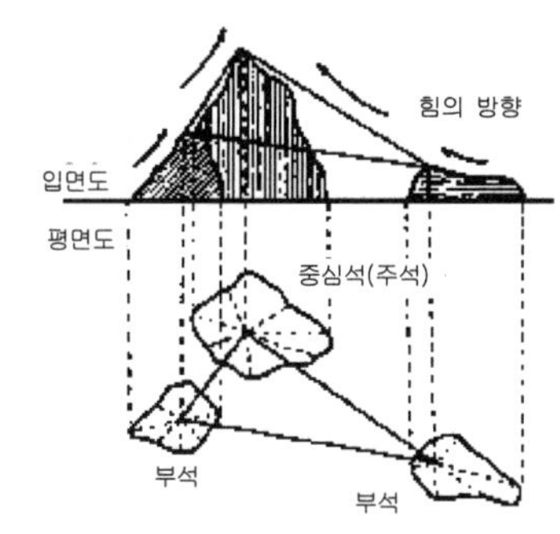

(a) 셋(삼석) 짜임

(b) 다섯(오석)짜임

45

다음 중 콘크리트 측압에 대한 설명으로 옳은 것은?

① 콘크리트가 기둥이나 벽의 거푸집에 미치는 압력
② 콘크리트의 유동성 정도를 나타내는 압력
③ 흙이나 콘크리트에 있어서 수분의 다소에 의한 연도(軟度)
④ 굳지 않은 모르타르나 콘크리트의 작업성 난이도

해설

② 콘크리트의 유동성 정도를 나타내는 압력 : 슬럼프 ③ 흙이나 콘크리트에 있어서 수분의 다소에 의한 연도(軟度) : 반죽질기(consistency) ④ 굳지 않은 모르타르나 콘크리트의 작업성 난이도 : 워커빌리티(workability)

46

복잡한 형상의 제작시 품질도 좋고 작업이 용이하며, 내식성이 뛰어나다. 탄소 함유량이 약 1.7~6.6%, 용융점은 1100~1200℃로서 선철에 고철을 섞어서 용광로에서 재용해하여 탄소 성분을 조절하여 제조하는 것은?

① 동합금 ② 주철
③ 중철 ④ 강철

해설

동합금 : 구리를 주성분으로 하고, 여기에 다른 금속이나 비금속을 융합시켜서 만든 합금. 주철 : 1.7% 이상의 탄소를 함유하는 철은 약 1,150℃에서 녹으므로 주물을 만드는 데 사용. 강철(鋼鐵, Steel) : 철을 주성분으로 하는 금속 합금을 가리키며, 철이 가지는 성능을 인공적으로 높인 것으로 탄소 함유가 0.3%에서 2% 이하의 것을 나타냄

47

크롬산 아연을 안료로 하고, 알키드 수지를 전색료로 한 것으로서 알루미늄 녹막이 초벌칠에 적당한 도료는?

① 광명단
② 파커라이징(Parkerizing)
③ 그라파이트(Graphite)
④ 징크로메이트(Zincromate)

해설

녹막이 도료(塗料)중 알루미늄 녹막이 초벌칠에 적합한 도료는 징크로메이트 도료이다.

48

각 재료에 대한 소성온도에 대한 설명으로 틀린 것은?

① 토기의 소성온도는 1,000℃ 이상이다.
② 자기질타일의 소성온도는 1,250℃ 이상이다.
③ 석기질타일의 소성온도는 1,200~1,350℃이다.
④ 도기질타일의 소성온도는 1,000~1,2000℃이다.

해설

① 토기의 소성온도는 600~800℃ 이다.

정답 45 ① 46 ② 47 ④ 48 ①

49

인공폭포, 수목보호판을 만드는 데 가장 많이 이용되는 제품은?

① 식생 호안 블록
② 유리블록 제품
③ 콘크리트 격자 블록
④ 유리섬유 강화 플라스틱

해설

인공폭포, 수목보호판, 인공암, 정원석은 유리섬유강화플라스틱(FRP)으로 만든다.

50

조경용 수목의 할증률은 얼마까지 적용할 수 있는가?

① 5% ② 10%
③ 15% ④ 20%

해설

조경수목과 잔디 및 초화류의 할증율은 10%이다.

51

자연석 무너짐 쌓기 방법의 설명으로 가장 거리가 먼 것은?

① 기초가 될 밑돌은 약간 큰 돌을 사용해서 땅속에 20~30cm 정도 깊이로 묻는다.
② 제일 윗부분에 놓는 돌은 돌의 윗부분이 모두 고저차가 크게 나도록 놓는다.
③ 돌과 돌이 맞물리는 곳에는 작은 돌을 끼워 넣지 않는다.
④ 돌을 쌓고 난 후 돌과 돌 사이의 틈에는 키가 작은 관목을 식재한다.

해설

② 제일 윗분에 놓는 돌은 작고, 윗면은 평평하게 자연스러운 높낮이가 되도록 놓는다. 또한 고저차가 나지 않게 놓는다.

52

돌쌓기의 종류 가운데 돌만을 맞대어 쌓고 뒷채움은 잡석·자갈 등으로 하는 방식은?

① 찰쌓기 ② 메쌓기
③ 골쌓기 ④ 켜쌓기

해설

찰쌓기는 축대를 쌓을 때 돌과 돌 사이에 모르타르를 사용하여 연결하고 그 뒷면에 콘크리트를 채워 넣은 것을 말한다. 메쌓기는 모르타르나 콘크리트를 사용하지 않고 돌만을 사용하여 쌓은 것이다.

53

길이 100m, 높이 4m의 벽을 1.0B 두께로 쌓기할 때 소요되는 벽돌의 양은?(단, 벽돌은 표준형(190×90×57mm)이고, 할증은 무시하며 줄눈나비는 10mm를 기준으로 한다.)

① 약 30,000장 ② 약 52,000장
③ 약 59,600장 ④ 약 48,800장

해설

벽돌종류에 따른 쌓기의 벽돌수량을 알아야 풀 수 있는 문제이다.

(매/m^2)

벽돌종류	0.5B	1.0B	1.5B
표준형(190×90×57mm)	75	149	224
기존형(210×100×60mm)	65	130	195

표준형 벽돌 1.0B이기 때문에 149매/m^2이다.
길이 100m×높이 4m이기 때문에 400m^2의 면적이 나온다.
149매/m^2×400m^2=59,600장이 된다.

54

모든 벽돌쌓기 방법 중 가장 튼튼한 것으로서, 길이쌓기 켜와 마구리쌓기 켜가 번갈아 나오는 방법은?

① 영국식 쌓기 ② 프랑스식 쌓기
③ 영롱 쌓기 ④ 무늬 쌓기

해설

영국식 쌓기 : 가장 튼튼한 방법으로 길이쌓기 켜와 마구리쌓기 켜가 번갈아 나오는 방법. 네덜란드식 쌓기 : 쌓기 가장 편하며, 우리나라에서 가장 많이 사용한다. 프랑스식 쌓기 : 외관이 좋다.

정답 49 ④ 50 ② 51 ② 52 ② 53 ③ 54 ①

55

뿌리분의 직경을 정할 때 그 계산식이 바른 것은? (단, A : 뿌리분의 직경, N : 근원직경, d : 상수(상록수 4, 낙엽수 3))

① A = 24+(N−3)×d

② A = 22+(N+3)×d

③ A = 25+(N−3)×d

④ A = 20+(N+3)×d

해설

뿌리분의 직경 구하는 공식을 이해해야 한다.

56

정원수를 이식할 때 가지와 잎을 적당히 잘라 주는 이유는 다음 중 어떤 목적에 해당하는가?

① 생장을 돕는 가지 다듬기

② 생장을 억제하는 가지 다듬기

③ 세력을 갱신하는 가지 다듬기

④ 생리 조정을 위한 가지 다듬기

해설

생장을 돕기 위한 전정 : 병충해 피해지, 고사지, 꺾어진 가지 등을 제거하여 생장을 돕는 전정. 생장을 억제하는 전정 : 일정한 형태로 고정을 위한 전정으로 향나무나 회양목, 산울타리 전정, 소나무 순자르기, 활엽수의 잎따기 등이 이에 속한다. 갱신을 위한 전정 : 묵은가지를 잘라주어 새로운 가지가 나오게 한다. 개화 결실을 많게 하기 위한 전정 : 결실을 위한 전정(해거리 방지-감나무나 각종 과수나무, 장미의 여름전정). **생리조절을 위한 전정** : 이식할 때 지하부가 잘린 만큼 지상부를 전정하여 균형을 유지시키는 전정으로 병든가지, 혼잡한 가지를 제거하여 통풍과 탄소동화작용을 원활히 하기 위한 전정이다. 세력 갱신하는 전정 : 맹아력이 강한 나무가 늙어서 생기를 잃거나 꽃맺음이 나빠지는 경우에 줄기나 가지를 잘라 내어 새 줄기나 가지로 갱신하는 것을 말한다.

57

소나무의 순따기(摘芯)에 관한 설명 중 틀린 것은?

① 해마다 4~6월경 새순이 6~9cm 자라난 무렵에 실시한다.

② 손 끝으로 따주어야 하고, 가을까지 끝내면 된다.

③ 노목이나 약해 보이는 나무는 다소 빨리 실시한다.

④ 상장생장(上長生長)을 정지시키고, 곁눈의 발육을 촉진시킴으로써 새로 자라나는 가지의 배치를 고르게 한다.

해설

소나무 순따기는 5~6월에 손으로 따준다.

58

배나무 붉은별무늬병의 겨울포자 세대의 중간기주 식물은?

① 잣나무 ② 향나무

③ 배나무 ④ 느티나무

해설

배나무 적성병의 중간기주는 향나무이다.

59

병충해 방제를 목적으로 쓰이는 농약의 포장지 표기 형식 중 색깔이 분홍색을 나타내는 것은 어떤 종류의 농약을 가리키는가?

① 살충제 ② 살균제

③ 제초제 ④ 살비제

해설

① 살충제 : 녹색 ② 살균제 : 분홍색 ③ 제초제 : 황색

60

다음 조경 식물의 주요 해충 중 흡즙성 해충은?

① 깍지벌레 ② 독나방

③ 오리나무잎벌 ④ 미끈이하늘소

해설

잎을 갉아먹는 해충(식엽성 해충) : 솔나방, 오리나무잎벌, 미국흰불나방 등이 있고, 즙액을 빨아먹는 해충(흡즙성 해충) : 진딧물류, 응애류, 깍지벌레류가 있다. 구멍을 뚫는 해충(천공성 해충) : 향나무하늘소, 소나무좀 등이 있다.

정답 55 ① 56 ④ 57 ② 58 ② 59 ② 60 ①

2020년 제1회 조경기능사 과년도 (복원CBT)

01

고대 그리스에 만들어졌던 광장의 이름은?

① 아트리움　② 길드
③ 무데시우스　④ 아고라

해설

아고라(agora) : 그리스에 건물로 둘러싸여 상업 및 집회에 이용되는 옥외공간으로 광장을 말한다. 로마 시대에는 포룸(forum)이다.

02

고대 그리스에서 청년들이 체육 훈련을 하는 자리로 만들어졌던 것은?

① 페리스틸리움　② 지스터스
③ 짐나지움　④ 보스코

해설

그리스의 짐나지움 : 청소년들이 체육 훈련을 하던 장소(대중적인 정원으로 발달)

03

이탈리아 르네상스 시대의 조경 작품이 아닌 것은?

① 빌라 토스카나(Villa Toscana)
② 빌라 란셀로티(Villa Lancelotti)
③ 빌라 메디치(Villa de Medici)
④ 빌라 란테(Villa Lante)

04

원명원이궁과 만수산이궁은 어느 시대의 대표적 정원인가?

① 명나라　② 청나라
③ 송나라　④ 당나라

해설

원명원과 이화원은 중국 청시대의 대표적인 정원이다.

05

다음 [보기]의 설명은 어느 시대의 정원에 관한 것인가?

> [보기]
> - 석가산과 원정, 화원 등이 특징이다.
> - 대표적 유적으로 동지(東池), 만월대, 수창궁원, 청평사 문수원 정원 등이 있다.
> - 휴식·조망을 위한 정자를 설치하기 시작하였다.
> - 송나라의 영향으로 화려한 관상위주의 이국적 정원을 만들었다.

① 조선　② 백제
③ 고려　④ 통일신라

해설

고려시대 정원의 특징

<table>
<tr><td rowspan="5">고려시대</td><td rowspan="3">궁궐정원</td><td>구영각지원(동지) - 공적기능의 정원</td><td rowspan="3">강한대비, 사치스러운 양식</td></tr>
<tr><td>격구장 - 동적기능의 정원</td></tr>
<tr><td>화원, 석가산정원(중국에서 도입)</td></tr>
<tr><td>민간정원</td><td>문수원 남지, 이규보의 사륜정</td><td rowspan="2">관상위주의 정원</td></tr>
<tr><td>객관정원</td><td>순천관(고려조의 가장 대표적인 것)</td></tr>
</table>

06

다음 중 신선사상을 바탕으로 음양오행설이 가미되어 정원양식에 반영된 것은?

① 한국정원　② 일본정원
③ 중국정원　④ 인도정원

해설

한국정원은 신선사상을 바탕으로 음양오행설이 가미되었다.

정답 1④ 2③ 3① 4② 5③ 6①

07

안동 하회마을에 대한 설명으로 틀린 것은?

① 중요 민속자료 제122호 이다.
② 2010년 8월에 유네스코 세계 문화유산으로 등재되었다.
③ 낙동강이 큰 S자 모양으로 마을 주변을 휘돌아 가서 하회(河回)라 했다.
④ 17세기 예안이씨 일가가 정착하여 형성되었다.

해설

④는 아산 외암(外巖)마을에 대한 설명이다. 안동하회마을(중요 민속자료 제122호)은 풍산류씨가 600여 년간 대대로 살아온 한국의 대표적인 동성마을이며, 와가(瓦家:기와집)와 초가(草家)가 오랜 역사 속에서도 잘 보존 된 곳이다. 특히 조선시대 대 유학자인 겸암 류운룡과 임진왜란 때 영의정을 지낸 서애 류성룡 형제가 태어난 곳으로도 유명하다. 마을 이름을 하회(河回)라 한 것은 낙동강이 'S'자 모양으로 마을을 감싸 안고 흐르는 데서 유래되었다. 하회마을은 풍수지리적으로 태극형·연화부수형·행주형에 일컬어지며, 이미 조선시대부터 사람이 살기에 가장 좋은 곳으로도 유명하였다. 마을의 동쪽에 태백산에서 뻗어 나온 해발 271m의 화산(花山)이 있고, 이 화산의 줄기가 낮은 구릉지를 형성하면서 마을의 서쪽 끝까지 뻗어있으며, 수령이 600여 년 된 느티나무가 있는 곳이 마을에서 가장 높은 중심부에 해당한다. 하회마을의 집들은 느티나무를 중심으로 강을 향해 배치되어 있기 때문에 좌향이 일정하지 않다. 한국의 다른 마을의 집들이 정남향 또는 동남향을 하고 있는 것과는 상당히 대조적인 모습이다. 또한 큰 와가(기와집)를 중심으로 주변의 초가들이 원형을 이루며 배치되어 있는 것도 특징이라 하겠다. 하회마을에는 서민들이 놀았던 '하회별신굿탈놀이'와 선비들의 풍류놀이였던 '선유줄불놀이'가 현재까지도 전승되고 있고, 우리나라의 전통생활문화와 고건축양식을 잘 보여주는 문화유산들이 잘 보존되어 있다.

08

일본정원에서 가장 중점을 두고 있는 것은?

① 대비　② 조화
③ 반복　④ 대칭

해설

일본정원은 조화, 중국정원은 대비가 가장 큰 특징이다.

09

귤준망의 「작정기」에 수록된 내용이 아닌 것은?

① 서원조 정원 건축과의 관계
② 원지를 만드는 법
③ 지형의 취급방법
④ 입석의 의장법

해설

작정기(作庭記) : 일본 최초의 조원지침서로 일본 정원 축조에 관한 가장 오래된 비전서이다. 침전조 건물에 어울리는 조원법을 서술하고 귤준강의 대표적 저서이다. 돌을 세울 때 마음가짐과 세우는 법, 못의 형태, 섬의 형태, 폭포 만드는 법 등이 수록되어 있다.

10

경관구성의 미적 원리를 통일성과 다양성으로 구분할 때, 다음 중 다양성에 해당하는 것은?

① 조화　② 균형
③ 강조　④ 대비

해설

대비(對比, contrast) : 대(大)·소(小), 빨강·파랑, 기쁨·슬픔 등과 같이 성질이 반대가 되는 것 또는 성질이 서로 다른 것을 경험할 때 이들 성질의 차이가 더욱더 과장되어 느껴지는 현상

11

조경계획의 과정을 기술한 것 중 가장 잘 표현한 것은?

① 자료분석 및 종합 – 목표설정 – 기본계획 – 실시설계 – 기본설계
② 목표설정 – 기본설계 – 자료분석 및 종합 – 기본계획 – 실시설계
③ 기본계획 – 목표설정 – 자료분석 및 종합 – 기본설계 – 실시설계
④ 목표설정 – 자료분석 및 종합 – 기본계획 – 기본설계 – 실시설계

해설

조경계획은 목표설정 – 자료분석 및 종합 – 기본계획 – 기본설계 – 실시설계의 순서로 진행된다. 기본계획은 토지이용계획, 교통 및 동선계획, 시설물 배치계획, 식재계획, 공급시설계획, 집행계획 등으로 나뉜다.

정답　7④　8②　9①　10④　11④

12

다음 선의 종류와 선긋기의 내용이 잘못 짝지어진 것은?

① 가는 실선 – 수목 인출선
② 파선 – 보이지 않는 물체
③ 일점쇄선 – 지역 구분선
④ 이점쇄선 – 물체의 중심선

해설

④ 일점쇄선 - 물체의 중심선

13

다음 중 물체가 있는 것으로 가상되는 부분을 표시하는 선의 종류는?

① 실선 ② 파선
③ 1점쇄선 ④ 2점쇄선

해설

선의 종류별 용도

구분 종류		선의 이름	선의 용도
실선	굵은 실선	외형선	- 부지외곽선, 단면의 외형선
	중간선		- 시설물 및 수목의 표현 - 보도포장의 패턴 - 계획등고선
	가는 실선	치수선	- 치수를 기입하기 위한 선
		치수 보조선	- 치수선을 이끌어내기 위하여 끌어낸 선
허선	점선	가상선	- 물체의 보이지 않는 부분의 모양을 나타내는 선 - 기존등고선(현황등고선)
	파선		
	1점 쇄선	경계선 중심선	- 물체 및 도형의 중심선 - 단면선, 절단선 - 부지경계선
	2점 쇄선		- 1점쇄선과 구분할 필요가 있을 때 - 물체가 있는 것으로 가상되는 부분

14

조경공사에서 바닥포장인 판석시공에 관한 설명으로 틀린 것은?

① 판석은 점판암이나 화강석을 잘라서 사용한다.
② Y형의 줄눈은 불규칙하므로 통일성 있게 +자형의 줄눈이 되도록 한다.
③ 기층은 잡석다짐 후 콘크리트로 조성한다.
④ 가장자리에 놓을 판석은 선에 맞춰 절단하여 사용한다.

해설

판석포장 : 기층은 잡석다짐 후 콘크리트를 치고 모르타르로 판석을 고정시킨다. 판석의 배치는 +자형 보다는 Y자형이 시각적으로 좋으며, 줄눈의 폭은 보통 10~20mm, 깊이 5~10mm 정도로 한다.

15

크기가 지름 20~30㎝ 정도의 것이 크고 작은 알로 고루 고루 섞여져 있으며 형상이 고르지 못한 깬돌이라고 설명하기도 하며, 큰 돌을 깨서 만드는 경우도 있어 주로 기초용으로 사용하는 석재의 분류명은?

① 산석 ② 이면석
③ 잡석 ④ 판석

해설

잡석(깬돌) : 지름 10~30cm 정도의 크기인 형상이 고르지 못한 돌로 기초용으로 또는 석축의 뒷채움 돌로 사용. 산석, 하천석 : 보통 지름 50~100cm로 석가산용으로 사용. 판석 : 폭(너비)이 두께의 3배 이상이고 두께가 15cm 미만으로 디딤돌, 원로포장용, 계단설치용으로 많이 사용

16

도로 식재 중 사고방지 기능 식재에 속하지 않은 것은?

① 명암순응식재 ② 시선유도식재
③ 녹음식재 ④ 침입방지식재

해설

사고방지 기능 식재에는 명암순응식재(明暗順應植栽) : 터널 진입과 출입 때 터널 내부와 외부의 명암 차로 인하여 발생하는 시

정답 12④ 13④ 14② 15③ 16③

각적 이상 현상을 완화하기 위하여 터널의 출입구 부근에 행하는 식재. 시선유도식재(視線誘導植栽) : 전방 도로의 선형을 보다 명확히 표시하여 운전자에게 인식도를 높이고 운전을 자연스럽게 유도하기 위하여 나무 따위를 식재하는 것. 침입방지식재 : 침입을 방지하기 위하여 식재하는 것 등이 있다. 녹음식재 : 녹음(그늘)을 조성하기 위해 교목류를 식재하는 것

17

일반적으로 수종 요구특성은 그 기능에 따라 구분되는데, 녹음식재용 수종에서 요구되는 특징으로 가장 적합한 것은?

① 생장이 빠르고 유지 관리가 용이한 관목류
② 지하고가 높고 병충해가 적은 낙엽 활엽수
③ 아래 가지가 쉽게 말라 죽지 않는 상록수
④ 수형이 단정하고 아름다운 상록 침엽수

해설

녹음식재용 또는 가로수용 수목 : 여름철에 강한 햇빛을 차단하기 위해 식재하는 나무를 녹음수라 함. 녹음수는 여름에는 그늘을 제공해 주지만 겨울에는 낙엽이 져서 햇빛을 가리지 않아야 하며 수관이 크고, 큰 잎이 치밀하고 무성하며 지하고가 높은 교목이 바람직하다.

18

주택정원의 공간구분에 있어서 응접실이나 거실 전면에 위치한 뜰로 정원의 중심이 되는 곳이며, 면적이 넓고 양지바른 곳에 위치하는 공간은?

① 앞뜰　② 안뜰
③ 작업뜰　④ 뒤뜰

해설

앞뜰(전정) : 거실과 접해야 하는 뜰로 가장 밝은 공간이다. 인상적이고 바깥의 공적인 분위기에서 사적인 분위기로 전이공간. 안뜰(주정) : 주택의 정원 내에서 가장 중요한 공간으로 휴식과 단란이 이루어지는 공간이며, 가정정원의 중심으로 가장 특색 있게 꾸밀 수 있는 공간. 작업뜰 : 창고, 장독대 등을 놓는 곳으로 차폐식재를 하며, 벽돌이나 타일로 포장한다.

19

다음 중 일반적으로 옥상정원 설계시 일반조경 설계보다 중요하게 고려할 항목으로 관련이 적은 것은?

① 토양층 깊이　② 방수 문제
③ 지주목의 종류　④ 하중 문제

해설

옥상정원에서는 방수와 하중문제가 가장 중요시 되어야 한다. 또한 토양층의 깊이도 고려해야 하지만 지주목의 종류, 잘 자라는 수목의 선정과는 관련이 없다.

20

다음 중 용적률에 대한 설명으로 틀린 것은?

① 대지면적에 대한 연면적의 비율을 말한다.
② 지하층의 면적을 포함한다.
③ 용적률이 높을수록 대지면적에 대한 호수밀도 등이 증가하게 된다.
④ 개발밀도를 가늠하는 척도로 활용한다.

해설

용적률은 대지면적에 대한 연면적(대지에 건축물이 둘 이상 있는 경우에는 이들 연면적의 합계)의 비율을 말하며, 용적률을 산정할 때에는 지하층의 면적, 지상층의 주차용(해당 건축물의 부속용도인 경우만 해당)으로 쓰는 면적, 주민공동시설의 면적, 초고층 건축물의 피난안전구역의 면적은 제외한다.용적률은 부지면적에 대한 건축물 연면적의 비율로서, 건폐율과 함께 해당 지역의 개발밀도를 가늠하는 척도로 활용한다.

21

『*Syringa oblata* var. *dilatata*』는 어떤 식물인가?

① 라일락　② 목서
③ 수수꽃다리　④ 쥐똥나무

해설

수수꽃다리(*Syringa oblata* Lindl. var. *dilatata* (Nakai) Rehder)는 산기슭이나 마을 주변에 자라는 낙엽 떨기나무다. 줄기는 높이 2-3m에 달하며 어린 가지는 털이 없으며 회갈색이고 잎은 마주나고 넓은 달걀 모양 또는 달걀 모양이다. 꽃은 4-5월에 연한 자주색으로 피고, 향기가 있다. 관상용으로 재배하는 라일락과 비슷하지만, 라일락은 잎 길이가 폭에 비해서 긴 편인데, 수수꽃다리는 길이와 폭이 비슷한 점이 다르다.

정답 17② 18② 19③ 20② 21③

22

염분의 해에 가장 강한 수종은?

① 곰솔 ② 소나무
③ 목련 ④ 단풍나무

해설

내염성에 강한 수종	리기다소나무, 비자나무, 주목, 곰솔, 측백나무, 가이즈까향나무, 굴거리나무, 녹나무, 태산목, 후박나무, 감탕나무, 아왜나무, 먼나무, 후피향나무, 사철나무, 동백나무, 호랑가시나무, 팔손이나무, 위성류 등
내염성에 약한 수종	독일가문비, 삼나무, 소나무, 히말라야시더, 목련, 단풍나무, 개나리 등

23

목재건조시 건조시간은 단축되나 목재의 크기에 제한을 받고, 강도가 다소 약해지며 광택도 줄어드는 건조방법은?

① 증기법 ② 찌는 법
③ 공기가열건조법 ④ 훈연건조법

해설

찌는법 : 인공건조법으로 목재의 건조시간은 단축되지만 목재의 크기에 제한을 받고, 강도가 다소 약해지며 광택도 줄어드는 건조방법. 자연건조법은 공기건조법과 침수법이 있다.

24

수목 굴취시 뿌리분을 감는데 사용하며, 포트(pot) 역할을 하여 잔뿌리 형성에 도움을 주는 환경친화적인 재료는?

① 새끼 ② 철선
③ 녹화마대 ④ 고무밴드

해설

녹화마대 : 수목 이식 후 수간보호용 자재로 부피가 가장 작고 운반이 용이하며, 도시 미관조성에 가장 적합한 재료이다.

25

다음 그림의 비탈면 기울기를 올바르게 나타낸 것은?

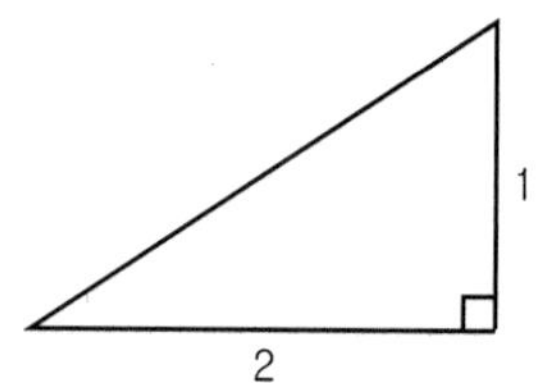

① 경사는 1할 이다.
② 경사는 20% 이다.
③ 경사는 50° 이다.
④ 경사는 1 : 2이다.

해설

본 문제의 그림은 수직거리가 1일 때 수평거리가 2인 1:2의 경사이다. ① 1할은 10% 경사이므로 수직거리 10m에 대한 수평거리 100m의 비율이어서 1 : 10의 경사. ② 20% 경사는 1 : 5의 경사

26

돌을 뜰 때 앞면, 길이, 뒷면, 접촉부 등의 치수를 지정해서 깨낸 돌로 앞면은 정사각형이며, 흙막이용으로 사용되는 재료는?

① 각석 ② 판석
③ 마름석 ④ 견치석

해설

견치석(견칫돌) : 석축을 쌓는 데 쓰는 사각뿔 모양의 석재로 흙막이용으로 사용되는 재료

27

우리나라의 목재가 건조된 상태일 때 기건함수율로 가장 적당한 것은?

① 약 5% ② 약 15%
③ 약 25% ④ 약 35%

해설

목재 건조의 목적은 기건함수율이 15%가 되게 하는 것이다.

정답 22 ① 23 ② 24 ③ 25 ④ 26 ④ 27 ②

28

콘크리트 경화촉진제(硬化促進劑)의 주성분으로 되어 있는 것은 어느 것인가?

① 황산나트륨　② 석회
③ 규산백토　④ 염화칼슘

해설

경화촉진제(硬化促進劑, hardener) : 콘크리트의 경화속도를 촉진시키기 위하여 사용되는 혼화제로 보통 염화칼슘이 사용된다.

29

석재를 형상에 따라 구분할 때 견치돌에 대한 설명으로 옳은 것은?

① 폭이 두께의 3배 미만으로 육면체 모양을 가진 돌
② 치수가 불규칙하고 일반적으로 뒷면이 없는 돌
③ 두께가 15㎝미만이고, 폭이 두께의 3배 이상인 육면체 모양의 돌
④ 전면은 정사각형에 가깝고, 뒷길이, 접촉면, 뒷면 등이 규격화 된 돌

해설

견치돌(견칫돌, 견치석) : 길이를 앞면 길이의 1.5배 이상으로 다듬어 축석에 사용하는 석재로 옹벽 등의 쌓기용으로 메쌓기나 찰쌓기에 사용하며 주로 흙막이용 돌쌓기에 사용되고 정사각뿔 모양으로 전면은 정사각형에 가깝다. 앞면이 정사각형 또는 직사각형으로 1개의 무게는 70~100kg 이다.

30

운반 거리가 먼 레미콘이나 무더운 여름철 콘크리트의 시공에 사용하는 혼화제는?

① 지연제　② 감수제
③ 방수제　④ 경화촉진제

해설

지연제 : 수화반응을 지연시켜 응결시간을 늦추며, 뜨거운 여름철, 장시간 시공시, 운반시간이 길 경우에 사용한다. 감수제 : 시멘트입자가 분산하여 유동성이 많아지고 골재분리가 적으며 강도, 수밀성, 내구성이 증가해 워커빌리티가 증대된다. 방수제 : 수밀성(물의 투수성이나 흡수성이 매우 적은 것을 말함)을 증진시킬 목적으로 사용. 응결경화촉진제 : 초기강도 증가, 한중콘크리트에 사용하고, 대표적으로 염화칼슘 사용

31

콘크리트 공사시의 슬럼프 시험은 무엇을 측정하기 위한 것인가?

① 반죽질기　② 피니셔빌리티
③ 성형성　④ 블리딩

해설

슬럼프 시험(Slump Test) : 워커빌리티(시공성)를 측정하기 위한 방법 중 하나로 굳지 않은 콘크리트의 성질 즉, 반죽의 질기를 측정하는 방법으로 슬럼프 수치가 높을수록 나쁘고, 단위는 cm 사용한다. 콘크리트 치기작업의 난이도를 판단할 수 있다. ② 피니셔빌리티(finishability) : 마무리성이라고 하며, 콘크리트 표면을 마무리 할 때의 난이도를 나타내는 말로 굵은 골재의 최대치수, 잔골재율, 잔골재의 입도, 반죽의 질기 등에 의해 마무리하기 쉬운 정도를 나타내는 콘크리트의 성질 ③ 성형성(plasticity) : 거푸집에 쉽게 다져 넣을 수 있고 거푸집을 제거하면 천천히 형상이 변하기는 하지만 허물어지거나 재료가 분리하는 일이 없는 굳지 않은 콘크리트 성질 ④ 블리딩(bleeding) : 콘크리트를 친 후 각 재료가 가라앉고 불순물이 섞인 물이 위로 떠오르는 현상

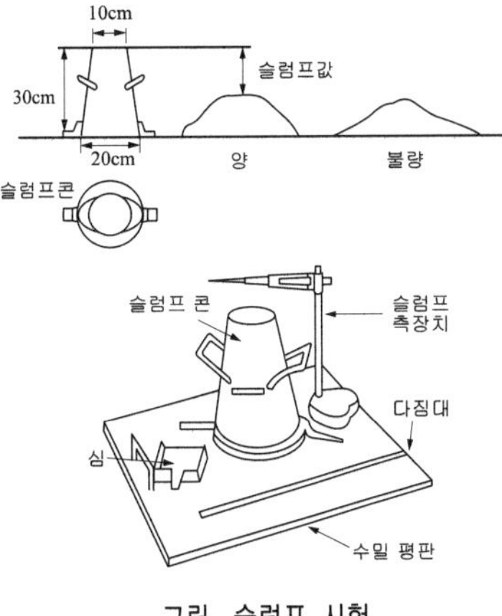

그림. 슬럼프 시험

32

다음 중 거푸집에 미치는 콘크리트의 측압 설명으로 틀린 것은?

① 경화속도가 빠를수록 측압이 크다.
② 시공연도가 좋을수록 측압은 큰다.
③ 붓기속도가 빠를수록 측압이 크다.
④ 수평부재가 수직부재보다 측압이 적다.

해설

경화속도가 느릴수록 측압이 크다.

정답　28 ④　29 ④　30 ①　31 ①　32 ①

33

콘크리트가 굳은 후 거푸집 판을 콘크리트 면에서 잘 떨어지게 하기 위해 거푸집 판에 처리하는 것은?

① 박리제　　② 동바리
③ 프라이머　　④ 셸락

해설

거푸집의 콘크리트 접촉면에 바르는 박리제(콘크리트가 굳은 후 거푸집 판을 콘크리트 면에서 잘 떨어지게 하기 위해 사용하는 재료)는 폐유를 많이 사용한다.

34

재료의 굵기, 절단, 마모 등에 대한 저항성을 나타내는 용어는?

① 경도(硬度)　　② 강도(强度)
③ 전성(展性)　　④ 취성(脆性)

해설

경도(硬度)는 굳기를 나타내어 재료의 굵기, 절단, 마모 등에 대한 저항성을 나타내는 용어이다.

35

다음 중 작은 변형에도 쉽게 파괴되는 재료의 성질은?

① 연성　　② 인성
③ 전성　　④ 취성

해설

취성 : 물체에 탄성한계 이상의 힘을 가했을 때, 영구변형을 하지 않고 파괴되거나 또는 극히 일부만 영구변형을 일으키는 성질을 말한다.

36

작성이 간단하며 공사 진행 결과나 전체 공정 중 현재 작업의 상황을 명확히 알 수 있어 공사규모가 작은 경우에 많이 사용되고, 시급한 공사도 많이 적용되는 공정표의 표시방법은?

① 막대그래프　　② 곡선그래프
③ 네트워크 방식　　④ 대수도표

해설

막대그래프 : 여러 가지 통계나 사물의 양을 선 즉, 막대 모양의 길이로써 나타내어 알아보기 쉽도록 그린 그림표

37

다음 중 조경 시공 순서로 가장 알맞은 것은?

① 터닦기 → 급·배수 및 호안공 → 콘크리트 공사 → 정원시설물 설치 → 식재공사
② 식재공사 → 터닦기 → 정원시설물 설치 → 콘크리트공사 → 급·배수 및 호안공
③ 급·배수 및 호안공 → 정원시설물 설치 → 콘크리트 공사 → 식재공사 → 터닦기
④ 정원시설물 설치 → 급·배수 및 호안공 → 식재공사 → 터닦기 → 콘크리트공사

해설

조경시공순서 : 터닦기 → 급 · 배수 및 호안공 → 콘크리트공사 → 정원시설물 설치 → 식재공사

38

소형고압블럭을 시공할 때 차도용 소형고압블럭의 두께는 몇 mm 인가?

① 50　　② 60
③ 70　　④ 80

해설

소형고압블럭의 두께는 보도용은 60mm, 차도용은 80mm를 사용한다.

39

수준측량과 관련이 없는 것은?

① 레벨　　② 표척
③ 앨리데이드　　④ 야장

해설

수준측량(水準測量, leveling) : 고저측량 또는 레벨측량이라고도 한다. 방법에는 레벨을 사용하여 그 점에 세운 표척의 눈금 차이로부터 직접 고저차를 구하는 직접수준측량과 레벨 이외의 기

정답 33 ① 34 ① 35 ④ 36 ① 37 ① 38 ④ 39 ③

기를 사용하는 간접수준측량이 있다. 간접수준측량은 트랜싯을 사용한 삼각법과 시거수준측량, 평판의 앨리데이드에 의한 방법, 나침반에 의한 방법, 기압차에 의한 기압수준측량, 중력에 의한 방법, 사진측정에 의한 방법 등이 있으며, 강 또는 바다 등으로 인해 접근이 어려운 두 점 사이의 고저차를 직접 또는 간접 수준측량에 의하여 구하는 교호수준측량(交互水準測量)과 간단한 레벨로 간단히 수평을 보는 약수준측량(略水準測量)도 있다. 앨리데이드(alidade) : 평판측량(平板測量)에 사용되는 기구의 하나로 평판 위에 올려 놓고 목표를 시준(視準)하여 그 방향선을 정한 다음 목표까지의 거리를 축척으로 측정함으로써 간접적으로 거리와 고저차(高低差)를 측정하는 기구이다.

40

자연석 공사시 돌과 돌 사이에 넣어 붙여 심는 것으로 적합하지 않는 수종은?

① 회양목　② 철쭉
③ 맥문동　④ 향나무

해설

돌과 돌 사이에 넣어 붙여 심는 나무(석간수, 石間水)로는 관목이어야 한다. 향나무는 교목이므로 적당하지 않다.

41

길이쌓기 켜와 마구리쌓기 켜가 번갈아 반복되게 쌓는 방법으로 모서리나 벽이 끝나는 곳에는 반절이나 2·5 토막이 쓰이는 벽돌쌓기 방법은?

① 영국식쌓기　② 프랑스식쌓기
③ 영롱쌓기　④ 미국식쌓기

해설

영국식쌓기 : 가장 튼튼한 방법으로 한단은 마구리, 한단은 길이쌓기로 하고 모서리 벽 끝에는 2.5토막을 사용. 프랑스식쌓기 : 외관이 보기 좋으며, 한 켜에 길이쌓기와 마구리쌓기가 번갈아 나온다. 영롱쌓기 : 벽돌 장식 쌓기의 하나로서 벽돌담에 구멍을 내어 쌓는 방법으로 담의 두께는 0.5B두께로 하고 구멍의 모양은 삼각형, ㅡ자형, +자형 등의 여러 가지 모양이 있음. 미국식 쌓기 : 5단까지 길이쌓기로 하고 그 위에 한단은 마구리쌓기로 하여 본 벽돌 벽에 물려 쌓음.

42

평판측량의 3요소가 아닌 것은?

① 수평 맞추기[정준]
② 중심 맞추기[구심]
③ 방향 맞추기[표정]
④ 수직 맞추기[수준]

해설

평판측량의 3요소(평판 세우는 법) ① 정준 : 평판을 평평하게 하는 작업 ② 구심 : 평판위의 기계점(도상 기계점)과 현장에 기계를 세운 곳(지상 기계점)을 일치시키는 작업 ③ 표정 : 방향을 일치시키는 방법

43

다음 중 파이토플라스마(phytoplasma)에 의한 나무병이 아닌 것은?

① 뽕나무 오갈병
② 대추나무 빗자루병
③ 벚나무 빗자루병
④ 오동나무 빗자루병

해설

파이토플라즈마(phytoplasma) : 대추나무 빗자루병, 뽕나무 오갈병, 오동나무 빗자루병으로 파이토플라즈마와 마이코플라즈마는 같은 용어로 사용된다. 빗자루병은 Taphrina wiesneri가 병원균이다.

44

우리나라에서 발생하는 주요 소나무류에 잎녹병을 발생시키는 병원균의 기주로 맞지 않는 것은?

① 소나무　② 해송
③ 스트로브잣나무　④ 송이풀

해설

중간기주는 두 기주 중 경제적 가치가 적은 것으로 잣나무 털녹병의 중간기주는 송이풀과 까치밥나무이고, 포플러 잎녹병의 중간기주는 낙엽송, 배나무 적성병의 중간기주는 향나무이다.

정답 40 ④ 41 ① 42 ④ 43 ③ 44 ④

45

진딧물이나 깍지벌레의 분비물에 곰팡이가 감염되어 발생하는 병은?

① 흰가루병 ② 녹병
③ 잿빛곰팡이병 ④ 그을음병

해설

그을음병은 배롱나무, 감나무 등에 피해를 주며 깍지벌레, 진딧물의 배설물에 의해 발생한다. 잎과 줄기에 그을음을 형성하며, 나무가 말라 죽는 일은 없으나 동화작용 부족으로 수세가 쇠약해진다. 마라톤 살포, 메티온 유제를 살포하여 깍지벌레를 구제한다. 깍지벌레, 진딧물 등의 흡즙성 해충을 방제한다.

46

다음 수종 중 흰가루병이 가장 잘 걸리는 식물은?

① 대추나무 ② 향나무
③ 동백나무 ④ 장미

해설

흰가루병은 장미에 가장 많이 발생한다. 단풍나무, 벚나무, 배롱나무에도 많이 발생한다.

47

잡초제거를 위한 제초제 등 잔디밭에 사용할 때 각별한 주의가 요구되는 것은?

① 선택성 제초제 ② 비선택성 제초제
③ 접촉형 제초제 ④ 호르몬형 제초제

해설

잔디밭에 비선택성(선택하지 않고 다 죽이는 것) 제초제를 주면 잔디까지 죽게 된다.

48

Methidathion(메치온) 40% 유제를 1000배액으로 희석해서 10a당 6말(20L/말)을 살포하여 해충을 방제하고자 할 때 유제의 소요량은 몇 mL 인가?

① 100 ② 120
③ 150 ④ 240

49

골프장의 각 코스를 설계할 때 어느 방향으로 길게 배치하는 것이 가장 이상적인가?

① 동서방향 ② 남북방향
③ 동남방향 ④ 북서방향

해설

골프장의 코스는 남북방향으로 길게 배치하는 것이 좋다.

50

다음 중 양수로만 짝지어진 것은?

① 식나무, 서어나무
② 산수유, 모과나무
③ 오리나무, 팔손이나무
④ 서향, 회양목

해설

음수 : 주목, 전나무, 독일가문비, 비자나무, 가시나무, 녹나무, 후박나무, 동백나무, 호랑가시나무, 팔손이나무, 회양목 등이 있다. 양수 : 소나무, 곰솔, 일본잎갈나무, 측백나무, 향나무, 은행나무, 산수유, 모과나무, 철쭉류, 느티나무, 포플러류, 가중나무, 무궁화, 백목련, 개나리 등이 있다. 중간수 : 잣나무, 삼나무, 섬잣나무, 화백, 목서, 칠엽수, 회화나무, 벚나무류, 쪽동백, 단풍나무, 수국, 담쟁이덩굴 등

51

다음 중 중국 4대 명원(四大名園)에 포함되지 않는 것은?

① 작원 ② 사자림
③ 졸정원 ④ 창랑정

해설

소주 지방의 4대명원 : 졸정원, 사자림, 창랑정, 유원

정답 45 ④ 46 ④ 47 ② 48 ② 49 ② 50 ② 51 ①

52

다음 중 맹암거를 가장 잘 설명한 것은?

① 배수를 통한 지하수위의 조절을 위해 땅 속에 매설한 수로
② 두 개 이상의 수원, 못, 우물 등으로부터 집수되어 하류로 보내는 우물
③ 빗물을 하수구로 보내기 위한 설비
④ 관개를 하도록 물이 지나갈 수 있는 관

해설

맹암거(盲暗渠, stone filled drain dummy ditch)는 배수를 통한 지하수위의 조절을 위하여 모래, 자갈, 호박돌 등을 땅 속에 매설한 일종의 수로이다. ②는 집수정을 설명한 것이다. ③는 우수받이를 설명한 것이다. ④는 관개수로관을 설명한 것이다.

53

대나무에 대한 설명으로 가장 적당하지 않은 것은?

① 세계적으로 1,200여 종이 있다.
② 분홍색의 꽃이 아름답게 핀다.
③ 맑고 절개가 굳으면 마음을 비우고 천지의 도를 행할 군자가 본받을 품성을 지녔다고 한다.
④ 4군자 중 하나의 식물이다.

해설

대나무는 세계적으로 1,200여 종이나 되고 우리나라에는 14종이 있는데 대나무 종류마다 대체적으로 다르게 쓰여진다. 2차 대전의 히로시마 원폭 피해에서 유일하게 생존했을 정도로 생명력이 강하다. 번식은 지하경에 붙은 모죽으로 하는데 아주 잘 된다. 대나무 중에서 굵은 것은 직경 20cm까지 크는 것이 맹종죽인데, 죽순을 먹을 수 있고 하루 동안에 1m까지 자랄 수 있다고 한다. 유관속식물이지만 형성층이 없어 초여름 성장이 끝나고 나면 몇 년이 되어도 비대생장이나 수고생장은 하지 않고 부지런히 땅속 줄기에 양분을 모두 보내 다음 세대 양성에 힘쓰는 것이 보통 나무와 대나무가 다른 점이다. 중국의 소동파는 고기가 없는 식사는 할 수 있지만 대나무 없는 생활은 할 수 없으며, 고기를 안 먹으면 몸이 수척하지만 대나무가 없으면 사람이 저속해진다고 했다. 대나무가 맑고 절개가 굳으며 마음을 비우고 천지의 도를 행할 군자가 본받을 품성을 모두 지녔다 하여 우리 민족은 예로부터 대나무를 좋아하였다.

54

다음 중 대나무에 대한 설명으로 틀린 것은?

① 외관이 아름답다.
② 탄력이 있다.
③ 잘 썩지 않는다.
④ 벌레 피해를 쉽게 받는다.

해설

대나무(Bambusoideae)는 외떡잎식물 벼목 화본(벼)과 대나무아과에 속하는 상록성 여러해살이 식물의 총칭이다. 성장이 빠르며, 줄기나 껍질 등에 살균작용이 있다.

55

다음 식물 중 활엽수가 아닌 것은?

① 은행나무 ② 구실잣밤나무
③ 가시나무 ④ 수수꽃다리

해설

은행나무는 활엽수처럼 생겼지만 침엽수이다.

56

다음 설명하는 수종은?

- 학명은 "*Betula schmidtii* Regel"이다
- Schmidt birch 또는 단목(檀木)이라 불리기도 한다.
- 곧추 자라나 불규칙하며, 수피는 흑회색이다.
- 5월에 개화하고 암수 한그루이며, 수형은 원추형, 뿌리는 심근성, 잎의 질감이 섬세하여 녹음수로 사용 가능하다.

① 오리나무 ② 박달나무
③ 소사나무 ④ 녹나무

해설

박달나무의 학명은 *Betula schmidtii* REGEL.이고, 낙엽활엽교목이다. 높이가 30m에 달하고 수피는 벗겨지지 않으며 검은 회색이다. 잎은 길이 4~8cm로서 가장자리에 뾰족한 톱니가 있고 꽃은 5~6월에 핀다. 우리나라는 예로부터 박달나무를 신성시하여 건국신화에도 단군왕검이 박달나무 아래서 신시를 열었다고 전해진다. 단군(檀君)의 '단'도 박달나무라는 뜻이다. 또한, 박달나무는 물에 거의 가라앉을 정도로 무겁고 단단하여 홍두깨·방망이로도 많이 이용되었다. 이밖에 가구재·조각재·곤봉·수레바퀴 등으로 이용된다.

정답 52 ① 53 ② 54 ③ 55 ① 56 ②

57

생울타리처럼 수목이 대상으로 군식되었을 때 거름주는 방법으로 가장 적당한 것은?

① 전면거름주기 ② 천공거름주기
③ 선상거름주기 ④ 방사상 거름주기

해설

전면 거름주기 : 수목 식재 전 토양 표면에 밑거름을 깔고 경운하는 경우로 수목이 밀식되어 한 그루마다 거름을 줄 수 없는 경우, 잔디밭 전면에 비료를 살포하는 경우에 사용. 윤상 거름주기 : 수관폭을 형성하는 가지 끝 아래의 수관선을 기준으로 환상으로 깊이 20~25cm, 너비 20~30cm 바퀴모양으로 구덩이를 파서 거름을 주는 방법으로 비교적 어린 나무에 실시. 격윤상 거름주기 : 윤상 거름주기의 형태이기는 하나, 윤상의 거름 구덩이가 연결되지 않고 일정한 간격을 두고 거름을 주는 방법으로, 다음 해에 구덩이 위치를 바꾸어 준다. 방사상 거름주기 : 수목의 밑동으로부터 밖으로 방사상 모양으로 땅을 파고 거름을 주는 방법으로 뿌리가 상하기 쉬운 노목에 실시. 천공 거름주기 : 수관선상에 깊이 20cm 정도의 구멍을 군데군데 뚫고 거름을 주는 방법. 선상 거름주기 : 산울타리처럼 군식된 수목을 식재된 수목 밑동으로부터 일정한 간격을 두고 도랑처럼 길게 구덩이를 파서 거름을 주는 방법

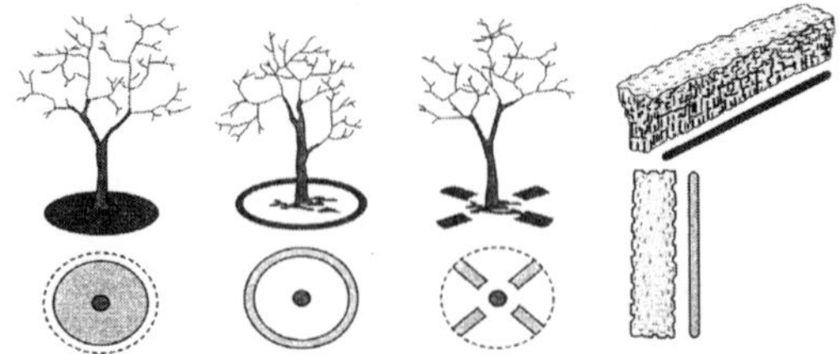

58

조선시대 선비들이 즐겨 심고 가꾸었던 사절우(四節友)에 해당하는 식물이 아닌 것은?

① 난초 ② 대나무
③ 국화 ④ 매화나무

해설

사절우 : 매화, 소나무, 국화, 대나무. 사군자 : 매화, 난초, 국화, 대나무

59

골프 코스 설계시 골프장의 표준 코스는 몇 개의 홀로 구성하는가?

① 9 ② 18
③ 32 ④ 36

해설

골프장의 표준코스는 18홀이다.

60

주차장법 시행규칙상 주차장의 주차단위구획 기준은?(단, 평행주차형식 외의 장애인전용 방식이다.)

① 2.0m 이상 × 4.5m 이상
② 3.0m 이상 × 5.0m 이상
③ 2.3m 이상 × 4.5m 이상
④ 3.3m 이상 × 5.0m 이상

해설

일반주차장의 면적은 2.3m 이상 × 5.0m 이상이고, 장애인 주차장의 면적은 3.3m 이상 × 5.0m 이상이다.
주차장법 시행규칙(2020. 6. 25 시행) 제3조(2018. 3. 21)에 의하면 평행주차형식 외의 경우

구분	너비	길이
경형	2.0m 이상	3.5m 이상
일반형	2.5m 이상	5.0m 이상
확장형	2.6m 이상	5.2m 이상
장애인 전용	3.3m 이상	5.0m 이상
이륜자동차 전용	1.0m 이상	2.3m 이상

정답 57 ③ 58 ① 59 ② 60 ④

2020년 제3회 조경기능사 과년도 (복원CBT)

01

로마의 조경에 대한 설명으로 알맞은 것은?

① 집의 첫 번째 중정(Atrium)은 5점형 식재를 하였다.
② 주택정원은 그리스와 달리 외향적인 구성이었다.
③ 집의 두 번째 중정(Peristylium)은 가족을 위한 사적공간이다.
④ 겨울 기후가 온화하고 여름이 해안기후로 시원하여 노단형의 별장(Villa)이 발달 하였다.

해설

로마의 조경 : 겨울에는 온화한 편이나 여름은 몹시 더워 구릉지에 빌라(Villa)가 발달하는 계기 마련하고, 주택정원은 내향적 구성이다.
2개의 중정과 1개의 후정으로 구성되어 있다.

	아트리움	페리스틸리움	지스터스
공간 구성	제1중정	제2중정(주정)	후원
	무열주(無列柱)중정	주랑(柱廊)식 중정	
목적	공적장소 (손님접대)	사적공간 (가족공간)	
특징	- 천창(天窓, 채광) - 임플루비움 (impluvium, 빗물받이 수반) 설치 - 바닥은 돌 포장 - 화분장식	- 포장하지 않음 (식재가능) - 정형적으로 식재배치 - 벽화 - 개방된 중정	- 제1, 2중정과 동일한 축선상에 배치 - 5점형 식재 - 관목 군식

02

고려시대 궁궐의 정원을 맡아 관리하던 해당 부서는?

① 내원서　② 장원서
③ 상림원　④ 동산바치

해설

고려시대는 내원서, 조선시대는 장원서가 궁궐의 정원을 담당하던 대표 부서이다. 내원서(內園署)는 고려시대 원원(園苑)을 관리하던 관서이며 장원서(掌苑署)는 선시대 원(園)·유(囿)·화초·과물 등의 관리를 관장하기 위해 설치된 관서이다.

03

조선시대 궁궐이나 상류주택 정원에서 가장 독특하게 발달한 공간은?

① 전정　② 후정
③ 주정　④ 중정

해설

후정(뒤뜰)은 조용하고 정숙한 분위기로 침실에서 전망이나 동선을 살리되 외부에서 시각적, 기능적으로 차단하며, 프라이버시(사생활)가 최대한 보장된다. 전정(앞뜰)은 대문과 현관사이의 공간으로 바깥의 공적인 분위기에서 사적인 분위기로의 전이공간이며, 주택의 첫인상을 좌우하는 공간으로 가장 밝은 공간이다. 주정(안뜰)은 가장 중요한 공간으로 응접실이나 거실쪽에 면한 뜰로 옥외생활을 즐길 수 있는 곳이며, 휴식과 단란이 이루어지는 공간으로 가장 특색 있게 꾸밀 수 있다. 중정(中庭)은 건물 안이나 안채와 바깥채 사이의 뜰을 말한다.

04

조선시대 후원의 장식용이 아닌 것은?

① 괴석　② 세심석
③ 굴뚝　④ 석가산

해설

조선시대 후원의 장식용은 굴뚝, 세심석, 괴석 등이 있다.

05

설계안이 완공되었을 경우를 가정하여 설계 내용을 실제 눈에 보이는 대로 절단한 면을 그린 그림은?

① 평면도　② 조감도
③ 투시도　④ 상세도

해설

투시도(透視圖, perspective drawing) : 물체를 눈에 보이는 형상 그대로 그리는 그림으로 중심투영도라고도 한다. 설계안이 완공되었을 경우를 가정하여 설계 내용을 실제 눈에 보이는 대로 절단한 면을 그린 그림이다.

정답　1③　2①　3②　4④　5③

06

다음 설명하고 있는 수종으로 가장 적합한 것은?

- 꽃은 지난해에 형성되었다가 3월에 잎보다 먼저 총상꽃차례로 달린다.
- 물푸레나무과로 원산지는 한국이며, 세계적으로 1속1종 뿐이다.
- 열매의 모양이 둥근부채를 닮았다.

① 미선나무 ② 조록나무
③ 비파나무 ④ 명자나무

해설

미선나무 : 열매의 모양이 부채를 닮아 미선나무라고 불리는 관목이며 우리나라에서만 자라는 한국 특산식물이다.

07

다음 중 이식하기 가장 어려운 수종은?

① 가이즈까향나무 ② 쥐똥나무
③ 목련 ④ 명자나무

해설

이식하기 여려운 수목 : 목련, 백합나무, 자작나무, 칠엽수, 감나무, 독일가문비, 소나무 등

08

다음 중 화성암이 아닌 것은?

① 대리석 ② 화강암
③ 안산암 ④ 섬록암

해설

대리석은 변성암에 속한다.

09

화성암의 일종으로 돌 색깔은 흰색 또는 담회색으로 주로 경관석, 바닥포장용, 석탑, 석등, 묘석 등으로 사용되는 것은?

① 석회암 ② 점판암
③ 응회암 ④ 화강암

해설

화성암은 화강암, 안산암, 현무암, 섬록암 등으로 구성된다. 화강암은 한국돌의 주종을 이루며, 조경에서 많이 사용한다. 단단하고 내구성과 내화성이 크며, 치밀하고 내구성, 내화성이 좋다. 바닥포장용 석재로 우수하고, 건물진입부와 산책로에 사용한다.

10

기존의 퇴적암 또는 화성암이 지열, 지각의 변동에 의한 압력작용 및 화학작용 등에 의해 조직이 변화한 암석은?

① 화성암 ② 수성암
③ 변성암 ④ 석회질암

해설

변성암 : 기존 퇴적암 또는 화성암이 지열, 지각의 변동에 의한 압력작용 및 화학작용 등에 의해 조직이 변화한 암석으로 대표적으로 대리석과 편마암이 있다. 화성암 : 뜨거운 마그마가 식어 만들어진 암석. 수성암 : 광물질 및 생물의 유해가 수중에서 침적고결된 암석으로 수성암에는 물의 기계적 작용에 의해 만들어진 사암(sandstone), 점판암(claystone), 응회암(tuff), 물의 화학적 작용에 의한 석회암(limestone), 동식물의 퇴적에 의한 규조토(diatomaceous earth) 등이 있다.

11

다음 설명에 해당하는 나무를 무엇이라 하는가?

"곧은 줄기가 있고 줄기와 가지의 구별이 명확하며 키가 큰 나무"

① 교목
② 관목
③ 덩굴성식물(만경목)
④ 지피식물

해설

교목 : 뚜렷한 원줄기를 가지고 있으며, 대개 3~4 m 이상인 나무. 관목 : 뿌리 부근에서 여러 줄기가 나와 줄기와 가지의 구별이 힘든 나무. 덩굴식물 : 스스로 서지 못하고 다른 물체를 감아 올라가는 식물

정답 6① 7③ 8① 9④ 10③ 11①

12

식물 생장에 필요한 토양의 최소 깊이(토심)를 올바르게 표시한 것은?

	생존 최소깊이	생장 최소깊이
① 잔디 · 초본류 :	15cm	30cm
② 대관목 :	30cm	45cm
③ 천근성 교목 :	45cm	60cm
④ 심근성 교목 :	60cm	90cm

해설

식물 생장에 필요한 토양의 최소 깊이(토심) 잔디 및 초본류는 15~30cm, 관목은 30~60cm, 천근성 교목은 60~90cm, 심근성 교목은 90~150 cm이다.

13

다음 중 비탈면에 교목을 식재할 때 기울기는 어느 정도 보다 완만하여야 하는가?

① 1 : 1 정도 ② 1 : 1.5 정도
③ 1 : 2 정도 ④ 1 : 3 정도

해설

① 지피류 및 초화류 ③ 관목 ④ 교목

14

다음 중 흰불나방의 피해가 가장 많이 발생하는 수종은?

① 감나무 ② 사철나무
③ 플라타너스 ④ 측백나무

해설

흰불나방은 플라타너스에 피해가 많으며 플라타너스의 흰불나방은 그로프수화제(더스반), 주로수화제(디밀린) 등으로 방제한다.

15

8월 중순경에 양버즘나무의 피해 나무줄기에 잠복소를 설치하여 가장 효과적인 방제가 가능한 해충은?

① 진딧물류 ② 미국흰불나방
③ 하늘소류 ④ 버들재주나방

해설

미국흰불나방 : 1년에 2회 발생(5~6월, 7~8월)하며 겨울철에 번데기 상태로 월동하고 성충의 수명은 3~4일이다. 가로수와 정원수 특히 플라타너스에 피해가 심하다. 화학적 방제법은 디프제(디프유제, 디프테렉스 1,000배액), 스미치온을 사용하고, 생물학적 방제법(천적)은 긴등기생파리, 송충알벌을 이용한다. 플라타너스의 흰불나방 약제는 그로프수화제(더스반), 주로수화제(디밀린)를 사용하여 방제한다.

16

조선시대 사대부나 양반계급에 속했던 사람들이 시골 별서에 꾸민 정원이 아닌 것은?

① 양산보의 소쇄원 ② 윤선도의 부용동정원
③ 정약용의 다산초당 ④ 이규보의 사륜정

해설

④ 이규보의 사륜정은 고려시대의 정원이다.

17

다음 [보기]의 설명은 어느 시대의 정원에 관한 것인가?

> [보기]
> - 석가산과 원정, 화원 등이 특징이다.
> - 대표적 유적으로 동지(東池), 만월대, 수창궁원, 청평사 문수원 정원 등이 있다.
> - 휴식·조망을 위한 정자를 설치하기 시작하였다.
> - 송나라의 영향으로 화려한 관상위주의 이국적 정원을 만들었다.

① 조선 ② 백제
③ 고려 ④ 통일신라

해설

고려시대 정원의 특징

고려 시대	궁궐 정원	구영각지원(동지) – 공적기능의 정원	강한대비, 사치스러운 양식
		격구장 – 동적기능의 정원	
		화원, 석가산정원(중국에서 도입)	
	민간 정원	문수원 남지, 이규보의 사륜정	관상위주의 정원
	객관 정원	순천관(고려조의 가장 대표적인 것)	

정답 12 ① 13 ④ 14 ③ 15 ② 16 ④ 17 ③

18

추위에 의하여 나무의 줄기 또는 수피가 수선 방향으로 갈라지는 현상을 무엇이라 하는가?

① 고사 ② 피소
③ 상렬 ④ 괴사

해설

상렬(霜裂) : 추위로 인해 나무의 줄기 또는 수피가 세로방향으로 갈라져 말라죽는 현상으로 늦겨울이나 이른 봄 남서면의 얼었던 수피가 햇빛을 받아 조직이 녹아 연해진 다음 밤중에 기온이 급속히 내려감으로써 수분이 세포를 파괴하여 껍질이 갈라져 생긴다. 수피가 얇은 단풍나무, 배롱나무, 일본목련, 벚나무, 밤나무 등이 피해가 많다. 예방법으로는 남서쪽의 수피가 햇볕을 직접 받지 않게 하고, 수간의 짚싸기 또는 석회수(백토제) 칠하기 등이 있다.

19

우리나라 최초의 대중적인 도시 공원은?

① 남산공원 ② 사직공원
③ 파고다공원 ④ 장충공원

해설

우리나라 최초의 대중적인 도시 공원은 파고다공원(탑골공원)이다. 최초 자연공원 : 요세미테 공원, 최초 국립공원 : 옐로우스톤 국립공원, 우리나라 최초 국립공원 : 1967년 12월 지리산국립공원, 유네스코에서 국제 생물권 보존지역으로 지정한 공원 : 1982년 6월 설악산 국립공원

20

국립공원의 발달에 기여한 미국 최초의 국립공원은?

① 옐로우 스톤 ② 요세미티
③ 센트럴파크 ④ 보스톤 공원

해설

옐로우스톤공원 : 최초의 국립공원. 요세미티 : 최초의 자연공원. 센트럴파크 : 미국에서 재정적으로 성공했으며, 도시공원의 효시로 국립공원운동의 계기를 마련.

21

일반적으로 수목의 뿌리돌림시, 분의 크기는 근원 직경의 몇 배 정도가 알맞은가?

① 2배 ② 4배
③ 8배 ④ 12배

해설

수목의 뿌리돌림시 분의 크기는 근원직경의 4~6배, 일반적으로 4배 정도의 크기로 한다. 뿌리돌림의 방법은 근원 직경의 4~6배(보통 4배), 천근성인 것은 넓게 뜨고 심근성인 것은 깊게 파내려 가며 절근하고 크기를 정한 후 흙을 파내며 나타나는 뿌리를 모두 절단하고 칼로 깨끗이 다듬는다. 수목을 지탱하기 위해 3~4방향으로 한 개씩, 곧은 뿌리는 자르지 않고 15cm 정도의 폭으로 환상박피한 다음 흙을 되묻는데, 이때 잘 부숙된 퇴비를 섞어주면 효과적이다. 뿌리돌림을 하면 많은 뿌리가 절단되어 영양과 수분의 수급 균형이 깨지므로 가지와 잎을 적당히 솎아 지상부와 지하부의 균형을 맞춰준다.

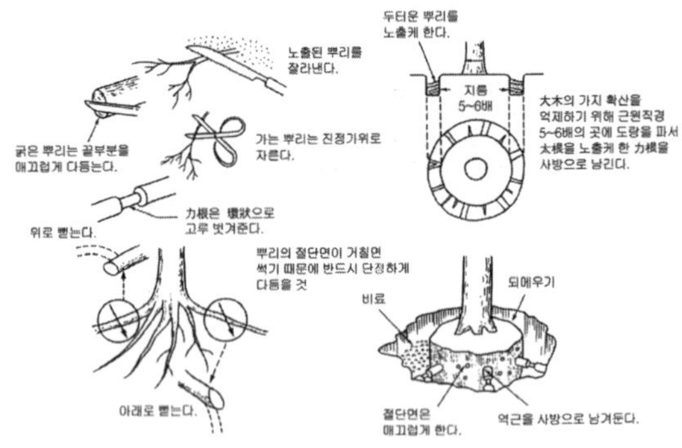

그림. 뿌리돌림의 방법

22

뿌리돌림의 필요성을 설명한 것으로 거리가 먼 것은?

① 이식적기가 아닐 때 이식할 수 있도록 하기 위해
② 크고 중요한 나무를 이식하려 할 때
③ 개화결실을 촉진시킬 필요가 없을 때
④ 건전한 나무로 육성할 필요가 있을 때

해설

뿌리돌림 목적 : 세근이 잘 발달하지 않아 극히 활착하기 어려운 야생상태의 수목 및 노목(老木), 대목(大木), 거목(巨木), 쇠약해진 수목, 귀중한 나무, 이식 경험이 적은 외래수종 등을 이식하여 새로운 잔뿌리 발생촉진, 분토안의 잔뿌리 신생과 신장도모를 하여 이식 후의 활착을 돕는다.

정답 18 ③ 19 ③ 20 ① 21 ② 22 ③

23

수목을 옮겨심기 전 일반적으로 뿌리돌림을 실시하는 시기는?

① 6개월 ~ 1년　　② 3개월 ~ 6개월
③ 1년 ~ 2년　　④ 2년 ~ 3년

해설

수목을 옮겨심기 6개월~1년 전 또는 6개월 ~ 3년 전에 뿌리돌림을 실시한다.

24

다음 중 큰 나무의 뿌리돌림에 대한 설명으로 가장 거리가 먼 것은?

① 굵은 뿌리를 3~4개 정도 남겨둔다.
② 굵은 뿌리 절단시는 톱으로 깨끗이 절단한다.
③ 뿌리돌림을 한 후에 새끼로 뿌리분을 감아두면 뿌리의 부패를 촉진하여 좋지 않다.
④ 뿌리 돌림을 하기 전 수목이 흔들리지 않도록 지주목을 설치하여 작업하는 방법도 좋다.

해설

③ 뿌리돌림 후 새끼로 뿌리를 감아두면 새끼는 썩기 때문에 괜찮다.

25

한지형 잔디에 속하지 않는 것은?

① 버뮤다그라스　　② 이탈리안라이그라스
③ 크리핑벤트그라스　　④ 켄터키블루그라스

해설

한지형잔디는 캔터키블루그라스, 크리핑밴트그라스, 이탈리안라이그라스, 톨 훼스큐 등이 있고, 난지형잔디는 한국잔디, 버뮤다그라스 등이 있다.

26

골프장에 사용되는 잔디 중 난지형 잔디는?

① 들잔디　　② 벤트그라스
③ 켄터키블루그라스　　④ 라이그라스

해설

난지형 잔디 : 한국잔디(들잔디, 고려잔디, 금잔디, 비로드잔디, 갯잔디), 버뮤다그라스. 한지형 잔디 : 캔터키블루그라스, 벤트그라스, 톨 훼스큐, 라이그라스

27

다음 중 일반적으로 전정시 제거해야 하는 가지가 아닌 것은?

① 도장한 가지　　② 바퀴살 가지
③ 얽힌 가지　　④ 주지(主枝)

해설

잘라 주어야 할 가지 : 도장지, 안으로 향한 가지, 고사지(말라 죽은 가지), 움돋은 가지, 교차한 가지, 평행지, 웃자란 가지, 병충해 피해를 입은 가지, 아래로 향한 가지, 무성하게 자란가지(무성지)

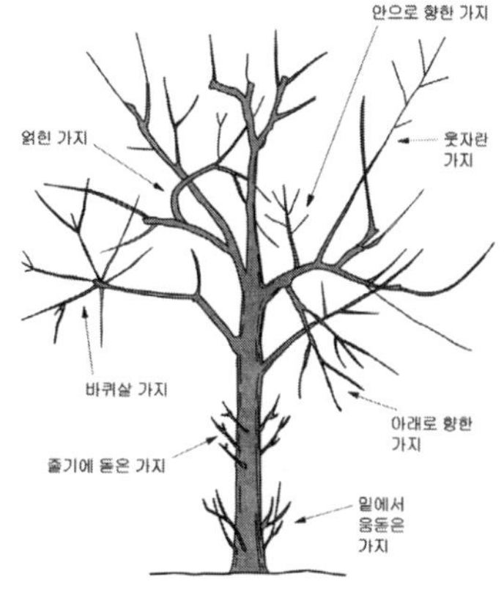

그림. 잘라야 할(전정해야 할) 가지

28

다음에 대한 설명으로 맞는 것은?

> 〈다음〉
> 암석이 마모되어 둥그스름해진 조립(粗粒) 석재로서, 지름 5mm 이상의 것으로 보통 비중은 2.4~2.8, 흡수율은 0.6~8.0% 범위에 속한다.

① 자갈　　② 모래
③ 처트　　④ 시멘트

정답 23 ① 24 ③ 25 ① 26 ① 27 ④ 28 ①

7 과년도 기출문제

해설

자갈(gravels)은 암석이 마모되어 둥그스름해진 조립(粗粒) 석재로서, 지름 5㎜이상의 것을 자갈이라 한다. 광물조성과 기타 특징은 모암의 성질에 준하며, 보통 비중은 2.4~2.8, 흡수율은 0.6~8.0% 범위에 속한다. 시멘트콘크리트용이나 아스팔트콘크리트용 골재, 도로 포장, 구조물 기초 등의 재료로 사용된다. ② 모래(sand)는 토양 내에 분포하는 암석과 광물의 작은 조각으로 구성된 0.02 mm~2mm 사이의 입자를 말하며, 자갈보다는 작고 실트보다는 큰 입자 크기를 갖는다. ③ 처트(chert)는 규질의 화학적 퇴적암으로 각암이라고도 한다. 백색·회색·흑색·청색·녹색·갈색·적색 등 여러 가지 색을 띠며, 단단하여 깨면 패각상단구를 나타낸다. 재결정 작용에 의해서, 순수한 석영의 집합체가 된 것을 규석이라 하며, 내화 벽돌 등의 원료로 이용된다. ④ 시멘트(cement)는 넓은 뜻으로는 물질과 물질을 접착하는 물질을 의미하지만 일반적으로 토목용이나 건축용의 무기질의 결합경화제를 뜻한다. 이 중에서도 오늘날 흔히 시멘트로 불리는 것은 포틀랜드 시멘트다.

29

암석을 구성하고 있는 조암광물의 집합상태에 따라 생기는 눈 모양을 무엇이라고 하는가?

① 절리　② 층리
③ 석목　④ 석리

해설

석리(石理) : 화성암을 관찰할 때 광물 입자들이 모여서 이루는 작은 규모의 조직. 절리(節理, joint) : 암석에 외력이 가해져서 생긴 금

30

길이쌓기 켜와 마구리쌓기 켜가 번갈아 반복되게 쌓는 방법으로 모서리나 벽이 끝나는 곳에는 반절이나 2.5 토막이 쓰이는 벽돌쌓기 방법은?

① 영국식쌓기　② 프랑스식쌓기
③ 영롱쌓기　④ 미국식쌓기

해설

영국식쌓기 : 가장 튼튼한 방법으로 한단은 마구리, 한단은 길이쌓기로 하고 모서리 벽 끝에는 2.5토막을 사용. 프랑스식쌓기 : 외관이 보기 좋으며, 한 켜에 길이쌓기와 마구리쌓기가 번갈아 나온다. 영롱쌓기 : 벽돌 장식 쌓기의 하나로서 벽돌담에 구멍을 내어 쌓는 방법으로 담의 두께는 0.5B두께로 하고 구멍의 모양은 삼각형, ㅡ자형, +자형 등의 여러 가지 모양이 있음. 미국식 쌓기 : 5단까지 길이쌓기로 하고 그 위에 한단은 마구리쌓기로 하여 본 벽돌 벽에 물려 쌓음

31

벽돌쌓기의 여러 가지 기법 가운데 가장 튼튼하게 쌓을 수 있는 것은?

① 영국식 쌓기　② 미국식 쌓기
③ 네덜란드식 쌓기　④ 프랑스식 쌓기

해설

영국식 쌓기 : 가장 튼튼한 방법으로 한단은 마구리, 한단은 길이쌓기로 하고 모서리 벽 끝에는 2.5토막을 사용. 미국식 쌓기 : 5단까지 길이쌓기로 하고 그 위에 한단은 마구리쌓기로 하여 본 벽돌벽에 물려 쌓음. 네덜란드식 쌓기 : 우리나라에서 가장 많이 사용하는 방법으로 쌓기 편함. 프랑스식 쌓기 : 외관이 보기 좋으며, 한 켜에 길이쌓기와 마구리쌓기가 번갈아 나온다.

32

다음 중 도시공원 및 녹지 등에 관한 법률 시행규칙에서 공원 규모가 가장 작은 것은?

① 묘지공원　② 체육공원
③ 광역권근린공원　④ 어린이공원

해설

도시공원 및 녹지 등에 관한 법률 시행규칙

공원구분		유치거리	규모
소공원		제한없음	제한없음
어린이공원		250m 이하	1,500m² 이상
근린공원	근린생활권		1만m² 이상
	도보권		3만m² 이상
	도시지역권		10만m² 이상
	광역권		100만m² 이상
묘지공원		제한없음	10만m² 이상
체육공원		제한없음	1만m² 이상

33

골프장에서 티와 그린 사이의 공간으로 잔디를 짧게 깎는 지역은?

① 해저드　② 페어웨이
③ 홀 커터　④ 벙커

해설

② 페어웨이(Fairway) : 골프에서 티(tee)와 그린(green) 사이에 있는 잘 깎인 잔디 지역. ① 해저드(hazard) : 코스 안에 설치한 모래밭·연못·웅덩이·개울 따위의 장애물. ④ 벙커(bunker) : 골프 코스에서 모래가 쌓여 있는 장소

정답 29 ④ 30 ① 31 ① 32 ④ 33 ②

34

골프장 설치장소로 적합하지 않은 곳은?

① 교통이 편리한 위치에 있는 곳
② 골프코스를 흥미롭게 설계 할 수 있는 곳
③ 기후의 영향을 많이 받는 곳
④ 부지매입이나 공사비가 절약될 수 있는 곳

해설

골프장은 기후의 영향을 많이 받는 곳은 좋지 않다.

35

다음 중 잔디밭의 넓이가 165m² (약 50평) 이상으로 잔디의 품질이 아주 좋지 않아도 되는 골프장의 러프지역, 공원의 수목지역 등에 많이 사용하는 잔디 깎는 기계는?

① 핸드모우어 ② 그린모우어
③ 로타리모우어 ④ 갱모우어

해설

③ 로터리모우어 : 150m² 이상의 학교, 공원 등의 잔디깎기에 사용한다. ① 핸드모우어 : 150m² 미만의 잔디밭 관리용으로 사용. ② 그린모우어 : 골프장의 그린, 테니스 코트장 관리용으로 사용. ④ 갱모우어 : 15,000m² 이상의 골프장, 운동장, 경기장용으로 사용하며, 트랙터에 달아서 사용한다.

36

골프장의 각 코스를 설계할 때 어느 방향으로 길게 배치하는 것이 가장 이상적인가?

① 동서방향 ② 남북방향
③ 동남방향 ④ 북서방향

해설

골프장의 코스는 남북방향으로 길게 배치하는 것이 좋다.

37

다음 수종 중 빗자루병에 잘 걸리는 나무는?

① 향나무 ② 소나무
③ 벚나무 ④ 목련

해설

빗자루병에 잘 걸리는 수목은 오동나무, 대추나무, 벚나무 등이 대표적이다.

38

파이토플라즈마에 의한 주요 수목병에 해당되지 않는 것은?

① 오동나무빗자루병
② 뽕나무오갈병
③ 대추나무빗자루병
④ 소나무시들음병

해설

파이토플라즈마 : 마이코플라즈마(Mycoplasma)라고 더 많이 사용한다. 대추나무, 오동나무, 뽕나무 등에 많이 발생하며, 소나무에는 발생하지 않는다.

39

다음 중 잎에 등황색의 반점이 생기고 반점으로부터 붉은 가루가 발생하는 병으로 한국잔디의 대표적인 것은?

① 붉은 녹병
② 푸사륨 패치(Fusarium patch)
③ 황화현상
④ 달라스폿(dollar spot)

해설

붉은 녹병 : 5~6월, 9~10월에 질소결핍, 고온다습 등에 의해 발생하며, 한국잔디의 대표적인 병이다. 푸사륨 패치 : 이른 봄, 전년도에 질소거름을 늦게 까지 주었을 때 발생하며, 한국잔디에 많이 발생한다. 황화현상 : 이른 봄 새싹이 나올 때 발병하며, 금잔디에 많이 발생한다. 10~30cm의 원형반점이 생기고 토양관리가 나쁠 때 발생한다. 달라스폿 : 6~7월에 서양잔디에만 발생한다. 라지패치 : 토양전염병으로 축척된 태치 및 고온다습이 문제

40

먼색표색계의 10색상환에서 서로 마주보고 있는 색상의 짝이 잘못 연결된 것은?

① 빨강(R) – 청록(BG) ② 노랑(Y) – 남색(PR)
③ 초록(G) – 자주(RP) ④ 주황(YR) – 보라(P)

해설

색상환 : 색상을 환상(環狀)으로 늘어놓은 것을 말하며 그 환을 색상의 차이를 등감(等感)등차(等差)로 정렬해서 주요 색상척도

정답 34 ③ 35 ③ 36 ② 37 ③ 38 ④ 39 ① 40 ④

로 하고 있다. 표색은 객관적으로 표시하는 것의 하나로서 이용되고 있으며 먼셀 표색에서는 주색(主色)과 중간색의 10색상을 환상으로 배치하고, 각 색 모두 10개로 분할하여 5번째의 눈금이 중심이 되도록 배치되어 있다.

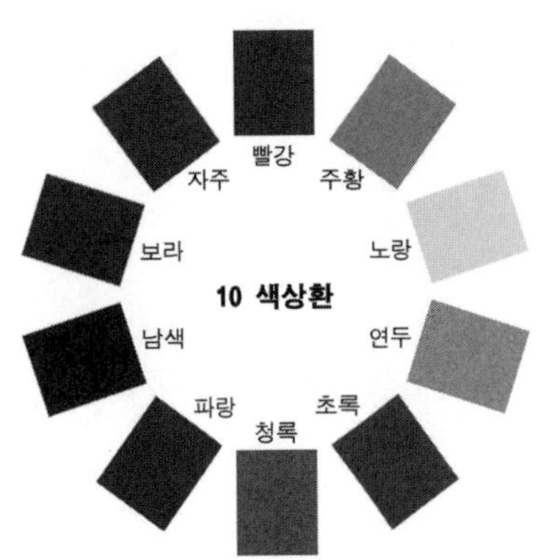

- 한국산업규격 한국표준색표집 -

41

벽돌 표준형의 크기는 190mm×90mm×57mm이다. 벽돌 줄눈의 두께를 10mm로 할 때, 표준형 벽돌벽 1.5B의 두께는 얼마인가?

① 170mm ② 270mm
③ 290mm ④ 330mm

해설

표준형 벽돌에 줄눈이 10mm일 때, 1.5B는 190+90+10=290mm가 된다.

42

다음 중 벽돌구조에 대한 설명으로 옳지 않은 것은?

① 표준형 벽돌의 크기는 190×90×57mm 이다.
② 이오토막은 네덜란드식, 칠오토막은 영국식쌓기의 모서리 또는 끝부분에 주로 사용된다.
③ 벽의 중간에 공간을 두고 안팎으로 쌓는 조적벽을 공간벽이라고 한다.
④ 내력벽에는 통줄눈을 피하는 것이 좋다.

해설

② 이오토막은 영국식, 칠오토막은 네덜란드식의 모서리 또는 끝부분에 주로 사용한다.

43

다음 중 표준형 벽돌의 단위 규격으로 올바른 것은?

① 190×90×57mm ② 230×114×65mm
③ 210×100×60mm ④ 600×600×65mm

해설

① 표준형 벽돌의 규격 ③ 기존형 벽돌의 규격

44

길이 100m, 높이 4m의 벽을 1.0B 두께로 쌓기 할 때 소요되는 벽돌의 양은?(단, 벽돌은 표준형(190×90×57mm)이고, 할증은 무시하며 줄눈나비는 10mm를 기준으로 한다.)

① 약 30,000장 ② 약 52,000장
③ 약 59,600장 ④ 약 48,800장

해설

벽돌종류에 따른 쌓기의 벽돌수량을 알아야 풀 수 있는 문제이다.

(매/m^2)

벽돌종류	0.5B	1.0B	1.5B
표준형(190×90×57mm)	75	149	224
기존형(210×100×60mm)	65	130	195

표준형 벽돌 1.0B이기 때문에 149매/m^2이다. 길이 100m×높이 4m이기 때문에 400m^2의 면적이 나온다. 149매/m^2 ×400m^2 =59,600장이 된다.

45

다음 중 여성토의 정의로 가장 알맞은 것은?

① 가라앉을 것을 예측하여 흙을 계획높이 보다 더 쌓는 것
② 중앙분리대에서 흙을 볼록하게 쌓아 올리는 것
③ 옹벽앞에 계단처럼 콘크리트를 쳐서 옹벽을 보강하는 것
④ 잔디밭에서 잔디에 주기적으로 뿌려 뿌리가 노출되지 않도록 준비하는 토양

해설

더돋기(여성고) : 성토시에는 압축 및 침하에 의해 계획 높이보다 줄어들게 하는 것을 방지하고 계획높이를 유지하고자 실시하는 것으로 대개 10~15%정도 더돋기를 한다.

정답 41 ③ 42 ② 43 ① 44 ③ 45 ①

46

다음 [보기]와 같은 특징을 갖는 암거배치 방법은?

> [보기]
> - 중앙에 큰 맹암거를 중심으로 하여 작은 맹암거를 좌우에 어긋나게 설치하는 방법
> - 경기장 같은 평탄한 지형에 적합하며, 전 지역의 배수가 균일하게 요구되는 지역에 설치
> - 주관을 경사지에 배치하고 양측에 설치

① 빗살형 ② 부채살형
③ 어골형 ④ 자연형

해설

암거배치 방법중 어골형은 경기장과 같은 평탄한 지형에 적합하며, 전 지역의 배수가 균일하게 요구되는 지역에 설치하고 주관을 경사지게 배치하고 양측에 설치한다. 즐치형(절치형, 석쇠형, 빗살형)은 좁은 면적의 전 지역을 균일하게 배수할 때 이용한다. 선형(부채살형)은 1개의 지점으로 집중되게 설치하여 주관과 지관의 구분 없이 같은 크기의 관을 사용한다. 자연형은 대규모 공원 등 완전한 배수가 요구되지 않는 지역에서 사용하고 주관을 중심으로 양측에 지관을 지형에 따라 필요한 곳에 설치한다.

47

다음 그림 중 정구장 같은 면적의 전지역을 균일하게 배수하려는 빗살형 암거 방법은?

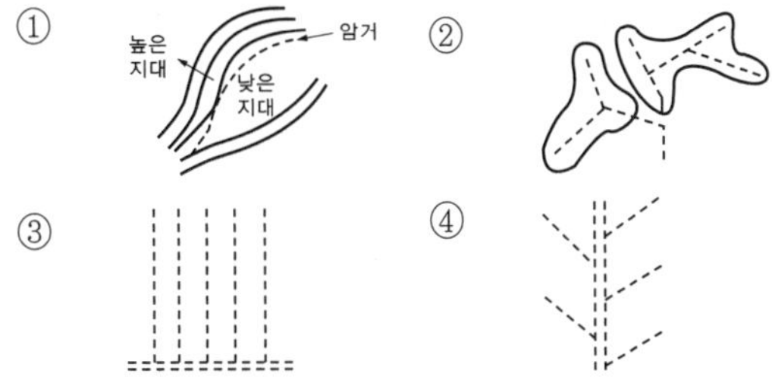

해설

① 차단법 ② 자연형 ③ 빗살형(즐치형, 석쇠형) ④ 어골형이다.

48

설치비용은 비싸지만 열효율이 높고 투시성이 좋으며 관리비도 싸서 안개지역, 터널 등의 장소에 설치하기 적합한 조명등은?

① 할로겐등 ② 고압수은등
③ 저압나트륨등 ④ 형광등

해설

나트륨등 : 물체의 투시성이 좋은 광질의 특성 때문에 안개지역의 조명, 도로조명, 터널조명 등에 사용한다.

49

다음중 인공적인 수형을 만드는데 적합한 수종이 아닌 것은?

① 꽝꽝나무 ② 아왜나무
③ 주목 ④ 벚나무

해설

벚나무는 전정에 약하기 때문에 굵은가지를 전정하였을 때 반드시 도포제를 발라주어야 한다.

50

좁은 정원에 식재된 나무가 필요 이상으로 커지지 않게 하기 위하여 녹음수를 전정하는 것은?

① 생장을 돕기 위한 전정
② 생장을 억제하는 전정
③ 생리 조정을 위한 전정
④ 갱신을 위한 전정

해설

생장조절을 위한(생장을 돕는) 전정 : 묘목, 병충해를 입은 가지, 고사지, 손상지를 제거하여 생장을 조절하는 전정. 생장 억제를 위한 전정 : 조경수목을 일정한 형태로 유지시키고자 할 때(소나무 순자르기, 상록활엽수의 잎따기, 산울타리 다듬기, 향나무·편백 깎아 다듬기), 일정한 공간에 식재된 수목이 더 이상 자라지 않기 위해서(도로변 가로수, 작은 정원 내 수목). 생리(生理 : 생활하는 습성이나 본능)조절을 위한 전정 : 이식할 때 가지와 잎을 다듬어 주어 손상된 뿌리의 적당한 수분 공급 균형을 취하기 위해 다듬어 주는 것

정답 46 ③ 47 ③ 48 ③ 49 ④ 50 ②

51

전정시기와 방법에 관한 설명 중 옳지 않은 것은?

① 상록활엽수는 겨울전정 시에 강전정을 하여야 한다.
② 화목류의 봄전정은 꽃이 진 후에 하는 것이 좋다.
③ 여름전정은 수광(受光)과 통풍을 좋게 할 목적으로 행한다.
④ 상록활엽수는 가을전정이 적기(適期)이다.

해설

상록활엽수는 추위에 약하므로 강전정을 피한다.

52

석재 중에서 가장 고급품으로 주로 미관을 요구하는 돌쌓기 등에 쓰이는 것은?

① 마름돌　② 견치돌
③ 깬돌　④ 호박돌

해설

마름돌 : 지정된 규격에 따라 직육면체가 되도록 각 면을 다듬은 석재로 형태가 정형적인 곳에 사용하고, 시공비가 많이 든다. 석재 중 가장 고급품으로 구조물 또는 쌓기용으로 사용한다.

53

조경용 수목의 할증률은 얼마까지 적용할 수 있는가?

① 5%　② 10%
③ 15%　④ 20%

해설

조경수목과 잔디 및 초화류의 할증율은 10%

54

다음 중 조경수목에 거름을 줄 때 방법과 설명으로 틀린 것은?

① 윤상거름주기 : 수관폭을 형성하는 가지 끝 아래의 수관선을 기준으로 환상으로 깊이 20~25cm, 너비 20~30cm로 둥글게 판다.
② 방사상거름주기 : 파는 도랑의 깊이는 바깥쪽일수록 깊고 넓게 파야하며, 선을 중심으로 하여 길이는 수관폭의 1/3 정도로 한다.
③ 선상거름주기 : 수관선상에 깊이 20cm 정도의 구멍을 군데군데 뚫고 거름을 주는 방법으로 액비를 비탈면에 줄 때 적용한다.
④ 전면거름주기 : 한 그루씩 거름을 줄 경우, 뿌리가 확장되어 있는 부분을 뿌리가 나오는 곳까지 전면으로 땅을 파고 주는 방법이다.

해설

③는 천공거름주기에 대한 설명이다. 선상거름주기 : 산울타리처럼 군식된 수목을 따라 도랑처럼 길게 구덩이를 파서 거름을 주는 방법

55

가는 가지 자르기 방법 설명으로 옳은 것은?

① 자를 가지의 바깥쪽 눈 바로 위를 비스듬이 자른다.
② 자를 가지의 바깥쪽 눈과 평행하게 멀리서 자른다.
③ 자를 가지의 안쪽 눈 바로 위를 비스듬이 자른다.
④ 자를 가지의 안쪽 눈과 평행한 방향으로 자른다.

해설

마디 위 자르기는 아래 그림과 같이 바깥눈 7~10mm 위쪽에서 눈과 평행한 방향으로 비스듬히 자르는 것이 좋다. 눈과 너무 가까우면 눈이 말라 죽고, 너무 비스듬히 자르면 증산량이 많아지며, 너무 많이 남겨두면 양분의 손실이 크다.

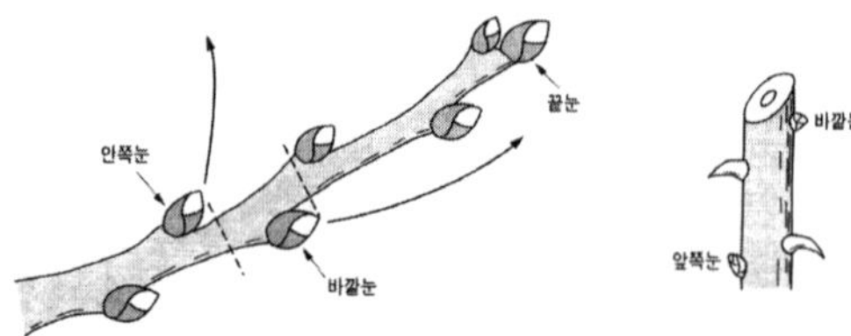

정답 51 ① 52 ① 53 ② 54 ③ 55 ①

56

콘크리트공사에서 워커빌리티의 측정법으로 부적합한 것은?

① 표준관입시험 ② 구관입시험
③ 다짐계수시험 ④ 비비(Vee-Bee)시험

해설

표준관입시험(SPT; standard penetration test) : 원통형 관을 시추공에 넣고 동일한 에너지로 타격을 가해 흙의 저항력을 측정하는 시험으로 주로 사질토에 많이 사용

57

반죽질기의 정도에 따라 작업의 쉽고 어려운 정도, 재료의 분리에 저항하는 정도를 나타내는 콘크리트 성질에 관련된 용어는?

① 성형성(plasticity)
② 마감성(finishability)
③ 시공성(workability)
④ 레이턴스(laitance)

해설

③ 워커빌리티(Workability, 경연성, 시공성) : 반죽 질기의 정도에 따라 비비기, 운반, 타설, 다지기, 마무리 등의 시공이 쉽고 어려운 정도와 재료분리의 다소 정도를 나타내는 굳지 않은 콘크리트의 성질. ① 성형성(가소성(可塑性), plasticity) : 외력에 의해 형태가 변한 물체가 외력이 없어져도 원래의 형태로 돌아오지 않는 물질의 성질. ② 피니셔빌리티(Finishability, 마무리성) : 콘크리트 표면을 마무리 할 때의 난이도를 나타내는 말. ④ 레이턴스(Laitance) : 블리딩과 같이 떠오른 미립물이 콘크리트 표면에 엷은 회색으로 침전되는 것

58

일반적인 목재의 특성 중 장점에 해당되는 것은?

① 충격, 진동에 대한 저항성이 작다.
② 열전도율이 낮다.
③ 충격의 흡수성이 크고, 건조에 의한 변형이 크다.
④ 가연성이며 인화점이 낮다.

해설

목재의 장점 : 색깔과 무늬 등 외관이 아름답다. 재질이 부드럽고 촉감이 좋아 친근감을 주며 무게가 가볍고 운반이 용이하다. 무게에 비하여 강도가 크며(높다) 강도가 크고 열전도율이 낮으며 비중이 작고 가공성과 시공성이 용이하다.

59

돌이 풍화 · 침식되어 표면이 자연적으로 거칠어진 상태를 뜻하는 것은?

① 돌의 뜰녹 ② 돌의 절리
③ 돌의 조면 ④ 돌의 이끼바탕

해설

③ 돌의 조면 : 돌이 풍화, 침식되어 표면이 자연적으로 거칠어진 것. ① 돌의 뜰녹 : 관상가치가 높고 고색을 띠는 것. ② 돌의 절리 : 돌에 선이나 무늬가 생겨 방향감을 주며 예술적 가치가 생김. ④ 돌의 이끼바탕 : 자연미를 살려준다.

60

다음 조경공사 중 순공사비에 해당하지 않는 것은?

① 경비 ② 재료비
③ 이윤 ④ 노무비

해설

공사비 중에 순공사비는 재료비, 노무비, 경비가 순공사비에 해당된다.

정답 56 ① 57 ③ 58 ② 59 ③ 60 ③

2021년 제1회 조경기능사 과년도 (복원CBT)

01

다음 중 소쇄원에 대한 설명으로 틀린 것은?

① 1530년 조광조의 제자 소쇄옹 양산보가 전라남도 담양에 건립한 원우(園宇) 이다.
② 명승 제10호이다.
③ 제월당(霽月堂)과 광풍각(光風閣), 오곡문(五曲門), 애양단(愛陽壇), 고암정사(鼓巖精舍) 등 10여 동의 건물로 이루어져 있다.
④ 물이 흘러내리는 계곡을 사이에 두고 각 건물을 지어 자연과 인공이 조화를 이루는 대표적인 정원이다.

해설

1983년 7월 20일 사적 제304호로 지정되었다가 2008년 5월 2일 명승 제40호로 변경되었다.

02

주택정원의 공간구분에 있어서 응접실이나 거실 전면에 위치한 뜰로 정원의 중심이 되는 곳이며, 면적이 넓고 양지바른 곳에 위치하는 공간은?

① 앞뜰 ② 안뜰
③ 작업뜰 ④ 뒤뜰

해설

앞뜰(전정) : 거실과 접해야 하는 뜰로 가장 밝은 공간이며 인상적이고 바깥의 공적인 분위기에서 사적인 분위기로 전이공간. 안뜰(주정) : 주택의 정원 내에서 가장 중요한 공간으로 휴식과 단란이 이루어지는 공간이며, 가정정원의 중심으로 가장 특색 있게 꾸밀 수 있는 공간. 작업뜰 : 창고, 장독대 등을 놓는 곳으로 차폐식재를 하며, 벽돌이나 타일로 포장한다.

03

일반적인 동선의 성격과 기능을 설명한 것으로 부적합한 것은?

① 동선은 다양한 공간 내에서 사람 또는 사람의 이동경로를 연결하게 해주는 기능을 갖는다.
② 동선은 가급적 단순하고 명쾌해야 한다.
③ 성격이 다른 동선은 혼합하여도 무방하다.
④ 이용도가 높은 동선의 길이는 짧게 해야 한다.

해설

성격이 다른 동선은 반드시 분리한다.

04

다음 중 조선시대 선비들이 즐겨 심고 가꾸었던 사절우(四節友)에 해당되지 않는 것은?

① 소나무 ② 난초
③ 국화 ④ 대나무

해설

사절우(四節友)는 매화(梅)·소나무(松)·국화(菊)·대나무(竹)를 의미한다. 사군자(四君子)는 매화(梅花)·난초(蘭草)·국화(菊花)·대나무[竹] 등 네 가지 식물을 일컫는 말이다. 사절우와 사군자는 다르다.

05

다음 정원 중 시대적인 배열이 맞게 짝지어진 것은?

① 임류각 → 궁남지 → 석연지 → 포석정
② 임류각 → 석연지 → 궁남지 → 포석정
③ 궁남지 → 임류각 → 석연지 → 포석정
④ 궁남지 → 석연지 → 임류각 → 포석정

해설

임류각(백제 동성왕, 500년), 궁남지(백제 무왕, 634년)
석연지(백제), 포석정(통일신라, 927년)

정답 1② 2② 3③ 4② 5①

06

다음 중 실정(무로마치)시대의 정원은?

① 정토정원 ② 고산수정원
③ 침전조정원 ④ 다정원

해설

실정(무로마치)시대의 대표적인 정원은 축산고산수정원과 평정고산수정원이 있다. 정토정원은 겸창(가마쿠라)시대의 정원이고, 침전조정원은 평안(헤이안)시대의 정원이며, 다정원은 도산(모모야마)시대의 정원이다.

07

회교식 건축수법과 함께 발달한 정원양식은?

① 이탈리아정원 ② 프랑스정원
③ 근대건축식정원 ④ 스페인정원

해설

스페인정원은 회교문화의 영향을 입은 독특한 정원양식을 보이며 물과 분수를 풍부하게 이용하였다. 대리석과 벽돌을 이용한 기하학적 형태이며, 다채로운 색채를 도입한 섬세한 장식이 특징적이다.

08

다음 중 이탈리아 정원의 가장 큰 특징은?

① 평면기하학식 ② 노단건축식
③ 자연풍경식 ④ 중정식

해설

이탈리아 정원의 가장 큰 특징은 노단건축식이다. 평면기하학식은 프랑스, 자연풍경식은 영국, 중정식은 스페인이다.

09

조경 양식 중 이탈리아의 노단식 정원양식을 발전시키게 한 자연적인 요인은?

① 기후 ② 지형
③ 식물 ④ 토질

해설

이탈리아의 노단건축식정원이 발달한 계기는 지형 때문이다.

10

조선시대 사대부나 양반계급에 속했던 사람들이 시골 별서에 꾸민 정원이 아닌 것은?

① 양산보의 소쇄원
② 윤선도의 부용동정원
③ 정약용의 다산초당
④ 이규보의 사륜정

해설

④ 이규보의 사륜정은 고려시대의 정원이다.

11

19세기 미국에서 식민지 시대의 사유지 중심의 정원에서 공공적인 성격을 지닌 조경으로 전환되는 전기를 마련한 공원은?

① 센트럴파크 ② 프랭클린파크
③ 버큰히드파크 ④ 프로스펙트파크

해설

센트럴파크(Central Park) : 영국 최초의 공공정원인 버큰히드공원의 영향을 받은 최초의 도시공원으로 도시공원의 효시, 재정적 성공, 국립공원 운동의 계기를 마련하였다. 옴스테드가 설계하였으며 부드러운 곡선과 수변을 만든 것이 특징적임. 버큰히드(Birkenhead)공원(1843) : 조셉 펙스턴이 설계했으며 역사상 처음으로 시민의 힘으로 공원을 조성하여 미국 센트럴파크(Central Park) 설계에 영향을 줌

12

고대 로마정원은 3개의 중정으로 구성되어 있는데, 이 중 사적(私的)기능을 가진 제2중정에 속하는 것은?

① 아트리움(Atrium)
② 지스터스(Xystus)
③ 페리스틸리움(Peristylium)
④ 아고라(Agora)

해설

제1중정(아트리움 : 공적장소, 포장되어 있고 화분이 있다). 제2중정(페리스틸리움 : 사적 공간으로 포장되지 않은 주정이 있다. 정형적 배치). 후정(지스터스 : 수로와 그 좌우에 원로와 화단이 대칭적으로 배치되어있고, 5점형 식재)

정답 6② 7④ 8② 9② 10④ 11① 12③

7 과년도 기출문제

13

조선시대 후원양식에 대한 설명 중 틀린 것은?

① 중엽이후 풍수지리설의 영향을 받아 후원양식이 생겼다.
② 건물 뒤에 자리 잡은 언덕배기를 계단 모양으로 다듬어 만들었다.
③ 각 계단에는 향나무를 주로 한 나무를 다듬어 장식하였다.
④ 경복궁 교태전 후원인 아미산, 창덕궁 낙선재의 후원 등이 그 예이다.

14

조선시대 정원과 관계가 없는 것은?

① 자연을 존중
② 자연을 인공적으로 처리
③ 신선사상
④ 계단식으로 처리한 후원양식

15

크기가 지름 20~30cm 정도의 것이 크고 작은 알로 고루 고루 섞여져 있으며 형상이 고르지 못한 깬 돌이라고 설명하기도 하며, 큰 돌을 깨서 만드는 경우도 있어 주로 기초용으로 사용하는 석재의 분류명은?

① 산석 ② 이면석
③ 잡석 ④ 판석

해설

잡석(깬돌) : 지름 10~30cm 정도의 크기인 형상이 고르지 못한 돌로 기초용으로 또는 석축의 뒷채움 돌로 사용. 산석, 하천석 : 보통 지름 50~100cm로 석가산용으로 사용. 판석 : 폭(너비)이 두께의 3배 이상이고 두께가 15cm 미만으로 디딤돌, 원로포장용, 계단설치용으로 많이 사용

16

다음 중 석재의 비중을 구하는 식은?

A : 공시체의 건조무게(g)
B : 공시체의 침수 후 표면 건조포화 상태의 공시체의 무게(g)
C : 공시체의 수중무게(g)

① A/B+C ② A/B−C
③ C/A−B ④ B/A+C

17

제도에서 사용되는 물체의 중심선, 절단선, 경계선 등을 표시하는데 가장 적합한 선은?

① 실선 ② 파선
③ 1점쇄선 ④ 2점쇄선

해설

1점쇄선 : 물체 및 도형의 중심선, 단면선, 절단선, 부지경계선에 사용. 실선 : 부지의 외곽선, 등고선 등에 사용. 파선(波線) : 물결모양이 반복되는 곡선을 말함. 2점쇄선 : 1점쇄선과 구분할 필요가 있을 때 사용

18

선의 분류 중 모양에 따른 분류가 아닌 것은?

① 실선 ② 파선
③ 1점쇄선 ④ 치수선

해설

치수선(dimension line)은 제도에서 물품의 치수 숫자를 적기 위해 긋는 선으로 모양에 따른 분류가 아니라 기능에 따른 분류이다.

19

실선의 굵기에 따른 종류(굵은선, 중간선, 가는선)와 용도가 바르게 연결되어 있는 것은?

① 굵은선−도면의 윤곽선
② 중간선−치수선
③ 가는선−단면선
④ 가는선−파선

정답 13 ③ 14 ② 15 ③ 16 ② 17 ③ 18 ④ 19 ①

해설

굵은실선 : 부지외곽선, 단면의 외형선. 중간선 : 시설물 및 수목의 표현, 보도포장의 패턴, 계획등고선. 가는실선 : 치수를 기입하기 위한 선

20

중앙에 큰 암거를 설치하고 좌우에 작은 암거를 연결시키는 형태로, 경기장과 같이 전 지역의 배수가 균일하게 요구되는 곳에 주로 이용되는 형태는?

① 어골형 ② 즐치형
③ 자연형 ④ 차단법

해설

어골형 : 경기장과 같은 평탄한 지형에 적합하며, 전 지역의 배수가 균일하게 요구되는 지역에 설치한다. 주관을 경사지게 배치하고 양측에 설치. 즐치형(절치형, 석쇠형, 빗살형) : 좁은 면적의 전 지역을 균일하게 배수할 때 이용. 자연형 : 대규모 공원 등 완전한 배수가 요구되지 않는 지역에서 사용하며, 주관을 중심으로 양측에 지관을 지형에 따라 필요한 곳에 설치. 차단법 : 도로법면에 많이 사용하며 경사면 자체 유수방지

21

다음 그림 중 정구장 같은 면적의 전지역을 균일하게 배수하려는 빗살형 암거 방법은?

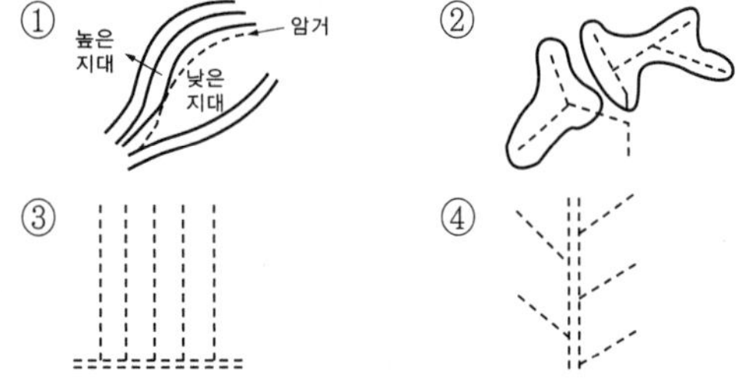

해설

① 차단법 ② 자연형 ③ 빗살형(즐치형, 석쇠형) ④ 어골형이다.

22

토양환경을 개선하기 위해 유공관을 지면과 수직으로 뿌리 주변에 세워 토양내 공기를 공급하여 뿌리호흡을 유도하는데, 유공관의 깊이는 수종, 규격, 식재지역의 토양 상태에 따라 다르게 할 수 있으나, 평균 깊이는 몇 미터 이내로 하는 것이 바람직한가?

① 1m ② 1.5m
③ 2m ④ 3m

해설

유공관은 1m의 깊이로 시공한다.

23

조경계획을 위한 경사분석을 하고자 한다. 다음과 같은 조사 항목이 주어질 때 해당지역의 경사도는 몇 %인가?

- 등고선 간격 : 5m
- 등고선에 직각인 두 등고선의 평면거리 : 20m

① 40% ② 10%
③ 4% ④ 25%

해설

경사도 측정 = 수직높이/수평거리 × 100의 공식에 의해 등고선 간격은 수직높이 : 5m, 등고선의 평면거리는 수평거리 : 20m이 된다.

$\frac{5}{20} \times 100 = 25\%$

24

다음 중 경사도에 대한 설명으로 틀린 것은?

① 45° 경사는 1 : 1이다.
② 25% 경사는 1 : 4이다.
③ 1 : 2는 수평거리 1, 수직거리 2를 나타낸다.
④ 경사면은 토양의 안식각을 고려하여 안전한 경사면을 조성한다.

해설

45° 경사(square pitch, 四五度傾斜) : 저변의 길이와 같게 수직으로 상승했을 때의 사변의 경사. 1:2경사는 수직거리 1, 수평거리 2를 나타낸다.

정답 20 ① 21 ③ 22 ① 23 ④ 24 ③

7 과년도 기출문제

25

다음 그림의 비탈면 기울기를 올바르게 나타낸 것은?

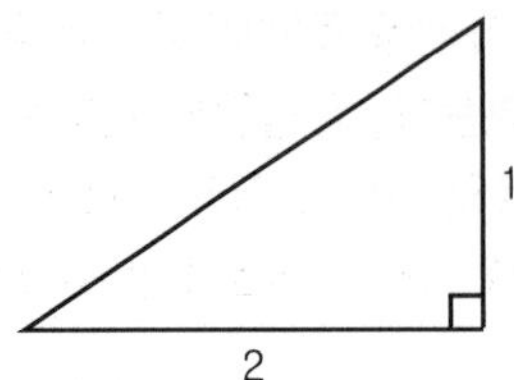

① 경사는 1할이다. ② 경사는 20%이다.
③ 경사는 50° 이다. ④ 경사는 1 : 2이다.

해설

본 문제의 그림은 수직거리가 1일 때 수평거리가 2인 1:2의 경사이다. ① 1할은 10% 경사이므로 수직거리 10m에 대한 수평거리 100m의 비율이어서 1 : 10의 경사. ② 20% 경사는 1 : 5의 경사

26

경사도(勾配, slope)가 15%인 도로면상의 경사거리 135에 대한 수평거리는?

① 130.0m ② 132.0m
③ 133.5m ④ 136.5m

27

다음 [보기]의 설명에 적합한 시멘트는?

[보기]
- 장기강도는 보통시멘트를 능가한다.
- 건조수축도 보통포틀랜드시멘트에 비해 적다.
- 수화열이 보통포틀랜드보다 적어 매스콘크리트용에 적합하다.
- 모르타르 및 콘크리트 등의 화학 저항성이 강하고 수밀성이 우수하다.

① 플라이애시 시멘트
② 조강 포틀랜드 시멘트
③ 내황산염 포틀랜드 시멘트
④ 알루미나 시멘트

28

시멘트와 물만을 혼합한 것을 가리키는 것은?

① 시멘트 페이스트 ② 모르타르
③ 콘크리트 ④ 포틀랜드시멘트

해설

시멘트 풀(Cement Paste, 시멘트 페이스트) : 시멘트에 물을 혼합한 것. 모르타르(Mortar) : 시멘트, 모래, 물을 비벼 혼합한 것

29

다음 시멘트에 관한 설명으로 틀린 것은?

① 포틀랜드시멘트에는 보통, 조강, 중용열, 백색 등이 있다.
② 시멘트의 제조방법에는 건식법, 습식법, 반습식법이 있다.
③ 실리카 성분이 많아서 수화열이 작고 내구성이 좋아 댐과 같은 매시브한 콘크리트에 사용하는 것이 내황산염 포틀랜드시멘트이다.
④ 철분, 마그네시아가 적은 백색 점토와 석회석을 원료로 하고 소성연료는 중유를 사용하여 만들어지는 시멘트가 백색포틀랜드시멘트이다.

해설

보기 ③은 중용열 시멘트를 설명한 것이다. 중용열 시멘트는 수화열이 적어 댐이나 큰 구조물에 사용하며 건조나 수축이 적다.

30

다음 보기가 설명하고 있는 콘크리트의 종류는?

[보기]
- 슬럼프 저하 등 워커빌리티의 변화가 생기기 쉽다.
- 동일 슬럼프를 얻기 위한 단위수량이 많아진다.
- 콜드조인트가 발생하기 쉽다.
- 초기 강도 발현은 빠른 반면에 장기강도가 저하될 수 있다.

① 한중콘크리트 ② 경량콘크리트
③ 서중콘크리트 ④ 매스콘크리트

정답 25 ④ 26 ③ 27 ① 28 ① 29 ③ 30 ③

해설

한중콘크리트 : 일평균 기온이 4℃ 이하일 때 사용. 경량콘크리트 : 콘크리트의 결함을 경량골재 등을 이용하여 개선함과 동시에 단열 등 우수한 성능을 부여할 목적에 의해 제조되는 콘크리트. 매스콘크리트 : 부재단면의 최소치수가 80cm 이상이고 수화열에 의한 콘크리트 내부의 최고온도와 외기온도의 차가 25℃ 이상으로 예상되는 콘크리트

31

목재 방부를 위한 약액주입법 중 가압주입법에 속하지 않는 것은?

① 로우리법　② 리그린법
③ 베델법　④ 루핑법

해설

①, ③, ④는 가압주입법에 해당하는 내용이다.

32

다음 중 목재 방부제의 처리방법 중 가장 효과적인 방법인 것은?

① 도장법　② 표면탄화법
③ 침투법　④ 주입법

해설

주입법 – 밀폐관 내에서 건조된 목재에 방부제를 주입하여 가장 효과적인 방법으로 크레오소트 오일이 있다.

33

다음 목재의 방부처리 방법 중 방부제 용액에 목재를 침지하여 방부처리하는 방법은?

① 가압주입범　② 상압주입법
③ 침지법　④ 표면탄화법

해설

가압주입법 : 압력용기 속에 목재를 넣어 고압에서 방부제를 주입하는 방법. 침지법 : 상온에서 CCA, 크레오소트 등에 목재를 침지하는 방법. 표면탄화법 : 목재의 표면을 태워서 탄화시키는 방법으로 흡수성이 증가하는 단점이 있음

34

줄기의 색이 아름다워 관상가치를 가진 대표적인 수종의 연결로 옳지 않은 것은?

① 백색계의 수목 : 자작나무
② 갈색계의 수목 : 편백
③ 적갈색계의 수목 : 소나무
④ 흑갈색계의 수목 : 벽오동

해설

수피가 아름다운 나무 중 백색계 : 백송, 분비나무, 자작나무, 서어나무, 동백나무, 층층나무, 플라타너스 등. 갈색계 : 편백, 철쭉류 등. **청록색** : 식나무, **벽오동**, 탱자나무, 죽도화, 찔레 등. 적갈색 : 소나무, 주목, 삼나무, 섬잣나무, 흰말채나무 등

35

다음 중 줄기의 수피가 얇아 옮겨 심은 직후 줄기감기를 반드시 하여야 되는 수종은?

① 배롱나무　② 소나무
③ 향나무　④ 은행나무

해설

배롱나무는 수피가 얇아 옮겨 심은 직후 줄기감기를 해주어야 한다.

36

다음 중 황매화에 대한 설명으로 틀린 것은?

① 쌍떡잎식물 장미목 장미과의 낙엽관목
② 하얀색 꽃이 핀다.
③ 습기가 있는 곳에서 무성하게 자란다.
④ 잎은 어긋나고 긴 달걀 모양이며 가장자리에 톱니가 있다.

해설

꽃은 4~5월에 황색으로 잎과 같이 핀다.

정답 31 ② 32 ④ 33 ② 34 ④ 35 ① 36 ②

37

흰말채나무의 설명으로 옳지 않은 것은?

① 층층나무과로 낙엽활엽관목이다.
② 노란색의 열매가 특징적이다.
③ 수피가 여름에는 녹색이나 가을, 겨울철의 붉은 줄기가 아름답다.
④ 잎은 대생하며 타원형 또는 난상타원형이고, 표면에 작은털, 뒷면은 흰색의 특징을 갖는다.

해설

흰말채나무 : 산지 물가에서 자라며 높이 약 3m이다. 꽃은 5~6월에 노랑빛을 띤 흰색으로 피며, 열매는 타원 모양의 흰색 또는 파랑빛을 띤 흰색이며 8~9월에 익는다. 관상적 가치가 뛰어나 정원수로 심고, 나무껍질과 잎에 소염·지혈 작용이 있어서 한약재로도 쓴다.

38

다음 중 조경수목의 계절적 현상 설명으로 옳지 않은 것은?

① 싹틈 : 눈은 일반적으로 지난 해 여름에 형성되어 겨울을 나고 봄에 기온이 올라감에 따라 싹이 튼다.
② 개화 : 능소화, 무궁화, 배롱나무 등의 개화는 그 전년에 자란 가지에서 꽃눈이 분화하여 그 해에 개화한다.
③ 결실 : 결실량이 지나치게 많을 때에는 다음 해의 개화 결실이 부실해지므로 꽃이 진 후 열매를 적당히 솎아 준다.
④ 단풍 : 기온이 낮아짐에 따라 잎 속에서 생리적인 현상이 일어나 푸른 잎이 다홍색, 황색 또는 갈색으로 변하는 현상이다.

해설

장미, 능소화, 배롱나무, 무궁화 등은 꽃눈이 당년에 자란가지에 분화하여 그 해에 꽃이 피는 형태이다.

구 분	주요 수종
당년에 자란 가지에서 꽃피는 수종	장미, 무궁화, 배롱나무, 나무수국, 능소화, 대추나무, 포도, 감나무, 등나무, 불두화, 싸리나무, 협죽도, 목서 등
2년생 가지에서 꽃피는 수종	매화나무, 수수꽃다리, 개나리, 박태기나무, 벚나무, 수양버들, 목련, 진달래, 철쭉류, 복사나무, 생강나무, 산수유, 앵두나무, 살구나무, 모란 등
3년생 가지에서 꽃피는 수종	사과나무, 배나무, 명자나무, 산당화 등

39

우리나라 들잔디(*zoysia japonica*)의 특징으로 옳지 않은 것은?

① 여름에는 무성하지만 겨울에는 잎이 말라 푸른 빛을 잃는다.
② 번식은 지하경(地下莖)에 의한 영양번식을 위주로 한다.
③ 척박한 토양에서 잘 자란다.
④ 더위 및 건조에 약한 편이다.

해설

들잔디(*Zoysia japonica*): 생활력이 강하고, 한국에서 사용하는 잔디의 대부분을 차지한다. 잎의 나비는 4~7mm이고, 높이는 10~20cm로 자란다. 온지성(溫地性) 잔디로 여름에는 잘 자라나 추운 지방에서는 잘 자라지 못한다.

40

다음 중 음수에 해당하는 수종은?

① 팔손이나무 ② 소나무
③ 무궁화 ④ 일본잎갈나무

해설

음수 : 약한 광선에서 생육이 비교적 좋은 것으로 팔손이나무, 전나무, 비자나무, 주목, 가시나무, 회양목, 식나무, 독일가문비나무 등이 있고, 양수 : 충분한 광선 밑에서 생육이 비교적 좋은 것으로 소나무, 해송, 은행나무, 느티나무, 무궁화, 백목련, 가문비나무 등이 있다.

정답 37 ② 38 ② 39 ④ 40 ①

41

일반적인 합판의 특징이 아닌 것은?

① 함수율 변화에 의한 수축·팽창의 변형이 적다.
② 균일한 크기로 제작 가능하다.
③ 균일한 강도를 얻을 수 있다.
④ 내화성을 크게 높일 수 있다.

해설

합판의 특징 : 나뭇결이 아름답고, 균일한 크기로 제작 가능하다. 수축·팽창의 변형이 거의 없고, 고른 강도를 유지하며 넓은 판을 이용 가능하다. 내구성과 내습성이 크며, 홀수의 판(3, 5장 등)을 압축하여 만든다.

42

수목은 뿌리를 뻗는 상태에 따라 천근성과 심근성으로 분류한다. 천근성(淺根性) 수종으로만 짝지어진 것은?

① 자작나무, 미루나무
② 젓나무, 백합나무
③ 느티나무, 은행나무
④ 백목련, 가시나무

해설

천근성 수종 : 가문비나무, 독일가문비, 일본잎갈나무, 편백, 자작나무, 미루나무, 버드나무 등

43

다음 중 조경수의 이식에 대한 적응이 가장 쉬운 수종은?

① 벽오동 ② 전나무
③ 섬잣나무 ④ 가시나무

해설

이식(移植) : 한 장소에 있는 나무는 다른 장소로 옮겨 심는 것

구분	수종
어려운 수종	독일가문비, 전나무, 섬잣나무, 주목, 가시나무, 굴거리나무, 태산목, 후박나무, 다정큼나무, 피라칸사, 목련, 느티나무, 자작나무, 칠엽수, 마가목 등
쉬운 수종	낙우송, 메타세쿼이아, 편백, 화백, 측백, 가이즈까향나무, 은행나무, 벽오동, 플라타너스, 단풍나무류, 쥐똥나무, 박태기나무, 화살나무 등

44

산울타리에 적합하지 않은 식물 재료는?

① 무궁화 ② 측백나무
③ 느릅나무 ④ 꽝꽝나무

해설

산울타리는 살아 있는 수목을 재료로 도로나 옆집과의 경계 또는 담장 역할을 하는 것을 말하며 산울타리가 되기 위한 수목의 조건은 주로 상록수이며 가지와 잎이 치밀하여야 하고, 맹아력이 크고 적당한 높이로 자라며, 아랫가지가 잘 말라 죽지 않아야 하며 외관이 아름답고, 번식이 용이 하여야 하며, 가격이 저렴해야한다. 이런 종류의 수목으로는 회양목, 향나무, 꽝꽝나무, 탱자나무, 호랑가시나무, 측백나무, 화백, 사철나무, 개나리, 명자나무, 피라칸타, 무궁화, 쥐똥나무 등이 있다.

45

다음 중 녹나무과(科)로 봄에 가장 먼저 개화하는 수종은?

① 치자나무 ② 호랑가시나무
③ 생강나무 ④ 무궁화

해설

생강나무(*Lindera obtusiloba*) : 산지의 계곡이나 숲 속의 냇가에서 높이는 3~6m로 자란다. 나무껍질은 회색을 띤 갈색이며 매끄럽다. 잎은 어긋나고 달걀 모양 또는 달걀 모양의 원형이며 길이가 5~15cm이고 윗부분이 3~5개로 얕게 갈라지며 3개의 맥이 있고 가장자리가 밋밋하다. 꽃은 3월에 잎보다 먼저 피며 노란 색의 작은 꽃들이 여러 개 뭉쳐 꽃대 없이 산형꽃차례를 이루며 달린다. 열매는 둥글며 9월에 검은 색으로 익는다. 새로 잘라낸 가지에서 생강냄새가 나서 생강나무라고 한다.

46

다음 중 재료별 할증율(%)이 가장 작은 것은?

① 조경용 수목 ② 경계블록
③ 잔디 및 초화류 ④ 수장용 합판

해설

할증율 : 설계 수량과 계획 수량의 적산량에 운반, 저장, 절단, 가공 및 시공과정에서 발생하는 손실량을 예측하여 부가하는 과정으로 조경용 수목 및 잔디 그리고 초화류 10%, 경계블록 3%, 수장용합판 5%이다.

정답 41 ④ 42 ① 43 ① 44 ③ 45 ③ 46 ②

47

다음 중 일반적으로 대기오염 물질인 아황산가스에 대한 저항성이 강한 수종은?

① 전나무　② 산벚나무
③ 편백　④ 소나무

해설

아황산가스에 대한 식물의 저항성 : 상록활엽수가 낙엽활엽수보다 비교적 강하다.

아황산가스에 강한 수종	상록 침엽수	편백, 화백, 가이즈까향나무, 향나무 등
	상록 활엽수	가시나무, 굴거리나무, 녹나무, 태산목, 후박나무, 후피향나무, 가시나무 등
	낙엽 활엽수	가중나무, 벽오동, 버드나무류, 칠엽수, 플라타너스 등
아황산가스에 약한 수종	침엽수	소나무, 잣나무, 전나무, 삼나무, 히말라야시더, 일본잎갈나무(낙엽송), 독일가문비 등
	활엽수	느티나무, 백합(튤립)나무, 단풍나무, 수양벚나무, 자작나무 등

48

다음 중 같은 밀도(密度)에서 토양공극의 크기(size)가 가장 큰 것은?

① 식토　② 사토
③ 점토　④ 식양토

해설

사토(沙土/砂土) : 모래흙. 식토(息土) : 기름진 땅. 점토(粘土) : 크기가 1/256mm보다 작은 암석 부스러기 또는 광물 알갱이. 식양토 (埴壤土) : 점토 성분의 조성이 전체량의 37.5~50%인 토성 구분으로 만져 보면 약간씩 모래의 까칠함도 느껴진다.

49

전정시기와 방법에 관한 설명 중 옳지 않은 것은?

① 상록활엽수는 겨울전정 시에 강전정을 하여야 한다.
② 화목류의 봄전정은 꽃이 진 후에 하는 것이 좋다.
③ 여름전정은 수광(受光)과 통풍을 좋게 할 목적으로 행한다.
④ 상록활엽수는 가을전정이 적기(適期)이다.

해설

상록활엽수는 추위에 약하므로 강전정을 피한다.

50

다음 잔디 중 골프장에 사용되는 난지형 잔디는?

① 들잔디　② 벤트그라스
③ 켄터키블루그라스　④ 라이그라스

해설

난지형 잔디 : 한국잔디(들잔디, 고려잔디, 금잔디, 비로드잔디, 갯잔디), 버뮤다그래스. 한지형 잔디 : 켄터키블루그라스, 벤트그라스, 톨 훼스큐, 라이그라스

51

다음 [보기]의 설명에 해당하는 수종은?

- "설송(雪松)"이라 불리기도 한다.
- 천근성 수종으로 바람에 약하며, 수관폭이 넓고 속성수로 크게 자라기 때문에 적지 선정이 중요하다.
- 줄기는 아래로 처지며, 수피는 회갈색으로 얇게 갈라져 벗겨진다.
- 잎은 짧은 가지에 30개가 총생, 3~4cm로 끝이 뾰족하며, 바늘처럼 찌른다.

① 잣나무　② 솔송나무
③ 개잎갈나무　④ 구상나무

해설

개잎갈나무(*Hymalaya cedar*) : 개이깔나무·히말라야시다·히말라야삼나무·설송(雪松)이라고도 한다. 높이 30~50m, 지름 약 3m로 잎갈나무와 비슷하게 생겼으나 상록성이므로 개잎갈나무라고 부른다. 가지가 수평으로 퍼지고 작은가지에 털이 나며 밑으로 처진다. 나무껍질은 잿빛을 띤 갈색인데 얇은 조각으로 벗겨진다. 잎은 짙은 녹색이고 끝이 뾰족하며 단면은 삼각형이고, 짧은가지에 돌려난 것처럼 보이며 길이는 3~4cm이다. 꽃은 암수한그루로 짧은가지 끝에 10월에 피는데, 수꽃이삭은 원기둥 모양이고 암꽃이삭은 노란빛을 띤 갈색이며 달걀 모양이다. 열매는 구과로 달걀 모양 타원형이며 다음해 가을에 익는다. 빛깔은 초록빛을 띤 회갈색이고 길이 7~10cm, 지름 6cm 정도이다. 종자에는 막질(膜質:얇은 종이처럼 반투명한 것)의 넓은 날개가 있다.

정답 47 ③ 48 ② 49 ① 50 ① 51 ③

52

설치비용은 비싸지만 열효율이 높고 투시성이 좋으며 관리비도 싸서 안개지역, 터널 등의 장소에 설치하기 적합한 조명등은?

① 할로겐등 ② 고압수은등
③ 저압나트륨등 ④ 형광등

해설

나트륨등 : 물체의 투시성이 좋은 광질의 특성 때문에 안개지역의 조명, 도로조명, 터널조명 등에 사용

53

지형도에서 U자 모양으로 그 바닥이 낮은 높이의 등고선을 향하면 이것은 무엇을 의미하는가?

① 계곡 ② 능선
③ 현애 ④ 동굴

해설

능선은 U자형 바닥의 높이가 점점 낮은 높이의 등고선을 향함.
계곡은 U자형 바닥의 높이가 높은 높이의 등고선을 향함

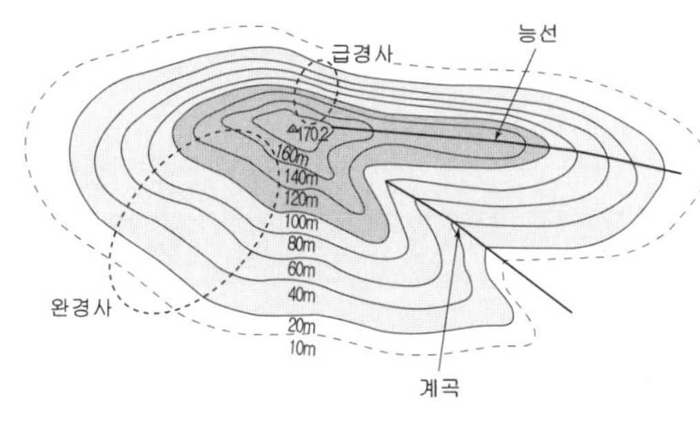

54

도시공원 및 녹지 등에 관한 법률 시행규칙상 도시공원 중 설치규모가 가장 큰 곳은?

① 광역권근린공원
② 체육공원
③ 묘지공원
④ 도시지역권근린공원

해설

도시공원의 비교

<table>
<tr><th colspan="2">공원구분</th><th>유치거리</th><th>규 모</th></tr>
<tr><td colspan="2">소공원</td><td>제한없음</td><td>제한없음</td></tr>
<tr><td colspan="2">어린이공원</td><td>250m 이하</td><td>1,500m² 이상</td></tr>
<tr><td rowspan="4">근린공원</td><td>근린생활권</td><td></td><td>1만m² 이상</td></tr>
<tr><td>도보권</td><td></td><td>3만m² 이상</td></tr>
<tr><td>도시지역권</td><td></td><td>10만m² 이상</td></tr>
<tr><td>광역권</td><td></td><td>100만m² 이상</td></tr>
<tr><td colspan="2">묘지공원</td><td>제한없음</td><td>10만m² 이상</td></tr>
<tr><td colspan="2">체육공원</td><td>제한없음</td><td>1만m² 이상</td></tr>
</table>

55

가는 가지 자르기 방법 설명으로 옳은 것은?

① 자를 가지의 바깥쪽 눈 바로 위를 비스듬이 자른다.
② 자를 가지의 바깥쪽 눈과 평행하게 멀리서 자른다.
③ 자를 가지의 안쪽 눈 바로 위를 비스듬이 자른다.
④ 자를 가지의 안쪽 눈과 평행한 방향으로 자른다.

해설

마디 위 자르기는 아래 그림과 같이 바깥눈 7~10mm 위쪽에서 눈과 평행한 방향으로 비스듬히 자르는 것이 좋다. 눈과 너무 가까우면 눈이 말라 죽고, 너무 비스듬히 자르면 증산량이 많아지며, 너무 많이 남겨두면 양분의 손실이 크다.

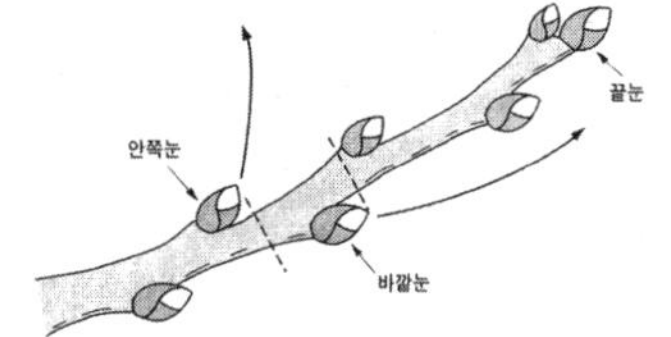

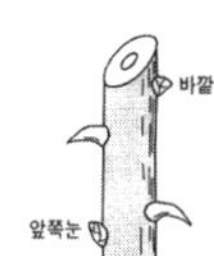

56

92~96%의 철을 함유하고 나머지는 크롬 · 규소 · 망간 · 유황 · 인 등으로 구성되어 있으며 창호철물, 자물쇠, 맨홀 뚜껑 등의 재료로 사용되는 것은?

① 선철 ② 강철
③ 주철 ④ 순철

정답 52 ③ 53 ② 54 ① 55 ① 56 ③

57

병의 발생에 필요한 3가지 요인을 정량화하여 삼각형의 각 변으로 표시하고 이들 상호관계에 의한 삼각형의 면적을 발병량으로 나타내는 것을 병삼각형이라 한다. 여기에 포함되지 않는 것은?

① 병원체 ② 환경
③ 기주 ④ 저항성

해설

병 삼각형(Disease Triangle)은 식물의 발병정도는 세가지 요인(병원체, 환경, 기주식물)의 조합에 따른다. 병원체와 환경, 기주식물은 항상 연결되어 있으며 어느 하나를 불완전하게 하면 발병이 성립되지 않으므로 병을 방제할 수 있다. 농약살포 는 병원체(주인) 배제, 저항성품종 이용은 기주(소인) 배제, 환경조절(하우스 등)은 환경(유인) 배제이다.

58

다음 중 조경 수목의 병해와 방제 방법이 맞는 것은?

① 빗자루병 – 배수구 설치
② 검은점무늬병 – 만코제브수화제(다이센엠 – 45)
③ 잎녹병 – 페니트로티온수화제(메프치온)
④ 흰가루병 – 트리클로르폰수화제(디프록스)

해설

빗자루병은 테트라사이클린을 수간 주입하거나 파라티온수화제, 메타유제 1,000배액을 살포한다. 흰가루병은 일광 통풍을 좋게 하고, 병든 낙엽을 모아 태우거나 땅속에 묻음으로써 전염원을 차단해야 하며 봄에 석회(유)황합제를 살포, 여름에는 만코지 수화제, 지오판 수화제, 베노밀 수화제 등을 살포한다.

59

다음 조경 구조물 중 계단의 설계 기준을 h(단 높이)와 b(단 너비)를 이용하여 바르게 나타낸 것은?

① h+b=60~65cm
② h+2b=60~65cm
③ 2h+b=60~65cm
④ 2h+2b=60~65cm

해설

계단 구하는 공식은 2h + b = 60~65(70)cm(발판높이 h, 너비 b) 이다.

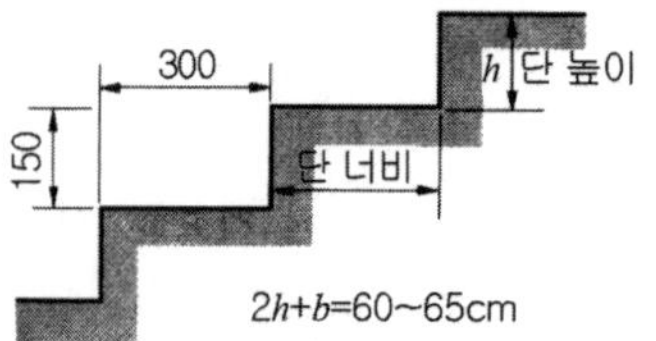

그림. 계단의 높이와 너비의 관계

60

골프장에서 우리나라 들잔디를 사용하기가 가장 어려운 지역은?

① 페어웨이 ② 러프
③ 티 ④ 그린

해설

그린(Green) : 종점지역으로 2~5%경사가 있으며, 면적은 600~900m^2 정도. 잔디는 밴트그래스 사용

정답 57 ④ 58 ② 59 ③ 60 ④

2021년 제3회 조경기능사 과년도 (복원CBT)

01

버킹검의 「스토우가든」을 설계하고, 담장 대신 정원부지의 경계선에 도랑을 파서 외부로부터의 침입을 막는 ha-ha 수법을 실현하게 한 사람은?

① 에디슨 ② 브릿지맨
③ 켄트 ④ 브라운

해설

영국 브릿지맨의 하하(Ha-Ha)수법 : 담장 대신 정원부지의 경계선에 해당하는 곳에 깊은 도랑을 파서 외부로부터 침입을 막고, 가축을 보호하며, 목장 등을 전원풍경속에 끌어들이는 의도에서 나온 것으로 이 도랑의 존재를 모르고 원로를 따라 걷다가 갑자기 원로가 차단되었음을 발견하고 무의식중에 감탄사로 생긴 이름이다.

02

축소 지향적인 일본의 민족성과 극도의 상징성으로 조성된 정원양식은?

① 중정식 ② 고산수식정원
③ 자연풍경식정원 ④ 평면기하학식

해설

스페인 - 중정식, 고산수식 - 일본, 자연풍경식 - 영국, 평면기하학식 - 프랑스

03

우리나라에서 최초의 유럽식 정원이 도입된 장소는?

① 덕수궁 석조전 앞 정원
② 파고다 공원
③ 장충단 공원
④ 구 중앙정부청사 주위 정원

해설

우리나라 최초의 공원(1897년) - 탑골(파고다)공원, 우리나라 최초의 서양식 건물- 덕수궁의 석조전(1909년)

04

고대 그리스에 만들어진 광장의 이름은?

① 아트리움 ② 파고라
③ 짐나지움 ④ 아고라

해설

아고라(agora) : 그리스에 건물로 둘러싸여 상업 및 집회에 이용되는 옥외공간으로 광장을 말한다. 로마 시대에는 포룸(forum)이다.

05

다음 중 중정(patio)식 정원의 가장 대표적인 특징은 무엇인가?

① 토피어리 ② 색채타일
③ 동물 조각품 ④ 수렵장

해설

중정식 정원은 스페인이 대표적이며, 스페인 정원의 특징은 다채로운 색채를 도입한 섬세한 장식이다.

06

원명원이궁과 만수산이궁은 어느 시대의 대표적인 정원인가?

① 명시대 ② 청시대
③ 송시대 ④ 당시대

해설

원명원과 이화원은 중국 청시대의 대표적인 정원이다.

07

다음 중 일본정원에서 가장 중점을 두고 있는 것은?

① 대비 ② 조화
③ 반복 ④ 대칭

해설

일본정원은 조화, 중국정원은 대비가 가장 큰 특징이다.

정답 1② 2② 3① 4④ 5② 6② 7②

7 과년도 기출문제

08

로마의 조경에 대한 설명으로 알맞은 것은?

① 집의 첫 번째 중정(Atrium)은 5점형 식재를 하였다.
② 주택정원은 그리스와 달리 외향적인 구성이었다.
③ 집의 두 번째 중정(Peristylium)은 가족을 위한 사적공간이다.
④ 겨울 기후가 온화하고 여름이 해안기후로 시원하여 노단형의 별장(Villa)이 발달 하였다.

해설

로마의 주택정원은 2개의 중정과 1개의 후정으로 구성되어 있는데 제1중정(아트리움)은 공적장소이고, 제2중정(페리스틸리움)은 사적인 공간이다. 1개의 후정은 지스터스로 5점형 식재가 되어있다. 로마의 조경은 겨울에는 온화한 편이나 여름은 몹시 더워 구릉지에 빌라(Villa)가 발달하는 계기 마련하고, 주택정원은 내향적 구성이다.

09

괴석이라고도 불리는 태호석이 특징적인 정원요소로 사용된 나라는?

① 한국 ② 일본
③ 중국 ④ 인도

해설

중국조경은 자연경관이 수려한 곳에 인위적으로 암석과 수목을 배치(심산유곡의 느낌)하고, 태호석을 이용한 석가산 수법이 특징적이며, 경관의 조화보다는 대비에 중점(자연미와 인공미)을 두고 직선 + 곡선의 형식을 사용

10

다음 중 고려시대에 궁궐정원을 맡아보던 관서는?

① 원야 ② 장원서
③ 상림원 ④ 내원서

해설

내원서는 고려시대 충렬왕 때 궁궐의 원림 맡아 보는 관서이고, 조선시대는 장원서와 상림원 등이 정원을 맡아보는 관서이다.

11

19세기 유럽에서 정형식 정원의 의장을 탈피하고 자연 그대로의 경관을 표현하고자 한 조경 수법은?

① 노단식 ② 자연풍경식
③ 실용주의식 ④ 회교식

12

S. Gold(1980)의 레크리에이션 계획에 있어 과거의 일반 대중이 여가시간에 언제, 어디에서, 무엇을 하는가를 상세하게 파악하여 그들의 행동패턴에 맞추어 계획하는 방법은?

① 자원접근방법 ② 활동접근방법
③ 경제접근방법 ④ 행태접근방법

해설

이 문제는 행태접근방법과 활동접근방법 중에서 혼돈이 있는 문제이다. 과년도 기출문제에서 정답이 행태접근방법과 활동접근방법으로 각각 출제된 경우가 있는데 본 교재에서 정리해 놓은 것을 참고하여 보면 행태접근방법과 활동접근방법을 명확히 이해할 수 있을 것이다. 행태접근방법(behave : 행동) : 일반 대중이 여가시간에 언제, 어디에서, 무엇을 하는 가를 상세히 파악하여 그들의 행동 패턴에 맞추어 계획하는 방법(ex 모니터링, 설문조사). 활동접근방법(active : 활동) : 과거의 레크레이션 활동에서 과거 참가사례가 레크레이션 기회를 결정하도록 계획하는 방법(ex 서울랜드, 에버랜드)

13

경관구성의 미적 원리를 통일성과 다양성으로 구분할 때, 다음 중 다양성에 해당하는 것은?

① 조화 ② 균형
③ 강조 ④ 대비

해설

경관구성의 기본원칙 중 통일성에는 조화, 균형, 대치, 강조 등이 있고, 다양성에는 비례, 율동, 대비 등이 있다.

정답 8③ 9③ 10④ 11② 12④ 13④

14

조경 제도 용품 중 곡선자라고 하여 각종 반지름의 원호를 그릴 때 사용하기 가장 적합한 재료는?

① 원호자 ② 운형자
③ 삼각자 ④ T자

해설

원호자 : 반경의 원호를 만든 것으로 곡선자라고도 한다.

15

철근을 표시할 때 D13으로 표현하는데 D는 무엇을 의미하는가?

① 둥근 철근의 지름 ② 이형 철근의 지름
③ 둥근 철근의 길이 ④ 이형 철근의 길이

16

계단의 설계 시 고려해야 할 기준을 옳지 않은 것은?

① 계단의 경사는 최대 30~35° 가 넘지 않도록 해야 한다.
② 단 높이를 H, 단 너비를 B로 할 때 2H + B = 60 ~ 65cm가 적당하다.
③ 진행 방향에 따라 중간에 1인용일 때 단 너비 90 ~ 110cm 정도의 계단참을 설치한다.
④ 계단의 높이가 5m 이상이 될 때에만 중간에 계단참을 설치한다.

해설

2h + b = 60~65(70)cm(발판높이 h, 너비 b), 계단의 물매(기울기)는 30~35°가 가장 적합하고, 계단의 높이는 3~4m가 적당하며, 계단 높이가 3m 이상일 때 진행방향에 따라 중간에 1인용일 때 단 너비 90~110cm, 2인용일 때 130cm 정도의 계단참을 만든다. 원로의 기울기가 15° 이상일 때 계단을 만든다.

17

비금속재료의 특성에 관한 설명 중 틀린 것은?

① 납은 비중이 크고 연질이며 전성, 연성이 풍부하다.
② 알루미늄은 비중이 비교적 작고 연질이며 강도도 낮다.
③ 아연은 산 및 알칼리에 강하나 공기 중 및 수중에서는 내식성이 적다.
④ 동은 상온의 건조공기 중에서 변화하지 않으나 습기가 있으면 광택을 소실하고 녹청색으로 된다.

18

합성수지 중에서 파이프, 튜브, 물받이통 등의 제품에 가장 많이 사용되는 열가소성수지는?

① 페놀수지 ② 멜라민수지
③ 염화비닐수지 ④ 폴리에스테르수지

해설

염화비닐수지 : 비닐포, 비닐망, 파이프, 튜브, 물받이통 등의 제품에 가장 많이 사용되는 열가소성수지. 페놀수지 : 페놀류와 포름알데히드류의 축합에 의해서 생기는 열경화성(熱硬化性) 수지로 주로 절연판이나 접착제 등으로 사용된다. 플라스틱 중에서 가장 역사가 오래된 재료로, 유리와 고무 등 각종 충전재료(充塡材料)와 병용하는 경우가 많다. 멜라민수지 : 멜라민과 폼알데하이드를 반응시켜 만드는 열경화성 수지로서 열·산·용제에 대하여 강하고, 전기적 성질도 뛰어나다. 식기·잡화·전기 기기 등의 성형재료로 쓰이며 무색 투명하여 아름답게 착색할 수 있다. 폴리에스테르 수지 : 내약품성, 내후성이 좋고 기계적 강도도 크며, 주형 수지로서 많이 사용된다. 유리섬유를 넣은 강화 폴리에스테르는 강도가 있고 가볍고 내식성이 우수하기 때문에 의자, 테이블, 욕조 등에 사용된다.

19

재료의 역학적 성질 중 "탄성"에 관한 설명으로 옳은 것은?

① 재료가 작은 변형에도 쉽게 파괴하는 성질
② 물체에 외력을 가한 후 외력을 제거시켰을 때 영구변형이 남는 성질
③ 물체에 외력을 가한 후 외력을 제거하면 원래의 모양과 크기로 돌아가는 성질
④ 재료가 하중을 받아 파괴될 때까지 높은 응력에 견디며 큰 변형을 나타내는 성질

해설

탄성(elasticity, 彈性) : 외부 힘에 의하여 변형을 일으킨 물체가 힘이 제거되었을 때 원래의 모양으로 되돌아가려는 성질로 일상생활에서는 고무나 스프링 등에서 쉽게 볼 수 있다.

정답 14 ① 15 ② 16 ④ 17 ③ 18 ③ 19 ③

20

다음 중 차경(借景)을 설명한 것으로 옳은 것은?

① 멀리 바라보이는 자연의 풍경을 경관구성 재료의 일부로 도입해 이용한 수법
② 경관을 가로막는 것
③ 일정한 흐름에서 어느 특정선을 강조하는 것
④ 좌우대칭이 되는 중심선

해설

차경의 원리 : 주위에 경관과 정원을 조화롭게 배치함으로써 이미 있는 좋은 경치를 자기 정원의 일부인 것처럼 경치를 빌려다 쓴다는 의미로 차경의 예를 살펴보면 가까운 산을 끌어들여서 정원의 일부인 것처럼 접속시키는 방법, 배경에 있는 건물이나 탑을 정원의 일부로 끌어들이는 방법, 바다를 정원에서 내려다보는 경관으로 활용하는 방법, 호수나 멀리 있는 산을 정원에서 바라보이도록 하는 방법 등이 있다.

21

다음 중 주로 흙막이용 돌공사에 사용되는 가공석은?

① 사고석 ② 각석
③ 판석 ④ 견치석

해설

견치돌(견칫돌, 견치석) : 길이를 앞면 길이의 1.5배 이상으로 다듬어 축석에 사용하는 석재이며 옹벽 등의 쌓기용으로 메쌓기나 찰쌓기에 사용하며 주로 흙막이용 돌쌓기에 사용되고 정사각뿔 모양으로 전면은 정사각형에 가깝다. 앞면이 정사각형 또는 직사각형으로 뒷길이 접촉면의 폭, 뒷면 등이 규격화된 돌로 4방락 또는 2방락의 것이 있으며 1개의 무게는 70~100kg, 형상은 절두각체에 가깝다. 사고(괴)석 : 지름 15~25cm 정도의 장방형 돌로 고건축의 담장 등 옛 궁궐에서 사용. 각석 : 폭(너비)이 두께의 3배 미만이고 폭보다 길이가 긴 직육면체 모양으로 쌓기용, 기초용, 경계석에 많이 사용. 판석 : 폭(너비)이 두께의 3배 이상이고 두께가 15cm 미만으로 디딤돌, 원로포장용, 계단설치용으로 많이 사용

22

다음 중 시멘트에 관한 설명 중 틀린 것은?

① 포틀랜드시멘트에는 보통, 조강, 중용열, 백색 등이 있다.
② 시멘트의 제조방법에는 건식법, 습식법, 반습식법이 있다.
③ 실리카 성분이 많아서 수화열이 작고 내구성이 좋아 댐과 같은 매시브한 콘크리트에 사용하는 것이 내황산염 포틀랜드시멘트이다.
④ 철분, 마그네시아가 적은 백색 점토와 석회석을 원료로 하고 소성연료는 중유를 사용하여 만들어지는 시멘트가 백색포틀랜드시멘트이다.

해설

③은 중용열 시멘트를 설명한 것이다. 중용열 시멘트는 수화열이 적어 댐이나 큰 구조물에 사용하며 건조나 수축이 적다.

23

화성암의 일종으로 돌 색깔은 흰색 또는 담회색으로 단단하고 내구성이 있어, 주로 경관석, 바닥포장용, 석탑, 석등, 묘석 등에 사용되는 것은?

① 석회암 ② 점판암
③ 응회암 ④ 화강암

해설

화강암은 화성암의 일종으로 한국 돌의 주종을 이루며 조경에서 많이 사용하며, 압축강도가 크다. 흰색 또는 담회색이며 단단하고 내구성이 크고, 외관이 아름답고 조직에 방향성이 없으며, 균열이 적어 큰 석재를 얻을 수 있다. 내구성, 내화성이 좋으며, 바닥포장용, 경관석, 디딤돌, 석탑, 석등, 묘석, 건물진입부, 산책로, 계단, 경계석 등에 사용한다.

24

시멘트가 경화하는 힘의 크기를 나타내며, 시멘트의 분말도, 화합물 조성 및 온도 등에 따라 결정되는 것은?

① 전성 ② 소성
③ 인성 ④ 강도

해설

강도(强度, strength) : 재료에 하중이 걸린 경우, 재료가 파괴되기까지의 변형저항. 전성(Malleability)은 압축 변형력(compressive stress)을 줄 때 판모양으로 얇게 펴지는 물질의 성질을 말한다. 소성(塑性) : 고체가 외부에서 탄성 한계 이상의 힘을 받아 형태가 바뀐 뒤 그 힘이 없어져도 본래의 모양으로 돌아가지 않는 성질. 인성(靭性) : 재료의 질긴 정도로 외부에서 잡아당기거나 누르는 힘 때문에 갈라지거나 늘어나지 않고 견디는 성질

정답 20 ① 21 ④ 22 ③ 23 ④ 24 ④

25

목재의 기건 상태에서 건조 전의 무게가 250g이고, 절대건조 무게가 220g인 목재의 전건량 기준 함수율은?

① 12.6% ② 13.6%
③ 14.6% ④ 15.6%

해설

함수율 = $\frac{\text{건조 전 무게 - 건조 무게}}{\text{건조 무게}}$ × 100(의 공식에 의해 건조 전 무게는 250, 건조 무게는 220을 공식에 적용시키면 $\frac{250-220}{220} \times 100 = 13.6\%$가 된다.

26

단위용적중량이 1700Kgf/m^3, 비중이 2.6인 골재의 실적률은?

① 65.4% ② 152.9%
③ 4.42% ④ 6.53%

해설

실적률이란 골재의 단위 용적(m^3) 중의 실적용적을 백분율(%)로 나타낸 값으로 단위는 ton/m^3이다. 그러므로 단위용적중량의 단위를 ton으로 변경해주면 1.7이 된다. 공식에 적용해보면 $\frac{1.7}{2.6} \times 100$이므로 65.38%가 된다.

27

다음 중 거푸집에 미치는 콘크리트의 측압 설명으로 틀린 것은?

① 경화속도가 빠를수록 측압이 크다.
② 시공연도가 좋을수록 측압은 크다.
③ 붓기속도가 빠를수록 측압이 크다.
④ 수평부재가 수직부재보다 측압이 적다.

해설

경화속도가 느릴수록 측압이 크다.

28

다음 수종 중 단풍이 붉은색으로 드는 수목이 아닌 것은?

① 신나무 ② 복자기나무
③ 화살나무 ④ 고로쇠나무

해설

고로쇠나무는 단풍나무 중 예외적으로 노란색 단풍이 드는 수목이다.

29

다음 수목 중 봄철에 가장 빨리 꽃을 보려면 어떤 수종을 식재하여야 하는가?

① 말발도리 ② 자귀나무
③ 매실나무 ④ 금목서

해설

말발도리 : 꽃은 흰색으로 5~6월에 핀다. 자귀나무 : 6~8월에 옅은 홍색의 꽃이 핀다. 매실나무 : 꽃은 4월에 잎보다 먼저 연한 붉은색을 띤 흰빛이며 향기가 난다. 금목서 : 10월에 황백색으로 꽃이 핀다.

30

다음 [보기]에서 설명하는 수종은?

[보기]
- 낙엽활엽교목으로 부채꼴형 수형이다.
- 야합수(夜合樹)라 불리기도 한다.
- 여름에 피는 꽃은 분홍색으로 화려하다.
- 천근성 수종으로 이식에 어려움이 있다.

① 자귀나무 ② 치자나무
③ 은목서 ④ 서향

해설

자귀나무 : 각처의 산과 들에서 자라는 낙엽활엽소교목으로 생육환경은 물 빠짐이 좋은 양지쪽에서 자란다. 잎은 어긋나고 작은 잎은 원줄기를 향해 굽으며 좌우가 같지 않은 긴 타원형이다. 꽃은 연분홍색으로 우산 모양으로 달리며, 작은 가지 끝에서 길이 약 5㎝ 정도의 꽃줄기가 자라 15~20개의 꽃이 펼쳐지듯 달리며, 해질 무렵 활짝 핀다. 열매는 9~10월에 익으며 길이 15㎝ 정도의 편평한 꼬투리에 5~6개의 종자가 들어 있다. 조경용으로 이용되며, 꽃과 껍질은 약용으로 쓰인다.

정답 25② 26① 27① 28④ 29③ 30①

31

지력이 낮은 척박지에서 지력을 높이기 위한 수단으로 식재 가능한 콩과(科) 수종은?

① 소나무 ② 녹나무
③ 갈참나무 ④ 자귀나무

해설

자귀나무 : 콩과에 속하는 낙엽활엽소교목으로 잎은 어긋나고 꽃은 6~7월에 핀다. 중부 이남의 서해안변에 주로 많이 나타나며 산록 및 계곡의 토심이 깊은 건조한 곳을 좋아한다. 중부 이북지방에서는 추위에 약하기 때문에 경제적 성장이 어렵고 보호, 월동하여야 한다. 병충해와 공해에 강하기 때문에 도심지에 식재하면 좋다.

32

다음 중 수피에 아름다운 얼룩무늬가 관상 요소인 수종이 아닌 것은?

① 노각나무 ② 모과나무
③ 배롱나무 ④ 자귀나무

해설

자귀나무의 수피는 얼룩무늬가 없다.

33

단위용적중량이 1.65t/m^{3}이고 굵은 골재 비중이 2.65일 때 이 골재의 실적률(A)과 공극률(B)은 각각 얼마인가?

① A : 62.3%, B : 37.7%
② A : 69.7%, B : 30.3%
③ A : 66.7%, B : 33.3%
④ A : 71.4%, B : 28.6%

해설

실적율(實積率)이란 골재의 단위 용적(m^3)중의 실적용적을 백분율(%)로 나타낸 값을 말한다. 공극율(空隙率)이란 골재의 단위용적(m^3)중의 공극을 백분율(%)로 나타낸 값을 말한다. 실적율(%) = $\frac{\text{단위용적중량}}{\text{비중}}$ × 100 공식에 의해 $\frac{1.65}{2.65}$ × 100 = 62.26%가 된다. 공극율(%) = $(1-\frac{\text{단위용적중량}}{\text{비중}})$ × 100 공식에 의해$(1-\frac{1.65}{2.65})$× 100 =37.74%가 된다.

34

좋은 콘크리트를 만들려면 좋은 품질의 골재를 사용해야 하는데, 좋은 골재에 관한 설명으로 옳지 않은 것은?

① 골재의 표면의 깨끗하고 유해 물질이 없을 것
② 굳은 시멘트 페이스트 보다 약한 석질일 것
③ 납작하거나 길지 않고 구형에 가까울 것
④ 굵고 잔 것이 골고루 섞여 있을 것

35

다음 중 교목의 식재 공사 공정으로 옳은 것은?

① 구덩이 파기 → 물 죽쑤기 → 묻기 → 지주세우기 → 수목방향 정하기 → 물집 만들기
② 구덩이 파기 → 수목방향 정하기 → 묻기 → 물 죽쑤기 → 지주세우기 → 물집 만들기
③ 수목방향 정하기 → 구덩이 파기 → 물 죽쑤기 → 묻기 → 지주세우기 → 물집 만들기
④ 수목방향 정하기 → 구덩이 파기 → 묻기 → 지주세우기 → 물 죽쑤기 → 물집 만들기

36

한켜는 마구리 쌓기, 다음 켜는 길이쌓기로 하고 길이켜의 모서리와 벽 끝에 칠오토막을 사용하는 벽돌쌓기 방법은?

① 네덜란드식 쌓기
② 영국식 쌓기
③ 프랑스식 쌓기
④ 미국식 쌓기

해설

영국식 쌓기 : 가장 튼튼한 방법으로 한단은 마구리, 한단은 길이쌓기로 하고 모서리 벽 끝에는 2.5토막을 사용. 미국식 쌓기 : 5단까지 길이쌓기로 하고 그 위에 한단은 마구리쌓기로 하여 본 벽돌벽에 물려 쌓음. 네덜란드식 쌓기 : 우리나라에서 가장 많이 사용하는 방법으로 쌓기 편하다. 프랑스식 쌓기 : 외관이 보기 좋으며, 한 켜에 길이쌓기와 마구리쌓기가 번갈아 나온다.

정답 31 ④ 32 ④ 33 ① 34 ② 35 ② 36 ①

37

콘크리트용 혼화재료로 사용되는 플라이애시에 대한 설명 중 틀린 것은?

① 포졸란 반응에 의해서 중성화 속도가 저감된다.
② 플라이애시의 비중은 보통포틀랜드 시멘트보다 작다.
③ 입자가 구형이고 표면조직이 매끄러워 단위수량을 감소시킨다.
④ 플라이애시는 이산화규소(SiO_2)의 함유율이 가장 많은 비결정질 재료이다.

해설

플라이 애시(fly ash) : 발전소 등의 연소보일러에서 부산되는 석탄재로 연소폐가스중에 포함되어있는 재료 집진기에 의해 회수한 미세한 입상의 난자를 말한다. 양질의 포졸란(pozzolan)으로 플라이 애시를 콘크리트에 섞으면 볼베어링처럼 작용하여 워커빌리티(workability)를 좋게 한다. 플라이 애쉬가 콘크리트에 미치는 영향은 콘크리트 유동성 개선, 블리딩 현상 감소, 수화 발열량 감소, 알카리골재반응 억제 효과, 콘크리트 수밀성 향상 등이 있다.

38

가로 조명등의 종류별 특징에 관한 설명으로 틀린 것은?

① 강철 조명등은 내구성이 강하지만 부식이 잘 된다.
② 알루미늄 조명등은 부식에 약하지만 비용이 저렴한 편이다.
③ 콘크리트 조명등은 유지가 용이하고, 내구성이 강하지만 설치시 무게로 인해 장비가 요구된다.
④ 나무로 만든 조명등은 미관적으로 좋고 초기의 유지가 용이하다.

해설

② 알루미늄 조명등은 부식에 강하지만 비용이 철제 조명등보다 비싸다.

39

경석(景石)의 배석(配石)에 대한 설명으로 옳은 것은?

① 원칙적으로 정원 내에 눈에 뜨이지 않는 곳에 두는 것이 좋다.
② 차경(借景)의 정원에 쓰면 유효하다.
③ 자연석보다 다소 가공하여 형태를 만들어 쓰도록 한다.
④ 입석(立石)인 때에는 역삼각형으로 놓는 것이 좋다.

40

비금속재료의 특성에 관한 설명 중 옳지 않은 것은?

① 납은 비중이 크고 연질이며 전성, 연성이 풍부하다.
② 알루미늄은 비중이 비교적 작고 연질이며 강도도 낮다.
③ 아연은 산 및 알칼리에 강하나 공기 중 및 수중에서는 내식성이 적다.
④ 동은 상온의 건조공기 중에서 변화하지 않으나 습기가 있으면 광택을 소실하고 녹청색으로 된다.

41

다음 중 마운딩(mounding)의 기능으로 옳지 않은 것은?

① 유효 토심확보 ② 배수 방향 조절
③ 공간 연결의 역할 ④ 자연스러운 경관 연출

해설

마운딩은 평평한 지형에 변화를 주어 경관을 연출하거나 기존 지반이 불량하여 식재지반을 확보하기 위하여 실시하는 작업

42

다음 중 호박돌 쌓기에 이용되는 쌓기법으로 가장 적합한 것은?

① +자 줄눈 쌓기 ② 줄눈 어긋나게 쌓기
③ 이음매 경사지게 쌓기 ④ 평석 쌓기

해설

호박돌 : 지름 18cm 이상의 둥근 자연석으로 수로의 사면보호, 연못바닥, 원로 포장용으로 사용하며 육법쌓기(6개의 돌에 의해 둘러싸이는 형태)에 의해 쌓는다.

정답 37 ① 38 ② 39 ② 40 ③ 41 ③ 42 ②

7 과년도 기출문제

43

다음 중 한 가지에 많은 봉우리가 생긴 경우 솎아 낸다든지, 열매를 따버리는 등의 작업을 하는 목적으로 가장 적당한 것은?

① 생장조장을 돕는 가지다듬기
② 세력을 갱신하는 가지다듬기
③ 착화 및 착과 촉진을 위한 가지다듬기
④ 생장을 억제하는 가지다듬기

해설

개화 결실을 촉진하기 위한 전정은 과수나 화목류의 개화촉진으로 매화나무나 장미에 적용(이른 봄에 전정)한다. 결실을 촉진하기 위한 것은 감나무(그냥 놓아두면 해거리 현상이 심하지만, 매년 알맞게 전정을 해주면 열매가 해마다 고르게 잘 열린다.)가 있고, 개화와 결실을 동시에 촉진하는 방법은 허약지, 도장지를 제거한다. 전정방법은 약지(弱枝)는 짧게, 강지(强枝)는 길게 전정하고 묵은 가지나 병충해를 입은 가지는 수액 유동전에 전정한다. 생장조절을 위한(생장을 돕는) 전정은 묘목, 병충해를 입은 가지, 고사지, 손상지를 제거하여 생장을 조절하는 전정이다. 세력 갱신을 위한 전정은 노쇠한 나무나 개화가 불량한 나무의 묵은 가지를 잘라주어 새로운 가지를 나오게 해 수목에 활기를 불어넣는 것(단, 맹아력이 강한 수종에 사용)이다. 생장 억제를 위한 전정은 조경수목을 일정한 형태로 유지시키고자 할 때(소나무 순자르기, 상록활엽수의 잎따기, 산울타리 다듬기, 향나무·편백 깎아 다듬기) 사용하며 일정한 공간에 식재된 수목이 더 이상 자라지 않기 위해서(도로변 가로수, 작은 정원 내 수목) 실시하는 전정이다.

44

이른 봄 늦게 오는 서리로 인한 수목의 피해를 나타내는 것은?

① 조상(早霜) ② 만상(晩霜)
③ 동상(凍傷) ④ 한상(寒傷)

해설

만상(晩霜, spring frost) : 이른 봄 서리로 인한 수목의 피해. 조상(早霜, autumn frost) : 나무가 휴면기에 접어들기 전의 서리로 인한 피해. 동상 (凍傷) : 추위 때문에 살갗이 얼어서 조직이 상하는 일

45

다음 [보기]에서 입찰의 순서로 옳은 것은?

[보기]		
㉠ 입찰공고	㉡ 입찰	㉢ 낙찰
㉣ 계약	㉤ 현장설명	㉥ 개찰

① ㉠→㉡→㉢→㉣→㉤→㉥
② ㉠→㉤→㉡→㉥→㉢→㉣
③ ㉠→㉡→㉥→㉢→㉣→㉤
④ ㉤→㉥→㉠→㉡→㉢→㉣

46

다음 조경설계기준에서 인공지반에 식재된 식물과 옥상조경 및 인공지반의 조경 식재토심으로 옳은 것은?

① 잔디 : 15cm ② 초본류 : 20cm
③ 소관목 : 40cm ④ 대관목 : 60cm

해설

조경기준(시행 2021.7.1.) (국토교통부고시 제2021-923호) 제4장 옥상조경 및 인공지반 조경 제15조(식재토심)에 의거
① 옥상조경 및 인공지반 조경의 식재 토심은 배수층의 두께를 제외한 다음 각호의 기준에 의한 두께로 하여야 한다.
1. 초화류 및 지피식물 : 15센티미터 이상 (인공토양 사용시 10센티미터 이상)
2. 소관목 : 30센티미터 이상 (인공토양 사용시 20센티미터 이상)
3. 대관목 : 45센티미터 이상 (인공토양 사용시 30센티미터 이상)
4. 교목 : 70센티미터 이상 (인공토양 사용시 60센티미터 이상)

47

다음 중 흙깎기의 순서 중 가장 먼저 실시하는 곳은?

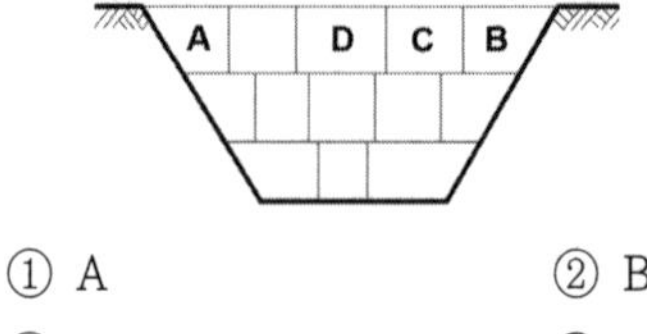

① A ② B
③ C ④ D

정답 43 ③ 44 ② 45 ② 46 ① 47 ④

48

다음 [보기]의 뿌리돌림 설명 중 ( )에 가장 적합한 숫자는?

> [보기]
> - 뿌리돌림은 이식하기 (㉠)년 전에 실시하되 최소 (㉡)개월 전 초봄이나 늦가을에 실시한다.
> - 노목이나 보호수와 같이 중요한 나무는 (㉢)회 나누어 연차적으로 실시한다.

① ㉠ 1~2 ㉡ 12 ㉢ 2~4
② ㉠ 1~2 ㉡ 6 ㉢ 2~4
③ ㉠ 3~4 ㉡ 12 ㉢ 1~2
④ ㉠ 3~4 ㉡ 24 ㉢ 1~2

해설

뿌리돌림은 이식시기로부터 6개월 ~ 3년 전(1년 전)에 실시하고 봄과 가을에 가능 하지만 가을에 실시하는 것이 효과적이다. 뿌리의 생장이 가장 활발한 시기인 이른 봄(해토 직후 ~ 4월 상순, 봄)이 가장 좋고, 낙엽활엽수는 이른 봄 잎이 핀 뒤보다 수액 이동 전, 장마 후 신초 굳을 무렵이 적당하며, 침엽수와 상록활엽수는 봄의 수액이동 시작 무렵, 눈이 움직이는 시기보다 약 2주 앞선 시기에 실시한다.

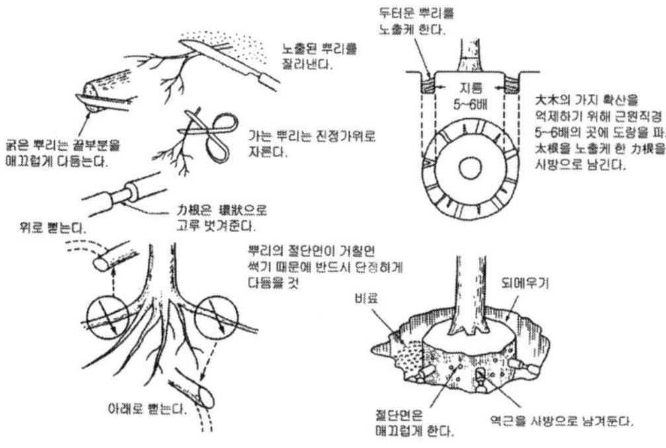

그림. 뿌리돌림의 방법

49

수목의 필수원소 중 다량원소에 포함하지 않는 것은?

① H ② K
③ Cl ④ C

해설

식물이 많이 흡수하는 9가지 원소를 다량원소라 하며 C(탄소), H(수소), O(산소), N(질소), P(인), K(칼륨), Ca(칼슘), Mg(마그네슘), S(황)이 해당된다. 소량 흡수되어 식물체의 생리 기능을 돕고 있는 7가지 원소를 미량원소라 하고 Fe(철), Cl(염소), Mn(망간), Zn(아연), B(붕소), Cu(구리), Mo(몰리브덴)이 해당된다.

50

수목의 전정에 관한 설명 중 틀린 것은?

① 가로수의 밑가지는 2m 이상 되는 곳에서 나오도록 한다.
② 이식 후 활착을 위한 전정은 본래의 수형이 파괴되지 않도록 한다.
③ 춘계전정(4~5월)시 진달래, 목련 등의 화목류는 개화가 끝난 후에 하는 것이 좋다.
④ 하계전정(6~8월)은 수목의 생장이 왕성한 때이므로 강전정을 해도 나무가 상하지 않아서 좋다.

해설

④ 강전정은 동계(겨울)에 실시한다.

51

다음 중 잎에 등황색의 반점이 생기고 반점으로부터 붉은 가루가 발생하는 병으로 한국잔디의 대표적인 것은?

① 붉은 녹병
② 푸사륨 패치(Fusarium patch)
③ 황화현상
④ 달라스폿(dollar spot)

해설

붉은 녹병 : 5~6월, 9~10월에 질소결핍, 고온다습 등에 의해 발생하며, 한국잔디의 대표적인 병이다. 푸사륨 패치 : 이른 봄, 전년도에 질소거름을 늦게 까지 주었을 때 발생하며, 한국잔디에 많이 발생한다. 황화현상 : 이른 봄 새싹이 나올 때 발병하며, 금잔디에 많이 발생하고 10~30cm의 원형반점이 생기고 토양관리가 나쁠 때 발생한다. 달라스폿 : 6~7월에 서양잔디에만 발생한다. 라지패치 : 토양전염병으로 축척된 태치 및 고온다습이 문제

52

병충해 방제를 목적으로 쓰이는 농약의 포장지 표기 형식 중 색깔이 분홍색을 나타내는 것은 어떤 종류의 농약을 가리키는가?

① 살충제 ② 살균제
③ 제초제 ④ 살비제

해설

① 살충제 : 녹색 ② 살균제 : 분홍색 ③ 제초제 : 황색

정답 48 ② 49 ③ 50 ④ 51 ① 52 ②

53

작성이 간단하며 공사 진행 결과나 전체 공정 중 현재 작업의 상황을 명확히 알 수 있어 공사규모가 작은 경우에 많이 사용되고, 시급한 공사도 많이 적용되는 공정표의 표시방법은?

① 막대그래프　② 곡선그래프
③ 네트워크 방식　④ 대수도표

해설
막대그래프 : 여러 가지 통계나 사물의 양을 선 즉, 막대 모양의 길이로써 나타내어 알아보기 쉽도록 그린 그림표

54

잡초제거를 위한 제초제 등 잔디밭에 사용할 때 각별한 주의가 요구되는 것은?

① 선택성 제초제　② 비선택성 제초제
③ 접촉형 제초제　④ 호르몬형 제초제

해설
잔디밭에 비선택성(선택하지 않고 다 죽이는 것) 제초제를 주면 잔디까지 죽게 된다.

55

다음 중 순공사원가에 포함되지 않는 것은?

① 재료비　② 경비
③ 노무비　④ 일반관리비

해설
순공사원가는 재료비+노무비+경비 이다.

56

다음 중 미국흰불나방 구제에 가장 효과가 좋은 것은?

① 디캄바액제(반벨)
② 디니코나졸수화제(빈나리)
③ 시마진수화제(씨마진)
④ 카바릴수화제(세빈)

해설
①, ③은 제초제이며, ②는 살균제이다.

57

나무를 옮겨 심었을 때 잘려진 뿌리로부터 새 뿌리가 나오게 하여 활착이 잘되게 하는데 가장 중요한 것은?

① 호르몬과 온도
② C/N율과 토양의 온도
③ 온도와 지주목의 종류
④ 잎으로 부터의 증산과 뿌리의 흡수

58

복합비료의 표시가 21-17-18 일 때 설명으로 옳은 것은?

① 인산 21%, 칼륨 17%, 질소 18%
② 칼륨 21%, 인산 17%, 질소 18%
③ 질소 21%, 인산 17%, 칼륨 18%
④ 인산 21%, 질소 17%, 칼륨 18%

해설
복합비료(複合肥料, compound fertilizer) : 농작물의 발아, 성장 및 결실에 필요한 3요소인 질소, 인산, 칼륨 중 2종 이상의 성분이 함유된 비료를 말한다.

59

전정도구 중 주로 연하고 부드러운 가지나 수관 내부의 가늘고 약한 가지를 자를 때와 꽃꽂이를 할 때 흔히 사용하는 것은?

① 대형전정가위
② 적심가위 또는 순치기가위
③ 적화, 적과가위
④ 조형 전정가위

정답 53 ① 54 ② 55 ④ 56 ④ 57 ④ 58 ③ 59 ②

60

다음 설명에 적합한 조경 공사용 기계는?

- 운동장이나 광장과 같이 넓은 대지나 노면을 판판하게 고르거나 필요한 흙 쌓기 높이를 조절하는데 사용
- 길이 2~3m, 나비 30~50cm의 배토판으로 지면을 긁어 가면서 작업
- 배토판은 상하좌우로 조절할 수 있으며, 각도를 자유롭게 조절할 수 있기 때문에 지면을 고르는 작업 이외에 언덕 깎기, 눈치기, 도랑파기 작업 등도 가능

① 모터 그레이더 ② 차륜식 로더
③ 트럭 크레인 ④ 진동 컴팩터

해설

모터 그레이더는 운동장의 면을 조성할 때 사용한다.

정답 60 ①

2021년 제4회 조경기능사 과년도 (복원CBT)

01

조선시대 정원과 관계가 없는 것은?

① 자연을 존중
② 자연을 인공적으로 처리
③ 신선사상
④ 계단식으로 처리한 후원 양식

02

고대 로마정원은 3개의 중정으로 구성되어 있었는데, 이 중 사적(私的)기능을 가진 제2중정에 속하는 것은?

① 아트리움(Atrium)
② 지스터스(Xystus)
③ 페리스틸리움(Peristylium)
④ 아고라(Agora)

해설

제1중정(아트리움 : 공적장소, 포장되어 있고 화분이 있다). 제2중정(페리스틸리움 : 사적 공간으로 포장되지 않은 주정이 있다. 정형적 배치). 후정(지스터스 : 수로와 그 좌우에 원로와 화단이 대칭적으로 배치되어있고, 5점형 식재).

03

이탈리아의 조경양식이 크게 발달한 시기는 어느 시대부터 인가?

① 암흑시대
② 르네상스 시대
③ 고대 이집트 시대
④ 세계 1차 대전이 끝난 후

해설

이탈리아의 정원은 15세기 르네상스 시대에 발달하였다.

04

스페인 정원의 대표적인 조경양식은?

① 중정(Patio) 정원 ② 원로정원
③ 공중정원 ④ 비스타(Vista) 정원

해설

스페인 정원은 중정(Patio)식, 회랑식 정원이 특징이다. 공중정원은 서부아시아, 비스타(Vista)정원은 프랑스의 대표적 정원이다.

05

네덜란드 정원에 관한 설명으로 가장 거리가 먼 것은?

① 운하식이다.
② 튤립, 히아신스, 아네모네, 수선화 등의 구근류로 장식했다.
③ 프랑스와 이탈리아의 규모보다 보통 2배 이상 크다.
④ 테라스를 전개시킬 수 없었으므로 분수, 캐스케이드가 채택될 수 없었다.

06

일본에서 고산수(枯山水) 수법이 가장 크게 발달했던 시기는?

① 가마꾸라(鎌倉)시대 ② 무로마찌(室町)시대
③ 모모야마(桃山)시대 ④ 에도(江戶)시대

해설

실정(무로마찌)시대에 고산수 수법이 발달하였다. 고산수수법에는 축산고산수수법과 평정고산수수법이 있다.

정답 1② 2③ 3② 4① 5③ 6②

07

임해전이 주로 직선으로 된 연못의 서북쪽 남북축 선상에 배치되어 있고, 연못내 돌을 쌓아 무산 12봉을 본 따 석가산을 조성한 통일신라시대에 건립된 조경유적은?

① 안압지　② 부용지
③ 포석정　④ 향원지

해설

안압지 : 전체면적 40,000m²(약 5,100평), 연못면적 17,000m², 신선사상을 배경으로 한 해안풍경을 묘사한 연못으로 못안에 대·중·소 3개의 섬(신선사상) 중 거북모양의 섬이 있으며, 석가산은 무산십이봉을 상징한다. 포석정 : 왕희지의 난정고사를 본 딴 왕의 공간으로 만들어진 연대 추측할 수 없고, 유상곡수연(굴곡한 물도랑을 따라 흐르는 물에 잔을 띄워 그 잔이 자기 앞을 지나쳐 버리기 전에 시 한수를 지어 잔을 마셨다는 풍류놀이)을 즐김. 향원지 : 원형에 가까운 부정형으로 연이 식재되어 있으며 방지 중앙에 원형의 섬이 있고 그 위에 정6각형 2층 건물의 향원정이 있음.

08

메소포타미아의 대표적인 정원은?

① 마야사원　② 베르사이유 궁전
③ 바빌론의 공중정원　④ 타지마할 사원

해설

공중정원(Hanging Garden) : 세계7대불가사의이며 최초의 옥상정원이다. '추장 알리의 언덕'으로 추정되며 벽은 벽돌로 축조된 것으로 추측된다. 네부카드네자르 2세가 왕비 아미티스(Amiytis)를 위해 조성하였고 인공관수, 방수층 만들어 식물을 식재한 메소포타미아의 대표적 정원이다.

09

회교문화의 영향을 입은 독특한 정원양식을 보이는 것은?

① 이탈리아 정원
② 프랑스 정원
③ 영국 정원
④ 스페인(에스파니아) 정원

해설

회교문화의 영향을 입어 독특한 정원양식을 보이는 것은 스페인(에스파니아)정원의 특색이다.

10

우리나라 최초의 대중적인 도시 공원은?

① 남산공원　② 사직공원
③ 파고다공원　④ 장충공원

해설

우리나라 최초의 대중적인 도시 공원은 파고다공원(탑골공원)이다. 최초 자연공원 : 요세미테 공원, 최초 국립공원 : 옐로우스톤 국립공원, 우리나라 최초 국립공원 : 1967년 12월 지리산국립공원, 유네스코에서 국제 생물권 보존지역으로 지정 : 1982년 6월 설악산 국립공원

11

사적지의 종류별 조경계획 중 올바르지 않는 것은?

① 건축물 가까이에는 교목류를 식재하지 않는다.
② 민가의 안마당에는 유실수를 주로 식재한다.
③ 성곽 가까이에는 교목을 심지 않는다.
④ 묘역 안에는 큰 나무를 심지 않는다.

해설

민가의 안마당은 마당으로 이용하거나 화목류, 관목류를 식재하였으나 극히 제한적으로 사용하였다.

12

수도원 정원에서 원로의 교차점인 중정 중앙에 큰 나무 한 그루를 심는 것을 뜻하는 것은?

① 파라다이소(Paradiso)
② 바(Bagh)
③ 트렐리스(Trellis)
④ 페리스틸리움(Peristylium)

13

조선시대 궁궐의 침전 후정에서 볼 수 있는 대표적인 것은?

① 자수화단(花壇)
② 비폭(飛瀑)
③ 경사지를 이용해서 만든 계단식의 노단
④ 정자수

정답 7① 8③ 9④ 10③ 11② 12① 13③

해설

조선시대 정원의 특징은 ㉠ 중국 조경양식의 모방에서 벗어나 한국적 색채가 농후하게(짙게) 발달. 정원기법 확립. ㉡ 풍수지리설의 영향 : 후원식, 화계식이 발달. 식재의 방위 및 수종 선택. ㉢ 자연환경과 조화. ㉣ 신선사상 : 삼신상과 십장생의 불로장생. 연못내의 중도 설치. ㉤ 음양오행사상 : 정원 연못의 형태(방지원도). ㉥ 후원(後園)이 주가 되는 정원수법 생김. ㉦ 은일사상 성행. ㉧ 자연을 존중. ㉨ 후원장식용 : 괴석, 굴뚝, 세심석. **㉩ 궁궐 침전 후정에서 볼 수 있는 대표적인 것 : 경사지를 이용해 만든 계단식 노단**

14

16세기 무굴제국의 인도정원과 가장 관련이 깊은 것은?

① 타지마할
② 퐁텐블로
③ 클로이스터
④ 알함브라 궁원

해설

타지마할은 인도의 대표적 이슬람 건축으로 인도 아그라(Agra)의 남쪽, 자무나(Jamuna) 강가에 자리잡은 궁전 형식의 묘지로 무굴제국의 황제였던 샤 자한이 왕비 뭄타즈 마할을 추모하여 건축한 것이다. 1983년 유네스코에 의해 세계문화유산으로 지정되었다.

15

벽돌 표준형의 크기는 190mm×90mm×57 mm이다. 벽돌 줄눈의 두께를 10mm로 할 때, 표준형 벽돌벽 1.5B의 두께는 얼마인가?

① 170mm
② 270mm
③ 290mm
④ 330mm

해설

표준형 벽돌에 줄눈이 10mm일 때, 1.5B는 190 +90+10=290mm가 된다

16

벤치, 인공폭포, 인공암, 수목 보호판 등으로 이용하기 가장 적합한 것은?

① 경질염화비닐판
② 유리섬유강화플라스틱
③ 폴리스티렌수지
④ 염화비닐수지

해설

유리섬유강화플라스틱(FRP) : 가장 많이 사용하는 플라스틱 제품으로 강도가 약한 플라스틱에 강화제인 유리섬유를 넣어 강화시킨 제품으로 벤치, 인공폭포, 미끄럼대의 슬라이더, 화분대, 수목보호대 등에 이용된다.

17

다음 조경재료 중에서 자연재료가 아닌 것은?

① 자연석 ② 지피식물
③ 초화류 ④ 식생매트

해설

식생매트는 인공재료이다.

18

다음 중 색의 3속성에 관한 설명으로 옳은 것은?

① 감각에 따라 식별되는 색의 종명을 채도라 한다.
② 두 색상 중에서 빛의 반사율이 높은 쪽이 밝은 색이다.
③ 색의 포화상태 즉, 강약을 말하는 것은 명도이다.
④ 그레이 스케일(gray scale)은 채도의 기준척도로 사용된다.

해설

색의 3속성이란 색조(색상/Hue), 채도(Chroma), 명도(Value)를 말하는데 이 세 속성이 모여 색(Color)을 이루며, 세 속성 모두 수치로서 표현하고, 이 3속성은 별도로 독립되지 않고 밀접한 관계를 이루고 있으며 서로 간에 영향을 끼치고 있다.

정답 14 ① 15 ③ 16 ② 17 ④ 18 ②

19

알루미늄의 일반적인 성질로 틀린 것은?

① 열의 전도율이 높다.
② 비중은 약 2.7 정도이다.
③ 전성과 연성이 풍부하다.
④ 산과 알카리에 특히 강하다.

해설

알루미늄은 원광석인 보크사이드(트)에서 순 알루미나를 추출하여 전기분해 과정을 통해 얻어진 은백색의 금속으로 경량구조재, 섀시, 피복재, 설비, 기구재, 울타리 등에 사용한다.

20

도시공원 및 녹지 등에 관한 법률 시행규칙상 도시공원 중 설치규모가 가장 큰 곳은?

① 광역권근린공원　② 체육공원
③ 묘지공원　④ 도시지역권근린공원

해설

도시공원의 비교

공원구분		유치거리	규 모
소공원		제한없음	제한없음
어린이공원		250m 이하	1,500m² 이상
근린공원	근린 생활권		1만m² 이상
	도보권		3만m² 이상
	도시 지역권		10만m² 이상
	광역권		100만m² 이상
묘지공원		제한없음	10만m² 이상
체육공원		제한없음	1만m² 이상

21

목재의 특성 중 장점은?

① 충격, 진동에 대한 저항성이 작다.
② 열전도율이 낮다.
③ 흡수성이 크고 이것에 의한 변형이 크다.
④ 가연성이며 인화점이 낮다.

해설

목재의 장점 : 외관이 아름답고, 촉감이 좋다. 무게가 가볍고, 비중이 작다. 압축강도, 인장강도가 크고, 가공이 용이하다. 열전도율이 낮으며, 무게에 비해 강도가 크다. 알카리와 산에 강하다.

22

먼셀 표색계 중 BG는 무슨색상을 의미하는가?

① 남색　② 보라
③ 청록　④ 연두

해설

먼셀표색계 : 색을 HV/C의 형태로 나타낸다. 여기서 H는 색상, V는 명도, C는 채도를 나타낸다. 색상을 R(빨강)·YR(주황)·Y(노랑)·GY(연두)·G(녹색)·BG(청록)·B(파랑)·PB(남색)·P(보라)·RP(자주)의 10종류로 나누어 원주상에 등간격으로 배치한다.

23

울창한 숲을 배경으로 한 푸른 연못은 어떠한 감정을 느끼게 하는가?

① 차분하고 존엄한 감을 느끼게 한다.
② 생동적이고 환희스러운 감을 느끼게 한다.
③ 침울하고 비관적인 감을 느끼게 한다.
④ 율동적이며 흥미로운 감흥을 느끼게 한다.

24

터닦기 할 때 성토시(흙쌓기) 침하에 대비하여 계획된 높이보다 몇 % 정도 더돋기를 하는가?

① 3 ~ 5%　② 10 ~ 15%
③ 20 ~ 25%　④ 30 ~ 35%

해설

더돋기 : 예상침하량에 상당하는 높이만큼 계획고 보다 더 높이 시공하는 것으로 일반적으로 10~ 15% 정도로 한다.

정답 19 ④ 20 ① 21 ② 22 ③ 23 ① 24 ②

25

다음 중 화성암이 아닌 것은?

① 대리석 ② 화강암
③ 안산암 ④ 섬록암

해설

대리석은 변성암에 속한다.

26

조경설계에서 보행인의 흐름을 고려하여 최단거리의 직선 동선(動線)으로 설계하지 않아도 되는 곳은?

① 대학 캠퍼스 내
② 축구경기장 입구
③ 주차장, 버스정류장 부근
④ 공원이나 식물원

27

다음 중 색의 3요소가 아닌 것은?

① 색상 ② 명도
③ 채도 ④ 소리

해설

색의 3요소는 색상, 채도, 명도이다.

28

소형고압블럭을 시공할 때 차도용 소형고압블럭의 두께는 몇 mm 인가?

① 50 ② 60
③ 70 ④ 80

해설

소형고압블럭의 두께는 보도용은 60mm, 차도용은 80mm를 사용한다.

29

돌이 풍화·침식되어 표면이 자연적으로 거칠어진 상태를 뜻하는 것은?

① 돌의 뜰녹 ② 돌의 절리
③ 돌의 조면 ④ 돌의 이끼바탕

해설

③ 돌의 조면 : 돌이 풍화, 침식되어 표면이 자연적으로 거칠어진 것.
① 돌의 뜰녹 : 관상가치가 높고 고색을 띠는 것.
② 돌의 절리 : 돌에 선이나 무늬가 생겨 방향감을 주며 예술적 가치가 생김.
④ 돌의 이끼바탕 : 자연미를 살려준다.

30

주철강의 특성 중 틀린 것은?

① 선철이 주재료이다.
② 내식성이 뛰어나다.
③ 탄소 함유량은 1.7~6.6%이다.
④ 단단하여 복잡한 형태의 주조가 어렵다.

해설

주철(cast iron)은 1.7% 이상의 탄소를 함유하는 철은 약 1,150℃에서 녹으므로 주물을 만드는 데 사용할 수 있으나, 이 중에서 3.0~3.6%의 탄소량에 해당하는 것을 일반적으로 주철이라고 한다. 주철을 녹이기 위해서 큐폴라라고 하는 용해로가 사용되며, 고로(高爐:용광로)에서 얻은 선철을 여기에 넣고, 코크스를 연료로 하여 녹인다. 보통 주철은 난로·맨홀의 뚜껑을 비롯해서 널리 주물제품으로 사용된다.

31

열경화성 수지의 설명으로 틀린 것은?

① 축합반응을 하여 고분자로 된 것이다.
② 다시 가열하는 것이 불가능하다.
③ 성형품은 용제에 녹지 않는다.
④ 불소수지와 폴리에틸렌수지 등으로 수장재로 이용된다.

해설

열경화성수지(thermosetting resin, 熱硬化性樹脂) : 열을 가하여 경화 성형하면 다시 열을 가해도 형태가 변하지 않는 수지로 일반적으로 내열성, 내용제성, 내약품성, 기계적 성질, 전기절연성이 좋다. 충전제를 넣어 강인한 성형물을 만들 수 있으며 고강도 섬유와 조합하여 섬유강화플라스틱을 제조하는 데에도 사용된다.

정답 25① 26④ 27④ 28④ 29③ 30④ 31④

32

다음 중 평판측량의 3요소가 아닌 것은?

① 정준 ② 구심
③ 표정 ④ 종이

해설

평판측량의 3요소는 정준, 구심, 표정이다.

33

다음 중 목재에 유성페인트 칠을 할 때 가장 관련이 없는 재료는?

① 건조제 ② 건성유
③ 방청제 ④ 희석제

해설

방청제(rust inhibitor, 防銹劑) : 금속이 부식하기 쉬운 상태일 때 첨가함으로써 녹을 방지하기 위해 사용하는 물질

34

두께 15cm 미만이며, 폭이 두께의 3배 이상인 판 모양의 석재를 무엇이라고 하는가?

① 각석 ② 판석
③ 마름돌 ④ 견치돌

해설

판석 : 폭(너비)이 두께의 3배 이상이고 두께가 15cm 미만으로 디딤돌, 원로포장용, 계단설치용으로 많이 사용. 각석 : 폭(너비)이 두께의 3배 미만이고 폭보다 길이가 긴 직육면체 모양으로 쌓기용, 기초용, 경계석에 많이 사용. 마름돌 : 직육면체가 되도록 각 면을 다듬은 석재로 형태가 정형적인 곳에 사용하고, 시공비가 많이 들며 석재중 가장 고급품으로 구조물 또는 쌓기용에 사용한다. 견치돌(견칫돌, 견치석) : 길이를 앞면 길이의 1.5배 이상으로 다듬어 축석에 사용하는 석재로 옹벽 등의 쌓기용으로 메쌓기나 찰쌓기에 사용하는 돌로 주로 흙막이용 돌쌓기에 사용되고 정사각뿔 모양으로 전면은 정사각형에 가깝다. 앞면이 정사각형 또는 직사각형으로 뒷길이 접촉면의 폭, 뒷면 등이 규격화된 돌로 4방락 또는 2방락의 것이 있으며 1개의 무게는 70~100kg, 형상은 절두각체에 가깝다.

35

일반적으로 수목의 뿌리돌림시, 분의 크기는 근원직경의 몇 배 정도가 알맞은가?

① 2배 ② 4배
③ 8배 ④ 12배

해설

일반적으로 수목의 뿌리돌림시 분의 크기는 근원직경의 4배 정도가 알맞다.

36

시멘트의 종류 중 혼합시멘트에 속하는 것은?

① 팽창 시멘트
② 알루미나 시멘트
③ 고로슬래그 시멘트
④ 조강포틀랜드 시멘트

해설

혼합시멘트 : 고로 시멘트(슬래그 시멘트) - 제철소의 용광로에서 생긴 광재(Slag)를 넣고 만들어 균열이 적어 폐수시설, 하수도, 항만에 사용하며 수화열 낮고, 내구성이 높으며, 화학적 저항성이 크고, 투수가 적다. 플라이 애쉬 시멘트 - 실리카 시멘트보다 후기강도가 크다. 건조 수축이 적고 화학적 저항성이 강하다. 장기강도가 좋고, 건조수축이 적다. 수화열이 적어 매스콘크리트용에 적합하다. 모르타르 및 콘크리트 등의 화학적 저항성이 강하고 수밀성이 우수하다. 포졸란 시멘트(실리카 시멘트) - 방수용으로 사용하며, 경화가 느리나 조기강도가 크다.

37

다음 중 비료목(肥料木)에 해당되는 식물이 아닌 것은?

① 다릅나무 ② 곰솔
③ 싸리나무 ④ 보리수나무

해설

비료목(肥料木, Nitrogen-fixing tree) : 땅의 힘을 증진시켜서 수목의 생장을 촉진하기 위해 식재하는 나무로, 질소함량이 많아 분해되기 쉬운 많은 엽량을 환원하고 뿌리의 뿌리혹균에 의해 질소함량이 많은 대사물질 또는 분비물을 토양에 공급해 땅의 물리적 화학적 성질과 미생물의 번식조건을 좋게 한다. 비료목의 예로는 콩과(다릅나무, 주엽나무, 싸리나무, 아까시나무, 꽃아카시아, 자귀나무, 박태기나무, 등나무, 골담초, 칡), 자작나무과(오리나무), 보리수나무과(보리수나무), 소철과(소철), 소귀나무과(소귀나무) 등이 있다.

정답 32 ④ 33 ③ 34 ② 35 ② 36 ③ 37 ②

38

길이쌓기 켜와 마구리쌓기 켜가 번갈아 반복되게 쌓는 방법으로 모서리나 벽이 끝나는 곳에는 반절이나 2·5 토막이 쓰이는 벽돌쌓기 방법은?

① 영국식쌓기 ② 프랑스식쌓기
③ 영롱쌓기 ④ 미국식쌓기

해설

영국식쌓기 : 가장 튼튼한 방법으로 한단은 마구리, 한단은 길이쌓기로 하고 모서리 벽 끝에는 2·5토막을 사용.
프랑스식쌓기 : 외관이 보기 좋으며, 한 켜에 길이쌓기와 마구리쌓기가 번갈아 나온다.
영롱쌓기 : 벽돌 장식 쌓기의 하나로서 벽돌담에 구멍을 내어 쌓는 방법으로 담의 두께는 0.5B두께로 하고 구멍의 모양은 삼각형, ㅡ자형, +자형 등의 여러 가지 모양이 있음.
미국식 쌓기 : 5단까지 길이쌓기로 하고 그 위에 한단은 마구리쌓기로 하여 본 벽돌 벽에 물려 쌓음

39

소나무류의 순자르기는 어떤 목적을 위한 가지다듬기인가?

① 생장 조장을 돕는 가지다듬기
② 생장을 억제하는 가지다듬기
③ 세력을 갱신하는 가지다듬기
④ 생리 조정을 위한 가지다듬기

해설

생장을 돕기 위한 전정 : 병충해 피해지, 고사지, 꺾어진 가지 등을 제거하여 생장을 돕는 전정. 생장을 억제하는 전정 : 일정한 형태로 고정을 위한 전정으로 향나무나 회양목, 산울타리 전정, 소나무 순자르기, 활엽수의 잎따기 등이 이에 속한다. 갱신을 위한 전정 : 묵은가지를 잘라주어 새로운 가지가 나오게 한다. 개화 결실을 많게 하기 위한 전정 : 결실을 위한 전정(해거리 방지-감나무나 각종 과수나무, 장미의 여름전정). 생리조절을 위한 전정 : 이식할 때 지하부가 잘린 만큼 지상부를 전정하여 균형을 유지시키는 전정으로 병든가지, 혼잡한 가지를 제거하여 통풍과 탄소동화작용을 원활히 하기 위한 전정이다. 세력 갱신하는 전정 : 맹아력이 강한 나무가 늙어서 생기를 잃거나 꽃맺음이 나빠지는 경우에 줄기나 가지를 잘라 내어 새 줄기나 가지로 갱신하는 것을 말한다.

40

산울타리를 조성하려 할 때 맹아력이 가장 강한 나무는 어느 것인가?

① 녹나무 ② 이팝나무
③ 소나무 ④ 개나리

해설

맹아력(sprouting ability, 萌芽力)은 수목(樹木) 에서 최초 본줄기(shoot)가 훼손되었을 때, 남아 있는 휴면 근주(根株)에서 다시 새로운 줄기를 만들어 내는 능력을 말한다.

41

수목을 이식할 때 고려사항으로 가장 부적합한 것은?

① 지상부의 지엽을 전정해 준다.
② 뿌리분의 손상이 없도록 주의하여 이식한다.
③ 굵은 뿌리의 자른 부위는 방부처리 하여 부패를 방지한다.
④ 운반이 용이하게 뿌리분은 기준보다 가능한 한 작게 하여 무게를 줄인다.

해설

수간 근원지름의 4~6배로 분의 크기를 한다

42

가로수로서 갖추어야 할 조건을 기술한 것 중 옳지 않은 것은?

① 강한 바람에도 잘 견딜 수 있는 것
② 사철 푸른 상록수일 것
③ 각종 공해에 잘 견디는 것
④ 여름철 그늘을 만들고 병해충에 잘 견디는 것

해설

가로수로 이용되는 수목은 자동차나 보행자에게 녹음을 제공하고, 시선유도, 방음 등의 목적으로 심는 나무로 낙엽교목, 다듬기에 강한 수종, 병충해 및 공해에 강한 수종이 적합하다.

정답 38 ① 39 ② 40 ④ 41 ④ 42 ②

43

황색 꽃을 갖는 나무는?

① 모감주나무 ② 조팝나무
③ 박태기나무 ④ 산철쭉

44

개화기가 가장 빠른 것끼리 나열된 것은?

① 개나리, 목련, 아카시아
② 진달래, 목련, 수수꽃다리
③ 미선나무, 배롱나무, 쥐똥나무
④ 풍년화, 생강나무, 산수유

해설

개화기가 빠른 대표적 수목은 풍년화, 산수유, 개나리, 생강나무 등이 있다.

45

소나무류는 생장조절 및 수형을 바로잡기 위하여 순따기를 실시하는데, 대략 어느 시기에 실시하는가?

① 3~4월 ② 5~6월
③ 7~8월 ④ 9~10월

해설

소나무 순따기 : 5~6월. 소나무 묵은잎 제거 : 3월. 소나무 잎솎기 : 8월경

46

다져진 잔디밭에 공기 유통이 잘되도록 구멍을 뚫는 기계는?

① 소드 바운드(sod bound)
② 론 모우어(lawn mower)
③ 론 스파이크(lawn spike)
④ 레이크(take)

해설

론 스파이크(Lawn Spike) : 다져진 잔디밭에 공기 유통이 잘 되도록 구멍 뚫는 기계

47

다음 수목의 외과 수술용 재료 중 동공 충전물의 재료로 가장 부적합한 것은?

① 콜타르
② 에폭시 수지
③ 불포화 폴리에스테르 수지
④ 우레탄 고무

48

토양의 변화에서 체적비(변화율)는 L과 C로 나타낸다. 다음 설명 중 옳지 않은 것은?

① L값은 경암보다 모래가 더 크다.
② C는 다져진 상태의 토량과 자연상태의 토량의 비율이다.
③ 성토, 절토 및 사토량의 산정은 자연상태의 양을 기준으로 한다.
④ L은 흐트러진 상태의 토량과 자연상태의 토량의 비율이다.

해설

토량변화는 자연상태의 흙을 파내면 공극 때문에 토량이 증가하고 자연상태의 흙을 다지면 공극이 줄어들어 토량이 줄어든다. 자연상태의 토량변화율 = 1, 흐트러진 상태의 토량변화율(L = 1.2), 다져진 상태의 토량변화율(C = 0.8). 그러므로 경암은 공극이 크기 때문에 L값이 모래보다 더 크다.

정답 43 ① 44 ④ 45 ② 46 ③ 47 ① 48 ①

49

자연석 놓기 중에서 경관석 놓기를 설명한 것 중 틀린 것은?

① 시선이 집중되는 곳이나 중요한 자리에 한 두 개 또는 몇 개를 짜임새 있게 놓고 감상한다.
② 경관석을 놓았을 때 보는 사람으로 하여금 아름다움을 느끼게 멋과 기풍이 있어야 한다.
③ 경관석 짜기의 기본은 주석(중심석)과 부석을 바꾸어 놓고 4, 6, 8... 등 균형감 있게 짝수로 놓아야 자연스럽게 보인다.
④ 경관석을 다 놓은 후에는 그 주변에 알맞은 관목이나 초화류를 식재하여 조화롭고 돋보이는 경관이 되도록 한다.

해설

③ 경관석 놓기는 3, 5, 7... 등의 홀수로 놓는다.

50

다음 중 그해 자란 1년생 신초지(新梢枝)에서 꽃눈이 분화하여 그 해에 개화하는 화목류는?

① 무궁화　② 개나리
③ 목련　④ 수국

해설

당년에 자란 가지에 꽃 피는 수종 : 장미, 무궁화, 배롱나무, 능소화, 대추나무, 포도, 감나무, 등나무 등. 2년생 가지에서 꽃 피는 수종 : 매화나무, 수수꽃다리, 개나리, 박태기나무, 벚나무, 수양버들, 목련, 진달래, 철쭉류, 복사나무, 생강나무, 산수유, 앵두나무, 살구나무, 모란 등

51

스프레이 건(spray gun)을 쓰는 것이 가장 적합한 도료는?

① 수성페인트　② 유성페인트
③ 래커　④ 애나멜

52

다음 조경 식물의 주요 해충 중 흡즙성 해충은?

① 깍지벌레　② 독나방
③ 오리나무잎벌　④ 미끈이하늘소

해설

잎을 갉아먹는 해충(식엽성 해충) : 솔나방, 오리나무잎벌, 미국흰불나방 등이 있고, 즙액을 빨아먹는 해충(흡즙성 해충) : 진딧물류, 응애류, 깍지벌레류가 있다. 구멍을 뚫는 해충(천공성 해충) : 향나무하늘소, 소나무좀 등이 있다.

53

파이토플라즈마에 의한 주요 수목병에 해당되지 않는 것은?

① 오동나무빗자루병　② 뽕나무오갈병
③ 대추나무빗자루병　④ 소나무시들음병

해설

파이토플라즈마 : 마이코플라즈마(Mycoplasma)라고 더 많이 사용한다. 대추나무, 오동나무, 뽕나무 등에 많이 발생하며, 소나무에는 발생하지 않는다.

54

다음 설명하는 해충은?

- 가해 수종으로는 향나무, 편백, 삼나무 등
- 똥을 줄기 밖으로 배출하지 않기 때문에 발견하기 어렵다.
- 기생성 천적인 좀벌류, 맵시벌류, 기생파리류로 생물학적 방제를 한다.

① 박쥐나방
② 측백나무하늘소
③ 미끈이하늘소
④ 장수하늘소

해설

측백나무 하늘소(향나무 하늘소) : 애벌레가 향나무나 측백나무의 형성층 부위에 구멍을 뚫어 나무를 급속히 말라 죽인다. 주로 쇠약한 나무를 가해하며, 배설물을 밖으로 내보내지 않기 때문에 발견하기 어렵다.

정답　49 ③　50 ①　51 ③　52 ①　53 ④　54 ②

55

골프장 설치장소로 적합하지 않은 곳은?

① 교통이 편리한 위치에 있는 곳
② 골프코스를 흥미롭게 설계 할 수 있는 곳
③ 기후의 영향을 많이 받는 곳
④ 부지매입이나 공사비가 절약될 수 있는 곳

해설

골프장은 기후의 영향을 많이 받는 곳은 좋지 않다.

56

공사 일정 관리를 위한 횡선식 공정표와 비교한 네트워크(NET WORK) 공정표의 설명으로 옳지 않은 것은?

① 공사 통제 기능이 좋다.
② 문제점의 사전 예측이 용이하다.
③ 일정의 변화를 탄력적으로 대처할 수 있다.
④ 간단한 공사 및 시급한 공사, 개략적인 공정에 사용된다.

해설

네트워크 공정표(Network Chart) : 복잡한 공사와 대형공사의 전체 파악이 쉽고 컴퓨터의 이용이 용이하며 공사의 상호관계가 명확하고 복잡한 공사, 대형공사, 중요한 공사에 사용된다. 막대 공정표(Bar Chart) : 전체 공사를 구성하는 모든 부분공사를 세로로 열거하고 이용할 수 있는 공사기간을 가로축에 표시한다. 작업이 간단하며 공사 진행 결과나 전체 공정 중 현재 작업의 상황을 명확히 알 수 있어 공사규모가 작은 경우에 많이 사용되며, 시급한 공사에 많이 적용되는 공정표

57

수피가 얇아서 겨울에 얼어 터지는 것을 방지하기 위해 새끼 감기를 해 주는 것이 다른 수종들 보다 좋은 수종들로만 짝지어진 것은?

① 단풍나무, 배롱나무
② 은행나무, 매화나무
③ 라일락, 층층나무
④ 꽃아그배나무, 산딸나무

해설

단풍나무와 배롱나무는 수피가 얇아서 겨울에 얼어터지는 경우가 많이 발생한다. 수피가 얇은 나무에서 수피가 타는 것을 방지하기 위해 줄기(새끼)싸기를 실시한다.

58

다음 중 조경수목에 거름을 줄 때 방법과 설명으로 틀린 것은?

① 윤상거름주기 : 수관폭을 형성하는 가지 끝 아래의 수관선을 기준으로 환상으로 깊이 20~25cm, 너비 20~30cm로 둥글게 판다.
② 방사상거름주기 : 파는 도랑의 깊이는 바깥쪽일수록 깊고 넓게 파야하며, 선을 중심으로 하여 길이는 수관폭의 1/3 정도로 한다.
③ 선상거름주기 : 수관선상에 깊이 20cm 정도의 구멍을 군데군데 뚫고 거름을 주는 방법으로 액비를 비탈면에 줄 때 적용한다.
④ 전면거름주기 : 한 그루씩 거름을 줄 경우, 뿌리가 확장되어 있는 부분을 뿌리가 나오는 곳까지 전면으로 땅을 파고 주는 방법이다.

해설

③은 천공거름주기에 대한 설명이다.
선상거름주기 : 산울타리처럼 군식된 수목을 따라 도랑처럼 길게 구덩이를 파서 주는 방법

59

다음 중 공사 현장의 공사 및 기술관리, 기타 공사업무 시행에 관한 모든 사항을 처리하여야 할 사람은?

① 공사 발주자
② 공사 현장대리인
③ 공사 현장감독관
④ 공사 현장감리원

해설

현장대리인(현장소장) : 공사의 시공에 있어서 청부자를 대신하여 공사 현장에 관한 일체의 사항을 처리하는 권한을 갖는 자를 말한다.

정답 55 ③ 56 ④ 57 ① 58 ③ 59 ②

60

흡즙성 해충의 분비물로 인하여 발생하는 병은?

① 흰가루병 ② 흑병
③ 그을음병 ④ 점무늬병

해설

그을음병(sooty mold) : 식물의 잎·가지·열매 등의 표면에 그을음 같은 것이 발생하는 병해로 그을음병균의 대다수는 진딧물·깍지벌레 등이 식물체를 가해한 후 그 분비물을 섭취함으로써 번식한다. 식물체는 급속히 말라 죽지는 않으나 광합성이 방해되므로 쇠약해진다. 특히 5~6월 무렵에 많이 발생한다. 처음에는 발병 부위에 검은 병반이 생겨 이것이 점차 확대되어 전면에 파급되며 나중에는 검은색의 피막이 형성된다.

정답 60 ③

2022년 제1회 조경기능사 과년도 (복원CBT)

01

일본의 정원양식이 아닌 것은?

① 다정식 정원
② 회화풍경식 정원
③ 고산수식 정원
④ 침전식 정원

해설

정형식정원은 평면기하학식, 노단식, 중정식으로 구분하고, 자연식정원은 전원풍경식, 회유임천식, 고산수식 등으로 구분한다.

02

다음 중 창경궁(昌慶宮)과 관련이 있는 건물은?

① 만춘전 ② 낙선재
③ 함화당 ④ 사정전

해설

보물 제1764호 낙선재는 1847년(헌종 13)에 중건된 궁궐 내부의 사대부 주택형식의 건축물이다. 낙선재는 원래 창경궁에 속해 있던 건물이었지만 지금은 창덕궁에서 관리하고 있다.

03

이탈리아의 노단 건축식 정원, 프랑스의 평면기하학식 정원 등은 자연 환경 요인 중 어떤 요인의 영향을 가장 크게 받아 발생한 것인가?

① 기후 ② 지형
③ 식물 ④ 토지

해설

이탈리아의 노단건축식 정원은 지형과 기후로 인해 구릉과 경사지에 빌라가 발달하였고, 프랑스 정원은 지형이 넓고 평탄하여 평면기하학식정원이 발달하였다.

04

다음 중 정형식정원에 해당하지 않는 양식은?

① 평면기하학식 ② 노단식
③ 중정식 ④ 회유임천식

05

다음 중 일본의 축산고산수 수법이 아닌 것은?

① 왕모래를 깔아 냇물을 상징하였다.
② 낮게 솟아 잔잔히 흐르는 분수를 만들었다.
③ 바위를 세워 폭포를 상징하였다.
④ 나무를 다듬어 산봉우리를 상징하였다.

해설

일본의 축산고산수 수법은 낮게 솟아 잔잔히 흐르는 분수를 만들지는 않았다.

06

주축선 양쪽에 짙은 수림을 만들어 주축선이 두드러지게 하는 비스타(vista) 수법을 가장 많이 이용한 정원은?

① 영국정원 ② 독일정원
③ 이탈리아정원 ④ 프랑스정원

해설

프랑스정원은 주축선 양쪽에 짙은 수림을 만들어 주축선이 두드러지게 하는 비스타(Vista)수법이 특징적 이다.

07

다음 중 중국정원의 특징에 해당하는 것은?

① 정형식 ② 태호석
③ 침전조정원 ④ 직선미

정답 1② 2② 3② 4④ 5② 6④ 7②

해설

태호석(太湖石) : 중국의 대표적인 기석(奇石)으로 강소, 저장성에 걸치는 태호의 서동 정섬(島) 부근의 호수 밑바닥 및 연안으로부터 채집한 돌이다. 높이 약 30cm에서 30m에 이르는 것도 있고 침식에 의하여 표면에 천연의 문리(紋理)가 발달하여, 구멍이 뚫리고 가늘게 깎여서 초봉(峭峰), 동굴, 계곡형을 닮은 것도 있다.

08

조선시대 정원 중 지은이와 정원이름이 다르게 연결된 것은?

① 양산보의 소쇄원　　② 윤선도의 부용동정원
③ 정약용의 다산초당　　④ 최치덕의 서석지

해설

서석지는 정영방이 광해군 5년(1613)에 조성한 것으로 전해지는 연못과 정자이다.

09

고대 로마정원은 3개의 중정으로 구성되어 있었는데, 이 중 사적(私的)기능을 가진 제2중정에 속하는 것은?

① 아트리움(Atrium)
② 지스터스(Xystus)
③ 페리스틸리움(Peristylium)
④ 아고라(Agora)

해설

제1중정(아트리움 : 공적장소, 포장되어 있고 화분이 있다). 제2중정(페리스틸리움 : 사적 공간으로 포장되지 않은 주정이 있다. 정형적 배치). 후정(지스터스 : 수로와 그 좌우에 원로와 화단이 대칭적으로 배치되어있고, 5점형 식재).

10

다음 중국식 정원의 설명으로 틀린 것은?

① 차경수법을 도입하였다.
② 사실주의보다는 상징적 축조가 주를 이루는 사의주의에 입각하였다.
③ 유럽의 정원과 같은 건축식 조경수법으로 발달하였다.
④ 대비에 중점을 두고 있으며, 이것이 중국정원의 특색을 이루고 있다.

11

고대 그리스에 만들어졌던 광장의 이름은?

① 아트리움　　② 길드
③ 무데시우스　　④ 아고라

해설

아고라(agora) : 그리스에 건물로 둘러싸여 상업 및 집회에 이용되는 옥외공간으로 광장을 말한다. 로마 시대의 광장은 포룸(forum)이다.

12

다음 중 여러 단을 만들어 그 곳에 물을 흘러내리게 하는 이탈리아 정원에서 많이 사용하던 조경기법은?

① 캐스케이드
② 토피어리
③ 록 가든
④ 캐널

해설

캐스케이드(cascade) : 작은 폭포, 폭포처럼 쏟아지는 물. 토피어리(topiary) : 자연 그대로의 식물을 여러 가지 동물 모양으로 자르고 다듬어 보기 좋게 만드는 작품. 록 가든(rock garden) : 고산식물과 암석을 잘 배치한 암석정원으로, 돌의 조형미와 식물을 관상하기 위하여 조성. 캐널(운하(運河, canal)) : 농지의 관개, 배수 또는 용수를 위하여 인공적으로 만든 수로(水路).

13

다음 중 스페인의 이궁으로 알맞은 것은?

① 포룸(Forum)
② 헤네랄리페(Generalife)
③ 보르비꽁트(Vaux-le-Vicomte)
④ 스토우원(Stowe Garden)

해설

① 포룸(Forum) : 로마의 대화장소
③ 보르비꽁트(Vaux-le-Vicomte) : 프랑스 정원
④ 스토우원(Stowe Garden) : 영국의 풍경식 정원

정답 8④ 9③ 10③ 11④ 12① 13②

14

네덜란드 정원에 관한 설명으로 가장 거리가 먼 것은?

① 튤립, 히야신스, 아네모네, 수선화 등의 구근류로 장식했다.
② 운하식이다.
③ 테라스를 전개시킬 수 없었으므로 분수, 캐스케이드가 채택될 수 없었다.
④ 프랑스와 이탈리아의 규모보다 보통 2배 이상 크다.

15

고려시대 궁궐의 정원을 맡아 관리하던 해당 부서는?

① 내원서 ② 장원서
③ 상림원 ④ 동산바치

해설

고려시대는 내원서, 조선시대는 장원서가 궁궐의 정원을 담당하던 대표 부서이다. 내원서(內園署)는 고려시대 원원(園苑)을 관리하던 관서이며 장원서(掌苑署)는 선시대 원(園)·유(囿)·화초·과물 등의 관리를 관장하기 위해 설치된 관서이다.

16

조선시대 후원의 장식용이 아닌 것은?

① 괴석 ② 세심석
③ 굴뚝 ④ 석가산

해설

조선시대 후원의 장식용은 굴뚝, 세심석, 괴석 등이 있다.

17

다음 정원요소 중 인도정원에 가장 큰 영향을 미친 것은?

① 노단 ② 토피어리
③ 돌수반 ④ 물

해설

인도정원의 구성요소는 물(장식·관개·목욕이 목적으로 종교행사에 이용) 이다.

18

다음 중 신선사상을 바탕으로 음양오행설이 가미되어 정원양식에 반영된 것은?

① 한국정원 ② 일본정원
③ 중국정원 ④ 인도정원

해설

한국정원은 신선사상을 바탕으로 음양오행설이 가미되었다.

19

미국에서 재정적으로 성공했으며, 도시공원의 효시로 국립 공원운동의 계기를 마련한 공원은?

① 센트럴파크 ② 세인트제임스파크
③ 뷔테쇼몽 공원 ④ 프랭크린파크

해설

미국 센트럴파크 : 1857년 옴스테드에 의해 설계되었고, 면적은 3.4km² 이다. 그린스워드 안에 의한 최초의 도시공원으로 미국 뉴욕에 도시인구가 집중되어 도시화가 급속히 진행되고 도시문제가 심각해지기 시작하면서 도시를 개조하려는 움직임이 일어났다. 이러한 것을 토대로 미국에서 재정적으로 성공했으며, 도시공원의 효시로 국립 공원운동의 계기를 마련한 공원으로 현재까지도 알려지고 있다.

20

다음 보도블록 포장공사에서 블록 아랫부분에 답압(踏壓)을 완화하기 위해 사용하는 완충재는 무엇으로 채우는 것이 좋은가?

① 자갈 ② 모래
③ 잡석 ④ 콘크리트

해설

보도블록 포장시 보도블록과 보도블록 사이에는 모래를 채워 넣는다.

21

다음 중 온도감이 따뜻하게 느껴지는 색은?

① 보라색 ② 초록색
③ 주황색 ④ 남색

정답 14 ④ 15 ① 16 ④ 17 ④ 18 ① 19 ① 20 ② 21 ③

해설

차가운 색을 한색이라하며 한색에는 파랑, 초록, 하늘, 남색 등이 있고, 따뜻한 색은 난색이라 하며 난색에는 빨강, 노랑, 주황 등이 있으며 채도가 높을수록 난색에 해당한다.

22

경관구성의 미적 원리를 통일성과 다양성으로 구분할 때, 다음 중 다양성에 해당하는 것은?

① 조화 ② 균형
③ 강조 ④ 대비

해설

대비(對比, contrast) : 대(大)·소(小), 빨강·파랑, 기쁨·슬픔 등과 같이 성질이 반대가 되는 것 또는 성질이 서로 다른 것을 경험할 때 이들 성질의 차이가 더욱더 과장되어 느껴지는 현상

23

경관요소 중 높은 지각 강도(A)와 낮은 지각 강도(B)의 연결이 옳지 않은 것은?

① A : 수평선, B : 사선
② A : 따뜻한 색채, B : 차가운 색채
③ A : 동적인 상태, B : 고정된 상태
④ A : 거친 질감, B : 섬세하고 부드러운 질감

해설

크기가 크고 높은 곳에 위치할수록 지각 강도가 높아진다.

24

시멘트의 저장에 관한 설명으로 옳은 것은?

① 벽이나 땅바닥에서 30cm 이상 떨어진 마루위에 쌓는다.
② 20포대 이상 포개 쌓는다.
③ 유해가스배출을 위해 통풍이 잘 되는 곳에 보관한다.
④ 덩어리가 생기기 시작한 시멘트를 우선 사용한다.

해설

② 13포대 이상 쌓지 않는다.
③ 통풍이 잘되는 곳에 보관하면 안 된다.
④ 덩어리가 생기기 시작하면 시멘트를 사용해서는 안 된다.

25

조경계획의 과정을 기술한 것 중 가장 잘 표현한 것은?

① 자료분석 및 종합 – 목표설정 – 기본계획 – 실시설계 – 기본설계
② 목표설정 – 기본설계 – 자료분석 및 종합 – 기본계획 – 실시설계
③ 기본계획 – 목표설정 – 자료분석 및 종합 – 기본설계 – 실시설계
④ 목표설정 – 자료분석 및 종합 – 기본계획 – 기본설계 – 실시설계

해설

조경계획은 목표설정 – 자료분석 및 종합 – 기본계획 – 기본설계 – 실시설계의 순서로 진행된다. 기본계획은 토지이용계획, 교통 및 동선계획, 시설물 배치계획, 식재계획, 공급시설계획, 집행계획 등으로 나뉜다.

26

콘크리트가 굳은 후 거푸집 판을 콘크리트 면에서 잘 떨어지게 하기 위해 거푸집 판에 처리하는 것은?

① 박리제 ② 동바리
③ 프라이머 ④ 쉘락

해설

거푸집의 콘크리트 접촉면에 바르는 박리제(콘크리트가 굳은 후 거푸집 판을 콘크리트 면에서 잘 떨어지게 하기 위해 사용하는 재료)는 폐유를 많이 사용한다.

27

석재를 형상에 따라 구분할 때 견치돌에 대한 설명으로 옳은 것은?

① 폭이 두께의 3배 미만으로 육면체 모양을 가진 돌
② 치수가 불규칙하고 일반적으로 뒷면이 없는 돌
③ 두께가 15㎝미만이고, 폭이 두께의 3배 이상인 육면체 모양의 돌
④ 전면은 정사각형에 가깝고, 뒷길이, 접촉면, 뒷면 등이 규격화 된 돌

정답 22 ④ 23 ① 24 ① 25 ④ 26 ① 27 ④

해설

견치돌(견칫돌, 견치석) : 길이를 앞면 길이의 1.5배 이상으로 다듬어 축석에 사용하는 석재로 옹벽 등의 쌓기용으로 메쌓기나 찰쌓기에 사용하며 주로 흙막이용 돌쌓기에 사용되고 정사각뿔 모양으로 전면은 정사각형에 가깝다. 앞면이 정사각형 또는 직사각형으로 1개의 무게는 70~100kg 이다.

28

도시공원 및 녹지 등에 관한 법률에서 규정한 편익시설로만 구성된 공원시설물은?

① 주차장, 매점　② 박물관, 휴게소
③ 야외음악당, 식물원　④ 그네, 미끄럼틀

해설

주차장, 매점, 휴지통, 음수대, 전망대 등은 편익시설이다. 박물관 - 교양시설, 휴게소 - 휴게시설, 야외음악당과 식물원 - 교양시설, 그네와 미끄럼틀 - 유희시설

29

기존의 퇴적암 또는 화성암이 지열, 지각의 변동에 의한 압력작용 및 화학작용 등에 의해 조직이 변화한 암석은?

① 화성암　② 수성암
③ 변성암　④ 석회질암

해설

변성암 : 기존 퇴적암 또는 화성암이 지열, 지각의 변동에 의한 압력작용 및 화학작용 등에 의해 조직이 변화한 암석으로 대표적으로 대리석과 편마암이 있다. 화성암 : 뜨거운 마그마가 식어 만들어진 암석. 수성암 : 광물질 및 생물의 유해가 수중에서 침적 고결된 암석으로 수성암에는 물의 기계적 작용에 의해 만들어진 사암(sandstone), 점판암(claystone), 응회암(tuff), 물의 화학적 작용에 의한 석회암(limestone), 동식물의 퇴적에 의한 규조토(diatomaceous earth) 등이 있다.

30

추위에 의하여 나무의 줄기 또는 수피가 수선 방향으로 갈라지는 현상을 무엇이라 하는가?

① 고사　② 피소
③ 상렬　④ 괴사

해설

상렬(霜裂) : 추위로 인해 나무의 줄기 또는 수피가 세로방향으로 갈라져 말라죽는 현상으로 늦겨울이나 이른 봄 남서면의 얼었던 수피가 햇빛을 받아 조직이 녹아 연해진 다음 밤중에 기온이 급속히 내려감으로써 수분이 세포를 파괴하여 껍질이 갈라져 생긴다. 수피가 얇은 단풍나무, 배롱나무, 일본목련, 벚나무, 밤나무 등이 피해가 많다. 예방법으로는 남서쪽의 수피가 햇볕을 직접 받지 않게 하고, 수간의 짚싸기 또는 석회수(백토제) 칠하기 등이 있다.

31

다음 선의 종류와 선긋기의 내용이 잘못 짝지어진 것은?

① 가는 실선 – 수목 인출선
② 파선 – 보이지 않는 물체
③ 일점쇄선 – 지역 구분선
④ 이점쇄선 – 물체의 중심선

해설

④ 일점쇄선 - 물체의 중심선

32

다음 중 물체가 있는 것으로 가상되는 부분을 표시하는 선의 종류는?

① 실선　② 파선
③ 1점쇄선　④ 2점쇄선

해설

선의 종류별 용도

<table>
<tr><th colspan="2">구분 / 종류</th><th>선의 이름</th><th>선의 용도</th></tr>
<tr><td rowspan="5">실선</td><td>굵은 실선</td><td rowspan="2">외형선</td><td>- 부지외곽선, 단면의 외형선</td></tr>
<tr><td>중간선</td><td>- 시설물 및 수목의 표현
- 보도포장의 패턴
- 계획등고선</td></tr>
<tr><td rowspan="2">가는 실선</td><td>치수선</td><td>- 치수를 기입하기 위한 선</td></tr>
<tr><td>치수 보조선</td><td>- 치수선을 이끌어내기 위하여 끌어낸 선</td></tr>
<tr></tr>
<tr><td rowspan="4">허선</td><td>점선</td><td rowspan="2">가상선</td><td rowspan="2">- 물체의 보이지 않는 부분의 모양을 나타내는 선
- 기존등고선(현황등고선)</td></tr>
<tr><td>파선</td></tr>
<tr><td>1점 쇄선</td><td rowspan="2">경계선 중심선</td><td>- 물체 및 도형의 중심선
- 단면선, 절단선
- 부지경계선</td></tr>
<tr><td>2점 쇄선</td><td>- 1점쇄선과 구분할 필요가 있을 때
- 물체가 있는 것으로 가상되는 부분</td></tr>
</table>

정답 28 ① 29 ③ 30 ③ 31 ④ 32 ④

7 과년도 기출문제

33

먼색표색계의 10색상환에서 서로 마주보고 있는 색상의 짝이 잘못 연결된 것은?

① 빨강(R) – 청록(BG)
② 노랑(Y) – 남색(PR)
③ 초록(G) – 자주(RP)
④ 주황(YR) – 보라(P)

해설

색상환 : 색상을 환상(環狀)으로 늘어놓은 것을 말하며 그 환을 색상의 차이를 등감(等感)등차(等差)로 정렬해서 주요 색상척도로 하고 있다. 표색은 객관적으로 표시하는 것의 하나로서 이용되고 있으며 먼셀 표색에서는 주색(主色)과 중간색의 10색상을 환상으로 배치하고, 각 색 모두 10개로 분할하여 5번째의 눈금이 중심이 되도록 배치되어 있다.

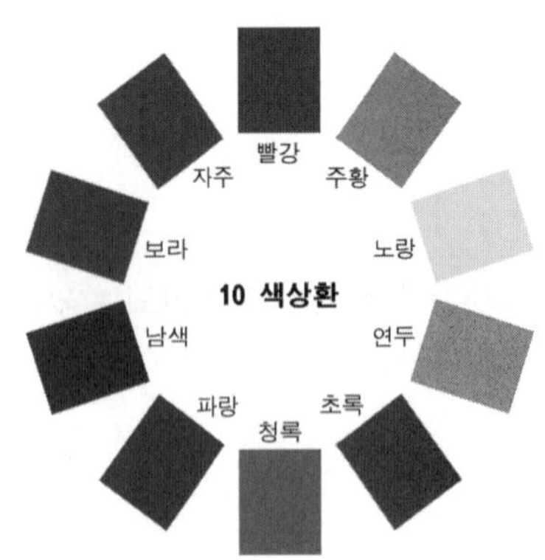

- 한국산업규격 한국표준색표집 -

34

목재의 구조에는 춘재와 추재가 있는데 추재(秋材)를 바르게 설명한 것은?

① 세포는 막이 얇고 크다.
② 빛깔이 엷고 재질이 연하다.
③ 빛깔이 짙고 재질이 치밀하다.
④ 춘재보다 자람의 폭이 넓다.

해설

춘재(春材) : 봄, 여름에 자란 세포로 생장이 왕성하며 색깔 엷고 재질이 연하다. 추재(秋材) : 가을, 겨울에 자란 세포로 치밀하고 단단하며 빛깔이 짙다.

35

다음 벽돌 중 압축강도가 가장 강해야 하는 것은?

① 보통 벽돌 ② 포장용 벽돌
③ 치장용 벽돌 ④ 조적용 벽돌

해설

포장용 벽돌은 압축강도가 가장 강해야 한다.

36

외부공간 중 통행자가 많은 원로나 광장의 경우 몇 이상의 최저 조도(Lux)를 유지해야 하는가?

① 0.5 ② 1.5
③ 3.0 ④ 6.0

해설

정원과 공원은 0.5럭스(Lux) 이상, 주요 원로나 시설물 주변은 2.0럭스Lux) 이상을 유지해야 한다. 오해의 소지가 있지만 최소 조도를 물었기 때문에 0.5럭스Lux)가 답이다.

37

다음 중 표준형 벽돌의 단위 규격으로 올바른 것은?

① 190×90×57mm
② 230×114×65mm
③ 210×100×60mm
④ 600×600×65mm

해설

① 표준형 벽돌의 규격 ③ 기존형 벽돌의 규격

38

설계 도면에 표시하기 어려운 재료의 종류나 품질, 시공방법, 재료 검사 방법 등에 대해 충분히 알 수 있도록 글로 작성하여 설계상의 부족한 부분을 규정 보충한 문서는?

① 일위대가표 ② 설계 설명서
③ 시방서 ④ 내역서

해설

시방서(示方書, specification) : 설계·제조·시공 등 도면으로 나타낼 수 없는 사항을 문서로 적어서 부족한 부분을 규정한 것

정답 33 ④ 34 ③ 35 ② 36 ① 37 ① 38 ③

39

암석을 구성하고 있는 조암광물의 집합상태에 따라 생기는 눈 모양을 무엇이라고 하는가?

① 절리
② 층리
③ 석목
④ 석리

해설

석리(石理) : 화성암을 관찰할 때 광물 입자들이 모여서 이루는 작은 규모의 조직. 절리(節理, joint) : 암석에 외력이 가해져서 생긴 금

40

유리의 주성분이 아닌 것은?

① 규산
② 소다
③ 석회
④ 수산화칼슘

해설

유리의 주원료는 규산(SiO_2)이 주성분인 규사이지만 규산을 녹이기 위해서는 고온(1,700℃ 이상)이 필요하기 때문에 소다(Na_2O)를 첨가하여 용융온도를 낮추고, 여기에 물에 녹지 않는 유리를 만들기 위해 석회(CaO)를 첨가한다. 결국 규산과 소다 그리고 석회가 유리의 주성분이 되고, 이러한 이유로 판유리, 병유리 등을 소다-석회 규산염 유리(soda-lime silicate glass), 혹은 소다석회 유리라고 부른다.

41

건물이나 담장 앞 또는 원로에 따라 길게 만들어지는 화단은?

① 모듬화단
② 경재화단
③ 카펫화단
④ 침상화단

해설

구 분	화단의 종류	
평면화단 (키 작은 것 사용)	화문화단	양탄자무늬 같다고 하여 양탄자화단, 자수화단, 모전화단이라 함
	리본화단	통로, 산울타리, 건물, 담장주변에 좁고 길게 만든 화단으로 대상화단이라고도 함 – 사방에서 다 볼 수 있다.
	포석화단	연못, 통로 주위에 돌을 깔고 돌 사이에 키 작은 초화류를 식재하여 돌과 조화시켜 관상하는 화단
입체화단	기식화단 (모둠화단)	중앙에는 키 큰 초화를 심고 주변부로 갈수록 키 작은 초화를 심어 사방에서 관찰할 수 있게 만든 화단으로 광장의 중앙, 잔디밭 중앙, 축의 교차점에 위치
	경재화단 (경계화단)	전면 한쪽에서만 관상(앞쪽은 키 작은 것, 뒤쪽은 키 큰 것 배치). 너비(폭) 최대 2m. 도로, 산울타리, 담장 배경으로 폭이 좁고 길게 만든 것
	노단화단	경사지를 계단 모양으로 돌을 쌓고 축대 위에 초화를 심는 것
특수화단	침상화단	지면보다 1~2m 정도 낮게 하여 기하학적인 땅가름
	수재화단	물에 사는 수생식물(수련, 마름, 꽃창포) 등을 물고기와 함께 길러 관상

42

길이 100m, 높이 4m의 벽을 1.0B 두께로 쌓기할 때 소요되는 벽돌의 양은?(단, 벽돌은 표준형(190×90×57mm)이고, 할증은 무시하며 줄눈나비는 10mm를 기준으로 한다.)

① 약 30,000장
② 약 52,000장
③ 약 59,600장
④ 약 48,800장

해설

벽돌종류에 따른 쌓기의 벽돌수량을 알아야 풀 수 있는 문제이다.
100m×4m×149매=59,600장

(매/m^2)

벽돌종류	0.5B	1.0B	1.5B
표준형(190×90×57mm)	75	149	224
기존형(210×100×60mm)	65	130	195

정답 39 ④ 40 ④ 41 ② 42 ③

7 과년도 기출문제

43

정원수를 이식할 때 가지와 잎을 적당히 잘라 주었다. 다음 목적 중 해당되는 것은?

① 생장 조장을 돕는 가지다듬기
② 생장을 억제하는 가지다듬기
③ 세력을 갱신하는 가지다듬기
④ 생리 조정을 위한 가지다듬기

해설

생장을 돕기 위한 전정 : 병충해 피해지, 고사지, 꺾어진 가지 등을 제거하여 생장을 돕는 전정.
생장을 억제하는 전정 : 일정한 형태로 고정을 위한 전정으로 향나무나 회양목, 산울타리 전정, 소나무 순자르기, 활엽수의 잎따기 등이 이에 속한다.
갱신을 위한 전정 : 묵은가지를 잘라주어 새로운 가지가 나오게 한다.
개화 결실을 많게 하기 위한 전정 : 결실을 위한 전정(해거리 방지-감나무나 각종 과수나무, 장미의 여름전정).
생리조절을 위한 전정 : 이식할 때 지하부가 잘린 만큼 지상부를 전정하여 균형을 유지시키는 전정으로 병든가지, 혼잡한 가지를 제거하여 통풍과 탄소동화작용을 원활히 하기 위한 전정이다.
세력 갱신하는 전정 : 맹아력이 강한 나무가 늙어서 생기를 잃거나 꽃맺음이 나빠지는 경우에 줄기나 가지를 잘라 내어 새 줄기나 가지로 갱신하는 전정을 말한다.

44

개화결실을 목적으로 실시하는 정지, 전정 방법 중 옳지 않은 것은?

① 약지(弱枝)는 길게, 강지(强枝)는 짧게 전정하여야 한다.
② 묵은 가지나 병충해 가지는 수액유동 전에 전정한다.
③ 작은 가지나 내측(內側)으로 뻗은 가지는 제거한다.
④ 개화 결실을 촉진하기 위하여 가지를 유인하거나 단근작업을 실시한다.

해설

① 약지는 짧게, 강지는 길게 전정해야 한다.

45

신체장애인을 위한 경사로(RAMP)를 만들 때 가장 적당한 경사는?

① 8% 이하 ② 10% 이하
③ 12% 이하 ④ 15% 이하

해설

신체장애인을 위한 경사로는 8% 이하로 만들어야 한다.

46

다음 중 주차장법 시행규칙에 의한 주차장의 주차구획 중 장애인 전용 주차장의 너비와 길이로 알맞은 것은?

① 2.0m 이상 × 3.6m 이상
② 2.5m 이상 × 5.0m 이상
③ 2.6m 이상 × 5.2m 이상
④ 3.3m 이상 × 5.0m 이상

해설

주차장법 시행규칙(2021. 8. 27. 시행) 제3조(주차장의 주차구획)에 의해 평행주차형식 외의 경우 경형은 2.0m 이상 × 3.6m 이상, 일반형은 2.5m 이상 × 5.0m 이상, 확장형은 2.6m 이상 × 5.2m 이상, 장애인전용은 3.3m 이상 × 5.0m 이상, 이륜자동차 전용은 1.0m 이상 × 2.3m 이상의 주차단위구획이다.

47

건설표준품셈에서 붉은 벽돌의 할증율은 얼마까지 적용할 수 있는가?

① 3% ② 5%
③ 10% ④ 15%

해설

할증율 : 설계 수량과 계획 수량의 적산량에 운반, 저장, 절단, 가공 및 시공과정에서 발생하는 손실량을 예측하여 부가하는 과정으로 붉은벽돌은 3%, 시멘트벽돌은 5%, 조경용수목 및 잔디, 초화류는 10%의 할증율을 적용한다.

정답 43 ④ 44 ① 45 ① 46 ④ 47 ①

48

다음 중 단풍나무류에 속하는 수종은?

① 신나무 ② 낙상홍
③ 계수나무 ④ 화살나무

해설

신나무는 붉은색 단풍이 드는 단풍나무류이다.

49

방풍림을 설치하려고 할 때 가장 알맞은 수종은 어느 것인가?

① 구실잣밤나무
② 자작나무
③ 버드나무
④ 사시나무

해설

방풍림은 강한 바람을 막기 위한 수목으로 상록활엽교목이 바람직하며, 심근성 수종이 좋다.

50

골프장의 각 코스를 설계할 때 어느 방향으로 길게 배치하는 것이 가장 이상적인가?

① 동서방향 ② 남북방향
③ 동남방향 ④ 북서방향

해설

골프장의 코스는 남북방향으로 길게 배치하는 것이 좋다.

51

다음 중 인공적인 수형을 만드는데 적합한 수종이 아닌 것은?

① 꽝꽝나무 ② 아왜나무
③ 주목 ④ 벚나무

해설

벚나무는 전정에 약하기 때문에 굵은가지를 전정하였을 때 반드시 도포제를 발라주어야 한다.

52

굴취해 온 수목을 현장의 사정으로 즉시 식재하지 못하는 경우 가식하게 되는데 그 가식 장소로 부적합한 곳은?

① 햇빛이 잘 드는 양지바른 곳
② 배수가 잘 되는 곳
③ 식재할 때 운반이 편리한 곳
④ 주변의 위험으로부터 보호받을 수 있는 곳

해설

수목의 가식은 반입수목 또는 이식수목의 당일 식재가 불가능한 경우에 적용하며, 하절기에는 감독자의 지시에 따라 수목증산억제제 살포, 전정 등의 조치를 취해야 하며 동절기에는 동해방지를 위해 거적, 짚 등을 이용하여 보온조치 한다. 가식은 임시로 식재하기 때문에 양지 바른 곳은 수분 증산이 빠르게 일어나 나무가 시들어 버리게 된다.

53

다음 중 흰불나방의 피해가 가장 많이 발생하는 수종은?

① 감나무 ② 사철나무
③ 플라타너스 ④ 측백나무

해설

흰불나방은 플라타너스에 피해가 많으며 플라타너스의 흰불나방은 그로프수화제(더스반), 주로수화제(디밀린) 등으로 방제한다.

54

8월 중순경에 양버즘나무의 피해 나무줄기에 잠복소를 설치하여 가장 효과적인 방제가 가능한 해충은?

① 진딧물류 ② 미국흰불나방
③ 하늘소류 ④ 버들재주나방

해설

미국흰불나방 : 1년에 2회 발생(5~6월, 7~8월)하며 겨울철에 번데기 상태로 월동하고 성충의 수명은 3~4일이다. 가로수와 정원수 특히 플라타너스에 피해가 심하다. 화학적 방제법은 디프제(디프유제, 디프테렉스 1,000배액), 스미치온을 사용하고, 생물학적 방제법(천적)은 긴등기생파리, 송충알벌을 이용한다. 플라타너스의 흰불나방 약제는 그로프수화제(더스반), 주로수화제(디밀린)를 사용하여 방제한다.

정답 48 ① 49 ① 50 ② 51 ④ 52 ① 53 ③ 54 ②

55

조경 바닥 포장재료인 판석시공에 관한 설명으로 틀린 것은?

① 판석은 점판암이나 화강석을 잘라서 쓴다.
② Y형의 줄눈은 불규칙하므로 통일성 있게 +자형의 줄눈이 되도록 한다.
③ 기층은 잡석다짐 후 콘크리트로 조성한다.
④ 가장자리에 놓는 것은 선에 맞춰 판석을 절단한다.

해설

판석은 줄눈이 Y자가 되어야 한다.

56

다음 중 양수로만 짝지어진 것은?

① 식나무, 서어나무
② 산수유, 모과나무
③ 오리나무, 팔손이나무
④ 서향, 회양목

해설

음수 : 주목, 전나무, 독일가문비, 비자나무, 가시나무, 녹나무, 후박나무, 동백나무, 호랑가시나무, 팔손이나무, 회양목 등이 있다. 양수 : 소나무, 곰솔, 일본잎갈나무, 측백나무, 향나무, 은행나무, 산수유, 모과나무, 철쭉류, 느티나무, 포플러류, 가중나무, 무궁화, 백목련, 개나리 등이 있다. 중간수 : 잣나무, 삼나무, 섬잣나무, 화백, 목서, 칠엽수, 회화나무, 벚나무류, 쪽동백, 단풍나무, 수국, 담쟁이덩굴 등

57

솔잎혹파리에 대한 설명 중 틀린 것은?

① 1년에 1회 발생한다.
② 유충으로 땅속에서 월동한다.
③ 우리나라에서는 1929년에 처음 발견되었다.
④ 유충은 솔잎을 밑 부분에서부터 갉아 먹는다.

해설

솔잎혹파리 : 1년 1회 발생하고 소나무, 곰솔 등에 발생하며, 애벌레가 잎 기부에 혹을 만들고 즙액을 빨아먹는다. 화학적 방제법은 다이메크론, 포스팜액제를 사용하고, 생물학적 방제법(천적)은 솔잎혹파리먹좀벌, 파리살이먹좀벌 등을 사용한다.

58

돌쌓기의 종류 가운데 돌만을 맞대어 쌓고 뒷채움은 잡석·자갈 등으로 하는 방식은?

① 찰쌓기 ② 메쌓기
③ 골쌓기 ④ 켜쌓기

해설

찰쌓기는 축대를 쌓을 때 돌과 돌 사이에 모르타르를 사용하여 연결하고 그 뒷면에 콘크리트를 채워 넣은 것을 말한다. 메쌓기는 모르타르나 콘크리트를 사용하지 않고 돌만을 사용하여 쌓은 것이다.

59

다음 중 원로를 계단으로 공사하여야 하는 지형상의 기울기는?

① 2% ② 5%
③ 10% ④ 15%

해설

원로의 기울기가 15%이상 일때 계단을 설치한다.

60

산울타리용 수종의 조건이라고 할 수 없는 것은?

① 성질이 강하고 아름다울 것
② 적당한 높이의 아랫가지가 쉽게 마를 것
③ 가급적 상록수로서 잎과 가지가 치밀할 것
④ 맹아력이 커서 다듬기 작업에 잘 견딜 것

해설

② 산울타리 수목은 아랫가지가 쉽게 마르지 않고, 상록수 이어야 한다.

정답 55 ② 56 ② 57 ④ 58 ② 59 ④ 60 ②

2022년 제2회 조경기능사 과년도 (복원CBT)

01

주택정원의 공간구분에 있어서 응접실이나 거실 전면에 위치한 뜰로 정원의 중심이 되는 곳이며, 면적이 넓고 양지바른 곳에 위치하는 공간은?

① 앞뜰 ② 안뜰
③ 작업뜰 ④ 뒤뜰

해설

앞뜰(전정) : 거실과 접해야 하는 뜰로 가장 밝은 공간으로 인상적이고 바깥의 공적인 분위기에서 사적인 분위기로 전이공간. 안뜰(주정) : 주택의 정원 내에서 가장 중요한 공간으로 휴식과 단란이 이루어지는 공간이며, 가정정원의 중심으로 가장 특색 있게 꾸밀 수 있는 공간. 작업뜰 : 창고, 장독대 등을 놓는 곳으로 차폐식재를 하며, 벽돌이나 타일로 포장한다.

02

조선시대 궁궐이나 상류주택 정원에서 가장 독특하게 발달한 공간은?

① 전정 ② 후정
③ 주정 ④ 중정

해설

후정(뒤뜰)은 조용하고 정숙한 분위기로 침실에서 전망이나 동선을 살리되 외부에서 시각적, 기능적으로 차단하며, 프라이버시(사생활)가 최대한 보장된다. 전정(앞뜰)은 대문과 현관사이의 공간으로 바깥의 공적인 분위기에서 사적인 분위기로의 전이공간이며, 주택의 첫인상을 좌우하는 공간으로 가장 밝은 공간이다. 주정(안뜰)은 가장 중요한 공간으로 응접실이나 거실쪽에 면한 뜰로 옥외생활을 즐길 수 있는 곳이며, 휴식과 단란이 이루어지는 공간으로 가장 특색 있게 꾸밀 수 있다. 중정(中庭)은 건물 안이나 안채와 바깥채 사이의 뜰을 말한다.

03

임해전이 주로 직선으로 된 연못의 서북쪽 남북축 선상에 배치되어 있고, 연못내 돌을 쌓아 무산 12봉을 본 따 석가산을 조성한 통일신라시대에 건립된 조경유적은?

① 안압지 ② 부용지
③ 포석정 ④ 향원지

해설

안압지 : 전체면적 40,000m²(약 5,100평), 연못면적 17,000m², 신선사상을 배경으로 한 해안풍경을 묘사한 연못으로 못안에 대·중·소 3개의 섬(신선사상) 중 거북모양의 섬이 있으며, 석가산은 무산십이봉을 상징한다.
포석정 : 왕희지의 난정고사를 본 딴 왕의 공간으로 만들어진 연대 추측할 수 없고, 유상곡수연(굴곡한 물도랑을 따라 흐르는 물에 잔을 띄워 그 잔이 자기 앞을 지나쳐 버리기 전에 시 한수를 지어 잔을 마셨다는 풍류놀이)을 즐김.
향원지 : 원형에 가까운 부정형으로 연이 식재되어 있으며 방지 중앙에 원형의 섬이 있고 그 위에 정6각형 2층 건물의 향원정이 있음.

04

우리나라에서 최초의 유럽식 정원이 도입된 곳은?

① 덕수궁 석조전 앞 정원
② 파고다 공원
③ 장충단 공원
④ 구 중앙정부청사 주위 정원

해설

우리나라 최초의 공원(1897년) – 탑골(파고다)공원, 덕수궁의 석조전(1909년) – 우리나라 최초의 서양식 건물

정답 1② 2② 3① 4①

05

이탈리아의 조경양식이 크게 발달한 시기는 어느 시대부터 인가?

① 암흑시대
② 르네상스 시대
③ 고대 이집트 시대
④ 세계1차 대전이 끝난 후

해설

이탈리아의 정원은 15세기 르네상스 시대에 발달하였다.

06

우리나라의 독특한 정원수법인 후원양식이 가장 성행한 시기는?

① 고려시대 초엽 ② 고려시대 말엽
③ 조선시대 ④ 삼국시대

해설

우리나라의 독특한 정원수법인 후원양식은 조선시대에 가장 성행했다.

07

스페인 정원의 대표적인 조경양식은?

① 중정(Patio)정원 ② 원로정원
③ 공중정원 ④ 비스타(Vista)정원

해설

스페인 정원은 중정(Patio)식, 회랑식 정원이 특징이다. 공중정원은 서부아시아, 비스타(Vista)정원은 프랑스의 대표적 정원이다.

08

이탈리아 정원의 구성요소와 가장 관계가 먼 것은?

① 테라스(terrace)
② 중정(patio)
③ 계단폭포(cascade)
④ 화단(parterre)

해설

② 중정(patio)은 스페인 정원의 구성요소이다.

09

조선시대 후원의 장식용이 아닌 것은?

① 괴석 ② 세심석
③ 굴뚝 ④ 석가산

해설

조선시대 후원의 장식용은 굴뚝, 세심석, 괴석 등이 있다.

10

정형식 조경 중에서 이슬람양식의 스페인 정원이 속하는 것은?

① 평면기하학식 ② 노단식
③ 중정식 ④ 전원풍경식

해설

스페인 정원은 중정식으로 중요 구성요소는 물과 파티오(patio), 색채타일이다.

11

일본에서 고산수(枯山水) 수법이 가장 크게 발달했던 시기는?

① 가마꾸라(鎌倉)시대 ② 무로마찌(室町)시대
③ 모모야마(桃山)시대 ④ 에도(江戶)시대

해설

실정(무로마찌)시대에 고산수 수법이 발달하였다. 고산수수법에는 축산고산수수법과 평정고산수수법이 있다.

12

다음 중 별서의 개념과 가장 거리가 먼 것은?

① 은둔생활을 하기 위한 것
② 효도하기 위한 것
③ 별장의 성격을 갖기 위한 것
④ 수목을 가꾸기 위한 것

해설

별서정원(別墅庭園) : 세속의 벼슬이나 당파싸움에 야합(野合)하지 않고 자연에 귀의하여 전원이나 산속 깊숙한 곳에 따로 집을 지어 유유자적한 생활을 즐기려고 만들어 놓은 정원으로 수목을 가꾸기 위한 것과는 관련이 멀다.

정답 5② 6③ 7① 8② 9④ 10③ 11② 12④

13

우리나라 후원양식의 정원수법이 형성되는데 영향을 미친 것이 아닌 것은?

① 불교의 영향
② 음양오행설
③ 유교의 영향
④ 풍수지리설

14

버킹검의 「스토우 가든」을 설계하고, 담장 대신 정원부지의 경계선에 도랑을 파서 외부로부터의 침입을 막은 Ha-ha 수법을 실현하게 한 사람은?

① 켄트
② 브릿지맨
③ 와이즈맨
④ 챔버

해설

브릿지맨(Bridgeman) : 스토우가든(스토우원)에 하하(Ha-Ha) 개념 최초로 도입하고 버킹검의「스토우가든(스토우원)」을 설계. Ha-Ha Wall(하하월) : 담을 설치할 때 능선에 위치함을 피하고 도랑이나 계곡 속에 설치하여 경관을 감상할 때 물리적 경계 없이 전원을 볼 수 있게 한 것.

15

다음 중 넓은 잔디밭을 이용한 전원적이며 목가적인 정원 양식은 무엇인가?

① 전원풍경식
② 회유임천식
③ 고산수식
④ 다정식

해설

전원풍경식 : 넓은 잔디밭을 이용한 전원적이며 목가적인 자연풍경으로 영국, 독일이 대표적. 회유임천식 : 숲과 깊은 굴곡의 수변을 이용하며 곳곳에 다리를 설치하였고 일본이 대표적. 고산수식 : 물을 전혀 사용하지 않으며 나무, 바위, 왕모래 사용, 불교의 영향을 받음. 다정식 : 물을 사용하지 않고 흰모래로 바닥을 깔고 돌을 사용한 일본식 정원.

16

로마의 조경에 대한 설명으로 알맞은 것은?

① 집의 첫 번째 중정(Atrium)은 5점형 식재를 하였다.
② 주택정원은 그리스와 달리 외향적인 구성이었다.
③ 집의 두 번째 중정(Peristylium)은 가족을 위한 사적공간이다.
④ 겨울 기후가 온화하고 여름이 해안기후로 시원하여 노단형의 별장(Villa)이 발달 하였다.

해설

로마의 조경 : 겨울에는 온화한 편이나 여름은 몹시 더워 구릉지에 빌라(Villa)가 발달하는 계기를 마련하고, 주택정원은 내향적 구성이다.

17

19세기 미국에서 식민지 시대의 사유지 중심의 정원에서 공공적인 성격을 지닌 조경으로 전환되는 전기를 마련한 것은?

① 센트럴 파크　② 프랭클린 파크
③ 비큰히드 파크　④ 프로스펙트 파크

해설

센트럴파크(Central Park) : 영국 최초의 공공정원인 비큰헤드 공원의 영향을 받은 최초의 도시공원으로 도시공원의 효시, 재정적 성공, 국립공원 운동 계기를 마련하였다. 옴스테드가 설계하였으며 부드러운 곡선과 수변을 만든 것이 특징적임. 비큰헤드(Birkenhead)공원(1843) : 조셉 펙스턴이 설계했으며 역사상 처음으로 시민의 힘으로 공원을 조성하여 미국 센트럴파크(Central Park) 설계에 영향을 줌.

18

다음 중 '사자의 중정(Court of Lion)'은 어느 곳에 속해 있는가?

① 알카자르　② 헤네랄리페
③ 알함브라　④ 타즈마할

정답 13 ① 14 ② 15 ① 16 ③ 17 ① 18 ③

해설

스페인 그라나다의 알함브라 궁원(4개의 중정(파티오)가 남아있음) : 알베르카(Alberca)중정(도금양, 천인화의 중정), 사자의 중정, 다라하 중정(린다라야 중정), 창격자의 중정(사이프러스 중정)

19

다음 중 통경선(Vistas)의 설명으로 가장 적합한 것은?

① 주로 자연식 정원에서 많이 쓰인다.
② 정원에 변화를 많이 주기 위한 수법이다.
③ 정원에서 바라볼 수 있는 정원 밖의 풍경이 중요한 구실을 한다.
④ 시점(視點)으로부터 부지의 끝부분까지 시선을 집중하도록 한 것이다.

해설

비스타(Vista) : 좌우로의 시선이 숲 등에 의하여 제한되고 정면의 한 점으로 시선이 모이도록 구성되어 주축선이 두드러지게 하는 경관 구성 수법

20

중세 클로이스터 가든에 나타나는 사분원(四分園)의 기원이 된 회교 정원 양식은?

① 차하르 바그
② 페리스타일 가든
③ 아라베스크
④ 행잉 가든

해설

차하르 바그(Chahar Bagh)는 에스파한의 중심을 가로지르며 에스파한 사람들에게 쇼핑과 휴식을 제공하는 길로 지금은 예전과 같은 아름다움을 뽐내지 못하지만 여전히 에스파한 사람들의 사랑을 받고 휴식을 취하며 산책을 할 수 있는 길이 바로 이곳이다. 현재도 차도 중간에 사람이 다니는 길과 벤치가 있고 그 길을 따라 나무와 각종 풀과 꽃들이 심어져 있다. 산책을 하며 벤치에 앉아 휴식을 취하기도 하는 길이다. 또 중심가답게 양 옆으로는 각종 상점들이 줄지어 있어 쇼핑하기에도 가장 적합한 길이 차하르바그 거리이다. 차하르바그 거리는 세계 최초의 가로수 길로 사파비 왕조가 수도 이전을 위해 심혈을 기울여 만든 곳이며 차하르바그는 이란어로 4개의 정원(사분원)이라는 의미이다.

21

다음 중 휴게시설물로 분류할 수 없는 것은?

① 퍼걸러(그늘시렁) ② 평상
③ 도섭지(발물놀이터) ④ 야외탁자

해설

도섭지(wading pool, 徒涉池) : 아동들의 물놀이를 대상으로 한 얕은 연못의 일종으로 위험이 적고 여름에 최적격의 놀이터가 됨.

22

안정감과 포근함 등과 같은 정적인 느낌을 받을 수 있는 경관은?

① 파노라마 경관 ② 위요 경관
③ 초점 경관 ④ 지형 경관

해설

위요경관(포위된 경관) : 평탄한 중심공간에 숲이나 산이 둘러싸인 듯 한 경관.
전경관(파노라믹 경관) : 초원, 수평선, 지평선 같이 시야가 가리지 않고 멀리 퍼져 보이는 경관.
초점경관 : 시선이 한 초점으로 집중되는 경관으로 계곡, 강물, 도로 등이 초점경관에 속함.
지형경관(천연미적 경관) : 지형이 특징을 나타내고 관찰자가 강한 인상을 받은 경관으로 경관의 지표가 되는 경관.

23

다음 중 점층(漸層)에 관한 설명으로 가장 적합한 것은?

① 조경재료의 형태나 색깔, 음향 등의 점진적 증가
② 대소, 장단, 명암, 강약
③ 일정한 간격을 두고 흘러오는 소리, 다변화 되는 색채
④ 중심축을 두고 좌우 대칭

해설

점층(漸層) : 약한 것에서 강한 것으로, 작은 것에서 큰 것으로, 낮은 곳에서 높은 곳으로, 좁은 곳에서 넓은 곳으로 어구를 배열하여 감흥이 점점 고조되면서 절정에 도달하게 만드는 표현법

정답 19④ 20① 21③ 22② 23①

24

다음 중 색의 3속성에 관한 설명으로 옳은 것은?

① 감각에 따라 식별되는 색의 종명을 채도라 한다.
② 두 색상 중에서 빛의 반사율이 높은 쪽이 밝은 색이다.
③ 색의 포화상태 즉, 강약을 말하는 것은 명도이다.
④ 그레이 스케일(gray scale)은 채도의 기준척도로 사용된다.

해설

색의 3속성이란 색조(색상/Hue), 채도(Chroma), 명도(Value)를 말하는데 이 세 속성이 모여 색(Color)을 이루며, 세 속성 모두 수치로서 표현하고, 이 3속성은 별도로 독립되지 않고 밀접한 관계를 이루고 있으며 서로 간에 영향을 끼치고 있다.

25

다음 중 식물재료의 특성으로 부적합한 것은?

① 생물로서 생명 활동을 하는 자연성을 지니고 있다.
② 불변성과 가공성을 지니고 있다.
③ 생장과 번식을 계속하는 연속성이 있다.
④ 계절적으로 다양하게 변화함으로써 주변과의 조화성을 가진다.

해설

식물재료는 자연성, 연속성, 조화성, 다양성의 특징이 있으며, 인공재료는 불변성과 가공성이 특징이다.

26

조경 제도 용품 중 곡선자라고 하여 각종 반지름의 원호를 그릴 때 사용하기 가장 적합한 재료는?

① 원호자　② 운형자
③ 삼각자　④ T자

27

황금비는 단변이 1일 때 장변은 얼마인가?

① 1.681　② 1.618
③ 1.186　④ 1.861

해설

황금비(黃金比, golden ratio) : 긴 선분의 분할에 대한 비 1.618033989…에서 소수 셋째 자리까지만 나타낸 1.618을 황금비로 활용

28

도면의 작도 방법으로 옳지 않은 것은?

① 도면은 될 수 있는 한 간단히 하고, 중복을 피한다.
② 도면은 길이 방향을 위아래 방향으로 놓은 위치를 정위치로 한다.
③ 사용 척도는 대상물의 크기, 도형의 복잡성 등을 고려, 그림이 명료성을 갖도록 선정한다.
④ 표제란을 보는 방향은 통상적으로 도면의 방향과 일치하도록 하는 것이 좋다.

해설

도면은 그 긴변 방향을 좌우방향으로 놓는 것을 정위치로 한다.

29

목재의 역학적 성질에 대한 설명으로 틀린 것은?

① 옹이로 인하여 인장강도는 감소한다.
② 비중이 증가하면 탄성은 감소한다.
③ 섬유포화점 이하에서는 함수율이 감소하면 강도가 증대된다.
④ 일반적으로 응력의 방향이 섬유방향에 평행한 경우 강도(전단강도 제외)가 최대가 된다.

해설

목재 비중이 클수록 강도와 탄성계수, 수축율이 증가한다.

30

다음 중 곡선의 느낌으로 가장 부적합한 것은?

① 온건하다.　② 부드럽다.
③ 모호하다.　④ 단호하다.

해설

곡선은 부드럽고 여성적이며 우아한 느낌을 주며, 직선은 굳건하고 남성적이며 일정한 방향을 제시한다. 지그재그선은 유동적이며 활동적이고, 여러방향을 제시한다.

정답 24 ② 25 ② 26 ① 27 ② 28 ② 29 ② 30 ④

31

조경 시공 재료의 기호 중 벽돌에 해당하는 것은?

① 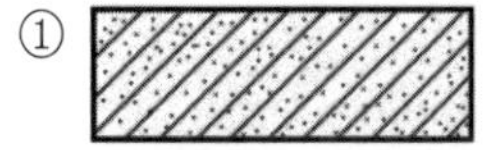 ② 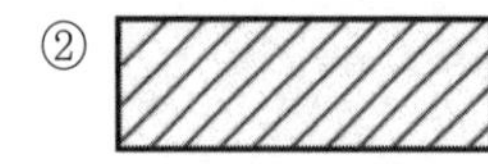

③ 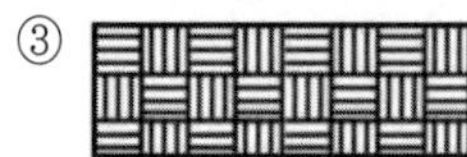 ④ 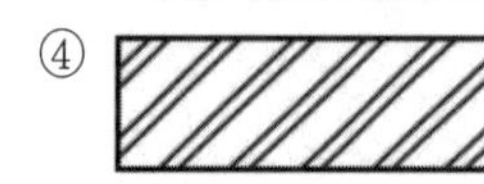

해설

조경시공 재료의 기호 중 ②는 벽돌, ③은 원지반을 나타낸다.

32

알루미늄의 일반적인 성질로 틀린 것은?

① 열의 전도율이 높다.
② 비중은 약 2.7 정도이다.
③ 전성과 연성이 풍부하다.
④ 산과 알카리에 특히 강하다.

해설

알루미늄은 원광석인 보크사이드(트)에서 순 알루미나를 추출하여 전기분해 과정을 통해 얻어진 은백색의 금속으로 경량구조재, 새시, 피복재, 설비, 기구재, 울타리 등에 사용한다.

33

미장 공사 시 미장재료로 활용될 수 없는 것은?

① 견치석 ② 석회
③ 점토 ④ 시멘트

해설

견치석(犬齒石) : 모양이 송곳니를 닮아 이름이 붙었고, 앞면은 300mm정도의 네모이며, 뒤가 뾰쪽한 각뿔형이고, 석축에 쓰인다.

34

철근을 D13으로 표현했을 때, D는 무엇을 의미하는가?

① 둥근 철근의 지름
② 이형 철근의 지름
③ 둥근 철근의 길이
④ 이형 철근의 길이

35

다음 중 수형은 무엇에 의해 이루어지는가?

① 줄기 + 뿌리 ② 잎 + 가지
③ 수관 + 줄기 ④ 흉고직경

해설

수형은 수관과 줄기로 결정된다.

36

추운지방에서나 엄동기에 콘크리트 작업을 할 때 시멘트에 무엇을 섞으면 굳어지는 속도가 촉진되는가?

① 염화칼슘 ② 페놀
③ 물 ④ 석회석

해설

급결제 : 겨울철 공사, 물 속 공사 등에 사용하여 조기강도의 발생을 촉진하기 위하여 넣는 재료로 염화칼슘, 염화마그네슘, 규산나트륨 등이 있다.

37

물 재료를 정적인 이용면으로 시설한 것은?

① 분수 ② 폭포
③ 벽천 ④ 풀(pool)

해설

물을 정적인 이용으로 한 것은 풀(pool)과 연못 등이 있으며, 그 외의 것들은 동적인 이용이다.

38

일반적인 성인의 보폭으로 디딤돌을 놓을 때 좋은 보행감을 느낄 수 있는 디딤돌과 디딤돌 사이의 중심간 길이로 가장 적당한 것은?

① 20cm 정도 ② 40cm 정도
③ 50cm 정도 ④ 80cm 정도

정답 31 ② 32 ④ 33 ① 34 ② 35 ③ 36 ① 37 ④ 38 ②

39

단풍나무과(科)에 해당하지 않는 수종은?

① 고로쇠나무　② 복자기
③ 소사나무　④ 신나무

해설

소사나무(Korean Hornbeam)는 자작나무과의 낙엽소교목으로 해안의 산지에서 자라며, 잎은 어긋난다. 꽃은 5월에 피고, 열매는 10월에 익는다.

40

공원식재 시공 시 식재할 지피식물의 조건으로 가장 거리가 먼 것은?

① 관리가 용이하고 병충해에 잘 견뎌야 한다.
② 번식력이 왕성하고 생장이 비교적 빨라야 한다.
③ 성질이 강하고 환경조건에 대한 적응성이 넓어야 한다.
④ 토양까지의 강수 전단을 위해 지표면을 듬성듬성 피복하여야 한다.

해설

지피식물(地被植物) : 지표를 낮게 덮는 식물을 통틀어 이르는 말로 숲에 있는 입목 이외의 모든 식물로 조릿대류, 잔디류, 클로버 따위의 초본이나 이끼류가 있다. 지피식물은 지표면을 듬성듬성 피복하면 안된다.

41

다음 방제 대상별 농약 포장지 색깔이 옳은 것은?

① 살균제 – 초록색　② 살충제 – 노란색
③ 제초제 – 분홍색　④ 생장 조절제 – 청색

해설

방제 대상별 농약 포장지 색상

구분	포장지 색상
살충제	초록색(나무를 살린다)
살균제	분홍색
제초제	노란색(반만 죽인다)
비선택성 제초제	적색(다 죽인다)
생장조절제	청색(푸른 신호등)

42

시멘트의 종류와 특성에서 높은 강도가 요구되는 공사, 급한 공사, 추운 때의 공사, 물 속이나 바다의 공사에 적합한 시멘트는?

① 조강포틀랜드시멘트
② 보통포틀랜드시멘트
③ 슬래그시멘트
④ 중용열포틀렌드시멘트

해설

조강포틀랜드시멘트 : 조기에 높은 강도, 급한 공사, 추운 때의 공사, 물 속 공사 등에 사용. 보통포틀랜드시멘트 : 간단한 구조물에 많이 사용하며, 제조공정이 간단하고 싸며 가장 많이 이용. 슬래그시멘트(고로시멘트) : 제철소의 용광로에서 선철을 제조할 때 나온 광석 찌꺼기를 석고와 함께 시멘트에 섞은 것으로 수화열이 낮고 화학적 저항성이 큰 한편 투수가 적다. 중용열포틀랜드시멘트 : 균열, 수축이 작으며, 수화열이 적어 균열이 방지되며 댐이나 큰 구조물에 사용한다.

43

다음 중 파종잔디 조성에 관한 설명으로 잘못된 것은?

① 1ha당 잔디종자는 약 50~150kg정도 파종한다.
② 파종시기는 난지형 잔디는 5~6월 초순 경, 한지형 잔디는 9~10월 또는 3~5월경을 적기로 한다.
③ 종방향, 횡방향으로 파종하고 충분히 복토한다.
④ 토양 수분 유지를 위해 폴리에틸렌필름이나 볏짚, 황마천, 차광막 등으로 덮어준다.

해설

③ 복토는 꼭 필요하지 않지만 복토를 한다면 가는 모래를 2~3mm 두께로 뿌려주면 된다.

44

굳지 않은 모르타르나 콘크리트에서 물이 분리되어 위로 올라오는 현상은?

① 워커빌리티(Workability)
② 블리딩(Bleeding)
③ 피니셔빌리티(Finishability)
④ 레이턴스(Laitance)

정답 39 ③ 40 ④ 41 ④ 42 ① 43 ③ 44 ②

해설

블리딩(Bleeding) : 섞어 넣은 후 타설하면 콘크리트 윗면이 침하되고 내부의 잉여수가 공극내의 공기, 시멘트, 강도에 기여하지 않는 수산화칼슘의 일부가 함께 유리석회로 되어 기타 부유 미분자와 같이 떠오르는 현상. 즉, 물이 분리되어 먼지와 함께 위로 떠오르는 현상.

① 워커빌리티(workability) : 경연성, 시공성이라고 하며, 반죽질기의 정도에 따라 비비기, 운반, 타설, 다지기, 마무리 등의 시공이 쉽고 어려운 정도와 재료분리의 다소 정도를 나타내는 굳지 않은 콘크리트의 성질로 시멘트의 종류, 분말도, 사용량이 워커빌리티에 영향을 미친다.

③ 피니셔빌리티(finishability) : 마무리성 이라고 하며, 콘크리트의 표면을 마무리 할 때의 난이도를 나타내는 말로 굵은 골재의 최대치수, 잔골재율, 잔골재의 입도, 반죽의 질기 등에 의해 마무리하기 쉬운 정도를 나타내는 콘크리트의 성질.

④ 레이턴스(laifance) : 블리딩과 같이 떠로은 미립물이 콘크리트 표면에 엷은 회색으로 침전되는 현상.

45

재료의 굵기, 절단, 마모 등에 대한 저항성을 나타내는 용어는?

① 경도(硬度) ② 강도(强度)
③ 전성(展性) ④ 취성(脆性)

해설

경도(硬度)는 굳기를 나타내어 재료의 굵기, 절단, 마모 등에 대한 저항성을 나타내는 용어이다.

46

해충의 방제 방법 분류상 '잠복소'를 설치하여 해충을 방제하는 방법은?

① 물리적 방제법
② 내병성 품종 이용법
③ 생물적 방제법
④ 화학적 방제법

해설

잠복소와 가지를 소각하는 방법은 물리적 방제법이다. 천적을 이용하는 것은 생물학적 방제법이고, 농약을 사용하는 것은 화학적 방제법이다.

47

한지형 잔디에 속하지 않는 것은?

① 버뮤다그라스 ② 이탈리안라이그라스
③ 크리핑벤트그라스 ④ 켄터키블루그라스

해설

한지형잔디는 캔터키블루그라스, 크리핑밴트그라스, 이탈리안라이그라스, 톨 훼스큐 등이 있고, 난지형잔디는 한국잔디, 버뮤다그라스 등이 있다.

48

주로 한국 잔디류에 가장 많이 발생하는 병은?

① 브라운 패취 ② 녹병
③ 핑크 패취 ④ 달라스팟

해설

녹병(붉은녹병, rust) : 수병(銹病)이라고도 한다. 잎에 생기면 철(鐵)의 녹과 같은 포자덩어리를 만들어 녹병이라는 이름이 붙여졌다. 밀·보리·콩·옥수수·소나무·배나무 등의 식물 세포 내에 흡기(吸器)를 형성하여 양분을 흡수하므로 농작물·임목에 피해를 준다. 한국잔디(들잔디)에 많은 피해를 준다.

49

콘크리트의 용접배합시 1 : 2 : 4에서 2는 어느 재료의 배합비를 표시한 것인가?

① 물 ② 모래
③ 자갈 ④ 시멘트

해설

1 : 2 : 4로 나타내는 것은 용적배합을 의미하며 시멘트 : 모래 : 자갈의 비율을 나타낸다.

50

뿌리분의 직경을 정할 때 그 계산식이 바른 것은? (단, A : 뿌리분의 직경, N : 근원직경, d : 상수(상록수 4, 낙엽수 3))

① $A = 24+(N-3)\times d$
② $A = 22+(N+3)\times d$
③ $A = 25+(N-3)\times d$
④ $A = 20+(N+3)\times d$

정답 45① 46① 47① 48② 49② 50①

51

다음 중 잔디밭의 넓이가 165m² (약 50평) 이상으로 잔디의 품질이 아주 좋지 않아도 되는 골프장의 러프지역, 공원의 수목지역 등에 많이 사용하는 잔디 깎는 기계는?

① 핸드모우어　② 그린모우어
③ 로타리모우어　④ 갱모우어

해설

로타리모우어 : 150m² 이상의 학교, 공원 등의 잔디깎기에 사용한다.
핸드모우어 : 150m² 미만의 잔디밭 관리용으로 사용.
그린모우어 : 골프장의 그린, 테니스 코트장 관리용으로 사용.
갱모우어 : 15,000m² 이상의 골프장, 운동장, 경기장용으로 사용하며, 트랙터에 달아서 사용한다.

52

관수공사에 대한 설명으로 가장 부적당한 것은?

① 관수방법은 지표 관개법, 살수 관개법, 낙수식 관개법으로 나눌 수 있다.
② 살수 관개법은 설치비가 많이 들지만, 관수효과가 높다.
③ 수압에 의해 작동하는 회전식은 360° 까지 임의 조절이 가능하다.
④ 회전 장치가 수압에 의해 지상 10cm로 상승 또는 하강 하는 팝업(pop-up) 살수기는 평소 시각적으로 불량하다.

해설

④ 팝업살수기는 시각적으로 불량하지 않다.

53

다음 중 흰불나방의 피해가 가장 많이 발생하는 수종은?

① 감나무　② 사철나무
③ 플라타너스　④ 측백나무

해설

흰불나방은 플라타너스에 피해가 많으며 플라타너스의 흰불나방은 그로프수화제(더스반), 주로수화제(디밀린) 등으로 방제한다.

54

8월 중순경에 양버즘나무의 피해 나무줄기에 잠복소를 설치하여 가장 효과적인 방제가 가능한 해충은?

① 진딧물류
② 미국흰불나방
③ 하늘소류
④ 버들재주나방

해설

미국흰불나방 : 1년에 2회 발생(5~6월, 7~8월)하며 겨울철에 번데기 상태로 월동하고 성충의 수명은 3~4일이다. 가로수와 정원수 특히 플라타너스에 피해가 심하다. 화학적 방제법은 디프제(디프유제, 디프테렉스 1,000배액), 스미치온을 사용하고, 생물학적 방제법(천적)은 긴등기생파리, 송충알벌을 이용한다. 플라타너스의 흰불나방 약제는 그로프수화제(더스반), 주로수화제(디밀린)를 사용하여 방제한다.

55

다음 중 골프 코스 중 티와 그린 사이에 짧게 깎은 페어웨이 및 러프 등에서 가장 이용이 많은 잔디로 적합한 것은?

① 들잔디
② 벤트그라스
③ 버뮤다그라스
④ 라이그라스

해설

한국잔디(들잔디) : 여름용 잔디로 음지에서는 생육이 불가능하다. 잎이 넓고 거칠며, 공원 운동장 및 비탈면 그리고 페어웨이 및 러프 지역에 많이 식재한다.

56

다음 중 일위대가표 작성의 기초가 되는 것으로 가장 적당한 것은?

① 시방서　② 내역서
③ 견적서　④ 품셈

정답 51 ③ 52 ④ 53 ③ 54 ② 55 ① 56 ④

57

수목에 피해를 주는 병해 가운데 나무 전체에 발생하는 것은?

① 흰비단병, 근두암종병 등
② 암종병, 가지마름병 등
③ 시듦병, 세균성 연부병 등
④ 붉은별무늬병, 갈색무늬병 등

해설

나무 전체에 발생하는 것의 대표적인 것은 시듦병, 세균성 연부병 등이 있다.

58

조경관리 방식 중 직영방식의 장점에 해당하지 않는 것은?

① 긴급한 대응이 가능하다.
② 관리실태를 정확히 파악할 수 있다.
③ 애착심을 가지므로 관리효율의 향상을 꾀한다.
④ 규모가 큰 시설 등의 관리를 효율적으로 할 수 있다.

해설

직영방식 : 발주자가 시공자가 되어 일체의 공사를 자기 책임아래 시행하는 것

59

다음 중 무거운 돌을 놓거나, 큰 나무를 옮길 때 신속하게 운반과 적재를 동시에 할 수 있어 편리한 장비는?

① 체인블록 ② 모터그레이더
③ 트럭크레인 ④ 콤바인

해설

트럭크레인(truck crane) : 기동성이 있어 일반 하역용·건축·토목공사 현장 등에서 널리 사용된다.
체인블록(chain block) : 훅에 걸린 큰 하중을 도르래와 감속 기어 장치에 의해 체인을 통해 인력과 같은 작은 인장력으로 감아올려 체인에서 손을 떼도 감아 올려진 하중이 그대로 유지되는 장치.
모터그레이더(motor grader) : 고무 타이어의 전륜과 후륜 사이에 상하 · 좌우 · 산회 등과 같은 임의 동작이 가능한 블레이드(blade)를 부착하여 주로 노면을 평활하게 깎아 내고 비탈면의 절삭 정현 등에 사용하는 기계.
콤바인(combine) : 농토 위를 주행하면서 벼·보리·밀·목초종자(牧草種子) 등을 동시에 탈곡 및 선별작업을 하는 수확기계.

60

조경공사의 시공자 선정방법 중 일반 공개경쟁입찰 방식에 관한 설명으로 옳은 것은?

① 예정가격을 비공개로 하고 견적서를 제출하여 경쟁입찰에 단독으로 참가하는 방식
② 계약의 목적, 성질 등에 따라 참가자의 자격을 제한하는 방식
③ 신문, 게시 등의 방법을 통하여 다수의 희망자가 경재에 참가하여 가장 유리한 조건을 제시한 자를 선정하는 방식
④ 공사 설계서와 시공도서를 작성하여 입찰서와 함께 제출하여 입찰하는 방식

해설

공개경쟁입찰(公開競爭入札) : 특정계약에서 입찰에 참가하고자 하는 모든 자격자가 입찰서를 제출할 수 있고 참가 입찰자 중 가장 유리한 조건을 제시한 자를 선정하는 방법을 말하며 건설공사에서 보통 많이 이용하는 입찰방식이다.

정답 57 ③ 58 ④ 59 ③ 60 ③

2022년 제3회 조경기능사 과년도 (복원CBT)

01

우리나라의 조선시대 전통정원을 꾸미고자 할 때 다음 중 연못시공으로 적합한 호안공은?

① 자연석 호안공 ② 사괴석 호안공
③ 편책 호안공 ④ 마름돌 호안공

02

작정기(作庭記)에 대한 설명으로 옳은 것은?

① 등원뢰통이 집필한 서적이다.
② 침전조 정원양식에 대한 전문서적이다.
③ 가마쿠라(겸창)시대에 쓰여진 정원 전문서적이다.
④ 용안사 정원과 동시대의 작품이다.

해설

① 귤준강의 저서로 일본 최초의 조원지침서이며 일본 정원 축조에 관한 가장 오래된 비전서이다.
② 침전조 건물에 어울리는 조원법을 서술하고 돌을 세울 때 마음가짐과 세우는 법, 못의 형태, 섬의 형태, 폭포 만드는 법 등을 기록하였다.
③ 평안(헤이안) 시대에 작성되었다.
④ 용안사 정원은 무로마치 말기(1500년경) 선승들에 의해 조영된 것으로 전해오고 있다.

03

다음 [보기]의 설명은 어느 시대의 정원에 관한 것인가?

> [보기]
> - 석가산과 원정, 화원 등이 특징이다.
> - 대표적 정원 유적으로 동지(東池), 만월대, 수창궁원, 청평사 문수원 정원 등이 있다.
> - 휴식과 조망을 위한 정자를 설치하기 시작하였다.
> - 송나라의 영향으로 화려한 관상위주의 이국적 정원을 만들었다.

① 고구려 ② 백제
③ 고려 ④ 통일신라해설

04

다음 중 "피서산장, 이화원, 원명원"은 중국의 어느 시대 정원인가?

① 진나라 ② 명나라
③ 청나라 ④ 당나라

해설

중국의 청시대의 대표적인 것으로 피서산장, 이화원, 원명원 등이 있다.

05

다음 중 서원 조경에 대한 설명으로 틀린 것은?

① 도산서당의 정우당, 남계서원의 지당에 연꽃이 식재된 것은 주렴계의 애련설 영향이다.
② 서원의 진입공간에는 홍살문이 세워지고, 하마비와 하마석이 놓여진다.
③ 서원에 식재되는 수목들은 관상을 목적으로 식재되었다.
④ 서원에 식재되는 대표적인 수목은 은행나무로 행단과 관련이 있다.

06

보르 뷔 콩트(Vaux-le-Vicomte) 정원과 가장 관련 있는 양식은?

① 노단식 ② 평면기하학식
③ 절충식 ④ 자연풍경식

해설

프랑스의 보르 비 꽁트(Vaux-le-Vicomte)정원은 최초의 평면기하학식 정원으로 건축은 루이르보, 조경은 르노트르가 설계하였다. 조경이 주요소이고, 건물은 2차적 요소로서 산책로(allee), 총림, 비스타(Vista : 좌우로의 시선이 숲 등에 의하여 제한되고 정면의 한 점으로 시선이 모이도록 구성되어 주축선이 두드러지게 하는 경관 구성 수법), 자수화단이 특징이며, 루이14세를 자극해 베르사유 궁원을 설계하는데 계기가 됨

정답 1② 2② 3③ 4③ 5③ 6②

7 과년도 기출문제

07

주축선을 따라 설치된 원로의 양쪽에 짙은 수림을 조성하여 시선을 주축선으로 집중시키는 수법을 무엇이라 하는가?

① 테라스(terrace) ② 파티오(patio)
③ 비스타(vista) ④ 퍼골러(pergola)

해설

비스타(Vista) : 좌우로의 시선이 숲 등에 의하여 제한되고 정면의 한 점으로 시선이 모이도록 구성되어 주축선이 두드러지게 하는 경관 구성 수법.
테라스(terrace) : 실내에서 직접 밖으로 나갈 수 있도록 방의 앞면으로 가로나 정원에 뻗쳐 나온 곳이며 일광욕을 하거나 휴식처, 놀이터 등으로 사용.
파티오(patio) : 주택의 중정(中庭)으로, 주위의 일부 혹은 모든 주위에 주랑(柱廊)을 돌리는 것.
퍼골러(pergola) : 공원 등 옥외에 그늘을 만들기 위해 두어진 기둥과 선반으로 이루어지는 구조물을 말하며, 휴게 장소, 전망대가 되는 위치에 설치

08

버킹검의「스토우가든」을 설계하고, 담장 대신 정원부지의 경계선에 도랑을 파서 외부로부터의 침입을 막는 ha-ha 수법을 실현하게 한 사람은?

① 챔버 ② 브릿지맨
③ 켄트 ④ 브라운

해설

영국 브릿지맨의 하하(Ha-Ha)수법 : 담장 대신 정원부지의 경계선에 해당하는 곳에 깊은 도랑을 파서 외부로부터 침입을 막고, 가축을 보호하며, 목장 등을 전원풍경속에 끌어들이는 의도에서 나온 것으로 이 도랑의 존재를 모르고 원로를 따라 걷다가 갑자기 원로가 차단되었음을 발견하고 무의식중에 감탄사로 생긴 이름이다.

09

국가별 정원양식의 연결이 바르지 않은 것은?

① 이탈리아 : 노단건축식
② 영국 : 자연풍경식
③ 프랑스 : 평면기하학식
④ 스페인 : 중도임천식

해설

스페인정원은 중정식으로 중요 구성요소는 물과 파티오(patio), 색채타일이다.

10

연못의 모양(호안)이 다양하고 못 속에 대(남쪽), 중(북쪽), 소(중앙) 3개 섬이 타원형을 이루고 있는 정원은?

① 부여의 궁남지 ② 경주의 안압지
③ 비원의 옥류천 ④ 창덕궁의 부용지

해설

안압지는 면적 40,000m²(약 5,100평), 연못 17,000m², 신선사상을 배경으로 한 해안풍경묘사. 연못의 모양이 다양하며, 못안의 대(남쪽)·중(북쪽)·소(중앙) 3개의 섬(신선사상) 중 거북모양의 섬이 있음. 석가산은 무산십이봉 상징하며 궁원과 건물 주위에는 담장으로 둘러짐. 북쪽은 굴곡이 있는 해안형, 동쪽은 반도형으로 조성하였고, 연못의 주위에는 호안석을 쌓았으며, 바닷가 돌을 배치하여 바닷가의 경관을 조성

11

골재의 표면수는 없고, 골재 내부에 빈틈이 없도록 물로 차 있는 상태는?

① 절대건조상태 ② 기건상태
③ 습윤상태 ④ 표면건조 포화상태

해설

표면건조포화상태(表面乾燥飽和狀態) : 골재의 표면수는 없고 골재 속의 빈틈이 물로 차 있는 상태

12

다음 중 석탄은 235 ~ 315℃에서 고온 건조하여 얻은 타르제품으로서 독성이 적고 자극적인 냄새가 있는 유성 목재 방부제는?

① 콜타르
② 크레오소트유
③ 플로오르화나트륨
④ 펜타클로로페놀

정답 7③ 8② 9④ 10② 11④ 12②

해설

크레오소트(creosote) : 석탄 건류로 얻어지는 콜타르를 230~270℃로 분류(分溜)했을 때의 유분(溜分).
콜타르(coal tar) : 석탄을 고온건류(高溫乾溜)할 때 부산물로 생기는 검은 유상(油狀) 액체.

13

이팝나무와 조팝나무에 대한 설명으로 옳지 않은 것은?

① 이팝나무의 열매는 타원형의 핵과이다.
② 환경이 같다면 이팝나무가 조팝나무 보다 꽃이 먼저 핀다.
③ 과명은 이팝나무는 물푸레나무과(科)이고, 조팝나무는 장미과(科)이다.
④ 성상은 이팝나무는 낙엽활엽교목이고, 조팝나무는 낙엽활엽관목이다.

해설

이팝나무의 꽃은 5~6월에 피고, 조팝나무의 꽃은 4~5월에 핀다.

14

다음 중 물푸레나무과에 해당되지 않는 것은?

① 미선나무 ② 광나무
③ 이팝나무 ④ 식나무

해설

식나무 : 쌍떡잎식물 층층나무과의 상록관목으로 바닷가 그늘진 곳에서 자란다. 새가지는 녹색이며 굵고 잎과 더불어 털이 없다. 잎은 마주나고 긴 타원형으로 길이 10~15cm, 나비 약 5cm이다. 두껍고 가장자리에 이 모양의 굵은 톱니가 있으며 윤기가 있으며 꽃은 3~4월에 자줏빛을 띤 갈색으로 핀다.

15

합판의 특징이 아닌 것은?

① 수축·팽창의 변형이 적다.
② 균일한 크기로 제작 가능하다.
③ 균일한 강도를 얻을 수 있다.
④ 내화성을 높일 수 있다.

해설

합판은 나뭇결이 아름답고 넓은 판을 이용할 수 있다. 또한 수축, 팽창이 거의 없고, 고른 강도를 유지한다. 내구성과 내습성이 크다.

16

스테인리스강이라고 하면 최소 몇 % 이상의 크롬이 함유된 것을 말하는가?

① 4.5% ② 6.5%
③ 8.5% ④ 10.5%

해설

스테인레스강 : 철+크롬의 합금화로 최소 10.5% 이상의 크롬을 함유해야 한다.

17

동일 색상이나 인접해 있는 유사색상으로 배색하되 톤의 명도차를 비교적 크게 둔 배색방법은?

① 톤온톤(tone on tone) 배색
② 톤인톤(tone in tone) 배색
③ 유사배색
④ 순차배색

해설

톤인톤(tone in tone) : 톤은 같지만 색상은 다른 배색을 뜻함.
유사배색 : 한가지 색상만들 사용하여 면도를 단순하게 밝은쪽에서 어두운 쪽으로 변화시킨 배색. 순차배색 : 가장 단순한 명도만을 점진적으로 변화시킨 배색.

18

등고선에 관한 설명 중 틀린 것은?

① 등고선 상에 있는 모든 점들은 같은 높이로서 등고선은 같은 높이의 점들을 연결한다.
② 등고선은 급경사지에서는 간격이 좁고, 완경사지에서는 넓다.
③ 높이가 다른 등고선이라도 절벽, 동굴에서는 교차한다.
④ 모든 등고선은 도면 안 또는 밖에서 만나지 않고, 도중에서 소실된다.

정답 13② 14④ 15④ 16④ 17① 18④

해설

④ 모든 등고선은 도면 안 또는 밖에서 만나지 않고 도중에 소실되지 않는다.

19

살수기 설계시 배치간격은 바람이 없을 때를 기준으로 살수 작동지름의 어느 정도가 가장 적합한가?

① 55~60%　② 60~65%
③ 70~75%　④ 80~85%

20

다음 수종 중 음수가 아닌 것은?

① 주목　② 독일가문비
③ 팔손이나무　④ 석류나무

해설

석류나무는 양수이다.

21

도시공원 및 녹지 등에 관한 법률상에서 정한 도시공원의 설치 및 규모의 기준으로 옳은 것은?

① 소공원의 경우 규모 제한은 없다.
② 어린이공원의 경우 규모는 5백 제곱미터 이상으로 한다.
③ 근린생활권 근린공원의 경우 규모는 5천 제곱미터 이상으로 한다.
④ 묘지공원의 경우 규모는 5천 제곱미터 이상으로 한다.

해설

② 어린이공원의 규모는 1,500m^2 이상으로 한다.
③ 근린생활권 근린공원의 경우 규모는 1만m^2 이상으로 한다.
④ 묘지공원의 경우 규모는 10만m^2 이상으로 한다.

22

여름에는 연보라 꽃과 초록의 잎을, 가을에는 검은 열매를 감상하기 위한 백합과 지피식물은?

① 맥문동
② 만병초
③ 영산홍
④ 칡

해설

맥문동(麥門冬) : 꽃은 5~6월에 자줏빛으로 피고, 그늘진 곳에서 자라며 열매는 둥글고 자흑색(紫黑色)이다.

23

다음 중 비스타(Vista)에 대한 설명으로 가장 잘 표현된 것은?

① 서양식 분수의 일종이다.
② 차경을 말하는 것이다.
③ 정원을 한층 더 넓어 보이게 하는 효과가 있다.
④ 스페인 정원에서는 빼 놓을 수 없는 장식물이다.

해설

비스타(Vista) : 주축선이 두드러지게 하는 수법으로 좌우로 시선이 제한되고 중앙의 한 점으로 시선이 모이게 하는 방법. 자주 출제되는 눈가림수법과 비스타수법의 혼돈을 예방해야 한다.

24

다음 중 시설물의 사용연수로 가장 부적합한 것은?

① 철재 시소 : 10년
② 목재 벤치 : 7년
③ 철재 파고라 : 40년
④ 원로의 모래자갈 포장 : 10년

해설

철재 파고라의 사용연수는 20년이다.

정답　19 ②　20 ④　21 ①　22 ①　23 ③　24 ③

25

느티나무의 수고가 4m, 흉고지름이 6cm, 근원지름이 10cm인 뿌리분의 지름 크기는 대략 얼마로 하는 것이 좋은가? (단, A=24+(N-3)d, d : 상수(상록수 : 4, 낙엽수 : 5)이다.)

① 29cm　② 39cm
③ 59cm　④ 99cm

해설

뿌리분의 지름 구하는 공식에 의해서 N=10, d=5를 적용하여, 24+(10-3)×5=59

26

이식할 수목의 가식장소와 그 방법의 설명으로 틀린 것은?

① 공사의 지장이 없는 곳에 감독관의 지시에 따라 가식 장소를 정한다.
② 그늘지고 점토질 성분이 풍부한 토양을 선택한다.
③ 나무가 쓰러지지 않도록 세우고 뿌리분에 흙을 덮는다.
④ 필요한 경우 관수시설 및 수목 보양시설을 갖춘다.

해설

② 양지바른 곳을 선택한다.

27

플라스틱 제품 제작시 첨가하는 재료가 아닌 것은?

① 가소제　② 안정제
③ 충진제　④ A. E제

해설

AE제(air-entraining agent) : 콘크리트 시공을 할 때 콘크리트 속에 있는 작은 공기 거품을 고르게 하기 위하여 사용하는 혼화제

28

다음 골재의 입도(粒度)에 대한 설명 중 옳지 않은 것은?

① 입도시험을 위한 골재는 4분법(四分法)이나 시료채취기에 의하여 필요한 량을 채취한다.
② 입도란 크고 작은 골재알(粒)이 혼합되어 있는 정도를 말하며 체가름 시험에 의하여 구할 수 있다.
③ 입도가 좋은 골재를 사용한 콘크리트는 공극이 커지기 때문에 강도가 저하한다.
④ 입도곡선이란 골재의 체가름 시험결과를 곡선으로 표시한 것이며 입도곡선이 표준입도곡선 내에 들어가야 한다.

해설

입도가 좋은 골재를 사용한 콘크리트는 강도가 증대된다.

29

벽돌(190×90×57)을 이용하여 경계부의담장을 쌓으려고 한다. 시공면적 10㎡에 1.5B 두께로 시공할 때 약 몇 장의 벽돌이 필요한가?(단, 줄눈은 10mm 이고, 할증률은 무시한다.)

① 약 750장　② 약 1490장
③ 약 2240장　④ 약 2980장

해설

벽돌종류별 벽돌매수(m^2 당)

벽돌종류	0.5B	1.0B	1.5B	2.0B
기존형	65	130	195	260
표준형	75	149	224	298

벽돌의 규격이 표준형이므로 224매×10㎡=2,240매가 된다.

7 과년도 기출문제

정답 25 ③ 26 ② 27 ④ 28 ③ 29 ③

30

고로쇠나무와 복자기에 대한 설명으로 옳지 않은 것은?

① 복자기의 잎은 복엽이다.
② 두 수종은 모두 열매는 시과이다.
③ 두 수종은 모두 단풍색이 붉은색이다.
④ 두 수종은 모두 과명이 단풍나무과이다.

해설

고로쇠나무의 단풍은 노란색(황색)이다.

31

다음 중 평판측량 방법과 관계가 없는 것은?

① 교회법 ② 전진법
③ 좌표법 ④ 방사법

해설

평판측량이란 삼각대위에 제도지를 붙인 평판을 고정하고 알리다드를 사용하여 거리, 각도, 고저 등을 측정함으로써 직접 현장에서 제도하는 측량방법으로 빠르고 간편하게 성과를 얻을 수 있으며, 평판측량의 방법은 교회법, 전진법, 방사법이 있다. 교회법에는 전방교회법, 후방교회법, 측방교회법이 있고, 전진법은 시가지나 도로, 임야지대 같이 한 측점에서 많은 점의 시준이 안될 때 또는 길이 좁은 측량지역에 이용된다. 방사법은 간단하고 정확한 방법으로 한 측점으로부터 많은 점은 시준할수 있어야 하고, 거리를 직접 측정하여야 한다.

32

등나무 등의 덩굴식물을 올려 가꾸기 위한 시렁과 비슷한 생김새를 가진 시설물로 여름철 그늘을 지어 주기 위한 것은?

① 플랜터(planter) ② 파고라(pergola)
③ 볼라드(bollard) ④ 래더(ladder)

해설

파고라(Pergola) : 마당에 덩굴식물을 올리기 위해 설치한 시설로 마당이나 평평한 지붕 위에 나무를 가로와 세로로 얽어 세워서 등나무, 포도나무 같은 덩굴성 식물을 올리도록 만든 시설.
풀랜터(Planter) : 식물을 재배하기 위한 용기.
볼라드(bollard) : 보행자용 도로나 잔디에 자동차의 진입을 막기 위해 설치되는 장애물로서 보통 철제의 기둥모양이나 콘크리트로 되어 있다.
래더(ladder) : 체조 용구의 하나로 사다리를 뜻하며 사다리형 가로로 된 것과 세로, 즉 수평으로 된 것, 옆으로 비스듬히 된 것 등 여러 가지가 있으며, 사다리를 여러 개 조합시킨 것도 있다.

33

계단의 설계 시 고려해야 할 기준을 옳지 않은 것은?

① 계단의 경사는 최대 30~35° 가 넘지 않도록 해야 한다.
② 단 높이를 H, 단 너비를 B로 할 때 2H + B = 60 ~ 65cm가 적당하다.
③ 진행 방향에 따라 중간에 1인용일 때 단 너비 90 ~ 110cm 정도의 계단참을 설치한다.
④ 계단의 높이가 5m 이상이 될 때에만 중간에 계단참을 설치한다.

해설

2h + b = 60~65(70)cm(발판높이 h, 너비 b), 계단의 물매(기울기)는 30~35°가 가장 적합하고, 계단의 높이는 3~4m가 적당하며, 계단 높이가 3m 이상일 때 진행방향에 따라 중간에 1인용일 때 단 너비 90~110cm, 2인용일 때 130cm 정도의 계단참을 만든다. 원로의 기울기가 15°이상일 때 계단을 만든다.

34

다음 중 여러해살이 초화류에 가장 적합한 것은?

① 베고니아 ② 팬지
③ 맨드라미 ④ 금잔화

해설

베고니아 : 주로 종자번식을 하여 1년생 초화로 취급된다.
팬지 : 쌍떡잎식물 측막태좌목 제비꽃과의 한해살이풀 또는 두해살이풀.
맨드라미 : 열대아시아 원산의 1년생 초본으로 우리나라 전국 각지에서 관상용으로 심어 기른다.
금잔화 : 높이 20~70cm 정도 자라는 1년초 또는 다년초다.

정답 30 ③ 31 ③ 32 ② 33 ④ 34 ④

35

조경수목에 유기질 거름을 주는 방법으로 틀린 것은?

① 거름을 주는 양은 식물의 종류와 크기, 그 곳의 기후와 토질, 생육기간에 따라 각기 다르므로 자라는 상태를 보고 정한다.

② 거름주는 시기는 낙엽이 진 후 땅이 얼기 전 늦가을에 실시하는 것이 가장 효과적이다.

③ 약간 덜 썩은 유기질 거름은 지속적으로 나무뿌리에 양분을 공급함으로 중간 정도 썩은 것을 사용한다.

④ 나무에 따라 거름 줄 위치를 정한 후 수관선을 따라 나비 20~30cm, 깊이 20~30cm 정도가 되도록 구덩이를 판다.

해설

유기질 거름은 완전히 썩은 것을 사용한다.

36

다음 중 곰솔(*Pinus thunbergii* PARL.)에 대한 설명으로 옳지 않은 것은?

① 동아(冬芽)는 붉은 색이다.

② 수피는 흑갈색이다.

③ 해안지역의 평지에 많이 분포한다.

④ 줄기는 한해에 가지를 내는 층이 하나여서 나무의 나이를 짐작할 수 있다.

해설

곰솔(*Pinus thunbergii* PARL.)은 지방에 따라 해송(海松), 또는 흑송(黑松)으로 부른다. 잎이 소나무(赤松)의 잎보다 억센 까닭에 곰솔이라고 부르며, 바닷가를 따라 자라기 때문에 해송으로도 부른다. 줄기껍질의 색깔이 소나무보다 검다고 해서 흑송이라고도 한다. 소나무의 동아(冬芽: 겨울눈)의 색은 붉은 색이나 곰솔은 회백색인 것이 특징이다. 5월에 꽃이 피며, 곰솔은 바닷바람에 견디는 힘이 대단히 강해서, 남서 도서지방에 분포하고 있으나 울릉도와 홍도에서는 자생하지 않는다. 곰솔은 바닷가에서 자라기 때문에 배를 만드는 재료로 이용되었다. 나무껍질 및 꽃가루는 식용으로 쓰이고, 송진은 약용 및 공업용으로 사용된다. 또한, 곰솔숲은 바닷가 사구(砂丘)의 이동방지 효과가 있어서 특별히 보호되고 있다. 노거수로서 천연기념물로 지정된 곰솔에는 제주시의 곰솔, 익산 신작리의 곰솔, 부산 수영동의 곰솔, 무안 망운면의 곰솔 등이 있다.

37

조경식재 설계도를 작성할 때 수목명, 규격, 본수 등을 기입하기 위한 인출선 사용의 유의사항으로 올바르지 않는 것은?

① 가는 선으로 명료하게 긋는다.

② 인출선의 수평부분은 기입 사항의 길이와 맞춘다.

③ 인출선간의 교차나 치수선의 교차를 피한다.

④ 인출선의 방향과 기울기는 자유롭게 표기하는 것이 좋다.

해설

인출선 : 대상 자체에 기입할 수 없을 때 사용하는 선으로 수목명, 수목의 규격, 나무의 수 등을 기입할 때 사용한다. 한 도면 내에서 모든 인출선의 굵기와 질은 동일하기 유지하고, 긋는 방향과 기울기를 통일 시킨다.

38

다음 중 오픈스페이스의 효용성과 가장 관련이 먼 것은?

① 도시 개발형태의 조절

② 도시 내 자연을 도입

③ 도시 내 레크레이션을 위한 장소를 제공

④ 도시 기능 간 완충효과의 감소

39

흙깎기(切土)공사에 대한 설명으로 옳은 것은?

① 보통 토질에서는 흙깎기 비탈면 경사를 1:0.5 정도로 한다.

② 흙깎기를 할 때는 안식각보다 약간 크게 하여 비탈면의 안정을 유지한다.

③ 작업물량이 기준보다 작은 경우 인력보다는 장비를 동원하여 시공하는 것이 경제적이다.

④ 식재공사가 포함된 경우의 흙깎기에서는 지표면 표토를 보존하여 식물생육에 유용하도록 한다.

정답 35 ③ 36 ① 37 ④ 38 ④ 39 ④

40

오른손잡이의 선긋기 연습에서 고려해야 할 사항이 아닌 것은?

① 수평선 긋기 방향은 왼쪽에서 오른쪽으로 긋는다.
② 수직선 긋기 방향은 위쪽에서 아래쪽으로 내려 긋는다.
③ 선은 처음부터 끝나는 부분까지 일정한 힘으로 한 번에 긋는다.
④ 선의 연결과 교차부분이 정확하게 되도록 한다.

해설

수평선은 좌(左)에서 우(右)로, 수직선은 아래(下)에서 위(上)로 그린다. 선이 교차할 때에는 선이 부족하거나 남지 않게 긋고, 모서리 부분이 정확히 만나게 그어준다. 긴 선을 그을 때는 선이 일정한 두께가 되도록 연필을 한 바퀴 돌려주면서 선을 그어준다.

41

콘크리트의 크리프(creep) 현상에 관한 설명으로 옳지 않은 것은?

① 부재의 건조 정도가 높을수록 크리프는 증가된다.
② 양생, 보양이 나쁠수록 크리프는 증가한다.
③ 온도가 높을수록 크리프는 증가한다.
④ 단위수량이 적을수록 크리프는 증가한다.

해설

크리프(creep) : 외력이 일정하게 유지되어 있을 때, 시간이 흐름에 따라 재료의 변형이 증대하는 현상

42

공원의 종류 중 여러 가지 폐품이나 재료 등을 제공해 주어 어린이들이 직접 자르고, 맞추고, 조립하는 놀이를 통해 창의력을 가지도록 하는 공원은?

① 모험공원
② 교통공원
③ 조각공원
④ 운동공원

43

시멘트가 풍화작용과 탄산화작용을 받은 정도를 나타내는 척도로 고온으로 가열하여 시멘트 중량의 감소율을 나타내는 것은?

① 강열감량 ② 수화반응
③ 위응결 ④ 경화

해설

강열감량(Ignition loss) : 시멘트를 950~1000(975±25)℃ 정도로 가열을 반복했을 때 중량이 감소하는 것

44

골프장 설치장소로 적합하지 않은 곳은?

① 교통이 편리한 위치에 있는 곳
② 골프코스를 흥미롭게 설계 할 수 있는 곳
③ 기후의 영향을 많이 받는 곳
④ 부지매입이나 공사비가 절약될 수 있는 곳

해설

골프장은 기후의 영향을 많이 받는 곳은 좋지 않다.

45

다음 중 순공사원가를 가장 바르게 표시한 것은?

① 재료비 + 노무비 + 경비
② 재료비 + 노무비 + 일반관리비
③ 재료비 + 일반관리비 + 이윤
④ 재료비 + 노무비 + 경비 + 일반관리비 + 이윤

해설

순공사원가 = 재료비+노무비+경비

46

다음 중 일반적으로 전정시 제거해야 하는 가지가 아닌 것은?

① 도장한 가지
② 바퀴살 가지
③ 얽힌 가지
④ 주지(主枝)

정답 40 ③ 41 ④ 42 ① 43 ① 44 ③ 45 ① 46 ④

해설

잘라 주어야 할 가지 : 도장지, 안으로 향한 가지, 고사지(말라 죽은 가지), 움돋은 가지, 교차한 가지, 평행지, 웃자란 가지, 병충해 피해를 입은 가지, 아래로 향한 가지, 무성하게 자란가지(무성지)

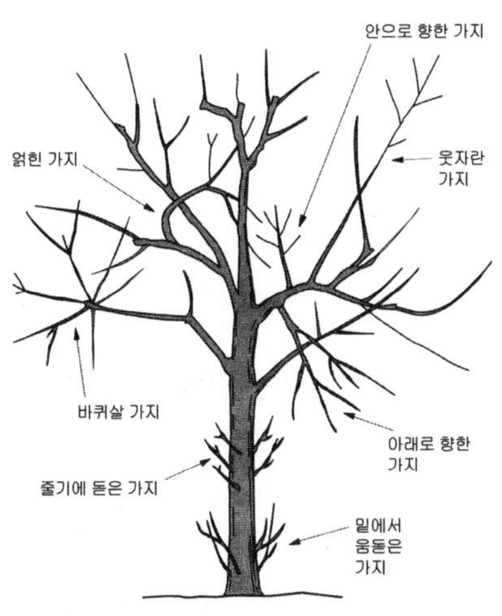

그림. 잘라야 할(전정해야 할) 가지

47

수목의 병 방제용 약제를 제제의 형태에 따라 분류한 것이 아닌 것은?

① 분제　② 혼합제
③ 입제　④ 액제

48

조경용 포장재료는 보행자가 안전하고, 쾌적하게 보행할 수 있는 재료가 선정되어야 한다. 다음 선정기준 중 옳지 않은 것은?

① 내구성이 있고, 시공·관리비가 저렴한 재료
② 재료의 질감, 색채가 아름다운 것
③ 재료의 표면 청소가 간단하고, 건조가 빠른 재료
④ 재료의 표면이 태양 광선의 반사가 많고, 보행 시 자연스런 매끄러운 소재

해설

재료의 표면이 태양광선의 반사가 적어야 한다.

49

다음 [보기]의 잔디종자 파종작업들을 순서대로 바르게 나열한 것은?

> [보기]
> ㉠ 기비 살포　㉡ 정지작업　㉢ 파종
> ㉣ 멀칭　㉤ 전압　㉥ 복토　㉦ 경운

① ㉦ → ㉠ → ㉡ → ㉢ → ㉥ → ㉤ → ㉣
② ㉠ → ㉢ → ㉡ → ㉥ → ㉣ → ㉤ → ㉦
③ ㉡ → ㉢ → ㉤ → ㉥ → ㉠ → ㉣ → ㉦
④ ㉢ → ㉠ → ㉡ → ㉥ → ㉤ → ㉦ → ㉣

해설

일반적인 잔디종자 파종 작업순서 : 경운 → 시비(기비살포) → 정지 → 파종 → 복토 → 전압 → 멀칭 → 관수

50

다음 중 봄가을 안개가 많거나 습할 때 잎 또는 줄기에 등황색의 반점이 생기고 반점으로부터 붉은 가루가 발생하는 병으로 한국잔디의 대표적인 것은?

① 붉은 녹병
② 푸사륨 패치(Fusarium patch)
③ 황화현상
④ 달라스폿(dollar spot)

해설

붉은 녹병 : 5~6월, 9~10월에 질소결핍, 고온다습 등에 의해 발생하며, 한국잔디의 대표적인 병이다.
푸사륨 패치 : 이른 봄, 전년도에 질소거름을 늦게 까지 주었을 때 발생하며, 한국잔디에 많이 발생한다.
황화현상 : 이른 봄 새싹이 나올 때 발병하며, 금잔디에 많이 발생한다. 10~30cm의 원형반점이 생기고 토양관리가 나쁠 때 발생한다.
달라스폿 : 6~7월에 서양잔디에만 발생한다.
라지패치 : 토양전염병으로 축척된 태치 및 고온다습이 문제

정답　47 ②　48 ④　49 ①　50 ①

51

조경의 직무는 조경설계기술자, 조경시공기술자, 조경관리기술자로 크게 분류 할 수 있다. 그 중 조경설계기술자의 직무내용에 해당하는 것은?

① 식재공사 ② 시공감리
③ 병해충방제 ④ 조경묘목생산

52

다음 중 농약의 혼용사용 시 장점이 아닌 것은?

① 약해 증가 ② 독성 경감
③ 약효 상승 ④ 약효지속기간 연장

53

농약 취급시 주의할 사항으로 부적합한 것은?

① 농약을 살포할 때는 방독면과 방호용 옷을 착용하여야 한다.
② 쓰고 남은 농약은 변질 될 수 있으므로 즉시 주변에 버리거나 다른 용기에 담아둔다.
③ 피로하거나 건강이 나쁠 때는 작업하지 않는다.
④ 작업 중에 식사 또는 흡연을 금한다.

54

다음 제초작업에 관한 설명 중 틀린 것은?

① 농약 제초제는 사용범위가 좁고, 제초 효과가 오랫동안 지속되지 않는다.
② 제초작업시 잡초의 뿌리 및 지하경을 완전히 제거해야 한다.
③ 심한 모래땅이나 척박한 토양에서는 약해가 우려되므로 제초제를 사용하지 않는다.
④ 인력 제초는 비효율적이지만 약해의 우려가 없어 안전한 방법이다.

해설

농약제초제는 사용범위가 넓고, 제초효과가 오랫동안 지속된다.

55

200L를 가지고 제초제 1000배액을 만들 경우 필요한 약량은 몇 mL인가?

① 10 ② 100
③ 200 ④ 500

해설

1mℓ=0.001 ℓ가 된다.
그러므로 200mℓ×1,000배액=200,000mℓ이므로 200가 된다.

56

현대적인 공사관리에 관한 설명 중 가장 적합한 것은?

① 품질과 공기는 정비례한다.
② 공기를 서두르면 원가가 싸게 된다.
③ 경제속도에 맞는 품질이 확보 되어야 한다.
④ 원가가 싸게 되도록 하는 것이 공사관리의 목적이다.

해설

공사관리 : 건설공사에 대한 기획, 타당성조사, 분석, 설계를 비롯해 조달, 계약, 시공관리, 감리, 평가, 사후관리 등의 업무를 도맡아 하는 과정이다.

57

다음 중 계곡선에 대한 설명 중 맞는 것은?

① 주곡선 간격의 1/2 거리의 가는 파선으로 그어진 것이다.
② 주곡선의 다섯 줄마다 굵은선으로 그어진 것이다.
③ 간곡선 간격의 1/2 거리의 가는 점선으로 그어진 것이다.
④ 1/5000의 지형도 축척에서 등고선은 10m 간격으로 나타난다.

해설

등고선의 종류 및 간격

종 류	간 격
주곡선	지형표시의 기본선으로 가는 실선으로 표시
간곡선	주곡선 간격의 1/2
조곡선	간곡선 간격의 1/2
계곡선	주곡선 5개마다 굵게 표시한 선으로 굵은 실선으로 표시

정답 51 ② 52 ① 53 ② 54 ① 55 ③ 56 ③ 57 ②

58

어린이들을 위한 운동시설로서 모래터에 사용되는 모래의 깊이는 어느 정도가 가장 효과적인가? (단, 놀이의 형태에 규제를 받지 않고 자유로이 놀 수 있는 공간이다.)

① 약 3cm 정도
② 약 12cm 정도
③ 약 15cm 정도
④ 약 25cm 정도

59

다음 중 조경수목에 거름을 줄 때 방법과 설명으로 틀린 것은?

① 윤상거름주기 : 수관폭을 형성하는 가지 끝 아래의 수관선을 기준으로 환상으로 깊이 20~25cm, 너비 20~30cm로 둥글게 판다.
② 방사상거름주기 : 파는 도랑의 깊이는 바깥쪽일수록 깊고 넓게 파야하며, 선을 중심으로 하여 길이는 수관폭의 1/3 정도로 한다.
③ 선상거름주기 : 수관선상에 깊이 20cm 정도의 구멍을 군데군데 뚫고 거름을 주는 방법으로 액비를 비탈면에 줄 때 적용한다.
④ 전면거름주기 : 한 그루씩 거름을 줄 경우, 뿌리가 확장되어 있는 부분을 뿌리가 나오는 곳까지 전면으로 땅을 파고 주는 방법이다.

해설

③ 천공거름주기에 대한 설명이다. 선상거름주기 : 산울타리처럼 군식된 수목을 따라 도랑처럼 길게 구덩이를 파서 주는 방법

60

소나무의 순자르기 방법이 잘못 설명된 것은?

① 수세가 좋거나 어린나무는 다소 빨리 실시하고 노목이나 약해 보이는 나무는 5~7일 늦게 한다.
② 손으로 순을 따 주는 것이 좋다.
③ 5~6월경에 새순이 5~10cm 길이로 자랐을 때 실시한다.
④ 자라는 힘이 지나치다고 생각될 때에는 1/3 ~1/2 정도 남겨두고 끝부분을 따 버린다.

정답 58 ④ 59 ③ 60 ①

2022년 제4회 조경기능사 과년도 (복원CBT)

01

우리나라의 조선시대 전통정원을 꾸미고자 할 때 다음 중 연못시공으로 적합한 호안공은?

① 자연석 호안공 ② 사괴석 호안공
③ 편책 호안공 ④ 마름돌 호안공

02

작정기(作庭記)에 대한 설명으로 옳은 것은?

① 등원뢰통이 집필한 서적이다.
② 침전조 정원양식에 대한 전문서적이다.
③ 가마쿠라(겸창)시대에 쓰여진 정원 전문서적이다.
④ 용안사 정원과 동시대의 작품이다.

해설

① 귤준강의 저서로 일본 최초의 조원지침서이며 일본 정원 축조에 관한 가장 오래된 비전서이다.
② 침전조 건물에 어울리는 조원법을 서술하고 돌을 세울 때 마음가짐과 세우는 법, 못의 형태, 섬의 형태, 폭포 만드는 법 등을 기록하였다.
③ 평안(헤이안) 시대에 작성되었다.
④ 용안사 정원은 무로마치 말기(1500년경) 선승들에 의해 조영된 것으로 전해오고 있다.

03

다음 [보기]의 설명은 어느 시대의 정원에 관한 것인가?

> [보기]
> - 석가산과 원정, 화원 등이 특징이다.
> - 대표적 정원 유적으로 동지(東池), 만월대, 수창궁원, 청평사 문수원 정원 등이 있다.
> - 휴식과 조망을 위한 정자를 설치하기 시작하였다.
> - 송나라의 영향으로 화려한 관상위주의 이국적 정원을 만들었다.

① 고구려 ② 백제
③ 고려 ④ 통일신라

04

다음 중 "피서산장, 이화원, 원명원"은 중국의 어느 시대 정원인가?

① 진나라 ② 명나라
③ 청나라 ④ 당나라

해설

중국 청시대의 대표적인 정원으로 피서산장, 이화원, 원명원 등이 있다.

05

다음 중 서원 조경에 대한 설명으로 틀린 것은?

① 도산서당의 정우당, 남계서원의 지당에 연꽃이 식재된 것은 주렴계의 애련설 영향이다.
② 서원의 진입공간에는 홍살문이 세워지고, 하마비와 하마석이 놓여진다.
③ 서원에 식재되는 수목들은 관상을 목적으로 식재되었다.
④ 서원에 식재되는 대표적인 수목은 은행나무로 행단과 관련이 있다.

06

보르 뷔 콩트(Vaux-le-Vicomte) 정원과 가장 관련 있는 양식은?

① 노단식 ② 평면기하학식
③ 절충식 ④ 자연풍경식

해설

프랑스의 보르 비 꽁트(Vaux-le-Vicomte)정원은 최초의 평면기하학식 정원으로 건축은 루이르보, 조경은 르노트르가 설계하였다. 조경이 주요소이고, 건물은 2차적 요소로서 산책로(allee), 총림, 비스타(Vista : 좌우로의 시선이 숲 등에 의하여 제한되고 정면의 한 점으로 시선이 모이도록 구성되어 주축선이 두드러지게 하는 경관 구성 수법), 자수화단이 특징이며, 루이14세를 자극해 베르사유 궁원을 설계하는데 계기가 됨

정답 1② 2② 3③ 4③ 5③ 6②

07

주축선을 따라 설치된 원로의 양쪽에 짙은 수림을 조성하여 시선을 주축선으로 집중시키는 수법을 무엇이라 하는가?

① 테라스(terrace) ② 파티오(patio)
③ 비스타(vista) ④ 퍼골러(pergola)

해설

비스타(Vista) : 좌우로의 시선이 숲 등에 의하여 제한되고 정면의 한 점으로 시선이 모이도록 구성되어 주축선이 두드러지게 하는 경관 구성 수법. 테라스(terrace) : 실내에서 직접 밖으로 나갈 수 있도록 방의 앞면으로 가로나 정원에 뻗쳐 나온 곳이며 일광욕을 하거나 휴식처, 놀이터 등으로 사용. 파티오(patio) : 주택의 중정(中庭)으로, 주위의 일부 혹은 모든 주위에 주랑(柱廊)을 돌리는 것. 퍼골러(pergola) : 공원 등 옥외에 그늘을 만들기 위해 두어진 기둥과 선반으로 이루어지는 구조물을 말하며, 휴게장소, 전망대가 되는 위치에 설치

08

버킹검의「스토우가든」을 설계하고, 담장 대신 정원부지의 경계선에 도랑을 파서 외부로부터의 침입을 막는 ha-ha 수법을 실현하게 한 사람은?

① 챔버 ② 브릿지맨
③ 켄트 ④ 브라운

해설

영국 브릿지맨의 하하(Ha-Ha)수법 : 담장 대신 정원부지의 경계선에 해당하는 곳에 깊은 도랑을 파서 외부로부터 침입을 막고, 가축을 보호하며, 목장 등을 전원풍경속에 끌어들이는 의도에서 나온 것으로 이 도랑의 존재를 모르고 원로를 따라 걷다가 갑자기 원로가 차단되었음을 발견하고 무의식 중에 감탄사로 생긴 이름이다.

09

국가별 정원양식의 연결이 바르지 않은 것은?

① 이탈리아 : 노단건축식
② 영국 : 자연풍경식
③ 프랑스 : 평면기하학식
④ 스페인 : 중도임천식

해설

스페인정원은 중정식으로 중요 구성요소는 물과 파티오(patio), 색채타일이다.

10

연못의 모양(호안)이 다양하고 못 속에 대(남쪽), 중(북쪽), 소(중앙) 3개 섬이 타원형을 이루고 있는 정원은?

① 부여의 궁남지 ② 경주의 안압지
③ 비원의 옥류천 ④ 창덕궁의 부용지

해설

안압지는 면적 40,000m², 연못 17,000m², 신선사상을 배경으로 한 해안풍경묘사. 연못의 모양이 다양하며, 못안의 대(남쪽)·중(북쪽)·소(중앙) 3개의 섬(신선사상) 중 거북모양의 섬이 있음. 석가산은 무산십이봉 상징하며 궁원과 건물 주위에는 담장으로 둘러짐. 북쪽은 굴곡이 있는 해안형, 동쪽은 반도형으로 조성하였고, 연못의 주위에는 호안석을 쌓았으며, 바닷가 돌을 배치하여 바닷가의 경관을 조성

11

골재의 표면수는 없고, 골재 내부에 빈틈이 없도록 물로 차 있는 상태는?

① 절대건조상태 ② 기건상태
③ 습윤상태 ④ 표면건조 포화상태

해설

표면건조 포화상태(表面乾燥飽和狀態) : 골재의 표면수는 없고 골재 속의 빈틈이 물로 차 있는 상태

12

다음 중 석탄은 235 ~ 315℃에서 고온 건조하여 얻은 타르제품으로서 독성이 적고 자극적인 냄새가 있는 유성 목재 방부제는?

① 콜타르
② 크레오소트유
③ 플로오르화나트륨
④ 펜타클로르페놀

정답 7③ 8② 9④ 10② 11④ 12②

해설

크레오소트(creosote) : 석탄 건류로 얻어지는 콜타르를 230~270℃로 분류(分溜)했을 때의 유분(溜分). 콜타르(coal tar) : 석탄을 고온건류(高溫乾溜)할 때 부산물로 생기는 검은 유상(油狀) 액체.

13

이팝나무와 조팝나무에 대한 설명으로 옳지 않은 것은?

① 이팝나무의 열매는 타원형의 핵과이다.
② 환경이 같다면 이팝나무가 조팝나무 보다 꽃이 먼저 핀다.
③ 과명은 이팝나무는 물푸레나무과(科)이고, 조팝나무는 장미과(科)이다.
④ 성상은 이팝나무는 낙엽활엽교목이고, 조팝나무는 낙엽활엽관목이다.

해설

이팝나무의 꽃은 5~6월에 피고, 조팝나무의 꽃은 4~5월에 핀다.

14

다음 중 물푸레나무과에 해당되지 않는 것은?

① 미선나무 ② 광나무
③ 이팝나무 ④ 식나무

해설

식나무 : 쌍떡잎식물 층층나무과의 상록관목으로 바닷가 그늘진 곳에서 자란다. 새가지는 녹색이며 굵고 잎과 더불어 털이 없다. 잎은 마주나고 긴 타원형으로 길이 10~15cm, 나비 약 5cm이다. 두껍고 가장자리에 이 모양의 굵은 톱니가 있으며 윤기가 있으며 꽃은 3~4월에 자줏빛을 띤 갈색으로 핀다.

15

합판의 특징이 아닌 것은?

① 수축·팽창의 변형이 적다.
② 균일한 크기로 제작 가능하다.
③ 균일한 강도를 얻을 수 있다.
④ 내화성을 높일 수 있다.

해설

합판은 나뭇결이 아름답고 넓은 판을 이용할 수 있다. 또한 수축, 팽창이 거의 없고, 고른 강도를 유지한다. 내구성과 내습성이 크다.

16

스테인리스강이라고 하면 최소 몇 % 이상의 크롬이 함유된 것을 말하는가?

① 4.5% ② 6.5%
③ 8.5% ④ 10.5%

해설

스테인레스강 : 철+크롬의 합금화로 최소 10.5% 이상의 크롬을 함유해야 한다.

17

동일 색상이나 인접해 있는 유사색상으로 배색하되 톤의 명도차를 비교적 크게 둔 배색방법은?

① 톤온톤(tone on tone) 배색
② 톤인톤(tone in tone) 배색
③ 유사배색
④ 순차배색

해설

톤인톤(tone in tone) : 톤은 같지만 색상은 다른 배색을 뜻함. 유사배색 : 한가지 색상만을 사용하여 면도를 단순하게 밝은쪽에서 어두운 쪽으로 변화시킨 배색. 순차배색 : 가장 단순한 명도만을 점진적으로 변화시킨 배색

18

등고선에 관한 설명 중 틀린 것은?

① 등고선 상에 있는 모든 점들은 같은 높이로서 등고선은 같은 높이의 점들을 연결한다.
② 등고선은 급경사지에서는 간격이 좁고, 완경사지에서는 넓다.
③ 높이가 다른 등고선이라도 절벽, 동굴에서는 교차한다.
④ 모든 등고선은 도면 안 또는 밖에서 만나지 않고, 도중에서 소실된다.

정답 13② 14④ 15④ 16④ 17① 18④

해설

④ 모든 등고선은 도면 안 또는 밖에서 만나지 않고 도중에 소실되지 않는다.

19

살수기 설계시 배치간격은 바람이 없을 때를 기준으로 살수 작동지름의 어느 정도가 가장 적합한가?

① 55~60% ② 60~65%
③ 70~75% ④ 80~85%

20

다음 수종 중 음수가 아닌 것은?

① 주목 ② 독일가문비
③ 팔손이나무 ④ 석류나무

해설

석류나무는 양수이다.

21

도시공원 및 녹지 등에 관한 법률상에서 정한 도시공원의 설치 및 규모의 기준으로 옳은 것은?

① 소공원의 경우 규모 제한은 없다.
② 어린이공원의 경우 규모는 5백 제곱미터 이상으로 한다.
③ 근린생활권 근린공원의 경우 규모는 5천 제곱미터 이상으로 한다.
④ 묘지공원의 경우 규모는 5천 제곱미터 이상으로 한다.

해설

② 어린이공원의 규모는 1,500m^2 이상으로 한다.
③ 근린생활권 근린공원의 경우 규모는 1만m^2 이상으로 한다.
④ 묘지공원의 경우 규모는 10만m^2 이상으로 한다.

22

여름에는 연보라 꽃과 초록의 잎을, 가을에는 검은 열매를 감상하기 위한 백합과 지피식물은?

① 맥문동 ② 만병초
③ 영산홍 ④ 칡

해설

맥문동(麥門冬) : 꽃은 5~6월에 자줏빛으로 피고, 그늘진 곳에서 자라며 열매는 둥글고 자흑색(紫黑色)이다.

23

다음 중 비스타(Vista)에 대한 설명으로 가장 잘 표현된 것은?

① 서양식 분수의 일종이다.
② 차경을 말하는 것이다.
③ 정원을 한층 더 넓어 보이게 하는 효과가 있다.
④ 스페인 정원에서는 빼 놓을 수 없는 장식물이다.

해설

비스타(Vista) : 주축선이 두드러지게 하는 수법으로 좌우로 시선이 제한되고 중앙의 한 점으로 시선이 모이게 하는 방법. 자주 출제되는 눈가림수법과 비스타수법의 혼돈을 예방해야 한다.

24

다음 중 시설물의 사용연수로 가장 부적합한 것은?

① 철재 시소 : 10년
② 목재 벤치 : 7년
③ 철재 파고라 : 40년
④ 원로의 모래자갈 포장 : 10년

해설

철재 파고라의 사용연수는 20년이다.

정답 19② 20④ 21① 22① 23③ 24③

25

느티나무의 수고가 4m, 흉고지름이 6cm, 근원지름이 10cm인 뿌리분의 지름 크기는 대략 얼마로 하는 것이 좋은가? (단, A=24+(N-3)d, d : 상수(상록수 : 4, 낙엽수 : 5)이다.)

① 29cm ② 39cm
③ 59cm ④ 99cm

해설

뿌리분의 지름 구하는 공식에 의해서 N=10, d=5를 적용하여, 24+(10-3)×5=59

26

이식할 수목의 가식장소와 그 방법의 설명으로 틀린 것은?

① 공사의 지장이 없는 곳에 감독관의 지시에 따라 가식 장소를 정한다.
② 그늘지고 점토질 성분이 풍부한 토양을 선택한다.
③ 나무가 쓰러지지 않도록 세우고 뿌리분에 흙을 덮는다.
④ 필요한 경우 관수시설 및 수목 보양시설을 갖춘다.

해설

② 양지바른 곳을 선택한다.

27

플라스틱 제품 제작시 첨가하는 재료가 아닌 것은?

① 가소제 ② 안정제
③ 충진제 ④ A. E제

해설

AE제(air-entraining agent) : 콘크리트 시공을 할 때 콘크리트 속에 있는 작은 공기 거품을 고르게 하기 위하여 사용하는 혼화제

28

다음 골재의 입도(粒度)에 대한 설명 중 옳지 않은 것은?

① 입도시험을 위한 골재는 4분법(四分法)이나 시료 채취기에 의하여 필요한 량을 채취한다.
② 입도란 크고 작은 골재알(粒)이 혼합되어 있는 정도를 말하며 체가름 시험에 의하여 구할 수 있다.
③ 입도가 좋은 골재를 사용한 콘크리트는 공극이 커지기 때문에 강도가 저하한다.
④ 입도곡선이란 골재의 체가름 시험결과를 곡선으로 표시한 것이며 입도곡선이 표준입도곡선 내에 들어가야 한다.

해설

입도가 좋은 골재를 사용한 콘크리트는 강도가 증대된다.

29

벽돌(190×90×57)을 이용하여 경계부의 담장을 쌓으려고 한다. 시공면적 10m^{2}에 1.5B 두께로 시공할 때 약 몇 장의 벽돌이 필요한가?(단, 줄눈은 10mm이고, 할증률은 무시한다.)

① 약 750장 ② 약 1490장
③ 약 2240장 ④ 약 2980장

해설

벽돌종류별 벽돌매수(m^2 당)

벽돌종류	0.5B	1.0B	1.5B	2.0B
기존형	65	130	195	260
표준형	75	149	224	298

벽돌의 규격이 표준형이므로 224매×10㎡=2,240매가 된다.

30

고로쇠나무와 복자기에 대한 설명으로 옳지 않은 것은?

① 복자기의 잎은 복엽이다.
② 두 수종은 모두 열매는 시과이다.
③ 두 수종은 모두 단풍색이 붉은색이다.
④ 두 수종은 모두 과명이 단풍나무과이다.

해설

고로쇠나무의 단풍은 노란색(황색) 이다.

정답 25③ 26② 27④ 28③ 29③ 30③

31

다음 중 평판측량 방법과 관계가 없는 것은?

① 교회법 ② 전진법
③ 좌표법 ④ 방사법

해설

평판측량이란 삼각대위에 제도지를 붙인 평판을 고정하고 알리다드를 사용하여 거리, 각도, 고저 등을 측정함으로써 직접 현장에서 제도하는 측량방법으로 빠르고 간편하게 성과를 얻을 수 있으며, 평판측량의 방법은 교회법, 전진법, 방사법이 있다. 교회법에는 전방교회법, 후방교회법, 측방교회법이 있고, 전진법은 시가지나 도로, 임야지대 같이 한 측점에서 많은 점의 시준이 안될 때 또는 길이 좁은 측량지역에 이용된다. 방사법은 간단하고 정확한 방법으로 한 측점으로부터 많은 점은 시준할 수 있어야 하고, 거리를 직접 측정하여야 한다.

32

등나무 등의 덩굴식물을 올려 가꾸기 위한 시렁과 비슷한 생김새를 가진 시설물로 여름철 그늘을 지어 주기 위한 것은?

① 플랜터(planter) ② 파고라(pergola)
③ 볼라드(bollard) ④ 래더(ladder)

해설

파고라(Pergola) : 마당에 덩굴식물을 올리기 위해 설치한 시설로 마당이나 평평한 지붕 위에 나무를 가로와 세로로 얽어 세워서 등나무, 포도나무 같은 덩굴성 식물을 올리도록 만든 시설. 플랜터(Planter) : 식물을 재배하기 위한 용기. 볼라드(bollard) : 보행자용 도로나 잔디에 자동차의 진입을 막기 위해 설치되는 장애물로서 보통 철제의 기둥모양이나 콘크리트로 되어 있다. 래더(ladder) : 체조 용구의 하나로 사다리를 뜻하며 사다리형 가로로 된 것과 세로, 즉 수평으로 된 것, 옆으로 비스듬히 된 것 등 여러 가지가 있으며, 사다리를 여러 개 조합시킨 것도 있다.

33

계단의 설계 시 고려해야 할 기준을 옳지 않은 것은?

① 계단의 경사는 최대 30~35°가 넘지 않도록 해야 한다.
② 단 높이를 H, 단 너비를 B로 할 때 2H + B = 60 ~ 65cm가 적당하다.
③ 진행 방향에 따라 중간에 1인용일 때 단 너비 90 ~ 110cm 정도의 계단참을 설치한다.
④ 계단의 높이가 5m이상이 될 때에만 중간에 계단참을 설치한다.

해설

2h + b = 60~65(70)cm(발판높이 h, 너비 b), 계단의 물매(기울기)는 30~35°가 가장 적합하고, 계단의 높이는 3~4m가 적당하며, 계단 높이가 3m 이상일 때 진행방향에 따라 중간에 1인용일 때 단 너비 90~110cm, 2인용일 때 130cm 정도의 계단참을 만든다. 원로의 기울기가 15° 이상일 때 계단을 만든다.

34

다음 중 여러해살이 초화류에 가장 적합한 것은?

① 베고니아 ② 팬지
③ 맨드라미 ④ 금잔화

해설

베고니아 : 주로 종자번식을 하여 1년생 초화로 취급된다. 팬지 : 쌍떡잎식물 측막태좌목 제비꽃과의 한해살이풀 또는 두해살이풀. 맨드라미 : 열대아시아 원산의 1년생 초본으로 우리나라 전국 각지에서 관상용으로 심어 기른다. 금잔화 : 높이 20~70cm 정도 자라는 1년초 또는 다년초다.

35

조경수목에 유기질 거름을 주는 방법으로 틀린 것은?

① 거름을 주는 양은 식물의 종류와 크기, 그 곳의 기후와 토질, 생육기간에 따라 각기 다르므로 자라는 상태를 보고 정한다.
② 거름주는 시기는 낙엽이 진 후 땅이 얼기 전 늦가을에 실시하는 것이 가장 효과적이다.
③ 약간 덜 썩은 유기질 거름은 지속적으로 나무뿌리에 양분을 공급함으로 중간 정도 썩은 것을 사용한다.
④ 나무에 따라 거름 줄 위치를 정한 후 수관선을 따라 너비 20~30cm, 깊이 20~30cm 정도가 되도록 구덩이를 판다.

해설

유기질 거름은 완전히 썩은 것을 사용한다.

정답 31 ③ 32 ② 33 ④ 34 ④ 35 ③

36

다음 중 곰솔(*Pinus thunbergii* PARL.)에 대한 설명으로 옳지 않은 것은?

① 동아(冬芽)는 붉은 색이다.
② 수피는 흑갈색이다.
③ 해안지역의 평지에 많이 분포한다.
④ 줄기는 한해에 가지를 내는 층이 하나여서 나무의 나이를 짐작할 수 있다.

해설

곰솔(*Pinus thunbergii* PARL.)은 지방에 따라 해송(海松) 또는 흑송(黑松)으로 부른다. 잎이 소나무(赤松)의 잎보다 억센 까닭에 곰솔이라고 부르며, 바닷가를 따라 자라기 때문에 해송으로도 부른다. 줄기껍질의 색깔이 소나무보다 검다고 해서 흑송이라고도 한다. 소나무의 동아(冬芽: 겨울눈)의 색은 붉은 색이나 곰솔은 회백색인 것이 특징이다. 5월에 꽃이 피며, 곰솔은 바닷바람에 견디는 힘이 대단히 강해서, 남서 도서지방에 분포하고 있으나 울릉도와 홍도에서는 자생하지 않는다. 곰솔은 바닷가에서 자라기 때문에 배를 만드는 재료로 이용되었다. 나무껍질 및 꽃가루는 식용으로 쓰이고, 송진은 약용 및 공업용으로 사용된다. 또한, 곰솔숲은 바닷가 사구(砂丘)의 이동방지 효과가 있어서 특별히 보호되고 있다. 노거수로서 천연기념물로 지정된 곰솔에는 제주시의 곰솔, 익산 신작리의 곰솔, 부산 수영동의 곰솔, 무안 망운면의 곰솔 등이 있다.

37

조경식재 설계도를 작성할 때 수목명, 규격, 본수 등을 기입하기 위한 인출선 사용의 유의사항으로 올바르지 않는 것은?

① 가는 선으로 명료하게 긋는다.
② 인출선의 수평부분은 기입 사항의 길이와 맞춘다.
③ 인출선간의 교차나 치수선의 교차를 피한다.
④ 인출선의 방향과 기울기는 자유롭게 표기하는 것이 좋다.

해설

인출선 : 대상 자체에 기입할 수 없을 때 사용하는 선으로 수목명, 수목의 규격, 나무의 수 등을 기입할 때 사용한다. 한 도면 내에서 모든 인출선의 굵기와 질은 동일하기 유지하고, 긋는 방향과 기울기를 통일 시킨다.

38

다음 중 오픈스페이스의 효용성과 가장 관련이 먼 것은?

① 도시 개발형태의 조절
② 도시 내 자연을 도입
③ 도시 내 레크레이션을 위한 장소를 제공
④ 도시 기능 간 완충효과의 감소

39

흙깎기(切土)공사에 대한 설명으로 옳은 것은?

① 보통 토질에서는 흙깎기 비탈면 경사를 1 : 0.5 정도로 한다.
② 흙깎기를 할 때는 안식각보다 약간 크게 하여 비탈면의 안정을 유지한다.
③ 작업물량이 기준보다 작은 경우 인력보다는 장비를 동원하여 시공하는 것이 경제적이다.
④ 식재공사가 포함된 경우의 흙깎기에서는 지표면 표토를 보존하여 식물생육에 유용하도록 한다.

40

오른손잡이의 선긋기 연습에서 고려해야 할 사항이 아닌 것은?

① 수평선 긋기 방향은 왼쪽에서 오른쪽으로 긋는다.
② 수직선 긋기 방향은 위쪽에서 아래쪽으로 내려 긋는다.
③ 선은 처음부터 끝나는 부분까지 일정한 힘으로 한 번에 긋는다.
④ 선의 연결과 교차부분이 정확하게 되도록 한다.

해설

수평선은 좌(左)에서 우(右)로, 수직선은 아래(下)에서 위(上)로 그린다. 선이 교차할 때에는 선이 부족하거나 남지 않게 긋고, 모서리 부분이 정확히 만나게 그어준다. 긴 선을 그을 때는 선이 일정한 두께가 되도록 연필을 한 바퀴 돌려주면서 선을 그어준다.

정답 36 ① 37 ④ 38 ④ 39 ④ 40 ③

41

콘크리트의 크리프(creep) 현상에 관한 설명으로 옳지 않은 것은?

① 부재의 건조 정도가 높을수록 크리프는 증가된다.
② 양생, 보양이 나쁠수록 크리프는 증가한다.
③ 온도가 높을수록 크리프는 증가한다.
④ 단위수량이 적을수록 크리프는 증가한다.

해설
크리프(creep) : 외력이 일정하게 유지되어 있을 때, 시간이 흐름에 따라 재료의 변형이 증대하는 현상

42

공원의 종류 중 여러 가지 폐품이나 재료 등을 제공해 주어 어린이들이 직접 자르고, 맞추고, 조립하는 놀이를 통해 창의력을 가지도록 하는 공원은?

① 모험공원 ② 교통공원
③ 조각공원 ④ 운동공원

43

시멘트가 풍화작용과 탄산화작용을 받은 정도를 나타내는 척도로 고온으로 가열하여 시멘트 중량의 감소율을 나타내는 것은?

① 강열감량 ② 수화반응
③ 위응결 ④ 경화

해설
강열감량(Ignition loss) : 시멘트를 950~1000(975±25)℃ 정도로 가열을 반복했을 때 중량이 감소하는 것

44

골프장 설치장소로 적합하지 않은 곳은?

① 교통이 편리한 위치에 있는 곳
② 골프코스를 흥미롭게 설계 할 수 있는 곳
③ 기후의 영향을 많이 받는 곳
④ 부지매입이나 공사비가 절약될 수 있는 곳

해설
골프장은 기후의 영향을 많이 받는 곳은 좋지 않다.

45

다음 중 순공사원가를 가장 바르게 표시한 것은?

① 재료비 + 노무비 + 경비
② 재료비 + 노무비 + 일반관리비
③ 재료비 + 일반관리비 + 이윤
④ 재료비 + 노무비 + 경비 + 일반관리비 + 이윤

해설
순공사원가 = 재료비+노무비+경비

46

다음 중 일반적으로 전정시 제거해야 하는 가지가 아닌 것은?

① 도장한 가지
② 바퀴살 가지
③ 얽힌 가지
④ 주지(主枝)

해설
잘라 주어야 할 가지 : 도장지, 안으로 향한 가지, 고사지(말라 죽은 가지), 움돋은 가지, 교차한 가지, 평행지, 웃자란 가지, 병충해 피해를 입은 가지, 아래로 향한 가지, 무성하게 자란가지(무성지)

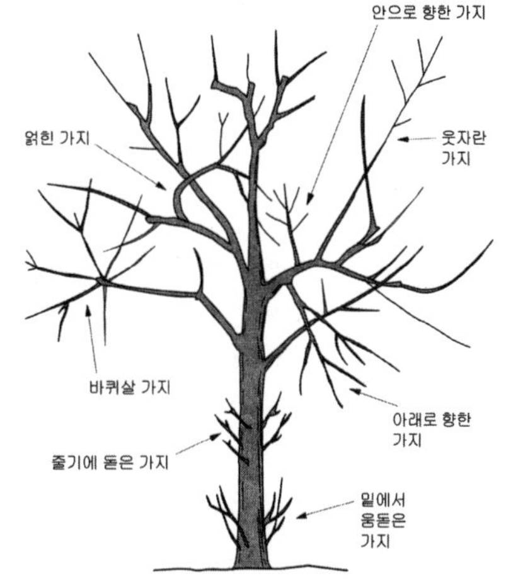

그림. 잘라야 할(전정해야 할) 가지

정답 41 ④ 42 ① 43 ① 44 ③ 45 ① 46 ④

47

수목의 병 방제용 약제를 제제의 형태에 따라 분류한 것이 아닌 것은?

① 분제　　② 혼합제
③ 입제　　④ 액제

48

조경용 포장재료는 보행자가 안전하고, 쾌적하게 보행할 수 있는 재료가 선정되어야 한다. 다음 선정기준 중 옳지 않은 것은?

① 내구성이 있고, 시공·관리비가 저렴한 재료
② 재료의 질감, 색채가 아름다운 것
③ 재료의 표면 청소가 간단하고, 건조가 빠른 재료
④ 재료의 표면이 태양 광선의 반사가 많고, 보행시 자연스런 매끄러운 소재

해설

재료의 표면이 태양광선의 반사가 적어야 한다.

49

다음 [보기]의 잔디종자 파종작업들을 순서대로 바르게 나열한 것은?

[보기]			
㉠ 기비 살포	㉡ 정지작업	㉢ 파종	
㉣ 멀칭	㉤ 전압	㉥ 복토	㉦ 경운

① ㉦ → ㉠ → ㉡ → ㉢ → ㉥ → ㉤ → ㉣
② ㉠ → ㉢ → ㉡ → ㉥ → ㉣ → ㉤ → ㉦
③ ㉡ → ㉢ → ㉤ → ㉥ → ㉠ → ㉣ → ㉦
④ ㉢ → ㉠ → ㉡ → ㉥ → ㉤ → ㉦ → ㉣

해설

일반적인 잔디종자 파종 작업순서 : 경운 → 시비(기비살포) → 정지 → 파종 → 복토 → 전압 → 멀칭 → 관수

50

다음 중 봄가을 안개가 많거나 습할 때 잎 또는 줄기에 등황색의 반점이 생기고 반점으로부터 붉은 가루가 발생하는 병으로 한국잔디의 대표적인 것은?

① 붉은 녹병
② 푸사륨 패치(Fusarium patch)
③ 황화현상
④ 달라스폿(dollar spot)

해설

붉은 녹병 : 5~6월, 9~10월에 질소결핍, 고온다습 등에 의해 발생하며, 한국잔디의 대표적인 병이다. 푸사륨 패치 : 이른 봄, 전년도에 질소거름을 늦게 까지 주었을 때 발생하며, 한국잔디에 많이 발생한다. 황화현상 : 이른 봄 새싹이 나올 때 발병하며, 금잔디에 많이 발생한다. 10~30cm의 원형반점이 생기고 토양관리가 나쁠 때 발생한다. 달라스폿 : 6~7월에 서양잔디에만 발생한다. 라지패치 : 토양전염병으로 축척된 태치 및 고온다습이 문제

51

조경의 직무는 조경설계기술자, 조경시공기술자, 조경관리기술자로 크게 분류 할 수 있다. 그 중 조경설계기술자의 직무내용에 해당하는 것은?

① 식재공사　　② 시공감리
③ 병해충방제　　④ 조경묘목생산

52

다음 중 농약의 혼용사용 시 장점이 아닌 것은?

① 약해 증가　　② 독성 경감
③ 약효 상승　　④ 약효지속기간 연장

정답 47 ② 48 ④ 49 ① 50 ① 51 ② 52 ①

53

농약 취급시 주의할 사항으로 부적합한 것은?

① 농약을 살포할 때는 방독면과 방호용 옷을 착용하여야 한다.
② 쓰고 남은 농약은 변질 될 수 있으므로 즉시 주변에 버리거나 다른 용기에 담아둔다.
③ 피로하거나 건강이 나쁠 때는 작업하지 않는다.
④ 작업 중에 식사 또는 흡연을 금한다.

54

다음 제초작업에 관한 설명 중 틀린 것은?

① 농약 제초제는 사용범위가 좁고, 제초 효과가 오랫동안 지속되지 않는다.
② 제초작업시 잡초의 뿌리 및 지하경을 완전히 제거해야 한다.
③ 심한 모래땅이나 척박한 토양에서는 약해가 우려되므로 제초제를 사용하지 않는다.
④ 인력 제초는 비효율적이지만 약해의 우려가 없어 안전한 방법이다.

해설

농약제초제는 사용범위가 넓고, 제초효과가 오랫동안 지속된다.

55

200L를 가지고 제초제 1000배액을 만들 경우 필요한 약량은 몇 mL인가?

① 10 ② 100
③ 200 ④ 500

해설

1㎖=0.001ℓ가 된다.
그러므로 200㎖×1,000배액=200,000㎖이므로 200가 된다.

56

현대적인 공사관리에 관한 설명 중 가장 적합한 것은?

① 품질과 공기는 정비례한다.
② 공기를 서두르면 원가가 싸게 된다.
③ 경제속도에 맞는 품질이 확보 되어야 한다.
④ 원가가 싸게 되도록 하는 것이 공사관리의 목적이다.

해설

공사관리 : 건설공사에 대한 기획, 타당성조사, 분석, 설계를 비롯해 조달, 계약, 시공관리, 감리, 평가, 사후관리 등의 업무를 도맡아 하는 과정이다.

57

다음 중 계곡선에 대한 설명 중 맞는 것은?

① 주곡선 간격의 1/2 거리의 가는 파선으로 그어진 것이다.
② 주곡선의 다섯 줄마다 굵은 선으로 그어진 것이다.
③ 간곡선 간격의 1/2 거리의 가는 점선으로 그어진 것이다.
④ 1/5000의 지형도 축척에서 등고선은 10m 간격으로 나타난다.

해설

등고선의 종류와 간격

종 류	간 격
주곡선	지형표시의 기본선으로 가는 실선으로 표시
간곡선	주곡선 간격의 1/2
조곡선	간곡선 간격의 1/2
계곡선	주곡선 5개마다 굵게 표시한 선으로 굵은 실선으로 표시

58

어린이들을 위한 운동시설로서 모래터에 사용되는 모래의 깊이는 어느 정도가 가장 효과적인가? (단, 놀이의 형태에 규제를 받지 않고 자유로이 놀 수 있는 공간이다.)

① 약 3cm 정도 ② 약 12cm 정도
③ 약 15cm 정도 ④ 약 25cm 정도

정답 53 ② 54 ① 55 ③ 56 ③ 57 ② 58 ④

7 과년도 기출문제

59

다음 중 조경수목에 거름을 줄 때 방법과 설명으로 틀린 것은?

① 윤상거름주기 : 수관폭을 형성하는 가지 끝 아래의 수관선을 기준으로 환상으로 깊이 20~25cm, 너비 20~30cm로 둥글게 판다.
② 방사상거름주기 : 파는 도랑의 깊이는 바깥쪽일수록 깊고 넓게 파야하며, 선을 중심으로 하여 길이는 수관폭의 1/3 정도로 한다.
③ 선상거름주기 : 수관선상에 깊이 20cm 정도의 구멍을 군데군데 뚫고 거름을 주는 방법으로 액비를 비탈면에 줄 때 적용한다.
④ 전면거름주기 : 한 그루씩 거름을 줄 경우, 뿌리가 확장되어 있는 부분을 뿌리가 나오는 곳까지 전면으로 땅을 파고 주는 방법이다.

해설

③ 천공거름주기에 대한 설명이다. 선상거름주기 : 산울타리처럼 군식된 수목을 따라 도랑처럼 길게 구덩이를 파서 주는 방법

60

소나무의 순자르기 방법이 잘못 설명된 것은?

① 수세가 좋거나 어린나무는 다소 빨리 실시하고 노목이나 약해 보이는 나무는 5~7일 늦게 한다.
② 손으로 순을 따 주는 것이 좋다.
③ 5~6월경에 새순이 5~10cm 길이로 자랐을 때 실시한다.
④ 자라는 힘이 지나치다고 생각될 때에는 1/3 ~1/2 정도 남겨두고 끝부분을 따 버린다.

정답 59 ③ 60 ①

2023년 제1회 조경기능사 과년도 (복원CBT)

01

"자연은 직선을 싫어한다"라는 신조에 따라 직선적인 원로와 수로, 산울타리 등을 배척하고 불규칙적인 생김새의 정원을 꾸민 사람은?

① 런던(London)
② 브리지맨(Bridgeman)
③ 윌리암 캔트(William Kent)
④ 험프리 랩턴(Humphrey Repton)

해설

③ 캔트 : "자연은 직선을 싫어한다."라고 주장, 근대 조경의 아버지로 스토우원을 수정했다.
② 브리지맨 : 하하개념 도입 - 스토우원 설계.
④ 랩턴 : 영국 풍경식 완성, 레드북(Red book), 자연을 1 : 1로 묘사.
-챔버 : 큐가든 설계, 중국식 정원과 탑을 세워 중국 정원을 소개

02

고려시대 궁궐의 정원을 맡아 관리하던 해당 부서는?

① 내원서 ② 정원서
③ 상림원 ④ 동산바치

해설

고려시대는 내원서, 조선시대는 장원서가 궁궐의 정원을 담당하던 대표 부서이다.

03

일본의 독특한 정원양식으로 여행 취미의 결과 얻어진 풍경의 수목이나 명승고적, 폭포, 호수, 명산계곡 등을 그대로 정원에 축소시켜 감상하는 것은?

① 축경원 ② 평정고산수식정원
③ 회유임천식정원 ④ 다정

해설

일본조경의 특징은 축경원이다.

04

옛날 처사도(處士道)를 근간으로 한 은일사상(隱逸思想)이 가장 성행하였던 시대는?

① 고구려시대 ② 백제시대
③ 신라시대 ④ 조선시대

05

정신세계의 상징화, 인공적인 기교, 관상적인 가치에 가장 치중한 정원이라 볼 수 있는 것은?

① 중국정원 ② 인도정원
③ 한국정원 ④ 일본정원

해설

일본정원 : 정신세계의 상징화, 축소지향적, 인공적기교, 관상적, 축경원이 특징이다.

06

우리나라 정원의 특색이 아닌 것은?

① 후원 ② 화계
③ 방지 ④ 분수

해설

분수는 스페인 정원의 특색이다.

07

동양정원에서 연못을 파고 그 가운데 섬을 만드는 수법에 가장 큰 영향을 준 것은?

① 자연지형의 영향 ② 기상요인의 영향
③ 신선사상의 영향 ④ 생활양식의 영향

정답 1③ 2① 3① 4④ 5④ 6④ 7③

7 과년도 기출문제

08

고대 로마정원은 3개의 중정으로 구성되어 있었는데, 이 중 사적(私的)기능을 가진 제2중정에 속하는 것은?

① 아트리움(Atrium)
② 지스터스(Xystus)
③ 페리스틸리움(Peristylium)
④ 아고라(Agora)

해설

제1중정(아트리움 : 공적장소, 포장되어 있고 화분이 있다). 제2중정(페리스틸리움 : 사적 공간으로 포장되지 않은 주정이 있다. 정형적 배치). 후정(지스터스 : 수로와 그 좌우에 원로와 화단이 대칭적으로 배치되어있고, 5점형 식재)

09

국립공원의 발달에 기여한 최초의 미국 국립공원은?

① 옐로우스톤　② 요세미티
③ 센트럴파크　④ 보스톤 공원

해설

옐로우스톤 : 최초의 국립공원. 요세미티 : 최초의 자연공원. 센트럴파크 : 미국에서 재정적으로 성공했으며, 도시공원의 효시로 국립공원운동의 계기를 마련.

10

백제시대의 정원으로서 현존하는 것은?

① 안압지　② 비원
③ 궁남지　④ 창덕궁

11

다음 미기후(micro-climate)에 대한 설명 중 적합하지 않은 것은?

① 지형은 미기후의 주요 결정 요소가 된다.
② 그 지역주민에 의해 지난 수년 동안의 자료를 얻을 수 있다.
③ 일반적으로 지역적인 기후 자료보다 미기후 자료를 얻기가 쉽다.
④ 미기후는 세부적인 토지이용에 커다란 영향을 미치게 된다.

해설

미기후(micro-climate) : 도시내부와 도시외부의 기온차로 부분적 장소의 독특한 기상상태를 나타낸다. 조사항목으로는 태양복사열의 정도, 공기유통의 정도, 안개 및 서리해 유무, 지형적 여건에 따른 일조시간, 대기오염 자료 등을 조사한다. 미기후는 지형이 주요 결정요소이고, 그 지역 주민에 의해 지난 수년 동안의 자료를 얻을 수 있으며, 세부적인 토지이용에 커다란 영향을 미치게 한다.

12

묘지공원의 설계 지침으로 가장 올바른 것은?

① 장제장 주변은 기능상 키가 작은 관목만을 식재한다.
② 산책로는 이용하기 좋게 주로 직선화한다.
③ 묘지공원 내는 경건한 분위기를 위해 어린이놀이터 등 휴게시설 설치를 일체 금지시킨다.
④ 전망대 주변에는 큰 나무를 피하고, 적당한 크기의 화목류를 배치한다.

해설

묘지공원의 위치는 도시 외곽의 교통 편리한 곳, 정숙한 장소, 장래의 시가지화 전망이 없는 곳이 좋고, 규모는 10만m^2 이상이어야 한다. 정숙하고 밝은 곳에 조성하며 묘원내 간선 도로의 폭은 6m 이상이어야 한다. 전망대 주변은 큰 나무는 피하고 적당한 크기의 화목류를 배치한다.

13

공원의 종류 중 여러 가지 폐품이나 재료 등을 제공해 주어 어린이들이 직접 자르고, 맞추고, 조립하는 놀이를 통해 창의력을 가지도록 하는 공원은?

① 모험공원　② 교통공원
③ 조각공원　④ 운동공원

14

다음 중 일반적으로 옥상정원 설계시 일반조경 설계보다 중요하게 고려할 항목으로 관련이 적은 것은?

① 토양층 깊이　② 방수 문제
③ 지주목의 종류　④ 하중 문제

정답 8③ 9① 10③ 11③ 12④ 13① 14③

해설

옥상정원에서는 방수와 하중문제가 가장 중요시 되어야 한다. 또한 토양층의 깊이도 고려해야 하지만 지주목의 종류, 잘 자라는 수목의 선정과는 관련이 없다.

15

제도 후 도면의 표제란에 기재하지 않아도 되는 것은?

① 도면명 ② 도면번호
③ 제도장소 ④ 축척

해설

제도 할 때 표제란에 제도장소를 표기하지 않는다.

16

토지이용계획시 일반적인 진행순서로 알맞게 구성된 것은?

① 적지분석 – 토지이용분류 – 종합배분
② 적지분석 – 종합배분 – 토지이용분류
③ 토지이용분류 – 종합배분 – 적지분석
④ 토지이용분류 – 적지분석 – 종합배분

17

다음 중 마운딩(mounding)의 기능으로 가장 거리가 먼 것은?

① 배수 방향을 조절
② 자연스러운 경관을 조성
③ 공간기능을 연결
④ 유효토심 확보

해설

마운딩(mounding) : 배수 방향 조절과 자연스러운 경관을 조성하고, 유효 토심을 확보하는 주된 기능이 있다.

18

겨울철 좋은 생활환경과 나무의 생육을 위해 최소 얼마 정도의 광선이 필요한가?

① 2시간 정도 ② 4시간 정도
③ 6시간 정도 ④ 10시간 정도

19

분쇄목 우드칩(wood-chip)의 사용 시 효과로 틀린 것은?

① 토양의 미생물 발생억제
② 토양의 경화 방지
③ 토양의 호흡증대
④ 토양의 수분 유지

해설

분쇄목 우드칩은 토양 미생물 발생을 억제하지는 않는다.

20

가는 실선의 용도로 틀린 것은?

① 치수 보조선 ② 인출선
③ 기준선 ④ 중심선

해설

기준선과 절단선은 일점쇄선으로 한다.

21

다음 중 대비가 아닌 것은?

① 푸른 잎과 붉은 잎
② 직선과 곡선
③ 완만한 시내와 포플러나무
④ 벚꽃을 배경으로 한 살구꽃

해설

대비는 서로 다른 질감, 형태, 색채 등을 서로 대비시켜 변화를 주는 것이다. ④ 벚꽃을 배경으로 한 살구꽃은 조화미이다.

정답 15③ 16④ 17③ 18③ 19① 20③ 21④

22

영구위조(永久萎凋) 시의 토양의 수분 함량은 모래(砂土)의 경우 몇 %인가?

① 2 ~ 3%　② 10 ~ 15%
③ 20 ~ 25%　④ 30 ~ 40%

해설

영구위조 : 말라 죽기 직전

23

다음 경관의 유형 중 초점경관에 대한 설명으로 옳은 것은?

① 지형지물이 경관에서 지배적인 위치를 갖는 경관
② 주위 경관 요소들에 의하여 울타리처럼 둘러싸인 경관
③ 좌우로의 시선이 제한되고 중앙의 한 점으로 모이는 경관
④ 외부로의 시선이 차단되고 세부적인 특성이 지각되는 경관

해설

초점 경관 : 관찰자의 시선이 제한되어 경관 내의 어느 한 점으로 유도되도록 구성된 경관(폭포, 수목, 암석, 분수 등)

24

터닦기 할 때 성토시(흙쌓기) 침하에 대비하여 계획된 높이보다 몇 % 정도 더돋기를 하는가?

① 3 ~ 5%　② 10 ~ 15%
③ 20 ~ 25%　④ 30 ~ 35%

해설

더돋기 - 예상침하량에 상당하는 높이만큼 계획고 보다 더 높이 시공하는 것으로 일반적으로 10~ 15% 정도로 한다.

25

우리나라의 목재가 건조된 상태일 때 기건함수율로 가장 적당한 것은?

① 약 5%　② 약 15%
③ 약 25%　④ 약 35%

해설

목재건조의 목적은 기건함수율이 15%가 되게 하는 것이다.

26

다음 중 큰 나무의 뿌리돌림에 대한 설명으로 가장 거리가 먼 것은?

① 굵은뿌리를 3~4개 정도 남겨둔다.
② 굵은뿌리 절단시는 톱으로 깨끗이 절단한다.
③ 뿌리돌림을 한 후에 새끼로 뿌리분을 감아두면 뿌리의 부패를 촉진하여 좋지 않다.
④ 뿌리돌림을 하기 전 수목이 흔들리지 않도록 지주목을 설치하여 작업하는 방법도 좋다.

해설

③ 뿌리돌림 후 새끼로 뿌리를 감아두면 새끼는 썩기 때문에 괜찮다.

27

조경재료 중 점토 제품이 아닌 것은?

① 소형고압블럭　② 타일
③ 적벽돌　④ 오지토관

해설

소형고압블럭은 시멘트로 만들어진다.

28

다음과 같은 특징을 갖는 시멘트는?

- 조기강도가 크다(재령 1일에 보통포틀랜드시멘트의 재령 28일 강도와 비슷함).
- 산, 염류, 해수 등의 화학적 작용에 대한 저항성이 크다.
- 내화성이 우수하다.
- 한중 콘크리트에 적합하다.

① 알루미나 시멘트　② 실리카 시멘트
③ 포졸란 시멘트　④ 플라이애쉬 시멘트

정답 22 ① 23 ③ 24 ② 25 ② 26 ③ 27 ① 28 ①

해설

① 알루미나 시멘트 : 조기강도가 크며, 산, 염류, 해수 등의 화학적 작용에 대한 저항성이 크고, 내화성이 우수하여 한중 콘크리트에 적합한 시멘트.

② ③ 포졸란 시멘트(실리카 시멘트) : 방수용으로 사용하며, 경화가 느리나 조기강도가 크다.

④ 플라이애쉬 시멘트 : 실리카 시멘트보다 후기강도가 크며 건조수축이 적고 화학적 저항성과 장기강도가 좋고, 건조수축이 적다. 수화열이 적어 매스콘크리트용에 적합하여 모르타르 및 콘크리트 등의 화학적 저항성이 강하고 수밀성이 우수하다.

29

목재의 특성 중 장점은?

① 충격, 진동에 대한 저항성이 작다.
② 열전도율이 낮다.
③ 충격의 흡수성이 크고, 건조에 의한 변형이 크다.
④ 가연성이며 인화점이 낮다.

해설

목재의 장점 : 외관이 아름답고, 촉감이 좋다. 무게가 가볍고, 비중이 작다. 압축강도, 인장강도가 크고, 가공이 용이하다. 열전도율이 낮으며, 무게에 비해 강도가 크다. 알카리와 산에 강하다.

30

다음 중 차경(借景)을 설명한 것으로 옳은 것은?

① 멀리 바라보이는 자연의 풍경을 경관구성 재료의 일부로 도입해 이용한 수법
② 경관을 가로막는 것
③ 일정한 흐름에서 어느 특정선을 강조하는 것
④ 좌우대칭이 되는 중심선

해설

차경의 원리는 주위에 경관과 정원을 조화롭게 배치함으로써 이미 있는 좋은 경치를 자기 정원의 일부인 것처럼 경치를 빌려다 쓴다는 의미로 차경의 예를 살펴보면 가까운 산을 끌어들여서 정원의 일부인 것처럼 접속시키는 방법, 배경에 있는 건물이나 탑을 정원의 일부로 끌어들이는 방법, 바다를 정원에서 내려다보는 경관으로 활용하는 방법, 호수나 멀리 있는 산을 정원에서 바라보이도록 하는 방법 등이 있다.

31

다음 중 일반적으로 전정시 제거해야 하는 가지가 아닌 것은?

① 도장한 가지　② 바퀴살 가지
③ 얽힌 가지　④ 주지(主枝)

해설

잘라 주어야 할 가지 : 도장지, 안으로 향한 가지, 고사지(말라 죽은 가지), 움돋은 가지, 교차한 가지, 평행지, 웃자란 가지, 병충해 피해를 입은 가지, 아래로 향한 가지, 무성하게 자란가지(무성지)

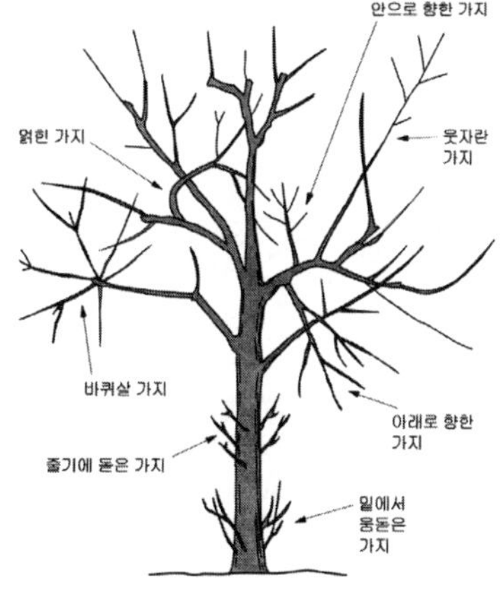

그림. 잘라야 할(전정해야 할) 가지

32

자연석 놓기 중에서 경관석 놓기를 설명한 것 중 틀린 것은?

① 시선이 집중되는 곳이나 중요한 자리에 한 두 개 또는 몇 개를 짜임새 있게 놓고 감상한다.
② 경관석을 놓았을 때 보는 사람으로 하여금 아름다움을 느끼게 멋과 기풍이 있어야 한다.
③ 경관석 놓기의 기본은 주석(중심석)과 부석을 바꾸어 놓고 4, 6, 8 … 등 균형감 있게 짝수로 놓아야 자연스럽게 보인다.
④ 경관석을 다 놓은 후에는 그 주변에 알맞은 관목이나 초화류를 식재하여 조화롭고 돋보이는 경관이 되도록 한다.

정답 29 ② 30 ① 31 ④ 32 ③

해설

③ 경관석 놓기는 3, 5, 7 … 등의 홀수로 놓는다.

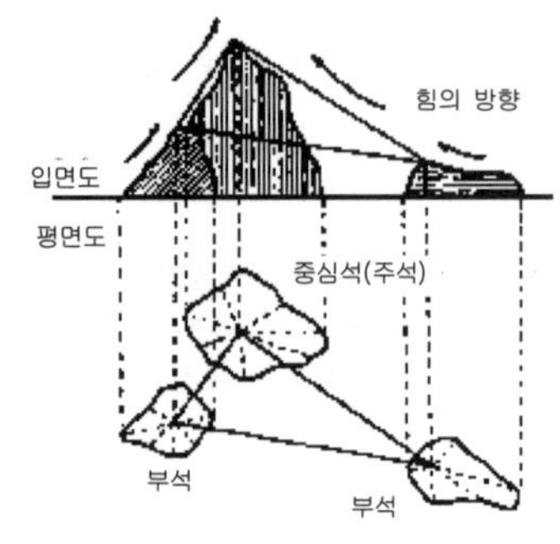

(a) 셋(삼석) 짜임

(b) 다섯(오석)짜임

33

수목 굴취시 뿌리분을 감는데 사용하며, 포트(pot) 역할을 하여 잔뿌리 형성에 도움을 주는 환경친화적인 재료는?

① 새끼　② 철선
③ 녹화마대　④ 고무밴드

해설

녹화마대 : 수목 이식 후 수간보호용 자재로 부피가 가장 작고 운반이 용이하며, 도시 미관조성에 가장 적합한 재료이다.

34

다음 중 조경 시공 순서로 가장 알맞은 것은?

① 터닦기 → 급·배수 및 호안공 → 콘크리트 공사 → 정원시설물 설치 → 식재공사
② 식재공사 → 터닦기 → 정원시설물 설치 → 콘크리트공사 → 급·배수 및 호안공
③ 급·배수 및 호안공 → 정원시설물 설치 → 콘크리트 공사 → 식재공사 → 터닦기
④ 정원시설물 설치 → 급·배수 및 호안공 → 식재공사 → 터닦기 → 콘크리트공사

해설

조경시공순서 : 터닦기 → 급·배수 및 호안공 → 콘크리트공사 → 정원시설물 설치 → 식재공사

35

경사진 지형에서 흙이 무너지는 것을 방지하기 위하여 토양의 안식각을 유지하며 크고 작은 돌을 자연스러운 상태가 되도록 쌓아 올리는 방법은?

① 평석쌓기　② 견치석쌓기
③ 디딤돌쌓기　④ 자연석 무너짐쌓기

해설

자연석 무너짐쌓기는 자연풍경에서 암석이 무너져 내려 안정되게 쌓여있는 것을 묘사하는 방법으로 기초석을 땅속에 1/2정도 깊이로 묻고, 기초석 앉히기는 약간 큰 돌로 20~30cm 정도의 깊이로 묻고 주변을 잘 다져서 고정시킨다. 중간석 쌓기는 서로 맞닿은 면은 잘 물려지는 돌을 사용하고 크고 작은 자연석을 어울리게 섞어 쌓으며, 하부에 큰돌을 사용하고 상부로 갈수록 작은 돌을 사용하여 시각적 노출 부분을 보기 좋은 부분이 되게 한다. 맨 위의 상석은 비교적 작고, 윗면을 평평하게 하거나 자연스런 높낮이가 있도록 처리하고, 돌틈식재는 돌과 돌 사이의 빈 공간에 흙을 채워 철쭉이나 회양목 등의 관목류와 초화류를 식재하며, 인력, 체인블록 등을 이용해서 쌓는다. 평석쌓기는 넓고 두툼한 돌 쌓기로 이음새의 좌우, 상하가 틀리게 쌓는다. 견치석쌓기는 얕은 경우에는 수평으로 쌓고, 높을 경우에는 경사지도록 쌓는 것이 좋고 높이 1.5m 까지는 충분한 뒤채움으로 하고 그 이상은 시멘트로 채운다. 물구멍은 2m 마다 설치하고, 석축을 쌓아 올릴 때 많이 사용하며, 앞면, 뒷면, 윗길이, 전면 접촉부 사이에 치수의 제한이 있다. 뒷면은 앞면의 1/16 이상이 되게 하고, 전면 접촉부는 뒷길이의 1/10 이상으로 한다. 디딤돌 쌓기는 보행의 편의와 지피식물의 보호, 시각적으로 아름답게 하고자 하는 돌 놓기로 한 면이 넓적하고 평평한 자연석, 화강석판, 천연 슬레이트 등의 판석, 통나무 또는 인조목 등이 사용된다.

정답 33 ③ 34 ① 35 ④

디딤돌의 크기는 30cm 정도가 적당하며, 디딤돌이 시작되는 곳 또는 급하게 구부러지는 곳 등에 큰 디딤돌을 놓으며, 돌의 머리는 경관의 중심을 향해 놓는다. 돌의 좁은 방향이 걸어가는 방향으로 오게 돌을 배치하여 방향성을 주며, 크고 작은 것을 섞어 직선보다는 어긋나게 배치하며, 돌 사이의 간격은 보행성을 고려하여 빠른 동선이 필요한 곳은 보폭과 비슷하게, 느린 동선이 필요한 곳은 35~60cm 정도로 배치한다. 크기에 따라 하단 부분을 적당히 파고 잘 다진 후 윗부분이 수평이 되도록 놓아야 하고, 돌 가운데가 약간 두툼하여 물이 고이지 않으며, 불안정한 경우에는 굄돌 등을 놓거나 아랫부분에 모르타르나 콘크리트를 깔아 안정되게 한다. 디딤돌의 높이는 지면보다 3~6cm 높게 하며, 한발로 디디는 것은 지름 25~30cm 되는 디딤돌을 사용하고, 군데군데 잠시 멈춰 설 수 있도록 지름 50~60cm 되는 큰 디딤돌을 놓으며, 디딤돌의 두께는 10~20cm, 디딤돌과 디딤돌 중심간의 거리는 40cm이다.

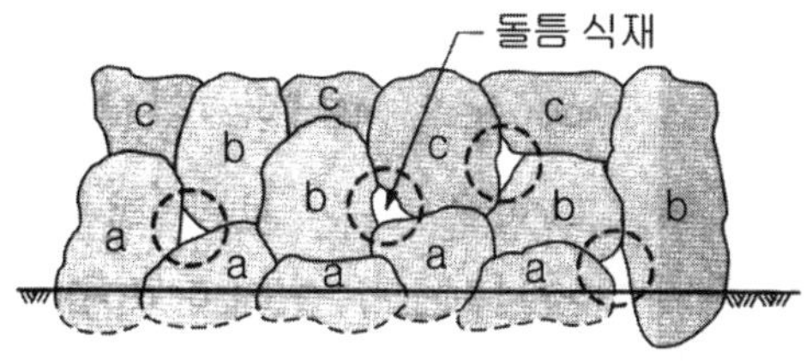

a. 기초석(밑돌) b. 중간석 c. 상석(윗돌)

(가) 입면도

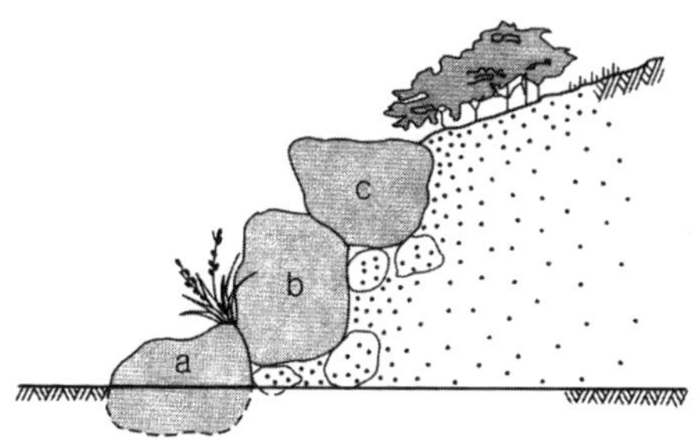

a. 기초석(밑돌) b. 중간석 c. 상석(윗돌)

(나) 단면도

그림. 자연석무너짐쌓기 입면도 및 단면도

36

길이쌓기 켜와 마구리쌓기 켜가 번갈아 반복되게 쌓는 방법으로 모서리나 벽이 끝나는 곳에는 반절이나 2·5 토막이 쓰이는 벽돌쌓기 방법은?

① 영국식쌓기 ② 프랑스식쌓기
③ 영롱쌓기 ④ 미국식쌓기

해설

영국식쌓기 : 가장 튼튼한 방법으로 한단은 마구리, 한단은 길이쌓기로 하고 모서리 벽 끝에는 2.5토막을 사용. 프랑스식쌓기 : 외관이 보기 좋으며, 한 켜에 길이쌓기와 마구리쌓기가 번갈아 나온다. 영롱쌓기 : 벽돌 장식 쌓기의 하나로서 벽돌담에 구멍을 내어 쌓는 방법으로 담의 두께는 0.5B두께로 하고 구멍의 모양은 삼각형, −자형, +자형 등의 여러 가지 모양이 있음. 미국식쌓기 : 5단까지 길이쌓기로 하고 그 위에 한단은 마구리쌓기로 하여 본 벽돌 벽에 물려 쌓음

37

다음 중 소철(*Cycas revoluta* THUNB.)과 은행나무(*Ginkgo biloba* L.)의 공통점은?

① 속씨식물
② 한국 자생식물
③ 낙엽침엽교목
④ 자웅이주

해설

소철은 겉씨식물로써 동아시아, 일본, 중국 등이 원산지로 상록침엽관목이다. 은행나무는 겉씨식물로 동아시아 원산의 나무로 낙엽침엽교목이다.

38

그림과 같은 축도기호가 나타내고 있는 것으로 옳은 것은?

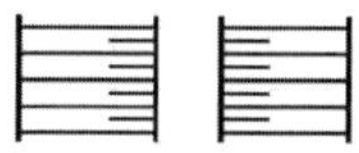

① 등고선 ② 성토
③ 절토 ④ 과수원

해설

성토(盛土) : 대지의 낮은 부분에 흙을 메워서 높이는 것

정답 36 ① 37 ④ 38 ②

39

조경 목재시설물의 유지관리를 위한 대책 중 적절하지 않는 것은?

① 통풍을 좋게 한다.
② 빗물 등의 고임을 방지한다.
③ 건조되기 쉬운 간단한 구조로 한다.
④ 적당한 20~40℃ 온도와 80% 이상의 습도를 유지시킨다.

해설
목재시설물은 습기를 싫어한다.

40

다음 금속 재료에 대한 설명으로 틀린 것은?

① 저탄소강은 탄소함유량이 0.3% 이하이다.
② 강판, 형강, 봉강 등은 압연식 제조법에 의해 제조된다.
③ 구리에 아연 40%를 첨가하여 제조한 합금을 청동이라고 한다.
④ 강의 제조방법에는 평로법, 전로법, 전기로법, 도가니법 등이 있다.

해설
청동(bronze)은 구리에 주석을 주요 합금원소로서 더한 구리 합금을 말한다.

41

벽돌 표준형의 크기는 190mm×90mm×57mm이다. 벽돌 줄눈의 두께를 10mm로 할 때, 표준형 벽돌벽 1.5B의 두께는 얼마인가?

① 170mm ② 270mm
③ 290mm ④ 330mm

해설
표준형 벽돌에 줄눈이 10mm일 때, 1.5B는 190+90+10=290mm가 된다.

42

고속도로의 시선유도 식재는 주로 어떤 목적을 갖고 있는가?

① 위치를 알려준다.
② 침식을 방지한다.
③ 속력을 줄이게 한다.
④ 전방의 도로 형태를 알려준다.

해설
시선유도식재(視線誘導植栽) : 전방 도로의 선형을 보다 명확히 표시하여 운전자에게 인식도를 높이고 운전을 자연스럽게 유도하기 위하여 나무 등을 심는 것

43

비탈면의 녹화와 조경에 사용되는 식물의 요건으로 가장 부적합한 것은?

① 적응력이 큰 식물
② 생장이 빠른 식물
③ 시비 요구도가 큰 식물
④ 파종과 식재시기의 폭이 넓은 식물

44

조경수목 중 낙엽수류의 일반적인 뿌리돌림 시기로 가장 알맞은 것은?

① 3월 중순 ~ 4월 상순
② 5월 상순 ~ 7월 상순
③ 7월 하순 ~ 8월 하순
④ 8월 상순 ~ 9월 상순

해설
공단근(뿌리돌림)은 이식하기 6개월~3년(1년) 전에 실시하며, 뿌리의 노화현상 방지와 지하부(뿌리)와 지상부의 균형, 아랫가지 발육 촉진 및 꽃눈의 수 늘림 및 수목의 도장을 억제, 잔뿌리 발생 촉진을 위해 실시하며 3월 중순~4월 상순에 실시한다.

정답 39 ④ 40 ③ 41 ③ 42 ④ 43 ③ 44 ①

45

식물의 아래 잎에서 황화현상이 일어나고 심하면 잎 전면에 나타나며, 잎이 작지만 잎수가 감소하며 초본류의 초장이 작아지고 조기 낙엽이 비료결핍의 원인이라면 어느 비료 요소와 관련된 설명인가?

① P ② N
③ Mg ④ K

해설

질소(N) : 광합성 작용의 촉진으로 잎이나 줄기 등 수목의 생장에 도움을 준다. 결핍시 신장생장이 불량하여 줄기나 가지가 가늘고 작아지며, 묵은 잎이 황변(黃變)하여 떨어지며, 결핍현상으로 활엽수는 잎이 황록색으로 변색, 잎의 수가 적어지고 두꺼워지며 조기낙엽이 진다. 침엽수는 침엽이 짧고 황색을 띤다.

46

시멘트의 저장법으로 틀린 것은?

① 방습창고에 통풍이 되지 않도록 보관한다.
② 땅바닥에서 10cm 이상 떨어진 마루에서 쌓는다.
③ 13포대 이상 쌓지 않는다.
④ 3개월 이상 저장하지 않는다.

해설

② 시멘트는 땅바닥에서 30cm 이상 떨어진 마루에서 쌓는다.

47

다음 중 척박지에서도 잘 자라는 수종은?

① 가시나무 ② 졸참나무
③ 팽나무 ④ 피나무

해설

척박지에 잘 견디는 수종에는 소나무, 자귀나무, 등나무, 아카시나무, 오리나무, 졸참나무, 버드나무 등이 있다.

48

다음 중 도로 비탈면 녹화복원공법에 사용되는 재료가 아닌 것은?

① 식생자루 ② 식생매트
③ 잔디블록 ④ 우드 칩(wood-chip)

해설

우드칩 : 토양미생물의 서식처를 제공하여 토양의 산성화를 막고 탁월한 수분흡수로 뿌리의 호흡작용을 도와 나무의 성장촉진과 병충해 예방에 탁월하다. 땅의 굳어짐과 잡초발생을 막아 유지관리비용을 절감하고 겨울철 지표면의 동결방지와 먼지발생을 억제하는 등의 장점도 있다.

49

다음 중 분말 도료를 스프레이로 뿜어서 칠하는 도장 방법으로 도막 형성 때 주름현상, 흐름현상 등이 없어 점도 조절이 필요 없으며 도장작업이 간편한 무정전 스프레이법이 대표적인 도장은?

① 분체도장 ② 소부도장
③ 침적도장 ④ 합성수지 피막도장

해설

분체도장(粉體塗裝) : 합성수지를 분체로 만들어 금속 표면에 칠하고, 고온으로 용융하여 마무리하는 방법

50

원로의 기울기가 몇도 이상일 때 일반적으로 계단을 설치하는가?

① 3° ② 5°
③ 10° ④ 15°

51

다음 중 보통분으로 뿌리분을 뜨고자 할 때 A부분의 적당한 크기는?

① 1/4d
② d
③ 2d
④ 1/2d

d
4d
(A)

해설

보통분은 근원지름 만큼의 분을 더 만든다. ③ 조개분(심근성 수종)에 사용한다.

정답 45② 46② 47② 48④ 49① 50④ 51②

52

우리나라 골프장 그린에 가장 많이 이용되는 잔디는?

① 블루그래스 ② 벤트그래스
③ 라이그래스 ④ 라이그래스

해설

우리나라 골프장의 그린(종점지역)에는 벤트그래스를 많이 사용한다.

53

방풍림을 설치하려고 할 때 가장 알맞은 수종은 어느 것인가?

① 구실잣밤나무 ② 자작나무
③ 버드나무 ④ 사시나무

해설

방풍림은 강한 바람을 막기 위한 수목으로 상록활엽교목이 바람직하며, 심근성 수종이 좋다.

54

다음 중 녹화마대로 수피의 줄기를 감아주는 이유와 가장 거리가 먼 것은?

① 월동벌레의 구제
② 수피의 수분 방출 효과
③ 냉해의 방지
④ 경제적인 약제의 살포

해설

녹화마대로 수피의 줄기를 감아주는 이유는 월동벌레의 구제, 냉해의 방지, 경제적인 약제의 살포 등이 있다. 수피의 수분 방출 효과는 수피를 녹화마대로 감아주는 이유와 관련이 없다.

55

다음 중 파이토플라스마(phytoplasma)에 의한 나무병이 아닌 것은?

① 뽕나무 오갈병 ② 대추나무 빗자루병
③ 벚나무 빗자루병 ④ 오동나무 빗자루병

해설

파이토플라즈마(phytoplasma) : 대추나무 빗자루병, 뽕나무 오갈병, 오동나무 빗자루병으로 파이토플라스마와 마이코플라즈마는 같은 용어로 사용된다. 빗자루병은 Taphrina wiesner가 병원균이다.

56

솔잎혹파리에는 먹좀벌을 방사시키면 방제효과가 있다. 이러한 방제법에 해당하는 것은?

① 가꾸기에 의한 방제법 ② 생물적 방제법
③ 물리적 방제법 ④ 화학적 방제법

해설

솔잎혹파리와 먹좀벌은 천적관계이다. 천적 방제법은 생물(학)적 방제법이라고도 한다.

57

플라타너스에 발생된 흰불나방을 구제하고자 할 때 가장 효과가 좋은 약제는?

① 주론수화제(디밀린)
② 디코폴유제(켈센)
③ 포스팜액제(다무르)
④ 지오판도포제(톱신페스트)

해설

플라타너스에 발생된 흰불나방 구제에 효과적인 약제는 주로수화제(디밀린), 그로프수화제(더스반) 이다.

58

다음 중 바람에 대한 이식 수목의 보호조치로 가장 효과가 없는 것은?

① 큰 가지치기 ② 지주목 세우기
③ 수피감기 ④ 방풍막 치기

해설

수피감기 : 조경수목은 증산활동을 통해서만 수분을 방출하는 것이 아니라 수피에서도 수분을 증발시킨다. 그러므로 가뭄으로 인한 피해를 조금이라도 방지하기 위해서 수목의 줄기를 새끼로 감아 주거나 진흙을 발라서 새끼로 감아주면 좋다. 수피감기는 가뭄의 피해를 막을 수 있고, 겨울철 수피의 동해도 막을 수 있다.

정답 52 ② 53 ① 54 ② 55 ③ 56 ② 57 ① 58 ③

59

가는 가지 자르기 방법 설명으로 옳은 것은?

① 자를 가지의 바깥쪽 눈 바로 위를 비스듬이 자른다.
② 자를 가지의 바깥쪽 눈과 평행하게 멀리서 자른다.
③ 자를 가지의 안쪽 눈 바로 위를 비스듬이 자른다.
④ 자를 가지의 안쪽 눈과 평행한 방향으로 자른다.

해설

마디 위 자르기는 아래 그림과 같이 바깥눈 7~10mm 위쪽에서 눈과 평행한 방향으로 비스듬히 자르는 것이 좋다. 눈과 너무 가까우면 눈이 말라 죽고, 너무 비스듬히 자르면 증산량이 많아지며, 너무 많이 남겨두면 양분의 손실이 크다.

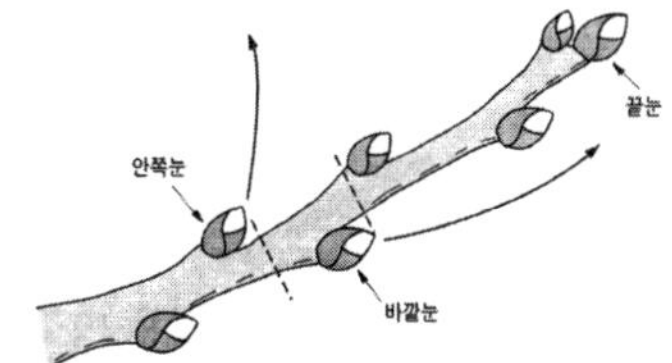

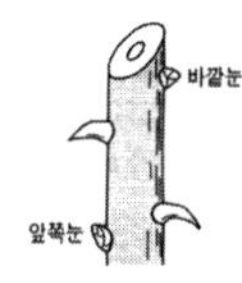

60

잔디밭에 물을 공급하는 관수에 대한 설명으로 틀린 것은?

① 식물에 물을 공급하는 방법은 지표관개법과 살수관개법으로 나눌 수 있다.
② 살수관개법은 설치비가 많이 들지만, 관수 효과가 높다.
③ 수압에 의해 작동하는 회전식은 360° 까지 임의 조절이 가능하다.
④ 회전장치가 수압에 의해 지면보다 10cm 상승 또는 하강하는 팝업(pop-up)살수기는 평소 시각적으로 불량하다.

해설

④ 팝업 살수기는 시각적으로 불량하지 않다.

정답 59 ① 60 ④

2023년 제2회 조경기능사 과년도 (복원CBT)

01

조선시대 사대부나 양반계급들이 꾸민 별서정원으로 옳은 것은?

① 전주의 한벽루
② 수원의 방화수류정
③ 담양의 소쇄원
④ 의주의 통군정

해설

별서정원 : 사대부나 양반계급에 속했던 사람들이 자연속에 묻혀 야인으로서의 생활을 즐기던 곳으로 소쇄원, 부용동정원, 다산정원 등이 별서정원에 속한다.

02

스페인 정원의 대표적인 조경양식은?

① 중정(Patio)정원 ② 원로정원
③ 공중정원 ④ 비스타(Vista)정원

해설

스페인 정원은 중정(Patio)식, 회랑식 정원이 특징이다. 공중정원은 서부아시아, 비스타(Vista)정원은 프랑스의 대표적 정원이다.

03

일본에서 고산수(枯山水) 수법이 가장 크게 발달했던 시기는?

① 가마꾸라(鎌倉)시대 ② 무로마찌(室町)시대
③ 모모야마(桃山)시대 ④ 에도(江戶)시대

해설

실정(무로마찌)시대에 고산수 수법이 발달하였다. 고산수수법에는 축산고산수수법과 평정고산수수법이 있다.

04

임해전이 주로 직선으로 된 연못의 서북쪽 남북축선상에 배치되어 있고, 연못내 돌을 쌓아 무산 12봉을 본 따 석가산을 조성한 통일신라시대에 건립된 조경유적은?

① 안압지 ② 부용지
③ 포석정 ④ 향원지

해설

안압지 : 전체면적 40,000m², 연못면적 17,000m², 신선사상을 배경으로 한 해안풍경을 묘사한 연못으로 못안에 대·중·소 3개의 섬(신선사상) 중 거북모양의 섬이 있으며, 석가산은 무산십이봉을 상징한다. 포석정 : 왕희지의 난정고사를 본 딴 왕의 공간으로 만들어진 연대 추측할 수 없고, 유상곡수연(굴곡한 물도랑을 따라 흐르는 물에 잔을 띄워 그 잔이 자기 앞을 지나쳐 버리기 전에 시 한수를 지어 잔을 마셨다는 풍류놀이)을 즐김. 향원지 : 원형에 가까운 부정형으로 연이 식재되어 있으며 방지 중앙에 원형의 섬이 있고 그 위에 정6각형 2층 건물의 향원정이 있음

05

다음 중 "피서산장, 이화원, 원명원"은 중국의 어느 시대 정원인가?

① 진 ② 명
③ 청 ④ 당

해설

중국의 청시대의 대표적인 것으로 피서산장, 이화원, 원명원 등이 있다.

06

고대 로마의 대표적인 별장이 아닌 것은?

① 빌라 투스카니 ② 빌라 감베라이아
③ 빌라 라우렌티아나 ④ 빌라 아드리아누스

해설

빌라 감베라이아(Villa Gamberaia)는 이태리의 피렌체에 위치하였고, 이탈리아적 색채가 가장 짙은 정원 중 하나이다.

정답 1③ 2① 3② 4① 5③ 6②

07

정원양식의 발생요인 중 자연환경 요인이 아닌 것은?

① 기후 ② 지형
③ 식물 ④ 종교

해설

사상, 종교, 민족성 등은 사회환경 요인이다.

08

백제시대의 정원으로서 현존하는 것은?

① 안압지 ② 비원
③ 궁남지 ④ 창덕궁

09

이탈리아의 조경양식이 크게 발달한 시기는 어느 시대부터 인가?

① 암흑시대
② 르네상스 시대
③ 고대 이집트 시대
④ 세계1차 대전이 끝난 후

해설

이탈리아의 정원은 15세기 르네상스 시대에 발달하였다.

10

16세기 무굴제국의 인도 정원과 가장 관련이 있는 것은?

① 타지마할 ② 지구라트
③ 지스터스 ④ 알함브라 궁원

11

다음 중 식별성이 높은 지형이나 시설을 지칭하는 것은?

① 비스타(vista)
② 케스케이드(cascade)
③ 랜드마크(landmark)
④ 슈퍼그래픽(super graphic)

해설

랜드마크(land mark) : 어떤 지역을 식별하는 목표물 및 적당한 사물(事物)로, 주위의 경관 중에서 두드러지게 눈에 띄기 쉬운 것이라야 하는데, N서울타워나 역사성이 있는 서울 숭례문 등이 해당된다. 비스타(vista) : 시선을 깊이 방향으로 유도하는 가로수 등 일정 방향으로 축선을 가진 풍경 및 그 구성 수법. 일반적으로는 비스타에 의한 경관의 초점에는 아이 스톱이 되는 산, 기념적 건조물, 장식물 등이 배치된다. 케스케이드(cascade) : 계단상으로 흘러내리는 폭포로 여러 개의 동일한 장치 또는 다른 장치를 사용하는 상태가 이 폭포의 흐름과 유사한 경우 또는 그것을 연상시키는 제어방식에 대해서 케스케이드란 용어가 사용된다. 슈퍼그래픽(super graphic) : 크다는 뜻의 슈퍼와 그림이라는 뜻의 그래픽이 합쳐진 용어로 캔버스에 그려진 회화 예술이 미술관, 화랑으로부터 규모가 큰 옥외 공간, 거리나 도시의 벽면에 등장한 것으로 1960년대 미국에서 시작되었다.

12

다음 그림 중 정구장 같은 면적의 전지역을 균일하게 배수하려는 빗살형 암거 방법은?

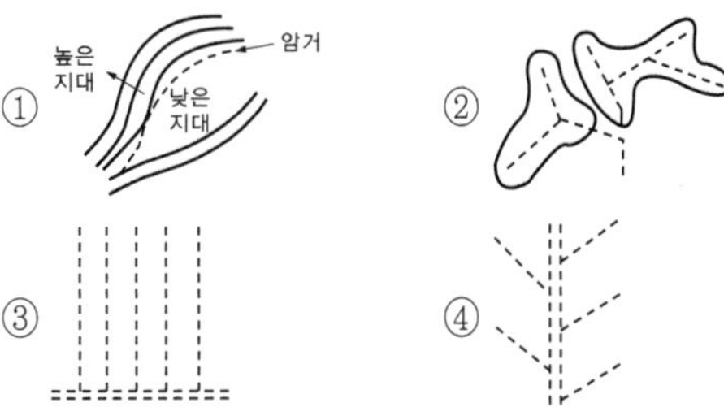

해설

① 차단법 ② 자연형 ③ 빗살형(즐치형, 석쇠형) ④ 어골형이다.

13

경관구성의 미적 원리를 통일성과 다양성으로 구분할 때, 다음 중 다양성에 해당하는 것은?

① 조화 ② 균형
③ 강조 ④ 대비

해설

대비(對比, contrast) : 대(大)·소(小), 빨강·파랑, 기쁨·슬픔 등과 같이 성질이 반대가 되는 것 또는 성질이 서로 다른 것을 경험할 때 이들 성질의 차이가 더욱더 과장되어 느껴지는 현상

정답 7④ 8③ 9② 10① 11③ 12③ 13④

14

생물을 직접 다루며, 전체적으로 공학적인 지식이 가장 많이 필요로 하는 수행단계는?

① 계획단계 ② 시공단계
③ 관리단계 ④ 설계단계

해설

조경계획 : 자료의 수집, 종합, 분석. 조경설계 : 자료를 활용하여 미적인 공간을 창조. 조경시공 : 공학적 지식을 필요로 하고, 생물을 다룬다는 점에서 특수한 기술을 요구. 조경관리 : 식생과 시설물의 이용 관리

15

선의 분류 중 모양에 따른 분류가 아닌 것은?

① 실선 ② 파선
③ 일점쇄선 ④ 치수선

해설

치수선(dimension line)은 제도에서 물품의 치수 숫자를 적기 위해 긋는 선으로 모양에 따른 분류가 아니라 기능에 따른 분류이다.

16

도시공원법상 도시공원 설치 및 규모의 기준에 있어서 어린이공원 일 때 최소면적은 얼마인가?

① $500m^2$ ② $1,000m^2$
③ $1,500m^2$ ④ $2,000m^2$

해설

어린이공원의 유치거리는 250m 이하, 면적은 $1,500m^2$ 이상이다.

17

다음 중 도시공원 및 녹지 등에 관한 법률에 의거 해당하는 벌칙은?

- 위탁 또는 인가를 받지 아니하고 도시공원 또는 공원시설을 설치하거나 관리한 자
- 허가를 받지 아니하거나 허가받은 내용을 위반하여 도시공원 또는 녹지에서 시설 · 건축물 또는 공작물을 설치한 자
- 거짓이나 부정한 방법으로 허가를 받은 자
- 규정을 위반하여 도시공원에 입장하는 사람으로부터 입장료를 징수한 자

① 1년 이하의 징역 또는 1천만원 이하의 벌금
② 2년 이하의 징역 또는 1천만원 이하의 벌금
③ 1년 이하의 징역 또는 2천만원 이하의 벌금
④ 2년 이하의 징역 또는 2천만원 이하의 벌금

해설

도시공원 및 녹지 등에 관한 법률 제53조(벌칙)에 "위의 어느 하나에 해당하는 자는 1년 이하의 징역 또는 1천만원 이하의 벌금에 처한다."라고 명시되어 있다.

18

다음 중 배치계획시 방향의 고려사항과 관련이 없는 시설은?

① 골프장의 각 코스 ② 실외 야구장
③ 축구장 ④ 실내 테니스장

해설

실내의 시설은 배치방향과 관련이 없다.

19

다음 중 용적률에 대한 설명으로 틀린 것은?

① 대지면적에 대한 연면적의 비율을 말한다.
② 지하층의 면적을 포함한다.
③ 용적률이 높을수록 대지면적에 대한 호수밀도 등이 증가하게 된다.
④ 개발밀도를 가늠하는 척도로 활용한다.

해설

용적률은 대지면적에 대한 연면적(대지에 건축물이 둘 이상 있는 경우에는 이들 연면적의 합계)의 비율을 말하며, 용적률을 산정할 때에는 지하층의 면적, 지상층의 주차용(해당 건축물의 부속용도인 경우만 해당)으로 쓰는 면적, 주민공동시설의 면적, 초고층 건축물의 피난안전구역의 면적은 제외한다. 용적률은 부지면적에 대한 건축물 연면적의 비율로서, 건폐율과 함께 해당 지역의 개발밀도를 가늠하는 척도로 활용한다.

20

다음 중 서울시내의 남산에 위치한 남산타워는 도시를 구성하는 요소 중 어디에 속하는가?

① 도로(paths) ② 랜드마크(landmark)
③ 지역(district) ④ 가장자리(edge)

정답 14② 15④ 16③ 17① 18④ 19② 20②

해설

랜드마크(land mark) : 어떤 지역을 식별하는 목표물로 주위의 경관 중에서 두드러지게 눈에 띄기 쉬운 것이라야 하는데, N서울타워(남산 타워)나 역사성이 있는 서울 남대문, 경복궁, 광화문 등이 해당된다.

21

평판측량의 3요소가 아닌 것은?

① 수평 맞추기[정준]
② 중심 맞추기[구심]
③ 방향 맞추기[표정]
④ 수직 맞추기[수준]

해설

평판측량의 3요소(평판 세우는 법)
① 정준 : 평판을 평평하게 하는 작업
② 구심 : 평판위의 기계점(도상 기계점)과 현장에 기계를 세운 곳(지상 기계점)을 일치시키는 작업
③ 표정 : 방향을 일치시키는 방법

22

다음 중 표준형 벽돌의 단위 규격으로 올바른 것은?

① 190×90×57mm
② 230×114×65mm
③ 210×100×60mm
④ 600×600×65mm

해설

① 표준형 벽돌의 규격 ③ 기존형 벽돌의 규격

23

다음 색상대비 중 빨간색과 청록색의 어울림은 무슨 대비라고 하는가?

① 보색대비 ② 면적대비
③ 명도대비 ④ 채도대비

해설

면적대비는 동일한 색이라 하더라도 면적에 따라서 채도와 명도가 달라 보이는 현상이며, 명도대비는 명도가 다른 두 색을 이웃하거나 배색하였을 때 밝은 색은 더욱 밝게, 어두운 색은 더욱 어둡게 보이는 현상이다. 채도대비는 채도가 다른 두 색을 인접시켰을 때 서로의 영향을 받아 채도가 높은 색은 더욱 높아 보이고 채도가 낮은 색은 더욱 낮아 보이는 현상이고, 보색대비(complementary contrast, 補色對比)는 색상 대비 중에서 서로 보색이 되는 색들끼리 나타나는 대비 효과로 보색끼리 이웃하여 놓았을 때 색상이 더 뚜렷해지면서 선명하게 보이는 현상이다.

24

물에 대한 설명이 틀린 것은?

① 호수, 연못, 풀 등은 정적으로 이용된다.
② 분수, 폭포, 벽천, 계단폭포 등은 동적으로 이용된다.
③ 조경에서 물의 이용은 동·서양 모두 즐겨 했다.
④ 벽천은 다른 수경에 비해 대규모 지역에 어울리는 방법이다.

해설

④ 벽천은 다른 수경에 비해 소규모 지역에 어울리는 방법이다.

25

목재의 방부처리 방법 중 일반적으로 가장 효과가 우수한 것은?

① 침지법 ② 도포법
③ 생리적 주입법 ④ 가압 주입법

해설

도장법 : 목재 표면에 방수제나 살균제를 처리하는 방법으로 작업이 쉽고 비용이 적게 든다. 방수용 도장제는 페인트, 니스, 콜타르 등이 있고, 방부제는 CCA방부제, 크레오소트 오일, 콜타르, 아스팔트 등이 있다. 표면탄화법 : 표면을 3~12mm 깊이로 태워 탄화시키는 것으로 흡수성이 증가하는 단점이 있음. 침투법 : 상온에서 CCA, 크레오소트 오일 등에 목재를 담가 침투하는 방법. 주입법 : 밀폐관 내에서 건조된 목재에 방부제를 가압하여 주입하는 방법으로 가장 효과적이다.

정답 21 ④ 22 ① 23 ① 24 ④ 25 ④

26

일반 콘크리트는 타설 뒤 몇 주일 정도 지나야 콘크리트가 지니게 될 강도의 80% 정도에 해당 되는가?

① 1주일 ② 2주일
③ 3주일 ④ 4주일

해설

재령 28일(4주)이 되면 콘크리트 강도의 80% 정도가 된다. KS(한국공업규격)에서 정한 재령 28일(4주)의 압축강도는 245kg/cm²로 규정한다.

27

다음 설명하고 있는 수종으로 가장 적합한 것은?

- 꽃은 지난해에 형성되었다가 3월에 잎보다 먼저 총상꽃차례로 달린다.
- 물푸레나무과로 원산지는 한국이며, 세계적으로 1속1종뿐이다.
- 열매의 모양이 둥근부채를 닮았다.

① 미선나무 ② 조록나무
③ 비파나무 ④ 명자나무

해설

미선나무 : 열매의 모양이 부채를 닮아 미선나무라고 불리는 관목이며 우리나라에서만 자라는 한국 특산식물이다.

28

다음 ( )안에 적합한 범위는?

"일반적인 계단설계시 발판 높이를 'H', 나비를 'W'라고, 할 때 '2H + W =( )'가 적당하다."

① 40~45cm ② 60~65cm
③ 75~80cm ④ 85~90cm

29

C.C.A 방부제의 성분이 아닌 것은?

① 크롬 ② 구리
③ 아연 ④ 비소

해설

C.C.A 방부제의 성분은 크롬, 구리, 비소이며, A.C.C 방부제의 성분은 크롬, 구리이다.

30

다음 중 붉은색의 단풍이 드는 수목들로 구성된 것은?

① 낙우송, 느티나무, 백합나무
② 칠엽수, 참느릅나무, 졸참나무
③ 감나무, 화살나무, 붉나무
④ 이깔나무, 메타세콰이어, 은행나무

31

그림은 벽돌을 토막 또는 잘라서 시공에 사용할 때 벽돌의 형상이다. 다음 중 반토막 벽돌에 해당하는 것은?

①
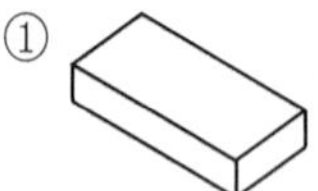
②
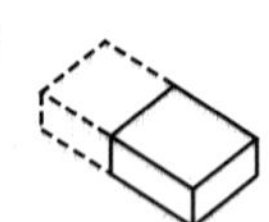
③
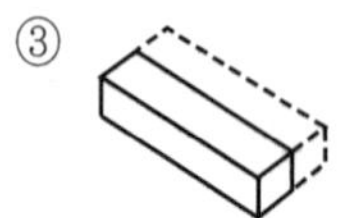
④
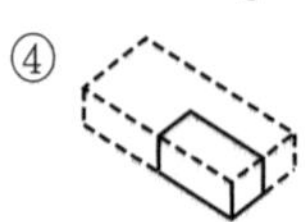

해설

기존형 벽돌의 온장과 토막

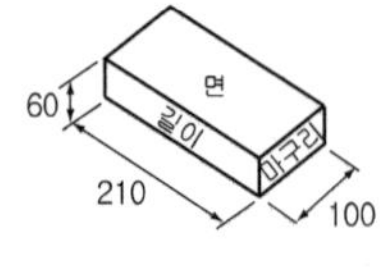

(가) 온장

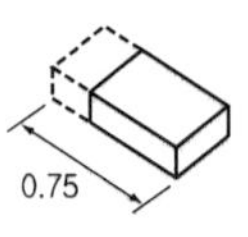

(나) 7.5토막

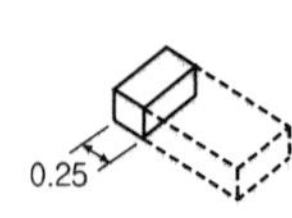

(다) 2.5토막

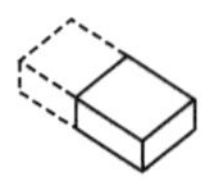
(라) 반토막

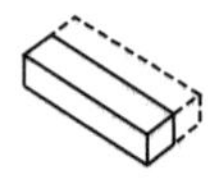
(마) 반절

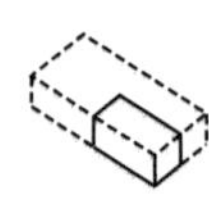
(바) 반 반절

정답 26 ④ 27 ① 28 ② 29 ③ 30 ③ 31 ②

32

다음 중 수목을 근원직경의 기준에 의해 굴취할 수 있는 것은?

① 배롱나무　　② 잣나무
③ 은행나무　　④ 튤립나무

해설
근원직경에 의해 굴취하는 수목은 배롱나무를 비롯한 대부분의 낙엽교목이고, 수관폭에 의해 굴취하는 수목은 대부분의 상록침엽수이다. 흉고직경에 의해 굴취하는 수목은 메타세쿼이아, 벽오동, 수양버들, 벚나무, 은행나무, 튤립(백합)나무, 자작나무, 층층나무, 플라타너스 등이 있다.

33

다음 중 교목의 식재 공사 공정으로 옳은 것은?

① 구덩이 파기 → 물 죽쑤기 → 묻기 → 지주세우기 → 수목방향 정하기 → 물집 만들기
② 구덩이 파기 → 수목방향 정하기 → 묻기 → 물 죽쑤기 → 지주세우기 → 물집 만들기
③ 수목방향 정하기 → 구덩이 파기 → 물 죽쑤기 → 묻기 → 지주세우기 → 물집 만들기
④ 수목방향 정하기 → 구덩이 파기 → 묻기 → 지주세우기 → 물 죽쑤기 → 물집 만들기

34

다음 그림과 같은 비탈면 보호공의 공종은?

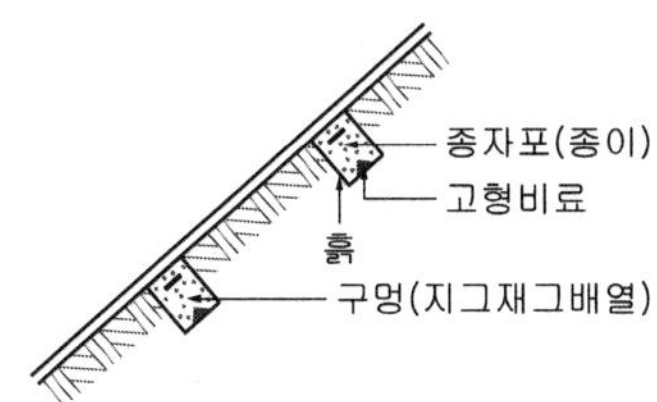

① 식생구멍공　　② 식생자루공
③ 식생매트공　　④ 줄떼심기공

35

다음 보기가 설명하고 있는 콘크리트의 종류는?

[보기]
- 슬럼프 저하 등 워커빌리티의 변화가 생기기 쉽다.
- 동일 슬럼프를 얻기 위한 단위수량이 많아진다.
- 콜드조인트가 발생하기 쉽다.
- 초기 강도 발현은 빠른 반면에 장기강도가 저하될 수 있다.

① 한중콘크리트　　② 경량콘크리트
③ 서중콘크리트　　④ 매스콘크리트

해설
한중콘크리트 : 일평균 기온이 4℃ 이하일 때 사용. 경량콘크리트 : 콘크리트의 결함을 경량골재 등을 이용하여 개선함과 동시에 단열 등 우수한 성능을 부여할 목적에 의해 제조되는 콘크리트. 매스콘크리트 : 부재단면의 최소치수가 80cm 이상이고 수화열에 의한 콘크리트 내부의 최고온도와 외기온도의 차가 25℃ 이상으로 예상되는 콘크리트

36

다음 설계도면의 종류에 대한 설명으로 옳지 않은 것은?

① 입면도는 구조물의 외형을 보여주는 것이다.
② 평면도는 물체를 위에서 수직방향으로 내려다 본 것을 그린 것이다.
③ 단면도는 구조물의 내부나 내부공간의 구성을 보여주기 위한 것이다.
④ 조감도는 관찰자의 눈높이에서 본 것을 가정하여 그린 것이다.

해설
조감도(鳥瞰圖, bird's-eye view) : 높은 곳에서 지상을 내려다 본 것처럼 지표를 공중에서 비스듬히 내려다보았을 때의 모양을 그린 그림인 시점위치가 높은 투시도로서, 지표를 공중에서 수직으로 본 것을 도화(圖化)한 것이 지도인데, 조감도는 지표 모양을 입체적으로 표현하고 원근효과를 나타내어 회화적인 느낌을 준다. 조감도에는 건물이나 수목 등 지상물은 실물에 가까운 상태에서 나타내는 경우가 많으며 관광안내도·여행안내도·조경공사계획 등에 사용된다.

정답 32 ① 33 ② 34 ① 35 ③ 36 ④

37

다음 기계장비 중 지면보다 높은 곳의 흙을 굴착하는 데 가장 적당한 것은?

① 스크레이퍼 ② 드래그라인
③ 파워쇼벨 ④ 트랜쳐

해설

파워쇼벨(power shovel)은 흔히 볼 수 있는 포크레인(백호, backhoe)의 흙 파는 바가지가 위를 향해 붙어있어 장비 위치보다 높은 곳의 흙을 파는 장비이다.

38

디딤돌을 놓을 때 돌의 중심으로부터 다음 돌의 중심까지 거리로 적합한 것은? (단, 성인이 천천히 걸을 때를 기준으로 함.)

① 약 15 ~ 30cm ② 약 35 ~ 50cm
③ 약 50 ~ 70cm ④ 약 70 ~ 80cm

해설

디딤돌을 높을 때 디딤돌과 디딤돌 사이의 중심거리는 일반적으로 40cm 정도이다.

39

다음중 인공적인 수형을 만드는데 적합한 수종이 아닌 것은?

① 꽝꽝나무 ② 아왜나무
③ 주목 ④ 벚나무

해설

벚나무는 전정에 약하기 때문에 굵은가지를 전정하였을 때 반드시 도포제를 발라주어야 한다.

40

복잡한 형상의 제작시 품질도 좋고 작업이 용이하며, 내식성이 뛰어나다. 탄소 함유량이 약 1.7~6.6%, 용융점은 1100~1200℃로서 선철에 고철을 섞어서 용광로에서 재용해하여 탄소 성분을 조절하여 제조하는 것은?

① 동합금 ② 주철
③ 중철 ④ 강철

해설

동합금 : 구리를 주성분으로 하고, 여기에 다른 금속이나 비금속을 융합시켜서 만든 합금. 주철 : 1.7% 이상의 탄소를 함유하는 철은 약 1,150℃에서 녹으므로 주물을 만드는 데 사용. 강철(鋼鐵, Steel) : 철을 주성분으로 하는 금속 합금을 가리키며, 철이 가지는 성능을 인공적으로 높인 것으로 탄소 함유가 0.3%에서 2%이하의 것을 나타냄

41

인공폭포, 수목보호판을 만드는 데 가장 많이 이용되는 제품은?

① 식생 호안 블록
② 유리블록 제품
③ 콘크리트 격자 블록
④ 유리섬유 강화 플라스틱

해설

인공폭포, 수목보호판, 인공암, 인공 정원석은 유리섬유강화플라스틱(FRP)으로 만든다.

42

다음 금속재료의 특성 중 장점이 아닌 것은?

① 다양한 형상의 제품을 만들 수 있고 대규모의 공업생산품을 공급할 수 있다.
② 각기 고유의 광택을 가지고 있다.
③ 재질이 균일하고, 불에 타지 않는 불연재이다.
④ 내산성과 내알카리성이 크다.

해설

금속재료는 내산성과 내알칼리성이 작다.

43

한지형 잔디에 속하지 않는 것은?

① 버뮤다그라스
② 이탈리안라이그라스
③ 크리핑밴트그라스
④ 켄터키블루그라스

정답 37 ③ 38 ② 39 ④ 40 ② 41 ④ 42 ④ 43 ①

해설

한지형잔디는 캔터키블루그라스, 크리핑밴트그라스, 이탈리안 라이그라스, 톨 훼스큐 등이 있고, 난지형잔디는 한국잔디, 버뮤다그라스 등이 있다.

44

식물의 생육에 필요한 필수 원소 중 다량원소가 아닌 것은?

① Mg　② H
③ Ca　④ Fe

해설

다량원소 : C(탄소), H(수소), O(산소), N(질소), P(인), K(칼륨), Ca(칼슘), Mg(마그네슘), S(황). 미량원소 : Fe(철), Cl(염소), Mn(망간), Zn(아연), B(붕소), Cu(구리), Mo(몰리브덴)

45

유리의 주성분이 아닌 것은?

① 규산　② 소다
③ 석회　④ 수산화칼슘

해설

유리의 주원료는 규산(SiO2)이 주성분인 규사이지만 규산을 녹이기 위해서는 고온(1,700℃ 이상)이 필요하기 때문에 소다(Na2O)를 첨가하여 용융온도를 낮추고, 여기에 물에 녹지 않는 유리를 만들기 위해 석회(CaO)를 첨가한다. 결국 규산과 소다 그리고 석회가 유리의 주성분이 되고, 이러한 이유로 판유리, 병유리 등을 소다-석회 규산염 유리(soda-lime silicate glass), 혹은 소다석회 유리라고 부른다.

46

추위에 의하여 나무의 줄기 또는 수피가 수선 방향으로 갈라지는 현상을 무엇이라 하는가?

① 고사　② 피소
③ 상렬　④ 괴사

해설

상렬(霜裂) : 추위로 인해 나무의 줄기 또는 수피가 세로방향으로 갈라져 말라죽는 현상으로 늦겨울이나 이른 봄 남서면의 얼었던 수피가 햇빛을 받아 조직이 녹아 연해진 다음 밤중에 기온이 급속히 내려감으로써 수분이 세포를 파괴하여 껍질이 갈라져 생긴다. 수피가 얇은 단풍나무, 배롱나무, 일본목련, 벚나무, 밤나무 등이 피해가 많다. 예방법으로는 남서쪽의 수피가 햇볕을 직접 받지 않게 하고, 수간의 짚싸기 또는 석회수(백토제) 칠하기 등이 있다.

47

반죽질기의 정도에 따라 작업의 쉽고 어려운 정도, 재료의 분리에 저항하는 정도를 나타내는 콘크리트 성질에 관련된 용어는?

① 성형성(plasticity)
② 마감성(finishability)
③ 시공성(workability)
④ 레이턴스(laitance)

해설

③ 워커빌리티(Workability, 경연성, 시공성) : 반죽 질기의 정도에 따라 비비기, 운반, 타설, 다지기, 마무리 등의 시공이 쉽고 어려운 정도와 재료분리의 다소 정도를 나타내는 굳지 않은 콘크리트의 성질. ① 성형성(가소성(可塑性), plasticity) : 외력에 의해 형태가 변한 물체가 외력이 없어져도 원래의 형태로 돌아오지 않는 물질의 성질. ② 피니셔빌리티(Finishability, 마무리성) : 콘크리트 표면을 마무리 할 때의 난이도를 나타내는 말. ④ 레이턴스(Laitance) : 블리딩과 같이 떠오른 미립물이 콘크리트 표면에 엷은 회색으로 침전되는 것

48

골프 코스 설계시 골프장의 표준 코스는 몇 개의 홀로 구성하는가?

① 9　② 18
③ 32　④ 36

해설

골프장의 표준코스는 18홀이다.

49

수목을 옮겨심기 전 일반적으로 뿌리돌림을 실시하는 시기는?

① 6개월 ~ 1년　② 3개월 ~ 6개월
③ 1년 ~ 2년　④ 2년 ~ 3년

해설

수목을 옮겨심기 6개월~1년 전 또는 6개월 ~ 3년 전에 뿌리돌림을 실시한다.

정답 44 ④ 45 ④ 46 ③ 47 ③ 48 ② 49 ①

50

다음 중 순공사원가를 가장 바르게 표시한 것은?

① 재료비 + 노무비 + 경비
② 재료비 + 노무비 + 일반관리비
③ 재료비 + 일반관리비 + 이윤
④ 재료비 + 노무비 + 경비 + 일반관리비 + 이윤

해설

순공사원가 = 재료비+노무비+경비

51

건설표준품셈에서 붉은벽돌의 할증율은 얼마까지 적용할 수 있는가?

① 3% ② 5%
③ 10% ④ 15%

해설

할증율 : 설계 수량과 계획 수량의 적산량에 운반, 저장, 절단, 가공 및 시공과정에서 발생하는 손실량을 예측하여 부가하는 과정으로 붉은벽돌은 3%, 시멘트벽돌은 5%, 조경용수목 및 잔디, 초화류는 10%의 할증율을 적용한다.

52

농약의 사용목적에 따른 분류 중 응애류에만 효과가 있는 것은?

① 살충제 ② 살균제
③ 살비제 ④ 살초제

해설

살비제(acaricide, 殺蜱濟) : 응애류를 선택적으로 살상시키는 약제로 응애의 성충·유충뿐만 아니라 알에 대해서 효과가 커야 하고, 잔존 실효성이 길어야 하며 응애류에만 선택적 효과가 있어야 한다. 작물에 대해 약해가 없어야 하는데, 널리 사용되고 있는 살비제로는 켈탄(dicotol)·테디온(tedion:tetraditon) 등이 있다. 살충제(殺蟲劑) : 해(害)로운 벌레를 죽이기 위(爲)하여 쓰는 약제(藥劑). 살균제(germicide, 殺菌劑) : 넓은 의미에서 미생물을 살상시키거나 생장을 억제시키는 효과를 지닌 농약으로서, 일반적으로 감염의 예방을 목적으로 사용되는 여러 소독제가 속한다. 살초제(weed killer, 殺草劑) : 초본식물을 고사시킬 수 있는 농약

53

다음 중 등고선의 성질에 관한 설명으로 옳지 않은 것은?

① 등고선상에 있는 모든 점은 높이가 다르다.
② 등경사지는 등고선 간격이 같다.
③ 급경사지는 등고선의 간격이 좁고, 완경사지는 등고선 간격이 넓다.
④ 등고선은 도면의 안이나 밖에서 폐합되며 도중에 없어지지 않는다.

해설

등고선은 동일 등고선상의 모든 점은 같은 높이이다. 등고선은 도면 내에서나 도면 외에서 폐합하는 폐곡선이다. 지도의 도면 내에서 폐합하는 경우 등고선의 내부에는 산꼭대기 또는 분지가 있다. 등고선이 도면 안에서 폐합되는 경우는 산정이나 요지를 나타내며, 등고선의 간격은 급경사지에서는 좁고, 완경사지에서는 넓다. 등고선은 절대 분리되지 않고, 등경사지는 등고선의 간격이 같다.

54

토피어리(Topiary)의 용어 설명으로 가장 적합한 것은?

① 정지, 전정이 잘 된 나무를 뜻한다.
② 어떤 물체의 형태로 다듬어진 나무를 뜻한다.
③ 정지, 전정을 잘하면 모양이 좋아질 나무를 뜻한다.
④ 노쇠지, 고사지 등을 완전 제거한 나무를 뜻한다.

해설

토피어리(topiary): 자연 그대로의 식물을 여러 가지 동물 모양으로 자르고 다듬어 보기 좋게 만드는 것

55

임해매립지 식재지반에서의 조경 시공시 고려하여야 할 사항으로 가장 거리가 먼 것은?

① 지하수위조정
② 염분제거
③ 발생가스 및 악취제거
④ 배수관부설

정답 50 ① 51 ① 52 ③ 53 ① 54 ② 55 ③

56

나무를 옮길 때 잘려 진 뿌리의 절단면으로부터 새로운 뿌리가 돋아나는데 가장 중요한 영향을 미치는 것은?

① C/N율
② 식물호르몬
③ 식물호르몬
④ 잎으로부터의 증산정도

57

다음 중 배식설계에 있어서 정형식 배식설계로 가장 적당한 것은?

① 부등변삼각형 식재 ② 대식
③ 임의(랜덤)식재 ④ 배경식재

해설
정형식 배식설계에는 단식, 대식, 열식, 교호식재 등이 있다.

58

잔디의 거름주기 방법으로 적당하지 않은 것은?

① 질소질 거름은 1회 주는 양이 $1m^2$ 당 10g정도 주어야 한다.
② 난지형 잔디는 하절기에 한지형 잔디는 봄과 가을에 집중해서 거름을 준다.
③ 한지형 잔디의 경우 고온에서의 시비는 피해를 촉발시킬 수 있으므로 가능하면 시비를 하지 않는 것이 원칙이다.
④ 가능하면 제초작업 후 비 오기 직전에 실시하며 불가능시에는 시비 후 관수한다.

해설
질소 : 연중 4~16g/m^2, 1회 4g/m^2 이하 필요

59

다음 중 교목류의 높은 가지를 전정하거나 열매를 채취할 때 주로 사용할 수 있는 가위는?

① 대형전정가위
② 조형전정가위
③ 순치기가위
④ 갈쿠리전정가위

해설
고지가위(갈고리 가위) : 높은 부분의 가지를 자를 때 그리고 열매를 채취할 때 사용

60

해충 중에서 잎에 주사 바늘과 같은 침으로 식물체내에 있는 즙액을 빨아 먹는 종류가 아닌 것은?

① 응애 ② 깍지벌레
③ 측백하늘소 ④ 매미

해설
측백하늘소는 구멍을 뚫는 해충(천공성 해충)이다. 응애, 깍지벌레, 매미는 흡즙성 해충이다.

정답 56④ 57② 58① 59④ 60③

2023년 제3회 조경기능사 과년도 (복원CBT)

01

고대 그리스에서 청년들이 체육 훈련을 하는 자리로 만들어졌던 것은?

① 페리스틸리움 ② 지스터스
③ 짐나지움 ④ 보스코

해설

그리스의 짐나지움 : 청소년들이 체육 훈련을 하던 장소(대중적인 정원으로 발달)

02

고대 그리스에 만들어졌던 광장의 이름은?

① 아트리움 ② 길드
③ 무데시우스 ④ 아고라

해설

아고라(agora) : 그리스에 건물로 둘러싸여 상업 및 집회에 이용되는 옥외공간으로 광장을 말한다. 로마 시대의 광장은 포룸(forum)이다.

03

우리나라에서 최초의 유럽식 정원이 도입된 곳은?

① 덕수궁 석조전 앞 정원
② 파고다공원
③ 장충단공원
④ 구 중앙정부청사 주위 정원

해설

우리나라 최초의 공원(1897년) - 탑골(파고다)공원, 덕수궁의 석조전(1909년) - 우리나라 최초의 서양식 건물

04

회교문화의 영향을 입은 독특한 정원양식을 보이는 것은?

① 이탈리아 정원
② 프랑스 정원
③ 영국 정원
④ 스페인(에스파니아) 정원

해설

회교문화의 영향을 입어 독특한 정원양식을 보이는 것은 스페인(에스파니아)정원의 특색이다.

05

'사자(死者)의 정원'이라는 이름의 묘지정원을 조성한 고대 정원은?

① 그리스정원 ② 바빌로니아정원
③ 페르시아정원 ④ 이집트정원

해설

사자(死者)의 정원(묘지정원)은 이집트에서 죽은자를 위로하기 위해 무덤 앞에 소정원 설치

06

다음 중 정형식 정원에 해당하지 않는 양식은?

① 평면기하학식 ② 노단식
③ 중정식 ④ 회유임천식

해설

정형식 정원은 평면기하학식, 노단식, 중정식으로 구분하고, 자연식 정원은 전원풍경식, 회유임천식, 고산수식 등으로 구분한다.

정답 1③ 2④ 3① 4④ 5④ 6④

07

임해전이 주로 직선으로 된 연못의 서북쪽 남북축선상에 배치되어 있고, 연못내 돌을 쌓아 무산 12봉을 본 따 석가산을 조성한 통일신라시대에 건립된 조경 유적은?

① 동궁과 월지 ② 부용지
③ 포석정 ④ 향원지

해설

동궁과 월지 : 674년(문무왕 14) 신라 왕궁의 별궁(別宮)이며 동궁(東宮) 안에 창건된 전궁(殿宮) 터로 1963년 1월 21일 사적으로 지정되었다. 전체면적 40,000m²(약 5,100평), 연못면적 17,000m², 신선사상을 배경으로 한 해안풍경을 묘사한 연못으로 못안에 대·중·소 3개의 섬(신선사상) 중 거북모양의 섬이 있으며, 석가산은 무산십이봉을 상징한다. 포석정 : 왕희지의 난정고사를 본 딴 왕의 공간으로 만들어진 연대 추측할 수 없고, 유상곡수연(굴곡한 물도랑을 따라 흐르는 물에 잔을 띄워 그 잔이 자기 앞을 지나쳐 버리기 전에 시 한수를 지어 잔을 마셨다는 풍류놀이)을 즐김. 향원지 : 원형에 가까운 부정형으로 연이 식재되어 있으며 방지 중앙에 원형의 섬이 있고 그 위에 정6각형 2층 건물의 향원정이 있음

08

서양에서 정원이 건축의 일부로 종속되던 시대에서 벗어나 건축물을 정원양식의 일부로 다루려는 경향이 나타난 시대는?

① 중세 ② 르네상스
③ 고대 ④ 현대

09

영국의 스토우(Stowe)원을 설계했으며, 정원 내에 하하(Ha-ha)의 기교를 생각해 낸 조경가는?

① 브릿지맨 ② 윌리엄 켄트
③ 험프리 랩턴 ④ 에디슨

해설

영국 브릿지맨의 하하(Ha-Ha)수법 : 담장 대신 정원부지의 경계선에 해당하는 곳에 깊은 도랑을 파서 외부로부터 침입을 막고, 가축을 보호하며, 목장 등을 전원풍경속에 끌어들이는 의도에서 나온 것으로 이 도랑의 존재를 모르고 원로를 따라 걷다가 갑자기 원로가 차단되었음을 발견하고 무의식중에 감탄사로 생긴 이름이다.

10

정원양식의 형성에 영향을 미치는 사회적인 조건에 해당되지 않는 것은?

① 국민성 ② 자연지형
③ 역사, 문화 ④ 과학기술

해설

자연지형은 자연적인 조건에 해당한다.

11

우리나라 고유의 공원을 대표할만한 문화재적 가치를 지니는 정원은?

① 경복궁의 후원
② 덕수궁의 후원
③ 창경궁의 후원
④ 창덕궁의 후원

해설

창덕궁 후원(昌德宮後苑) 또는 비원(秘苑)은 창덕궁 북쪽에 창경궁과 붙어있는 한국 최대의 궁중 정원으로 궁원(宮苑), 금원(禁苑), 북원(北苑), 후원(後園)으로도 불리며 조선 시대 때 임금의 산책지로 설계된 후원(後園)으로 1405년(태종 5년) 10월에 별궁으로 지은 것인데, 이후 1592년(선조 24년) 임진왜란 때에 불타 없어지고, 1609년(광해군 1년)에 중수했다. 많은 전각(殿閣) 및 누각과 정자가 신축, 보수되어 시대에 따른 특색을 보여 준다. 정원에는 왕실 도서관이었던 규장각과 더불어, 영화당(映花堂), 주합루(宙合樓), 서향각(書香閣), 영춘루(迎春樓), 소요정(逍遼亭), 태극정(太極亭), 연경당(演慶堂) 등 여러 정자와 연못들, 물이 흐르는 옥류천(玉流川)이 있고, 녹화(綠化)된 잔디, 나무, 꽃들이 심어져 있다. 또한 수백종의 나무들이 심어져 있고, 이 중 일부는 300년이 넘은 나무들도 있다.

12

다음 이슬람 정원 중 『알함브라 궁전』에 없는 것은?

① 알베르카 중정 ② 사자의 중정
③ 사이프러스 중정 ④ 헤네랄리페 중정

해설

그라나다의 알함브라 궁원은 알베르카(Alberca)중정, 사자의 중정, 다라하 중정(린다라야 중정), 창격자의 중정(사이프러스 중정)이 있다. 헤네랄리페(Generalife)는 그라나다 왕의 여름 별궁으로 14세기 초에 조성되었으며 세로형 정원의 중앙에 수로를 설치하고 좌우로 분수를 두었고 주위에는 정성껏 가꾼 꽃과 담쟁이덩굴이 만발해 있다.

정답 7① 8② 9① 10② 11④ 12④

13

일본의 작정기(作庭記)에 대한 설명으로 틀린 것은?

① 일본 최초의 조원지침서다.
② 일본 정원 축조에 관한 가장 오래된 비전서이다.
③ 불교의 정토사상을 바탕으로 만든 책이다.
④ 귤준강의 저서이다.

해설

일본의 작정기(作庭記)는 일본 최초의 조원지침서로 일본 정원 축조에 관한 가장 오래된 비전서이다. 침전조 건물에 어울리는 조원법을 서술하였고, 귤준강의 저서로 돌을 세울 때 마음가짐과 세우는 법, 못의 형태, 섬의 형태, 폭포 만드는 법, 원지를 만드는 법, 지형의 취급방법 등의 내용이 수록되어 있다.

14

일본의 독특한 정원양식으로 여행 취미의 결과 얻어진 풍경의 수목이나 명승고적, 폭포, 호수, 명산계곡 등을 그대로 정원에 축소시켜 감상하는 것은?

① 축경원 ② 평정고산수식정원
③ 회유임천식정원 ④ 다정

해설

일본조경의 특징은 축경원이다.

15

다음 중 경관의 우세요소가 아닌 것은?

① 형태 ② 선
③ 소리 ④ 텍스쳐

해설

경관의 우세요소는 형태(foam), 선(line), 텍스쳐(질감, texture), 색채(color)이다.

16

물 재료를 정적인 이용면으로 시설한 것은?

① 분수 ② 폭포
③ 벽천 ④ 풀(pool)

해설

물을 정적으로 이용한 것은 풀(pool)과 연못 등이 있으며, 그 외의 것들은 동적인 이용이다.

17

도시공원 및 녹지 등에 관한 법률 시행규칙상 도시자연공원의 시설 부지면적 기준은?

① 100분의 20 이하
② 100분의 30 이하
③ 100분의 40 이하
④ 100분의 60 이하

해설

도시공원의 녹지 등에 관한 법률 시행규칙

공원시설	시설면적	녹지면적
어린이공원	60% 이하	40% 이상
근린공원	40% 이하	60% 이상
도시자연공원	20% 이하	80% 이상
묘지공원	20% 이하	80% 이상
체육공원	50% 이하	50% 이상

18

다음 중 위요경관에 속하는 것은?

① 넓은 초원 ② 노출된 바위
③ 숲속의 호수 ④ 계곡 끝의 폭포

해설

위요경관(포위된 경관) : 평탄한 중심공간에 숲이나 산이 둘러싸인 듯한 경관

19

다음 중 온도감이 따뜻하게 느껴지는 색은?

① 보라색 ② 초록색
③ 주황색 ④ 남색

해설

차가운 색을 한색이라 하며 한색에는 파랑, 초록, 하늘, 남색 등이 있고, 따뜻한 색은 난색이라 하며 난색에는 빨강, 노랑, 주황 등이 있으며 채도가 높을수록 난색에 해당한다.

정답 13 ③ 14 ① 15 ③ 16 ④ 17 ① 18 ③ 19 ③

20

다음 중 명도대비가 가장 큰 것은?

① 검정과 노랑　　② 빨강과 파랑
③ 보라와 연두　　④ 주황과 빨강

해설

명도대비(Lightness Contrast) : 명도가 다른 색을 조합했을 때 밝은 색은 보다 밝게, 어두운 색은 보다 어둡게 보이는 현상.

21

다음 중 경관구성의 기본요소가 아닌 것은?

① 선　　② 형태
③ 질감　　④ 구조

해설

경관구성의 기본요소는 선(직선, 지그재그선, 곡선), 형태(기하학적 형태, 자연적 형태), 크기와 위치, 질감, 색채, 농담 등이 있다.

22

시멘트의 저장에 관한 설명으로 옳은 것은?

① 벽이나 땅바닥에서 30cm 이상 떨어진 마루위에 쌓는다.
② 20포대 이상 포개 쌓는다.
③ 유해가스배출을 위해 통풍이 잘 되는 곳에 보관한다.
④ 덩어리가 생기기 시작한 시멘트를 우선 사용한다.

해설

② 13포대 이상 쌓지 않는다.
③ 통풍이 잘되는 곳에 보관하면 안 된다.
④ 덩어리가 생기기 시작하면 시멘트를 사용해서는 안 된다.

23

시멘트의 주재료에 속하지 않는 것은?

① 화강암　　② 석회암
③ 질흙　　④ 광석찌꺼기

해설

시멘트의 주재료는 석회암, 질흙, 광석찌꺼기이다.

24

점토제품 중 돌을 빻아 빚은 것을 1,300℃ 정도의 온도로 구웠기 때문에 거의 물을 빨아들이지 않으며, 마찰이나 충격에 견디는 힘이 강한 것은?

① 벽돌제품　　② 토관제품
③ 타일제품　　④ 도자기제품

해설

도자기제품 : 1,300℃ 정도의 온도로 구워 물을 거의 빨아들이지 않는다.

25

합판(合板)에 관한 설명으로 틀린 것은?

① 보통합판은 얇은 판을 2, 4, 6매 등의 짝수로 교차하도록 접착제로 접합한 것이다.
② 특수합판은 사용목적에 따라 여러 종류가 있으나 형식적으로는 보통합판과 다르지 않다.
③ 합판은 함수율 변화에 의한 신축변형이 적고, 방향성이 없다.
④ 합판의 단판 제법에는 로터리베니어, 소드베니어, 슬라이스드베니어 등이 있다.

해설

① 보통합판은 얇은 판을 3, 5, 7매 등의 홀수로 교차하도록 접착제로 접합한 것이다.

26

가을에 그윽한 향기를 가진 등황색 꽃이 피는 수종은?

① 금목서　　② 남천
③ 팔손이　　④ 생강나무

해설

금목서 : 중국 원산으로 잎은 마주나고 긴 타원형으로 되어 있으며 가장자리에 잔 톱니가 있거나 밋밋하다. 잎의 길이 7~12cm, 폭 2.5~4cm이며, 꽃은 10월에 황백색으로 핀다.

정답 20 ① 21 ④ 22 ① 23 ① 24 ④ 25 ① 26 ①

27

다음 중 곡선의 느낌으로 가장 부적합한 것은?

① 온건하다. ② 부드럽다.
③ 모호하다. ④ 단호하다.

해설

곡선은 부드럽고 여성적이며 우아한 느낌을 주며, 직선은 굳건하고 남성적이며 일정한 방향을 제시한다. 지그재그선은 유동적이며 활동적이고 여러 방향을 제시한다.

28

다음 금속재료에 대한 설명으로 틀린 것은?

① 저탄소강은 탄소함유량이 0.3% 이하이다.
② 강판, 형강, 봉강 등은 압연식 제조법에 의해 제조된다.
③ 구리에 아연 40%를 첨가하여 제조한 합금을 청동이라고 한다.
④ 강의 제조방법에는 평로법, 전로법, 전기로법, 도가니법 등이 있다.

해설

청동(青銅, bronze)은 구리와 주석을 혼합한 인류 역사상 가장 오래전부터 사용했던 합금으로 전통적인 구리 + 주석 합금을 의미한다.

29

식물이 필요로 하는 양분요소 중 미량원소로 옳은 것은?

① O ② K
③ Fe ④ S

해설

식물이 많이 흡수하는 9가지 원소를 다량원소 : C(탄소), H(수소), O(산소), N(질소), P(인), K(칼륨), Ca(칼슘), Mg(마그네슘), S(황). 소량 흡수되어 식물체의 생리 기능을 돕고 있는 7가지 원소를 미량원소 : Fe(철), Cl(염소), Mn(망간), Zn(아연), B(붕소), Cu(구리), Mo(몰리브덴)

30

가격이 싸므로 가장 일반적으로 널리 사용되는 시멘트는?

① 보통 포틀랜드 시멘트
② 중용열 포틀랜드 시멘트
③ 조강 포틀랜드 시멘트
④ 플라이애시 시멘트

해설

① 보통 포틀랜드 시멘트 : 간단한 구조물에 많이 사용하며, 제조 공정이 간단하고 싸며 가장 많이 이용
② 중용열 포틀랜드 시멘트 : 균열, 수축이 작으며, 수화열이 적어 균열이 방지되며 댐이나 큰 구조물에 사용
③ 조강 포틀랜드 시멘트 : 조기에 높은 강도, 급한 공사, 추운 때의 공사, 물 속 공사 등에 사용
④ 플라이애시 시멘트 : 혼합시멘트의 일종으로 분탄을 연료로 하는 보일러의 연통에서 채집한 재로서 강도가 크다.

31

다음 조경용 포장재료로 사용되는 판석의 최대 두께로 가장 적당한 것은?

① 15cm 미만 ② 20cm 미만
③ 25cm 미만 ④ 35cm 미만

해설

판석의 두께는 15cm 미만이다.

32

형태가 정형적인 곳에 사용하지만, 시공비가 많이 드는 돌은?

① 산석 ② 강석(하천석)
③ 호박돌 ④ 마름돌

해설

마름돌 : 지정된 규격에 따라 직육면체가 되도록 각 면을 다듬은 석재

정답 27 ④ 28 ③ 29 ③ 30 ① 31 ① 32 ④

33

벽돌의 크기가 190mm×90mm×57mm이다. 벽돌 줄눈의 두께를 10mm로 할 때, 표준형 시멘트 벽돌벽 1.5B의 두께로 가장 적합한 것은?

① 170mm ② 270mm
③ 290mm ④ 330mm

해설

0.5B 쌓기는 9cm, 1.0B 쌓기는 19cm, 1.5B 쌓기는 29cm, 2.0B 쌓기는 39cm로 0.5B 늘어날 때마다 10cm씩 두께가 늘어난다. 1.5B 쌓기는 190+10+90=290mm이다.

34

굳지 않은 모르타르나 콘크리트에서 물이 분리되어 위로 올라오는 현상은?

① 워커빌리티(Workability)
② 블리딩(Bleeding)
③ 피니셔빌리티(Finishability)
④ 레이턴스(Laitance)

해설

블리딩(Bleeding) : 섞어 넣은 후 타설하면 콘크리트 윗면이 침하되고 내부의 잉여수가 공극내의 공기, 시멘트, 강도에 기여하지 않는 수산화칼슘의 일부가 함께 유리석회로 되어 기타 부유 미분자와 같이 떠오르는 현상. 즉, 물이 분리되어 먼지와 함께 위로 떠오르는 현상. 워커빌리티(workability) : 경연성, 시공성이라고 하며, 반죽질기의 정도에 따라 비비기, 운반, 타설, 다지기, 마무리 등의 시공이 쉽고 어려운 정도와 재료분리의 다소 정도를 나타내는 굳지 않은 콘크리트의 성질로 시멘트의 종류, 분말도, 사용량이 워커빌리티에 영향을 미친다. 피니셔빌리티(finishability) : 마무리성 이라고 하며, 콘크리트의 표면을 마무리 할 때의 난이도를 나타내는 말로 굵은 골재의 최대치수, 잔골재율, 잔골재의 입도, 반죽의 질기 등에 의해 마무리하기 쉬운 정도를 나타내는 콘크리트의 성질. 레이턴스(laifance) : 블리딩과 같이 떠오른 미립물이 콘크리트 표면에 엷은 회색으로 침전되는 현상

35

다음 각종 벽돌쌓기 방식 중 가장 튼튼한 쌓기 방식은?

① 반반절쌓기 ② 영국식쌓기
③ 마구리쌓기 ④ 미국식쌓기

해설

가장 튼튼한 쌓기 방식은 영국식 쌓기이다. 네덜란드식 쌓기는 쌓기 편해 우리나라에서 가장 많이 사용하는 방법이고, 프랑스식 쌓기는 외관이 좋다.

36

조경재료 중 생물재료의 특성이 아닌 것은?

① 연속성 ② 불변성
③ 조화성 ④ 다양성

해설

생물재료의 특성은 자연성, 연속성, 조화성, 다양성이다. 인공재료의 특성은 균일성, 불변성, 가공성이다.

37

목재의 구조에 대한 설명으로 틀린 것은?

① 춘재는 빛깔이 엷고 재질이 연하다.
② 춘재와 추재의 두 부분을 합친 것을 나이테라 한다.
③ 목재의 수심 가까이에 위치하고 있는 진한색 부분을 변재라 한다.
④ 생장이 느린 수목이나 추운 지방에서 자란 수목은 나이테가 좁고 치밀하다.

해설

③은 심재를 설명한 것이다.

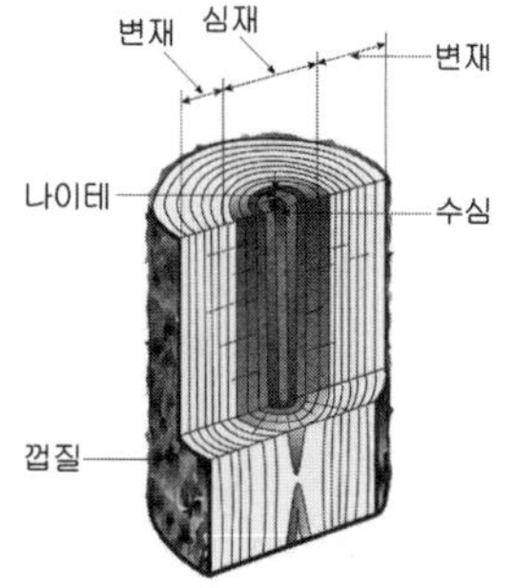

그림. 심재와 변재

정답 33 ③ 34 ② 35 ② 36 ② 37 ③

38

다음 중 여성토의 정의로 가장 알맞은 것은?

① 가라앉을 것을 예측하여 흙을 계획높이 보다 더 쌓는 것
② 중앙분리대에서 흙을 볼록하게 쌓아 올리는 것
③ 옹벽앞에 계단처럼 콘크리트를 쳐서 옹벽을 보강하는 것
④ 잔디밭에서 잔디에 주기적으로 뿌려 뿌리가 노출되지 않도록 준비하는 토양

해설

더돋기(여성고) : 성토시에는 압축 및 침하에 의해 계획 높이보다 줄어들게 하는 것을 방지하고 계획높이를 유지하고자 실시하는 것으로 대개 10~15%정도 더돋기를 한다.

39

굴취해 온 수목을 현장의 사정으로 즉시 식재하지 못하는 경우 가식하게 되는데 그 가식 장소로 부적합한 곳은?

① 햇빛이 잘 드는 양지바른 곳
② 배수가 잘 되는 곳
③ 식재할 때 운반이 편리한 곳
④ 주변의 위험으로부터 보호받을 수 있는 곳

해설

수목의 가식은 반입수목 또는 이식수목의 당일 식재가 불가능한 경우에 적용하며, 하절기에는 감독자의 지시에 따라 수목증산억제제 살포, 전정 등의 조치를 취해야 하며 동절기에는 동해방지를 위해 거적, 짚 등을 이용하여 보온조치 한다. 가식은 임시로 식재하기 때문에 양지 바른 곳은 수분 증산이 빠르게 일어나 나무가 시들어 버리게 된다.

40

다음 중 열가소성 수지는 어느 것인가?

① 페놀수지　② 멜라민수지
③ 폴리에틸렌수지　④ 요소수지

해설

열가소성 수지 : 열을 가하여 성형한 뒤에도 다시 열을 가하면 형태를 변형시킬 수 있는 수지로 압출성형·사출성형에 의해 능률적으로 가공할 수 있다는 장점이 있는 반면, 내열성·내용제성은 열경화성수지에 비해 약한 편이다.

41

재료가 외력을 받았을 때 작은 변형만 나타내도 파괴되는 현상을 무엇이라 하는가?

① 강성(剛性)　② 인성(靭性)
③ 전성(展性)　④ 취성(脆性)

해설

취성(brittleness, 脆性) : 물질에 변형을 주었을 때 변형이 매우 작은데도 불구하고 파괴되는 경우 그 물질은 깨지기 쉽다고 하고 그 정도를 취성이라고 한다. 강성(rigidity, 剛性) : 구조물 또는 그것을 구성하는 부재는 하중을 받으면 변형하는데 이 변형에 대한 저항의 정도 즉 변형의 정도를 말한다. 인성(靭性, toughness) : 외력에 의해 파괴되기 어려운 질기고 강한 충격에 잘 견디는 재료의 성질. 전성(malleability, 展性) : 압축력에 대하여 물체가 부서지거나 구부러짐이 일어나지 않고 물체가 얇게 영구변형이 일어나는 성질

42

외부공간 중 통행자가 많은 원로나 광장의 경우 몇 이상의 최저 조도(Lux)를 유지해야 하는가?

① 0.5　② 1.5
③ 3.0　④ 6.0

해설

정원과 공원은 0.5럭스 이상, 주요 원로나 시설물 주변은 2.0럭스 이상을 유지해야 한다. 오해의 소지가 있지만 최소 조도를 물었기 때문에 0.5럭스가 답이다.

43

비탈면의 잔디를 기계로 깎으려면 비탈면의 경사가 어느 정도보다 완만하여야 하는가?

① 1 : 1보다 완만해야 한다.
② 1 : 2보다 완만해야 한다.
③ 1 : 3보다 완만해야 한다.
④ 경사에 상관없다.

정답 38 ① 39 ① 40 ③ 41 ④ 42 ① 43 ③

44

다음 중 인공적인 수형을 만드는데 적합한 수종이 아닌 것은?

① 꽝꽝나무 ② 아왜나무
③ 주목 ④ 벚나무

해설

벚나무는 전정에 약하기 때문에 굵은가지를 전정하였을 때 반드시 도포제를 발라주어야 한다.

45

주목(*Taxus cuspidata* S. et Z)에 관한 설명으로 부적합한 것은?

① 9월경 붉은 색의 열매가 열린다.
② 큰 줄기가 적갈색으로 관상가치가 높다.
③ 맹아력이 강하며, 음수나 양지에서 생육이 가능하다.
④ 성장속도가 매우 빠르다.

해설

주목은 생장속도가 느리다.

46

용적 배합비 1 : 2 : 4 콘크리트 $1m^3$ 제작에 모래가 $0.45m^3$ 필요하다. 자갈은 몇 m^3 필요한가?

① $0.45m^3$ ② $0.50m^3$
③ $0.90m^3$ ④ $0.15m^3$

해설

용적 배합(volume mix, 容積配合) : 콘크리트의 재료인 시멘트·잔골재(모래)·굵은골재(자갈)의 양을 용적에 의해 배합을 결정하는 것으로 1 : 2 : 4는 시멘트 : 잔골재(모래) : 굵은골재(자갈)의 비율을 나타낸다. 그러므로 굵은골재(자갈)는 $0.9m^3$가 된다.

47

다음 중 메쌓기에 대한 설명으로 가장 부적합한 것은?

① 모르타르를 사용하지 않고 쌓는다.
② 뒷채움에는 자갈을 사용한다.
③ 쌓는 높이의 제한을 받는다.
④ 2제곱미터마다 지름 9cm정도의 배수공을 설치한다.

해설

찰쌓기는 채움 콘크리트로 뒷채움을 하고 줄눈을 넣고, 메쌓기는 채움 콘크리트가 없고 순수 돌만 쌓습니다.

48

다음 중 철쭉류와 같은 화관목의 전정시기로 가장 적합한 것은?

① 개화 1주 전 ② 개화 2주 전
③ 개화 끝난 직후 ④ 휴면기

해설

수종별 전정시기는 낙엽활엽수 : 신록이 굳어진 3월, 7~8월, 10~12월. 상록활엽수 : 3월, 9~10월, 침엽수 : 한겨울을 피한 11~12월. 이른 봄. 가로수는 주로 하기전정을 실시한다. 화목류 : 낙화(落花) 무렵. 유실수 : 싹 트기 전, 수액 이동 전

49

소나무의 순따기(摘芯)에 관한 설명 중 틀린 것은?

① 해마다 4~6월경 새순이 6~9cm 자라난 무렵에 실시한다.
② 손 끝으로 따주어야 하고, 가을까지 끝내면 된다.
③ 노목이나 약해 보이는 나무는 다소 빨리 실시한다.
④ 상장생장(上長生長)을 정지시키고, 곁눈의 발육을 촉진시킴으로써 새로 자라나는 가지의 배치를 고르게 한다.

해설

소나무 순따기는 5~6월에 손으로 따준다.

정답 44 ④ 45 ④ 46 ③ 47 ④ 48 ③ 49 ②

50

벽돌쌓기 시공에 대한 주의사항으로 틀린 것은?

① 굳기 시작한 모르타르는 사용하지 않는다.
② 붉은 벽돌은 쌓기 전에 충분한 물 축임을 실시한다.
③ 1일 쌓기 높이는 1.2m를 표준으로 하고, 최대 1.5m 이하로 한다.
④ 벽돌벽은 가급적 담장의 중앙부분을 높게 하고 끝부분을 낮게 한다.

해설

벽돌쌓기는 정확한 규격제품을 사용하고, 쌓기 전에 흙, 먼지 등을 제거하고 10분 이상 벽돌을 물에 담가 놓아 모르타르가 잘 붙도록 해야 한다. 모르타르는 정확한 배합이어야 하고, 비벼 놓은지 1시간이 지난 모르타르는 사용하지 않는다. 하루 쌓는 높이는 1.2m(20단) 이하로 하고, 모르타르가 굳기 전에 압력을 가해서는 안된다. 수평실과 수준기에 의해 정확히 맞추어 시공하고, 줄눈의 폭은 10mm가 표준이며 벽돌쌓기가 끝나면 가마니 등으로 덮고 물을 뿌려 양생하며 직사광선은 피한다.

51

다음 중 교목류의 높은 가지를 전정하거나 열매를 채취할 때 주로 사용할 수 있는 가위는?

① 대형전정가위 ② 조형전정가위
③ 순치기가위 ④ 갈고리전정가위

해설

고지가위(갈고리 가위) : 높은 부분의 가지를 자를 때 그리고 열매를 채취할 때 사용

52

흙은 같은 양이라 하더라도 자연상태(N)와 흐트러진 상태(S), 인공적으로 다져진 상태(H)에 따라 각각 그 부피가 달라진다. 자연상태의 흙의 부피(N)를 1.0으로 할 경우 부피가 많은 순서로 적당한 것은?

① N 〉 S 〉 H ② N 〉 H 〉 S
③ S 〉 N 〉 H ④ S 〉 H 〉 N

해설

자연 상태의 흙은 파면 흐트러진 상태가 되므로 부피가 늘어난다. 또한 자연 상태의 흙은 다지면 부피가 줄어들게 된다. 그러므로 부피는 흐트러진 상태(S) 〉 자연 상태(N) 〉 다져진 상태(H)가 된다.

53

솔잎혹파리에는 먹좀벌을 방사시키면 방제효과가 있다. 이러한 방제법에 해당하는 것은?

① 기계적 방제법 ② 생물적 방제법
③ 물리적 방제법 ④ 화학적 방제법

해설

생물학적 방제 : 천적(天敵, natural enemy : 어떤 생물을 공격하여 언제나 그것을 먹이로 생활하는 생물)을 이용. 화학적 방제 : 농약을 이용. 물리학적 방제 : 잠복소(潜伏所, 벌레들이 박혀 있는 곳, 9월 하순에 설치) 사용하거나 가지 소각

54

다음 중 산울타리 수종이 갖추어야 할 조건으로 틀린 것은?

① 전정에 강할 것 ② 아랫가지가 오래갈 것
③ 지엽이 치밀할 것 ④ 주로 활엽교목일 것

해설

산울타리 : 살아 있는 수목을 이용해서 도로나 가장자리의 경계 표시를 하거나 담장의 역할을 하는 식재 형태로 상록수로서 가지와 잎이 치밀해야 하며, 적당한 높이로서 아랫가지가 오래도록 말라 죽지 않아야 한다. 맹아력이 크고 불량한 환경 조건에도 잘 견딜 수 있어야 하며, 외관이 아름다운 것이 좋다.

55

인공지반에 식재된 식물과 생육에 필요한 식재최소 토심으로 가장 적합한 것은?(단, 배수구배는 1.5~2.0%, 인공토양 사용시로 한다.)

① 잔디, 초본류 : 15cm
② 소관목 : 20cm
③ 대관목 : 45cm
④ 심근성 교목 : 90cm

해설

조경기준 제15조(식재토심) : 옥상조경 및 인공지반 조경의 식재토심은 배수층의 두께를 제외한 다음 각호의 기준에 의한 두께로 하여야 한다. 초화류 및 지피식물 : 15cm 이상(인공토양 사용시 10cm 이상), 소관목 : 30cm 이상(인공토양 사용시 20cm 이상), 대관목 : 45cm 이상(인공토양 사용시 30cm 이상), 교목 : 70cm 이상(인공토양 사용시 60cm 이상)

정답 50 ④ 51 ④ 52 ③ 53 ② 54 ④ 55 ②

56

정원수 전정의 목적에 합당하지 않는 것은?

① 지나치게 자라는 현상을 억제하여 나무의 자라는 힘을 고르게 한다.
② 움이 트는 것을 억제하여 나무의 생김새를 고르게 한다.
③ 강한 바람에 의해 나무가 쓰러지거나 가지가 손상되는 것을 막는다.
④ 채광, 통풍을 도움으로써 병, 벌레의 피해를 미연에 방지한다.

57

조경수목에 사용되는 농약과 관련된 내용으로 부적합한 것은?

① 농약은 다른 용기에 옮겨 보관하지 않는다.
② 살포작업은 아침, 저녁 서늘한 때를 피하여 한 낮 뜨거운 때 작업한다.
③ 살포작업 중에는 음식을 먹거나 담배를 피우면 안 된다.
④ 농약 살포작업은 한 사람이 2시간 이상 계속하지 않는다.

해설

살포작업은 한 낮 뜨거운 때 하면 안된다.

58

느티나무의 수고가 4m, 흉고지름이 6cm, 근원지름이 10cm인 뿌리분의 지름 크기는 대략 얼마로 하는 것이 좋은가? (단, A=24+(N−3)d, d : 상수(상록수 : 4, 낙엽수 : 5)이다.)

① 29cm　② 39cm
③ 59cm　④ 99cm

해설

뿌리분의 지름 구하는 공식에 의해서 N=10, d=5를 적용하여, 24+(10−3)×5=59cm 이다.

59

공사 일정 관리를 위한 횡선식 공정표와 비교한 네트워크(NET WORK) 공정표의 설명으로 옳지 않은 것은?

① 공사 통제 기능이 좋다.
② 문제점의 사전 예측이 용이하다.
③ 일정의 변화를 탄력적으로 대처할 수 있다.
④ 간단한 공사 및 시급한 공사, 개략적인 공정에 사용된다.

해설

네트워크 공정표(Network Chart) : 복잡한 공사와 대형공사의 전체 파악이 쉽고 컴퓨터의 이용이 용이하며 공사의 상호관계가 명확하고 복잡한 공사, 대형공사, 중요한 공사에 사용된다. 막대공정표(Bar Chart) : 전체 공사를 구성하는 모든 부분공사를 세로로 열거하고 이용할 수 있는 공사기간을 가로축에 표시한다. 작업이 간단하며 공사 진행 결과나 전체 공정 중 현재 작업의 상황을 명확히 알 수 있어 공사규모가 작은 경우에 많이 사용되며, 시급한 공사에 많이 적용되는 공정표

60

골프장 설치장소로 적합하지 않은 곳은?

① 교통이 편리한 위치에 있는 곳
② 골프코스를 흥미롭게 설계할 수 있는 곳
③ 기후의 영향을 많이 받는 곳
④ 부지매입이나 공사비가 절약될 수 있는 곳

해설

골프장은 기후의 영향을 많이 받는 곳은 좋지 않다.

정답 56 ② 57 ② 58 ③ 59 ④ 60 ③

2023년 제4회 조경기능사 과년도 (복원CBT)

01

다음 중국식 정원의 설명으로 틀린 것은?

① 차경수법을 도입하였다.
② 사실주의보다는 상징적 축조가 주를 이루는 사의주의에 입각하였다.
③ 유럽의 정원과 같은 건축식 조경수법으로 발달하였다.
④ 대비에 중점을 두고 있으며, 이것이 중국정원의 특색을 이루고 있다.

02

로마의 조경에 대한 설명으로 알맞은 것은?

① 집의 첫 번째 중정(Atrium)은 5점형 식재를 하였다.
② 주택정원은 그리스와 달리 외향적인 구성이었다.
③ 집의 두 번째 중정(Peristylium)은 가족을 위한 사적공간이다.
④ 겨울 기후가 온화하고 여름이 해안기후로 시원하여 노단형의 별장(Villa)이 발달 하였다.

해설
로마의 조경은 겨울에는 온화한 편이나 여름은 몹시 더워 구릉지에 빌라(Villa)가 발달하는 계기 마련하고, 주택정원은 내향적 구성이다. 고대 로마정원은 제1중정(아트리움 : 공적장소, 포장되어 있고 화분이 있다), 제2중정(페리스틸리움 : 사적 공간으로 포장되지 않은 주정이 있다. 정형적 배치), 후정(지스터스 : 수로와 그 좌우에 원로와 화단이 대칭적으로 배치되어있고, 5점형 식재)으로 구성되어 있다.

03

원명원이궁과 만수산이궁은 어느 시대의 대표적 정원인가?

① 명나라 ② 청나라
③ 송나라 ④ 당나라

해설
원명원과 이화원은 중국 청시대의 대표적인 정원이다.

04

중정(patio)식 정원의 가장 대표적인 특징은?

① 토피어리 ② 색채타일
③ 동물 조각품 ④ 수렵장

해설
중정식 정원은 스페인이 대표적이며, 스페인 정원의 특징은 다채로운 색채를 도입한 섬세한 장식이다.

05

다음 중 여러 단을 만들어 그 곳에 물을 흘러내리게 하는 이탈리아 정원에서 많이 사용되었던 조경기법은?

① 캐스케이드 ② 토피어리
③ 록가든 ④ 캐널

해설
캐스케이드(cascade) : 작은 폭포, 폭포처럼 쏟아지는 물. 토피어리(topiary) : 자연 그대로의 식물을 여러 가지 동물 모양으로 자르고 다듬어 보기 좋게 만드는 작품. 록 가든(rock garden) : 고산식물과 암석을 잘 배치한 암석정원으로, 돌의 조형미와 식물을 관상하기 위하여 조성. 캐널(운하(運河, canal)) : 농지의 관개, 배수 또는 용수를 위하여 인공적으로 만든 수로(水路)

06

다음 중 일본에서 가장 늦게 발달한 정원양식은?

① 회유임천식 ② 다정양식
③ 평정고산수식 ④ 축산고산수식

해설
일본 정원은 회유임천식 → 축산고산수식 → 평정고산수식 → 다정양식 순서이다.

정답 1③ 2③ 3② 4② 5① 6②

07

중국의 시대별 정원 또는 특징이 바르게 연결된 것은?

① 한나라 – 아방궁 ② 당나라 – 온천궁
③ 진나라 – 이화원 ④ 청나라 – 상림원

해설

① 진나라 - 아방궁
③ 청나라 - 이화원
④ 한나라 - 상림원

08

일본정원의 효시라고 할 수 있는 수미산과 홍교를 만든 사람은?

① 몽창국사 ② 소굴원주
③ 노자공 ④ 풍신수길

해설

수미산과 오(홍)교를 만든 사람은 백제인 노자공이다.

09

회교문화의 영향을 입은 독특한 정원양식을 보이는 것은?

① 이탈리아 정원
② 프랑스 정원
③ 영국 정원
④ 스페인(에스파니아)정원

해설

회교문화의 영향을 입어 독특한 정원양식을 보이는 것은 스페인(에스파니아)정원의 특색이다.

10

일상생활에 필요한 모든 시설물 도보권 내에 두고, 차량 동선을 구역 내에 끌어들이지 않았으며, 간선도로에 의해 경계가 형성되는 도시계획 구상은?

① 하워드의 전원도시론
② 테일러의 위성도시론
③ 르코르뷔지에의 찬란한 도시론
④ 페리의 근린주구론

해설

근린주구론 : 1929년 C. A 페리에 의해 개념이 시작되어 근린주구에서 생활의 편리성·쾌적성, 주민들간의 사회적 교류를 도모한다. 규모는 하나의 초등학교 학생 1,000~2,000명에 해당하는 거주 인구가 5,000~6,000명이 위치할 수 있는 크기를 가지는 지역으로 단지내부의 교통체계는 쿨데삭(cul -de-sac)과 루프형 집분산도로, 주구의 외곽은 간선도로로 계획한다. 일상생활에 필요한 모든 시설은 도보권 내에 둔다.

11

주변지역의 경관과 비교할 때 지배적이며, 특징을 가지고 있어 지표적인 역할을 하는 것을 무엇이라고 하는가?

① vista ② districts
③ nodes ④ landmarks

해설

랜드마크(landmark) : 어떤 지역을 식별하는데 목표물로서 적당한 사물(事物)로 주위의 경관 중에서 두드러지게 눈에 띄기 쉬운 것이라야 하는데, N서울타워나 역사성이 있는 서울 숭례문 등이 해당된다.

12

주로 장독대, 쓰레기통, 빨래건조대 등을 설차하는 주택정원의 적합 공간은?

① 안뜰 ② 앞뜰
③ 작업뜰 ④ 뒤뜰

해설

작업정(작업뜰) : 주방, 세탁실과 연결하여 일상생활의 작업을 행하는 장소로 전정과 후정을 시각적으로 어느 정도 차폐하고 동선만 연결한다. 차폐식재나 초화류, 관목식재를 하고, 바닥은 먼지 나지 않게 포장한다. 주정(안뜰) : 가장 중요한 공간으로 응접실이나 거실쪽에 면한 뜰로 옥외생활을 즐길 수 있는 곳이며, 휴식과 단란이 이루어지는 공간으로 가장 특색 있게 꾸밀 수 있다. 전정(앞뜰) : 대문과 현관사이의 공간으로 바깥의 공적인 분위기에서 사적인 분위기로의 전이공간이다. 주택의 첫인상을 좌우하는 공간으로 가장 밝은 공간으로 입구로서의 단순성 강조한다. 후정(뒤뜰) : 조용하고 정숙한 분위기가 나는 공간으로 침실에서 전망이나 동선을 살리되 외부에서 시각적, 기능적 차단을 시키며 프라이버시(사생활)가 최대한 보장되는 공간

정답 7② 8③ 9④ 10④ 11④ 12③

13

다음 정원요소 중 인도정원에 가장 큰 영향을 미친 것은?

① 노단 ② 토피아리
③ 돌수반 ④ 물

해설

인도정원의 구성요소는 물(장식·관개·목욕이 목적으로 종교행사에 이용) 이다.

14

센트럴 파크(Central Park)에 대한 설명 중 틀린 것은?

① 르코르뷔지에(Le corbusier)가 설계하였다.
② 19세기 중엽 미국 뉴욕에 조성되었다.
③ 면적은 약 334헥타르의 장방형 슈퍼블럭으로 구성되었다.
④ 모든 시민을 위한 근대적이고 본격적인 공원이다.

해설

센트럴파크(Central Park) : 면적 3.4km^2, 사각형의 길쭉한 시민공원으로 세계에서 가장 유명한 도시공원이다. 숲·연못·잔디·정원·동물원·시립미술관 등이 있으며, 시민들의 휴식처가 되고 있다. 1850년 시장선거 때부터 공원 건설의 움직임이 활발해졌으며, 그 후 1960년대에 완성되었다. 디자인은 F.L.옴스테드와 C.복스에 의하여 다듬어졌다. 조경공학적 설계로 조성된 이 공원은 건설 당시 세계에서 가장 큰 공원의 하나였으며 부지 확보에도 550만 달러가 투입되었다.

15

16세기 무굴제국의 인도정원과 가장 관련이 깊은 것은?

① 타지마할 ② 퐁텐블로
③ 클로이스터 ④ 알함브라 궁원

해설

타지마할은 인도의 대표적 이슬람 건축로 인도 아그라(Agra)의 남쪽, 자무나(Jamuna) 강가에 자리잡은 궁전 형식의 묘지로 무굴제국의 황제였던 샤 자한이 왕비 뭄타즈 마할을 추모하여 건축한 것이다. 1983년 유네스코에 의해 세계문화유산으로 지정되었다.

16

다음 중 조경에 관한 설명으로 옳지 않은 것은?

① 주택의 정원만 꾸미는 것을 말한다.
② 경관을 보존 정비하는 종합과학이다.
③ 우리의 생활환경을 정비하고 미화하는 일이다.
④ 국토 전체 경관의 보존, 정비를 과학적이고 조형적으로 다루는 기술이다.

17

통일성을 달성하기 위한 수법에 해당하는 것은?

① 균형 ② 비례
③ 율동 ④ 대비

18

조경재료 중 점토제품이 아닌 것은?

① 소형고압블럭 ② 타일
③ 적벽돌 ④ 오지토관

해설

소형고압블럭은 시멘트로 만들어진다.

19

인공폭포, 수목보호판을 만드는 데 가장 많이 이용되는 제품은?

① 식생 호안 블록
② 유리블록 제품
③ 콘크리트 격자 블록
④ 유리섬유 강화 플라스틱

해설

인공폭포, 수목보호판, 인공암, 정원석은 유리섬유강화플라스틱(FRP)으로 만든다.

정답 13④ 14① 15① 16① 17① 18① 19④

20

다음 중 조경수목의 규격을 표시할 때 수고와 수관폭으로 표시하는 것은?

① 느티나무 ② 주목
③ 은사시나무 ④ 벚나무

해설

수고와 수관폭(H×W)으로 표시하는 수목은 상록침엽수가 해당한다.

21

도시공원의 기능에 대한 설명으로 가장 올바르지 않은 것은?

① 레크리에이션을 위한 자리를 제공해준다.
② 그 지역의 중심적인 역할을 한다.
③ 도시환경에 자연을 제공해준다.
④ 주변 부지의 생산적 가치를 높게 해준다.

해설

도시 공원은 주변 부지의 생산적 가치를 높게 해주는 것은 아니다.

22

위락, 관광시설 분야의 조경에 해당되지 않는 대상은?

① 휴양지 ② 사찰
③ 유원지 ④ 골프장

23

다음 중 수목을 기하학적인 모양으로 수관을 다듬어 만든 수형을 가리키는 것은?

① 정형수 ② 형상수
③ 경관수 ④ 녹음수

해설

형상수(topiary) : 자연 그대로의 식물을 여러 가지 동물 모양으로 자르고 다듬어 보기 좋게 만드는 기술 또는 작품

24

다음 중 대비가 아닌 것은?

① 푸른 잎과 붉은 잎
② 직선과 곡선
③ 완만한 시내와 포플러나무
④ 벚꽃을 배경으로 한 살구꽃

해설

대비는 서로 다른 질감, 형태, 색채 등을 서로 대비시켜 변화를 주는 것이다. ④ 벚꽃을 배경으로 한 살구꽃은 조화미이다.

25

다음 중 마운딩(mounding)의 기능으로 가장 거리가 먼 것은?

① 배수 방향을 조절
② 자연스러운 경관을 조성
③ 공간기능을 연결
④ 유효토심 확보

해설

마운딩(mounding) : 배수 방향 조절과 자연스러운 경관을 조성하고, 유효토심을 확보하는 주된 기능이 있다.

26

C.C.A 방부제의 성분이 아닌 것은?

① 크롬 ② 구리
③ 아연 ④ 비소

해설

C.C.A 방부제의 성분은 크롬, 구리, 비소이며, A.C.C 방부제의 성분은 크롬, 구리이다.

27

다음 석재의 가공방법 중 표면을 가장 매끈하게 가공할 방법은?

① 혹두기 ② 정다듬
③ 잔다듬 ④ 도드락다듬

정답 20 ② 21 ④ 22 ② 23 ② 24 ④ 25 ③ 26 ③ 27 ③

해설

석재 가공방법은 혹두기 → 정다듬 → 도드락다듬 → 잔다듬 → 물갈기 순서로 한다. 그래서 표면을 가장 매끄럽게 가공할 수 있는 방법은 잔다듬이다.

28

수목식재 후 지주목 설치시에 필요한 완충재료로서 작업 능률이 뛰어나고 통기성과 내구성이 뛰어난 환경 친화적인 재료는?

① 새끼 ② 고무판
③ 보온덮개 ④ 녹화테이프

해설

녹화마대(녹화테이프)는 천연식물섬유제로 통기성, 흡수성, 보온성, 부식성이 우수하며, 사용이 간편하고 미관이 수려하며 수분증산, 동해방지, 수목의 활착에 도움을 준다. 녹화마대의 효과는 천연소재의 우수성으로 하자율 감소, 미관이 좋고 가격이 저렴하며 줄기를 감을 때 새끼를 사용할 때 보다 시간과 품이 절약할 수 있고, 인장강도가 새끼의 5배이다.

29

다음 설명하고 있는 수종으로 가장 적합한 것은?

- 꽃은 지난해에 형성되었다가 3월에 잎보다 먼저 총상꽃차례로 달린다.
- 물푸레나무과로 원산지는 한국이며, 세계적으로 1속1종 뿐이다.
- 열매의 모양이 둥근부채를 닮았다.

① 미선나무 ② 조록나무
③ 비파나무 ④ 명자나무

해설

미선나무 : 열매의 모양이 부채를 닮아 미선나무라고 불리는 관목이며 우리나라에서만 자라는 한국 특산식물이다.

30

분쇄목 우드칩(wood-chip)의 사용 시 효과로 틀린 것은?

① 토양의 미생물 발생억제
② 토양의 경화 방지
③ 토양의 호흡증대
④ 토양의 수분 유지

해설

분쇄목 우드칩은 토양 미생물 발생을 억제하지는 않는다.

31

공해 중 아황산가스(SO_2)에 의한 수목의 피해를 설명한 것으로 가장 알맞은 것은?

① 한낮이나 생육이 왕성한 봄, 여름에 피해를 입기 쉽다.
② 밤이나 가을에 피해가 심하다.
③ 공기 중의 습도가 낮을 때 피해가 심하다.
④ 겨울에 피해가 심하다.

해설

공해 중에서 가장 큰 피해를 주는 것은 아황산가스이며, 한 낮이나 생육이 왕성한 봄, 여름에 피해를 입기 쉽다.

32

일반적으로 수목의 뿌리돌림시, 분의 크기는 근원 직경의 몇 배 정도가 알맞은가?

① 2배 ② 3배
③ 4배 ④ 6배

해설

일반적으로 수목의 뿌리돌림시 분의 크기는 근원직경의 4배 정도가 알맞다.

정답 28 ④ 29 ① 30 ① 31 ① 32 ③

33

목재건조시 건조시간은 단축되나 목재의 크기에 제한을 받고, 강도가 다소 약해지며 광택도 줄어드는 건조방법은?

① 증기법 ② 찌는법
③ 공기가열건조법 ④ 훈연건조법

해설

찌는법 : 인공건조법으로 목재의 건조시간은 단축되지만 목재의 크기에 제한을 받고, 강도가 다소 약해지며 광택도 줄어드는 건조방법. 자연건조법은 공기건조법과 침수법이 있다.

34

수목을 이식할 때 고려사항으로 가장 부적합한 것은?

① 지상부의 지엽을 전정해 준다.
② 뿌리분의 손상이 없도록 주의하여 이식한다.
③ 굵은 뿌리의 자른 부위는 방부처리 하여 부패를 방지한다.
④ 운반이 용이하게 뿌리분은 기준보다 가능한 한 작게 하여 무게를 줄인다.

해설

수간 근원지름의 4~6배로 분의 크기를 한다.

35

수목을 옮겨심기 전 일반적으로 뿌리돌림을 실시하는 시기는?

① 6개월 ~ 1년 ② 3개월 ~ 6개월
③ 1년 ~ 2년 ④ 2년 ~ 3년

해설

수목을 옮겨심기 6개월~1년 전 또는 6개월 ~ 3년 전에 뿌리돌림을 실시한다.

36

다음 중 평판측량에 사용되는 기구가 아닌 것은?

① 평판 ② 삼각대
③ 레벨 ④ 엘리데이드

해설

평판측량(plane-table surveying, 平板測量) : 도판에 붙여진 종이에 측량 결과를 직접 작도해 가는 측량으로 기후의 영향을 받기 쉽고 정밀도가 좋지 않지만, 신속하고 측량 누락이 방지된다. 그리고 기구가 간편하여 모든 측량을 소화하는 등의 장점이 있다. 평판측량 준비물로는 도판, 삼각받침대, 앨리데이드, 구심기, 측침, 자침함, 추 등이 있다.

37

다음 중 조경계획의 수행과정 단계가 옳은 것은?

① 목표설정 – 자료분석 및 종합 – 기본계획 – 실시설계 – 기본설계
② 자료분석 및 종합 – 목표설정 – 기본계획 – 기본설계 – 실시설계
③ 목표설정 – 자료분석 및 종합 – 기본계획 – 기본설계 – 실시설계
④ 목표설정 – 자료분석 및 종합 – 기본설계 – 기본계획 – 실시설계

해설

조경계획의 수행단계는 목표설정 - 자료분석 및 종합 - 기본계획 - 기본설계 - 실시설계순서이다.

38

다음 중 붉은색의 단풍이 드는 수목들로 구성된 것은?

① 낙우송, 느티나무, 백합나무
② 칠엽수, 참느릅나무, 졸참나무
③ 감나무, 화살나무, 붉나무
④ 이깔나무, 메타세콰이어, 은행나무

7 과년도 기출문제

정답 33 ② 34 ④ 35 ① 36 ③ 37 ③ 38 ③

39

경관석 놓기의 내용으로 틀린 것은?

① 경관석은 충분한 크기와 중량감이 있어야 한다.
② 경관석은 모양, 색채, 질감 등이 아름다워야 한다.
③ 여러 개 짝을 지어 배석할 때는 대개 짝수로 구성하여 균형을 유지하도록 배치한다.
④ 조경공간에서 시선이 집중되는 곳에 경관석을 배치한다.

해설

③ 경관석은 3, 5, 7 등의 홀수로 구성하여 배치한다.

40

그 해에 자란 가지에 꽃눈이 분화하여 월동 후 봄에 개화하는 형태의 수종은?

① 능소화 ② 배롱나무
③ 개나리 ④ 장미

해설

개나리는 2년생 가지에서 꽃이 피는 수종이다.

구 분	주요 수종
당년에 자란 가지에서 꽃피는 수종	장미, 무궁화, 배롱나무, 나무수국, 능소화, 대추나무, 포도, 감나무, 등나무, 불두화, 싸리나무, 협죽도, 목서 등
2년생 가지에서 꽃피는 수종	매화나무, 수수꽃다리, 개나리, 박태기나무, 벚나무, 수양버들, 목련, 진달래, 철쭉류, 복사나무, 생강나무, 산수유, 앵두나무, 살구나무 등
3년생 가지에서 꽃피는 수종	사과나무, 배나무, 명자나무, 산당화 등

41

다음과 같은 특징을 갖는 시멘트는?

- 조기강도가 크다(재령 1일에 보통포틀랜드시멘트의 재령 28일 강도와 비슷함).
- 산, 염류, 해수 등의 화학적 작용에 대한 저항성이 크다.
- 내화성이 우수하다.
- 한중 콘크리트에 적합하다.

① 알루미나 시멘트 ② 실리카 시멘트
③ 포졸란 시멘트 ④ 플라이애쉬 시멘트

해설

알루미나 시멘트 : 조기강도가 크며, 산, 염류, 해수 등의 화학적 작용에 대한 저항성이 크고, 내화성이 우수하여 한중 콘크리트에 적합한 시멘트. 포졸란 시멘트(실리카 시멘트) : 방수용으로 사용하며, 경화가 느리나 조기강도가 크다. 플라이애쉬 시멘트 : 실리카 시멘트보다 후기강도가 크며 건조 수축이 적고 화학적 저항성과 장기강도가 좋고, 건조수축이 적다. 수화열이 적어 매스콘크리트용에 적합하여 모르타르 및 콘크리트 등의 화학적 저항성이 강하고 수밀성이 우수하다.

42

벽돌(190×90×57)을 이용하여 경계부의 담장을 쌓으려고 한다. 시공면적 10m²에 1.5B 두께로 시공할 때 약 몇 장의 벽돌이 필요한가?(단, 줄눈은 10mm이고, 할증률은 무시한다.)

① 약 750장 ② 약 1,490장
③ 약 2,240장 ④ 약 2,980장

해설

벽돌종류별 벽돌매수(m² 당)

벽돌종류	0.5B	1.0B	1.5B	2.0B
기존형	65	130	195	260
표준형	75	149	224	298

벽돌의 규격이 표준형이므로 224장×10㎡=2,240장이 된다.

43

지표면이 높은 곳의 꼭대기 점을 연결한 선으로, 빗물이 이것을 경계로 좌우로 흐르게 되는 선을 무엇이라 하는가?

① 능선 ② 계곡선
③ 경사 변환점 ④ 방향 전환점

해설

능선(ridge, 稜線) : 골짜기와 골짜기 사이의 산등성이로서, 주분수계(主分水界)를 이룬다.

정답 39 ③ 40 ③ 41 ① 42 ③ 43 ①

44

다음 중 수간주입 방법으로 옳지 않은 것은?

① 구멍속의 이물질과 공기를 뺀 후 주입관을 넣는다.
② 중력식 수간주사는 가능한 한 지제부 가까이에 구멍을 뚫는다.
③ 구멍의 각도는 50~60도 가량 경사지게 세워서, 구멍지름 20mm 정도로 한다.
④ 뿌리가 제구실을 못하고 다른 시비방법이 없을 때, 빠른 수세회복을 원할 때 사용한다.

해설

수간주사 : 쇠약한 나무, 이식한 큰 나무, 외과수술을 받은 나무, 병충해의 피해를 입은 나무 등에 수세를 회복시키거나 발근을 촉진하기 위하여 인위적으로 영양제, 발근촉진제, 살균제 및 침투성 살충제 등을 나무줄기에 주입한다. 4~9월(5월 초~9월 말) 증산작용이 왕성한 맑은 날에 실시한다. 수간주사 실시방법은 수간 밑 5~10cm, 반대쪽 지상 10~15(20)cm에 2곳 구멍 뚫기, 구멍각도는 20~30°, 구멍지름은 5~6mm, 깊이는 3~4cm, 수간주입기는 높이 180cm 정도에 고정

45

다음 설명의 (   ) 안에 가장 적합한 것은?

> 조경공사표준시방서의 기준 상 수목은 수관부 가지의 약 (   ) 이상이 고사하는 경우에 고사목으로 판정하고 지피·초본류는 해당 공사의 목적에 부합되는가를 기준으로 감독자의 육안검사 결과에 따라 고사여부를 판정한다.

① $\frac{1}{2}$　　② $\frac{1}{3}$
③ $\frac{2}{3}$　　④ $\frac{3}{4}$

해설

조경공사 표준시방서 제4장 식재부분을 살펴보면 수목은 수관부 가지의 약 2/3 이상이 고사하는 경우에 고사목으로 판정하고 지피·초화류는 해당 공사의 목적에 부합되는가를 기준으로 감독자의 육안검사 결과에 따라 고사여부를 판정한다.

46

다음 중 잎에 등황색의 반점이 생기고 반점으로부터 붉은 가루가 발생하는 병으로 한국잔디의 대표적인 것은?

① 붉은녹병
② 푸사륨 패치(Fusarium patch)
③ 황화현상
④ 달라스폿(dollar spot)

해설

붉은녹병 : 5~6월, 9~10월에 질소결핍, 고온다습 등에 의해 발생하며, 한국잔디의 대표적인 병이다. 푸사륨 패치 : 이른 봄, 전년도에 질소거름을 늦게 까지 주었을 때 발생하며, 한국잔디에 많이 발생한다. 황화현상 : 이른 봄 새싹이 나올 때 발병하며, 금잔디에 많이 발생한다. 10~30cm의 원형반점이 생기고 토양관리가 나쁠 때 발생한다. 달라스폿 : 6~7월에 서양잔디에만 발생한다. 라지패치 : 토양전염병으로 축척된 태치 및 고온다습이 문제

47

병충해 방제를 목적으로 쓰이는 농약의 포장지 표기형식 중 색깔이 분홍색을 나타내는 것은 어떤 종류의 농약을 가리키는가?

① 살충제　　② 살균제
③ 제초제　　④ 살비제

해설

① 살충제 : 녹색 ② 살균제 : 분홍색 ③ 제초제 : 황색

48

한중(寒中) 콘크리트는 기온이 얼마일 때 사용하는가?

① −1℃ 이하　　② 4℃ 이하
③ 25℃ 이하　　④ 30℃ 이하

해설

한중콘크리트는 기온이 4℃ 이하일 때 사용한다.

정답 44 ③ 45 ③ 46 ① 47 ② 48 ②

7 과년도 기출문제

49

아래 〈보기〉는 수목 외과수술 방법의 순서이다. 작업 순서를 바르게 나열한 것은?

〈보기〉
㉠ 동공충전　　　　㉡ 부패부 제거
㉢ 살균·살충처리　　㉣ 매트처리
㉤ 방부·방수처리　　㉥ 인공나무 껍질처리
㉦ 수지처리

① ㉠→㉡→㉢→㉣→㉤→㉥→㉦
② ㉢→㉥→㉦→㉣→㉠→㉤→㉡
③ ㉡→㉢→㉤→㉠→㉣→㉥→㉦
④ ㉥→㉡→㉣→㉢→㉤→㉦→㉠

해설

수목의 외과수술 시기는 4~9월 경(잘 아물어 붙을 때) 하는 것이 좋으며, 순서는 부패부 제거 → 살균·살충처리 → 방부·방수처리 → 동공충전 → 매트처리 → 인공나무 껍질처리 → 수지처리 순서이다.

50

다음 중 조경수목에 거름을 줄 때 방법과 설명으로 틀린 것은?

① 윤상거름주기 : 수관폭을 형성하는 가지 끝 아래의 수관선을 기준으로 환상으로 깊이 20~25cm, 너비 20~30cm로 둥글게 판다.
② 방사상거름주기 : 파는 도랑의 깊이는 바깥쪽일수록 깊고 넓게 파야하며, 선을 중심으로 하여 길이는 수관폭의 1/3 정도로 한다.
③ 선상거름주기 : 수관선상에 깊이 20cm 정도의 구멍을 군데군데 뚫고 거름을 주는 방법으로 액비를 비탈면에 줄 때 적용한다.
④ 전면거름주기 : 한 그루씩 거름을 줄 경우, 뿌리가 확장되어 있는 부분을 뿌리가 나오는 곳까지 전면으로 땅을 파고 주는 방법이다.

해설

③ 천공거름주기에 대한 설명이다. 선상거름주기 : 산울타리처럼 군식된 수목을 따라 도랑처럼 길게 구덩이를 파서 거름을 주는 방법

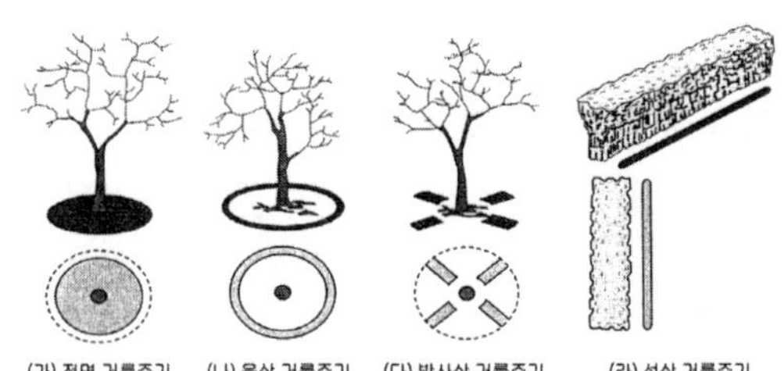

51

전정시기와 횟수에 관한 설명 중 올바르지 않은 것은?

① 침엽수는 10~11월경이나 2~3월에 한 번 실시한다.
② 상록활엽수는 5~6월과 9~10월경 두 번 실시한다.
③ 낙엽수는 일반적으로 11~3월 및 7~8월경에 각각 한 번 또는 두 번 전정한다.
④ 관목류는 일반적으로 계절이 변할 때마다 전정하는 것이 좋다.

52

지주목 설치 요령 중 적합하지 않은 것은?

① 지주목을 묶어야 할 나무줄기 부위는 타이어튜브나 마대 혹은 새끼를 감는다.
② 지주목의 아래는 뾰족하게 깎아서 땅속으로 30~50cm 깊이로 박는다.
③ 지상부의 지주는 페인트 칠을 하는 것이 좋다.
④ 통행인이 많은 곳은 삼발이형, 적은 곳은 사각지주, 삼각지주가 많이 설치된다.

해설

삼발이 지주는 사람 통행이 많지 않고 경관상 주요지점이 아닌 곳에 설치하고, 삼각지주는 가장 많이 이용하는 지주 세우기 방법이다.

53

다음 중 파이토플라스마(phytoplasma)에 의한 나무병이 아닌 것은?

① 뽕나무 오갈병　② 대추나무 빗자루병
③ 벚나무 빗자루병　④ 오동나무 빗자루병

정답 49 ③ 50 ③ 51 ④ 52 ④ 53 ③

해설

모잘록병, 벚나무 빗자루병, 흰가루병 등은 진균(fungi)에 의한 나무병이다. 파이토플라스마와 마이코플라즈마는 같은 용어로 사용된다.

54

참나무 시들음병에 대한 설명으로 옳지 않은 것은?

① 매개충은 광릉긴나무좀이다.
② 피해목은 초가을에 모든 잎이 낙엽된다.
③ 매개충의 암컷등판에는 곰팡이를 넣는 균낭이 있다.
④ 월동한 성충은 5월경에 침입공을 빠져나와 새로운 나무를 가해한다.

해설

참나무 시들음병 : 광릉긴나무좀이 원인 매개체로 참나무에 구멍을 내어 그 안에 라펠리아 병원균을 퍼트려 감염시키며 줄기의 수분 통로를 막아 말라 죽게 한다.

55

조경수목에 공급하는 속효성 비료에 대한 설명으로 틀린 것은?

① 대부분의 화학비료가 해당된다.
② 늦가을에서 이른 봄 사이에 준다.
③ 시비 후 5~7일 정도면 바로 비효가 나타난다.
④ 강우가 많은 지역과 잦은 시기에는 유실정도가 빠르다.

해설

속효성 비료(straight fertilizer, 速效性肥料)는 물에 잘 녹아 작물이 쉽게 흡수할 수 있는 양분의 형태로 가용화되기 쉬운 성질을 가진 비료를 말한다. 효력이 빠른 비료로 3월경 싹이 틀 때와 꽃이 졌을 때, 열매를 땄을 때 주며 7월 이후에는 주지 않는다.

56

좁은 정원에 식재된 나무가 필요 이상으로 커지지 않게 하기 위하여 녹음수를 전정하는 것은?

① 생장을 돕기 위한 전정
② 생장을 억제하는 전정
③ 생리 조정을 위한 전정
④ 갱신을 위한 전정

해설

생장조절을 위한(생장을 돕는) 전정 : 묘목, 병충해를 입은 가지, 고사지, 손상지를 제거하여 생장을 조절하는 전정. 생장 억제를 위한 전정 : 조경수목을 일정한 형태로 유지시키고자 할 때(소나무 순자르기, 상록활엽수의 잎따기, 산울타리 다듬기, 향나무·편백 깎아 다듬기), 일정한 공간에 식재된 수목이 더 이상 자라지 않기 위해서(도로변 가로수, 작은 정원 내 수목). 생리(生理 : 생활하는 습성이나 본능)조절을 위한 전정 : 이식할 때 가지와 잎을 다듬어 주어 손상된 뿌리의 적당한 수분 공급 균형을 취하기 위해 다듬어 주는 것

57

등고선에 관한 설명 중 틀린 것은?

① 등고선 상에 있는 모든 점들은 같은 높이로서 등고선은 같은 높이의 점들을 연결한다.
② 등고선은 급경사지에서는 간격이 좁고, 완경사지에서는 넓다.
③ 높이가 다른 등고선이라도 절벽, 동굴에서는 교차한다.
④ 모든 등고선은 도면 안 또는 밖에서 만나지 않고, 도중에서 소실된다.

해설

④ 모든 등고선은 도면 안 또는 밖에서 만나지 않고 도중에 소실되지 않는다.

58

흡즙성 해충의 분비물로 인하여 발생하는 병은?

① 흰가루병 ② 흑병
③ 그을음병 ④ 점무늬병

정답 54 ② 55 ② 56 ② 57 ④ 58 ③

7 과년도 기출문제

해설

그을음병(sooty mold) : 식물의 잎·가지·열매 등의 표면에 그을음 같은 것이 발생하는 병해로 그을음병균의 대다수는 진딧물·깍지벌레 등이 식물체를 가해한 후 그 분비물을 섭취함으로써 번식한다. 식물체는 급속히 말라 죽지는 않으나 광합성이 방해되므로 쇠약해진다. 특히 5~6월 무렵에 많이 발생한다. 처음에는 발병 부위에 검은 병반이 생겨 이것이 점차 확대되어 전면에 파급되며 나중에는 검은색의 피막이 형성된다.

59

잠복소를 설치하는 목적에 가장 적당한 설명은 어느 것인가?

① 동해의 방지를 위해
② 월동 벌레를 유인하여 봄에 태우기 위해
③ 겨울의 가뭄 피해를 막기 위해
④ 동해나 나무생육 조절을 위해

해설

잠복소(潛伏所) : 벌레들이 박혀 있는 곳으로 월동 벌레를 유인하여 봄에 태우기 위해 설치한다.

60

가는 가지 자르기 방법 설명으로 옳은 것은?

① 자를 가지의 바깥쪽 눈 바로 위를 비스듬이 자른다.
② 자를 가지의 바깥쪽 눈과 평행하게 멀리서 자른다.
③ 자를 가지의 안쪽 눈 바로 위를 비스듬이 자른다.
④ 자를 가지의 안쪽 눈과 평행한 방향으로 자른다.

해설

마디 위 자르기는 아래 그림과 같이 바깥눈 7~10mm 위쪽에서 눈과 평행한 방향으로 비스듬히 자르는 것이 좋다. 눈과 너무 가까우면 눈이 말라 죽고, 너무 비스듬히 자르면 증산량이 많아지며, 너무 많이 남겨두면 양분의 손실이 크다.

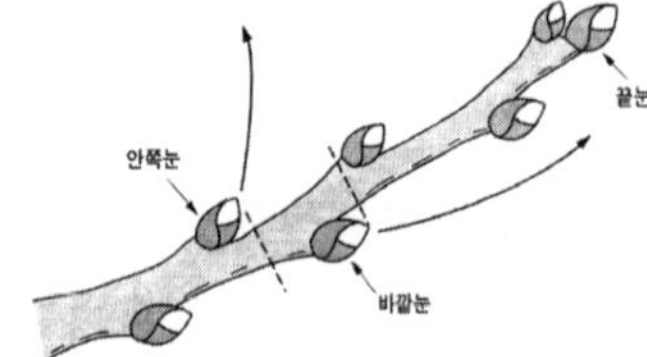

정답 59 ② 60 ①

저자약력

저자 **한 상 엽** 공학박사(조경토목공학전공)
전) 성균관대학교 건설환경연구소
전) 우석대학교 조경학과 겸임교수
현) 한백종합건설 조경팀장

조경기능사 필기

定價 27,000원

저 자 한 상 엽
발행인 이 종 권

2009年 1月 20日 초 판 발 행
2009年 9月 28日 2차개정1쇄발행
2010年 6月 7日 2차개정2쇄발행
2011年 1月 25日 3차개정1쇄발행
2012年 1月 21日 4차개정1쇄발행
2013年 1月 28日 5차개정1쇄발행
2013年 2月 18日 5차개정2쇄발행
2014年 1月 7日 6차개정1쇄발행
2014年 4月 15日 6차개정2쇄발행
2015年 1月 12日 7차개정1쇄발행
2015年 8月 10日 7차개정2쇄발행
2016年 1月 6日 8차개정1쇄발행
2016年 3月 14日 8차개정2쇄발행
2017年 1月 3日 9차개정1쇄발행
2018年 1月 5日 10차개정1쇄발행
2018年 9月 4日 11차개정1쇄발행
2019年 8月 21日 12차개정1쇄발행
2020年 2月 26日 12차개정2쇄발행
2021年 1月 27日 13차개정1쇄발행
2021年 8月 25日 14차개정1쇄발행
2022年 11月 18日 15차개정1쇄발행
2024年 3月 13日 16차개정1쇄발행

發行處 **(주) 한솔아카데미**

(우)06775 서울시 서초구 마방로10길 25 트윈타워 A동 2002호
TEL : (02)575-6144/5 FAX : (02)529-1130
〈1998. 2. 19 登錄 第16-1608號〉

※ 본 교재의 내용 중에서 오타, 오류 등은 발견되는 대로 한솔아카데미 인터넷 홈페이지를 통해 공지하여 드리며 보다 완벽한 교재를 위해 끊임없이 최선의 노력을 다하겠습니다.

※ 파본은 구입하신 서점에서 교환해 드립니다.

www.inup.co.kr / www.bestbook.co.kr

ISBN 979-11-6654-506-1 13520

한솔아카데미 발행도서

건축기사시리즈 ①건축계획
이종석, 이병억 공저
536쪽 | 26,000원

건축기사시리즈 ②건축시공
김형중, 한규대, 이명철, 홍태화 공저
678쪽 | 26,000원

건축기사시리즈 ③건축구조
안광호, 홍태화, 고길용 공저
796쪽 | 27,000원

건축기사시리즈 ④건축설비
오병칠, 권영철, 오호영 공저
564쪽 | 26,000원

건축기사시리즈 ⑤건축법규
현정기, 조영호, 김광수, 한웅규 공저
622쪽 | 27,000원

건축기사 필기 10개년 핵심 과년도문제해설
안광호, 백종엽, 이병억 공저
1,000쪽 | 44,000원

건축기사 4주완성
남재호, 송우용 공저
1,412쪽 | 46,000원

건축산업기사 4주완성
남재호, 송우용 공저
1,136쪽 | 43,000원

7개년 기출문제 건축산업기사 필기
한솔아카데미 수험연구회
868쪽 | 37,000원

건축설비기사 4주완성
남재호 저
1,280쪽 | 44,000원

건축설비산업기사 4주완성
남재호 저
770쪽 | 38,000원

10개년 핵심 건축설비기사 과년도
남재호 저
1,148쪽 | 38,000원

건축기사 실기
한규대, 김형중, 안광호, 이병억 공저
1,672쪽 | 52,000원

건축기사 실기 (The Bible)
안광호, 백종엽, 이병억 공저
818쪽 | 37,000원

건축기사 실기 12개년 과년도
안광호, 백종엽, 이병억 공저
688쪽 | 30,000원

건축산업기사 실기
한규대, 김형중, 안광호, 이병억 공저
696쪽 | 33,000원

건축산업기사 실기 (The Bible)
안광호, 백종엽, 이병억 공저
300쪽 | 27,000원

실내건축기사 4주완성
남재호 저
1,320쪽 | 39,000원

실내건축산업기사 4주완성
남재호 저
1,020쪽 | 31,000원

시공실무 실내건축(산업)기사 실기
안동훈, 이병억 공저
422쪽 | 31,000원

Hansol Academy

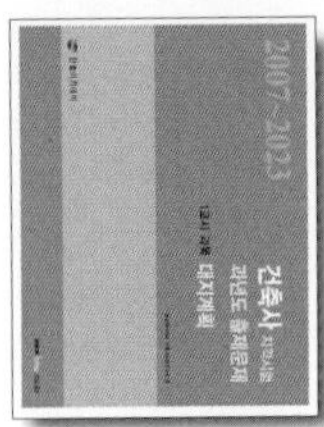

건축사 과년도출제문제
1교시 대지계획
한솔아카데미 건축사수험연구회
346쪽 | 33,000원

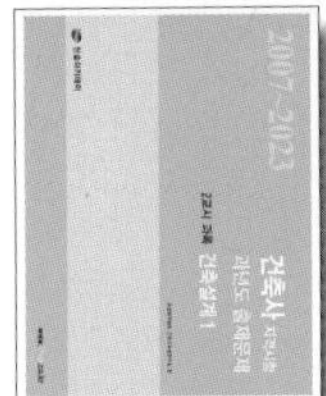

건축사 과년도출제문제
2교시 건축설계1
한솔아카데미 건축사수험연구회
192쪽 | 33,000원

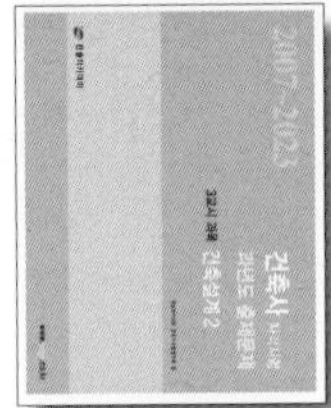

건축사 과년도출제문제
3교시 건축설계2
한솔아카데미 건축사수험연구회
436쪽 | 33,000원

건축물에너지평가사
①건물 에너지 관계법규
건축물에너지평가사 수험연구회
818쪽 | 30,000원

건축물에너지평가사
②건축환경계획
건축물에너지평가사 수험연구회
456쪽 | 26,000원

건축물에너지평가사
③건축설비시스템
건축물에너지평가사 수험연구회
682쪽 | 29,000원

건축물에너지평가사
④건물 에너지효율설계 · 평가
건축물에너지평가사 수험연구회
756쪽 | 30,000원

건축물에너지평가사
2차실기(상)
건축물에너지평가사 수험연구회
940쪽 | 45,000원

건축물에너지평가사
2차실기(하)
건축물에너지평가사 수험연구회
905쪽 | 50,000원

토목기사시리즈
①응용역학
염창열, 김창원, 안광호, 정용욱,
이지훈 공저
804쪽 | 25,000원

토목기사시리즈
②측량학
남수영, 정경동, 고길용 공저
452쪽 | 25,000원

토목기사시리즈
③수리학 및 수문학
심기오, 노재식, 한웅규 공저
450쪽 | 25,000원

토목기사시리즈
④철근콘크리트 및 강구조
정경동, 정용욱, 고길용, 김지우
공저
464쪽 | 25,000원

토목기사시리즈
⑤토질 및 기초
안진수, 박광진, 김창원, 홍성협
공저
640쪽 | 25,000원

토목기사시리즈
⑥상하수도공학
노재식, 이상도, 한웅규, 정용욱
공저
544쪽 | 25,000원

10개년 핵심 토목기사
과년도문제해설
김창원 외 5인 공저
1,076쪽 | 45,000원

토목기사 4주완성
핵심 및 과년도문제해설
이상도, 고길용, 안광호, 한웅규,
홍성협, 김지우 공지
1,054쪽 | 42,000원

토목산업기사 4주완성
7개년 과년도문제해설
이상도, 정경동, 고길용, 안광호,
한웅규, 홍성협 공저
752쪽 | 39,000원

토목기사 실기
김태선, 박광진, 홍성협, 김창원,
김상욱, 이상도 공저
1,496쪽 | 50,000원

토목기사 실기
12개년 과년도문제해설
김태선, 이상도, 한웅규, 홍성협,
김상욱, 김지우 공저
708쪽 | 35,000원

콘크리트기사 · 산업기사 4주완성(필기)
정용욱, 고길용, 전지현, 김지우 공저
976쪽 | 37,000원

콘크리트기사 14개년 과년도(필기)
정용욱, 고길용, 김지우 공저
644쪽 | 28,000원

콘크리트기사 · 산업기사 3주완성(실기)
정용욱, 김태형, 이승철 공저
748쪽 | 30,000원

건설재료시험기사 4주완성(필기)
박광진, 이상도, 김지우, 전지현 공저
742쪽 | 37,000원

건설재료시험기사 14개년 과년도(필기)
고길용, 정용욱, 홍성협, 전지현 공저
692쪽 | 30,000원

건설재료시험기사 3주완성(실기)
고길용, 홍성협, 전지현, 김지우 공저
728쪽 | 29,000원

콘크리트기능사 3주완성(필기+실기)
정용욱, 고길용, 전지현 공저
524쪽 | 24,000원

지적기능사(필기+실기) 3주완성
염창열, 정병노 공저
640쪽 | 29,000원

측량기능사 3주완성
염창열, 정병노 공저
562쪽 | 27,000원

전산응용토목제도기능사 필기 3주완성
김지우, 최진호, 전지현 공저
438쪽 | 26,000원

건설안전기사 4주완성 필기
지준석, 조태연 공저
1,388쪽 | 36,000원

산업안전기사 4주완성 필기
지준석, 조태연 공저
1,560쪽 | 36,000원

공조냉동기계기사 필기
조성안, 이승원, 강희중 공저
1,358쪽 | 39,000원

공조냉동기계산업기사 필기
조성안, 이승원, 강희중 공저
1,269쪽 | 34,000원

공조냉동기계기사 실기
강희중, 조성안, 한영동 공저
1,040쪽 | 36,000원

조경기사 · 산업기사 필기
이윤진 저
1,836쪽 | 49,000원

조경기사 · 산업기사 실기
이윤진 저
1,050쪽 | 45,000원

조경기능사 필기
이윤진 저
682쪽 | 29,000원

조경기능사 실기
이윤진 저
350쪽 | 28,000원

조경기능사 필기
한상엽 저
712쪽 | 27,000원

Hansol Academy

조경기능사 실기
한상엽 저
772쪽 | 28,000원

산림기사 · 산업기사 1권
이윤진 저
888쪽 | 27,000원

산림기사 · 산업기사 2권
이윤진 저
974쪽 | 27,000원

전기기사시리즈(전6권)
대산전기수험연구회
2,240쪽 | 113,000원

전기기사 5주완성
전기기사수험연구회
1,680쪽 | 42,000원

전기산업기사 5주완성
전기산업기사수험연구회
1,556쪽 | 42,000원

전기공사기사 5주완성
전기공사기사수험연구회
1,608쪽 | 41,000원

전기공사산업기사 5주완성
전기공사산업기사수험연구회
1,606쪽 | 41,000원

전기(산업)기사 실기
대산전기수험연구회
766쪽 | 42,000원

전기기사 실기 15개년 과년도문제해설
대산전기수험연구회
808쪽 | 37,000원

전기기사시리즈(전6권)
김대호 저
3,230쪽 | 119,000원

전기기사 실기 기본서
김대호 저
964쪽 | 36,000원

전기기사 실기 기출문제
김대호 저
1,352쪽 | 42,000원

전기산업기사 실기 기본서
김대호 저
920쪽 | 36,000원

전기산업기사 실기 기출문제
김대호 저
1,076 | 40,000원

전기기사/전기산업기사 실기 마인드 맵
김대호 저
232 | 기본서 별책부록

CBT 전기기사 블랙박스
이승원, 김승철, 윤종식 공저
1,168쪽 | 42,000원

전기(산업)기사 실기 모의고사 100선
김대호 저
296쪽 | 24,000원

전기기능사 필기
이승원, 김승철 공저
624쪽 | 25,000원

소방설비기사 기계분야 필기
김흥준, 윤중오 공저
1,212쪽 | 44,000원

www.bestbook.co.kr

소방설비기사 전기분야 필기
김흥준, 신면순 공저
1,151쪽 | 44,000원

공무원 건축계획
이병억 저
800쪽 | 37,000원

7 · 9급 토목직 응용역학
정경동 저
1,192쪽 | 42,000원

응용역학개론 기출문제
정경동 저
686쪽 | 40,000원

측량학(9급 기술직/ 서울시 · 지방직)
정병노, 염창열, 정경동 공저
722쪽 | 27,000원

응용역학(9급 기술직/ 서울시 · 지방직)
이국형 저
628쪽 | 23,000원

스마트 9급 물리 (서울시 · 지방직)
신용찬 저
422쪽 | 23,000원

7급 공무원 스마트 물리학개론
신용찬 저
996쪽 | 45,000원

1종 운전면허
도로교통공단 저
110쪽 | 13,000원

2종 운전면허
도로교통공단 저
110쪽 | 13,000원

1 · 2종 운전면허
도로교통공단 저
110쪽 | 13,000원

지게차 운전기능사
건설기계수험연구회 편
216쪽 | 15,000원

굴삭기 운전기능사
건설기계수험연구회 편
224쪽 | 15,000원

지게차 운전기능사 3주완성
건설기계수험연구회 편
338쪽 | 12,000원

굴삭기 운전기능사 3주완성
건설기계수험연구회 편
356쪽 | 12,000원

초경량 비행장치 무인멀티콥터
권희춘, 김병구 공저
258쪽 | 22,000원

시각디자인 산업기사 4주완성
김영애, 서정술, 이원범 공저
1,102쪽 | 36,000원

시각디자인 기사 · 산업기사 실기
김영애, 이원범 공저
508쪽 | 35,000원

토목 BIM 설계활용서
김영휘, 박형순, 송윤상, 신현준, 안서현, 박진훈, 노기태 공저
388쪽 | 30,000원

BIM 구조편
(주)알피종합건축사사무소
(주)동양구조안전기술 공저
536쪽 | 32,000원

www.bestbook.co.kr

건축시공학
이찬식, 김선국, 김예상, 고성석, 손보식, 유정호, 김태완 공저
776쪽 | 30,000원

현장실무를 위한 토목시공학
남기천,김상환,유광호,강보순, 김종민,최준성 공저
1,212쪽 | 45,000원

알기쉬운 토목시공
남기천, 유광호, 류명찬, 윤영철, 최준성, 고준영, 김연덕 공저
818쪽 | 28,000원

Auto CAD 오토캐드
김수영, 정기범 공저
364쪽 | 25,000원

친환경 업무매뉴얼
정보현, 장동원 공저
352쪽 | 30,000원

건축시공기술사 기출문제
배용환, 서갑성 공저
1,146쪽 | 69,000원

합격의 정석 건축시공기술사
조민수 저
904쪽 | 67,000원

건축전기설비기술사 (상권)
서학범 저
784쪽 | 65,000원

건축전기설비기술사 (하권)
서학범 저
748쪽 | 65,000원

마법기본서 PE 건축시공기술사
백종엽 저
730쪽 | 62,000원

스크린 PE 건축시공기술사
백종엽 저
376쪽 | 32,000원

용어설명1000 PE 건축시공기술사(상)
백종엽 저
1,072쪽 | 70,000원

용어설명1000 PE 건축시공기술사(하)
백종엽 저
988쪽 | 70,000원

합격의 정석 토목시공기술사
김무섭, 조민수 공저
874쪽 | 60,000원

건설안전기술사
이태엽 저
600쪽 | 52,000원

소방기술사 上
윤정득, 박견용 공저
656쪽 | 55,000원

소방기술사 下
윤정득, 박견용 공저
730쪽 | 55,000원

소방시설관리사 1차 (상,하)
김흥준 저
1,630쪽 | 63,000원

건축에너지관계법해설
조영호 저
614쪽 | 27,000원

ENERGYPULS
이광호 저
236쪽 | 25,000원